科技部创新方法工作专项(项目编号：2015IM050300)

10000 个科学难题

10000 Selected Problems in Sciences

交通运输科学卷

Traffic and Transportation Science

"10000 个科学难题"交通运输科学编委会

科学出版社

北　京

内 容 简 介

本书是《10000个科学难题》系列丛书中的交通运输科学卷,是相对独立的专业书。本书系统归纳、整理和汇聚交通运输领域科学难题,对该领域最新、前沿的科学难题进行提炼,这是我国首次对交通运输领域科学难题进行系统总结和梳理,对交通运输领域的发展有着深远的影响。全书由该领域数百位专家研究、提炼与撰写,共收录298个交通运输领域科学难题,覆盖交通运输工程一级学科下的四个二级学科,包括道路与铁道工程、交通信息工程及控制、交通运输规划与管理、载运工具运用工程;覆盖五种交通运输方式,包括轨道、道路、航空、水运、管道。

本书可供高等院校和科研单位从事交通运输领域科学研究的工作者参考,也可供对交通运输感兴趣的读者阅读,希望对从事交通运输领域科学研究的科研人员有所帮助和启发。

图书在版编目(CIP)数据

10000个科学难题·交通运输科学卷/"10000个科学难题"交通运输科学编委会. —北京:科学出版社,2018.11
ISBN 978-7-03-057120-5

Ⅰ. ①1… Ⅱ. ①1… Ⅲ. ①自然科学-普及读物 ②交通运输-普及读物 Ⅳ. ①N49 ②U-49

中国版本图书馆 CIP 数据核字(2018)第 064456 号

责任编辑:周 炜 鄢德平 罗 娟 / 责任校对:郭瑞芝
责任印制:师艳茹 / 封面设计:陈 敬

科学出版社 出版
北京东黄城根北街16号
邮政编码:100717
http://www.sciencep.com

中国科学院印刷厂 印刷
科学出版社发行 各地新华书店经销
*

2018年11月第 一 版 开本:720×1000 1/16
2018年11月第一次印刷 印张:78 3/4
字数:1 585 000

定价:680.00元
(如有印装质量问题,我社负责调换)

"10000个科学难题"征集活动领导小组名单

组　长　杜占元　黄　卫　张　涛　高瑞平
副组长　赵沁平
成　员　(以姓氏拼音为序)
　　　　　雷朝滋　秦　勇　王长锐　王敬泽　徐忠波　叶玉江
　　　　　张晓原　郑永和

"10000个科学难题"征集活动领导小组办公室名单

主　任　李　楠
成　员　(以姓氏拼音排序)
　　　　　刘　权　裴志永　沈文京　王振宇　鄢德平　朱小萍

"10000个科学难题"征集活动专家指导委员会名单

主　任　赵沁平　钟　掘　刘燕华
副主任　李家洋　赵忠贤　孙鸿烈
委　员　(以姓氏拼音排序)
　　　　　白以龙　陈洪渊　陈佳洱　程国栋　崔尔杰　冯守华
　　　　　冯宗炜　符淙斌　葛墨林　郝吉明　贺福初　贺贤土
　　　　　黄荣辉　金鉴明　李　灿　李培根　林国强　林其谁
　　　　　刘嘉麒　马宗晋　倪维斗　欧阳自远　强伯勤　田中群
　　　　　汪品先　王　浩　王静康　王占国　王众托　吴常信
　　　　　吴良镛　夏建白　项海帆　徐建中　杨　乐　张继平
　　　　　张亚平　张　泽　郑南宁　郑树森　周炳琨　周秀骥
　　　　　朱作言　左铁镛

"10000个科学难题"交通运输科学编委会名单

主　任　宁　滨

副主任　桂卫华　何华武　刘友梅　王梦恕　曾广商
　　　　　郑健龙　田红旗　翟婉明　孙永福　傅志寰
　　　　　郑南宁　倪维斗　项海帆

编　委　(以姓氏拼音排序)
　　　　　蔡伯根　曹先彬　陈建勋　丁水汀　杜嘉立
　　　　　段　武　高　亮　高自友　桂海生　郭　进
　　　　　郭　盛　何世伟　胡书凯　黄晓明　贾　斌
　　　　　贾利民　李克强　李　强　李　乔　梁树林
　　　　　刘正江　刘志明　陆　键　毛保华　毛　明
　　　　　聂　磊　牛惠民　彭其渊　乔利杰　秦　进
　　　　　沙爱民　沙洪江　邵春福　宋恩哲　宋国华
　　　　　孙守光　唐　涛　陶春虎　王飞跃　王明生
　　　　　王　平　王　炜　王卫东　王武勤　王云鹏
　　　　　魏庆朝　吴兆麟　夏　禾　闫学东　严新平
　　　　　杨　超　杨东援　杨晓光　杨　颖　杨忠振
　　　　　叶霞飞　叶阳升　易思蓉　余志武　余祖俊
　　　　　袁文静　张顶立　张卫华　张　欣　张星臣
　　　　　张学军　张　毅　赵国堂　赵胜川　赵祥模
　　　　　赵　勇　钟章队　周　伟　朱合华　朱力强

《10000个科学难题》序

爱因斯坦曾经说过"提出一个问题往往比解决一个问题更为重要"。在许多科学家眼里，科学难题正是科学进步的阶梯。1900年8月德国著名数学家希尔伯特在巴黎召开的国际数学家大会上提出了23个数学难题。在过去的100多年里，希尔伯特的23个问题激发了众多数学家的热情，引导了数学研究的方向，对数学发展产生的影响难以估量。

其后，许多自然科学领域的科学家们陆续提出了各自学科的科学难题。2000年初，美国克雷数学研究所选定了7个"千禧年大奖难题"，并设立基金，推动解决这几个对数学发展具有重大意义的难题。十多年前，中国科学院编辑了《21世纪100个交叉科学难题》，在宇宙起源、物质结构、生命起源和智力起源四大探索方向上提出和整理了100个科学难题，吸引了不少人的关注。

科学发展的动力来自两个方面，一个是社会发展的需求，另一个就是人类探索未知世界的激情。随着一个又一个科学难题的解决，科学技术不断登上新的台阶，推动着人类社会的发展。与此同时，新的科学难题也如雨后春笋，不断从新的土壤破土而出。一个公认的科学难题本身就是科学研究的结果，同时也是开启新未知大门的密码。

《国家创新驱动发展战略纲要》指出，科技创新是提高社会生产力和综合国力的战略支撑。我们要深入实施创新驱动发展战略，培养创新人才，建设创新型国家，增强原始创新能力，实现我国科研由跟跑向并跑、领跑转变。近日，为贯彻落实《国家创新驱动发展战略纲要》，加快推动基础研究发展，科学技术部联合教育部、中国科学院、国家自然科学基金委员会共同制定了《"十三五"国家基础研究专项规划》，规划指出：基础研究是整个科学体系的源头，是所有技术问题的总机关。一个国家基础科学研究的深度和广度，决定着这个国家原始创新的动力和活力。这再次强调了基础研究的重要作用。

正是为了引导科学家们从源头上解决科学问题，激励青年才俊立志基础科学研究，教育部、科学技术部、中国科学院和国家自然科学基金委员会决定联合开展"10000个科学难题"征集活动，系统归纳、整理和汇集目前尚未解决的科学难题。根据活动的总体安排，首先在数学、物理学和化学三个学科试行，根据试行的情况和积累的经验，再陆续启动了天文学、地球科学、生物学、农学、医学、信息科学、海洋科学、交通运输科学和制造科学等学科领域的难题征集活动。

征集活动成立了领导小组、领导小组办公室,以及由国内著名专家组成的专家指导委员会和编辑委员会。领导小组办公室遴选有关高校、科研院所或相关单位作为承办单位,负责整个征集工作的组织领导,公开面向高等学校、科研院所、学术机构以及全社会征集科学难题;编辑委员会讨论、提出和组织撰写骨干问题,并对征集到的科学问题进行严格遴选;领导小组和专家指导委员会最后进行审核并出版《10000个科学难题》系列丛书。这些难题汇集了科学家们的知识和智慧,凝聚了参与编写的科技工作者的心血,也体现了他们的学术风尚和科学责任。

开展"10000个科学难题"征集活动是一次大规模的科学问题梳理工作,把尚未解决的科学难题分学科整理汇集起来,呈现在人们面前,有利于加强对基础科学研究的引导,有利于激发我国科技人员,特别是广大博士、硕士研究生探索未知、摘取科学明珠的激情,而这正是我国目前基础科学研究所需要的。此外,深入浅出地宣传这些科学难题的由来和已有过的解决尝试,也是一种科学普及活动,有利于引导我国青少年从小树立献身科学,做出重大科学贡献的理想。

分学科领域大规模开展"10000个科学难题"征集活动在我国还是第一次,难免存在疏漏和不足,希望广大科技工作者和社会各界继续支持这项工作。更希望我国专家学者,特别是青年科研人员持之以恒地解决这些科学难题,开启未知的大门,将这些科学明珠摘取到我国科学家手中。

2017年7月

前　言

在举国实施创新驱动发展战略、不懈努力建成交通运输大国取得骄人成就、迈向交通运输强国的进程中，2015年教育部、科学技术部、中国科学院和国家自然科学基金委员会部署启动了《10000个科学难题·交通运输科学卷》的编撰工作，北京交通大学荣幸地承担了本书的主编工作，国内外交通运输领域近500位专家学者云集响应，在一年半的时间里，经历了难题征集与筛选、撰写与审稿、统稿与定稿等工作，倾力奉献自己的智慧，使本书得以面世。

衣食住行，是人类赖以生存和发展的基础。几千年来，交通运输的发展成为人类文明的重要标志，特别是近代以来，汽车、火车、飞机、轮船极大地便利了人类的生活与生产实践。期望有一天，人类创造的运输工具可以把我们送往居住星球上的任何位置以及茫茫宇宙中的任何位置。从这个意义讲，当前的所有现代交通工具都仅仅是一个开始，交通运输未来的发展空间无比巨大。

交通运输业是国民经济构成中的先行和基础产业，是社会生产、生活组织体系中不可或缺和不可替代的重要组成部分。交通运输业的发展和进步是科学革命和产业革命的产物，现代交通运输业体现了现代科学和技术的集成。科学是技术的理论指导，技术是科学的实际应用，技术在其进步中不停地寻求科学答案。交通运输科学以其极强的应用性支撑和引领交通运输工程技术的发展。

交通运输科学卷自2015年底启动以来，通过点面征集、同步推进的方式开展征集活动，征集了共984个交通运输领域科学难题，通过对交通运输科学及与其他交叉学科的科学问题进行分类、合并、提炼，经层层遴选、多次调整，最终入选难题298个。全卷共五篇：科普篇43个难题；交通运输基础设施篇62个难题，由线路与车站工程、路基与路面工程、轨道与工务工程、桥梁与结构工程、隧道与地下工程等方向组成；交通信息工程及控制篇68个难题，由城市与道路交通、轨道交通、空中交通、水运交通等方向组成；交通运输规划与管理篇49个难题，由交通规划、交通设计、交通管理与组织、交通安全、交通环境等方向组成；载运工具运用工程篇76个难题，由先进动力、运行行为与安全、结构与材料、航天等方向组成。

本书探索凝练了交通运输工程技术中的科学难题，期盼能对我国交通运输研究进行有益的引导，激发研究交通运输科学人员探索未知、努力创新的研究热情，引导广大交通运输科学博士、硕士研究生从源头上解决科学问题，同时兼顾对青少年进行交通运输科学知识普及。希望对这些科学难题的研究，能有力地支撑当前交通运输工程技术的发展，并引领未来交通行业的发展。从某种意义上讲，本书是我国第一次对交通运输领域的科学难题进行系统的总结与梳理，是国外鲜有、国内空前的一次创新成果，对交通运输领域的发展有着深远的影响。由于交通运输科学是一门综合性的应用科学，所涉及的科学问题与其他学科大量交叉，在大规模征集过程中虽已努力涵盖各个方向，但还难免存在个别疏漏，希望广大读者和社会各界不吝赐教，以便在再版时进行修正与补充。

最后，我谨代表《10000个科学难题·交通运输科学卷》编委会全体成员对所有参加这项工作的专家学者及相关工作人员表示衷心的感谢！

《10000个科学难题·交通运输科学卷》编纂项目负责人

北京交通大学校长

中国工程院院士

2018年6月

目　录

《10000个科学难题》序
前言

科　普　篇

道路表面水-热-声-光特性及综合利用……………………………………沙爱民　蒋　玮(3)
装配化与智能化道路铺面…………………………………………………………赵鸿铎(7)
铁路道岔不平顺性特征及控制……………………………………王　平　徐井芒(13)
适应货运重载化的驼峰溜放特性…………………………………李荣华　王俊峰(19)
桥梁的跨度极限……………………………………………………………………葛耀君(24)
桥梁抗震与减震……………………………………………………………………李建中(28)
桥梁的极限寿命及其影响因素……………………………………………………孙利民(32)
海底隧道安全建造…………………………………………………陈铁林　张顶立(36)
复杂盾构隧道掘进与安全控制……………………………………方　勇　何　川(40)
铁路线路工程BIM与数字化选线…………………………………………………易思蓉(44)
新型城市轨道交通及其适应性……………………………………魏庆朝　潘姿华(49)
油气管道运输系统……………………………………………………………………于　达(56)
铁路轮渡…………………………………………………………………………………时　瑾(62)
管联网生态交通运输系统…………………………………………………………杨南征(69)
智能网联汽车………………………………………………………吴超仲　褚端峰(74)
无人机物流…………………………………………………………鲁光泉　龙文民(79)
轨道交通列车无人驾驶与全自动运行……………………………唐　涛　荀　径(83)
智能船舶…………………………………………………严新平　马　枫　柳晨光(89)
公交都市的建设问题………………………………………………………………吴娇蓉(93)
城市共享交通………………………………………………孙　剑　马万经　杨晓光(97)
道路交通微观精准仿真……………………………………孙　剑　杨晓光　马子安(101)
泛在交通信息条件下交通流理论与建模…………………孙　剑　杨晓光　孙　杰(105)

交通时刻表的编制与优化	徐瑞华 滕　靖 江志彬(109)
城市交通与城市发展的耦合机理	王　炜 李志斌(114)
机动车驾驶疲劳演变规律	王雪松 胥　川(119)
高速公路的幽灵堵车问题	姜　锐 田钧方 贾　斌(124)
自由飞行的科学挑战	杨　杨 曹先彬(130)
以人为本的街道营造	李　伟(136)
道路交通流演化规律	李新刚 谢东繁 贾　斌(142)
汽车尾气排放与城市雾霾的关系	宋国华(148)
城市交通系统复杂性分析	吴建军 杨　欣(153)
未来的汽车是怎样的？	边明远 李克强(158)
无网运行城市轨道交通车辆	杨　颖 邓谊柏(165)
仿昆虫微型飞行器的动力问题	闫晓军 漆明净(171)
未来绿色船舶中的科学问题	丁　宇 向　拉 宋恩哲(176)
电动汽车的先进储能及动力系统	李建秋(184)
基于人工智能的驾驶人宜驾状态辨识	许　庆 张　伟(187)
汽车经济性驾驶辅助和节能型自动控制	李升波(191)
智能乘员碰撞保护	周　青 姬佩君 黄　毅(195)
复杂交通环境的智能化识别	戴一凡 边明远 李克强(199)
未来天地往返运输系统	汪小卫 高朝辉(203)
太空旅游及一小时全球到达	韩鹏鑫 袁　园(207)
鸟撞飞机的防治	杨　超 高　敏 张志涛(211)

交通运输基础设施篇

基于路桥隧服役寿命协同的沥青路面耐久性问题	郑健龙 吕松涛(217)
多场耦合作用下列车-基础设施耦合动力学	肖　宏 高　亮 魏庆朝(221)
道路工程三维线形特征与表述	程建川(226)
直线电机轮轨交通线形及参数	魏庆朝 臧传臻(230)
铁路线域地质灾害时空危险性评估	王卫东(236)
铁路线路的智能优化	蒲　浩 李　伟 张　洪(240)
基于列车运行动力特性的铁路线形	易思蓉 曾　勇(245)
磁浮交通及与线路工程匹配问题	易思蓉(248)

高速铁路高架车站复杂结构体系及其振动控制	杨　娜(251)
高速铁路车站大跨度雨棚结构风致效应	杨　娜(255)
多场耦合作用下公路路基行为表征与演变规律	郑健龙　张军辉(260)
路基路面工作特性无损感知	郑健龙　查旭东(264)
不良地质公路路基边坡的灾变机理与防控	钱劲松(268)
沥青路面变形累积的时空特性与量化	黄晓明(272)
高速铁路路基全寿命周期服役性能及其演化规律	刘建坤(277)
铺面结构与材料性能表达的统一性问题	孙立军　刘黎萍(280)
飞机荷载作用下机场道面的非线性动力学问题	凌建明　杜　浩(285)
复杂环境下路面力学行为解析	黄晓明(291)
材料参数表征铺面结构力学行为的有效性和完备性	郑健龙　钱国平(296)
路面智能化养护管理	黄晓明(300)
路面多尺度混合料的结构原理与界面特性	沙爱民　裴建中(306)
道路材料高性能再生利用	沙爱民　马　峰(310)
复合改性沥青多相复杂流体的多尺度流变学问题	沙爱民　王振军(314)
有砟道床的力学特性及劣化机理	高　亮　徐　旸　殷　浩(318)
高速铁路跨区间无缝线路受力与变形机理	蔡小培　高　亮　崔日新(322)
高速列车作用下的道砟飞溅问题	高　亮　殷　浩　徐　旸(327)
轨道交通环境振动噪声一体化控制	侯博文　高　亮(331)
高速铁路的极限速度	杨宜谦　柯在田(336)
车载式轨道几何形位绝对基准测量	刘秀波(341)
钢轨波浪形磨耗机理及演变规律	陈　嵘　王　平　安博洋(344)
周期性减振轨道结构	王　平　赵才友(348)
高速轮轨滚动接触中的高频振动	常崇义(352)
高速铁路无砟轨道的损伤劣化机理	翟婉明　朱胜阳　赵春发(357)
高速铁路无砟轨道多层结构体系温度变形协调机理	高　亮　蔡小培　钟阳龙(361)
超长寿命桥梁结构	贺拴海　赵　煜(366)
桥梁的风致振动与控制	葛耀君(370)
高速铁路桥梁的噪声场分布预测及结构噪声控制	张　楠　夏　禾(373)
交通工程结构多灾害耦合分析理论	邵长江(377)
跨海大桥与风、浪、流耦合动力学	杨万理　李　乔　李永乐(381)
混凝土结构耐久性环境-时间相似关系	刘　鹏　余志武(384)

高速铁路无砟轨道-桥梁结构体系经时性能 …………………… 余志武　宋　力(388)
桥梁基础沉降机理与控制…………………………………… 龚维明　曹艳梅(392)
高速铁路桥梁动力性能演变及服役安全评估 ………… 张　楠　战家旺　夏　禾(396)
地震作用下高速列车桥上脱轨问题……………… 赵春发　翟婉明　蔡成标(400)
隧道支护与围岩的动态作用关系……………………………………… 张顶立(405)
软弱围岩隧道变形机制及控制……………………………… 赵　勇　李鹏飞(409)
隧道结构水荷载控制………………………………………… 李鹏飞　张顶立(412)
长大隧道强震灾变机理……………………………… 袁　勇　禹海涛　陈之毅(416)
高速铁路隧道空气动力学…………………………………… 吴　剑　赵　勇(422)
隧道结构耐久性问题………………………………………… 陈建勋　罗彦斌(426)
隧道病害机理与控制………………………………………… 刘学增　张素磊(429)
城市交通隧道施工安全风险过程控制……………………… 侯艳娟　张顶立(432)
超长隧道火灾救援与灾后修复……………………………… 何　川　曾艳华(436)
地铁车站浅埋暗挖法………………………………… 房　倩　张顶立　王梦恕(439)
复杂环境下隧道不良地质体超前预报 ……………… 李术才　刘　斌　聂利超(443)
深埋长大隧道工程突水突泥灾害机理与控制 ……… 李术才　李利平　周宗青(449)
隧道岩体结构灾害识别与预警……………………… 朱合华　武　威　陈建琴(453)
交通基础设施健康检测与智能化管理 ……………… 赵国堂　郑健龙　蔡小培(458)
寒区线性结构物与环境耦合作用及其演化规律 …… 刘建坤　马　骉　沙爱民(465)
软黏土地基条件下的波浪-结构-地基动力耦合问题 ………… 孙熙平　焉　振(469)
天然气管网的安全可靠性…………………………………………… 宫　敬(473)
海底油气管道流动安全保障………………………………………… 宫　敬(478)

交通信息工程及控制篇

车联网的信息安全与隐私保护 ……………………… 王云鹏　余贵珍　鲁光泉(485)
智能网联环境下车辆群体协同决策与优化 ………………… 张　毅　胡坚明(488)
移动互联环境下情境自适应交通信息服务 ………………… 段宗涛　唐　蕾(492)
道路交通车辆全时空高精度高可靠低成本定位 …… 赵祥模　徐志刚　闵海根(495)
非常态交通条件下车-车/车-路高并发可靠通信 …… 赵祥模　徐志刚　李骁驰(499)
自动驾驶车辆智能测试……………………………………… 李　力　王飞跃(503)
自动驾驶车辆的智能感知…………………………………… 曹东璞　王飞跃(506)

| 自动驾驶车辆的智能决策与路径规划 …………………… 曹东璞　王飞跃(510)
| 多源异构道路交通大数据分析与状态重构 …………………… 张　毅　李　力(513)
| 道路交通三元空间信息协同感知与融合 …………………… 姚丹亚　胡坚明(516)
| 泛在信息条件下的交通出行链精准获取 …………………… 张　毅　裴　欣(519)
| 具有语义信息的高精度道路交通场景三维重建 …… 宋焕生　沈沛意　崔　华(523)
| 非常态条件下交通运行状态精准辨识与可信预测 … 王云鹏　丁　川　鲁光泉(527)
| 基于群体社会信息的多模式公交调度与信息优化投放
| ………………… 何　庆　王　晓　曹建平　张振华　王飞跃(530)
| 大数据驱动下共享汽车供需预测及运力优化 …… 王云鹏　鲁光泉　丁　川(534)
| 平行交通系统 ……………………………… 吕宜生　朱凤华　王飞跃(537)
| 极限工况下汽车主动安全运动控制 …………………… 陈　虹　郭洪艳(541)
| 基于低碳目标的信号交叉口控制理论 …………………………………… 陆　键(544)
| 数据驱动下复杂网络交通自适应控制 ……… 杨晓光　马万经　王一喆(548)
| 面向新型混合交通流的道路交通信号控制 …………… 马万经　杨晓光(551)
| 智能通行与停车协同管理 ……………………………… 云美萍　杨晓光(555)
| 智能交通语言系统 …………………………………… 杨晓光　云美萍(558)
| 基于计算机的铁道信号安全保障 ………………… 段　武　燕　飞　牛　儒(561)
| 列车位置自主感知 ………………………………………………………… 蔡伯根(565)
| 铁道基础信号设备故障诊断 ……………………………… 蔡伯根　刘　江(569)
| 高速铁路异物侵限智能识别 ……………………………… 余祖俊　朱力强(573)
| 高速移动条件下轨道交通无线传播信道非平稳特征建模
| ………………………………………… 艾　渤　钟章队　何睿斯(576)
| 轨道交通车地信息的可信传输 ………………… 吴　昊　刘吉强　沈玉龙(580)
| 高速铁路移动通信高效传输 ……………………………… 朱　刚　许胜锋(584)
| 实时定位下的列车动态间隔控制 …………………………………… 王海峰(588)
| 列车运行控制系统的混成特性建模与验证 …………… 唐　涛　吕继东(592)
| 列车运行调度与控制一体化 ……………………… 宁　滨　董海荣　宿　帅(596)
| 轨道交通信号系统的信息安全 ………………… 步　兵　王洪伟　刘　江(600)
| 铁路分散自律调度集中控制 …………………………………………… 张　琦(604)
| 航空卫星导航双频多星座星基增强系统 …………………………… 李　锐(609)
| 机场场面活动目标的视觉特征分析与目标射频跟踪 …… 韩松臣　李　炜(613)

广域航空监视网及服务 …………………………………………… 赵嶷飞(617)
航空运输大数据 ………………………………………………… 孙小倩(621)
空域协同监视 …………………………………………………… 白松浩(624)
基于空管保障系统性能的航路网络业务持续性分析与优化 ……… 隋　东(628)
无人驾驶航空器系统的冲突探测和智能解脱 …………………… 杜世勇(631)
复杂低空载人通用航空飞行器自主避险 …………… 吕人力　管祥民(634)
大型枢纽机场综合交通管控 …………………………………… 高利佳(637)
亚轨道商业飞行 ……………………………………… 刘　浩　孔得建(640)
深空超远距离高可靠高码速率通信 ………………… 戴昌昊　刘建妥(644)
大气层内高速飞行产生的等离子鞘套和通信黑障 … 周正阳　李小艳　解　静(648)
高精度激光三维重建及多源协同感知系统三维重建 ………… 李　航(651)
基于高频谱使用效率的空天地信息网络 …………………… 李　喆(656)
散装化学品船舶货物操作中系统安全能量辨识与演化机理 ………
　　……………………………………… 李建民　郑中义　毕修颖(660)
水上交通系统态势感知建模与识别 ………………… 文元桥　肖长诗(663)
复杂水域船舶智能避碰避险决策 …………… 李丽娜　陈国权　李国定(666)
运输船舶的自主智能控制与无人驾驶 ……… 郭　晨　沈智鹏　李　晖(670)
船舶夜航光环境的测量与评价 ……………………… 朱金善　王新辉(674)
不确定环境下自动化码头自动导引车实时诱导与鲁棒协调运行控制 ………
　　……………………………………… 杨勇生　李军军　许波桅(678)
船舶交通流特性及水域通航风险识别 ……… 刘德新　范中洲　刘军坡(681)
岸基信息支持下的海运船舶智能航行决策 …………………… 张英俊(684)
船舶航行空间信息获取与反演方法 ………… 李　颖　刘丙新　朱雪瑗(687)
海上小型移动目标的智能识别 ……………… 高宗江　张英俊　杨雪锋(690)
灾害情况下水面运动体交互作用机理及动态建模 … 尹　勇　孙霄峰　神和龙(693)
船舶领域模型的构建 ………………………… 郑中义　周　丹　胡勤友(696)
船载舱室环境下的物标动态定位与跟踪 …… 刘克中　马　杰　何正伟(700)
高海况下数值水池船舶操纵性预报关键科学问题 … 赵　勇　张显库　姜宗玉(704)
海上交通安全风险评价关键问题 …………… 刘正江　蔡　垚　王　欣(707)
海事信息物理融合系统异构组网和资源优化调度 ………… 杨婷婷　高　霏(711)
受限水域条件下船舶交通动态风险识别与在线预警 … 牟军敏　胡甚平　胡勤友(716)

海洋船舶群体运动模式识别	邵哲平 陈金海(719)
恶劣海况下船舶运动非线性鲁棒控制	张显库 张国庆 张 强(722)
多信息融合水下导航	李 然(726)

交通运输规划与管理篇

居民出行行为及城市交通需求分析	王 炜 杨 敏(733)
城市道路交通流复杂动态行为建模	姜 锐 邵春福 董力耘(738)
综合交通网络的构造演化机理	陈小鸿 张 华(743)
城市交通网络供需平衡机理	王 炜 任 刚(746)
交通枢纽选址问题	何世伟(749)
交通枢纽内设施功能布局问题	何世伟(752)
城市交通系统与土地利用的关系	邵春福 王殿海 钟 鸣(755)
交通设计的关键问题	杨晓光(759)
多模式交通一体化优化理论	王 炜 王 昊(762)
行人和非机动车交通系统构建问题	邵春福 陈艳艳 李 伟(765)
城市交通拥堵机理	黄海军 高自友 孙会君(769)
信号、标志、标识与人机功效关系问题	闫学东(772)
集装箱码头空间布局问题	杨忠振(777)
铁路车站站场布局优化问题	魏方华 黄 超 李明炜(780)
机场飞行区交通规划的问题	袁 捷 凌建明(784)
铁路旅客运输服务网络优化问题	聂 磊 付慧伶(788)
列车运行图编制算法理论问题	周磊山 唐金金(793)
轨道交通调度指挥智能化及风险预警	彭其渊 文 超(797)
汽车列车优化调度问题	郎茂祥 卢 越(800)
列车晚点传播问题	孟令云 栾晓洁(805)
乘务计划的优化问题	王 莹(809)
公交系统行车与乘务计划的求解及优化	关 伟 马继辉(814)
城市交通政策决策问题	赵胜川 邵春福 邬 娜(817)
交通运输定价策略	贾顺平(821)
旅客运输票额管控	秦 进 史 峰(825)
铁路客票系统计算资源分布优化问题	董宝田 张晓栋 赵芳璨(829)
铁路车流组织问题	林柏梁(833)
铁路编组站作业配流优化问题	景 云(837)

城市交通诱导信息对出行者选择行为影响……………………………陆　建　胡晓健(840)
驾驶行为与交通安全……………………………………吴超仲　陆　建　褚端峰(843)
车联网环境下汽车危险驾驶行为识别及干预…………………………马永锋　吕能超(846)
光环境对驾驶行为的影响………………………………………………裴玉龙　金英群(849)
高速公路危险交通流状态预测…………………………………………………徐铖铖(852)
道路设施设计安全评估的人-车-路耦合作用机理…………………王雪松　郭启明(855)
交通设施安全疏散问题………………………………………贾　斌　屈云超　姜　锐(859)
突发事件下的城市交通应急疏散问题…………………………………闫学东　马　路(864)
铁路危险品运输的风险管理问题………………………………………………刘　响(868)
危险货物公路隧道运输风险定量评估模型……………………………钱大琳　范文姬(871)
城市道路运营风险评估与预测…………………………………………………陆　键(874)
交通枢纽高密度人群状态实时感知与风险评估………………………任　刚　陆丽丽(878)
多桥梁水域船-桥避碰问题………………………………………………毛　喆　桑凌志(881)
生态驾驶模型的构建问题………………………………………………………宋国华(885)
交通污染物排放的动态测算问题………………………………………………宋国华(889)
交通能耗机理与节能减排………………………………………………柏　赟　毛保华(893)
虚拟交通系统构建………………………………………………………王　炜　王　昊(897)
大数据与城市交通状态辨识……………………………………………………杨东援(901)
空中交通流量管理………………………………………………张兆宁　王莉莉　卢　飞(905)
物流设施选址与配送车辆路径优化……………………………秦　进　张得志　符　卓(908)
综合交通结构的演变机理………………………………………………………毛保华(912)

载运工具运用工程篇

铁路供电系统安全服役性能及故障机理………………………………………吴振升(917)
高速列车牵引传动系统结构可靠性……………………………王　曦　王斌杰　杨广雪(923)
突变边界条件下风致高速列车运行安全与舒适性劣化控制技术……………………
…………………………………………………………………………田红旗　刘堂红(927)
船用柴油机燃油喷射与雾化……………………………………董　全　李　越　宋恩哲(930)
铁道车辆独立旋转轮对的导向问题……………………………池茂儒　张卫华　吴兴文(936)
橡胶轮式列车虚拟轨道导向问题………………………………………………张卫华(941)
联体泵马达摩擦副流固热多场耦合与多相流动问题………王　涛　唐守生　汪浒江(945)

发动机超临界喷射与燃烧……………………………………………何　旭(949)
带约束的三维智能布局问题…………………………………陆一平　毛　明(953)
基于滤波电路的机械减振网络………………………………毛　明　杜　甫(956)
履带车辆动力学问题……………………赵韬硕　冯占宗　蔡文斌　王永丽(960)
汽车内燃机余热回收问题……………………………………俞小莉　黄　瑞(964)
高速铁路"车-网"稳定性问题…………………………………………刘志刚(967)
牵引变流器谐波对列车传动系机械部件的影响…………………………刘志刚(971)
先进高性能变循环涡扇发动机……………………………………………陈　敏(975)
未来临近空间高性能吸气式动力装置………………陈　敏　邹正平　金　捷(980)
航空压气机内流的气动稳定性………………………孙晓峰　李秋实　孙大坤(985)
航空发动机多容腔空气系统流动与换热的瞬态特性…………丁水汀　邱　天(991)
吸气式发动机燃烧室高速流动中燃烧的控制与稳定性………林宇震　张　弛(996)
航空发动机高温部件的疲劳与寿命…………………王荣桥　胡殿印　张小勇(1000)
绿色环保的航空发动机燃烧问题……………………………索建秦　林宇震(1004)
航空发动机转子静子干涉气动噪声问题…………………………………王晓宇(1007)
船用双燃料发动机油气耦合燃烧…………………………………………杨立平(1012)
船舶发动机的耦合控制………………………………宋恩哲　姚　崇　赵国锋(1015)
船用气体燃料发动机混合气分布及火焰射流引燃问题……………………………
　　　　　　　　　　　　　…………冯立岩　隆武强　田江平　田　华　崔靖晨(1020)
船用柴油机热管理问题………………………………俞小莉　黄钰期　黄　瑞(1026)
船用发动机接触副微动损伤机理……………………………崔　毅　吴朝晖(1030)
柴油机高压共轨燃油系统超高压条件下喷油规律…………范立云　白　云(1034)
低速船用柴油机燃料油的破碎、蒸发与氧化………田江平　隆武强　田　华(1039)
无轴轮缘推进装置与船体匹配原理及可靠运行机制…………严新平　欧阳武(1043)
人机共驾型智能汽车的协同控制……………………………李升波　李仁杰(1047)
航空发动机中流体的密封问题………………………………王少萍　张　超(1051)
航空发动机综合热管理………………………………徐国强　闻　洁　孙京川(1057)
航空发动机适航与复杂系统安全性…………………………丁水汀　邱　天(1061)
航空分布式推进动力系统强耦合流动与控制………陶　智　李秋实　唐　鹏(1066)
船用大缸径柴油机预混合压燃……隆武强　田江平　冯立岩　田　华　崔靖晨(1070)
高速列车转向架载荷谱………………………………………王文静　邹　骅(1074)
船舶气泡坍塌高速射流冲击…………………………………王诗平　张阿漫(1077)

瞬态冲击载荷作用下船海复杂结构物中应力波传播……………………………郭　君(1084)
深海孤立内波流场…………………………………………………………………赵彬彬(1087)
载运工具结构失效的蝴蝶效应……………………………………乔利杰　庞晓露(1091)
空间高精度定位、导航、授时系统………………………………………………郎鹏飞(1094)
广域振动条件下的机车车辆结构疲劳失效与评估………………………………康国政(1098)
材料-构件-整车性能的关系问题…………………………………………………康国政(1101)
轨道车辆振动行为与控制问题………………………曾　京　池茂儒　张卫华　罗　仁(1104)
汽车结构共用与多目标协同控制…………………………………罗禹贡　解来卿(1109)
可重复使用航天运载器……………………………………………马婷婷　王　飞(1113)
深空探测中的推进难题——太阳帆推进…………………曹熙炜　陈永强　陈　尚(1119)
未来的无人驾驶运输机…………………………………杨　超　高　敏　张志涛(1122)
真空管道交通基础科学问题………………………………………………………邓自刚(1127)
高速列车耦合大系统动力学………………………………………………………张卫华(1132)
机车车辆服役性能蜕变问题………………………………………………………宋冬利(1137)
长周期波对工程船舶的影响机理……………………李树奇　叶国良　张文忠　黄宣军(1140)
多场耦合作用下的高速铁路弓网关系……………………………………………周　宁(1143)
高速列车运行噪声与控制问题……………………………………………………肖新标(1148)
轮轨滚动接触行为及轮轨关系………………………………温泽峰　赵　鑫　王开云(1153)
轮轨交通车辆的行为机制…………………………………………………………张卫华(1157)
磁浮列车悬浮稳定性问题…………………………………………………………马卫华(1162)
高速列车流固耦合关系……………………………………………………………张继业(1166)
机车车辆运行健康管理与安全评价………………………………………………宋冬利(1170)
航空人因工程………………………………………王黎静　董大勇　何雪丽　王晓丽(1173)
列车脱轨/倾覆行为约束问题……………………………………高广军　关维元(1176)
列车脱轨机理研究…………………………………………………王　平　马道林(1179)
轨道车辆转向架区域防积雪结冰…………………………………………………高广军(1184)
列车等效缩模碰撞相似机理及行为演化…………………………许　平　彭　勇(1187)
飞行器再入控制与热防护…………………………………时米清　荣　华　袁　园(1189)
高超声速飞行的耦合稳定性及可控性研究………………李华光　吴炜平　蔡巧言(1193)
太空飞行器能源与传输……………………………………………………………杨友超(1197)
大气层内高速飞行的虚拟仿真……………………………陈雪冬　陈培芝　刘丽丽(1203)
大型航天器的复杂动力学、控制及其在轨构建…………………张展智　张　烽(1206)

高超声速气动热环境预示……………………………………王 静 尹琰鑫 屈 强(1211)
高超声速飞行器的高温非烧蚀热防护………………………许小静 王露萌 屈 强(1215)
高轨高精度时空基准建立与传递………………………………………………康建斌(1219)
高精度时空管理…………………………………………………………………刘 刚(1222)
航天器故障预测与健康管理……………………李 鑫 代 京 杜 刚 李晓乐(1225)
气动力辅助变轨……………………………………………孙 光 李永远 陈洪波(1229)

编后记……………………………………………………………………………………(1235)

10000个科学难题·交通运输科学卷

道路表面水-热-声-光特性及综合利用

Characteristics and Comprehensive Utilization of Water, Heat, Sound, Light on Pavement Surface

1. 背景与意义

道路铺筑于自然环境中，长期经历水、热、声、光等外界自然因素的复杂耦合作用。雨水等外界水体到路面上形成径流，降低路面的抗滑系数，影响行车安全与通行效率。水体进一步渗入路面内部会造成材料和结构性能降低，缩短道路构造物的服役寿命[1]。夏季，沥青路面在太阳辐射的作用下吸收热量，路面温度大幅升高，一方面易造成路面自身的高温病害，包括车辙、波浪、壅包、推移和材料热老化及紫外老化等；另一方面带来了对环境的不利影响，最为显著的是加剧了城市的热岛效应[2]。

传统的道路在设计与施工时，主要考虑的是在这些外界因素作用下道路构造物自身的稳定与安全。例如，研究水对路面材料冲刷和沥青/集料界面黏附特性的影响，研究潮湿状态下路表抗滑性能衰减的规律；评价不同路面材料和结构在高温环境下抵抗塑性变形的能力等。基于对路面材料和结构自身特性的研究，以及通过各种途径对材料和结构性能的改性与提升，使得路面能够在水、热、声、光等外界自然因素的复杂耦合作用下保持耐久与安全。

在这一背景下可以看到水、热、声、光等作为外界环境因素会对路面带来不利影响；同时水、热、声、光等作为环境资源和能源也可以进行有效转换和高效利用。例如，利用道路结构收集和合理利用雨水，提升雨天行车安全与通行效率，改善城市区域水循环和生态平衡；通过开发能够吸收声能的路面材料，实现行车的低噪声获得安静的路域环境；通过改变路面结构与材料的热物理特性，提升道路与周边环境温度、湿度等的生态协调性；通过高效收集路域环境的水、热、声、光等资源，进一步高效转化为电等清洁能源。这不仅涉及工程学科的科学问题，更是包含热学、光学、声学等多学科的基础前沿理论。

随着土木、材料、环境及微电子科学与技术的不断发展与交叉，现代路面的设计理念也在不断地提升。现有的道路主要从使用性能、耐久性等角度出发进行结构和材料设计，未来的道路除了考虑其承载通行的基本性能，还应当考虑作为人类社会生活环境重要组成所应当具有的自然资源综合利用与环境调节等功能。开展路面水、热、声、光等特性及有效利用的原理与方法的研究，将构建新一代绿色路面的设计原理与方法，拓展路面新功能，推动土木工程领域智能化、绿色化发展以及新材料的开发和应用，具有重要的科学意义和社会环境效益。

2. 研究进展

近年来，针对路面水、热、声、光等多物理场的研究和利用是本学科的热点方向。国内外学者开展了大空隙率路面材料的研究，使路面材料的空隙率由传统的3%～6%增大至20%甚至更大[3]，使雨水等外界水体在降落至地表后能够迅速渗入空隙结构中。进一步通过路面结构的合理组合，能够使雨水根据需要渗入不同的结构层甚至路基中，从而实现对路表水资源的利用[4]。2015年英国Lafarge Tarmac公司推出了一种超吸水性混凝土(topmix permeable)[5](图1)，可以在1min内吸收多达4000L的水。其基本设计思路仍然是通过高空隙率的材料铺筑路面结构，实现路面快速"吸水"的功能。

图1　Lafarge Tarmac公司超吸水性混凝土

通过在路面材料中掺加弹性颗粒可以减小路面模量和增大柔性，进而减小汽车运行过程中的振动噪声[6]。此外，设计合理的路面空隙率，可以减小轮胎/路面的泵吸作用；同时利用多孔腔壁结构耗散声能可实现降低行车噪声的路面功能。与传统路面相比，这种路面能够降低噪声3～6dB及以上，以降低3dB为例，其效果相当于将听者和噪声源的距离扩大了一倍。

通过在路面上铺设光电转换材料能够实现路表光热能源的利用[7]。2016年法国公布了一项5年发电路面研究计划，将为1000km道路铺设太阳能发电薄膜(图2)。通过将厚度为7mm Wattway的多晶硅树脂薄膜铺筑于路表，可利用太阳能发电[8]。同时利用太阳能电池板收集的热量还能融化冬季道路上的冰雪。

图 2　太阳能发电薄膜道路[8]

此外，通过铺筑具有吸水保水功能的路面材料，可以使路面能够在雨天或人工洒水时迅速吸收并储存水分，当环境温度较高时，通过水分持续蒸发来降低路面温度，缓解城市局部的"热岛效应"，为行人和行车提供一个舒爽的道路使用环境[9]。

总体而言，路面水、热、声、光等的利用带来了道路工程全新的科技革新。通过与前沿基础学科相结合研发了多种具有不同功能的路面新材料与新结构，但目前尚缺乏完善的理论体系和方法标准；同时对路面水、热、声、光的资源转化与利用效率相对偏低。

3. 主要难点

1) 路面性能与功能相互平衡

在传统路面的承重、稳定、平整、耐久和舒适等通行功能的基础上，通过合理利用路面水、热、声、光等自然资源，使路面具有透水、降噪、温度自适应、能量收集与转化、融化冰雪等环保功能。这种路面功能的负载一定程度上将会造成路面使用性能、耐久性能的降低甚至使用成本的增加。因此，系统评价路面表面水、热、声、光等特性，解决这些多物理场耦合作用下的新一代路面功能设计及其平衡是一个具有重要价值的科学问题。

2) 水、热、声、光等资源的综合高效利用

已有的研究成果一定程度地实现了路面表面对水、热、声、光等资源的利用，但利用的路径单一、成本较高、效率较低。由于道路构造物自身具有复杂性、多样性和不同地域的差异性，如何在保证道路通行、耐久、稳定等要求的基础上，

实现对环境资源的高效综合利用是涉及土木、材料、环境及微电子科学与技术等多学科前沿的新一代路面研究问题。

3) 水、热、声、光等多物理场耦合作用下的路面设计理论与评价方法

新一代路面突破了传统的路面设计理论与方法，针对路面的资源状态和功能目标，研究水、热、声、光等多物理场耦合下的单相以及多相路面的行为特征，探索多物理场耦合作用下的路面设计理论与方法。

将来需要系统开展路面资源的高效利用原理、新一代路面设计理论、功能协同与平衡方法、标准化设计和评价方法等关键内容的深入研究，为新一代沥青路面设计与建造理论的建立和传统沥青路面的改造升级提供理论基础和方法。

参 考 文 献

[1] Alvarez A E, Martin A E, Estakhri C. A review of mix design and evaluation research for permeable friction course mixtures[J]. Construction and Building Materials, 2011, 25(3): 1159–1166.

[2] Hendel M, Colombert M, Diab Y, et al. Improving a pavement-watering method on the basis of pavement surface temperature measurements[J]. Urban Climate, 2014, 10(1): 189–200.

[3] Wardynski B J, Winston R J, Hunt W F. Internal water storage enhances exfiltration and thermal load reduction from permeable pavement in the north carolina mountains[J]. Journal of Environmental Engineering, 2013, 139(2): 187–195.

[4] 中华人民共和国住房和城乡建设部. CJJ/T190–2012 透水沥青路面技术规程[S]. 北京: 中国建筑工业出版社, 2012.

[5] Lafarge T. An end to puddles? Bizarre 'thirsty' concrete sucks up hundreds of gallons of water in less than a minute[EB/OL]. http://www.dailymail.co.uk/sciencetech/article-3243247/An-end-puddles-Bizarre-thirsty-concrete-sucks-hundreds-gallons-water-minute.html[2017-02-01].

[6] Massimo L, Pietro L. A comprehensive model to predict acoustic absorption factor of porous mixes[J]. Materials and Structures, 2012, 45(6): 923–940.

[7] Papagiannakis A T, Dessouky S, Montoyac A, et al. Energy harvesting from roadways[J]. Proceeded Computer Science, 2016, 83: 758–765.

[8] Wattway. Paving the way to tomorrow's energy[EB/OL]. http://www.wattwaybycolas.com/wp-content/uploads/2015/10/Wattway-DP-UK.pdf[2017-01-01].

[9] 沙爱民. 环保型路面材料与结构[M]. 北京: 科学出版社, 2012.

撰稿人：沙爱民　蒋　玮

长安大学

审稿人：凌建明　郑健龙

装配化与智能化道路铺面

Precast and Smart Pavement

1. 背景与意义

铺面是交通运输系统的重要基础设施，是铺筑在地表、具有一定厚度、供行人和车辆通行的单层或多层结构物，具有承受荷载、抵抗磨耗、避免扬尘泥泞、保持表面平整和抗滑的作用。铺面包括公路和城市道路的路面、机场场道的道面、港口码头等的堆场铺装以及各类非机动车和人行道路面。传统铺面的设计使用期一般为15～20年。

国际上超大规模的铺面设施已经形成。以中国为例，至2015年底，公路里程已达到457.7万km，民用机场210个，城市道路36.5万km，还将保持较快速度的增长。面对超大规模的铺面设施，普遍面临维护资金缺口巨大、交通干扰压力大等现状，如何保持其运行时的安全、通畅和服务水平成为一项艰巨的任务。同时，在新形势下，铺面设施要求更加安全、耐久、舒适、环保和低碳。传统的铺面建设、管理和维护理念及技术在应对恶劣天气、维修养护、性能衰变、突发事故等对铺面运行的深度干扰时显得力不从心。

国际上已开始对新一代铺面建养理论与技术进行讨论。例如，低噪声铺面、高抗滑铺面、自动融冰雪铺面、导电铺面等功能性铺面开始出现。近年来，具有性状自动感知、状态智能调节、损害自我修复、信息交互与预告、绿色能量收集等智能行为能力的智能铺面概念开始出现[1~3]。由于其对铺面设施新需求的良好回应，以及对智慧交通系统、智能车路系统、路联网等的扩展支持，智能铺面正逐步演变成未来铺面技术的发展趋势之一。然而，如何在传统铺面基本功能的基础上，综合实现感知、调节、自修复、信息交互、能量收集等智能能力，并实现智能化建造，成为新的难题。

为了适应智能铺面的特征，需要突破传统粗放式、建成型施工工艺的限制，寻求更加精细、可控、可持续、智能化的建造方式。装配式技术具有工厂化、标准化、机械化等特点，并且绿色环保、施工速度快、工程质量高，在房屋、桥梁、隧道、管线等的施工中得到广泛应用。美国、法国、日本、荷兰等发达国家的技术研究与应用表明，装配式铺面具有装配式技术的共同特点与优点，可有效适应铺面的快速养护维修工作，并延长路面的使用寿命。装配化理论与技术可以独立于智能化理论与技术自行发展，且在铺面智能化的进程中，装配化还可以为智能化带来可靠、便捷的实施理念与方式；同时智能化将为装配化赋予更加丰富的内容与需求，两者可以实现互相支撑、共同发展。由于对铺面耐久性、舒适性、安全性以及全寿命快速修复和成本控制等方面的要求极高，铺面装配化和智能化建造成为一个国际性难题。

铺面作为重要交通基础设施，尽管几百年来一直注重其功能、结构、经济、环境等要求的达成，但面对不断升级的车辆和交通管控智能化，并未适时进行革命性的改造升级。这导致面对智能互联、智能交互等新需求，传统铺面结构形式、建造方法和管理模式都呈现出很大的局限性，其智能化升级趋势已不可避免。此外，国内外土木建筑行业的智能化升级已经开始，建筑信息化模型(building information modeling，BIM)技术、预制装配技术、3D 打印技术、智能检测技术得到了快速发展。本质上作为土木结构的铺面设施，也会向智能化的方向发展。因此，铺面作为人-车-路-环境的重要组成部分，如何改变传统铺面的结构和材料组成，打造全新的具有智能能力的铺面设施，提出面向未来的建造方法，为适应未来交通运输系统和工业化建造需求，已经成为新的科学技术难题。

铺面的智能化将提供具有不同智能度的铺面设施，能够通过自身状态的自动感知与适应，显著提高铺面的使用性能、延长铺面的使用寿命；同时，可以通过可靠的信息交互，向驾乘人员、自动驾驶车辆、管理维护人员等及时推送铺面信息，并接收外部输入信息用于自身的调控。从而打造具有百年寿命、全时安全、高效可靠的基础设施，为未来智慧交通、自动驾驶、可持续发展提供必要的支撑，具有重要的科学和社会意义。

传统铺面建造面临升级换代，装配化是发展趋势之一；智能铺面的建造更是需要装配式、智能化的手段加以落实；这需要系统解决铺面装配式与智能化建造的结构、材料、构件、工艺、装备等系列科学技术难题，形成装配式铺面成套技术体系与标准。从而避免或缓解传统铺面建造存在的施工对交通、生态环境、周边居民生活的干扰和影响，为社会提供工业化与绿色的铺面建造解决方案。这对促进交通行业的信息化、标准化、智能化具有重要作用。

铺面装配化与智能化建造难题的研究与解决涉及广泛的学科交叉，将融合交通、土木、材料、机械、信息、管理等多个学科领域，对推动国内外多学科交叉、国际合作、工程制造等战略具有良好的现实意义。

2. 研究进展

20 世纪末，国内外开始对铺面中一些额外的功能展开相关研究，如主动降噪、导电、自融雪、自动检测技术等。进入 21 世纪以来，在导电铺面和自融雪铺面方面得到了长足发展,其他如自清洁铺面、尾气降解铺面、荧光铺面、抑尘铺面、自愈合路面等新型铺面概念和技术不断出现。此外,近年来国内外在重大桥梁、隧道健康监测、边坡等重点基础设施自动监测等方面开展了大量研究工作。这些研究与实践为铺面智能化提供了良好的参考。

2006年,日本尝试研发铺面的热能收集装置,美国的研究小组对该技术进行了进一步深化。2008年,以色列、中国开始采用压电技术研发机械能的能量收集技术[4];美国开始研究利用铺面资源收集太阳能的技术。铺面能量收集技术研究成为铺面迈向智能化的一个切入点,为铺面自供电感知技术的研发提供了条件,但是尚未全面诠释智能铺面的技术内涵。

2008年,欧洲国家公路研究实验室论坛提出了"第五代道路"计划,又称为永久开放道路(Forever Open Road)[5]。它旨在建立具有自适应、自动化和强韧性特征的新型道路系统,以保障欧洲道路的正常运行,并削减道路的维护费用,促进欧洲经济的可持续发展。该系统包括路面质量监测、能量收集、信息交互、绿色环保及自动化等相关设施和材料,以及快速、经济的道路设计、建设和维护方法等。该概念已于2009年11月通过,并于2010年10月提出了相关的研究和发展规划,为智能铺面的实践提供了较好的参考。此后,同济大学联合国内相关单位对智能道路的概念和框架进行了较为系统的定义和阐述(图1),并已开始建立智能铺面技术体系。

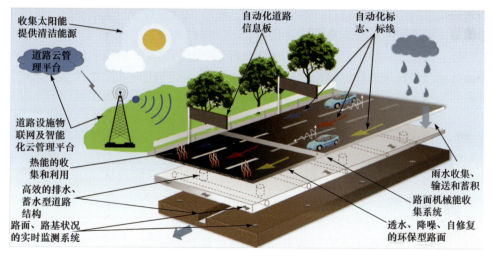

图 1　智能道路示意图

在铺面的装配化领域[6,7],美国从20世纪70年代就开始了装配式铺面工程技术的研究。从2000年开始,美国得克萨斯、纽约、新泽西、加利福尼亚等州在道路和机场场道领域开展了一系列的研究性或试点项目,基本获得成功,并取得了较好的社会效益。日本、荷兰、英国等国家也对装配式铺面工程技术开展了研究。日本学者成功地将装配式铺面应用于道路、港口码头和机场场道中；针对不同的应用场景研发了装配式混凝土铺面以及装配式块状沥青铺面。荷兰学者研发了薄层卷铺式沥青路面并初步投入应用。

我国早在20世纪50年代就有过初步的装配化路面尝试，但没有得到有效延续。从2005年开始，田波等对装配式铺面进行了有效的探索与实践。2015年，上海浦东国际机场开展了装配化修复试点工程，应用装配式铺面技术完成了水泥混凝土道面的整体换装修复。2016年，西藏阿里的S301公路采用装配式技术新建水泥混凝土路面，但尚未形成系统的、工业化的技术体系。2016年，在上海外环线，将分布式传感器预埋于水泥混凝土路面内部，小范围实现了路面的装配化修复与智能监测。我国交通运输部公路科学研究院、同济大学等单位研发了沥青地毯，为沥青路面的装配化建造提供了基础。国内外正利用装配式铺面可在工厂预制的特点，积极为铺面的快速修复与建造，以及智能化升级提供良好的物理载体，并开始从小范围试验走向大规模的装配化和智能化建造。

在铺面的智能化领域，国内外已经开始尝试从原材料生产到铺面施工、验收的全过程进行数字化、智能化监测与控制；BIM方法开始应用于铺面设计；智能压实等手段在路基施工、沥青混合料施工中得到初步应用；射频识别、北斗卫星导航跟踪定位、无人机监测、现场视频识别与预警等智能技术开始在铺面的施工中得到初步应用。铺面设计、生产、运输、施工、检测等过程的数字化、精细化和自动化成为铺面智能制造的重要特征。

综上所述，国际上对铺面智能化已经有了一定的尝试，研发了相关的功能型单体技术，但尚未对智能铺面进行系统阐述、研究和应用。装配化和智能化建造已经开始用于铺面的维修和新建，但在国际上尚处于起步阶段。

3. 主要难点

铺面的装配化与智能化建造包括智能设施、智能交互和装配化智能建造三大方面的内容。

1) 智能设施

如何让铺面具有主动性状感知和自我适应能力非常关键。铺面的温度、湿度、应变、位移、承载能力、抗滑能力、平整度等都是表征铺面状态与性能的重要组成部分，还需掌握交通荷载、外部环境等信息。这些性能状态和外部信息的感知一般都需要依赖相关的传感器件或在线监测设备。对铺面而言，在平面上呈带状分布，一条公路的铺面长度可以从几十千米到上千千米，目前的传感器一般以离散分布的埋入式传感器为主，价格高昂，很难实现对铺面的全覆盖监测与感知。

因此，如何大范围、低成本、低功耗、高可靠性地实现铺面的性状主动感知是铺面自身智能化的重大挑战。感知的铺面信息需要有效地进行传输和集成，然而采用电缆传输的距离有限、无线传输受成本和信号的限制、光纤传输对传感器提出了新的要求，因此低成本的可靠传输也成为信息感知的另一难点。在此基础上，铺面如何及时调节自身的温度、湿度、刚度等状态，以主动适应荷载和环境带来的变化，在国内外尚处于起步阶段；在外部荷载和环境的作用下，铺面结构和材料会产生损伤，如何在早期阶段自动修复已经产生的损伤，均是国际性的技术难题。因此，通过智能感知铺面状态，适应荷载和环境变化，实现铺面的自我保护和提升，从而达到保障性能、延长寿命的目的，难度很大。

2) 智能交互

在铺面智能感知的基础上，除了给铺面的自适应提供信息，大量的信息需要与用户进行交互，以发挥作用。这种交互应该是一种主动的智能交互，包括铺面与管理人员(直接、间接)的交互、与车辆(普通车辆、自动驾驶车辆)的交互和与使用人员(驾乘人员、行人等)的交互，并需要与其他各类信息实现互联互通。在信息交互中为帮助不同用户理解铺面的状态与行为，需要解决铺面的数据分析与传输、行为解析与模型、信息发布与预警等系列关键技术，这需要铺面、车辆、信息等技术的紧密融合，是一个交叉性的技术难题。

3) 装配化智能建造

对于装配式铺面，由于装配后就可以直接为车辆提供高品质的服务水平，高程的装配精度需要控制在 1mm 以内，很难用全人工的方式来实现。对于装配式水泥混凝土铺面，可采用工业制造的方法对板块进行三维数字设计、全自动预制和三维信息校验、现场自动化装配及快速无损检测。这需要投入大量的人力和物力，对结构、材料、装备、工艺和管理技术进行系统研发，以形成成套的信息化设计技术与软件、快速检测仪器与方法和自动化施工装备。对于装配式沥青铺面，精度的控制更多集中在下卧层表面的平整度控制，难度更大。

而对于智能铺面，采用智能材料和引入大量传感器，使铺面施工工艺复杂化。在这种情况下，可采用两类方式改进智能铺面的建造方式。其一，仍然采用传统的工艺，但是增加智能化的监测与控制手段，对施工质量进行实时的智能化控制，如智能压实等施工工艺。其二，采用全新的装配化结构与工艺。在装配化工艺中，铺面结构可以采用工厂化预制，这有利于智能铺面中特殊材料的采用，以及各类传感器的预埋，符合未来可持续发展的要求，可以显著提高施工速度，特别是为未来快速、标准化维护提供条件。

总体而言，铺面的装配化与智能化建造需要紧密结合现代工业化手段，包括数字化控制、BIM、智能压实、三维快速扫描、无损检监测、3D 打印、机器人等技术，并研发新型可装配化的普通铺面或智能铺面结构形式，这将重构现有的铺面结构及建造模式，在国际上面临巨大的挑战。

参 考 文 献

[1] Zhao H D, Wu D F. Definition, function, and framework construction of a smart road[C]//2015 International Symposium on Frontiers of Road and Airport Engineering, ASCE, Shanghai, 2015.

[2] 孙大权, 张立文, 梁果. 沥青混凝土疲劳损伤自愈合行为研究进展(1)[J]. 石油沥青, 2011, 25(5): 7–11.

[3] 孙大权, 张立文, 梁果. 沥青混凝土疲劳损伤自愈合行为研究进展(2)[J]. 石油沥青, 2011, 25(6): 8–11.

[4] Zhao H D, Ling J M, Fu P C. A review of harvesting green energy from road[J]. Advanced Materials Research, 2013, 723: 559–566.

[5] Lamb M J, Collis R, Deix S, et al. The forever open road, defining the next generation road[C]// PIARC World Congress, Mexico City, 2011.

[6] Meyer A H, McCullough B F. Precast repair of CRC pavements[J]. Journal of Transportation Engineering, 1983, 109(5): 615–630.

[7] Hachiya Y A. Rapid repair with precast prestressed concrete slab pavements using compression joint system[C]//Proceedings of the 7th International Conference on Concrete Pavements, Orlando, 2001.

撰稿人：赵鸿铎

同济大学

审稿人：凌建明　沙爱民

铁路道岔不平顺性特征及控制

Characteristics and Control Measures of Track Regularity in Turnouts

1. 背景与意义

铁路道岔是列车实现转向或跨线的关键设备，由转辙器、导曲线和辙叉三部分组成。转辙器由基本轨、尖轨及连接部件等组成，主要依靠尖轨的扳动，将列车引入主线(图1)或侧线方向。为使道岔正确引导列车行驶方向，尖轨需进行轨头及轨底水平刨切以实现尖轨与基本轨密贴，还需垂直刨切轨顶使尖轨与基本轨顶面存在高差，以实现车轮荷载在曲尖轨与基本轨间平稳过渡。辙叉分为固定型辙叉和可动心轨辙叉两种，时速160km以上的提速和高速道岔采用的均是可动心轨辙叉(图2)，以避免因固定辙叉轨线中断而导致过大的轮轨冲击作用。可动心轨辙叉由翼轨、长短心轨等组成，开通主线时心轨与直向翼轨相贴靠，开通侧线时心轨与侧向翼轨相贴靠，心轨尖端也为藏尖式结构，且向后端逐渐加宽和加高。

道岔结构复杂、部件繁多，不仅存在尖轨、基本轨及心轨等走行轨件，还存在护轨、长翼轨等辅助轨件。同时为实现车辆转向的功能，道岔尖轨及心轨设计为无扣件扣压的可动轨件，使得岔区轮轨接触关系远比区间线路复杂得多，会出现车轮与多钢轨及轮背与钢轨的接触行为，这些都将加剧车辆与道岔动态相互作用，影响车辆过岔的安全性及平稳性，增大养护维修投入，因此道岔与线路曲线、钢轨接头并称为铁路线路设计中的三大科学难题[1]。

图1 道岔开通主线方向

图2 可动心轨辙叉

与区间线路不同，列车通过道岔时车轮必然与多根钢轨发生相互作用，导致车轮荷载在多根钢轨上过渡或跳跃，这是影响铁路道岔平顺性的根本原因。以列车逆向通过转辙器为例，车轮逐渐离开基本轨，锥形或磨耗型踏面车轮重心随轮轨接触点的外移而逐渐下降，当车轮滚上尖轨后，因尖轨顶面逐渐加宽加高，车轮重心随轮轨接触点向尖轨中心移动而逐渐升高，这种车轮重心先降低后升高、轮轨接触点先外移后内移再外移的情况，使尖轨侧的车轮如同在存在高低和方向不平顺的钢轨上行驶；车轮通过辙叉也必须克服这种垂向和横向上的结构不平顺；列车顺向通过道岔时也会因轮轨接触点的变化而产生结构不平顺，车轮在道岔钢轨间转移及车轮荷载过渡会在钢轨顶面形成明显的接触光带(图3)。

图3　轮载过渡形成的接触光带

另外，道岔区轮轨关系比区间线路复杂得多，区间线路上只有车轮踏面与钢轨顶面接触、车轮轮缘与钢轨侧面接触两种情况，而道岔区则有可能出现车轮踏面与基本轨顶面接触，同时与尖轨顶面接触，车轮轮缘与尖轨侧面接触，尖轨与基本轨贴靠、尖轨与滑床台板接触等多种情况，且变截面尖轨/心轨上接触点空间位置沿纵向也会发生变化[2,3]，即接触不平顺(图4)。

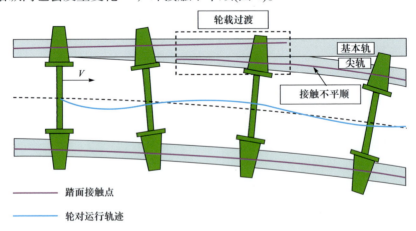

图4　复杂多变的轮轨关系

道岔结构自身所引起的这种高低和方向不平顺及复杂多变的轮轨接触关系，即使在道岔几何尺寸和使用状态均良好的情况下，也将导致列车通过道岔时车体产生剧烈的振动和摇晃，在很大程度上限制道岔容许通过速度，影响铁路道岔的平顺性。

2. 研究进展

对于直向通过速度低于 200km/h 的普速道岔，国内利用列车/道岔系统动力学计算模型，以实测的道岔结构不平顺作为激励，可分析列车以不同速度过岔时的安全性与平稳性。但道岔转辙器及辙叉部分的轮轨关系未有创新性的突破，尖轨及可动心轨顶面降低值的设计原则仍是顶宽 20～50mm 为轮载过渡的范围，道岔的平顺性较差。国外(如欧洲铁路联盟)为提高固定辙叉道岔的行车安全性与舒适性，考虑车轮通过固定辙叉时，针对轮轨接触点从翼轨向心轨上过渡时所产生的结构不平顺，提出了降低翼轨水平冲击角、翼轨顶面采用与车轮踏面相适应的双横坡设计方法，指导了固定辙叉顶面轮轨关系优化设计，使固定辙叉的直向通过速度提高到 200km/h，并在欧洲范围内推广应用[4]。

对于直向速度达到 250～350km/h 的高速道岔，我国采取两项轮轨关系设计创新，以提高高速道岔的平顺性。

一是在转辙器部分通过缩短轮载过渡范围来提高行车的平稳性与安全性。研究发现，尖轨与基本轨的顶面高差决定轮载在两钢轨间过渡的范围和轮载转换的快慢，尖轨顶面纵坡越小，轮载过渡的范围就越长，尖轨完全承受列车荷载的断面就越大。但是因为轮载转换的速度较慢，轮轨间的横向蠕滑力作用时间越长，列车直向过岔时的平稳性就越低。因此在我国时速 350km 高速道岔中尖轨顶面降低值设计以顶宽 15～40mm 为轮载过渡范围，车轮在进入道岔较短的范围内即实现轮载过渡，并通过现场实车试验及轮对横移量激光测试(图 5)验证缩短轮载过渡段长度，可以提高列车通过道岔的平稳性。

二是在辙叉部分采用水平藏尖式结构设计(图 6)。普速可动心轨尖端是竖直藏尖结构，心轨顶面纵坡率较大，且心轨与翼轨轨距线贴靠，轮轨接触点的横移量较大，造成竖向及横向结构不平顺均较大，行车安全性及平稳性较低。而采用水平藏尖结构后，心轨位于翼轨顶面轮廓线以内，轮轨接触点的横移量较小，可有效降低辙叉处的竖向及横向不平顺，确保高速列车过岔时的平稳性及舒适性[5]。

国外高速道岔结构设计中也十分重视轮轨关系设计，以提高道岔的平顺性[6]。法国通过对高速道岔转辙器及辙叉部分轮轨接触关系的研究指出，基本轨与尖轨(翼轨与心轨)匹配、顶面高差将影响轮对等效锥度及轮对倾角的变化，最终将影响高速列车通过道岔时的安全性与舒适性，提出时速 350km 道岔轮对等效锥度不大于 0.1、轮对倾角不大于 0.004rad 等设计控制标准。德国高速道岔结构设计中采用 FAKOP 轨距加宽的轮轨关系设计，认为道岔转辙器部分的横向结构

图 5　道岔区轮对横移量激光测试　　　　图 6　心轨水平藏尖结构

不平顺是引起列车过岔晃车、降低道岔舒适性的主要因素,因此通过将基本轨弯折,使列车通过道岔时轮对在两基本轨上的接触点外移量相同,从而减缓该处的结构不平顺。仿真分析及现场实测表明,FAKOP 轨距加宽设计虽然增加了转辙器部分的竖向不平顺,但可有效减缓该处的横向不平顺,同时尖轨顶面加宽起到了缩短轮载过渡段范围的作用,因此横向行车平稳性要优于其他国家的高速道岔,具有与区间线路相当的行车舒适性。西班牙 Bugarrín 提出将基本轨工作边切除的 CATFERSAN 方法,以改善转辙器区轮轨接触关系,通过切除特定区域的基本轨工作边,将基本轨侧接触点位置向外移动,使其与尖轨侧的接触点尽可能对称,从而提高道岔直向通过速度。

除道岔区轮轨关系外,道岔区轨道刚度的分布也会影响道岔平顺性。区间线路的扣件系统结构及刚度相同时,轨道整体刚度沿线路方向基本相同。但在道岔区,钢轨有多种型式,轨枕、垫板长度是变化的,板下胶垫的刚度也是变化的,同时还有间隔铁、限位器、滑床台等多种区间线路所不具有的轨道部件(图 7)。这些因素使得道岔区轨道刚度沿线路纵向呈不均匀分布,呈现很强的突变特性。为减缓刚度不均匀对道岔平顺性的影响,需在道岔前后设置轨道刚度过渡段并对道岔区轨道刚度进行均匀化设计[7]。

道岔区的轨距、方向、高低、水平等几何不平顺也会影响道岔的平顺性与安全性,尤其是与列车自振频率相对应的长波不平顺。高速列车车体的自振频率多在 1Hz 左右,与车体自振频率一致或接近的不平顺,将会引起车体的强烈谐振,300~350km/h 时易引起车体谐振,使舒适性恶化的波长为 80~100m,而 18 号道岔全长为 69m,若采用过去常规的 10m 或 20m 弦长进行道岔几何不平顺的检测,是无法控制其不平顺状态的[8];由于道岔结构的特殊性,道岔区状态不平顺在车轮动力作用下直接影响道岔结构不平顺,例如,道岔制造及组装精度不良,可能导致尖轨、心轨与滑床台板间存在间隙,与基本轨、翼轨密贴段存在间隙,与顶铁间存在间隙，长大尖轨或心轨的转换位移不足，均会造成道岔区轨距减小，这对道岔平顺性也有一定影响；为提高直向过岔时的舒适性，岔区各钢轨接头均为胶接绝缘接头或焊接接头，形成无缝道岔与跨区间无缝线路，道岔辙跟则为纵向附加力峰值处，该处的传力部件若设置不当，受到过大的纵向力，就可能导致该处转辙器出现"碎弯"现象(图8)，影响道岔的平顺性及舒适性。

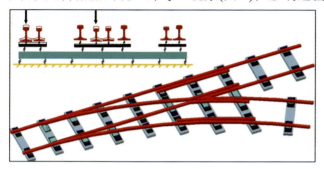 

图 7　道岔区轨道刚度沿线路纵向呈不均匀分布　　图 8　转辙器跟端"碎弯"现象

为减少道岔区各种不平顺对道岔平顺性及舒适性的影响，应重视长波长轨道几何不平顺的检测，需将道岔及其前后各 200m 以上的区间线路视为一个检测单元，来检测长波长情况下道岔的几何状态，并结合轨检小车、激光测试系统等先进的检测手段，检测得到长波长轨道几何不平顺的正确量值，有针对性地对道岔几何不平顺进行维修控制；同时还应重视道岔几何状态的静态检测和精密调整，需利用带棱镜的轨检小车对道岔直侧股的高低、方向、轨距、水平等几何状态进行检测，根据测量数据对道岔的几何状态进行调整，并不断重复直到满足一定的验收标准来保证道岔的平顺性。

3. 主要难点

影响铁路道岔平顺性的主要因素是结构、刚度、几何及状态不平顺，在 350km/h 的第一代高速道岔研制过程中，主要解决以上四类不平顺问题，但是更高速度第二代高速道岔的研制中还要解决轮轨高频振动问题。传统滚动接触理论的先决条件是接触斑尺寸与振动波长相比很小，将滚动接触看作稳态过程；但当激扰波长与接触斑尺寸在同一个数量级时，必须进行非稳态或瞬态接触力学分析。在列车速度达到 400km/h 时，轮轨系统间表现为更明显的高频振动(主频达 2000Hz 以上)，振动波长与接触斑直径可能就处于一个数量级，需要发展三弹性体非稳态滚动接触理论，探明高速道岔与车辆的高频振动规律。该研究目前为空白，是一项国际前沿的科学难题。

此外，侧向高速通过大号码道岔的尖轨及心轨等可动轨件的长度较长，如62号道岔尖轨可动部分长达51m，该范围没有扣件紧固，只有转换设备的弱约束作用。移动荷载作用下的连续支承梁存在临界速度，弱约束的变截面长大轨件中的振动波可能是影响道岔平顺性的另一重要因素，也是一项需要解决的基础理论问题，目前国内外均未见该方面的研究报道。

参 考 文 献

[1] Wang P. Design of High-speed Railway Turnouts: Theory and Applications[M]. Amsterdam: Elsevier, 2015.
[2] Lewis R, Olofsson U. Wheel-rail Interface Handbook[M]. Cambridge: Woodhead Publishing, 2009.
[3] Kassa E, Nielsen J C O. Dynamic interaction between train and railway turnout: Full-scale field test and validation of simulation models[J]. Vehicle System Dynamics, 2008, 46(S1): 521–534.
[4] Esveld C. Modern Railway Track[M]. Zaltbommel: MRT-Productions, 2001.
[5] 王平, 陈嵘, 陈小平. 高速铁路道岔设计关键技术[J]. 西南交通大学学报, 2010, 45(1): 28–33.
[6] Bugarin M, Diaz de Villegas J M. Improvements in railway switches[J]. Proceedings of the Institution of Mechanical Engineers Part F: Journal of Rail and Rapid Transit, 2012, 216(4): 275–286.
[7] 陈小平. 高速道岔轨道刚度理论及应用研究[D]. 成都: 西南交通大学, 2008.
[8] 全顺喜. 高速道岔几何不平顺动力分析及其控制方法研究[D]. 成都: 西南交通大学, 2012.

撰稿人：王　平　徐井芒

西南交通大学

审稿人：赵国堂　高　亮

适应货运重载化的驼峰溜放特性

Rolling Characteristics of Hump Adapted to Heavy-Haul Freight Transport

1. 背景与意义

驼峰是将调车场始端道岔区前的线路抬升到一定高度,主要利用其高度和车辆自重,使车辆自动溜到调车线上,是编组站专门用来解体、编组车列的一种调车设施,由推送部分、峰顶平台、溜放部分、车场制动位打靶区等部分组成,其构成如图 1 所示。

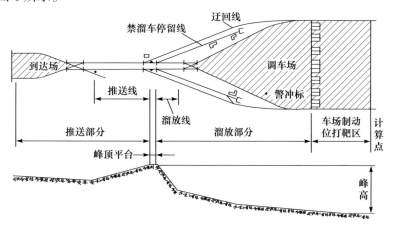

图 1 驼峰平纵断面示意图

货物列车在到达场办理完到达作业后,驼峰头部调车机车将车列经推送线推向峰顶,提钩员根据解体作业计划在车组到达峰顶前适时提起车钩,驼峰自动控制系统开通相应进路,当车组前进方向受力大于后方时脱离车列,在驼峰头部溜放部分经过加速、高速、减速等运动到达调车场,经车场制动位打靶制动后进入连挂区,在纵坡及减速顶共同作用下,车组停在预期位置或与前方停留车安全连挂。为不影响解体作业效率,无法过峰的特殊车辆将暂存于禁溜车停留线,待调机解体完毕后经迂回线送往峰下调车场。与早期平面调车方式相比,驼峰的出现显著提高了编组站解体作业效率及安全性,是铁路站场领域的伟大发明。驼峰设计中,溜放部分平、纵断面设计是核心与难点,在货运重载化发展趋势下,如何对其进行优化是铁路站场领域面临的科学问题。

驼峰研究是集线路设计、轨道结构、机车车辆、牵引计算、站场设计、通信信号、行车组织等多专业为一体的综合性研究，涉及铁道工程、站场工程、载运工具运用工程、自动控制、运动学、动力学等多个学科。其研究和发展对上述学科的发展和完善具有重要的科学意义。

驼峰的作业效率对全路网的货运组织、运输能力、作业安全等具有重要作用，应予以重视。

2. 研究进展

货运重载化是世界铁路的发展趋势，提高轴重是实现货运重载化的关键[1]。以我国铁路通用货车为例(与通用货车对应的是专用货车，由于设计结构特殊，仅在某些专线上固定使用，如无特殊说明书中均指通用货车)，在经历了中华人民共和国成立初期的18t轴重、20世纪70年代末的21t轴重、21世纪初的23t轴重等发展阶段后，现正研究推广27t轴重通用货车，将来还有更重轴重的货车面世。与既有货车相比，货车轴重的提高使其驼峰溜放特征更加显著[2]：

(1) 驼峰溜放车辆单位基本阻力更小。基本阻力是指车辆在平直线上溜行时，除风阻力以外所受的阻力，主要由车轮轴颈与轴瓦(或滚动轴承)间的摩擦、车轮踏面与轨面间的滚动摩擦、车轮与轨面间的滑动摩擦及车辆溜行中的冲击、振动和摇摆等因素产生。单位基本阻力是平均每千牛(kN)的阻力值。一方面，由于货车总重增大，已有车辆单位基本阻力计算模型及测试结果显示，随着货车总重的增加，车辆单位基本阻力呈减小趋势；另一方面，货车总重增加后，为满足制动需求，货车轮径也随之增大。以我国 27t 轴重货车为例，其轮径比既有 21t、23t 轴重货车增加 75mm。轮径增大将使轮轨接触斑随之增大，在相同载荷下，轮轨接触应力有所降低，钢轨接触变形有所减小，车辆滚动摩擦阻力也将降低，车辆溜放走行性能更好。

(2) 驼峰溜放车辆单位风阻力增大。在比容一定的条件下，货车载重增大，车体尺寸随之增大。以我国 27t 轴重货车为例，C_{80}、P_{80} 分别较 23t 轴重货车 C_{70}、P_{70} 高度增加 377mm、长度增加 2000mm，23t 轴重货车 C_{70}、P_{70} 又分别较 21t 轴重 C_{64}、P_{64} 长度增加 538mm、636mm。与既有车型相比，在不利溜放条件下，27t 轴重货车将受到更大风阻力，空载车辆溜放更加困难。

3. 主要难点

重载货车溜放性能的变化给驼峰设计及研究带来一系列新的难题：

(1) 计算车辆类型的选定。铁路货车生命周期较长，新型大轴重货车投入运营后，原有轴重货车仍在服役，不同轴重货车共存的局面将长期持续，这给驼峰研究时计算车型及计算质量的选定带来困难。目前，我国铁路尚有一定比例的 21t 轴重货车，23t 轴重货车比例最高，27t 轴重货车投入运营时间不长，在较长的一段时期内会出现 27t 轴重、23t 轴重与 21t 轴重等多种轴重和多种车型混用情况，驼峰平纵断面设计需考虑的车型范围增大，复杂性增加。驼峰计算车辆类型需结合各类车型的保有量研究选定。

(2) 单位基本阻力的标定。车辆单位基本阻力是进行驼峰设计的基础。铁路货车数量庞大且通用，流动性强，不同货车间的技术状态差别较大，有的车辆为新出厂车辆，技术状态较好，走行性能较好；而有的车辆则是即将进入厂修的车辆，技术状态较差，走行性能也较差。随着重载化的发展，新型重载货车陆续投入运营，其良好的溜放性能与原有老旧车辆形成鲜明对比，而驼峰设计时需要综合考虑各种车辆的溜放性能。在多种车型、多种质量等因素叠加下，车辆单位基本阻力的测量及标定十分困难[3]，这是驼峰设计和研究面临的一个重要难题。

(3) 驼峰峰高及平纵断面设计参数的标定。重载货车总重及车体的增大使原有驼峰设计参数，如峰顶平台长度、竖曲线半径 $R_{竖}$(图 2)、道岔保护区段长度 $L_{保}$(图 3)、峰顶至第一分路道岔的长度及坡度、反向曲线插入轨长度等，不再完全适用[4]，须重新研究适应重载货车溜放的驼峰设计参数，这些关键设计参数的标定是驼峰研究中的又一难题。由于驼峰工程较大，可借鉴国外实践经验[5~7]，尝试采用计算机仿真等方法开展研究。

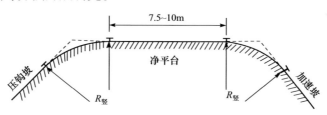

图 2 峰顶平台示意图

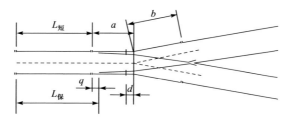

图 3 道岔保护区段长度示意图

(4) 驼峰溜放部分平纵断面优化问题。货车车体的增大不仅对驼峰溜放部分平面设计优化目标(尽量缩短驼峰溜放部分长度)提出新的挑战,也对纵断面设计坡度的取值提出新的要求。空车不利溜放条件下所受单位风阻力增大要求增大设计坡度,而重车单位基本阻力减小又要求减小坡度值。因此,驼峰溜放部分平纵断面设计优化是货运重载化发展趋势下的难题。

(5) 计算气象条件的标定。驼峰是 365 天 24 小时户外连续工作的设施,气象条件对驼峰具有重要影响,温度、风速及风向等气象资料的取值均直接影响驼峰高度及纵断面设计[8]。如果计算气温选择过高(或计算风速选择过小),则造成峰高过低,难行车溜放不到位,推峰机车需频繁下峰整理,驼峰运营效率降低;反之,则造成峰高过高,易行车溜放速度较高,影响作业安全,并增加减速设备制动能耗,运营经济性受到影响。驼峰计算气象条件须结合所在地气候条件研究标定。

此外,目前的驼峰设计工作中,首先进行平面设计,根据经验预留制动位长度,完成平面设计后,计算峰高,然后进行纵断面设计。这种设计方式会造成驼峰平纵断面设计脱节问题,未能形成闭环反馈,造成驼峰头部平纵断面设计不够紧凑。如何进行驼峰平纵断面一体化设计是值得深入研究的问题。

货运重载化的发展使得货车轴重逐渐提高,重载货车的运用为驼峰设计与研究带来计算车型的选定、单位基本阻力的标定等一系列新的问题,为适应货运重载化发展趋势,需在系统研究各问题的基础上进行驼峰平、纵断面设计的整体优化。

参 考 文 献

[1] Li D, Otter D, Carr G. Railway bridge approaches under heavy axle load traffic: Problems, causes, and remedies[J]. Proceedings of the Institution of Mechanical Engineers, Part F: Journal of Rail and Rapid Transit, 2010, 224(5): 383–390.

[2] 张红亮, 李荣华, 刘博. 27t 轴重通用货车对驼峰设计及作业控制的影响与对策[J]. 铁道货运, 2016, 34(11): 24–27.

[3] 李荣华, 张红亮. 铁路驼峰设计对货车大型化发展适应性的思考[J]. 铁道货运, 2013, (9): 1–5.

[4] 杜旭升, 安迪. 27t 轴重货车驼峰溜放试验分析及驼峰设计对策[C]//中国减速顶技术创新与发展应用学术交流会论文集. 北京: 中国铁道学会, 2014: 6–8.

[5] Dick C T, Dirnberger J R. Advancing the science of yard design and operations with the CSX hump yard simulation system[C]//Proceedings of the 2014 Joint Rail Conference, Colorado Springs, 2014: 1–10.

[6] Lin E, Cheng C. Simulation and analysis of railroad hump yards in North America[C]//Proceedings of the Winter Simulation Conference, Phoenix, 2011: 3715–3723.

[7] Adamko N, Klima V. Optimization of railway terminal design and operations using villon generic

simulation model[J]. Transport, 2008, 23(4): 335–340.

[8] 张红亮, 杨浩, 夏胜利. 不同气象数据精度对驼峰峰高设计的影响[J]. 交通运输系统工程与信息, 2015, 15(3): 185–189.

撰稿人：李荣华　王俊峰
中国铁路设计集团有限公司
审稿人：王卫东　魏庆朝

桥梁的跨度极限

Span Limit of Bridges

1. 背景与意义

桥梁跨度是指支承梁跨的相邻两个桥墩或桥台支座之间的距离。各种桥型适用的桥梁跨度不同，因此它们的跨度极限及关键控制因素也不同。目前世界上最大跨度梁桥330m、拱桥552m、斜拉桥1104m、悬索桥1991m。显然，在现有四种桥型中，悬索桥跨越能力最大，所以悬索桥的跨度极限也就是桥梁的跨度极限。悬索桥主要受到三种荷载作用，即结构自重恒载、车辆活载和环境荷载(风载、温度荷载、地震荷载等)。对于大跨度悬索桥，恒载占总荷载的比例很高，而且跨度越大比例越高，例如，1000m跨度悬索桥恒载比例约80%、2000m跨度约90%、5000m跨度约95%；相反，车辆活载比例会随着跨度的增大而减小；环境荷载中，最主要的是风载，它与构件截面外形有关，截面外形越流线型，结构风载就越小，反之越大，悬索桥风载主要由加劲梁的风载控制[1]。

根据历史记载，世界上最古老的悬索桥是我国陕西省汉中地区的樊河铁索桥，建于公元前206年。1705年，我国建成了跨度达100m的四川泸定桥，该桥是以铁链为主要承重构件的悬索桥,这是人类历史上第一座跨度达到百米的桥梁。近代悬索桥改用钢丝编制主缆，它使悬索桥的跨度在其后两个多世纪突破了500m；现代悬索桥采用高强度钢丝作为主缆并辅以多索股施工方法，1931年建成的乔治·华盛顿桥是现代悬索桥的杰出代表，它首次突破了1000m跨度。在此后的70年时间里，悬索桥跨度纪录被5次刷新，最大跨度已经达到1991m。可以预见，在不久的将来，地球上就会出现3300m甚至5000m跨度的悬索桥[2]。

探索桥梁跨度极限及其控制因素的科学意义在于，确保桥梁在结构安全的前提下解决关键问题，提高跨越能力；而桥梁，特别是悬索桥，在荷载作用下结构安全的关键问题或控制因素主要包括构件强度、结构刚度和整体稳定性，悬索桥基本组成如图1所示。悬索桥主要承重构件是主缆，控制跨度极限的构件强度主要取决于主缆强度与其自重之比，即主缆强度越大、自重越轻，构件强度越高。悬索桥加劲梁是承受车辆荷载的主要构件，控制跨度极限的结构刚度主要是指弹性支撑于主缆上的加劲梁所表现出来的总体刚度，它是由主缆和加劲梁共同提供的，并以主缆重力刚度为主。悬索桥的桥塔是压弯构件，虽然可能存在稳定问题，但悬索桥的整体结构稳定性主要是由环境风载作用下的加劲梁静力稳定性和动力稳定性控制的。

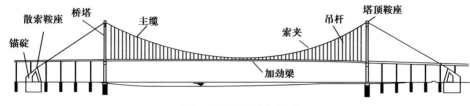

图 1 悬索桥基本组成

2. 研究进展

影响悬索桥跨度极限的三个控制因素是主缆截面强度、总体结构刚度和加劲梁抗风稳定性，下面分别从这三个方面介绍最新研究进展，探索悬索桥跨度极限。

1) 主缆截面强度

主缆作为悬索桥的主要承重构件，关乎整个桥梁的安全。对于一个典型的悬索桥，假定其中跨主缆线型为抛物线，且抗弯刚度和抗拉刚度可以忽略，其最大跨径可用不等式表示[3,4]：

$$L \leqslant \frac{8nA\sigma_a / w_c}{\sqrt{1+16n^2}\,(1+w_s/w_c)} \tag{1}$$

式中，n 为主缆的矢跨比；σ_a 为钢主缆的允许应力；A 为主缆钢丝总净面积；w_c 为每延米主缆重量；w_s 为桥面系每延米总重量。

对于采用钢主缆的悬索桥，令荷载比 w_s/w_c 趋近于零，则极限跨度 L_∞ 可以用主缆矢跨比表示如下[4]：

$$L_\infty = \frac{92646n}{\sqrt{1+16n^2}} \approx \begin{cases} 9400\text{m}, & n=1/9 \\ 8600\text{m}, & n=1/10 \\ 7900\text{m}, & n=1/11 \end{cases} \tag{2}$$

因此，采用主缆截面强度作为悬索桥极限跨度控制因素时，现有高强钢丝主缆悬索桥的极限跨度为 8000～9500m。

2) 总体结构刚度

悬索桥总体结构刚度由主缆和加劲梁共同提供，并以主缆重力刚度为主。简化起见，加劲梁最大竖向位移计算采用正弦级数展开式的第一项，即

$$\Delta_{\max} = \frac{w_{sp}L^4}{\pi^4\left[H_g\left(\dfrac{L}{\pi}\right)^2 + EJ\right]} = \frac{0.05(w_c+w_s)L^4}{\pi^4(1+\eta)H_g\left(\dfrac{L}{\pi}\right)^2} = \frac{0.0405}{1+\eta}nL \tag{3}$$

式中，w_{sp} 为加劲梁总荷载中的车辆活载，可取主缆和桥面总荷载的 5%，即 $w_{sp}=0.05(w_c+w_s)$；H_g 为主缆水平力，即 $H_g=(w_c+w_s)/8nL$；EJ 为加劲梁刚度，用 η 倍的主缆重力刚度表示。

根据悬索桥加劲梁车辆荷载最大竖向位移控制条件$[\Delta]\leqslant L/250$，可以得到悬索桥极限跨度的最大竖向位移控制条件，即[5]

$$n \leqslant \frac{1+\eta}{0.0405 \times 250} \approx \frac{1+\eta}{10} \qquad (4)$$

式(4)表示悬索桥总体结构刚度并不限制跨度，而是限制悬索桥主缆的最大矢跨比。极限跨度时，η 一般取值为 0~0.2，最大矢跨比为 1/10~1/8.3。

3) 加劲梁抗风稳定性

为了研究极限跨度悬索桥加劲梁的抗风稳定性，选取四种典型加劲梁断面(江阴大桥断面、理想平板断面、西堠门大桥断面和墨西拿海峡大桥断面)，分别考察 6 种不同跨度(1000m、1500m、2000m、3000m、4000m 和 5000m)，采用三维非线性有限元数值方法计算静风失稳临界风速，采用节段模型风洞试验方法确定颤振失稳临界风速，结果见表1。可以看出，在四种典型加劲梁断面中，江阴大桥断面和理想平板断面适用于1500m 左右的跨度，并确保颤振失稳风速在 70m/s 以上；西堠门大桥断面，适用于 2000m 跨度；墨西拿海峡大桥断面适用于 5000m 跨度[3,4]。

表1 加劲梁抗风动力与静力失稳临界风速

跨度 /m	江阴大桥断面 临界风速/(m/s)		理想平板断面 临界风速/(m/s)		西堠门大桥断面 临界风速/(m/s)		墨西拿海峡大桥断面 临界风速/(m/s)	
	动力	静力	动力	静力	动力	静力	动力	静力
1000	89	119	95	119	149	181	270	200
1500	70	90	74	91	110	143	210	162
2000	47	70	54	71	70	110	140	119
3000	40	57	45	58	53	95	100	105
4000	37	51	37	53	46	90	90	106
5000	29	49	32	52	38	90	80	107

3. 主要难点

桥梁的跨度极限及其控制因素研究的主要难点在于以下方面[6,7]：

(1) 悬索桥的极限跨度并不取决于单一因素，而是依赖于结构在荷载作用下安全性的三个方面，即主缆截面强度、总体结构刚度和加劲梁抗风稳定性。

(2) 主缆截面强度和总体结构刚度与主缆材料关系极大，现有的高强度钢丝未来会被纤维增强材料所代替。例如，预应力碳纤维增强塑料(CFPR)和玻璃纤维增强塑料(GFRP)等新材料，使得悬索桥极限跨度会进一步增长。

(3) 极限跨度悬索桥的静风稳定性和颤振稳定性的确定需要精细化的数值方法，而精细化数值方法的有效性又需要得到高精度桥梁模型风洞试验的验证，并且有待于研发更加高效和经济的抗风稳定性控制措施。

参 考 文 献

[1] Xiang H F, Ge Y J. On aerodynamic limit to suspension bridges[C]//Keynote Paper in the Proceedings of the 11th International Conference on Wind Engineering, Lubock, 2003.
[2] 项海帆. 现代桥梁抗风理论与实践[M]. 北京: 人民交通出版社, 2007.
[3] 邵亚会. 超大跨度钢箱梁悬索桥抗风动力和静力稳定性精细化研究[D]. 上海: 同济大学, 2010.
[4] 葛耀君. 大跨度悬索桥抗风[M]. 北京: 人民交通出版社, 2011.
[5] Fujino Y, Kimura K, Tanaka H. Wind Resistant Design of Bridges in Japan[M]. Tokyo: Springer, 2012.
[6] Wu T, Kareem A, Ge Y J. Linear and nonlinear aeroelastic analysis frameworks for cable-supported bridges[J]. Journal of Nonlinear Dynamics, 2013, 74: 487–516.
[7] Ge Y J. Aerodynamic challenge and limitation in long-span cable-supported bridges[C]// Proceedings of the 2016 International Conference on Advances in Wind and Structures, Jeju, 2016.

撰稿人：葛耀君
同济大学
审稿人：夏　禾　余志武

桥梁抗震与减震

Seismic Resistance and Seismic Isolation for Bridges

1. 背景与意义

地壳板块缓慢运动，使相互间挤压产生地应力。当地壳中心应变能积累到一定程度时，就会在比较薄弱的地方发生断裂、错动或滑移。此时，应变能转化为波动能，以地震波的形式向地表传播，引起地面强烈振动，这就是地震。

我国是世界上多地震国家之一，早在3000多年前，就有关于地震的记载。1976年7月28日凌晨3时42分，我国唐山市发生里氏7.8级地震，震中烈度达11度。在这场毁灭性的地震灾害中，大量桥梁被毁坏，交通中断，救灾困难，导致了更严重的次生灾害[1]。2008年5月12日，我国四川省汶川县发生里氏8.0级特大地震，它是中华人民共和国成立以来破坏性最强、波及范围最广、救灾难度最大的一次特大自然灾害，灾区大量桥梁损毁惨重、损失巨大[2]。

地震引起桥梁倒塌破坏主要是由于地震时地面运动引起桥梁运动(或振动)，从而在桥梁结构上产生地震惯性力(结构质量与地震引起结构加速度的乘积)。

多次震害表明，桥梁结构在地震作用下的破坏和损伤有多种形式：①由支承连接件失效和破坏引起上部结构坠毁，如图1所示；②支承连接件破坏，如图2所示，所以桥梁支座、伸缩缝和剪力键等支承连接件被认为是桥梁结构体系中抗震性能比较薄弱的一个环节；③桥墩、桥台破坏，严重的破坏现象包括墩台的倒塌、断裂和严重倾斜，如图3所示；④基础破坏[3]。

图1　汶川地震中垮塌的白花大桥

图 2　汶川地震桥梁支座破坏　　　　　图 3　日本阪神大地震桥墩破坏

经过长期努力,人类对地震灾害现象和机理的认识在不断提高,同时对结构物抗震设计原则、设计理论和设计方法进行了持续研究,并基于每一次大地震灾害的惨重教训,不断改进抗震设计理论和方法。1900 年提出静力法,假设结构物各个部分运动与地震时地面运动相同,将惯性力(地面加速度与结构物质量的乘积)看成作用在结构上的静力进行抗震设计。后来,人们观察到粗重的结构(如挡土墙、桥台)和较柔性的结构(如高桥墩)在地震中的破坏现象不一样,20 世纪 30 年代美国学者提出了反应谱理论。反应谱理论既考虑了地震的地面运动特性,也考虑了结构物在地面运动作用下的动力特性。20 世纪 50 年代人们设计了强震记录仪,将其配置在地震区内,获得了大量地震记录,并借助电子计算机的发展,提出了动态时程分析法,即将地震加速度时程记录作为输入数据,对结构物进行动力分析。

2. 研究进展

1) 桥梁减、隔震

对于地震作用,传统的结构设计对策是抗震,即为结构提供抵抗地震作用的能力。一般来说,通过正确的抗震设计可以保证结构的安全,防止结构倒塌,但不能避免结构构件损伤。然而在有些情况下要靠结构自身抵抗地震作用非常困难,需要付出很大的代价,因此必须寻求更为有效的方法,即减、隔震技术。

目前,国内外主要是利用减、隔震装置,通过增加结构的柔性,增大结构阻尼,耗散地震能量来达到减震效果[4]。经过数十年的研究,发展了叠层橡胶支座、铅芯橡胶支座、高阻尼橡胶支座、摆式支座等多种减、隔震支座,开发具有黏滞、黏弹、金属屈服和摩擦特性的减震耗能装置[5]。这些减、隔震支座和耗能装置已广泛应用到建筑结构和桥梁中,取得了较好的效果[6]。

2) 基于性能的桥梁抗震

20 世纪 90 年代，各国学者对过去长期视为正确的抗震设计思想进行了反思，认识到抗震设计只以生命安全和防止结构破坏为目标是远远不够的，为此美国学者提出了基于性能的抗震设计思想[7,8]。

基于性能的抗震设计是一种基于投资和效益平衡的多级抗震设防思想，即要求在不同水准的地震作用下，所设计的结构能满足各种预定的性能目标要求，而具体性能要求则根据结构的重要性、用途或业主的要求确定。与传统的抗震设计相比，基于性能的抗震设计思想主要有以下几个特点：

(1) 性能目标的多级性。在基于性能的抗震设计中，在不同的地震设防水准下，结构应满足不同等级的性能要求；对于重要的结构，其性能目标要高于一般结构。

(2) 性能目标的可选性。在基于性能的抗震设计中，可以在满足规范的前提下，根据结构的用途及特殊要求，由工程师与业主、使用者共同确定结构的性能目标。这样不仅可以满足不同业主提出的设计要求，发挥研究者、设计者的创造性，也有利于新材料和新技术的应用。

(3) 结构抗震性能的可控制性。在基于性能的抗震设计中，在设计初始就明确结构的性能目标，通过设计使结构对各级地震作用的反应能够达到预先确定的性能目标，因此结构的抗震性能是可以预测和控制的[9]。

3. 主要难点

目前，桥梁的抗震与减、隔震研究仍然是非常困难的。主要难点包括：①地震是一种自然现象，其发生的时间、地点、震级、强度以及持续时间等，至今都难以定量预测；②地震发生时，地震波从震源到场地的传播过程中，受地形、地貌、地质(断层)等多种因素的综合影响，地震波的传播、散射、过滤和非稳定性等造成地震动的不确定性和异常现象。因此，目前还很难通过抗震设计或减、隔震设计完全避免地震中桥梁灾害的发生，只能尽量减小桥梁灾害。

参 考 文 献

[1] 范立础. 桥梁抗震[M]. 上海: 同济大学出版社, 1997.

[2] 范立础, 李建中. 汶川桥梁震害分析与抗震设计对策[J]. 公路, 2009, 5: 122–128.

[3] Preistley M J N, Seible F, Calvi G M. Seismic Design and Retrofit of Bridges[M]. New York: John Wiley & Sons, 1996.

[4] Buckle I G, Mayes R L. Seismic isolation: History, application, and performance—A world view[J]. Earthquake Spectra, 1990, 6(2): 161–201.

[5] Symans M D, Charney F A, Whittaker A S. et al. Energy dissipation systems for seismic

applications: Current practice and recent developments[J]. Journal of Structural Engineering, 2008, 134(1): 3–21.

[6] Eröz M, des Roches R. A comparative assessment of sliding and elastomeric seismic isolation in a typical multi-span bridge[J]. Journal of Earthquake Engineering, 2013, 17(4): 637– 657.

[7] Moehle J, Deierlein G. A framework methodology for performance-based earthquake engineering [C]//Proceedings of the 13th World Conference on Earthquake Engineering, Vancouver, 2004.

[8] Priestley M J N. Performance based seismic design[C]//The 12th World Conference on Earthquake Engineering, Auckland, 2000.

[9] Cardone D, Perrone G, Sofia S. A performance-based adaptive methodology for the seismic evaluation of multi-span simply supported deck bridges[J]. Bulletin of Earthquake Engineering, 2011, 9(5): 1463–1498.

撰稿人：李建中
同济大学
审稿人：夏 禾 李 乔

桥梁的极限寿命及其影响因素

Lifetime Limit of Bridge and Its Influence Factors

1. 背景与意义

桥梁工程伴随了人类文明发展的过程，最早的桥梁以石、木等天然材料建造，具有优良的耐久性[1]。石桥的寿命可以达到千年以上，例如，我国著名的赵州桥(图 1)，建成于公元 605 年，经维修后目前仍可以使用[2]。木桥如果防火和防腐处置得当，也可以有 300 年以上的使用寿命，而且树木的自然成材年龄在十至数十年，如果采伐和种植、管理得当，可以形成可持续的循环模式，对环境十分友好。但这些传统材料的资源有限，采伐加工效率低，运输费用高，而且材料的力学性能不尽理想，施工方法工业化程度低，难以满足现代社会基础设施对大量桥梁建设的需求。

图 1　赵州桥——石拱桥(跨径 37.02m，公元 605 年，中国)

随着社会的发展和科技的进步，土木工程的主流建筑材料逐渐被以钢和混凝土为代表的人工材料取代。这些材料的力学性能显著优于天然材料，易于工业化生产，使建设效率显著提升。得益于这些优点，工程师建成了性能优良、结构新颖、数量庞大的土木基础设施，为现代社会的发展做出了巨大贡献[3]。在桥梁工程领域，目前已建成的桥梁最大跨径已经接近 2km(图 2)，这样的大跨结构在采用天然材料的时代是难以想象的[4]。然而在使用寿命方面采用钢和混凝土等人工材料的土木工程结构寿命大大缩短。就桥梁结构而言，一般桥梁的设计使用寿命在 50 年左右，重要桥梁结构的设计寿命可以要求到 100 年。短寿命结构的拆除和重建造成了材料资源、人力资源和社会资源的巨大消耗，这样的发展模式给环境带来很大的负担，难以长久持续。因此，提升土木工程结构的使用寿命意义重大。

作为现代土木工程大量使用的材料，混凝土结构的历史仅百年左右，钢结构历史要稍长一些。提升结构使用寿命需要解决哪些问题？桥梁结构的合理设计使用寿命应该是多少？使用寿命的极限可以是多少？这是人们需要回答的问题。

图2　明石海峡大桥——钢悬索桥(跨径1991m，1998年，日本)

结构使用寿命是指在正常使用的情况下，结构能够满足安全性和适用性要求的最低年限。为提高桥梁结构使用寿命：一是要探明其中的基本科学问题，包括人工材料的寿命机理、使用荷载和环境对材料及结构的作用机理、寿命极限评估理论和方法等；二是要在此基础上提出可行的工程方法和技术，包括结构设计使用寿命年限的合理设定、可持续结构的理念及设计方法、长寿命结构的拓扑形式以及构造细节和建筑方法、材料及结构的性能监测与检测和评估、结构的养护管理、材料及部分结构的修复和更换技术等。

2. 研究进展

据国外有关资料报道[5]，一些重要桥梁或隧道工程主体结构的设计使用寿命有望达到200年，但即便如此，从人类社会历史的尺度来看，其寿命仍是十分短暂的。能否超越200年的桥梁寿命极限，取决于以下五个方面的因素：①人工材料自身的寿命；②合理的结构形式；③提升结构耐久性的设计和施工方法；④对结构剩余寿命的实时监测和结构维修技术；⑤先进的可持续设计理念等。

(1) 材料性能的研究。结构材料是影响土木工程发展的重要因素，国内外的相关研究十分活跃。近些年来，关于高强混凝土和高强钢材料的研究取得了显著进展，并已在实际工程中大量采用。随着材料强度的提高，混凝土材料的耐久性有了一定程度的改善[6]。耐候钢的研究受到关注，它和空气接触发生化学反应，在表面形成一层密致的氧化膜，可以显著改善钢结构的抗锈蚀性能[7]，已经在工程中应用(图3)。此外，碳纤维和玻璃纤维等新

图3　采用耐候钢的建筑

型建筑材料的研究也取得了相当的进展,展示了新一代土木工程材料可能的发展方向。

(2) 新结构形式的研究。新材料的优越力学性能推动了新结构形式的出现和发展。近年来,组合结构的研究和应用在国内得到充分重视。采用组合结构设计的桥梁,可以根据受力特点,对不同构件或同一构件的不同元素使用不同的材料,充分发挥其力学性能,使整个结构得以优化。另外为提高传统钢筋混凝土桥梁的建设效率和施工质量,对装配式结构的研究也十分活跃,通过增加工厂化制造和减少现场施工而达到目的。然而在这些相关的研究开发中对结构寿命的关注依然不够。

(3) 结构耐久性的研究。结构耐久性是个传统的研究领域,已有大量积累,并形成了结构耐久性设计规范。然而土木工程结构是由多种材料构成的,使用环境复杂,材料性能和施工质量离散性大,使用周期长。因此对结构耐久性评价是个非常复杂的问题,相关的研究需要在长期试验和实测数据积累的基础上不断完善。此外在工程技术方面,除被动防护外,还应关注如何提升结构耐久性的理论和技术研究[8]。

(4) 结构性能监测的研究。实时把握结构性能是评价在役结构剩余使用寿命的前提,传统的桥梁结构检测技术不能完全满足工程需求,近年来关于结构健康监测(structural health monitoring)的研究是土木工程领域十分关注的课题,研究成果在工程中逐步得到应用和认可,但相关理论和技术仍存在诸多挑战[9]。

(5) 可持续结构设计的研究。可持续结构设计倡导综合考虑结构的性能、全寿命造价和对环境的影响,在欧美国家这一理念已逐渐落实到具体工程的设计环节,是下一代结构设计理论的发展方向[10],然而我国的相关研究和应用推进相对滞后。

3. 主要难点

围绕所提出的科学难题,在科学问题层面主要的难点在于:①土木工程人工材料(钢、混凝土、碳纤维等)的寿命机理及长寿命材料的研发;②由多种材料构成的长寿命结构的合理形式;③结构使用寿命极限推断的理论方法。

随着基础理论、长寿命材料、工程技术的进步,人们期待未来桥梁的寿命可以突破200年的极限。

参 考 文 献

[1] 唐寰澄. 中国科学技术史——桥梁卷[M]. 北京: 科学出版社, 2000.
[2] 冯才钧. 赵州桥志[M]. 北京: 人民交通出版社, 2015.
[3] 项海帆, 潘洪萱, 张圣城, 等. 中国桥梁史纲[M]. 上海: 同济大学出版社, 2009.

[4] 金增洪. 明石海峡大桥简介[J]. 国外公路, 2001, 21(1): 13–18.
[5] Koh H M, Park W, Choo J F. Lifetime design of long-span bridges[J]. Journal of Structure and Infrastructure Engineering, 2014, 10(4): 521–533.
[6] Aïtcin P C. The durability characteristics of high performance concrete: A review[J]. Cement and Concrete Composites, 2003, 25(4-5): 409–420.
[7] Kihira H, Kimura M. Advancements of weathering steel technologies in Japan[J]. Corrosion, 2011, 67(9): 1–13.
[8] Gjørv O E. Durability Design of Concrete Structures in Severe Environments[M]. 2nd ed. Boca Raton: CRC Press, 2014.
[9] 孙利民, 孙智, 淡丹辉, 等. 我国大跨度桥梁结构健康监测系统研究与应用现状[C]//第17届全国桥梁学术会议论文集(下). 北京: 人民交通出版社, 2006.
[10] Kibert C J. Sustainable Construction: Green Building Design and Delivery[M]. 4th ed. New Jersey: Wiley, 2016.

撰稿人：孙利民

同济大学

审稿人：夏　禾　余志武

海底隧道安全建造

Safe Construction of Submarine Tunnel

1. 背景与意义

随着社会经济的稳步发展和人民生活品质要求的逐步提高，中国交通运输及工程建设规模与数量呈现不断攀升的趋势[1]。海底隧道作为连接被海峡分割的各大陆或岛屿的主要方式之一，对人们的出行、区域经济的发展以及文化交流发挥了重要作用。与跨海大桥相比，海底隧道观赏价值虽有不及，但是其具有抵抗战争破坏和自然灾害的能力强，不妨碍海上、空中通航，以及对海洋和岛屿环境影响小等特点，在这些方面海底隧道要远胜于跨海大桥。因此，国内多处在建、即建和规划的跨海隧道应运而生。但是机遇与挑战并存，在海底隧道的勘测、设计施工乃至运营等方面，众多难题尤其是安全问题也接踵而至。

海底隧道存在如下几个显著特点：

(1) 地质勘查困难。海底隧道一般修建在海底地层之中，受复杂的海洋环境等限制，常规的勘探受到影响，使得海底地质勘查更加困难、造价更高，且准确性更低，进而使得海底隧道在建造过程中安全风险更大。

(2) 水深且水压大。海底隧道支护结构除了承受围岩压力，还要承受很高的水压力。高水压的存在会降低围岩的有效应力，从而减弱围岩的成拱作用，进而降低围岩稳定性，这给海底隧道的设计、施工及运营带来了前所未有的难题。

(3) 地质条件普遍较差。海域内的围岩复杂多变、风化覆盖层厚、节理破碎带多且常与海水相连，给设计施工带来了诸多难题。

(4) 海水腐蚀性强。海底隧道作为一项超级工程，使用年限一般都要求在100年以上，而常用的工程材料(钢筋混凝土)长期受到含盐水质、生物、矿物质以及高水压的持续作用，极其容易腐蚀而影响其寿命。

海底隧道因建设环境、工程规模及建造标准等方面的特殊性，面临的难题极其复杂，对于与海水环境相关的问题更加突出，包括水荷载确定、防排水、突涌水防控及结构耐久性保障等[2]。对海底隧道建设及安全问题的研究需要充分认识广袤海域环境下的自然环境，对上述难题的解决可为隧道与地下工程学科发展提供重要的理论支撑，对人们合理有效地开发和利用地下空间，乃至对人类社会更好地认识自然和改造自然，都具有重要的理论意义和现实意义。

2. 研究进展

以日本青函隧道的建成为契机，世界各国横穿海峡的热情空前高涨，尤其是欧亚两大洲的研究方向极其引人注目。早在18世纪到19世纪初，就产生了许多用桥梁和隧道渡海把岛屿和大陆、大陆和大陆连接起来的种种构想。英法海峡隧道从拿破仑时代以来就曾两次开挖，几经周折，于1993年全部贯通并投入运营，全长约51km，最大水深约50m。另有如1996年通车的东京湾海底隧道、2000年通车连接丹麦与瑞典的厄勒海峡隧道等。据不完全统计，国外近百年来已建跨海海底交通隧道逾百座。

截至 2015 年底，我国已建成运营的铁路隧道 13038km，其中高铁隧道 3200km，建成运营的公路隧道 12683.9km，城市轨道交通隧道 3286km、水工隧道 11000km，还有大量的市政隧道以及城市地下空间开发工程[3]。我国目前已建成通车的海底隧道共5座，其中香港特别行政区有3条海底隧道跨越维多利亚海峡，将香港岛与九龙半岛相连；2010 年，厦门翔安隧道通车，全长 6.05km，最大水深约 70m，总投资 36 亿元，它不仅是我国第一座海底隧道，也是第一条由国内专家自行设计的海底隧道。它的成功修建，拓展了厦门市的城市发展空间，拉动了区域经济的协调发展，改善了厦门市投资环境，加快了厦门国际化港口建设的步伐，是我国海底隧道建造的一个里程碑；2011年建成通车的连接青岛和黄岛两地的胶州湾海底隧道，全长约6km，最大水深近50m，为实现青岛市发展成现代化大城市奠定了基础。在建的港珠澳交通项目，海底隧道段已于 2017 年 7 月实现全线贯通，在促进香港、澳门以及珠江三角洲两岸经济建设的发展上具有重要的战略意义。此外，跨越我国三大海峡(琼州、渤海、台湾)的海底隧道也在论证规划中，而这些已建成的跨海隧道将为其提供很好的参考[4]。

3. 主要难点

虽然海底隧道的横断面形状、断面积与山岭隧道并无大的差别，但从国内几个跨海峡的海底隧道可以发现，它们的平均最大水深都超过了50m，超高的水压、复杂的海洋环境、持续稳定的水源补给成为海底隧道有别于陆地隧道最为显著的特征，这也使得隧道围岩稳定性、支护结构荷载以及围岩-支护关系更加复杂。如何处理好水以及由水引发的相关问题尤其是安全问题构成了海底隧道安全建造的关键难题[5]。

(1) 覆盖层厚度。合理确定海底隧道拱顶的岩石覆盖层厚度非常重要。若覆盖层过于薄弱，海底隧道施工过程中就极可能发生严重的失稳问题和海水涌入等灾害，即使不发生，也会导致其他辅助工法投入的增大；若覆盖层厚度太厚，不仅加大海底隧道的长度，也使得支护结构上的压力增大。因此覆盖层厚度问题既是一个安全问题，也是一个经济问题。应明确极限覆盖层厚度理念，提出可靠的极限覆盖层厚度的设计方法，为海底隧道的纵断面选线提供理论依据。

(2) 水荷载。海底隧道的水荷载大小是决定支护结构强度的关键，亟须结合海底隧道特点，针对不同的防排水方式，对水压力的计算进行深入系统的研究。海底隧道围岩的渗流机制与抗水压结构设计理论也已成为学科研究热点，建立渗流场与海水深度、隧道埋深以及防排水方式之间的量化关系，提出相应的渗流作用模式，并建立相应的力学模型，是当前的重点研究方向。

(3) 防排水。特殊不良地质段的防排水是海底隧道防排水的关键。由于环境限制，兼顾安全可靠性和经济合理性，海底隧道以"少排"作为基本原则，而穿越特殊不良地质地段的主要问题是加固堵水。研发更加经济有效的防水混凝土或新型防水土工材料、设计更加合理的衬砌结构形式以及发明新的防排水方式是一个重要的研究方向，以适应将来更高、更复杂的防排水要求[6~8]。

(4) 突涌水。海底隧道的突涌水灾害是水、围岩和隧道支护结构共同作用的结果。针对海底隧道不同类型突涌水(如水力劈裂型、地层坍塌型和结构面滑移型等)的涌水条件、产生机制、特性以及评价和防治方法的研究刻不容缓[9]。对不良地质段等突涌水灾害的高发地段，基于国内外先进工程经验，结合不断进步的超前预报和物探技术，精确确定不良地质的位置、岩体的性质以及与海床间的水力联系，并依据突水模式的预测确定不良地质体的防治方案，为海底隧道保驾护航。对岩土注浆理论、注浆力学机理、注浆体与围岩支护三者之间的作用机制及其评价方法的研究是海底隧道注浆技术亟须解决的难题。全断面注浆、帷幕注浆、径向注浆等注浆方案的实施条件、材料、工艺、机具设备、效果检验和评价标准等也有待重点研究[10]。此外，从突涌水机理出发，研究不良地质段围岩变形与海床稳定性之间的量化关系，通过对围岩变形的控制实现对隧道覆盖层稳定性的控制，从而达到对海底隧道施工过程的精细化控制，是今后努力的方向。

(5) 耐久性。海底隧道处在严峻的水文地质环境中，海洋大气和水环境是影响隧道衬砌钢筋混凝土损伤破坏情况的重要因素。高性能海工混凝土材料的优化配置，成为增强其耐久性的有效途径。而考虑高水头渗透压及围岩压力两者长期持续作用与环境因素的复合影响，以及不同裂缝形式对钢筋混凝土耐久性的影响规律，对流固耦合下侵蚀性环境对混凝土衬砌结构耐久性的影响机理等方面还需要深化研究。

(6) 通风防灾。对于长大海底隧道通风系统的研究，重点和难点在于如何获得更可靠的通风计算方法、更有效的通风方式和更先进的通风设备等。对于海底隧道防灾，制定合理的防灾等级及安全标准是首要问题。为应对隧道内发生火灾等紧急情况，如何结合数字化等技术，加强对灾害实时监控、预警以及应急处理等相关管理平台的建设，并加强对灾害中隧道结构的保护，降低衬砌结构受损程度，避免毁灭性灾害发生，也是研究的一大难点。

参 考 文 献

[1] 王梦恕. 中国隧道及地下工程修建技术[M]. 北京: 人民交通出版社, 2010.
[2] 张顶立. 隧道及地下工程的基本问题及研究进展[J]. 力学学报, 2017, 49(1): 3–21.
[3] 张顶立. 城市地下工程建设安全风险及其控制[M]. 北京: 化学工业出版社, 2012.
[4] 宋克志, 王梦恕. 国内外水下隧道修建技术发展动态及其对渤海海峡跨海通道建设的经验借鉴[J]. 鲁东大学学报(自然科学版), 2009, 25(2): 182–187.
[5] 孙钧. 海底隧道工程设计施工若干关键技术的商榷[J]. 岩石力学与工程学报, 2006, 25(8): 1513–1521.
[6] 谢远新. 新奥法海底隧道防排水体系设计与应用现状综述[J]. 中国建筑防水, 2016, (9): 13–17.
[7] 马建, 孙守增, 赵文义, 等. 中国隧道工程学术研究综述·2015[J]. 中国公路学报, 2015, 28(5): 1–65.
[8] Palmström A. The challenge of subsea tunnelling[J]. Tunnelling and Underground Space Technology, 1994, 9(2): 145–150.
[9] Nilsen B. Characteristics of water ingress in Norwegian subsea tunnels[J]. Rock Mechanics and Rock Engineering, 2014, 47: 933–945.
[10] Duhme R, Tatzki T. Designing TBMs for subsea tunnels[J]. Journal of Korean Tunnelling and Underground Space Association, 2015, 17(6): 587–596.

撰稿人：陈铁林　张顶立
北京交通大学
审稿人：赵　勇　陈建勋

复杂盾构隧道掘进与安全控制

Tunnelling and Safety Control of Complex Shield Tunnel

1. 背景与意义

盾构法[1]是隧道工程暗挖法施工中的一种全机械化施工方法,它是将盾构机械在地层中推进,通过盾构外壳和管片支承四周围岩防止发生往隧道内的坍塌,同时在开挖面前方用切削装置进行土体开挖,通过出土机械运出洞外,靠千斤顶在后部加压顶进,并拼装预制混凝土管片,形成隧道结构的一种机械化施工方法(图1)。

当隧道下穿江、河、湖、海时,传统的隧道开挖方法容易发生涌砂、突水、突泥及隧道垮塌等风险,很多情况下采用盾构法施工几乎成了唯一选择。国内外许多大型水下隧道工程均采用盾构法进行建设[2],如东京湾横断公路隧道、武汉长江隧道、南京长江隧道、上海崇明越江隧道等。盾构法是一种可在地下施工而不影响地面交通的高效率机械掘进方法,在交通拥堵、建筑物密布的复杂城市环境下,盾构法也成为修建地铁区间隧道的主流施工方法(图2)。

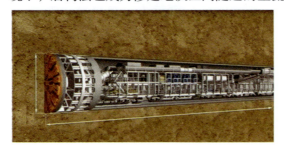

图1 盾构隧道施工　　　　　图2 城市地铁隧道

21世纪以来,随着交通基础设施的较快发展,我国已成为世界上盾构隧道工程规模最大的国家。盾构隧道虽然实现了可在地下安全高效掘进的目的,但由于不同地区的水文、地质条件差异,施工过程中仍然会面临一些较大的困难,例如,在高地下水压下盾构隧道的施工安全问题,在复杂城市环境条件下盾构隧道施工对周围环境的影响及控制问题,复杂地层条件下盾构隧道长距离安全高效掘进问题以及盾构隧道管片结构的长期耐久性问题等。探寻这些问题背后的科学含义有利于科技工作者更好地理解盾构隧道与周围环境的相互关系，对于实现隧道工程与自然、人文环境的相互融合、建设和谐交通具有积极的意义。

2. 研究进展

近年来，我国已建成了许多标志性的大断面水下盾构隧道工程[3]，例如，武汉长江隧道(外径11.6m，万里长江第一隧)，2008年建成；上海崇明岛隧道(外径15.2m，世界上最大直径的盾构隧道)，2009建成[4]；南京长江隧道(外径14.93m，世界上第二大直径的盾构隧道)，2015年建成[5]；狮子洋隧道(外径11.18m，国内里程最长(10.8km)、建设标准最高的第一座水下铁路隧道)，2011年建成[6]等。在这些工程的建设中，形成了丰富的水下盾构隧道建设经验，尤其在大断面管片结构的荷载理论、结构模型、内力分析、计算及试验验证方面取得了丰硕成果。

盾构法作为主流施工方法，在城市环境下用于修建地铁区间隧道也面临巨大的环境保护压力和挑战[7]。但大规模建设盾构隧道的同时取得了丰富的实践经验和工程业绩，截至2016年底，我国已有22个城市在建设地铁，建成和在建城市地铁线路达到158条，总里程超过4000km。在这些盾构隧道工程实例中，隧道所处的地层千差万别，覆盖了软黏土、黄土、砂层、卵石土、上软下硬地层、风化岩层等，地表沉隆均被严格地要求控制在–30mm(沉)~+10mm(隆)，形成了大量周边环境及建(构)筑物保护理论与技术。

在成都、北京、沈阳等地，地铁盾构隧道大规模穿越砂卵石地层，而在广州、厦门、深圳等地，地铁盾构则大量穿越上软下硬地层。在砂卵石地层、软硬不均地层等特殊地层中修建盾构隧道面临的最大困难是如何进行长距离安全高效掘进。在以上城市的地铁盾构隧道建设中，通过科技攻关及经验总结，形成了针对这类特殊地层的盾构设备选型及配置、盾构快速掘进、刀盘和刀具与螺旋出土器耐磨、长距离掘进刀具维护与更换等技术，大幅减少刀具磨耗和刀具的更换次数，实现了盾构长距离掘进和快速施工，并在类似地层隧道建设中获得了推广应用，极大地推动了我国城市地铁工程的科技进步[8,9]。

当前盾构管片设计一般采用容许应力法，主要依靠经验来进行，目前依据安全系数直接考虑荷载及材料的不均一性及不确定性的极限状态法也已逐渐开始在盾构管片设计中得到应用[10]。目前管片结构设计主要是解决承载能力问题，对于强腐蚀条件下衬砌结构的耐久性、循环荷载作用下的耐久性问题考虑不足，很多设计没有预留维修加固空间，这将使得隧道的运营维护变得十分困难。由于我国地铁建设时间还不长,维修加固问题还不突出,但从日本地铁运营状况来看,维修加固任务非常艰巨。

3. 主要难点

经过多年的工程实践和经验总结,盾构隧道已经具备了较为完善的修建经验。但随着交通需求的日益增加,还会有更多、更复杂的隧道将采用盾构法修建。亟待研究解决的主要难题有以下几个方面:

(1) 高水压下盾构隧道施工安全问题。采用盾构机修建水下隧道时,高水压是盾构隧道所面临的最大风险,主要难点包括高水压下大直径盾构机开挖面稳定性问题、高水压下盾构机及管片结构的密封性问题以及大直径管片结构的耐高水压问题。

(2) 盾构施工对环境的影响及控制。在复杂城市环境下,地面建筑林立、地下管网密布,采用盾构法修建地铁隧道时如何减少盾构隧道施工对地表沉降、地面房屋建筑、地下管线及结构等周围环境的影响是城市地铁建设中始终面临的挑战。

(3) 长距离安全高效掘进。在砂卵石地层、软硬不均地层等复杂地质条件下,如何提高盾构机设备的整体耐磨性来实现长距离掘进,如何进行合理的刀盘、刀具设计和配置来实现土体的高效切削,如何进行盾构掘进参数动态调整与控制来实现安全施工是今后很长一段时期内都需要面临的难题。

(4) 管片结构长期耐久性。盾构隧道作为"百年大计"工程,一旦建成,改建扩建将变得十分困难。如何有效地避免火灾、车辆撞击等对管片衬砌结构的破坏,如何构建合理有效的安全评估系统并提出相应的维修加固措施,如何延长恶劣环境下隧道结构的服役年限等是隧道在投入使用后需要考虑的重点问题。

参 考 文 献

[1] 张凤祥, 朱合华, 傅德明. 盾构隧道[M]. 北京: 人民交通出版社, 2004.
[2] 何川, 张志强, 肖明清. 水下隧道[M]. 成都: 西南交通大学出版社, 2011.
[3] 陈馈, 洪开荣, 焦胜军. 国内外盾构法隧道施工实例[M]. 北京: 人民交通出版社, 2016.
[4] 曹文宏, 中伟强. 超大特长盾构法[M]. 北京: 中国建筑工业出版社, 2010.
[5] 郭信君, 戴洪伟. 超大型泥水盾构越江施工技术研究与实践——南京长江隧道[M]. 北京: 中国建筑工业出版社, 2013.
[6] 洪开荣. 高速铁路特长水下盾构隧道施工技术[M]. 北京: 中国铁道出版社, 2013.
[7] 何川, 曾东洋. 盾构隧道结构设计及施工对环境的影响[M]. 成都: 西南交通大学出版社, 2007.
[8] 杨书江, 孙谋, 洪开荣. 富水砂卵石地层盾构施工技术[M]. 北京: 人民交通出版社, 2011.

[9] 杨秀仁. 北京地铁盾构隧道设计与施工技术[M]. 北京: 中国铁道出版社, 2016.
[10] 何川, 张建刚, 苏宗贤. 大断面水下盾构隧道结构力学特性研究[M]. 北京: 科学出版社, 2010.

撰稿人： 方 勇 何 川

西南交通大学

审稿人： 张顶立 赵 勇

铁路线路工程 BIM 与数字化选线

BIM Application in Railway Engineering and Digital Railway Location

1. 背景与意义

21世纪信息技术对人类的重大贡献之一，是数字地球的建设与应用，它使人们可以坐在家里或办公室里，不必到实地去，对地球进行三维可视化的信息查询、漫游、表达和利用[1]。在建设数字中国的科技发展战略指导下，我国许多行业与地域开始了大规模的空间信息基础设施建设，提出了各自的数字化发展战略，如数字城市、数字流域、数字石油等[2]。铁路领域在"十五"规划中制定了发展我国数字铁路的总体规划，确定了铁路信息化的进一步发展方向[3]。

数字铁路基于地理信息系统(geographic information system，GIS)、全球定位系统(global positioning system，GPS)、遥感(remote sensing，RS)、物联网、虚拟现实(virtual reality，VR)、信息集成、分布式数据库、多媒体、海量数据处理及宽带通信等技术，研究中国铁路基础设施及铁路环境的数字化标准体系及应用。它通过对铁路的勘察设计、施工建设和运营养护三大阶段综合考虑，运用多维信息技术和协同管理理念将各阶段信息元按照统一的规范关联，构建一体化的信息共享体系，解决铁路勘察设计、建设施工、运营养护三大阶段的"信息共享、综合利用"难题。

数字铁路要求线路工程具有信息完整协调的数据组织，便于计算机应用程序进行访问、修改或添加。这些信息包括按照开放工业标准表达的铁路线路工程设施的物理和功能特点以及与其相关的项目或生命周期信息，即建立具有多维时空属性的地理空间数据库和线路工程构造物信息模型。铁路线路工程信息模型(railway engineering building information modeling，REBIM)，简称线路工程BIM，是实现数字铁路的重要手段，它不仅可以为铁路线路工程的勘测设计、建造施工、养修管理提供数字平台，还为智能列车系统提供数字化运行环境，为工务设备养护维修、保障列车安全运行提供决策支持。围绕数字铁路的规划与实施，如何快速建立铁路线路工程信息模型和铁路沿线虚拟地理环境模型，已成为数字铁路建设亟待解决的难点问题。

铁路线路工程信息模型是把计算机信息技术应用于工程规划、勘测、设计、施工、管理等,而发展起来的交叉科学领域,主要研究基于计算机及其辅助设备,对铁路工程建设与运营中各种信息的采集、识别、再现、利用、设计计算与决策问题,探讨系统开发原理和方法。融合线路工程 BIM 和虚拟地理环境的数字化选线,主要研究包括铁路勘测、选线设计、既有线改建设计、工程建设辅助决策、工务工程管理等领域的线路工程构造物信息模型建模、模型利用、模型管理及模型优化的核心与关键问题[4]。

从信息的角度考察,线路勘测、设计、建设和运营管理的过程可以看作对线路工程领域内信息处理的过程。因此,线路工程 BIM 和数字化选线研究中的科学难题主要是线路工程构造物建模和模型利用中所面临的大数据和海量信息采集、识别、处理、表达、挖掘和利用等问题。

2. 研究进展

线路工程 BIM 和数字化选线研究的发展可回溯到 19 世纪 50 年代美国麻省理工学院 Millar 教授团队的线路空间曲线建模与基于数字地形模型的选线系统研究。60 多年来,其研究热点和难点问题与工业生产实际及社会需求密切相关,与信息技术和信息产业的发展密切相关。计算机图形学、虚拟现实技术、建模技术与仿真技术,特别是多媒体技术和网络通信技术在近年来快速发展,为线路工程 BIM 和数字化选线带来了巨大发展和变化。

在铁路工务管理方面,西方发达国家在 20 世纪 90 年代中期就已进入信息时代,各国铁路部门从 20 世纪 70 年代初开始应用计算机为铁路工务管理系统服务,先后开发了多个计算机工务管理信息系统。国外的工务管理系统在轨道检测和轨道管理方面各具特色,大量采用图表结合的方式及图形化操作界面,空间信息技术、虚拟现实和三维可视化技术得到广泛应用。

我国自 2001 年以来,围绕数字铁路建设已开展了一系列研究,工务管理信息系统(permanent way management information system,PWMIS)在各铁路局已得到较好应用,关键的路基、桥梁、隧道等工点都建有相应的监测系统。但由于过去各业务部门相对独立,以及计算机技术的发展水平较低等,现有的 MIS 系统还存在不足。基于线路工程 BIM 的数字化工务工程研究还处于起步阶段。

线路勘测设计领域早在 20 世纪 50 年代即开始探索融合空间地理信息技术和计算机信息技术的现代勘测设计理论与方法。2000 年以来,在铁路勘测设计领域逐步探索了铁路勘测设计一体化、数字化,在勘测设计过程中广泛使用航测、遥感技术。90 年代末期开始将先进的虚拟地理环境建模理论和方法用于铁路设计系统的研究,至 2010 年,初步建立了铁路数字化选线系统,提出了基于航测、卫星影像等勘测资料建立铁路虚拟地理环境的建模方法,集成数字摄影测量技术、卫星信息技术与虚拟现实技术,研究了基于地理环境逼真显示的铁路视景动态仿真与漫游技术，建立了基于影像信息的真三维铁路地理环境平台。但在长大带状地理环境快速建模、多专业协同线路工程构造物建模及模型利用、数字地质环境建模和基于线路工程 BIM 的实体选线方面还有许多难题和关键问题。

3. 主要难点

1) 铁路数字施工仿真系统研究中的难点问题

铁路数字化施工系统中与线路工程相关的科学问题，主要是基于线路工程 BIM 的施工过程仿真及决策控制问题，包括融合线路构造物多维模型与空间地理信息的数字化施工场地环境、基于数字化施工场景的施工过程控制决策。

线路工程信息贯穿于整个施工过程，从最初的施工设计三维数据的获取及转化，到施工现场的决策支持，数字化施工系统研究亟待解决海量信息采集、表达、挖掘、融合等难点问题。

2) 铁路工务养护维修系统中的线路工程 BIM 难题

以实现线路-列车系统自感知、自诊断、自决策为目标，数字铁路中工务工程系统的关键问题包括线路工程 BIM 模型访问与维护动态检测监测、海量数据挖掘、养护维修智能评估与决策等。这些难点问题贯穿于智能铁路工务工程构建静态数字化、动态数字化、数据传输与处理、运用与管理四大平台的研究中。在数字铁路系统中，如何实现线路状态动态评价和为列车智能运行及智能管理提供预警，也是线路工程 BIM 的难点问题。

3) 铁路数字化选线系统中的科学难题

高速铁路和客运专线经行地区通常经济较发达，城镇密布，其选线理念已不是传统的等高线地形图选线，而应当更加注重铁路线路与所经区域自然环境、人工建筑之间的协调关系，在分析沿线环境、景观和已有结构的基础上，须综合研究线路空间位置和车站分布方案。复杂地形、地质区域选线更是在对地理环境信息进行深入分析的基础上，拟定可行的线位方案和车站选址方案。因此传统的等高线地形图模式已不能成为高速铁路、客运专线及复杂区域选线的理想选线模型。而航测、卫星遥感图像具有视野广阔、影像逼真、信息丰富等特点，这有利于地理宏观背景的分析，可概略地了解线路通过地区的地貌、既有设施、地层、构造、大型不良地质、水文、植被等自然条件，从而可以在大面积范围内对各个线路方案经行区域的地理环境和工程地质条件进行评价。基于航测和卫星影像信息，采用虚拟现实技术建立的三维地理环境模型能为选线工程师提供一个逼真显示的三维可视化地理环境。

铁路数字化选线设计系统主要由选线工程数据库管理、虚拟地理环境建模、数字化选线设计和铁路视景仿真与漫游四大模块组成[5~7]。其结构组成如图 1 所示。

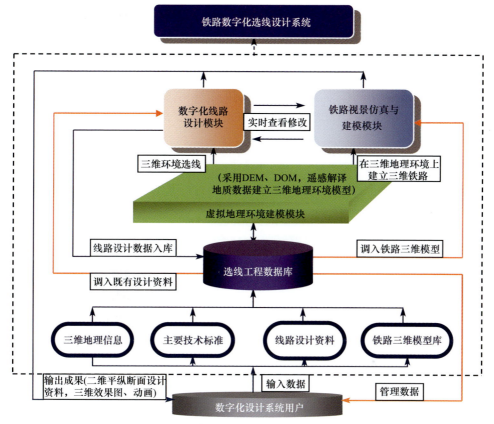

图 1 铁路数字化选线设计系统结构图

铁路数字化选线系统研究的难点包括以下方面：

(1) 基于多源空间信息的铁路虚拟地理环境建模。关键问题包括基于影像信息的逼真三维地理环境的快速建模方法，长距离铁路带状地形椭球体上的无缝拼接，三维矢量数据与模型库的自动匹配，长距离三维模型与椭球体的有机贴合，海量地形三维数据和铁路设计成果精细三维模型数据的高效管理和显示等。在铁路数字化选线系统的虚拟地理环境建模中，通过集成地理空间数据抽取(geospatial data abstraction library，GDAL)、多级纹理处理、文档对象模型(document object model，DOM)和数字高程模型(digital elevation model，DEM)融合，建立基于多源空间信息的长距离带状虚拟地理环境快速建模方法，实现铁路长距离带状虚拟地理环境快速自动建模。

(2) 基于多源空间信息融合的工程地质环境建模。研究难点包括三维地形模型、地质遥感影像和工程地质属性信息融合，工程地质超图模型建模方法，遥感地质图像分类与数据挖掘；研究基于地质对象遥感解译影像和超图模型的铁路工程地质虚拟环境建模方法，研究在铁路数字化选线系统中的不良地质区域信息自动映射、显示和选线决策支持。

(3) 铁路工程构造物与设备基元模型建模。集成曲面模型、边界模型和实体模型，研究建立铁路构造物和设备基元模型的建模方法；基于标准图特征与构件细分，研究适用于不同设计阶段的铁路工程实体基元模型分类方法和分类编码表；采用参数化建模技术，研制面向选线设计的铁路工程构造物与设备标准图基元模型库。

(4) 线路工程三维实体快速建模。融合参数化建模、几何造型、光照模型，研究基于基元模型的真实感构造物三维模型建模方法；集成铁路构造物与设备基元模型库、铁路线路构造物属性库，采用面向对象建模技术构建铁路线路建筑物实体-关系模型，建立基于基元模型的铁路线路 BIM。

(5) 基于虚拟地理环境和铁路线路 BIM 的三维实体选线理论与技术。在铁路数字化选线设计系统中，通过研究模型实时交叉、拼装、开挖与缝隙消除等方法，研究铁路线路 BIM 与虚拟地理环境的动态融合方法，实现虚拟地理环境下铁路构造物三维实体实时动态建模；基于铁路线路 BIM，在真实感地理环境中进行轨道、路基、桥梁、隧道、车站实时布设、参数化修改、结构比选，建立基于虚拟地理环境的实体选线理论与技术。

参 考 文 献

[1] Gore A L. The digital earth: Understanding our planet in the 21st century[EB/OL]. http://digitalearth.gsfc.nasa.gov/VP19980131,html[2016-08-03].
[2] 陈强. 数字地球：概念·理论·技术·应用[J]. 科学新闻周刊, 1999, 24(1): 21–23.
[3] 李宗平, 杜文. 铁路科技发展"十五"计划和 2015 年长期规划纲要. 中国铁路, 2003, 2: 11–13.
[4] 易思蓉. 线路工程信息技术[M]. 成都：西南交通大学出版社, 2007.
[5] Roy D P, Wulder M A, Loveland T R, et al. Landsat-8: Science and product vision for terrestrial global change research[J]. Remote Sensing of Environment, 2014, 14(5): 154–172.
[6] 易思蓉, 聂良涛. 基于虚拟地理环境的铁路数字化选线设计系统[J]. 西南交通大学学报, 2016, 51(2): 373–380.
[7] 易思蓉, 朱颖, 许佑顶. 铁路线路 BIM 与数字化选线技术[M]. 北京：中国铁道出版社, 2014.

撰稿人：易思蓉
西南交通大学
审稿人：王卫东　魏庆朝

新型城市轨道交通及其适应性

New Types of Urban Rail Transit and Their Adaptability

1. 背景与意义

近年来,随着世界各大城市交通压力与日俱增以及人们对出行和居住环境的要求提高,建立大运量、高速度、低能耗、少污染、安全可靠的公共交通网络已成为推进城市可持续发展的重要共识,修建城市轨道交通已成为解决城市交通拥堵、提高居民出行效率、带动城市综合发展的普遍选择,城市轨道交通已迎来新一轮的建设和发展。

地铁和轻轨是两种较为传统的采用钢轮钢轨体系的城市轨道交通系统。地铁客运能力大,可达 7 万人次/h。轻轨系统的客运能力为 3 万人次/h,属中运量。客运能力是轻轨和地铁两种系统间最重要的区别[1]。除地铁、轻轨外,还出现了直线电机轮轨交通、中低速磁浮交通、单轨系统、自动导向系统、现代有轨电车等多种新型城市轨道交通方式。

随着城市轨道交通类型不断创新且有相关建设需求的城市逐渐增多,其类型选择与适用性的问题已越来越突出。新型城市轨道交通不同系统技术指标间差异较大,服务于不同的国家、地区、城市时,其能力与适应性存在很大的差异。此外仍有许多城市面临着城市轨道交通线网规划缺乏层次性(例如,过多采用大客运量的地铁系统以期改善城市公共交通状况)、线路功能与客运服务目标不明确、运输能力与客流量不匹配等问题。因此,探讨城市轨道交通制式的选取是否与城市发展相适应以及是否与城市大规模的交通需求相适应等问题,对促进城市轨道交通的协调发展,实现城市轨道交通的现代化和可持续发展等具有重要意义。

2. 新型城市轨道交通技术特点及应用

1) 现代有轨电车

有轨电车是采用电力驱动并在轨道上行驶的轻型轨道交通车辆,20 世纪初曾在欧洲、美洲、大洋洲和亚洲等地风行一时。20 世纪 50 年代,随着私家汽车、公共汽车及其他路面交通方式的普及,许多有轨电车线路陆续拆除,我国仅长春、大连等少数城市仍有保留。

现代有轨电车在传统有轨电车的基础上全面改造升级,已成为一种中等运能、设计新颖、环境友好、资源节约的新型城市轨道交通方式。根据车轮及轨道形式可分为钢轮钢轨和胶轮路轨两类,客运能力为 0.6 万～1 万人次/h,平均运行速度 15～25km/h[1]。该方式既可作为城市地铁骨干公共交通网络的补充,发挥延伸、联络、过渡等辅助功能,也可作为大中城市的骨干公共交通,兼具与城市景观协调、环境友好等特点。现代有轨电车列车采用模块化设计,便于养护维修。该方式供电制式多样,包括架空线供电、第三轨供电(仅限钢轮钢轨系统)和蓄电池供电(仅限部分路段)。现代低地板有轨电车车辆入口与站台齐平,十分便于乘客上下车。

现代有轨电车在我国还处于初期发展阶段。大连市轻轨及长春市快轨交通运用了低地板有轨电车,属于第二代的 70% 低地板轻轨车辆。我国的 100%低地板车辆已于 2010 年底通过我国科技部验收,在沈阳投入使用,如图 1 所示。天津滨海新区和上海浦东新区也建有 100% 低地板胶轮路轨有轨电车系统。

图 1 沈阳浑南新区 100% 低地板有轨电车

2) 单轨交通

单轨交通采用单一轨梁支承车辆并提供牵引、导向功能,按不同支承方式分为跨座式和悬挂式,如图 2 所示。单轨交通客运能力为 0.8 万～3.0 万人次/h,平均运行速度大于 25km/h,区间正线平面最小曲线半径为 100m、区间正线最大纵坡不大于 60‰、列车运行噪声低、振动小[1]。图 3 为跨座式和悬挂式单轨交通原理图。

(a) 跨座式单轨交通　　　　　　　　(b) 悬挂式单轨交通

图 2 单轨交通示意图

单轨交通多采用高架线,轨道梁体积轻盈,曲线优美,景观性、透光性好,适用于对环境景观有特殊要求的机场线、旅游线等，也适合地形起伏较大、环境条件复杂的线路。相比于地铁建设，单轨交通工程量小，建设成本低，综合能耗较低，但存在与传统轨道交通网络衔接方面的问题。

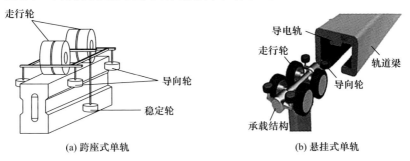

图 3　单轨交通支承导向原理

国际上单轨交通应用广泛。日本、美国、俄罗斯、马来西亚、澳大利亚、新加坡、泰国、巴西等国均建有单轨线路。国内已运用的有重庆轨道交通 2 号线、2 号线延伸线、3 号线一期工程及沈阳地铁 1 号线东延线(旅游专线部分)。

3) 自动导向系统

自动导向系统一般指采用混凝土整体道床，橡胶轮胎支承、驱动和导向的轨道交通系统，也有研究者称为胶轮路轨系统，"胶轮+导轨"、全自动无人驾驶运行等是其主要特征，平均运行速度大于 25km/h，最小曲线半径为 30m，最大纵坡可达 60‰，同样具有运行噪声低、振动小等优点[1]。按照导向轮的安装位置，该系统可分为外侧导向式和内侧导向式两类，如图 4 所示。

自动导向系统客运能力为 1 万～3 万人次/h，可专用路权，也可与一般道路混行并具备优先通行权，适用于高架或地面线，适合于地形起伏较大、环境条件复杂的城市，与地铁相比工程量小，建设成本低。

应用方面，法国(巴黎、里昂、马赛)、加拿大(蒙特利尔)、意大利(都灵)、新加坡等国家都建有自动导向系统。此外，在我国台湾、香港地区，该系统也有较广泛的使用。我国还有首都机场捷运系统和广州珠江新城捷运系统等线路。

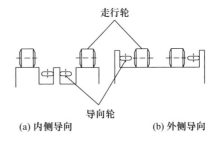

图 4　自动导向系统导向方式示意图

4) 直线电机轮轨交通

直线电机轮轨交通是直线电机轨道交通的一种形式，其最主要的特点是采用直线电机驱动。可以将直线电机看做一个展开的旋转电机，电机的定子和转子分别设在车辆和轨道上。城市中低速轨道交通主要采用短定子直线感应电机,其定子设在车辆上,转子(感应板)设在轨道上,定子供电而转子不供电,由通电磁场和感应磁场相互作用提供驱动力[2]。直线电机轨道交通具有爬坡能力强、转弯半径小、轴重轻、噪声小等优点,在灵活选线、降低工程造价等方面有较强优势。按不同支承和导向方式可分为直线电机轮轨交通、直线电机单轨交通、磁浮铁路等类型。

直线电机轮轨交通采用钢轮-钢轨系统支承导向,是介于磁浮铁路与普通地铁之间的一种轨道交通形式,特别适合在穿越地形困难地段使用。我国广州地铁 4、5、6 号线,以及北京首都机场线采用了直线电机轮轨交通。图 5 为直线电机轮轨交通示意图。

图 5 直线电机轮轨交通

莫斯科直线电机单轨交通是直线电机与单轨交通相结合的一种新应用,采用高架线路形式,橡胶轮胎支承,侧向导向轮导向。该系统由直线电机提供驱动力,克服了严寒条件下冬天轨道落雪严重、车轮易打滑等问题。

5) 中低速磁浮交通

中低速磁浮交通一般采用电磁悬浮方式,依靠短定子直线电机驱动。工作时车体下方电磁铁产生吸力,通过调节电磁铁励磁电流控制磁吸力的大小,使电磁铁与轨道间产生 8mm 左右的悬浮气隙。运行过程中当电磁铁铁心与轨道错位时,两者间产生与偏离方向相反的横向分力使列车返回中心线运行[3]。图 6 为中低速磁浮交通的驱动悬浮原理示意图。

目前常用的中低速磁浮铁路设计速度约为 100km/h,平均旅行速度为 30~45km/h,运输能

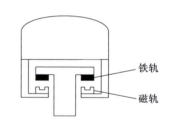

图 6 中低速磁浮交通悬浮原理

力为 1.5 万~3 万人次/h,一般条件下线路平面最小曲线半径为 150m,区间正线最大坡度不超过 70‰[1]。高架线为主体的线路形式适合地貌起伏较大、环境条件复杂的地区。采用再生制动、机械制动、紧急情况下"落车"辅助制动三重制动方式确保列车运行安全、平稳、舒适,无脱轨危险。

日本名古屋的东部丘陵线是采用日本高速地面运输系统(high speed surface transport, HSST)技术的第一条应用线。韩国仁川机场线也采用中低速磁浮系统。

2016年5月，我国第一条中低速磁浮快线在长沙开通试运营，全长18.55km。北京中低速磁浮示范线(S1线)也已于2017年12月30日开通运营。

3. 研究进展

每种城市轨道交通都有其独特的技术特点和特定的适用范围，不同城市也有各自独特的交通特征。选择轨道交通类型时，应注重所选类型与城市发展、经济水平、人口特点、交通需求等因素间的匹配和协调，这是城市轨道交通类型选择与城市发展两者间适应性的重要体现。宏观上，要与城市轨道交通规划和线网修编相结合，具体而言则需建立科学合理的评价指标体系、评价模型，根据实际情况具体分析确定。

在国外的相关研究中[4-6]，城市轨道交通及适应性的研究较为分散，对适应性的研究多包含在对城市轨道交通线网方案的评价中，对其效益、安全和社会影响等方面做了一定工作。目前美国运输研究委员会(Transportation Research Board，TRB)、美国交通运输工程师学会(Institute of Transportation Engineers，ITE)、美国土木工程师学会(American Society of Civil Engineers，ASCE)等学术组织与研究机构已在该方面开展了一系列尝试。

国内方面，微观层面上，一些研究者将视角聚焦于枢纽设施配置、枢纽空间布局、车站服务能力、与快速公交(bus rapid transit，BRT)客流衔接、行人行为与站点影响域等方面的适应性，主要以"适应性概念分析—确定评价原则—选取评价指标—建立评价模型—评价成果分析与应用"为主要研究思路，侧重于城市轨道交通系统的某一方面的功能及影响的适用性[7,8]。宏观上，也有研究人员着眼于城市轨道交通建设与发展的适应性上，例如，对不同城市轨道交通制式的概念、特征、技术原理等进行比较分析[9]，或者在研究中以某一城市的轨道交通线网规划作为案例，并为城市轨道交通适应性选取评价参数，利用改进的层次分析法(analytic hierarchy process，AHP)等综合评价方法，根据评价参数的值来评价城市轨道交通线网规划是否适应当时城市总体规划和交通需求[10]。

4. 主要难点

(1) 多种轨道交通类型协调发展。城市轨道交通种类发展不均衡、不协调、类型单一的问题在世界范围内仍较严重，在我国较为突出。据最新统计，截至2017年12月31日，我国共有33座城市拥有161条城市轨道交通运营线路，运营线路总长4706km。其中地铁仍是运营线路中的主要制式，运营里程占比从2010年的80.85%上升到2017年的87.50%，地铁单一制式比重仍然较高[11]。未来这种以地铁为主的单一种类发展模式将无法适应不同城市和地区的客流现状、经济发展水平和工程技术条件。根据不同种类轨道交通的技术特点，因地制宜地综合规划、建设符合城市和地区现状及发展趋势的多种轨道交通网络将是未来研究的重要难题。

(2) 城市轨道交通科学分类。《城市公共交通分类标准》(CJJ/T 114—2007)中将城市轨道交通划分为地铁、轻轨、单轨、有轨电车、磁浮、自动导向轨道、市域快速轨道等 7 类。不同分类间有的按运量划分，如地铁与轻轨；有的按轨道类型划分，如单轨交通、有轨电车系统；有的按地域和速度划分，如市域快速轨道交通系统[1]。这种分类标准虽能够表征某一系统的某种突出特点，但类别划分的影响因素间彼此不相互独立，没有突出新型轨道交通在"驱动、支承、导向"三个核心要素上与传统类型的根本区别。这就使得同一种系统会有许多不同的名称，为城市轨道交通的发展带来一定困难。对于新型轨道交通，应从具备独立性的"驱动、支承、导向"等技术角度探索一种命名简洁、技术特征清晰的分类方法。

(3) 因地制宜进行科学选型和决策。在轨道交通系统与城市适应性的问题上，许多研究采用层次分析法、模糊数学法、神经网络法等决策方法，采用构建评价指标体系和算法模型的方式，通过计算结果进行评估分析。然而城市轨道交通种类选择既要考虑系统技术特点，又应考虑交通需求、投资规模、建设周期、环境影响、地质水文等客观条件。这些影响种类选择的因素间存在相互耦合关系。例如，运输能力要适应城市人口规模，同时运输能力的提高也会给城市人口流动及规模的改变带来影响。因此在未来的类型选择定量分析过程中，所采用的评价模型应更能真实准确地描述这些因素间的内在关系，充分发挥所在城市轨道交通类型与城市和区域发展间相互协调、促进和带动的作用。

(4) 加深新型城市轨道交通基础理论研究。目前新型城市轨道交通系统的建设运营规模远小于地铁、轻轨等系统，在站场布局、设施设备配置等方面可参照地铁系统的理论方法和规范，适用于新型城市轨道交通系统的规范和标准仍有待完善，新型轨道交通的列车-线路动力学等方向有待深入研究，这为新型城市轨道交通的广泛应用带来很大局限。未来应加强各新型城市轨道交通在线路线形、设计参数、基础结构、设施配置等方面的基础理论研究及分析，突破传统规范局限，提高新型城市轨道交通系统的可靠性，提高其适应不同城市实际建设、运营环境的综合实力。

参 考 文 献

[1] 城市建设研究院. CJJ/T 114—2007 城市公共交通分类标准[S]. 北京：中国建筑工业出版社, 2007.

[2] 魏庆朝, 蔡昌俊, 龙许友. 直线电机轮轨交通概论[M]. 北京：中国科学技术出版社, 2010.

[3] 魏庆朝, 孔永健, 时瑾. 磁浮铁路系统与技术[M]. 2 版. 北京：中国科学技术出版社, 2016.

[4] Gerçek H, Karpak B, Kılınçaslan T. A multiple criteria approach for the evaluation of the rail transit networks in Istanbul[J]. Transportation, 2004, 31(2): 203–228.
[5] Gunduz M, Ugur L O, Ozturk E. Parametric cost estimation system for light rail transit and metro trackworks[J]. Expert Systems with Applications: An International Journal, 2011, 38(3): 2873–2877.
[6] Baum-Snow N, Kahn M E. The effects of new public projects to expand urban rail transit[J]. Journal of Public Economics, 2000, 77(2): 241–263.
[7] 徐佳逸. 城市轨道交通枢纽设施适应性分析及评价[D]. 兰州: 兰州交通大学, 2013.
[8] 林雁宇. 基于行人微观仿真的轨道交通站点影响域适应性评价及优化研究——以重庆为例[D]. 重庆: 重庆大学, 2015.
[9] 魏庆朝, 潘姿华, 臧传臻. 城市轨道交通制式分类及适用性[J]. 都市快轨交通, 2017, 30(1): 34–40.
[10] 郭延永. 城市轨道交通建设与发展的适应性分析[D]. 西安: 长安大学, 2012.
[11] 田时沫, 鲁放, 杨珂, 等. 2017 年中国城市轨道交通运营线路统计与分析[J]. 都市快轨交通, 2018, 31(1): 16–20.

撰稿人：魏庆朝　潘姿华
北京交通大学
审稿人：王卫东　易思蓉

油气管道运输系统

Piping Transportation System for Oil and Gas

1. 背景与意义

管道运输是继铁路、公路、水路和航空之后的第五种运输方式。现代的管道运输是以管道为载体输送流体(气体、液体或浆液)物料的一种运输方式。目前管道运送的货物主要是石油及其产品，如原油、成品油、天然气等，也有二氧化碳、煤浆及其他化工物料。

管道运输系统主要由管道、站场和一些附属设施构成[1,2]。

管道绝大部分是埋地敷设，对于江河、陡山和一些特殊地段则采取桥跨、隧道或定向钻等方式穿跨越。有些管道的长度可能达到数千千米，例如，西气东输二线干线管道的长度就达到 4800km。

站场按位置划分有首站、中间站和末站。首站为运输的源头，中间站为运输接力，末站是运输的终点。站场按功能划分，有增压站、注入站、分输站、减压站、加热站、计量站、清管站等。增压站为管道内的流体增加压力；注入站是在管道沿线向管道内注入物料的站场；分输站是在管道沿线向管道外下载物料的站场；为了防止管道局部可能存在压力超高的问题，在管道上建设带减压装置的站场——减压站；我国所产原油多为高黏、易凝原油，加热是降黏防凝的有效手段，很多原油管道上有加热站；用于计量物料的站场为计量站。目前清除管内杂质、异物的主要方法是向管道内发送清管器，由管内的流体推动清管器运行将其排除，能发送和接收清管器的站场是清管站。各种站场交互结合就形成了复合多种功能的站场。站场的间距与地形、管径、设计压力和输送介质等因素相关，大多数站场间距为 50~100km。新建的管道站间距一般较大。

管道附属设施主要有阀室、检测桩、标识桩、警示牌等。阀室是管道干线截断阀及其配套设施的总称，它的作用是当管道某处发生事故时上下游阀室能快速关闭防止介质大量外泄。检测桩是对地下管道采取阴极防腐保护时，检测管道保护电位的设施。标识桩包括里程桩、转角桩、交叉桩等向人们提示地下管道通过的信息。在人员活动密集地区设立危险警示牌,避免发生危险事件。

　　管道运输系统可能跨省、跨区域甚至跨越国界,因此也把它们称为长输管道。随着经济的发展某地区建设多条管道并可能相互连接,这就构成了区域管网,在我国很多省份已经建成了省级的天然气管网。大口径、长距离管道习惯上称为干线,多条干线并行称为干线管廊,干线之间互通便形成干线管网。我国目前基本形成了贯通东北、西北、华东、华中、华南和西南的超大型国家干线管网,该管网还通过跨国管道与中俄、中亚和中缅等境外管道连接。目前我国管道系统年输气量为 2300 亿标准立方米,输油 8 亿 t,承担了我国绝大部分的油气输送需求。

　　油气管道在国民经济、人民生活和科学研究方面具有重要意义。

1) 具有重要的地位和作用

　　现代管道运输系统的发展源于石油工业。在油(气)田的矿场集输系统中它汇集油(气)井的产出物输送至处理站生产出合格的原油或天然气。通过输油管道把原油输送到炼油厂,通过输气管道把天然气输送到燃气消费区域。管道运输系统是油田生产系统的重要组成部分,也是油田产品外输的主要途径。

　　目前管道运输系统主要作用于石油生产与消费领域,它是连接产运销各环节的纽带。现在石油的主要用途是能源,因此管道运输系统被看做能源通道。

2) 有不同于其他种类交通运输方式的特殊性

　　管道运输系统有许多区别于其他运输方式的特点:

(1) 连续运行地点、物料基本固定。

　　管道既是货物的通道也是输送工具,在正常情况下管道运输都是连续地进行,受管道的限制,运输的地点和路径不能变化。

　　输送原油的管道不能输气,一般也不输送成品油。因此,管道系统中有原油管道、成品油管道和天然气管道的区别。

(2) 管道的形式和输送方式存在差别。

　　原油管道主要承担油源到炼厂之间的运输,管道的口径大、分支少、输油量大、品种少、分输注入少。对高黏易凝原油要加热,为了防止凝管,有最低输量限制,必要时需要反向输送。

　　成品油管道主要是为燃油消费地区供油,管道沿途分输(注入)点多、支线多、品种(牌号)多。大多成品油管道都是在一条管道内按一定次序输送多种油品,业内称为顺序输送或批次输送[3]。在顺序输送中相邻批次间会出现混油段,混油是不合格的油品,必须严格控制。成品油管道要在沿途分输点下载指定的油品并保证质量,在末站要将依次到达的油品收入各自的储罐,还要将批次间的混油单独接收，所以成品油管道必须制订严格的批次输送计划，在运行中要实时跟踪各批次界面。

天然气密度低、易泄漏、难储存。天然气的生产、处理、运输和分配必须在连续密闭的系统中进行。输气管道主要为燃气消费区供气，沿线有很多连接城镇门站的分输管线[4]。天然气消费量受季节影响变化巨大、周期性强，输量峰谷特性明显，经常面临短期、中期、长期各种调峰问题。因此很多管道与地下储气库相连，还通过联络线与其他干线连接，形成跨区域规模巨大的输配气管网系统。

3) 具有明显的优缺点

管道运输有很多优点：基本不占用土地、可靠性好、投资少、效率高、损耗低。

管道运输的局限性：主要适用于大量、单向、定点运输，不如车、船运输灵活；管道口径与输量相关性强，输量调节范围小，输油管道不宜停输；管存物料不能取代。

2. 研究进展

我国大规模管道建设起步于20世纪70年代，迟于发达国家30多年。90年代以后进入管道高速发展时期，如今已建成各类油气管道总长度约15万km，成为管道运输大国。经过多年的发展形成了自己的技术特点，挤入了管道建设世界强国之林。

1) 管道建设

高压力、大管径、新材料是我国管道建设的特点，建成投产的输气管道最高压力达到12MPa，有的输油管道局部压力高达17MPa；在役管道口径达到1200mm，在建的中俄东线输气管道直径为1400mm，属于世界最大规格的管道；西气东输二线全长约9000km，全部采用X80钢管，新钢材的使用居各国之首。

管道施工遍及北方冻土、南方水网、西部沙漠和中部多山等地区，积累了各种复杂地质条件的建设经验。在定向钻、盾构、隧道、桥跨理论和技术等方面均达到世界先进水平。我国管道企业跨出国门在亚非拉美40多个国家建设管道，中国管道走向了世界。

2) 管道的通信与调控

我国的管道普遍以光纤技术为主、卫星技术为辅的通信手段，采用就地控制、站场控制和调控中心远程控制三级控制模式，具备了全国范围内超大规模的管道集中调控能力。管道的控制完全建立在计算机网络系统上，借助监控与数据采集(supervisory control and data acquisition，SCADA)系统软件平台实现对管道的运行监视与操作控制。

以中国石油北京油气调控中心为例，该中心调控的油气管道总里程超过 6 万 km，为世界上调度运行的管线最多、运送介质最全、运行环境最复杂的长输油气管道控制中枢。

3) 管道的运行

(1) 多种原油同管道输送。

我国原油需求量大、来源多，不同产地原油物理性质差别大，给管道输送带来挑战。以西部管道为例，该管道面临哈萨克斯坦原油、南疆原油和北疆原油的输送需求，有轻质油、稠油和含蜡油，炼油厂要求分别接收，按常规的加热输送操作方法能耗高、运行不稳定，不能完成输送任务。在对原油流变学、输油管道非稳态热力水力耦合问题研究的基础上进行创新，形成多品种原油加剂改性顺序输送技术，保证了管道的安全运行。

(2) 水力瞬变与大落差管道控制。

现代的管道都采取输送介质与外界隔绝的密闭输送方式，密闭输油管道全线构成统一的水力系统，管道任何一点流动参数发生变化都将迅速波及全线。迅速的扰动(如快速关阀)能产生类似锤击管道的声音，业内称为水击[3]。在长输管道上快速关阀或停泵可能产生几兆帕的压力变化，危及管道的安全，如果在大落差的山区管道发生水击，造成的后果将不堪设想。通过对管道瞬变流动理论的研究提出了管道水击工况模拟与防护技术，成功解决了库鄯管道、兰成渝管道和华南管网等大落差管道的水击防护问题。

(3) 成品油管道顺序输送。

成品油管道内可能有多批次油品按顺序分段运行，沿途各站按需要下载或注入某种油品，还有在末站各批次油品和批次间混油的接收。通过对混油扩散理论的研究，多批次、多出(入)口、复杂地形管道运行规律的研究，结合现代数值计算方法，成功解决了成品油管道的界面跟踪、混油接收、运行调度与控制和输油计划编制等关键问题。

(4) 管道的完整性管理。

在政府和企业对安全生产高度重视的背景下，对油气管道企业提出了完整性管理的要求。目前已经颁布了相应的规范，明确了管道全生命周期内完整性管理的内容、方法和要求，包括数据采集与整合、高后果区(发生事故后可能产生高度危险后果的区域)识别、风险评价、完整性评价、维修与风险减缓、效能评价等环节。

3. 主要难点

我国汽车产销量多年居世界首位，汽车数量超过美国指日可待。在新能源汽车大规模普及之前燃油的需求无可替代，天然气作为治理污染的清洁能源需求旺盛。在此背景下今后几十年内油气管道仍将较快发展，也会不断有新理论、新技术应用到管道运输系统中。

1) 管道、站场建设

在地形、地质、水文、气象特殊地区设计建造长度更长、管径更粗、质量更好、运行更安全的油气管道和站场，始终是一个面临巨大挑战的科学难题。

2) 数字化、智能化

目前智慧管网建设是大势所趋。智慧管网是以数据全面统一、感知交互可视、系统融合互联、供应精准匹配、运行智能高效、预测预警可控为特征，通过集成管道全生命周期数据，提供智能分析和决策支持。用信息化手段实现管道的可视化、网络化、智能化管理，具有全方位感知、综合性预判、一体化管控、自适应优化的能力。

智慧管道是在标准统一和管道数字化的基础上，通过"端+云+大数据"体系架构，集成管道全生命周期数据，提供智能分析和决策支持[5]。它具有数据全面统一、感知交互可视、系统融合互联、供应精准匹配、运行智能高效、预测预警可控六大特征[6]。

智慧管道的发展面临诸多挑战。例如，数据的标准与规范，数据收集、转换和集成，数据云计算、物联网的结合及信息安全等问题需要破解。

3) 服务型管网运输体系

管道进一步发展将突破企业垄断壁垒成为服务社会的工具。管道的设计理念、功能和管理模式将随之发生改变，未来的管道势必面对复杂的用户市场，具备灵活的应变能力和可靠的物流质量保障体系。

智慧、灵活的新型管道建设，高效、精确的运营模式探索，在役管道的转型研究是业内不可回避的难题。

如此发展有可能从根本上改变管道运输系统现有的运营模式，真正实现优化运行、精确操控管道，使管道运输系统更好地服务于社会。

参 考 文 献

[1] 中华人民共和国住房和城乡建设部, 中华人民共和国国家质量监督检验检疫总局. GB 50253—2014 输油管道工程设计规范[S]. 北京: 中国计划出版社, 2014.

[2] 中华人民共和国住房和城乡建设部, 中华人民共和国国家质量监督检验检疫总局. GB 50251—2015 输气管道工程设计规范[S]. 北京: 中国计划出版社, 2015.
[3] 杨筱蘅. 输油管道设计与管理[M]. 2 版. 东营: 中国石油大学出版社, 2013.
[4] 李长俊. 天然气管道输送[M]. 2 版. 北京: 石油工业出版社, 2008.
[5] Rimkevicius S, Kaliatka A, Valincius M, et al. Development of approach for reliability assessment of pipeline network systems[J]. Applied Energy, 2012, 94: 22–33.
[6] Sukharev M G, Karasevich A M. Reliability models for gas supply systems[J]. Automatic Remote Control, 2010, 71(7): 1415–1424.

撰稿人: 于 达

中国石油大学(北京)

审稿人: 魏庆朝　易思蓉

铁 路 轮 渡

Railway Ferry

1. 背景与意义

铁路轮渡是一种便捷而经济的水陆联运方式，它具有可充分利用水资源、实现直通运输、缩短运输距离、节约用地、缩短建设周期、节省投资等优点，因此备受各国青睐。特别是一些拥有江河湖海广阔水域、陆上运输受到自然地理条件阻隔的国家和地区，越来越多地利用铁路轮渡来实现跨河(海)的货物和旅客直达运输。

铁路轮渡运输具备以下主要优点[1,2]：

(1) 充分利用天然水系，克服修建铁路无法克服的各种困难，集中水运、铁路、公路、集装化和不间断运输等优点，发挥综合优势，促进合理化运输。

(2) 铁路轮渡运输航线，一般均选取跨越江河湖海的最短径路，运输距离显著缩短，使货物和旅客的送达时间加快，运输效率提高。

(3) 载运的铁路车辆在渡轮上直接驶上卸下，货物不需进行换装，既减少了所运货物在运输途中可能造成的不必要损失，又节省了装卸作业和船舶整备的运营支出，一般轮渡运输与经陆上运输相比，运输费用至少能节省 1/3。

(4) 车船直接衔接，作业简便，渡轮在港换装时间短、周转快，同时也不需要增加港口堆场、仓库设备的建设和货物仓储保管费用。

(5) 铁路轮渡设施的建设，相对于铁路水(海)底隧道或大桥建设周期短、投资省，在投入运营后能够在较短时间内收回成本，见效快。

(6) 国际联运铁路轮渡，按照各国之间协商一致的运输组织办法实现直达联运，可以减少经过陆路运输的过境边防、海关检查手续，在跨越几个国家运输时尤为便利。

正是由于上述优点，世界各国发展了众多铁路轮渡线。据不完全统计，世界各国通航运营的铁路轮渡线有 70 多条，总里程约 14000km。其中，跨(或沿)江、河、湖泊的航线近 20 条，跨海轮渡线 50 多条，跨国的国际航线约占 35%。铁路轮渡运输距离超过 100km 的主要航线有 34 条,其中属于国内运输的轮渡线 17 条，跨国的国际航线 17 条。

我国具有较多的河流，较长的海岸线，较大的海峡。为了解决铁路跨江、过海的问题，铁路轮渡在我国应运而生。我国铁路轮渡有七十多年的历史，在长江上先后建成了四条铁路轮渡，在琼州海峡、渤海湾上修建了跨海铁路轮渡。迄今为止，我国是世界上少数同时拥有内河和跨海铁路轮渡的国家之一。

随着时代进步，各项新技术不断应用到铁路轮渡系统中，铁路轮渡系统变得复杂而庞大，应用条件和范围不断扩大，铁路轮渡系统需要采用系统集成理论和方法进行工程实施。

铁路轮渡是一项现代的综合运输工程，涉及铁路、港口、船舶、航运、公路等多行业，是集铁道工程、桥梁工程、船舶工程、车辆工程、工程结构、岩土工程、海洋气象、水文地质、工程经济、运输规划与组织、机械工程、控制工程、电力工程、通信信号、安全监控以及环境保护等多种专业为一体的系统工程，而这些行业及专业均需以铁路运输为纽带统一起来，组成有机整体。整个铁路轮渡系统的研发与建设核心就是解决系统的集成与接口问题。鉴于此，必须研究铁路轮渡系统集成及接口条件，通过系统集成理论和方法完成铁路轮渡系统的集成及各关键技术的开发与实施，保障轮渡系统的安全和高效运营。

2. 研究进展

1) 铁路轮渡系统

铁路轮渡系统主要由铁路、栈桥、港口和渡船等四大核心子系统构成[3,4]。此外，还包括海上安全监控及系统信息管理等子系统，如图1所示。

(1) 铁路子系统。

铁路是一个综合性的庞大系统，为了完成客、货运输任务，需要各种运输设施的支持。铁路子系统一般包括进入栈桥之前的待渡场、到发线等部分。该子系统铁路运输的基本设备包括机车车辆和列车运行的基础，即线路设备；运送旅客或货物的工具车，即车辆设备；牵引列车的基本动力，即机车设备；办理旅客运输和货物运输的生产基地，即站场设备；保障列车运行安全和提高运输效率的重要手段，即通信和信号设备。铁路子系统主要由铁路引线工程、轮渡站、机车车辆、轨道结构及通信信号、电力工程几大部分组成。一般来说，铁路栈桥作为结构物也属于铁路子系统，但由于铁路轮渡工程中铁路栈桥的特殊性，因此将其另列为系统的核心子系统之一，因此后面所讲的铁路子系统均不包括铁路栈桥。

(2) 栈桥子系统。

铁路栈桥是陆地铁路与渡船、待渡场线路与渡船、固定设备(岸上)与相对移动设备(轮渡)的唯一接口，也是列车上下船的唯一途径。铁路栈桥必须适应渡船浮动，这是它与普通栈桥的最大区别，即在作业状态下，铁路栈桥要适应潮汐、渡船横倾、纵倾、斜倾和干舷等变化，需要铁路栈桥与渡船随动，确保栈桥轨

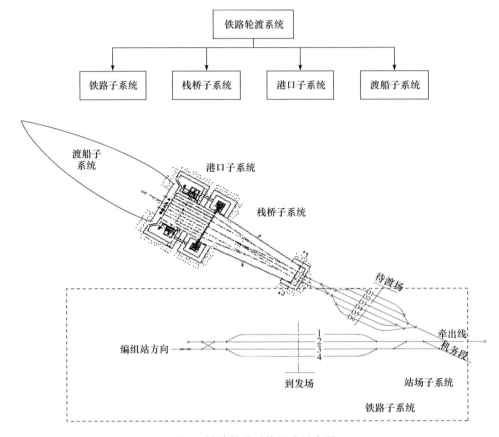

图 1　铁路轮渡系统组成示意图

道高程随着水位的涨落及装卸时渡船重量的变化而实时动态调整，从而使陆地及渡船上的轨道平面及纵断面通过栈桥始终相连，保证列车上下船作业安全；在非作业状态下，栈桥必须提升到指定位置，以便渡轮靠离码头或栈桥维修保养。所以无论从应用需求、技术需求还是管理需求上都对铁路栈桥提出了较高的要求，铁路栈桥又称为铁路轮渡项目的核心工程、"灵魂"工程。

(3) 港口子系统。

从范围上讲，港口主要包括水域和陆域两部分。港口水域是指与渡船进出港、停靠及港口作业相关的水上区域，其主要设施一般包括航道、港池、锚地、防护建筑物及导助航设施等。港口陆域是指从事与港口功能相关服务的陆上区域，其主要设施包括码头、库场、铁路、公路、港区道路、装卸和运输机械等生产设施；给排水系统、供电照明系统、通信导航系统等生产辅助设施；为生产提供直接服务的设施等。

(4) 渡船子系统。

渡船子系统是铁路轮渡系统的又一关键部分，所用渡船是一种高科技、多功能、高附加值的渡船，集客船和列车、汽车滚装船的要求于一体。渡船不仅是铁路轮渡航行中的重要载体，还是装卸作业中的关键部件。作为联系各子系统的纽带，渡船是整个轮渡工程建设的中心与关键。渡船子系统涉及船型、推进系统、安全性装备、铁路股道、汽车甲板、渡船与港桥的接口和渡船结构等方面的内容，各部分在设计、建设和应用的过程中都会相互影响和关联，以形成统一和谐的渡船子系统。

2) 国内外应用

世界各国的铁路轮渡线，主要集中在欧洲波罗的海、北海、黑海、里海及地中海地区，北美的太平洋、大西洋沿岸及大湖区[5]。按各大洲分布，大约欧洲占45%，北美占30%，亚洲及南太平洋地区占25%。国外铁路轮渡线中不乏一些运营条件复杂、工程庞大的工程，例如，1964年通航的从美国西海岸华盛顿州西雅图到阿拉斯加州惠蒂尔的铁路轮渡运输线全程达2592km，是世界上最长的铁路轮渡运输线；受气候条件变化影响较大的日本青森至函馆间113km的铁路轮渡线曾达到每年运送400多万旅客、37万辆铁路货车和3万辆汽车的记录。

我国于1933年建成了连接津浦和沪宁铁路的第一条铁路轮渡——南京铁路轮渡，1949年前又修建了京汉和粤汉铁路之间的武汉铁路轮渡。1957年10月武汉长江大桥建成后武汉铁路轮渡停止使用，随之整体搬迁至芜湖设渡。1968年9月南京长江大桥投入使用，南京铁路轮渡停航。2000年9月30日，芜湖长江大桥竣工通车，当时我国内河上唯一的一条铁路轮渡也完成了历史使命。

21世纪以来，我国铁路轮渡得到了快速发展。2002年建成的江阴铁路轮渡从北岸的靖江跨越长江至南岸的江阴，全长6km，按照设计标准，江阴轮渡日渡运量可达20艘次，每一次的货物运送量约1600t，江上航行时间约需30min(图2)。2003年通航的粤海铁路轮渡是我国第一条跨海铁路轮渡，从雷州半岛南端的海安，横跨琼州海峡至海南岛的海口，全长26km(图3)。2006年通航的烟大铁路

图2　江阴铁路轮渡

轮渡北起大连旅顺羊头洼港，南至山东半岛北部烟台港四突堤，新建铁路引线约34km，海上运输距离约160km，是我国最长、也是世界第三十五条超过百千米的跨海铁路轮渡(图 4)[6~8]。

图 3　粤海铁路轮渡

图 4　烟大铁路轮渡

3) 系统集成

在铁路轮渡系统实施中，逐步形成了一套较为成熟的铁路轮渡系统集成理论和方法[4]，主要进展如下：

(1) 系统分析了铁路轮渡系统的基本功能、集成目标与集成原则，构建了铁路轮渡系统的集成框架，提出了从技术集成方法与运营管理集成方法两方面实施铁路轮渡系统这样复杂系统的思路。

(2) 在对铁路轮渡系统合理性影响因素分析的基础上，建立了铁路轮渡系统集成模式合理性的指标体系，提出了一种基于模糊综合评估模型与层次分析模型的模糊性层次分析模型，便于在立项初期进行科学性的定量分析，辅助决策。

(3) 提供了铁路轮渡系统集成效果分析方法。系统集成效果分析对系统的整体设计及各子系统的技术研发均具有指导性作用,也是系统安全可靠运营的保障。在工程中从系统集成合理性评估、系统综合能力分析、系统结构动力仿真分析以及系统联合调试等方面对集成效果进行评估[9]。

(4) 形成了前沿性的铁路轮渡系统集成关键技术体系。各子系统之间的接口连接方案是铁路轮渡系统集成的关键技术问题,结合不同工程发展了港口与渡船、栈桥与铁路、港口与栈桥、栈桥与渡船等方面接口关键技术。例如,在烟大轮渡铁路工程中为解决栈桥接口问题,栈桥采用了两跨一坡与船随动技术,实现两跨桥体在装卸车作业时基本无坡度代数差,提高作业效率,提升了系统整体功能;采用"一对五滑动道岔"实现了渡船五股道与陆地一股道的对接,使栈桥上轨道平面布置紧凑,明显减小了栈桥宽度。

3. 主要难点

(1) 系统集成理论与方法。铁路轮渡是一项现代的综合运输工程,涉及铁路、港口、船舶、航运等多行业,具有规模巨大、技术复杂、工程实施难度高等特点,是专业性极强的超大型系统工程。因此,通过构建铁路轮渡系统集成理论,指导铁路轮渡系统工程的集成,是在短期内实现建设目标的必由之路。系统集成的主要难点包括系统集成模式、子系统接口问题、系统集成效果评估、系统联合调试等。

(2) 渡船系统。铁路渡船是一种特殊的客滚船,与一般汽车客滚船相比,功能更多,要求更高。由于渡船需面临恶劣的水域环境,因此设计、集成难度非常大。渡船子系统主要存在的难题有铁路轮渡运营作业条件研究、铁路轮渡船型与主尺度优化、铁路轮渡安全性、铁路轮渡结构优化、铁路轮渡货舱通风及消防研究等。

(3) 港口系统。港口系统为渡船停泊提供了场所,也是其他子系统相互连接的纽带,需重点研究如下问题:船舶运动量和冲击能量原理及规律、轮渡码头冲刷规律、渡轮进出港航道航行密度及安全性等问题。

(4) 栈桥系统。铁路栈桥是铁路轮渡工程的核心,是实现渡轮与陆地铁路连接的枢纽工程。栈桥需要在桥梁长度最短的情况下,最大限度地适应设计高低水位潮差变化,工作状态下两孔钢梁必须保持随动状态,使两桥纵坡基本保持一致,满足在设计最高水位和最低水位下栈桥的最大纵坡陆桥接口、船接口最大坡度代数差等要求。为满足工程要求,需重点研究的难题包括栈桥结构形式及支座形式选型、铰接板焊接性能及制造工艺、铁路栈桥升降控制方法、铁路栈桥动静态特性等。

参 考 文 献

[1] 何华武. 芬兰图尔库、法国敦刻尔克铁路轮渡概况及对我国铁路轮渡设计的几点建议[J]. 中国铁路, 1999, (10): 45–49.

[2] 夏建中. 中国铁路轮渡[J]. 铁道知识, 2006, (4): 8–9.
[3] 韩富强. 烟大铁路轮渡及其渡船的结构与性能[J]. 中国铁路, 2007, (7): 58–62.
[4] 王俊峰. 铁路轮渡系统集成模式与实践[M]. 北京: 北京大学出版社, 2008.
[5] 曹炳坤. 乘风破浪的海上铁路[J]. 交通运输, 2006, 22(2): 17.
[6] 王海明. 新长线靖江至江阴长江轮渡设计[J]. 铁道标准设计, 2006, (z1): 245–247.
[7] 王建. 琼州海峡铁路轮渡系统总体设计理念及评析[J]. 铁道工程学报, 2006, (7): 15–20.
[8] 胡大明, 易滨华, 林道城. 烟大与粤海铁路轮渡栈桥比较分析[J]. 桥梁建设, 2007, (4): 53–55.
[9] 王俊峰, 魏庆朝, 龙许友. 铁路轮渡发展概况及技术经济特征分析[J]. 综合运输, 2007, (11): 22–25.

撰稿人: 时　瑾

北京交通大学

审稿人: 魏庆朝　易思蓉

管联网生态交通运输系统

Tubenet Transit System of EHR[①]

1. 背景与意义

传统交通运输系统是非线性、非结构化、强相关的随机复杂系统。对于复杂系统，集中控制的优点是高效率，代价是脆弱性；分散控制的优点是鲁棒性，代价是低效率。如何兼顾两者，是智能交通运输发展的科学难题。其中包括但不限于：车辆可以智能化，但道路布局无法改变；城市可以信息化，但人车混行的博弈策略难以制定；"一带一路"的列车可以从中国直达欧洲，但沿途各国的多种轨道制式难以统一；新一轮交通运输基础设施建设巨大的投资成本和漫长的回报周期对全球经济发展形成新的压力。

近 40 年来，世界交通运输前沿研究聚焦于一种新的交通运输方式——个人快速公交(personal rapid transit, PRT)[1]。这是一种把小汽车交通与轨道交通结合起来，以标准轨道、密布车站、无须等待以及中途不停靠为特征的、高服务水平的个人客货自动交通运输系统[2](图 1)。

中国城市交通科学家与世界同行并肩起步，在 PRT 基础上正在开发更先进的

(a) 英国(伦敦)   (b) 荷兰(马斯达)

---

① 2003～2012 年，曾用名城市管轨(EHR)交通系统。EHR 是生态化(ecotypic)、人性化(humanize)、机器人化(roboticized)三个英文单词的缩写，其含义是一种自统计、自调节、自发展的生态化城市交通管理战略。

(c) 瑞典(顺天)　　　　　　　　　(d) 墨西哥(瓜达拉哈拉)

图 1　世界各国的个人快速公交

仿生学交通运输体系——管联网生态交通运输系统(tubenet transit system，TTS)①。

管联网是自学习、自优化的生态交通运输系统。它把分离的大体量基础设施里面自由混行、无序、彼此干扰的各种人、货、车群，变成无缝连接大型建筑物及小区的微型水平通道及垂直通道(车/路/站/库一体化)里面自动有序排队、智能优化路径、编组鱼贯而行的个人智能客货舱流(图 2)。

图 2　运行在管轨中的个人智能客货舱

(1) 以线性有序模式替代复杂无序模式，以单一连续基础设施替代多样分离基础设施，减少乃至消除交通主体在出行中的相互干扰，实现点到点、舒适、快捷、时间可控的出行[3]。

(2) 使大量道路、停车场用地转为绿地，解放城市土地资源，如图 3 所示。

---

① 2014 年，世界先进交通协会（Advanced Transit Association, ATRA）接受了"tubenet transit system"的命名，故可不带"of EHR"单独使用。

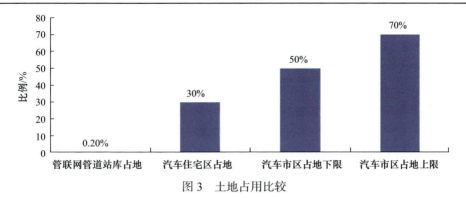

图 3　土地占用比较

(3) 太阳能采、储、取、用一体化，与市电并网互补，消除依靠化石燃料和平面布局交通模式产生的碳排放、空气及噪声污染、拥堵和交通事故伤害。

(4) 干线单向运量大，综合造价低。

管联网把非线性、非结构化、强相关的随机复杂系统，变为线性、结构化、弱相关的确定分布系统，从而容易实现大规模、大流量、安全、有序、平衡、经济的智能交通体系。

2. 研究进展

1) 路网结构

采取分级线性多子网模式构建路网。分为站库、端网、支网、干网，如图 4 所示。站库和端网之间用缓冲线连接，各子网之间用缓冲站连接。

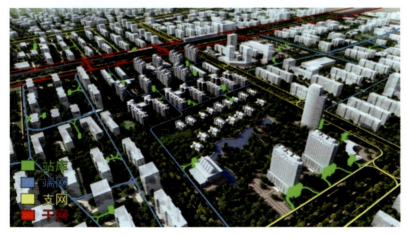

图 4　管联网路网鸟瞰图

2) 控制机制

子网内集中控制；子网之间分布控制；一个子网发生故障，其他子网不受影响。乘客通过各种终端向系统提交出行需求，系统给出规划的线路、空舱、出行时间，为乘客出行提供服务。目前可实现城市常住人口 400 万，承担 30%出行需求，日运载 232 万人次，1 次预约成功率 95%以上；平均等待时间 40s[4]。

3) 小型智能客货舱

胶轮无缝自主变轨：海绵轮胎与钢制轨道结合，无缝岔叉与变轨。以较少的用钢量降低噪声、减少能耗、提高车辆的耐用性、稳定性和安全性。

全滑开电动车门：方便乘客直立无障碍进出。

4) 试验线

2015 年在常熟科技园建立地面试验线，占地约 1000m²。建有电动智能客舱 1 辆；129m 长、架空 1.5m 轨道；125m² 维护、试验车间及配套设备。该试验线用于完成智能客舱的自动定位、加减速、变轨转向、7m 半径 180°转弯、站库平台升降、转向、自动门开合试验(图 5)。

图 5 从建筑物内经水平通道驶出的个人智能客舱

3. 主要难点

(1) 路网动态平衡与自动规划设计。在交通系统整体线性化后，系统自动获取大数据，自动平衡交通供给侧与需求侧的动态量，自动设计与规划路网，以适应不断变化的交通市场需求。

(2) 管轨、站库等基础设施与城市既有道路、景观等协调性。针对城市建设的景观和环境要求，探索管轨、站库等基础设施在城市中的布局，开展该系统在既有城区、新建城区的结构布局、结构形式，使其与城市道路、建筑景观和环境协调[6]。

(3) 绿色环保管轨及其安全性控制装备。研究针对不同管轨上部结构形式，开展长管道伸缩变形的自适应装置，基于绿色环保的理念，研发自给能源补偿；

针对全封闭管轨，研发全天候运行环境控制、运行安全控制和突发事故的快速处理装备。

(4) 地下管道建设。利用地下综合管廊或双线地铁的空间敷设管道，或新建地下管道，减少地面用地，减少景观干扰，创建良好的视觉环境。

参 考 文 献

[1] Anderson J E. An intelligent transportation network system[D]. Minneapolis: University of Minnesota, 2014.

[2] Hoffman P. Personal rapid transit strategies for advancing the state of the industry[R]. Washington DC: Transportation Research Board, 2007.

[3] Yang N Z. Public transit of the third industrial revolution: Tubenet transit[C]//The 8th International Podcar City Conference, Stockholm, 2014.

[4] Greenville County Economic Development Corporation. Personal rapid transit evaluation an addendum to the 2010 multimodal transit corridor alternatives feasibility study[R]. PRT Consulting, 2014.

撰稿人：杨南征
征先管联运输科技(北京)研究院
审稿人：魏庆朝　易思蓉

智能网联汽车

Intelligent Connected Vehicle

1. 背景与意义

随着信息化程度的快速提高,汽车正在从传统意义上仅具备防抱死制动系统(antilock brake system,ABS)、电子稳定控制系统(electronic stability control,ESC)等单一辅助驾驶功能,发展为可部分或全部代替人来驾驶的智能汽车。同时,在移动互联网迅猛发展的今天,汽车不可避免地融入这场互联网革命之中,其联网模式也正在从传统意义上面向信息娱乐的车载信息服务(Telematics),发展为可在汽车与所有交通要素之间进行实时交通信息共享的车联网(vehicle to everything,V2X)。汽车正在经历的这两场变革代表智能化、网联化的发展趋势,而这两大趋势也在计算机、通信、人工智能等信息技术(information technology,IT)科技的推动下快速走向融合,并演化为极具 IT 气质的智能网联汽车。从美国"车城"底特律的汽车产业萧条,到近年来 IT 云集的硅谷产生了一大批汽车电子企业,可以看出汽车在加快走向信息化的新动向。

目前从推动汽车的智能化、网联化这两大进程的主导力量来看,IT 企业扮演着越来越重要的角色,从而形成了 IT 企业"倒逼"传统汽车企业进行信息化升级的局面。自从 Google 在 2009 年发布自动驾驶研发计划以来,苹果、优步等越来越多的 IT 企业紧跟其步伐。百度、华为等国内 IT 巨头也开始布局智能网联汽车,逐步开展与传统汽车企业的竞争与合作。在政府和国家战略层面,从德国率先提出的"工业 4.0",到美国的"工业互联网",再到我国力推的"中国制造 2025",均将智能网联汽车的产业化发展作为核心任务之一。2014 年,美国提出的《智能交通战略规划 2015—2019 年》中,明确将汽车的智能化和网联化作为双重发展目标,并在密歇根州、加利福尼亚州等多地开展智能网联汽车的大规模示范测试。2015 年 5 月,在国务院发布的《中国制造 2025》行动纲领中,明确指出对智能网联汽车实施分级发展,逐步推动智能网联汽车的自动化进程;同时还特别强调了要利用 IT 科技推动传统汽车产业的转型升级,推动 IT 产业与汽车产业之间的交叉与优势互补。2015 年 10 月,中国汽车工业协会正式将智能网联汽车定义为:搭载先进的车载传感器、控制器、执行器等装置,并融合现代通信与网络科技,实现车与所有交通要素(人、车、路、后台等)智能信息交换共享,具备复杂的环境感知、智能决策、协同控制和执行等功能，可实现安全、舒适、节能、高效行驶，并最终可替代人来操作的新一代汽车[1]。

智能网联汽车是智能交通系统最重要的组成部分，它涵盖了以主动安全为导向的辅助驾驶和自动驾驶，并可实现汽车与所有交通要素之间的智能协作，在提高交通安全和交通效率等方面都具有非常重要的作用。

在提高交通安全方面，前向碰撞预警、车道偏离预警、自适应巡航控制、自动紧急制动等先进驾驶辅助系统(advanced driver assistance systems，ADAS)已经广泛应用于各类车型，通过在危险驾驶场景中进行驾驶员警示或汽车主动控制，有效弥补了极限驾驶工况下的人类驾驶能力局限，大力提高了行车安全性。显而易见，随着智能网联汽车所具备的环境感知能力、决策规划能力和运动控制能力的不断提高，其在避免交通事故方面的能力也会相应增强。从《中国制造2025》提出的发展目标来看，我国将通过完全自主驾驶级智能汽车减少交通事故80%，基本消除交通死亡，可见智能网联汽车对于提高交通安全的强大支撑作用。

在提高交通效率方面，智能网联汽车通过与移动智能终端、交通基础设施、交通管理中心之间的实时信息交互，大幅提高了交通信息采集的效率和精度，有助于实现大范围内的交通信号协调控制、实时路径诱导、公交优先控制等智能化交通管控。从美国的自动公路系统(automated highway system，AHS)和Connected Vehicle项目，日本的车载信息与通信系统(vehicle-infrastructure cooperation system，VICS)和SmartWay项目，欧盟eSafety计划和DRIVE C2C项目，以及我国近年来对车路协同与车联网项目的研究与示范，都充分地验证了车与车(vehicle to vehicle，V2V)、车与基础设施(vehicle to infrastructure，V2I)之间的互联互通，能够极大地突破现有交通信息采集方式在时效性、精确性等方面的瓶颈[2]。

因此智能网联汽车将充分利用大数据、云计算、移动互联网等新一代信息科技，综合运用系统科学、知识挖掘、人工智能等理论和方法，以全面感知、深度融合、主动服务、科学决策为目标，通过建设实时、精确的动态交通信息环境，推动汽车向更安全、更高效、更环保、更舒适的方向发展。

2. 研究进展

在汽车科技与IT科技深度融合的今天，汽车的信息化程度已经达到了相当高的水平。根据国际汽车工程师学会(SAE)制定的汽车自动化水平分级标准J3016，即无自动化(L0)、驾驶辅助(L1)、部分自动化(L2)、有条件自动化(L3)、高度自动化(L4)和完全自动化(L5)等[3]，当前全世界绝大部分已量产的汽车虽然都处于L0或L1级，特斯拉Model S/X、沃尔沃XC90等也介于L2与L3级之间，但是从已公开的试验车型来看，Google、百度和全球各大车企等均将L4和L5级智能网联汽车作为最终发展目标，其中，Google试验车已在实际道路上行驶300多万 km,并正在通过旗下公司 Waymo 对该车型进行量产。

可以说,完全自动化的智能网联汽车正在向我们快速走来,而推动这个进程向前发展的重要力量来源于 IT 科技对汽车的革新,其中的人工智能主要推动汽车朝智能化方向发展,移动通信则推动汽车向网联化方向发展。人工智能领域的机器人科技正在深刻影响智能汽车的发展。信息融合、深度学习等一大批最新的人工智能方法用于智能汽车的感知和决策,现代控制理论中的模型预测控制、鲁棒控制等方法也使智能汽车的运动控制更具可靠性。特别地,在近年来 Google AlphaGo 的强大推动下,基于深度神经网络方法的人工智能开始渗透于智能汽车的各个研究方向,包括计算机视觉、雷达与图像融合等环境感知的研究以及局部路径规划的研究等。

另外,以下一代移动通信 LTE-V/5G、专用短程通信 DSRC 等为代表的移动通信也在促使汽车进入网联时代。通过汽车与所有交通要素之间的实时信息交互(V2X),不仅强化了智能汽车对复杂交通环境的感知能力,还有利于构建一种在大范围内、全方位发挥作用的、实时、准确、高效的交通运输管理系统。因此近年来围绕智能交通系统体系下的车联网信息和数据开展了一系列有关交通运营和管理方面的研究,并在基于 V2I 的交通信息采集和信号优化控制、基于 V2V 的车队管理等方面取得了较多研究成果。

在国家《关于积极推进"互联网+"行动的指导意见》、《车联网发展创新行动计划(2015—2020 年)》、《中国制造 2025》等多项政策的指引下,智能网联汽车正在加快融入智能交通体系架构。近年来,工业和信息化部(简称工信部)已分别在浙江、上海、北京、重庆、长春、武汉等地相继建立了智能网联汽车示范区,着力发展基于宽带移动互联网的智慧交通和智能汽车应用示范,以此推动人工智能、移动通信等最新 IT 科技在汽车中的研发与应用。

3. 主要难点

目前世界各国虽在智能网联汽车方面已取得很多研究成果,但在走向 L5 级完全自动化的过程中仍然存在一些难点,主要体现在环境感知、决策规划、协同控制、通信模式、人机共驾、信息安全,以及法律与伦理等七个方面。

(1) 环境感知。环境感知是限制智能网联汽车实现完全自动化的主要瓶颈之一。目前广为使用的传感方式包括毫米波雷达、激光雷达、计算机视觉等,这些传感器在感知效果上优劣不一,功能也各有侧重。同时高精度定位导航服务也在制约智能网联汽车的发展。GPS、北斗等定位系统在没有高成本的车载惯导系统辅助下,难以实现车道级或更精确的定位。当前在没有一款绝对可靠的车载传感器的情况下,各类传感器彼此优势互补,通过多传感器信息融合实现复杂环境感知成为必然选择。

(2) 决策规划。车辆的运动规划与决策是自动驾驶的"中枢神经",其在环境感知的基础上,对当前的动态驾驶场景进行分析和逻辑推理,为自动驾驶提供决策,在路径选择、车辆避障、冲突避免等方面起着举足轻重的作用。由于道路环境、驾驶员行为的不确定性,设计出带有自诊断、自学习及容错性等特征的复杂规划算法,是未来提高智能网联汽车自动化水平的关键之一,而人工智能中的深度学习方法,成为当前用于解决车辆决策规划问题的研究热点。

(3) 协同控制。车辆的协同控制主要包括多车协同控制和车辆多目标协同控制。多车协同控制是在高可靠V2X基础上,实现多辆汽车之间的列队控制,从而大幅提高行车安全性,还可以提高道路资源利用率,并通过降低空气阻力达到节能目的。同时智能网联汽车还需要在安全、高效、节能、舒适等多目标之中进行权衡,这就要求车辆控制系统能够统筹考虑人-车-环境多个影响因素,制订最佳控制方案,实现智能网联汽车的整体性能最优。

(4) 通信模式。车联网通信模式包括专用短程通信(DSRC)和下一代移动通信LTE-V/5G两大标准和阵营,DSRC以IEEE 802.11p为基础,是专门针对车联网制定的通信标准,而LTE-V/5G则是在现有蜂窝移动通信基础之上的升级换代,兼顾考虑了智能网联汽车的通信需求。现阶段,全球范围内的车联网通信模式尚未制订清晰、明确的体系架构,且涉及多个行业和跨部门的协调,这些问题若不解决,不仅会制约智能网联汽车的推广和应用,还会从整个交通系统的层面限制智能交通管理和控制的发展。

(5) 人机共驾。在可以预见的未来,智能网联汽车仍会以人机共驾的形式面向市场[4]。由于当前自动化水平限制,在面对某些极端的,甚至无法辨识的驾驶场景时,智能车辆仍需人类驾驶员参与驾驶决策过程。汽车应该会由过去"车辅助人",演化到未来由"人辅助车",通过人机共驾来完成动态驾驶任务。而要实现人和汽车之间安全、高效的共同驾驶,必须解决两个基本问题,即如何根据动态驾驶环境选择最佳驾驶模式,以及用何种最优方式进行人机交互。

(6) 信息安全。汽车与所有交通要素之间的信息交互必将带来大量的交通信息传输和数据储存,如何有效管理这些数据、区分公众信息及隐私信息,并在交通管理的同时保证数据安全,是智能网联汽车在实现全时空、多维度信息共享之前必须解决的难题。具体而言,这项难题所包含的难点主要是车载终端并发接入与消息并发处理、数据接入管理、数据存储管理和数据运营管理等数据管理与维护问题,以及设备安全评估、设备安全认证、信息安全保障、数据分类保护和数据加密等信息安全与设备认证问题。

(7) 法律与伦理。对于高度自动化的智能网联汽车,其引发的交通事故责任主体将由人类驾驶员转移至汽车本身，而问题在于汽车属于高度集成化的商品，它所涉及的企业不仅包括整车制造商，还包括零部件供应商。此时的交通安全问题不在个体程序部件，而在汽车系统的整合，其风险问题将会影响未来交通事故定责和保险的发展。世界各国已开始关注这个问题，美国、德国等已相继为正在研发的自动驾驶汽车发放行驶牌照，通过允许其上路行驶来发现并解决可能引发的法律和伦理等社会问题。

参 考 文 献

[1] 李克强. 智能网联汽车现状及发展战略建议[J]. 经营者汽车商业评论, 2016, (4): 170–175.

[2] 严新平, 吴超仲. 智能运输系统——原理、方法及应用[M]. 2 版. 武汉: 武汉理工大学出版社, 2014.

[3] SAE On-Road Automated Vehicle Standards Committee. SAE J3016 Taxonomy and Definitions for Terms Related to On-road Motor Vehicle Automated Driving Systems[S]. SAE International, 2014.

[4] Russell H E B, Harbott L K, Nisky I, et al. Motor learning affects car-to-driver handover in automated vehicles[J]. Science Robotics, 2016, 1(1): 1–9.

撰稿人：吴超仲　褚端峰

武汉理工大学

审稿人：赵祥模　郭　晨

无人机物流

Unmanned Aerial Vehicle Logistics

1. 背景与意义

快递配送作为现代物流的典型增值服务之一，很好地满足了客户多品种、小批量的个性化需求，但从快递分发点至顾客终端的配送末端环节是物流企业的普遍难题。目前国内物流系统与电子商务规模之间的发展差距，使得物流行业运营成本与配送效率问题在电商经济链中越来越凸显。传统物流模式下快递系统及调度策略的滞后发展，不仅造成物流资源的浪费，也引发了交通拥堵、环境污染等社会问题[1]，亟待社会发展与科技进步给出新的解决方案。

无人机是无人驾驶航空器的简称，是一种在遥控站管理下的能够远程操控或自主飞行的航空器。无人机具有垂直起降、起飞着陆场地小、空中悬停、机动灵活、任务能力广泛、造价低等功能特点和应用优势，广泛应用于空中侦察、抢险救灾、科学考察、农业灌溉等军事民用领域。

考虑到无人机的众多优势，物流行业已经开始酝酿发展无人机物流应用。这不仅得益于日益成熟的各类通信和网络手段，如3G/4G网络覆盖，位置信息服务以及GPS导航等，而且智能飞行控制与决策、图像链路集成及网络优化、应用化无人机制造等技术的发展也促进了无人机应用的研究，为无人机物流的实现提供了可能[2]。无人机物流的主要特征是成本低、效率高，无人化、信息化，不仅能提升快递的投递效率和服务质量，缓解快递需求与快递服务之间的矛盾，还能解决偏远地区的物流配送问题[3]，有效降低运营成本、仓库成本和人力成本等。无人机物流为物流企业提供了一种信息化、智能化的解决方案。

因此充分发挥无人机在物流配送中智能化和高效率的特性，减少人力使用、降低物流企业运营成本、提高运输效率并改善交通拥堵和环境污染等社会问题，具有重要的科学及社会意义。无人机物流蕴含着巨大的行业发展潜力，未来其真正应用于商业运营中是社会智能化发展的必然。

2. 研究进展

近年来，无人机物流已吸引国内外不少企业和机构投入大量资金进行研究和开发。英国和美国等发达国家也在逐步制定和完善相关的法律法规，为无人机物流的落地实施奠定基础[4]。

无人机物流需要安全、高效、节能的电驱动垂直/短距离起降(vertical and/or short take-off and landing，V/STOL)无人机平台，其实现依托于面向物流应用的无人机模块化、轻量化结构设计与制造、无人机智能飞行控制与管理决策、高可靠机载控制器、地面站、远距离数据图像实时链路集成等技术，并基于无人机运输网络优化配置策略、多机、多任务组织调度策略进行综合调度优化。成熟的无人机物流系统应具备完善的智能导航、自动避障、危险报警等功能，在保证飞行安全的前提下降低运营成本。相对来说，传统无人机领域已经较为成熟，但与物流行业相结合的具体应用研究仍较为薄弱。

为了满足无人机的续航及起降需求，广泛部署 V/STOL 平台是无人机物流的基础[5]。有企业计划将公共空间内的垂直架构变成无人机停靠站，如无线电塔、手机信号塔、办公建筑、多层停车场等，并为无人机提供充电和导航辅助等功能。

作为直接影响飞行性能和安全的关键系统，无人机飞行控制系统的设计主要分为经典控制理论设计与现代控制理论设计。前者以时域响应、根轨迹、频率响应特性为理论依据，主要用来控制纵向、横侧向弱耦合且机动性要求不高的无人机；后者包括动态逆控制、鲁棒控制、自适应控制、智能控制等，主要用于纵向、横侧向强耦合且机动性要求较高的无人机。目前飞行控制系统的发展趋势是将两者结合，扬长避短，以综合控制来满足飞控系统日益苛刻的指标要求[6]。

视觉导航作为有效的辅助导航方式，在无人机精准起降、自动避障，实现长航时高精度导航等领域有着重要作用[7]。国内外各高校、研究所也已展开该方面的相关研究。例如，北京航空航天大学研发的景象匹配仿真平台能够提高导航与降落精度；国防科技大学对图像匹配辅助导航系统中的图像匹配理论的研究等[8]。然而，目前基于航路点的景象匹配方法和基于序列图像的运动估计方法还分别存在一些亟待解决的问题：航路点的自动选取、鲁棒的景象匹配算法、序列图像的帧间特征点匹配、特征点匹配的后验等。

无人机航路规划问题的本质是一类优化组合问题，构造过程需要满足多种约束条件，保障无人机的航行安全并有效回避禁飞区域或危险区域。其主要研究内容包括航行环境建模与航路规划算法。面对复杂庞大的环境信息，环境建模的好坏决定了航路规划算法的效果和效率，而规划算法则需要在满足无人机航行要求与安全保障的前提下快速构造出合理航路[9]。

在多无人机场景下，无人机的运输网络优化与多机任务调度要求更高的协同性。因此存在诸如网络路由、任务分配、航路规划等问题。无人机网络路由能否为上层应用提供可靠的通信支持，是实现多无人机协同任务规划的前提和基础。多无人机任务分配则是研究多任务优化问题，使系统整体效能最大[10]。

近年来，国内外各大快递公司都进行了各自的局部无人机投递测试，通过预设目的地和路线并内置导航系统实现无人机送货、紧急救援、医疗物资运送等配送服务。政策方面，2015 年美国出台了无人机监管的系列政策，包括无人机备案、执业牌照等制度，来严格管理无人机的使用。相对来说，国内的监管还处在初级阶段，仍然没有放开商业无人机在物流方面的应用。

目前无人机物流领域整体上还处于测试阶段，各类无人机也仅停留在将货物送到的水平，物流领域与无人机领域的交叉研究几乎为空白。因此当前的研究水平距离如何建立无人机物流系统，并针对无人机进行调度优化尚有较大的距离。

3. 主要难点

无人机物流中的重点和难点是智能自主控制和网络优化、多任务调度策略。无人机必须能够自主进行环境感知，并具备状态监测、自动避障、应急处理等功能。环境感知与状态监测依赖无人机自身传感器，主要包括视觉传感器、加速度传感器、大气监测传感器、倾角传感器等。通过高可靠的远距离实时数据传输手段(如 4G、Wi-Fi、模拟信号等)将自身状态信息与视觉图像实时传送至地面站，控制台对无人机状态进行实时监测，必要时可发出紧急控制指令。自动避障场景需要实时性较高的视觉导航应用，利用图像匹配算法检测识别障碍并最终调整机身姿态实现自主避障。在无人机飞行的智能控制过程中，容易受到电磁干扰、天气等环境因素影响，如何快速准确地识别危险并做出抗干扰反应是其应用过程中必须克服的障碍，因此无人机对控制指令的执行性以及对环境干扰的鲁棒性是成功航行的关键。在无人机控制相对成熟的情况下，要实现其自主性需要良好的环境感知及管理决策能力。

虽然目前的无人机系统已经具备简单的路径规划、航线跟踪等功能，但在无人机网络优化配置、多机、多任务组织调度策略上仍然存在不足。面对即将爆发增长的快递物流无人机设计需求，如何有效地优化无人机运输网络、合理调度任务将是无人机物流在实际应用中的普遍问题。因此，结合具体任务需求，通过寻优理论求解最佳调度优化方案将成为今后无人机物流市场中的研究重点。

政策障碍是无人机物流商业化必须面临的难题。早在 2013 年，美国联邦航空局就曾以安全为由叫停无人机送货计划，可见其对无人机物流的谨慎态度。德国的首次无人机送货试验也是在政府部门划定的特定空域进行的。国内的无人机物流同样缺乏相关法律上的许可与支持，行业政策标准及法规也都相对空白。政策法规及监管的缺失已成为制约民用轻微型无人机市场发展的一大瓶颈。

作为物流业未来的重要发展方向，无人机物流将极大地满足客户个性化、实时化的物流配送需求，给行业发展注入新的动力。各项技术的成熟结合无人机空中交通管理规范的实施，将真正开启无人机城市物流的新纪元。

参 考 文 献

[1] Iwata K. Research of cargo UAV for civil transportation[J]. Journal of Unmanned System Technology, 2013, 1(3): 89–93.

[2] Suresh M, Ghose D. Role of information and communication in redefining unmanned aerial vehicle autonomous control levels[J]. Proceedings of the Institution of Mechanical Engineers, Part G: Journal of Aerospace Engineering, 2010, 224(2): 171–197.

[3] Haidari L A, Brown S T, Ferguson M, et al. The economic and operational value of using drones to transport vaccines[J]. Vaccine, 2016, 34(34): 4062–4067.

[4] Olivares V, Cordova F, Sepúlveda J M, et al. Modeling internal logistics by using drones on the stage of assembly of products[J]. Procedia Computer Science, 2015, 55: 1240–1249.

[5] Akturk A, Shavalikul A, Camci C. PIV measurements and computational study of a 5-inch ducted fan for V/STOL UAV applications[C]//The 47th AIAA Aerospace Sciences Meeting and Exhibit, Orlando, 2009.

[6] 段镇. 无人机飞行控制系统若干关键技术研究[D]. 长春: 中国科学院研究生院 (长春光学精密机械与物理研究所), 2014.

[7] Conte G, Doherty P. Vision-based unmanned aerial vehicle navigation using geo-referenced information[J]. EURASIP Journal on Advances in Signal Processing, 2009, 2009(1): 1–18.

[8] 宋琳. 无人机飞行途中视觉导航关键技术研究[D]. 西安: 西北工业大学, 2015.

[9] 沈淑梅, 姚臣. 启发式动态任务调度与航路规划方法[J]. 电光与控制, 2012, 19(9): 63–66.

[10] Bodner D A, Wade J P, Watson W R, et al. Designing an experiential learning environment for logistics and systems engineering[J]. Procedia Computer Science, 2013, 16(1): 1082–1091.

撰稿人：鲁光泉　龙文民

北京航空航天大学

审稿人：张学军　唐　涛

轨道交通列车无人驾驶与全自动运行

Driverless and Unattended Train Operation

1. 背景和意义

凌晨，天刚蒙蒙亮。车辆段内一列列"睡眠"的列车被控制中心唤醒，完成自检之后从车辆段里徐徐开出。它们按照时刻表的要求在正线运营，完成站间行驶、到站精准停车、自动开闭车门、自动发车离站、自动折返，完成运营后自动清客、自动回库、自动休眠，全过程都不需要司机和乘务人员介入，列车自动运行系统替代司机完成列车运行控制工作。

作为轨道交通系统列车运行控制的"大脑和神经系统"，列车运行控制系统是保障行车安全和提高运输效率的关键技术装备。列车自动运行(automatic train operation，ATO)系统(也称为列车自动驾驶系统)是列车运行控制系统的一个重要子系统[1]。ATO 在列车运行过程中通过其车载及地面设备自动控制列车的牵引及制动，实现列车的加速、巡航、惰行、减速、进站精确停车以及停车后自动开启车门和站台屏蔽门(图 1)。

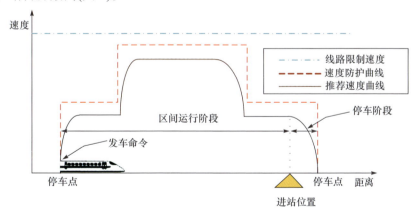

图 1　列车运行过程

目前国内外很多城市轨道交通系统中，ATO 系统替代了司机的部分工作。ATO 系统的设计人员考虑列车运行图、列车车辆特性、旅客的舒适度、节能等因素[2]，为列车运行设计了一条推荐运行速度曲线和控制算法。这构成了 ATO 系统的核心模块。ATO 系统据此可以实现合理控制列车加速、减速。相比于人工驾驶，ATO 能够自动实现列车的发车、站间运行和精确停车等，大幅降低了驾驶员的劳动强度；ATO 系统的控制输出经过车载计算机的精确计算，不仅能够提高列车运行的准点率和轨道交通的运营服务质量，保证运力，也能够在一定程度上降低运营能耗[3]。我国新建城市轨道交通线路在设备采购时，ATO 已经成为一套必不可少的系统。

随着轨道交通技术的不断发展和乘客对轨道交通服务质量的更高要求，人们期待轨道交通系统进一步提升自动化水平。这些期待描绘了未来轨道交通系统运行的构想：列车车厢内不再有司机等乘务人员，车站中仅有少量的工作人员协助处理一些突发情况，系统可以自动协调多个列车的运行以达到全轨道交通系统运行的最佳状态，列车可以更加灵活地改变目的地完成运营任务等。这些构想 ATO 系统还无法实现，需要进一步研究轨道交通全自动运行系统。全自动运行系统是一种不依赖司机，列车全过程自动运行的轨道交通系统。

目前轨道交通系统中列车按照计划运行图运行，目的地、到站时间、出发时间以及经过的路径都是事先规划好的。此时 ATO 系统只需要适度调整列车牵引、制动即可到达目的地。然而，一旦遇到突发事件(如设备故障、客流激增、天气异常等)，事情就变得难以处理了。列车前方信号开放的时机、计划到站时间、经过的路径甚至目的地都可能发生变化。全自动运行系统需要 ATO 系统可以像一个真正的司机，随机应变，正确决策，控制列车的运行适应以上变化。这推动着列车自动运行系统向智能驾驶和协同控制的方向发展。

发展轨道交通全自动运行的意义在于：更可靠、更智能的全自动运行系统对检测技术、通信技术、数据处理方法、控制方法等提出了更高的要求，这将推动和引导系统可靠性、人工智能、系统安全、最优控制、大数据、测量检测等理论的发展。

2. 研究进展

迄今为止，世界上大多数新修建的城市轨道交通线路都采用 ATO 技术，以取代以往的司机驾驶列车。但这些线路仍然要求配备司机或司乘人员，用于处理突发情况下列车运行控制的问题。2011 年，国际上提出了关于轨道交通系统自动化等级(grade of automation，GoA)的国际标准 IEC 62290[4]。该标准规定，按照系统可以自动完成的功能，城市轨道交通系统分为 5 个等级，见表 1。目前 ATO 系统可以实现安全进路、列车间隔控制、速度监控、加速和减速、乘客门控制等功能。这说明 ATO 技术水平发展到了 GoA2 和 GoA3 之间的水平。

表 1 轨道交通系统自动化等级[4]

运行管理基本功能		GoA0	GoA1a	GoA1b	GoA2	GoA3	GoA4
列车安全运行	安全进路	X	S	S	S	S	S
	列车间隔控制	X	S	S	S	S	S
	速度监控	X	X (部分 S)	S	S	S	S
列车驾驶	加速和减速	X	X	X	S	S	S
轨道监测	障碍物监测	X	X	X	X	X	S
	避免与轨道上的工作人员碰撞	X	X	X	X	X	S
乘客换乘	乘客门控制	X	X	X	X	X 或 S	S
	乘客跌落车厢间或轨道上	X	X	X	X	X 或 S	S
	列车安全启动条件	X	X	X	X	X 或 S	S
其他	列车进入/退出运营	X	X	X	X	X	S
	监测列车状态	X	X	X	X	X	S
危险检测与处理	列车诊断，烟火，脱轨，紧急情况处理（电话，疏散监督）	X	X	X	X	X	S 或控制中心人员

注：X 表示由人来完成此项功能；S 表示由系统来完成此项功能。

为进一步提高城市轨道交通系统的服务品质，增强与其他交通方式的竞争力，满足 GoA4 等级的全自动运行(fully automatic operation，FAO)，系统相关研究在 20 世纪 70 年代逐渐展开。FAO 技术相继在机场、大型商业中心间的短距离、小运量轨道交通中使用。1978 年世界第一条 FAO 城市轨道交通线——法国里尔 1 号线动工，1983 年开通运营。1998 年，为纪念巴黎地铁 100 周年，巴黎第一条 FAO 线——14 号线开通运营。这是第一条应用于大城市轨道交通地铁干线的全自动运行线路。几十年的运行充分验证了 FAO 系统的安全性等性能。截至 2015 年 4 月，全世界已有 33 个城市开通了 50 条全自动运行系统的线路，运营里程达到 773km。北京地铁机场线、上海地铁 10 号线先后采用国外引进的 FAO 技术。北京燕房线是国内首条采用自主化全自动运行技术的线路，已于 2017 年 12 月 30 日开通。据国际公共交通协会估计，2020 年全自动运行系统将增长 3.5 倍，到 2025 年总运营里程将达到 1800km。到 2020 年国际上 75%新线预计将采用全自动运行技术，40%的既有线改造时将采用全自动运行技术。然而受限于全自动运行系统理论的发展滞后，全自动运行系统目前仅限于满足中小客运量的城市轨道交通线路。

与此同时，随着列车自动运行技术在城市轨道交通的广泛应用，干线铁路开始应用 ATO 技术。我国广深城际铁路广州至惠州段为最高速度可达 250km/h 的城际列车安装了 ATO 系统。在欧洲连接英国和法国的高速铁路上，为了提高通过能力，针对伦敦 Thameslink 线正在进行的系统改造项目为其规划了 ATO 功能。此外日本在东北新干线 Morioka 至 Hachinohe 段上运行的 E2 高速列车上试验了高速列车的 ATO 功能，该列车的最高速度可达 320km/h。2008 年，澳大利亚已经开始尝试在重载铁路上采用 ATO 技术。在 1300km 长的 Rio Tinto 货运专线线路上，列车长度 2.4km，载重 3 万 t。为了提高运输效率，澳大利亚在该线路上开展了 ATO 在重载铁路应用的初步验证工作。我国在重载铁路应用 ATO 的试验也已经在朔黄铁路开展。总体来讲，由于干线铁路列车运行环境十分复杂，目前只是初步应用在城轨中已经成熟的 ATO 技术。但其未来的发展方向必然是全自动运行系统。

3. 主要难点

1) 系统可靠性

设备取代人实现了系统自动化程度的提升。这要求全自动运行系统应具有更高的可靠性。这是保障全自动运行系统稳定运行的基础。系统整体的可靠性首先依赖于组成部件的可靠性。如何提升组成部件的可靠性是材料、电子、机械、电气等学科的基础性问题。其次，从系统整体角度提升可靠性，全自动运行系统可以通过全方位充分的冗余配置来实现。例如，目前全自动运行系统中，信号设备增强了冗余配置，车辆加强了双网冗余控制，增加与信号、乘客信息系统(passenger information system, PIS)的接口冗余配置等。但这种方法会提高系统的成本和复杂性，还需要在实际中摸索更加行之有效的方法。

2) 应对突发事件难

目前列车 ATO 系统是基于常规运营的特点进行设计的，还不能满足一些突发情况下运营的需求。无论城市轨道交通，还是高速铁路，其常规运营的列车运营模式是相对固定的，具有固定的路径和明显的时间周期性。然而当遇到设备故障、客流激增等突发情况时，列车需要按照非常规的方式运行。现有 ATO 系统还无法满足此方面的需求。在 GoA 规定的最高等级 GoA4 中，提出了轨道交通系统应具备可以自动监测和处理运营中发生危险的能力，如火灾、设备故障等。这些目前还无法完全通过技术手段实现，需要人的辅助。全自动运行系统可以通过丰富的中央控制功能和多专业的深度集成提升应急处理能力。以行车指挥为核心，将信号、车辆、电力、机电、通信等多系统深度集成，实现正常及故障情况下多专业自动联动是解决该问题的一种思路。

3) 运行过程存在不确定的影响因素

在实际运营中列车运行会受到很多不确定因素的影响。这些因素可以分为两大类：列车自身的变化和运行环境的变化。首先，列车牵引、制动等各种自身的动力学特性会随着运行里程的增长、维护保养情况的差异而发生不同程度的变化。这些变化会影响列车启动、惰行、制动阶段的性能，这种情况在重载铁路上表现得更为明显；其次，列车运行的环境存在很多不确定因素，如线路坡度曲率的变化、载客/载重量的不同、天气的变化，这类因素在干线铁路上更加突出。总之，这些影响因素的本质都是存在很大的随机性。这导致列车运行控制过程具有很强的时变和非线性特性。因此要求列车智能控制模型必须适应这些变化，在复杂的内外因素作用下也应能够保证列车运行的安全、准时、舒适和精确停车。

目前 ATO 系统普遍采用结合控制规则的固定参数比例-积分-微分(proportional-integral-derivative，PID)控制。该方法应用简单、可靠，但其对上述不确定因素的适应性比较有限。这导致运营公司通常规定，在一些恶劣的条件下，如大雨天气，不采用 ATO 控制列车。为解决此类问题，有些学者提出了模糊 PID 软切换控制[5]、参数自适应控制[6]、专家系统方法。这些方法一定程度上解决了上述问题，但存在算法复杂、难于理解和应用的障碍。

4) 多目标优化控制难

列车运行过程需要满足安全、准时、舒适、精确停车、节能等多方面的需求[7]。这些需求的权重在不同运营情况下还会发生变化。这需要设计的智能控制模型可以自动识别当前系统运营的状况，明确多个优化目标的权重。当列车出现延误时，准时性是要全力保证的。当站间运行时间存在较大的时间富余时，在保证准时的基础上通过延长站间运行时间可以大幅降低列车运行的能耗，减少碳排放和运营成本。相比城市轨道交通，干线铁路列车的精确停车标准可以适当放宽。此外，虽然重载列车不需要考虑舒适性的问题，但是由于各节车厢通过车钩连接，其自动控制功能的设计必须考虑避免车钩瞬时承受较大作用力的现象。

当各个优化目标的权重确定后，如何进行优化和控制是最终实现的关键。目前存在两种解决思路：一种是通过优化方法设计一条优化的列车运行速度曲线，然后设计一个跟踪控制器(如 PID 控制)控制列车尽可能完美地跟踪该曲线，从而达到优化的目的；另一种是基于机器学习的思想，设计一种控制器，通过学习列车反复运行的历史数据，修正控制率。第一种方法在现有 ATO 系统中普遍采用，其关键的难点在于控制器如何解决跟踪控制中的非线性和时滞问题[8,9]。第二种方法的发展依赖于机器学习、学习控制等方法的发展，其关键的难点在于如何保证学习的质量，特别是在数据欠缺时[10]，如何保证控制的收敛性。

5) 多列车协同优化难

列车运行的"组织"性要高于汽车等其他陆地交通工具。由于线路资源仅限于车轮下的钢轨且无法随意地变换轨道，多列车运行必须具有高度组织性，否则极易造成混乱而无法进行疏导。随着越来越多的电气化线路投入运营，列车间的联系又多了一条纽带——牵引供电网。各列车的牵引和制动会在牵引供电网内引起电压和电流的波动，既会相互制约，也可相互利用。再加上原有的乘务人员与列车的配置、满足客流需求等约束条件，如何协同多列车运行，在列车运行、牵引供电、人车配置、客流需求等多个维度进行优化已经成为一个新的世界性难题。

最后，除了上述难点，全自动运行系统还需要解决具有高可靠性的异物侵限自动监测、列车动态间隔控制等与列车安全运行息息相关的问题才能更好地为乘客提供服务。待这些难题逐一破解时，全自动运行系统将给人们带来全新的出行体验。

参 考 文 献

[1] 唐涛, 黄良骥. 列车自动驾驶系统控制算法综述[J]. 铁道学报, 2003, 25(2): 98–102.
[2] 荀径, 杨欣, 宁滨, 等. 列车节能操纵优化求解方法综述[J]. 铁道学报, 2014, 36(4): 14–20.
[3] 宿帅, 唐涛. 城市轨道交通 ATO 的节能优化研究[J]. 铁道学报, 2014, 36(12): 50–55.
[4] IEC. EN62290 Railway Applications—Urban Guided Transport Management and Command/Control Systems[S]. Britain: BSI, 2011.
[5] 董海荣, 高冰, 宁滨, 等. 基于模糊 PID 软切换控制的列车自动驾驶系统调速制动[J]. 控制与决策, 2010, 25(5): 794–796.
[6] 罗仁士, 王义惠, 于振宇. 城轨列车自适应精确停车控制算法研究[J]. 铁道学报, 2012, 34(4): 64–68.
[7] 林颖, 王长林. 车载 ATO 运行等级模式曲线的计算模型研究[J]. 铁道学报, 2013, 35(7): 50–56.
[8] 王呈, 唐涛, 罗仁士. 列车自动驾驶迭代学习控制研究[J]. 铁道学报, 2013, 35(3): 48–52.
[9] 于振宇, 陈德旺. 城轨列车制动模型及参数辨识[J]. 铁道学报, 2011, 33(10): 37–40.
[10] 冷勇林, 陈德旺, 阴佳腾. 基于专家系统及在线调整的列车智能驾驶算法[J]. 铁道学报, 2014, 36(2): 62–68.

撰稿人：唐 涛 荀 径
北京交通大学
审稿人：蔡伯根 杨晓光

智 能 船 舶

Intelligent Ship

1. 背景与意义

从 1956 年提出人工智能概念到现在，随着计算机科学、认知科学、心理学、控制论等学科的发展，人工智能也在不断发展，人们普遍认同人工智能将会带来巨大的社会变革。人工智能最通俗的理解应该就是研发某种机器、设备或系统，使它能像"人"一样学习和工作。2016 年 3 月，备受关注的阿尔法狗(AlphaGo)在围棋人机大战中大比分战胜了世界围棋冠军李世石，在全球范围内引起人们对人工智能的进一步关注[1]。在船舶领域，随着人工智能在船舶机械故障分析、航行安全风险分析、航线优化设计、航行环境感知、智能决策、运动控制中的逐步应用，新一代的智能船舶已不再是遥不可及的梦想。智能船舶通常是指利用传感器、通信、物联网、互联网等技术手段，自动感知和获取船舶自身、航行环境、物流、港口等方面的信息和数据，基于计算机、自动控制、大数据等技术，以人工智能为核心构建"航行脑"系统，在船舶航行、管理、维护保养、货物运输等方面实现智能化的新一代船舶，从而使船舶更加安全、环保、经济和可靠。与传统船舶相比，智能船舶的显著优势是能够减少船舶配员、降低人为因素造成的事故发生率，从而增大船舶的运能、削减运营成本、减少污染物排放以及提高安全性。

"航行脑"系统是人工智能在智能船舶上的重要体现，旨在解决船舶智能态势感知、智能风险评估、智能能源管理、智能航行决策等重要理论问题，使船舶在高海况、拥挤航道、复杂航行环境下能实现智能化航行甚至无人化运营。智能船舶研究也是人工智能在自主驾驶、认知科学等领域的有益探索。

2. 研究进展

目前国内外对智能船舶正在开展积极的研究，并取得了一些重要进展[2]。2012 年欧盟启动网络化智能海上无人导航系统(Maritime Unmanned Navigation through Intelligence in Networks，MUNIN)项目，以散货船为对象，对与无人驾驶相关的环境感知、远程操控、自主航行控制、引擎控制进行了系统研究[3]。2015 年 9 月，英国劳氏船级社(Lloyd's Register of Shipping，LR)、奎纳蒂克集团和南安普敦大学合作推出了《全球海洋技术趋势 2030》(GMTT 2030)报告,报告将智能船舶列为 18 个关键海洋技术之一。为了紧跟智能船舶发展潮流,规范和引导智能船舶发展,中国船级社于 2015 年发布了《智能船舶规范 2015》,明确了智能船舶在智能航行、智能船体、智能机舱、智能能效管理、智能货物管理、智能集成平台等方面的内容[4]。2015 年 5 月我国发布了《中国制造 2025》,其中高技术船舶和船舶智能制造是重点方向[5]。目前英国劳斯莱斯(Rolls-Royce)公司正在联合欧洲多所大学、科研机构和海事卫星组织开展智能船舶的研究,并对未来智能船舶的研究构建了详细的发展路线图,预计 2035 年实现货船跨越海洋的无人自主驾驶[6,7]。虽然智能船舶相关理论和技术发展较快,但目前还无法完全实现货船全天候、复杂海况的无人自主航行,其中最重要的原因是智能船舶还不具备"人"的思维能力,无法应对各种航行状况(如船舶密集时的避障、自动故障诊断和修复等问题)。因此,研制"航行脑"系统是实现智能船舶的技术关键。实现远程遥控驾驶是当前智能船舶研究的初级目标,而实现船舶完全的自我控制与管理是智能船舶的最终目标。智能船舶船员数量减少会有效降低人为因素造成事故的风险,但伴随而来的系统可靠性问题又增加了风险,因此还必须保证智能船舶的运营风险不能高于传统船舶。

3. 主要难点

智能船舶航行控制系统是一种由多个子系统构成的具有非线性、不确定性、不可预测性、不稳定性等特征的复杂系统。为使智能船舶系统能自主完成智能态势感知、智能风险评估、智能能耗控制、智能航行决策等任务,构建能替代"人"的"航行脑"系统,提升船舶智能化水平,仍需解决以下主要科学难点问题:

(1) 复杂海况下船舶航行态势感知、决策与控制问题。在船舶智能运动控制过程中,首先通过雷达、视觉传感器(摄像机)等多种手段获取船舶周围环境障碍物、气象水文等信息[8],经过船舶"航行脑"系统的分析、决策后向船舵和主机发送控制指令,最后实现船舶的自主航行。当船舶航行环境风平浪静且无其他船舶或障碍物时,智能运动控制是较易实现的,但当恶劣天气、海况复杂、船舶密集时,如何避免出现决策出错,导致船舶发生碰撞、翻沉等事故,十分重要。因此在复杂航行环境下如何保证船舶对航行环境的有效感知、对船舶航迹的可靠控制以及实现对障碍物的安全避让十分关键[9~11]。例如,对于航行环境状态感知,当船舶摇晃剧烈时如何修正摄像机拍摄物体的晃动,当大雨天气时如何消除雨水对雷达信号的干扰,当雾天或者夜间航行时如何保证在安全范围内障碍物检测的可靠性;对于航迹控制,在风、浪、流的影响下如何使船舶运动的航迹与规划的航线基本保持一致,当船舶推进系统性能发生变化时如何保证运动控制的精度;

对于障碍物避让，当船舶较多、航道较窄时如何保证船舶能够安全地避开所有障碍物。

(2) 智能船舶远程操控与自治模式切换中的人机协同问题。远程操控是指人能够通过远程通信控制船舶的行为。自治是指在不依靠人参与的情况下，船舶能够根据外部和内部状态做出决策，使船舶按照预设的目标状态运行。考虑到安全性，当前乃至今后很长一段时间这两种控制模式都会共存，当船舶遇到复杂航行环境无法决策时就会主动接受远程操控。这其中的关键问题是如何解决在远程控制与自治模式切换过程中的人机协同，以保证船舶航行安全。为实现高精度的远程操控，可利用虚拟现实(VR)技术还原船舶航行场景，使远程操作具有身临其境的体验。可以想象，今后智能船舶的发展必将使需要远程操控的场景越来越少，但根据机器人三定律，在不伤害人类的前提下机器人必须服从人类的命令。因此完全自治的船舶是应该避免的。

(3) 智能船舶天-地-船一体化信息交互问题。虽然国际海事组织(International Maritime Organization, IMO)还未出台针对智能船舶的航行法规，但智能船舶之间以及与传统船舶之间的信息交互是关系到航行安全的重要问题[12]。很多时候船舶之间的避让操作需通过语音等交互方式实现，对于智能船舶，如何准确、可靠地识别各种不同的语音、文本和视频数据，并将它们转换为有效且可被系统识别的信息是十分关键的。另外船舶在运营过程中会与周边船舶、船公司、服务中心、监管中心进行大量实时数据通信，需建立卫星(天)、地面站、周围船舶的一体化通信网络，这对通信带宽和可靠性提出了很高的挑战，如何尽可能压缩通信带宽也是亟待解决的问题，目前国际海事卫星组织(International Maritime Satellite Organization, INMARSAT)也正在参与智能船舶的通信解决方案设计。

(4) 智能船舶人机共融风险评估与控制问题。据统计，大部分船舶事故都可归因于人为原因，智能船舶应尽力避免各种风险。风险评估涉及建模、概率统计等多个学科，风险控制则需要通过采取一定的措施尽可能降低风险发生的可能。对于复杂的智能船舶系统，如何构建完整的风险评估体系(包括各子系统的风险评估体系)，并进一步研究风险控制方法是保证船舶运营安全的重要问题。

(5) 智能船舶大数据分析问题。智能船舶的推广将会改变整个航运业的格局，船舶运营过程中产生的大量数据有待进一步挖掘。就如 AlphaGo 利用 3000 万局"自我对弈"数据进行深度神经网络训练一样，未来的船舶航线优化设计也可以通过大数据分析、机器学习等智能算法方式来实现。

(6) 智能船舶能耗控制问题。船舶正常运营离不开动力源和电源的支持。船舶在航行时一旦失去能源支持，就如落叶一般在海洋上随波逐流，十分危险。因此如何保障智能船舶的能源供应是十分关键的问题。同时在保障安全的前提下，如何最大限度提高能源利用效率也是需要关注的问题。智能船舶能源管理系统是一种智能化甚至无人化的系统，该系统的实现需解决自动故障诊断、能效优化配置、应急处置等多个技术问题。

智能船舶是人类进入智能化时代的必然产物。虽然智能船舶涉及的很多问题还未完全解决，但人们坚信未来智能船舶一定能造福人类。

参 考 文 献

[1] 余建斌. 人工智能，其实还有点"笨"[N]. 人民日报, 2016-03-25(020).

[2] 柳晨光, 初秀民, 谢朔, 等. 船舶智能化研究现状与展望[J]. 船舶工程, 2016, 38(3): 77–84, 92.

[3] Porathe T, Burmeister H C, Rødseth Ø J. Maritime unmanned navigation through intelligence in networks: The MUNIN project[C]//Proceedings of the 12th International Conference on Computer and IT Applications in the Maritime Industries, Cortona, 2013.

[4] 中国船级社. 智能船舶规范[EB/OL]. http://www.moc.gov.cn/zizhan/zhishuJG/chuanjishe/guifanzhinan/201512/P020151202371212558498.pdf[2016-04-11].

[5] 严新平, 柳晨光. 智能航运系统的发展现状与趋势[J]. 智能系统学报, 2016, 11(6): 807–817.

[6] Rolls-Royce. Autonomous ships — The next step[EB/OL]. http://www.rolls-royce.com/~/media/Files/R/Rolls-Royce/documents/customers/marine/ship-intel/rr-ship-intel-aawa-8pg.pdf[2016-07-16].

[7] Jokioinen E. Remote and autonomous ships—The next steps[EB/OL]. http://www.rolls-royce.com/~/media/Files/R/Rolls-Royce/documents/customers/marine/ship-intel/aawa-whitepaper-21066.pdf[2016-07-11].

[8] Naeem W, Sutton R, Xu T. An integrated multi-sensor data fusion algorithm and autopilot implementation in an uninhabited surface craft[J]. Ocean Engineering, 2012, 39(1): 43–52.

[9] Campbell S, Naeem W, Irwin G W. A review on improving the autonomy of unmanned surface vehicles through intelligent collision avoidance manoeuvres[J]. Annual Reviews in Control, 2012, 36(2): 267–283.

[10] Casalino G, Turetta A, Simetti E. A three-layered architecture for real time path planning and obstacle avoidance for surveillance USVs operating in harbour fields[C]//Proceedings of the 2009 OCEANS Conference, Bremen, 2009.

[11] Mukhtar A, Xia L, Tang T. Vehicle detection techniques for collision avoidance systems: A review[J]. IEEE Transactions on Intelligent Transportation Systems, 2015, 16(5): 2318–2338.

[12] Perera L P, Oliveira P, Soares C G. Maritime traffic monitoring based on vessel detection, tracking, state estimation, and trajectory prediction[J]. IEEE Transactions on Intelligent Transportation Systems, 2012, 13(3): 1188–1200.

撰稿人：严新平　马　枫　柳晨光

武汉理工大学

审稿人：刘祖源　段　武

公交都市的建设问题

How to Construct the Transit Metropolis

1. 背景与意义

公交都市的概念最早由美国加利福尼亚大学伯克利分校的 Cervero 教授提出，指的是一种以公共交通作为主要出行方式，并以公共交通引导城市布局结构的城市发展模式。公交都市是为应对小汽车高速增长和交通拥堵所采取的一项城市交通战略，已成为全球大都市的发展方向。公交都市与一般城市的区别在于它的公共交通服务与城市形态、城市用地互相配合默契，可以有效地发挥公交优势[1,2]。公交都市相对于传统模式的城市具有的优势见表 1[3]。

表 1 公交都市相对于传统模式的城市具有的优势

要素	优势
城市发展用地	所需土地节省 10%~30%
基础设施投资	投资更精简，基础设施投入降低 5%~25%
设施利用程度	更加高效，服务人口更多
出行结构	公共交通出行比例最低为 60%，相比而言，小汽车出行比例下降 20%~30%，出行结构更优
混合功能	用地功能混合，居住、就业就近平衡，减少跨区交通量
土地附加价值	对轨道或公交站点地上、地下空间的高强度综合开发，可提高沿线物业价值 30% 以上，增加了城市高价值的空间资源
能源利用	更高效，人均交通能源消耗量减少 30% 以上

2011 年我国交通运输部发布了《关于开展国家公交都市建设示范工程有关事项的通知》，2012 年和 2013 年交通运输部先后组织开展两批共 37 个城市创建公交都市建设示范工程。公交都市在创建过程中形成了一批可复制、可推广的典型案例，公交优先发展理念逐步得到广泛认同，也清晰地认识到强调城市公交优先并非一般意义上城市内部公共交通工具运行的优先。公交都市建设的核心，是通过实施科学的规划调控、线网优化、设施建设、信息服务、综合管理等，建立与

城市规模、环境、人口、经济发展相适应,多元化、多层次、高品质、高效率的公共交通服务系统[4],降低公众对小汽车的依赖,实现土地集约利用、能源节约、环境保护和改善,从源头上调控城市交通出行结构,提高城市交通运行效率,缓解城市交通拥堵,促进社会公平和谐,实现城市健康可持续发展。

国外公交都市发展较好的城市,对公共交通发展的着眼点均放在了城市战略的角度[2,3],且大部分专家学者认为:加强公共交通的吸引力,在环境、能源和土地约束下,提高城市密度要比单一改变城市形态和建设公交线网有效[1]。公共交通的服务既要保证公平性,又要体现多元性。

2. 科学意义

公交都市是一种在资源、环境、安全等条件约束下的最佳城市建设形态,是一种综合效率和社会环境效益最好的城市发展模式。公交都市倡导城市公共交通主动引导城市发展,强调城市公共交通与城市人居、环境、结构功能、空间布局默契协调、共存共促。公交都市是理论上和实践中探索解决城市与交通问题的认识飞跃。

开展公交都市的建设是贯彻落实公共交通优先发展战略,调控和引导交通需求,缓解城市交通拥堵和资源环境压力,推进新时期我国城市公共交通又好又快发展的重大举措,意义重大,影响深远。

3. 研究进展

由于国内长期以来对公交都市的内涵和认识存在分歧,着眼点和着力点存在误区,因此尽管投入了成本进行公共交通建设,但是公共交通发展水平和状态与社会公众的愿望差距较大,公共交通仍旧是受关注较多而满意程度较低的公共服务。当前我国公共交通的现状及其问题根源主要包括以下四个方面[4]:

(1) 对公交都市的内涵和重点任务认识不一致。公交优先政策的落实仍旧停留在交通行业内部。城市公交发展目标单一化、指标化、模式化,导致城市公交优先片面等同于公交行业优先、专用道建设优先或者轨道建设优先。公共交通服务至今尚未明确纳入国家基本服务范畴,尚未纳入国家基本公共服务体系。而国外发达城市和地区普遍将公共交通作为政府应当向民众提供的一项基本服务的做法,为公共交通优先发展的法规制定与资源配置,特别是财政保障提供依据。

(2) 公共交通发展滞后于城市增长和有机更新,尚未与城市发展形成互动协调关系。公共交通没有起到引领城市发展的作用,公交导向的城市发展模式虽已成共识,但城市用地规划与交通规划协调机制不足,对城市用地规划、控制指标缺乏明确指导,导致公共交通走廊匮乏以及公共交通走廊缺乏协调,城市建设呈均质蔓延，从而导致交通拥堵。

(3) 尚未建立城市公交优先发展的相关保障制度。城市公交层面立法体系尚未建立。缺乏公交优先发展政策及制度顶层构建。目前在国家及地方层面，往往是针对公交发展中存在的具体问题提出相关政策，出台相关政策文件、法规和制度规定，未从系统层面统筹考虑公交优先政策及制度构建，导致出台公交规章制度、规定文件缺乏统一和明确的政策目标导向，以及地方不同政策文件、管理规定之间的内容不一致甚至相互冲突的问题。

(4) 公共交通市场机制和财政体制不健全，难以维持城市公交的可持续发展。政府与企业关系不明确，政府对公交服务的监督管理仍停留在计划经济管理模式下所采用的方式。公交运营补贴、公交票制票价体系缺乏合理的制定依据，导致政府政策负担增加，且政府补贴对象模糊不清。城市公交基础设施建设资金压力大，许多城市进入高额还本付息阶段，而目前国内的公交财政体制导致土地增值收益分配不合理，且缺乏有力又合理的监管，导致公共交通运营压力大，维持困难。

4. 主要难点

要实现公交都市的理想目标，面临的主要难题是如何改变和提高公共交通的竞争力，引导出行者优先选择；保障均等机会出行，引导城市集约利用土地和节约能源、保护和改善人居环境，建设可持续发展城市。而这其中的首要难题是公交优先发展保障制度顶层构建，通过制度建设在全国普及公交都市所倡导的集约利用土地资源、节能减排、改善人居环境、推进公平发展等要素于一体的科学的城市发展模式。为解决公交都市的建设难点需要积极探索以下几点内容。

(1) 公共交通规划编制制度。包括完善宏观、中观、微观多层次的土地-公交协调规划机制；完善公共交通专项规划编制管理制度；建立详细的交通规划编制管理制度；推行规划滚动编制及公交年度实施计划管理制度[4]。

(2) 公共交通设施优先落实的建设协同制度。包括推行公交场站配建制度，完善相关规划标准；完善场站设施用地供应制度；统一公交场站设施的建设管理；完善道路空间资源优先分配制度；完善重大项目建设协同实施制度[4]。

(3) 支持公共交通优先发展的资金筹措制度。包括建立中央、省级政府公交发展专项基金制度；研究建立"轨道+用地"联合开发制度；研究探索物业税收增额融资制度；完善小汽车税费补偿公交制度[5]。

(4) 适应公共交通市场化的运营管理制度。包括完善和落实特许经营、竞争性招标制度；完善"可承受、可比较、可运营"的公交定价机制；完善建立以乘客为对象的公交直接补贴制度；推行公交财务公开制度；完善面向服务的公交考核制度；建立完善公交企业信用档案制度；建立部门协同管理、公交广泛参与的行业监管制度[4,5]。

(5) 保障公共交通优先发展的立法保障制度。目前国内颁发的公交法规主要存在立法层次偏低，法规体系不完善，缺乏对公交发展资金保障的规定，公交参与机制有待进一步加强等问题。因此立法保障制度可从以下三个方面进行积极探索：完善公共交通发展的立法体系，完善公共交通立法内容，保障公共交通立法实施[5]。

参 考 文 献

[1] Cevero R. The Transit Metropolis[M]. Washington DC: Island Press, 2007.
[2] 黄良惠. 香港公交都市剖析[M]. 北京：中国建筑工业出版社，2014.
[3] 交通运输部大陆运输司. 世界主要城市公共交通[M]. 北京：人民交通出版社，2010.
[4] 汪光焘，陈小鸿，等. 中国城市公共交通优先发展战略——内涵、目标与路径[M]. 北京：科学出版社，2015.
[5] 林群，张晓春. 面向协同实施的城市交通规划：深圳的探索与实践[M]. 上海：同济大学出版社，2011.

撰稿人：吴娇蓉

同济大学

审稿人：关 伟 杨小宝

城市共享交通

Sharing Transportation in Cities

1. 背景与意义

交通系统的核心功能是实现人和物在不同地点间的移动。进入现代社会，居民出行活动已经越来越多地集中在城市，随着城市化的发展和人口的聚集，有限的道路资源越来越难以满足大部分居民安全、快捷、舒适的出行要求，在此背景下，共享交通凸显为一种极具吸引力的模式。

共享交通是共享经济的一种形式，指改变交通工具私人拥有+私人使用的模式为私人拥有+公共使用或者公共拥有+公共使用的模式；具体而言，共享交通中的共享包含以下含义：交通工具成本的共同分担；交通工具使用权的共享；交通工具使用空间的共享；交通信息的共享。

同其他形式的共享经济类似，共享交通涉及三大主体：拥有方、需求方和共享平台。通过整合使用率低的私人交通工具，使其公共化，来达到各方受益的目的。具体而言，共享交通有如下优点：对交通工具拥有者而言，出让使用权可带来现金收益；对需求方而言，共享交通意味着更多样化、便捷、低成本的出行选择；对城市而言，共享交通可以达到促进公共交通使用、减少排放等社会效益。

本质上，传统的公共交通(公共汽车、地铁等)就是典型的共享交通。互联网技术和车辆智能化的快速发展，为以互联网为媒介的共享交通模式提供了广阔的空间。"互联网+"将人、车、路更加紧密地连为一体，三者的信息实现实时互享[1]；共享汽车、共享单车、网约拼车等新型交通形式大量涌现[2]，自动驾驶车辆也将全面普及，出行服务质量将有更高的提升[3]；而人们也将重新思考车辆拥有权与出行服务的关系，会优先考虑高效、便捷、生态的出行，而不是拥有车辆。点到点交通与公共交通一起也可以成为一种服务，交通模式会从车辆拥有模式向出行服务模式转变，也将出现出租或定制商务车等共享客运服务模式和城市快递运输共享货运服务模式[4]，由此引起整个交通系统的变革。

未来的大部分运输服务车辆或将不是某一个个体所独有，而是类似于公交车辆的共享车辆，即每辆车均是没有特定"驾驶员"的"专车"，在完成一次服务后，则开始进行下一次出行服务。除了特殊单位或群体所需特殊车辆，所有的车辆可为社会所共同享用。同时，也可根据不同价格，提供不同服务等级的车辆，以及为特殊人群出行服务的特殊智能车辆。以出行即服务为特征的共享交通，可以降低小汽车的总需求量和停车资源，减少交通堵塞、污染和出行成本的同时，交通系统也将发生质的变化。具体表现在以下几个方面：

(1) 交通需求的变化。在城市的不同区域，由于居住群体、出行方式以及出行时间等的不同，每个区域的交通需求都有各自的特点。精确地对交通需求进行预测是交通规划的基础。在未来交通共享化的城市中，随着从车辆的拥有到车辆的共享，交通的需求从其产生到分布再到交通方式划分都将发生变化，因此对共享交通下的交通需求进行分析、建模是研究新交通系统的关键。

(2) 共享交通资源的配置。交通资源配置是否合理对经济社会发展和人们生活有重要影响。在交通共享的系统中，交通的需求处于不断变化中，交通资源配置也必须随着交通需求的变化不断调整，必须实施具有区域针对性的交通资源配置策略，满足出行服务高效、便捷的需求。

(3) 多交通模式的衔接。随着共享汽车、共享单车、网约拼车等交通方式的出现，结合传统的公共交通(如公交、轨道交通等)以及客货分时共享运输，将形成一个共享的交通运输网络。通过各种交通模式之间的配合，使人、物的运输达到最优，是未来交通系统需要考虑的关键问题。

2. 研究进展

车辆共享化使用理念已在部分地区初显雏形，汽车分时租赁系统也已经在多个国家和地区蓬勃发展。例如，在我国的上海等城市已出现新能源汽车的租赁共享服务系统[5]。其主要的经营理念是人们可以通过车辆的固定租赁站点租取车辆，根据系统的不同服务特征，在目的地周边的站点归还车辆(one-way)或将车辆归还到租取的站点(two-way)，车辆的使用按时计费；使用者不需要负担保险和维护费，多人乘用时的性价比会更高。以需求响应、灵活型为特征的共享公共交通系统也引起了世界范围内学者和工业界的广泛关注。另一类典型的共享交通系统是在中国诸多城市已经投入使用的共享单车系统[6]。可以预见，随着交通工具智能化程度的逐渐提升和普遍应用，以共享汽车、共享公共汽车、共享单车等为主体，覆盖整个出行链的共享交通系统，将逐渐成为城市居民出行的主要方式。

而在货物运输方面，一般大型货运车辆为城市提供的商品运输活动相对为非紧急的，即不是居民出行早晚高峰时必须进行的运输活动。因此，在早晚交通高峰期间，为了减少客货交通在时间和空间上可能产生的矛盾，一般城市常常限制或有条件允许货运车辆在客运高峰期进入城市交通拥堵区域,或只能在夜间通行。未来在货运车辆实现无人驾驶的情况下，货物可以实现无人化运送，城市交通系统虽然仍保持这种客货分离化组织方式，但客货运输在时空资源协调利用能力方面会得到极大的提升。

另外，全球正出现一种由出租车或网约专车、商务车与城市快递联合(共享)的运输模式[4]，即接受预约后的专车(一般出行的起终点是明确的)，就近取上与乘客目的地相近的城市快递物件，在完成乘客运送的同时，也顺便配送了快递。这种共享运输方式，不仅可以减少城市快递交通量，还可降低成本，当然，需要构建相应的共享调度管理平台以及相应的服务管理制度等。

物流运输设备的共享也是物流业共享服务的一种典型模式，与其相关的探讨和使用已在我国展开。该模式主要集中在车货匹配方面，如同城货运模式、城际货运模式和长途货运模式等。通过更丰富的信息沟通手段、更智能的运输车辆提供更高效的货运服务将是未来货运的主要特点。

3. 主要难点

(1) 交通需求预测模型。面向未来城市的共享化交通，其交通模式将发生显著变化，由车辆拥有模式向出行服务模式转变，交通需求不断变化的同时，共享交通的发展对土地利用方式也会产生影响，传统的四阶段法(交通生成、交通分布、交通方式划分、交通分配)将无法满足共享交通的发展规划需求。从集计的、以交通小区为基础单元的预测方法需要向非集计的、以家庭或个体出行层次为研究单位转变，建立基于出行行为的交通需求预测模型将成为共享交通环境下的难点之一。

(2) 交通资源配置优化。出行服务模式要求交通系统的运输效率能极大地满足民众的出行需求，交通资源的配置问题是交通运输的核心，共享交通的发展进一步要求交通资源的配置更加公平合理。"互联网+交通"的提出，交通基础设施、交通工具、交通运行信息的互联网化，为共享交通的出行服务提供了新的环境，同时如何针对个体出行和货物运输的效率优化交通运输网络的资源配置策略，满足交通运输效率新需求，也是城市共享交通面临的重要挑战。

(3) 多模式交通系统协同整合服务。由各种共享交通方式形成的交通运输系统要协同高效运行，就要对多模式交通系统进行协同整合规划，既包括单个交通方式内部的整合，也包括多个交通方式之间的协调。对各模式交通系统对交通网络层次分级和分布、系统优化以及各交通方式出行间的衔接、协调调度、数据采集、融合等方面进行研究，使多模式交通系统服务一体化是共享交通的难点。

参 考 文 献

[1] 中国信息通信研究院. 2016 物联网白皮书[R]. 北京, 2016.
[2] Katzev R. Car sharing: A new approach to urban transportation problems[J]. Analyses of Social

Issues and Public Policy, 2003, 3(1): 65–86.
[3] 中华人民共和国国务院. 中国制造 2025[R]. 北京, 2015.
[4] MIT Technology Review. Can same-day delivery succeed this time[EB/OL]? https://www.technologyreview.com/s/520806/can-same-day-delivery-succeed-this-time/[2013-11-14].
[5] 李明. 分时租赁: 汽车租赁的发展方向[J]. 上海汽车, 2015, (3): 51–53.
[6] 肖岳. 共享单车"荆棘路"[J]. 法人, 2016, (11): 28–29.

撰稿人：孙　剑　马万经　杨晓光

同济大学

审稿人：王飞跃　严新平

道路交通微观精准仿真

Accurate Microscopic Simulation for Road Traffic

1. 背景与意义

道路交通系统是由人、车、路、交通环境、通行规则和信息等要素构成的复杂系统,这些要素既独立作用又相互制约,共同决定了这个复杂系统的运行状况。交通仿真技术是将现实交通系统的变化规律抽象为规则和数学模型,通过计算机程序实现系统运行模拟、可视化展示与评估。因此交通仿真是再现交通流运行规律,对交通系统进行规划、设计、管理、控制与优化的重要试验手段和工具。利用交通仿真可以对真实世界中尚未得到实施的方案和技术进行细致的分析,对已实施的方案和技术提出优化建议,在不对现有交通系统产生任何干扰的情况下进行多种方案的检验,引导更有效的系统方案实施。交通仿真主要包括宏观仿真、中观仿真和微观仿真[1]。宏观仿真从集计的角度将交通流看做流体,用来表现宏观状态(流量、密度和速度)的变化;中观仿真将出行个体划分到道路上不同的流向和单元中,形成个体集群,基于预先制定的通行能力和速度-密度方程表示个体集群的运动;微观仿真则是建立在以每个个体的运行行为为基本单元,详细描述交通系统的要素及行为细节的交通系统模型基础之上,车辆在道路上的跟车、超车以及车道变换等微观行为都能得到较真实的反映。随着计算机技术和系统仿真技术的发展,特别是智能交通技术的研究与开发,要求对交通网络的动态随机特性描述更加接近现实系统、能够精准反映单个车辆/非机动车/行人在路网中的运行过程,以实现对交通系统新技术的主动评估和推广应用。

微观交通仿真是以单个车辆为对象,通过仿真模型模拟在不同道路和交通条件下车辆在路网上的运行状态,在描述和评价路网交通流状况方面具有传统数学模型所无法比拟的优越性。然而,由于国内外驾驶行为存在较大差异,现有仿真软件(如 VISSIM、TransModeler 等)在默认参数下很难准确再现我国的快速路实际交通流运行特征。因此要对管理、控制和优化等手段进行准确评估,就有必要对交通系统进行精准仿真。由于微观交通流模型是微观仿真的基础,为提升仿真的可信度,符合实际的模型的建立以及模型参数的准确标定是两种有效的途径。具体包括:①通过对个体运动二维轨迹的精准仿真,对交通效率和交通安全进行考量,进而实现交通系统的全方位评估;②通过构建多维一体化的微观模型,不仅能模拟个体车辆运动特征,更能精准表现交通系统宏观、中观、微观多维特征;③随着车联网技术、自动驾驶技术的发展,如何构筑新的仿真系统或整合已有仿真系统,实现未来交通系统的精准仿真;④通过建立大样本微观实测数据库,从而对模型参数进行精准标定,以保障微观仿真的可信度。

2. 研究进展

微观仿真在国外的发展可分为四个阶段:①起始阶段(1950~1960 年),标志性工作是 Goode 与 Gerlough 开发仿真模型验证 Webster 延误模型;②政府资助探索阶段(1970~1980 年),美国联邦公路局(Federal Highway Administration,FHWA)资助开发 NETSIM/FRESIM,用于运行分析、信号控制实验;③商业化成熟阶段(1990~2000 年),商业化仿真模型,如 VISSIM、PARAMICS、AIMSUN 相继出现,众多的研究和工程实践通过仿真进行测试、分析和优化;④免费开源时代(2000 年以后),随着个人计算机的普及与高级编程语言的发展,以 MITSIM、SUMO、MATSIM 等为代表的开源仿真软件出现[2]。自 20 世纪 80 年代起,我国开始研究道路交通仿真,并陆续开发了一些演示系统。但是大部分系统依然沿用国外的交通流模型,难以模拟我国城市道路与混合交通流特征,实际应用非常有限。进入 21 世纪后,我国走出了一条研发具有自主知识产权的仿真系统(如 TESS)和消化吸收再创新已有仿真系统(如 VISSIM)并举之路[3]。

3. 主要难点

(1) 个体轨迹的精准仿真不仅对准确反映交通系统运行效率至关重要,而且关系到安全行为的准确模拟。经典的交通流模型建立在车辆严格按车道行驶的基本假设上。但是在现实交通系统中,这种假设并非完全成立。如混合交通流在交叉口内部、支路(或匝道)汇入/汇出主线的路段、人车共享路段等,车辆运行表现出明显的非基于车道的交互行为和多变的轨迹分布[4]。由于缺乏对此类行为的模拟,现有仿真技术难以精准再现通行能力瓶颈和交通安全黑点路段上的交通流运行情况。如何建立描述交通个体在二维平面上运动的二维仿真模型是交通微观仿真技术的又一难题。二维仿真技术的关键在于如何做出驾驶决策以及如何通过运动控制完成既定决策。由于在交互空间中没有车道划分,二维仿真模型难以确定交互对象,预测潜在冲突点和时间间距等参数,这增加了在动态交通环境中进行交互决策的难度。运动控制是指控制仿真个体从当前位置点移动至目标位置点,控制方案不仅需要完成既有决策的目标约束,而且需要满足环境约束和车辆动力学约束。在多仿真个体动态变化的交通环境中,算法效率和是否存在可行解等问题同时存在。

(2) 如何精准表现交通系统多维特征，即同时进行宏观、中观、微观多分辨率混合仿真，既能模拟交通系统的总体特征，又能模拟局部特征，达到"既见树木，又见森林"的效果。由于不同分辨率的仿真模型有不同的运动机制，因此多分辨率混合仿真的关键在于保证不同运动机制下参数的一致性。但是交通系统是一个复杂系统，中观和宏观仿真均对交通系统的异质性和微小扰动进行了简化。这就需要将微观仿真中的不同驾驶行为和交通控制策略的影响整合为系统化影响因素。例如，整合跟驰行为和换道行为对连续流的影响，整合交叉口不同输入类型和交互策略对路网通行能力的影响。由于不同模型建模思路的差异和系统随机性的影响，多分辨率混合仿真方面还有许多问题尚未解决。

(3) 近年来随着车联网技术、自动驾驶技术的发展，传统的微观仿真软件将无法准确表现车辆互联自动驾驶系统(vehicle automation and communication systems，VACS)环境下的车辆驾驶行为[3]。然而，纵观目前 VACS 环境下微观仿真的研究，智能车辆与普通车辆的仿真模型无本质差异，大多为在传统模型的基础上，结合对智能车辆运行特性预想而建立的模型，较难真实反映实际环境中智能车辆的行为特征。另外，智能车辆的驾驶行为模型不再是独立的跟驰模型或换道模型，而是逐渐成为传统模型与控制模型的结合。这些也将是未来道路交通精准仿真研究需要攻克的难题。同时，车联网环境下，如何将通信仿真(如 NS2/3、OPNET)与交通仿真整合[5]；无人驾驶环境下，如何将车辆环境感知仿真(如 PreScan)、动力学仿真(如 Carsim)与交通仿真结合，也是需要解决的难题。

(4) 仿真模型参数标定是指根据实际驾驶行为数据获得最优模型参数集，使得仿真的交通特性与实际相符。由于不同地域、不同交通场景下交通行为存在差异，实际数据与仿真系统融合的参数标定是实现精准仿真的重要手段。然而现实数据集多为多元异构数据，如使用感应线圈或视频采集的宏观流量、行程时间数据，以及利用 GPS 采集的微观轨迹数据等。现有标定方法对数据类型和样本量要求仍没有给出一般性的规范。此外，现阶段参数标定方法一般为目标函数优化法，即寻找一组最优参数使实测数据与模型计算数据间的误差最小。参数寻优算法一般采用序列二次规划法、遗传算法等优化算法进行求解。现有研究结果表明，跟驰模型参数标定的相对误差一般为 10%～30%，且该值受标定数据、模型目标函数以及标定方法等因素影响，难以进一步减小[6]。因此如何构建数据融合的精准参数标定方法是仿真模型实际应用中的一个难题。

参 考 文 献

[1] Barceló J. Fundamentals of Traffic Simulation[M]. New York: Springer-Verlag, 2010.

[2] Sun R. Cognition and Multi-agent Interaction: From Cognitive Modeling to Social Simulation[M]. London: Cambridge University Press, 2006.

[3] 中国公路学报编辑部. 中国交通工程学术研究综述·2016[J]. 中国公路学报, 2016, 29(6): 1–161.
[4] Ma Z, Sun J, Wang Y. A two-dimensional simulation model for modelling turning vehicles at mixed-flow intersections[J]. Transportation Research Part C: Emerging Technologies, 2017, 75: 103–119.
[5] Sun J, Yang Y, Li K. Integrated coupling of road traffic and network simulation for realistic emulation of connected vehicle applications[J]. Simulation, 2016, 92(5): 447–457.
[6] Kesting A, Treiber M. Calibrating car-following models using trajectory data: Methodological study[J]. Transportation Research Record, 2008, 2088(2088): 148–156.

撰稿人： 孙　剑　杨晓光　马子安
同济大学
审稿人： 张　毅　严新平

泛在交通信息条件下交通流理论与建模

Traffic Theory and Modelling Under Ubiquitous Traffic Information Condition

1. 背景与意义

交通系统是一个由人、车、路、环境、通行规则与信息等要素构成的非线性、强耦合、泛时空的复杂系统，包含海量的动态信息。传统的交通信息系统运用多种检测器采集信息，经由通信网络传输，最后通过简单处理实现交通预测和动态路径规划的功能，往往存在传输不及时、信息分析不深入等缺点，导致交通系统的协调和优化不够充分[1]。泛在交通信息，即泛在网络环境下的交通信息，结合了泛在网络的特点，利用先进的计算机网络技术以及信息传输技术，具有超强的环境感知、通信和计算能力，从而实现交通系统要素间随时随地按需求获取、传递更加准确、全面、实时的交通信息。相较于现有方式采集的交通信息，泛在交通信息具有三个显著特征：①泛在感知，也就是通过布设各种异构和多态的传感器，弥补传统的固定型传感器维护成本高、难以大规模感知的缺点；②实时互联，新一代互联通信技术可以提供全方位的无线接入方式，实时反映交通环境中各个交通参与者的状态信息；③深度挖掘，不再单纯地传递未经深入分析的数据，而是结合已有经验和数学模型生成更高层次的决策支持信息，指导交通控制、交通诱导、主动安全防范等管理方法的实施[2]。

交通流理论是用模型描述道路上车辆以及行人/非机动车与道路设施和环境交互运行规律的基础科学，也是交通工程学的基础理论。自20世纪30年代以来，交通流理论被提出并逐渐完善，作为一门交叉性学科，引起了力学、物理、数学、系统工程和交通工程等领域众多专家学者的普遍关注，成为解释交通现象、改善交通问题和提高交通系统运行效率的理论基础。交通流理论的研究目标是建立能正确描述实际交通一般特性的数学模型，并经过参数辨识和计算机数值模拟，揭示各种交通现象的本质，寻求控制交通流动的基本规律，最后达到提高交通系统运行效率的目的。因此，先进的交通流理论可以产生巨大的经济和社会效益。

在泛在交通信息条件下，由于信息感知方式的拓展和进步，交通流及其信息获取环境发生着巨大变化，对交通参数的分析和交通流建模方法等也产生了巨影响。另外智能网联汽车(intelligent and connected vehicle，ICV)的发展[3]，使得车辆本身既是感应器也是执行器，车辆/驾驶人在信息获取、感知能力、反应时间、交互行为等方面与传统人工驾驶车辆存在显著差异；同时驾驶人、车辆、道路和环境信息的强耦合会导致"人机共驾"控制权动态切换、车辆队列行驶等车辆驾驶行为改变，从而影响车辆的车头时距和速度动态关系变化。因此，交通流运行规律将发生结构性变化。具体体现在以下几个方面：

(1) 交通流参数获取方式的多样性。交通流参数的提取是再现交通流运行规律，管理、控制和优化交通系统的基础。随着信息和通信技术的发展，交通采集手段呈现多样性，如线圈、雷达、车牌自动识别、射频识别(radio frequency identification，RFID)、专用短程通信技术(dedicated short range communications，DSRC)、浮动车、手机 GPS 等[4]。因此，基于数据驱动的分析理论和方法，融合多样的交通检测数据对交通流特征进行分析、建模和标定，是泛在交通信息条件下交通流理论的关键。

(2) 交通流检测粒度的变化。个体车辆轨迹和行驶路径是交通流最完整的表达形式，也是精准交通流建模的前提。泛在交通信息条件下，通过视频、车牌识别和个体 GPS 获取车辆的精确轨迹数据，为各层级交通流精准建模提供基础数据是另一关键问题。

(3) ICV 对交通流的影响。随着 ICV 的上路，其驾驶行为(跟驰、换道和车道选择)显然和人工驾驶存在差异，如车头时距减小、车辆组队行驶等的变化，对交通流将产生巨大影响；同时当驾驶人的驾驶体验与 ICV 车辆自动提供的"驾驶感受"显著不同时，存在系统自动驾驶与驾驶人手动驾驶的控制权切换问题。根据驾驶人的历史驾驶经验、交通流状态以及系统自动驾驶策略，设计相应的模拟模型为新环境下的交通流建模提供了新的思路。

2. 研究进展

自 1935 年 Greenshields 提出流量-速度关系模型以来，交通流理论已经有 80 余年的发展历史，形成了交通流基本图模型、微观交通流理论与仿真、中观交通流理论及仿真、宏观交通流理论、网络交通流理论五个研究体系。

交通流基本图将车头间距和速度紧密联系起来，微观、中观和宏观交通流模型则从不同层面描述车头时距和速度的动态变化过程。所有模型和理论都是从交通流基本图模型发展而来的，即针对宏观交通运行特性指标(流量、速度和密度，简称流密速三参数)之间关系进行分析和建模的理论与方法。随着 20 世纪 30 年代交通流基本图模型产生，微观交通流模型、宏观交通流模型和网络交通流在 50 年代几乎同时涌现，而中观交通流模型从 60 年代才逐步发展起来[5]。微观交通流理论是针对个体车辆(或非机动车/行人)交通运行特性进行分析与建模的理论与方法，是解析、描述和预测交通流运行规律的重要手段之一。宏观交通流理论是将交通流视为可压缩连续流体，针对集计交通参数(流率、密度和平均速度)进行分析和建模。中观交通流理论则是介于微观和宏观交通流之间，通过建立宏观交通流参数和微观驾驶行为之间关系，从中观层面描述交通流的随机性与不确定性。网络交通流模型是模拟交通网络上各要素[如路段、路径、起讫点(O-D)对]的流量和费用模式，为交通网络评价和优化设计提供决策依据。最近20年，交通流理论和建模研究发展迅速，一大批模型被提出，组成了各个体系的分支[6]。

但是现有的交通流建模方法也表现出诸多不足。首先，在交通流基本图研究时，利用各种实证检测数据对交通系统进行系统而全面的分析还较少，特别是对交通流三参数随机特征及其产生和影响机理等还缺乏深入研究；其次，在微观交通流模型构建时，各驾驶行为(跟驰、换道)分开建模，且参数过多，不仅缺乏复杂环境下综合驾驶行为模型的研究，还缺乏标准可靠的验证，尤其是缺少大样本微观实测数据的参数标定与检验；最后，在宏观交通流建模时，其模型过度简化、假设过多，难以精确描述实际观测到的交通流动态现象。诸如此类的不足，为泛在交通信息条件下交通流理论和建模研究提供了新的研究方向。

3. 主要难点

(1) 基于微观数据的宏观交通流建模。传统的宏观交通流建模由于交通信息采集方式的限制，基于宏观交通流参数(流量、密度、速度等)进行建模，车辆行为存在过度简化的问题，从而难以精确描述实际交通流运行特征。泛在交通信息条件下，交通流参数的获取手段层出不穷，交通流检测粒度也更加精细化，个体车辆轨迹和路径能够更加容易地获取。在获取完整轨迹及路径的基础上，如何结合微观参数，将个体行为体现在宏观模型中，建立同时保证交通流动态特性和模型复杂度的宏观模型是未来交通流理论研究的重要挑战。

(2) 融入驾驶人心智过程的微观交通流建模。个体驾驶行为是决定交通流运行规律的核心和基础，而人的因素(如年龄、性格、习惯等)是个体的驾驶行为不可忽略的重要因素。传统的微观模型(跟驰、换道模型)主要从工程角度出发，少数研究已将部分人的因素与工程模型结合，但无法完全体现人的因素在驾驶行为中的重要影响[7]。另外泛在交通信息条件不仅为交通采集提供数据，也为驾驶人提供实时信息反馈(如可变信息板、道路状态板、车网互联等)，对驾驶行为产生深远影响，传统模型无法描述这种行为变化。因此在微观模型中融入驾驶人心智过程是泛在交通信息环境下交通流建模的必然要求。

(3) 混入ICV的交通流建模。不同等级的ICV与传统车辆的驾驶行为不尽相同，且存在交互影响。然而现有交通流建模方法并未将ICV与传统车辆明显区分，仅通过设置反应时间、跟驰时距、换道可接受间隙等参数描述驾驶行为的变化，不仅无法内在解释行为变化的因果关系，更加缺乏对不同种类车辆之间交互影响(如 ICV 在不同交通条件下控制权的切换，ICV 获取实时信息后的行为变化)的考虑。ICV 的发展将导致交通流理论发生结构性变化，交通流基本图模型，宏中微观以及网络交通流建模都需要重新考虑 ICV 的混入与传统交通流环境的差异。

(4) 交通流运行与管控互反馈影响下的通行能力估计。通行能力是交通流运行最基本的特征，直接关系到交通规划与设计和管理方案的科学性和可行性。泛在交通信息条件下，交通流运行受到交通管控措施，如交通诱导信息、事件提醒信息和信号控制等的影响，而车辆行为的变化也将对管控策略形成反馈，从而导致交通运行特征的动态变化。现有的交通流特征分析缺乏对交通流运行与管控措施强耦合作用的考虑，从而影响通行能力估计的准确性。因此，综合分析管控措施信息和对应的交通流运行信息，将其反馈作用计入通行能力估计模型中，可以进一步提高通行能力的估计准确度。

参 考 文 献

[1] Wischhof L, Ebner A, Rohling H. Information dissemination in self-organizing intervehicle networks[J]. IEEE Transactions on Intelligent Transportation Systems, 2005, 6(1): 90–101.
[2] 赵祥模, 惠飞, 史昕, 等. 泛在交通信息服务系统的概念、架构与关键技术[J]. 交通运输工程学报, 2014, (4): 105–115.
[3] Diakaki C, Papageorgiou M, Papamichail I, et al. Overview and analysis of vehicle automation and communication systems from a motorway traffic management perspective[J]. Transportation Research Part A: Policy and Practice, 2015, 75: 147–165.
[4] Faouzi N E E, Leung H, Kurian A. Data fusion in intelligent transportation systems: Progress and challenges—A survey[J]. Information Fusion, 2011, 12(1): 4–10.
[5] Wageningen-Kessels F V, Lint H V, Vuik K, et al. Genealogy of traffic flow models[J]. Euro Journal on Transportation & Logistics, 2015, 4(4): 445–473.
[6] 中国公路学报编辑部. 中国交通工程学术研究综述·2016[J]. 中国公路学报, 2016, 29(6): 1–161.
[7] Saifuzzaman M, Zheng Z. Incorporating human-factors in car-following models: A review of recent developments and research needs[J]. Transportation Research Part C: Emerging Technologies, 2014, 48: 379–403.

撰稿人：孙 剑 杨晓光 孙 杰

同济大学

审稿人：赵祥模 严新平

交通时刻表的编制与优化

Scheduling and Optimization of Timetables for Transportation

1. 背景与意义

时刻表是运输企业为出行者提供的运输服务指南，规定了运输工具出发、到达、通过站(场)时刻以及在停靠站(场)的停留时间，通常以站(场)序轴、时间轴的二维表格形式进行表述。时刻表广泛用于各种交通方式，如轨道交通(铁路、城市轨道交通、磁浮交通等)列车时刻表、航空时刻表、长途汽车时刻表、城市公交时刻表等。时刻表按使用对象和使用场合具有多种形式。时刻表的出现可以追溯到 19 世纪，英国人 Shillibeer 的公车(omnibus)出现于伦敦街头，沿新建的"新路"(new road)往返帕丁顿(Paddington)与银行地带，每日每个方向 4 班，向公众公布各班次时刻表。1950 年 3 月，中华人民共和国铁道部正式发布了中华人民共和国成立后的第一本《全国铁路列车时刻表》。

1) 轨道交通时刻表

在轨道交通领域，时刻表又称为列车运行图。铁路列车运行图是组织列车运行的技术文件，它规定了各次列车占用区间的程序、列车在车站到达和出发(或通过)的时刻、列车区间的运行时间、在车站的停站时间以及机车运用、列车重量和长度等，是组织列车运行的基础。列车运行图一方面是铁路运输企业实现列车安全、正点运行和经济有效地组织运输生产的综合性计划；另一方面又是铁路运输企业向社会提供运输供应能力的一种有效形式，供社会使用的旅客列车时刻表及货运列车运行计划，是铁路运输服务能力目录。

城市轨道交通时刻表编制一般以线路为单位进行编制，由于城市轨道交通线路具有站间距离短、车站配线数量少、车底折返及出入库频繁等特点，同时又具有客流量大、客流时空分布不均衡等客流特征，因此运行图的编制需要重点考虑客流时空分布特征、服务水平、车辆运用等约束条件[1]。

2) 航空时刻表

航空时刻表规定了机场航班出发和到达的计划时刻。各航空公司主要结合飞机数量及飞机维修计划进行航班时刻表的编制，须将整个航线网络统筹安排，优化飞机执飞航线之间的衔接次序，以提升运力资源使用效益。由于航路容量和机场容量的限制，各航空公司不可能独占最佳时段，航空管理局会组织在各航空公司之间分配不同时段的航线资源，航空公司编制时刻表时要遵守所获批准的航线使用时段、机场起降时段等资源约束[4]。

3) 城市公共汽、电车时刻表

城市公共汽、电车时刻表一般以线路为单位进行编制，以满足沿途车站的客流需求为目标，按照一定的服务标准安排各服务时段的车辆运行频率及间隔。与轨道交通、航空运输系统不同，公交车辆行驶于地面道路，行车间隔确定的主要因素是乘客的候车时间、满载率以及线路所配置的车辆数量[2]。对于行车间隔密集的公交线路，如 5min 以内，往往只在首站和末站公布每个班次的发车时刻表和到达时刻表，中途站仅发布行车间隔时间；对于行车间隔较大的公交线路，如 20min 以上，需要在各站发布每个班次的到达时刻，以便乘客计划出行。

时刻表是运输企业为运输市场提供的运输服务指南，一方面是运输企业实现交通工具安全、正点运行和经济有效地组织运输工作的生产计划，同时也是运输企业向社会提供运输供应能力和承诺运输服务质量的一种有效形式。交通运输生产过程就是通过时刻表把各个部门和各个工种连接成一个有机的整体，有条不紊地运作，科学合理地利用各类运输资源，为国民经济和人民生活服务。因此优化编制时刻表具有十分重要的实用意义和价值。

2. 研究进展

时刻表的编制与优化一直是交通运输领域研究的重点和难点。各种交通运输方式的时刻表编制虽有个性化特征，但是其要解决的基础问题和优化逻辑是近似的，最新的研究趋势体现在以下几个方面：

(1) 更加贴近服务需求。时刻表实质是运输能力的提供方案，随着社会进步和生活水平提高，运能的提供要更加精细化地贴近服务需求，除了适应客货流的时空分布特征，还要面向旅客、货主的服务质量要求，如快捷性、舒适性、可靠性等，提供多样化的运输服务产品。轨道交通时刻表的编制中更多地考虑了不同时期、不同时段的客货运输需求，从列车开行方案(包括列车开行交路、列车停站、开行数量等)、列车运行图编制等多方面进行优化[3,5,6]，以提高列车运行线的开行效率和效益；航空时刻表的编制中，考虑服务竞争力，与乘客出行选择行为相结合，通过优化同一航线上班次时间分布和机型选择等，努力提升航班客座率；公交时刻表受到运行环境和客流需求的波动性影响，编制中考虑了不同出行时段公交运行情况和乘客的出行效用，从乘客感知、出行目的、候车时间成本及服务满意度等方面进行优化。

(2) 各类运力资源的高效整合。面向运输企业,时刻表实质是运输生产的组织方案。基于时刻表,企业要编制相应的载运工具运用计划、乘务计划、设施设备维修及施工计划等。时刻表与这几项计划的整合优化研究工作在不断推进。轨道交通时刻表编制中综合考虑机车车辆运用、乘务组排班及施工天窗的合理布置等[1,5,6],进行列车运行图编制的整体优化;航班时刻表编制中优化航班之间的接续[4],考虑与维修计划的有机结合,达到充分利用运能、确保安全、降低成本的多个目的。

(3) 更加注重实施的鲁棒性。时刻表是一个计划文件,无论追求贴近服务需求的目标还是追求高效使用运力资源的目标,在执行中都要面对随机事件的干扰。例如,铁路时刻表如何考虑突发事件的延误扰动,航班时刻表如何考虑复杂天气影响,地铁时刻表如何考虑大客流的波动,公交时刻表如何考虑道路社会交通的干扰等。从提升时刻表可靠性与鲁棒性的角度出发来研究时刻表的优化问题得到学界的重视。

(4) 更加注重新技术与新方法运用。时刻表编制是一项复杂、频繁进行的工作,因此提高交通时刻表编制的效率和质量一直是研究的热点,经过多年研究,采用计算机工具实现交通时刻表[1,5,6]的计算机辅助编制取得了突破性的进展。随着新技术(如智能车联网、无人驾驶等)与新方法(大数据、云计算)在交通运输系统中不断投入应用,会为各类交通工具的时刻表优化带来新的突破。例如,铁路列车运行图计算机编制系统和城市轨道交通列车运行图计算机编制系统已经在我国的轨道交通领域得到广泛应用;当动态的电力数据获取成为可能后,即可开展以获取可再生电能、降低高铁或地铁系统能源消耗为目标的时刻表优化研究;当乘客的手机定位数据与地铁运行数据融合后,即可开展以网络换乘时间成本最小为目标的地铁时刻表优化研究;当国际、国内旅游市场动态数据与航班订座数据融合后,航空公司即可对所述机型的航线配置进行优化,提高航班满仓率指标等。

(5) 满足多种交通运输方式合理衔接的时刻表综合优化。随着我国综合交通运输体系的不断完善,多种交通运输方式的合理衔接显得日益重要,各种交通工具在运行时刻、运力匹配等方面优化衔接的理论模型和实用算法的研究成为热点。

3. 主要难点

为实现优化运力资源、节约运输成本、提升运输服务质量的目标,时刻表编制的研究工作依然还有很长的路要走,存在诸多需要探索研究的理论与方法问题。受各类运输方式载运工具与运输组织方式差异性的影响,时刻表编制的重点与难点存在差异。

1) 轨道交通时刻表

列车运行图的综合优化模型及算法。列车运行图的优化编制需要综合考虑运输企业和客货运输需求。对于运营企业，可以从运营成本、收益、能力利用率等方面优化，而对于旅客和货主，则需要从充分考虑服务质量等方面来优化。因此，从优化模型的角度来看，是大规模网络化编制，多约束超大规模组合多目标优化决策问题。

(1) 列车运行图编制的智能化问题。由于轨道交通系统运输组织的复杂性，目前运行图计算机编制系统仍然采用人机交互的方式，未来在列车运行图编制综合优化模型、有效算法研究的基础上，利用先进的计算机技术提高运行图编制的整体智能化水平是重要的研究问题之一。

(2) 列车运行图编制质量的评价。需要综合考虑实际运营中存在的运输需求波动、列车运行延误等随机性变化[7]，从运行图的均衡性、可靠性、鲁棒性等方面，研究列车运行图的动态质量指标[8]。因此，要在理论上深入研究列车运行延误的传播规律，在方法上研究解析法和计算机仿真等方法的应用。

(3) 列车运行图编制中重点解决的问题。铁路运行图需要解决超大规模网络条件下客货列车混跑的能力利用、不同速度列车之间的越行与交会方式、大型客货运站及技术站的技术作业过程优化等问题；高速铁路成网运营后，列车运行图优化的重点将以旅客需求为导向，重点考虑具有时变特点能力服务的差异性、列车之间的衔接、车底的合理周转、周期与半周期运行图的优化编制等。

2) 航空时刻表

航班时刻表的优化也是一个涉及多方利益的问题，国内外大量的研究主要集中在两个方面：一是从在航空公司角度，以航空公司运行效益最大化为目标，这需要同时考虑旅客成本，航班时刻需求等因素；二是从空中交通管理角度，优化网络结构，平衡实际运行压力，减少延误和冲突[4]。

3) 公共汽、电车时刻表

随着公交网络规模的扩大，不同区域、不同线路往往会体现出差异化的客流需求特征，运力资源需要在时空上进行补偿和调动，以降低资源的使用成本。这就要求所编制的时刻表既要能适应服务需求[9]，还要为公交车辆的高效使用创造条件，如紧凑的行程任务接续[10]。

4) 综合交通时刻表协调与大规模网络化编制

针对综合交通运输环境，时刻表编制的优化重点在于如何基于组合出行链路，将多种运输方式的时刻表服务进行衔接优化[2]，如保障换乘枢纽的首末班车衔接、通勤高峰换乘运能的匹配、乘客候车时间的节省等，为出行者提供最便捷的换乘运输服务。

参 考 文 献

[1] 徐瑞华, 江志彬, 朱效洁, 等. 城市轨道交通列车运行图计算机编制的关键问题研究[J]. 城市轨道交通研究, 2005, 8(5): 1333–1339.
[2] Palma A D, Lindsey R. Optimal timetables for public transportation[J]. Transportation Research Part B: Methodological, 2001, 35(8): 789–813.
[3] Caprara A, Fischetti M, Toth P. Modeling and solving the train timetabling problem[J]. Operations Research, 2002, 50(5): 851–861.
[4] 胡明华, 朱晶波, 田勇. 多元受限的航班时刻表优化模型与方法研究[J]. 南京航空航天大学学报, 2003, 35(3): 326–332.
[5] 彭其渊, 石子明, 闫海峰. 计算机编制列车运行图的理论与方法[M]. 成都: 西南交通大学出版社, 2003.
[6] 马建军, 周磊山, 胡思继. 计算机编制网状线路列车运行图系统研究[J]. 铁道学报, 2000, 22(1): 7–11.
[7] Cacchiani V, Huisman D, Kidd M, et al. An overview of recovery models and algorithms for real-time railway rescheduling[J]. Transportation Research Part B: Methodological, 2014, 63: 15–37.
[8] Cacchiani V, Toth P. Nominal and robust train timetabling problems[J]. European Journal of Operational Research, 2012, 219(3): 727–737.
[9] 江志彬, 徐瑞华. 信号被动优先条件下的有轨电车运行图编制优化[J]. 交通运输工程学报, 2016, 16(3): 100–107.
[10] Ceder A, Golany B, Tal O. 2001. Creating bus timetables with maximal synchronization[J]. Transportation Research Part A: Policy and Practice, 2001, 35(10): 913–928.

撰稿人：徐瑞华　滕　靖　江志彬
同济大学
审稿人：孟令云　何世伟

城市交通与城市发展的耦合机理

Coupling Mechanism of Urban Traffic and Urban Development

1. 背景与意义

城市是一种主要由从事非农业活动的人口组成、规模较大、结构较复杂的地域社会共同体[1,2]。城市化通常指伴随人口集中、农村地区不断转化为城市地区的过程[3,4]。我国国家发展改革委组织编写的《国家新型城镇化报告 2015》显示，2015年我国城镇化率达到 56.1%[5]。城市的发展不仅引起城市规模与空间结构的变化，而且引起社会、文化及生活方式的变革。交通是城市的重要组成部分，国际现代建筑协会(Congrès Internationaux d'Architecture Moderne, CIAM)于 1933 年 8 月在雅典会议上制定的一份关于城市规划的纲领性文件——"城市规划大纲"，即《雅典宪章》中认为，城市规划的目的在于综合城市四项基本功能——生活、工作、游憩、交通[6]。其中交通作为城市的主要功能被正式写入史册，并获得广泛认可。

目前我国正处于城市化、机动化的高速发展期：城市规模不断扩大，城市人口快速集聚，小汽车保有量迅猛增长，年均增长速度持续超过 20%。在城镇化与机动化双轮驱动下，城市交通基础设施与交通需求增长的匹配度不够，导致很多城市出现交通拥堵，造成严重经济损失[7,8]。我国交通运输部发表的数据显示，交通拥堵带来的经济损失占城市人口可支配收入的 20%，每年达 2500 亿元。此外，城市交通拥堵还加剧了交通安全和城市环境的恶化，严重影响城市居民的日常生活，成为制约城市可持续发展的重要因素。

城市交通与城市发展之间存在一种相互联系、相互制约的循环作用与反馈关系。城市形态决定了最初阶段的交通出行特征，而城市交通系统又反作用于城市的发展。因此实际中必然发生两者间相互融合、趋向平衡的动态耦合过程。

道路交通拥堵是城市交通系统多种内在矛盾的综合反映。我国用几十年的时间来完成发达国家几百年的城市发展过程，城市扩张过程中缺乏对交通系统的总体考虑，引起城市交通需求与交通供给之间失衡，导致城市交通系统可靠性缺乏、系统性脆弱。

近年来，新型城镇化、"一带一路"、京津冀协同发展、长江经济带等国家发展战略和倡议的实施给我国城市交通系统规划、建设与管理带来了前所未有的发展机遇,同时也带来新的压力和挑战。城市的快速发展将进一步刺激城市交通需求急剧增长,推动城市交通结构加速转型。在此关键时期,城市一旦形成小汽车主导的机动化交通发展模式,将进一步激化交通供需矛盾,城市交通问题将更难解决,城市发展也将为此付出巨大代价。

因此城市交通与城市发展间的耦合机理是极具兴趣点且具有重要实践意义的题目。为了解"城市病"和"交通病"问题关键所在,需要厘清城市发展与城市交通的复杂相互关系,科学地对待城市交通系统的发展与进步。为实现城市交通与城市发展的协调一致,要对城市交通供需平衡有深入理解,对城市交通系统与城市环境协同管控有深入分析,并基于新兴智慧城市、大数据等平台提升城市交通系统效能,这些研究内容都充分体现了城市交通与城市发展耦合问题的科学意义。

2. 研究进展

城市交通拥堵的根源可以从道路交通流产生过程来描述。①交通源。城市发展形态、土地利用模式以及相关政策,决定了城市内部与城市之间社会活动的特征,而社会活动需要依托交通出行作为支撑,因此决定了出行需求的属性。②交通网。出行需求的实现依赖交通工具(如小汽车、公共交通、自行车、步行等)为载体,且需落在具体路径上加以完成,按交通方式可分为道路网络、轨道网络、公交网络等。③交通流。交通工具与出行路径选择决定了具体路段上的交通流量,当流量大于道路通行能力时,便诱发交通拥堵。交通管理、交通诱导及交通控制是调节道路流量及缓解拥堵的重要手段。由此可见,缓解城市交通拥堵可以从三方面入手,即减少交通需求、优化交通供给及提高通行效率。

随着道路交通需求的迅速增长,道路交通供给却严重不足,一些城市总体规划和交通规划不完善、交通综合运输体系不健全、交通运输结构不合理、路网结构不科学、道路交通设施匮乏、公民交通法制意识淡薄等问题日益突显,城市道路交通面临的社会要求高和管理水平低的矛盾十分突出。为改变上述状况,提高全国地级以上城市及部分县级市城市道路交通管理水平,更好地适应国家经济、社会发展的要求,2000年以来公安部、建设部在国务院的领导下开展了"畅通工程"工作,其目的是大力解决道路交通的突出问题,切实提高我国道路交通的现代化管理水平[8]。国家"畅通工程"项目的实施对于调节交通供给与需求间的矛盾、优化城市交通出行方式结构、缓解局部地区和路段交通拥堵起到了良好作用,但仍然存在"治标不治本"的情况。

过去学者针对城市交通规划与城市交通系统等进行了广泛研究，提出了针对我国城市交通问题的对策，但仍有很多关键问题亟待研究解决。由于城市是一个整体，城市交通很大程度上受制于城市空间规模、土地利用模式、人口分布属性等城市特征。若想从本质上改善交通现状，需要从系统角度思索城市发展与城市交通的内在联系，将城市交通与城市发展有机整合，从而实现两者和谐、同步和良性发展。

3. 主要难点

城市发展需要协调城市功能布局，协调管理各项资源等，涉及的领域众多，城市规划需要具有综合性、政策性与前瞻性。城市交通规划包括交通设施布局、交通运输发展政策、交通运输组织和交通建设规划等。这两者之间具有重要的相关性及交叉性：城市规划具有宏观性，需要更加全面地整合利用城市既有资源，协调经济利益、社会效益及环境效应，因此城市规划对交通规划起到决定性作用；另外交通规划对于城市发展也具有重要影响，它影响城市用地规模、城市功能布局、城市干道走向及城市发展面貌，对于城市规划理论发展亦起到推动作用。因此城市交通与城市发展的耦合机理是极具挑战的研究难点。

城市交通与城市发展关系的协调可遵从三条主线，即远期来看，交通引导城市拓展；中长期来看，交通提升城市功能；近中期来看，交通适应城市环境。其目标为缓解既有城市道路交通拥堵，避免新兴城市陷入道路交通拥堵。下面针对每条主线具体介绍。

(1) 以交通引导城市拓展为主线，研究城市交通供需平衡理论，实现交通规划与城市发展的互动耦合。

城市交通系统供需平衡内涵在于提高交通需求的合理性与出行效率。实际上城市发展形态与土地开发属性决定了一个城市的交通需求总量与空间分布特征。城市形态不合理、土地开发无序，产生了非理性的交通需求。长期以来，城市交通基础设施建设是被动适应交通需求的增长，交通设施规模过大，综合功能低下。需要统筹协调城市交通规划与城市总体规划、土地利用规划的关系，积极推进公共交通导向的土地开发模式，主动构建包容交通承载与疏解的城市空间结构和功能布局，营造城市发展与城市交通的良性互动环境。从居民出行效率和需求合理性入手，一方面需要对城市交通设施进行规划，另一方面需要对城市发展进行相应调控。首先，交通规划应引导城市空间布局，即交通先于城市出现，城市在交通发展基础上演化，科学合理的交通规划可以避免城市发展中出现摊大饼、盲目扩张等弊端。其次，交通规划可引导城市土地开发，土地利用规划方案建立在交通规划基础之上，以交通发展带动土地开发与功能分布，从而避免非常规交通需求的出现。上述问题仍需要长期、深入和系统的研究。

(2) 以交通提升城市功能为主线，研究综合交通协同与管控机理，支撑交通系统与城市环境的协同优化。

城市交通体系系统协同的内涵在于提高交通供给的有效性与通行能力。具体而言，城市交通体系主要由道路网络、轨道网络、公交网络、交通枢纽及城乡交通网等构成。交通基础设施网络是城市交通发展的基本条件，是城市各项社会经济活动相互联系的桥梁。我国城市交通系统内多种交通方式网络并没有实现顺畅的互通互达，导致出行成本显著增加，诱发一系列交通问题。推进城市多方式综合交通一体化，促进城市空间资源综合利用，构建城市多模式公交体系，打造公交畅通城市，加快推进慢行交通系统建设，是促使城市交通与城市环境协调发展的重要手段，是城市交通未来发展的重要方向。

(3) 以交通适应城市环境为主线，搭建城市交通智慧平台，提升效能，保障交通出行与城市运转的可靠高效。

城市交通系统效能提升的内涵在于提高交通系统的可靠性与通行效率。需要推动城市交通管控精细化，优化交通信号控制，提高交通设施利用效率，切实改善出行环境。新一代交通大数据手段[如手机通信数据、停车数据、收费数据、气象数据、RFID 电子标贴数据、视频数据、车载通信数据、公交刷卡数据、检测器数据、车辆自动识别(automatic vehicle identification，AVI)数据等]为城市交通智慧平台带来了新的机遇，从而高效提升交通管理效率，落实精细化交通管控，提升城市交通管理智能化水平。依托智慧城市建设，推动物联网、云计算、大数据等新一代信息手段创新应用，提升其在居民出行、车辆通行、交通管控等方面的智能化应用水平，实现出行诱导、指挥控制、调度管理和应急处置的智能化，以智能交通为示范和重点，加快推动智慧城市建设进程。需要建立城市交通全链式测试平台，搭建汇聚城市形态土地开发、城市交通设施建设、城市交通管理控制、城市交通政策制定的全链式、可视化、定量化城市虚拟交通系统测试平台，建立城市交通系统总体性能研究评价系统，科学地提升城市交通运行效能。开发符合我国国情和实际需求的城市交通智慧平台是一项长期而艰巨的任务。

参 考 文 献

[1] 吴志强, 李德华. 城市规划原理[M]. 4 版. 北京: 中国建筑工业出版社, 2010.
[2] 陈锦富. 城市规划概论[M]. 北京: 中国建筑工业出版社, 2006.
[3] 张京祥. 西方城市规划思想史纲[M]. 南京: 东南大学出版社, 2005.
[4] 潘家华, 魏后凯. 中国城市发展报告[M]. 北京: 社会科学文献出版社, 2015.

[5] 国家发展和改革委员会. 国家新型城镇化报告 2015[R]. 北京, 2015.
[6] 陈占祥. 雅典宪章与马丘比丘宪章述评[J]. 国际城市规划, 2009, 24(S1): 41–42.
[7] 王炜, 过秀成, 等. 交通工程学[M]. 2版. 南京: 东南大学出版社, 2011.
[8] 徐吉谦, 陈学武. 交通工程总论[M]. 4版. 北京: 人民交通出版社, 2015.

撰稿人：王 炜 李志斌
东南大学
审稿人：邵春福 负丽芬

机动车驾驶疲劳演变规律

Principles of Motor Vehicle Driving Fatigue Evolutionary Process

1. 背景与意义

我国地理跨度大和人口、资源及发展进度地域性分布不均的特征导致长距离道路交通运输在国民经济、社会发展、军事战备中扮演着重要角色。在当代经济迅速发展、旅游需求不断增长、电商物流蓬勃兴旺、道路设施供给质量不断提高的背景下，长途客运、长途旅游、长途自驾、长途物流等道路交通需求持续旺盛。驾驶疲劳是长距离交通运输中的重要安全问题，可能造成严重的人员伤亡和社会经济损失，是国民生活水平进一步提高的重大威胁。我国近年来发生的滨保高速天津"10·7"特别重大交通事故，包茂高速延安"8·26"特大道路交通事故，驾驶疲劳都是其直接原因。此外，自然驾驶研究表明，疲劳状态下驾驶车辆发生事故或临撞事件的风险是警觉状态的4~6倍[1]。但由于驾驶疲劳的复杂性、多维度性、个体差异等，目前对驾驶疲劳的认识还不够深入，对于驾驶疲劳的基础研究工作，尤其是对驾驶疲劳演变规律的解析值得开展[2]。

对驾驶疲劳演变规律的研究本质是针对人类"认知-响应"活动在特定任务(驾驶任务)和环境背景下(人机操作环境、道路环境)变化规律的解析，涉及生理学、心理学、工程学等多个学科的交叉。对驾驶疲劳演变规律的研究对于客观认识人类机体(特别是大脑)的工作规律及其外在表现有重要科学意义；在认识驾驶疲劳演变规律的基础上进一步认识驾驶疲劳造成的驾驶风险及其变化规律，对道路工程(高速公路服务区距离、路侧震动带布置)、车辆工程(主动安全设备)、交通安全管理(法律、长途运输车辆工作时间表的制定)等方面都有重要的指导意义。

2. 研究进展

1) 驾驶疲劳的成分

驾驶疲劳按产生原因可分为睡眠相关(sleep-related)、任务相关(task-related)、药物疾病相关(医学范畴，不过多讨论)等，它们可能同时存在并影响驾驶员，因此可以将其称为疲劳驾驶的睡眠相关成分、任务相关成分和药物、疾病相关成分。

睡眠相关的驾驶疲劳通常是由睡眠缺乏(sleep deprived)、生理节律(circadian)等因素导致的。睡眠缺乏导致人体得不到必要的休息，而无法恢复已经衰减的生理机能而产生疲劳。其表现为睡眠缺乏时间越长，驾驶员的反应时间越长，错误增加[3]。生理节律控制着人体的睡-醒模式，通常是在白天时倾向于保持清醒的状态，而在夜晚时倾向于睡眠，受到生理节律的影响，在午后阶段也容易昏昏欲睡[4]。睡眠相关的疲劳通常是驾驶疲劳中原始疲劳的主要成分，它的形成与驾驶任务无关，但是驾驶任务可能使之加剧。

任务相关的驾驶疲劳通常归因于驾驶任务和驾驶环境，可以分为主动的任务相关驾驶疲劳(简称"主动类")和被动的任务相关驾驶疲劳(简称"被动类")两种[5]。其中主动类是由驾驶员承受高强度的心理荷载，或需完成对注意力和操作需求较高的任务，如交通强度高、能见度低或者同时需要兼顾其他任务(如在地图上需找目的地)等而引起的疲劳。被动类是由驾驶员长期处于低强度的心理荷载引起的，如长时间的弯道少、交通强度低、环境单调的高速公路驾驶任务。

2) 研究手段的发展

早期，在计算机技术迅速发展并成熟之前，对驾驶疲劳的研究手段主要是问卷调查和事故分析。通过问卷调查可以研究驾驶员对疲劳驾驶的主观认识。例如，驾驶员疲劳驾驶的频率、容易疲劳驾驶的条件、对疲劳驾驶的态度、防止疲劳驾驶常采取的措施、个体性格因素和疲劳驾驶的相关性等。疲劳相关事故分析建立在大量事故数据积累的基础上，在事故数据库中基于一定规则判定具有某类特征的事故属于疲劳相关的事故并进行统计分析，通常研究疲劳相关事故驾驶员的年龄、性别、驾龄、事故时间、地点等统计特征。

驾驶模拟器(driving simulator)是一种利用虚拟现实模拟仿真方法营造虚拟驾驶环境的设备。20世纪五六十年代，原本用于航空、航天的驾驶模拟技术开始用于汽车驾驶研究，此后汽车驾驶模拟技术随着计算机、电子控制等技术的进步，其仿真程度越来越高[6]。目前全世界已建成多个研究级的先进驾驶模拟平台，如美国国家先进驾驶模拟器(national advanced driving simulator，NADS)，日本TOYOTA驾驶模拟平台，同济大学驾驶模拟平台等。先进的驾驶模拟器可以提供操作界面、视觉、声音、运动、方向盘力反馈等多维度的仿真。由于驾驶模拟器的试验条件可控性较好、数据测量方便、能为驾驶员提供安全的试验环境，是研究疲劳驾驶行为常用的研究工具。

同时，随着车载传感器技术、存储技术的发展，自然驾驶(naturalistic driving)[7]也登上了驾驶行为研究的历史舞台。自然驾驶数据采集设备利用在汽车上安装摄像头、运动传感器、声音采集设备来获取驾驶员在自然条件下驾驶车辆的各种信息。由于它是采集真实环境的数据，其可靠性和有效性优于驾驶模拟器，但是由于其试验环境可控性较低、试验风险大、数据处理相对复杂,在实际驾驶研究中存在一定的限制。

其中,对驾驶疲劳演变规律的研究可以通过驾驶模拟器和自然驾驶两种试验手段进行,而疲劳相关事故分析和问卷调查可以用于确定典型的疲劳驾驶研究场景、重要的疲劳驾驶影响因素以及诊断驾驶疲劳演化过程中的关键问题,为试验设计提供支撑。

3) 驾驶疲劳的演变规律

随着疲劳程度和阶段的变化,与疲劳驾驶相关的度量指标也会发生变化,包括主观疲劳等级、其他心理量表、车辆控制、车辆运行和生理信号。主观疲劳等级是度量疲劳的直接指标,多数研究中都会采用问询的方式获取该指标。其中卡罗林斯卡困倦度量表(Karolinska sleepiness scale,KSS)是使用最多的主观疲劳等级量表。在其他心理量表上,有研究采用情绪量表,包括情绪形容核对表(UWIST mood adjective checklist,UMACL)和情绪状态描述量表(profile of mood state,POMS)等。在车辆操控指标上,较多研究采集了方向盘转角指标,而对于踏板、转向灯等其他操控指标并未特别研究。对于车辆运行指标,多数研究采集车道偏移、车速、事件数进行研究,也有部分研究利用车头方向、车头时距、碰撞时间(time to crash,TTC)、越道时间(time to lane cross,TLC)。对于生理信号,脑电图(electroencephalogram,EEG)和眼动信号是最常用于疲劳研究的信号。同时血氧浓度、心电图(electrocardiogram,ECG)、头部运动也用于疲劳驾驶研究中。研究这些疲劳相关指标的时变规律是探究驾驶疲劳演变规律的一个角度。

此外,还有研究人员从驾驶疲劳中关键事件的角度来解析驾驶疲劳的演变规律,微睡眠就是驾驶疲劳中的一个关键事件,驾驶微睡眠的变化规律也能在一定程度上反应驾驶疲劳的演变规律。Golz 等[7]通过通宵(1:00～7:00)的驾驶模拟试验分析了微睡眠出现频率及微睡眠平均持续时间与驾驶时刻、驾驶时长的关系。结果发现,每小时微睡眠数量随着驾驶时长不断增加,平均每次微睡眠时长在 5～9s 且随着驾驶时长的增加而上升,事故前的时间片段中不含微睡眠的片段数量比例随着时间片段长度的增加急剧下降(即大多数事故发生前都发生了微睡眠)。Boyle 等[8]根据微睡眠持续时间的分布特征将其分为短期(3～4.74s)、中期(4.74～7.00s)、长期(≥7.00s)三类,并且发现微睡眠持续类型与疲劳驾驶绩效指标的显著相关性。其中,车道偏移标准差随着微睡眠持续的增加而增加,但研究中未分析微睡眠持续时间随驾驶时间的变化以及与事故、危险事件的关系。Sommer 等[9]分析了微睡眠片段在分析窗口中的时长比例与驾驶时长、驾驶时刻的关系,发现驾驶时长越长微睡眠片段时间比例越高,凌晨 1:00～7:00,微睡眠片段时长比例大致呈现逐渐上升的趋势，同样升高的还有驾驶员的主观疲劳程度及车道偏移标准差。

可以看出，现有的研究中对微睡眠特征指标提取的维度还比较单一，目前研究中仅从微睡眠的持续时间、微睡眠片段时间比例上进行描述，属于对微睡眠信息的时间维度提取，缺乏反应微睡眠强度等其他维度的信息提取。另外，目前的研究也缺乏微睡眠特征的时序变化与发生长睡眠之间的关联分析。从变化过程的速度上看，微睡眠特征的时序变化为微睡眠的"渐变"，发生长睡眠可以视为微睡眠的"突变"，如何找到两者之间的关联和恰当描述这种关联值得深入研究。

3. 主要难点

1) 驾驶疲劳的客观度量

由于驾驶疲劳本身是无法直接客观度量的，因此需要找到与驾驶疲劳有密切联系的客观度量，进而通过中间量对驾驶疲劳进行间接的客观度量。达到这个目标需要经过三个步骤：第一，选取并记录在驾驶中可以采集的客观信号。以往研究中主要集中对生理信号、驾驶操作信号、车辆运行信号进行记录。第二，基于采集的客观信号进行数据挖掘，设计并提取与驾驶疲劳密切相关的指标。目前的研究中多通过统计、信号处理等方法(如傅里叶变换、小波变换等方法)提取信号中的指标。第三，选择恰当的方法融合多个指标的信息来度量驾驶疲劳。此问题常常被看做分类问题，神经网络、支持向量机、决策树等方法都用于解决该问题。但是目前还未找到恰当的、公认可靠的驾驶疲劳客观度量方法，也还未能解决指标存在个体差异[10]的问题。

2) 驾驶疲劳的叠加法则

针对某种驾驶疲劳对驾驶员的影响，已经有研究者在进行探索，如驾驶时长[9]、睡眠缺乏时间等。但是在实际的驾驶过程中，睡眠相关的驾驶疲劳和任务相关的驾驶疲劳往往会同时出现，还可能出现两种睡眠相关的驾驶疲劳(如睡眠剥夺和午后疲劳叠加)和两种任务相关的驾驶疲劳(低能见度引起的主动疲劳和长时间单调驾驶引起的被动疲劳叠加)，那么驾驶疲劳对驾驶员的影响在叠加过程中遵循什么法则？一定时长的休息对于睡眠相关的驾驶疲劳和任务相关的驾驶疲劳的影响分别是怎样的？

3) 驾驶疲劳的演变规律

驾驶疲劳对驾驶员的影响是随着驾驶时间的延长而不断发展变化的，通常驾驶初期程度较低，然后逐渐加重，造成驾驶风险。驾驶初期的原始疲劳水平如何衡量，有哪些因素影响原始疲劳水平？驾驶疲劳可能的演化模式有哪些？在驾驶疲劳的演化过程中是否存在可检测的拐点或相变？驾驶疲劳的演化速率由什么因素决定，为什么有一部分人可以坚持较长的清醒时间，但有一部分人在较短时间内就进入了瞌睡或睡眠状态？

参 考 文 献

[1] Klauer S G, Dingus T A, Neale V L, et al. The impact of driver inattention on near-crash/crash risk: An analysis using the 100-car naturalistic driving study data[R]. Blacksburg: Virginia Polytechnic Institute and State University, 2006.
[2] Noy Y I, Horrey W J, Popkin S M, et al. Future directions in fatigue and safety research[J]. Accident Analysis & Prevention, 2011, 43(2): 495–497.
[3] Jewett M E, Dijk D J, Kronauer R E, et al. Dose-response relationship between sleep duration and human psychomotor vigilance and subjective alertness[J]. Sleep, 1999, 22(2): 171–179.
[4] Reyner L A, Wells S J, Mortlock V, et al. "Post-lunch"sleepiness during prolonged, monotonous driving—Effects of meal size[J]. Physiology & Behavior, 2012, 105(4): 1088–1091.
[5] May J F, Baldwin C L. Driver fatigue: The importance of identifying causal factors of fatigue when considering detection and countermeasure technologies[J]. Transportation Research Part F: Traffic Psychology and Behaviour, 2009, 12(3): 218–224.
[6] Blana E. A survey of driving research simulators around the world[R]. Leeds: University of Leeds, 1996.
[7] Golz M, Sommer D, Krajewski J, et al. Microsleep episodes and related crashes during overnight driving simulations[C]//Proceedings of the Sixth International Driving Symposium on Human Factors in Driver Assessment, Training and Vehicle Design, Olympic Valley, 2011.
[8] Boyle L N, Tippin J, Paul A, et al. Driver performance in the moments surrounding a microsleep[J]. Transportation Research Part F: Traffic Psychology and Behaviour, 2008, 11(2): 126–136.
[9] Sommer D, Golz M, Schnupp T, et al. A measure of strong driver fatigue[C]//Proceeding International Driving Symposium on Human Factors in Driver Assessment, Training and Vehicle Design, Big Sky, 2009.
[10] Wang X, Xu C. Driver drowsiness detection based on non-intrusive metrics considering individual specifics[J]. Accident Analysis & Prevention, 2016, 95(B): 350–357.

撰稿人：王雪松[1]　胥　川[2]
1 同济大学　2 西南交通大学
审稿人：吴超仲　奇格奇

高速公路的幽灵堵车问题

Phantom Jam Problem on Highways

1. 背景与意义

高速公路和城市快速路堵车是一种常见现象。在我国，尤其是在国庆"黄金周"和小长假期间，交通需求猛增，堵车更为严重，高速公路往往变成了"高速公路停车场"。有些情况下，堵车能找到源头，如交通事故、道路维护、出入匝道等。但有一类堵车，看似找不到其诱发原因，道路会莫名其妙地出现堵塞，就像被一个看不见的幽灵堵住了路一样，这一类堵车称为幽灵堵车(phantom jam)，或称为自发的堵塞形成(spontaneous formation of jam)。

研究者一般把 Treiterer 和 Myers 的论文[1]视作最早发现幽灵堵车现象的研究工作。论文给出了通过航拍得到的车辆轨迹图，如图 1 所示。可以发现，在 7200ft (1ft = 0.3048m 位置附近，在 40s 左右出现了幽灵堵车，而这一堵塞在 120s 左右消散。

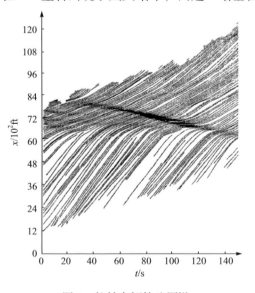

图 1　航拍车辆轨迹图[1]

为了进一步验证幽灵堵车现象，日本研究者做了若干次试验[2]。他们在一个圆形道路上开展试验，初始时道路上等间距分布若干车辆，要求各个司机尽可能匀速绕圈行驶，如图 2 所示。试验发现，当车辆数目超过一个临界值时，初始均匀的车流会逐渐变得不均匀，最终会出现一个堵塞。试验的视频资料可免费下载[2]。

图 2　日本研究人员开展的交通流试验的视频截图[2]

研究者认为，幽灵堵车的原因在于当车流密度比较大时，均匀的车流实际上处于一个不稳定的状态。这时，任何一个小扰动，如某个司机踩了一下刹车，就会在这辆车的后方引发一连串反应，造成这个扰动的幅度在传播过程中不断放大，变得越来越明显，最终形成堵塞。然而只有弄清车流的不稳定性机制，才能提出相应的控制策略来抑制这种不稳定性，从而缓解交通拥堵，减少交通污染排放和由时走时停造成的交通事故。

2. 研究进展

为了对幽灵堵车现象进行模拟和机理分析，研究者提出了各类交通流模型，包括经典的宏观连续 Payne 模型[3]、微观的优化速度模型[4]和智能驾驶员模型[5]等。这类交通流模型一般都是确定性的。对其进行稳定性分析，可以得出在某些密度范围内车流是不稳定的。此时只需在车流中引入一个小扰动，这个小扰动就会逐渐放大，最终演化为堵塞。

这类模型往往基于这样的一个假定，即车流处于稳态时，车辆速度和间距或者车流速度与车流密度之间存在一个一一对应的关系，即在给定的车流密度或者车辆间距条件下，驾驶员有唯一的一个偏好速度(preferred speed)。随着车流密度或者车辆间距的增大或减小，偏好速度随之增大或减小。当车辆速度偏离这个偏好速度时，驾驶员有控制车辆加减速以回归这一偏好速度的趋势。

在经典的交通流元胞自动机模型中，Nagel 和 Schreckenberg 引入了随机慢化，即车辆以一定的概率随机减速的概念，用以描述驾驶员的随机性[6]。由于随机慢化的作用，Nagel-Schreckenberg 模型亦能模拟幽灵堵车现象，如图 3 所示。若在该模型中去除随机慢化，则模型性质发生根本变化，无法模拟幽灵堵车。

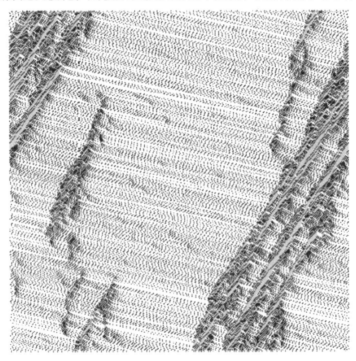

图 3　Nagel-Schreckenberg 模型模拟的幽灵堵车现象[6]

为进一步深入研究交通流的不稳定机理，作者等开展了若干次交通流试验[7,8]。与日本研究者的试验不同，作者等的试验是在开放道路上开展的，从而可以观察交通扰动的产生、传播和演化的规律。试验中要求车队头车尽可能保持匀速行驶。

图 4 给出了一个典型的试验结果。可以看出，前后两车的速度涨落都很小，但这两车之间的车间距在很大的范围内变动。台湾大学许钜秉教授开展的驾驶模拟器试验也验证了这一结果[9]。图 5 给出了两次相同的试验条件下，整个车队的长度和平均速度的典型结果。可以看出，车队的平均速度基本相同，但车队长度有显著的差别。试验结果表明，驾驶员似乎并没有唯一的一个偏好速度。针对此试验结果，作者等提出了两种可能的机制[7]：

(1) 驾驶员存在偏好速度,但这一偏好速度并不是唯一的,而是自觉或者不自觉地随着时间变化而变化。

(2) 在一定的车间距范围内,若前后两车速度差较小,则驾驶员对车间距并不敏感。仅当车间距过大或者过小时,驾驶员才会加速或者减速,减小或者增加车间距。

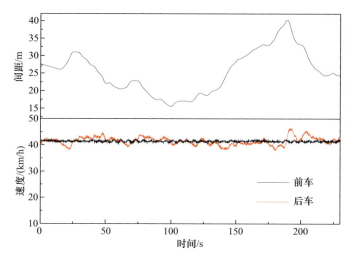

图 4 前后两车速度与车间距[8]

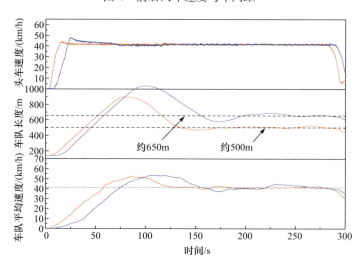

图 5 两次相同的试验条件下头车速度、车队长度和车队平均速度[8]

姜锐等统计了每辆车速度的标准偏差,发现速度标准偏差呈现凹(concave)增长的性质。作者等也分析了美国下一代仿真(Next Generation Simulation,

NGSIM)项目从 US101 高速公路采集的交通流数据[10]，发现车辆速度的标准差也呈凹增长性质，且与作者等的试验数据很匹配。

智能驾驶员模型的模拟结果[10]显示速度标准偏差先是呈现凸(convex)增长特性。随着扰动幅度的增加，车辆最低速度逐渐接近零速度。由于车辆不会出现负速度，因此标准差的增长逐渐由凸变凹。这一模拟结果与试验结果是不符的，说明用线性不稳定性理论来解释交通流的不稳定性是值得商榷的。

根据前述机制(1)，作者等对智能驾驶员模型加以改造，允许其期望车间距随着时间变化而变化[7]。模拟发现，此时速度标准偏差呈现凹增长的性质，且与试验和实测数据符合得很好。作者等根据前述机制(2)，提出了一个相应的不敏感模型[8]，模拟结果与试验结果比较相符。

根据上述试验和模拟结果，作者等提出交通流不稳定性可能是由扰动的累加效应和速度调整因素共同起作用的。后者是指跟驰车辆的驾驶员总是调整车速以与前车速度相匹配。当扰动幅度较小时，扰动的幅度在传播过程中逐渐累加。但当扰动幅度足够大时，速度调整因素起到决定性作用，抑制扰动幅度不再继续增加。若车流密度较大，车辆速度较低，当扰动达到一定幅度时，车流最低速度就已达到零，此时将产生堵塞。反之，若车流密度较小，车辆速度较高，当扰动幅度受到抑制不再继续增加时，车流最低速度仍显著大于零，此时不会产生堵塞。

3. 主要难点

综上所述，幽灵堵车源于交通流不稳定性。而由于缺乏足够精准的数据(作者等的试验数据规模还不够大，且缺乏换道数据及车辆高速运动的数据；此外试验条件下驾驶行为与真实交通中驾驶行为的差异也不明确)，交通流不稳定性的机制目前尚无定论，有待进一步深入研究。随着行业信息化水平的不断提高，完全实时大数据的获得成为可能，将为幽灵堵车机理的解释提供新的数据来源。

参 考 文 献

[1] Treiterer J, Myers J. The hysteresis phenomenon in traffic flow[J]. Transportation and Traffic Theory, 1974, 6: 13–38.

[2] Sugiyama Y, Fukui M, Kikuchi M, et al. Traffic jams without bottlenecks—Experimental evidence for the physical mechanism of the formation of a jam[J]. New Journal of Physics, 2008, 10: 033001.

[3] Payne H J. Models of freeway traffic and control: Mathematical models of public systems[J]. Simulation Council Proceedings Series, 1971, 1(1): 51–61.

[4] Bando M, Hasebe K, Nakayama A, et al. Dynamical model of traffic congestion and numerical simulation[J]. Physical Review E, 1995, 51(2): 1035–1042.

[5] Treiber M, Hennecke A, Helbing D. Congested traffic states in empirical observations and microscopic simulations[J]. Physical Review E, 2000, 62(2): 1805–1824.

[6] Nagel K, Schreckenberg M. A cellular automaton model for freeway traffic[J]. Journal of Physics I France, 1992, 2(12): 2221–2229.

[7] Jiang R, Hu M B, Zhang H M, et al. Traffic experiment reveals the nature of car-following[J]. PLoS ONE, 2014, 9(14): e94351.

[8] Jiang R, Hu M B, Zhang H M, et al. On some experimental features of car-following behavior and how to model them[J]. Transportation Research Part B: Methodological, 2015, 80: 338–354.

[9] Sheu J B, Wu H J. Driver perception uncertainty in perceived relative speed and reaction time in car following—A quantum optical flow perspective[J]. Transportation Research Part B: Methodological, 2015, 80: 257–274.

[10] Tian J F, Jiang R, Jia B, et al. Empirical analysis and simulation of the concave growth pattern of traffic oscillations[J]. Transportation Research Part B: Methodological, 2016, 93: 338–354.

撰稿人：姜　锐[1]　田钧方[2]　贾　斌[1]

1 北京交通大学　2 天津大学

审稿人：黄海军　王　力

自由飞行的科学挑战

Scientific Challenge towards Free Flight

1. 背景与意义

像鸟儿一样自由翱翔蓝天是人类自古的梦想。1903年12月17日，世界第一架载人动力飞机试验成功，人类活动空间突破陆地和海洋限制。此后，飞机广泛应用于军用、民用领域，涉及人类社会的方方面面，涵盖交通、工业、农业、林业、渔业、建筑业、医疗卫生、抢险救灾、气象探测、海洋监测、科学试验、教育训练、文化体育、娱乐消费等领域。现在人类的飞行活动是否称得上真正意义的"自由飞行"？

回顾空中交通的百年发展历程，飞机的速度越来越快、航程越来越长、飞行活动的密度越来越高。为了保证安全、提高效率，空域被分块划设，固定的扇区、高度层、航路组成空中的"道路"体系，飞机从起飞到降落的全程不仅被限制在"道路"体系中，而且飞机"等待"或者"通过"航路还依赖空中交通管制员的指挥命令——空中的"红绿灯"。严格的起降顺序、复杂的飞行程序、烦琐的管制规则一方面增强了空中交通安全水平，但另一方面也限制了空域容量、运行效率，产生了飞行延误，因此飞行并不自由。

空中交通是航天、航空、控制、信息、交通等多学科之间相互交叉、融合、渗透而出现的学科，空中交通系统应对自由飞行这一挑战具有重要的科学意义：

(1) 空中交通作为典型复杂巨系统，是每个时代相关学科成果集成应用最好的"试金石"。从1930年起，随着无线电的兴起和应用，空中交通形成了真正意义上的导航与监视系统，这也促使飞行由目视规则向仪表规则变革，并形成了程序管制。从1950年起，一、二次航管雷达开始使用，形成了雷达管制，运行效率大幅度提高，满足了第二次世界大战后民用航空快速增长的发展形势。从1980年起，空中交通呈现全球化和高密度运行的特点，导航系统向以卫星导航为核心的星基导航过渡，监视系统向以自动相关监视为基础的空地协同监视转变，空中交通保障能力和运行效率进一步大幅度提高。近年来，随着移动互联网、云计算、大数据、物联网、人工智能的发展，空中交通系统中基于航迹的运行、超高密度运行等新概念逐渐成为现实。

(2) 空中交通不断面临新的需求和挑战,是引领相关学科、学术方向创新发展的"发动机"。例如,空中交通用户呈现异质、多元、异步、非合作等多种特点,传统的航空安全理论、控制理论并不适用,如何解决混合空域安全调控成为航空、控制、信息等多学科面临的棘手挑战。再如,随着高速铁路、海运、公路、城市轨道交通等综合交通的发展,特别是我国高速铁路旅客周转量超过全球其他国家和地区总和、港口吞吐量连续多年保持世界第一、集装箱吞吐量连续多年保持世界第一,如何建立空中交通与高速铁路、海运、公路、城市轨道交通等多交通模式协同的理论,是我国航空、控制、信息、交通等多学科面临的根植中国的新学术问题。

2. 研究进展

从传统空中交通管理系统来看,"受限飞行"是为确保空中交通安全的折中选择。传统空中交通管理系统以陆基系统为主,如图1所示。其中,管制员通过无线电地面台站直接与装备无线电机载设备的飞机进行通信,向飞行员发布指令,提供天气、机场状况等信息,飞行员也可主动与管制员通信,实现双向话音通信。管制员通过无线电导航设备,如无方向信标(non-directional beacon,NDB)、仪表着陆系统(instrument landing system,ILS)和甚高频全向信标(very high frequency omni-directional range,VOR)等,引导飞行员面向或者背向地面的导航台飞行。

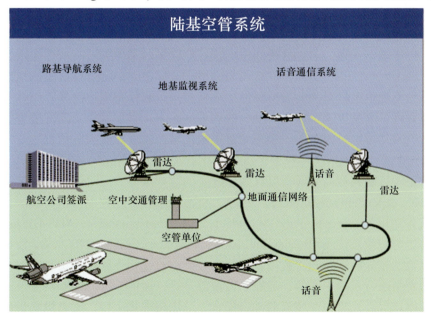

图1 陆基空中交通管理系统示意图

管制员采用机场监视雷达(airport surveillance radar, ASR)、航路监视雷达(air route surveillance radar, ARSR), 根据飞机反射的无线电波回波, 准确确定飞机位置。但是陆基系统在精度和可靠性方面都存在不足, 而且陆基系统的布设受地形影响较大, 覆盖范围有限。特别地, 在大洋、沙漠、高山、极地等地区, 使用陆基系统存在建设成本高、使用维护复杂的问题。因此为了弥补通信、导航、监视等基础设施的不足, 空中交通管理系统设置了一整套空管运行程序、限制和规定, 通过降低飞行自由换取飞行安全。

随着世界范围空中交通流量迅猛增长, 陆基空中交通管理系统日益显示出飞行安全性不良、容量低、效率低等问题, 逐渐无法满足需求。为此, 国际民航组织(International Civil Aviation Organization, ICAO)提出了新航行系统的解决方案, 即利用由卫星和数字信息技术提供的先进通信、导航、监视和空中交通管理[1~4], 如图 2 所示。在新航行系统中, 导航是核心, 通信是新航行系统的必要条件, 监视是新航行系统安全保障的重要手段, 三者缺一不可。新航行系统的"新"主要体现在卫星和数据通信技术上, 即通信系统、导航系统和监视系统都是以卫星和数据通信技术为基础的。新航行系统中各关键元素的主要特征如下。

(1) 通信。通信系统将逐渐减少话音通信, 发展及广泛应用数据链通信。航空通信将向航空电信网(aeronautical telecommunication network, ATN)过渡, 为用户提供空-地、地-地数据交换所需的通信性能, 实现空管通信全球化。同时未来的通信系统将允许机载自动化系统与地面设施直接通信, 其中驾驶员与管制员的通信将采用数据链传输并使用数据显示。

(2) 导航。导航系统的改进包括引入基于性能导航(performance based navigation, PBN)以及全球导航卫星系统(global navigation satellite system, GNSS), 这些系统将提供世界范围的航路导航、非精密进近和精密进近引导。GNSS 将提供高完好性、高精度、全球范围的导航服务。未来飞机在世界上任何地方、任何类型的空域均可通过机载电子设备接收卫星信号, 获取导航服务信息。

(3) 监视。监视系统将保留传统的二次监视雷达, 并引入增强的二次监视雷达, 为终端区和其他高交通密度区提供改善的监视服务。同时引入自动相关监视(automatic dependent surveillance, ADS), 将监视服务扩展到无雷达覆盖区; 利用广播式自动相关监视(automatic dependent surveillance-broadcast, ADS-B)以及空中交通警告与防撞系统(traffic alert and collision avoidance system, TCAS), 使得航空器可以收到相邻航空器的位置报告, 从而具备空对空相互监视的功能。

随着新航行系统中通信、导航、监视等升级, 通信带宽、导航覆盖范围、监视精度得以提高, 进而空域资源动态配置、空域精细化运行, 使飞机获得更高效的服务成为可能。飞行员作为决策者也可以参与到飞行计划制定和执行的全阶段决策中，通过飞机的四维航迹(空间三维和时间维)与管制员、航空公司等决策者进行信息交换、计划、分析、决策，使得飞行员可以自由实时地选择航路以及飞行航速等状态，自由飞行成为可能。

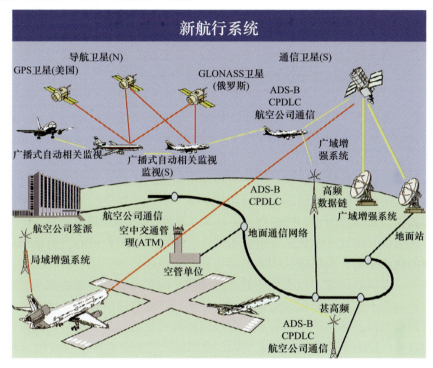

图 2　新航行系统示意图

针对自由飞行的问题，ICAO 一直孜孜努力，试图解决自由飞行的挑战[1,2,5~8]。1983 年，ICAO 成立新航行系统委员会，制定一套基于数字通信、卫星导航和自动化的新航行系统方案，并于 1991 年的第 10 届全球航行大会上审议通过该方案及全球实施计划。2002 年，空中交通管理运行概念专家组正式提出基于全球服务一致化的《全球空中交通管理运行概念》，并于 2003 年召开的第 11 届全球航行大会上审议评估，并就未来的工作提出建议。

从 2004 年起，ICAO 成员国以及整个航空运输业界开始鼓励将全球空中交通管理运行概念转换为更加实际、贴近现实的解决方案。因此，由专门的 ICAO/业界项目小组以协作方式，制定了由具体运行举措组成的两套空中交通管理(air traffic management，ATM)实施路线图。2004 年，欧洲提出"单一欧洲天空空管研究计划"(Single European Sky Air Traffic Management Research，SESAR)。SESAR 是欧洲空管现代化进程中的里程碑计划，旨在实现对欧洲高空空域的统一协调和指挥，解决欧洲各国空管系统分割独立的现状，构筑高效、统一的欧洲空中交通管理体系，以最大限度地提高欧洲空域使用的灵活性和空域运行的效率。美国于 2005 年提出"下一代航空运输系统(next generation air transportation system, NextGen)"计划，确定了"以飞行运行为中心，以空管、航空公司、机场当局三方共同参与的运行决策机制为手段，以卫星、网络等为代表的新方法为支撑"的核心理念，旨在通过建立更为灵活、智能的空管系统，提升空管系统的容量和安全水平，同时保持美国在全球航空界的领导地位。

2012 年，ICAO 又发布了《全球空中航行容量与效率计划》，简称《全球计划》或 GANP。新版《全球计划》最显著的特点，就是正式推出酝酿已久的"航空系统组块升级"(ASBU)，并于 2012 年 11 月第 12 届全球航行大会上审议通过，作为今后十五年(2013～2028 年)全球空中航行发展的战略规划。ASBU 提出"高效的飞行航迹"这一性能改进领域，主要由基于航迹的运行、连续下降运行、连续爬升运行、遥控驾驶航空器四个部分组成。其中，基于航迹的运行是指采用先进概念和方法，支持基于 4D 航迹(纬度、经度、高度、时间)和速度的运行，以增强全球空管决策制定，其强调的重点是为地面自动化系统整合所有飞行信息以获得最准确的航迹模型；为实施持续爬升运行和基于性能导航提供了各种机会，可优化吞吐量、提高灵活性、促进使用具有燃油效率的爬升剖面并提高拥塞终端区的容量；使用基于性能的空域和进场程序，使航空器能够以持续下降运行在其最佳航空器剖面飞行。这将优化吞吐量，促进使用具有燃油效率的下降剖面并提高终端区的容量。我国作为 ICAO 的成员国，也积极参与航空系统组块升级，2015 年中国民用航空局发布《中国民航航空系统组块升级(ASBU)发展与实施策略》，正式开展相关建设工作。

3. 主要难点

(1) 全域高精度服务。自由飞行对飞行安全提出更高要求，航空气象预测精度在时间与空间尺度上必须更精细化，进一步减小气象随机扰动对飞行航迹的影响，而且航空监视范围必须从陆地扩展至海洋，实现全球无缝监视，监视精度从千米、百米级提高到米级。

(2) 时空紧耦合运行。自由飞行呈现时空紧耦合特征，四维航迹取代传统的粗放式飞行计划，飞行全过程受到精细化控制，定点到达的时间窗口由十分钟级缩减到秒级，空中交通运行必须从粗犷型向精细化发展，运行效率进一步提升。

(3) 网络化智能协同。自由飞行深度依赖飞机性能，特别是机载航电设备在内的各组成单元的人工智能水平，以及各个组成单元之间的网络化信息共享、协同决策水平,是决定空中交通运行决策高效、智能的基础。

(4) 混合空域安全调控。民用飞机自由飞行时面临着异质、多元、异步、非合作等其他飞机的混合运行,如通航航空器、无人驾驶航空器等,亟须解决复杂环境下异质智能体安全调控问题。

自由飞行始终吸引着航空科学家的关注,面向这一远景发展目标,我们正在路上。

参 考 文 献

[1] 中国民用航空局. 中国民航航空系统组块升级(ASBU)发展与实施策略[R]. 北京, 2015.
[2] ICAO. 2013-2028 全球空中导航容量与效率计划[R]. Montreal, 2012.
[3] 张军. 现代空中交通管理[M]. 北京: 北京航空航天大学出版社, 2005.
[4] 张军. 空地协同的空域监视新技术[M]. 北京: 航空工业出版社, 2011.
[5] ICAO. Global air traffic management operational concept[R]. Montreal, 2005.
[6] ICAO. Global air navigation plan[R]. Montreal, 2007.
[7] Joint Planning and Development Office. Concept of operations for the next generation air transportation system[R]. Version 2.0. Washington DC, 2007.
[8] Eurocontrol. SESAR consortium D3 the ATM Target Concept[R]. Toulouse, 2007.

撰稿人: 杨 杨 曹先彬
北京航空航天大学
审稿人: 袁 捷 王 力

以人为本的街道营造

Create Human-Oriented Street

1. 背景与意义

城市道路是城市面积最广、最为重要的公共空间，承担着交通、市政管廊、公共服务、生态环境、绿化景观、防灾减灾等多种功能，也是市民的休闲和交往空间。

近年来，随着我国城市交通机动化过程的逐步加快，扩充机动车道成为道路交通规划、建设和管理等环节的主要任务，其负面影响也逐步显现，包括非机动车道被取消或被移至人行道、人行道越来越窄、交叉口越来越大、公交车站被挤出交叉口范围等现象。随着现代人文精神对社会生活的日益渗透，人们开始反思过去"以车为本"的发展思路，以人为本、关心行人和自行车、把城市道路建成适合人们活动和交往的富有活力的街道等讨论和行动正在我国各地兴起[1]。国家更适时出台了相关的指导意见和导则，北京等一些城市也制定了地方标准，我国许多城市交通规划思路开始了从"以车为本"向"以人为本"的历史性转折。

如今，优先发展绿色交通已经成为共识，为城市道路空间的利用回归到"以人为本"、可持续发展的道路上提供了有利条件。只有统筹道路交通、市政管廊、公共服务、生态环境、绿化景观、防灾减灾等多种功能，实现各功能均衡发展，才能提升道路空间的综合功能和交通承载力[2]。

城市道路是城市重要的公共空间，体现着城市的特色和价值取向，是展现城市风貌和精神文明的重要窗口。"以人为本"的街道营造是人居环境改善中不可或缺的重要一环，能够从多个方面提升城市生活环境和品质：首先，可以提升道路交通的安全性，减少交通事故；其次，良好的绿色出行环境能吸引更多的人，从而降低小汽车出行量，减少城市交通拥堵、促进节能减排，改善大气环境质量；最后，有利于提升街道活力，改善治安环境，促进地区经济发展，也利于历史文化名城的保护，提升城市的历史文化价值；通过提升街道的活力可降低犯罪率。

"以人为本"街道营造的科学意义在于摸清行人、自行车和机动车驾驶人员、乘客等人群的需求，把握其行为规律，在街道有限的空间内最大限度地满足人们的基本需求，以此为基础，营造高品质的街道空间。

2. 研究进展

1) 标准的制定及完善

北京市于 2008 年制定了《北京步行和自行车交通规划准则》，2012 年制定《城市道路空间合理利用指南》，2014 年颁布了强制性地方标准《城市道路空间规划设计规范》(DB 11/1116—2014)，2016 年修订了地方标准《城市道路公共服务设施设置和管理规范》；深圳市于 2012 年推出《深圳市步行和自行车交通系统规划及设计导则》(DB 11/7500—2016)；江苏省于 2012 年推出《江苏省城市步行和自行车规划导则》；住房城乡建设部于 2013 年颁布了《城市步行和自行车交通系统规划设计导则》；上海市于 2016 年编制了《上海市街道设计导则》。但国家层面一些相关标准仍然面临理念更新、内容调整、整合等问题，需要完善和修正。

2) 绿色交通路权保障

行人和自行车的路权得不到保障，是以人为本的街道营造的首要问题。针对该问题，多城市进行了研究和探索：北京是国内最早开展步行、自行车以及城市道路空间合理利用研究的城市，2014 年颁布了《城市道路空间规划设计规范》(DB 11/1116—2014)；2015 年颁布了地方标准《公交专用车道设置规范》(DB11/T 1163—2015)，将公交专用道从路段延伸到交叉口，为快速路上设置公交专用道创造了条件；住房城乡建设部颁布了《城市步行和自行车交通系统规划设计导则》，要求机动车占路停车应首选机动车道而不是非机动车道和人行道[3]；深圳、江苏等地的步行和自行车交通导则，以及上海的街道设计导则等，也都强调要确保绿色交通路权。在实施方面，北京市已由试点项目向全面改造转换，"十三五"规划提出全面改善步行和自行车交通条件，建设 3200km 有独立路权的连续的非机动车道。

3) 道路空间综合承载能力的提升

随着经济社会的发展，道路附属设施除了原来的过街天桥、地道、书报亭、公交站亭、自行车停车等，又增加了公共自行车、早餐车、电信发射塔、空中电线入地留下的变电箱、沿街摊贩等新的需求(图 1)。

如何在确保人行道最小宽度的前提下，充分利用道路空间承载公共服务设施，各地都进行了有益的探索。北京提出将市政、交通、公共服务设施与道路绿化空间结合设置，避免占用人行道；推荐不占用人行道的公交站亭型式；在导入街区导向标识系统的同时合并标志杆；利用行道树下、机非隔离带设置自行车停车等[4]。

图 1　道路空间的综合利用

4) 通行能力与道路绿化的协调

良好的道路绿化是改善道路生态环境,形成良好街景和宜人环境的必要条件。在机动化交通的冲击下,部分道路过度追求通行能力,没有与道路绿化协同发展(图 2 和图 3)。

图 2　行道树缺失的交叉口　　　　图 3　大乔木缺失的机非隔离带

北京市侧重于从市民的意愿入手,提出解决方案:通过数据调查,综合市民的林荫需求,权衡交通安全要求,在地方标准《城市道路空间规划设计规范》(DB 11/1116—2014)中规定在交叉口范围,行道树也应连续种植(图 4)[4]。

5) 道路沿线建筑空间的规范

城市道路空间是一个由道路和沿道建筑组成的三维空间,沿道建筑与道路不仅互相影响,两者之间的关系也直接影响道路景观的质量和空间秩序。影响道路景观的主要是宽(道路宽)高(建筑高)比,还有建筑立面、贴线率、色彩等因素。由于建筑规范不完善,有些沿道公共建筑的机动车进出口过宽,部分地区存在人行道和行道树间有长距离中断现象(图 5)。

图 4　完整的林荫道(交叉口、机非隔离带，北京)

图 5　人行道与行道树长距离中断

有些城市已经陆续推出了关于沿道建筑的导则，对建筑贴线、建筑高度细化、建筑体量、建筑色彩、建筑材质、建筑立面线条、建筑屋顶形式、窗墙比、街廓空间、建筑附属物、建筑组群控制等进行了导向性规定。例如，北京市制定了地方标准《城市道路空间规划设计规范》(DB 11/1116—2014)，首次对沿道建筑的机动车出入口宽度进行了限制，以降低对人行环境的冲击[4]。部分研究者认为，有些城市制定的导则对建筑要素的认识不充分，每个城市、每条道路都有不同的功能、历史和特点，不应千篇一律地予以规定，而应通过对每条道路的规划来实现与道路的协调统一，实现道路整体景观的提升。

6) 城市道路多功能间的统筹协调

城市道路空间有限，却承担着多种功能，需要在道路空间内进行统筹协调，减少这种负面影响。但目前条块分割的管理现状，导致要跨部门、多部门进行统筹和协调，难度比较大。目前多数学者和实践者认为，街道的人性化规划相对容易，而实施面临较大的困难。其症结在于我国城市对城市道路空间的多头竖向管理机制，涉及规划、建设、市政市容、路政、交管、公交、地铁、绿化、邮政、通信、宣传、治安、区和街道等多个部门。

针对这个问题，北京市提出建议：在规划环节增加道路空间整体规划内容；在规划审批环节增加对每条新建和改建道路整体规划方案的审查；交通实施部门编制五年规划和年度计划，将任务和责任细分到每个相关主管部门；建立长期评估和考核机制，监督计划的推进。

3. 主要难点

(1) 完善相关标准。城市道路空间相关的现行国家标准和行业规范有近20部，需要进行统筹、整合，更新理念，消除"以车为本"的痕迹，空间的分配向绿色交通倾斜，兼顾街道的生态、景观、宜人环境等重要功能。

(2) 确保绿色交通路权。机动车停车占路问题是绿色交通路权面临的难题，而且停车问题本身就是城市交通的难题，也是"以人为本"的街道营造绕不开的问题。

(3) 建立良好的空间秩序。如何充分利用道路有限的空间，有序安排好数十种道路附属设施，仍然是个难点问题。例如，架空线入地所带来的变电箱占道问题，在城市中心地区以及老城区尤为严重；报刊亭、早餐车等应不应该在道路空间安排；休息座椅的位置和密度设定等，尚需要相关研究加以明确。

(4) 强化城市道路的绿化。林荫道不仅是行人和骑车人的需要，也是城市道路生态环境和景观的需要，需要强化大乔木的种植力度。在交叉口的大乔木种植上，还存在交通安全方面的争议，需要进一步研究和分析，找到平衡点；在道路绿化植物选择方面，需要从片面追求景观向景观、生态、宜人兼顾转移。

(5) 沿道建筑的规划。沿道建筑是街道空间整体品质不可或缺的要素，不同道路的建筑风格、形态、体量、高度、材质、退线、贴线、色彩等尚需进行深入研究；建筑退线空间在权属上归业主单位，与人行道一体化规划容易，但规划的实施具有相当难度。

(6) 多部门的统筹协调。目前城市道路空间各专业多实行条块分割管理，涉及规划、建设、市政市容、路政、交管、公交、地铁、绿化、邮政、通信、宣传、治安、区和街道等多个部门，需要跨部门、多部门统筹和协调，是实施工作中的难点和瓶颈。

参 考 文 献

[1] 李伟. 步行和自行车交通规划与实践[M]. 北京: 科学出版社, 2009.
[2] 北京市规划委员会, 北京市城市规划设计研究院. 城市道路空间的合理利用[M]. 北京: 中国建筑工业出版社, 2013.

[3] 中华人民共和国住房和城乡建设部. 城市步行和自行车交通系统规划设计导则[R]. 北京, 2013.
[4] 北京市规划委员会, 北京市质量技术监督局. DB 11/1116—2014 城市道路空间规划设计规范[S]. 北京, 2014.

撰稿人：李 伟
北京市城市规划设计研究院
审稿人：邵春福 贠丽芬

道路交通流演化规律

Evolution Law of Road Traffic Flow

1. 背景与意义

随着城市化进程加快,交通堵塞问题愈演愈烈,严重影响城市运行效率,制约城市的社会经济发展,已成为大中城市难以摆脱的顽疾。交通堵塞增加了人们的出行时间,易引发交通事故,带来交通安全问题,使车辆排放更多的尾气,造成城市空气污染,引发了一系列问题。

20世纪以来,如何解决城市交通堵塞及相应的环境污染问题,已受到众多科研工作者的关注[1,2]。传统方法是增加道路交通基础设施,这种措施只能在短期内达到一定效果。然而道路交通基础设施的扩充可能会进一步刺激交通需求增长,引发更为严重的道路交通堵塞,形成一个恶性循环。因此单纯依靠道路交通基础设施的建设难以达到缓解交通拥堵的目的,适度建设并辅以科学的交通管理是解决交通堵塞问题的重要手段。

如何最大限度地利用现有道路交通资源?如何以科学的理论来指导交通规划设计、交通控制和交通管理?要解决这些问题,就需要对道路交通流特性机理及运行规律有比较详尽和科学的认识。研究道路上交通参与者在个别或成列行动中的规律,探讨流量、流速和密度之间的关系,以求减少交通延误时间、事故发生率和提高交通设施使用效率,才能从根本上解决交通堵塞问题。

交通流动力学是流体力学、应用数学、非线性科学、统计物理学、系统科学和交通工程等领域的交叉性边缘学科,旨在应用现代科学知识正确地描述交通流性态。通过建立适当的数学模型,经过参数辨识和计算机数值模拟,来解释各种交通流现象,为交通规划的优化以及交通管理策略的制定提供理论依据。用交通流理论来指导交通实践具有非常重要的意义,例如,20世纪60年代,纽约市政府原拟修建通往新泽西的新隧道,后经合理的交通建模和分析,调整交通控制和管理,使现有设施通行能力增加了20%,避免了当时新隧道的修建[1]。

交通系统作为一种典型的远离平衡态自驱动系统,交通流研究可以加深人们对社会生活中伴有复杂相互作用的多体系统远离平衡态时演化规律的认识,催促统计物理、流体力学、非线性动力学、应用数学、系统科学、管理科学、交通工程学等多学科的交叉与发展。因此开展道路交通流演化规律研究具有重要的工程应用价值和深远的科学意义。

2. 研究进展

道路交通流演化规律的研究始于 20 世纪 30 年代。1933 年 Kinzer 首次将 Poisson 分布应用于交通分析。1934 年 Greenshields 提出了现在还仍然广泛使用的线性平衡速度密度关系。1947 年 Greenshields 等在其有关交叉口的交通分析中采用了泊松分布。这一时期主要采用概率论方法。

20 世纪 50 年代以后，随着道路交通流量骤增，交通流中车辆的独立性越来越小，交通现象的随机性随之降低，用于描述交通流演化规律的各种新模型纷纷涌现。五六十年代运动学模型和车辆跟驰模型占统治地位；七八十年代流体力学学说大发展，动理论模型崭露头角；90 年代以来，元胞自动机模型异军突起[3]。进入 21 世纪之后，各种交通流模型都得到极大发展，通过仿真模拟重现了复杂交通现象。

3. 主要难点

1) 交通状态演化

交通流状态可简单地分为自由流(free flow)和堵塞流(congested flow)。交通堵塞是最为常见也是研究最为广泛的一种交通现象。需要说明的是，交通流理论中的堵塞和日常生活中人们认为的交通堵塞有一定区别：通常人们认为车速远远低于最大车速、车流量非常低时才称为堵塞；而在交通流理论中，只要车辆速度低于最大车速，并发生一定的车辆集簇现象，就称为堵塞或拥堵(此时的交通流量还有可能是比较高的)。交通堵塞产生的原因多种多样，但观测到的大多数交通堵塞出现在交通瓶颈的上游，如道路缩减(车道数目减少导致有效路面宽度变窄)上游和交叉路口的上游。在交通瓶颈处道路的局部通行能力降低，使得交通堵塞易于在瓶颈的上游出现；而在瓶颈下游一般多为典型的自由流状态。在正常路段上当密度达到一定的临界值时会发生幽灵堵车现象，即不知何种原因车流自发形成交通堵塞[4]。各种交通状态之间的演化机理还没有完全解释清楚。

2) 交通临界相变行为

交通流相变过程指交通流状态在不同交通相(包括自由流相和堵塞流相)之间的转变过程。类似于水的相变过程，随着水温的变化，水可以在固态、液态和气态三种状态相互转化。随着车流密度的变化，交通流也会在自由流相、同步流相和宽运动堵塞流相之间转变。现实交通系统中每一种交通相的出现都伴随较为复杂的动力学过程。车辆是由人来驾驶的，由于人行为的差异，交通流存在异质性和相变的临界密度不是固定的，会受到很多因素影响，如路面条件、天气因素、交通瓶颈等。交通相变的过程究竟如何，还有待进一步探讨与验证。

3) 流量-密度关系图与回滞现象

交通流测量中的一个典型测量就是流量-密度关系图(图 1)[5]，用来展示交通流量和车辆密度之间的函数关系。实测的流量-密度关系往往是间断的，看起来像希腊字母 λ 的镜像，这个反 λ 的两个分支分别用来定义自由流和堵塞流。

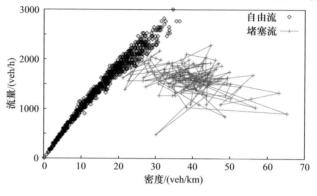

图 1　流量-密度关系图[5]

自由流区和堵塞区不是完全孤立的，两者之间存在一个相互重叠的部分，这一区域称为亚稳态区：在该区域内，车流有可能处于自由流状态，也有可能处于堵塞状态。亚稳态区域的存在导致回滞现象发生，即发生自由流到堵塞流这一相变时的车流密度常高于相反方向相变的车流密度(图 2)。图 2 是时间追踪的流量变化测量结果。每一个数据点所对应的流量和密度都是通过某一点 5min 测量值

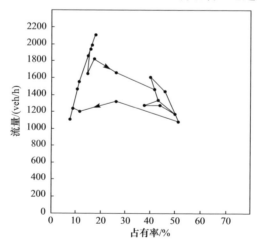

图 2　时间追踪的流量变化测量结果[4]

的平均得到的，图中可以清晰地看出回滞环。回滞现象是否为交通流演化的本质规律，这是一个深刻而重要的问题。

4) 交通流中的密度波

对于路段上的交通状态，自由流状态和堵塞流状态是交替发生的，类似于波动现象，而且交通波与丰富多样的非线性水波运动有着密切联系，如激波、行波、扭结-反扭结波和孤立波等[6~8]。交通流状态演化的时空结构图反映了交通流演化过程中的一些特征。在交通流的时空图中可以观察到多种类型的密度波。例如，行走波在时空图中是一系列的带状分布，在带状内车辆密度较高，而在带状之间车辆密度较低。反映在实际问题中，它表示在路面上常出现的时走时停的交通现象，即一辆车离开拥挤区之后不久又不得不由于前面的堵塞而停下来。

基于微观或宏观交通流模型可以在一定层面上描述交通中的密度波现象。图3为用车辆跟驰模型描述的车辆车头距分布情况。可以看出，在某个时刻，路段上车辆的车头距呈现带状波动分布，一些车辆的车头距较大，车辆能够以最大速度行驶，而另一些车辆的车头距很小，交通流处在堵塞状态，速度很小或完全停止。自由运动状态与堵塞状态交替分布形成了典型的交通波现象。除此以外还可以用密度(或平均速度)随时间(或空间)的变化来表示各种类型的密度波。密度波的产生与演化存在怎样的内在机制是需要探索的难点问题之一。

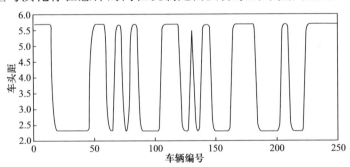

图3　车辆跟驰模型描述的车头距分布图

5) 混合交通流

与发达国家相比，我国的城市道路交通有其自身特点。首先，交通方式多样性是我国城市道路交通的重要特征。非机动车在我国城市道路交通出行中占有重要地位。其次，交通行为的多样性和复杂性是我国城市道路交通的显著特征。我国正处在城市化进程的发展阶段，人们的交通意识较为淡薄，机动车、非机动车和行人的交通违规行为普遍存在。另外，由于机动车交通的快速发展，大量新手驾驶员的加入，加剧了驾驶行为的不确定性。交通行为的多样性和复杂性，客观上为交通拥堵的产生带来了更多影响因素，同时也导致更加严重的交通安全等问题(图 4)[9]。另外道路结构特征的多样性是我国城市道路系统的典型特征，我国城市道路系统中大量存在多种类型的平面交叉口、人行横道和公交站等典型瓶颈。

图 4　北京市某路段混合交通流状况[9]

多种交通方式构成的混合交通与单一的机动车交通存在本质区别，主要表现在以下三个方面：首先，不同于机动车交通的同质流，混合交通流是非同质流，不同交通方式个体的物理属性和运动特性存在较大差异；其次，混合交通中不同交通方式个体之间的相互干扰作用存在不对称性；再次，混合交通模式下不同方向车流的干扰冲突严重，交通环境复杂，从而导致交通行为的多样性特征。混合交通运行规律十分复杂，此时行人、非机动车和机动车之间存在严重的干扰。在道路交叉口，过马路的行人和非机动车会降低机动车的流量，降低的程度有多大？混合交通必然引发交通安全问题，如何提高行人和非机动车的安全性？这些问题的解决需要深入理解混合交通的运行规律。

参 考 文 献

[1] Chowdhury D, Santen L, Schadschneider A. Statistical physics of vehicular traffic and some related systems[J]. Physics Reports, 2000, 329(4): 199–329.

[2] Helbing D. Traffic and related self-driven many particle systems[J]. Reviews of Modern Physics, 2001, 73(4): 1067–1141.

[3] 戴世强, 冯苏苇, 顾国庆. 交通流动力学：它的内容、方法和意义[J]. 自然杂志, 1997, 19(4): 196–201.

[4] Hall F L, Allen B L, Gunter M A. Empirical analysis of freeway flow-density relationships[J]. Transportation Research Part A: Policy and Practice, 1986, 20(3): 197–210.

[5] Kai N, Wagner P, Woesler R. Still flowing: Approaches to traffic flow and traffic jam modeling[J]. Operations Research, 2003, 51(5): 681–710.

[6] Helbing D. Phase diagram of traffic states in the presence of inhomogeneities[J]. Physical Review Letters, 1999, 82(21): 4360–4363.

[7] Helbing D, Hennecke A, Shvetsov V, et al. MASTER: Macroscopic traffic simulation based on a gas-kinetic, non-local traffic model[J]. Transportation Research Part B: Methodological, 2001, 35(2): 183–211.

[8] Helbing D, Treiber M. Jams, waves, and clusters. Science[J]. Science, 1998, 282(11): 2001–2003.

[9] Xie D F, Gao Z Y, Zhao X M, et al. Characteristics of mixed traffic flow with non-motorized vehicles and motorized vehicles at an unsignalized intersection[J]. Physica A: Statistical Mechanics and Its Application, 2009, 388(10): 2041–2050.

撰稿人：李新刚　谢东繁　贾　斌

北京交通大学

审稿人：王殿海　姚向明

汽车尾气排放与城市雾霾的关系

The Relationship between Vehicle Exhaust Emission and City Haze

1. 背景与意义

机动车排放与城市雾霾的定量关系一直是交通环境领域的经典难题。由于这个关系涉及与公众息息相关的交通政策(如限行、低排放区和拥堵收费等)的研究和制定,故受到广泛关注。然而分析这个难题涉及多个排放源、排放过程、气象条件、扩散过程和污染物二次反应等。因此,对于不同城市,甚至同一个城市的不同时间尺度,这个问题并没有统一的答案。

雾霾是对大气中各种悬浮颗粒物含量超标的笼统表述,包括雾和霾,但雾和霾的区别很大。雾是由大量悬浮在近地面空气中的微小水滴或冰晶组成的气溶胶系统。霾是由空气中灰尘、硫酸盐、硝酸盐、有机碳氢化合物等粒子组成的,它也能使大气浑浊,能见度恶化,如果水平能见度小于 10000m,则将这种非水成物组成的气溶胶系统造成的视程障碍称为霾(haze)或灰霾(dust-haze)。

$PM_{2.5}$ 是构成霾的主要成分。$PM_{2.5}$ 是指直径小于或等于 2.5μm 的颗粒物,它并不是某一种化学物质,而是复杂化学物质形成的混合物。与较粗的大气颗粒物相比,$PM_{2.5}$ 粒径小,比表面积大,活性强,易附带有毒有害物质(如重金属、细菌等),会为疾病传播推波助澜,且在大气中的停留时间长、输送距离远,因而对人体健康和大气环境质量的影响更大。$PM_{2.5}$ 的化学组成复杂,包括硫酸盐、硝酸盐、有机物、铵盐、矿质组分、黑炭和金属组分等。不同来源的 $PM_{2.5}$,其组分相差也很大。

$PM_{2.5}$ 一部分来自直接排放产生的"一次颗粒物",另一部分来自化学转化生成的"二次颗粒物"。由于机动车对"一次源"与"二次源"$PM_{2.5}$ 均有一定的贡献率,且尾气排放高度接近人的呼吸带高度,加之不利的气象条件,促进了城市雾霾的产生,直接影响行人和城市居民的健康,因此研究汽车尾气排放与城市雾霾的内在关系,阐明多种情景下由机动车导致的一次污染物排放和二次污染发生的机制,对于制定机动车排放控制策略、完成污染的"靶向治疗"、改善城市空气质量、提升城市宜居性等均具有重要意义。

2. 研究进展

1) PM$_{2.5}$ 源解析

大气 PM$_{2.5}$ 追踪溯源非常复杂，典型一轮源解析工作实施需 1 年多时间，包括系统开展城市能源和产业结构、气象因素、地形地貌等经济社会及自然禀赋等方面的分析，考察源解析研究工作条件，开展大气环境颗粒物受体样品采集工作，分析本地大气颗粒物组成成分、变化情况等。例如，北京南、北部的大气污染状况差别很大，共设了 9 个大气环境采样点、两个交通环境采样点，春夏秋冬都要采样，每季度采样 15～20 天，重污染过程加密采样。北京 PM$_{2.5}$ 源解析工作一年共采集 486 组有效样品，分析共获 6 万多个数据，得到北京全年 PM$_{2.5}$ 组分分析比例[1]。

PM$_{2.5}$ 源解析研究方法主要包括源排放清单法、扩散模型法和受体模型法，其中扩散模型法也需要源排放清单的相关信息。

源排放清单法(emission inventory)通过对污染源的统计和调查，根据不同源类的活动水平和排放因子模型，建立污染源清单数据库，从而对不同源类的排放量进行评估，确定主要污染源。该方法结果简单清晰，但存在活动水平资料缺乏、排放因子的不确定性大、开放源(如扬尘)和天然源排放量统计困难等问题。在我国开展的一些科研课题中，已经建立了全国重点区域和典型城市的大气污染源清单，并确定了影响空气质量的重点源和敏感源，如燃煤、机动车、生物质燃烧等一次源和二次源[2]。

扩散模型基于污染源清单和污染源排放量，模拟污染物排放、迁移、扩散和化学转化等不同条件下污染物的时空分布状况，估算污染源对污染物质量浓度的贡献。扩散模型能很好地建立有组织排放源类与大气环境质量之间的定量关系，但无法应用于源强难以确定的无组织开放源(如风沙尘、海盐粒子等源)。而且此类模型需确定污染源个数和方位，颗粒物扩散的过程中的详细气象资料，以及颗粒物在大气中生成、消除和输送等重要特征参数，但这些资料和参数难以获取，限制了扩散模型的运用。因此，从 20 世纪 70 年代起，美国和日本等国家开始研究受体法进行大气颗粒物源解析[3]。

受体法是基于受体采样点获取的物理化学信息来反推各种源贡献的源解析方法，主要包括物理法和化学法。物理法包括显微镜法 (光学显微镜、扫描电子显微镜法)、X 射线衍射法等，但一般仅用于定性或半定量解析来源。化学法是将细颗粒物中对源有指示意义的化学示踪物信息与数学统计方法相结合而发展起来的方法，即受体模型(receptor model, RM)法，应用较早，较为广泛，也是目前国内外最常用的 PM$_{2.5}$ 源解析方法。

20 世纪 60 年代，Blifford 和 Meeker 提出了受体模型的概念，发展至今，主要方法包括化学质量平衡模型法和因子分析法,其中因子分析法根据大量样品的化学物种相关关系,从中归纳总结公因子,计算因子载荷,通过因子载荷以及源类特征示踪物推断源类别。主要包括正定矩阵因子分解(positive matrix factorization,PMF)法、主成分分析(principal component analysis,PCA)法、多元线性模型(multi-linear engine,ME2)和 UNMIX 等方法。受体模型的不确定性主要来自大气 $PM_{2.5}$ 采集和化学成分测量的不确定性、源成分谱的共线性(即不同排放源可能有相似的源成分谱)以及对二次来源正确判定等问题。

集合模型(ensemble model)则是对不同源解析方法结果的综合。根据源解析方法结果的不确定性来确定各方法的权重,通过加权平均得到一个综合的源解析结果,使其更具代表性。我国不同地区的 $PM_{2.5}$ 源解析工作多采用单一源解析方法开展[2]。

2) $PM_{2.5}$ 传输过程

大气污染物稀释扩散与近地层输送条件即地面风场密切相关,近地层风的变化对大气污染物的传输和扩散影响显著。其作用表现在两个方面:第一是风的水平搬运作用,排入大气中的污染物在风的作用下,被输送到其他地区,风速越大,污染物移动也越快;第二个作用是风对大气污染物质的稀释作用,污染物在随风运移时不断与周围干净的空气混合,使得污染物得以稀释。我国东部是季风气候区,受季风影响显著,旱季盛行东北风,雨季盛行偏南风。在大尺度季风背景下,还会受到海陆风、山谷风、城市热岛环流、翻越山岭下沉气流等的复合影响。气流停滞区的形成反映了区域平流输送条件,气流停滞区造成污染物的停滞和积累。同时湿度增加对气溶胶消光系数的增加起到推波助澜的作用,灰霾粒子吸湿后会使能见度更加恶化[4]。

3) 机动车排放

研究结果表明,机动车、工业生产、燃煤、扬尘等是当前我国大部分城市环境空气中颗粒物的主要污染来源,占 85%～90%。其中机动车是北京、杭州、广州、深圳的重要污染来源。

(1) 直接排放。

机动车的直接排放是指从废气中排出的 CO(一氧化碳)、$HC+NO_x$(碳氢化合物和氮氧化物)、PM(微粒)等污染物。研究中通常使用排放因子的概念评价机动车的排放水平。蔡皓与谢绍东[5]研究了不同排放标准下各车型排放因子。

(2) 扬尘。

道路扬尘是指由车辆扰动而引起的扬尘污染,来源于大气降尘、车辆遗撒、路面破损、车轮车身带泥、轮胎磨损、市政施工、道路施工、道路清扫、生物碎屑、道路附近的裸露土壤以及未铺筑道路等,是交通源 $PM_{2.5}$ 贡献的重要组成部分。研究发现[6],扬尘量大小与车流量、行车速度、车辆类型、自然条件(风、雨、气温、湿度等)和路面状况等密切相关。对 2012 年北京市六环内交通扬尘和机动车 $PM_{2.5}$、PM_{10} 直接排放量进行测算发现[7],对于 $PM_{2.5}$,交通扬尘约为机动车直接排放的 1/5;对于 PM_{10},交通扬尘与机动车直接排放总量相当。交通扬尘与交通活动直接相关,若将道路扬尘计入交通源排放 $PM_{2.5}$ 的统计口径中,将显著增大交通源排放对 $PM_{2.5}$ 的贡献率。

(3) 二次转化。

中国环境保护部数据显示,对 $PM_{2.5}$ 贡献而言,影响因素以氮氧化物为主,研究表明,氮氧化物约高于30%,二次转化为 $PM_{2.5}$。氮氧化物(NO_x)种类很多,包括一氧化二氮(N_2O)、氧化亚氮(NO)、二氧化氮(NO_2)、三氧化二氮(N_2O_3)、四氧化二氮(N_2O_4)和五氧化二氮(N_2O_5)等多种化合物,但主要是 NO 和 NO_2,它们是常见的大气污染物,是形成大气中光化学烟雾的重要物质和消耗 O_3 的一个重要因子。汽车排放的 NO_x 中 NO 约占 95%。但是 NO 在大气中极易与空气中的氧发生反应生成 NO_2,因此大气中 NO_x 普遍以 NO_2 的形式存在[8]。

(4) 污染物扩散。

影响城市大气污染物扩散传输的因素很多,而对于街道污染这种局部尺度范围的污染,其主要考虑的因素是风向、有效源高、风速、湍流扩散系数等。此外,地理条件,如街道的几何形状(包括街道两侧建筑物密集程度,高度,街道的长度和宽度等)都会对街道内部大气的流动状况产生影响,进而对污染物的传输和扩散产生影响。扩散传播后的污染物是人体健康受污染物影响的重要环节[9]。在机动车尾气扩散研究过程中,以高斯模型为基础所建立的扩散模型是目前世界各国环境保护推荐应用于尾气污染扩散浓度模拟计算的主要方法。例如,有研究应用 OSPM 模型[10]模拟的方式实时估计北京 CBD 城区道路的大气污染物扩散浓度,了解北京市街道的机动车污染现状与特征,为准确实时了解热点地区空气污染物浓度和改善城市人居环境提供了一种新的研究思路。

3. 主要难点

(1) 建立高分辨力的动态排放清单。雾霾的发生与一次排放、二次转化、气象条件等密切相关,而这些因素均是在时空范围内(如季节、昼夜等)动态变化的。尤其由于交通自身的动态特性,静态的排放清单难以与其他动态因素相匹配,而动态的交通排放清单则需要发现和建立交通动态运行特征与排放之间的内在联系。

(2) 二次转化机理和源解析模型。机动车对 $PM_{2.5}$ 的贡献更主要以二次转化的形式体现,而 NO_x 和 HC 向 $PM_{2.5}$ 二次转化的非线性过程非常复杂。更大范围内,综合考虑工业排放、取暖、秸秆焚烧以及季节气候因素，二次转化机理的剖析是 $PM_{2.5}$ 源解析的关键基础。

(3) 人的活动对机动车污染的暴露特征。城市雾霾的危害体现在对人体健康的影响，而由于排放位置及其扩散特征(如道路两侧、交叉口或客运场站等)，机动车排放对人的影响更为直接和突出。人的活动和机动车排放在时空上的分布特征是分析排放对健康影响的关键。

参 考 文 献

[1] 北京晚报. 北京 $PM_{2.5}$ 来源解析最新研究成果发布[EB/OL]. http://www.bj.xinhuanet.com/bjyw/2014-04/17/c_1110289403.htm[2014-04-17].

[2] Yu L D, Wang G F, Zhang R J, et al. Characterization and source apportionment of $PM_{2.5}$ in an urban environment in Beijing[J]. Aerosol and Air Quality Research, 2013, 13(2): 574–583.

[3] Zheng M, Cass G R, Schauer J J, et al. Source apportionment of $PM_{2.5}$ in the Southeastern United States using solvent-extractable organic compounds as tracers[J]. Environmental Science and Technology, 2002, 36(11): 2361–2371.

[4] 吴兑. 灰霾天气的形成与演化[J]. 环境科学与技术, 2011, 34(3): 157–161.

[5] 蔡皓, 谢绍东. 中国不同排放标准机动车排放因子的确定[J]. 北京大学学报(自然科学版), 2010, 46(3): 319–326.

[6] 许艳玲, 程水源, 陈东升, 等. 北京市交通扬尘对大气环境质量的影响[J]. 安全与环境学报, 2007, 7(1): 53–56.

[7] 靳秋思, 宋国华, 何巍楠, 等. 机动车道路扬尘与 PM 直接排放的测算与分析[J]. 交通信息与安全, 2014, 32(6): 53–58.

[8] 张楫泽, 刘憬然, 孔漪宝. 北京雾霾现象与机动车尾气排放关系分析[J]. 环境与发展, 2013, 23(11): 115–117.

[9] Bell M L, Ebisu K, Leaderer B P, et al. Associations of $PM_{2.5}$ constituents and sources with hospital admissions: Analysis of four counties in Connecticut and Massachusetts (USA) for persons> or= 65 years of age[J]. Environmental Health Perspectives, 2014, 122(2): 138.

[10] Kakosimos, K E, Hertel O, Ketzel M, et al. Operational street pollution model(OSPM)—A review of performed application and validation studies, and future prospects[J]. Environmental Chemistry, 2010, 7(6): 485–503.

撰稿人：宋国华

北京交通大学

审稿人：李　晔　奇格奇

城市交通系统复杂性分析

Complexity Analysis of the Urban Traffic System

1. 背景与意义

20世纪50年代以来，随着西方国家城市机动车数量的快速增加和城市化进程的加快，城市交通拥堵逐步加剧，交通科学得到真正重视。世界各国学者在城市发展与交通规划、交通流理论、交通需求预测、交通控制、交通模拟与仿真、智能交通系统等方面进行了大量的理论研究工作[1~3]。然而现有的研究成果还不足以充分准确地阐释复杂的交通流和交通现象的形成以及时空演变过程，难以解释交通系统结构与功能之间的内在相关关系，对解决当前交通问题还存在一定的局限性和被动性。

我国对城市交通复杂系统理论的研究始于改革开放以后，针对交通系统科学的研究则开始于20世纪80年代后期，重点针对我国城市交通系统的具体情况进行了比较深入的系统研究。针对我国快速发展的城市结构和土地利用模式、出行者复杂交通行为、随机路网交通流分布等特有现象，研究基于我国城市交通机理的复杂系统科学理论、交通组织与控制理论等。

交通问题是关系群众切身利益的重大民生问题，也是各国大城市普遍遇到的难题。作为承载城市活动的大动脉，如何更好地改善交通系统的性能，为更多的出行者提供更好的服务，是我国交通管理科学家一直探索的目标。

城市交通系统是一个典型的开放复杂巨系统，它的复杂性表现在多个方面。首先从系统的规模来看，它包含多个交通节点和错综复杂的道路网络。其次，从系统相互作用的复杂性来看，城市交通网络的各节点之间、节点内部各部门之间都存在信息、物质的交互作用。最后，城市交通网络是一个受环境影响的开放系统，而且城市交通问题涉及人、车、路、环境四者之间的关系，又与政策、法规、管理和控制等密切相关，使得城市交通运行规律(特别是交通现象的产生和演变过程)极其复杂。同时城市用地布局的调整、居民出行距离的增加和交通行为的改变，使交通系统运行中的不确定因素越来越多，矛盾越来越复杂，新情况、新问题不断出现。因此对城市交通面临的是一个复杂系统的演变过程。

要缓解城市交通问题，必须适应城市经济快速发展，需要应用复杂系统的研究手段，结合系统科学的原理、多学科交叉的理论体系对城市交通系统的复杂性开展深入的理论和应用研究，从整体、宏观的角度认识整个交通系统，为解决城市交通问题提供理论依据。只有深入研究城市交通网络这一复杂系统的演化规律，从本质上解释城市交通问题形成的根本原因，才有可能实现从"治标"到"治本"的转化，为城市的可持续发展提供基本保障。

2. 研究进展

城市交通系统随着城市的形成而产生，随着社会的进步而演化，是一个典型的复杂巨系统。因此在解决城市交通问题的过程中，必须利用系统科学的原理对城市交通系统开展深入系统的理论和应用研究，将城市道路交通流复杂状态、网络交通流模型与复杂交通网络演化相结合进行系统而深入的研究。其理论研究现状主要从以下四部分内容体现：

(1) 交通系统网络结构复杂性。城市交通系统的复杂性原因在于城市路网中的出行者、车辆、路段、交叉口、交通基础设施等数量众多，且各组分之间的联系紧密，交通系统具有强的动态性和随机性，并处于不断的发展变化中，积累效应、奇怪吸引性、开放性进一步加深了交通系统的复杂程度。由于交通网络规模较大、交通时空演化复杂以及受到交通环境和社会因素的影响，交通界学者进入复杂网络的研究起步较晚，但近些年的发展也十分迅速。国内外很多学者对交通网络复杂性进行了理论和实证研究[4]，主要集中于交通网络实证研究、交通网络动力学行为分析、交通网络级联失效、交通阻塞传播以及交通网络演化建模等方面。

(2) 交通出行者行为复杂性。交通出行者行为复杂性的研究主要包括基于出行的模型和基于活动的模型：出行模型主要是以数理统计理论为主，以单一出行作为基本统计单元的出行需求预测模型，缺点在于只注重获得结果，而忽略了产生结果的内在原因；相反，活动模型的一个最突出也是最有魅力的特点就是寻求人们出行的内在原因，来揭示出行只是人们日常活动的一种特有属性[5]以及突发事件后的行为变化规律[6]。随着人们对城市交通系统的研究从原先注重基础投资的长期规划转移到对短期内交通需求的有效管理和对道路资源的充分利用，基于活动的出行分析研究开始获得重视和空前发展[7]。出行链、出行时间分配、个人出行决策模式成为近现代出行行为及交通需求的研究热点。

(3) 交通流时空演化复杂性。交通流时空演化复杂性理论是研究交通流状态随时间和空间变化的规律，一般可分为道路交通流和网络交通流。道路交通流研究中，传统的手段主要是重视试验观察到的流量-密度关系，研究交通流的许多非线性传播特性，描述交通系统中观察到的非线性现象。Li 等[8]创造性地将交通流状态与复杂网络相结合，分析了交通流复杂时空特性与特定复杂网络结构之间的内在联系。最近，有研究人员通过交通试验研究交通流的动态演化过程来把握交通流的复杂特征[9]。网络交通流源于道路交通流，更多地涉及人的路径、出发时间、出行方式等选择行为，更具复杂性。结合复杂网络结构特征，研究出行行为影响下的网络流时空分布和演化特征，进而分析路网承载力的动态特性和交通阻塞现象。

(4) 交通系统管理复杂性。20 世纪 80 年代，国内外学者逐渐认识到交通系统需求管理的重要性，有限的城市空间、土地资源及环境能源无法满足交通需求的无节制增长。很多学者从不同角度研究了交通管理策略(如交通出行信息、收费、公交优先、错峰上班、单双号限行等)对出行行为的影响[10]。近年来，大数据交通管理结合手机信令数据、公交和地铁乘客刷卡数据、出租车 GPS 浮动车数据以及社交媒体签到数据等多源异构交通大数据，对城市人群的交通行为与异常行为模式复杂性进行分析挖掘，揭示了城市出行者个体出行模式多样性的特征，在分析全球多个城市的大规模人群出行规律的基础上，提出了基于热传导过程的人口权重机会模型，用于预测城市内人群出行分布量。

3. 主要难点

(1) 多层综合交通网络结构复杂特性及其动力学过程。从微观与宏观角度研究城市交通流时空分布和结构复杂行为及其普遍规律，提出和发展基于多层综合交通网络时空与结构动态变化的动力模型；研究不同的网络拓扑结构对传播行为的影响、交通物理网络及信息网络的结构、功能与动力学作用，揭示城市交通流和一般复杂网络传播流的时空演化普遍规律；分析多层综合交通网拓扑结构、瓶颈通行能力以及随机扰动等因素在网络上对交通拥堵传播的影响，建立考虑多层网络拓扑特性的城市交通网络承载力、可靠性及互配性模型。

(2) 出行行为的多样性及可预测性。个体出行行为以及交通需求分析研究已经考虑了个人、家庭、出行、环境等众多外在因素，也强调了态度、习惯等内在因素的重要性，但是对于出行行为的影响变量具体有哪些、变量之间的融合关系以及变量影响程度的机理并没有得到清晰解释。建立基于出行链的行为多样性模型，分析演化机理；构建考虑个体需求和行为偏好驱动的网络化模型，揭示交通参与者从个体到集体的动态博弈过程；提出同时考虑外在因素和出行者自身习惯的混合选择模型，同时利用计算机仿真模拟来深度刻画具有不同属性个体的出行行为，从而研究出行者出行行为的多样性及可预测性。

(3) 交通拥堵的形成机理与传播特性。研究典型交通瓶颈道路交通流的非线性动力学特性，建立能描述道路交通流复杂动态特性的数学模型，揭示道路交通拥堵的内在根源及其时空演化规律；分析影响交通拥堵产生的出行行为规律，包括在不同土地利用形态、不同管理水平、出行者个体差异和道路服务条件下的行为演化特点，研究交通拥堵从局部出现到大范围逐步扩散乃至整个网络崩溃的条件、过程与规律，建立能合理描述交通网络拥堵形成、传播和消散的模型系统。

(4) 数据驱动的综合交通需求管理。基于综合交通的出行数据挖掘普遍的行为规律，结合限行、限购、拥堵收费、公交补贴等典型交通政策对交通需求产生的叠加效应，以及综合交通条件下出行选择及出行模式复杂特征，构建随机特性下综合交通需求协同优化模型；建立非常态下城市综合交通事件数据的特征提取、分析、检测与预测模型，实现事件下的影响区域、范围和强度的动态评估，提出非常态下综合交通应急资源配置优化模型和综合枢纽的快速疏散，提高综合交通系统的性能，实现人、车、路、环境等要素的综合优化。

参 考 文 献

[1] 高自友, 赵小梅, 黄海军, 等. 复杂网络理论与城市交通系统复杂性问题的相关研究[J]. 交通运输系统工程与信息, 2006, 6(3): 41–47.

[2] Gao Z Y, Wu J J. Travelers game, network structure and urban traffic system complexity[J]. Complex Systems and Complexity Science, 2010, 7(4): 55–64.

[3] 吴建军, 高自友, 孙会君, 等. 城市交通系统复杂性：复杂网络方法及其应用[M]. 北京：科学出版社, 2010.

[4] Taylor D, Klimm F, Harrington H A, et al. Topological data analysis of contagion maps for examining spreading processes on networks[J]. Nature Communications, 2015, 6: 8374.

[5] Sun L, Axhausen K W, Lee D H, et al. Understanding metropolitan patterns of daily encounters[J]. Proceedings of the National Academy of Sciences, 2013, 110(34): 13774–13779.

[6] Silva R, Kang S M, Airoldi E M. Predicting traffic volumes and estimating the effects of shocks in massive transportation systems[J]. Proceedings of the National Academy of Sciences, 2015, 112(18): 5643–5648.

[7] Yan X Y, Han X P, Wang B H, et al. Diversity of individual mobility patterns and emergence of aggregated scaling laws[J]. Scientific Reports, 2013, 3: 2678.

[8] Li X G, Gao Z Y, Li K P, et al. The relationship between microscopic dynamics in traffic flow and complexity in network[J]. Physical Review E, 2007, 76: 016110.

[9] Jiang R, Hu M B, Zhang H M, et al. Traffic experiment reveals the nature of car-following[J]. PLoS ONE, 2014, 9(4): e94351.

[10] Zhou B, Bliemer M, Yang H, et al. A trial-and-error congestion pricing scheme for networks with elastic demand and link capacity constraints[J]. Transportation Research Part B: Methodological, 2015, 72: 77–92.

撰稿人： 吴建军　杨　欣

北京交通大学

审稿人： 王　炜　贠丽芬

未来的汽车是怎样的？

What are the Automobiles in the Future?

汽车从产生开始极大地提高了运输效率和出行便捷性，同时它的出现也引发了诸如交通安全、石油消耗、排放污染、城市拥堵等一系列问题。未来的汽车会以一种什么样的形式来改变我们的生活，是人们普遍关注的热点问题。"安全、绿色、智能、多域"将是人类对未来汽车的基本诉求。

1. 清洁能源汽车

清洁能源汽车，又称为新能源汽车或环境友好型汽车，指采用非常规的车用燃料作为动力来源，综合车辆的动力控制和驱动方面的先进技术，形成的具有新技术、新结构的汽车，其目的是采用绿色动力技术以实现更好性能、更低能耗、更少排放三重目标。这是多项现代新技术在汽车上综合运用的成果。

目前清洁能源汽车的发展呈现多形式多技术路线并行的模式，可采用的技术包括新能源汽车技术和传统内燃机节能环保技术，其产品形态包括混合动力汽车、纯电动汽车(包括太阳能汽车)、燃料电池电动汽车、其他新能源(如生物质燃料)汽车等。清洁能源汽车最终极的目标是排除属于不可再生资源的化石燃料而采用可再生的替代燃料，并实现零排放污染、低能耗率、低噪声运行。因此生物燃料、氢燃料动力汽车、燃料电池和电动汽车将代表清洁能源汽车未来的发展方向。

多年来，电动汽车、燃料电池汽车等清洁能源汽车技术的发展取得了长足进步，并在全社会得到一定程度的认可和应用，对于改善能源需求结构、缓解城市空气污染等起到一定的作用。但由于一些难点技术尚未完全解决，清洁能源汽车在应用过程中也存在各种问题，这也是其大规模产业化发展应用面临的主要障碍。清洁能源汽车发展须克服的难点问题包括以下几个方面：

(1) 高能量密度高可靠性动力电池。续航里程短、充电时间长、电池可靠性差等问题是电动汽车的软肋，也是阻碍其产业化应用的主要因素。归根结底，这都是高能量密度动力电池及高效能量转换技术欠缺所导致的，而要解决这一关键难点，就需要对新型动力电池的物理化学属性、充放电规律及衰退机理等问题进行深入研究，像石墨烯电池这样的新型动力电池的开发，需要依赖的是物理学、化学、纳米材料科学等多学科的交叉融合及综合进展。

(2) 低成本燃料电池动力系统。燃料电池汽车依靠作为燃料的氢气在动力系统中与大气中的氧气发生氧化还原反应产生电能来驱动电动机工作，因而具有零排放、低噪声运行的良好特性。但目前的燃料电池动力系统普遍采用基于质子交换膜的反应机理，并需采用稀有贵重金属铂作为反应催化剂。目前燃料电池动力系统中质子交换膜的价格大致为 120 美元/kW，铂催化剂的价格约为 500 美元/kW。动力系统运行成本居高不下、效率低、耐久性不足是燃料电池汽车大规模发展的主要障碍之一，而新型燃料电池和替代性催化触媒的探索还需要依赖于电化学、材料学等多学科的进展。

(3) 低成本制氢及储氢。作为燃料电池汽车中燃料的氢气是自然界中非常丰富的资源，但氢气的大规模产业化制备和储存目前并不成熟。不论电解水制氢还是化石燃料的反应制氢，都存在高能耗、高成本、低效率等一系列问题。同样，目前燃料电池汽车采用的高压氢气储存方式也存在成本高、可靠性差等问题。上述因素都造成燃料电池汽车不能商业化运行的阻碍。要克服这些难点问题，还需要对新的制氢机理和存储系统进行不断的研究。

(4) 高功率密度轮边驱动电机。无论电动汽车还是燃料电池汽车，其实质上都是依靠电能驱动电动机进行工作。轮边驱动电机由于省略了机械传动系统而直接驱动车轮，因此具有可以单个车轮扭矩单独精确控制、传动效率高、便于车内空间柔性布置、适于线传电控等特点，是电动汽车领域的新热点。然而，由于车轮的轮边尺寸有限，因此紧凑型轻量化大功率轮边驱动电机的开发是未来新能源汽车产业化发展面临的一个主要难点，而这也并不仅是机械科学的问题，还需要依靠电磁学、材料学、力学、机械设计学等多学科的交叉探索。

2. 智能汽车

智能汽车是指搭载先进的车载传感器、控制器、执行器等装置，融合现代通信与网络技术，具备复杂环境的感知、智能化决策和自动化控制功能，使车辆和外部节点之间实现信息共享和控制协同，实现零伤亡、零拥堵，达到安全、高效、节能行驶的下一代汽车[1]。智能车辆是一个集环境感知、规划决策、多等级辅助驾驶等功能于一体的综合系统，它集中运用计算机、现代传感、信息融合、通信、人工智能及自动控制等技术，是典型的高新技术集成体。

从发展角度来看，智能汽车将经历辅助驾驶以及自动驾驶两个层面。按照目前常用的美国机动车工程师学会(Society of Automotive Engineers，SAE)以自动驾驶实现程度的分级标准，智能汽车可以分为从驾驶辅助(DA，L1 级)到完全自动驾驶(FA，L5 级)的五个级别。自动驾驶汽车的终极阶段是无须人员介入干预的完全自动驾驶阶段，即无人驾驶汽车。

无人驾驶汽车综合利用车辆环境感知技术、车-车、车-路通信技术以及车辆自动控制技术实现车辆在复杂交通环境下的全工况自动驾驶,完全替代驾驶员的操作,用户只需要告诉车辆去那里,车辆就可以自动将用户以最快最安全的方式送到目的地。同时通过最优行驶路径的规划和车辆的综合控制,无人驾驶汽车可以有效地避免道路交通拥堵,并提高车辆运行的节能环保性能。无人驾驶汽车将是未来的一种重要交通工具和交通出行方式,将对整个交通系统产生革命性的改变。

从目前智能汽车发展的路线来看,主要有阶跃式和渐进式两种模式:以Google、百度等为代表的互联网企业往往跳过驾驶辅助等自动驾驶初级阶段,直接开发高度或完全自动驾驶级别(L4、L5等级)的智能汽车,这种直达终极目标的方式称为跳跃式发展。而以奔驰、丰田、日产公司等为代表的传统汽车企业则往往从驾驶辅助阶段开始,逐步研发相关技术和产品,逐渐提升汽车智能化水平,最终达到完全自动驾驶智能汽车的实现。这种一步一个脚印的发展路线称为渐进式发展。

从智能汽车的技术路线来看,有自主式和网联式两种主要模式。

自主式智能汽车完全依靠车载传感器信息进行行驶环境状况的感知,通过车载决策控制计算机系统对车辆平台未来的行驶运动进行决策规划并生成控制指令。自主式智能汽车无须与周围其他车辆或信息设备进行数据传输交互,对通信环境等基础设施没有依赖,是目前主要的发展模式。但由于其仅靠自身所带传感器信息实现对行驶环境信息的感知和车辆的智能决策控制,因此也表现为传感器种类多、成本昂贵[高线程激光雷达(light detection and ranging,LiDAR)几乎为必备传感器]、对硬件性能要求高、技术体系复杂等特点,这也是其大规模产业化应用面临的主要障碍。

网联式智能汽车也称为智能网联汽车,它不但依靠车载传感器,同时通过高速无线通信技术与周围信息源进行数据交互传输,实现车辆对行驶环境信息的完备感知和周边交通环境信息的获取,从而形成车辆运动的智能决策并生成控制指令。相对于自主式智能汽车作为物理行驶环境中的信息孤岛独立运行,网联式智能汽车则是物理行驶环境中交通信息化网络上的一个数据交互节点。由于需依赖信息传输交互实现车辆的环境感知和决策控制,网联式智能汽车对自身搭载传感器的种类和数量、硬件性能要求、技术复杂性等比自主式智能汽车要低,因而成本较低。但作为交通物联网络的一个信息节点,网联式智能汽车的发展还需与高速无线通信系统、智能化道路系统、交通信息网络和大数据管理平台等的发展协同进行,是一个社会化大系统工程中的一个部分。

以泛在物联网、大数据、人工智能等信息技术为代表的新一轮技术革命将打破原有的产业界限,多行业的深度交叉融合是新产品形态和产业形态的新型特点,这也给智能汽车的发展创造了无限可能。网联式智能汽车的发展过程不但是传统汽车及零部件工业转型及开发制造能力的提升过程,也是新技术浪潮下汽车工业与信息化环境深度融合形成新经济模式和新社会生态的过程。

正是由于具备了广泛的信息交互和融合利用的能力,网联式智能汽车才能够融入大交通信息管控网络和智慧城市体系的构建中,作为未来社会化大系统工程中的一个有机组成部分而存在。物理实体形态的智能化+信息节点形态的网联化,是智能汽车技术和产业发展的必由之路。

目前智能汽车的进展主要在于辅助驾驶技术的产业化应用和高等级自动驾驶技术的开发,完全自动驾驶汽车进入市场化阶段的预期时间在 2030 年前后。无人驾驶汽车全面普及走向社会还存在有待攻克的共性关键技术难题,主要包括以下几个方面:

(1) 低成本高精度小型化传感器。以高线程激光雷达为代表的高精度车载传感器是智能汽车实现对行驶环境精确感知的重要手段,目前常用的 64 线机械式激光雷达具有价格昂贵、体积庞大等诸多弊端,不利于产品化的装车应用推广。固态激光雷达代表了未来低成本小型化高精度车载传感器的发展方向,但在这之前需要攻克一系列的关键难点问题。

(2) 高速移动通信网络及信息安全。物联网时代的智能汽车作为交通大系统中的一个分子必然要随时与周围环境的信息节点进行数据传输交互,这是网联式智能汽车基本的运行模式。而这个模式实现的前提,就是需要满足车辆行驶过程中海量信息的高速传输及安全交互,基于 5G 的高速通信网络和车载信息安全智能终端的开发是未来智能汽车发展的必要条件,而在达到这个目标之前必须要解决相应的关键难点问题。

(3) 超高性能信息计算处理软硬件平台。处于交通物联网环境中的智能汽车运行过程需对巨量的多源异质信息数据进行计算分析和融合处理,从而形成对交通场景和自身运行状态的完全感知,在此基础上通过对信息的集成利用产生车辆的智能化操控决策和控制指令。所有计算分析和决策生成都需要满足车辆电子控制的节奏需求,因此对于车载信息计算处理的软硬件系统具有极高的性能要求。超高性能信息计算处理平台技术的发展则必须依赖于电子学、计算机学、材料学等多学科领域的进步。

(4) 类人智能的机器驾驶脑。物联网、大数据和计算科学的发展促进了新一代人工智能的进步,网联式智能汽车的"端-管-云"体系架构使得云端智能和车端智能操控成为智能汽车未来的标准模式。具备类人智能水平的机器驾驶脑是车端智能化操控技术的核心内容,而它的开发实现则必须依靠大数据应用、深度学习神经网络、信息物理融合智能组件等汽车工业技术和电子信息科学、人工智能科学等深度的交叉融合和探索。

(5) 社会大数据处理及服务云平台。物联网、车联网框架下的未来智能汽车不但是人们便捷出行的驾乘工具，更是信息化社会中一种全方位生活服务的移动平台，是智慧城市运行社会化大系统中的一个组成部分。依托于泛在互联的信息网络，智能汽车的运行控制和服务都需要来自社会各领域全方位的信息数据支持。因此，基于分布式计算和云端智能技术，构建社会化大数据存储、处理和服务的云平台，是智能车辆未来产业化应用必须要解决的一个关键问题。

尽管具备完全自动驾驶能力的智能汽车还未能实现，但是随着先进传感器及信息融合、高精度动态数字地图及厘米级定位导航、先进通信及信息网络、人工智能等关键技术的不断发展，无人驾驶汽车已经离我们的生活越来越近[2,3]。

3. 水陆空多栖飞行汽车

作为点对点移动的道路交通工具，传统汽车必须依靠车轮与地面的相互作用才能行驶。表面上看似自由，但其运动轨迹完全受限于人为修建的公路，实际上像一辆被束缚在虚拟轨道上的火车，无法真正以最便捷、快速、舒适、节能的方式实现 "anywhere-to-anywhere" 的人类出行理想目标。目前汽车都是在固定的道路上行驶，汽车交通是平面交通，在大城市交通拥堵问题严重。如果能将汽车与低空飞行和管理技术结合起来，开发出飞行汽车，充分利用城市立体空间，将是解决城市交通拥堵问题一个很好的思路[4]。

但这样的桎梏有望在不远的将来打破。人类从未放弃过探索多域间自由移动的努力[5]，而随着飞行汽车、无人机、水上汽车、水下移动机器人等技术的逐渐发展成熟和商业化应用，汽车作为个人交通工具的形态和运行范围也都将发生根本性的变化。作为未来共享经济时代的一种重要资源，未来的水陆空多栖飞行汽车不但会引领人们的移动生活新方式，也必将构成未来智慧城市的新生态和新形态。

水陆空多栖飞行汽车的开发与使用不仅是多用途车辆的重新设计开发问题，还涉及不同学科领域关于物理空间移动体复杂力学特性耦合的科学问题，也需要对现有道路设施系统进行改造，要求既能满足汽车在路面上的高速行驶，也能满足汽车随时的起飞和降落。而交通管理信号系统也需要进行对应的更新和改造，以满足立体交通的有序和高效运行。

目前水陆空多栖飞行汽车在世界上还主要是一些公司在做原理性的样机开发和新技术探索，距离商业化的制造和应用尚有较大的距离。其产业化进程的发展还面临如下必须克服的难点问题：

(1) 适应异域复杂环境的可变车体流体动力学特性。汽车车体的气动力学、水动力学特性影响汽车的道路行驶、空中飞行、水上/水下航行时的阻力特性、升力特性、压力特性等差异很大的本征属性，从而影响车辆行驶的稳定性和可靠性。有别于单一行驶界面中汽车车体固有的流体动力学特性，水陆空潜多栖汽车必须能够根据行驶界面和介质的变化自适应改变车体的流体动力学特性，这不但是一个多学科交叉的科学难题，也是一个涉及结构实现的工程难题。

(2) 适应异域环境的动力及驱动系统。汽车、船舶、潜航器、飞机等作为在道路、水上、水下、空中等不同区域行驶环境中运动的载运工具各自具有不同的运行机理，其动力及驱动系统不论在结构上还是在性能需求上都具有很大的差别。水陆空多栖汽车要求在一个车辆平台上实现对不同行驶环境的驱动需求，采用三套不同的动力及驱动系统进行结构上的叠加显然不是可行的路径，因此探索一套适应多种可变行驶环境介质、满足不同驱动机理的动力驱动系统核心技术就成了必须迈过去的障碍，在这个难点问题得到解决之前，多栖汽车恐怕还无法大规模走向市场。

(3) 适应异域行驶环境的汽车操控系统。汽车、船舶、潜航器、飞机各自在不同的环境介质中行驶，因此其操控系统的作用机理和结构组成也各不相同。水陆空多栖汽车作为一种多种行驶属性高度耦合的移动载运平台，显然也需要一套适应不同行驶环境和作用机理的复合操控系统，作为工程实现上机、电、液、气多组件复杂耦合的系统，这种多域适应性的车辆操控系统的开发在大量工程难题的背后是大量需克服的科学难点问题。

(4) 跨域交通管理系统。科学、有序的交通管理是交通安全和交通效率的重要保证。汽车、飞机、船舶各自有独立的不同交通管理体系以保证各自行驶环境内交通的秩序，而多栖汽车的出现使得跨域交通管理体系的融合和管理技术成为一个迫切需要解决的问题。就目前而言，这种融合和协同管理从技术上实现还有一定的难度，但是随着以物联网、大数据、云计算和人工智能技术为代表的新一轮科技革命的发展，这个难点将终究成为一个阶段性历史时期的问题。

基于高速稳定的跨域无线通信网络技术和万物互联的信息体系架构，未来的汽车将从目前的人-车-路的拓扑架构扩展为人-车-地(路)-空-天一体化的大系统。就目前来看，技术的屏障显然存在，但通过更新技术与更新理念的应用，摩尔定律的实现速度会不断加快，推动人类的生活早日进入跨域自由移动的智能清洁汽车时代。

参 考 文 献

[1] Tsuguo N. Connected vehicle accelerates green driving[J]. SAE International Journal of Passenger Cars, 2012, 3(2): 68–75.

[2] 陈慧, 涂强, 范正帅, 等. 互联智能汽车关键技术与发展趋势[J]. 中国集成电路, 2016, (6): 24–30.
[3] 冯学强, 张良旭, 刘志宗. 无人驾驶汽车的发展综述[J]. 山东工业技术, 2015, (5): 51.
[4] 曹锋, 么鸣涛, 雷雪媛, 等. 飞行汽车的发展现状与展望[J]. 现代机械, 2015, (2): 89–94.
[5] 褚福硕, 王智华, 许少博, 等. 一种新型水陆空潜四栖遥控机器[J]. 海洋技术学报, 2016, 35(2): 15–19.

撰稿人：边明远　李克强

清华大学

审稿人：罗禹贡　王建强

无网运行城市轨道交通车辆

How Urban Rail Transit Vehicles Operates without Cantenary

1. 背景与意义

城市轨道交通车辆是指服务于城市公共交通，以电能为动力，通过轨道导向运行的各种交通车辆的总称。目前全球面临能源危机和可持续发展的挑战，交通约占世界能源使用总量的 20%，城市交通约占其 40%[1]。轨道交通未来的发展趋势一是绿色，二是智能。但传统接触网供电的城市轨道交通系统存在一定的不足，主要表现在以下几个方面：

(1) 在大多数情况下(图 1)，架空接触网并不会产生严重的景观影响，但在具有悠久人文历史的城市建筑物、大城市的标志性建筑物等某些重要区域，或者有限的垂向限界的高架桥下，隧道或大的道路平交路口，架空接触网都会受到限制，甚至有些城市不允许使用架空接触网[2]。

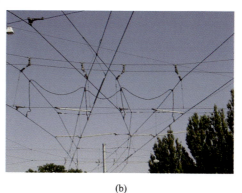

(a)   (b)

图 1 接触网供电轨道交通车辆系统

(2) 依靠接触网供电运行的车辆，在车辆减速过程中，其再生制动能量将优先回馈到接触网上(图 2)，此时如果有其他车辆处于牵引工况，则能量可以被其他车辆利用，否则再生制动能量将通过制动电阻以热能的方式进行释放，造成再生制动能量不能完全被重复利用，据统计，其利用率不超过 40%，这一方面浪费了能源，另一方面热能排放后，加剧了车辆运行环境的恶化。

(3) 依靠接触网供电的轨道车辆系统，负极要通过走行轨道进行回流(图2)，由于轨道无法100%绝缘，因此产生的杂散电流对沿线的管网存在电腐蚀危害。因此需要研制一种新的城市轨道交通工具，实现轨道交通运输与城市的融洽、绿色和谐发展。

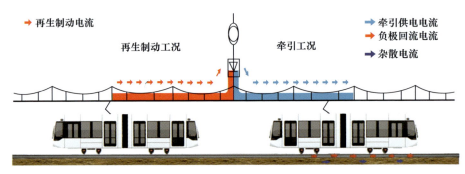

图2　接触网供电的车辆牵引、再生制动和回流图

无网运行城市轨道交通车辆以车载储能系统为核心，以实现车辆运行不依靠接触网供电为目标，消除接触网对城市景观的视觉污染；通过利用车载储能系统储能驱动车辆运行，消除了接触网供电的线路损耗，同时车载储能电源可高效吸收车辆再生制动能量，实现了能量的高效循环利用；车辆运行时，车载储能电源和车辆负载形成电流回路，电流不再经过轨道进行回流，解决了接触网供电杂散电流造成的电化学腐蚀问题。但是，由于车载储能系统存储的能量有限，因此无网运行城市轨道交通车辆通常适用于中小型列车、轻轨车和有轨电车车辆，且相邻站间距短(不大于4km)、车辆规律性启停的路况。还需要进一步研究和提升车载储能系统存储能量，才有可能推广无网运行技术在大运量、长距离列车上的应用。

因此研究无网运行城市轨道交通车辆，涉及储能电源、站台供电轨、站台充电系统和列车电传动系统等相关系统及领域的研究(图3)。

由于线路无架空接触网，极大节省了线路的维护人力成本和维护设备投入[3]，也不存在输配电损耗，无网运行城市轨道交通车辆运营时可极大回收利用再生制动能量，实现能量循环利用，平均车公里运营能耗低于$3kW \cdot h$[4]，极大降低了用户的运营成本。

综上所述，无网运行城市轨道交通车辆既降低了初期投资及运营成本，又美化了沿途环境，且消除了架空接触网断线、塌网和杂散电流造成的电化学腐蚀等带来的安全隐患。

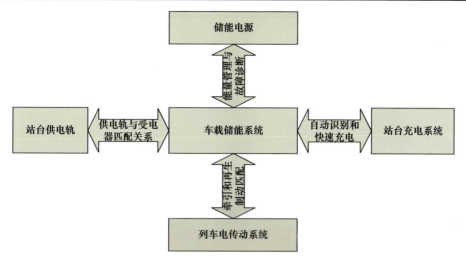

图 3 无网运行轨道车辆技术领域

2. 研究进展

传统有轨电车已有一百多年的发展历史，20 世纪初期在欧美发达国家占据了核心公共交通的主导地位。但第二次世界大战以来，随着世界范围内汽车工业的迅猛发展，传统有轨电车逐渐被新兴的汽车所排挤和替代。然而，20 世纪 70 年代，西方国家能源危机爆发，使得濒临废除的有轨电车焕发了"第二青春"，布鲁塞尔、哥德堡、萨拉戈萨和巴黎等欧洲多个城市开始发展现代有轨电车。无网运行城市轨道交通车辆是在现代有轨电车的基础上，采用车载储能或地面供电实现的新型交通工具，其中主流是车载储能方式。

目前主要有三种储能方式：以飞轮为代表的机械储能；以蓄电池为代表的化学储能；以超级电容为代表的物理储能。

实际上，通过储能形成的绿色理念运用于轨道交通并非始于超级电容。从蒸汽牵引、内燃牵引到电力牵引，由于避免了对一次能源的直接消耗，可称作第一次进化。从机械制动到电气制动，则是第二次进化。

在电力牵引时代，尽管能源可以二次使用，但采用传统的机械制动方式并不能减少能量的浪费。电气制动在一定程度上解决了这个问题，利用电力牵引的优势，制动时将车辆动能转换为电能，并反馈到电网，实现再生制动。尽管如此，仍然存在大量的能量消耗[2]。

对于反馈的能量，现有电网是有条件接受的，最多只能回收 40% 左右的能量。由于制动时回收的电能只能在回收瞬间进行利用，无法真正储存，还需利用机械制动作为补充，60% 左右的制动动能白白浪费掉了。

至于化学储能，因其功率密度小、能量密度大，属慢充慢放型，在列车制动时难以吸收瞬间产生的巨大能量,通常只能用于汽车和摩托车。

超级电容储能器件的研制成功为储能方式的第三次进化带来了曙光,其最大的特点是功率密度大,充放电按秒计。轨道交通车辆制动是秒级的,且启动制动频繁,特别适合采用超级电容这种高功率、响应快、寿命长的储能器件。超级电容器的面积是基于多孔炭材料(图4),如活性炭,活性炭比表面积 S 可以达到 $2000m^2/g$,d 是一个溶剂分子的直径,为纳米级,根据电容公式 $C=\varepsilon S/(4\pi kd)$,可以产生上万法拉的超级电容,比普通的电容大数十万倍,充放电仅数秒,电流数千安培,充放电次数大于 100 万次[5]。

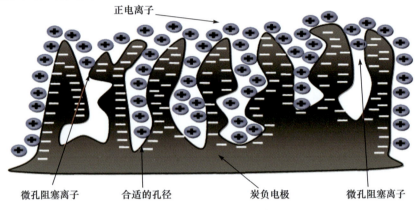

图 4 双电层超级电容示意图

2012 年实现了以超级电容器储能的无网运行轻轨车辆研制,2014 年已经实现无网有轨电车的商业运营(图5)。再生制动能量可以收回 80%[6]以上的电能。

图 5 无网运行城市轨道交通车辆

3. 主要难点

无网运行城市轨道车辆的商业运行,解决了传统接触网供电车辆带来的景观问题、能源回馈利用问题和杂散电流等问题,这项技术的成功应用需要解决车载储能系统可接受大功率充电问题,只有在短时间内完成车载储能系统能量补充,车辆才能持续运行;同时车站充电系统要能够进行大功率充电(兆瓦级别),才能保证短时间内为车载储能系统补满电;另外,在车辆进站时,车辆的受电系统需和车站的供电轨自适应,避免人工操作带来的时间浪费。

(1) 储能电源集成难点。

超级电容单体[图 6(a)]是储能系统的基本单元,通过并联和串联后构成模组,模组再通过一定数量的串联构成储能电源[图 6(b)]。储能电源在集成的过程中,超级电容单体会存在一定的差异,如两个容量存在差异的单体进行并联,那么在充电的过程中,容量小的单体电压上升快,容易产生过压或过充,导致单体损坏或加速老化。这就需要根据单体的特点,在组装前进行适当的配比,结合储能电源管理系统进行充放电管理;同时对各个单体在应用时进行故障诊断,及时发现有问题的单体并上报给车辆控制系统。

储能电源的工程化生产也存在诸多难点,电源布置在车辆上方,受到冲击振动大,如果紧固件脱落搭接在单体的正负极,将造成短路,需要考虑在电源正负极设置熔断器,避免事故扩大化;同时若超级电容单体和母排的接触不良,能源管理系统需要在充电过程中检测各个单体的电压上升速率,以判断是否存在虚接。

由于储能电源一般布置在车辆顶部,夏季时环境温度和太阳辐射将对超级电容产生不小影响,需要从整车系统的角度尽量给超级电容降温,例如,采用车内客室空调废气,经过储能电源箱体排风,使无网运行城市轨道交通车辆的辅助综合能耗达到最小,实现能量的最优利用。

(a) 超级电容单体　　　　　　(b) 储能电源

图 6　超级电容单体及储能电源

(2) 站场充电系统难点。

车站充电系统首先要具备大电流输出的能力,同时需要结合车辆位置智能识别技术。在车辆未进站时,供电轨不能带电,一方面是出于安全考虑;另一方面,由于车辆进站前,车载储能电源的电压不是一个恒定值,因此进站瞬间如果供电轨带电将会发生严重的拉弧,烧损供电轨和车辆受电器,拉弧瞬间的高电压也会对车载储能电源造成损坏。车站充电系统在供电轨上方设置了位置检测装置,车辆进站时可以感应到。当车辆进站时,车载储能电源会通过受电器与供电轨接触,此时供电轨上的电压和车载储能电源一致。车站充电系统实时检测供电轨上电压不为零,且位置开关也检测到了信号,即启动充电(图7)。

图7 站台快速充电示意图

(3) 供电轨与受电系统难点。

由于无网运行城市轨道交通车辆需要在30s内将车载储能电源完全充满,除了车站供电系统应具备大电流充电能力和超级电容具备大功率充放电特性,无网运行城市轨道交通车辆的受电系统和站场供电装置也是难点。首先要根据车辆的垂向运动特性,计算分析供电导入的高度,避免车辆进站时发生机械碰撞。同时要根据车辆的横向特性,计算分析供电轨的拉出值和受电器滑块的长度,避免受电器和供电轨发生横向脱离。其目的是解决每次进站前的升弓操作和出站前的降弓操作,以极大缩短能量补充时间。

参 考 文 献

[1] Levitan D. Braking trains coupling with energy storage for big electricity savings[EB/OL]. http://www.scientificamerican. com/article/braking-trains-coupling-with-energy-storage-for-big-electricity-savings [2016-10-30].

[2] Novales M. Light rail systems free of overhead wires[J]. Transportation Research Board of the National Academies, 2011, 2219: 30–37.

[3] 杨颖, 陈中杰. 储能式电力牵引轻轨交通的研发[J]. 电力机车与城轨车辆, 2012, (5): 5–10.

[4] 索建国, 邓谊柏, 杨颖, 等. 储能式现代有轨电车概述[J]. 电力机车与城轨车辆, 2015, (4): 1–6.

[5] 杨裕生. 我国的超级电容器与电动汽车[J]. 电源技术, 2015, (1): 12–13.

[6] 刘友梅. 储能式轻轨车-通向节能、环保和智能化[J]. 城市城轨交通研究, 2012, 16(10): 16.

撰稿人: 杨 颖 邓谊柏

中车株洲电力机车有限公司

审稿人: 刘友梅 陈中杰

仿昆虫微型飞行器的动力问题

Power and Propulsion System for Insect-Mimicking Micro Aerial Vehicles

1. 背景与意义

随着仿生、控制、计算机等学科的飞速发展，微型飞行器(micro air vehicle, MAV)的性能逐步提高，其在国防、信息、交通等领域的作用逐渐凸显。1992 年，美国国防部高级研究计划局(Defense Advanced Research Projects Agency，DARPA)制定了一项关于军用微系统的研发计划，拉开了微型飞行器研究的序幕。当时对微型飞行器的定义是：翼展不超过 15cm，能够以可接受的成本执行某项任务。20 多年以来，受益于便携式电子设备和微纳米科技的长足进步，微传感器、微驱动器、微处理器、微电源以及无线通信模块的体积、重量与成本逐步降低，微型飞行器正在向更小尺寸拓展，翼展从数十厘米(鸟类尺寸)缩小至几厘米(昆虫尺寸)，其飞行方式也从传统的固定翼或旋翼飞行向扑翼飞行过渡，如图 1 所示。在过去的五年间，模仿自然界中飞行昆虫形态和运动的微型飞行器(翼展小于 5cm)已成为研究热点[1~3]。

(a) 大型鸟类尺寸　　(b) 小型鸟类尺寸　　(c) 昆虫尺寸

图 1　微型飞行器及其动力装置

昆虫经历了 3.5 亿年的漫长进化，拥有近乎完美的振翅结构和令人赞叹的飞行性能，是人造飞行器的天然模板。一直以来，人们梦想着拥有一种像蜜蜂、苍蝇甚至蚊子一样，能做悬停、俯冲、倒飞等机动动作的仿昆虫微型飞行器。由于具有比大尺寸飞行器更优异的隐蔽性和机动性，且对周围环境更加友好，此类飞行器的研制成功将对科学技术与社会经济的发展产生重要的推动作用。例如，仿昆虫微型飞行器能够飞入废墟搜索和救援幸存人员，潜入恐怖组织基地开展侦察与攻击等，如图2所示。

(a) 仿昆虫飞行器概念图　　(b) 废墟搜索与救援　　(c) 室内侦察与攻击

图 2　仿昆虫微型飞行器及其应用场景

即便拥有诱人的应用前景，但目前仿昆虫微型飞行器在国内外鲜有成功应用的报道，是什么阻碍了此类飞行器的进一步发展？纵观此类飞行器的发展历程，可分为四个阶段：①仿生扑动；②带线飞行(能源与控制系统仍在地面，通过线缆与飞行器连接)；③自由飞行(不受线缆束缚，但仍需地面控制系统)；④自主飞行(携带能源与自主控制系统)。目前世界各国的研究团队采用了不同的动力形式和构型，大多实现了前两个阶段[3~5]，但距离携带能源与控制系统的自主飞行还有很大距离。可见，当前制约仿昆虫微型飞行器进一步发展的首要问题是：飞行器的"心脏"(即动力装置或发动机)无法在如此小的尺寸内产生足够的升力，并携带整套能源和控制系统起飞。

为什么在传统宏观尺寸飞行器中表现良好的动力装置，如活塞发动机、燃气涡轮发动机、电机等，无法微型化后成功应用在仿昆虫微型飞行器上？首先，由于尺寸效应的存在，当传统原理的动力装置在尺寸缩小以后，雷诺数随之变小，此时气动阻力和摩擦阻力相对惯性力占据了主导地位，导致功率密度与能量转换效率均急剧下降，因此亟须发展基于新原理的动力装置。其次，当飞行器的特征尺寸缩小到厘米量级时，动力装置各个组成部件的特征尺寸则会缩小至微米甚至纳米量级，宏观尺度下的固体力学、流体力学、传热学、动力学与控制等需要进一步发展，形成微小尺寸动力装置的设计理论和方法，才能满足精度要求。最后，对于具有复杂形状的微米和纳米尺寸的零部件，在加工和装配方面也面临巨大挑战。

2. 研究进展

为了克服上述难题，研究人员需要选择合适的动力形式，并解决如何在小空间和低雷诺数下实现较高功率密度和能量转换效率的问题。目前国内外研究较多的动力形式包括静电驱动、电磁驱动、压电驱动等[6~8]，其中压电驱动最具有代表性。美国哈佛大学 Wood 教授团队[9]在 2013 年 Science 上发表论文，首次实现了一种翼展 3cm 的压电机械昆虫的可控带线飞行，使仿昆虫微型飞行器的研究达到了一个新的高度，如图 3(a)所示。

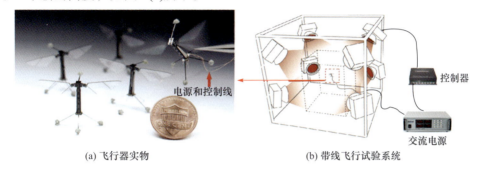

(a) 飞行器实物　　　　　　(b) 带线飞行试验系统

图 3　压电驱动的仿昆虫微型飞行器

该飞行器采用压电陶瓷作为核心部件，在交流电压的驱动下，压电悬臂梁自由端输出简单的直线运动；通过传动机构将驱动器的直线输出转化为微扑翼的大幅值、高频率、有轨迹的拍动，从而产生升力。但是受到压电陶瓷工作原理的制约，该飞行器目前仍无法完成交流电源与控制器的集成，如图 3(b)所示。这是因为压电驱动基于受迫振动原理，要使压电晶体工作在谐振状态，需要较为复杂的频率发生、反馈及控制电路，还需在外部设置高速摄像系统，采集微扑翼的振翅参数，用于姿态控制。上述因素决定了目前该飞行器只能实现局部空间的带线飞行，尚不能完成自由飞行。

3. 主要难点

对仿昆虫微型飞行器动力装置的研究，现阶段的主要难点集中在探索简单、高效的驱动原理与结构，为此可以借鉴自然界昆虫的振翅飞行原理。大多数昆虫飞行过程中的振翅原理如图 4 所示：中枢神经(控制系统)刺激翅根肌肉(驱动器)反复伸缩，并通过胸腔-背部结构(传动机构)带动翅膀产生高频振动(20~1000Hz)，从而产生昆虫飞行所需的升力。研究表明，大多数昆虫的振翅原理不同于鸟类，鸟类通过神经信号来同步扑动翅膀，其神经信号频率和扑动频率相同；而昆虫飞行肌肉细胞的伸缩运动具有自律性，即一个神经脉冲信号可以激发出多个肌肉伸缩循环，如图 4(b)所示[10]。在振翅过程中，飞行肌肉依靠自身状态的反馈作用调节，将存储在细胞线粒体中的化学能转化为机械能，其振动频率取决于振翅结构的固有特性。从结构动力学角度来看，昆虫的振翅结构依靠自身内部反馈作用来调节能量输入，产生周期性且频率和系统结构特性有关的振动，即为自激振动。从驱动器的角度来看，若能采用昆虫振翅的自激振动原理来研制新型驱动器，则可以舍弃受迫振动原理所必需的交流电路，有利于进一步减小驱动器自重，提升功率密度与转换效率。

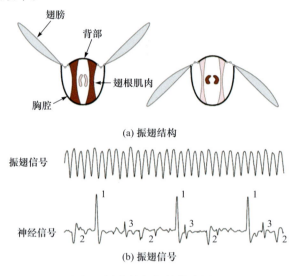

图 4　昆虫的振翅结构和原理

综上所述，解决仿昆虫微型飞行器动力问题的后续研究，可以借鉴自然界昆虫飞行肌肉的工作原理，探索全新、高效的动力形式，最终实现仿昆虫微型飞行器的完全自主飞行，这也是人类在航空领域面对的一个重要机遇和挑战。

参 考 文 献

[1] Floreano D, Wood R J. Science, technology and the future of small autonomous drones[J]. Nature, 2015, 521(7553): 460–466.

[2] Yan X J, Qi M J, Lin L W. Self-lifting artificial insect wings via electrostatic flapping actuators[C]//The 28th IEEE International Conference on Micro Electro Mechanical Systems, Belo Horizonte, 2015.

[3] Zou Y, Zhang W, Zhang Z. Liftoff of an electromagnetically driven insect-inspired flapping-wing robot[J]. IEEE Transactions on Robotics, 2016, 32(5): 1285–1289.

[4] Hines L, Campolo D, Sitti M. Liftoff of a motor-driven, flapping-wing microaerial vehicle capable of resonance[J]. IEEE Transactions on Robotics, 2014, 30(1): 220–232.

[5] Wood R J. The first takeoff of a biologically inspired at-scale robotic insect[J]. IEEE Transactions

on Robotics, 2008, 24(2): 341–347.
[6] Yan X J, Qi M J, Lin L W. An autonomous impact resonator with metal beam between a pair of parallel-plate electrodes[J]. Sensors and Actuators A: Physical, 2013, 199: 366–371.
[7] Yan X J, Liu Z W, Qi M J, et al. Low voltage electromagnetically driven artificial flapping wings [C]//IEEE 29th International Conference on Micro Electro Mechanical Systems, Shanghai, 2016.
[8] Sitti M, Campolo D, Yan J, et al. Development of PZT and PZN-PT based unimorph actuators for micromechanical flapping mechanisms[C]//IEEE International Conference on Robotics and Automation, Seoul, 2001.
[9] Ma K Y, Chirarattananon P, Fuller S B, et al. Controlled flight of a biologically inspired, insect-scale robot[J]. Science, 2013, 340(6132): 603–607.
[10] Josephson R K, Malamud J G, Stokes D R. Asynchronous muscle: A primer[J]. Journal of Experimental Biology, 2000, 203(18): 2713–2722.

撰稿人：闫晓军　漆明净
北京航空航天大学
审稿人：丁水汀　张小勇

未来绿色船舶中的科学问题

Scientific Problems of Future Green Ship

1. 背景与意义

船舶是能航行或停泊于水域进行运输或作业的交通工具。由于地球的海洋、河流、湖泊占据较大面积,在这些水域的运输离不开船舶。随着国际航运业的日益繁荣,船舶对海洋环境污染所占的比例也越来越大,包括船舶可能造成的油污染、有毒液体物质污染、生活污水污染、垃圾污染、压载水有害水生物污染以及船舶拆解过程所造成的污染。国际海事组织(International Maritime Organization,IMO)推出四项关于船舶制造和运营的国际防污染公约:《国际防止船舶造成污染公约》(International Convention for the Prevention of Pollution from Ships,MARPOL)、《国际船舶压载水和沉积物控制与管理公约》(International Convention for the Control and Management of Ships' Ballast Water and Sediments,BWM)、《国际控制船舶有害防污底系统公约》(International Convention on the Control of Harmful Anti-fouling Systems on Ships,AFS)和《拆船公约》[1],以加强对海洋环境乃至大气环境的保护。在国际海事公约的强制要求下,船舶环保技术的先进性和可靠性成为占领航运业的关键因素之一,世界各国相继提出了绿色船舶的概念(图1)。

图 1 采用液化天然气为燃料的绿色船舶

绿色船舶的全生命周期如图2所示,包括绿色设计、绿色制造、绿色营运及绿色拆船四个阶段。

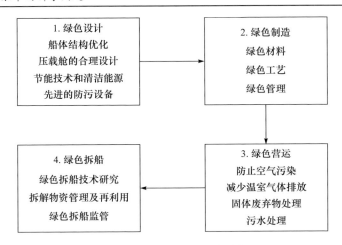

图 2　绿色船舶的全生命周期

根据中国船级社《绿色船舶规范》(2015)中对绿色船舶的定义，绿色船舶是采用相对先进的技术在其生命周期内能安全地满足其预定功能和性能，同时实现提高能源使用效率、减少或消除环境污染，并对操作和人员具有良好保护的船舶[2]。实现绿色船舶的目标包括环境保护、能效和工作环境三个方面。环境保护目标为减少船舶对海洋、陆地、大气环境造成污染或破坏；能效目标为减少船舶营运所产生的二氧化碳排放量，提高船舶能效水平；工作环境目标为改善船员工作和居住条件、降低船员劳动强度。为了更好地应对日益严格的环保要求，更加积极主动地应对未来船舶市场的需求，世界各国对船舶绿色标准不断提高，从船舶全生命周期，对船舶设计、建造、航行以及报废等阶段不断推出满足绿色船舶要求的新技术。

2. 研究进展

1) 绿色设计

传统的船舶设计仅从结构和功能、外观造型、加工制造、生产管理等角度考虑，设计概念是以市场需求为基础的，缺乏环境保护的意识。而绿色设计是指以资源节约和环境保护为指导思想的新型工业设计。因此设计人员必须综合考虑船舶产品的性能质量、节约自然资源和保护生态环境，树立全新的绿色产品设计理念。船舶的绿色设计可以从以下几个方面综合考虑。

(1) 船体结构优化。

贯彻绿色产品设计思想的途径之一，是对船体结构进行优化设计，严格控制空船重量，减小能耗。为减轻重量而提出的一些新型结构形式，如蜂窝式结构、智能结构等[3]，将从根本上改变船舶结构的设计思想，为船舶的绿色设计提供理论基础。复合材料的大量采用也为减轻船舶重量提供了可能途径，但目前复合材料本身的一些力学特性有待进一步研究。此外，改变传统的船体布置，提高环保性能也是绿色设计理念之一。例如，外高桥造船有限公司设计的 17.5 万 t 级散货船充分考虑了对环保的要求，在总体设计中将传统设计中的燃油舱从双层底搬到了顶边舱，并在舷侧设置隔离空舱，有效减小了燃油泄漏的可能性[4]。通过优化主尺度和型线，使船舶在制造和未来的营运中，实现节能、环保的目标，并提高经济效益。

(2) 压载舱的合理设计。

船舶压载舱(图 3)的设置是为了满足一定的稳性和浮态要求，而从环保的角度出发，为防治船舶压载水污染，就要根据压载水的排放方式，在保证稳性和浮态的基础上，对压载舱的大小、结构形式等进一步完善。众所周知，更换压载水的程度越高，越能有效地保护海域及河域。因此，在加强船舶运输管理，开发有效的压载水循环和处理系统的基础上，在船舶设计中可采取适当的方法，提高压载舱特别是双层底压载舱的更换效率，如在压载舱内增设压载水的细管线系统；尽可能地缩短舱长，以减少小吃水差情况下压载水的残余量；改善船舱的结构构造，尽量减少更换效率低的死角；增强船舶的抗风浪性和稳性，减小更换压载水过程中的运动，提高船舶安全性等[5]。

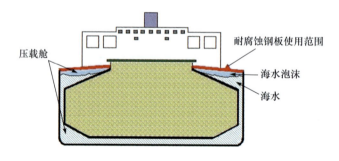

图 3　压载舱的布置示意图

(3) 节能技术和绿色能源应用。

目前高效的船舶动力节能技术主要有以下几个方面：一是通过主机余热利用、高效燃烧、新型燃油添加剂及燃油电喷等技术达到节能减排的目的；二是改进推进效率，如柴电联合动力推进方式，使能效转换效率最大化；三是综合利用电子技术，实现对动力装置和船舶各参数的实时监控，使其处于最佳运行状态，最大限度地减少能耗和排放[5]。

从船舶主机的角度出发，大力开发新型绿色能源以代替柴油机势在必行。目前主要的研究方向有以下几种：①柴油机电力推进装置。利用柴油机发电，再做电力推进。赫尔辛基的 ABB 公司将该装置运用到波罗的海的旅客轮渡上。结果表明,柴油机电力推进装置所排出的 NO_x 减少了 24%,节油 3%,维修费用降低 42%。②天然气发动机。天然气具有发热量高、储量丰富及排放清洁等特点,采用天然气作为柴油的替代燃料成为当前船用发动机行业的重要发展方向之一[6]。船用天然气发动机一般按燃料使用方式或燃料进气方式分类,如图 4 所示。③甲醇发动机。即使用含氧燃料甲醇作为燃料,可实现无烟燃烧,超负荷时烟度接近于零。试验表明,用甲醇发动机替代柴油机作为绿色船舶的动力装置是可能的。④其他能源。如太阳能、风能、核动力、燃料电池推进装置,特别是低温超导磁力推进装置的研究,对绿色船舶的核心——绿色发动机的研究提供了有力的支持[3]。

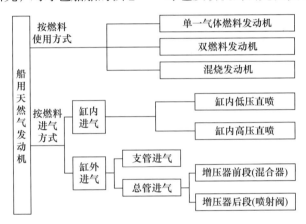

图 4　船用天然气发动机分类

(4) 采用先进的防污设备。

随着世界各国对环保船舶的日益重视,各种先进的环保设施和处理工艺应运而生。针对船舶营运过程中可能产生的大气污染、液体污染和噪声污染,在设计阶段就应做出应对措施,如采用带有防污设备的主机;布置机舱污油、污水处理系统;安装生活污水处理装置;设置专门空间存放固体垃圾,然后交给船用焚烧炉、港口处理船或垃圾接收船等进行处理;采用吸声、隔声、消声、隔振、减振设备等来减少或杜绝噪声污染。当然在使用前应对各种设备进行适用性和经济性分析。

2) 绿色建造

传统的船舶制造是"三高"制造产业,即高能耗、高物耗和高污染。所谓绿色造船,是在满足传统性能要求的前提下,综合考虑环境影响和资源利用效率的现代造船模式,借助各种先进技术不断创造新的建造模式、资源、工艺和组织等,从船舶全生命周期出发,始终贯彻绿色制造的理念。

(1) 绿色材料。

船舶上所用的材料除钢材外,主要是舱室绝缘材料、焊接材料和涂装材料等。材料的绿色特性对船舶的绿色性能具有重要影响,在材料选择中应重点关注以下几点:①选择无毒无害的环保材料;②选择便于回收、可再生的材料;③减少材料品种规格,提高材料利用率;④减少材料质量,提高船舶装载能力;⑤选择工艺优良的材料,降低零件加工的废品率,减少加工能耗。

(2) 绿色工艺。

采用绿色制造工艺,即从技术入手,尽量采用物料和能源消耗少、废弃物少和对环境污染小的工艺方案。目前主要的绿色制造工艺有绿色加工工艺、绿色焊接工艺和绿色涂装工艺。其中,绿色加工工艺包括净成形制造、干式加工、工艺模拟技术、网络技术、虚拟现实技术与敏捷制造等;绿色焊接工艺指选择使用节能焊机,采用高效、无弧光、无粉尘污染的焊接材料和方法;绿色涂装工艺即通过合理选择涂料,减少涂料品种,简化工序,提高工时效率,采用移动式涂装系统和环保型分段涂装房,实现环保型涂装作业的目标。

(3) 绿色管理。

绿色管理投入少、作用大、效果好,是绿色造船的重要部分。企业要实现经济与环保协调发展,绿色管理不容忽视。这其中包括:①压缩无效作业时间,提高生产效率。按区域/阶段/类型对造船生产作业流程的各个工序作业程度进行跟踪分析,通过岗位合并、培训复合技能人员来提高工时利用率。重视压缩吊运、整理等辅助作业时间。推进船台、码头等下游工序前移也是企业减少无效作用时间、提高生产效率的办法。②强化管理,节约成本。主要体现在提高钢材利用率,控制预处理钢材与分段储备,提高场地利用率。

3) 绿色营运

营运处于船舶全生命周期的中后阶段,也是船舶造成环境污染的主要阶段。要实现绿色营运,保护海洋和大气环境,防污染技术是核心问题。在绿色船舶的营运中,尽量减少船舶发动机的有害气体排放,合理地对垃圾、污水进行排放处理,避免出现燃料油、有害液体的泄漏现象,最终严格地控制好舱底油的卸载。

(1) 防止空气污染。

针对船用柴油机,国际海事组织的海上环境保护委员会(Maritime Environment Protection Committee,MEPC)于2008年通过了MARPOL公约附则Ⅵ修订版。自2011年1月起,在缔约国海域内强制实施IMO TierⅡ阶段法规,并计划于2016年1月开始实施TierⅢ阶段法规。不同阶段的IMO排放法规对船舶NO_x排放量的规定如图5所示,其中,TierⅠ、TierⅡ、TierⅢ指氮氧化物排放控制技术章程第一层、第二层和第三层标准。自2011年起全球范围内不同转速柴油机的NO_x

排放限定值将比 2005 年降低 18%左右，而 2016 年即将实施的 TierⅢ将使排放控制海域内的 NO_x 限定值在 2011 年的基础上降低 75%。对于重燃油的平均硫含量，必须从原来 4.5%的水平降到 3.5%，至 2015 年将继续降到 0.5%，而在排放控制海域内则必须降至 0.1%[7]。

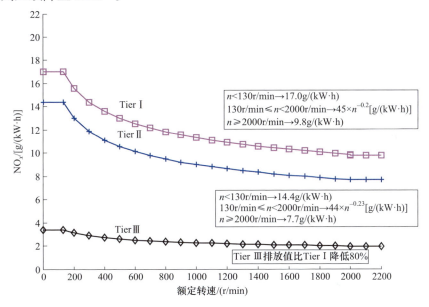

图 5　不同阶段的 IMO 排放法规中对于 NO_x 排放的要求

(2) 减少船舶温室气体。

余热回收再利用的方式可通过排放气体产生蒸汽，然后蒸汽驱动蒸汽涡轮和发电机发电，这种方式既回收了热能，同时减少了温室气体排放。而最有效的方法是减少船舶燃料的使用，这要求从根本上对船舶航行参数、技术参数及环境参数等进行优化，使船舶在达到最佳航行状态的同时，又降低能源消耗，减少温室气体排放[8]。

(3) 固体废弃物处理。

固体废弃物主要是指船舶上的生活垃圾，分为可燃和不可燃垃圾。船舶垃圾管理程序可分为收集、加工处理、储存和处置四个阶段。正确的管理和储存将会减少对船舶储存场所的要求，也可使储存的垃圾有效地排到港口接收设备。焚烧是主要的垃圾处理方式，但要消耗能源，且会对环境造成污染。玻璃、金属等可采用粉碎压实，经储存后交岸上处理，剩饭菜等生活垃圾可以粉碎离心去水后排放。所有处理程序都应满足 IMO 制定的《73/78 防污公约》附则 V 实施导则中的相关规定。

(4) 污水处理。

船舶上的污水分为生活污水和含油污水两大类。生活污水处理主要针对粪便和洗浴、厨房污水，一般采用生化法、物化法和电解法或将各种方法结合。绿色船舶要求排出物在其周围水中不产生可见的漂浮固体，不应使水变色，并满足国际海事组织海上环境保护委员会决议案 2(Ⅵ)关于《生活污水处理装置国际排放标准和性能试验规程》的相关规定[9]。含油污水处理主要是指对机舱舱底水、油船洗舱水和压载水、油渣等的处理。船上需配有处理船舶机舱含油污水的油水分离装置、舱底水报警装置、油水界面探测仪。油船应配备排油监控系统、原油洗舱机，采用专用压载，以确保含油污水的达标排放，将对海洋环境的污染降至最低。

4) 绿色拆船

拆船是船舶设计、建造、营运(修理)、拆解循环产业链的最后环节，也是减少废弃船舶对环境污染、重复利用资源及产品循环利用的生产活动，在国际上也称为船舶再循环工业。然而在废船的拆解过程中会产生很多污染源，如废油、切割废气、石棉等，这些会对水体、大气造成严重污染。同时，由于拆船属于高空、野外作业，拆解过程中存在大量安全隐患。因此必须对废船进行绿色拆解，以保证安全生产、环境保护和职业健康。如果只关注循环利用价值的部分而忽视安全环保和职业健康，则可能会在拆解加工过程中造成二次污染和新的安全隐患。

(1) 绿色拆船技术研究。

依据国际拆船环保顶层要求，结合我国各拆船厂的拆解技术实际情况，对船舶拆解在各方面的环保、安全技术进行调研和分析，提出绿色拆船需采用的通用技术。例如，大船船务提出的完全坞内拆解法和干、浮式绿色拆解法，拆解过程完全能够符合《欧盟拆船法案》和《香港公约》的相关要求[10]，并确保绿色无污染拆解的同时最大限度地降本增效。

(2) 拆解物资管理及再利用。

废旧船舶可循环利用的资源量大、价值高。船舶经拆解可获得大量金属材料和机电设备等。经测算，拆解 1t 废船可回收金属量 0.9t 以上(其中船板约占 49%、型钢约占 25%、废钢约占 20%、有色金属约占 1%、机电设备约占 5%)[9]。这些金属资源具有永续循环利用的基本特征，是国家发展的战略性资源，它的直接利用、再制造或循环利用，可减少矿产资源的开采和铁矿石的进口量。其他拆解材料，包括橡胶、塑料、污油、导线等经过一定处理均可回收利用。而对于拆船过程中产生的有害物质，在现有技术水平下不能得到有效处置和综合利用的应通过安全手段进行掩埋、焚烧处理，并加强对这些有害物质的跟踪和控制。

(3) 绿色拆船监管。

由于监管力度不足,目前我国仍存在大量的非正规拆船企业,使得一部分拆船业务未能达到安全和环保要求。国家有关部门应建立船舶产品信息库,对船舶产品生产、销售、使用、维修、损毁以及报废等信息进行跟踪管理。研究制定老旧船舶拆解的规定,加强废船流向和非法拆解监管,要认真清理、严厉打击非法拆船设施,保障定点拆船企业的合法权益;要积极探究和推进建立绿色拆船基金,引导拆船企业向技术先进、环保达标、管理规范的方向发展,实现绿色拆船目标;引导拆船业逐步形成合理的布局和规模,避免重复建设和产能过剩;推动区域性废船资源循环利用基地建设。

3. 主要难点

绿色船舶不仅是一种新的船舶概念,更应该是贯穿于船舶设计、制造、营运、拆解全生命周期的绿色理念。这种理念要求减少污染、节约能源和资源,同时强调整个船舶周期中的安全性及产品自身的经济性。开展绿色船舶研究,对我国船舶工业调整和振兴规划具有重要的理论意义与实践价值。只要不断吸收国内外船舶行业的高新技术成果,并将绿色理念综合应用于船舶全生命周期,加之政府的正确引导,就一定能实现我国船舶行业的绿色化,提高我国在国际船舶市场的竞争力。

参 考 文 献

[1] 杨忠民. 绿色船舶技术发展趋势[J]. 广东造船, 2007, (3): 3–6.
[2] 中国船级社. 绿色船舶规范 2015[S]. 北京, 2015.
[3] 朱蓉, 孙荣斌. 绿色船舶技术浅析[J]. 舰船科学技术, 2002, 24(6): 21–25.
[4] 蔡薇. 绿色船舶技术[M]. 武汉: 武汉理工大学出版社, 2013.
[5] 刘建波. 绿色船舶的设计与制造初探[J]. 广东造船, 2012, 31(5): 66–69.
[6] 冯立岩. 我国气体燃料大型船用主机发展策略探讨[J]. 柴油机, 2011, 33(5): 6–10.
[7] 武振民. 海洋船舶排放法规及其影响[J]. 润滑油, 2010, (2): 46.
[8] 李碧英. 绿色船舶及其评价指标体系研究[J]. 中国造船, 2008, 49(S1): 27–35.
[9] 江彦桥. 海洋船舶防污染技术[M]. 上海: 上海交通大学出版社, 2000.
[10] 冯振兴, 高峰. 大船船务: 拆船"新军"心向绿色[N]. 中国船舶报, 2014-2-19(004).

撰稿人:丁 宇 向 拉 宋恩哲

哈尔滨工程大学

审稿人:吴朝晖 董 全

电动汽车的先进储能及动力系统

Energy Storage and Power System for Electric Vehicles

1. 背景与意义

为降低化石能源消耗，减少碳排放，各国都在从严制定汽车的油耗法规标准[1]。新能源汽车是解决能源危机以及环境污染的重要发展方向，包括纯电动汽车、混合动力汽车和燃料电池汽车[2]等。新能源汽车作为能源网络中用能、储能和回馈能源的终端，将成为世界经济新体系中的重要组成部分，并从根本上解决空气污染、能源安全、低碳发展等重大问题[3]。

新能源汽车动力系统是新能源汽车的核心，包括车载能源系统(如电池)、电驱动系统(电机及其控制器)和电子控制系统(电控)等；车载能源系统包括燃料(柴油、汽油或氢)和能源转换装置(发动机、发电机或者燃料电池系统)，或者直接采用动力电池实现能量存储和充放；同时新能源的驱动系统中增加了高功率电机，用以将电能转化为机械能，以驱动汽车行驶。

这里的新能源汽车需要满足"变"与"不变"的双重要求。

"变"来自新能源汽车动力系统的变化：由于从储能、能源转换到驱动系统都发生了巨大的变化，新能源汽车带来一系列新的科学问题和挑战。例如，能量密度和转换速度与效率是否可以满足车辆的使用要求？

"不变"则指新能源汽车在整个交通系统中所处的地位不变，即新能源汽车仍然要承担公路交通系统的运输功能。其在公路交通系统中运输人、货物等载体的功能在短时间内不会随着其动力系统的变化而改变。这进一步意味着新能源汽车在成本、形态、速度、续航里程等方面应与传统汽车类似，例如，新能源汽车的成本和耐久性是否可以和传统汽车相当？

总之，新能源汽车在未来希望突破高效的能量转化装置，高比能量的能量储存装置，突破传统内燃机的能量输出方式，最终实现"变"与"不变"之间的矛盾统一。

2. 研究进展

近年来，动力电池和燃料电池的研究不断地取得突破性进展，以电动汽车为代表的新能源汽车产业蓬勃发展，混合动力和纯电动汽车实现了产业化，燃料电池汽车开始进入市场。

(1) 混合动力汽车。混合动力汽车从传统内燃机驱动汽车发展而来，通过增加电驱动系统，减少燃油消耗与排放。研究人员首先在混合动力系统的功率混合构型上取得了突破，利用合理的拓扑结构解决了电驱动系统与传统燃油系统之间动力输出的匹配问题。其次，根据发动机与动力电池的最佳工作特性，进行能量流优化控制，实现了车辆油耗与排放的显著降低。国内外汽车公司都推出了具有竞争力的混合动力汽车产品。然而，需要注意的是，当前的混合动力汽车仍需要使用内燃机消耗化石燃料进行动力驱动，并不能完全解决能源危机与环境污染的问题。

(2) 纯电动汽车。纯电动汽车通过动力电池输出电能，驱动电机输出功率，从而驱动纯电动汽车行驶。锂离子动力电池是当前纯电动汽车的主要动力来源之一。近年来，锂离子动力电池在能量密度、成本等方面取得重要突破[4]，纯电动汽车的续航里程已经达到 200km 以上，最长的已经达到 400km(特斯拉 Model X)，基本达到城内交通运输的要求。从 2015 年开始，全世界的纯电动汽车产销量爆发式增长，消费者对纯电动汽车的认同感逐渐上升。未来数年内纯电动汽车有望成为新能源汽车的最大主力。

(3) 燃料电池汽车。燃料电池是通过电化学催化反应，将燃料的化学能直接转化为电能的能量转换装置，也是一种新能源汽车的动力解决方案。其中质子交换膜燃料电池操作温度低、启动速度快，是车用燃料电池的首选[5]。在质子交换膜燃料电池技术日趋成熟的背景下，以丰田 Mirai 燃料电池汽车领衔的新一轮燃料电池汽车产业化浪潮正在迫近[6]。燃料电池汽车加氢时间短、续驶里程长，随着燃料电池的耐久性提高和成本降低，将与纯电动汽车一起成为新能源汽车的重要发展方向。

3. 主要难点

电池性能的进一步提升是纯电动汽车进一步发展的关键。锂离子动力电池是当前电动汽车的主要动力来源之一。但是锂离子动力电池的能量密度、快速充电、寿命、安全性等问题是制约其大规模应用的主要瓶颈。

(1) 动力电池能量密度提升。纯电动汽车的续航里程必须与传统汽车的续航里程相近，才能完全获得市场的认可。在车载空间有限的前提下，只有提高动力电池的能量密度才能进一步提升纯电动汽车的续航里程。然而动力电池能量密度的提升较为困难，需要在高比能量动力电池材料方面取得突破性进展[6]。单位成本的能量和功率密度偏小仍然是动力电池和燃料电池的主要瓶颈之一。

(2) 快速充电问题。传统燃油车加油仅需要不到 5min 即可完成,而当前纯电动汽车充电需要 30min 或更长的时间。快速充电可能造成锂离子电池负极析锂、产气,甚至出现安全性问题。快速充电问题与电池内部锂离子的输运和脱嵌过程有密切关系,难以通过电池的外部电位进行有效控制,必须尽快解决电池内部锂离子输运和脱嵌过程的实时观测问题[7]。燃料电池汽车加氢时间比电池充电时间短,有的场合更有优势。

(3) 动力电池组寿命问题。当前锂离子动力电池单体的循环寿命有了较为显著的提高,可以基本满足电动汽车全生命周期的寿命要求。但是动力电池成组之后,其一致性在使用过程中逐渐变差,电池组的使用寿命可能远低于单体寿命。必须尽快揭示动力电池组各节单体寿命的演化机理,对动力电池组全生命周期过程中的一致性进行有效控制[8]。同样燃料电池的耐久性和寿命也是燃料电池汽车的主要瓶颈之一。

(4) 动力电池安全性问题。目前含有高镍正极材料的高比能量锂离子动力电池的安全性尚未得到有效解决。目前锂离子电池中包含的电解液多为有机体系,在过充、过放、短路及热冲击等滥用的状态下,电池温度可能会迅速升高,由于电解液易燃,常会导致电池起火,甚至爆炸[9]。安全性问题与能量密度提升问题之间存在矛盾,两者必须同时解决,这为当前动力电池的研发提出了较高的要求。

参 考 文 献

[1] 万钢. 着力创新驱动, 加快转型发展——新能源汽车发展趋势及展望[J]. 科技导报, 2016, 34(6): 1–2.

[2] 陈清泉, 孙立清. 电动汽车的现状和发展趋势[J]. 科技导报, 2005, 23(4): 24–28.

[3] 欧阳明高. 中国新能源汽车的研发及展望[J]. 科技导报, 2016, 34(6): 13–20.

[4] 黄学杰. 电动汽车动力电池技术研究进展[J]. 科技导报, 2016, 34(6): 28–31.

[5] 侯明, 衣宝廉. 燃料电池的关键技术[J]. 科技导报, 2016, 34(6): 52–61.

[6] 肖成伟, 汪继强. 电动汽车动力电池产业的发展[J]. 科技导报, 2016, 34(6): 74–83.

[7] 卢兰光, 李建秋, 华剑锋, 等. 电动汽车锂离子电池管理系统的关键技术[J]. 科技导报, 2016, 34(6): 39–51.

[8] Lu L, Han X, Li J, et al. A review on the key issues for lithium-ion battery management in electric vehicles[J]. Journal of Power Sources, 2013, 226(3): 272–288.

[9] 何向明, 冯旭宁, 欧阳明高. 车用锂离子动力电池系统的安全性[J]. 科技导报, 2016, 34(6): 32–38.

撰稿人:李建秋

清华大学

审稿人:李克强　边明远

基于人工智能的驾驶人宜驾状态辨识

Driver Status Perception Based on Artificial Intelligence

1. 背景与意义

随着21世纪人工智能学科的发展,人工智能理论与方法在智慧城市、智能交通、智能家居、智能制造等行业得到了广泛应用。近年来,科学界出现了以人工智能为基础的新一轮科技和产业的变革,也带动了人工智能科学由单纯地追求智能机器向高水平人机协同融合、人机协同增强智能的转变。人员状态的感知与认知作为人机协同智能形态的关键技术,是人机混合智能的重要基础。

自动驾驶汽车由于其运行环境的复杂性,一直是人工智能领域最具代表性的科学问题与应用目标。车辆所处的交通环境具有部分可观、多体智能、随机性、时序性、动态性、连续性、未知性等特点,与完全可观、单体智能、确定性、非时序性、静态性、离散性、已知性环境下的应用系统相比,具有更高的实现难度。解决这一问题需要突破人工智能新形态的关键技术,以动力学、控制论、图像学、心理学等科学方法作为支撑。车辆对驾驶人的感知,特别是宜驾状态的感知与认知,是自动驾驶汽车需要解决的关键科学问题,也是人工智能的典型基础应用。

据统计,94%的交通事故都与驾驶人因素有关。宜驾状态主要分析在单调性或长时间、超强度行车的驾驶环境下,或伤病、醉酒等身体条件下,驾驶人因体力或脑力过多消耗而产生生理、心理机能衰退,造成反应水平、操控效率下降的现象。驾驶人状态不佳时,其对周围环境的感知能力、形势判断能力和对车辆的操控能力均会有不同程度的下降,很容易引发交通事故。另外,在车辆自动驾驶系统中,驾驶人宜驾状态的正确感知是实现系统辅助性介入驾驶、人机协同等智能化驾驶的重要保证。结合医学、心理学、图形学等科学方法,基于驾驶人的生理指标、驾驶行为、面部表情等要素分析驾驶人行车状态,可实现宜驾状态的有效估计。然而受实际行车环境的复杂性、宜驾状态表征的隐匿性、驾驶人面部姿态的不确定性、驾驶人的个体差异性等诸因素影响,高鲁棒、全天候的驾驶人宜驾状态在线辨识仍存在众多算法瓶颈。因此结合多学科跨领域的知识,以多模态认知、人机协同智能等新兴科学方法作为基础,才能解决这一实际问题。

2. 研究进展

驾驶人宜驾状态的实时在线辨识,因其具有针对跨领域多学科科学问题的代表意义,以及在交通事故预防方面的实际应用前景,受到各国汽车工业的高度重视。从目前的研究方向来看,辨识方法主要包括基于医学的生理指标的方法、结合心理学与控制论的驾驶人行为特性分析的方法和基于图像学的机器视觉的方法。

基于生理指标的检测方法采用接触式测量方式,一般通过测试驾驶人的生理信号来推测驾驶人的宜驾状态。在该类方法中,脑电图分析是目前应用最多、性能最优的方法,它是通过分析脑电频谱中各节律成分的绝对或相对变化来估计驾驶人的宜驾状态[1]。另外,研究发现,在长时间夜间驾驶或疲劳驾驶情况下,心率会严重下降,心电图也可作为判别参数来对驾驶人疲劳状态进行推断[2]。Nilsson等则从神经化学的角度对疲劳进行了研究,通过从耳垂提取血液样本进行化验的方法来检定人的疲劳状态[3]。基于脉搏测量疲劳的方法[4]和基于转向盘握力测量驾驶人疲劳的方法[5]也在近几年被提出。但是应该看到,接触式生理参数测评方法通常需要被测者佩戴相应的装置(如电极贴片等),会给驾驶行为造成极大干扰,不适合实际行车环境下的应用。因此,目前该类装置仍主要用于实验室或模拟驾驶仪环境。

基于面部表情的宜驾状态检测方法以机器视觉为手段,利用图像传感器采集驾驶人面部图像,通过对驾驶人面部表情特征的分析来对宜驾状态进行判定。其作为生物特征识别与精神情感计算领域中一项具有很高实用价值的方法,以其独具的实时性、疲劳特征的高层语义可解释性、非侵入性等特点,具有发展潜力和实用化前景。驾驶人的眼睛特征(如眨眼幅度、眨眼频率、平均闭合时间等)、嘴部运动特征(如打哈欠[6])都可直接用于检测疲劳,其中与眼睛状态相关的信息目前应用最为广泛[7]。然而基于图像学的机器视觉方法仍需突破算法复杂、误警率高的问题,并克服实际应用中所遇到的光照变化、面部遮挡等工程问题,以实现实际的产业化应用。

基于驾驶人行为特性的宜驾状态检测方法是通过分析驾驶人的转向盘、踏板操作特性或车辆行驶轨迹特征来推测驾驶人的宜驾状态,其中驾驶人对转向盘的修正操作特性被认为与疲劳状态存在较强的相关性。由于直接采集、分析和判断驾驶人的宜驾状态相对困难,采集车辆状态信息,利用驾驶人行为特性来间接分析的方法目前正得到深入研究。May等通过置于转向盘下方的磁条检测转向盘转角,如果一段时间内驾驶人没有对转向盘进行任何修正操作,则系统判断驾驶人进入疲劳状态并触发报警[8]。Desai等利用摄像头识别车辆行驶前方的车道线位置,从而判断车辆在车道内的横向位置和行驶方向,并结合转向盘运动信号推测驾驶人的疲劳状态[9]。Friedrichs 等通过汇集 70 多组操控动作参数(如转向盘转角和转速的变化)来监测驾驶人的注意力状态[10]。虽然基于驾驶人操作特性的疲劳检测方法能够达到一定的识别精度，且测量过程不会对驾驶人带来干扰。但驾驶人的操作除了与疲劳状态有关，还受道路环境、行驶速度、个人习惯、操作技能等的影响，其准确性与鲁棒性仍有待提高。

3. 主要难点

目前基于人工智能的驾驶人宜驾状态辨识的相关研究尚处于起步阶段，系统所涉及的各领域关键、核心算法还存在诸多问题亟待解决，主要包括以下方面：

(1) 一般将驾驶人宜驾状态辨识看作一个模式识别的分类问题。在分类器的实现上，可采用 Fisher 线性分类器，支持向量机(support vector machine，SVM)分类器，贝叶斯分类器等。然而 Fisher 线性分类器和 SVM 分类器等在分类时将特征空间中的每一维度(特征)均当成独立变量来看待，没有考虑变量之间的相关性，因而其精度受到极大限制。贝叶斯分类器采用联合概率分布实现类别判识，是数学上严格证明了的最优分类器。它虽然考虑了各变量间的相互关系，但缺乏对变量间独立性的考量，过于冗余的条件概率计算使得其复杂度随特征空间中变量个数的增加呈指数规律增长，实用价值不高。如何综合考虑宜驾特征空间中各变量间的独立性与相关性，建立适宜的认知模式推理模型是算法设计中应考虑的问题。

(2) 人脸模式的多样性造成人脸图像复杂的空间分布，有限的样本集难以覆盖全部的人脸图像子空间，独立于个体的面部特征识别方法尚需完善。另外，车辆作为快速运动的载体经常在楼宇、城市道路间穿行，光照条件往往比较复杂。楼宇、树木阴影会造成脸部光照的随机、快速变化。偏光、侧光、高光导致的过亮、过暗以及眼镜反光都会给面部特征定位带来困难。再者，行车过程中，驾驶人为充分获取驾驶环境信息，面部一般会不停地转动。姿态变化造成了人脸 3D 形状在 2D 人脸图像投影的形变和遮挡。而由单幅 2D 图像恢复 3D 模型是个病态问题，使得姿态变化成为面部特征点定位中的另一难题。

(3) 从目前的研究进展状况来看，单一方法下的宜驾状态辨识仍存在很多复杂的科学问题，在现阶段难以突破。在表情理解基础上，结合驾驶人的生理与操作信息等特征，采用多源信息融合方法是解决现有问题一条较为实用化的途径。其中，大数据驱动下的宜驾状态辨识、基于多模态信息的宜驾状态认知与推理等融合感知方法是其中的关键难点问题。

参 考 文 献

[1] Lal S K, Craig A. Reproducibility of the spectral components of the electroencephalogram during driver fatigue[J]. International Journal of Psychophysiology, 2005, 55(2): 137–143.

[2] Tsuchida A, Bhuiyan S, Oguri K. Estimation of drowsiness level based on eyelid closure and heart rate variability[C]//Annual International Conference of the IEEE on Engineering in Medicine and Biology Society, Minneapolis, 2009.

[3] Nilsson T, Nelson T M, Carlson D. Development of fatigue symptoms during simulated driving[J]. Accident Analysis and Prevention, 1997, 29(4): 479–488.

[4] Ramesh M V, Nair A K, Kunnathu A T. Intelligent steering wheel sensor network for real-time monitoring and detection of driver drowsiness[J]. International Journal of Computer Science and Security, 2011, 1(3): 1–9.

[5] Baronti F, Lenzi F, Roncella R, et al. Distributed sensor for steering wheel rip force measurement in driver fatigue detection[C]//Design, Automation & Test in Europe Conference & Exhibition, Nice, 2009.

[6] Wang T S, Shi P F. Yawning detection for determining driver drowsiness[C]//Proceedings of 2005 IEEE International Workshop on VLSI Design and Video Technology, Suzhou, 2005: 373–376.

[7] Tabrizi P R, Zoroofi R A. Open/closed eye analysis for drowsiness detection[C]//First Workshops on Image Processing Theory, Tools and Applications, Sousse, 2008: 1–7.

[8] May J F, Baldwin C L. Driver fatigue: The importance of identifying causal factors of fatigue when considering detection and countermeasure technologies[J]. Transportation Research Part F: Traffic Psychology and Behaviour, 2009, 12(3): 218–224.

[9] Desai A V, Haque M A. Vigilance monitoring for operator safety: A simulation study on highway driving[J]. Journal of Safety Research, 2006, 37(2): 139–147.

[10] Friedrichs F, Yang B. Drowsiness monitoring by steering and lane data based features under real driving conditions[C]//18th European Signal Processing Conference, Aalborg, 2010.

撰稿人：许　庆　张　伟

清华大学

审稿人：李克强　边明远

汽车经济性驾驶辅助和节能型自动控制

Economical Driving Assistance and Fuel-Saving Vehicular Automation

1. 背景与意义

图 1 是经济性辅助驾驶系统(含节能型自动驾驶)的示意图(前向交通流、交通控制信号、道路坡度和限速标志等要素定义为"约束性交通工况")。行车过程中,约束性交通工况动态时变,由车载传感器感知后,送入控制器进行判断决策,辅助驾驶员控制车辆的运动。

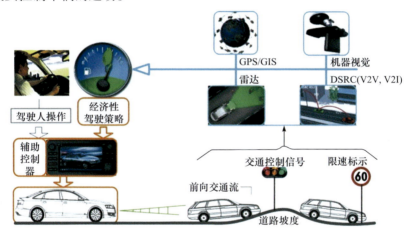

图 1 车辆经济性辅助驾驶的示意图

经济性辅助驾驶系统前期的研究集中于稀疏交通流工况或高速跟车工况,面向具有省油功能的巡航或自适应巡航控制器。对于稀疏交通流,主要关注道路坡度对经济性车速的影响。当运输任务给定后,采用时变经济性车速策略,降低行车过程的油耗。对于高速跟车工况所采取的方案是:采用试验法总结"节油型驾驶技巧(eco-driving tips)",融合"节油技巧"设计省油型跟车控制器。然而,实际上:①用于车辆控制时,经验性"节油技巧"的省油能力十分有限(最大约 6%,而且极大依赖于行车工况[1,2]),远小于预期的省油潜力;②仅适用于单一或局部执行器作动,与驾驶人的协同操作存在较大困难,且适用的行车工况有限。当处于实际交通流(图 1)时,因无法适应动态交通工况,多数"节油技巧"反而会恶化燃油经济性。为此，与交通流、环境、道路、驾驶人相匹配的"最优"驾驶概念[3]被提出，期望最大限度地发挥经济性辅助驾驶技术的节油潜力。目前，"最优"驾驶的研究尚处于起步阶段，对一些理想工况的探索虽有初步结果，但核心理论的研究尚未有效突破。

对于车辆个体，燃油消耗(含温室气体排放)不仅与车辆本身相关，还取决于人的驾驶习惯以及对车辆的操作方式。研究表明，即使对于同一车辆、同一交通工况，个体驾驶习惯的不同导致油耗差异10%左右，最高可达25%。这种差异促使驾驶人操作教育在早期车队管理中被逐步应用。然而，单纯的"驾驶人教育"存在一个难以克服的缺陷：因人体习惯的固执性，改变驾驶行为异常困难；即使短时期有所改变，但长期效果也会逐渐衰退，直至回归固有特性。

汽车经济性辅助驾驶和节能型自动控制是解决这一缺陷的一个有效途径。经济性辅助驾驶是以辅助驾驶人行车为基本目标，依托现有智能车辆的结构(指共用传感器、控制器和执行器等硬件)，设计与交通工况更加匹配的自主控制器(以纵向为主)，部分取代人的油门、制动和挡位操作，协同驾驶人调整车辆运动状态的同时降低行车过程油耗。节能型自动控制则依托无人驾驶系统，全部取代驾驶人的纵向操控，包括油门和制动，达到与优秀驾驶人近似甚至更佳的燃油经济性。

汽车经济性辅助驾驶和节能型自动控制可最大限度地消除行车油耗对驾驶人个体习惯的关联性，克服驾驶人教育方法的缺陷；与智能车辆的结构共用，不会增加车辆额外的硬件成本；具有"叠加意义"的省油能力，不影响车辆本身节油技术的实施。因此研究经济性辅助驾驶和节能型自动控制在节能减排的同时具有最直接的经济效益和社会效益。

2. 研究进展

基于"省油技巧"控制策略研究广泛采用两类策略：①传动系协调策略，其基本思想是协调控制发动机和变速器，调整发动机工作点，使之工作于低油耗区；②平滑加速度策略，其基本思想是平滑车辆的纵向加速度，减少急加速和急制动，降低发动机由动态工况造成不必要的燃油浪费。

针对挡位连续的无级变速(continuously variable transmission，CVT)车辆，日本的 Ino 等探索了发动机和变速器联合作动策略[4]。该法同时控制油门开度和CVT速比，使发动机工作在最佳燃油经济线附近，以获得较高的发动机瞬时效率。针对挡位离散的电控机械自动变速箱(automated manual transmission，AMT)车辆，清华大学的李升波等曾提出油门和 AMT 联合作动的下位控制方法，利用加速过程提前升挡、减速过程提前降挡等方式降低车辆油耗[1]。与传动系协调策略相比，平滑加速度策略更加简洁、直观。Zhang 提出非线性滤波器的平滑策略，利用滤波器平滑车间状态轨迹，使车辆无紧急加速或紧急制动过程[5]。为减小平滑加速度对车速跟踪的影响，Jonsson 对车速和油耗的协调问题进行了初步探讨[6]。以燃油消耗量和速度误差为自变量设计带 Mayer 函数的性能指标，权衡跟踪性能和燃油经济性。李升波等进一步拓展了协调控制思想，采用模型预测控制(model predictive control，MPC)权衡多目标，达到平滑加速节油的目的[2]。

目前所知，对经济性辅助驾驶最优策略研究最早的一篇文献来源于 Johns Hopkins 大学的 Gilbert(1976 年)[7]。该研究从数学上严格证明，巡航工况下，周期控制(periodic control，PC)优于准松弛稳态(quasi-relaxed steady state，QRSS)法。可惜的是，PC 法长期未得到汽车业界的重视，而仅用于大气层飞行器的巡航控制。一个重要原因是 PC 法要求载体的运动控制自主化，而 40 年前车载执行器、控制器、传感器的技术水平根本不能满足这一要求，直到近 10 年智能车辆技术的发展，才将驾驶过程的油耗最优性提上日程。Ivarsson 等[3]首次指出发动机万有特性(specific fuel consumption，SFC)不具备全局"凸"性，短有限时域的次优解是一次性切换控制(single switching control)，而不是定油门开度策略。李升波等以 CVT 为变速器构造无限时域的全局最优问题，分析了发动机油耗曲线的"S"形非线性，利用伪谱法求解出前车匀速工况的最优解[8]。结果表明，前车匀速工况下，最优解是一种等周期的"加速-滑行"(pulse and glide，PnG)策略。文献[9]首次应用该周期策略设计了节能型汽车自适应巡航控制器。仿真研究表明，该汽车在不损失跟踪能力的同时几乎媲美混合动力汽车的节油潜力。

3. 主要难点

上述研究仅探讨理想工况的最优驾驶策略，如前车匀速工况、变速器挡位连续和标称对象模型等。实际车辆的最优驾驶策略远比 PnG 复杂，主要难点有以下三个：

(1) 车辆的最优经济性行车是一个典型的奇异最优控制问题，且因变速器挡位离散，隶属于整形规划。

文献[8]指出，当变速器挡位连续(严格意义上说，Lipschitz 连续)时，发动机油耗与车速的关系曲线连续，呈现"S"形非线性。因油耗凸弧的存在，最优控制轨迹存在"奇异弧"段，这是最优控制问题奇异的根本原因。实际上，多数车辆变速器挡位离散(即 Lipschitz 不连续)，使得油耗曲线呈现"S"形分段非线性。这仍构成一个奇异最优控制问题，但控制量离散，属于整数规划。从数学角度来看，该问题的解必然具有一定的结构复杂度，而非理想的 PnG 策略。

(2) 车辆传动系具有强非线性特性，同时存在时间连续和事件驱动部件，建模存在大不确定性和强烈外部干扰。

车辆传动系中，发动机、轮胎和风阻为强非线性环节，变速器换挡逻辑属于事件驱动部件，而整车质量时变范围大且道路坡度干扰强烈，这不可避免地造成较大的建模不确定性。已有建模方法均采用公称模型，一是未考虑模型失配对最优解的影响，二是未考虑后续数值求解的困难，这会导致最优解的精度严重下降。

(3) 交通控制信号、前向交通流、道路坡度和限速标志等要素是时变的动态约束，直接影响最优解的存在性和构造。

如图 1 所示，实际行车是一个受交通控制信号、前向交通流、道路坡度起伏和限速标志等因素约束的动态过程。奇异最优控制问题因 Hessian 矩阵非正定，不满足 Legaudre-Lebsch 必要条件，其最优解的存在性和结构极大依赖于约束条件的构成。而且燃油最优控制问题要求全局最优，而交通条件本身是一个动态时变约束。约束动态时变与全局最优是一对不可调和的矛盾。因此，交通工况的不同会极大改变最优解的存在性与特征。

参 考 文 献

[1] Li S, Bin Y, Li K. A control strategy of ACC system considering fuel consumption[C]//The 8th International Symposium on Advanced Vehicle Engineering Control, Taipei, 2006.

[2] Li S, Li K, Rajamani R, et al. Model predictive multi-objective vehicular adaptive cruise control[J]. IEEE Transaction on Control System Technology, 2011, 19(3): 556–566.

[3] Ivarsson M, Åslund J, et al. Look-ahead control: Consequences of a non-linear fuel map on truck fuel consumption[J]. Proceedings of the Institution of Mechanical Engineers, Part D: Journal of Automobile Engineering, 2009, 223(10): 1223–1238.

[4] Ino J, Ishizu T, Sudou H. Adaptive cruise control system using CVT gear ratio control[J]. SAE Transactions, 2001, 110(7): 675–680.

[5] Zhang J, Ioannou P. Longitudinal control of heavy trucks in mixed traffic: Environmental and fuel economy considerations[J]. IEEE Transactions on Intelligent Transportation Systems, 2006, 7(1) : 92–104.

[6] Jonsson J. Fuel optimized predictive following in low speed conditions[D]. Linkoping: Linkopings University, 2003.

[7] Gilbert E. Vehicle cruise: Improve fuel economy by periodic control[J]. Automatica, 1976, 12: 159–166.

[8] Li S, Peng H. Optimal strategies to minimize fuel consumption of passenger cars during car-following scenarios[J]. Proceedings of the Institution of Mechanical Engineers, Part D: Journal of Automobile Engineering, 2012, 226(3): 419–429.

[9] Li S, Peng H, Li K, et al. Minimum fuel control strategy in automated car-following scenarios[J]. IEEE Transaction on Vehicle Technology, 2012, 61(3): 998–1007, 2012.

撰稿人：李升波

清华大学

审稿人：李克强　边明远

智能乘员碰撞保护

Smart Occupant Impact Protection

1. 背景与意义

汽车工业经过一个多世纪的发展，极大地改变了社会的运输方式，便利了人们的出行和货物的运输。汽车产品及其相应的产业已经成为现代人类社会的重要组成部分。但伴随着汽车的普及而出现的道路交通事故也带来了沉重的社会和经济负担。自20世纪60年代起，政府、汽车企业以及社会组织开始加大在汽车安全研发方面的投入与合作。经过数十年的发展，汽车交通事故的伤亡率有了显著下降。以美国为例，每十亿千米死亡人数从1970年的25.7人下降到2010年的10.6人[1]。尽管如此，在全世界范围内，道路交通事故伤亡的总量仍十分巨大。世界卫生组织(World Health Organization，WHO)发布的《道路安全全球现状报告》中指出[2]，2013年全球共有125万人死于道路交通事故，约5000万人受到不同程度的伤害。其中交通事故中死亡的人员中，汽车乘员占的比例最大，为31%。现有乘员保护系统的保护能力仍有待提高。

近年来，随着智能交通系统和网联汽车等技术的发展，一些汽车制造商陆续推出了自动驾驶原型车，并开始在实际的道路上进行长里程行驶试验。自动驾驶技术可降低由驾驶员失误造成的事故风险，但考虑到道路交通的复杂性、智能交通系统的可靠性(如机械故障和环境干扰等)、信息的安全性以及大众化交通工具的成本约束等诸多因素，未来的智能交通系统和自动驾驶汽车仍然难以实现零事故。美国密歇根大学交通研究院的一项研究指出[3]，对基于自动驾驶技术的零事故期待不够现实。智能交通系统在增加交通出行的便利性与带来良好驾乘体验的同时，也给未来道路交通中的乘员保护带来了新的挑战和机遇。

对汽车碰撞事故及乘员保护的研究主要针对碰撞前和碰撞中两个阶段，分别对应传统的主动安全和被动安全保护策略。近半个世纪以来，乘员保护研究的重点都在于被动安全领域，包括汽车结构、约束系统的优化等。这种思路的特点是尽可能将事故产生与乘员保护相独立。通过道路交通事故调研，获取事故、损伤形态的统计学特征，如碰撞方向、碰撞速度、乘员的受伤部位等，形成若干典型的工况，作为碰撞试验的条件，考察汽车的乘员保护性能。在此模式下乘员约束系统只需针对这些特定的工况进行优化，包括改善汽车结构，优化安全气囊、安全带等乘员保护装置。这种路线的问题在于无法充分考虑碰撞事故的多样化，包括事故形式、乘员体型等方面的差异对保护效果的影响。目前被动安全领域的研究已经日趋成熟，也逐渐显现出其在进一步降低事故损伤方面的瓶颈。近年来，随着计算机技术、控制技术方面的发展，主动安全受到越来越多的关注。与被动安全思路不同的是，主动安全技术致力于减少碰撞事故的发生和降低碰撞的严重程度，如预防驾驶员疲劳驾驶，保持安全车距和危险情况下自动采取紧急制动等。

现在普遍的观点认为，汽车乘员保护研究不应将主动安全和被动安全分隔成两个不同的领域，而应将两者相互整合成一个完整的系统，也即所谓的一体化安全系统(integrated safety system)进行研究。在此背景下，乘员约束系统应更加智能，可利用来自主动安全系统有关碰撞事故的信息，如碰撞强度、碰撞方向、乘员体型等，通过先进的乘员约束装置，如可逆安全带预紧器，可调安全带限力器等，对乘员在碰撞中的运动情况、受载情况进行全程的预测和控制。乘员约束系统的研究对象即从原来简单的载荷输入(汽车碰撞波形)和输出(乘员受力)，扩展到一切与事故损伤有关的信息，覆盖汽车正常行驶和碰撞事故全过程。

近年受到广泛关注的智能交通系统，实质上是传统主动安全系统的一种延伸，可有效提升车辆行驶安全性。然而在智能交通环境下全新的车辆行驶和乘员驾乘方式也改变了碰撞事故工况的特点和乘员保护的需求。以未来交通环境下可能出现的汽车的编队高速行驶为例，一方面，发生高速多车碰撞事故的风险可能会提高，并且由于乘员自身的驾驶任务减少，乘员可以采用更舒适的乘坐姿态，甚至是对碰撞保护非常不利的身体姿态。另一方面，智能交通也给碰撞保护带来更大的设计空间和灵活性，包括更长的事故预警时间和对乘员状态、行车环境和危险程度更加准确的感知。这将使得乘员约束系统的设计更加自由，约束系统有望在事故发生前从满足舒适性需求切换为满足安全性需求，而且可以使碰撞保护对即将发生的碰撞工况更有针对性。这些技术进步的不同应用形式，还可能解决目前约束系统中存在的一些问题。

2. 研究进展

自 2002 年开始，欧盟便开始进行智能乘员保护相关的研究，先后启动了PRISM(Proposed Reduction of Car Crash Injuries through Improved Smart Restraint Development Technologies)、APROSYS(Advanced Protection Systems)和 ASSESS(Assessment of Integrated Vehicle Safety Systems)等大型联合研发项目。这些项目开展的出发点是预见了被动安全技术的局限性和主动安全技术发展的趋势，将被动安全、主动安全的思路和方法进行整合，形成一体化安全技术的概念，为未来汽车安全的研发方向和评价方法打下基础。智能乘员保护系统的研究范围大为扩展，覆盖了交通事故统计分析、人体碰撞损伤生物力学、高精度仿真方法、先进传感器以及约束系统执行器等多个方面。

在智能乘员保护系统中，乘员不再被当做一个固定的保护目标，而是成为系统可变、可控制的一部分。因此乘员生物力学特征、人体损伤机理成为研究的热点之一。借助计算机仿真技术的发展，相关研究成果可用于开发更为精细化的、反映乘员身材、生理多样性的人体模型，应用于智能乘员保护系统的开发与评估。THUMS(total human model for safety)、GHBMC(global human body models consortium)等反映真实人体精细结构的有限元模型得到广泛应用，并在生物仿真度上有了很大提升，例如，加入肌肉单元，用于模拟人体在碰撞前应激反应对损伤结果的影响[4]。

随着主动安全、智能交通技术的发展，先进的传感技术应用于车辆行驶环境监测和感知，同时车间互联技术可用于获取行驶的车辆之间以及车辆与行车周边环境之间的即时信息。这些信息可为智能乘员保护系统提供预判的依据，预判的时间可从原来依赖于车身上被动传感器的毫秒量级，增加到秒的量级或更长[1]。同时用于识别乘员状态(如体型、姿态等)的传感器也得到开发和应用。结合可逆的、快速响应的约束系统装置，如基于电机的可逆安全带预紧器，即可在碰撞不可避免的前提下，根据碰撞模式、碰撞强度、乘员体型等信息，将约束系统调节至最理想的状态，以最大限度地降低乘员的伤亡风险。也有学者采取实时控制的思路，对碰撞过程中车辆和人体的运动过程建立动力学控制模型，利用快速响应的安全带力控制器，对人体的受载情况进行实时控制，从而减小伤害风险[5]。

3. 主要难点

(1) 未来交通事故形态预测。需要结合现实事故统计分析的结果和智能交通技术的发展，对未来交通事故形态进行估计，尤其需要深入研究我国的道路交通事故特性，作为智能乘员保护相关研究的边界输入。

(2) 人体碰撞损伤机理研究。尽管近年来关于人体碰撞损伤机理的研究获得较快发展，精细人体有限元模型已经开始广泛应用于乘员保护的研发，但仍有许多问题需要解决。例如，目前人体有限元模型的生物逼真度只在少数几种加载工况中得到生物力学试验的验证。目前学界也未形成系统的可用于人体有限元模型的损伤准则。此外，关于人体生理特征差异，如体型、年龄等，与人体冲击耐受性之间的关系，仍有待深入研究。

(3) 智能乘员约束系统参数的优化配置。汽车碰撞过程是一个短时的动态过程，具有高度非线性的特点。智能乘员约束系统组成复杂，参数众多，需要采取合适的优化方法，在兼顾系统稳健性、实际预警时间、硬件执行能力和乘坐环境等条件的前提下，获得最优的参数配置，减小乘员受伤风险。

参 考 文 献

[1] Seiffert U, Gonter M. Integrated Automotive Safety Handbook[M]. Warrendale: SAE International, 2014.

[2] World Health Organization. Global status report on road safety[R]. Geneva: WHO, 2015.

[3] Sivak M, Schoettle B. Road safety with self-driving vehicles: General limitations and road sharing with conventional vehicles[R]. Ann Arbor: The University of Michigan Transportation Research Institute, 2015.

[4] Östh J, Brolin K, Bråse D. A human body model with active muscles for simulation of pretensioned restraints in autonomous braking interventions[J]. Traffic Injury Prevention, 2014, 16(3): 304–313.

[5] van der Laan E, Veldpaus F, de Jager B, et al. Control-oriented modelling of occupants in frontal impacts[J]. International Journal of Crashworthiness, 2009, 14(4): 323–337.

撰稿人：周　青　姬佩君　黄　毅

清华大学

审稿人：李克强　边明远

复杂交通环境的智能化识别

Intelligent Recognition for Complex Traffic Situations

1. 背景与意义

智能汽车的环境识别相当于人通过眼睛、耳朵、鼻子等器官来感受自身与外界环境的状态，各类车载传感装置就相当于人类的这些感知器官。目前，在汽车上主要应用的环境感知传感器包括摄像头、毫米波雷达、激光雷达、超声波雷达、卫星定位系统、惯性导航系统等。

对交通环境信息的准确识别，首先需要装备高效的传感器系统，包括车载传感器和路侧传感器等。各类传感器需要在保证对车辆自身状态及周边环境高精度识别的同时，满足车辆上大规模装备所必需的低成本要求，并且保证在高低温、长时间振动、盐雾干湿等各类极端环境条件下的可靠性与稳定性。例如，目前自动驾驶车辆装备的机械式旋转多线激光雷达(LiDAR)相对于毫米波雷达具有分辨率高、识别效果好等优点，但其体积大、成本高，同时也更易受雨雪等天气条件影响，这导致它无法大规模商业化应用。因此，科研人员一直在努力研制成本更低、环境适应性更好的激光雷达，如全固态激光雷达等，这需要微电子、光学、电子信息等学科的融合与突破。而且，车辆自动驾驶过程中的准确自身定位和导航需要依赖高精度动态电子地图系统的支撑。精确到厘米级别的高精度数字化地图可以将车道、路口、交通标志、建筑物等静态信息准确地记录下来，并结合环境感知系统探测车辆、行人等动态信息，重构成实时的高精度动态数字地图，同时借助高精度地理定位系统，帮助智能汽车准确地寻找合适的行驶轨迹。厘米级高精度动态数字地图的大规模采集、生成和关键信息标注等技术目前还存在准确度不足、效率低下等一系列问题，而这需要在地理信息系统、图形学、计算科学、电子信息技术等领域的交叉融合取得新的突破。

完全依靠车载传感器对车辆行驶状态和周围交通要素信息进行识别的自主式环境感知系统存在单车平台上感知元件种类和数量多、体系结构和技术复杂、成本高昂等缺点，也存在对复杂交通环境感知信息不完备、准确度不足等各种问题。而随着现代高速移动通信网络、智能交通系统、分布式云计算等学科的发展和交叉，蓬勃兴起的车联网技术给复杂交通环境的智能识别提供了新的技术路线——

网联式交通环境信息协同感知，即借助于 DSRC/LTE-V/4G 等各类通信技术的应用使车辆与周围的交通要素进行信息交互，通过多源异构的传感信息融合达到超视距的交通环境要素充分认知，在感知空间和时间维度上得到极大的拓展。

各种传感器从不同的角度获取环境信息，这些信息既有互补的、重复的，有时也有相互矛盾的。因此，需要一套融合算法来对各种来源的信息进行处理和分析，最终得到完整、正确的环境感知信息。这其中首先是对各类车载传感器的信息融合，其次是车载传感器与车际通信系统的交互信息融合，即在可视范围内当前时刻的信息与可视范围外、未来时间段内信息之间的融合，这样车辆才可以对交通环境做出超视距的预测性判断，保证智能驾驶汽车更加安全和高效地行驶。在车辆平台上实现满足车辆智能决策和自动控制需求的复杂交通环境信息融合及正确感知的结果需要依赖超强计算能力的芯片级硬件和软件平台，这有赖于电子和信息工业的技术发展。而分布式计算、大数据、云端智能体系、高速移动通信网络、人工智能 2.0 等新兴科学的发展，也为复杂交通环境的智能化感知识别提供了新的解决思路。

智能汽车在行驶过程中，不仅需要对车辆自身位置、行驶方向、姿态等进行感知，更需要对道路状况、周边车辆位置及运动趋势、行人与非机动车位置及运动趋势、信号灯等交通标志状态，甚至是视线盲区内的交通环境、气象条件等复杂的交通环境信息进行感知，从而给智能驾驶控制器的决策与控制指令下达提供依据。

对于复杂交通环境的识别，是指汽车对自身行驶状态以及周边道路、车辆、行人、交通标志等各类交通因素信息的综合感知，其中涉及计算机图形学、信号分析、微电子学、车辆工程、信息通信、地理信息系统、人工智能等多领域多学科的交叉融合，是汽车实现智能化乃至未来无人驾驶的前提条件和技术基础。复杂交通环境要素智能识别中相关问题的进展，对于提升各领域的基础学科水平具有重要的拉动作用。

2. 研究进展

在车辆复杂交通环境智能识别领域，国外相关的高新技术公司以及科研院所已取得系列进展，包括多目标识别跟踪与即时场景构建[1]，摄像头和雷达信息的动态贝叶斯融合[2]，驾驶员注意力状态的机器视觉检测[3]，车辆运动状态和本征参数的主动滤波估计[4]等，相关技术成果已经在 L1～L2 级的自动驾驶汽车上得到了广泛应用。然而，已有方法在态势感知的实时性、精确性和稳定性方面尚存巨大挑战，真正商业化地成熟应用于更高等级的自动驾驶汽车或者无人驾驶汽车中尚有很长的距离。

在交通环境信息感知领域，国内的研究部分感知算法性能达到了国际先进水平，但目前尚无与国外类似的系统集成技术。部分高校利用多源信息融合实现了驾驶员疲劳和注意力的检测，车辆状态估计和参数辨识方面达到国际先进水平[5,6]。毫米波雷达探测和机器视觉等方面，国内尚无类似国外大牌供应商的高性能产品，但车用高性价比传感器研究已逐步展开[7]，提出的视觉算法性能已达国际先进水平。未来，若能结合国内在视觉和雷达算法与产品上的已有基础，加强多源信息融合以及对基于车联网的协同式环境感知技术进行研究，有望在复杂环境感知方面取得重大进展。我国自主的北斗卫星定位系统已经投入使用，目前也已建成了覆盖全国主要城市的北斗地基增强网络，可帮助车辆实现厘米级定位，有力地保障我国智能汽车的发展应用。

具体到车载传感器领域，在毫米波汽车雷达方面，目前国外代表性研发公司所研制的雷达具有探测距离长、可独立测量目标方位、速度等技术优势，但对行人目标仍存在识别距离过短的缺点。在激光雷达方面，专业的高新技术公司在全固态激光探测模块、激光扫描等方面实现了系列突破，各主要技术模块已经实现了微型化。但由于成本的限制，其在智能辅助驾驶中还没有大规模应用。在车载摄像头技术方面，随着图像处理芯片计算能力的不断提升，基于摄像头的智能辅助驾驶功能已经从单台标清摄像头、单一功能逐渐向多台高清摄像头、多个功能集成的方向发展。

3. 主要难点

(1) 现有各类传感器的性能有待进一步提升，高清摄像头与图像识别、低成本微型化激光雷达等产品化开发应用等方面还存在技术屏障，还需要持续攻关并探索新的科学方法。

(2) 现有研究忽略了多源信息的异构性、多态性、不完备性和不确定性等，尚未建立适用于"人-车-环境"的信息深度融合理论和方法，其环境感知的水平难以满足复杂交通工况需求。基于多学科交叉的协同式复杂交通环境感知系统还有待进一步深化研究并应用推广。

(3) 目前环境信息的感知技术还普遍集中于交通要素完备的结构化道路交通环境，而非结构化道路交通环境甚至越野区域的车辆行驶环境信息识别是特种用途车辆智能化驾驶的前提条件和保证。由于脱离了交通管理系统，且存在交通要素信息不完备等状况，这些条件下的车辆行驶复杂环境信息的识别与常规路线有极大的差别，需要采用新的装置、新的方法、基于新的科学机理和基础进行不断的探索。

参 考 文 献

[1] Natour G, Ait-Aider O, Rouveure R, et al. Toward 3D reconstruction of outdoor scenes using an MMW radar and a monocular vision sensor[J]. Sensors, 2015, 15(10): 25937–25967.

[2] Held D, Levinson J, Thrun S, et al. Robust real-time tracking combining 3D shape, color, and motion[J]. International Journal of Robotics Research, 2016, 35(1-3): 30–49.

[3] Tawari A, Martin S, Trivedi M. Continuous head movement estimator for driver assistance: Issues, algorithms, and on-road evaluations[J]. IEEE Transactions on Intelligent Transportation Systems, 2014, 15(2): 818–830.

[4] Kanghyun N, Hiroshi F, Yoichi H. Estimation of sideslip and roll angles of electric vehicles using lateral tire force sensors through RLS and Kalman filter approaches[J]. IEEE Transactions on Industrial Electronics, 2013, 60(3): 988–1000.

[5] Chu W, Luo Y, Dai Y, et al. In-wheel motor electric vehicle state estimation by using unscented particle filter[J]. International Journal of Vehicle Design, 2015, 67(2): 115–136.

[6] Chen L, Bian M, Luo Y, et al. Tire-road friction coefficient estimation based on the resonance frequency of in-wheel motor drive system[J]. Vehicle System Dynamics, 2016: 54(1): 1–19.

[7] Huang L, Lu Y, Yu Z, et al. Development of a multi-target tracking system based on polar coordinate for automotive wide beam radar[C]//2015 JSAE Annual Congress Proceedings, Kitakyushu, 2015.

撰稿人：戴一凡　边明远　李克强

清华大学

审稿人：罗禹贡　王建强

未来天地往返运输系统

Round-Trip Transportation System between Earth and Space in the Future

1. 背景与意义

随着人类社会的不断发展,对航天任务的需求越来越强烈,未来航天活动将变得越来越频繁,甚至可能成为一种日常活动,这就对进入空间的方式从经济性、可靠性、安全性方面提出了新的需求。为了应对这种需求,需要在运载火箭外开拓新的途径,天梯作为符合以上要求的概念,自提出以来备受国际航天领域的关注,并开展了大量的研究工作。

天梯是一种将有效载荷从地球表面运送到空间的新型运输系统,其原理为通过绳索将地球表面的节点与位于 GEO(geosynchronous orbit)轨道上方的空间锚点连接,通过运行于绳索上的攀爬器(载荷舱)将有效载荷送入空间。整体天梯系统主要包括天梯绳索、地球表面节点、GEO 平台、顶点锚、攀爬器和能源供给系统等,如图 1 所示。整体天梯系统的质心位于 GEO 节点附近,形成一个相对地表静止的自稳定航天运输系统。

天梯具有每周 GEO 轨道百吨级的运载能力,每千克载荷运输成本为数百美元,能够适应各种类型空间任务,能够满足大规模空间任务平台建设的需求、未来航天发射的常态化需求、低成本进入空间的需求、未来航天发射高安全和环保性需求以及快速发射的需求等。天梯的发展必将带动材料科学、能源动力科学、制造工艺、控制科学和地球物理科学的发展。天梯已被列为未来航天运输发展的重点方向之

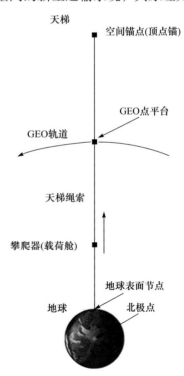

图 1　天梯系统组成示意图

一，天梯的发展必将革命性地改变整个航天运输领域的模式。

2. 研究进展

最早提出天梯设想的人是著名的航天先驱齐奥尔科夫斯基。从技术角度第一次描述天梯概念的是英国人阿瑟·克拉克(Arthur Clarke)。1978 年，阿瑟·克拉克通过初步分析，得出天梯对绳索材料强度的要求太高，在当时根本无法想象[1]。

材料的限制是天梯一直未得到足够关注的主要原因之一。随着材料科学的发展，尤其是 20 世纪 90 年代碳纳米管的出现，为解决天梯缆绳问题提出了可能的途径，之后针对天梯的研究越来越多。2003 年美国人爱德华兹和韦斯特林出版了著作《天梯》，围绕天梯开展了大量的讨论和工程研究，较为全面系统地分析和总结了天梯的概念、组成、特点、关键技术和可行性等内容[2]；另外国际上进行了大量的天梯系统及相关关键技术研究，并进行了多次试验验证[3~8]，成立了多个研究和推动天梯项目的学会及组织。2010 年国际宇航科学院组织开展了有关天梯概念、方案和可行性等方面再一次的总结性研究，完成了《天梯：技术可行性分析和未来发展路线图研究》的研究报告。研究表明，天梯在技术上是可行的。报告通过分析给出了天梯研制的路线图，预计可以在 2040 年左右完成天梯的建设并开始运营[4]。国内已开展了前期初步总体方案的论证并进行了关键技术梳理工作。

3. 主要难点

1) 天梯系统总体参数优化设计

天梯系统规模巨大，总体参数多，原始设计参数包括材料物性、材料安全系数、绳索总长度、绳索最大截面积，天梯稳定性安全系数、攀爬器个数、攀爬器的结构系数等，一个参数的小的变化会带来系统规模、运载能力和任务完成能力上的很大变化。这些设计参数不仅影响系统规模，而且互相影响。因此需要综合天梯规模、运载能力需求、任务完成能力和工程设计难度等多方面来考虑总体参数的优化设计。

2) 天梯绳索材料设计

天梯的绳索材料问题一直是制约天梯研究的决定因素。从分析来看，绳索的强度和密度对天梯的规模影响巨大，直接影响天梯系统的工程可实现性，即使是采用具有超高强度的碳纳米管材料，天梯系统的规模仍然具有数千吨规模。天梯对绳索材料的要求不仅体现在强度和密度上，而且要求材料能够无损伤地连接成数万千米的长度，同时提供给攀爬器一定的攀爬摩擦力等。

3) 天梯系统动力学设计与分析

绳索是天梯系统的主要组成部分，与一般的绳系系统相比其长度极长，动力学特性复杂。考虑到绳索为弹性体，同时需整合时变的攀爬器运动，其模型建立过程比较复杂。攀爬器爬升过程中，科氏力的作用会对天梯系统的稳定性和运动产生影响，需要根据动力学模型分析攀爬器的质量、爬升速度等对天梯系统的影响。在考虑任务周期、攀爬器个数、在绳索上的布局方案和降低对天梯系统的影响等多个约束条件下，实现攀爬器的运动速度优化。

4) 天梯攀爬器设计

攀爬器总体设计主要是指攀爬器总体方案的设计、总体指标的确定以及总体参数的分配。攀爬器总体设计是一个往复迭代、逐步收敛的过程，不仅要满足总体要求，还需考虑工程可实现性、安全性、维修性等多方面的因素。爬升装置是攀爬器动力分系统的主要组成部分，用于将攀爬器安全、稳定、可靠地送入太空。爬升装置将从原理上放弃传统的推力推进方式，而是利用其他能源驱动攀爬器沿天梯绳索爬升。

5) 天梯建造

天梯系统的建造是将天梯系统从理论研究变为工程实际的关键步骤，其难点在于系统规模大、长度长，建造模式设计复杂，对绳索材料、结构和绳索铺设装置要求高，同时在建造过程中要综合考虑系统稳定性等制约因素。无论哪一种天梯系统建造方式，都离不开绳索的展开。在绳索展开过程中，需要对绳索系统开展稳定性分析，对其控制策略进行研究，同时以降低绳索展开过程中的能量消耗。绳索的展开过程要维持整个系统的质心在 GEO 位置，另外要保证释放过程中整个系统的稳定性。

6) 天梯能源系统设计

由于天梯系统供电需求大，供电距离长且经过大气层，因此任何一种单一能源都无法满足天梯系统能源需求，必须将各种能源进行有效组合优化，才能满足天梯系统正常工作。天梯在大气层内的系统采用无线能量传输时，由于受到大气影响，激光无线传输和太阳能无线传输会使传输的能源有较大的衰减损失。因此，天梯在大气层内的系统主要依靠地面电站采用高压传输形式为天梯系统供电。当天梯系统伸展到大气层外时，太阳能和激光的无线传输基本没有衰减。这时可以考虑使用太阳能和激光能源进行无线能量传输。核电源由于安全性考虑，可将其设置在天梯的 GEO 轨道上，在远离地球表面的太空为天梯系统提供能量。

参 考 文 献

[1] Arthur C C. The Fountains of Paradise[M]. New York: Bantam, 1978.
[2] Edwards B C, Westling E A. The space elevator, Phase II[EB/OL]. http://www.niac.usra.edu/

studies/521Edwards.html[2012-01-05].

[3] Swan P A, Raitt D I, Swan C W, et al. Space Elevator: An Assessment of the Technological Feasibility and the Way Forward[M]. Paris: France Virginia Edition Publishing Company, 2013.

[4] Laubscher B E. Space elevator systems level analysis[C]//3rd Annual International Space Elevator Conference, Washington DC, 2004.

[5] Chobotov V A. The space elevator concept as a launching platform for earth and interplanetary missions[C]//2004 Planetary Defense, Orange County, 2004.

[6] Smitherman D V. Critical technologies for the development of future space elevator systems [C]//56th International Astronautical Congress, Fukuoka, 2005.

[7] Bolonkin A. Electrostatic climber for space elevator and launcher[C]//43rd AIAA Joint Propulsion Conference, Cincinnati, OH, 2007.

[8] Cohen S S. Dynamics of A Space Elevator [D]. Montreal: McGill University, 2006.

撰稿人：汪小卫　高朝辉
中国运载火箭技术研究院
审稿人：申　麟　代　京

太空旅游及一小时全球到达

Space Tourism and Global Arrive in One Hour

1. 背景与意义

太空旅游及一小时全球到达是指采用纯商业化运营的模式，实现普通民众可承受的低成本太空旅游，并以低成本、航班式运营模式实现普通旅客可在一小时内达到全球任何目的地。

近年来，美欧主要航天企业都对实现低成本、高可靠空间运输和太空旅游的相关技术和方案进行了长期持续的研究，目前技术较为成熟、方案较为可行的太空旅游方案是基于亚轨道飞行器的短时间亚轨道飞行体验。基于技术实现难度的角度，利用高性能飞机和高空气球平台的高空飞行旅游技术实现难度较低，适合作为近期发展太空旅游的主要方案；从国外私营太空旅游公司的太空旅游发展规划及可重复使用天地往返运输系统的技术成熟度来看，亚轨道太空旅游是近期有望投入实际运营的低成本、大众化太空旅游方案；轨道旅游作为技术难度和运营成本最高的太空旅游方式，适合作为远期目标。

太空旅游及一小时全球到达商业运输系统将会实现人类生活方式的变革和太空探索活动方式的革命，能够对一系列关键技术的发展起到巨大的推动作用，牵引带动我国可重复使用天地往返技术领域的跨越式发展。

太空旅游及一小时全球到达属于可重复使用天地往返航天运输系统的载人拓展应用，其研制中涉及的科学问题在于如何通过技术创新和设计理念变革实现可重复使用航天运输系统的低成本、高可靠商业化航班式运营。

太空旅游及一小时全球到达运输系统的工程实现，不仅需要攻克无人飞行器涉及的低成本的重复使用动力技术、快速发射与快速检测技术、集成健康管理技术、高精度制导导航控制技术、重复使用热防护技术、轻质结构设计技术等多项关键技术，也需要解决环境控制与生命保障技术、飞行轨迹规划技术、商用逃逸救生技术等多项关键技术。

2. 研究进展

近年来，特别是航天飞机退役后，面对低成本、快速的载人航天运输和廉价的全球范围内快速达到航班成为人们关注的热点话题。目前美国、欧洲等国家和地区纷纷提出低成本的商业太空旅游发展计划，以维珍银河(VG)、XCOR 公司(XCOR Aerospace)、蓝源(Blue Origin)为代表的多家私营航天公司已经建造了多个商业太空旅游基地并开展了相关的亚轨道商业载人旅游飞行试验验证[1]。在 SPACE2016 国际会议上，德国宇航中心(DLR)、美国 Interflight 等公司均推出了基于重复使用运载器的低成本一小时内全球到达洲际航班[2]。目前几家私营商业亚轨道太空旅游公司已经以 10 万～25 万美元/人次的价格售出了超过 800 张机票，一小时内全球到达的商业航班票价 5000～8000 美元/人次[3]。

3. 主要难点

1) 低成本可重复使用动力

低成本可重复使用动力方面，目前识别出包括燃烧稳定性、喷注器、高压富氧环境下的操作、基于物理特性的分析模型、泵/传感器和作动器、推力水平、系统工程、推力平衡、涡轮机、长寿命轴承、可重复使用性、高性能材料等在内的多项科学难题。无污染的可重复使用发动机方面，航天领域已经有了大量的积累和试验资料，有望近期内获得突破并投入工程应用。

2) 快速发射与检测

快速发射与检测方面，涉及发射与检测的高度自动化和集成化、降低参与人员规模、发射准备和检测时间比目前一次性火箭缩短一个量级、实现每天至少一次的航班式飞行，主要的技术难题是重复使用的地面处理、载人舱段的简易维护、部件及系统级的综合健康管理等。载人航天活动的开展为这些问题的解决提供了宝贵的经验，民航领域数十年的飞行经验也为快速发射与检测的实现提供了大量的数据支撑，有望在不久的将来实现无人发射、自主检测。

3) 集成健康管理

集成健康管理方面，为了确保飞行器基本的可操作性和可靠性目标，有必要在实际飞行中直接采集到核心的状态数据并整合后发送给综合健康管理系统，其中最大的挑战是将核心的故障诊断系统应用于动力系统，地面操作过程中也有大量参数需要测量，以能够评估飞行器的完整性以及飞行器对飞行状态要求的满足情况，需要确定排泄管路、密封、阀门等的状态；结构疲劳及其他形式结构失效的可能性；评估下次维护前的剩余工作时间；电子系统的功能检查及对操作指令的响应；传感器操作响应的验证。近年来，先进制造、精密加工、光电集成、精密传感、多功能复合材料、互联网、云计算、大数据等领域的技术发展，给集成健康管理的工程实现和自主评估提供了有利条件。

4) 高精度制导导航控制

高精度制导导航控制面临的主要科学难题是在故障的情况下整个算法必须实

时在线完成全部计算。算法的容错性要求来源于其必须适应运载器固有的大范围动力学特性和约束条件变化，这些调整来源于飞行器子系统在飞行过程中出现的故障。其中的两个主要挑战是制导控制算法在线计算的运算量需求和算法收敛性的保证。计算需求是由轨迹生成所需的计算量确定的，包括通常会采用对计算量非常敏感的优化算法，并要求具有非常强的实时系统处理能力。收敛性的保证通常与得到轨迹优化的可行解相关。目前这些工作是由设计人员或者工程师通过地面大量的试验测试或者偏差下的仿真分析来完成的，这种处理模式不能适用于动态时变环境下实时系统的操作响应。近年来，计算机技术、环境及干扰不确定性机理辨识技术、高保真仿真验证手段等方面的快速发展为这些问题的解决提供了重要支撑。

5) 轻质结构

轻质结构方面，太空旅游及一小时全球到达运输系统的规模对于结构系数非常敏感，两级的结构必须非常高效且能够对应用载荷具有足够的鲁棒性。结构方面设计过程中必须考虑12项主要因素：每个部分所需的特殊材料；在整个飞行任务全部过程中可能遇到的外部环境；在起飞、完整飞行剖面飞行过程中、分离时刻及分离过程中，以及有效载荷进入初始转移轨道、着陆等飞行状态下飞行器作用在有效载荷上的载荷；影响材料选择和生产方法的制造和装配技术(如焊接、铜焊等)；非破坏性的检查和评估方法，特别是重复使用飞行器飞行任务之间的间隔期间；结构和材料的疲劳评估及例行维护、维修、替换工作开展之前结构/元件的生命周期(起飞前做出最初决定、明确飞行器的健康状态)，这对重复使用发动机、储箱和涡轮组件而言尤为重要；质量特性，包括重量、质心、压心、惯性矩、整个飞行任务剖面过程中的质量特性平衡管理(静态和动态)；结构拆解/释放附件和机构；起飞前和起飞过程中与发射竖立支撑相关的附加载荷；往返发射场和制造商仓库用于进行修改、维护、更新升级等时，经历低水平、长周期的地面、海上、空中运输过程中的载荷；级间分离时多种操作事件、相关机动和着陆时产生的冲击载荷/压力，包含飞行器搭载有效载荷以及不带载荷的状态；强非对称布局在飞行中外界载荷产生的结构冲击等。

6) 环境控制、生命保障与商用逃逸救生

环境控制、生命保障、商用逃逸救生方面，面临的主要科学难题是将高可靠、高成本的航天环境控制、生命保障、逃逸救生技术方案与民航领域低成本、重复使用环境控制和救生系统有机结合，在确保安全性、有效性的前提下，实现低成本、重复使用。多次载人空间站任务、民航飞机安全管理与运营控制方面的经验为这些问题的解决奠定了坚实基础。

参 考 文 献

[1] Seedhouse E. Suborbital Industry at the Edge of Space[M]. Chichester: Springer-Praxis Publishing, 2014.
[2] Garcia O. The word in a business day: The future of high speed aerospace transportation[C]// SPACE 2016 ICAO UNOOSA Symposium, Abu Dhabi, 2016.
[3] The Tauri Group. Suborbital reusable vehicles: A 10-year forecast of market demand[EB/OL]. http://www. taurigroup.com/[2016-08-12].

撰稿人：韩鹏鑫　袁　园
中国运载火箭技术研究院
审稿人：申　麟　代　京

鸟撞飞机的防治

Prevention and Control of Bird Strike in Aviation

1. 背景与意义

鸟撞飞机，简称"鸟撞"，也称"鸟击"，即飞行的鸟类与滑跑或飞行中的航空器(如飞机、直升机等)相撞或者被吸入发动机的现象，这往往会造成灾难性后果，严重威胁航空安全。鸟撞飞机是基于动量定理。根据动量定理，一只 0.45kg 的鸟与时速 800km 的飞机相撞，会产生 153kg 的冲击力；一只 7kg 的大鸟撞在时速 960km 的飞机上，冲击力将达到 144t，破坏力达到惊人的程度；一只麻雀就足以撞毁降落时飞机的发动机。图 1 是某直升机鸟撞后结构的破坏情况。

图 1　直升机鸟撞后结构的破坏情况

1960 年至今，鸟撞在全世界至少造成 80 多架民机、250 多架军机损伤，每年鸟撞造成的直接和间接经济损失约 150 亿美元。统计我国的飞机鸟撞事故发现，有一半以上的事故发生在时速 300km 以下的起落速度范围[1]。自鸟撞危害在世界范围内引起重视后，国内外在机场驱鸟措施、机场生态环境治理、飞机结构防撞设计等方面的研究取得长足进展，使得鸟撞事故显著减少，但仍然没有彻底解决，航空飞行还不能完全避免鸟撞，鸟撞已成为第一大航空器事故征候类型。国际民航组织将鸟撞事故定性为 A 级航空灾难，鸟撞成为世界性难题。通过分析鸟撞防治问题，提出鸟撞防治需要考虑的科学和技术难题，以引起研究者的充分关注。

鸟撞防治一般从两个方面开展工作：一是在飞机运营管理阶段采取对机场周围鸟类的驱离、预防等措施以避免鸟撞；二是科学设计飞机结构，使鸟撞后仍然能够保证飞行安全。

1) 机场驱鸟以及机场生态规划

具体的驱鸟措施针对不同的鸟类效果不同，有些措施只对某一特定鸟类效果比较好，有时候需要多种方法结合使用才能达到好的效果。但有些方法鸟类很快就能适应，使驱鸟效果降低，故需要研究创新性的驱鸟机理和措施。

通过对鸟撞事故的研究还发现，一群鸟集体撞向飞机所造成的危害更大(图2)。为了避免这种可怕的后果，需要研究机场周边鸟类的习性，进行生态学综合治理[2~4]。目前这方面的研究还很缺乏。

图 2　鸟群集体撞向飞机

2) 飞机结构防鸟撞设计

在现代飞机结构设计的要求和相关规范中，防鸟撞设计是必须要考虑的重要问题，是任何一架军用、民用飞机设计中都无法回避的。怎样科学合理地设计飞机结构与飞机布局，使撞击危害最小？到目前为止，受结构减重因素的制约，还没有找到最佳的飞机防鸟撞设计方法，这也成为飞机设计领域的难题之一。

2. 研究进展

以下从两个方面分析说明鸟撞防治的进展。

1) 机场驱鸟以及机场生态学研究进展

几十年来，国内外对鸟撞防治的研究均结合了鸟类的生活习性规律，得到了一些行之有效的机场驱鸟措施[2~5]，如煤气压缩炮、网捕及射杀、飞机上画图案、激光驱鸟、声驱法、遥控航模驱赶、无公害化学驱避剂、机器模拟天敌、鸣枪示警、雷达测鸟、猛禽捕杀、燃放爆竹弹、声光威吓、复合驱鸟、种绿引鸟以及管理好机场附近灌木草地垃圾等觅食环境、加强民众宣传教育等。西方一些发达国家还初步建立起鸟类监测网等专门机构，使鸟害防治工作走上法制化轨道。

机场生态学研究在某些地区取得了初步进展。例如，上海浦东国际机场建立了九段沙湿地保护区，成功地吸引了原本栖息在机场附近的鸟类，减少了该机场的鸟撞事故发生率。

2) 飞机结构防鸟撞机理研究进展

经过多年的研究和工程实践[6~9]，目前飞机机体和发动机在防鸟撞设计上已经形成了相关的强度设计规范，但受到结构重量的限制，通过加强结构来提高飞机的防鸟撞性能所起到的效果仍然是有限的。一般采用两种结构防撞理念：

(1) 通过改善飞机材料，以提升强度来应对鸟撞产生的巨大冲击力。但这种理念对材料的要求很高，既要重量轻又要强度高，会受到材料技术及成本的限制。

(2) 机体采用吸能材料和结构吸附冲击力，保证飞机重要结构不受损失。这种理念目前在汽车上的应用非常普遍，但在飞机上的研发和应用较少。

3. 主要难点

鸟撞防治是航空领域的世界性难题，需要从多方面开展创新性研究，才能找到根治的途径。下面从三个方面来分析鸟撞防治的主要难点及解决思路。

1) 机场区域驱离，避免鸟撞

需要从以下几个方面深入、系统地开展科学研究，找到驱鸟的有效措施。

(1) 机场附近鸟类季节性规律研究。

在不同季节鸟类多样性指数是不同的，春秋两季候鸟迁徙频繁，多样性指数较高，冬季鸟类的多样性和丰富度指数降至最低[2]。对于四季区分不明显的地方还要视具体情况来定。鸟类季节性规律对采取有效驱鸟措施、降低成本是有利的。

(2) 鸟类的活动行为研究。

在机场范围内40m高度是鸟撞发生的高危区域，40m以下鸟撞风险随高度的增加而变大，40m以上鸟撞风险随高度的增加而减小[3]，这个高度也与飞机的起落高度范围相符。鸟类一般喜欢早晚出巢，机场绿植、机场积水、机场及附近社区生活垃圾、机场附近鸟类栖息地等都应该结合鸟类习性进行系统性研究和治理。因此科学掌握不同鸟类的活动行为，便于机场综合运营管理以避免鸟撞。

2) 生态环境与机场位置关系

鸟撞问题和机场附近的生态系统息息相关。生态环境与机场选址或运行本质上是系统工程。在机场选址时就应当考虑当地鸟类的特点及行为规律和周边环境生态特点，从根本上避免后续机场运行时的驱鸟成本。但是机场的建设是为了方便旅客出行，选址偏远将导致出行成本增加及旅客舒适度降低。因此深入开展并科学论证生态环境与机场的关系，避免机场防鸟驱鸟成本过高，也是鸟撞防治的一大挑战。

3) 航空器防鸟撞结构设计

如何设计科学的传力路线将撞击力传导至飞机的主承力结构，从而显著减轻鸟撞带来的危害？风挡玻璃与水平面成多少度角的情况下既能满足飞行员的操作视野，又能很好地降低受损程度[1]？专业人员已经开展了许多有效的工作[6~9]，但这些工作还远远不够，需要不断创新抗鸟撞的设计原理和方法，增强飞机的抗鸟撞能力。

参 考 文 献

[1] 周加良. 飞机鸟撞事故分析、预防及建议[J]. 宁波大学学报, 1994, 7(1): 17–19.

[2] 李敏, 杨贵生, 邢璞, 等. 内蒙古乌海民航机场鸟类多样性与鸟撞防范[J]. 生态学杂志, 2011, 30(8): 1678–1685.

[3] 罗旭, 梁丹, 马国强, 等. 云南大理机场鸟类调查及鸟撞防治对策[J]. 西南林业大学学报, 2011, 31(6): 50–55.

[4] 丁振军, 李东来, 万冬梅, 等. 沈阳桃仙国际机场鸟类多样性及鸟撞防范[J]. 生态学杂志, 2015, 34(9): 2561–2567.

[5] 郝锡联, 易国栋. 机场驱鸟方法的探究[J]. 吉林师范大学学报(自然科学版), 2005, 26(2): 45–46.

[6] 李娜, 吴志斌, 孔令勇, 等. 某型飞机平尾前缘抗鸟撞优化设计[J]. 飞机设计, 2014, 34(5): 15–19.

[7] 王文治, 万小朋, 郭葳. 民机风挡结构抗鸟撞仿真分析与设计[J]. 西北工业大学学报, 2009, 27(4): 481–485.

[8] 马坚刚, 张天宏, 孙健国. 旋转叶片鸟撞动态应变测量系统设计[J]. 测控技术, 2013, 32(6): 52–55.

[9] 陈园方, 李玉龙, 刘军, 等. 典型前缘结构抗鸟撞性能改进研究[J]. 航空学报, 2010, 31(9): 1781–1787.

撰稿人：杨　超　高　敏　张志涛

北京航空航天大学

审稿人：蔡巧言　代　京

10000个科学难题·交通运输科学卷

交通运输基础设施篇

基于路桥隧服役寿命协同的沥青路面耐久性问题

Asphalt Pavement Durability Based on Service Life Coordination of Road-Bridge-Tunnel

1. 背景与意义

交通运输是国民经济的命脉，公路作为交通基础设施的重要组成部分，承载着大部分人流、物流的运输任务，在国民经济建设与发展中起到至关重要的作用。

公路由路基路面、桥梁与隧道等结构物组成，通过科学的连接形成一个有机整体，共同实现其运输功能。在进行公路选线时，通常将路基路面、桥梁和隧道作为一个体系进行整体设计。但在进行结构设计时，往往将路、桥、隧三者分开，分别按照各自的技术标准与设计规范单独进行设计，从而造成设计基准期不同，例如，高速公路沥青路面的设计基准期通常为 15 年，水泥路面设计基准期通常为 30 年；高速公路上的中桥、大桥、特大桥梁主体结构的设计基准期为 100 年、小桥及涵洞的设计基准期为 50 年；隧道主体结构的设计基准期为 100 年。小桥及涵洞的基准期较短，主要是造价的原因，并考虑到小桥及涵洞的修复与重建相对简单。而路面的设计基准期较短，则是受制于路面材料与结构的耐久性。由于路面结构设计基准期较短，因此在役的公路基础设施频繁进行大中修，消耗了大量资源，显著降低了道路的通行能力，大大增加了运营期的养护维修费用，而且消耗了资源、破坏了环境，并造成交通拥堵，给正常的经济活动造成严重干扰。由于小桥及涵洞与桥隧结构设计基准期不统一可以通过修订技术标准解决，因此解决路面与桥隧结构服役寿命统一性的关键是提高路面结构的耐久性，共线路桥隧交通基础设施体系中路面的服役寿命严重偏低是亟须解决的系统短板问题，而高性能路面材料的开发及耐久性路面结构设计体系的建立是科学解决这一问题的前提与根本保证。

如何增强路面材料与结构的耐久性、提高路面结构与桥隧结构使用寿命的协同性一直是道路工程界十分关注的科学难题之一。问题的关键是如何从材料和结构两方面入手，通过理论创新，突破路面结构设计基准期偏短、使用寿命偏低的局限，构建耐久性路面设计施工的新体系，大幅提升路面结构的使用寿命，延长路面的大中修周期。问题的解决将大幅提高沥青路面设计的科学性与精准性，显著改善路面大中修造成的交通拥堵，降低交通事故率，有效提升道路的运行能力和路网的运行效率，而且将显著减少大中修造成的资源消耗与环境破坏，降低道路在全寿命周期中的养护维修费用与运行成本。相关研究必将推动道路工程领域基础理论的发展，促进道路工程设计、施工与养护维修的技术进步，真正实现全寿命周期设计理念。

2. 研究进展

长期以来，道路工程界对于如何提高路面材料与结构的耐久性开展了大量研究，研究成果大致可分为三类：

一是通过更加精准的材料与结构设计提高路面的耐久性。这方面的研究以美国 Strategic Highway Research Program 计划中所开展并提出的 Superpave 研究成果为代表[1]，该研究通过更加精细地考虑材料黏弹塑性特性与环境因素的影响，构建了更加符合沥青材料本质特征与当地气候环境的沥青混合料性能试验的指标体系，并开发了相应的试验仪器设备与方法，从而推动了沥青路面材料和结构设计理论与方法的发展，使材料性能指标能够更加准确地表征沥青路面结构的行为特征。Superpave 的研究带动世界许多国家开展了相关研究，其研究成果在世界范围内得到广泛应用[2]。

二是通过路面长期性能的研究提出更加科学的路面结构设计模型。这方面的工作以美国 SHRP 计划中的路面长期使用性能(long term pavement preformance, LTPP)研究为代表[3]，LTPP 研究计划提出后得到包括中国、加拿大和欧洲许多国家的响应，分别针对各自特殊的气候环境与工程实际开展了相应研究。这些研究通过对在役沥青路面的长期跟踪观测与试验检测，获得了交通、环境、材料、施工质量和养护水平等各种不同因素对路面结构与使用性能影响的大量资料，据此对其技术性能进行了评价，提出不少能够表征路面使用性能演变规律的统计模型，并且开展了大量加速加载试验[4]，为各种统计模型提供了大量验证性试验数据。

三是通过耐久性沥青路面的结构优化提高沥青路面的使用寿命[5,6]。近 20 年来，随着社会经济的快速发展与交通量的大幅增长，世界各国认识到提高路面耐久性的重要性，分别根据本国的交通荷载、气候环境及路面结构等特点，在传统路面结构的基础上开展耐久性沥青路面的研究。例如，1997 年日本西泽提出了沥青混合料疲劳极限的概念[7]，美国以路面材料的疲劳极限为依据提出了使用寿命 50 年的永久性路面设计理念，欧洲地区提出了使用寿命 40 年以上的永久性沥青路面结构体系，中国提出了结构层使用寿命从上至下逐层递增的耐久性沥青路面结构设计思想[8]。

然而 Superpave 和 LTPP 的研究虽然发展了基于性能的设计思想,但并未建立基于使用性能的路面结构设计方法;永久性路面的研究虽然提高了路面整体结构的承载能力与抗疲劳性能,但显著增加了初期建设成本。总之,这些研究对于路面材料和结构并未取得突破性进展。

3. 主要难点

沥青是一种非常传统的路面建筑材料。长期以来,为了改善沥青混合料的力学特性,人们做了大量探索性工作,根据路面结构不同的性能要求进行了各种改性和性能提升研究,可以说沥青混合料路用性能的提升几乎达到了极限。因此在不成倍增加建造成本的前提下,使沥青路面结构的耐久性得到成倍提升是道路工程界公认的科学难题之一。只有突破混合料的传统观念与设计思想,用纳米技术改造沥青胶结料的力学特性,以及沥青胶结料与矿料之间的界面黏结特性,也许能取得突破性进展。

难点之二是如何准确预测材料的各项力学性能指标对路面结构力学行为的控制作用,即如何解决沥青路面结构性能预估理论与模型的有效性、完备性与精确性问题。材料的各项力学性能指标可以通过简单的试验方法获取,但是按照这种性能指标对路面结构力学行为预测时往往出现较大的偏差[9~11],这是目前路面结构设计中一直未能解决的一大难题。要建造耐久性沥青路面,除了需要开发高性能的路面材料,必须同时解决路面材料力学性能指标与路面结构力学行为预测的协调性问题[12],否则无法进行耐久性沥青路面的结构设计。为了解决这一难题,应该对沥青路面结构的力学模型、荷载模型及路面材料的本构模型进行更加深入的研究。

参 考 文 献

[1] 贾渝. Superpave 混合料设计方法最新进展[J]. 中外公路, 2001, 21(6): 58–61.

[2] Kennedy T W, Huber G A, Harrigan E T, et al. Superior performing asphalt pavements (Superpave): The product of the SHRP asphalt research program[R]. Washington DC: Strategic Highway Research Program, National Research Council, 1994.

[3] 郝大力, 王秉纲. 路面长期性能研究综述[J]. 国外公路, 1999, 19(1): 11–15.

[4] Perez S A, Balay J M, Tamagny P, et al. Accelerated pavement testing and modeling of reflective cracking in pavements[J]. Engineering Failure Analysis, 2007, 14(8): 1526–1537.

[5] Moghaddam T B, Karim M R, Abdelaziz M A. A review on fatigue and rutting performance of asphalt mixes[J]. Scientific Research and Essays, 2011, 6(4): 670–682.

[6] Monismith C L. Analytically based asphalt pavement design and rehabilitation: Theory to practice, 1960-1992[J]. Transportation Research Record, 1992, 1354: 5–26.

[7] Nishizawa T, et al. Fatigue analysis of asphalt pavement with thick asphalt mixture layer[C]//

ISAP 8th International Conference on Asphalt Pavement, Seattle, 1997.

[8] 郑健龙. 基于结构层寿命递增的耐久性沥青路面设计新思想[J]. 中国公路学报, 2014, 27(1): 1–7.

[9] Lv S T, Liu C C, Yao H, et al. Comparisons of synchronous measurement methods on various moduli of asphalt mixtures[J]. Construction and Building Materials, 2018, 158: 1035–1045.

[10] Lv S T, Wang X Y, Liu C C, et al. Fatigue damage characteristics considering the difference of tensile-compression modulus for asphalt mixture[J]. Journal of Testing and Evaluation, 2018, 46(6): 2470–2482.

[11] Lv S T, Wang S S, Liu C C, et al. Synchronous testing method for tension and compression moduli of asphalt mixture under dynamic and static loading states[J]. Journal of Materials in Civil Engineering, 2018, 30(10): 04018268.

[12] Lv S T, Liu C C, Chen D, et al. Normalization of fatigue characteristics for asphalt mixtures under different stress states[J]. Construction and Building Materials, 2018, 177: 33–42.

撰稿人：郑健龙　吕松涛

长沙理工大学

审稿人：凌建明　沙爱民

多场耦合作用下列车-基础设施耦合动力学

Coupling Dynamics of Railway Train-Substructure System under Multi-Field Effects

1. 背景与意义

安全运营是铁路运输的根本要求，高速铁路的安全服役是高速铁路建成并运行后所要面对的最重要的问题。高速铁路运营速度快、空间跨度大、沿线环境复杂、长期受往复动荷载作用，正常运营过程中面临着很大的安全风险。因此在大力发展高速铁路的同时，必须关注高速铁路的安全运营问题，最大限度地降低和避免安全事故。

高速列车、轨道及基础设施服役过程中，列车与轨道有相互作用问题，轨道平顺性、稳定性与基础工程稳定性之间相互作用、相互影响，由此衍生出线路动力学、轨道动力学、路基动力学、桥梁动力学等一系列动力学问题；根据研究对象的不同，在列车方面，有机车动力学、车辆动力学、列车动力学等不同的动力学问题；此外，由于时刻暴露在行车荷载场、温度场、风场及雨水等外界环境中，其带来的多荷载场效应是极为复杂的。在多场耦合作用下列车运行安全性与平稳性问题十分突出，需要从理论上揭示多场耦合作用下大系统的力学机理。因此对列车-基础设施整个大系统内复杂动力相互作用的研究就显得十分必要。

多场耦合作用下列车-下部基础设施耦合系统动力学，顾名思义，其强调的是一个包含多个子系统结构的大系统。研究该系统动力学的科学意义在于探索线路中系统动力特性对各类复杂环境的敏感程度，在考虑系统整体性的前提下增加各子系统界面间的耦合能力，从而明确复杂运营条件下线路服役性能演变规律，提高系统的整体性能。相关研究可以深化轮轨动力相互作用的认识，掌握复杂多场条件下车辆、轨道及下部基础设施的敏感因素及服役状态演变机制，对于保障线路设计、施工、运营、维护一体化具有重大理论及现实意义。

2. 研究进展

1) 车辆-桥梁耦合动力学

桥梁上的车辆荷载是一个带有质量的振动系统，从而使得桥梁在该荷载作用下的动力响应问题比一般结构动力系统的响应问题更复杂，因此车辆和桥梁可看成一个整体耦合动力学。除轨道不平顺、温度、桥梁变形等一系列影响车桥耦合动力响应的因素外，车桥系统的共振问题同样引发了人们的关注。列车通过桥梁时桥梁发生强迫振动的频率随列车速度变化而变化，当加载频率与振动频率重合时，车桥系统的共振不可避免。现有研究多集中于车桥共振条件，例如，Museros等从简支梁强迫振动的角度对简支梁桥共振条件进行了推导；此外，风-车-桥动力相互作用也是影响车桥耦合动力特性的重要因素[1]，建于大风区或强风区的桥梁，受到风力的激扰会产生强烈的振动，同时高速运行的列车在强劲的横向风压作用下，所受到的气动力和力矩改变了其原有的振动特性，增加了其发生倾覆、脱轨的危险。列车于桥上交会时，列车周围绕流同样会对列车和桥梁振动产生未知的影响。除了风场，温度场对车桥系统的影响也不容忽视，混凝土收缩徐变、温度效应等因素引起的桥面竖向变形同样会导致耦合系统动力响应增大。但目前的研究很少考虑轨道结构的作用，而实际上桥上轨道结构对轮轨相互作用力有很大影响，应将其考虑进整体系统中。

2) 车辆-轨道/路基耦合动力学

轨道作为连接车辆与下部基础的重要结构，在系统动力学中同样占据重要位置。轨道动力学的影响因素主要集中于温度、水等因素。路基中水分易带来下部基础的变形(冻胀、沉降等)[2,3]，给线路平顺性造成很大影响。列车在线路基础不均匀变形地段高速运行时，不但旅客的舒适性会受到影响，在基础变形和列车荷载等的共同组合作用下，该地段轨道结构还有可能因不能满足承载力要求而出现破坏，严重影响列车运行的安全。针对线路与下部基础间的耦合问题，Nguyen等[4]对列车长期荷载作用下路基沉降变形规律进行了分析，并研究了路基不均匀沉降状态下的行车动力响应特性。无砟轨道的水致伤损问题最为突出，当列车高速通过时，动水压裂纹内部的水会被挤出，加速轨道的伤损，徐桂弘等[5]基于流固耦合数值方法，探究了含水裂纹开裂的影响因素，但对水致伤损的细观发展过程缺少研究。而在温度荷载作用下，无砟轨道内部可能会产生裂缝，且轨道板容易产生板边板角的离缝脱空，加剧层间离缝现象。在高温季节，轨道板作为混凝土结构，其传热性能差，内部易存在温度梯度，容易产生拱起、压溃，影响轨道稳定性和几何状态，从而引起非线性动力问题。但温度荷载下对于轨道结构的动力特性研究较为缺乏，现有研究中徐庆元等[6]对无砟轨道温度梯度荷载下路基上板式无砟轨道动力特性进行研究发现，温度梯度荷载对轮轨力特性影响较小，但对无砟轨道各部件动力特性有显著影响。此外，在严寒地区低温所致路基冻胀的发展，对整个系统也会带来较大影响。目前来看，现有研究多局限于单一下部基础变化带来的影响，未考虑车、线、下部基础的相互耦合关系。

车辆在轨道上运行时，轨道不平顺引发了车辆和轨道结构的振动，两种振动形式时时相互作用、相互影响[7]。而其中轮轨动态接触关系直接反映车轮与钢轨之间的非线性动力相互作用，是车辆-轨道动力学研究领域的核心科学问题，轮轨之间不仅存在相互的挤压变形，还同时存在相对滚动与滑动行为，因此轮轨之间既有法向变形和受力，也有切向变形和受力；同时在车辆通过曲线轨道、道岔等情况下，车轮与钢轨之间相对位置及相互作用变化剧烈，可能发生瞬间跳跃、多点接触、频繁冲击等；同时随着服役时间的延长，一部分轮轨问题也逐渐暴露。这些都使轮轨接触问题变得极为复杂，目前现有研究主要集中于运营中界面干湿状态、温度变化对轮轨接触特性的影响，例如，宋建华等[8]对水介质条件下轮轨黏着特性进行了研究。

3) 列车-线路耦合动力学

铁路线形及设计参数不同所引起的列车动力响应及对基础设施的影响也是很大的[9]。在平面上的曲线半径、缓和曲线类型及长度，在纵断面上的坡度、坡段长度、坡度代数差、竖曲线，在横断面上的线间距、外轨超高等参数所引起的动力响应较大。目前列车-线路动力学在高速铁路、重载铁路、磁浮铁路、直线电机轮轨交通等新型轨道交通的主要技术标准、线形及设计参数等方面的研究中取得了一批重要的研究成果，发挥了重要作用。列车-线路动力学研究的发展趋势如下：在载运工具方面，由单个车辆发展为多辆编组的列车；在运动方向方面，由垂向动力学、横垂向耦合动力学发展为垂向、横向、纵向三维耦合动力学；在动力仿真范围方面，由局部路段发展为更长路段；在线路不平顺方面，由固定不平顺发展为固定不平顺加随机不平顺。其车辆模型发展过程如图1所示。随着高速、重

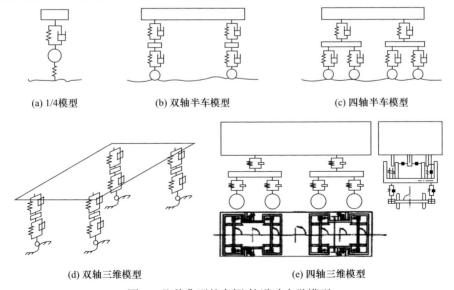

图1 几种典型的车辆-轨道动力学模型

载铁路和新型轨道交通的发展，需要通过列车线路动力学寻求合理的线形、线路参数以优化线路设计。

综上所述，目前的研究多侧重于各子系统的动力学问题研究，对整个系统精细化考虑其耦合作用缺乏一定的研究基础，且现有研究多局限于考虑单一荷载场或某几个荷载场的影响，缺乏考虑多场耦合作用下的系统动力学分析。真实情况下各子系统间、各类荷载场间存在极其复杂的相互作用，需要进一步细化研究。

3. 主要难点

目前在整个大系统耦合分析时存在以下难点：

(1) 不同动力学问题间的相互耦合关系考虑不足，如何将各子系统纳入一个整体系统需要进一步探索。

(2) 多场耦合条件下轨道结构及下部基础非线性演变特性缺乏一定的研究，现有理论在分析单荷载场的同时大多简化了其余影响因素。若将各荷载场耦合考虑，在多变量的影响下其耦合方程势必会极其复杂。

(3) 考虑多因素多场耦合作用下的轮轨接触界面非线性力学特征缺少一定的研究基础。

(4) 三维空间动力学的研究尚不深入。

目前非线性建模理论、现代试验方法和计算机协同仿真技术的发展为该领域基础理论的突破提供了重要支撑。从材料到构件非线性本构关系，再到结构整体非线性力学模型的精细化，一体化建模理论将会出现新的飞跃，并且会推动高速铁路线路轨道及下部基础相互作用机理、非线性损伤演化和破坏过程精确模拟研究的发展。

参 考 文 献

[1] Xia H, Li H L, Guo W W, et al. Vibration resonance and cancellation of simply-supported bridges under moving train loads[J]. Journal of Engineering Mechanics, 2014, 140(5): 1–11.

[2] 陈鹏, 高亮, 马鸣楠. 高速铁路路基沉降限值及其对无砟轨道受力的影响[J]. 工程建设与设计, 2008, (5): 63–66.

[3] 赵国堂. 严寒地区高速铁路无砟轨道路基冻胀管理标准的研究[J]. 铁道学报, 2016, 38(3): 1–8.

[4] Nguyen K, Goicalea J M, Galbadon F. Dynamic effect of high-speed railway traffic loads of ballast track settlement[C]//Cogresso de Métodos Numéricos em Engenharia, Coimbra, 2011.

[5] 徐桂弘, 杨荣山, 刘学毅. 轨道结构裂纹在水与高频列车荷载作用下瞬态耦合分析[J]. 铁道标准设计, 2013, (3): 5–11.

[6] 徐庆元, 范浩, 李斌. 无砟轨道温度梯度荷载对列车-路基上板式无砟轨道系统动力特性的影响[J]. 铁道科学与工程学报, 2013, 10(3): 1–6.

[7] 翟婉明. 车辆-轨道耦合动力学[M]. 北京: 科学出版社, 2015.
[8] 宋建华, 申鹏, 王文健, 等. 水介质条件下轮轨黏着特性试验研究[J]. 中国铁道科学, 2010, 31(3): 52–56.
[9] 时瑾, 魏庆朝. 线路不平顺对高速磁浮铁路动力响应特性研究[J]. 工程力学, 2006, 23(1): 154–159.

撰稿人: 肖　宏　高　亮　魏庆朝
北京交通大学
审稿人: 赵国堂　王　平

道路工程三维线形特征与表述

Characteristic and Formulation of Three-Dimensional Alignment for Highway Engineering

1. 背景与意义

带状线形(路)是道路、铁路等线路工程的基本特征。道路交通环境是由人、车、路与环境等多因素组成的有机系统，道路作为信息载体对车辆的行驶进行诱导，道路条件在很大程度上影响道路系统的交通安全水平，尤其是道路几何线形的质量，更是从根本上减少或规避交通事故的着手点。研究表明，车辆在道路上的行驶轨迹是一条曲率及曲率变化率连续的空间曲线，即轨迹上任意一点不出现错头、折点或间断，也不出现两个曲率值和曲率变化率值。因此道路三维线形不仅应在视觉上是一条连续、光滑、平顺的空间曲线，更应保证空间线形的几何参数及其组合和变化与驾驶员交通行为期望值保持一致。

过去由于设计工具和计算机技术的限制，一般采用手工纸上定线的方式进行线形设计，传统的设计方法将空间线形拆分成二维的平面和纵断面分别进行设计(图 1)，线路中线的空间位置通过两者组合确定后再进行横断面设计。虽然计算机制图技术和设计软件迅速发展成熟，但三维求解空间和线形解析模型的复杂性导致该方法沿用至今。这种平、纵、横分离式的设计方法虽然在二维平面上保证了几何线形的连续性，但忽略了线形固有的三维属性，平曲线和竖曲线的机械组合很有可能导致空间线形连续性的缺失[1,2]，出现部分几何设计参数在某点前后发生突变，引起线形几何特性、驾驶员感知特性和车辆运动特性三者间的不匹配，影响道路在运营阶段的安全水平。且以往的线路工程设计大多仍在等高线、地物边界线或特定符号构造的二维场景上开展，缺乏对地形、地物及地貌的立体呈现，现场选线过程基本依赖于设计人员的个人经验与主观判断，难以直观地从三维角度实现选线方案的判断与比选。另外二维线形及其组合的设计方式对道路设计的 BIM 应用也不利。随着人工智能(artificial intelligence)、多传感器融合(sensor fusion)技术以及高精度、便携式 LiDAR 设备的发展，无人驾驶得到迅猛发展。无人驾驶技术以机器代替人类，依托快速信息传输技术建立综合物联网，实现交通流的高效运行和交通资源的最优化配置。同时无人驾驶技术也对传统道路基础设施提出更高的挑战。传统的两阶段设计方法无法保证全路段组合线形的连续性，在无人驾驶车辆运营过程中，机器识别到道路由三维线形不连续引起的视觉断点等问题时会导致无人驾驶车辆运行效率的降低，若在同一路线多点出现类似的问题，则自动驾驶的效率将大幅下降。从该层面出发，未来针对无人驾驶车辆的道路设计与优化应从真三维角度出发，以保证空间线形的三维连续性，提高无人驾驶的运行效率。

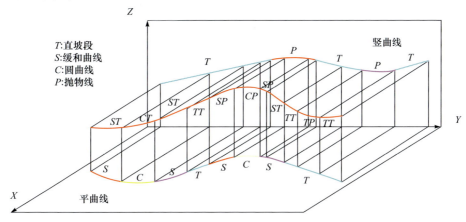

图1 平、纵线形组合示意图

在线形设计过程中，线形的连续性常用于表征线形的质量。曲线的连续性在数学上有两种表达，分别为参数连续性(用 C^n 表示)和几何连续性(用 G^n 表示)。n 阶参数连续的曲线表达式满足 n 次连续可微，但参数连续性不能准确反映曲线的光滑程度，且参数的选择对曲线的连续性有较大影响。几何连续性通过参数曲线上一点处满足不同于 C^n 的某一组约束条件来度量，如在连接点处的导数成比例而非严格要求相等。满足几何连续的曲线具有较大的自由度且不受参数变化影响，因此在计算机辅助几何设计和工程实践中常以几何连续性作为曲线连续性的评价指标。

从车辆行驶轨迹的角度考虑，满足行驶轨迹、轨迹的空间曲率及其变化率均连续的中线空间线形应保证三阶几何连续(即 G^3)，但由于 G^3 曲线的表达式形式复杂、求解困难，在实际工程中应用难度较大且成本较高，G^2 曲线也能实现相当的连续视觉效果，并综合考虑线形参数一致性及行车舒适性等要求，道路空间线形应在保证二阶几何连续的基础上根据实际情况对线形进行优化。道路线形设计是根据实际地形条件并考虑工程经济、环境、社会等综合效益的有机布设过程，作为道路建设的关键阶段应更加强调线形在空间上的整体连续性，寻求真正意义上的线形三维设计与控制。

2. 研究进展

目前道路项目的建设仍未完全实现二维向三维的转变，但已在路线真三维设计及三维可视化技术应用等方面取得了一定进展。

为了还原真实的道路环境，通过地理信息系统(geographic information system，GIS)协助勘测获取道路所处位置的三维地表状况后，建立数字地面模型(digital terrain model，DTM)使路线方案的选定可在计算机辅助搭建的三维空间内更加直观地开展[3]。现有的关于道路三维路线设计方面的研究一般从静态角度出发，研究焦点集中于空间线形的数学表达式构建与描述上，但设计要素的选取与控制一般仍建立在二维设计的基础上。由于道路空间线形受制于地形，很难用形式统一的数学表达式对空间线形进行准确描述，也缺少针对由空间单元构成的道路空间线形的安全性评价手段。虽然部分研究者提出可在空间 Frenet 标架下选用空间曲率和挠率作为指标评价道路空间线形的连续性，并考虑空间曲率和挠率在路线范围内的变化率[4~6]。Frenet 坐标系为空间曲线上任一点的单位切线(T)、单位主法线(N)、单位副法线(B)构成的正交坐标系统(TNB 标架)，如图 2 所示。但由于道路空间线形组合的复杂性，选用空间曲率和挠率作为评价指标的有效性和准确性仍有待商榷。

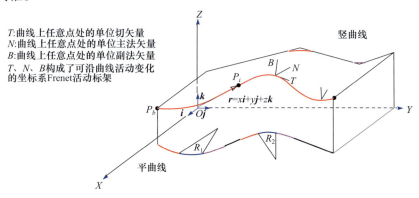

图 2　线路三维几何特征表达

从三维角度考虑的道路空间曲线应主要关注线形的几何连续性、车辆稳定性和行车舒适性，并按照选定走廊带范围、确定设计速度、三维路线设计、三维路线检查及设计成果输出的步骤确定道路线形，构建满足空间连续性和一致性空间曲线的数学解析模型。除此之外，三维可视化技术在道路项目的线形优化、安全评价、施工及进度管理等方面也有所应用[7~8]。

3. 主要难点

要实现线路工程的"真三维"设计与研究，难点主要包括以下几个方面：

一是通过准确的数学表达对三维空间的线形进行准确描述，以快速求解符合设计要求的空间曲线，摆脱原有二维到三维的设计模式。

二是分析线形的连续性、平顺性、设计速度等与路线整体三维模型参数间的关系。

三是更好地实现在三维空间中进行线形设计、比选、沿线构造物布设及优化的人机交互。

四是在车辆动力仿真中如何实现真三维线路动力学的建模、进行动力学分析和优化线路设计。

五是真三维的设计如何指导熟悉二维设计的施工人员，将其变为建筑物实体并和 BIM 有平滑的数据交换。

参 考 文 献

[1] Kuhn W. The basics of a three-dimensional geometric design methodology[C]//3rd International Symposium on Highway Geometric Design, Chicago, 2005.

[2] Chew E, Gou C, Fwa T. Simultaneous optimization of horizontal and vertical alignments for highways[J]. Transportation Research, 1989, 23B(5): 315–329.

[3] 唐国才. 三维模型技术在公路选线中的应用[J]. 中华建设科技, 2014, (8): 175–176.

[4] 林声, 郭忠印, 周小焕, 等. 公路线形空间几何特性模型及其应用[J]. 中国公路学报, 2010, 23: 47–52.

[5] 葛婷, 符锌砂, 李海峰, 等. 公路三维线形设计及约束建模[J]. 华南理工大学学报(自然科学版), 2016, 44(8): 91–97.

[6] 符锌砂, 葛婷, 李海峰, 等. 基于公路三维线形几何特性的行车安全分析[J]. 中国公路学报, 2015, 28(9): 24–29.

[7] 符锌砂, 龙立敦, 李海峰, 等. 基于体感交互的公路真三维设计与系统架构[J]. 华南理工大学学报(自然科学版), 2014, 42(8): 91–96.

[8] 廖树忠, 张志和. 基于 VR 的高速公路三维可视化进度管理系统[J]. 公路, 2010, (1): 114–116.

撰稿人：程建川

东南大学

审稿人：易思蓉　王明生

直线电机轮轨交通线形及参数

Alignment and Parameters of LIM Wheel/Rail Transit System

1. 背景与意义

由直线电机驱动的轨道交通方式都简称为直线电机轨道交通，包括直线电机轮轨交通、磁浮铁路、直线电机单轨交通等类型。

直线电机轮轨交通也称为直线电机地铁，采用直线感应电机(linear induction motor，LIM，简称直线电机)牵引，由钢轮钢轨支承和导向，综合了轮轨铁路与磁浮铁路的优点。电机的定子(初级线圈)固定在车辆底部，常称作直线电机，多采用短定子；次级部分固定在轨道上，多采用铝板或铜板制作，称为感应板，如图1和图2所示。直线感应电机的转子磁场与定子磁场不同步运行，次级线圈的磁场移动速度低于初级线圈磁场。列车最高运行速度一般在100km/h左右，主要应用于城市轨道交通系统中。

该种方式最早用在加拿大和日本，目前国内外已建成近30条直线电机轮轨交通线路，我国在广州、北京已建成通车4条直线电机轮轨交通线路，并在2012年颁布了行业标准《城市轨道交通直线电机牵引系统设计规范》(CJJ 167—2012)[1]。

线形参数也称线路设计参数，是指描述线路几何形态的参数。实际轨道交通工程设计中多将空间线路的几何形态简化，即采用直线+缓和曲线+圆曲线+缓和曲线+直线作为平面线形的基本组成；采用直线+竖曲线+直线作为纵断面线形的基本组成；横断面上采用的外轨超高则简化为有限的折线。线路平面、纵断面和横断面主要参数见表1。

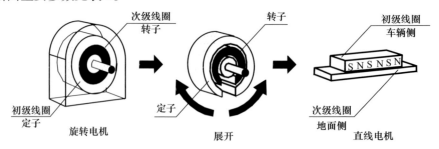

图1 直线感应电机LIM原理图

图 2　直线电机轮轨交通

表 1　线路平面、纵断面和横断面主要参数

线形断面	基本参数	线形断面	基本参数	线形断面	基本参数
平面	夹直线长度	纵断面	坡段长度	横断面	外轨超高
	圆曲线半径		坡度		超高顺坡
	圆曲线长度		竖曲线半径		限界
	缓和曲线类型		竖曲线长度		—
	缓和曲线长度		相邻坡段坡度代数差		—

参数的特征主要考虑极值特征，其选取需研究线路平顺性(主要为脱轨系数、轮重减载率和抗倾覆系数)、行车安全性、旅客舒适性(纵、垂、横向的加速度，加速度变化率和持续时间)及工程建筑物和设备可实施性、运动过程动力学合理性、工程经济合理性等因素[2]。

直线电机车辆具有爬坡能力强、转弯半径小、车辆限界小、轴重轻等优点，可增大线路限制坡度、减小线路最小曲线半径、降低隧道断面和桥梁荷载，使选线更灵活，进而降低工程造价。行车时动力性能好、振动噪声小，使得运营过程中车辆安全平稳、车辆和线路的养护维修工作量少，故运营费用低。适合在地形条件复杂、建筑物密集、轨道交通线网密布和地下空间资源紧张的城市中应用。

我国城市交通客流量日益增大，直线电机轮轨交通在城市中有很大的发展空间。但目前对该种新型轨道交通制式的研究不足，应对其现用线形及线路设计参数进行合理优化,以充分发挥该种制式的优点。

2. 研究进展

直线电机与感应板之间的气隙(以下简称气隙)对行车动力性能具有重要影响,其值通常为 6~12mm。线路平顺性、感应板高度变化等均会对气隙大小产生影响,从而影响直线电机牵引效率及行车安全性。

1) 与传统轮轨交通线形设计参数的差异

(1) 最小曲线半径。

最小曲线半径主要取决于运输性质、速度目标值、旅客乘坐舒适度和列车运行平稳性等。与普通列车不同,直线电机车体使用径向转向架,动力响应比采用传统的刚性转向架要小,车辆可以在曲线半径很小的线路上平稳运行,轮缘力和轮轨磨耗等性能指标也显著降低。例如,加拿大的直线电机轮轨交通列车(空中列车)在通过曲线半径为 70m 的弯道时可以维持 90km/h 的速度而无须减速。采用如此小的曲线半径一方面有利于城市轨道交通选线,另一方面可以在困难地段减少拆迁量,降低工程造价。因此直线电机轮轨交通非常适合城市轨道交通小半径曲线线路的需要。

(2) 最大坡度。

直线电机车辆不受轮轨之间的黏着限制,具有良好的爬坡能力。常规铁路的坡度一般不超过 30‰~40‰,直线电机轮轨交通线路坡度可达 60‰~80‰[3,4]。这使得直线电机轮轨交通线路在转入地下和爬升地面时显得相当灵活,直线电机车辆从地下爬到 6m 高的高架线上所需的距离约是普通轮轨交通车辆所需距离的 1/2,可显著缩短隧道长度、提升车站高度。

(3) 外轨超高。

在曲线地段设置外轨超高,可平衡列车在速度 V_0 下驶过半径为 R 的曲线时产生的横向离心力[5]。标准轨距轮轨铁路的曲线段外轨超高公式为

$$h = \frac{11.8 V_0^2}{R} \tag{1}$$

式中,V_0 为通过该段曲线各次列车的平均速度。但直线电机轮轨交通外轨超高的设置,应在考虑式(1)中因素的基础上增加车载直线电机与轨道结构感应板的垂向吸力作用的影响,可以使其外轨超高比普通轮轨交通的更大一些[1]。

2) 基于动力学理论的分析

列车-线路空间耦合动力学(简称"线路动力学")是应用系统工程的方法,考虑多节车辆组成的列车和线路之间耦合动力相互作用的研究手段。国内已建立车辆-线路耦合动力学模型,并对直线电机轮轨交通线形设计进行了初步研究。目前

国外基于列车-线路耦合动力学，对直线电机轮轨交通线形研究较少。

赵金顺等[6~8]将径向转向架及线路条件引入模型中，建立了车辆-线路耦合动力学模型，分析了不同曲线线路条件下直线电机车辆和轨道动力响应特性，提出了直线电机轮轨交通线路设计参数的合理匹配原则及取值范围。图3为所建模型示意图。

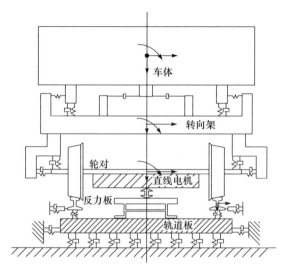

图3 直线电机车辆线路空间耦合动力仿真模型

张勇[9]建立了径向转向架直线电机车辆-线路耦合动力学模型，运用ADAMS/RAIL软件对广州地铁直线电机系统的安全性和平稳性指标进行了计算，为线路设计参数选取与匹配提供了参考。

胡彦[10]运用SIMPACK多体动力学软件和Simulink联合仿真方法，基于车辆-线路耦合动力学，分析了直线电机对车辆系统动力学性能的影响。

顾戌华等[11]通过建立直线电机电磁力模型和车辆-线路模型，综合比较了直线电机车辆在通过地面和通过高架桥时的动力学响应，评估了车辆在高架桥上运行的安全性和稳定性。

相关研究结论表明，与传统《地铁设计规范》(GB 50157—2013)相应标准相比，其最大坡度可增加一倍、最小曲线半径可减小1/2、外轨超高可增加30mm[1,8]。

3. 主要难点

目前国内相关规范标准还主要参照《地铁设计规范》(GB 50157—2013)，相应的线形参数及其合理取值范围的研究仍然不足，修编规范的参考依据较少。需要重点研究的难题包括以下方面：

(1) 线路-列车三维耦合动力学理论研究。

目前有关的研究，在列车方面主要侧重于单节车辆，在线路方面侧重于垂向动力学、横向动力学及横垂向动力学。将来的发展方向和研究难点为列车动力学、三维耦合动力学建模及应用研究。目前在动力学方面很少进行纵向动力学研究，随着列车编组数量的增加，纵向动力学、空间耦合动力学的研究日趋重要。

(2) 线路设计参数研究。

采用列车-线路动力学等方法，对最小曲线半径、缓和曲线、竖曲线、外轨超高等参数进行匹配研究，得出合理的取值范围，以供修编规范时参考，力求发挥该种交通类型相对于传统轮轨交通的优势。对适应直线电机轮轨交通的线路线形设计参数进行补充及优化，如竖缓和曲线的设置与取值等。

(3) 真三维空间线形及铁路设计研究。

传统平、纵、横断面分离设计会造成线路线形几何连续性的衰减，形成线形突变点，并对平面及纵断面的设计带来诸多约束，限制选线的灵活性。真三维空间定线力求将铁路线路建设成三维高阶平顺曲线，以降低轮轨冲击作用。

基于线形理论、线路设计方法、动力学理论等，结合复杂环境、曲线种类、平纵断面联合设计等实际工程条件，研究曲线在空间约束条件下的空间线形表达，建立直线电机轮轨交通空间线形理论，实现在真三维空间中进行定线，实现全线形的高阶连续性及工程应用，这是该研究的难点所在，也是该研究的发展方向。

参 考 文 献

[1] 中华人民共和国住房和城乡建设部. CJJ 167—2012 城市轨道交通直线电机牵引系统设计规范[S]. 北京: 中国建筑工业出版社, 2012.
[2] 魏庆朝, 蔡昌俊, 龙许友. 直线电机轮轨交通概论[M]. 北京: 中国科学技术出版社, 2010.
[3] 梁青槐, 刘智成, 赵金顺. 直线电机轮轨交通线路与限界[M]. 北京: 中国科学技术出版社, 2010.
[4] 时瑾, 魏庆朝, 万传风. 直线电机地铁线路设计关键技术[J]. 中国铁道科学, 2004, 25(2): 130–133.
[5] 魏庆朝. 铁路线路设计[M]. 2版. 北京: 中国铁道出版社, 2016.
[6] 赵金顺. 直线电机轮轨交通系统线路设计参数及匹配研究[D]. 北京: 北京交通大学, 2007.
[7] 赵金顺, 万传风, 张勇, 等. 直线电机轨道交通车线耦合模型的动力响应研究[J]. 铁道学报, 2006, 28(5): 129–133.
[8] 龙许友, 魏庆朝, 赵金顺. 直线电机地铁车辆曲线通过建模与仿真[J]. 系统仿真学报, 2007, 19(13): 3105–3107, 3114.
[9] 张勇. 基于 ADAMS/Rail 的直线电机车辆线路动力响应研究[D]. 北京: 北京交通大学, 2006.

[10] 胡彦. 直线电机地铁车辆动力学性能研究[D]. 成都: 西南交通大学, 2009.
[11] 顾戌华, 夏禾, 郭薇薇, 等. 直线电机轨道交通系统与桥耦合动力分析[J]. 工程力学, 2009, 26(2): 203–209.

撰稿人：魏庆朝　臧传臻
北京交通大学
审稿人：易思蓉　王卫东

铁路线域地质灾害时空危险性评估

Time-Space Risk Assessment of Geological Hazard in Railway Line

1. 背景与意义

我国幅员辽阔，地质构造复杂，是地质灾害多发的国家之一。根据路网规划，2020年全国铁路路网规模将达到15万km，其中山区铁路约占40%。地质灾害主要集中于山区铁路。据概略统计，由地质灾害引起的路基病害长度占运营里程的20%。鹰厦线、宝成线、湘黔线、川黔线等线路的山区路段地质灾害整治费用累计已达原造价的2～7倍。地质灾害及时处治和地质灾害预防是保证铁路建设和运营安全的两项重要工作，而地质灾害预防是最经济、最有效的防灾减灾措施。在铁路线路走向选择时，充分考虑地质灾害对铁路施工和运营的影响，做好地质灾害对线路安全性评估工作，进而避开或最大限度降低地质灾害对铁路运营的危害，是最有效的地质灾害预防工作。

宏观的地质选线是铁路选线设计中重要的工作内容，贯穿于"从面到带、从带到线、从线到点"的全过程，其工作本质就是判断大范围内地质灾害发生的可能性及其对铁路安全的危险程度。该阶段需要经历两个过程：①结合地理信息、航测和遥感信息技术，沿线进行大面积地质勘查。在国家、省、市等各级国土资源和气象部门收集大面积的基础地质水文和气象资料(地形地貌、地层岩性、地质构造、水系、降水、历史灾害等)，明确沿线地质情况；②基于基础资料综合分析，由具有丰富经验和地质专业知识的工程师逐点、逐段地判识地质灾害发生的可能性及其对铁路的危害。

显然资料收集和地质灾害危险性识别需要高成本和长周期，地质灾害的可能性及危险性初步判别还主要依赖地质工程师丰富的主观经验和综合分析能力。此外无论对既有路网、规划路网，还是对新线的地质选线，大范围铁路地质灾害可能性及危险性评估基本上是基于静态的工程地质、水文地质和历史的气象资料，很少、也很难考虑地质灾害重要的诱发因子——未来可能发生的动态雨量(随时间变化)对地质灾害的影响。

以上问题主要原因是缺乏系统研究铁路路网地质灾害动态危险性的评估理论与方法，导致缺乏有效手段或工具，初步并快速地识别区域范围内地质灾害对铁路建设安全或运营安全的影响程度。因此从宏观层面对规划和既有铁路路网进行地质灾害时间-空间危险性评估的系统研究，对于预防铁路地质灾害，促进铁路运输安全有重要理论和实践意义。

2. 研究进展

1) 地质灾害敏感性评价研究现状

地质灾害是在若干内在因子(地层、地貌、岩性、水文)和诱发因子(降水、工程建设)综合作用下产生的。地质灾害敏感性区划是综合各种致灾因子，基于区划理论和模型，进行空间分析，得到地域单元的危险性等级，并将研究区域用不同的颜色表示各种危险等级，便于识别区域潜在的地质灾害危险。地质灾害敏感性区划的建模方法可分为三类：定性方法、定量(或半定量)方法和确定性方法。目前定性方法主要有层次分析法和模糊分析法等；定量方法主要有概率分析法、判别分析法、线性逻辑回归法、信息量法、聚类分析法和人工神经网络法等；确定性方法主要有安全系数模型法等。

Lee 等[1]利用地形资料和卫星图像，分别采用概率模型与逻辑回归模型，在地理信息系统环境下对马来西亚 Selangor 地区进行了滑坡危险分区，并比较了两种模型的分区结果；Melchiorre 等[2]用神经网络与聚类分析相结合的方法研究滑坡危险性区划，并以意大利 Brembilla 地区为实例进行分析；还有学者采用其他方法进行研究，如判别分析法、加权线性组合法、确定性法等[3~6]。

国内也有不少学者在这一领域开展了研究工作。殷坤龙[7]就滑坡灾害和斜坡不稳定性空间预测与区划进行了深入系统的研究，先后提出了信息分析模型、多因素回归分析模型、聚类分析模型和判别分析模型等，并对秦巴山区和三峡库区区域滑坡灾害的预测进行了实例研究。黄润秋[8]较为系统地研究和阐述了汶川大地震发生的构造背景以及触发地质灾害的发育特征、发生机理及其评价预测。重点分析了崩塌滑坡地质灾害的分布规律、斜坡强震的动力响应及破裂失稳机理、斜坡物质运动特征，震后泥石流灾害的发育特征、预测评价及危险性分析，以及崩塌滑坡堵江的形成过程、堰塞坝稳定性、溃坝机理及风险评估等。王卫东[9]构建了地质灾害危险性评价的指标体系，采用多种数学模型进行危险性评价和预测，建立了基于 WebGIS 的贵州省公路地质灾害监测、分析、评价、预报和预警系统，以电子地图为载体，以区域-公路-灾害点为主线，从面、线、点全方位实现地质灾害基本属性信息、监测信息、气象信息、预警预报信息一体化的网络远程发布。

2) 铁路公路地质灾害危险性研究现状

铁路、公路部门历来重视地质灾害研究，大量成果主要集中在以下方面：①几乎每条铁(公)路，在预可行性、可行性研究和初步设计阶段都要通过遥感、野外勘察等手段进行大量的地质勘查、地质选线和地质灾害判释及防治工作；②针对单点地质灾害成因、机理、监测、预测、预报等进行防治研究；③对铁路、公路汛期行车安全进行研究。

比较有代表性的是研究了基于GIS的铁路单点地质灾害信息管理与预警预报系统的总体架构、功能特征及系统实现的几个关键问题[10]。

此外，目前客运专线、高速铁路配备防灾安全监控系统，包括风监测子系统、雨量监测子系统、异物侵限监测子系统、雪深监测子系统、地震监控子系统等。

以上既有研究内容可以概括为以下方面：

(1) 区域地质灾害区划主要集中在国土资源部门，用于山区流域和水库区岸地质灾害评估和城市规划，对带状铁路构造物的地质灾害区划缺乏基础理论与方法研究。

(2) 交通部门(公路、铁路)对沿线单点地质灾害成因、监测、预测、预报以及综合管理治理，很多是微观层面(某个灾害点)的地质灾害处治研究，宏观区划预防研究不够。

(3) 新建铁(公)路的地质勘查，既有铁(公)路地质灾害调查和汛期地质灾害行车安全管理等研究，虽然是面向某条线路的地质灾害危险性研究，但未能综合考虑时间轴上雨量变化引发的地质灾害对线状构造物的危险性。

(4) 客运专线、高速铁路配备防灾安全监控系统，主要包含风、雪、雨、地震、异物侵界等主题防灾系统，综合研究、系统研究不够。

3. 主要难点

(1) 铁路线域地质灾害时空危险性评估指标体系研究。在国土资源部门地质灾害区划常用的指标包含地质构造、地层、岩性、水文、地貌、植被、坡度、坡向、历史降水、历史灾点、地震烈度等多项指标。依据既有铁路地质灾害发生的规模、频率等大数据，判识致灾因子之间相关性、耦合作用规律以及各指标与铁路线域构造物地质灾害危险性的相关程度，进一步构造铁路地质灾害危险性评估指标体系。

(2) 线域地质灾害危险性评估模型研究。目前区域性的地质灾害危险性评估的研究方法主要是专家主观评判法、统计法和人工智能等。深入开展大数据理论研究和深度学习、机器学习等现代人工智能模型研究，是解决铁路线域地质灾害空间危险性评估问题的重要途径。

(3) 大多数地质灾害是由降水引发的，根据历史降水过程，模拟铁路建成后可能的各种降水历程诱发铁路线域地质灾害的可能性以及工程结构物的易损性和对运营线的危险性，是铁路线域地质灾害时空危险性预测和评估的重要任务。

参 考 文 献

[1] Lee S, Pradhan B. Landslide hazard mapping at Selangor, Malaysia using frequency ratio and logistic regression models[J]. Landslides, 2007, 4(1): 33–41.

[2] Melchiorre C, Matteucci M, Azzoni A, et al. Artificial neural networks and cluster analysis in landslide susceptibility zonation[J]. Geomorphology, 2008, 94(3-4): 379–400.

[3] Devkota K C, Regmi A D, Pourghasemi H R, et al. Landslide susceptibility mapping using certainty factor, index of entropy and logistic regression models in GIS and their comparison at Mugling-Narayanghat road section in Nepal Himalaya[J]. Natural Hazards, 2013, 65(1): 135–165.

[4] Ding M T, Hu K H. Susceptibility mapping of landslides in Beichuan County using cluster and MLC methods[J]. Natural Hazards, 2014, 70(1): 755–766.

[5] Martha T R, van Westen C J, Kerle N, et al. Landslide hazard and risk assessment using semi-automatically created landslide inventories[J]. Geomorphology, 2013, 184(3): 139–150.

[6] Nourani V, Pradhan B, Ghaffari H, et al. Sharifi Landslide susceptibility mapping at Zonouz Plain, Iran using genetic programming and comparison with frequency ratio, logistic regression, and artificial neural network models[J]. Natural Hazards, 2014, 71(1): 523–547.

[7] 殷坤龙. 滑坡灾害风险分析[M]. 北京: 科学出版社, 2010.

[8] 黄润秋. 汶川地震地质灾害研究[M]. 北京: 科学出版社, 2009.

[9] 王卫东. 基于WebGIS的区域公路地质灾害管理与空间决策支持系统[M]. 北京: 科学出版社, 2014.

[10] 朱良峰, 吴信才, 刘修国. 基于GIS的铁路地质灾害信息管理与预警预报系统[J]. 山地学报, 2004, 22(2): 230–235.

撰稿人：王卫东
中南大学
审稿人：易思蓉　王明生

铁路线路的智能优化

Intelligent Optimization of Railway Alignment Design

1. 背景与意义

铁路选线设计作为铁路建设的先行和基础，是铁路建设总揽全局的核心工作，对项目工程的难易程度、工程投资的大小及施工和运营的安全产生决定性影响。其基本任务是根据设计项目的功能需求，结合所经地区社会、经济环境和自然环境，确定合理的线路走向、主要技术标准和空间位置，多目标协调统一布设各种结构物。

通常连接铁路起终点并满足各类约束的线路方案有无穷多个，选线设计人员需要从中选出最优的方案。但由于时间和精力的限制，设计人员只能凭经验选取少量的方案进行详细研究，难以保证方案最优。这无疑会给后续的设计、建造及运营维护带来诸多不良影响，待铁路建成，这些不良影响将难以甚至无法消除。

线路智能优化为这一问题提供了可行的解决途径，它本质上是以线位控制点坐标及其曲线配置为自变量，以铁路工程投资、运营费、环境影响代价及车线动力学指标等要素组成的综合代价为目标函数，综合应用线路设计理论与方法、人工智能、最优化理论、地理信息系统等理论与方法，使计算机自动进行铁路三维空间线路搜索和结构物协调布设，搜索出满足各种约束条件且目标函数最优的线路方案。因此应用线路优化可以解决选线设计中方案有限、决策周期长、评价指标单一、设计劳动强度大等问题，显著提高设计效率与质量。线路智能优化一方面是人工智能在铁道工程学科的成功应用，更重要的是应用人工智能理论与方法之后，可以显著提升铁路线路线形设计的水平，促进学科发展和行业进步。

2. 研究进展

自 20 世纪 60 年代开始，国内外学者针对线路优化问题开展了长期研究，提出了一系列理论与方法[1]（图 1）。

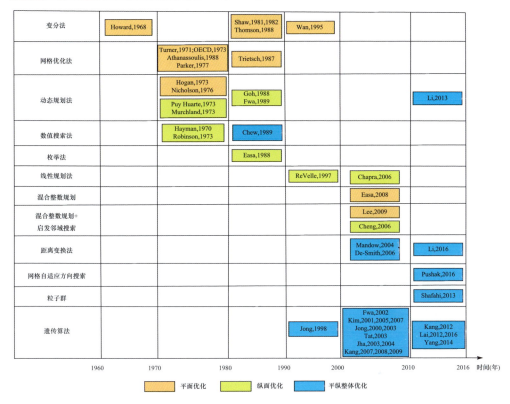

图 1 选线智能优化代表性理论与方法

1968 年 Howard 将数学中变分法引入线路平面优化中，提出了公路平面线形的最佳曲率原则，拉开了线路智能优化的序幕。随后线路优化迎来了百花齐放的快速发展阶段，1970~2000 年，网格优化、动态规划、梯度投影、枚举法、数值搜索等一系列方法被提出，并不断有学者对其进行改进。这个时期，研究人员主要通过数学理论与方法解决线路优化问题，但真实的地形、地质环境及约束条件难以用连续可微的数学表达式形式完整地表达出来。进入 21 世纪，随着计算机技术的快速发展，大量启发式算法应用于解决线路优化问题，如遗传算法[1~4]、粒子群算法[5]、距离变换算法[1,6~8]、网格自适应方向搜索法[9,10]。这些算法的应用解决了地形、地质环境、约束条件难以表达，优化目标函数需连续、可微的难题。

可见，线路优化一直是国内外交通土建工程领域的热点前沿问题。经过半个世纪的发展，优化方法不断推陈出新，线路优化已从二维的线路平面或纵断面优化发展为三维空间的平纵面整体优化；研究方法从传统的数学理论与方法演变为启发式算法；研究重点也从平原区选线向复杂山区选线转变。目前的线路优化方法可在地形不太复杂的平原、微丘地区，自动搜索出经济、合理的线路方案。但在地形、地质环境极其复杂的艰险山区，由于影响线路方案决策的因素众多，线路-结构物-环境之间的耦合约束关系变得异常复杂，现有方法往往难于生成合适的优化解或可行解，存在复杂环境受限的问题。

3. 主要难点

(1) 规律认知。对地形、地质等环境因素与线路位置的相互作用及影响规律缺乏深入准确的认知，虽然依据长期的设计实践经验已总结出各种地貌特征下的选线原则，但这些先验知识总体看来仍然十分片面且主要以离散、抽象、定性的方式表达，难以实现系统、全面地定量分析和推理。

(2) 多目标决策。线路优化是一个复杂的多目标决策问题，需要考虑安全、环保、经济、舒适等诸多因素和目标，这些目标有时是矛盾和冲突的。如何协调、平衡处理这些目标之间的关系，建立多目标决策模型，对线路方案进行全方位整体评价是长期以来一直困扰铁路选线工作者的重要问题。

(3) 约束动态耦合。铁路线路优化必须建立在对线路、环境、桥隧、车站等结构物的综合、协同优化配置上。在选线过程中，线路、结构物、环境三者之间存在紧密关联耦合的约束关系(图2)。同时，这种耦合约束关系还呈现动态特征，会随着线路方案的生成动态创建或更新，需实时解算生成动态约束。

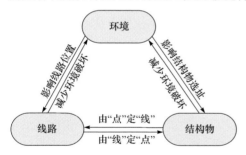

图2　线路-结构物-环境耦合约束关系

线路-结构物-环境耦合关联的复杂性和动态性是铁路线路优化不可回避的关键问题，特别在复杂山区环境下，平面障碍和高程障碍并存，桥隧等结构物增多，耦合约束变得更为复杂。而这些约束的耦合关联和动态特征恰恰是现有研究所忽视的，导致难以给出线路-结构物-环境综合协调的优化解。因此，如何科学准确地刻画线路-结构物-环境的关联耦合关系，并建立动态推理更新机制，以此为基础研究相应的搜索算法，是实现线路-结构物-环境协同优化的关键。

(4) 线位智能搜索方法。现有的线路方案智能搜索方法可分为直接法和间接法两类。

①直接法以线路的平面交点、半径、变坡点位置及标高为自变量，建立反映工程费、运营费、环境影响代价的目标函数，考虑结构物-线路-环境之间的约束，迭代求解出目标函数值最小的最优线位，包括变分法、梯度投影法、数值搜索、

枚举法、线性规划、混合整数规划、启发邻域搜索、格网自适应方向搜索、粒子群、遗传算法等。但此类方法需预先设置线路控制点个数及初始分布,甚至给出初始线路方案,并且这一初始分布的合理与否对最终的优化成果影响重大,这在复杂环境下是极其困难的,常常因初始值不合适而导致搜索失败。

②间接法的思路是在研究区域的格网范围内(通常为数字地面模型格网),先搜索出连接起终点的最优路径,再将其拟合成最终的线路方案,包括网格优化法、动态规划法、距离变换等。该类方法不必给出控制点的初始分布,但是在将路径拟合成最终线路的过程中,容易出现线路严重偏离最优路径的情况,特别是在复杂山区环境下,往往为了克服高程障碍,线路需要迂回展线,常常使拟合效果欠佳。

直接法如何合理分布线位初始控制点及间接法如何消除拟合线路偏离路径的难题是线位智能搜索面临的瓶颈问题,亟待解决。

因此,针对铁路线路优化问题,国内外学者自 20 世纪 60 年代开始至今开展了长期深入的研究,进行了众多卓有成效的工作。但由于复杂环境下的铁路选线涉及因素众多且高维耦合,问题本身具有动态不确定性,现有方法均有一定的局限性和适用范围,目前尚没有公认可行的解决方法。近年来,随着大数据、深度学习等技术取得的飞速发展,为探寻复杂地形、地质环境下的选线规律,研究新的线位搜索算法提供了新的思路和方法,使该问题的研究有望取得新突破。

参 考 文 献

[1] Li W, Pu H, Schonfeld P, et al. Mountain railway alignment optimization with bidirectional distance transform and genetic algorithm[J]. Computer-Aided Civil and Infrastructure Engineering, 2017, 32(8): 691–709.

[2] Jha M K, Schonfeld P, Jong J C, et al. Intelligent Road Design[M]. Boston: WIT Press, 2006.

[3] Kang M W, Jha M K, Schonfeld P. Applicability of highway alignment optimization models[J]. Transportation Research Part C: Emerging Technologies, 2012, 21(1): 257–286.

[4] Yang N, Kang M W, Schonfeld P, et al. Multi-objective highway alignment optimization incorporating preference information[J]. Transportation Research Part C: Emerging Technologies, 2014, 40: 36–48.

[5] Shafahi Y, Bagherian M. A customized particle swarm method to solve highway alignment optimization problem[J]. Computer-Aided Civil and Infrastructure Engineering, 2013, 28(1): 52–67.

[6] de Smith M J. Determination of gradient and curvature constrained optimal paths[J]. Computer-Aided Civil and Infrastructure Engineering, 2006, 21(1): 24–38.

[7] Li W, Pu H, Schonfeld P, et al. Methodology for optimizing constrained 3-dimensional railway alignments in mountainous terrain[J]. Transportation Research Part C: Emerging Technologies, 2016, 68: 549–565.

[8] 蒲浩. 铁路数字选线设计理论与方法[M]. 北京: 科学出版社, 2016.

[9] Hirpa D, Hare W, Lucet Y, et al. A bi-objective optimization framework for three-dimensional road alignment design[J]. Transportation Research Part C: Emerging Technologies, 2016, 65: 61–78.

[10] Pushak Y, Hare W, Lucet Y. Multiple-path selection for new highway alignments using discrete algorithms[J]. European Journal of Operational Research, 2016, 248(2): 415–427.

撰稿人：蒲 浩 李 伟 张 洪

中南大学

审稿人：易思蓉 王卫东

基于列车运行动力特性的铁路线形

Railway Geometric Design Based on Track-Train Dynamics

客运高速化和货运重载化是现代铁路发展的两个重要方向。随着现代铁路行车速度不断提高,列车轴重不断增大,列车与线路之间的动态相互作用显著增强,对铁路线路设计参数及线形状态也提出了更高要求。在此条件下,若铁路线形或相关参数设计不合理,将对列车运行安全性、平稳性和旅客舒适性产生较大影响[1]。早期的铁路线路线形与相关参数研究一般将列车假定为一质点或刚体,采用静态或准静态方法进行分析,忽略了车辆与线路之间相互作用的影响,因而存在较大的局限性。由于车辆走行部分设计特性和轨道随机不平顺,按传统方法选定的设计参数不一定能保证车辆通过线路时具有良好的动力性能,特别是在高速行车条件下,速度越高,其不适应性就越明显[2,3]。因此改变传统铁路线路参数分析方法,转向以列车运行最佳动力特性为目标,合理选取高速与重载铁路线路设计参数,充分优化线路线形,是当前铁路发展需要面对的重要课题[4]。

铁路线路线形可投影为线路平面和纵断面。线路平面主要由直线和曲线构成,其关键技术参数主要涉及夹直线、圆曲线、缓和曲线等;线路纵断面主要由不同坡段构成,其关键技术参数主要涉及坡度、坡段长度、坡段连接等[4]。因此基于列车运行最佳动力特性的铁路线形与参数研究思想是借助相关动力学理论建立车-线系统动力学模型,研究上述线路设计参数对车线系统动力性能的影响规律,建立车-线系统动力性能与线路参数之间的关系模型,用动力学仿真分析模型确定满足列车行车安全性、平稳性与旅客乘坐舒适度标准的线路设计参数及线形。构建正确的车-线系统动力学模型是开展此项研究工作的重要前提,其理论基础为车辆-轨道系统动力学和列车纵向动力学理论。其中,车辆-轨道系统动力学理论是利用系统动力学的思想,将机车车辆系统和轨道系统作为一个总体大系统,而将轮轨相互作用作为连接两个子系统的纽带,主要研究车辆-轨道系统的垂向和横向振动问题[5];而列车纵向动力学理论是将列车看作一个有阻尼的弹性约束机械系统,分析列车在牵引、制动等不同运行状态下车钩力的变化规律,主要研究列车纵向力问题。

基于以上思想展开深入研究,解决高速与重载铁路线路设计中存在的以下重要问题:

一是基于列车运行最佳动力特性的高速与重载铁路曲线参数与标准问题[6~8]。在高速或重载行车条件下，线路曲线参数对列车动力特性的影响非常敏感。以铁路曲线参数的标准为主线，应用车-线系统动力学理论和仿真分析方法，揭示高速或重载铁路车-线系统动力学性能与曲线参数之间的相互作用机理，探明轨道结构和轨道几何形位对曲线路段车-线动力学性能的影响规律，建立车-线动力学性能与曲线超高和未被平衡超高之间的关系模型，建立曲线路段车体横向加速度与未被平衡超高的计算关系。通过高速列车旅客乘坐舒适度试验，探明旅客舒适度与曲线参数之间的相互关系。在动力学仿真分析的基础上，研究基于最佳车-线动力学性能的高速铁路曲线参数计算方法，并提出曲线参数技术标准。

二是高速铁路的线间距问题。两相向列车交汇时，由于巨大空气阻力的产生，列车将受到巨大的横向推力作用。在高速行车条件下，列车空气阻力按运行速度的二次方增加。在满足限界要求的前提下，影响线间距的主要因素是列车交会时产生的会车压力波，该压力波的大小与交会列车的运行速度、流线型程度、列车宽度、列车长度和线间距有关，必须确定合理的最小线间距，以保证会车安全。

三是高速铁路线形变化点分布与高速列车抖振机理问题。高速铁路线形是由平面圆曲线、缓和曲线和立面竖曲线叠合而成的复杂线形；在曲线毗连路段，列车通过线形变化点时，车轮与钢轨冲击引起转向架弹簧的振动。为避免相邻两次振动的叠加，以保证旅客的舒适，各线形变化点间应有足够长度的夹直线，以保证旅客列车以最大行车速度通过夹直线的时间不小于转向架弹簧振动消失的时间。应从保证线形养护维修的要求，保证车辆横向摇摆不致影响行车平顺，车辆振动不致影响旅客舒适等方面研究高速铁路线形变化点分布与高速列车抖振机理，从而为高速铁路线形参数标准制定提供科学依据。

四是铁路隧道内最大坡度折减问题。从影响隧道内空气附加阻力的主要条件来看，现行规范的隧道坡度折减理论和参数均不尽合理。在探索线路最大坡度对列车通过隧道影响机理的基础上，研究隧道最大坡度折减理论和方法，为相关规范制定提供科学和技术支撑。

随着高速与重载铁路的不断发展，车辆-线路之间动态作用更加显著，线路线形与相关设计参数设置是否合理等因素，轻则可能影响列车运行平稳和旅客乘坐舒适性，重则可能直接影响列车运行安全。因此研究基于列车运行最佳动力特性的铁路线形与参数设计和优化理论与方法，建立高速或重载铁路线路线形及相关平纵断面设计参数与列车运行动力特性之间的内在联系，通过优化线路线形与合理选取平纵断面设计参数，以最大限度减轻列车与线路系统的动力响应，对于提高列车运行安全与舒适性、延长车辆与线路系统的寿命、减少线路养修工作量具有重要意义。

参 考 文 献

[1] 龙许友, 时瑾, 王英杰, 等. 高速铁路线路线形动力仿真及乘坐舒适度评价[J]. 铁道科学与工程学报, 2012, (3): 26–33.

[2] Lee S Y, Cheng Y C. Influences of the vertical and the roll motions of frames on the hunting stability of trucks moving on curved tracks[J]. Journal of Sound and Vibration, 2006, 294(3): 441–453.

[3] Miyagaki K, Adachi M, Sato Y. Analytical study on effects of form in transition curve[J].Vehicle System Dynamic, 2004, 41(Sl): 657–666.

[4] 易思蓉. 铁路选线设计[M]. 3 版. 成都: 西南交通大学出版社, 2009.

[5] 翟婉明. 车辆-轨道耦合系统动力学[M]. 3 版. 北京: 科学出版社, 2007.

[6] 易思蓉, 聂良涛, 秦方方. 基于动力学分析的高速铁路最小曲线半径研究[J]. 西南交通大学学报, 2013, 48(1): 16–20, 35.

[7] 朱颖, 易思蓉. 高速铁路曲线参数动力学分析理论与方法[M]. 北京: 中国铁道出版社, 2011.

[8] 曾勇, 许佑顶, 易思蓉, 等. 重载铁路最小曲线半径动力学分析[J]. 铁道工程学报, 2016, 1: 42–45, 96.

撰稿人：易思蓉　曾　勇

西南交通大学

审稿人：王卫东　王明生

磁浮交通及与线路工程匹配问题

High-Speed Maglev Transportation and Its Matching Problem with Line Engineering

磁浮(magnetic levitation)，通常缩写为 Maglev，是当今世界最新的地面交通运输技术。磁浮技术彻底摆脱了轮轨关系的束缚，使速度、运量、功率、舒适度和安全性等达到了更好的结合。目前世界上达到工程实用化程度的有三种磁浮系统，分别是日本超导电动磁浮系统 ML、德国常导电动磁系统 TR、中低速常导电动磁浮系统[1]。

常导体吸力型磁浮车梁-导轨系统如图 1 所示。常导磁浮车的车辆跨座在导轨上，车上安装的集电设备向供电轨供电，导轨相应部位安装感应轨，利用两轨间磁场的吸引力将车辆吸起 10mm 左右，然后利用长定子直线同步电机驱动车辆前进。

我国修建的上海磁浮列车示范运营线于 2003 年 1 月正式运营。该线引进德国先进技术，是世界上第一条高速磁浮铁路运营线[2]。

超导磁浮车的车辆行驶在"U"形导轨槽内，车上装置超导电磁线圈，超导体线圈一般由超导合金制成，浸入超低温溶液中，线圈电阻即接近于零，一旦有电流通过，即可持续通电，不需再供电。车侧导轨相应部位也安装线圈，当车辆通过时，导轨上的线圈产生感应电流出现磁场。超导体线圈的磁场与导轨上线圈的磁场产生相斥

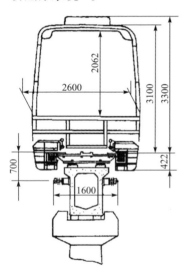

图 1 常导磁浮车辆-导轨断面图
(单位：mm)

力，可使车辆浮起 100mm 左右，适合于高速运行。采用的仍是长定子直线同步电机驱动车辆前进。日本采用 L0 系试验车辆，2015 年 4 月的载人试验速度已达 590km/h，创造了陆路交通的最高试验速度[3,4]。

地面高速运输要克服巨大的空气阻力。当速度超过 500km/h 后，空气阻力将非常大，因此研究人员产生了管道磁浮线路的设想。将磁浮车系统置于空气稀薄

的管道中，其时速几乎可以无限制地提高。美国兰德公司等预计管道高速运输系统可能在 21 世纪成为现实。

中低速常导电动磁浮系统最高速度可达 200km/h，可用于城市内的轨道交通线路和市间直达快速交通线。随着长沙磁浮轨道交通线路投入运营，中低速常导电动磁浮系统已在我国成功用于城市轨道交通系统。

电磁悬浮列车与线路具有特殊的耦合关系。磁浮列车悬浮架包住悬浮轨运行，因此即使在隧道内也需要采用桥梁结构将车托起。由于桥梁具有变形挠度，而悬浮控制又需要将悬浮间隙通过主动控制保持在额定值，因此存在磁浮列车特有的车轨耦合振动现象[5]。由于需要不断调整悬浮间隙，悬浮控制对车辆和桥梁都是一种外部能量输入激励，使它们的振动状态发生变化，而这些变化又会对悬浮气隙产生影响，因此车辆、桥梁和控制共同组成了一个自激振动系统。当上述自激振动系统对外部激励的响应能够迅速收敛时，就可实现稳定、安静的悬浮；当对外部激励的响应既不会扩大、也不会完全收敛，而是保持在一个振幅范围内达到动态平衡时，也可实现稳定但不安静的悬浮，因为持续的动态调整会产生一定程度的振动，会产生噪声；而当对外部激励的响应不能收敛，而是由小到大不断扩大时，最终将不能保持稳定悬浮，发生偶尔打轨甚至悬浮崩溃现象。磁浮系统作为一种新型轨道交通系统，从试验到实际运营，还将遇到许多科学难题，在线路设计理论与设计参数、轨道梁合理结构形式、交通控制与运输组织等方面，有大量的技术难点有待解决。

在磁浮交通线路工程技术方面，与新型磁浮车辆和控制系统相匹配，有许多难点问题尚待解决。

目前国内磁浮轨道、道岔在沿用德国、日本技术方案的基础上，局部略有变化。为了形成我国自身的技术体系，需要研究磁浮轨道、道岔与磁浮车辆动力作用机理，探索制造、铺设、养修中的状态监测、检测与决策问题。研究轨道结构优化问题，轨道设备制造工艺、检测技术、维护标准等。目前磁浮线路工程结构借鉴了高速铁路线路、城市轨道交通工程结构的技术，围绕其结构类型、结构标准，从磁浮交通振动小、车辆荷载均布的特点方面，研究了磁浮线路结构优化问题。

作为一种全新的轨道交通系统，磁浮铁路线路的修建需要与磁浮系统相匹配的线路空间线形和参数标准作为保证[6]。磁浮线路应能保证列车按规定的最高速度，安全、平稳和不间断地运行。线路平面和纵断面的空间线形更应满足行车安全平顺，保证旅客舒适和便于维修等要求，而且必须力求在工程和运营两方面最为合理。为此需要结合磁浮系统车辆与控制特性，研究科学合理的线路空间线形和相应的行车运动学参数。研究难题包括空间线形与磁浮列车运行轨迹的匹配规律，探索磁浮线路与磁浮列车动力特性相互作用关系，探明空间线形影响磁浮列车运动振动的规律，建立磁浮线路与列车运行动力仿真模型，为制定高速磁浮系统线路标准提供科学依据。

参 考 文 献

[1] 魏庆朝, 孔永健, 时瑾. 磁浮铁路系统与技术[M]. 2 版. 北京: 中国科学技术出版社, 2010.
[2] 易思蓉. 上海磁悬浮示范运营线线路技术条件[J]. 中国铁路, 2001, (8): 42–43.
[3] In-KunKim, Hyun-KapChung, Moon-HwanYoo. Status of the maglev development in Korea [C]//The 15th International Conference on Magnetically Levitated Systems and Linear Drives, Fuji, 1998.
[4] 林国斌, 连级三. 日本磁悬浮高速铁路发展情况及山梨试验线的技术与系统特点[J]. 机车电传动, 1998, (7): 24–27.
[5] 翟婉明, 赵春发. 磁浮车辆/轨道系统动力学(1)——磁/轨相互作用及稳定性[J]. 机械工程学报, 2005, (10): 5–8.
[6] 卜继玲, 付茂海, 严隽耄, 等. 常导吸引式低速磁悬浮车辆动态曲线通过性能研究[J]. 铁道学报, 2001, 23(1): 29–32.

撰稿人：易思蓉
西南交通大学
审稿人： 魏庆朝　王明生

高速铁路高架车站复杂结构体系及其振动控制

Complex Structure Systems of Elevated HSR Station and Its Vibration Control

1. 背景与意义

受制于国民经济和城市建设的发展,早期的铁路车站形式单一、设施陈旧、环境较差。21世纪初,国家大力发展基础交通设施建设,我国铁路也迎来了跨越式发展的历史机遇[1]。随着高速铁路的建设,高架车站这种新型的车站结构形式应运而生。

高速铁路高架车站是将候车厅、站台等车站设施皆架设于轨道线路之上的铁路车站[2]。一般根据运输需要,系统、经济、合理地确定车站布局及规模,对于复杂的车站设计方案必须经过技术经济比较确定[3]。大型的高架车站通常采用房桥合一,即列车-桥梁-站房一体化的站房布局形式,这种车站既是站房建筑又是桥梁结构,并且将两者有机结合到一起,如图1所示。还有一种车站结构形式将站房建筑、车场结构分开设置,也称为房桥分离,站台一般设在站房楼板上,由房屋结构受力;轨道层一般设在高架桥上,轨道桥梁放置在直接伸入地面的桥墩之上,如图2所示。高速铁路高架车站中的桥梁结构、房建结构形成一个复杂的整体空间结构体系,设计理念现代,具有旅客进出站方便、内部空间大、土地资源利用高效、经济效益和社会效益良好等优点。

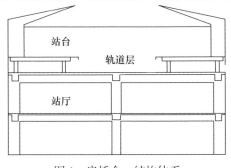

图 1 房桥合一结构体系

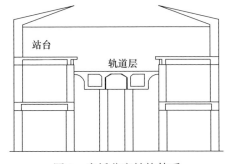

图 2 房桥分离结构体系

对于高架车站,由于房屋结构与轨道面(或轨道层)相互影响,列车通过车站时所引起的振动会通过竖向支撑(或地基基础)传递到上部结构，这有可能引起车站结构的安全性或旅客的舒适性问题。因此需要对这种结构在高速列车作用下引起的振动响应进行深入研究，有效地控制高架车站的振动效应，限制振动的传播或加速振动的衰减，以确保结构的运营安全性以及旅客舒适性。

同时，大型车站的结构体系中常采用的轻质高强的建筑材料会使候车厅楼板具有跨度大、质量轻、阻尼小、自振频率偏低等特点。偏低的楼板自振频率有可能接近人群移动的频率，这使设计者须考虑不同密度分布、运动状态的人群荷载引起的结构振动。

另外风机等大型设备悬吊于站厅吊顶与楼层之间，设备运行时亦产生振动。大型车站往往还充当城市地铁枢纽，地铁运行的振动也不可忽视。基于多种振源的高速铁路高架车站振动控制是一个复杂而且有挑战的科学问题。

结构的加速度时程曲线直观反映了结构的振动强度。振级作为振动评价参数可以反映出由振动振幅和频率所确定的振动能量。从人的主观角度出发，不同振幅和振动频率引起人的主观感觉不同。综合各国家、各体系的舒适度评价指标，当振动频率在 1~8Hz 时，人们在住宅、办公可接受的峰值加速度为 0.005g，在商业、餐厅、走道可接受的峰值加速度为 0.015g，在室外人行天桥可接受的峰值加速度为 0.05g；考虑振幅、振动频率和振动能量的《城市区域环境振动标准》(GB 10070—88)中的垂向振级分贝值评价法规定：铁路干线附近竖向振级上限为 80dB。

随着高速铁路的快速发展，高架车站越来越多，其振动及控制问题越来越引起人们的重视，也逐渐成为跨铁道工程、桥梁工程、结构工程学科的一项难题和研究热点。车站结构的安全性和旅客的舒适性都是不可忽略的。从复杂结构体系入手，对不同振动之间的耦合、不同振动源的特性和传播衰减规律、对车站结构的疲劳破坏机理以及振动控制措施进行研究具有十分重要的科学理论意义和工程实践价值。

2. 研究进展

1) 高架车站复杂结构体系

高速铁路高架车站的建筑特点决定了其结构体系的复杂性和多样性，车站所处地区的地震设防烈度、基本风压、基本雪压、跨度、层高、股道数量、站台宽度等都会对结构体系选型产生重要影响。

目前较常应用的结构主体一般为钢结构或钢筋混凝土结构的框架式结构体系。站房屋盖跨度最大，通常采用钢网架、钢桁架或钢桁架网架混合结构；高架层楼盖主要采用钢结构或预应力混凝土框架结构；轨道层多采用预应力钢筋混凝土或型钢混凝土框架结构。

2) 列车荷载引起的振动

列车与车站结构动力相互作用是个复杂的课题,世界上对该课题的研究可追溯至 20 世纪 60 年代前的古典车桥动力研究阶段,主要研究方法以试验为主,理论上得到了若干简化模型的解析或近似解。目前较为复杂的车桥动力模型中,轨道包括钢轨、胶垫、轨枕和道床等元件,车辆采用具有两系悬挂、簧下质量、转向架和车体的模型,同时考虑轨道不平顺等因素影响对结构动力响应进行研究[4,5]。尽管对交通荷载引起的振动和噪声研究已不鲜见,但是研究集中在高架轨道层以及临近的建筑物部分,对于高架车站受交通荷载特别是高速列车引起振动影响的研究较少。

3) 人群荷载引起的振动

人群荷载模型是人致结构振动的分析基础,为了确定人步行荷载的基本特性,Harper 率先于 1961 年做了第一批步行力测量试验[6]。单人正常行走步频在 2Hz 左右[7],但由于每个人的步态参数均有差异,对于人群行走模拟具有更多的不确定性。车站结构上人流密度大,人群步行特征和工况与其他类型建筑不同,采用可预测的人群集度荷载模型与客站运营过程中实际的人群行为模式相结合,可以较好地为大跨度候车厅的人群荷载模拟提供新的解决方法[8]。

4) 多种振动源的综合作用及振动控制

高架车站结构中存在的多种振动源具有不同的动力特性,为了研究其综合作用和相互耦合机制,需要建立列车-站房结构系统动力分析模型,分析车站结构在列车行驶移动荷载和大型设备运转、密集客流移动等共同作用下的结构动力响应。

针对结构振动控制的研究目前也是该领域的研究热点之一。对于车站结构,控制振动响应主要有以下几种手段:①减小振动源能量,如改善轨道特性,改良设备性能;②阻隔振动传递路径,如轨道浮置板技术、设备支座隔振技术;③结构体系减振技术,如消能减振阻尼器、主/被动控制技术等。

3. 主要难点

高速铁路高架车站复杂结构体系及其振动控制涉及结构工程学、交通运输工程学、车辆动力学、轨道动力学、桥梁动力学、环境工程学等多个学科领域,目前国内外学者对其进行了初步研究,还需要在以下方面进行深入的研究:

(1) 创新提出新型的结构形式,使高架车站能在满足复杂建筑使用功能的基础上,结构受力更加合理,传力机制更加明确,振动响应更加清晰可控。

(2) 对于大型复杂结构的振动问题,针对结构自身特点和所关心的构件振动特性，构建既精确又简化的动力分析模型，以提高计算效率和结果的可靠性。

(3) 列车进站和出站是一个减速、停止、加速的复杂动力过程，在对高架车站结构进行振动影响研究时，应充分考虑列车制动力对结构的影响。

(4) 建立精准的人群荷载模型，可以用于模拟诸如排队进站、人群分散行走以及紧急疏散等站房结构所面临的多种人群荷载工况。

(5) 列车、设备、人群与结构动力效应相互作用的研究涉及多个工程领域，对于高速铁路高架车站结构运营过程中可能发生的多振源振动问题，其相互耦合作用非常复杂。

(6) 依据车场规模及布置，研究股道数量、站台规模、轨道层柱距等设计参数及其变化所引起的动力响应，评价设计参数的合理性，确定这些参数的合理取值范围。

参 考 文 献

[1] 盛晖. 探索中国铁路车站创新之路：铁四院近期设计综述[J]. 建筑创作, 2007, (4): 34–38.
[2] 魏庆朝. 铁路车站[M]. 北京：中国建筑工业出版社, 2015.
[3] 中华人民共和国建设部. GB/T 50091—2006 铁路车站及枢纽设计规范[S]. 北京：中国计划出版社, 2006.
[4] Schillemans L. Impact of sound and vibration of the north-south high-speed railway connection through the city of Antwerp Belgium[J]. Journal of Sound and Vibration, 2003, 267(3): 637–649.
[5] 邓世海. 列车对高架车站的振动影响研究[D]. 长沙：中南大学, 2010.
[6] Cross R. Standing, walking, running and jumping on a force plate[J]. American Journal of Physics, 1999, 67(4): 304–309.
[7] Zivanovic S, Pavic A, Reynolds P. Probability based prediction of multi-mode vibration response to walking excitation[J]. Engineering Structures, 2007, 29(6): 942–954.
[8] 杨娜, 邱雪. 人群集度荷载模型及人致振动模拟分析[J]. 北京交通大学学报, 2016, 40(3): 88–96.

撰稿人：杨　娜
北京交通大学
审稿人：魏庆朝　易思蓉

高速铁路车站大跨度雨棚结构风致效应

Structural Wind-Induced Response of Long-Span Canopy in HSR Station

1. 背景与意义

传统上我国铁路客站一般采用"等候式"车站类型，较为看重站房的规划与设计，而站台雨棚则一直被认为是车站的附属建筑，因此其结构形式也较为简单，最为常见的是采用Y形钢筋混凝土结构。

雨棚与站房的平面关系主要有两种典型布置：一类是房侧式(图1)，雨棚覆盖整个站台，站房位于雨棚一侧；另一类是线上式(图2)，站房位于站台上方，雨棚需要覆盖站房两端站台[1]。

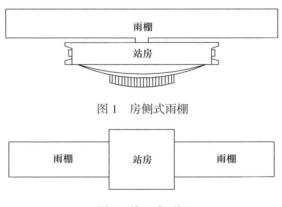

图1 房侧式雨棚

图2 线上式雨棚

根据站台是否设置结构柱，雨棚结构可分为悬挑雨棚和无柱(跨线)雨棚结构两类。悬挑雨棚一般分为单侧悬挑雨棚(图3)和双侧悬挑雨棚(图4)，分别适用于侧式站台和岛式站台[1]。

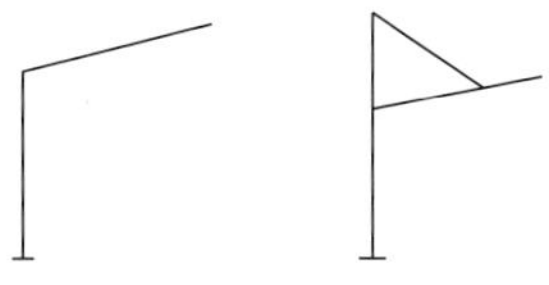

图3 单侧悬挑雨棚 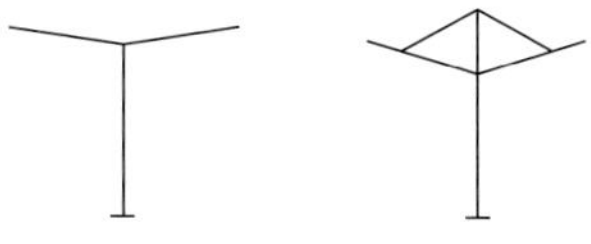　　　　图4 双侧悬挑雨棚

随着我国高速铁路路网的快速发展，铁路客站站台雨棚的定位由原来次要的附属建筑提升为"站、棚、场一体化"综合型交通建筑群中的重要组成部分。高速铁路车站的站台雨棚开始从小柱网混凝土结构形式转化到大跨度、大柱网的实腹式钢梁、平面桁架、三角形空间管桁架、张弦桁架、柱面网壳结构等多种新型结构形式。这种新型雨棚可以最大限度地为旅客创造活动空间，使旅客在站台上的行走及视线不受阻碍，结构形式轻盈、视觉新颖、现代气息强烈。

大跨度跨线雨棚的结构柱一般设置在铁路股道之间，为旅客提供更为开阔宽敞和舒适的候车与通过空间，称为无站台柱雨棚，简称无柱雨棚(图 5)，根据覆盖不同的站台和线路数量，其跨度范围非常大，结构形式也复杂多样。

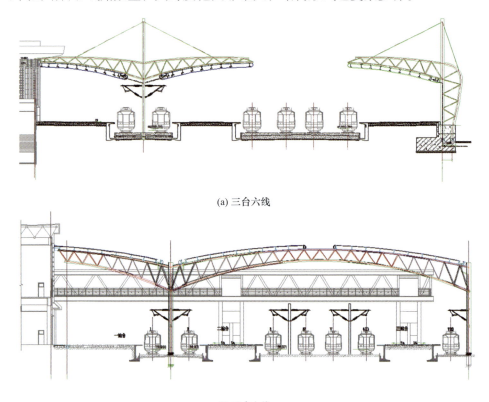

(a) 三台六线

(b) 三台七线

图 5　空间钢桁架无站台柱雨棚结构

作为大跨度、大柱距的"敞开式"结构体系，跨线雨棚对风作用极其敏感，这是其与生俱来的特点。自然风的气流流经该类雨棚时结构上下表面均会受到风荷载作用，且在其表面形成分离、附着、涡旋、回流等多种复杂的三维流动现象。我国现行的《建筑结构荷载规范》(GB 50009—2012)对无站台柱雨棚结构的风载体型系数尚无系统说明，结构表面风压分布、风振系数的取值均需要做深入研究。

高速铁路的设计速度已达到甚至超过350km/h，当列车在地面式高架结构上高速行驶时，空气的黏性作用使周围空气被列车表面带动并随之一起运动，在距列车表面一定距离内，随列车一起流动的空气，称为列车风。列车通过车站时由于雨棚的遮挡效应，列车风可能对雨棚产生较为强烈的气动力，也称为列车风压力，特别是正线列车高速过站"破空"挤压产生的车头瞬时压力和高速运行的尾流吸力对大跨度轻型雨棚结构屋面存在脉动作用[2,3]，有可能改变结构的受力性能或引起结构共振，对结构产生不利影响。

高速列车运行时所产生的气动力问题属流体动力学范畴。由于雨棚周围的流场很复杂，有气流的撞击、分离、再附、环绕和旋涡等作用，因此研究列车风致效应也是大跨度雨棚结构分析所面临的一个有挑战的难题。

列车经过站台过程中列车周围的空气流动是典型的三维、非稳态过程。高速列车对空气压缩性的影响已经不容忽视，其周围的流场是完全的三维、黏性、可压缩、非稳态湍流流场。根据质量守恒、动量守恒、能量守恒定律和理想气体状态方程，可以建立描述高速列车周围流场的数学模型如下：

$$\frac{\partial(\rho\phi)}{\partial t}+\text{div}[\rho\phi(U-U_g)]=\text{div}(\Gamma_\phi\text{grad}\phi)+S_\phi \qquad (1)$$

式中，ϕ为流场参数；U为空气流速；U_g为控制体界面的运动速度；S_ϕ为广义源项；Γ_ϕ为广义扩散系数。ϕ、S_ϕ以及Γ_ϕ分别取不同的值，即可得到高速列车周围流场的控制方程。

高速列车通过雨棚时，列车风对雨棚作用力的强度取决于列车行驶速度、离列车表面的距离、列车外形、雨棚结构形式、雨棚高度、雨棚跨度以及自然风条件等。大跨度雨棚的风致效应及其控制涉及结构工程、铁道工程、车辆工程、风工程、流体动力学等多个学科领域，对结构风场分布、高速列车脉动力、自然风和列车风耦合效应等问题的研究具有十分重要的科学理论意义和工程实践价值。

2. 研究进展

1) 大跨结构的风致效应

敞开型大跨度的雨棚结构具有以下两个特点：①自身的钝体特性以及结构附属设施对气流所形成的阻塞作用，使得雨棚结构周围所形成的流场十分复杂；②通常采用自重较轻的钢结构，所以其具有柔度大、阻尼小的特点，结构的动力特性突出表现为各阶频率较低，同时各阶频率和振型分布比较密集[4]。近年来此类敞开型大跨度屋盖风致响应特性一直是研究的热点。国内外文献采用理论分析、数值模拟、风洞试验以及现场测试等手段，探讨其表面风压分布特点与等效风荷载计算，对包括表面风压随风向角分布特点、动力响应计算时阻尼比的合理取值、风致响应随风向角变化等问题进行了不同的研究。

风绕建筑物的流动是湍流、分离流和三维流动，因而高速铁路车站大跨度雨棚结构所受风荷载分别来自来流的脉动、分离的剪切层、再附着的尾流脉动以及结构风致振动引起的附加荷载。为了分析结构风致效应，有研究考虑屋面板自振效应和流固耦合效应推导风荷载计算公式，以得到屋面板自振效应和流固耦合效应对大跨度空间结构风振系数的影响[5]。

2) 高速列车脉动力引起的动力响应

研究表明，计算列车运行引起的气动脉冲荷载对结构的作用时，需要同时考虑自然风和列车风的作用[6]。

大跨度钢结构雨棚前几阶模态集中在雨棚板的竖向自振，实际列车风致振动响应在雨棚板处响应较大。雨棚结构的列车风致振动响应沿顺轨方向自入口处至出口处响应越来越大，每跨雨棚结构在跨中响应达到最大值[7]；沿垂轨向距离列车正线越近响应越大。当雨棚结构为悬挑时，可发现肉眼可辨别的振动响应。

研究表明，列车风压力沿高度方向衰减较快，沿宽度方向近似线性变化。因此雨棚高度是影响列车风压力大小的主要因素之一。还有学者分析列车风压力引起的雨棚结构的风致振动，研究共振发生的可能性。

3. 主要难点

(1) 风与结构相互作用机理十分复杂，需要考虑钝体空气动力学问题以及空气弹性力学等问题，在理论上建立更为完善的数学模型来描述实际风工程问题。

(2) 对大跨度开敞式结构而言，风和结构的耦合作用是一个十分复杂的过程。若想完全准确计算流固耦合效应需要考虑气动阻尼，还需要同时考虑附加质量和附加刚度的影响，这在理论上和实践中还有较大困难。

(3) 高速列车致脉动风成分在时域、频域、空间和能量上的分布相当复杂，需要建立适用的理论模型，并基于跨线结构的荷载谱、响应谱及频响函数对结构动力响应进行精细化研究。

(4) 跨线大跨度雨棚建筑、结构形式多样，动力特性各异，其风致效应引起的材料疲劳破坏研究应引起重视。

(5) 考虑列车风和自然风耦合作用，考虑两者叠加对雨棚的影响这方面的研究，还有待进一步深化。

(6) 大跨度雨棚的风致振动控制手段包括优化结构形式、设置附加物和增加机械阻尼等方法，无论改变结构振动特性还是改善风敏感体型，均是涉及多参数调整和多学科交叉的复杂问题。

(7) 结合车场规模、站台布局来确定大跨度雨棚的类型、高度、跨度、结构形式等方面的研究还需加强。

参 考 文 献

[1] 魏庆朝. 铁路车站[M]. 北京: 中国建筑工业出版社, 2015.
[2] 米宏广. 列车风引起的张弦梁雨棚振动分析[J]. 铁道工程学报, 2014, 31(12): 77–82.
[3] Hur N, Kim S R, Won C K, et al. Wind load simulation for high-speed train stations[J]. Journal of Wind Engineering and Industrial Aerodynamics, 2008, 96(10): 2042–3053.
[4] 周向阳, 张其林, 梁枢果. 敞开型大跨度屋盖结构风振响应的风向效应[J]. 振动、测试与诊断, 2008, 28(1): 24–30.
[5] 田玉基, 杨庆山, 范重, 等. 国家体育场大跨度屋盖结构风振系数研究[J]. 建筑结构学报, 2007, 28(2): 26–40.
[6] Christopher B, Sarah J, Timothy G, et al. Transient aerodynamic pressures and forces on trackside and overhead structures due to passing trains[J]. Proceedings of the Institution of Mechanical Engineers Part F: Journal of Rail & Rapid Transit, 2014, 228(1): 37–70.
[7] 张帅. 高铁客站邻线结构列车风致振动响应研究[D]. 北京: 北京交通大学, 2016.

撰稿人：杨　娜
北京交通大学
审稿人：魏庆朝　易思蓉

多场耦合作用下公路路基行为表征与演变规律

Characterization and Evolution of Subgrade Performance under Multi-Field Coupling Effects

1. 背景与意义

公路路基需承受本身自重和上部结构重力以及由上部结构传递而来的行车荷载，因此确保车辆快速安全运行是路基最基本的功能。而保证路基在其服役期的全时域中具有足够的刚度，在自重和上部结构的重力作用及交通荷载的反复作用下，不产生显著的弹性变形和累积塑性变形为其最基本的技术要求。然而，由于路基处于室外的气候环境中，长期受到水、热、冰、雪的交替作用，且路基是由土石材料填筑而成的，对于湿热环境的变化极为敏感，从而导致路基的湿度、温度、密度等性状参数随时间而变化，并诱发路基刚度和模量(表征刚度的参数)的衰变，交通荷载下所产生的弹性变形和累积塑性变形显著增大，严重影响其使用寿命和服务水平，甚至丧失其基本功能，诱发恶性交通事故。

随着人类社会发展与文明进步，交通运输高速化的趋势越来越显著。对于路基刚度衰变及累积弹塑性变形控制的要求越来越高。为实现路基模量衰变与累积变形的可控，首先必须实现气候环境、湿热交替和不同车辆荷载等多种因素联合作用下路基模量衰变和弹塑性变形累积的可知。因此作为一项基础工作，更为精准地揭示路基在全时域运营中温度、湿度、密度及应力、应变、变形等力学行为相互作用和相互影响下，所表征的行为特征演变规律，并通过合理的设计有效控制路基的刚度衰变和累积变形，对于道路工程学科的发展具有重要意义。

2. 研究进展

路基的多场耦合作用通常是指路基在其服役期间由气候环境变化而导致的渗流场、湿度场、密度场、温度场和位移场之间的相互影响和相互作用。由于这种多场耦合作用对于路基工作特性与行为特征影响的显著性、气候环境变化的复杂性、车辆荷载与路基填料的多样性，路基在多场耦合作用下的行为特征及演变规律的解析一直是国内外研究的热点和难点[1,2]。

研究工作可以分为以下三个方面：

(1) 以路基填料为主要研究对象，通过研究填料在不同湿度、不同荷载条件下的行为特征，并借助数值方法间接模拟路基结构的行为特征与演变规律。其基本思路是研究填料的土水特征曲线，以及气候因素对路基土中基质吸力的影响等途径，建立路基平衡湿度的预估模型，同时通过研究路基土湿度对模量的影响，建立路基刚度及弹塑性累积变形等路基行为表征的方法，并预测其演变规律。其代表性工作有凌建明等通过三轴试验研究了荷载、湿度和密度耦合作用下应力级位、含水量和压实度对路基土回弹模量的影响[3]，数值模拟了行车荷载作用下路基土的残余应变特性和孔隙水压力变化规律，提出了行车荷载作用下湿软路基残余变形的预估方法。Ng等基于非饱和路基的土水特征曲线和不同吸力及应力状态下的动模量试验结果，建立了路基土的动模量数学模型，以此预测路基的工作特征[4]；王铁行等基于冻土路基特殊的工程性质，对水分迁移结果，即含水率变化对温度场的影响进行了研究，揭示了冻土路基温度场和含水状态的横向差异[5]。Wanyan等基于膨胀土水力耦合力学性质建立了膨胀土路基工作性能预测模型[6]。

(2) 通过质量守恒定律和能量守恒定律等，建立路基服役期间渗流场和温度场相互耦合产生的湿度场全时域演化数学模型，并将气候环境如年内的日降雨量、日平均气温、日空气湿度、日太阳辐射等基础性数据，作为边界条件和初始条件，通过数学演绎和数值模拟获得路基服役期间全时域湿度场的演变规律。然后，通过试验研究建立土的物理特性与湿度的相关性，通过时域的离散化，将湿度场问题和力学问题解耦后，再求解应力-应变场和位移场。例如，Cui等基于Wilson的非饱和土湿热耦合模型，建立大气作用下非饱和粉土路基湿度和温度的一维数值计算方法[2]；毛雪松等在建立冻土路基非稳态温度场控制方程、水分迁移的有限元控制方程和路基变形场及应力场计算模型的基础上，以当地气象条件作为边界条件，数值模拟了冻土路基温度场、湿度场及应力场、位移场的变化规律[7]。

(3) 通过模型试验模拟路基在特定气候环境和交通荷载作用下的行为特征与变化规律，并据此建立相应的路基行为演变模型和预估方法。或是通过现场监测获得路基湿度场与位移场的变化特征，建立相应的统计模型并推测其全时域的演变和平衡规律。卢正[8]开展了公路结构在交通荷载作用下的室内模型试验研究，通过模型试验研究了各结构层的动应力、动弹性变形和累积塑性变形随不同交通荷载大小、荷载作用次数的变化规律。Nguyen等[9]和Puppala等[10]通过现场监测多行车荷载和气候环境耦合作用下的路基湿度和吸力变化进行了长期现场观测，并在此基础上对路基的长期性能进行了预测。

然而这些研究都只是考虑了简单的湿热耦合问题，而没有考虑湿-热-力等多因素的耦合作用，事实上无论湿度的变化还是温度的变化都将引起路基土物理性质的变化和应力-应变、位移场的重分布。而应力-应变场的变化又将反过来影响土的物理性质参数、持水特性和渗流场、温度场的变化，因此这是一个全时域三维空间中多场耦合的问题。

3. 主要难点

长期以来多场耦合作用下路基行为表征与演变规律的问题之所以一直没有得到解决主要有以下三方面的原因：

一是多场耦合数学模型的建立。虽然人们通过大量试验发现了湿热力耦合的行为和现象，但一直没有掌握决定这种行为方式的基本原理以及采用数学和物理基本定律进行描述的基本方法。

二是强非线性方程组的求解。由于多场耦合问题涉及的物理量多，而且这些变量在时间和空间的变化及相互影响大多是非线性的，因此可以估计到即使建立了湿-热-力三场耦合的控制方程，其方程组也必为一个强非线性方程组。强非线性方程组的求解本身就是数学上的一个难题。

三是多因素相关性参数的试验获取。可以预见，即使建立了湿-热-力三场耦合的控制方程，其数学模型也会涉及众多影响因素，且大多相互关联。如何科学合理地选择模型参数，使参数组既具有完备性又具有相互独立性，而且只要借助不太复杂的试验即可定量且准确地获取模型参数所需要的试验数据，同样是一项具有相当难度的工作。

参 考 文 献

[1] 宋存牛. 冻融过程中土体水热力耦合作用理论和模型研究进展[J]. 冰川冻土, 2010, 32(5): 982–988.

[2] Cui Y J, Gao Y B, Ferber V. Simulating the water content and temperature changes in an experimental embankment using meteorological data[J]. Engineering Geology, 2010, 114(3-4): 456–471.

[3] 凌建明, 陈声凯, 曹长伟. 路基土回弹模量影响因素分析[J]. 建筑材料学报, 2007, 10(4): 446–451.

[4] Ng C W W, Zhou C, Yuan Q, et al. Resilient modulus of unsaturated subgrade soil: Experimental and theoretical investigations[J]. Canadian Geotechnical Journal, 2013, 50(2): 223–232.

[5] 王铁行, 胡长顺. 多年冻土地区路基温度场和水分迁移场耦合问题研究[J]. 土木工程学报, 2003, 36(12): 93–97.

[6] Wanyan Y, Abdallah I, Nazarian S, et al. Moisture content-based longitudinal cracking prediction and evaluation model for low-volume roads over expansive soils[J]. Journal of Materials in Civil Engineering, 2014, 27(10): 04014263.

[7] 毛雪松, 李宁, 王秉纲, 等. 多年冻土路基水-热-力耦合理论模型及数值模拟[J]. 长安大学学报(自然科学版), 2006, 26(4): 16–19.

[8] 卢正. 交通荷载作用下公路结构动力响应及路基动强度设计方法研究[D]. 武汉: 中国科学

院研究生院(武汉岩土力学研究所), 2009.
- [9] Nguyen Q, Fredlund D G, Samarasekera L, et al. Seasonal pattern of matric suctions in highway subgrades[J]. Canadian Geotechnical Journal, 2010, 47(3): 267–280.
- [10] Puppala A J, Manosuthkij T, Nazarian S, et al. In situ matric suction and moisture content measurements in expansive clay during seasonal fluctuations[J]. Geotechnical Testing Journal, 2011, 35(1): 103597.

撰稿人：郑健龙　张军辉
长沙理工大学
审稿人：刘建坤　凌建明

路基路面工作特性无损感知

Nondestructive Perception for Working Performances of Subgrade and Pavement

1. 背景与意义

路基路面工作特性是指路基路面整体结构及各结构层在环境因素与行车荷载共同作用下所产生的应力、应变和变形等力学行为特征及所表现出来的强度、刚度、温度、湿度和密度等性状特征及其演变规律。对其进行准确感知是掌握各结构层工作性状，评价路基路面结构承载能力、结构设计的合理性、设计目标的达成度、施工质量的优劣、道路当前的工作状态与服务水平、制定合理的养护维修与大中修对策的基础资料，也是科学地进行设计、施工、运营与养护管理以及标准规范制定与修编的重要依据。然而采用常规的开挖或钻探等方式进行有损检测，不仅破坏路基路面结构的整体性、费时费力，影响交通，而且所得样本数量少，代表性差，难以进行准确感知。因此有必要研究并建立更加精准的路基路面工作特性无损感知的科学理论和方法。

路基路面工作特性的无损感知是指在不破坏道路结构的前提下，通过某种技术手段感知其工作特性。无损感知包括直接感知和间接感知。直接感知主要是借助各类传感技术直接获取反映路基路面工作特性的物理量；间接感知则是通过不同的探测技术获取特定的信号，并通过相应的理论与方法正演或反演出表征路基路面工作特性的性能参数。直接感知的信息主要用于提出并建立结构分析理论、结构分析模型、模型参数，检验结构分析方法的科学性与精准性。间接感知往往需要在路表输入一种激励，并采集有限的结构响应信号[1]，借助相应的结构分析理论和数学模型反演出结构内部的性状参数及行为特征，从而对路基路面的工作特性和健康状态进行评价，在数学上将这类问题称为反问题(或逆问题)。在反问题中，由于通过测试获得的信息非常有限，加之测试精度的影响，所获得的信息资料均存在一定的误差，从而使得反问题的求解要比正问题复杂得多、困难得多，这也正是路基路面工作特性无损感知的难点所在，从而使得该问题成为地球物理科学领域特别是道路工程界的一个科学难题[2]。因此发展路基路面工作特性无损感知的理论与方法对于发展道路工程结构力学、道路结构设计原理，优化道路的养护维修规划，保障道路安全运营并降低全寿命周期运行维护成本具有重要的科学意义及工程应用价值。

2. 研究进展

路基路面工作特性直接感知的研究起步较早，20 世纪 50 年代末、60 年代初，美国就在伊利诺伊州修筑了大型的足尺试验环道，并埋设了大量的传感元器件，系统地获得了交通荷载重复作用下路基路面力学性能衰变的大量数据，为美国国家公路与运输协会(American Association of State Highway and Transportation Officials，AASHTO)沥青路面设计指南的编制提供了强有力的技术支持。20 世纪末期，为了开发 Superpave 技术，美国又专门制定了战略公路研究计划(Strategic Highway Research Program，SHRP)，进一步开展了大量的足尺加速加载试验，应用传感技术获得了不同结构、不同材料、不同环境条件下的路基路面力学性能的大量资料。目前我国也正在开展这类足尺试验以研究交通荷载重复作用下路基路面的长期性能。此外国内外均在一些现场试验路上通过直接埋设传感器件开展了无损感知路基路面工作特性及其演变规律的大量研究[3]。这类研究的主要目的是优化路基路面结构、材料、施工工艺及结构设计理论与方法。由于道路压实成型容易造成预埋的传感器元件损失，工作环境恶劣容易造成传感器件失效，因此也有大量研究专注于新型传感元器件的研究与开发[4]，以提高埋设于路基路面内部的传感器件的可靠性与耐久性。

间接感知研究主要集中在将落锤式弯沉仪(falling weight deflectometer，FWD)应用于路基路面各结构层刚度(模量)进行检测的理论研究与技术开发。采用 FWD 进行路基路面工作特性无损感知的基本原理是通过在路表施加竖向激励后，借助直线布设的一组传感元器件获得一组路表位移的动力响应，并依据弹性层状体系理论反演由分层介质构成的在役路基路面各结构层的刚度特性[5]。相关的研究工作主要集中在反演算法的研究，研究的目的是提高反演的精准性。目前国内外反演算法的研究可分为数学规划法(如迭代法、数据库搜索法和模式识别法)[6]、概率搜索法(如遗传算法、模拟退火算法和蚁群算法)、人工智能法(如人工神经网络法)[7]和非线性方程组求解法(如同伦方法)[8]等，这些方法均各有特点。数学规划法属于典型的贪心搜索算法，反算结果常常不稳定或不收敛；概率搜索法的最优解具有概率性，且计算效率低；人工智能法的神经网络训练比较困难，且反算精度低，适用性较差；而非线性方程组求解法是根据极值条件将反算问题转化为非线性方程组的求解问题，属于大范围收敛算法，但实现较为复杂。然而这些研究都存在一个共性的问题，即感知的物理量与希望所获得的各结构层模量之间对应关系的精准性不高，虽然近年来许多研究都在关注这一问题[9,10]，但一直未能得到很好的解决。

3. 主要难点

直接感知的主要难点是如何降低路基路面施工过程造成的感知元件损伤率，提高感知元件的成活率与耐久性、感知信息的可靠性。

间接感知的关键在于信息采集与反演结果的客观性与精确性，其主要难点有以下两个方面：

一是如何解决道路结构力学模型的客观性与道路材料性状参数的唯一性问题。路面力学分析理论是正分析的理论基础。由于路基路面结构实际工作状态非常复杂，其正分析的力学模型往往需要进行一定程度的简化，显然模型与实际路面结构工作状态的偏差增大了反演的难度，影响了反演结果的可靠性；而且道路材料是通过碾压成型的，其拉、压特性存在较大的差异性，因此不同试验方法得到的材料性状参数不同，导致国内外的各种试验方法所得到的材料性状参数均不能完整地表征材料和结构的强度与刚度特性。正是由于试验所得到的材料性状参数不具有唯一性，因此即使对路面结构进行正分析，所得解析结果与实测结果同样具有较大的差异性，从而导致无法客观评价反演所得结果的正确性。

二是如何解决反演算法中强非线性优化导致的"病态"问题与局部收敛性问题。模量反演算法是保证反演结果可靠性的数学基础，对于非线性最优化问题，传统寻优规则的贪心搜索算法几乎都存在初始值赋值不同导致的局部收敛和解的不唯一性问题。加之测试结果本身具有一定的误差，而待反演的参数又对无损感知的信息不敏感，从而使得反演时很难获得待反演参数的真值，这一问题在各种无损感知与反演方法中均同时存在。例如，在模量反算数学模型中，通常将可测试的路表弯沉盆与理论弯沉盆之间的误差函数作为优化目标。然而对于材料模量、厚度及结构组合具有多样化的道路结构，理论弯沉与这些参数之间呈复杂的非线性函数关系。在远离最优解时，误差等值线呈现大范围平坦特性；而接近最优解时，误差等值线呈现局部狭长特性。因此虽然许多情况下理论弯沉和实测弯沉误差函数能够满足确定的精度要求，但当某结构层模量变化较大时，相应整体结构理论弯沉盆变化不敏感，从而导致模量反演结果的不唯一性。

因此对于路基路面工作特性无损感知的研究，未来需要进一步探索更加准确可靠的测试原理、开发更为适用的检测装备与可靠耐久的感知元器件，构建更为合理的路面结构分析模型，提出更能客观描述结构特征的材料性状参数以及大范围收敛的高效反演算法。

参 考 文 献

[1] 张献民，王建华. 公路工程瞬态激振无损检测技术[J]. 土木工程学报，2003, 36(10): 105–110.
[2] Garbowski T, Pożarycki A. Multi-level backcalculation algorithm for robust determination of pavement layers parameters[J]. Inverse Problems in Science and Engineering, 2016, 25(5): 1–20.
[3] 谭忆秋，王海朋，马韶军，等. 基于光纤光栅传感技术的沥青路面压实监测[J]. 中国公路学报，2014, 27(5): 112–117.
[4] Liu Y. A new TDR sensor for accurate freeze-thaw measurement[J]. International Journal of Pavement Engineering, 2012, 13(6): 523–534.
[5] Salour F, Erlingsson S. Investigation of a pavement structural behaviour during spring thaw using falling weight deflectometer[J]. Road Materials and Pavement Design, 2013, 14(1): 141–158.
[6] Goktepe A B, Agar E, Lav A H. Advances in backcalculating the mechanical properties of flexible pavements[J]. Advances in Engineering Software, 2006, 37(7): 421–431.
[7] Sharma S, Das A. Backcalculation of pavement layer moduli from falling weight deflectometer data using an artificial neural network[J]. Canadian Journal of Civil Engineering, 2008, 35(1): 57–66.
[8] Eghbali R, Fazel M. Decomposable norm minimization with proximal-gradient homotopy algorithm[J]. Computational Optimization and Applications, 2015, 66: 1–37.
[9] Kuo C M, Lin C C, Huang C H, et al. Issues in simulating falling weight deflectometer test on concrete pavements[J]. KSCE Journal of Civil Engineering, 2016, 20(2): 702–708.
[10] 杨博，郑健龙，查旭东. 刚柔复合式路面动测评价方法与试验研究[J]. 中国公路学报，2015, 28(5): 77–86.

撰稿人：郑健龙　查旭东

长沙理工大学

审稿人：刘建坤　凌建明

不良地质公路路基边坡的灾变机理与防控

Disaster Mechanism and Protection for Highway Subgrade Slope under Unfavorable Geological Conditions

1. 背景与意义

随着国民经济的发展和人类工程技术水平的提高,公路边坡工程数量越来越多,高度也越来越大。例如,北京至福建高速公路福建段200余千米内高度大于40m 的边坡多达 180 多处,云南元江至磨黑高速公路 147km 内高度大于 50m 的边坡多达 160 余处。然而与人类改造自然步伐相伴的是,路基边坡发生失稳和滑坡等灾变的事故仍屡见不鲜。仅 2005 年,我国就有 4.1 万 km 路基严重破坏,直接经济损失 99.7 亿元。为减少路基边坡的灾害,公路工程建设中要求尽量避免高填深挖,当填方高度超过 20m 或挖方超过 30m 时,宜采用桥梁或隧道等结构物。但受极端气候和强地震的影响,边坡地质灾变仍呈现出易发、多发和频发的态势。如何科学掌握边坡灾变机理、分析边坡稳定性并防止灾变发生,又如何准确发现可能发生灾变的既有边坡并及时加固,成为公路建设与管理者一直关心的难题。

不良地质边坡的灾变机理与防控是一个古老但又充满生命力的科学难题。灾变除了与岩土体本身的性质、地形地貌、地质环境条件有关,还与降雨、水位变动、地震及人类工程活动(如路基填挖的加、卸荷作用)等多种诱发因素相关(图1[1]),前者称为边坡灾变的内因,后者则称为边坡灾变的外因或致灾因子。可见边坡灾变事实上是一个复杂孕灾环境系统的非线性表现。建立不良地质边坡灾变分析方法,研究揭示边坡工程的灾变机理,对边坡工程的合理设计与加固,以及运营期边坡的风险评估与养护具有重要意义。

2. 研究进展

边坡灾变和稳定性分析理论方法已经过近百年的发展,大致可以分为三类:

第一类为定性分析,即以工程地质勘查为基础,采用工程类比法、地质历史分析法和图解法(如简单力学分析、赤平投影分析法等)、数据库和专家系统进行分析,其优点在于可以全面考虑边坡稳定性的多个影响因素,对边坡的安全稳定状态及发展趋势做出快速判断,但评价结果带有较大的主观随意性。

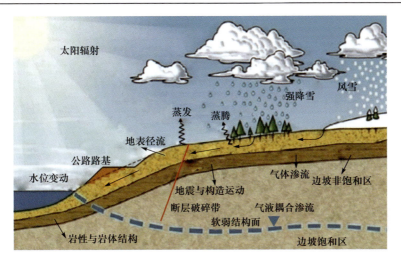

图 1 边坡工程复杂孕灾环境示意图

第二类为定量分析，包括极限平衡法和数值分析法。极限平衡法是根据静力平衡原理，通过滑体上的抗滑力(偶)和滑动力(偶)之间的相互关系判断边坡的稳定性，因其计算方法简单、概念清晰，得以广泛接受和应用。随着计算机技术的发展，数值分析方法逐渐应用于边坡稳定性的研究工作中，主要包括有限元法、有限差分法、离散元法、块体理论、无界元法、边界元法、运动单元法、界面元法、数值流行与无单元法以及不连续变形分析法等数值分析方法[2]。数值分析方法的优势在于可考虑边坡岩土体的不连续性和非均匀性，能求解岩土体的应力及变形分布情况，从而可以避免极限平衡法中将滑动体简化为刚体的缺点。尤其是目前应用广泛的基于强度折减的数值分析方法，不仅能自动求得任意复杂边坡的临界滑移面以及对应的安全系数，而且可真实模拟坡体失稳及塑性区发展的全过程。

第三类为不确定性分析方法。为反映边坡稳定性分析中存在的大量不确定因素，结合人工智能和可靠度理论的发展，研究者将可靠度理论、模糊数学、概率论与数理统计、随机过程、耗散结构理论、灰色系统理论、协同学理论、信息论和突变理论等不确定性方法引入边坡稳定性分析中[3]。

3. 主要难点

正因为边坡灾变问题是一项极其复杂、高度不确定性且动态变化的系统问题，进行科学的分析和防控，需要重点解决岩土质材料特性、内在灾变模式和灾变预警理论等三个重要难题。

(1) 灾变过程中岩土体力学特征的变化规律与表征方法。岩土体力学参数的选取是灾变模式和可靠度分析的基础，但与此同时，岩土体的力学参数往往伴随着灾变的孕育和发展而呈现动态变化。例如，降雨型边坡灾变和水位变动型边坡灾变的发展涉及饱和-非饱和边坡的非稳定渗流问题。前人已较清楚地认识到降雨对边坡稳定性有重要影响，降雨不仅可以抬高地下水位，使得地下水位以上岩土体出现暂态饱和区，升高相应区域的孔隙水压力，而且会使岩土体的抗剪强度降低或软化。其难点在于，由于降雨在饱和-非饱和边坡内入渗受岩土体裂隙状况、入渗能力、基质吸力大小、降雨条件、植被覆盖等多因素的综合影响，降雨入渗过程极具复杂性和不确定性；同时岩土体抗剪强度降低或软化的程度，不仅与岩土土质条件相关，而且与基质吸力、应力状态、饱和度及其变化历史相关。因此全面而真实地揭示水土特性和降雨特性对边坡失稳破坏的影响[4]，有待非饱和土力学理论的进一步发展和相关成果的应用。此外对于路堑边坡开挖扰动条件下的灾变，由于开挖施工打破了边坡内部原有的动态平衡，边坡的岩体结构、赋存环境以及岩体力学特性都将发生变化，需要应用可描述岩石高度非线性力学过程的材料参数。因此岩体实时参数标定和数值模型的选取已成为开挖岩质边坡理论分析与数值模拟的关键性问题。国内外学者就此开展了各种岩石力学参数的时效性、损伤演化和相关本构模型的研究，且仍在不断发展和完善中。

(2) 复杂非线性系统中的边坡可靠度与灾变模式。由于沉积历史的不同，以及岩层节理裂隙的发育等先天性缺陷，边坡岩土体参数在空间上呈现不均匀性、各向异性和不连续性。因此综合考虑现实工况中的各种不确定因素的影响，借助概率分析的方法进行边坡稳定的可靠性分析，成为边坡灾变分析的重要发展趋势。为求解可靠度指标，国内外学者尝试采用一次二阶矩阵、蒙特卡罗、点估计、重要抽样、响应面或智能响应面法[5]等多种方法，取得了很好的进展。但与此同时，边坡破坏是一个复杂、动态的过程，破坏类型在一定的条件下可以相互转换，因此边坡的潜在破坏模式具备多样性，有必要在准确获得和表达边坡岩土体材料和结构面空间分布特征的基础上，科学把握复杂边坡系统的多种潜在失效模式及其主导要素，采用系统可靠度的方法求解边坡整体可靠度问题。目前国内外已运用数值分析、模型试验和原位试验等多种手段，对边坡开挖、降雨入渗、水位变动和地震荷载等致灾因子作用下的边坡失效模式、内在规律和影响因素进行了大量研究，但涉及面广、涵盖内容多，并受地质环境复杂性、土质多样性、岩体与结构面组合复杂性的制约，仍有待进一步深化和发展。

(3) 边坡灾变的预警理论与方法。边坡失稳是一个逐渐破坏的发展过程，如果能通过监测手段获取坡体变化的定量数据来及时掌握边坡灾变孕育和发展的阶段，可起到及时预警、有效防止灾变发生的作用。目前传统监测方法、光纤光栅、分布式光纤、3S(遥感 RS、地理信息系统 GIS、全球定位系统 GPS)空间远程监测系统，以及合成孔径雷达干涉测量技术、北斗系统、无人机技术等，均已在边坡灾变监测中得到逐步应用和发展[6]。然而正因为边坡破坏模式具有多样性和不确定性，所以基于各种理论出发的评判标准不尽相同，甚至监测和评判指标也各有不同。对于评判指标，依赖于灾变发展过程中高敏感度响应参数的提炼，目前多以位移状态[7]、应力状态[8]为主；而对于评判标准，则需要建立高敏感度响应参数与灾变阶段的相关性，采用与之相适应的现场监测手段与监测方案，克服实际监测与灾变分析独立发展的缺陷。目前一些基于突变理论的灾变判据确定方法得到初步应用，但仍有待进一步的深化研究和大量的工程实证。并且在公路路基发生灾变前，即使提前几小时预警也只能中断交通，减少过往车辆和人员损失，并不能防止灾变发生。科学定量判断边坡的灾变阶段，尤其明确灾变孕育初期的预警指标和标准，并提出外界环境和工程响应的及时感知方法，则是提升边坡灾变预警效果的重点探索方向之一。

参 考 文 献

[1] 谭尧生. 边坡工程孕灾环境下灾变失稳机制与稳定性研究[D]. 天津: 天津大学, 2015.

[2] Wellmann C, Wriggers P. A two-scale model of granular materials[J]. Computer Methods in Applied Mechanics and Engineering, 2012, 205(SI): 46–58.

[3] Kim J M, Sitar N. Reliability approach to slope stability analysis with spatially correlated soil properties[J]. Soils and Foundations, 2013, 53(1): 1–10.

[4] Ng C W, Pang Y. Influence of stress state on soil-water characteristics and slope stability[J]. Journal of Geotechnical and Geoenvironmental Engineering, 2000, 126(2): 157–166.

[5] Kang F, Xu Q, Li J J. Slope reliability analysis using surrogate models via new support vector machines with swarm intelligence[J]. Applied Mathematical Modelling, 2016, 40(11-12): 6105–6120.

[6] 孔令伟, 陈正汉. 特殊土与边坡技术发展综述[J]. 土木工程学报, 2012, 42(5): 141–161.

[7] 任杰, 苏怀智, 杨孟, 等. 边坡位移预警指标的实时估计与诊断[J]. 水利水运工程学报, 2016, (1): 30–36.

[8] 杨旭, 周翠英, 刘镇, 等. 华南典型巨厚层红层软岩边坡降雨失稳的模型试验研究[J]. 岩石力学与工程学报, 2016, 35(3): 549–557.

撰稿人：钱劲松

同济大学

审稿人：刘建坤　沙爱民

沥青路面变形累积的时空特性与量化

Modeling and Time-Spatial Characteristics for Asphalt Pavement Permanent Deformation

1. 背景与意义

沥青路面结构一般由沥青面层、基层和路基组成，我国沥青路面基层材料大部分采用无机结合料稳定材料基层(也称为半刚性基层)。在高温季节，沥青路面在重复荷载作用行车道的轮迹下、在交叉口入口处和公路上坡段会出现道路轮迹带下凹变形、交叉口和山坡段的水平隆起变形等永久变形，由此影响车辆的行驶舒适性和安全性。因此防止和减少沥青路面的永久变形是沥青路面结构设计和材料组成设计的重要内容。

沥青路面塑性变形累积的计算与分析涉及沥青混合料本构特性的分析与评价，同时还涉及交通荷载的耦合作用，只有对荷载、高温(沥青混合料本构参数修正)进行综合分析，才能准确预估沥青路面的累积塑性变形。通过准确预估沥青路面的累积塑性变形，可以及时预估塑性变形对行车安全性和舒适性的影响，为提高道路行驶安全性和舒适性提供理论指导。

2. 研究进展

车辆荷载在行驶、制动或启动过程中，传递给沥青路面的作用力主要有垂直力和切向力。由于不同层位沥青路面温度场不同，材料的本构特性也不同，荷载通过分散后的应力水平也不同，因此不同层位的轴载大小、应力大小对结构层塑性变形有很大影响。目前一般假定表面作用等值垂直力和切向力，由此进行路面结构层应力状态分析；也有研究人员进行动态荷载作用下结构层状态分析，通过实时温度场确定路面结构的累积变形[1]。路面累积变形预估还可以通过加速加载试验(accelerated pavement testing，APT)、离散元分析等技术建立预估公式。

沥青路面在荷载作用下的变形主要有体积变形和形状变形两种(图1)[2]。由于行车荷载轴载和胎压变化差异性、路面结构温度场变化的复杂性、沥青混合料应力-应变-温度特征多样性(图2)，导致沥青路面永久变形累积过程呈现出与时间和空间有关的分布特征。准确预测沥青路面的永久变形必须确定路面实际作用的交通荷载、沥青路面的温度场特征和沥青混合料的应力-应变特征[3]。

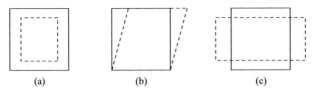

图 1　沥青混合料荷载作用下的基本变形特征

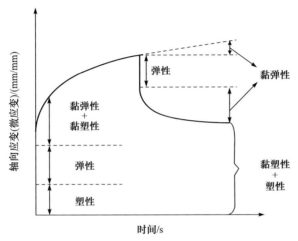

图 2　沥青混合料的变形荷载特征

沥青路面温度场预估模型主要包括理论分析模型和统计分析模型(经验模型)。沥青路面温度场主要与大气温度、太阳辐射、风速和湿度等有关。虽然美国SHRP[式(1)]和路面长期性能(long-term pavement performance, LTPP)[式(2)]分别给出了路面最高温度 T_{max}(℃)的预估公式，国内学者也建立了很多路面温度场预估公式和基本趋势[4]。但是，由于温度场数据与交通荷载实际作用相互耦合，只有确定交通荷载通过路面时的实际温度场，才能准确预估在该温度条件下的永久变形。因此需要确定车辆和路面温度场的时空特性，通过组合沥青混合料的黏弹性参数，才能合理预估沥青路面的永久变形，但是准确确定车辆通过时对应结构位置的温度场是一个很难的过程，需要大量的数据采集与分析。

$$T_{max} = (T_{amax} + 0.06\varphi^2 + 0.228\varphi + 42.18) \times (1 - 2.48 \times 10^{-3} D + 1.085 \times 10^{-5} D^2 - 2.441 \times 10^{-8} D^3) - 17.78 \tag{1}$$

$$T_{max} = 0.78 T_{amax} - 0.0025\varphi + 15.14 \lg(D+25) + 54.32 \tag{2}$$

式中，T_{amax}为大气最高温度，℃；φ为纬度，(°)；D为距路表深度，cm。

沥青混合料是典型的弹黏塑性综合体(图 1 和图 2)，在低温小变形范围内接近线弹性体，在高温大变形范围内表现为黏塑性体，在通常温度范围内则为黏弹性体。在重复荷载作用下，沥青路面的累积变形与交通荷载和沥青混合料的本构参数有关。沥青混合料的力学特性既不同于传统的弹性固体材料又不同于传统的黏性流体材料，在某些特殊条件下又表现出与弹性固体和黏性流体相似的特征。因此，黏弹塑性力学才能更好地反映沥青混凝土的力学特性，可以选定特定的蠕变模型(图 7 Burgers 模型)来拟合材料试验曲线[3]。

3. 主要难点

进行准确的沥青路面累积变形预估，需要确定荷载大小和路面结构层材料对应温度的本构参数。

交通荷载对道路结构的影响要考虑整车负荷及轴载载重，路面结构设计主要考虑轴载作用次数。因此为了在路面结构设计和管理中更准确地考虑车辆轴载对路面的作用，应采用固定式或移动式称重装置进行轴载测定(图 3)[1]，获得实际的轴载数据，由此确定不同轴重在总轴数中所占的比例，称为轴载谱(图 4)[5]，同时可以确定不同轴轮组合的轴载分布(图 5)。由于不同道路的轴载谱差异很大，同一条路不同路段的轴载分布也不同，因此必须测定具体路段的轴载分布(图 6)，由此作为分析和预估道路永久变形的车辆轴载数据。

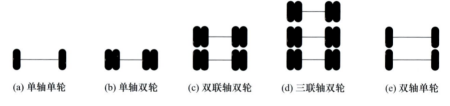

(a) 单轴单轮　　(b) 单轴双轮　　(c) 双联轴双轮　　(d) 三联轴双轮　　(e) 双轴单轮

图 3　国内常见的轴轮组合

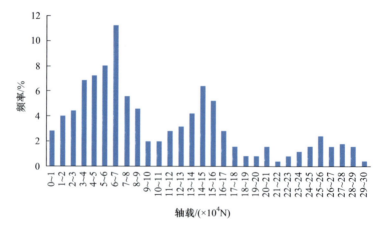

图 4　不同轴重在总轴数中所占的比例(轴载谱)

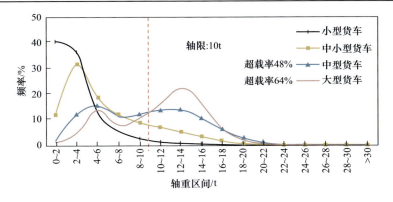

图 5 单轴双轮的轴载分布

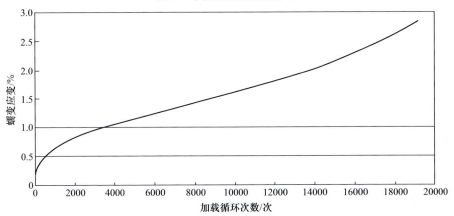

图 6 加载次数-蠕变应变变化关系曲线

不同时间和不同位置路面结构的温度(简称温度场)也不同,路面温度场是影响沥青混合料应力-应变特征(简称本构方程)的重要参数,因此沥青路面在不同温度条件下有不同的本构方程(图 7),准确预测沥青路面的高温温度场是准确预估沥青路面变形累积的基础。同时沥青混合料是由集料、沥青胶浆和空气组成的三维空间离散体,不是均质材料,因此建立沥青混合料在全温度域的本构模型和对应的参数是一个复杂的过程。

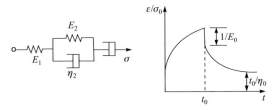

图 7 Burgers 模型及其蠕变曲线

综上所述，组合交通荷载轴载谱数据、路面温度场、沥青混合料蠕变特性(本构模型)、路面结构分析模型等数据，通过理论分析与路面累积永久变形数据对比验证，提出沥青路面累积永久变形的量化模型是进行沥青路面累积永久变形的时空(永久变形的时间历程和空间分布)特性研究[3]的复杂过程。

参 考 文 献

[1] 张久鹏. 基于粘弹性损伤理论的沥青路面车辙研究[D]. 南京: 东南大学, 2009.
[2] Jorge B. Summary report on permanent deformation in asphalt concrete[R]. University of California, 1991.
[3] Cao W. Experimental and analytical investigations of permanent deformation behavior of asphalt mixtures under confining pressure[D]. Raleigh: North Carolina State University, 2015.
[4] Onyango M A. Verification of mechanistic prediction models for permanent deformation in asphalt mixes using accelerated pavement testing[D]. Raleigh: Kansas State University, 2009.
[5] 黄悦悦. 基于不同温度条件的沥青路面轴载换算方法研究[D]. 南京: 东南大学, 2014.

撰稿人： 黄晓明
东南大学
审稿人： 沙爱民　郑健龙

高速铁路路基全寿命周期服役性能及其演化规律

Life-Cycle Serviceability of High-Speed Railway Subgrade and Its Evolution

1. 背景与意义

高速铁路舒适、高效、安全，给人们的生活带来了极大的便利。而高铁路基作为承受列车、轨道等荷载作用的下部结构，其在高速铁路的全寿命周期内，稳定性和沉降变形等要严格控制，其几何形态在整个服役周期内要保持足够的完整性才能保证线路平稳、安全运营，因此其服役性能主要体现在变形的稳定性和精准控制方面。

高铁路基主要以土石为材料，其成因、成分、颗粒大小、级配、结构等都具有极大的不确定性，导致其力学性质很不确定。此外，高铁路基完全暴露在自然环境中，不仅要承受轨道和列车产生的载荷，还要承受环境造成的干湿、冻融循环等的长期重复作用，如膨胀土路基受干缩湿胀作用会引起变形，北方地区路基受寒冷的影响会引起冻胀变形，黄泛区粉土路基经常由于雨水的影响而遭受潜蚀破坏，黄土地区的路基受水的影响又可能出现湿陷变形，风沙戈壁地区的路基容易受到风蚀沙埋破坏，这些都导致路基成为线路结构中最薄弱、最不稳定的环节，给高铁路基养护维修造成极大的困难，影响高铁路基的服役性能。因此必须对高铁路基全寿命周期服役性能及演化规律进行科学合理的评价才能确保高铁线路的质量、列车的安全及正常运行。

路基作为轨道基础，其变形直接影响无砟轨道的高平顺性，高速铁路对路基变形的精度要求非常严格，达到了毫米级别，在设计、施工及运营维护的各个阶段必须严格控制，保证路基有足够的强度、刚度和稳定性，减少路基全寿命周期的变形。路基微小变形的产生机理及其控制和精准预测是岩土力学遇到的新的科学问题。高铁路基全寿命周期的变形控制问题主要涉及土体动力循环、干湿循环、冻融循环等引起的土体变形，对路基中水分场、温度场及应力场相互作用的机理与过程，长期列车载荷作用下路基变形的积累规律，低温下水分运动的驱动机制及其导致的微变形等方面的研究具有重要的科学意义。如果能够做到精准地预测和控制路基的变形就能显著提高设计精度，降低造价，更重要的是提高运营安全的可靠性。

2. 研究进展

目前在进行高铁路基研究与设计时，主要通过控制路基压实标准、提高填料标准、采用水泥粉煤灰碎石(cement fly-ash gravel，CFG)桩网复合地基等措施对路基各个部位的变形进行控制。如对基床填料具有很高的要求，基床表层多采用性能好的级配碎石，基床底层多采用路基填料分类中优良的 A、B 组土，路堤本体多采用改良土进行填筑，以此来控制路基全寿命周期的沉降。当地质条件复杂，在现阶段技术条件下路基不能满足要求时，则较多地采用以桥代路的结构措施通过[1]。

传统的土力学对于软土地基的固结变形有很好的计算理论与加固处理方法，如目前高速铁路地基处理中已经形成了比较成熟的 CFG 桩等的加固方法和组合结构形式。但是对于复合地基加固后的沉降变形尚未做到精确预测，对不同地质条件下地基加固的程度也未能精准把握。对高铁路基设计了分层结构，最上面的基床承受着全寿命周期内的亿万次列车动荷载，也感受着一年四季的冷暖干湿作用，许多学者对这些因素作用下的路基变形的预测进行了研究。动载荷作用下路基土体的积累变形一直是铁道工程界关注的问题，中国铁道科学院、北京交通大学、同济大学、西南交通大学等单位的专家都进行了试验与理论预测，得到了一些成果。近年来非饱和土力学的发展也提供了一种计算路基饱和-非饱和动态转换下变形的思路；对于冻融作用下的路基变形机理也提出了许多冻胀变形预测模型，如刚性冰模型、分凝势模型、水热力耦合模型，大变形融化固结理论等。许多学者基于数值模拟应用相关模型对路基的温度变化、水分重分布、应力状态和变形进行了分析和预测，并与相关试验结果进行对比[2,3]。对于膨胀土地区路基变形控制的研究主要集中在研究膨胀土胀缩变形与含水率、干密度以及上覆荷载之间的关系，建立相应的模型；或者基于非饱和土理论，研究基质吸力和净法向应力作用下膨胀土的变形规律，并建立相应的弹塑性和非线性本构模型。对于列车-轨道-路基的动力相互作用以及路基土体在列车荷载长期作用下的累积动力变形，目前建立了列车-轨道-土体动力响应耦合模型，对列车速度、轨道结构、土体性质等多种影响因素进行了理论分析和试验验证。

3. 主要难点

综上所述，主要难点表现在以下几个方面：

(1) 如何量化高速铁路路基基于变形控制的服役性能指标，目前国内外尚无明确的定义，这种服役性能随着时间的演化规律也未见明确的研究。

(2) 路基基床结构十分重要，它承受着高速列车亿万次的作用，也经受着季节交替带来的干湿变化和冻融作用。如何精确地描述长期动荷载作用、温度变化、水分变化过程中的力学行为，建立相应的各物理过程耦合作用下的变形预测模型，从而精确预报路基在各种场合下毫米级别的变形，保证运营安全，正确指导养护工作，技术上如何设计路基基床的结构，使路基在长期的动载荷和干湿及冻融作用下仍然能够保持应有的几何状态，保证全寿命周期的高速铁路运营安全，目前是一个科学难题。

（3）在路基的基底处理方面，目前针对软土、冻土、膨胀土等也已经有了许多处治措施，例如，对软土地基的各种组合桩承载路基结构，多年冻土的热棒路基、通风管路基、碎石护坡路基等措施，针对膨胀土的土质改良、化学改良、土工合成材料加固等措施[3~5]。但是这些措施的长期耐久性还有待时间的检验，其在高速铁路全寿命周期服役性能的精确定量预测与精准控制也是一个科学难题。

参 考 文 献

[1] 国家铁路局. TB 10621—2014 高速铁路设计规范[S]. 北京: 中国铁道出版社, 2014.

[2] Lai Y, Pei W, Zhang M, et al. Study on theory model of hydro-thermal-mechanical interaction process in saturated freezing silty soil[J]. International Journal of Heat and Mass Transfer, 2014, 78: 805–819.

[3] Niu F, Li A, Luo J, et al. Soil moisture, ground temperatures, and deformation of a high-speed railway embankment in Northeast China[J]. Cold Regeon Science and Technology, 2017, 133: 7–14.

[4] 叶阳升, 蔡德钩, 闫宏业, 等. 桩网支承路基结构的模型试验方法[J]. 铁道建筑, 2009, (7): 40–43.

[5] 刘建坤, 岳祖润. 路基工程(铁道工程专业方向适用)[M]. 北京: 中国建筑出版社, 2016.

撰稿人：刘建坤
北京交通大学
审稿人：凌建明　沙爱民

铺面结构与材料性能表达的统一性问题

A Consistent and Integrated Approach to Describe Paving Structure and Material Performance

1. 背景与意义

铺面结构在服役过程中受各种因素影响,尤其是复杂多变的环境作用和高频次、随机的重载作用,结构出现损伤,逐渐演化为结构损坏和性能衰减,直至不能满足使用要求而需进行维修或重建。铺面结构损伤的产生和发展速度除与荷载、环境作用有关外,还与铺面自身的特性以及组成铺面结构的材料性能有关。铺面的结构组成、材料类型和配比设计等对其服役过程中损伤出现的位置、时间和演变规律都具有显著影响。

目前铺面结构和材料的研究、分析和设计是沿着两个独立轨道发展的。早期的美国国家公路与运输协会(American Association of State Highway and Transportation Officials,AASHTO)法以铺面结构的现时服务能力指数为指标,对铺面进行分析和设计[1]。铺面结构的力学性能采用了应力、应变和变形等弹性力学概念[2],其中铺面材料的特性采用劲度模量、弹性模量和泊松比描述。在这些概念的基础上,建立基于力学的铺面结构设计方法,如 AI 法、Shell 法等。但这些方法均未能做到按照使用性能分析和设计铺面结构,更不能控制铺面性能衰变的全过程。SHRP 计划试图建立一个基于性能的铺面设计方法,但其着眼点是达到临界损坏状态时的累计轴载作用次数,仍未能考虑路面性能的衰变过程。力学-经验(ME)法采用 Miner 定律进行疲劳损伤叠加,建立了路面损坏预估的力学-经验模型[3]。

铺面材料的性能则是采用不同的指标。沥青混合料的指标可以分为两类:一类是经验性指标;另一类是(劲度)模量、劈裂强度、泊松比等力学指标;水泥混凝土则采用弯拉强度、抗压强度、抗拉强度、弹性模量等力学指标;而半刚性材料和其他松散类路面材料则是采用弹性模量和泊松比指标。

随着交通荷载的增大,对铺面工程耐久性的要求越来越高。研究和实践都发现[4],目前这种铺面结构和材料分别采用各自的指标进行工程性能表述的双轨制系统,制约了铺面理论的进步,无法将铺面结构和材料作为一个有机的整体进行完整的分析和优化设计。因此统一铺面结构和材料性能的表述就成为进一步建立新的铺面理论、提升铺面耐久性的关键科学问题之一。

铺面结构性能与材料性能脱节使得人们无法在铺面结构分析中考虑材料性能的影响，反映了铺面理论的固有缺陷。这一固有的理论缺陷使得人们无法直接分析铺面材料性能对结构疲劳性能和长期变形性能的影响。国际上关于材料模量、疲劳和变形性能等的研究一直是一个十分活跃的领域，也取得了许多研究成果，但由于表述指标不同，一直未能纳入结构性能分析的过程，处于相互分离的双轨状态。

这一缺陷带来的另一问题是，材料试验与铺面结构之间缺少"相似性"。铺面材料的试验仅着眼于材料本身的性能，试验中对组成铺面结构的材料及其在荷载、环境作用下力学状态的考虑与实际相差较远，试验结果不能准确反映材料在结构中的响应和使用性能。这种现象给貌似科学合理的设计过程带来了许多难以察觉的深层次问题。

铺面结构和材料性能参数不统一，人们无法根据结构的要求定量地提出对材料的要求，不能定量指导路面结构-材料的组合设计，使得铺面设计过程存在很大的盲目性和不精确性，因此很难优化路面的结构组合。

所以研究铺面结构与材料性能表述的统一性问题具有重大理论意义和实用价值，是铺面学科从经验走向科学的关键之一。

2. 研究进展

铺面使用性能是铺面力学机制长期作用的外在表现，是路面结构、材料的物理特征和力学特性在外界因素(荷载、环境)作用下的宏观反映。美国 AASHTO 和 LTPP 以及我国同济大学对铺面性能变化进行了长期监测和研究，建立了各自的行为演变方程，如式(1)和式(2)所示[1,4]：

$$\lg W_{18} = Z_R S_0 + 9.36\lg(SN+1) - 0.2 + \frac{\lg\frac{\Delta PSI}{4.2-1.5}}{0.40+\frac{1094}{(SN+1)^{5.19}}} + 2.32\lg M_R - 8.07 \quad (1)$$

式中，W_{18} 为累计 80kN 标准单轴荷载(equivalent single axle load, ESAL)作用次数；ΔPSI 为路面现时服务能力指数(present serviceability index, PSI)从路面新建至使用年限末的差值；SN 为铺面结构数；Z_R 为铺面的可靠度系数；S_0 为该方程的综合标准差；M_R 为基础回弹模量。

$$PPI = PPI_0\left\{1-\exp\left[-\left(\frac{\alpha}{y}\right)^\beta\right]\right\} \quad (2)$$

式中，PPI 为使用性能指数；PPI_0 为初始使用性能指数；y 为路龄；α 为寿命因子；β 为模式因子。

铺面结构力学性能的理论研究是随着力学和计算机进步而发展起来的。一般采用铺面结构临界损坏点的应力或应变来描述其力学性能。铺面损伤与临界点的应力-应变具有直接的关系。美国和英国学者建立了经典的模型，见式(3)，经修正后被 ME 设计方法采用[3]。

$$N_f = \alpha \left(\frac{1}{\varepsilon_t}\right)^b \left(\frac{1}{S_{mix}}\right)^c \tag{3}$$

式中，N_f 为疲劳寿命；ε_t 为临界点的拉应变；S_{mix} 为劲度模量。

在材料研究方面，传统上对沥青混合料采用体积参数指标和 Marshall 稳定度、流值、动稳定度等指标反映其工程性能，对粒料等松散材料则采用加州承载比(California bearing ratio，CBR)值反映其工程性能，对半刚性材料则采用弹性模量或强度反映其工程性能。这些表述指标种类繁多，本身就不统一，指标的物理意义也不明确。

随着研究的深入和试验技术的进步，目前学术界采用动态模量来反映材料的性能。由于沥青混合料的性能受温度、加载频率等因素的影响很大，为了反映这种影响，人们建立了沥青混合料模量的主曲线，如图 1 所示[5]，并建立了主曲线方程，如式(4)所示。

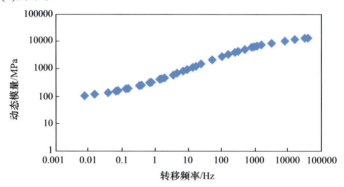

图 1 沥青混合料模量主曲线示意图

$$S_m = S_{min} + (S_{max} - S_{min})\left\{1 - \exp\left[-\left(\frac{f_r}{a_1}\right)^{a_2}\right]\right\} \tag{4}$$

式中，S_m 为沥青混合料的劲度模量；S_{min} 为换算频率趋近于零时的劲度模量；S_{max} 为换算频率趋近于无穷大时的劲度模量；f_r 为换算频率；a_1、a_2 为与混合料类型有关的系数。

半刚性材料的动态模量可以直接测试。对于颗粒材料，其本构模型一般如式(5)和式(6)所示[1,2,4]：

$$M_r = k_1 \theta^{k_2} = k_1 (\sigma_1 + 2\sigma_3)^{k_2} \tag{5}$$

$$M_r = k_3 \sigma_d^{k_4} = k_3 (\sigma_1 - \sigma_3)^{k_4} \tag{6}$$

式中，M_r 为回弹模量；θ 包含了静态应力和动态应力；σ_1、σ_3 为主应力；$k_1 \sim k_4$ 为系数。

就铺面结构的力学分析而言，实测的材料劲度(模量)参数和力学分析中采用的参数形式上是一致的。但是在实验室中测试的劲度和模量的数值包括沥青混合料、半刚性材料和碎石等材料，与材料在铺面结构中表现出来的响应数值还有较大的差异[6,7]，形式上的统一尚未达到实质上的统一。要解决铺面结构与材料性能表达的统一性问题还需要进行深入研究。

3. 主要难点

对铺面结构与材料性能进行统一表述的主要难点是：如何准确地表达沥青混合料等铺面材料在结构中的性能，如何提出一种指标来同时表述结构的性能和材料的性能。

目前正在探索的解决方案大体有两种思路：

(1) 采用特定条件下的动态测试结果。不同的动态试验方法所得的测试结果并不相同，需要确定动态试验的条件，使得材料的动态测试结果反映其在结构中的响应。

(2) 直接采用材料的响应参数。这是比较理想的，但需要对试验方法进行深入研究，确保试验方法与实际路面结构的相似性。

这两种方法能否最终实现铺面结构与材料性能描述的统一，目前还没有清晰的答案。

参 考 文 献

[1] AASHTO. Guide for Design of Pavement Structures[M]. Washington DC: AASHTO, 1993.

[2] Ullidtz P. Modelling Flexible Pavement Response and Performance[M]. Copenhagen: Polyteknisk Forlag, 1998.

[3] Witczak M W, Andrei D, Houston W N. NCHRP project 1-37A, guide for mechanistic-empirical design of new and rehabilitated pavement structures[R]. Washington DC: Transportation Research Board, 2004.

[4] 孙立军, 等. 沥青路面结构行为学[M]. 上海: 同济大学出版社, 2013.

[5] Medani T O, Huurman M, Molenaar A A A. On the computation of master curves for bituminous mixes[C]//Proceeding of the 3rd Eurobitume Congress. Vienna: European Asphalt Pavement

Association and the European Bitumen Association, 2004.
[6] Lee H J, Daniel J S, Kim Y R. Continuum damage mechanics-based fatigue model of asphalt concrete[J]. Journal of Materials in Civil Engineering, 2000, 12(2): 105-112.
[7] Rada G R, Richter C A, Jordahl P. SHRP's layer moduli backcalculation procedure[M]// Nondestructive Testing of Pavements and Backcalculation of Moduli. Philadelphia Pa: American Society for Testing and Materials, 1994.

撰稿人：孙立军　刘黎萍
同济大学
审稿人：凌建明　沙爱民

飞机荷载作用下机场道面的非线性动力学问题

Nonlinear Dynamics of Airport Pavement under Aircraft Loading

1. 背景与意义

机场道面是供飞机起降、滑行和停放的场地，承受飞机的各种荷载作用。早期的机场，飞机荷载小，道面设施简陋，多为天然草皮或土道面。第二次世界大战期间，喷气式飞机投入使用，机场开始修建沥青混凝土和水泥混凝土道面，且规模迅速扩大；同时为适应重型轰炸机的使用要求，美国军方率先研究并构建了经验型道面结构设计方法和厚度计算模型。

20 世纪 70 年代初期，大型宽体飞机投入运营，对道面性能提出了更高的要求，原有的经验型道面结构设计方法面临挑战。研究人员尝试从道面结构力学的角度，分析揭示道面病害产生的机理，进而修正经验设计模型，其基础就是飞机荷载作用下道面结构的力学响应规律。由于道面动力学问题本身的复杂性以及数学处理方面的困难，道面结构响应分析主要采用静力学理论，这在当时的条件下不失为一种较好的选择。而且在飞机起落架构型简单、轴载较小、运行速度较低、道面平整度良好的情况下，静力学方法基本是合理、可行的。各国在此基础上逐渐建立了机场道面结构力学-经验设计方法。

20 世纪 90 年代以后，以 B-777、A380 等为代表的新一代大型飞机相继投入运营。其多轴多轮的复杂起落架构型和重载特征显著强化了飞机对道面的动力作用[1]；同时绝大多数道面具有不平整性，尤其是长波不平整的激振效应增强了道面的动力响应(图 1[2])，从而引发了静力学理论难以解释的各种道面损坏问题。因此，需要在道面结构分析和设计中重新审视和考虑飞机对道面的动力作用，而计算机及数值计算技术的发展为复杂结构动力学问题的分析提供了有效工具。道面结构动力学问题逐渐成为机场工程领域的研究热点。

道面是机场最重要的基础设施，飞机所有的地面活动都与道面密切相关。飞机着陆冲击、滑行振动、刹车制动、转弯扭剪等都会使道面结构产生动力响应。由于动力荷载与静力荷载对道面结构和材料性能的影响存在本质区别，因此以静力学理论为基础建立的道面响应模型很难反映道面的实际工作状况及损坏机理。例如，飞机粗暴着陆(正常着陆时由于升力作用实际产生的冲击荷载通常小于静

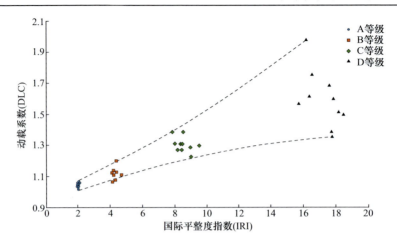

图 1 飞机动载系数与道面平整度值的相关关系

载)会对道面产生强烈冲击从而加速道面结构的损坏;飞机经过水泥混凝土道面接缝处所产生的动力荷载可导致接缝病害;飞机高胎压轮组水平制动和转弯时引发沥青道面的剪切与扭剪破坏等。因此研究突破飞机荷载作用下道面结构的非线性动力学问题,对于发展机场道面结构设计方法和评价理论具有重要的学术意义和实用价值。而科学合理的道面结构体系对于提高道面适用性和可靠性,保障航空运输安全及国防安全具有重要意义。

2. 研究进展

道面结构非线性动力学问题研究的关键是准确把握飞机着陆、滑行、制动、转弯等不同形式荷载作用下道面结构的动力行为特征与规律。已有的研究工作主要集中在飞机动力荷载模型和道面动力响应分析两个方面。

在飞机动力荷载模型方面,由于飞机在道面上运行速度快、安全要求高,室内足尺试验模拟困难,现场试验存在风险,因此对飞机荷载的模拟多以理论模型为主。在道面工程领域,研究重点往往侧重于道面结构响应问题的分析,飞机荷载通常被简化为移动恒载、稳态简谐振动或 1/4 车、1/2 车模型等简单形式,从而降低问题的复杂性和问题求解的数学难度。然而,与车辆荷载不同,飞机起落架构型复杂、覆盖范围广,飞机地面荷载分析需要考虑飞机自重、起落架减振特性、升力作用、不平整度随机激振以及制动惯性等多方面因素的影响,简单的运动点源激发显然无法表达飞机实际运动状态和复杂随机荷载特征。

飞行器设计领域对飞机动力学模型的研究开展较早。20 世纪 70 年代,美国海军及空军飞行动力实验室先后运用随机振动模型、快速傅里叶变换、拉格朗日方程等理论,分析飞机在道面不平整度激励下的振动加速度时程特征。随着计算机技术发展，飞机建模更加精确，开始考虑飞机6自由度地面运动；运用数字仿真方法分析飞机地面动力学问题，模拟飞机地面降落、滑跑、制动、转弯等多种运动特性，并通过道面平整度激励分析飞机地面荷载，为飞机操控系统和机械系统设计优化提供依据。近二十年来，随着多体动力学的发展，基于虚拟样机模型的飞机动力学仿真技术逐渐成熟。虚拟样机技术采用仿真计算替代传统力学分析和编程计算，不仅可以实现对飞机整机各种运行形态的仿真分析，还可以针对支柱缓冲器等重要构件进行精细化建模、装配和仿真，其结果更加符合飞机实际结构和动力学特征，仿真流程如图 2 所示。虽然虚拟样机技术为飞机-道面-地基系统协同仿真分析提供了一种全新的途径，但飞机虚拟样机的兴起主要面向飞机操控性和机械设计方面的研究，直到 21 世纪初，才有学者将其用于道面结构荷载分析，并逐渐构建了军用飞机、A320/330、A380 等机型的全机仿真模型。总体而言，道面工程领域的虚拟样机技术尚不够成熟，特别是在起落架非线性建模、飞机运动控制系统建模、飞机随机振动荷载分析等方面[2]。

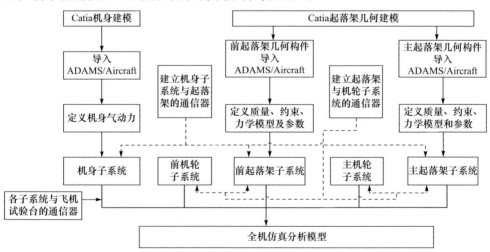

图 2　虚拟样机仿真技术流程

在道面动力响应分析方面，最早的研究始于公路水泥混凝土路面。一方面，因为水泥路面结构形式较为简单、材料力学参数变异小；另一方面，因为水泥道面刚度大，对动力荷载响应更为明显。早期的道面结构力学模型主要建立在一维弹性地基梁和二维弹性地基板基础上，借助积分变换方法研究无限介质或半空间在运动点源荷载作用下弹性波激发问题，而对于含有边界的有限尺寸梁、板、层状体系等几乎无法解决。随着数值积分和有限元理论的发展，道面结构由二维发展到三维；地基模型由线弹性发展到非线性弹性；材料模型由弹性发展到黏弹性；结构类型由水泥道面发展到沥青道面及各种复合道面；更多复杂道面结构动力响应问题逐步得到分析和研究[3]。总体而言,现阶段采用有限元或边界元方法已基本可以解决运动点源作用下三维多层连续有限尺寸结构的动力响应问题,但在飞机-道面-地基耦合非线性动力学方面研究较少。

3. 主要难点

机场道面动力学涉及飞机振动理论、材料动力特性、轮胎动力学、结构动力学等多个学科领域,具有荷载、材料、结构、几何、接触等多方面的非线性特征。该问题的难点在于系统中复杂非线性问题的科学建模与分析,具体包括以下方面。

(1) 飞机非线性动力荷载问题。传统道面动力响应分析模型中对飞机荷载做了较多简化,而虚拟样机技术的出现为飞机地面动力荷载分析提供了解决途径。但由于飞机机体与起落架之间依靠非线性较强的缓冲器进行连接,非线性因素是全机建模仿真中不可忽略的问题,如图3和图4所示[2]。缓冲器空气弹簧力、油压阻尼和摩擦力、道面不平整度的非平稳随机激励以及运动耦合等多种非线性因素对飞机地面动力荷载分析结果具有显著影响。如何合理构建起落架非线性系统模型是道面非线性动力学面临的难点之一。此外大型飞机多轴多轮重型随机振动荷载作用不仅强化了道面结构与材料的非线性特性,还会带来结构空间响应的非线性叠加和结构损伤的非线性累积;高胎压和大惯性制动水平力容易导致结构材料的黏塑性变形,这对沥青道面的影响尤为重要[4,5]。

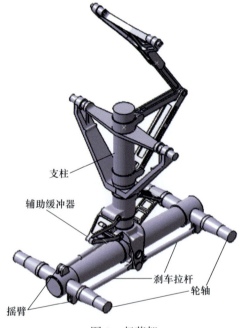

图3 起落架

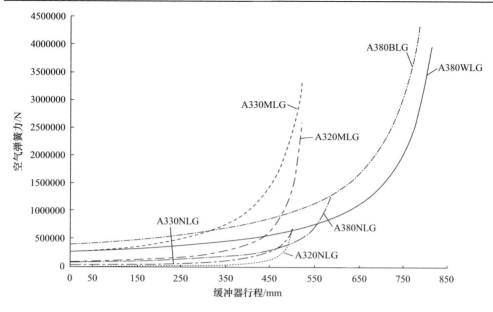

图 4 空气弹簧力曲线

(2) 非线性轮胎力问题。航空轮胎是飞机与道面直接作用的部件，因此在研究道面结构力学响应时，需要建立精确的飞机轮胎力学模型。然而轮胎因其特殊的结构和用途而具有明显的几何非线性和材料非线性，同时轮胎性能还受到飞机起落架性能、载荷重量和行车速度等因素的影响。在正常工作状态时，轮胎与地面之间还存在非线性接触问题，这使得对轮胎的动力学分析非常困难。虽然国内外学者在沥青路面-车辆相互作用分析中对轮胎模型开展了一定的研究[6]，但现有轮胎力学模型[7]很少考虑车辆悬架非线性特性和道路材料非线性黏弹性的影响，复杂非线性动态轮胎力模型尚无法用于结构动力学分析。实际上，对于机场道面，特别是沥青道面，自上而下裂缝、扭剪性损坏等非线性动力学行为大多与飞机轮胎的类型、尺寸、花纹和压力等因素密切相关。

(3) 飞机-道面-地基非线性耦合问题。道面结构响应源于飞机动力荷载，而飞机荷载是其自身运动与外部激励共同作用的结果，因此飞机-道面-地基是一个动力相互作用系统。如何把真正符合实际状况的飞机模型、轮胎模型、道面结构模型和地基模型有机结合起来进行耦合分析，如何对系统中存在的大量复杂非线性因素及其耦合效应进行合理简化和等效是机场道面非线性动力学理论研究的又一个难点。

参 考 文 献

[1] Gopalakrishnan K, Thompson M R. Assessing damage to airport pavement structure[J]. Journal

of Transportation Engineering, 2006, 132(11): 888–894.

[2] 朱立国, 陈俊君, 袁捷. 基于虚拟样机的飞机滑跑荷载[J]. 同济大学学报(自然科学版), 2016, 44(12): 1873–1880.

[3] Rapanová N, Kortiš J. Numerical simulation of pavement response to dynamic load[J]. Transport and Telecommunication Journal, 2016, 14(3): 230–236.

[4] 游庆龙, 凌建明. 材料非线性对沥青道面结构力学响应的影响[J]. 同济大学学报(自然科学版), 2015, 43(6): 866–871.

[5] White G. Shear stresses in an asphalt surface under various aircraft braking conditions[J]. International Journal of Pavement Research and Technology, 2016, 9(2): 89–101.

[6] Almeida A M M, Santos L G D P. Methodological framework for truck-factor estimation considering vehicle-pavement interaction[J]. Journal of Transportation Engineering, 2015, 141(2): 04014074.

[7] Liang W, Jure M, Roland R. Analytical dynamic tire model[J]. Vehicle System Dynamics, 2008, 46(3): 197–227.

撰稿人：凌建明　杜　浩

同济大学

审稿人：沙爱民　郑健龙

复杂环境下路面力学行为解析

Solution for Pavement Structure Response under Complex Conditions

1. 背景与意义

现代车辆的车轮一般采用充气轮胎，轮胎的充气压力称为轮胎压力(图 1)。充气轮胎在荷载作用下会产生压缩变形，由车轮传给路面的荷载分布在一定的面积上，车轮与路面的接触面积称为轮印面积。当车辆在路面上行驶时，除垂直荷载之外，作用在路面上的还有水平力。车辆运动时车轮与路面之间的摩擦力会引起水平荷载；车轮因路面不平整、车轮制动、车辆转弯等均产生水平荷载。同时路面结构分析一般采用层状体系假定，其材料参数(主要是模量和泊松比)具有温度、时间和应力依赖性。因此在考虑荷载特性和参数变化等条件下对力学行为进行精确分析具有一定的复杂性。

路面结构在荷载作用下的实时力学行为分析对于了解路面结构的服役性能和破坏机理具有重要价值。只要获得荷载作用下路面结构的应力场和应变场，就能了解路面结构在荷载作用下的疲劳衰减特性，也就能预估路面结构的残余使用寿命，及时采取养护措施提高路面结构使用性能和延长路面结构的使用寿命，减少全寿命周期的费用。

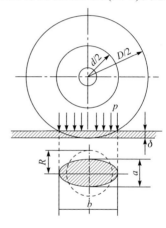

图 1 车轮与路面的接触面积

2. 研究进展

路面结构在车辆荷载作用下结构内部将产生力学响应，这些响应主要包括应力、应变和位移。路面结构响应分析理论以 1943 年 Burmister 发表的弹性双层体系理论解析解为起始。随着数学和计算技术的发展，1945 年 Burmister 又提出了三层弹性体系理论[1]。1948 年 Fox 和 Hank 给出了数值解，1951 年 Acum 和 Fox 等及 1962 年 Jones 和 Peattie 发表了三层体系实用图表[2]，20 世纪 60 年代，我国邓学钧等[3]、王凯[4]等在双层体系、三层体系数值解方面取得了卓越的成绩。现在的路面结构响应分析一般采用基于有限元理论的数值计算方法，因此在荷载模型、材料参数模型、结构层界面状态等方面可根据实际需要进行假定，孙璐等[5]、Wang[6]进行了动荷载、宽轮胎、黏弹性和非线性等状态的分析与计算，开展了复杂荷载环境下路面结构响应分析。

荷载模型包括水平力荷载模型和垂直力荷载模型。水平力荷载的大小和方向与车辆载重、车辆驱动轮或从动轮(图 2)、道路上坡或下坡等有关。驱动轮在法向有重力 G_t 与路面支撑力 F_{N-t} 平衡，因此路面受到与 F_{N-t} 大小相等、方向相反的驱动轮法向荷载。驱动轮动力 T_t 在 X 切向分解为使驱动轮滚动的一对力偶(驱动力 F_t 和圆周力 F_c，$F_t=F_c$)。由于胎胶变形和黏滞，路面对轮胎产生滚动阻力 F_{tf}，轮胎向后施加到路面上的力为 $F_X=F_t-F_{tf}$，而路面将对轮胎施加切向反作用力，该力与 F_{T-t} 大小相等、方向相反；F_{tf} 为驱动轮滚动阻力；$F_{(w+i+j)-t}$ 为驱动轮受到空气阻力、坡度阻力、惯性阻力；F_{P-s} 为从动轮通过车架对驱动轴向后的推力；F_{T-t} 为驱动轮对路面施加切向力。从动轮受路面施加的切向作用力方向向后，且并非仅依靠此切向作用力滚动，还有凭借 F_{T-t} 通过车架作用于从动轴(它与 F_{T-t} 等大、同向)的推力 F_{P-t}，G_s 为从动轮重力；N_s 为从动轮受道面支持力；F_{N-s} 为从动轮受到的路面支撑力；$F_{(w+i+j)-s}$ 为从动轮受到的空气阻力、坡度阻力、惯性阻力；F_{P-t} 为驱动轮通过车架对从动轴向前的推力；F_{T-s} 为从动轮对路面施加的切向力。

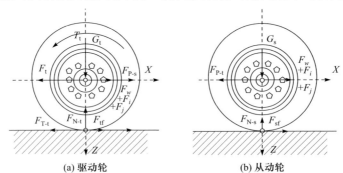

图 2　汽车列车驱动轮和从动轮匀速滚动受力分析

车辆在水平条件行驶与上坡或下坡行驶的受力特性、速度变化完全不同，在水平、上坡、下坡的转换中能够持续爬坡是通过燃料燃烧将热能转化为机械能，当汽车由水平转向爬坡时，需要迅速增加牵引力来克服由坡度导致的坡度阻力，特定汽车的发动机最大有效功率是一定的，因此只有通过降低车速来实现在某一挡位下为汽车提供足够的爬坡能力。

影响车辆垂直力的因素包括接触面形状和对应各点压力的大小。由于车轮形态也在不断改变，从一般的轮胎宽度发展到现在的宽基轮胎(图 3)，接触面的大小在改变；轮胎接触面的压力分布也不均匀(图 4)；平整路面垂直力是恒定的，而不平整路面车辆垂直力是随机振动荷载。车辆行驶过程中发动机转动传递给路面的作用力十分复杂，荷载的形态一般有静荷载、移动荷载(道路平整)、振动荷载(道路不够平整),必须考虑复杂荷载环境下路面结构的力学行为。因此路面结构在荷载作用下的响应精确解析是一个车辆-路面耦合的动力系统(图5)。

图 3　轮胎胎面宽度变化

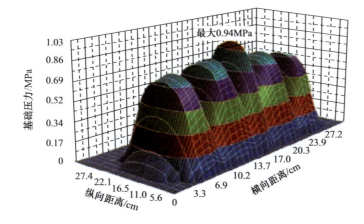

图 4　轮胎接触面的压力非均匀分布

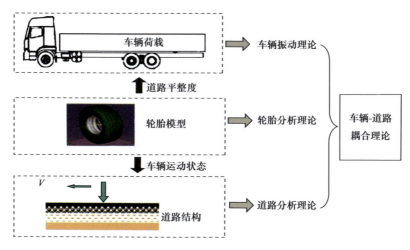

图 5　车辆路面动力耦合系统

沥青路面结构模型一般采用层状体系模型，结构层材料可以采用线性弹性模型、黏弹性模型、黏塑性模型等，因此材料的本构模型与路面结构所在的环境条件相联系。在夏天，路面温度场总体处于高温状态，路面材料设计参数表现为黏弹性或黏塑性模型；在冬天，路面材料总体处于弹性或脆性状态，路面材料设计参数表现为弹性或脆性模型。结构层结合状态也与使用时间和施工工艺有关，因此界面结合状态不是简单的完全连续或完全光滑，界面接触系数也是一个变化的参数，因此路面结构模型也是一个复杂因素。图 6 给出了应力接触状态对结构响应计算结果的影响，图 7 给出了运行速度对计算结果的影响。由此看出，路面结构响应与荷载模型和材料模型参数相互关联。

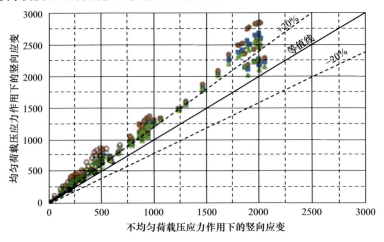

图 6 不同荷载接触应力状态的结构差异

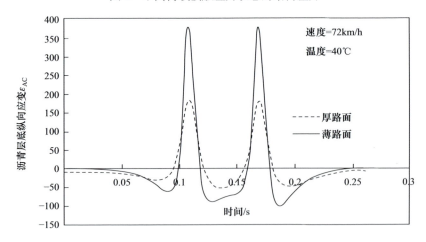

图 7 动载作用的分析结果

3. 主要难点

荷载条件和路面结构参数对路面结构的响应均有很大的影响，因此复杂荷载环境和路面结构参数下路面力学行为的精确解析必须考虑荷载状态、材料状态等复杂条件的影响。

要求复杂状态下路面结构力学行为的精确解，需要得到车辆荷载在行驶过程中作用力的大小、方向和作用点，作用力又包含垂直力和水平力两个方面；同时，需要知道在实际温度状态下沥青路面结构的模量参数和泊松比，建立不同位置(对应温度场)沥青混合料的模量参数、阻尼参数、密度参数和泊松比；不同位置无机结合料稳定材料的模量参数、阻尼参数、密度参数和泊松比；不同季节路基的状态参数。这个工作需要进行大量的荷载行驶特性分析和实际测试，确定荷载作用力的大小、方向和作用点；需要进行大量的室内试验和野外测试，确定路面结构的温度场，确定不同温度条件下沥青混合料的模量、阻尼、密度和泊松比特性；同时需要确定无机结合料稳定材料和路基的相关参数。

参 考 文 献

[1] Huang Y H. Pavement Analysis and Design[M]. 2nd ed. Upper Saddle River: Prentice Hall, 2003.

[2] Jones A. Table of stresses in three-layer elastic system[R]. Highway Research Board Bulletin, 1962.

[3] 邓学钧, 黄卫, 黄晓明. 路面结构计算和设计电算方法[M]. 上海: 东南大学出版社, 1997.

[4] 王凯. N 层弹性连续体系在圆形均布垂直荷载作用下的力学计算[J]. 土木工程学报, 1982, 15(2): 55–57.

[5] 孙璐, 邓学钧. 车辆-路面相互作用产生的动力荷载[J]. 东南大学学报(自然科学版), 1996, 26(5): 142–145.

[6] Wang H. Analysis of Tire-pavement Interaction and Pavement Responses Using a Decoupled Modeling Approach[D]. Urbana: University of Illinois at Urbana-Champaign, 2011.

撰稿人：黄晓明

东南大学

审稿人：沙爱民　刘建坤

材料参数表征铺面结构力学行为的有效性和完备性

Validity and Completeness of Material Parameters for Characterizing Mechanical Behavior of Pavement Structure

1. 背景与意义

材料参数主要是指材料的强度参数和刚度参数,它们是结构分析与结构强度、刚度设计的基础性资料和重要依据,材料参数准确与否直接关系到结构设计的正确性与可靠性。然而,由于铺面材料是一种由结合料和不同粒径矿料通过搅拌和单向碾压而成型的多尺度混合料,因此材料性能的离散性较大,而且其力学性能具有方向性,从而使得其强度、刚度与试验条件、受力状态密切相关。目前根据常用的直接拉伸、弯曲拉伸、无侧限压缩、劈裂试验和三轴试验等不同受力状态、不同静动态加载方式的试验方法所得到的材料强度、刚度在数值上就存在非常显著的差异性。因此在铺面结构分析与结构设计时无法客观、准确地选用材料参数,严重影响结构设计的精准性。换言之,现有的铺面材料参数事实上并不能客观有效地描述铺面结构的力学响应特征。正是由于这一原因,在进行铺面结构分析时,理论计算的力学响应一直无法在工程实际中得到试验检测的验证,成为国内外公认的一大难题。

铺面材料试验参数对铺面结构力学行为表征的有效性是指通过确定的试验方法获得材料某种特定的力学参数后,可以此为依据通过正确的力学模型在给定的激励下演绎出结构的力学响应特征,且和工程实际检测的结果具有较好的一致性。而所谓材料参数的完备性则是指选定的试验参数或试验参数组既能唯一地表征材料的本构特性,又能解释并统一现有各种试验方法所得到的试验结果;既能有效地描述材料处于各种复杂应力状态下的强度与刚度特征,又能客观地解析并表征结构在交通与复杂环境作用下的力学行为。

毫无疑问,上述问题的解决可以显著深化对铺面结构力学行为的认识,提升铺面结构的设计水平和耐久性,而且将极大地促进铺面材料强度理论、本构模型以及铺面力学的研究与发展,促进试验技术的创新与试验设备的研发。

2. 研究进展

铺面材料的强度和刚度是反映材料本构特征的力学参数,主要用于铺面材料

的优化设计和性能评价,也作为输入参量用于结构力学分析与设计。国内外的研究大致可分为以下三个方面:

(1) 铺面材料本构模型的研究。科学描述铺面材料的本构关系是准确计算铺面结构力学行为的基础,本构模型的参数则是需要通过确定的试验方法获取的材料参数。目前大多数铺面结构设计方法中采用的弹性模型并不能全面、客观地反映铺面材料在时间、空间及环境等多种复杂因素作用下的力学响应特征。事实上,铺面材料物理力学特性因温度、加载时间、加载速度、荷载水平等因素的影响而将发生显著变化,从而表现出不同的力学响应特征[1]。近 20 年来,许多学者分别应用黏弹性、弹塑性、黏弹塑性力学研究铺面材料的本构模型和结构分析方法,但研究的重点是关注温度和时间效应作用下,材料的黏弹性、黏塑性等特性对铺面结构力学响应的影响[2~4],大多为定性研究,而对于如何表征并获取模型参数以解决模型参数和结构行为解析的统一性问题,一直没有获得突破性进展[5]。

(2) 铺面材料强度与刚度的研究。国内外大量研究证明,常用的直接拉伸、弯曲拉伸、无侧限直接压缩和劈裂试验等简单试验方法所得到的铺面材料强度和刚度具有非常显著的差异性,不同试验条件下铺面材料的强度具有不唯一性,模量具有不确定性。铺面材料强度特性方面的研究大多以经典强度理论为基础,以简单的一维和二维应力状态的试验为手段获取材料的强度参数,研究各种因素对铺面材料强度的影响。近年来,研究人员开展了三维应力状态下强度模型的研究[6]。铺面材料刚度特性的研究主要集中在两个方面:一方面是研究各种因素对铺面材料刚度的影响,如不同测试方法(弯拉、劈裂、单轴压缩、单轴拉伸和剪切试验方法)[7]、不同荷载类型(静载、不同加载频率的动荷载)、不同环境温度以及不同材料级配等对模量的影响,并据此建立刚度预估模型;另一方面是研究重复荷载作用下,铺面材料与结构内部损伤的演化与模量的衰变规律。然而当前研究着重关注各种试验方法所获得的强度与刚度参数的差异性,环境因素、应力状态等因素对强度和刚度参数试验结果的影响,数值变化的相关性和规律性,而对于试验方法、应力状态的差异性为何诱发参数值的差异性这一本质原因仍然没有得到有说服力的结论,对于如何解决强度与刚度的不唯一性问题仍未建立系统的理论和方法。

(3) 试验方法的研究。传统的力学试验方法往往只能获取简单的一维或二维应力状态下铺面材料的宏观力学参数,而无法反映铺面材料和结构的真实三维应力状况,只有以拉压组合的三维应力状态为试验条件,在三维应力空间中建立三维复杂应力状态下的强度模型和强度准则,才能客观地感知并表征铺面材料的力学特性。为了研究铺面材料在实际工况下的力学行为,不少研究致力于研发三轴试验系统，其目的是能够尽可能地按照铺面结构的受力特征设定试验状态，如应力组合、试验温度和加载速度等，以便更加接近实际地测得铺面结构中材料的强度与刚度等性能参数[7]。虽然这些研究可使结构分析的计算结果更加接近结构真实的力学行为，但仍然不能解决铺面材料参数的有效性和完备性问题。

当前还有一类研究受到道路工程界的广泛关注，这类研究针对铺面材料由级配不同的多尺度集料和沥青胶结料通过混合和碾压成型的特点，采用多尺度算法解析铺面材料的力学特征[8,9]。但这类方法目前尚处于探索阶段，能否解决材料参数的有效性和完备性问题尚有待验证。

3. 主要难点

要解决材料参数表征铺面结构力学行为的有效性和完备性问题有两大难点：

一是如何在客观分析气候环境变化和铺面材料力学特性的基础上科学地建立铺面结构力学响应分析的本构模型，使各种复杂的影响因素得到恰如其分的考虑，使影响铺面结构行为特征最主要、最本质的材料特性得到精准描述，并最终使得理论计算得到的铺面结构力学响应与工程实测结果有较好的统一性。

二是如何构建并通过试验获取能全面反映铺面材料力学特性，并和本构模型匹配的材料参数体系，实现铺面材料力学特性描述的归一化，试验方法的简单化以解决现有不同试验方法、不同加载特征和应力状态下材料参数值的不唯一性问题。

要突破这两大难点，应注意铺面材料是由不同尺度的颗粒料通过结合料的黏结和碾压使其密实成型而产生的混合料，拉压强度和刚度具有显著的差异性为其必然结果。可考虑通过颗粒料与结合料之间相互作用的微细观力学响应特性的研究[9]，破解拉压特性差异性以及由此诱发的不同试验方法获得的强度与刚度参数差异性产生的内在原因，进而突破解决材料参数表征铺面结构力学行为有效性与完备性问题的两大难点。

参 考 文 献

[1] Wang L B. Mechanics of Asphalt: Microstructure and Micromechanics[M]. New York: McGraw-Hill, 2011.

[2] Arabani M, Kamboozia N. The linear visco-elastic behaviour of glasphalt mixture under dynamic loading conditions[J]. Construction and Building Materials, 2013, (41): 594–601.

[3] Yun T, Kim Y R. Viscoelastoplastic modeling of the behavior of hot mix asphalt in compression[J]. KSCE Journal of Civil Engineering, 2013, 17(6): 1323–1332.

[4] 张丽娟, 张肖宁, 陈页开. 沥青混合料变形的粘弹塑性本构模型研究[J]. 武汉理工大学学报(交通科学与工程版), 2011, 35(2): 289–292.

[5] 张起森, 肖鑫. 沥青及沥青混合料本构模型与微观结构研究综述[J]. 中国公路学报, 2016,

29(5): 26–33.

[6] 黄拓, 郑健龙. 不同试验方法的沥青混合料强度特性[J]. 中南大学学报(自然科学版), 2016, 47(8): 2820–2827.

[7] 陈少幸, 虞将苗, 李海军, 等. 沥青混合料模量不同测试方法的比较分析[J]. 公路交通科技, 2008, 25(8): 6–14.

[8] You Z P, Liu Y. Three-dimensional discrete element simulation of asphalt concrete subjected to haversine loading[J]. Road Materials and Pavement Design, 2010, 11(2): 273–290.

[9] 王明, 刘黎萍, 罗东. 纳米尺度沥青微观结构特征演化分析[J]. 中国公路学报, 2017, 30(1): 10–16.

撰稿人：郑健龙　钱国平
长沙理工大学
审稿人：沙爱民　凌建明

路面智能化养护管理

Smart Pavement Maintenance Management System

1. 背景与意义

路面管理是通过路面状况监测与评价、路面使用性能预测,为路面养护活动及资金安排进行规划管理的系统过程[1,2]。路面管理含有路面的养护规划、路面的养护施工、路面路况监测和路面性能评价及预测等工作。路面管理系统是依靠系统工程分析方法,综合考虑政治、技术、经济、社会等因素,部署相关的路面管理工作,为决策者提供分析和决策的工具及方法,实现全寿命周期内路面使用性能最佳和道路养护维修费用最低(图1)。路面管理系统通常分为两个层次,分别是网级路面管理系统及项目级路面管理系统[3,4]。

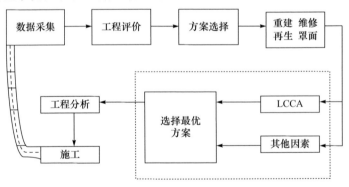

图 1 路面管理系统总体框架

互联网+路面养护管理的路面智能化养护管理是利用信息通信技术、地理信息系统技术、互联网和建筑信息模型平台,使互联网与路面养护管理深度融合,改善数据侧采集与传输方式,提高路面养护管理效率,减少道路管理与运行过程排放,提高行车安全与舒适,保护环境和促进生态平衡,由此实现基于互联网+路面养护管理智能化[5]。

路面养护管理智能化是路面管理的最高水平,它需要综合路面使用性能数据采集、数据传输、数据管理、路面使用性能评价、路面使用性能预测、路面养护管理方案排序、资金优化,保证全寿命周期费用节约,实现科学决策养护。同时通过大量数据积累，获得路面结构破坏特征与交通荷载、环境条件等主要因素的关联性数据，为后续路面结构行为特征和科学养护的大数据分析奠定基础。

2. 研究进展

数据采集是路面养护管理系统的核心。以人工检测为主要的检测方法已不能适应公路发展的要求。1974年法国研制了 GERPHO 系统，首次利用摄像机采集路面图像，将图像存储在胶卷上，并通过定位系统得到路面图像相应的位置信息。20 世纪 80 年代日本研发了 Komatsu 系统；20 世纪 90 年代初期美国的地球技术公司开发了路向裂缝评价系统(pavement cracking evaluation system，PCES)；20 世纪 90 年代中期瑞典 IME 公司研制了路面破损检测系统；英国交通研究实验室研制 HARRIS 系统；加拿大的国家光学中心(National Optics Institute，INO)开发了 LRIS(laser road imaging system)系统，同时采用两台线阵摄像头和激光源对路面信息进行采集，两台摄像头的覆盖范围是 4m 宽的路面。该系统可以在检测车行驶速度为 100km/h 的情况下正常采集路面信息，而且可以昼夜工作[3,4]。现代智能化路面破损智能检测系统包括如下子系统：路面图像的采集、路面图像的定位、路面图像识别(如路面图像的预处理、分割处理、特征提取、分类识别及破损的度量)以及检测结果信息传输等(图 2~图 5)[6,7]。

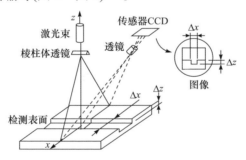

图 2　图像检测原理

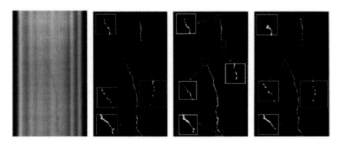

图 3　图像实例

图 4　现场检测设备 1　　　　　　　图 5　现场检测设备 2

现代道路数据采集采用更加智能的传感器形成物联网(图 6)，它根据需要设置在规定位置的末端设备和设施，将具备"内在智能"传感器的现代数据采集设备通过射频识别、红外感应器、全球定位系统、激光扫描器等方式实现信息采集、信息交换和通信，由此实现路面状况数据的智能化识别、定位、追踪、监控和管理，用 CDMA、GPRS、4G 公众移动网络传输图像和数据。

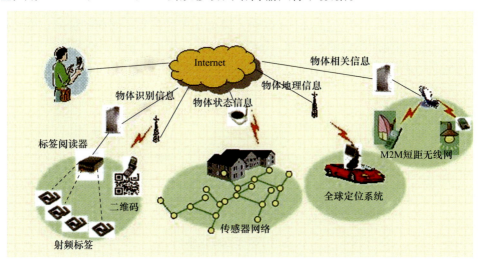

图 6　网路检测与数据传输的物联网系统构架

基于无线传输是现代智能检测与评价的重要方法，它指利用无线网络传输进行检测数据传输，边坡变形、含水率和应力-应变数据、路面破损监测数据等通过无线网络传输到中央信息控制系统，通过处理形成道路有效的监测数据，经过长时间观测和分析可以评价和预测道路的服务性能，如图 7 所示[8]。因此现代道路检测要求通过分析计算，确定在什么位置采用何种元件检测具体的相应内容，同时确定合理的数据采集频率和传输方式，保证数据可靠有效，同时要做到可视化、动态化和交互性。现代化智能路面养护管理系统为道路管理和技术人员提供了全新实时、动态、交互的界面和操作平台。

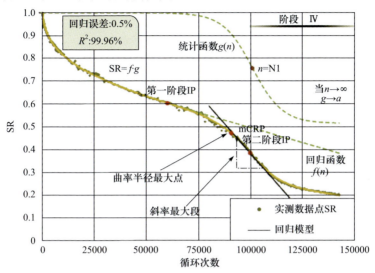

图7　路面刚度变化(SR)与作用次数的关系

但是传感器种类和埋置位置、数据采集和存储频率与路面养护管理需求密切相关,路面养护管理需求又与路面服役过程的破损机理相关,而这一切需要进行深入的路面损伤行为分析,同时也与测试技术有关,因此需要突破力学行为分析与测试技术分析两方面的问题。

在道路数据采集和传输到指定的数据库之后,通过数据库的基本操作可以保证数据按照指定的格式存储在规定位置,保证数据被正常采用,正常采用的主要工作是路面行为评价。路面行为评价和预测是路面管理系统的重要内容。随着数据量的增加,大数据处理已经成为当前道路路面养护管理的重要内容。现代智能检测可通过实时监测跟踪检测道路状况,并建立监测数据与路面结构、材料劣化特性等数据的关联性,由此形成的海量道路行为数据,需要采用大数据处理技术进行数据分析。大数据在获取、存储、管理、分析方面大大超出了传统数据库软件工具能力范围的数据集合,具有5V特点,即大量(volume)、高速(velocity)、多样(variety)、价值(value)、真实性(veracity)。通过采用全新大数据处理模式和BIM技术,使道路性能评价和预测结果具有更强的决策力、洞察力和流程优化能力,通过数据挖掘分析,揭示道路行为发展规律,提出相应的处理对策(图8)。因此道路大数据处理技术与道路行为评价相结合是目前道路路面管理系统重要的研究内容,可以提供道路行为发展新的规律和趋势,使道路管理人员可以采取更加有效的措施保证道路使用性能[9,10]。

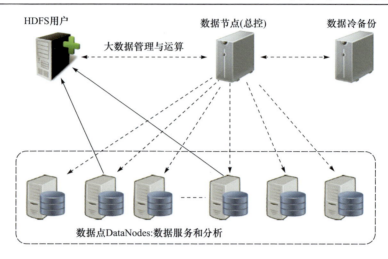

图 8 大数据的分析与处理

3. 主要难点

数据分析与预估应满足道路性能实时曲线与未来趋势曲线基本一致,需通过全寿命分析技术(life-cycle cost analysis, LCCA),合理利用资金,保证在全寿命周期内道路具有最好的使用性能。综合考虑建设初期费用、养护费用、用户(道路使用者)费用和排放、噪声等综合要素(图 9),实现道路费用最省、环境污染最少、用户最满意等要求。

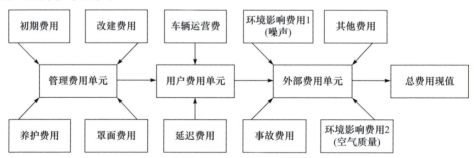

图 9 路面全寿命费用分析的费用组成

因此互联网+道路智能化养护管理需要将检测技术、数据传输技术、大数据处理技术、BIM 技术、路面破损机理与性能评价、全寿命经济分析有效结合,满足道路管理与养护的使用要求。但是路面行为数据采集内容和采集方式需要通过行车舒适性和行车安全性分析,提出主要影响因素,由此提出科学的数据采集内容和要求;路面结构行为数据也需要通过服役机理分析,了解路面结构破坏过程和测试要求,才能在合理位置测试需要的数据;还需要了解每一过程的费用特征和最佳养护时间，这需要解决测试、数据传输、结构分析等众多难题。

参 考 文 献

[1] 黄晓明, 汪双杰. 现代沥青路面设计理论与实践[M]. 北京: 科学出版社, 2013.
[2] 黄晓明, 高英. 路面设计原理与方法[M]. 3 版. 北京: 人民交通出版社, 2015.
[3] 左永霞. 路面破损智能检测系统关键技术研究[D]. 长春: 吉林大学, 2005.
[4] 谢峰. 基于 GIS 的高速公路路面管理智能决策模型研究[D]. 成都: 西南交通大学, 2013.
[5] Lajnef N, Chatti K, Chakrabartty S, et al. Smart pavement monitoring system[R]. Washington DC: Federal Highway Administration, 2013.
[6] Mathavan S, Kamal K, Rahman M. A review of three-dimensional imaging technologies for pavement distress detection and measurements[J]. IEEE Transactions on Intelligent Transportation Systems, 2015, 16(5): 2353–2362.
[7] Sun L. Multi-scale wavelet transform filtering of non-uniform pavement surface image background for automated pavement distress identification[J]. Measurement, 2016, 86: 26–40.
[8] Mateosetc A, Gómez J A, Hemández R, et al. Application of the logit model for the analysis of asphalt fatigue tests results[J]. Construction and Building Materials, 2015, 82: 53–60.
[9] Fan J Q. Challenges of big data analysis[J]. National Science Review, 2014, 1(2): 293–314.
[10] Sweden S. Big data in survey research: AAPOR task force report[J]. Public Opinion Quarterly, 2015, 79(4): 839–880.

撰稿人：黄晓明

东南大学

审稿人：沙爱民　郑健龙

路面多尺度混合料的结构原理与界面特性

Structure Principle and Interface Characteristic of Pavement Multiscale Mixture

1. 背景与意义

在基于传统的连续介质力学理论的路面力学分析中，往往假设路面混合料为各向同性的均质材料，然而材料的性能、变形和破坏特性取决于材料的原子结构与微观结构[1]。近年来，国内外道路研究人员也逐渐认识到精细尺度分析对于路面混合料性能研究的重要性。根据特征尺寸和研究侧重点的不同，路面混合料研究存在四个尺度视域：宏观尺度、细观尺度、微观尺度与分子尺度，图1为沥青混合料多尺度示意图。

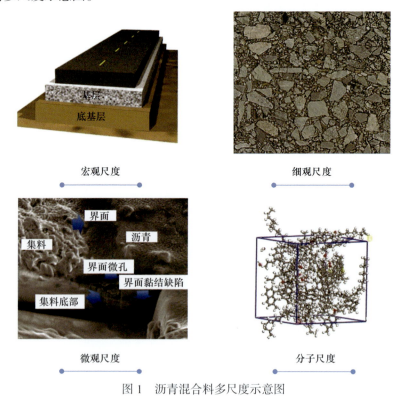

图1 沥青混合料多尺度示意图

传统宏观尺度的混合料分析方法无法揭示材料内部结构、组成与宏观力学性能之间的关系，不能合理解释裂纹成因及扩展规律，更难以描述非均匀性导致的材料损伤及应力集中引起的局部破坏现象[2]。要深入认知路面混合料的物理内涵及力学本征，必须突破传统宏观单一尺度的思维束缚，在多尺度视野下重新审视路面混合料，揭示结构原理，探究界面特性，更新表征技术。

路面混合料是一种结构行为极其复杂的工程材料，以往研究常基于宏观尺度的认知思路，假设其为各向同性，而忽略材料自身的结构属性，即原子结构与微细观结构。随着人们对路面问题复杂性认识的不断深入，现有基础理论已不能满足现实需求。

自然界和工程中的许多宏观现象均起源于微观和细观机制。材料的特性与响应也并非仅独立表现在宏观层面，其实际存在于从原子到微观、再到细观直至宏观的不同尺度视域中[1]。将多尺度研究理念引入路面混合料的研究中，可突破传统宏观单一尺度的认知思路和研究方法在材料机理解释及路用性能提升中的技术瓶颈，在宏观、细观、微观和分子尺度上，分尺度逐级揭示路面混合料的内在特性，跨尺度将宏观、细观、微观乃至分子尺度的分析相结合，从定性与定量等层面实现不同尺度上物理变量与几何参数的有机关联，为路面混合料设计与优化提供多尺度控制依据，为高性能路面混合料的获取提供新路径，为工程结构物损坏机理提供新的认知，从而丰富和发展复合材料的多尺度描述理论。

2. 研究进展

在宏观尺度上，水泥混凝土路面结构可模型化为弹性地基板，沥青路面结构可模型化为弹性层状体系，但组成弹性地基板和弹性层状体系结构的水泥和沥青混合料路面材料均被视为连续、均匀介质。这种连续介质力学方法在反映混合料内部应力、应变非连续特性上存在固有缺陷，促使传统的宏观研究尺度逐渐向精细尺度转变。而20世纪90年代以来，X射线电子计算机断层扫描(X-ray computed tomography，X-CT)和数字图像技术的快速发展，为分析混合料非连续、非均匀质的细观结构特征提供了有效手段。在细观尺度上，水泥混凝土可视为由水泥胶浆、骨料、界面过渡区、微裂纹和空隙组成的多相非均匀复合材料，沥青混合料可视为由沥青结合料、不同尺寸的集料、微裂纹和空隙组成的多相非均匀复合材料。离散元(discrete element method，DEM)数值模拟技术及颗粒力学、复合材料细观力学等力学方法的引入，使得混合料材料细观力学特性的研究、宏观力学性能的预测、变形破坏机理的阐释以及细观结构与宏观性能定量关系的分析有据可循[3~5]。

细观尺度视野下的水泥和沥青混合料自身具有明显非均匀细观结构特性，但组成复合材料的各组分相均仍被视为连续、均匀介质。得益于日趋精细的微纳材料测试新技术与日趋高效的分子模拟计算方法，微观尺度和分子尺度的路面混合料研究逐步成为国际道路工程领域的热点，并取得了具有启发性的成果[6,7]。

进入微观尺度，由于骨料/水泥胶浆界面过渡区、沥青/集料交互界面的复杂性，各组分材料在细观尺度的均匀性假设不再成立。混合料自身具有的微观结构特性，界面非完全黏结导致的微裂纹以及其物理化学交互衍生的界面相，均使得混合料在微观尺度视域下呈现出复杂结构特性。

当研究视野进一步聚焦分子尺度时，组成结构的基本单元为原子，而不同原子组成及排列方式的结构性能差异显著。分子尺度上"结构"与"材料"的物理实质已不同于前述三个尺度。此时，力的计算与结构响应均为非局部性的，即原子(或质点)间的作用不仅与紧邻原子(或质点)相关，还与邻域内非直接接触的原子有关。宏观、细观、微观尺度的结构分析中，材料间力的相互作用与响应为局部性的，因此可采用连续介质力学的假设、原理与方法，而分子尺度的结构分析必须借助分子动力学方法或广义质点动力学方法。

在不同尺度上，路面混合料能否视为连续的与均匀的，则取决于研究与表征的对象。例如，从路面结构物受力层面看，宏观及其尺度以下路面混合料均可视为连续均匀；从路面孔隙设计层面看，细观尺度以上显然是非连续均匀的；从路面混合料改性层面看，微观尺度以上认为是非连续均匀的；从路面混合料水损害机理层面看，分子尺度都需视为非均匀连续的。

3. 主要难点

1) 解析混合料结构原理的跨尺度协同分析

在混合料宏观、细观、微观与分子各单一尺度的研究中，现有方法均未能协同考虑材料组成结构与材料自身结构的尺度差异性。而要精确阐释混合料变形机理与破坏机制，需在多尺度逐级揭示混合料的结构机理。受限于传统理论与模拟方法在解释物理现象时的尺度适用性，目前尚无有效方法能跨宏/细/微/分子尺度的10个数量级，对路面混合料材料开展多尺度分析。已有在小尺度范围内实现跨尺度分析的应用实例，如跨连续介质宏/细/微观尺度的细观力学方法、跨微观/分子尺度的分子动力学方法等。这些成功实践对混合料多尺度分析起到促进作用，但目前缺乏解析混合料结构原理的跨尺度协同分析方法。

2) 混合料界面特性的多尺度表征

路面混合料的界面特性对材料宏观性能影响显著，但其界面行为过程属于微细观尺度的研究范畴。近年来的研究发现，混合料破坏过程贯通宏观、细观和微观多个尺度，涉及固体力学、材料科学与物理学的跨学科领域。对固体断裂过程的本质理解必须在微观力学与纳观力学相结合的角度上才能实现。针对路面混合料界面特性的研究，应立足材料变形与破坏多尺度背景，借助先进材料测试与表征技术，在微观尺度上获得材料微观性能参数，提取结构特征信息，探测界面结构区的几何形态、组织结构和结合程度，解析混合料组分之间的匹配关系，研究界面黏附系统的动态行为，揭示界面结构在服役过程中的性能演变规律，以及在服役过程中失效链的形成规律。

3) 混合料服役行为在微纳尺度上的表征

混合料理化行为的多尺度表征是认识多尺度混合料结构原理及界面特性的直接基础。传统基于连续介质力学的宏观尺度试验设计及测试方法必须深入到更为精细的微纳尺度，借助透射电子显微镜(transmission electron microscope，TEM)、环境扫描电子显微镜(environmental scanning electron microscope，ESEM)、原子力显微镜(atomic force microscope，AFM)、纳米压痕(nanoindentation)等先进微观测试与表征新技术，分析界面过渡区的化学组分及结构变化，测定界面相厚度、强度、模量等微观结构与性能参数，实现材料微细观结构与性能空间变化规律的精确描述，捕捉界面脱黏与各组分内部微裂纹滋生，追踪损伤在多物理场(温度场、应力场等)作用下的时间和空间发展历程，进而形成对混合料全寿命周期性能与结构衰变演化的微细观机理描述，在多尺度范畴内更新混合料表征技术。

参 考 文 献

[1] 范镜泓. 材料变形与破坏的多尺度分析[M]. 北京: 科学出版社, 2008.
[2] 杜修力, 金浏. 混凝土静态力学性能的细观力学方法述评[J]. 力学进展, 2011, 41(4): 411–426.
[3] Kim H, Buttlar W G. Discrete fracture modeling of asphalt concrete[J]. International Journal of Solids and Structures, 2009, 46(13): 2593–2604.
[4] Pei J Z, Fan Z P, Wang P Z, et al. Micromechanics prediction of effective modulus for asphalt mastic considering inter-particle interaction[J]. Construction and Building Materials, 2015, 101: 209–216.
[5] Torquato S. Optimal design of heterogeneous materials[J]. Annual Review of Materials Research, 2010, 40(40): 101–129.
[6] Yang Y, Wang L B. Nano-mechanics modeling of deformation and failure behaviors at asphalt-aggregate interface[J]. International Journal of Pavement Engineering, 2011, 12(4): 311–323.
[7] Li D D, Greenfield M L. Chemical compositions of improved model asphalt systems for molecular simulations[J]. Fuel, 2013, 115: 347–356.

撰稿人：沙爱民　裴建中

长安大学

审稿人：郑健龙　凌建明

道路材料高性能再生利用

Recycling for High Performance Materials of Highway

1. 背景与意义

随着经济和社会的快速发展，发达国家的公路行业重点已转到路网的维修和养护方面，发展中国家道路建设规模持续增加。我国加快基础设施建设的决策推动了公路建设的快速发展，道路运营里程逐年增加。与此同时，沥青的供应变得困难，又由于环境保护法规的严格限制，砂石材料的生产受限，筑路材料的供应严重不足。废旧道路材料不仅需要场地堆放、污染环境，而且浪费了大量资源。对于沥青路面的面层结构，回收并经技术处理再生后集料、沥青结合料主要用于路面工程的面层和基层；半刚性基层、水泥混凝土路面经铣刨、筛分等技术处理后，主要作为集料用于公路工程和土木工程建设。目前通过掺入部分新材料或再生剂方法制得的再生道路材料使用性能以掺入的新材料性能为主，而废旧材料本身性能的恢复及再生非常有限。虽然旧的道路材料路用性能在荷载、自然因素作用下明显降低，但是旧沥青只是产生了老化，旧集料还有承载能力，通过再生技术的处理与加工获得优良的使用性能，实现废旧道路材料的100%性能再生能够有效缓解土木工程建设对原材料的需求量，实现废旧道路材料的100%利用能够有效节省资源能源。因此100%的性能再生与100%比例应用成为废旧道路材料再生利用的重要战略目标。

半刚性基层、水泥混凝土路面经铣刨、筛分等技术处理后，作为集料使用，主要考虑其强度、表面特征和级配组成等技术性质，不存在结合料再生利用的困难。当前废旧沥青路面材料再生利用时主要依靠新掺材料的技术性能，废旧沥青路面材料性能发挥方面所占比例非常低，需从化学理论和新材料开发方面，实现废旧沥青路面材料本身性能的激发，并且100%恢复旧沥青路面材料使用性能，使其再生、恢复到新材料的使用性能水平。废旧沥青路面材料的再生利用存在结合料与集料难以分离的困难，这直接限制了旧沥青路面材料完全再生的数量比例。实现结合料与集料高效分离，同时需要准确评价旧沥青路面材料的技术状况及特征，这将成为数量上100%完全再生利用的问题。

2. 研究进展

旧沥青路面再生利用是一种将废弃的沥青路面翻挖回收、铣刨破碎、筛分，再与新的集料、新的沥青材料等重新拌和形成的满足路面使用性能的再生混合料，用于铺筑沥青路面中下面层或基层的工艺技术[1~3]。再生方法主要分为两种：一种是热再生，应用较多的是厂拌热再生，主要适合于各等级路面的面层或柔性基层再生，还有就地热再生，相对而言应用较少；另一种是冷再生，应用较多的是就地冷再生，它主要包括两种方式，只针对沥青面层材料进行的再生就是沥青层就地冷再生，针对沥青面层和基层材料的再生就是全深式就地冷再生。我国的水泥混凝土面层材料以及高等级公路常用的水泥稳定碎石基层材料均具有较高的强度和刚度，经技术处理后可以作为高性能集料再生使用，其材料性质适宜于再生循环利用。

欧洲、日本和北美等发达国家，较早地开展了再生剂开发、再生混合料的设计、施工设备等方面的研究，在公路建设中大力实施回收材料政策。美国较早开展了再生道路材料的研究工作，曾将旧道路材料替代20%～25%的新集料[4,5]。分析表明，仅有很少部分旧沥青能够发挥作用；还采用掺加软沥青或添加剂的方式试图恢复旧结合料的性能。再生剂的扩散过程及其旧结合料再生的作用过程如图1所示。在此过程中再生剂和旧结合料均匀混合是难以实现的，同时再生剂的再生效果受到化学组成的影响，难以实现旧结合料性能完全恢复。近年来，美国的部分州尝试开发全部采用回收道路材料生产混合料铺筑城市道路和公路，2011年美国将全国回收道路材料总量的84%再生利用于公路建设工程[6]。

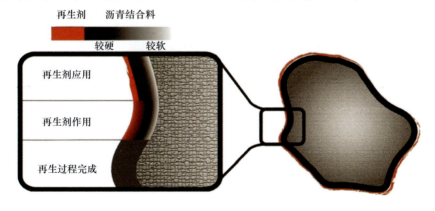

图1 再生剂扩散过程与沥青结合料再生示意图

欧洲工程技术人员努力提高回收沥青路面材料的使用比例，为总质量的15%～50%[7~9]，并且将回收料应用于面层、连接层和基层等各个道路结构层位。

2012年欧洲将回收道路材料总量的47%用于公路建设工程，还使用了部分废旧道路材料用于公路之外的土木工程建设。旧结合料的性能恢复方法多采用掺加新沥青或再生添加剂，起主要作用的仍为新加结合料。

由于回收道路材料性能衰减，回收道路材料的使用难以实现100%再利用。在经济方面要可行、工程方面要满足设计要求、环境方面不造成新影响的基本要求下，目前已经形成了成套的沥青路面再生技术和方法。但目前仍存在废旧道路材料的功能恢复有限、无法实现旧材料性能完全再生和完全利用的问题。

3. 主要难点

1) 废旧道路材料中的结合料100%性能再生

废旧道路材料中的结合料是道路材料再生的重要目标对象，废旧道路材料中的结合料100%性能再生理论与技术是解决道路材料高性能再生的关键问题。目前的技术发展状况为，由于沥青等结合料的老化和性能衰减，道路材料中结合料的再生多采用掺加再生剂、掺加新沥青等方式，其结合料的性能由于再生过程技术的限制而受到显著影响。需要开发新的理论和技术，实现再生结合料中的有害物质有效分离，并配合高效再生剂的开发，实现废旧道路材料中的结合料100%性能再生，充分发挥旧结合料本身具备的高性能特性。

2) 废旧道路材料中的再生集料的100%比例再生利用

废旧道路材料中再生集料占其总质量的90%以上，实现废旧道路材料中的集料100%比例高性能再生利用，是解决道路材料高性能再生的重要问题。目前的道路材料再生方式多采用再生集料替代或部分替代新集料，考虑到再生集料性能的衰减，一般降低其在路面中的使用层位。亟须建立新理论并开发新技术，实现再生集料中高性能集料和性能衰减集料部分的高效分离，将强度不足、颗粒特征缺陷及被有害物质污染的再生集料分离，使得高性能再生集料100%比例再生且充分发挥其本身具备的高性能特性。

参 考 文 献

[1] Santero N J, Masanet E, Horvath A. Life-cycle assessment of pavements Part Ⅱ: Filling the research gaps[J]. Resources Conservation and Recycling, 2011, 55(9-10): 810–818.

[2] Gabr A R, Cameron D A. Properties of recycled concrete aggregate for unbound pavement construction[J]. Journal of Materials in Civil Engineering, 2012, 24(6): 754–764.

[3] Arabani M, Azarhoosh A R. The effect of recycled concrete aggregate and steel slag on the dynamic properties of asphalt mixtures[J]. Construction and Building Materials, 2012, 35: 1–7.

[4] Huang B S, Li G, Vukosavljevic D. Laboratory investigation of mixing hot-mix asphalt with reclaimed asphalt pavement[R]. Washington DC: National Research Council, 2005.

[5] Xiao F P, Amirkhanian S N, Shen J N. Influences of crumb rubber size and type on reclaimed

asphalt pavement(RAP) mixtures[J]. Construction and Building Materials, 2009, 23(2): 1028–1034.

[6] Zaumanis M, Mallick R B, Frank R. 100% recycled hot mix asphalt: A review and analysis[J]. Resources Conservation and Recycling, 2014, 92: 230–245.

[7] Miro R, Valdes G, Martinez A. Evaluation of high modulus mixture behaviour with high reclaimed asphalt pavement (RAP) percentages for sustainable road construction[J]. Construction and Building Materials, 2011, 25(10): 3854–3862.

[8] Miliutenko S, Bjorklund A, Carlsson A. Opportunities for environmentally improved asphalt recycling: The example of Sweden[J]. Journal of Cleaner Production, 2013, 43: 156–165.

[9] Celauro C, Bernardo C, Gabriele B. Production of innovative, recycled and high-performance asphalt for road pavements[J]. Resources Conservation and Recycling, 2010, 54(6): 337–347.

撰稿人： 沙爱民　马　峰

长安大学

审稿人： 郑健龙　凌建明

复合改性沥青多相复杂流体的多尺度流变学问题

Multiscale Rheological Problems in Complex Multiphase Fluids of Compound Modified Asphalt

1. 背景与意义

为满足复杂自然环境和行车荷载对路面材料的要求,高性能路面所用的沥青一般需要进行改性,常用改性剂包括橡胶、树脂等高分子聚合物或其他助剂等。为了使道路具有更好的路用性能和更长的使用寿命,有时还需要对沥青进行复合改性。复合改性沥青组成复杂,性质多样,属于多相复杂流体。复合改性沥青的物理性质介于固体与液体之间,在外界力和环境作用下,会呈现复杂的形变和流动特性,性能解析不能用单一的描述理想黏性体的牛顿定律,也不能用单一的描述理想弹性体的胡克定律,需要在多尺度条件下进行测试评价和性能描述[1]。

现有沥青性质的测试方法多依赖于经验并受条件限制。由于经验评价方法与沥青材料应用状态间差异较大,无法完全模拟沥青在道路结构中的环境状态,更不能反映多相材料对复合改性沥青性能的影响,从而难以准确分析复合改性沥青多相复杂流体的多尺度性能问题。然而如何准确获知改性沥青材料的流变行为对于沥青材料的选择非常关键,也是一个很长的测试、推理和归纳的摸索过程。

多相复杂流体的形变特性和流动特征解析需要基本力学过程的信息[2]。一方面,基于动态力学性能的流变试验是研究改性沥青结构和性能的有效手段,可以在不破坏其结构的条件下提供较多信息[3];另一方面,沥青材料的黏弹行为更适于预测沥青的路用性能,但黏弹行为受组成材料性质的影响,适用于共混体系黏度预测的规则很多,例如,式(1)的描述反映了该特性[4]。此外,高分子材料的流变性质与其组分间相互作用、相形态密切相关,流变行为能够反映材料形态结构的变化。因此复合改性沥青的多尺度流变学研究对于解析沥青材料的形变与流动特征,建立流变本构关系极为关键[5]。

$$\eta_b = w_1\eta_1 + w_2\eta_2 + w_i\eta_i \tag{1}$$

式中,η_b 和 η_i 分别为共混体系和组分 i 的黏度;w_i 为组分 i 的质量分数。

沥青本身是一种由多相且不同大小分子量的碳氢化合物及其非金属衍生物组成的复杂混合物。掺加不同改性剂制备的复合改性沥青成分更加复杂,导致存在多个物理与化学性质不同的相，致使其流变行为也非其某一组成材料或几种材料简单叠加所能表征的，加大了流变问题的解析难度。沥青路面使用过程中的一些破坏现象与对多相改性沥青材料流变行为的认识不足密切相关。另外，从研究尺度来看，复合改性沥青体系具有不同于普通高分子材料的特性，由不同分子量大小的单分子链和多分子链的聚合物组成。单纯的微观、宏观与细观尺度上高分子材料的理论与试验往往无法完整描述其组成、结构与性能，需要从不同尺度进行贯通以获得准确的结果，从而构成多尺度问题。

利用流变学理论则可以模拟和探究不同外界环境和条件下的复合改性沥青的行为模式和作用规律，最后达到能够定量描述其在外力场中的流动行为，相当于在沥青材料的微细观结构性质、宏观流动性质、材料性能以及沥青路面性能之间建立纽带和桥梁。因此探索复合改性沥青多相复杂流体的多尺度流变学问题，是提高沥青路面使用性能和服务水平的科学基础，具有重要的科学意义和极高的应用价值。

2. 研究进展

从材料的多相组成角度讲，针入度评价体系很难准确地反映不同沥青材料的流变特性，且受沥青材料不同相的性能特点影响较大。以美国为代表的研究机构和科研人员利用 1987 年开始的美国公路战略研究计划等项目，多年持续进行沥青材料流变学及测试技术研究，取得了丰硕成果，并在美国材料与试验协会(American Society for Testing and Materials，ASTM)、美国国家公路和运输协会等标准规范中体现，形成了目前世界范围研究多相复杂沥青材料性能的测试体系和方法[6,7]。虽然道路沥青性能分级技术和流变测试方法得到了较为普遍的应用推广，但是随后发现在改性沥青评价方面存在关键性的技术缺陷，由此产生了后续的改进研究，例如，对车辙因子的改良与修正，以及试图建立新的沥青流变性能测试技术和评价指标研究等[8]。国内的研究也表明，动态剪切试验结果的车辙因子只能反映沥青流变行为中的弹性和黏性部分，忽略了可恢复变形的部分，因此无法准确反映改性沥青的高温流变性能[9]。还有研究发现，可在动态剪切流变仪上实现的重复蠕变试验中的沥青行为与实际路用行为最为接近[8]，需要深化研究。以上这些都反映了复合改性沥青材料的多相复杂性。

从材料的研究尺度方面来讲，目前改性沥青材料不同的研究方法及其组成设计和改性制备主要集中于某一单一尺度，缺乏较为成熟的理论和方法将微观、细观和宏观三个尺度贯穿起来，使其最终服务于沥青材料的设计和制备。因此采用多尺度联合的研究方法可尝试用于复合改性沥青材料的研究，同时沥青材料的多尺度表征与性能测试也逐渐成为研究的热点。基于材料流变学，改性剂与基质沥青共混体系的流变性质与共混体系的结构密切相关，进行流变学参数测试后可以绘出多种曲线，反映共混物的流变性质和结构，进一步指导扩大复合改性沥青应用范围，提高沥青路面质量。但是建立复合改性沥青材料微细观结构与宏观流变性的关系，尚需流变学的创新发展和大量的实践努力。

3. 主要难点

1) 复合改性沥青多相复杂流体的单尺度流变特征评价变异性问题

不同复合改性沥青材料的组成各不相同，虽然在材料体系上是相容的，但是利用现有流变测试方法，很难在同一条件下对所有沥青材料进行统一的测定和计量。与此同时，复合改性沥青结构微观尺度的细小变化会引起宏观性能的较大变化。其结果容易造成不同的复合改性沥青材料的组成与流变性能测试结果差异较大，存在复合改性沥青多相复杂流体的单尺度流变特征评价变异性问题。

2) 复合改性沥青多相复杂流体的跨尺度流变学解析关联性问题

现有的评价指标尚不能从单一尺度完整解析复合改性沥青多相复杂流体的多尺度流变学问题；而且现行的评价沥青材料流变特征的理论模型多构建于单一尺度，单独存在，缺乏关联性，不能完整地解析复合改性沥青的流变特征。如何跨尺度研究描述复合改性沥青多相复杂流体的流变性能是一科学难题。需要结合复合改性沥青材料的多相组成本质，基于多尺度研究测试手段，利用现代试验技术的检测和积累，以解析、改进甚至新构适用于描述复合改性沥青多相复杂流体流变特征的模型，并获得复合改性沥青流变学特征解析关联性问题的科学解答。

参 考 文 献

[1] 许元泽. 流变学范式的进化和当前的挑战[J]. 化学通报, 2013, 76(3): 195–201.

[2] 杨健茂, 许元泽, 胡云涛. 在介观尺度研究多相复杂流体——四辊流变仪及其应用[J]. 高分子通报, 2007, (4): 14–22.

[3] Sultana S, Bhasin A. Effect of chemical composition on rheology and mechanical properties of asphalt binder[J]. Construction and Building Materials, 2014, 72(12): 293–300.

[4] 杨健茂. 高分子多相复杂流体的多尺度流变学研究[D]. 上海: 复旦大学, 2007.

[5] 李纯清, 陈绪煌, 龚兴厚. 聚合物流动方程教学剖析及其流变本构关系自然哲理探讨[J]. 高分子通报, 2016, (7): 95–100.

[6] Rinaldini E, Schuetz P, Partl M N, et al. Investigating the blending of reclaimed asphalt with virgin materials using rheology, electron microscopy and computer tomography[J]. Composites Part B: Engineering, 2014, 67(12): 579–587.

[7] Teymourpour P, Sillamäe S, Bahia H U. Impacts of lubricating oils on rheology and chemical compatibility of asphalt binders[J]. Road Materials and Pavement Design, 2015, 16(sup1): 1–25.

[8] 樊亮, 孔祥利, 林江涛, 等. 基于流变测试技术的沥青评价方法研究进展[J]. 材料导报,

2012, 26(1): 123–128.

[9] 周庆华, 沙爱民. 沥青高温流变评价指标对比[J]. 交通运输工程学报, 2008, 8(1): 27–30.

撰稿人：沙爱民　王振军

长安大学

审稿人：郑健龙　凌建明

有砟道床的力学特性及劣化机理

Mechanical Properties and Deterioration Mechanism of Ballasted Track Bed

1. 背景与意义

从结构形式来看，铁路的轨道可分为有砟轨道和无砟轨道两大类。有砟轨道是指轨下基础为石质散粒道床的轨道，通常也称为碎石道床轨道，是轨道结构的主要形式之一，具有工程造价低、弹性好、养护维修方便、应用灵活、振动小、噪声低等优点，因此在全世界应用广泛。有砟轨道主要由粒径分布不均匀、级配较宽的碎石组成，在列车的循环荷载及风沙等自然条件的耦合作用下，有砟道床从服役开始，其力学、物理状态就是一个不断劣化的不可逆过程。

道床劣化是引起轨道不平顺、列车运行安全性与稳定性降低、养护维修工作量增加的关键因素。运营实践表明，用于解决由道床状态劣化所引起的线路日常养护维修开支占总线路养护支出的90%以上。随着铁路运行速度的提高以及运量的增大，列车荷载对轨道的冲击作用加强，道床的劣化也会随之加快。如何在明确散体道床劣化机理的基础上，对散体道床进行科学的设计及养护维修，从而保证列车的运行安全是我国有砟轨道技术进一步发展亟待解决的问题。图1为道砟磨耗破碎引起的道床脏污。

图1　道床脏污

道砟颗粒的散粒体特性、有砟轨道结构体系的组合性以及列车荷载的随机性和重复性,导致了散体道床的工作状态复杂、影响参数多样,而传统的有限元等数值分析方法又无法考虑道砟颗粒的散粒体特性,这使得有砟轨道劣化机理的研究存在一定的困难。高速列车荷载作用下道砟颗粒间及有砟道床与上下部结构的相互作用关系,是决定道床劣化程度的重要影响因素。同时,在复杂环境条件下,高速铁路有砟道床的劣化演变过程也存在一定差异,故针对不同列车运营条件,存在不同的线路运营和养护维修标准。针对高速铁路有砟道床的劣化问题,铁路运营管理部门制定了一系列道床力学状态的评估指标、检测方法以及道床养护维修作业工艺,为我国高速铁路有砟轨道的设计提供理论依据,在运营管理时起到有效监控作用,并在养护维修方面进行科学的指导。

2. 研究进展

自世界上第一条高速铁路——日本东海道新干线开通以来,有砟轨道在高速铁路上的应用已有 50 多年的历史。运营实践表明,有砟道床的劣化是引起轨道不平顺及养护维修费用增长的关键因素。因此各国铁路科研人员针对高速铁路有砟轨道的力学特性、劣化机理及质量状态评估、预测等方面进行了理论和试验上的初步研究与探索。

在有砟道床的力学特性及伤损劣化机理方面,Indraratna 等[1~4]进行了一系列道砟试验,例如,单个道砟颗粒压碎试验(图 2)、三轴试验、道砟-轨枕箱体模型试验,较为全面地研究了道砟的力学性能和劣化机理,以及有砟道床的垂向累积沉降及侧向流变特性,认为提高道砟集料的抗剪强度能有效地减少有砟道床的沉降及侧向变形,通过对比劣化道砟与新道砟物理力学性能差异,发现劣化道砟由于尖角的破裂和消失,相对于新道砟产生了较大的轨枕沉降。Huang 等[5,6]基于

 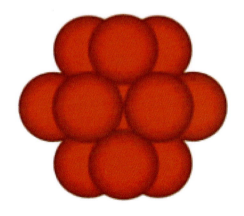

图 2 单个道砟颗粒的压碎试验及离散元模型

三维重建技术建立了道砟离散元模型，研究了列车速度、路基支承刚度、轨枕失效和沥青厚度等因素对铁路沥青道床沉降变形的影响，并基于欧拉梁模型以及温克尔地基梁模型对沥青混凝土上有砟轨道的动力传递规律进行了分析。Tutumluer等[7~9]通过室内三轴试验等手段研究了土工格栅对道床沉降规律的影响，并认为设置土工格栅能显著减缓道床的累积沉降。徐旸等[10]利用离散元法建立了道砟集料模型，如图3和图4所示，提出了评估道床脏污程度的指标PFI，研究了不同脏污程度道砟对道床力学性能的影响。

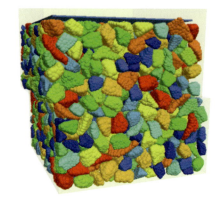

图3　道砟的精细化仿真单元　　　　　　图4　直剪离散元模型

3. 主要难点

目前国内外对铁路有砟轨道劣化机理的研究较少。要对有砟道床的力学特性及劣化机理进行系统的研究还存在以下主要难点：

(1) 道砟颗粒及其力学状态的模拟。道砟颗粒大小不一、形状各异、道砟颗粒间受力变形机理非常复杂，目前国内外对于有砟道床的模拟多基于宏观方法，基于微观离散单元方法对道砟多采用圆球体或者椭圆球体进行模拟，考虑较为粗糙，与实际偏差较大，难以实现对道砟颗粒间力学行为的实体合理模拟。

(2) 有砟道床与轨排、下部基础多层结构体系的相互作用。列车高频荷载作用下，有砟道床与上部轨排以及路基、桥梁、隧道等下部基础相互作用机理复杂，影响因素众多，表现出明显的非连续性、非均匀性。国内外在有砟轨道多层结构体系相互作用方面做了很多研究工作，但是对于有砟道床仍然多考虑为整体的结构层，基于经验或参数试验赋予特定的道床宏观参数。这种对道床的简化无法合理准确地反映道床结构层的不均匀和非连续特性。

(3) 复杂环境条件下有砟道床劣化演变规律。在列车循环荷载作用以及酸雨、泥浆、温度场等外界复杂环境因素长期耦合作用下，散体道砟材料力学特性会发生劣化演变，导致有砟道床失效、破坏。因此，对于长期运营过程中复杂环境作用下有砟道床劣化演变规律的研究具有重要价值。

参 考 文 献

[1] Indraratna B, Nimbalkar S. Stress-strain degradation response of railway ballast stabilized with geosynthetics[J]. Journal of Geotechnical and Geoenvironmental Engineering, 2013, 139(5): 684–700.

[2] Indraratna B, Hussaini S K K, Vinod J S. The lateral displacement response of geogrid-reinforced ballast under cyclic loading[J]. Geotextiles and Geomembranes, 2013, 39(8): 20–29.

[3] Indraratna B, Navaratnarajah S, Nimbalkar S, et al. Use of shock mats for enhanced stability of railroad track foundation[J]. Australian Geomechanics Journal, 2014, 49(4): 101–111.

[4] Indraratna B, Nimbalkar S, Rujikiatkamjorn C. From theory to practice in track geomechanics—Australian perspective for synthetic inclusions[J]. Transportation Geotechnics, 2014, 1(4): 171–187.

[5] Huang H, Shen S, Tutumluer E. Sandwich model to evaluate railroad asphalt trackbed performance under moving loads[J]. Transportation Research Record: Journal of the Transportation Research Board, 2009, 2117(1): 57–65.

[6] Huang H, Shen S, Tutumluer E. Moving load on track with asphalt trackbed[J]. Vehicle System Dynamics, 2010, 48(6): 737–749.

[7] Qian Y, Tutumluer E, Mishre D, et al. Effect of geogrid reinforcement on railroad ballast performance evaluated through triaxial testing and discrete element modeling[C]//International Conference on Soil Mechanics and Geotechnical Engineering, Pulau, 2013.

[8] Tutumluer E, Qian Y, Hashash Y M A, et al. Discrete element modelling of ballasted track deformation behaviour[J]. International Journal of Rail Transportation, 2013, 1(1-2): 57–73.

[9] Qian Y, Tutumluer E, Huang H. A validated discrete element modeling approach for studying geogrid-aggregate reinforcement mechanisms[J]. Geotechnical Special Publication, 2015, (211): 4653–4662.

[10] 徐旸, 高亮, 井国庆, 等. 脏污对道床剪切性能影响及评估指标的离散元分析[J]. 工程力学, 2015, (8): 96–102.

撰稿人：高　亮　徐　旸　殷　浩

北京交通大学

审稿人：赵国堂　王　平

高速铁路跨区间无缝线路受力与变形机理

Stress and Deformation Mechanism of HSR Trans-Section CWR

1. 背景与意义

无缝线路(continuous welded rail，CWR)是将单元长度钢轨焊接成长轨条、消除轨缝的铁路线路，是保障高速线路高平顺、高可靠、低振动、长寿命、少维修的核心技术。如果没有无缝线路，剧烈的轮轨作用会直接威胁高速行车安全，严重制约高速铁路的发展。高速无缝线路往往长达上百千米甚至几百千米，无缝线路长钢轨会产生较大的热胀冷缩量和巨大的温度力，可能造成断轨、胀轨、变形超限等。

与普通铁路无缝线路相比，高速铁路要求道岔区也实现焊联、形成无缝道岔结构，以实现列车在线路间快速、平稳地转换。大号码高速道岔可动轨件长、通过速度高、平顺性要求十分严格，其无缝化的合理设计和铺设具有较高的难度。为了能够有效保障高速列车的平稳安全运行，高速铁路无缝线路广泛采用无砟轨道和长联大跨桥梁等稳定性好、可靠性高的下部基础结构。有时受地形条件限制，一些道岔结构也需要架设在高架车站上，形成高架站无缝道岔结构。然而无砟轨道与长大桥梁、高架站的受力及变形易受温度变化影响，高速行车条件下无缝线路(道岔)与轨道板、桥梁的合理受力及结构间协调变形的要求为无缝线路的设计带来了新的挑战。因此高速铁路大号码道岔无缝化、长大桥上无缝线路与高架站上无缝道岔被一并列为高速铁路无缝线路设计中的三大科学难题[1]。

为实现高速铁路高速、平稳的运营要求，高速铁路设计中必须克服高速道岔无缝化及无缝线路与长大桥、高架站等复杂结构的协调难题。

(1) 为实现高速列车快速、平稳地通过道岔区，高速道岔需进行无缝化设计，即岔内钢轨接头焊接或胶接，道岔两端与无缝线路长轨条焊连，形成直股和侧股都无轨缝的道岔(图1)。由于高速道岔导曲线半径大，结构复杂，当轨温相对于锁定轨温变化时，无缝道岔在温度效应作用下的轨条形成附加纵向力，并导致钢轨产生附加纵向位移，过量的钢轨附加纵向力及其变形易导致无缝道岔丧失几何平顺性或造成其结构部件伤损，危害行车安全。高速道岔的受力及变形还受轨下刚度均匀性、轨道结构间温度梯度及无砟轨道板变形等诸多因素影响。因此建立合理可靠的高速道岔无缝化设计理论就成为高速道岔研究的首要问题。

(2) 高速铁路跨越江河、公路、峡谷等会存在大量的长联大跨桥梁结构。为保证高平顺性及稳定性，我国高速铁路推行"以桥代路、控制沉降"的设计理念。对于铺设在长大桥梁上的无缝线路(图2)，由于梁跨较大，梁体因温度变化而产生的伸缩量、因列车荷载作用产生的挠曲量远大于一般梁跨结构，因此无缝线路钢轨伸缩力、挠曲力也较大。同时，在列车制(启)动或桥上发生断轨时，对桥梁结构的附加力也比一般线路大得多。因此桥上无砟轨道无缝线路的合理受力与结构间变形协调是高速铁路无缝线路设计所面临的又一难题。

图1　我国62号高速道岔　　　　　　图2　长大桥上无缝线路

(3) 由于环保、地形或地质条件的限制，高速铁路某些车站必须采用高架形式，这样就会有相当数量的道岔必须设置在桥上(图3和图4)。高速铁路无缝道岔号码的增大及桥梁跨度的增加极大地加剧了岔-桥间的相互作用，为车站梁体结构形式、支座布置、无砟轨道形式及岔-桥相对位置等设计带来了新的挑战。高架站上无缝道岔综合了桥上无缝线路、无砟轨道、无缝道岔的技术特点和难点，是迄今为止跨区间无缝线路方面最具挑战性的难题之一。

图3　高速铁路高架车站

图 4 高架站上无缝道岔

2. 研究进展

1) 高速道岔无缝化

高速道岔是引导高速列车由一股线路转换至另一股线路的关键基础装备,其结构与状态直接影响列车运行的高效性、安全性、平稳性以及旅客乘坐的舒适性。目前高速道岔的最高通过速度直向可达 350km/h,侧向可达 220km/h。自道岔无缝化研究开展以来,国内外相继形成了不同的设计理论,其中比较有代表性的有两轨相互作用法、解析法、超静定二次松弛法、广义变分原理法、当量阻力系数法等。随着计算技术的发展,有限元法以其便捷、高效的优势在无缝道岔的设计中得到了广泛应用[2]。其中基于有限元方法的无缝道岔精细化设计方法[3]对道岔结构的考虑较为详尽,可按实际情况考虑基本轨与导轨间的相互作用关系,道床、扣件阻力均可为非线性阻力,还可考虑限位器、间隔铁等部件的传力作用,通过对道岔进行结构检算,进而得出满足各项控制条件的可铺设轨温范围。同时还可对无缝道岔尖轨跟端结构形式的合理选择、扣件阻力选取及翼轨末端间隔铁的合理布置方法等提供指导意见。

2) 长大桥上无缝线路

在高速铁路长大桥上无缝线路设计中,梁-轨相互作用关系是确定下部结构所要承受的纵向水平力及线路是否安全与稳定的基础。由于高速铁路梁体和桥墩具有很强的空间力学特性,传统的平面力学模型已不能很好地反映双线高速铁路桥梁及墩台空间力学特性,与实际存在差别。因此长大桥梁无砟轨道无缝线路的梁-轨相互作用力学计算模型已逐渐由局部的、分散的、平面的、粗放的向整体化、系统化、空间化、精细化方向转变[4-6]。由于高速铁路对轨道的平顺性提出了更高的要求,结构变形的控制在高速铁路长大桥上无砟轨道无缝线路的设计中尤为重要。桥梁和轨道的变形和位移过大，可能造成无砟轨道碎弯和方向不良，而单纯靠钢轨强度检算已难以控制轨道横向变形。因此在长大桥上无砟轨道无缝线路设计中应注重强度-变形的双重控制。

3) 高架站上无缝道岔

在高架站无缝道岔设计研究中，各国普遍采用有限元分析方法。德国建立的"道岔-轨道板-桥梁"有限元模型可计算桥上无砟轨道无缝道岔结构间的相互作用。法国的桥上有砟无缝道岔体系主要包括"钢轨-扣件-轨枕-桥梁"，道砟采用非线性弹簧模拟。而我国也建立了无砟轨道"道岔-轨道板-底座板-梁体-桥墩"的桥上无缝线路一体化计算模型。

时至今日，最初的平面化、局域化的桥上无缝道岔设计理念已逐渐由空间精细一体化与动、静结合的设计理念所替代。桥上无缝道岔空间有限元耦合模型不仅可以考虑桥梁的实际尺寸，而且包含了多种细部因素，能够真实反映道岔钢轨、轨下基础、桥梁及墩台的耦合作用[7]。利用桥上无缝道岔动力分析模型，可对高速铁路桥上无缝道岔的动力特性进行准确评估，确保列车运行的平稳舒适[8]。新的高速铁路高架站无缝道岔设计理念有效地实现了岔-桥相对变形的控制及道岔、桥梁的合理受力变形，使道岔区结构满足车-岔-桥耦合动力性能要求，进而为高速列车的安全运行提供稳定的保障。

3. 主要难点

目前，随着高速铁路建设发展及研究的不断深入，高速道岔无缝化、长大桥梁无缝线路及高架站无缝道岔设计中的科学难题已取得了初步成果。高速铁路无缝线路具有结构材料多样、层间结构相互作用复杂等特点，对外界环境(温度、列车荷载等)极其敏感，其在极寒、风沙、雨雪、冻融等恶劣自然环境与复杂地质条件下服役性能演变机制与规律及良好服役状态的保持是高速铁路进一步发展中必须克服的难点。

更大跨度的混凝土桥梁、钢桁斜拉桥等日趋增多，温度荷载下梁体纵向伸缩位移及列车荷载下梁体挠曲量不断增大，给无缝线路防断防胀轨、动态高平顺性等带来了巨大挑战。

此外，为发展更高速度的高速铁路，无缝线路在温度荷载及时速400km/h条件下的动态稳定性问题也亟待深入研究。

加强高速铁路无缝线路对复杂环境和下部基础的适应性，实现高速铁路运营速度的平稳提升，对促进我国高速铁路理论与技术在国际铁路领域的推广具有重要意义。

参 考 文 献

[1] 高亮. 高速铁路无缝线路关键技术研究与应用[M]. 北京: 中国铁道出版社, 2012.
[2] Kataoka H, Yanagawa H, Iwasa Y, et al. Expansion of application range of continuous welded rail integrated with turnout[J]. Quarterly Report of RTRI, 2010, 51(2): 60–65.
[3] 高亮, 曲村, 陶凯, 等. 客运专线 42 号无砟轨道无缝道岔设计方法研究[J]. 铁道学报, 2011, 33(1): 76–82.
[4] Joy R, Otter D, Read D. CWR on steel bridges[J]. Railway Track and Structures, 2008, 104(8): 17–20.
[5] Ruge P, Birk C. Longitudinal forces in continuously welded rails on bridge decks due to nonlinear track-bridge interaction[J]. Computers & Structures, 2007, 85(7): 458–475.
[6] Wang P, Zhao W H, Chen R. Bridge-rail interaction for continuous welded rail on cable-stayed bridge due to temperature change[J]. Advances in Structural Engineering, 2013, 16(8): 1347–1354.
[7] Gao L, Qu C, Qiao S L, et al. Analysis on the influencing factors of mechanical characteristics of jointless turnout group in ballasted track of high-speed railway[J]. Science China: Technological Sciences, 2013, 56(2): 499–508.
[8] Chen R, Wang P, Quan S X. Dynamic performance of vehicle-turnout-bridge coupling system in high-speed railway[J]. Applied Mechanics and Materials, 2011, 50-51: 654–658.

撰稿人：蔡小培　高　亮　崔日新
北京交通大学
审稿人：赵国堂　王　平

高速列车作用下的道砟飞溅问题

Problem of Ballast Flight in HSR Track

1. 背景与意义

从世界高速铁路的建设里程、运营情况及发展趋势来看，在大力发展无砟轨道的同时也在不断发展有砟轨道。有砟轨道易于维修，在适用性和灵活性上更具优势，具有巨大的潜在发展价值。

但由于有砟轨道的散粒体结构特性，在高速行车条件下会发生道砟飞溅现象，成为高速铁路有砟轨道亟待解决的关键问题之一。目前国内外研究主要集中在道砟劣化方面，在道砟飞溅方面的研究相对匮乏，这已成为世界高速铁路有砟轨道结构进一步发展的瓶颈。

高速铁路有砟轨道在通车运营过程中主要存在两个问题：道床劣化和道砟飞溅，道床劣化会增加养护维修成本，而道砟飞溅会影响列车的安全运营。道砟飞溅(即飞砟)是指有砟轨道结构在列车高速通过时，在列车空气动力和轮轨动力共同作用下，发生道砟颗粒飞离道床，并击打列车转向架、车轮及钢轨踏面等处的现象。此外，在严寒地区的冰雪线路上，在列车动力或温度条件改变时，高速列车车体携带的积雪、融冰也会散落下来击打列车、道床，并引起有砟道床表面冰雪、道砟飞溅现象[1]。飞砟现象对列车和轨道结构具有巨大危害：

(1) 飞砟颗粒散落在钢轨踏面改变了轮轨受力，严重时甚至会产生脱轨事故。

(2) 飞砟击打列车转向架车轴、制动缸，造成列车伤损，增加不安全因素以及车辆维修成本。

(3) 飞砟溅落在钢轨踏面，在车轮动力作用下造成钢轨和车轮伤损，加速轨道恶化和车轮扁疤(图1[2])。

图1　道砟飞溅产生的危害

(4) 飞砟会对线路周边设施造成一定的损害，甚至有可能产生人身伤害。

(5) 飞砟及扬尘会造成环境污染，且影响美观。

我国京沪高速铁路有砟地段在列车速度超过 330km/h 时，随着气动效应增加，现场反映有发生道砟击打车体底部的现象，影响列车正常运行。高速铁路有砟轨道道砟飞溅机理的理论研究和轨道结构的优化设计是现阶段面临的重要问题。

2. 研究进展

国外高速铁路发展较早，在道砟飞溅机理研究和工程防治方面积累了一定经验。Saussine 等[3]进行了全尺寸的风洞试验，对列车底部几何形状进行了精确模拟，研究模拟 240km/h 速度列车产生的风荷载下道砟颗粒的移动、飞起过程，并分析了法国 TGV 与德国 ICE-3 两种车型底部结构下道砟飞溅过程的区别；Diana 等[4]在意大利某线路上进行了道床风速测试试验，如图 2 所示，通过在道床结构上安装风速测试装置，监测高速列车通过时车厢底部与道床之间风压值，从而分析发生道砟飞溅现象的概率；Premoli 等通过对意大利高速铁路道床表面风速进行现场测试，得到高速列车风作用下道床表面的流场特性，应用现场测试数据建立等比例室内风洞试验模型和 CFD 数值仿真模型，通过改变道床结构参数，研究分析道砟飞溅现象的影响因素[5,6]；Kaltenbach 等[7,8]进行轨道结构室内试验，通过圆球滚动产生的冲击力模拟轨道结构振动，研究轨道结构振动对道砟飞溅的影响；Schroeder-Bodenstein[9]进行室内道砟枪击打试验，如图 3 所示，向道砟箱内的道砟射击道砟颗粒来模拟道砟飞溅后打入道床引起二次飞砟的现象，并通过调整道砟枪的入射角度分析该角度对飞砟现象的影响规律。

图 2　轨道结构现场测试

图 3　道砟枪击打试验

随着铁路运行速度的提高，道砟飞溅现象时有发生，需要铁路研究人员对高速铁路道砟飞溅机理进行研究分析。针对高速铁路道砟飞溅问题，国内一些专家与学者进行了一系列探索与研究。郗录朝等[10]根据有砟轨道结构特点，建立动车组和有砟轨道车-线多孔介质空气动力学分析模型，分析列车底部至道床顶面之间的空气流动特性，并通过京沪高速铁路黄河大桥风压测试和道砟飞溅监测，研究列车底部空气动力学效应。结果表明，道床表面所受负压随列车速度提高而增大，在列车速度达到350km/h时，试验区段未发生道砟飞溅。

我国对中欧高速铁路有砟轨道道床参数进行了比较与分析。主要对中国和欧洲高速铁路道砟材质和道床断面尺寸，以及飞砟防治措施等方面进行分析对比。比较结果表明，部分标准内容略有差异，对于中欧不同的道砟试样采样和测试方法需要进一步通过试验研究进行分析，对高速铁路有砟轨道设计提出建议。此外，还有学者针对列车速度、列车型号、外界环境条件等因素对道砟飞溅现象的影响进行了相关研究。

3. 主要难点

目前国内外高速铁路道砟飞溅机理研究较少，特别是在列车风与道砟作用机理、高速有砟道床断面优化、道砟物理性能控制等方面的试验和仿真研究相当匮乏，对高速铁路有砟轨道设计造成障碍。难点主要表现在以下方面：

(1) 道砟飞溅现象机理。传统研究方法成本高、危险性大、具有不可逆性、结果难以进行观测与统计，导致不能对道砟飞溅的产生原因、影响因素、防治手段等问题进行深入、细致、系统的研究。

(2) 轨枕-道砟-列车风耦合仿真模型创建与完善。道砟飞溅现象是轨枕、道砟和列车风载组成相互影响、复杂结构体系相互作用导致的，还受到道砟颗粒物理特性(质量、尺寸、外形)、道床属性(级配、孔隙率、密实度)、列车属性等综合因素影响，故有必要将轨枕、道砟、列车风进行耦合分析。

参 考 文 献

[1] 林建, 井国庆, 黄红梅. 严寒地区高速铁路冰雪飞溅与防治[J]. 铁道科学与工程学报, 2016, 13(1): 28–33.

[2] Quinn A D, Hayward M, Baker C J, et al. A full-scale experimental and modelling study of ballast flight under high-speed trains[J]. Proceedings of the Institution of Mechanical Engineers, Part F: Journal of Rail and Rapid Transit, 2010, 224(2): 61–74.

[3] Saussine G, Paradot N. Numerical analysis of the collision process between ballast grains and ballast bed[C]//Aerodynamics in Open Air, Munich, 2008.

[4] Diana G, Rocchi D, Tomasini G, et al. Full scale experimental analysis of train induced aerodynamic forces on the ballast of Italian high speed line[C]//International Workshop on Train Aerodynamics, Birmingham, 2013.

[5] Premoli A, Rocchi D, Schito P, et al. Ballast flight under high-speed trains wind tunnel full-scale experimental tests[J]. Journal of Wind Engineering and Industrial Aerodynamics, 2015, 145: 351–361.
[6] Giappino S, Premoli A, Rocchi D, et al. Numerical experimental study on flying ballast caused by high speed trains[C]//Proceedings of the 6th European and African Conference on Wind Engineering, Cambridge, 2013.
[7] Kaltenbach H J. Implications for the definition of a common measurement procedure[C]//Aerodynamics in Open Air, Munich, 2008.
[8] Kaltenbach H J, Deeg P, Eisenhauer M. Experimental investigation of particle dislodgement in scale 1: 10 (SUMKA)[C]//Aerodynamics in Open Air, Munich, 2008.
[9] Schroeder-Bodenstein K. Full-scale experiment on the ballast bed impact of particles[C]//Aerodynamics in Open Air, Munich, 2008.
[10] 郄录朝, 许永贤, 王红. 高速铁路道砟飞溅理论计算与试验研究[J]. 铁道建筑, 2014, (3): 88–91.

撰稿人： 高 亮 殷 浩 徐 旸
北京交通大学
审稿人： 赵国堂 王 平

轨道交通环境振动噪声一体化控制

Vibration-Noise Integrated Control for Rail Transportation

1. 背景与意义

铁路、城市轨道交通的环境振动，是列车沿铁路轨道运行时与轨道的冲击作用产生列车、轨道振动，并经由轨道以及路基、桥梁和隧道传递到周围的地层，进而通过岩土介质向四周传播，并诱发邻近建筑物的振动(图1)。在个别情况下，地铁线路甚至从建筑结构物的楼板上直接通过[1]，此时必须采取必要的振动噪声控制措施，否则将会对建筑中的人们日常生活、工作及精密仪器的运行等产生极大影响。

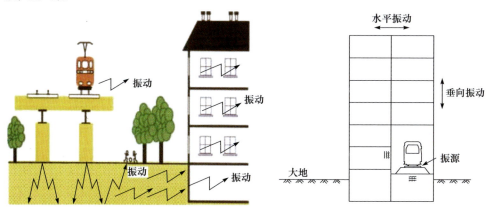

图 1　环境振动噪声传播

为了有效评估铁路运行引起的环境振动噪声对沿线居民生活、仪器运行、古建筑结构安全性等方面的影响，现行国际规范中对于环境振动及噪声各有一套评估体系[2]，因此也导致目前在考虑环境振动噪声控制时，通常将振动、噪声视为彼此独立的环节分别进行设计、检算及评估[3,4]。但随着设计及科研人员的认识逐渐深入后发现，将振动、噪声彼此割裂进行减振降噪的设计及评估有时并不能达到预期的减振降噪控制效果，例如，国内某地铁高架桥区段，设计方拟通过采用梯形轨枕、橡胶浮置板轨道以降低桥梁振动及二次结构噪声，但通过现场测试后发现，与不采取减振措施的区段相比，虽然两种轨道结构降低了桥梁的振动，却增大了轮轨辐射噪声，反而不利于环境振动噪声的控制(图2)。以上现象凸显出目前将振动及噪声视为彼此独立的专业进行设计和研究是不利的。

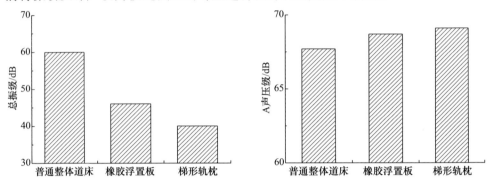

图 2　国内某高架线振动、噪声现场测试结果

当列车运行于钢轨上时，在轨道不平顺、轮轨粗糙度、结构不平顺等因素的共同激励下，车轮与轨道各自发生振动且彼此相互影响，从而在轮轨接触界面处形成轮轨耦合振源。轮轨耦合振源一方面经由轮对往上传递至转向架、车体，使车内旅客暴露于声振环境中；另一方面，轮轨耦合振源通过钢轨、扣件、道床、路基、桥隧等下部基础逐层传递，进而使暴露于空气中的各结构物形成了一个个彼此独立但又相互影响的振源。暴露于空气中的轮轨耦合振源及各结构振源在固气界面将机械振动波转化为空气振动波(即声波)，引起空间某点气压的变化从而产生噪声。

本质上讲，振动与噪声是波在固体、气体中不同的传播形式，但实际上对于铁路环境振动与噪声的控制措施又存在一定区别：对于振动环境控制，往往仅需控制人们日常生产活动中所处结构的振动水平即可，如通过采取减振轨道等措施降低最终传递至建筑物的振动就可很好地满足人们对于振动舒适性的要求。但对于噪声环境的控制，尽管噪声由振动源所致，但由于空间某点的噪声水平是各类噪声源对该点的综合贡献水平，每一类振源对于轨道交通环境振动噪声水平的时-空贡献均不相同，因此当仅针对某一类振动源的振动水平进行控制时往往并不能有效地控制空间某处的环境噪声水平。这也解释了尽管采取了大量的轨道减振措施，但环境噪声问题反而更加突出这一现象的产生原因。

2. 研究进展

针对轨道交通振动噪声环境控制问题，国内外相关学者主要从振动噪声相关性分析、轨道交通振动噪声特性研究及轨道结构减振降噪措施三方面开展了大量研究。

1) 振动噪声相关性分析

振动噪声耦合作用问题属于流固耦合问题，目前国内外学者根据轨道交通环境振动噪声的特点，大多将轨道交通振动噪声耦合问题归于弱耦合问题进行研究，仅将噪声视为由结构振动引起的响应量，一定程度上忽略了振动与噪声间的耦合作用特性；研究对象大多集中于箱型梁、槽型梁等大型土木结构所产生的二次噪声，分析频段主要集中于中低频，较少涉及中高频段内的轮轨辐射噪声、曲线啸叫噪声、钢轨波磨噪声等。

2) 轨道交通振动噪声特性研究

轨道交通振动研究方面，国内外学者根据研究对象的特征，基于有限元、多体动力学等方法初步实现了从弓网、车体、转向架、轮对至钢轨、道床、路基、桥隧等下部基础从上至下的大系统动力学建模，对列车运行状态下的系统动力学响应及振动的传递规律开展了大量研究；轨道交通噪声方面，国内外学者基于有限元或有限元和边界元相结合来研究结构振动引起的近场声辐射特性，首先计算出结构的振动响应，以此作为激励求解辐射声场。下一步拟将噪声预测纳入既有大系统动力学中，实现基于车辆-轨道-下部基础-声边界空间耦合模型的轨道交通振动噪声环境联合分析。

3) 轨道结构减振降噪措施

为满足地铁线路振动不干扰周边建筑中居民居住或工作的要求，通常需要针对该区间线路进行特殊的减振设计[5]。衰减或隔离地铁运行引发的建筑结构振动通常有三种方式[6~9]：从振源处进行减振或隔振处理，从振动传播途径进行减振或隔振处理，以及在待减振目标处进行减振或隔振处理。常见的振源振动噪声控制措施包括阻尼钢轨、先锋扣件、弹性支承块、梯子式轨枕、钢弹簧浮置板轨道及吸声板轨道等，传播途径振动噪声控制措施包括地屏障、隔振沟(搭配填充物)、声屏障等，待减振目标处的减振降噪措施包括房建隔振支座、室内浮置地板、房中房及消声墙等措施。相比之下，前两类措施具备更加宽泛的适用性，同时经济性也明显优于第三类措施。只有当待减振目标对于振动噪声控制有特殊需求且普通减振降噪措施无法满足建筑功能的正常使用时，如博物馆、拥有高精度仪器的科研院所、音乐厅等场所，则需进一步考虑在待减振目标处采取隔振措施进行控制。以上海音乐厅为例，如图3所示，为了降低地铁运行对于演奏厅的影响采用了房中房结构进行隔振，通过钢弹簧将其音乐演奏厅整体与基础进行脱离，取得了良好的减振效果。

3. 主要难点

振动噪声耦合与轨道交通环境振动噪声一体化控制的研究主要难点在于以下方面：

图 3　上海音乐厅的隔振体系

(1) 传统的有限元法或有限元/边界元耦合法适用于低频振动噪声预测，但对轨道这种多层、异质、振动频谱宽广的特性而言，其结构在中频、高频的振动噪声耦合理论研究相对较少，尚未实现从低频到高频的全频带振声耦合分析。

(2) 既有铁路环境振动噪声环境预测中，往往将振动与噪声分开单独进行研究。研究噪声时，一般也根据列车噪声源不同进行划分，分别从气动噪声、轮轨辐射噪声、弓网噪声等角度进行研究。实际上，噪声传播过程中，空间某点的噪声水平同时受到各类声源的共同作用，噪声彼此间存在叠加或削弱，因此将各声源彼此独立进行研究，通常与实际情况存在较大误差。因此研究的难点在于基于振噪同源角度，在既有车-线-下部基础空间耦合动力学分析模型中纳入声学预测模块，实现不同振源、不同声源的耦合作用分析。

(3) 受测试环境限制，除目前在消声室或混响室等专业声学室内场地可以较好地捕捉振动与噪声间的相关性外，普通室内环境及野外现场环境下，既有的测试手段并不能清晰捕捉振动-噪声间的相关性，对振噪耦合理论的验证带来极大困难。同时对于可以准确捕捉普通室内环境及野外现场环境下的振动-噪声耦合特性测试手段及方法也需进一步研究。

参 考 文 献

[1] Hou B, Gao L, Xin T, et al. Prediction of structural vibrations using a coupled vehicle-track-building model[J]. Proceedings of the Institution of Mechanical Engineers Part F: Journal of Rail and Rapid Transit, 2016, 230(2): 510–530.

[2] Licitra G, Fredianelli L, Petri D, et al. Annoyance evaluation due to overall railway noise and vibration in Pisa urban areas[J]. Science of the Total Environment, 2016, 568: 1315–1325.

[3] Song X D, Li Q, Wu D J. Investigation of rail noise and bridge noise using a combined 3D dynamic model and 2.5D acoustic model[J]. Applied Acoustics, 2016, 109: 5–17.

[4] Kouroussis G, Pauwels N, Brux P, et al. A numerical analysis of the influence of tram characteristics and rail profile on railway traffic ground-borne noise and vibration in the Brussels region[J]. Science of The Total Environment, 2014, 482-483: 452–460.

[5] Connolly D P, Marecki G P, Kouroussis G, et al. The growth of railway ground vibration problems — A review[J]. Science of The Total Environment, 2016, 568: 1276–1282.

[6] 耿传智, 余庆. 地铁轨道结构减振性能的仿真分析[J]. 同济大学学报(自然科学版), 2011, (1): 85–89.

[7] Vogiatzis K. Environmental ground borne noise and vibration protection of sensitive cultural receptors along the Athens Metro extension to Piraeus[J]. Science of The Total Environment, 2012, 439: 230–237.

[8] 毛昆明, 陈国兴, 张杨, 等. 高速铁路隔振沟隔振效果的现场测试与分析[J]. 防灾减灾工程学报, 2012, (6): 672–677.

[9] Thompson D J, Jiang J, Toward M G R, et al. Reducing railway-induced ground-borne vibration by using open trenches and soft-filled barriers[J]. Soil Dynamics and Earthquake Engineering, 2016, 88: 45–59.

撰稿人：侯博文　高　亮
北京交通大学
审稿人：赵国堂　王　平

高速铁路的极限速度

Ultimate Speed of High-Speed Railway

1. 背景与意义

自1964年世界上第一条高速铁路在日本投入运营以来，列车的速度越来越快，2007年法国创造了574.8km/h的轮轨式高速铁路的最高速度试验记录。很多人会思考，轮轨式高速铁路有没有极限速度？

轮轨式高速列车是通过受电弓从接触网获取电能，通过轮轨关系实现高速列车的导向和支承，并在电机的驱动下通过轮轨黏着获得牵引力，然后克服气动阻力、附加阻力来实现高速运行的。随着列车速度的提高，一方面，列车速度越来越接近接触网波动速度，弓网耦合振动将引起更频繁的离线和断流，影响受流质量；另一方面，气动阻力与列车速度的平方成正比，高速列车的气动阻力、气动噪声、气动激扰将急剧增大。因此轮轨关系、弓网关系、流固耦合关系成为制约高速列车最高速度、影响列车运动行为的主要因素。

几十年来，高速铁路在世界各国的发展过程中，列车牵引动力、轮轨黏着力、车辆蛇形运动稳定性、气动阻力、列车头型和外形的流线型、弓网特性等问题逐步得到了解决，进一步提高轮轨式高速铁路的速度表面上没有太大障碍。但是近年来的理论研究表明，大地和钢轨中存在几种临界速度，当列车速度接近或超过这些速度时，轨道和地面的振动将陡然增大，这种现象类似于超声速飞机突破声障时产生的音爆，也类似于流体流速增大使得雷诺(Reynolds)数超过一定值时，流体从层流转变为紊流。这种理论在瑞典的实车试验中得到了印证。剧烈的振动轻则影响轨道结构和路基的强度和稳定性，重则可导致列车脱轨。

当列车速度接近或超过大地的瑞利(Rayleigh)波波速(地面线)、剪切波波速(地下线)或钢轨的最低弯曲波波速时，将产生很大的轨道振动和地面振动。由于地铁和普速铁路的列车速度低于上述三种临界波速，因此不需要关注这种机理。随着高速铁路的发展，人们开始关注这种机理[1~6]。对于很软的软土，高速列车的速度很容易超过临界速度(通常是瑞利波波速)。在工程中实际发生这种机理之前，有的学者通过理论分析推断，当列车速度超过大地的瑞利波波速时，将产生振爆现象，地面振动将陡然增大，比普速列车增加70dB。1997~1998年，哥德堡——马尔摩的瑞典西海岸线 X2000 高速列车开通时发现，列车速度从 137km/h 增加到 180km/h 时，地面振动竟然增大了 10 倍，钢轨垂向位移接近 10mm[1,4]。瑞典国家铁路管理局委托挪威岩土工程研究所(Norwegian Geotechnical Institute，NGI)进行了轨道和地基振动测试[4]，同时进行了全面的地质勘查。认定产生剧烈振动的原因是，沿线有大量软土，特别是 Ledsgård 市附近的大地瑞利波波速只有 162km/h。这是首次在轨道交通中观测到振爆现象，验证了之前的理论推断的正确性。如果列车速度进一步提高，达到钢轨的最低弯曲波波速时，钢轨垂向位移将会更大，可能导致列车脱轨，剧烈的振动在近场还会影响轨道结构和路基的强度和稳定性。测试后对路基进行了加固处理。在设计中，可在道床下设置加筋地基或混凝土桩板结构(桩基础达到较硬的地层)来减小这种振动。在隧道中，隧道衬砌和仰拱提供的刚性基础可以减小周围土体的振动水平。

2. 研究进展

众所周知，当飞机突破声障时，将出现激波的马赫辐射。同样，当列车速度超过土体介质波动的特征速度时，地面振动会出现显著的辐射效应。也就是说，当一个物体以大于周围介质的波速移动时，会产生一个随着物体移动的马赫锥。此时波传播的经典理论体现出不足，因为不能考虑移动物体相对土体介质的速度效应。

在波传播的经典问题研究取得一定进展后，土动力学的科学家开始将主要由兰姆建立的框架扩展到移动荷载问题分析，即速度为 c 的移动荷载作用下的弹性介质。这一问题的解可以分为三个速度范围：亚临界速度、跨临界速度、超临界速度，是荷载移动速度相对于土体介质波动的特征速度而言的。

从 1951 年起，学者研究了移动线荷载作用下的弹性半空间、移动点荷载作用下的无限大弹性体、移动点荷载作用下的弹性半空间、移动荷载作用下的弹性半空间上的梁，最后一种模型就是针对铁路的模型。

对于移动点荷载作用下的无限大弹性体，垂向位移在剪切波(或瑞利波)波速范围内是关于 x 轴对称的。但是当荷载速度超过压缩波或剪切波(或瑞利波)波速时，压缩波、剪切波(或瑞利波)的影响各存在一个以荷载作用点为顶点、将固体空间分为扰动区和未扰动区的锥面(该锥面随着荷载作用点的移动而移动，也就是所谓的尾随，称为马赫锥，锥的半顶角称为马赫角。它是奥地利物理学家马赫于 1887 年分析子弹在大气中以超声速运动时产生的大气扰动传播图形时首先提出的，因而得名。压缩波马赫锥可表达为 $z = a_1 r$，剪切波(或瑞利波)马赫锥可表达为 $z = a_2 r$(图 1)。在压缩波波前的前方不存在振动。若荷载以低于剪切波(或瑞利波)波速移动，则产生的扰动可传到荷载作用点之前，因而不形成马赫锥。

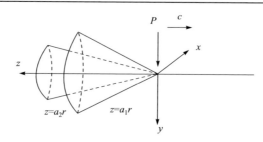

图 1 超临界速度时存在的两个马赫锥[7]

当荷载移动速度在剪切波(或瑞利波)波速范围内时，点($x = 0$, $y = 1$, $z = 0$)处的最大垂向位移 v 与剪切波(或瑞利波)马赫数 Ma_2 的关系如图 2 所示，其中标准型位移为 $V=(4\pi\mu/P)v$。可以看出，位移随着移动荷载速度的增大而增大。这种变化在 $Ma_2 < 0.6$ 的范围内是平缓的，但是在 $Ma_2 > 0.6$ 的范围内，位移随着 Ma_2 增大而显著增大。同时存在一个趋势，当荷载的移动速度接近剪切波(或瑞利波)波速，即当 Ma_2 接近 1 时，位移变为无穷大。

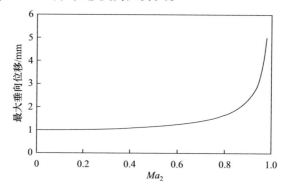

图 2 最大垂向位移与剪切波(或瑞利波)马赫数的关系[7]

对于移动线荷载作用下的弹性半空间，研究发现，荷载以瑞利波波速的恒定速度移动时，响应将会无穷大。当荷载以超临界速度移动时，会出现两个具有位移奇点的马赫平面($z = a_1y$ 和 $z = a_2y$)，而不是两个马赫锥[7]。

列车在钢轨上的移动更适合采用移动荷载作用下的弹性半空间上的梁来模拟。对于移动列车而言，移动荷载首先作用于钢轨，然后通过轨道和地基传递到下面的半空间。显然应该考虑钢轨和地基的特征速度。许多研究者采用温克勒地基梁来模拟轨道结构。例如，Fryba 给出了恒定荷载在弹性地基无限长梁移动问题的详细解，考虑了所有可能的速度范围和黏性阻尼值[7]。在支承结构等效刚度的概念下，确定了移动荷载的临界速度，这时梁的响应会变得无限大。这一速度等于梁中波的传播速度。当荷载的速度小于临界速度时，波的最大振幅出现在靠近荷载作用点。另外，当荷载速度大于临界速度时，在荷载前面移动的波与在荷载后面的波相比，具有较小的波长和幅值。

伯努利-欧拉梁的临界速度是最低弯曲波波速，为

$$c_{cr} = \sqrt[4]{\frac{4sEI}{m^2}} \tag{1}$$

式中，m 为单位长度质量；E 为弹性模量；I 为梁的惯性矩；s 为温克勒地基参数，通常假设为一常数。

Duffy 在研究一个移动且振动的质量通过温克勒地基无限长轨道产生的振动时得到了类似的结果。

把典型铁路材料特性代入方程(1)，结论是列车速度与临界速度相等几乎是不可能的[7]。但是这些结果的准确性很大程度上受地基参数取值的影响，而实际上地基参数是很难确定的。Metrikine 等[8]进行了一系列分析，导出了弹性半空间和有限宽度伯努利-欧拉梁相互作用的等效刚度。他们发现，等效刚度主要取决于梁的频率和波数。当考虑了这个等效刚度后，分析指出存在两个临界速度。一个对应于瑞利波波速，另一个比瑞利波波速小一些。两个速度都会导致梁的位移剧烈放大。后来，Lieb 和 Sudret 进行了类似的分析，在临界速度时，发现钢轨下的半空间也会产生剧烈位移。Metrikine 等采用黏弹性半空间上类似的轨道模型研究了与高速列车引起的地波激励有关的黏弹性阻力现象。

Suiker 等[9]进一步研究了铁木辛柯梁-半空间系统在移动荷载作用下的临界行为。Kim 和 Roësset 研究了移动荷载作用下的弹性地基无限大平板的动力响应。这时的临界速度为

$$c_{cr} = \sqrt[4]{\frac{4sD}{m^2}} \tag{2}$$

式中，D 为板的抗弯刚度；m 和 s 分别为单位面积地基的质量和刚度。

Chen 等[10]导出了温克勒地基上的伯努利-欧拉梁和铁木辛柯梁的临界速度。可以看出，在一般情况下，钢轨的最低弯曲波波速和大地的瑞利波波速均高于 500km/h。

3. 主要难点

轮轨式高速铁路极限速度的研究主要存在以下困难：

(1) 移动列车-轨道-支承结构是一个复杂的多弹性体系统动力学问题，频率范围高达上万赫兹。

(2) 轮轨关系是一个确定性和随机性兼备的问题。确定性反映在轴重、轴的排列等方面。而随机性反映在复杂的各种静动态轨道不平顺，轮轨粗糙度，轨道

过渡段刚度不平顺，轨道不稳定、侧偏、轮缘接触和轨距变化，车轮踏面和钢轨走行面硬度，钢轨磨耗，车轮不圆顺，车辆悬挂系统状态，列车车轮、车轴、齿轮箱、轴挂电动机和联轴器的静态及动态不平衡等诸多方面。

(3) 支承轨道结构的大地介质具有很强的不均匀性，甚至分层，精确的土动力学参数难以获得。

参 考 文 献

[1] Krylov V V, Dawson A R, Heelis M E, et al. Rail movement and ground waves caused by high-speed trains approaching track-soil critical velocities[J]. Proceedings of the Institution of Mechanical Engineers, Part F: Journal of Rail and Rapid Transit, 2000, 214(2): 107–116.

[2] Metrikine A, Popp K. Steady-state vibrations of an elastic beam on a visco-elastic layer under a moving load[J]. Archive of Applied Mechanics, 2000, 70(6): 399–408.

[3] Bahrekazemi M. Train-induced ground vibration and its prediction[D]. Stockholm: Royal Institute of Technology, 2004.

[4] Kaynia A M, Madshus C, Zackrisson P. Ground vibration from high-speed trains: Prediction and countermeasure[J]. Journal of Geotechnical and Geoenvironmental Engineering, 2001, 126(6): 531–537.

[5] Takemiya H, Bian X C, Yamamoto K, et al. High-speed train induced ground vibrations: Transmission and mitigation for viaduct case[C]//Proceeding of 8th International Workshop on Railway Noise, Buxton, 2004.

[6] Takemiya H, Bian X C. Substructure simulation of inhomogeneous track and layered ground dynamic interaction under train passage[J]. Journal of Engineering Mechanics, ASCE, 2005, 131(7): 699–711.

[7] Yang Y B, Hung H H. Wave propagation for train-induced vibrations—A finite/infinite element approach[M]. Singapore: World Scientific Publishing, 2009.

[8] Metrikine A V, Dieterman H A. The equivalent vertical stiffness of an elastic half-space interacting with a beam, including the shear stresses at the beam-half-space interface[J]. European Journal of Mechanics A: Solids, 1997, 16(2): 515–527.

[9] Suiker A S J, de Borst R, Esveld C. Critical behaviour of a Timoshenko beam-half plane system under a moving load[J]. Archive Applied Mechanics, 1998, 68(3): 158–168.

[10] Chen Y H, Huang Y H. Dynamic stiffness of infinite Timoshenko beam on viscoelastic foundation in moving coordinate[J]. International Journal for Numerical Methods in Engineering, 2000, 48(1): 1–18.

撰稿人：杨宜谦　柯在田

中国铁道科学研究院集团有限公司

审稿人：高　亮　王　平

车载式轨道几何形位绝对基准测量

Vehicle Mounted Absolute Reference Measurement of Track Geometry

1. 背景与意义

对于铁路，尤其是高速铁路，保证列车运行的舒适和安全性是至关重要的，而轨道平顺性是影响列车舒适和安全性的关键因素，因此就要求铁路的轨道具有高平顺性。铁路建设和运营过程中，受到周围环境、地下水、地质条件、列车荷载等作用影响，基础沉降变形难以避免。为保障列车舒适和安全性运营，及时高效地发现铁路基础变形十分必要和迫切。

传统的定点变形观测方法有沉降板法、沉降水杯法、磁环分层沉降仪法、静力水准法和测斜法等，这些方法均需要在施工阶段将传感器预埋到观测区域的基体内。但由于后期运用环境恶劣，预埋传感器的有效性不能得到保证，上述方法难以满足高速铁路基础局部沉降检测的需求。

目前铁路基础变形监测主要通过地面测量方法，包括定点变形观测方法、大地测量方法、轨检小车+全站仪+参考点的轨道三维坐标测量方法等。

随着激光技术快速发展，针对沉降检测，又提出了激光测距法和光纤传感器法。激光测距法利用激光测距仪测量其与安装在待测点上的标靶之间的距离变化，进而推算得到相应的沉降数值。该方法简单快速，但测量误差受距离影响较大，且外界环境因素也会对激光测距产生较大影响。光纤传感器监测技术则是通过在沉降区域布置光纤，利用光纤光栅、布里渊光时域反射等方法分析测量光纤的变形情况，从而得到待测区域的沉降情况。光纤传感器监测技术具有分布式、测试距离长、测试精度高等优点，但同时存在造价昂贵、维护困难、形变测量范围有限等缺点，因此制约了其大范围推广[1]。

大地测量方法主要利用卫星、全站仪和水准仪等实现轨道几何形位绝对基准测量，此技术较为成熟，是国内外普遍采用的测量方法，但无法实现轨道连续、自动化测量，该方法测量效率较低、测量成本较高。

全站仪+基桩控制网(CPIII控制点)+轨检小车(棱镜)方法，也可以实现轨道几何形位绝对基准测量，但该方法需要高精度的全站仪静止观测才能达到较高精度，且极易受外界环境(光线、温度等)影响、测量效率很低，每个天窗点只能检测 300m 左右，而且完全依赖 CPIII 控制点的可靠性，而实际上 CPIII 控制点存在沉降和变形问题。

随着列车速度、密度和重量的提高，基于轨道几何绝对基准测量的维修需求越来越迫切，因此亟须研究一种快速、高效的轨道几何绝对基准测量方法。基于高速综合检测列车，如何利用惯性、卫星、相对位移测量和绝对参考点综合检测技术，通过数据融合实现轨道几何绝对基准测量是目前亟须解决的科学问题之一，该研究具有重要的科学意义和应用价值。

2. 研究进展

近年来，惯性导航技术在轨道几何形位绝对基准测量中已经得到应用。瑞士安伯格开发了基于全站仪+参考点+惯性导航系统(inertial navigation system，INS)+轨检小车的 Tamping IMS 测量系统，作业效率为 4km/h[2]。武汉大学开发了基于参考点+全球导航卫星系统(global navigation satellite system，GNSS)+INS+轨检小车的 InsRail 测量系统，作业效率可以达到 25km/h[3]。两个系统基本原理是绝对测量+相对测量，主要通过 INS 实现参考点间的相对位置测量，相对测量的精度取决于 INS 的精度、测量速度和轨检小车密贴钢轨的能力，绝对基准测量的精度主要取决于参考点的位置精度和轨检小车与参考点间的相对测量精度。尽管上述基于 INS+轨检小车的轨道几何形态绝对基准测量方法目前已相对成熟，但 INS 测量精度保持距离较短，参考点布置数量、检测速度、作业效率和作业模式仍无法满足现场需求。文献[4]和[5]提出了基于车载惯性传感器估计轨道不平顺的测量方法，但仍不能满足轨道几何形位绝对基准测量要求。

3. 主要难点

基于参考点+GNSS+INS+相对位置测量的车载式测量方法可以实现满足现场需求的轨道几何形态绝对基准的快速测量，但需要解决如下难题：

(1) INS 精度保持问题。由于 GNSS 绝对测量精度达不到轨道几何形态绝对基准测量精度要求，因此需要利用 INS 实现相对位置测量的同时，引入参考点坐标，实现轨道几何形态绝对基准测量。相对位置测量精度取决于 INS 传感器精度、检测速度和求解算法，检测速度是有限的，因此需要研究保持 INS 长时间高精度测量的方法，从而减小对参考点数量的依赖，降低参考点的维护费用。

(2) 参考点精度保持问题。参考点精度决定了轨道几何形态绝对测量精度，参考点布置方法、可靠性和复测方法也是必须研究的问题。

(3) 参考点坐标引入问题。由于车载模式检测速度较高，无法采用轨检小车相对参考点位置的静止测量方法，如何动态自动捕捉参考点、快速高精度测量

INS 相对参考点位置，是本疑难问题需解决的关键问题。

总之，该领域研究任重道远，需要在理论和应用中取得突破性进展。

参 考 文 献

[1] Biessy G, Moreau F, Dauteuil O, et al. Surface deformation of an intraplate area from GPS time series[J]. Journal of Geodynamics, 2011, 52(1): 24–33.

[2] Amberg Technologies A G. Amberg Tamping IMS 1000/3000[EB/OL]. https://docs.wixstatic.com/ugd/ b18273_3dde3b3f0e2c4c2fb4d2b387c4d9f2ce. pdf[2018-01-25].

[3] Chen Q, Niu X, Zhang Q, et al. Railway track irregularity measuring by GNSS/INS integration[J]. Journal of the Institute of Navigation, 2015, 62(1): 83–93.

[4] Alfi S, Bruni S. Estimation of long wavelength track irregularities from on board measurement[C]// 2008 4th IET International Conference on Railway Condition Monitoring, Derby, 2008.

[5] Real J, Salvador P, et al. Determination of rail vertical profile through inertial methods[J]. Proceedings of the Institution of Mechanical Engineers, Part F: Journal of Rail and Rapid Transit, 2011, 225: 14–23.

撰稿人：刘秀波

中国铁道科学研究院集团有限公司

审稿人：高 亮 王 平

钢轨波浪形磨耗机理及演变规律

Initiation and Evolution of Rail Corrugation

1. 背景与意义

钢轨在服役过程中，当承受车轮重复碾压时，在其顶面由于不规则的磨耗或塑性变形会逐渐出现一种类似波浪形状的周期性不平顺，称为钢轨波浪形磨耗(简称钢轨波磨，rail corrugation)。钢轨波磨是世界铁路一百多年来致力解决的极其复杂的问题，在高速铁路、重载铁路和城市轨道交通中均有出现。

钢轨波磨的出现不仅会引起车辆/轨道系统的强烈振动，降低旅客乘坐舒适性，还会增加轮轨滚动噪声，给周边居民带来困扰。波磨的不断发展会缩短车辆/轨道系统各部件的使用寿命，甚至有可能引发严重的行车事故。轻度的钢轨波磨可以通过打磨来控制，严重的钢轨波磨则只能通过更换新轨来保证行车安全。无论打磨维修还是更换钢轨都无疑会大大增加铁路养护维修工作量和费用。因此对钢轨波磨的成因和演化规律的认识与理解显得尤为重要。

2. 研究进展

自1889年世界上首次提出钢轨波磨问题以来[1]，关于钢轨波磨形成和发展的机理有数十种解释，理论归结起来大致可分为两类：第一类称为动力类成因理论，主张钢轨波磨是由振动引起的；第二类称为非动力类成因理论，将钢轨波磨成因归结于冶金或材质性能、应力及变形特点等[2]。

其中最为著名的是1975年Johnson等[3]通过圆盘试验机和计算机模拟对钢轨波磨进行调查时发现，接触共振使滚动体表面产生波磨，在低阻尼高负荷情况下，共振使圆盘表面产生塑性变形，并在下一次滚动时激起更大幅度的振动，形成塑流型波磨。当接触应力较小而有一定相对滑动时，由不均匀磨损造成磨损型波磨。

Suda[4]认为钢轨波磨的形成可以分成两个阶段：第一阶段是钢轨波磨的产生；第二阶段是钢轨波磨的发展。钢轨波磨的产生是随机振动引起的钢轨表面塑性变形的结果，而钢轨波磨的发展与钢轨波磨频率和轮轨系统垂向振动的固有频率有关，只有当既有钢轨波磨的激振频率小于系统的共振频率时钢轨波磨才会发展，反之就不会发展。试验研究表明，随着波深增加，钢轨波磨向前移动，波长增加。

与之类似，Jin 等[5]从轮轨系统垂向共振方面解释钢轨波磨的形成与发展，认为钢轨表面存在波长随机分布的不平顺，垂向共振将与垂向振动固有频率相对应的波长成分放大，逐渐过滤掉与固有频率相差较大的波长成分，随机不平顺的带宽逐渐减小，与固有频率相对应的波长最终占据优势，垂向振动被激化。钢轨波磨的统计波长与垂向共振频率、车速存在对应关系，钢轨波磨是由相同的列车以相同的速度行驶，共振产生的轮轨振动附加力导致轨头表面塑性变形造成的，且曲线和直线上钢轨波磨成因相同。

由于物体接触界面的运动状态表现为黏滑振动过程[6,7]，也有学者提出用磨耗功理论对钢轨波磨的形成机理进行解释，黏着时轨面磨损轻，形成波峰；滑动时轨面磨损严重，形成波谷[8]。这种黏滑振动不断重复，形成钢轨表面的波磨，图 1 所示为钢轨波磨形成示意图。

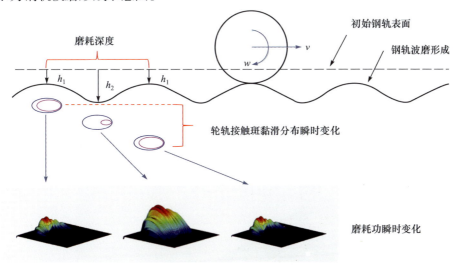

图 1　钢轨波磨形成示意图

总体来讲，现有理论虽然可以解释一些特定的钢轨波磨现象，但均不具有普适性。

尽管钢轨波磨的形成机理及演变规律十分复杂，尚未完全弄清，但近些年来，人们在钢轨波磨的检测、预防和减缓措施方面的成果显著。以弦测法为检测原理的钢轨波磨测尺和钢轨波磨小推车是目前普遍采用的测量钢轨波磨的仪器。钢轨波磨测尺主要用于钢轨局部或定点波磨的测量和特征分析，而钢轨波磨小推车可用于钢轨长距离连续测量[9]。钢轨打磨是预防和消除钢轨波磨的重要手段，可显著降低线路与列车的维修费用，特别是与钢轨涂油相结合，可显著延长钢轨的寿命。制定综合考虑打磨策略、打磨参数和成本控制的优化方案是该领域需要深入研究的课题。Grassie[10]根据已有研究成果和自己的经验,按发生机理、特点和轨道类型等因素将钢轨波磨分为六类,并给出其相应的整治措施,例如,采用硬度较高的钢轨、利用合适的弹性轨垫以降低反共振特性、设置适当的轨距以及在曲线高轨内侧角进行润滑等。

3. 主要难点

钢轨波磨仍是未解的世界难题,虽然学者已提出很多方法进行解释,但是目前并未形成一种广泛认同的理论来解释各种钢轨波磨现象。关于钢轨波磨未来的研究方向主要集中在以下几个方面:

(1) 选取若干典型区域,跟踪测试和统计分析我国铁路钢轨的服役状态,建立不同运营条件和气候环境下钢轨波磨成因和演化规律的数据库,为钢轨打磨维修和建立理论分析模型提供数据支持。

(2) 随着高速铁路运行速度的持续提升,轮轨高速相互作用过程中的高频动态或瞬态现象表现突出。截至目前,绝大部分钢轨波磨的计算模型采用基于稳态假设的接触算法。因此建立考虑轮轨系统高频振动的三维瞬态滚动接触弹塑性有限元模型(图2),并据此修正或提出高频蠕滑关系模型,是进一步开展钢轨波磨形成与发展亟待解决的关键基础科学问题。

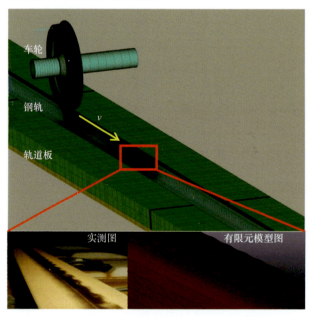

图 2 三维瞬态滚动接触弹塑性有限元模型

(3) 钢轨波磨的形成和演变与复杂的现场情况有很大关系,如牵引制动、自然环境、零部件加工工艺和循环荷载下的材料本构关系等，未来应构建可同时考虑更多复杂实际因素的理论模型。

参 考 文 献

[1] Oostermeijer K H. Review on short pitch rail corrugation studies[J]. Wear, 2008, 265(9): 1231–1237.

[2] 刘学毅, 王平, 万复光. 重载线路钢轨波形磨耗成因研究[J]. 铁道学报, 2000, 22(1): 98–103.

[3] Johnson K L, Gray G G. Development of corrugations on surfaces in rolling contact[J]. Proceedings of the Institution of Mechanical Engineers, 1975, 189(1): 567–580.

[4] Suda Y. Effects of vibration system and rolling conditions on the development of corrugations[J]. Wear, 1991, 144(1): 227–242.

[5] Jin X S, Wen Z F, Wang K Y. Effect of track irregularities on initiation and evolution of rail corrugation[J]. Journal of Sound and Vibration, 2005, 285(1): 121–148.

[6] Ben-David O, Rubinstein S M, Fineberg J. Slip-stick and the evolution of frictional strength[J]. Nature, 2010, 463(7277): 76–79.

[7] Ben-David O, Cohen G, Fineberg J. The dynamics of the onset of frictional slip[J]. Science, 2010, 330(6001): 211–214.

[8] Wu T X, Thompson D J. An investigation into rail corrugation due to micro-slip under multiple wheel/rail interactions[J]. Wear, 2005, 258(7): 1115–1125.

[9] Grassie S L. Rail corrugation: Advances in measurement, understanding and treatment[J]. Wear, 2005, 258(7): 1224–1234.

[10] Grassie S L. Rail corrugation: Characteristics, causes, and treatments[J]. Proceedings of the Institution of Mechanical Engineers, Part F: Journal of Rail and Rapid Transit, 2009, 223(6): 581–596.

撰稿人：陈　嵘　王　平　安博洋

西南交通大学

审稿人：赵国堂　高　亮

周期性减振轨道结构

Periodic Vibration-Reduction Track

1. 背景与意义

为了具备施工便利、轻质高强以及建筑学美感等优点，高速铁路轨道结构的一般路段常设计成由一些相同构造的单元(元胞)以重复性的规则沿线路纵向排布而成，因此上述高速铁路轨道结构常可视为周期性结构。同时高速铁路又通常采用超长无缝线路技术，周期性高速铁路轨道结构则可近似认为沿线路纵向是无限周期性结构(图1)。可见高速铁路轨道结构振动特性是由其结构的周期性所决定的。

(a) 有砟轨道　　　　　　　　　　(b) 无砟轨道

图 1　周期性铁路轨道结构

近代固体物理学研究发现，周期结构具有重要的物理特性，即衰减域特性，又称为振动带隙特性[1]。当弹性波的频率落在衰减域(带隙)范围内时，波的传播将显著衰减。而弹性波的频率在衰减域(带隙)之外时，弹性波将能顺利地向前传播。由于振动通常以弹性波的形式在结构中传播，因此振动带隙也可称为弹性波带隙。周期结构振动带隙理论一经提出，就得到了世界范围的广泛关注，迅速成为研究热点。与此同时，振动带隙特性及基于带隙原理的振动控制研究成为周期性结构最前沿的研究方向。

2. 研究进展

1993年，Kushwaha等研究镍/铝二维周期复合介质时首次明确提出了声子晶体概念[2]。声子晶体的研究至今在带隙机理、带隙计算方法以及应用探索方面取得了大量研究成果,从声子晶体带隙机理角度来讲,目前声子晶体带隙机理有两种:布拉格散射(Bragg scattering)机理和局域共振(locally resonant)机理。对于布拉格型周期结构(图2),带隙产生的主要原因是周期变化材料特性与弹性波的相互耦合作用。弹性波在周期结构中传播时,每一个周期都会反射波场,通常在较宽的波段内,这些干扰相互抵消,总的反射场可以不计,但是在一定的波段范围内,每一个周期反射的波是同相位的,从而叠加成为很强的反射波,这种反射称为布拉格反射。布拉格带隙频率与周期尺寸密切相关,其最低带隙中心频率为 $c/2a$(其中 c 为基体材料中的材料弹性波波速,a 为周期尺寸),即最低带隙频率对应弹性波波长为晶格常数的2倍。而弹性波在固体中传播速度一般较快,因此难以在小尺寸周期结构条件下得到低频带隙。2000年,Liu等在 *Science* 上首次提出了声子晶体局域共振带隙的概念[3],在树脂基体材料中周期性地嵌入包覆软橡胶材料的铅球,形成了一种三维三组元周期结构(图3),从而获得了低频带隙,成功实现了小尺寸控制大波长。这一现象突破了布拉格带隙机理的限制,为声子晶体在低频减振降噪领域的应用提供新的研究方法。Wang等[4]发现二组元声子晶体中同样存在局域共振带隙,拓展了局域共振理论。进一步研究表明,在特定频率激励下,各个散射体产生共振,并与弹性波长波行波相互作用,从而抑制其传播,产生了局域共振带隙。在声学和电磁等领域,已有大量关于声子晶体的研究成果以及应用探索[5],为周期结构减振降噪的应用提供理论基础。

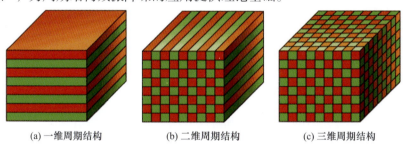

(a) 一维周期结构　　　(b) 二维周期结构　　　(c) 三维周期结构

图2　布拉格型周期结构

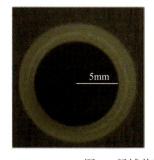 

图3　局域共振型周期结构

3. 主要难点

目前针对周期结构的理论研究已较为成熟，但其工程应用尚待探索。首先，轨道结构具有明显的周期特性，利用弹性波在周期结构中的带隙特性进行振动控制具有良好的应用前景；其次，轨道结构为多层系统，利用周期结构带隙特性设计波阻元件，例如，轨下橡胶垫和板下橡胶垫，可在保证原有性能的情况下，提供附加振动控制能力。轨道结构沿纵向具有明显的周期特性，目前针对弹性波在简单轨道结构中沿纵向传播的带隙特性和机理已基本了解[6]，但轨道结构部件较多，弹性波在轨道结构中的传播方式与传播特性与各个部件密切相关，如何准确地描述轨道结构成为至关重要的问题。此外，轨道结构虽然具有明显的周期特性，但其非周期特征同样重要，即实际轨道结构中轨道结构参数具有一定的随机性，如扣件间距、扣件刚度等，也称为失谐型周期结构[7]。研究表明，失谐可使周期结构的力学特性产生本质变化，即失谐周期结构中存在振动局部化现象。局部化破坏了周期结构模态的规则性，在外激励下会使结构某些部位的响应幅值过大，产生能量积聚，甚至导致结构发生疲劳破坏。对于轨道结构，还有可能出现缺陷情况，如扣件缺失、轨道板裂缝等，称为带缺陷型周期结构。当周期结构出现缺陷时，其带隙内将产生缺陷态[8]，此时弹性波将会被限制在缺陷处或者沿着缺陷方向传播。对于轨道结构垂直方向，在轮轨相互作用下，产生的振动部分能量向下部结构传播，目前通常采用橡胶垫层等弹性元件以削弱向下的能量传递。为了更大程度地阻止能量向下传播，只有采用更软弹性元件，如克隆蛋扣件，但此时能量可能向钢轨反射，出现钢轨波磨等问题。因此在保证轨道下部基础刚度一定的情况下，为了进一步控制振动的向下传递，可利用周期结构的带隙特性，进行弹性波的控制。

周期结构是近年来的研究热点，如何充分利用周期结构的弹性波传播特性可为结构振动控制提供新的研究思路和解决方法。而轨道结构沿纵向具有明显的周期特性，同时还存在失谐或缺陷等特点，只有充分了解弹性波的传播特性，才能提出合理有效的控制方案，为轨道结构振动控制的重要理论基础。此外沿垂直方向可采用周期结构方法，在保证一定基础刚度的情况下，加入弹性波控制结构，以控制能量向外界传播。

参 考 文 献

[1] Sigalas M M, Economou E N. Elastic and acoustic wave band structure[J]. Journal of Sound and Vibration, 1992, 158(2): 377–382.

[2] Kushwaha M S, Halevi P, Dobrzynski L, et al. Acoustic band structure of periodic elastic composites[J]. Physical Review Letters, 1993, 71(13): 2022–2025.

[3] Liu Z, Zhang X, Mao Y, et al. Locally resonant sonic materials[J]. Science, 2000, 289(5485): 1734–1736.
[4] Wang G, Wen X, Wen J, et al. Two-dimensional locally resonant phononic crystals with binary structures[J]. Physical Review Letters, 2004, 93(15): 9587–9602.
[5] Romerogarcía V, Sánchezpérez J V, Garciaraffi L M. Tunable wideband bandstop acoustic filter based on two-dimensional multiphysical phenomena periodic systems[J]. Journal of Applied Physics, 2011, 110(1): 904–913.
[6] Wang P, Yi Q, Zhao C, et al. Wave propagation in periodic track structures: Band-gap behaviours and formation mechanisms[J]. Archive of Applied Mechanics, 2016, 87(3): 1–17.
[7] Che A, Wang Y S, Yu G L, et al. Elastic wave localization in two-dimensional phononic crystals with one-dimensional quasi-periodicity and random disorder[J]. Acta Mechanica Solida Sinica, 2008, 21(6): 517–528.
[8] Yao Z J, Yu G L, Wang Y S, et al. Propagation of bending waves in phononic crystal thin plates with a point defect[J]. International Journal of Solids and Structures, 2009, 46(13): 2571–2576.

撰稿人：王　平　赵才友
西南交通大学
审稿人：赵国堂　高　亮

高速轮轨滚动接触中的高频振动

High-Frequency Vibration in High Speed Wheel/Rail Rolling Contact

1. 背景与意义

高速铁路与其他交通运输方式相比，其鲜明的特点就是列车运行依赖于轮轨之间的相互作用，高速列车轮轨系统如图1所示。轮轨相互作用是轨道交通最主要的特征，没有轮轨相互作用，就没有列车的运行。车辆系统和轨道系统通过轮轨相互作用发生关系，轮轨关系是高速铁路领域里的研究重点。随着列车运行速度的提高，达到300km/h，甚至400~500km/h时，轮轨之间的相互作用会由于钢轨波磨和车轮踏面多边形磨耗产生剧烈的振动。高速铁路上产生的钢轨波磨波长一般为50~120mm(图2)。如果按照300km/h车速计算，产生振动主频为690~1600Hz；如果按照500km/h车速计算，产生振动主频为1160~2800Hz；高速列车车轮上有时产生的车轮多边形磨耗的阶数一般为18~24(图3)，推算波长一般为120mm左右，如果按照300km/h车速计算，产生振动主频在690Hz左右。由于以上这些钢轨波磨和车轮多边形产生的轮轨振动频率都在500Hz以上，属于高频振动范围。Gullers等[1]测量了列车以200km/h速度通过钢轨波磨区段(波长30~80mm)时的轮轨垂向作用力的时程曲线和功率谱密度分布，如图4所示，列车以200km/h通过时产生的轮轨力作用主频为700~1850 Hz，这和钢轨波磨波长30~80mm一致。

由于钢轨和车轮的这些不平顺激扰导致高速列车的轮轨之间产生600~1600Hz范围内的高频振动，这些高频振动容易造成轮轨结构部件的疲劳破坏和轮轨噪声增加，甚至威胁高速列车的行车安全，这也是高速铁路轮轨关系和普速铁路轮轨关系的重大区别。

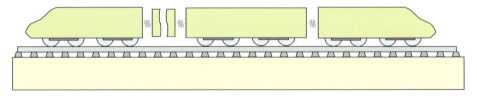

图1　高速列车轮轨系统示意图

图 2 高速铁路钢轨波磨

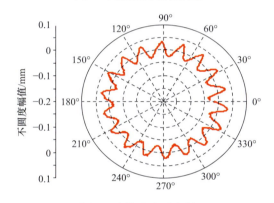

图 3 车轮多边形磨耗

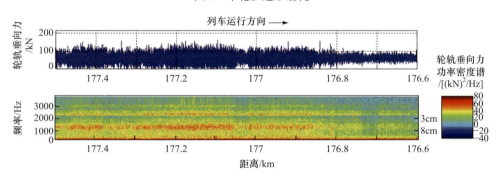

图 4 高速条件下的轮轨垂向力及其功率谱密度分布[1]

由于车轮多边形和钢轨波磨造成的高速轮轨系统中高频振动,以及轮轨高频振动反作用于车轮和钢轨造成车轮多边形和钢轨波磨的加剧,它们之间的相互影响的作用机理是目前轮轨关系研究领域遇到的科学难题。

对高速轮轨滚动接触中的高频振动这一难题,如果从其产生机理、准确分析、再到有效控制方面能有所突破,将会对高速铁路轮轨关系的理论研究和工程应用起到巨大的推动作用。

2. 研究进展

目前在轮轨系统动力学分析中,不管多刚体动力学系统、还是刚柔耦合动力学系统,在轮轨接触计算时主要使用 FASTSIM、CONTACT 等模型,这些模型是基于稳态、无惯性力假设的轮轨接触模型[2,3]。问题在于轮轨接触模型基于稳态滚动假设的局限性。所谓稳态滚动接触是指滚动接触过程中,物体的材料质点在任何时刻,经过局部坐标系中的同一个位置时,它们的力学量、运动学量及有关物理量都不发生变化,也就是材料质点通过接触面时其刚体蠕滑总保持不变。在进行非稳态接触即带有 $\partial u / \partial t$ 项(其中 u 为位移,t 为时间)的力学计算时,一个激扰波长为 L 的周期运动过程的非稳态性要以一个无量纲参数 a/L 来表述,其中 a 为接触斑半径。只有当这个参数很小时,如小于 $1/20$,才允许按稳态来计算。在铁道车辆动力学中轨道不平顺波长 L 的典型值为 10m,因此参数 a/L 约为 $1/1000$,所以稳态有保证。然而,对于钢轨波磨、车轮多边形问题、钢轨或车轮的擦伤等带来的轮轨滚动中的高频振动必须考虑非稳态过程[4]。另外一个问题是轮轨接触模型在车轮滚动过程中不能考虑滚动速度和振动带来的惯性力对接触斑蠕滑力的影响。1979 年 Kalker[2]综述滚动接触力学的发展时,曾根据加林的观念,谈到了当车速超过 500km/h 时,需要考虑车轮高速惯性力对蠕滑力的影响,而鉴于当时的列车速度,在车辆力学研究中,没有必要考虑车轮高速惯性力[3]。文献[4]认为,就轮轨材质而言,瑞利表面波的传播速度略低于横向波速度,约为 3000m/s;更低的是,当钢轨作为剪切柔性梁来看待时,其剪切波速约为 1200m/s。因此惯性力影响在轮轨滚动接触力学(不对结构力学而言)中可以忽略不计。但是在车轮高速旋转、紧急制动和冲击时,惯性力对接触斑里的蠕滑力是否有影响至今还没有得到定论。

3. 主要难点

分析轮轨在高频振动条件下的相互作用时,除了使用 FASTSIM[5]和 CONTACT,也可以使用轮轨滚动接触瞬态有限元模型,这种方法不需要稳态假设,而且可以考虑高速惯性力的影响[6]。但是它受到有限网格自由度的限制,只能考虑有限轨道长度、单个车轮或单轮对,很难考虑高速车辆及悬挂系统和轨道结构对轮轨作用的影响;同时计算精度取决于车轮和轨道接触区里较小尺寸的有限元网格,轮轨滚动接触网格尺寸一般要求在 1mm 左右可以获得较好的结果[7],

由于接触区网格尺寸较小,计算时间积分步长就会很小,这样就需要很长的计算时间。从目前的研究看来,通过轮轨滚动接触瞬态有限元模型获得轮轨复杂系统在短波激励下轮轨接触关系的满意结果还是非常困难的。瞬态有限元方法也许是解决该问题的有效途径,但它需要许多科研工作者付出很多努力才可能获得令人满意的结果。

图5　轮轨滚动接触有限元模型

在高速轮轨高频滚动接触研究中,除了采用理论手段,还常采用试验手段。目前高速轮轨力的测量主要采用连续测量轮轨力轮对系统,该系统是在车轮辐板上粘贴许多应变片(应变传感器),通过轮轨作用点处的静态作用力进行标定后用于轮轨力的动态测量。由于轮轨作用的高频振动会引起车轮辐板的剧烈振动从而影响轮轨力的测量准确性,因此高速轮轨滚动接触中的高频振动的准确测量也是一个不容易解决的难题。

参 考 文 献

[1] Gullers P, Andersson L, Lundén R. High-frequency vertical wheel-rail contact forces—Field measurements and influence of track irregularities[J]. Wear, 2008, 265(9-10): 1472–1478.

[2] Kalker J J. Survey of wheel-rail rolling contact theory[J]. Vehicle System Dynamics, 1979, 8(4): 317–358.

[3] Kalker J J. Three-dimensional Elastic Bodies in Rolling Contact[M]. Delft: Kluwer Academic Publishers, 1990

[4] 陈泽深, 王成国. 铁道车辆动力学与控制[M]. 北京: 中国铁道出版社, 2004.

[5] Martínez-Casas J, Giner-Navarro J, Baeza L, et al. Improved railway wheelset-track interaction model in the high-frequency domain[J]. Journal of Computational and Applied Mathematics, 2017, 309(1): 642–653.

[6] Zhao X, Wen Z, Zhu M, et al. A study on high-speed rolling contact between a driving wheel and a contaminated rail[J]. Vehicle System Dynamics, 2014, 52(10): 1270–1287.

[7] 常崇义. 有限元轮轨滚动接触理论及其应用研究[D]. 北京: 中国铁道科学研究院, 2010.

撰稿人:常崇义
中国铁道科学研究院集团有限公司高速铁路系统试验国家工程试验室
审稿人:高 亮 王 平

高速铁路无砟轨道的损伤劣化机理

Damage Mechanism of HSR Ballastless Tracks

1. 背景与意义

铁路轨道结构形式主要分为有砟轨道和无砟轨道两类。传统有砟轨道由钢轨、轨枕、碎石道床和扣件弹簧连接件组成,具有弹性好、排水性能优、铺设简便、综合造价低廉等特点,是普通铁路和重载铁路的主要轨道结构形式。有砟轨道在列车荷载反复作用下,道砟颗粒重排、破碎、磨损、粉化等现象使得散粒体道床极易发生形位变化,导致线路维修频繁,维护成本高,应用于高速铁路时还会出现道砟飞溅等问题,对铁路沿线建筑物和人员造成安全隐患。

无砟轨道是以混凝土、沥青混合料等整体基础取代碎石道床的轨道结构,具有稳定性高、刚度均匀性好、结构耐久性强和维修工作量少等优点,能够很好地满足高速铁路高速度、高密度的运营要求。事实上,目前无砟轨道已成为高速铁路轨道结构的主要发展方向,其推广应用范围越来越广。例如,日本、德国、韩国等后期修建的高速铁路,无砟轨道线路所占比例均在 90%以上;截至 2016 年底,我国高速铁路运营总里程达 2.2 万 km,占世界高速铁路运营里程的 60% 以上,其中采用无砟轨道的高速铁路线路里程占 80%以上。

无砟轨道具有结构稳定、耐久性强、维修少的特点,但一旦出现结构损伤与失效问题,维修十分困难,线路整治期间列车不得不降速通过,甚至停运,造成恶劣的社会影响。因此为了确保高速铁路长期安全稳定运营,需要认清高速铁路无砟轨道损伤机理和劣化规律,并在此基础上获得预防、控制和减缓无砟轨道结构损伤与失效的措施。我国高速铁路现场调研表明,运营线上无砟轨道结构已出现了一些典型的损伤和病害现象,主要分为无砟轨道结构层间黏结失效和结构部件内部损伤开裂两大类问题[1](图 1)。这些病害降低了无砟轨道结构的整体性,引起结构服役状态与动态性能的持续改变,逐渐导致无砟轨道结构系统与高速列车系统不相适应、不相匹配,从而进一步恶化高速铁路线路状态,最终恶化高速列车运行品质,危及高速列车行车安全。

(a) 轨道板裂纹　　　　　　　　　　(b) 层间黏结失效

图 1　无砟轨道结构典型损伤现象

如图 2 所示，高速铁路无砟轨道结构受到列车荷载和环境荷载(水、温度等)的反复耦合作用。温度荷载引起的变形不但会造成无砟轨道结构本身的损伤(如轨道板裂纹)，还会使结构层间发生黏结破坏(如轨道板与砂浆充填层之间的离缝、脱空)；在列车动荷载作用下，损伤状态下的轨道结构振动水平将会逐渐增大，加快了结构自身的损伤劣化速度，同时轨道结构的弯曲振动会使层间形成剪切应力，加剧了轨道结构层间损伤与破坏；层间离缝或结构表面裂纹形成后，雨雪水不可避免地侵入无砟轨道结构中，这使得水分不能很快地扩散而滞留在结构内部形成积水层，此时在高速列车动荷载作用下，很容易形成较大的动水压力使层间离缝或结构内部裂纹继续扩展破坏。

图 2　高速铁路无砟轨道结构及其荷载特点

由于无砟轨道组成材料的多样性、运营环境的复杂性以及服役荷载的多场耦合特性，其结构损伤劣化机制非常复杂，是我国完善高速铁路无砟轨道结构设计理论与养护维修技术，健全高速铁路运营安全体系的主要难题之一。

2. 研究进展

针对复杂荷载作用下无砟轨道结构层间黏结失效问题，Zhu 等[2]采用内聚力模型模拟分析了温度和列车动荷载作用下 CRTS Ⅱ 型无砟轨道 CA 砂浆界面开裂行为，获得了温度与列车动荷载下界面损伤与应力变化规律。徐桂弘[3]建立了无砟轨道裂纹内水压力计算模型，开展循环荷载作用下裂纹水压力模型试验，初步研究了动水压力的作用特性及裂纹扩展特性。Dai 等[4]开展了连续板式轨道层间抗剪性能的推板试验，研究了轨道板与 CA 砂浆层界面剪切强度和界面黏结滑移行为。田冬梅等[5]采用高低温循环模拟试验研究了温度对板式轨道 CA 砂浆充填层与底座板层间界面黏结性能的影响。

针对复杂荷载下无砟轨道结构部件自身损伤开裂问题，朱胜阳[6]采用混凝土损伤塑性模型和 CA 砂浆统计损伤本构模型，研究了温度和列车动荷载作用下道床板和 CA 砂浆层损伤发展规律及其动态行为的演变，并基于可靠度理论初步提出了层间离缝长度的控制限值。高亮等[7]应用生死单元法杀死脱黏失效的砂浆层杆单元，研究了温升和持续高温荷载作用下宽窄接缝破损对无缝线路受力和变形的影响。此外，在无砟轨道结构疲劳损伤研究方面，Tarifa 等[8]针对新干线高速铁路板式轨道，对实尺轨道板进行三点弯曲疲劳试验，获得了轨道板在疲劳前后的刚度、位移演变规律以及轨道板开裂失效模式。Poveda 等[9]基于一种疲劳损伤模型预测了轨道板在最不利受压疲劳荷载下的疲劳损伤及分布，并与板式轨道在三点弯曲循环荷载下的疲劳试验结果进行了对比分析。法国学者 Chapeleau 等[10]建立室内实尺无砟轨道模型开展了结构疲劳试验研究，采用分布式光纤应变传感器测试了轨道板内部的疲劳应变和裂纹开展情况。

3. 主要难点

由以上论述可见，无砟轨道结构损伤劣化问题是当前高速铁路线路工程领域的前沿研究方向，近几年一些学者在此方面开展了有益的探索，但由于无砟轨道服役荷载的复杂性以及结构损伤演化的长时性和非线性，其损伤演化行为和劣化机理并未得到充分揭示。今后需要重点研究解决的关键科学问题至少包括以下几点：

(1) 无砟轨道的损伤劣化主要有两种产生机制：一种是极端荷载下的准静态损伤或动力作用损伤；另一种是在应力水平远小于结构强度极限的疲劳荷载下发生的疲劳损伤。现有的研究较多地聚焦在前者，缺乏对循环复杂荷载下无砟轨道结构非线性疲劳损伤与裂纹(离缝)疲劳扩展规律的研究。而研究解决这一问题的关键难点在于建立从宏观和细观角度量化轨道结构损伤水平与全生命周期寿命的理论体系。

(2) 无砟轨道结构损伤劣化是温度荷载、列车动荷载及其引起的动水压力荷载等多场效应共同作用的结果。目前大多数研究仅考虑了单一荷载或两种荷载共同作用的影响，缺乏对随机列车荷载、温度、雨雪冻融等复杂荷载耦合作用下的结构损伤机理研究。由于环境荷载与列车动荷载的作用频率和作用方式有明显差异，确立多场、多相流、多尺度耦合荷载的表征方法，揭示其耦合作用特征及其相互影响规律是极具挑战性的研究课题。

(3) 高速铁路无砟轨道组成材料复杂多样，结构的损伤劣化过程伴随着复杂的材料非线性损伤行为。目前研究中大多从宏观损伤角度来模拟无砟轨道劣化行为，而结合损伤力学与断裂力学研究无砟轨道非线性损伤行为的工作才刚刚起步，对损伤本构模型与裂纹(离缝)扩展模型的准确描述还需要进行更深入的研究。

参 考 文 献

[1] 翟婉明, 赵春发, 夏禾, 等. 高速铁路基础结构动态性能演变及服役安全的基础科学问题[J]. 中国科学: 技术科学, 2014, 44(7): 645–660.
[2] Zhu S Y, Cai C B. Interface damage and its effect on vibrations of slab track under temperature and vehicle dynamic loads[J]. International Journal of Non-Linear Mechanics, 2014, 58: 222–232.
[3] 徐桂弘. 列车荷载下无砟轨道含水裂纹受力特性及影响研究[D]. 成都: 西南交通大学, 2015.
[4] Dai G, Su M. Full-scale field experimental investigation on the interfacial shear capacity of continuous slab track structure[J]. Archives of Civil and Mechanical Engineering, 2016, 16(3): 485–493.
[5] 田冬梅, 邓德华, 彭建伟, 等. 温度对水泥乳化沥青砂浆层与混凝土层间界面黏结影响[J]. 铁道学报, 2013, 35(11): 78–85.
[6] 朱胜阳. 高速铁路无砟轨道结构损伤行为及其对动态性能的影响[D]. 成都: 西南交通大学, 2015.
[7] 高亮, 刘亚男, 钟阳龙, 等. 宽窄接缝破损对 CRTS II 型板式无砟轨道无缝线路受力的影响[J]. 铁道建筑, 2016, 5: 58–63.
[8] Tarifa M, Zhang X X, Ruiz G, et al. Full-scale fatigue tests of precast reinforced concrete slabs for railway tracks[J]. Engineering Structures, 2015, 100: 610–621.
[9] Poveda E, Rena C Y, Lancha J C, et al. A numerical study on the fatigue life design of concrete slabs for railway tracks[J]. Engineering Structures, 2015, 100: 455–467.
[10] Chapeleau X, Sedran T, Cottineau L M, et al. Study of ballastless track structure monitoring by distributed optical fiber sensors on a real-scale mockup in laboratory[J]. Engineering Structures, 2013, 56: 1751–1757.

撰稿人：翟婉明　朱胜阳　赵春发
西南交通大学牵引动力国家重点实验室

审稿人：高 亮　王 平

高速铁路无砟轨道多层结构体系温度变形协调机理

Temperature Deformation Compatibility of HSR/Multi-Layer Ballastless Track System

1. 背景与意义

无砟轨道是以混凝土或沥青砂浆取代散粒道砟道床而组成的轨道结构形式，它具有稳定性、平顺性、耐久性良好和维修工作量小等优点[1]，已成为高速铁路最主要的轨道形式。目前我国已铺设的无砟轨道型式主要有单元板式、纵连板式、双块式等，主要系列有 CRTS I 型、CRTS II 型板式和双块式无砟轨道以及 CRTS III 型板式无砟轨道等。

我国幅员辽阔，无砟轨道铺设范围跨越不同气候带及多种地形环境，线路通过地区存在较大的年温差(如哈大线最大年温差达到 80.5℃)、日温差(如青海部分地区日温差最大突破 35℃)、持续高温(如南方地区出现的夏季持续高温)以及异常低温等极端气候条件。同时受强日照影响，轨道上下层有明显的垂向温度梯度，并且随着昼夜交替呈正负交替状态；昼间强日照又会导致阴阳面横向温度梯度；在隧道口附近，会产生沿线路的纵向温度梯度；纵连式轨道板施工过程中的纵连锁定温度也会对无砟轨道层间变形产生影响；单元式无砟轨道在板下填充层施工时，轨道板上存在的初始温度梯度会带来轨道板的初始翘曲变形，从而影响无砟轨道后期服役性能。总体来说，无砟轨道面临着在这些复杂温度环境条件下的适应性问题。

此外无砟轨道材料构成繁杂，由不同类型的混凝土、砂浆、乳化沥青、土工布及弹性缓冲垫层等多种材料组成；同时其本身结构极其复杂，设置了不同形式的无砟轨道板、限位结构、连接部件、底座、滑动层及黏结层等；其受力又受到上部钢轨、下部路基、桥隧基础等的制约，各层间应力传递关系复杂。这种材料、结构形式庞杂的无砟轨道结构体系，在复杂温度作用下，其受力特性极其复杂。

现状调研发现，多条无砟轨道线路运营后出现了不同程度的病害：对于双块式无砟轨道,路桥过渡段附近出现了明显的道床板和支承层层间离缝及上拱问题；由于无砟轨道施工时的纵连温度差异以及下部基础不良，路基地段双块式无砟轨道也出现了严重的层间离缝及上拱；道床板与双块式轨枕间也出现了不同程度的裂纹。对于 CRTS I 型板式无砟轨道，在大跨桥梁梁端位置处出现了多处限位凸台破坏问题。对于 CRTS II 型板式无砟轨道，轨道板与砂浆层间、砂浆层与底座板间出现了不同程度的离缝问题，如图 1 所示；由于轨道板和底座板全线纵连，在夏季异常高温情况下，出现了局部上拱病害，如图 2 所示。冬季温度收缩过程中出现了宽接缝拉开，甚至出现了轨道板断板，破坏了无砟轨道纵连整体性，可以看出，大量的病害多是由复杂温度环境引起的不同结构层变形不协调导致的。

病害的出现破坏了轨道的完整性，引发无砟轨道结构破坏及失效，影响了无砟轨道的正常服役，有的地段已危及行车安全，不得不进行限速。病害的频发同时带来了繁重的无砟轨道养护维修工作量，部分区域维修耗时较长而不得不中断线路运营，长此以往将阻碍我国高速铁路的健康发展。

图 1　轨道板与砂浆层离缝　　　　　图 2　轨道板宽、窄接缝破坏

无砟轨道是一个极其复杂的系统，由多种材料、结构层组合而成。不同结构层由于材料、施工工艺、界面处理方式等的不同，层间接触的力学特性也各有差异。另外，施工中存在的填充不密实、施工温度不均等因素，使得层间接触的力学特性更加复杂。目前对层间离纹的产生原因和影响有一定的研究，但多基于材料的容许应力对层间是否开裂进行判定，尚未考虑层间材料差异及预制施工与现场浇筑等施工方法对层间细观力学特性的影响，所采用的判定准则无法适应这种复杂的无砟轨道层间接触。另外，整体温差、多维温度梯度、气温骤变等复杂温度场条件下无砟轨道结构体系内部温度分布差异较大且不均匀，造成无砟轨道各结构层变形差异明显，这是无砟轨道病害的重要原因。

无砟轨道在投入运营后将处于不断恶化的状态，随着我国高速铁路运营时间的不断积累，无砟轨道在温度荷载下的层间病害问题日益凸显。因此开展无砟轨道多层结构体系层间接触力学特性以及层间接触破坏准则相关研究，在此研究基础上对复杂温度荷载作用下轨道板的变形协调及失调机理进行分析，掌握多层结构体系的温度变形失调控制因素，从而为控制轨道温度变形失调病害提供合理可靠的理论依据。开展此研究将对保障无砟轨道的安全服役、延长其使用寿命、降低其维修工作量等具有重要意义。

2. 研究进展

该方向的最新研究主要从无砟轨道多层结构体系层间接触力学特性、无砟轨道温度分布及受力变形特性、无砟轨道温度变形失调病害机理等三个方面展开。

(1) 无砟轨道多层体系层间接触力学特性。传统的无砟轨道受力分析方法，对轨道层间相互作用关系进行了简化。例如，当轨道板(或道床板)与底座板(或支承层)之间设有弹性层(如CA砂浆)时，一般将弹性层模拟为连续均匀的线性弹簧；当两层板之间无弹性层时，一般将多层板折合为单层板进行计算。下部基础的竖向支承也按照Winkler地基假设采用连续支承弹簧模拟。为了精确模拟CRTSⅠ轨道板温度翘曲变形，王继军等[2]在模拟砂浆层与轨道板之间的相互作用时根据砂浆层施工方法的不同分别采用层间黏结法和接触单元法。高亮等[3]在开展路基上CRTSⅢ型板式无砟轨道设计方案研究时，考虑了不同轨道结构层材料的差异，并在自密实混凝土层与底座板之间采用接触单元模拟层间抗压和摩擦特性。接触单元法还广泛应用于其他结构层间力学特性的模拟。

(2) 无砟轨道温度分布研究。早期研究中主要关注轨道板整体温度和上下面温度差，并提出了线性的垂向温度梯度。刘钰等[4]针对既有文献的不足，在京沪线施工现场，通过在轨道结构不同深度布置温度传感器，对板内温度分布规律进行了研究，并建立了温度场预估模型。戴公连等[5]还关注了无砟轨道横向温度梯度，并通过对圆曲线上无砟轨道温度场的长期监测，研究提出了横向温度分布规律和荷载模式。赵坪锐等[6]考虑温度梯度在深度方向的非线性特性，并通过长期监测提出了双块式无砟轨道的温度荷载取值方法。尤明熙等[7]建立了CRTSⅡ型板式无砟轨道实尺模型，开展了温度场的长期监测，进一步揭示了轨道结构垂向和横向温度梯度的非线性分布规律。在无砟轨道温度受力变形研究方面，既有文献对轨道板的上拱和翘曲等温度变形规律都进行了细致分析。

(3) 无砟轨道温度变形失调病害机理。国内外最新研究除了开展相应的试验测试，理论方面主要采用混凝土损伤塑性模型、内聚力模型、扩展有限元等方法来模拟轨道结构开裂和层间离缝等温度病害的产生机理。Zhu等[8]采用内聚力模型模拟轨道板与CA砂浆层层间非线性作用关系，研究了温度荷载下轨道层间离缝的产生机理及其影响。Madhkhan等[9]通过试验测定了混凝土伤损本构关系，在此基础上对无砟轨道板的开裂荷载、极限荷载及负载系数进行了研究。Ren等[10]通过对板下CA砂浆不同伤损程度下轨道结构受力变形规律的研究，提出了无砟轨道CA砂浆修补标准。另外，既有研究还广泛关注了轨道结构破损、层间离缝、轨道板上拱等病害对轨道结构力学性能和行车状态的影响，并研究了不同病害的合理维修措施等。

3. 主要难点

目前国内外学者对高速铁路无砟轨道多层结构体系温度变形协调有了一定的研究，但仍存在如下几个亟须解决的关键难点：

(1) 无砟轨道多层结构层间细观接触力学特性研究。无砟轨道各层接触关系复杂，存在预制和现浇新老混凝土、混凝土和砂浆材料、土工布或滑动层隔离等不同形式。因此在对无砟轨道层间接触进行深入研究时，必须充分考虑各种接触关系的细观差异性，通过理论与试验相结合提出合理的层间相互作用关系。轨道结构各层相互作用关系的合理模拟对于整个结构体系受力变形的准确分析至关重要。

(2) 多维非线性温度场分布及无砟轨道温度变形研究。外部荷载的准确选取和模拟十分重要。目前针对温度荷载已开展大量研究，不过大多集中在无砟轨道垂向温度梯度方面，较少考虑其纵向和横向温度梯度、温度梯度分布的非线性规律以及持续高温或者异常低温等极端温度条件的影响，对施工阶段无砟轨道温度控制的考虑较为欠缺，对不同温度梯度的耦合作用也较少考虑，温度分布的预测理论尚未完善。因此，目前亟须开展无砟轨道内部非线性温度分布、传递特性及温度变形的综合性研究。

(3) 温度变形失调病害产生机理及发展规律研究。无砟轨道自身是一个复杂的多层结构体系，不同类型的无砟轨道结构在温度荷载作用下其病害的种类、形式繁多，病害机理也各不相同。既有研究多为垂向温度梯度下的轨道板翘曲问题，在纵、横向温度梯度对无砟轨道受力影响方面考虑得较少，且层间处理较为简化，在车辆与温度荷载对无砟轨道受力共同影响方面缺乏对温度参数复杂性的考虑，以及模型中下部基础考虑较为简化，目前仍无法满足无砟轨道在复杂温度环境下的变形及病害问题研究的需求。

参 考 文 献

[1] 赵国堂. 高速铁路无砟轨道结构[M]. 北京: 中国铁道出版社, 2006.
[2] 王继军, 尤瑞林, 王梦, 等. 单元板式无砟轨道结构轨道板温度翘曲变形研究[J]. 中国铁道科学, 2010, 31(3): 9–14.
[3] 高亮, 赵磊, 曲村, 等. 路基上 CRTS Ⅲ 型板式无砟轨道设计方案比较分析[J]. 同济大学学报(自然科学版), 2013, 41(6): 848–855.
[4] 刘钰, 陈攀, 赵国堂. CRTS Ⅱ 型板式无砟轨道结构早期温度场特征研究[J]. 中国铁道科学, 2014, 35(1): 1–6.

[5] 戴公连, 苏海霆, 闫斌. 圆曲线段无砟轨道横竖向温度梯度研究[J]. 铁道工程学报, 2014, (9): 40–45.
[6] 赵坪锐, 刘学毅, 杨荣山, 等. 双块式无砟轨道温度荷载取值方法的试验研究[J]. 铁道学报, 2016, 38(1): 92–97.
[7] 尤明熙, 高亮, 赵国堂, 等. 板式无砟轨道温度场和温度梯度监测试验分析[J]. 铁道建筑, 2016, (5): 1–5.
[8] Zhu S, Cai C. Interface damage and its effect on vibrations of slab track under temperature and vehicle dynamic loads[J]. International Journal of Non-Linear Mechanics, 2014, 58: 222–232.
[9] Madhkhan M, Entezam M, Torki M E. Mechanical properties of precast reinforced concrete slab tracks on non-ballasted foundations[J]. Science Iranica, 2012, 19(1): 20–26.
[10] Ren J, Li X, Yang R, et al. Criteria for repairing damages of CA mortar for prefabricated framework-type slab track[J]. Construction and Building Materials, 2016, 110: 300–311.

撰稿人：高　亮　蔡小培　钟阳龙
北京交通大学
审稿人：赵国堂　王　平

超长寿命桥梁结构

Ultra-Long-Life Bridge Structures

1. 背景与意义

桥梁设计时除考虑恒、活载及临时荷载外,还应考虑风、地震、碰撞、冻胀力、水流力等产生的影响。除符合技术先进、安全可靠、适用耐久、经济合理的要求外,还应考虑美观、节能环保、因地制宜、就地取材、便于施工和养护等原则。桥梁及其构件应在强度、稳定和耐久性有足够安全储备的前提下,运营中不出现过大的变形和裂缝,满足规划年限内的交通流需求,满足环境保护和可持续发展的要求。

结构的寿命可从实际工作寿命及设计使用寿命两个层面,或按要求使用寿命、预期使用寿命和设计使用寿命三类来理解[1]。桥梁是由多个构件组成的结构系统,各构件因功能和材料的不同在使用寿命及维护管理上有较大差异,所以需要对桥梁各构件的设计寿命进行优化,以平衡初始建造成本和使用期的维修及社会成本,从而达到寿命周期经济性最优的目的。据此,桥梁及构件的设计使用寿命定义为:结构不需要进行不可接受的养护或维修的真实时间段,或建造完成后,在预定使用和维修条件下,结构性能满足原定要求的实际年限。设计使用寿命是综合设计理论、施工、材料、管理与养护水平等因素而确定的设计目标期望值,它与设计理论的发展、材料、施工、管理与养护技术的进步密切相关,是桥梁及构件耐久性设计的重要依据。

美国钢筋混凝土桥梁和预应力混凝土桥梁的期望寿命分别为 70~80 年和 65~100 年,设计使用寿命为 75 年(AASHTO),日本桥梁的设计使用寿命为 60 年,荷兰为 80~100 年,英国为 120 年(BS5400)。设计使用寿命与设计基准期不同。我国规范给出的公路桥梁设计基准期为 100 年,并不代表桥梁的设计使用寿命或实际工作寿命为 100 年。设计基准期是为了确定可变作用和与时间有关的材料性能等给定的时间参数,它与结构的服役时间没有直接关系。使用寿命则与桥梁的实际服役时间或设计预期有关。

在满足基本要求的基础上,人们期望更长的桥梁使用寿命,以减小重建对社会经济产生的不利影响。在国际桥梁及结构工程协会 2011 年伦敦会议上,专家呼吁提高大桥的使用寿命期望，建议从传统的 100 年提高到 150 年甚至 200 年。我国港珠澳大桥设计基准期为 120 年，意大利墨西拿海峡大桥采用 200 年的设计使用寿命，而澳大利亚正在设计一座寿命达 300 年的大桥。

在现有理论体系下，桥梁的使用寿命期望在 75～120 年不等。这与设计方法、材料性能、维修养护策略有较大关系。当采用高耐久性材料和构件后，使用寿命能够得到显著提高。因此，桥梁寿命的确定需要综合考虑规划、设计、施工、管理与养护等各个方面，甚至包括桥梁的拆除[2]。目前桥梁建设与管理与养护脱节严重，设计阶段的工作重点集中在施工成本以及短期性能的设计和优化，鲜有考虑运营阶段的管理与养护、维修及更换等问题，造成实际使用寿命低于设计期望。

提高桥梁设计寿命，需要设计理论和方法的进步，需要采用新材料、新工艺，更重要的是要提高和规范管理与养护水平。要将规划、设计、建设、管养、维修等各个阶段的需求纳入设计的全过程，并按照寿命周期总体性能最优的原则确定桥梁目标年限，即采用全寿命设计理论[3]。全寿命设计理论的核心思想是在项目实施前，将寿命周期中可能出现的各种问题和工程内容进行系统规划和全盘考虑，以达到预期的最优目标[4]。因此如何考虑寿命周期内出现的各种问题、确定预期目标及其衡量指标体系、协调不同目标之间的矛盾、描述寿命周期内性能指标需求、考虑寿命周期内的不确定性因素，构筑全寿命设计的理论[5]，成为问题的关键。

桥梁的全寿命周期包括桥梁整体及各可更换部件的设计寿命的确定，基于性能的结构安全性、美学及生态、施工过程及使用阶段的监测与控制，养护与管理设计和全寿命周期成本分析等[6]。这种理论不局限于短期性能设计和建设期的成本，而是要考虑桥梁寿命周期内可能发生的一切及其变化而进行设计和优化。通过优化设计提高安全储备，减缓退化速度，提高耐久性能，延长结构寿命。这是一种全新的综合设计体系，将对桥梁设计方法和设计文化产生深远影响。

2. 研究进展

超长寿命的桥梁结构研究，需要采用基于性能的全寿命周期设计方法，设计内容和决策时间范围显著拓展。性能设计是寿命周期设计的重要过程之一，主要包括安全性能、使用性能、耐久性能和疲劳性能。

安全性能针对结构的承载能力极限状态、整体和局部的稳定等安全性问题，但在内容上有所拓展，需要进行寿命周期内性能变化的安全性分析。

使用性能考虑寿命周期内的结构损伤和功能退化对使用性能的影响，如变形程度、振动特性、使用者通过桥梁时的舒适感和安全感等。

耐久性能是结构在外界环境及可能荷载共同作用下，在相同的建设和运营维护总成本下,在给定使用寿命期内保持预期的安全性、适用性的能力。材料特性、结构体系、构造设计、环境作用、施工质量、维修养护策略等都对桥梁的耐久性产生影响。

疲劳性能是指结构承受反复荷载作用下,在远小于材料静强度条件下的破坏过程。这种破坏具有长期性、隐蔽性和突发性,需要通过构造细节分析设计进行合理控制。目前,基于性能的设计方法仍在广泛地讨论和研究中,尤其针对常规设计作用,如车辆荷载作用、温度影响、构件的腐蚀、开裂和退化等的设计理论及方法。

耐久性是桥梁寿命的核心,甚至与寿命问题等同[7]。影响耐久性的因素众多,总体上可归纳为材料的自身特性、设计与施工质量、自然环境条件、使用条件和防护措施。耐久性设计要针对上述因素综合考虑,使设计方案在达到既定的使用寿命年限或给定的寿命周期内达到最优目标。耐久性预测和评估研究正从材料层面向构件及结构层面发展,结构设计优化、管养对策优化等成为除材料性能优化以外新的可能对策,并迅速发展,将对超长寿命桥梁设计产生积极的影响。

3. 主要难题

开展超长寿命桥梁结构研究还有以下基础性问题有待解决:

(1) 桥梁结构及构件设计使用寿命的计算方法。桥梁结构中各构件的设计使用寿命并非彼此独立,而是具有一定的耦合性。长寿命结构的寿命取决于短寿命构件,耦合性强的构件系统寿命取决于其中的最短寿命构件,而可更换构件的寿命会影响工程成本。

(2) 桥梁构件的科学划分和耐久性设置标准。国际上通常采用按结构体系和按构件特点的构件种类划分方式,前者是我国较为传统的做法。构件的进一步科学划分和耐久性设置标准是超长寿命桥梁结构设计理论的基础性工作。

(3) 三维精细化的全过程结构分析方法。建立三维的、非线性的、全过程的、高性能的结构空间数值分析方法,充分考虑结构特性、材料个性、荷载耦合、不同的失效模式、变量的随机性等,通过并行计算、联网分析和云计算等现代化手段实现高性能结构计算,为超长寿命桥梁结构的整体与局部精细分析、抗风抗震等极端问题分析及全过程结构分析奠定理论基础。

(4) 基于耐久性和全寿命的结构设计理论和方法。系统地建立包括项目规划、结构设计、施工建造、运营管理和整体拆除的可持续结构设计理论与方法,构建包括全寿命经济评价、全过程控制、结构抗力的退化分析、结构性能评价指标、运营管理系统和基于全寿命的经济性设计方法。

(5) 结构性能的可持续性评价指标体系与方法。系统地建立生态环境、经济发展和社会生活的可持续性评价指标体系与方法，综合运用桥梁全寿命周期内对自然环境影响评价、经济总成本评价、安全评价、健康评价以及环境评价等成果，满足经济社会可持续发展和长寿命工程设计可持续性评价的要求。这些问题的解决仍然有大量的工作需要完成。

参 考 文 献

[1] British Standards Institute. BS7543-2003 Guide to Durability of Buildings and Building Elements, Products and Components[S]. London: British Standards Institute, 2003.
[2] Sarja A. Integrated Life Cycle Design of Structure[M]. London, New York: Spon Press, 2002.
[3] Stewart M G, Risks S. Durability and life-cycle costs for RC buildings[C]//Proceeding Conference on Safety, Risk and Reliability-trends in Engineering, Zurich, 2001.
[4] Hawk H. NCHRP report 483—bridge life cycle cost analysis(BLCCA)[R]. Washington DC: Transportation Research Board, 2003.
[5] 马建, 孙守增, 杨琦, 等. 中国桥梁工程学术研究综述·2014[J]. 中国公路学报, 2014, 27(5): 1–96.
[6] 陈琳, 屈文俊, 朱鹏. 混凝土结构全寿命等耐久性设计的理论框架[J]. 建筑科学与工程学报, 2016, 33(3): 93–103.
[7] 牛狄涛. 混凝土结构耐久性与寿命预测[M]. 北京: 科学出版社, 2003.

撰稿人：贺拴海　赵　煜

长安大学

审稿人：余志武　夏　禾

桥梁的风致振动与控制

Wind-Induced Vibration and Control of Bridges

1. 背景与意义

风是气流相对于地球表面的运动，一般用风力(风速)和风向来表示。大风是指风力 8 级(17m/s)以上的风，最大为 17 级(56m/s)。当桥梁结构跨度较小、刚度较大时，风对于桥梁结构主要是静力作用，结构振动可以忽略；当桥梁结构跨度较大、刚度较小时，风对于桥梁结构不仅具有静力作用，而且会产生动力作用，激发结构的振动；当桥梁结构跨度很大、刚度很小时，风不仅激起桥梁振动，而且振动的结构还改变了气流绕流，从而引起结构与气流之间的相互作用，称为自激振动。

既然风对于桥梁结构具有静力作用、动力作用和相互作用，风力很大时，就有可能导致桥梁风毁事故。世界上有记载的桥梁风毁事故有十余起，例如，1889 年苏格兰泰湾铁路桥在静阵风作用下倒塌，就是典型的阵风作用破坏事故(图 1)；1940 年，美国华盛顿州塔科马桥振动坍塌，就是典型的动力作用或颤振破坏事故(图 2)，桥梁抗风研究皆因该桥风毁事故而起；1976 年，巴西里约尼塔罗桥发生了强烈的风致限幅振动，则是典型的自激涡振现象，虽然没有导致桥梁破坏，但严重影响了桥梁的使用安全，日本、丹麦、加拿大、俄罗斯、中国等大跨度桥梁都曾出现过类似的涡激振动[1,2]。

图 1　苏格兰泰湾铁路桥静风事故　　　　图 2　美国塔科马桥风振坍塌

研究桥梁的风致振动及风毁机理与控制的科学意义可以从风对于桥梁结构的

三种作用上进行说明。风静力作用引起的桥梁风毁事故,主要是由于按照最大阵风风速(静阵风速)计算的结构内力超过了所能承受的极限,这种极限包括静风稳定极限和静风强度极限。需要说明的是,包括泰湾大桥在内有记载的静风风毁事故都属于静风强度破坏而非静风失稳破坏。风动力作用引起的桥梁风毁事故,主要是由于大风激发起了桥面的振动,振动的桥面又改变了其周围的气流流态,从而引起结构与气流之间的相互作用,并从中不断获取能量,形成发散性的自激振动——颤振,最终导致振幅不断增大直至坍塌。全世界有记载的风振坍塌仅有塔科马大桥一例。结构与气流相互作用引起的桥梁风致振动的另一种形式是涡振,同样是由于杆件与周围气流之间形成了相互作用,这种振动的振幅是有限的,不会引起振动发散而导致桥梁坍塌,但足以影响桥梁安全使用,随着跨度的不断增加,桥梁涡激振动正在变得越来越普遍,需要引起高度重视[2,3]。

2. 研究进展

美国塔科马桥风振坍塌事故揭开了现代桥梁抗风研究的序幕,经过70多年的不断探索和研究,科学上基本弄清了各种灾害性风气候和结构风振现象,技术上避免了塔科马桥类似风振破坏事故的再一次发生,方法上逐渐形成了基于理论研究、风洞试验和现场实测的现代风工程体系[2]。

1) 静风风毁机理及控制

气流绕过非流线型或钝体截面的桥面结构时,会产生静力风荷载的三个分量(图3),即阻力分量F_D或F_H、升力分量F_L或F_N和升力矩分量M_T。目前主要基于静力三分力模型,通过风洞试验识别得到模型中的气动参数,采用三维有限元数值方法分析桥梁结构特别是桥面的强度破坏和失稳破坏问题,而控制静风破坏的唯一措施就是改变桥面气动外形以减小风荷载[2]。

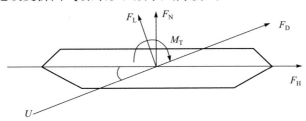

图3 主梁断面的气动三分力分量

2) 风振失稳机理及控制

桥梁风振失稳的主要形式是颤振,这是一种桥面结构纯扭转或弯曲和扭转耦合的发散性自激振动。目前主要采用三种方法研究桥梁颤振,即理论分析、风洞模型试验和数值模拟计算,而桥梁颤振控制在理论上有被动控制、主动控制和半主动控制等方法，但在实际应用中，目前仅有被动气动控制，主要包括两侧裙板、中央稳定板、桥面开槽等措施。

3) 限幅风振机理及控制

桥梁限幅风振的主要形式是涡振，它是由于流动分离与旋涡脱落交替变化所激发的涡激力所引起的，当旋涡脱落频率接近结构的自振频率时，就会激发出结构的限幅振动。涡激振动虽然也可以采用理论分析、风洞模型试验和数值模拟计算进行评价，但目前最可靠的方法是节段模型或全桥模型风洞试验，而涡振控制主要采用气动控制措施或调谐质量阻尼器方法[4,5]。

3. 主要难点

桥梁风致振动及控制措施研究的主要难点在于以下方面[6]：

(1) 随着桥梁跨度的不断增长，静风失稳、风振失稳和涡振振幅问题会越来越严峻，并且同一座大桥可能同时面临这三个问题，成为桥梁跨度增长的制约因素。

(2) 现有研究大桥静风失稳、风振失稳和涡振振幅的理论方法、试验方法和数值方法都是针对某座桥梁而言的，不具有普适性，而且无法进行优化。

(3) 理论方法的近似假定、实验方法的雷诺数效应和数值方法的计算机能力瓶颈是目前无法回避和克服的问题。

参 考 文 献

[1] 项海帆. 现代桥梁抗风理论与实践[M]. 北京: 人民交通出版社, 2007.
[2] 葛耀君. 大跨度悬索桥抗风[M]. 北京: 人民交通出版社, 2011.
[3] Xu Y L. Wind Effects on Cable-Supported Bridges[M]. Singapore: John Wiley and Sons, 2013.
[4] Fujino Y, Siringoringo D M. Vibration mechanisms and controls of long-span bridges: A review[J]. Structural Engineering International, 2013, 23(3): 248–268.
[5] Wu T, Kareem A. Bridge aerodynamics and aeroelasticity: A comparison of modelling schemes[J]. Journal of Fluids and Structures, 2013, 43: 347–370.
[6] Ge Y J. Aerodynamic challenge and limitation in long-span cable-supported bridges[C]// Proceedings of the 2016 International Conference on Advances in Wind and Structures, Jeju, 2016.

撰稿人：葛耀君

同济大学

审稿人：夏　禾　余志武

高速铁路桥梁的噪声场分布预测及结构噪声控制

Prediction and Control of Structure-Borne Noise of HSR Elevated Bridges

1. 背景与意义

高速铁路沿线经济发达、人口稠密，高速列车对沿线环境的噪声影响问题越来越引起人们的重视，也是我国高速铁路技术进一步发展需要解决的一个难题。

高速铁路由于其高速度、高平顺性的要求，多采用高架桥梁结构。列车在高架线路上运行所产生的主要噪声除了轮轨噪声、集电系统噪声和空气动力噪声，还有轮轨作用激发高架结构振动产生的二次辐射噪声。因此高架桥梁上的噪声特性比地面线路上更为复杂，且由于声源位置较高，噪声传播距离要更远，影响面要更广。根据现场实测数据，不同桥梁和轨道结构的高架线路的噪声水平较地面路基段要高约 0～20dB，见表 1[1]，在噪声地图上就会成为噪声热点。

表 1 桥梁噪声与普通线路比较的声级增加值

桥梁和轨道构造		声级较地面增加量/dB
混凝土或混凝土板与钢梁的混合结构，有砟道床		0～5
混凝土或混凝土板与钢梁的混合结构，无砟道床		5～10
钢结构	有砟道床	5～10
	无砟轨枕道床或钢轨直接安装在纵梁上	10～15
	钢轨直接固定在钢板道床上	15～20

在高速列车的作用下，不同类型的桥梁振动产生的辐射噪声特性也不同：钢桥振动一般产生 200～1000Hz 的中高频结构噪声，混凝土桥梁振动一般产生<200Hz 的低频结构噪声。相对于高频噪声，低频噪声在传播过程中能量耗散小，传播距离远，穿透能力强，能够轻易穿越墙壁、玻璃窗等障碍。因此高速铁路高架区段附近的人们很容易受到低频噪声的干扰。低频噪声对人体健康的不利影响具有累积效应，长期处于低频噪声环境中工作和生活，人的身心健康会受到一定程度的伤害[2]。

到目前为止，人们对于桥梁振动产生低频噪声的认识仍然不足，国家环境噪声标准和测量方法也缺乏针对低频噪声的评价标准，又由于桥梁结构噪声频率低，绕射能力强，在高架线路上设置传统意义上的声屏障降噪效果很小，因此缺乏有效的控制措施。

桥梁结构噪声作为高速铁路噪声的一种，虽然在整体噪声中所占比例不大，但是由于结构噪声的低频特性对人体危害较大且防治措施有限，对其形成机理、辐射声场的分布特性及降噪措施进行研究具有十分重要的理论及工程实际意义。

2. 研究进展

1) 噪声场的分布预测

对于结构声辐射的计算，其实质就是解决结构与周围介质的声固耦合问题，对于铁路高架结构，就是研究桥梁结构与周围空气的耦合问题。

高速铁路桥梁结构的噪声预测非常复杂，这是由于桥梁结构形式的多样性、车桥耦合振动分析的复杂性以及大型构件声辐射求解的难度大等一系列问题所决定的。铁路桥梁结构噪声的研究主要有试验法和理论分析法两大类。

试验法[3~5]很早就应用于桥梁结构噪声的研究，主要是基于现场实测，然后根据大量实测结果建立经验或半经验公式，应用到轨道交通环境噪声的计算和预测中，但是这些经验、半经验公式只有在被分析的对象与取得数据的环境类似时结果才准确可靠。此外，实测桥梁结构噪声会受到其他铁路噪声源的影响，如何将结构噪声从综合噪声中识别出来，也是一个难题，因此试验方法虽然能获得各种因素作用的综合效果，但是难以获得结构噪声自身的规律。由于对轨道交通桥梁结构进行噪声试验代价昂贵，耗费大量人力物力，而且常常需要阻断交通，无法满足规划、设计阶段的要求，国内外的试验均非常有限。

对于结构振动声辐射的理论计算，从目前的研究现状来看，一般认为列车通过桥梁整个过程引起的噪声场为稳态声场，结构噪声计算采用频域分析法居多。事实上，列车通过桥梁的整个过程中人耳感受到的结构噪声是迅速变化的瞬时声压，因此分析结构噪声的时域特性也具有重要意义，如瞬时最大、最小声压级等也是噪声评价中重要的物理量。时域分析法以波动方程为基础，计算量大，累计误差也较大，目前对桥梁结构噪声的瞬态分析研究仍不足。

桥梁结构噪声计算的理论分析方法主要有半解析法、有限元法、边界元方法及统计能量法[6~8]。铁路噪声问题涉及车桥耦合振动、流固耦合及声学等多门学科，问题复杂，各种方法都有其优缺点与适用范围。从国内外已有研究看，针对桥梁结构噪声，目前还没有一个系统的适用性较广的研究方法。

国内外规范中关于交通环境噪声的评价量，多采用 A 计权声级方法。A 声级虽然可以较好地反映人体对不用频率噪声的敏感程度，但它对低频段声压级折减较多，无法反映低频段噪声声压的影响。因此，针对桥梁结构低频噪声的评价体系仍有待建立与完善。

2) 噪声控制措施[9]

噪声的控制可以从噪声源、传播途径和接受者三方面入手。噪声控制的方法主要有隔振、减振、吸声处理(使用吸声材料或吸声结构来吸收声能)、隔声处理(隔声罩、隔声屏、隔声窗等)等，这些方法称为无源/被动噪声控制。随着技术的进步，有源/主动噪声控制也逐渐得到发展，但是其在桥梁结构噪声控制中的应用还是空白。有源/主动噪声控制主要包含有源声控制和有源力控制[10]，前者施加次级声源，后者施加次级力源。

就桥梁结构噪声而言，不同类型的桥梁具有不同的噪声辐射特性，其采用的减振降噪方法也不同。

(1) 桥梁结构形式与建筑材料。

不同结构形式的桥梁，其振动辐射特性是不一样的。在桥梁设计期间，可以根据低噪声的原则，通过理论分析找出最优的桥梁结构(截面)形式来达到减振与降噪的目的。

就建筑材料而言，目前一般认为混凝土结构比钢结构噪声低。然而用混凝土桥梁取代钢结构桥梁虽然可有效降低综合噪声级，但是混凝土桥梁结构振动产生的低频噪声仍需要解决。

(2) 声屏障。

声屏障能够阻挡声波的传播，从而起到降噪效果。但是声屏障主要对较高频率噪声起作用，对于低频噪声，声波波长较长而很容易从声屏障上方绕射过去。同时，由于声屏障大多安装在桥面两侧上方，虽然能有效地隔断高频的轮轨噪声，但是对于桥梁结构噪声的控制效果有限。此外声屏障材料刚度较小，在列车通过时本身会成为新的噪声源，对周边环境产生影响。

(3) 隔振与减振。

目前轨道交通的减振降噪技术主要应用在轨道结构上，包括降低扣件点半刚度和采用低刚度的新型轨道结构，如弹性支承块、弹性长枕轨道、梯形轨枕轨道等，其原理都是通过减少传递到桥梁结构的振动能量来降低其辐射的噪声。此外，也可以通过在桥梁(如梁体表面)或者轨道构件(如钢轨)上安装调谐吸振装置，如调谐质量阻尼器(tuned mass damper，TMD)、多重调谐质量阻尼器(mutiple tuned mass damper，MTMD)等进行减振。

(4) 黏弹性阻尼材料。

在结构(梁体、轨枕板或钢轨)上敷设阻尼结构，增加结构的阻尼性能，已广泛应用于梁、板、壳等结构的减振降噪。根据阻尼层是否能承受拉伸或剪切变形，主要有自由阻尼层和约束阻尼层。自由阻尼层降噪效果有限，而约束阻尼层在较宽频带范围内有很好的减振效果，且不会显著改变结构自身的质量和刚度。

3. 主要难点

桥梁结构噪声预测与控制涉及多个学科，目前国内外对高速铁路桥梁振动辐射噪声研究的主要难点包括以下几个方面：

(1) 桥梁结构噪声的全频段预测。建立考虑局部振动效应的精细化车-线-桥耦合动力分析模型，研究桥梁结构噪声的全频段声振关系，提出有效的、适用范围广的桥梁结构噪声全频段分析方法。

(2) 桥梁结构噪声的瞬态分析。列车通过桥梁的整个过程中，人耳感受的是迅速变化的瞬时声压，需要对噪声的时域特性进行分析。

(3) 高速铁路噪声源识别。在现场实测过程中，对各种铁路噪声源进行精细辨识，将各种噪声源从实测综合噪声中分离，分析铁路噪声的实际构成。

(4) 低频噪声的评价标准。基于低频噪声对人体的危害，建立低频噪声的评价标准，给出高速铁路高架区段低频噪声限值。

参 考 文 献

[1] 焦大化, 钱德生. 铁路环境噪声控制[M]. 北京: 中国铁道出版社, 1990.
[2] Broner N. A simple criterion for low frequency noise emission assessment[J]. Journal of Low Frequency Noise and Vibration Action, 2010, 29(1): 1–13.
[3] 夏禾, 等. 交通环境振动工程[M]. 北京: 科学出版社, 2010.
[4] Ngai K W, Ng C F. Structure-borne noise and vibration of concrete box structure and rail viaduct[J]. Journal of Sound and Vibration, 2002, 255(2): 281–297.
[5] Li X Z, Yang D W, Chen G Y, et al. Review of recent progress in studies on noise emanating from rail transit bridges[J]. Journal of modern transportation, 2016, 24(4): 237–250.
[6] Ouelaa N, Rezaiguia A, Laulagnet B. Vibro-acoustic modelling of a railway bridge crossed by a train[J]. Applied Acoustics, 2006, 67(5): 461–475.
[7] Brebbia C A. The Boundary Element Method for Engineers[M]. London: Pentech Press, 1978.
[8] 张迅. 轨道交通桥梁结构噪声预测与控制研究[D]. 成都: 西南交通大学, 2012.
[9] 周新祥. 噪声控制技术及其新进展[M]. 北京: 冶金工业出版社, 2007.
[10] 陈克安. 有源噪声控制[M]. 北京: 国防工业出版社, 2003.

撰稿人：张 楠 夏 禾
北京交通大学
审稿人：葛耀君 李 乔

交通工程结构多灾害耦合分析理论

Coupling Analysis Theory of Multi-Disasters for Transportation Engineering Structures

1. 背景与意义

灾害通常是指危害人类生命财产安全，危及人类生存条件并给人类社会造成灾难性后果的事件，包括自然灾害和人为灾害。

自然灾害是指由自然因素造成的工程结构、人身、财产及人类赖以生存发展的资源、环境等方面损害的事件。人们寿命的长短和生存状态的好坏在很大程度上受到对自然灾害风险的认识、防灾减灾及对灾害适应能力的影响[1]。自然灾害以发生的必然性、影响的多样性、随机性和规律性、突发性和渐变性、群发性和链发性为基本特征。

人为灾害是指主要由人为因素引发的灾害，主要包括由火灾、超载、战争、恐怖袭击以及不恰当的设计、施工、管理维护等导致的工程结构性能退化而造成的灾害。

关于交通工程结构(如桥梁)的灾后评估、救援、恢复、管理等已有许多研究成果，而单一灾种的防灾(如抗震、抗风、防火等)理论与应用的研究成果更是汗牛充栋。但是，进入21世纪以来，全球交通工程灾害出现新特征，具体表现为频度高、强度大，多种灾害的同时发生将会带来严重的直接灾难，如果处置不及时还会引起严重的次生灾害，如汶川地震时，灾区多地同时发生地震、洪水、泥石流等灾害，导致灾区人民生命财产损失巨大，同时大量桥梁、道路等的毁坏也给救灾带来巨大困难，进而加剧了灾害的程度。多灾害引起的桥梁结构灾害影响广、损失大，而多灾种的串发、并发以及各种衍生灾害会导致更大的社会和经济损失。在此背景下就产生了桥梁工程多灾害耦合分析理论。

在借鉴和吸收美国、日本等发达国家防灾科学研究理论和技术的同时，综合运用遥感技术、地理信息系统、卫星定位技术、数据库、计算机网络、大数据、云计算等高新技术，我国在自然灾害发生前的预测预报与应急部署、灾害发生后的灾害实时监测与灾害损失快速评估、减灾抗灾和应急指挥调度与辅助决策等灾害管理领域取得了骄人的成绩。在此基础上，进一步发展适合我国国情的多灾害耦合分析理论，从多个尺度、多个空间层次上探析耦合灾害的致灾机理，分析多灾害发生发展的物理过程，建立考虑多种因素的多灾种并发、串发数学模型，对于构建我国的多灾害桥梁结构应急评估和救援保障体系，提升我国的抗灾防灾水平具有重要的科学价值。

2. 研究进展

不可否认的是，当前先进理论和高新技术大多数局限于灾害防治与管理领域的局部过程，过于强调单一灾害的致灾机理、防灾设计与技术实施，而忽略了多种灾害之间的必然联系[2,3]。自然及人为灾害的发生往往会同时出现多个灾种，并呈现为多个阶段，因而亟待深入开展桥梁工程多灾害并发机制、多灾害防治理论等方面的研究，避免各灾种的研究相互孤立、自成体系，从而造成桥梁结构评估体系的单一化。

如何在既有单一防灾理论的基础上，深入分析多灾害发生的机理、相互作用的规律，进而发展多灾害相互作用分析理论正逐渐成为工程结构领域的研究热点和难点[2~5]。1998年美国在纽约州立大学布法罗分校成立了多学科的国家级地震工程研究中心，旨在研究和发展地震及其他极端灾害可恢复性的理论、技术和产品[6]。然而纵览多学科研究中心近二十年来的成果可见，大部分研究集中在技术和产品的研发上，而涉及多灾害耦合理论的科研成果非常少[7,8]。近年来，我国学者也逐渐意识到多灾害研究的必要性，研究成果涉及实证分析[3]、风险机理[5]、防灾设计[2]及多灾害的预测预警及决策管理[3]等方面，从不同角度展示了我国多灾害研究的当前动态，但原创性理论成果不足与日益增长的多灾害防治需求之间的矛盾，急切召唤着该领域的专家学者投身到桥梁工程多灾害耦合理论的研究中。

目前研究人员已着手尝试从系统层次[1]上发展多尺度、多时度和多物理过程的灾害耦合分析理论，但是深入研究各种灾害发生、发展、演化的物理机制，分析相关灾害串发和并发的力学机理，剖析多种灾害联合作用下桥梁结构的灾变行为，进而基于灾害调查、试验观测等技术手段，综合运用力学、物理、化学等多学科理论构建桥梁结构多灾害分析的理论框架和桥梁结构抵抗多种灾害的设计理论，还有很长的路要走。

综上所述，在定性把握多灾害并发特点的基础上，提高桥梁结构应对多灾害联合作用的定量认知水平，深入研究多灾害的发生机理、多灾害作用下的结构损伤行为、多灾害下结构动力灾变过程的分析模型、预警预报理论[9]等，提升桥梁结构的多灾害防灾减灾水平，确保多灾害频发区桥梁结构的安全性。

3. 主要难点

桥梁工程多灾害耦合分析理论研究的主要难点包括以下方面：

(1) 基于灾前监测和灾后调查的多灾种并发和串发机制数学模型。根据灾害调查、专家论证、试验研究等，建立多灾害并发和串发数学模型，在机理分析的基础上，把握多种灾害共同作用的物理机制，建立统一的数学和力学模型。

(2) 基于力学、物理、化学等多学科的桥梁结构多灾害耦合分析理论。目前亟须着手研究的理论问题包括：①山区桥梁的地震和山地(滑坡、泥石流、滚石等)灾害分析理论；②近海和沿海桥梁在地震、台风、海啸等作用下的力学模型；③跨江和跨海大跨结构地震、水动力等引起的灾害分析理论；④复杂地质环境下桥梁防灾分析理论等。

(3) 桥梁结构多灾害耦合作用的试验分析。造成桥梁结构的灾害尺度大、物理机制一时难以定量乃至定性分析，而难度更大的是剥离工程灾害的多种灾源，这时试验便成为分析灾害成因、灾变行为的必要手段。发展多灾害耦合试验分析理论和测试技术，是深入认识多种灾害耦合作用的前提和基础。

(4) 多灾害防治理论、设计理论和方法。结合理论研究、试验分析和灾害调查，搞清多种灾害之间的组合关系，引入各种防灾技术，探索抵抗多灾害的自适应或智能化桥梁结构体系，研发具有防治多灾害能力的新材料、新工艺、新结构，发展适合我国国情的多灾害防灾设计理论和方法体系。

(5) 多灾害结构应急评估和快速修复理论。针对桥梁结构可能出现的多灾害致灾情况，发展桥梁结构灾害应急评估理论，提升桥梁结构多灾害快速修复理论，完善桥梁结构多灾害管理体系。

参 考 文 献

[1] Harrisona C G, Williams P R. A systems approach to natural disaster resilience[J]. Simulation Modelling Practice and Theory, 2016, 65: 11–31.
[2] 岳乾. 基于多灾害耦合的贴近突出煤层安全开采技术研究[D]. 贵阳: 贵州大学, 2015.
[3] 张永利. 多灾种综合预测预警与决策支持系统研究[D]. 北京: 清华大学, 2010.
[4] 孙得璋, 王旭, 孙柏涛, 等. 基于桥梁多灾害设计的典型桥梁实证分析[J]. 世界地震工程, 2014, 30(4): 141–146.
[5] 薛晔, 刘耀龙, 张涛涛. 耦合灾害风险的形成机理研究[J]. 自然灾害学报, 2013, 4(22): 44–50.
[6] MCEER. University of Buffalo[EB/OL]. http://www.buffalo.edu/mceer/about.html[2016-06-14].
[7] Adams B J, Eguchi R T. Remote sensing for resilient multi-hazard disaster response, Volume I: Introduction to damage assessment methodologies[R]. Buffalo: University at Buffalo, the State University of New York, 2008.

[8] Lee G C, Liang Z, Shen J J, et al. Extreme load combinations: A survey of state bridge engineers[R]. Buffalo: University at Buffalo, the State University of New York, 2011.
[9] 百度百科. 地震预警[EB/OL]. https://baike.baidu.com/item/%E5%9C%B0%E9%9C%87%E9%A2%84%E8%AD%A6/3426415?fr=aladdin[2016-06-14].

撰稿人：邵长江
西南交通大学
审稿人：余志武　夏　禾

跨海大桥与风、浪、流耦合动力学

Coupling Dynamics of Sea-Crossing Bridge with Wind, Wave and Current Effects

1. 背景与意义

跨海大桥是横跨海峡、海湾等的海上桥梁。世界上著名的跨海大桥有美国金门大桥、丹麦大贝尔特桥、厄勒海峡大桥、日本明石海峡大桥、濑户大桥、加拿大联邦大桥等。我国大陆和岛屿海岸线长约 3.2 万 km，为满足沿海及港澳台地区经济的持续快速发展，近年来已经建成了东海大桥、杭州湾大桥、青岛海湾大桥等多座跨海大桥。另外难度更大的琼州海峡大桥、渤海海峡大桥和台湾海峡大桥等超级跨海大桥也在酝酿计划中。

跨海大桥多为高墩大跨结构，不仅要承受巨大的上部结构自重和车辆荷载，由于所处环境远比陆地桥梁恶劣，还需要承受多种随时间和空间变化的荷载，遭受风、浪、流的严峻考验。风不仅会直接对桥梁产生破坏作用，例如，1940 年美国塔科马大桥因风致振动而损毁，而且能产生波浪，桥址所处海域往往水深、浪高、流急且流向紊乱，对桥梁基础产生巨大的波流冲击。尤其是当波浪的冲击频率与结构固有频率接近时，将导致结构物冲击力共振而引起灾难性的破坏。海洋工程结构物由此造成的灾害非常多。例如，1979 年挪威北海的 Alexander Kielland 钻井平台由于风暴引起的波浪荷载过大，平台的支撑结构断裂，造成 122 人丧生；1981 年加拿大半潜平台 Ocean Range 发生倾覆事故，84 名工作人员全部丧生[1]；1980 年我国"渤海 2 号"钻井船在巨浪作用下倾覆，导致 74 人死亡；2005 年卡特里娜飓风引起的风暴潮，造成众多桥梁被毁，经济损失高达近千亿美元。

要减小或避免风、浪、流对跨海桥梁的损伤，需要在桥梁设计阶段充分考虑这些荷载，这要求桥梁规范或者其他相关规范能够提供较为准确的计算风、浪、流荷载的表达式。目前国内外规范中风、浪、流荷载的计算表达式还不够成熟，甚至缺失相关条文，其主要原因在于对风、浪、流之间的相互作用，特别是它们与跨海大桥之间的耦合作用还未研究清楚。因此针对跨海大桥与风、浪、流多场耦合动力问题进行研究，对流固耦合理论的完善、对跨海大桥的建设和安全营运都具有重要的科学意义和应用价值。

2. 研究进展

跨海大桥与风、浪、流多场耦合的动力学问题可以从基于流固耦合理论[2]和基于工程理论两个层面展开研究。第一个层面从物理本质上揭示流体与结构的耦合作用规律。风、浪、流与结构耦合作用问题是典型的流固耦合问题，即固体在流体荷载作用下产生变形或者运动，而变形或运动又反过来影响流场，从而改变流体荷载在固体上的分布。流固耦合问题通过定义耦合方程来求解，耦合方程包含流体域和固体域，同时包含描述流体和固体的变量，但流体域和固体域不能单独求解，也无法显式消去描述流体或固体的变量。风、浪、流与跨海大桥耦合作用仅发生在固液交界面上，可通过交界面的平衡和协调关系确定，目前问题的焦点是如何求解流固耦合方程。

第二个层面从工程应用的角度出发，将风、浪、流的作用等效为作用在结构上的荷载，如将风的动力效应等效为静力风荷载，将波、流的作用等效为拖曳力和惯性力荷载。这一层面最终表现为对等效荷载系数取值的研究，如风振系数、惯性力系数、拖曳力系数、群桩系数等，研究方法包括试验研究(风洞试验，水槽、水池试验)和数值模拟，例如，McPherson[3]研究了飓风引起的波浪和涌浪在桥梁梁板上的作用力；Chen等[4]研究了2005年卡特里娜飓风中海洋桥梁破坏机理；Azadbakht[5]研究了近海桥梁上部结构的海啸和涌浪冲击力等。现行相关规范多采用基于工程理论方法的研究成果，即将流体等效为一种荷载而忽略结构与流体的耦合作用，这与事实之间存在较大差别。

3. 主要难点

基于工程理论，通过对流体控制方程的简化，通过理论解析、数值计算以及模型试验的方式，得到桥梁结构(包含单桩、群桩、承台、桥墩等)在线性波浪、非线性波浪以及海流作用下的作用力或者作用力系数。通常对于小尺度桩柱，采用Morison方程[6]计算；对于大尺度桩柱，采用绕射理论；对于任意形状三维结构物上的波浪力，采用有限元法和源汇分布法计算。桥梁抗风通常采用时域和频域的理论分析、全桥和节段模型风洞试验、现场实测以及数值风洞(numerical wind tunnel)等手段进行研究。风、浪、流与跨海大桥多场耦合远比桥梁单独与风、浪、流耦合复杂。因为风对浪的作用、风对流的作用、浪、流耦合以及风、浪、流三者耦合作用本身仍未研究透彻，所以基于工程理论来研究超级跨海大桥与风、浪、流多场耦合作用，很难准确、全面、深入地揭示流体与结构相互耦合作用的规律和机理。

流固耦合方程中，在完成求解整个耦合方程前，耦合界面上流体的应力和固体的变形或运动都是未知的，这些未知的变量需要和耦合系统一起求解。在同一个时间步内对流体域和固体域中所有未知量同时求解(强耦合)是非常困难的,除非对问题进行大幅简化。因此通常采用弱耦合的方法,即在每一时间步内分别对流体域和固体域求解,通过交界面将一个计算域的结果作为外部荷载传递给另一个计算域来实现流固耦合,这可以通过数值方法来实现,但往往需要多次迭代。国内外众多学者都对流固耦合方程的解法进行了研究,取得了较大进展,但目前还存在诸如大型稀疏不对称矩阵的计算效率不高、非线性耦合等一系列问题。同时,流体力学中本身存在的问题,如N-S方程本身存在的合理性(克雷数学研究所曾在2000年前后将其作为悬赏解决的7个数学难题之一)[7],湍流计算模型尚不完善等问题,也对流固耦合方程的求解带来影响。

综上所述,超级跨海大桥风、浪、流多场耦合动力学问题是极其复杂的流固耦合问题。非线性问题是流固耦合动力学的核心问题,需要依靠经典动力学的近代数学方法以及快速发展的计算机技术,同时需要数学、流体力学、固体力学工作者的密切配合,才能促进这一问题的解决。

参 考 文 献

[1] 黄祥鹿, 陆鑫森. 海洋工程流体力学及结构动力响应[M]. 上海: 上海交通大学出版社, 1992.
[2] 钱若军, 董石麟, 袁行飞. 流固耦合理论研究进展[J]. 空间结构, 2008, 14(1): 3–15.
[3] McPherson R L. Hurricane introduced wave and surge forces on bridge decks[D]. College Station: Texas A&M University, 2008.
[4] Chen Q, Wang L X, Zhao H H. Hydrodynamic investigation of coastal bridge collapse during hurricane Katrina[J]. Journal of Hydraulic Engineering, 2009, 135(3): 175–186.
[5] Azadbakht M. Tsunami and hurricane wave loads on bridge superstructures[D]. Corrallis: Oregon State University, 2014.
[6] Morison J R, Johnson J W, Schaaf S A. Forces exerted by surface waves on piles[J]. Journal of Petroleum Technology, 1950, 2(5): 149–154.
[7] The scientific advisory board of CMI. Millennium problems[EB/OL]. http: //www. claymath. org/millennium-problems/navier-stokes-equation[2017-03-21].

撰稿人:杨万理 李 乔 李永乐

西南交通大学

审稿人:夏 禾 余志武

混凝土结构耐久性环境-时间相似关系

Environment-Time Similarity Relation for Durability of Concrete Structures

1. 背景与意义

结构耐久性作为可靠度指标之一，其随时间演变对混凝土结构服役寿命和性能变化具有显著影响。如何真实准确地量化和再现混凝土结构在正常服役环境下的性能退化规律，对保障工程结构安全可靠服役具有重要意义。

不同工程结构主体均有特定的设计使用年限，如重要建筑和高层建筑为100年，一般建筑为50年，铁路桥梁为100年，无砟轨道主体结构为60年。工程师面临的一个困惑是：对于不同服役环境采用相同的设计和建造方法，混凝土结构的设计使用年限是否能满足真实服役年限需要？换言之，结构使用多少年后将需要加固、维修或拆除？这就是混凝土结构的耐久性问题。鉴于现有研究方法和设计理念尚不完善，科技工作者者一直被这一问题所困扰。

既有混凝土耐久性的研究方式主要有真实试验法和加速试验法两大类。真实试验法具有结果真实、可靠和模拟性好等优点，但试验周期长、成本高。加速试验法是通过加速耐久性退化进程来达到所需劣化程度，其优点是可以快速显现某种材料发生腐蚀的倾向或几种材料在特定条件下的劣化次序，但面临相关性、模拟试验制度参数选择和试验加速倍数等问题。如何在人工模拟环境中通过短时间的加速试验真实再现混凝土结构耐久性的劣化过程，并给出人工模拟环境和服役环境条件下结构耐久性退化的相似率与计算方法？解决这一难题的关键是建立混凝土结构耐久性环境-时间相似关系，即确定人工模拟环境中试验1年的混凝土结构耐久性退化程度相当于真实服役状况环境中的多少年。解决了这一难题，即可成功实现混凝土结构耐久性演变的定性和定量表征，从而为设计、建造和养护等提供技术指导与理论支撑。因此开展混凝土结构耐久性环境-时间相似关系研究具有重要意义。

混凝土结构耐久性问题十分复杂，影响因素很多，常见耐久性问题主要有钢筋锈蚀、混凝土碳化、硫酸盐侵蚀、冻融循环和碱集料反应等[1]。现有混凝土耐久性退化机理的研究多采用电化学加速和浸泡的加速试验法。这类方法注重侵蚀加速效果和模型分析与修正，而缺乏现实环境中混凝土耐久性退化机理和真实性分析。为达到加速试验进程的目的，多引入真实使用环境中不存在的因素(如电流等)，缺乏对自然环境和室内加速试验中混凝土耐久性退化相关性的研究。近年来，科研人员开始使用人工环境模拟试验来研究混凝土耐久性的演变历程和退化规律。人工环境模拟试验可通过强化试验条件达到加速劣化进程的目的，具有较好的重现性、加速性和与自然环境腐蚀的相关性，可回答"混凝土结构在人工环境中耐久性退化效果的一年相当于自然环境中多少年"这一困惑。对于人工环境模拟试验，如何制定人工环境模拟试验制度和量化混凝土耐久性的环境-时间相似关系是首先要解决的难题。

若将工程结构服役工况下的自然环境因素视为激励或作用，则混凝土在内部局域微环境中的变化就可以看成相应的响应。如果调节人工环境模拟试验参数能使混凝土内部产生相同或相似的响应，则人工环境和自然环境间就存在确定的相似关系。若能量化这种相似关系并确定相似准则，就可以在人工模拟环境中通过设定试验参数再现混凝土耐久性的退化过程。人工环境模拟试验的结果既能真实有效地反映混凝土结构耐久性的退化规律，又能准确地推测长期户外暴露试验的结果，可从源头上保证人工模拟环境和自然环境下的混凝土耐久性退化规律相同或相似。简而言之，混凝土内部局域微环境响应是联系自然和人工模拟环境中加速试验的桥梁纽带，它是制定人工环境模拟试验制度和量化混凝土结构耐久性环境-时间相似关系的关键。

2. 研究进展

国内外在混凝土结构耐久性加速试验法的研究方面已取得了一定成果。Bastidas 等研究了天气和全球变暖对混凝土氯离子侵蚀的影响[2]；Lu 等提出了可快速测定氯离子渗透性的饱盐混凝土电导率法(Nernst-Einstein law，NEL)[3]；Tang 等提出了快速氯离子迁移系数法(rapid chloride migration，RCM)，被欧洲的 DuraCrete、LIFECON 和我国的《混凝土结构耐久性设计与施工指南》(CCES 01—2004)等作为测量混凝土中氯离子扩散系数的标准方法[4,5]；Whiting 提出的直流电量法被美国 AASHTO T277-83、ASTMC 1202 标准[6]、我国《海港工程混凝土结构防腐蚀技术规范》(JTJ 275—2000)[7]和北欧的 NT Build[8]等采用。然而这些研究多注重混凝土结构耐久性的退化加速效果，而忽视了其退化机理和历程，故结果常与实测结果吻合得不好。

相似原理为原型与模型之间的相似提供了理论依据，广泛应用于仿真模拟、建筑结构、交通土建工程和工业合成等各个领域。已有一些学者[9,10]探讨了相似理论在混凝土耐久性研究领域的应用。所谓相似原理是关于现象相似的学说，它是模型试验的基础。要通过人工模拟环境试验确定混凝土在自然环境中的耐久性退化规律，必须解决两环境之间的对应参数相似关系，即确定人工模拟环境试验中的温度、相对湿度、循环周期和干湿时间比等参数的选取原则和依据及其范围等。

混凝土材料和环境条件确定后，就可以通过测定自然环境和人工模拟环境中混凝土内的离子分布，求解混凝土内同一深度处达到相同离子含量对应的时间，两种环境对应的时间比即为时间相似率，从而可确定混凝土工程结构耐久性环境-时间相似关系。

3. 主要难点

当前有关混凝土结构耐久性环境-时间相似关系研究工作的主要难点包括以下几个方面：

(1) 混凝土结构的耐久性环境-时间相似关系的研究存在预测精度低、随机性大、计算敏感度低等问题，这是由没有考虑荷载与环境因素的耦合作用以及过于简化模型参数等引起的。

(2) 如何确立硫酸盐、碳化、冻融循环条件下混凝土结构的耐久性环境-时间相似关系仍是当前研究面临的难题。这是因为混凝土硫酸盐和碳化等侵蚀劣化伴随化学与物理共同反应，从而使侵蚀机理和退化规律更复杂。

(3) 混凝土结构的耐久性环境-时间相似关系的拟设边界条件、初始条件和前提假设条件等尚待进一步探讨。

(4) 混凝土结构的耐久性-时间相似关系定性分析较少，定量表征更加困难，如何推导两者间的相似准则是研究成败的关键。

(5) 混凝土结构的耐久性-时间相似关系除了需要确定主导影响因素，如何通过参数的权重因子间接量化次要因素的影响也很重要，但目前尚无方法解决该问题。

参 考 文 献

[1] 牛荻涛. 混凝土结构耐久性与寿命预测[M]. 北京: 科学出版社, 2003.

[2] Bastidas A E, Chateauneuf A, Sánchez-Silva M, et al. Influence of weather and global warming in chloride ingress into concrete: A stochastic approach[J]. Structural Safety, 2010, 32(4): 238–249.

[3] Lu X Y, Li C L, Zhang H X. Relationship between the free and total chloride diffusivity in concrete[J]. Cement and Concrete Research, 2002, 32(2): 323–326.

[4] Dura Crete. BE95-1347 Rapid Chloride Migration Method(RCM), Compliance Testing for Probabilistic Design Purposes[S]. Romania: The European Union-Brite EuRam, 1999.

[5] Vesikari E, Soderqvist M K. Life cycle management of concrete infrastructures for improved sustainability[C]//9th International Bridge Management Conference, Orlando, 2003.

[6] American Society for Testing and Materials. ASTMC1202 Standard Test Method for Electrical

Indication of Concrete Ability to Resist Chloride Ion Penetration[S]. West Conshohocken: ASTM International, 1994.

[7] 中华人民共和国交通部. JTJ 275—2000 海港工程混凝土结构防腐蚀技术规范[S]. 北京: 人民交通出版社, 2000.

[8] Nordtest. NT Build 443 Nordtest Method: Accelerated Chloride Penetration into Hardened Concrete[S]. Espoo: Nordtest, 1995.

[9] Heijden G H A, Bijnen R M W, Pel L, et al. Moisture transport in heated concrete, as studied by NMR, and its consequences for fire spalling[J]. Cement and Concrete Research, 2007, 37(6): 894–901.

[10] Yu Z W, Chen Y, Liu P. Accelerated simulation of chloride ingress into concrete under drying-wetting alternation condition chloride environment[J]. Construction and Building Materials, 2015, 93: 205–213.

撰稿人：刘　鹏　余志武
中南大学
审稿人：李　乔　葛耀君

高速铁路无砟轨道-桥梁结构体系经时性能

Time-Dependent Behavior of Ballastless Track-Bridge Structural System in HSR

1. 背景与意义

一个结构从建造、使用到失效要经历施工、使用和老化三个阶段,类似于一个人的幼年、中年和老年的生命全过程,在这样一个全寿命周期中,结构内在性能经历了成长、强壮和衰老的变化[1]。我国高速铁路中常用的无砟轨道-桥梁结构体系是由桥梁和无砟轨道构成的,无砟轨道又包括轨道板、填充层、底座、隔离层等多层构件,因此结构体系中包含不同类型混凝土、水泥乳化沥青砂浆、土工布等多种材料[2]。结构服役各阶段各种不确定荷载的作用、自然与人为因素的外在影响以及结构材料本身性能的劣化,决定了高速铁路无砟轨道-桥梁结构体系的性能演化过程具有很强的时变性和随机性。无砟轨道-桥梁结构体系作为高速铁路运营的物质载体,其可靠服役是安全运营的基础和保障,也是高速铁路发展面临的国际性难题。因此非常有必要探索服役环境下无砟轨道-桥梁结构体系的经时性能(变形、疲劳和耐久性)这一重大科学难题。

为了确保高速铁路长期、安全、稳定运营,亟须构建和完善高速铁路安全运营管理与基础结构养护维修标准体系。通过无砟轨道-桥梁结构经时性能研究,可揭示高速铁路无砟轨道-桥梁结构体系动态性能演化机理和科学规律,建立服役环境下无砟轨道-桥梁结构经时性能计算理论,为保障高速铁路运营安全、完善高速铁路工程结构相关标准与规范提供科学基础。

2. 研究进展

1) 结构体系长期变形

高速铁路无砟轨道-桥梁结构是由钢轨、轨道板、充填层、混凝土底座和桥梁组成的多层结构体系。桥梁的变形会影响无砟轨道结构的服役状态,无砟轨道结构的变形将直接影响高速列车的运行安全。运营实践表明,在高速列车动荷载和环境因素反复作用下,结构体系各层会产生变形失调,不能协调工作,这是结构损伤病害的主要诱因[3,4]。因此各层间的界面性能是控制无砟轨道-桥梁结构体系长期变形和层间协调变形的关键因素。结构体系中存在多种材料，预制和现浇新老混凝土、混凝土和砂浆材料、土工布或滑动层隔离与混凝土间存在不同形式的界面，使得高速铁路无砟轨道-桥梁结构体系的长期变形成为一个复杂的问题。

现有的研究主要集中于结构体系中桥梁、轨道板、底座板等部件的变形分析，极少考虑各层间的协调变形对无砟轨道-桥梁结构体系长期变形的影响，现有的结构层间界面力学特性及变形分析方法尚无法区别无砟轨道-桥梁结构体系各层因材料不同所导致的界面关系差异，也不能反映界面细观力学特性，而细观力学特性的差异又将直接影响整体结构在服役环境下的层间相互作用关系及层间破坏时机。因此，基于层间界面微细观力学特性，揭示多层结构体系层间变形协调机理，是解决高速铁路无砟轨道-桥梁结构体系长期变形问题的一个新的有效方法。

2) 结构体系疲劳性能

高速铁路无砟轨道-桥梁结构是主要由混凝土和钢筋组成的复合层状混凝土结构。在外界荷载干扰下，混凝土中的微裂纹在不同尺度上萌生和发展，裂缝的发展会削弱构件的承载面，同时引起构件与结构层间的内力重分布，随着损伤的累积以及裂缝的跨尺度演化，最终会在构件上形成一条或多条宏观裂纹，当构件承载面的剩余面积承受不住外界的疲劳荷载时，就会发生断裂破坏，最终引起结构局部或整体失效。

运营实践表明，多条高铁线路出现了不同程度的损伤与病害，如轨道板、道床板、底座或支承层裂纹，砂浆填充层损伤压碎，道床板与支承层、轨道板与砂浆层之间黏结劣化失效，预制轨枕与现浇道床板之间界面裂缝等。这些损伤与病害的发生和发展均与高速列车运行所产生的疲劳荷载作用有关。

目前混凝土结构疲劳性能的分析方法主要包括基于试验结果的经验模型法(S-N 曲线法)、基于断裂力学的疲劳裂纹扩展法和基于损伤力学的疲劳性能分析法。已有的无砟轨道-桥梁结构体系研究主要集中于第一种方法，也有少数尝试采用了后面两种方法。传统的经验疲劳试验研究及其对应的工程方法无法反映结构真实的疲劳损伤演化过程；基于断裂力学的疲劳裂纹扩展法在一定程度上反映了疲劳问题的物理机理，对于疲劳问题的认识显著前进了一步，但它仅适用于单条宏观疲劳裂纹扩展的描述，不能很好地描述含有大量微裂缝混凝土结构的疲劳性能[5,6]。基于连续损伤力学框架，从微观断裂机制出发建立具有物理机理的宏观疲劳损伤力学模型，为这一难题的研究带来了新的希望[7]。

3) 结构体系耐久性

由于组成材料的多样性、服役环境的复杂性及结构分布的时空效应等影响，无砟轨道-桥梁结构体系的性能演化机理和规律十分复杂，是当前高速铁路发展面临的科学难题。已有线路的运营实践表明，结构体系发生从材料微观-部件-结构的跨尺度损伤演化与失效过程离不开温度、水、侵蚀介质等环境因素与列车荷载的长期耦合作用。

国内外学者已经采用人工气候模拟试验、自然暴露试验及在役混凝土结构检测等方法开展了各种单一因素作用下的结构损伤劣化研究。但随着研究的发展，他们认识到单一因素引起的损伤难以真实地反映结构的实际情况，况且结构的损伤劣化也绝不是各因素单独作用引起损伤的简单叠加。因此无砟轨道-桥梁结构体系耐久性研究必须从单一因素的作用向综合考虑材料性能、环境因素及荷载效应的耦合作用转变，分析多重损伤因素耦合作用下结构的劣化机理和环境行为，从本质上揭示结构性能演化规律，这是混凝土结构耐久性研究发展的趋势[8,9]。由于环境因素和荷载作用具有迥异的内在特质和时间效应尺度，前者劣化混凝土结构性能，需经历相对长程慢化的过程，后者则可以在短时间或瞬间内产生损坏结构的作用效应，如何模拟两种不同场的耦合作用效应一直是研究耐久性的一个难题。

3. 主要难点

(1) 提出具有物理机理的宏观疲劳损伤力学模型，建立考虑损伤随机性和时变性的混凝土、钢筋、填充层等关键材料和界面的本构关系。

(2) 服役条件下高速铁路无砟轨道-桥梁结构体系的损伤劣化在细-微-宏观等不同尺度范围内的演化机制以及它们之间空间映射关系。

(3) 基于多尺度理论，建立考虑结构性能演化随机性和时变性的高速铁路无砟轨道-桥梁结构体系的经时性能分析计算理论。

参 考 文 献

[1] 赵国藩, 贡金鑫, 赵尚传. 工程结构生命全过程可靠度[M]. 北京: 中国铁道出版社, 2004.
[2] 何华武. 无碴轨道技术[M]. 北京: 中国铁道出版社, 2005.
[3] 翟婉明, 赵春发, 夏禾, 等. 高速铁路基础结构动态性能演化及服役安全的基础科学问题[J]. 中国科学: 技术科学, 2014, 44(7): 645–660.
[4] 赵国堂. 高速铁路无砟轨道结构[M]. 北京: 中国铁道出版社, 2006.
[5] Bazant Z P, Planas J. Fracture and Size Effect in Concrete and Other Quasibrittle Materials[M]. Boca Raton: CRC Press, 1997.
[6] Alliche A. Damage model for fatigue loading of concrete[J]. International Journal of Fatigue, 2004, 26(9): 915–921.
[7] 李杰, 吴建营, 陈建兵. 混凝土随机损伤力学[M]. 北京: 科学出版社, 2014.
[8] 孙伟. 现代结构混凝土耐久性评价与寿命预测[M]. 北京: 中国建筑工业出版社, 2015.

[9] Xi Y P, Willam K. Multiscale modeling of interactive diffusion processes in concrete[J]. Journal of Engineering Mechanics, 2000, 126(3): 258–265.

撰稿人：余志武[1,2]　宋　力[1,2]
1 中南大学　2 高速铁路建造技术国家工程实验室
审稿人：夏　禾　葛耀君

桥梁基础沉降机理与控制

Mechanism and Control of Bridge Foundation Settlement

1. 背景与意义

基础沉降会对桥梁结构造成比较严重的危害,每年有很多基础沉降造成的桥梁破坏事故,主要表现为桥面线形的改变、梁体发生偏移、桥面出现裂缝等,情节严重的甚至会发生桥梁的垮塌。特别是对于高速铁路桥梁,由于高速行车对桥梁和轨道的变形、平顺性及稳定性有严格的要求,因此基础不均匀沉降引起的问题可能会更多。相邻墩台基础的不均匀沉降会使得桥梁上部结构出现扭曲变形,造成结构的内力重分布,当差异沉降过大时,会导致轨道底座板开裂,劣化材料的耐久性,从而影响桥梁结构的安全性以及桥上行车的安全性及乘客舒适度。例如,某高速铁路投入运营后出现了不同程度的桥梁基础沉降,如图1所示,导致列车在该区段限速 160km/h。

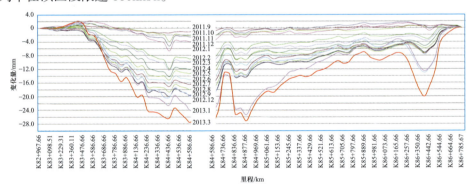

图 1　某高速铁路轨道控制网沉降曲线

桥梁基础沉降是承台与桩、桩与地基土之间相互影响的过程。不同桥梁所处地基土的性质不同,所承受的荷载水平也存在差异,具体的桥梁基础的成型工艺和布置方式也具有多样性。目前铁路、公路桥梁设计规范均按照承载力的要求进行基础设计,然后采用经验公式对沉降进行校核。然而对于修建在软弱地层上的桥梁,现有分析方法计算的沉降结果与实测值存在明显差异,工后沉降已成为基础设计的一个控制因素,仅采用经验公式校核无法满足使用要求。

群桩基础沉降涉及众多影响因素，一般说来，包括群桩几何尺寸(如桩间距、桩长、桩数、桩基础宽度与桩长的比值等)、成桩工艺、桩基施工与流程、土的类别与性质、土层剖面的变化、荷载的大小、荷载的持续时间以及承台设置方式等，而各种影响因素对群桩沉降的影响程度也不相同。与单桩相比，群桩基础在竖向荷载作用下，其沉降性状是桩、承台和地基土之间相互影响的综合结果。来自桩和承台的竖向力最终在桩端平面形成应力的叠加，从而使桩端平面的应力水平大大超过单桩，应力扩散的范围也远大于单桩，这些影响使群桩的沉降性状与单桩有很大的区别，并且不同的桩基类型有不同的工作特点，需要引起高度重视。

根据试验揭示出荷载传递机理，提出合理的群桩沉降计算方法，得出沉降随时间推移的发展趋势，求出沉降-时间关系曲线，找出影响桩基沉降的主要因素，进而提出可以减少工后沉降的工程措施，这已成为桥梁基础设计及施工的关键问题。

2. 研究进展

减少桥梁沉降的做法通常有两种：第一种做法是采用地基处理的方法以提高土体的压缩模量；第二种做法是采用桩基础将上部桥梁荷载传递到深处的持力层中。桥梁一般采用群桩基础，它由按一定规则排列的多根桩组成。单桩的沉降主要由三部分组成：桩身混凝土自身的弹塑性压缩 S_e，桩侧荷载传递到桩端平面以下引起土体压缩，桩随土体压缩而产生的沉降 S_{sc}，桩端荷载引起土体压缩所产生的桩端沉降，又称为刺入变形 S_{pc}。因此单桩沉降 S 的表达式为

$$S = S_e + S_{sc} + S_{pc} \tag{1}$$

现行规范通常假定桩身混凝土为弹性材料，用弹性理论计算桩身的弹性压缩 S_e。桩端以下土体压缩所产生的桩端沉降 S_{sc} 包括土的主固结变形和次固结变形，它们受桩侧摩阻力和桩端阻力的影响。土体的主固结变形可用土力学中的比奥固结理论进行计算，它产生的沉降是随时间发展的，具有时间效应的特征。土的次固结变形指的是土体渗水结束后由土骨架的蠕变、薄膜水体的转化和压缩而产生的变形，它属于一种后期变形，变形速率很小，时间很长，对于一般工程已无损害，但某些对变形敏感的桥梁就会发生危害。桩端的刺入变形 S_{pc} 是指荷载水平较高时桩端土体发生的塑性变形。当桩端以下土体的压缩和荷载关系近似为直线关系时，也可以把土体视作线弹性介质，运用弹性进行近似计算。对刺入变形，目前还无法很好地预测，但是在正常工作条件下，桩端的刺入变形很小，可以忽略不计[1~3]。

单桩沉降的理论分析方法有荷载传递法、弹性理论法、剪切位移法、分层总和法(建筑桩基技术规范方法)、规范简化方法(我国路桥规范简化计算方法)以及数

值计算方法等。群桩由于在荷载传递与变形的过程中受承台-桩-土相互作用的影响，沉降变形性状比单桩复杂得多。目前群桩沉降分析方法有弹性理论法、剪切位移法、相关简化方法(等效作用分层综合法、简易理论法)及数值计算方法等。荷载传递法由于不能考虑周围环境的影响，不能直接用于群桩沉降分析，但是可以与弹性理论法、剪切位移法结合对群桩沉降进行非线性分析。

除桩基础以外，桥梁也经常会采用沉井等基础形式。如果浅层土承载力较差，也可选用地基处理的方法对地基进行加固。常用的地基处理方法有换土垫层法、深层密实法、排水固结法等。换土垫层法挖出浅层软弱土或不良土，回填砂石、碎石等承载性能较好的材料；深层密实法利用夯击、挤密或振动使土层密实；排水固结法通过布置垂直排水井，改善地基的排水条件，采取加压、抽气、抽水或电渗等措施，加速地基土的固结和强度的增长，使沉降提前完成[4]。这些地基处理方式都是通过提高土体的压缩模量 E_s 来减小桥梁的沉降量。

目前桩基形式多样，施工工艺也不尽相同。桩底压浆桩、挤扩桩、旋挖桩、全套管冲抓桩、钻孔扩底灌注桩等通过施工工艺改进，都能有效地控制桥梁沉降。新型的沉井基础，如根式沉井、分体式沉井都是很好控制沉降的基础形式。其原理主要是通过改变基础与地基之间的受力形式，降低或稳定基础的沉降。

3. 主要难点

1) 土体本身的材料特性对地基土变形的影响研究

土的固结和压缩规律相当复杂，它不仅取决于土的类别和形状，也取决于其边界条件、排水条件和受荷方式等。土是固、液、气三相分散体，由于土中含气，变性指标不易准确测定，状态方程的建立与求解都比较复杂。且天然土体一般都是各向异性、非均质或成层的，如何合理地考虑它们对变形的影响还需进一步研究。土在固结过程中，除上下方向的排水压缩，还有不同程度的侧向排水与鼓胀，实际上是二向或三向固结。但是二向、三向固结问题目前还没有获得通用的解析解，在指标测定方面也比较复杂，在实际工程运用中难以考虑。

2) 基于桩土相互作用的桥梁基础沉降研究

就桩土相互作用而言，现有的计算方法很难准确计算桥梁基础的沉降。这是因为沉降计算理论中有一些近似和假设与实际工况不完全相符，计算参数的选择很大程度上依赖经验的估算。且群桩之间的相互作用机理非常复杂，桩土界面存在相对滑移，以及土体本身的不均匀性等都增加了沉降分析的困难。

3) 桥梁基础沉降的准确监测与控制措施研究

沉降控制不仅要求能准确计算基础的最终和任意时刻的沉降量，还要求能根据现有沉降观测资料准确预测以后的沉降。在现有沉降理论发展不完善的情况下，必然需要大量、可靠、准确的桥梁结构沉降监测数据作为沉降控制与预测的基础。但是，目前存在监测成本高、测量参数不全面或者不能完全实现自动监测等问题，不能满足桥梁基础沉降分析与预测的精度要求，因此准确监测与合理控制沉降措施的研究和应用也是目前面临的科学难题之一。

参 考 文 献

[1] 李广信. 高等土力学[M]. 北京: 清华大学出版社, 2004.
[2] 郑刚, 顾晓鲁. 高等基础工程学[M]. 北京: 机械工业出版社, 2007.
[3] 史佩栋. 桩基工程手册[M]. 2版. 北京: 人民交通出版社, 2015.
[4] 刘松玉. 公路地基处理[M]. 南京: 东南大学出版社, 2009.

撰稿人：龚维明[1]　曹艳梅[2]
1 东南大学　2 北京交通大学
审稿人：葛耀君　夏　禾

高速铁路桥梁动力性能演变及服役安全评估

Evolution of Dynamic Performance and Serviceability Assessment of HSR Bridges

1. 背景与意义

高速铁路为跨越既有交通网、节省土地、避免高路基不均匀沉降，大量采用桥梁结构。在我国已建成的高速铁路中，桥梁占线路的平均比例为55%。其中，京沪高速铁路为80.7%，京津城际铁路为87.7%，沪杭城际铁路为89%，广珠城际铁路更是高达94.2%。因此桥梁的服役性能对于我国高速铁路的可持续发展具有至关重要的作用。

我国高速铁路发展将由大规模设计、建造逐步进入安全运营管理、高效养护与维修阶段，高速铁路创新的主题也必将由结构、功能设计与建造逐步转向运营安全保障、运营品质提升、优化与维护。当前我国高速铁路桥梁运营安全管理、高效维护与保养将面临严峻考验。如何使高速铁路能够长期、安全、稳定运营，已是摆在我们面前的日益突出的重大课题。在此，关键问题之一就是高速铁路桥梁在长期运营过程中动态性能如何演变，这直接关系到其服役安全问题。在今后5~10年，我国在持续一定规模高速铁路建设的同时，高速铁路高安全、高可靠、高品质运营保障体系的建设迫在眉睫，基于高速铁路桥梁服役性能演变及安全评估的监测、检测、养护、维修理论及技术体系，是我国高速铁路运营安全保障体系建设的迫切需求，是我国高速铁路从追踪、保持到引领国际先进水平的必由之路。

高速移动的列车系统对作为固定基础设施的桥梁结构提出了近乎苛刻的技术要求，高精度、高稳定、高可靠性成为跨越广袤地域空间的高速铁路桥梁结构的终身属性，是高速列车长期安全、平稳、舒适运行的根本保证。然而要准确把握高速铁路桥梁结构在不同路段、不同层位、不同时段的多维状态与性能指标，从而确保高速铁路桥梁结构始终处于安全有效的服役状态，是世界高速铁路发展面临的科学技术难题。

高速铁路桥梁服役性能演变及安全评估问题研究的科学意义在于揭示高速铁路桥梁结构动态性能演变机制与规律，为关键工程结构服役安全评价、服役状态控制与维护等提供理论基础。其内涵包括但不限于：揭示高速铁路桥梁结构初始缺陷、性能劣化、状态演变与高速列车-桥梁耦合系统动态性能的相互影响关系；探明桥梁结构服役状态对高速行车安全性和旅客乘车舒适性的影响规律；建立材料变异、结构损伤、环境及灾害耦合作用下高速铁路桥梁服役性能演变和状态控制的关键技术指标体系；建立基于车桥响应和长期监测数据的桥梁结构损伤评估理论和方法。

2. 研究进展

高速铁路桥梁在高速度、高密度移动列车荷载和温度荷载作用下，其服役性能劣化问题不容忽视。混凝土桥梁材料及构件性能的劣化、钢桥局部构件的损伤和破坏、桥梁构件(尤其是下部基础构件)的失效、桥梁支座的病害及桥轨间局部相互作用，均有可能对桥面线形产生影响，而桥面竖向线形又影响桥上线路的几何边界条件。桥面大变形条件下各类无砟轨道板往往难以正常工作，而轨道板的失稳和失效将直接影响列车通过的安全性。一些学者初步研究了高速铁路桥梁材料与构件的劣化、动力性能演变机制与规律。与无砟轨道结构面临的科学问题类似，它同样需要解决多种荷载耦合作用机制问题、从结构微观到局部再到整体性能演化等问题。但是，因为两者结构形式、外部荷载特点、性能控制指标不尽相同，针对无砟轨道和桥梁结构动态性能演化的基础研究不能相互替代。此外，风、常遇地震、车船或漂流物撞击等均会对桥上列车的通过安全性产生不利影响，而上述不利影响往往并非单独发生，各因素的耦合作用可能会产生比单因素更加不利的列车运营条件。国内外一些学者综合考虑上述各因素对桥梁服役性能的影响，已开始研究多种不利因素条件下高速铁路桥梁运营安全管理措施并取得了初步研究成果[1~3]。

在桥梁材料性能改变对桥梁车振性能影响研究方面，目前的研究主要考虑大跨度铁路斜拉桥索结构几何非线性和物理非线性时车桥动力相互作用问题[4]、混凝土长期效应引起桥面变形进而引起附加轨道不平顺问题[5]以及桥梁结构的损伤程度和损伤模式等问题[6]。此方面旨在针对车-桥振动体系的作用特点，解决结构微观-局部-整体性能演化等问题[7,8]。

在罕遇地震及洪水冲刷等灾害对桥梁结构损伤及刚度削弱方面，已有许多基于桥梁静态损伤及静态剩余健康度评估方面的研究。其中在混凝土桥方面，地震对桥梁的损伤则主要关注地震导致的材料性能降低及其非线性破坏模式，在钢桥方面则主要关注钢构件在地震荷载下的失效及屈曲失稳。洪水冲刷对桥梁的损伤主要以灾后桥梁基础剩余刚度来表达，也有研究涉及灾后桥梁服役性能评估与行车安全性之间的关系问题[9,10]。

3. 主要难点

1) 桥梁准静态变形对服役性能的影响

铁路桥梁准静态变形包括温度变形、梁部徐变上拱、基础倾斜等。这些准静态变形皆会产生连续布置简支梁上部结构的单一波长变形，进而引起对车-线-桥系统的等频激励。当此激励频率与车、线、桥之一的自振频率接近时，即产生系统共振，加剧轮轨局部振动，增加脱轨可能性。因此预测此类激励为评判列车安全运行的关键因素。在此方向中的主要研究难点包括：考虑桥址环境及桥梁结构遮挡效应的变形状态分析理论；轨道板因温度变形或施工误差发生上拱、翘曲时对其服役性能的影响规律；临跨墩高差异较大或不均匀沉降时，温度变形对轨面平顺性的映射关系；梁体收缩徐变的影响因素及变形状态分析理论；区分各因素对轮对减载贡献的理论及解析表达等。

2) 桥梁基础劣化对服役性能的影响

铁路桥梁基础劣化主要表现为桥梁基础的约束性质改变或约束刚度降低，其原因可归于水中桥梁基础的局部冲刷，高寒地区桥梁基础的冻胀等。有可能改变车-线-桥系统的振动机理，进而影响桥上列车的运行安全性。因此基于行车安全指标确定桥梁下部结构状态函数下限值至关重要。在此方向中的主要研究难点包括：考虑桩-土非线性相互作用的基础约束状态模拟方法及数值求解模式；定量分析桥梁局部冲刷程度的理论及方法；桥梁基础冻胀位移预测理论及方法；桥梁基础劣化对列车运行安全性的影响规律，即局部冲刷或冻胀状态下，桥上列车运行安全性的演变及发展等。

3) 桥梁损伤检测及动力指纹数据库的建立

研究表明，铁路桥梁墩、梁部的模态及自振频率易于测量且可客观反映桥梁的健康状态。因此通过在大量典型新建或无病害既有桥梁的现场测试和数据分析，可建立其动力指纹数据库及评价体系。同时通过对墩、梁部的模态及自振频率的观测也可实现对桥梁基础劣化、桥墩刚度下降、支座性能改变和梁部伤损的识别。在此方向中的主要研究难点包括：建立基础-墩-支座-梁一体化横向相互作用模型，解析表达铁路桥梁横向传递规律；利用基础-墩-支座-梁一体化横向相互作用模型定性、定位、定量识别墩、梁、支座等各部分伤损状态；在实测数据的基础上分析模态和频率数据，建立无病害既有桥梁动力指纹数据库及相应的判别准则等。

参 考 文 献

[1] Xia H, de Roeck G, Goicolea J M. Bridge Vibration and Controls: New Research[M]. New York: Nova Science Publishers, 2012.

[2] 曾庆元, 郭向荣. 列车桥梁时变系统振动分析理论及应用[M]. 北京: 人民交通出版社, 1999.
[3] 潘家英, 高芒芒. 铁路车-线-桥系统动力分析[M]. 北京: 中国铁道出版社, 2008.
[4] Yang Y B, Yau J D, Wu Y S. Vehicle-bridge Interaction Dynamics: With Application to High-speed Railways[M]. Singapore: World Scientific Publishing, 2004.
[5] 翟婉明, 赵春发, 夏禾, 等. 高速铁路基础结构动态性能演变及服役安全的基础科学问题[J]. 中国科学: 技术科学, 2014, 44(7): 645–660.
[6] Law S S, Zhu X Q. Dynamic behavior of damaged concrete bridge structures under moving vehicular loads[J]. Engineering Structures, 2004, 26(9): 1279–1293.
[7] 夏禾, 张楠, 郭薇薇, 等. 车桥耦合振动工程[M]. 北京: 科学出版社, 2014.
[8] Yau J D. Dynamic response analysis of suspended beams subjected to moving vehicles and multiple support excitations[J]. Journal of Sound and Vibration, 2009, 325: 907–922.
[9] Caglayan O, Ozakgul K, Tezer O, et al. Evaluation of a steel railway bridge for the dynamic and seismic loads[J]. Journal of Constructional Steel Research, 2011, 67(8): 1198–1211.
[10] Frýba L. A rough assessment of railway bridges for high speed trains[J]. Engineering Structures, 2001, 23(5): 548–556.

撰稿人：张　楠　战家旺　夏　禾
北京交通大学
审稿人：葛耀君　李　乔

地震作用下高速列车桥上脱轨问题

Derailment Problem of High-Speed Train Passing through Viaduct Subjected to Seismic Actions

1. 背景与意义

高速铁路具有速度快、安全、舒适、运量大等特点。但是,地震、强风、泥石流等自然灾害对高速列车运行安全构成重大危险。例如,日本新干线和我国台湾的高速铁路均出现过地震引发的高速列车脱轨事故(图1和图2),虽未发生人员伤亡,但造成了一定的经济损失和社会影响。我国属于地震灾害多发的国家,需要构建地震安全预警与保障体系,这是我国高速铁路发展面临的极具挑战性的任务[1]。而对地震作用下高速列车桥上脱轨机理进行研究是完成这一任务的关键。

图1　日本新潟地震新干线列车脱轨　　图2　我国台湾高雄地震高速列车脱轨

一般而言,突发大震(罕遇烈度地震)将导致高速铁路桥梁发生结构性破坏,这一问题早已被人们所认识。对于仅使桥梁结构轻微损坏或基本完好的中小震(基本烈度),线路的承载能力并未丧失,但地震引发的结构振动和位移使得运行中的高速列车面临极大的脱轨风险。这种境况下准确判断列车脱轨的风险,合理制定地震列车控制策略和控制参数非常重要。此时如果预警及时、防范措施适当,完全有可能避免列车脱轨。例如,2004年日本新潟地震时新干线列车脱轨的片田高架桥结构仅"轻微损坏"[2],但由于新潟地震是直下型地震,且震源较浅,初期振动纵波和振动横波几乎同时到达,地震检测系统没有及时发出预警信号,同时新干线高速列车与轨道的防脱轨技术存在缺陷也是一个重要原因。又如,2010年我国台湾高雄地震时，脱轨事故附近的台南科学园区的地面峰值加速度只有 $0.17g$[3]，略高于我国 7 度区($0.15g$)设计基本地震加速度，这说明对于中小地震引发的高速列车脱轨问题，人们仍缺乏足够的防范机制与措施。上述高速铁路桥上列车脱轨事故还表明，铁路高架桥梁对地震作用可能存在放大效应，使得地震时高速铁路桥上行车的危险性往往高于普通路基。因此研究地震条件下高速列车-轨道-桥梁的动力相互作用机制及其响应规律，找出影响桥上高速列车运行安全性的主要参数和阈值控制方法，可为高速铁路地震预警和防脱轨技术的开发提供重要的理论支撑。

2. 研究进展

脱轨是指列车行进中车轮离开钢轨的现象，按照脱轨过程可分为爬上脱轨、滑上脱轨、跳上脱轨和掉轨四种类型。从诱发脱轨发生的外部原因来看可分为三类：①轮轨滚动接触过程中受到列车运动不稳定和轨道不平顺激励的影响，轮轨发生分离以致脱轨；②车辆走行部和轨道结构失效而导致脱轨；③人员操控失误或自然灾害导致脱轨。列车脱轨研究已有 100 余年历史，但进展很慢，绝大部分工作集中在上述第①方面的脱轨研究，对自然灾害导致的脱轨研究较少。

日本是一个地震频发的国家，地震诱发高速列车运行安全性问题很早就引起日本学者的重视。1998 年，JR 东日本铁路公司在上越新干线安装了地震早期检测预警系统 Compact UrEDAS，这套系统只要侦测到地震初期发出的微弱震波(P 波)，便会在 1s 内做出地震危险程度的判断，并在强震波(S 波)到来之前发出停止向牵引网供电的指令，使列车能够紧急制动停车。但新潟地震列车脱轨事故表明，该系统还无法应对震源较浅的直下型地震，需要改进，主要措施包括加大地震仪布设密度，研究新的地震波检测方法、地震预报技术和装置，进一步提高早期地震检测预警系统的反应速度。在地震时高速列车脱轨行为的研究方面，日本学者罗休等采用数值模拟和室内实尺模型试验的方法，研究了地震时车辆的动态行为，给出了车辆脱轨的安全限界[4]。Sogabe 等采用较为简化的轮轨计算模型，对地震作用下新干线桥梁上列车脱轨的情况进行了仿真分析，提出改善桩的刚度和采用滑动支座可以提高列车的运行品质[5]。在列车防脱轨技术研究方面，日本开展了 L 形防脱轨护轮轨的研究和试验，提出了在转向架轴箱下面安装反 L 形车辆导向装置、提高轮缘设计高度、改进紧急制动系统等防脱轨技术。

近年来，我国学者越来越重视列车过桥安全性问题，开展了地震作用下的车桥耦合振动问题理论分析与数值模拟研究[6]。许多学者对车桥耦合分析中地震激励输入进行了研究，比较了直接求解法(地震位移输入模式)、相对运动法(地震加速度输入模式)、大质量法和等效荷载法等地震动输入方法的差别与适用范围[7,8]。

在地震作用下的车桥耦合振动研究方面，杜宪亭建立了车辆模型、轮轨关系模型、桥轨关系模型和桥梁结构模型，分别将地震加速度和位移作为激励作用在车-桥系统上，探讨了地震行波效应、行车速度和地震强度对高速列车安全性的影响[9]。王少林基于桥梁抗震和铁路大系统动力学的思想，详细地考虑了轮轨相互作用关系和桥轨相互作用关系，建立了地震作用下的高速列车-轨道-桥梁耦合振动模型，分析了地震激励下列车速度、轨道不平顺、地震强度和幅频特性、桥梁结构形式等因素对耦合系统动力响应的影响规律，探讨了地震作用下高速列车过桥的安全限值[10]。

总体上，国内外对地震作用下高速列车运行安全性的研究取得了长足进展，但仍存在以下不足：①对地震激扰的输入未能达成统一的认识，而不同的地震激扰输入方法导致行车安全性分析结果有一定差别；②大部分研究假定车轮与桥梁位移相同，不能准确反映轮轨间的开放性约束关系，无法模拟轮轨瞬时脱离等工况；③轮轨关系模型比较简单，没有采用较为精确的轮轨滚动接触理论，降低了列车运行安全性分析的准确度；④分析模型中较少考虑轨道弹性，未能真实地反映车辆、轨道和桥梁的相互作用关系。

3. 主要难点

为了更好地预防和控制地震诱发的桥上列车脱轨，今后仍需要围绕地震条件下高速列车-轨道-桥梁动力相互作用机制这一核心科学问题，在以下三个方面进行深入研究。

1) 高速铁路桥梁的地震震源特性与输入模式

准确地掌握高速铁路桥梁的震源特性及其在结构中的传递特性，可以为研究地震作用下的轮轨动态作用和列车脱轨行为提供较为可靠的输入激扰。由于地震波的多样性和复杂性，不能采用一条或几条典型的地震波完整地描述所有地震波的力学特性。对于通常采用的地震反应谱方式，目前的研究尚处于弹性理论阶段，还不能有效地考虑强震时结构的非线性行为，也不能考虑强震持时长短的影响。在地震作用下车桥耦合作用分析中，如果地震波的相关特性没有考虑周全，将会直接导致桥梁振动响应发生改变，致使高速轮轨动态相互作用产生变化，进而不能准确预测列车的运行状态。

在研究地震作用下高速列车过桥时的轮轨接触力学特征时，地震波通过桥梁振动和变形来影响轮轨动态相互作用。因此如何准确地将地震波输入高速列车-桥梁耦合大系统成为精确掌握轮轨力学行为的关键问题。一般来说，地震加速度输入方式容易激发结构的低频振动，而位移输入则会导致高频振动出现。目前两种输入模式均不能完全表达地震波的影响，因此如何确定合理的地震波输入模式也是准确描述轮轨力学行为的前提条件。

2) 桥梁结构地震响应与轨面激扰的映射关系

桥梁及其关键部件的结构形式、材料及其力学性能不同,在地震作用下的反应是不同的,这意味着桥上轨面所受到的激扰受桥梁自身参数影响较大,并最终影响地震时桥上列车运行安全指标的特征。因此揭示不同桥梁结构参数(桩基、墩高、梁型、桥梁支座、轨道形式)对轨面激扰的影响规律非常重要,它们与轨面地震激扰的映射关系及其对列车运行安全性的影响规律还有待深入研究。

3) 高速列车桥上脱轨机理与评价指标

目前广泛采用的脱轨安全性评定标准是1896年提出的Nadal脱轨判别准则及其修正准则,它是基于车轮准静态爬轨得到的脱轨临界条件,给出的脱轨系数是指某时刻车轮横向力与垂向力的比值,其限值仅与轮缘角和摩擦系数有关。大量理论和试验研究表明,Nadal脱轨判别准则偏于保守,很难作为对准静态滑轨、碰撞跳轨以及复杂因素引起的动态脱轨行为的评定标准。从车-轨-桥耦合的角度依照规范选择脱轨系数、轮重减载率和轮轴横向力作为列车过桥的安全性指标,运用于地震这种极端工况时存在一定的局限性,无法比较确切地描述行车安全性,地震引起的车轮滑轨、碰撞跳轨在现有评价指标中并未得到体现,这不利于地震预警系统安全阈值的研究。因此基于轮轨蠕滑理论的动态脱轨机理和评定标准是进一步研究的重点和难点。

参 考 文 献

[1] 翟婉明, 赵春发. 现代轨道交通工程科技前沿与挑战[J]. 西南交通大学学报, 2016, 51(2): 209–226.

[2] 日本地震工学会, 等. 平成16年新潟县中越地震被害调查报告会梗概集[C]//次孝郎. 平成16年新潟县中越地震被害调查报告会. 东京: 日本地震工学会, 2004.

[3] 朱圣浩. 车辆行车在轨道损坏于地震作用下之振动与安全分析[R]. 台南: 台湾成功大学, 2011.

[4] Luo X, Miyamoto T. Method for running safety assessment of railway vehicle against structural vibration displacement during earthquake[J]. Quarterly Report of RTRI, 2007, 48(3): 129–135.

[5] Sogabe M, Harada K, Watanabe T. Vehicle running quality during earthquake on railway viaducts [C]//International Symposium on Speed-up, Safety and Service Technology for Railway and Maglev Systems, Niigata, 2009.

[6] 翟婉明, 夏禾, 等. 列车-轨道-桥梁动力相互作用理论与工程应用[M]. 北京: 科学出版社, 2011.

[7] 楼梦麟, 李强. 关于结构系统地震输入模式问题的讨论[J]. 世界地震工程, 2008, 24(2): 21–25.

[8] 潘旦光, 楼梦麟, 范立础. 多点输入下大跨度结构地震反应分析现状研究[J]. 同济大学学报, 2001, 29(10): 1213–1219.

[9] 杜宪亭. 强地震作用下大跨度桥梁空间动力效应及列车运行安全研究[D]. 北京：北京交通大学, 2011.
[10] 王少林. 地震作用下高速列车-轨道-桥梁耦合振动及行车安全性分析[D]. 成都：西南交通大学, 2013.

撰稿人：赵春发　翟婉明　蔡成标

西南交通大学

审稿人：夏　禾　高　亮　余志武

隧道支护与围岩的动态作用关系

Dynamic Interaction between Tunnel Support and Surrounding Rock

1. 背景与意义

在地质运动和围岩自身重力的长期作用下，地层的原始应力场处于平衡状态，隧道开挖使围岩的平衡状态遭到破坏，导致围岩应力重新分布以实现新的平衡。然而，由于地层条件的差异性，围岩将出现不同的稳定状态，有些围岩通过应力调整可自行达到新的平衡状态，而有些条件下的围岩难以实现自行平衡，将出现破坏和失稳，进而危及工程安全[1,2]。

显然隧道工程学科所要解决的关键问题就是促使围岩尽快形成新的平衡状态，而不致发生破坏和失稳。由此须在围岩稳定性分析的基础上进行适时、适当的外部干预，即实施隧道支护。而支护时机、支护方式以及支护可靠性的评价则取决于对支护-围岩关系的研究，由此便构成了隧道研究的核心内容[3,4]。

作为隧道工程的核心内容，支护与围岩作用的本质是一个动态调整和适应的过程，其目标就是促使围岩实现新的平衡状态。从本质特征出发，将支护结构与围岩力学特性、性能演化过程相联系，即将支护与围岩融为一体，由此可确定不良围岩条件的支护结构特征及其适应性。通过支护与围岩关系的过程化分析，可实现隧道支护设计的定量化，从而可提升隧道工程的科学内涵和学术层次。此外，基于支护与围岩的动态作用过程，可对不同服役阶段的支护结构适应性做出预测和评价，并为隧道工程耐久性研究提供依据。

2. 研究进展

20 世纪初修建的隧道工程基本处于浅埋地段，在进行支护设计和研究时形成了古典压力理论。其核心思想为采用均布地层压力法确定支护荷载，即不考虑围岩结构特性，认为作用于支护结构上的荷载为上覆岩层自重应力，代表人物有 Heim、Rankine 和 Иник 等。此时的隧道设计与研究方法主要为工程类比法。

随着开挖深度的增加，人们发现古典压力理论与诸多实际不符，并开始认识到围岩具有一定的自承能力，于是塌落拱理论应运而生。该理论认为隧道围岩上方会形成塌落拱，拱内松动岩体重量即为支护荷载来源，代表人物为 20 世纪 30

年代左右的 Terzaghi 和 Протодъяконов。由于围岩的复杂性和塌落拱理论不够全面科学，必然导致经验法广泛应用，因此诞生了诸多围岩分类和分级方法。

20 世纪 50 年代以来，人们认识到支护结构所承担的荷载主要来源于围岩与结构之间的形变荷载，并开始应用弹塑性理论来解决隧道支护问题。其核心思想认为围岩既是荷载来源，又是主要承载结构，通过与支护之间相互作用而共同变形，典型的支护设计研究方法为收敛约束法。随着计算机技术的发展，复杂精细的数值计算软件使得反分析方法得以实现。通过建立复杂的数学模型对现场实测数据进行反演，可对施工过程中围岩稳定性进行预测，从而确定隧道支护。这种支护设计研究方法称为数值反演法。

隧道支护与围岩相互作用关系最重要的特征在于其动态性，即围岩变形和支护结构受力的时空演化特性，其主要来源包括岩土材料的流变特性、水泥基材料的硬化特性、隧道开挖进尺及围岩加固与支护结构的施作时机等方面[5~9]。据此可将掌子面前方围岩变形加速点、初期支护-围岩密贴点和二次衬砌开始作用点三者作为关键节点，以此为界即可将支护-围岩作用关系分为四个阶段，如图1所示。

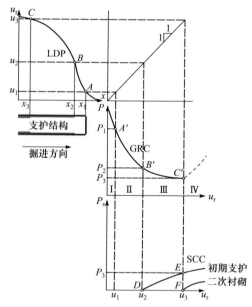

图 1　隧道支护与围岩相互作用概念

(1) 缓慢变形阶段。围岩因受到约束而变形发展缓慢，本阶段的支护-围岩关系主要表现为深部围岩在外部围岩约束下的自由变形，有时伴有超前加固的作用。

(2) 急剧变形阶段。由于围岩的超前破坏和失稳使围岩变形速率迅速增大，而在得到初期支护的有效作用后围岩变形速率急速减小。这一阶段的支护-围岩关系主要表现为超前支护与围岩的相互作用,因此变形量能否得到及时控制对超前支护至关重要。

(3) 变形减缓阶段。初期支护与围岩发生有效作用后变形迅速趋缓,同时围岩产生的形变压力使初期支护结构受力迅速增大。结构受力与围岩控制效果取决于初期支护结构的刚度和支护时机,必要时可施作双层或多层初期支护结构。这一阶段的支护-围岩关系表现为初期支护及超前支护与围岩之间的相互作用,有时也伴随着锚杆的作用,但其核心是初期支护与围岩的动态作用。

(4) 变形稳定阶段。在初期支护及超前支护与围岩的动态调整过程中隧道围岩变形趋于稳定,这时已实现围岩稳定和安全。但为实现特殊荷载作用下的隧道长期安全,通常对隧道施做二次衬砌结构。这一阶段的支护-围岩关系则表现为超前支护、初期支护及二次衬砌结构与围岩的作用,即二次衬砌与既有支护结构的协同作用。

作为主承载结构的初期支护是控制围岩变形的主体,若控制不好则可能造成初期支护结构失效,进而导致支护-围岩体系的失稳,因此保证该系统的稳定是隧道设计与研究的基本要求。通常条件下,二次衬砌仅作为安全储备,一方面在围岩流变及偶遇荷载作用下确保安全;另一方面则是系统高可靠性方面的要求,这本质上也是考虑到围岩复杂性及荷载效应多样性的特点。

由上述内容可见,隧道围岩变形和支护结构受力的时空特性集中体现了隧道支护-围岩相互作用关系的动态特征。对隧道支护与围岩相互作用关系的认识深度是有效控制围岩变形和失稳、合理确定支护结构类型、参数及支护时机的关键。

3. 主要难点

支护-围岩作用关系包括围岩力学性能及其荷载效应、支护-围岩动态作用特点以及支护结构体系的协同作用原理等三个方面的内容,主要难题如下。

1) 隧道围岩结构特性及荷载效应

隧道施工引起的应力集中通常是由围岩中的压力拱实现传递的,具有显著的渐进破坏特点。按其稳定性特点可将围岩分为浅层围岩和深层围岩,表现为随时空转化的复合拱结构模式。因此隧道复合围岩结构的荷载效应是由浅层围岩的给定荷载和深层围岩的形变荷载组成的。给定荷载取决于浅层围岩范围和性质,而形变荷载则取决于对结构层控制位态和传力岩层的刚度条件。其主要难点在于不同层次荷载的计算方法以及如何对不同围岩条件的表现方式进行描述。

2) 支护与围岩的动态作用过程

隧道围岩自开挖影响直到在支护作用下达到稳定,经历了支护与围岩的复杂作用过程，每个阶段的作用特点和效果直接影响到支护-围岩系统的可靠性和经济性，这也是隧道支护研究的理论依据。问题的主要难点在于动态作用过程的力学转换机制以及每个阶段的作用机理和控制重点。

3) 隧道支护结构的协同作用

隧道支护作用的本质就是调动围岩承载和协助围岩承载，这两者的协同作用使其支护作用得到最大限度的发挥。协同作用的内容非常广泛，包括支护结构与围岩的协同、不同支护形式之间的协同以及支护结构在不同时间空间上的协同。问题的难点在于不同发展阶段协同作用的内容、方式以及效果的评价方法的确定。

由于围岩条件的变异性、支护结构的差异性以及工程影响的不确定性，针对上述问题难以建立统一的计算方法，进行精确的定量计算分析难度极大，而实现突破的基本思路则是先分类后统一、定量计算与定性描述相结合并且采用基于可靠度的分析方法来进行深入研究。

参 考 文 献

[1] 房倩. 高速铁路隧道支护与围岩作用关系研究[D]. 北京: 北京交通大学, 2010.

[2] 陈峰宾. 隧道初期支护与软弱围岩作用机理及应用[D]. 北京: 北京交通大学, 2011.

[3] 张顶立. 隧道及地下工程的基本问题及研究进展[J]. 力学学报, 2017, 49(1): 3–21.

[4] 张顶立, 陈立平. 隧道围岩的复合结构特性及其荷载效应[J]. 岩石力学与工程学报, 2016, 35(3): 456–469.

[5] Sulem J, Panet M, Guenot A. Closure analysis in deep tunnels[J]. International Journal of Rock Mechanics and Mining Sciences, 1987, 24(3): 145–154.

[6] Schubert W, Button E A, Sellner P J, et al. Analysis of time dependent displacements of tunnels[J]. Felsbau Magazine, 2003, 215: 96–103.

[7] Pan Y W, Dong J J. Time-dependent tunnel convergence—Ⅰ. Formulation of the model[J]. International Journal of Rock Mechanics and Mining Sciences, 1991, 28(6): 469–475.

[8] Pan Y W, Dong J J. Time-dependent tunnel convergence—Ⅱ. Advance rate and tunnel-support interaction[J]. International Journal of Rock Mechanics and Mining Sciences, 1991, 28(6): 477–488.

[9] Pan Y W, Huang Z L. A model of the time-dependent interaction between rock and shotcrete support in a tunnel[J]. International Journal of Rock Mechanics and Mining Sciences, 1994, 31(3): 213–219.

撰稿人：张顶立

北京交通大学

审稿人：赵　勇　陈建勋

软弱围岩隧道变形机制及控制

Deformation Mechanism and Control of Weak Surrounding Rock Tunnel

1. 背景与意义

隧道的变形机制主要是隧道周边围岩的变形机制。围岩是指受隧道开挖影响而发生应力状态改变的周围岩土体。根据岩土体的强度可将围岩分为坚硬围岩和软弱围岩两大类。软弱围岩具有岩石强度低、岩体破碎、赋存环境差等特性，其力学特征与一般围岩存在较大差异，其变形机制也具有多样性，导致很难准确地计算出围岩的变形。如何弄清软弱围岩隧道的变形机制，并制定对应的控制措施是当前隧道工程的科学难题。

隧道施工主要分为开挖和支护两大工序。其变形控制的要点就是开挖和支护中的关键点。开挖是应力释放的过程，不同的开挖方法，应力释放的过程及程度也是不同的；支护则是应力控制的过程，不同支护方法的应力控制过程和程度也是不同的。除开挖、支护作业外，还有其他辅助性作业，如运输、排水、通风、量测、地质超前预报等，而这些作业也是左右开挖与支护成败的关键，不容忽视。因此控制隧道围岩变形的关键措施主要是指在开挖、支护过程中控制围岩变形的措施及必要的辅助作业工法。控制围岩变形的机制就是尽量减少对围岩的扰动，对可能发生变形的围岩进行预加固而改变围岩的物理力学参数。充分认识软弱围岩隧道变形机制、掌握其控制原理与方法可为不良及特殊地质条件下隧道与地下工程建设提供重要的理论基础和实践价值。

2. 研究进展

隧道围岩变形机制的研究进展与岩体力学的发展有着紧密关系。20 世纪 60 年代以前，人们将岩体视为一种连续介质材料，认为岩体的变形与钢筋、混凝土等建筑材料的变形类似，主要表现为弹性变形、塑性变形和黏性变形。20 世纪 60 年代以后，随着国际上相继发生了几起重大的工程事故，包括 1959 年法国马尔帕塞坝左坝肩岩体溃决和 1963 年意大利瓦依昂水库左岸岩体大滑坡，科研人员及工程师开始逐渐认识到岩体不是一种连续介质。1946 年 Terzaghi[1]首次指出岩体存在的地质缺陷和分布特征，比岩石类型本身更影响其工程特性，1960 年谷德振[2]、孙玉科等[3]提出了岩体结构的概念；随后 Hoek 等[4]、Müller 等[5]、Goodman[6]、谷德振等[7]均对岩体的结构分类及其对岩体力学性质的影响进行了研究；1984 年孙广忠提出了岩体结构控制论的观点，认为岩体的结构变形是岩体的重要变形机制[8]。

虽然人们已经逐渐认识到岩体的非连续性及其对工程的重要影响，但在隧道工程中，人们仍普遍将围岩视为连续介质进行计算和分析。究其原因，主要是因为人们虽然对岩体变形机制的认识已逐渐清晰，但对隧道围岩的变形机制，特别是对于大断面软弱围岩大变形的机理、围岩与岩体的协调关系等则存在诸多难题，有待进一步研究。

3. 主要难点

1) 围岩变形的成因

隧道围岩的变形即指隧道周边岩体或者土体的变形，而岩体或者土体都是极其复杂的地质体。其复杂性主要表现为组成岩体和土体的物质成分，即矿物成分非常复杂，有非常坚硬的金刚石、石英等，也有非常软弱的滑石、石膏、方解石等；围岩中常出现断层、节理、层理、不整合面等地质构造，使围岩结构不连续；隧道围岩的密度分布是不均匀的，常出现软岩互层，土石混合的情况；围岩常受周边环境的影响而出现不稳定性，如千枚岩、页岩遇水后常出现软化，冻土受气候影响而变动，膨胀性围岩遇水后体积膨胀等；围岩都处于一定的地质环境中，如地下水、地应力、地温、瓦斯等，这些地质环境都对围岩变形有或大或小的影响[9]。

2) 变形产生的机理

围岩自身的复杂性也必然导致围岩变形的复杂性，使围岩出现各种各样的变形机制。完整块状围岩一般以弹性变形和塑性变形等材料变形为主，而层状围岩多以弯曲变形为主，碎裂结构的围岩多以岩块的滚动、滑动变形为主，而散体结构围岩以及土砂围岩多以挤密变形为主。

大量的数值计算和现场监测资料均表明，隧道围岩变形是在开挖工作面的前方就开始了。隧道开挖后在掌子面前方一定范围(2～5 倍洞径)产生下沉，称为先行变形；在掌子面处，产生一定量的初始变形，此值与地质条件关系密切，为最终变形值的 20%～30%，这个变形是开挖后瞬间发生的；在掌子面后方，随掌子面的推进，产生不断增大的变形，其特点是初期的变形速度很大，然后增长的速度逐渐减缓，并趋于稳定。因此隧道开挖后隧道的变形可分为掌子面前方的先行变形、掌子面变形及掌子面后方的变形三种，且这三种变形是同时发生的。

3) 围岩大变形的控制机制及措施

控制软弱围岩隧道大变形的研究重点是控制掌子面前方的变形和掌子面变形，采取超前预支护、掌子面支护和掌子面后方支护，及时封闭的措施和工法[10]。建议采取如下基本措施：对软弱围岩提前采取预加固措施，改变软弱围岩的力学性能；采用超前管棚、管幕、插板等超前支护，提前对掌子面前方围岩保护；采用掌子面超前锚杆、喷混凝土封闭掌子面、倾斜掌子面或留核心土的施工方法减少对开挖掌子面软弱围岩的扰动；加强初期支护，采用长锚索加固围岩，采用高强度、高刚度喷混凝土支护加固并控制已开挖的围岩变形等。

参 考 文 献

[1] Terzaghi K. Rock Defects and Loads on Tunnel Supports. Rock Tunneling with Steel Supports[M]. Boston: Harvard University, 1946.
[2] 谷德振. 地质构造与工程建设[J]. 科学通报, 1963, 8(10): 22–26.
[3] 孙玉科, 李建国. 岩质边坡稳定的工程地质研究[J]. 地质科学, 1965, 6(4): 36–43.
[4] Hoek E, Marinos P, Benissi M. Applicability of the geological strength index(GSI)classification for very weak and sheared rock masses. The case of the Athens schist formation[J]. Bulletin of Engineering Geology and the Environment, 1998, 57(2): 151–160.
[5] Müller L, Bock H, Müller K. Structural Geology of Rocks-rock Mechanics in Construction German[M]. Berlin: Ernst & Sohn Verlag für Architektur und technische Wissenschaften, 1970.
[6] Goodman R E. Introduction to Rock Mechanics[M]. 2nd ed. New York: John Wiley and Sons, 1992.
[7] 谷德振, 黄鼎成. 岩体结构的分类及其质量系数的确定[J]. 水文地质与工程地质, 1979, (2): 8–13.
[8] 孙广忠. 岩体结构力学[M]. 北京: 科学出版社, 1988.
[9] 刘建友, 赵勇, 田四明. 隧道围岩变形机制及其本构关系研究[J]. 现代隧道技术, 2012, 49(6): 54–61.
[10] 赵勇. 隧道围岩动态变形规律及其控制技术研究[J]. 北京交通大学学报, 2010, 34(4): 1–5.

撰稿人：赵　勇[1]　李鹏飞[2]
1 中国铁路经济规划研究院　2 北京工业大学
审稿人：陈建勋　张顶立

隧道结构水荷载控制

Control of Water Inflow and Pressure for Tunnels

1. 背景与意义

长期以来，山岭隧道的防排水一直采用"防排结合，以排为主"的设计原则，在衬砌结构设计和研究中不考虑水压作用。但长期大量的排水不仅破坏了地表环境，而且使衬砌背后围岩裂隙被冲刷形成空洞，对隧道结构受力非常不利。全封堵方式衬砌结构要承受同地下水水头基本相当的水压力，适用于埋深较浅的城市地铁隧道，对高水位山岭隧道并不适用。因此既要保护环境，又要将衬砌背后水压力降到合理的范围[1]。

对于高水位山岭隧道，当大量排水对生态环境的影响较大时，堵水限排无疑是一种合理的地下水处置方式。但对于堵水限排情况下衬砌结构的设计，目前尚没有规范可依。例如，在给定排放量下如何确定复合衬砌所承受的水压力，或者在支护结构所能承受的压力范围内如何确定地下水的排放量，都成为深埋高水位隧道研究亟待解决的关键问题[2]。

深埋高水位隧道采用堵水限排的防排水原则有两层含义。一方面要限制作用在支护结构上的外水压力：深埋隧道水压高，水源充足，作用在支护结构上的外水压力往往较高。在长期高水压力作用下，隧道支护结构将产生较大的内力，并容易引起渗漏，因此要限制作用在隧道支护结构上的外水压力。另一方面，要求限制渗水量：大量排水会降低隧道影响范围内的地下水位，势必对地表生态环境造成影响。

对于复合式衬砌结构高水位隧道，随着高强、早强、高性能喷射混凝土在隧道工程中的广泛应用，初期支护、注浆圈联合围岩结构承担全部地层荷载和水荷载；二次衬砌作为安全储备，对初期支护进行补强、防蚀、防渗、减糙和校正中心线偏离，该理念逐渐深入人心。初期支护联合围岩承受全部荷载是指围岩结构在初期支护的作用下可实现完全自稳；二次衬砌作为安全储备的作用是指初期支护施做完成，地层和支护结构变形基本稳定，对于富水地层，要求通过初期支护的背后回填注浆达到初期支护不渗不漏，然后设置防排水系统，施做二次衬砌。二次衬砌作为安全储备并不是不承受地层荷载和水荷载，而是要抵抗围岩突然发生恶化以及特殊灾害(地震)带来的意外荷载，同时承受水位突然上升造成排水不畅或隧道排水系统耐久性不足，如发生锈蚀、堵塞等带来的水荷载。

2. 研究进展

基于地下水水力学的相关理论，假定复合衬砌结构、注浆及围岩为理想均匀的孔隙介质，地下水渗流满足达西渗流定律，可建立综合考虑围岩、注浆加固圈(或损伤松动区)、初期支护和二次衬砌的整体渗流模型，提出深埋高水位隧道渗水量和复合式衬砌结构外水压力的计算方法[3]。

研究结果表明，隧道注浆加固圈是减小渗水量的重要手段，且可通过改变注浆圈的渗透系数和厚度来调节隧道渗水量；当注浆加固圈渗透性一定时，隧道渗水量随着初期支护渗透性的降低而不断减小，且注浆圈渗透性越强，减小趋势越明显；随着注浆加固圈厚度的增大，隧道渗水量不断减小，当注浆加固圈厚度相同时，注浆加固圈渗透系数越小，隧道渗水量越小；在高水压富水区，没有注浆圈的堵水作用，仅靠初期支护降低隧道渗水量是不经济的，也是不可行的；随着注浆加固圈渗透系数的减小和厚度的增加，初期支护外水压力不断降低，表明在隧道排水系统的设计参数相同时，注浆加固圈堵水能力越强，初期支护外水压力的折减就越明显；在隧道周围设置注浆加固圈，可有效解决减压排水和隧道抽水经济性之间的矛盾；注浆加固圈的作用不是分担隧道复合衬砌的外水压力，而是通过注浆堵水减小隧道的渗水量，从而实现以较小的排水量降低复合衬砌的外水压力。

3. 主要难点

目前高压富水区隧道在堵水限排衬砌研究中遇到的主要问题包括如何确定涌水量与水压力[3]，如何实现堵水有效[4]，如何保证排水可靠，如何消除道床底部病害。

(1) 涌水量与水压力计算。国内外众多学者采用理论解析方法、数值模拟方法、现场监测正反分析和模型试验等方法对隧道涌水量预测、衬砌外水压力计算方法及其分布规律进行了大量研究，取得了丰硕的研究成果，但要实现精确确定隧道施工期和运营期的涌水量，以及复合衬砌上不同部位的外水压力是非常困难的，需要根据隧址区实际地质情况和隧道防排水设计参数进行系统的渗流场分析和专门研究[5,6]。

(2) 排水系统有效性分析。对于复合式衬砌的高水位隧道，堵水限排衬砌结构体系主要由注浆圈、初期支护、防排水系统和二次衬砌结构四部分组成[3]。应根据隧道工程地质及水文地质特点选择合理的注浆材料、注浆工艺和注浆参数；

随着隧道开挖扰动地层，注浆加固圈会出现松弛变形，甚至会伴随裂缝产生、扩展，造成其渗透性加大。这时隧道初期支护应充分发挥其防渗功能，加强初期支护背后的回填注浆和径向注浆。防排水系统是隧道防排水体系的重要组成部分，一方面要保证其防水功能，将地下水隔离于二次衬砌之外；另一方面要尽量将通过注浆圈、初期支护渗透到二次衬砌背后的地下水排出。二次衬砌作为隧道防水的最后一道防线，要求其具有较高的抗渗性，充分发挥二次衬砌的自防水作用。

(3) 排水系统可靠性分析。高压富水区隧道排水系统关键参数设置有待优化，排水系统排水不畅，易堵塞、可维护性差。①铁路隧道的排水系统由环向排水管(沟)、纵向排水管(沟)、排水边沟或中心排水管(沟)等组成，施工过程中若排水管(沟)上下没有衔接好或中间断开、三通管连接不畅、纵向排水管反坡设置等可能导致排水系统衔接不畅；②纵向、环向、横向盲管(沟)间距、尺寸、布置方式等参数仍需进一步研究优化；③排水系统可维护性差，目前我国铁路隧道排水系统设计和研究中基本未考虑后期维护问题，同时缺乏可维护的设备和工艺等，尤其是排水盲管堵塞导致地下水无法正常排出，影响隧道结构耐久性。

(4) 铁路隧道底部病害问题。随着我国铁路隧道大量地投入运营，越来越多的隧道结构出现了底部上鼓、翻浆冒泥，以及道床开裂等病害。我国富水地段铁路隧道排水系统的排水功能不全面。现有铁路隧道排水系统的主要功能是将隧道围岩内部不同类型的水引至隧道墙脚两侧或者中心水沟后并在一定的水力梯度下，使其排至隧道洞外；而对汇聚至仰拱垫层与围岩间的明水以及隧道内两侧排水沟由于施工质量等原因出现的渗漏水，该排水系统却无能为力。隧道底部大量积水，是后期基底病害发生的一大诱因。因此研究提出适宜于富水地段铁路隧道底部的排水系统及施工工艺极为重要。

参 考 文 献

[1] 张成平, 张顶立, 王梦恕, 等. 高水压富水区隧道限排衬砌合理注浆圈参数研究[J]. 岩石力学与工程学报, 2007, 26(11): 2270–2276.

[2] 王秀英, 王梦恕, 张弥. 计算隧道排水量及衬砌外水压力的一种简化方法[J]. 北方交通大学学报, 2004, 28(1): 8–10.

[3] 李鹏飞, 张顶立, 赵勇, 等. 海底隧道复合衬砌水压力分布规律及合理注浆圈参数研究[J]. 岩石力学与工程学报, 2012, 31(2): 280–288.

[4] Huang F M, Wang M S, Tan Z, et al. Analytical solutions for steady seepage into an underwater circular tunnel[J]. Tunnelling and Underground Space Technology, 2010, 25(4): 391–396.

[5] Tani M E. Circular tunnel in a semi-infinite aquifer[J]. Tunnelling and Underground Space Technology, 2002, 18(1): 49–55.

[6] Park K H, Owatsiriwong A, Lee J G. Analytical solution for steady-stategroundwater inflow into

a drained circular tunnel in a semi-infinite aquifer: A revisit[J]. Tunnelling and Underground Space Technology, 2008, 23(2): 206–209.

撰稿人：李鹏飞[1]　张顶立[2]
1 北京工业大学　2 北京交通大学
审稿人：赵　勇　陈建勋

长大隧道强震灾变机理

Catastrophe Theory of Large-Scale Tunnel under Intense Earthquakes

1. 背景与意义

1) 强震作用下隧道的震害

尽管人类开挖隧道的历史可上溯到数千年前,然而,科学记录震害的历史并不长。图1所示为2008年汶川地震所致的隧道衬砌破坏[1]。这类破坏并非个案,早在20世纪70年代Dowding等[2]就统计过山岭隧道的震害,1995年日本阪神-淡路大地震后,除记录到软土隧道除通常的衬砌表面开裂的隧道震害外,还观察到跨断层处的错动破坏。Chen等[3]汇总统计了各类文献中包括近期强震作用下隧道的典型震害。

图1 汶川地震龙溪隧道震害现象

强震下隧道破坏的调查与分析是避免和控制这类震害的前提,一直受到国内外学者的重视。针对汶川地震作用下典型山岭隧道的震害现象,Yu 等[4,5]系统揭示了强震作用下山岭隧道结构的动力损坏机制及其成因,也可为建设长大隧道提供依据。

2) 长大隧道建设需求

社会发展需要节约土地资源、保护生态环境、降低能源与资源消耗、提高交通工程运营效率,长隧道的需求逐渐增加,如取代翻越高山时盘山环绕的多座短隧道,穿过航运频繁的江海水域等。

交通运输业的发展促进了铁路隧道建设理论与技术的发展,目前已成功建设了长度超过 57.0km 的阿尔卑斯山底铁路隧道,并已于 2016 年 12 月正式开通,为世界上最长的铁路隧道。日本 1988 年建成投入运营的青函隧道全长 53.85km,位于海底 100m(海平面 240m)以下,至今仍然是世界已建最长的海底隧道。

特长铁路隧道通常设多条并行隧洞,分别用于行车和辅助服务(维修、逃生、救援),其间相互连接,如图 2 所示,形态如空间管架结构,但是尺度宏大。

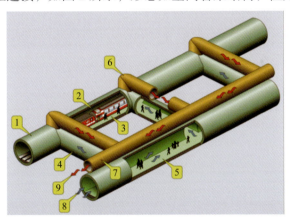

图 2 隧道及紧急逃生站[5]

1-主隧道; 2-隧道应急站; 3-逃生路径; 4-连接通道; 5-疏散隧道; 6-排烟道; 7-主排烟道; 8-新风; 9-废气

目前世界最长的公路隧道为挪威 2000 年通车的莱达尔隧道(Laerdal,24.51km),其次为 2006 年通车的中国秦岭终南山公路隧道(18.0km)。公路隧道的横断面积较大,例如,上海外环沉管的外轮廓横断面积超过 400m^2[6]。

隧道长度增加,使得隧道跨越的地层条件不再是单一岩性,岩土混杂的情形不可避免;地质构造也更加复杂,除断层破碎带外,穿越活动性断裂的情形也不鲜见。隧道断面加大,其横向刚度相对变柔。此外,长大隧道纵横方向建造工艺所致的结构接缝薄弱环节也增多。

我国地处欧亚地震带和环太平洋地震带之间，是世界上地震比较活跃的国家之一。强震波及范围数十千米至数百千米，隧道的震中距、地层地震传播特性、地层-隧道动力相互作用、结构尺度效应等因素，均与长大隧道强震灾变机制有关。研究隧道强震灾变机制是认识和控制隧道震害的基础，对于交通生命线的安全稳定运行，对于隧道工程学和灾害学的发展均有重要的学术意义和应用价值。

长大隧道强震问题研究的核心在于地层-隧道地震动力相互作用问题，可一般性地表述为：空间域 $\Omega_m \in \Omega$ 和 $\Omega_t \in \Omega$，且有 $\Omega_m \cup \Omega_t \in \Omega$，其中，$\Omega_m$ 和 Ω_t 分别指介质和隧道所占空间域。若任意时刻 t 空间域的构形可用坐标 x 表征为 $u(x,t)$，简记为 u，那么，如果给定作用 $p = p(x,t)$，简记为 p，其间存在关系

$$M\ddot{u} + C\dot{u} + Ku = p \tag{1}$$

式中，M、C、K 分别为 Ω 中系统的质量、阻尼和刚度；$\ddot{u}$、$\dot{u}$、u 分别为系统的加速度、速度、位移；p 为系统受到的动力作用，这里即为地震作用。

式(1)即是地层-隧道系统的动力平衡方程。

若采用振动法解析式(1)，假定设计地震作用基准面(基岩)上各点的地震加速度在同一时刻是相同的，即设为

$$\ddot{u}_g = \left\{ \ddot{u}_g(t) \right\} \tag{2}$$

则地震作用

$$p = \left\{ p(t) \right\} = -M\ddot{u}_g \tag{3}$$

2. 研究进展

研究发现，当结构长度达到或超过地震波长的 1/4 时，结构的所有地面节点呈现非一致运动特征[7]，即震源释放出来的能量经不同的路径、不同的地质条件传播到地表后引起的振动存在一定的差异。地震作用的非一致性，即 p 随空间域 Ω 的位置 x 而变化，也会对长隧道产生类似作用。最近，在长隧道地震响应数值分析方面，研究人员提出了土-隧道时空多尺度动力分析方法(multiscale dynamic modelling)，所建立的多尺度网格不受空间域的限制，时间域的混合时间步算法可有效消除高频波的虚假反射，因无须附加过滤和阻尼而显著提高大规模动力数值仿真的计算效率，该方法成功应用于 14km 长盾构隧道地震安全性评价(图3)，解决计算规模和局部精细化分析的矛盾。

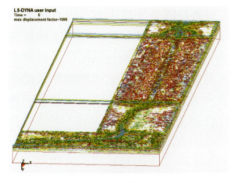
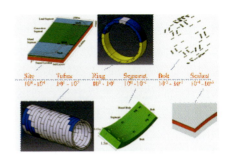

(a) 工程区域尺度　　　　　　　　(b) 模型中的多种尺度

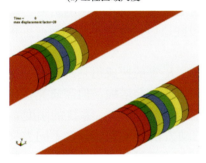
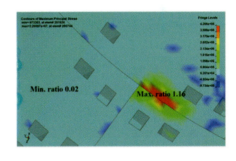

(c) 多尺度转化　　　　　　　　　(d) 局部精细化

图 3　多尺度动力分析方法

长隧道多点振动台试验方法方面，研究了无限长梁离散振动与连续振动响应间的等效性，阐明了长隧道振动台阵多台面离散输入与模拟基岩面连续输入间的转换关系；提出了土-隧道重力失真模型动力相似控制指标、节段式模型箱理论与技术以及非一致激励输入方法，研究了多点振动台输入下的自由场行为，解决了非一致地震作用下长隧道结构与环境介质动力耦合作用的连续与非连续地震输入试验难题[8]，开展了非一致地震激励下超长隧道的多点多维振动台模型试验模拟，成功实现超长隧道在一致激励和非一致激励(行波效应)下的地震响应模拟[9]。

3. 主要难点

一般认为，对地层-隧道地震动力相互作用中非一致激励的研究，主要难点包括以下三个方面：

(1) 由地震波到达时间差异造成的行波效应。行波效应是一种典型的非一致地震激励，主要与地震波到达时间有关。目前对均一地层的研究较为成熟，一旦隧道处于非均一地层，尚需研究地震行波输入的变化。

(2) 由场地条件差异引起的场地效应。场地条件既有地质因素，也有地形影响，地震传播导致的波动和振动一直是地震学家研究的重要课题。强震下地层的响应除传播震源的震动外，还会导致隧道场地失效。这类失效包括断层或破碎带错动等局部破坏、砂土液化或软土震陷等永久变形作用。地震记录到的断层错动或拉开距离达数米至数十米，而这样的错动量尚无法从地震地质学上给出准确预测。针对房屋基础或桥梁基础，若探明地层存在砂土液化或软土震陷，因这类基础面积不大，则可采用换填和地基改良等多种处治方式。而隧道穿过这样的潜在破裂区域的研究尚不充分，对于埋置于这类地层中的长大隧道，应探究诱发隧道周边或底部砂土液化或软土震陷的条件。

(3) 地震波的相干效应。这主要指地震波在地层的不同介质中的折射、反射和散射引起的相干效应。事实上，在地层中建设隧道后，也会在其界面产生相干效应。

此外，地层-结构非线性动力方程中，M、C、K等的构成也是难题之一。例如，随隧道尺度增加，加入地层-隧道系统的质量M也会增加，但需研究在什么范围与边界条件下系统的动力响应可恰当表征地震作用；又如，系统的刚度K在强震条件下会进入非线性状态吗？地层-隧道的动力耦合场实质包含不同类型结构的动力非线性效应，特别是隧道与周边土体间的不连续界面的非线性，这些非线性特征直接影响地震时隧道周边的地震动场和结构的地震反应过程；再者，通过改变系统阻尼C可以控制地震效应吗？工程技术上怎样实现？在给定系统质量M的前提下改变系统刚度K是有效的吗？或者通过隔除手段控制地震作用p，减小对隧道结构及其附属设施的破坏效应。解决这些难题不仅需要理论方法支持，还需要通过试验验证，以应用于隧道工程实践。

参 考 文 献

[1] 袁勇, 柳献, 禹海涛, 等. 汶川地震隧道震害调查与思考[R]. 上海: 同济大学, 2008.

[2] Dowding C H, Rozen A. Damage to rock tunnels from earthquake shaking[J]. Journal of Geotechnical Engineering Division, 1978, 104(GT2): 175–191.

[3] Chen Z Y, Shi C, Li T B, et al. Damage characteristics and influence factors of mountain tunnels under strong earthquakes[J]. Natural Hazards, 2012, 61(2): 387–401.

[4] Yu H T, Yuan Y, Liu X, et al. Damages of the Shaohuoping road tunnel near the epicentre[J]. Structure and Infrastructure Engineering, 2013, 9(9): 935–951.

[5] Yu H T, Yuan Y, Bobet A. Multiscale method for long tunnels subjected to seismic loading[J]. International Journal for Numerical and Analytical Methods in Geomechanics, 2013, 37(4): 374–398.

[6] 沈秀芳, 乔宗昭, 陈鸿. 上海外环隧道设计[C]//海峡两岸岩土工程地工技术交流研讨会, 上海, 2002.

[7] Giorgio M, Camillo N, Paolo E P. Nonlinear response of bridges under multisupport excitation[J]. Journal of Structural Engineering, 1996, 122(10): 1147–1159.

[8] Yan X, Yu H T, Yuan Y, et al. Multi-point shaking table test of the free field under non-uniform earthquake excitation[J]. Soils and Foundations, 2015, 55(5): 985–1000.

[9] Yan X, Yuan J Y, Yu H T, et al. Multi-point shaking table test design for long tunnels under non-uniform seismic loading[J]. Tunneling and Underground Space Technology, 2016, 59: 114–126.

撰稿人：袁　勇　禹海涛　陈之毅

同济大学

审稿人：张顶立　赵　勇

高速铁路隧道空气动力学

Aerodynamics of HSR Tunnels

1. 背景与意义

当列车高速进入隧道时,原来占据的空气被排开,空气的黏性以及隧道壁面和列车表面的摩阻作用使得被排开的空气不能像在地面线那样及时、顺畅地沿列车两侧和列车表面形成绕流。于是列车前方的空气受到压缩,列车后方则形成一定的负压。这就产生一个压力波动的过程。这种压力波动又以声速传播至隧道口,形成反射波,经回传、叠加,产生一系列复杂的空气动力学和风动效应。主要包括瞬变压力、微气压波、空气阻力、空气动力荷载、列车风等。

高速铁路(high speed railway,HSR)隧道空气动力学及风动效应关系到旅客乘车耳膜舒适度、隧道洞口环境保护、隧道设计参数、车体结构设计参数、线路运营条件等,是世界各国在发展高速铁路中都十分关心的。近年来,国内外科研单位通过数值计算、模型试验、现场量测等方法对上述问题进行了研究,但目前仍然是一个科学难题,需要进行更加深入的研究来为高速铁路隧道的建设和运营提供决策依据。该问题的研究,不仅可提升列车在隧道内的运行速度,还可促进空气动力学、流体力学、隧道工程学、车辆工程学等学科的发展。

2. 研究进展

1) 瞬变压力

车内瞬变压力会造成旅客耳膜不适或损伤。因此,从医学角度出发,国际铁路联盟标准规范(UIC Leaflet779-11-2005)规定车内气压变化幅度最大允许值为10kPa[1]。我国参考国外相关标准提出了单车通过隧道时小于0.80kPa/3s、双线隧道会车时小于1.25kPa/3s 的耳膜舒适度标准。

隧道内气压波动向车内传递主要取决于列车密封。列车密封对缓解气压波动的作用可归纳为峰值滞后和幅度衰减,国内外均采用基于线性假定的泄漏模型[2]。列车密封采用动态密封指数 τ_{dyn} 来表达,根据 UIC Leaflet779-11-2005,其量值可通过现场实车试验测定,也可根据静态密封指数 τ_{state} 的 1/3~1/2 来估算。国内外一般认为 $\tau_{dyn}<1$ 为不密封列车,$\tau_{dyn}<6$ 时为密封较低列车,$\tau_{dyn}>6$ 为密封较好列车、

$\tau_{dyn}>10$ 为密封很好列车。

2) 微气压波

列车高速进入隧道时，其前方空气受到挤压，这种挤压状态的空气以声速传播至隧道出口，骤然膨胀，产生一个称为微气压波的次声波，如图1所示。微气压波是一种低频振动和噪声，频率在 20Hz 以上部分形成可听到的爆破噪声，频率在 20Hz 以下部分主要使得隧道洞口附近的轻型结构产生剧烈震动。影响微气压波的主要因素包括车速、车头形状、列车断面、隧道长度、隧道断面、道床结构形式、洞口地形、辅助坑道等。

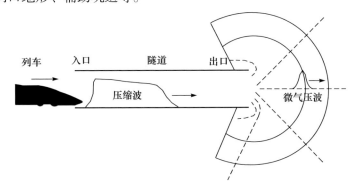

图 1 隧道微气压波

日本、德国、中国等均制定了微气压波控制标准，一般要求距洞口 20m 处小于 50Pa，距洞口 50m 处小于 20Pa，洞口附近建筑物处小于 20Pa。

国内外均开展了微气压波发生机理的研究，将其分为三个阶段，即首波在隧道进口的形成、首波在隧道中的传递、首波在隧道出口释放形成微气压波。我国在武广等高铁现场试验中也进行了大量测试试验[3]。

国内外主要采用修建洞口缓冲结构和利用洞内辅助坑道两方面的工程措施来降低微气压波。通过研究提出了缓冲结构的型式(阶梯型)及设计参数(长度为 1 倍隧道洞径至 50m、断面为 1.55 倍隧道断面、开口面积为 0.3 倍隧道断面等[4])。

3) 空气阻力

列车在隧道中运行时空气阻力主要包括压差阻力和表面摩擦阻力两部分。当车头进入隧道时，空气阻力大幅上升，车尾进入隧道瞬间，空气阻力达到最大值；整列列车在隧道中运行时，空气阻力沿程不断降低；车尾驶出隧道瞬间，空气阻力回复至明线空气阻力。

国内外根据恒定流和非恒定流假定提出了隧道空气阻力平均值、最大值和过程曲线的计算方法，并采用特定有限区间方法进行了现场试验验证。通过研究发现，隧道空气阻力随着隧道长度的增大而增大、随着隧道断面的减小而增大、短隧道空气阻力与明线情况非常接近，车速为 350km/h 时，单洞双线和双洞单线隧道空气阻力相对明线的增加分别在 30%和 50%以内[4]。

车速、隧道断面、列车断面对隧道空气阻力的影响很大，但在实际运营中这些因素确定的情况下，减小列车空气阻力的方法有列车头尾流线化、提高车体表面平整度、优化列车底部和转向架的外形、优化列车顶部及受电弓的外形、车体连接处采用大风挡等[5]。

4) 空气动力荷载

空气动力荷载对隧道内设备设施的作用有两种情况：一是由空气流动引起迎风面压力增大而导致其前后产生压差，如信号灯、应答器、标志牌等；二是由气压变化导致空心设备设施内外产生压差，如密闭洞室门、辅助坑道门、灯泡等。国内外通过研究均确定了隧道内设备设施需要考虑的空气动力荷载最大为千帕量级，且不超过±10kPa[6]。

空气动力荷载对列车结构的作用主要为车体内外压差。UIC Leaflet 779-11-2005 规定，客车车身和门窗须承受变化幅度为±2500N/m^2、频率为 3Hz 的交变荷载 1000000 次。我国标准要求其能够承受无限次±4kPa(200～250km/h)、±6kPa(300～350km/h)的交变压差荷载。

5) 列车风

列车风是列车在隧道内高速运行时，由于空气的黏性作用带动列车周围空气随之运动而形成的非定常流动。当列车进入隧道后，产生与列车运行方向相同的活塞风，风速逐渐增大，当车头经过测点时，列车风与活塞风方向反向，当车尾经过测点时，列车风反向且达到最大值，随后活塞风风速开始衰减。

我国现场试验表明，车速为 200km/h 时，隧道内水沟盖板外侧列车风接近 20m/s[7]；车速为 250km/h 时，大于 20m/s[8]；车速为 350km/h 时，大于 30m/s[3]。因此车速 200km/h 以上高速铁路隧道的养护维修必须在天窗时间内进行，运营期间禁止人员停留在隧道内。

3. 主要难点

继续对高速铁路隧道空气动力学及风动效应问题开展理论分析和现场试验研究，为高速铁路隧道建设和运营提供决策的依据，这是十分有必要的。研究的难点、重点主要包括以下几个方面：

(1) 随着我国经济的发展，需要针对实际情况进行耳膜舒适度标准的现场验证和完善，并适时开展复合型耳膜舒适度标准的研究。

(2) 瞬变压力、微气压波、空气阻力、空气动力荷载是密切相关的，有必要根据高速铁路的工程实践和现场试验成果，对时速 200～350km 的隧道断面、列车密封及车体强度、缓冲结构设计及辅助坑道利用、列车动力性能、隧道内空气动力荷载标准以及对隧道衬砌结构安全的影响等进行系统性的工程配套适应性研究。

(3) 我国高速铁路长隧道及特长隧道较多，而对于瞬变压力存在最不利隧道长度，需要根据隧道长度和列车密封开展不同断面时瞬变压力和其他配套空气动力学指标变化规律研究，为下一步根据隧道长度分区的断面优化打下基础。

(4) 高速铁路长隧道多采用无砟轨道，无砟轨道对微气压波激化作用近几年已有现场试验成果，还需要形成系统性的理论成果供工程实际应用。

参 考 文 献

[1] Union Internationale des Chemins de Fer. UIC Leaflet779-11-2005 Determination of Railway Tunnel Cross sectional Areas on the Basis of Aerodynamic Considerations[S]. Paris: Union Internationale des Chemins de Fer, 2005.
[2] Gawthorpe R G. Pressure comfort criteria for rail tunnel operations[C]//Haerter A. Aerodynamics and Ventilation of Vehicle Tunnels. Durham: Elsevier, 1991: 173–188.
[3] 徐鹤寿, 田红旗, 万晓燕. 武广客专隧道气动效应试验研究[R]. 北京: 中国铁道科学研究院, 2009.
[4] 王建宇, 万晓燕, 吴剑. 高速铁路隧道空气动力学效应及相关技术的研究与试验[R]. 成都: 中铁西南科学研究院有限公司, 2005.
[5] 梅元贵, 周韩晖, 许建林. 高速铁路隧道空气动力学[M]. 北京: 科学出版社, 2009.
[6] 中华人民共和国铁道部. TB 10621—2009 高速铁路设计规范(试行)[S]. 北京: 中国铁道出版社, 2009.
[7] 王建宇, 万晓燕, 吴剑. 遂渝线200km/h提速综合试验分析报告之四——隧道气动力及结构动力学试验[R]. 成都: 中铁西南科学研究院有限公司, 2005.
[8] 徐鹤寿, 田红旗, 万晓燕. 合武铁路、石太客志隧道气动效应试验研究[R]. 北京: 中国铁道科学研究院, 2008.

撰稿人：吴 剑[1] 赵 勇[2]
1 中铁西南科学研究院　2 中国铁路经济规划研究院
审稿人：张顶立　陈建勋

隧道结构耐久性问题

Durability of Tunnel Structure

1. 背景与意义

当隧道建设完成并投入运营后，随着使用年限的增加，隧道结构往往逐渐劣化，性能会降低。而目前许多已建隧道使用时间并不长、远未达到设计使用年限就出现了混凝土碳化及化学腐蚀、衬砌开裂掉块、钢筋外露和渗漏水等现象，如成昆铁路自渡口至碧鸡关段隧道、上海打浦路越江隧道、海南大茅隧道、辽宁八盘山隧道、甘肃祁家大山隧道、重庆中梁山隧道、铁山坪隧道、华山隧道等均出现了上述耐久性问题[1]，不仅影响正常使用，还会演变为安全隐患。

产生上述隧道结构耐久性问题的原因包括两个方面：一方面是隧道的赋存环境较为复杂，其中工程地质条件变化将影响结构设计和施工方案的合理性，而地下水中的腐蚀性成分也会直接影响到隧道结构的耐久性；另一方面是在隧道工程快速建设的情况下，经验不足，工作不细致，造成隧道支护结构选型或工法不当、混凝土质量未达到设计要求或者养护维修管理不善等，均会影响隧道结构的使用寿命。特别是在20世纪90年代以后的较短时间内，在当时缺乏经验的情况下，我国隧道建设遇到了前所未有的困难地质和地形条件，边摸索、边设计、边施工，难免给隧道结构的耐久性留下隐患。

隧道工程属于不可逆工程，一旦建成，改建难度极大。随着建设规模越来越大，许多重大工程设计使用年限提高到100年甚至更高，例如，港珠澳大桥工程桥隧主体结构工程设计使用年限为120年。因此必须保障和提高隧道结构的耐久性。隧道结构耐久性研究具有重要的学术意义和应用价值。

2. 研究进展

1) 隧道及地下混凝土结构的耐久性

法国、美国、德国、苏联和日本等国家及地区早在19世纪40年代就开始研究混凝土结构在腐蚀性和冻融等环境下的耐久性问题，并相继制定了混凝土结构耐久性设计的指南、标准或规范。而我国对混凝土结构耐久性的研究始于20世纪60年代初南京水利科学研究院进行的钢筋锈蚀研究。近年来，牛狄涛和潘洪科[2,3]

对混凝土碳化、混凝土中钢筋的锈蚀进行了深入研究，分析了大气环境下的混凝土碳化过程、钢筋锈蚀膨胀损伤过程和锈蚀钢筋混凝土梁受弯性能。罗彦斌等[4]研究了周期性温差反复作用下隧道衬砌结构的力学特性和衬砌开裂损伤机理，分析了温度应力对隧道衬砌结构耐久性的影响。

2) 隧道喷射混凝土结构的耐久性

喷射混凝土与普通混凝土材料成分相同，大部分人则认为喷射混凝土的耐久性和普通混凝土相似。事实上，除了与普通混凝土材料成分相同，喷射混凝土还具有自身的特点。例如，在抗冻耐久性研究方面，Chen等[5]通过喷射混凝土冻融循环作用下的抗冻耐久性研究，发现不同标号喷射混凝土的抗冻耐久性与普通混凝土并不相同。显然采用普通混凝土的耐久性解释喷射混凝土的耐久性是不完全合理的，喷射混凝土结构特有的耐久性问题值得关注，尤其是抗冻耐久性机理还有待进一步研究。

3) 隧道衬砌结构开裂和失效机理

隧道衬砌裂损的影响因素具有多样性和不确定性[6]，如松弛荷载、背后空洞、偏压荷载、不均匀沉降、地下水、温度变化、振动荷载等因素，均不可忽略。但目前关于衬砌结构裂损的研究一般都是针对某一特定情况，如偏压、衬砌结构形式、施工工法、支护加固方法等。研究方法上，断裂力学理论目前越来越多地运用于隧道结构分析，通过分析隧道衬砌结构受力状态，提出隧道衬砌防裂措施。需要指出的是，隧道衬砌作为拱形结构物，即使某一处发生弯曲开裂和钢筋屈服，也不会立即造成整个结构物的破坏。因此衬砌裂损机理研究应关注整个衬砌结构从修建初始状态到极限状态的裂损过程。

3. 主要难点

1) 耐久性机理

进行隧道结构耐久性研究时，通常借鉴地面结构的研究方法和成果。现有工作主要涉及地面结构和海港、水工结构等领域，研究成果多为材料层面上的耐久性，而结构、机理、工法和管理层面影响的研究较少；单一因素影响的研究较多，多种因素综合影响的研究极少。因此隧道结构耐久性机理研究应由材料机理层次向构件机理层次和结构机理层次转化，由单一因素影响向多种因素综合影响转化。

2) 耐久性控制体系

隧道衬砌所处环境对其耐久性的影响可分为外部和内部两部分。外部主要考虑大气环境下衬砌结构的性能衰减，内部主要考虑环境中的水及其所含物质对耐久性的影响。此外隧道衬砌结构本身的受力状态也会影响其耐久性。随着隧道长度及断面尺寸加大，结构受力会发生变化，容易加大裂缝分布区域，使得有害气体侵入衬砌而降低其耐久性。目前针对混凝土抗氯离子渗透性、碳化和抗硫酸盐腐蚀性的研究较多，主要分析了隧道衬砌混凝土的开裂原因和影响因素。因此应结合隧道结构特点，对其结构耐久性综合控制体系进行深入研究。

3) 耐久性设计指标和评价方法

目前隧道衬砌结构耐久性设计与评价方法仍处于研究阶段，主要内容包括耐用时间、质量系数、耐久性指数以及与劣化有关的外力、深度、保护层等方面[7]。有必要结合隧道结构的特点，根据结构耐久性评估理论，提出合理的隧道结构耐久性评价方法，选取耐久性评估指标，划分评估指标的等级，确定评估指标权重，进行隧道结构耐久性设计与评价。

参 考 文 献

[1] 郑元芳. 隧道围岩-支护结构长期稳定性研究[D]. 重庆: 重庆大学, 2008.
[2] 牛荻涛. 混凝土结构耐久性与寿命预测[M]. 北京: 科学出版社, 2003.
[3] 潘洪科. 基于碳化作用的地下工程结构的耐久性与可靠度[D]. 上海: 同济大学, 2005.
[4] 罗彦斌, 陈建勋, 段献良. C20 喷射混凝土冻融力学试验[J]. 中国公路学报, 2012, 25(5): 113–119.
[5] Chen J X, Zhao X Z, Luo Y B, et al. Investigating freeze-proof durability of C25 shotcrete[J]. Construction and Building Materials, 2014, 61(9): 33–40.
[6] 胥民尧. 断裂力学理论在公路隧道衬砌开裂中的应用研究[D]. 重庆: 重庆交通大学, 2008.
[7] 关宝树. 隧道工程施工要点集[M]. 北京: 人民交通出版社, 2003.

撰稿人：陈建勋　罗彦斌

长安大学

审稿人：赵　勇　张顶立

隧道病害机理与控制

Mechanism and Control Theory of Tunnel Damage

1. 背景与意义

为了适应经济发展和人民生活水平不断提高的需要，我国修建了大量铁路、公路、地铁隧道、水利隧洞、城市地下管廊等地下工程。我国隧道工程的数量及规模已位居世界前列。然而，随着隧道运营年限的延长，隧道结构出现了各种病害现象，如衬砌开裂、渗漏水、道床破坏、冻害、材料劣化等[1]。隧道结构病害的存在一方面严重缩短了隧道结构的使用寿命，缩短了维护周期；另一方面给隧道工程的运营带来了巨大的安全隐患。隧道病害机理与控制理论这一研究课题在此背景之下逐渐受到业界关注。

由于受到隧道及地下工程本身特殊的结构形式和周围复杂的建筑环境等各方面的影响，目前国内外对隧道结构病害机理及控制理论课题的研究还不甚成熟，大量的难题仍未得到有效解决。因此有必要对该问题进行系统、全面的分析研究，以期得到隧道结构病害产生的机理及科学合理的病害评估方法，制定具有针对性的、合理有效的隧道结构病害处置措施，从而有效地控制隧道病害的发生和发展，延长隧道的使用寿命，保障隧道在运营期间的安全。

2. 研究进展

1) 隧道病害机理研究

国内外部分专家学者针对隧道病害机理进行了一系列研究。例如，何川等[2]分别利用现场原位试验、数值分析以及室内相似模型试验系统地研究了高速公路隧道病害机理；Meguid等[3]利用弹塑性有限元法分析了衬砌背后空洞对隧道衬砌应力和弯矩的影响；吴江滨[4]利用现场实测数据分析、理论解析推导和数值计算等多种研究手段，对隧道衬砌厚度变化及衬砌后接触条件变化对衬砌应力状态的影响进行了全面系统的研究；宋瑞刚等[5]利用地层结构法针对衬砌背后空洞进行了平面弹塑形计算分析，得出了不同位置、不同尺寸的空洞及空洞群对衬砌结构各截面安全系数的影响规律。由于隧道结构复杂的受力特性，隧道病害机理的研究尚不完善。

2) 隧道病害评估研究

目前地下结构病害的评估主要有定性评估、半定量评估和定量评估三种。随着隧道工程的不断发展，传统的定性评估方法已经不能满足实际工程需要，地下结构病害定量化评估越来越受到重视。国内外对地下结构病害的评估主要是基于先通过对病害进行检测，然后利用数值计算、理论模型等研究方法对其承载力、稳定性、裂损情况、耐久性等进行分析[6,7]。该评估方法主要针对单一地下结构病害或质量缺陷进行，如衬砌裂缝、衬砌厚度不足、衬砌背后脱空、衬砌劣化等。为了全面分析在各种病害因素综合作用下地下结构安全性问题，可采用层次分析法、可拓理论、灰色理论、模糊数学、物元理论、结构损伤度等方法，对隧道病害数据进行分析，建立定量化的地下结构病害评估方法。无论采用何种评估方法，评估结果应最大限度地反映地下结构的实际工作状态，评估应结合地下结构的地质环境及施工情况，建立基于病因的地下结构安全性评估方法。

3) 隧道病害控制研究

目前国内外地下结构病害整治相继颁布了相应的规范和指南，为隧道病害的控制及治理提供了指导。日本及美国对其铁路、公路、电力、地铁等地下结构进行了大量调查，并根据变异、变形速度、开裂、错动、掉块、材料劣化、腐蚀等影响因素建立模型，开发了有效的专家系统，并推出了隧道健康诊断与维修管理规范[8,9]。我国《公路隧道养护技术规范》(JTG H12—2015)给出了对常见隧道结构病害治理的原则与治理方法[10]。国内外地下结构病害的整治主要有拆除重建法、锚喷支护法、套衬补强法、凿槽嵌缝法、直接涂抹法、粘贴碳纤维板(布)、粘贴钢板等方法。目前已有的研究多针对隧道病害治理，对隧道病害控制机理的研究涉及较少。

综上所述，由于隧道及地下结构的复杂性，隧道结构病害机理及控制理论的研究尚存在诸多不足，许多科学问题仍需要进一步深入研究。

3. 主要难点

1) 隧道病害机理

由于隧道病害成因复杂，受力状态具有多样性和不确定性，隧道病害机理的研究尚不完善。研究地下结构病害机理应以围岩-支护相互作用关系为出发点，建立能够全面、真实反映隧道结构实际工作状态的地下结构病害模型，同时应结合衬砌材料劣化因素，考虑荷载及材料耐久性耦合作用下的隧道结构病害机理问题。

2) 隧道病害评估方法

目前已有的隧道病害评估方法在评估指标的选取、评估指标量化标准及评估算法等方面存在不足，需要进一步深入研究。首先明确隧道病害评估指标的选取原则，并依此构建隧道病害评估指标体系；参照国内外相关规范、标准以及相应研究成果，制定隧道病害评估指标的具体评定标准，选取合理的评估算法建立地下隧道病害的量化评估方法。

3) 隧道病害控制理论

一般来说，隧道结构病害的产生通常有设计理念、施工质量控制和养护维修水平三个层面的原因。因此隧道病害控制理论也应基于这三个层面建立。应考虑建立"全寿命周期"的隧道结构安全保障体系，自设计、施工阶段就应严格控制，运营期间进行及时高质量的维护，出现病害后应根据病害特征制定有针对性的治理措施，制定隧道病害标准化检查标准及操作细则，制定隧道病害治理指导意见，使隧道病害检查、评估、治理规范化及标准化，从而有效地减少、控制隧道病害。

参 考 文 献

[1] 张素磊. 隧道衬砌结构健康诊断及技术状况评定研究[D]. 北京: 北京交通大学, 2012.
[2] 何川, 佘健. 高速公路隧道维修与加固[M]. 北京: 人民交通出版社, 2006.
[3] Meguid M A, Dang H K. The effect of erosion voids on existing tunnel linings[J]. Tunneling and Underground Space Technology, 2009, 24(3): 278–286.
[4] 吴江滨. 铁路运营隧道衬砌状态评估体系的建立及工程应用研究[D]. 北京: 北京交通大学, 2004.
[5] 宋瑞刚, 张顶立. "接触问题"引起的隧道病害分析[J]. 中国地质灾害与防治学报, 2004, 15(4): 69–71.
[6] 《中国公路学报》编辑部. 中国隧道工程学术研究综述[J]. 中国公路学报, 2015, 28(5): 1–65.
[7] 日本道路协会. 道路トンネル维持管理便览[M]. 东京: 日本道路协会, 1993.
[8] Federal Highway Administration. Highway and Rail Transit Tunnel Maintenance and Rehabilitation Manual[M]. Washington DC: Military Bookshop, 2012.
[9] 关宝树. 隧道工程维修管理要点集[M]. 北京: 人民交通出版社, 2004.
[10] 中华人民共和国交通部. JTG H12—2015 公路隧道养护技术规范[S]. 北京: 人民交通出版社, 2015.

撰稿人：刘学增[1] 张素磊[2]
1 同济大学　2 青岛理工大学
审稿人：张顶立　赵　勇

城市交通隧道施工安全风险过程控制

Process Control of Safety Risk in Urban Traffic Tunnel Construction

1. 背景与意义

城市隧道在建设过程中，因其赋存的地层环境及周边环境复杂多样、各类结构物众多，施工影响因素多且不确定性突出，故面临极大的安全风险。安全风险控制是城市隧道工程建设风险管理的核心环节，也是工程安全风险分析和评估的归宿点。隧道施工安全风险事故的发生机理及演化过程极其复杂，地层变形及周边结构破坏是随时间发展的动态过程，具有显著的时空效应和非线性特点，其极限破坏值和总控制标准只是最终状态，而破坏发展的过程更为重要[1]。

地层及结构的变形量是隧道安全状态最直接的表征参数。隧道施工安全风险过程控制是以地层变形控制为核心的，按照不同工程活动影响下地层与结构变形的发展特点，采用理论计算结合施工经验等方法，制定每个关键工序点变形控制标准值(阶段控制值)。当各阶段变形值超过阶段控制值时，采取必要措施对土体自身变形进行处理以实现过程恢复，使每一步序的沉降值恢复到变位分配中的阶段控制值之内，且总的沉降值也满足控制要求(必要时还需实施工后恢复)[2,3]。也就是说，基于变位分配原理，将地层及结构整体变位量分解到每个施工步序中，通过加强过程控制来实现整体控制的目标(这里变位指地层及既有各类结构物受新建隧道施工影响的各种反应，包括变形、位移、受力、破坏等)。上述隧道施工安全风险的过程控制体现了科学性和合理性：①将总体变位控制量分解，使每一步施工都有明确的控制目标，施工可操作性强；②地层及结构变位得到整体协调，施工控制重点明确、有的放矢；③及时掌握变位监测值与标准值的偏离动态，及时处理，从而避免了风险累积，使地层及结构变位控制处于积极、主动的地位。

2. 研究进展

目前隧道施工安全风险问题已普遍受到充分重视。随着我国隧道工程大规模飞速发展，对其建造过程中安全风险的过程控制，包括原理、方法、技术等认识也不断深入，相关研究成果已广泛应用于实际工程，并经过大量工程实践、检验和修正,得到了完善和丰富[4,5]。已建立的城市隧道及地下工程施工安全风险管理体系,提出以现状评估为基础、以控制地层变形为核心、以地层处理和施工方案为重点、以监控量测为手段、以确保被穿越的邻近结构物安全为目标的安全风险控制原则和方法,系统实施变位分配方法,实现对工程建设过程的动态控制。主要包括以下五个环节:①既有结构的现状调查及评估;②施工影响预测及施工方案优化;③过程控制方案的制定和实施;④监控量测及信息反馈;⑤工后评估及结构状态修复。变位分配是安全风险过程控制的灵魂,监控量测是重点,根据监测结果对施工的信息反馈是关键。城市隧道施工安全风险过程控制方法基本流程如图1所示。

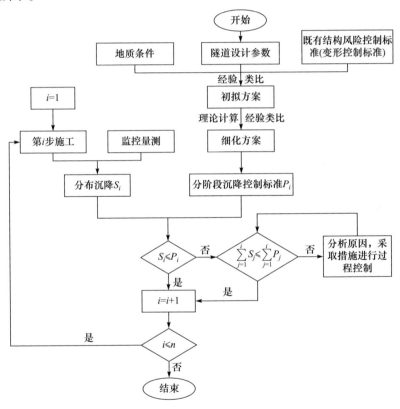

图 1 城市隧道施工安全风险过程控制方法基本流程

3. 主要难点

(1) 隧道施工地层变形非线性力学问题。隧道施工对地层及环境影响的非线性特征是隧道施工过程力学问题的关键。隧道施工过程中应力场从原岩应力场到二次、三次应力场多次转换,地层应力释放随时间动态累积变化,应及时控制好每个阶段地层应力的释放水平,以控制地层的最终变形;同时土体存在塑性变形特征且具有显著的应力路径相关性,使得施工活动对土体的影响与施工方法、开挖步序、开挖进尺所相应产生的应力路径及应力历史等关系密切而复杂[6~8]。掌握地层变形和破坏的关键节点及其与工程活动的对应关系是安全风险过程控制的重要依据,也是研究的首要难点。

(2) 隧道施工影响下地层与既有结构的动态相互作用。城市隧道施工过程伴随着多体联动、多场耦合、多因素影响的动态相互作用过程,通过建立具有不同几何、物理和力学特征的土体及结构物多体系统的力学模型,考虑系统中应力场、变形场、渗流场和温度场等多场耦合作用以及动态变化特性,揭示这一动态作用机理,是城市隧道穿越既有各类结构物工程中的核心问题;此外对于富水地质条件下隧道施工,需分别针对以地层沉降量/速率、结构变形量/速率和涌水量/速率为主导机制的三类灾变演化过程开展深入研究,并揭示其致灾机理。上述是实现地层及结构变位控制标准的科学性、可靠性和准确性,以及施工安全风险精细化控制的理论支撑,也是研究面临的最大困难。

(3) 既有结构变位的过程恢复原理及方法。既有结构变位过程恢复是过程控制的必要环节。目前以注浆抬升为主要形式,通过浆液对土体自身的加固及变形处理,进一步作用到既有结构上,达到恢复其变形、重新满足控制要求的目的。过程恢复是结构变形的逆过程,具有显著的非线性特征,若恢复不当极易对结构造成新的破坏。对注浆抬升作用机理开展进一步的系统研究,针对地层及结构变位的时效性和过程性提出更加科学合理的操作方案,提高其过程恢复效果是研究的重点和难点。此外,探索和发展更多适用于城市隧道施工安全风险过程控制及过程恢复的新方法和新途径,并对其效果实施预测及评价,是研究的重点方向。

参 考 文 献

[1] 张顶立. 城市地铁施工的环境安全风险管理[J]. 土木工程学报, 2005, 38(增刊): 5–9.

[2] 李鹏飞, 张顶立, 房倩, 等. 变位分配原理在隧道穿越建筑物施工中的应用研究[J]. 北京工业大学学报, 2009, 35(10): 1344–1349.

[3] 房倩, 张顶立, 侯永兵, 等. 浅埋暗挖地铁车站的安全风险控制技术[J]. 北京交通大学学报, 2010, 34(4): 16–21.

[4] 逄铁铮. 全程注浆在隧道穿越既有建筑物中的试验研究[J]. 岩土力学, 2008, 29(12): 3451–3458.

[5] 侯艳娟, 张顶立, 张丙印. 城市隧道施工穿越建(构)筑物安全风险管理体系[J]. 地下空间与工程学报, 2011, 7(5): 989–995.

[6] 华安增. 地下工程周围岩体能量分析[J]. 岩石力学与工程学报, 2003, 22(7): 1054–1059.

[7] 朱维申, 李术才, 程峰. 能量耗散模型在大型地下洞群施工顺序优化分析中的应用[J]. 岩土工程学报, 2001, 23(3): 333–336.

[8] 吴波, 高波, 关宝树. 锚喷支护弹塑性设计理论及其工程应用[J]. 铁道工程学报, 2002, 76(4): 82-85.

撰稿人： 侯艳娟　张顶立
北京交通大学
审稿人： 赵　勇　陈建勋

超长隧道火灾救援与灾后修复

Fire Rescue and Post-Disaster Rehabilitation of Ultra-Long Tunnel

1. 背景与意义

一座座穿山过海的超长隧道，将一个个被大山河海阻隔的地区连接起来，为地区间经济发展、国家间经济交流发挥了重要作用。然而隧道是一相对闭塞的狭长型空间，随着长度的增加、交通密度的增大、行车速度的提高，火灾频率呈上升趋势。尤其在长度 10km 以上的超长隧道内，若发生火灾，则救援难度极大，极易导致大量人员伤亡、设备和衬砌结构严重破坏，并可引起长时间的交通阻断，造成的直接和间接损失都是非常巨大的。火灾救援与灾后修复问题已成为超长隧道交通安全中最重要的问题。

隧道火灾燃烧速度是敞开空间的 3 倍，最高温度可达到 1000℃以上，浓烟充满隧道。世界上多起隧道火灾都产生了灾难性的后果。例如，1999 年 3 月 24 日勃朗峰(Mt.Blance)隧道火灾，火势波及 43 辆车，燃烧持续 53h，共有 41 人丧生，隧道修复时间长达 3 年。火灾事故调查表明[1~3]，隧道火灾安全标准过低，是导致火灾悲剧的直接原因；火灾探测及监控系统未能及时发现，并阻止车辆进入，则造成火灾的失控和后果的进一步扩大；疏散避难设施设置不当，造成人员被困，无法及时撤离；排烟不畅和排烟能力不足，直接导致人员中毒伤亡；消防救援布置不合理，则延误了最佳救援时间；而火灾后长时间的结构修复，间接经济损失重大。

21 世纪是隧道及地下空间大发展的时代，超长山岭隧道和水底隧道不断地在世界各地被规划和建成，为保证其安全高效运营，超长隧道的火灾救援与灾后修复是亟须解决的科学难题。

2. 研究进展

20 世纪以来，不断发生的火灾事故及造成的惨重损失，唤起了人们对隧道火灾潜在危险的意识。1958 年日本在关门海底隧道[4]首开公路隧道安装火灾探测及消防设施的先河，随后更为先进的火灾探测技术在各国隧道中得到广泛应用。2000 年后欧洲将火灾监测系统接入中央控制和监控系统。我国在 2008 年研究了公路隧道联动控制技术[5]，实现了火灾探测报警系统与通风排烟系统、应急照明系统等多系统的联动控制。

20 世纪 60 年代，日本、瑞士、英国、奥地利、美国等开始了隧道火灾安全研究。包括在日本霞关隧道(1967 年)、瑞士奥芬格隧道(Ofeneg，1965 年)、美国纪念隧道(Memorial，1993~1995 年)等相继进行火灾试验研究和为改善地下交通设施防火措施的尤里卡(EUREKA)研究计划。在 Mt.Blanc 隧道、St.Gotthard 隧道、Tauern 隧道等的重大火灾事故后，欧洲对 20 座特长隧道进行了测试和评估，于 2001 年启动了 FIT、UPTUN、Virtual Fire、Safe-T 等多项大型隧道火灾研究计划，对既有隧道火灾安全、隧道火灾设计、降低隧道火灾事故及后果、隧道安全和应急管理、火灾模拟系统开发等展开了系统研究[6]。

为解决超长隧道的火灾救援及排烟问题，国外结合青函隧道、新圣哥达隧道、英法海峡隧道分别研究了救援站、服务隧道等救援排烟模式[3]。2000 年后，我国结合秦岭终南山等超长隧道建设，研究了隧道内的火灾燃烧及烟流蔓延规律、火灾通风对策、竖井及救援站模式下的排烟技术，以及火灾应急救援综合响应体系等[7]。

针对火灾后结构的损坏，国内外针对圣哥达隧道、勃朗峰隧道、英法海峡隧道等，研究了基于火灾后高温结构损伤探测与评估基础上的修复措施[8]。

3. 主要难点

隧道火灾是动态发展的，超长隧道如何有效防止火灾、应对火灾，将火灾危害降到最小，并在火灾后快速修复，以下难点问题尚需进一步研究和探索：

(1) 高效的火灾探测与防治。超长隧道环境特殊，火灾随机性大，若不能在起火阶段扑灭，会很快轰燃成为火灾。如何克服潮湿、粉尘大、噪声高、振动大、电磁干扰严重、有腐蚀性气体等恶劣条件，实现及早发现并扑灭火灾，对隧道安全运营来说至关重要。而这是一个涉及高效火灾探测子系统、可靠反应的视频监控子系统以及消防联动控制子系统长期可靠运行的难点问题。

(2) 隧道内烟气的运动及扩散特征。隧道火灾事故是一种失去控制的燃烧过程，火灾烟气运动与扩散受火灾强度、供氧量、纵坡、通风方式、交通方式、运行车辆、外界风、斜(竖)井设置等多因素的影响。要准确描述诸因素的影响，需借助模型试验、全尺寸的火灾试验和数值模拟等研究方法。这三种方法均存在一定局限性，给研究火灾烟气的运动特征带来了一定困难。

(3) 火灾通风排烟及控制。控制烟气蔓延，保证人员迎着新鲜空气撤离，为消防人员进场灭火创造条件，是火灾通风应达到的目标。如何针对隧道火灾的动态发展，制定火灾烟气动态控制策略，设计火灾通风排烟系统，仍是研究的难点问题。

(4) 综合防灾救援系统。隧道的火灾救援涉及救援组织机构、救援设备配置、隧道通风消防等机电设备控制等。制定应急救援流程,架构快速反应的救援机构,配置训练有素的救援力量,建立基于计算机及互联网技术的应急智能联动控制系统,是实现火灾后快速救援亟须解决的一大难题。

(5) 灾后结构修复。由于火灾形态、强度各异,且受隧道的围岩及地下水情况、施工方法、断面形式及灾害大小等因素的影响,不同火灾对结构的损伤程度不同。探明结构高温损伤机理及灾后力学特性,发展结构高温损伤探测理论与技术、损伤程度评定方法、损伤承载能力评估方法,是制定快速合理的结构修复方案亟须解决的科学难题。

参 考 文 献

[1] 国外道路标准规范编译组. 公路隧道火灾及烟气控制[M]. 北京: 人民交通出版社, 2006.
[2] Leitner A. The fire catastrophe in the Tauern Tunnel: Experience and conclusions for the Austrian guidelines[J]. Tunnelling and Underground Space Technology, 2001, 16(4): 217–223.
[3] Kirkland C J. The fire in the Channel Tunnel[J]. Tunnelling and Underground Space Technology, 2002, 17(2): 129–132.
[4] 平井秀治. 公路隧道消防设备的历史和现状[J]. 郭瑞璜, 译. 消防技术与产品信息, 2000, (6): 48–53.
[5] 何川, 王明年, 方勇, 等. 公路隧道群智能联动控制技术的现状与展望[J]. 现代隧道技术, 2008, S1: 62–66.
[6] 朱合华, 彭芳乐, 闫治国. 国内外交通隧道火灾安全研究现状及启示[C]//上海市地下空间综合管理学术研讨会, 上海, 2006: 135–139.
[7] 肖明清. 南京纬三路长江隧道总体设计的关键技术研究[J]. 现代隧道技术, 2009, 46(5): 1–5, 12.
[8] 彭立敏. 隧道火灾后衬砌结构力学特性与损伤机理研究[D]. 长沙: 中南大学, 2000.

撰稿人: 何 川 曾艳华
西南交通大学
审稿人: 陈建勋 赵 勇

地铁车站浅埋暗挖法

The Shallow Tunnelling Method in Subway Station Construction

1. 背景与意义

浅埋暗挖法主要通过新奥法发展而来，新奥法是国际上广泛应用并且具有完善科学体系的一种施工方法，主要应用于岩石地层隧道开挖。新奥法在20世纪60年代传入中国，大瑶山隧道的施工就是第一次使用这种工法，在这次成功试验之后，新奥法便在全国范围内得到了普遍推广。1985年，新奥法第一次应用于军都山软土隧道开挖。1986年，新奥法第一次应用于复兴门浅埋地铁开挖。这三个工程的成功应用极大地促进了浅埋暗挖法施工体系的产生与发展[1]。由于浅埋暗挖技术取得了前所未有的经济效益和社会效益，北京市科学技术委员会与铁道部科技司于1987年共同组织了成果鉴定会，与会专家和各级领导高度评价了该项成果，并对其名称进行了讨论，最终确定了"浅埋暗挖法"的名称。与明挖法相比，浅埋暗挖法具有拆迁少、不扰民、不破坏交通及周围环境等优点；与新奥法相比，它更加有利于控制软土地层开挖的变形与沉降。浅埋暗挖法为软土条件下城市地铁修建开辟了一条新的道路。

浅埋暗挖法因其工法特点、施工环境的高度复杂性，施工将不可避免地引起地层变形和地表沉降，由此而产生的管线破坏、桩基沉降、地表建(构)筑物的倾斜和开裂等安全事故时有发生[2]，带来了一系列社会负面影响和经济损失。为此必须通过科学规划、合理设计、规范施工来保证地铁浅埋暗挖法建造过程中的施工安全和环境安全。

对于在浅埋软土地层中的地铁施工，浅埋暗挖法明确提出地层成拱效应有限，地层变形必须严格控制的科学理念。浅埋暗挖法突出时空效应对防止地层坍塌的重要作用，明确提出了在软土地层中必须快速施工的原则。为了保证浅埋暗挖法的安全施工，必须保证掌子面无水(或少量渗水)和掌子面在施工期间的自稳能力，因此浅埋暗挖法强调辅助工法的重要作用。在施工中应通过管棚、小导管、锁脚锚管、背后注浆等一系列措施保证掌子面的自稳能力。

浅埋暗挖法提出了"管超前、严注浆、短进尺、强支护、早封闭、勤量测"的十八字方针，作为浅埋暗挖法秉承的核心理念。经过30年的广泛应用，浅埋暗挖法得到了不断的改进与完善，在地铁工程建设中取得了巨大成功，然而其中许多深层次的问题值得思考。例如，不同设计单位根据自己对相关规范的理解，将地铁车站结构抗震等级定为二级或三级，这对后续的抗震设计影响较大；对初期支护与二次衬砌的设计理念不统一；对荷载取值、荷载分项系数与组合系数取值不统一；在预测浅埋暗挖施工对周边环境的影响上，结果差别较大[3]。上述问题背后其实质蕴含着深层次的科学问题，开展相关问题的深入研究，对充分认识浅埋暗挖地下工程建造问题，进而使其建造技术更具科学性和规范性，都具有重要意义。

2. 研究进展

为了保证浅埋暗挖法建造的施工安全和环境安全，必须对浅埋暗挖法工程影响进行科学的风险评估，进而根据评估结果选取合适的辅助工法、施工工法和支护参数[4]。目前地下工程中常用的风险评估与分析方法主要有基于信心指数的专家调查法、模糊综合评判方法、层次分析法和故障树分析方法等[5]。而对评估后如何给出相应的风险控制措施和规避方法的研究还不完善。

浅埋暗挖法施工中常用的辅助工法种类很多，常用的包括管棚、小导管注浆、锁脚锚管、背后注浆、降水等。其目的是对地层进行预支护和预加固，并且尽量创造无水的工作环境，从而保证地铁车站开挖面的稳定。

浅埋暗挖法车站的建造必须选择合适的施工工序(即施工工法)，从而使得施工造成的地层扰动最小，浅埋暗挖地铁车站的施工工法包括中洞法、侧洞法、柱洞法、洞桩法等。实践证明，洞桩法在控制地层沉降方面效果较好。目前暗挖法地铁车站施工多采用洞桩法，该工法有三种典型的建造模式，即传统的导洞条基法、导洞长桩法以及在北京地铁 16 号线提出的单层导洞大直径洞桩法，如图 1 所示。目前采用洞桩法施工的地铁车站最大跨度超过 30m(4 连拱)，最大高度超过 24m(三层)，建造难度极大[6,7]。

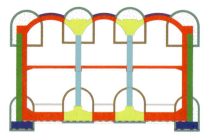
北京地铁4号线宣武门站
(a) 导洞条基法

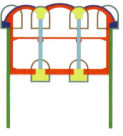
北京地铁10号线劲松站
(b) 导洞长桩法

北京地铁16号线苏州街站
(c) 单层导洞大直径洞桩法

图 1 典型洞桩法车站

近年来，为了提高生产效率、改善作业环境，并且解决用工难的问题，地铁暗挖工程中开始采用成套机械装备。该设备包括暗挖车站机械成桩设备、暗挖导洞和暗挖区间机械暗挖台车、洞内有轨运输系统、可调式数控二衬模板台车以及湿喷、双液浆注浆泵、电动挖掘机、电动工程运输车等。结合一系列成套化机械装备，研发了 PBA(pile beam arch)暗挖车站机械化配套施工技术。

3. 主要难点

1) 浅埋暗挖法车站结构力学分析

目前在浅埋暗挖法车站设计时，初期支护按承受施工期间全部荷载的承载结构考虑，大多采用工程类比法；二次衬砌按承受使用期间全部荷载的承载结构设计考虑，按照荷载-结构模型进行结构分析。二次衬砌承受全部荷载的设计理念一方面没有考虑初期支护的作用，另一方面没有考虑地层拱效应对结构荷载的折减，这就造成设计理念的保守。荷载结构模型的设计方法在考虑支护围岩作用关系时也相对保守，计算得到的弯矩偏大。设计理念和设计方法的保守就使得二次衬砌配筋远超工程安全需求，并且后续工程大都是在类似于工程配筋量的基础上进一步增加的，这就造成了大量浪费，同时钢筋绑扎过密也会给混凝土的浇筑带来困难。如何在现有理论与方法的基础上，对浅埋暗挖法车站结构进行更科学、精确的力学分析，从而提高工程设计的精度和合理性，是研究面临的一大难题。

2) 浅埋暗挖法车站围岩稳定性控制

目前在软土地层中通过浅埋暗挖法施工大断面隧道，大都是通过小断面隧道的开挖和转换来实现的。断面过小造成机械化设备无法使用、施工效率低，并且工后拆除量大。为了提高施工效率，必须减少临时支护，进行大断面直接开挖。而为了保证大断面开挖的围岩稳定性，一方面，可对断面形状进一步优化，甚至可考虑将传统的三拱两柱形式优化成两拱一柱或者取消中柱；另一方面，可提出地层改良的要求，根据需求确定辅助工法及其加固参数，并可引进合适的机械化设备提高加固质量。基于已有工程成功经验，深入开展围岩稳定性研究，对结构形式进行合理优化，并着力提升施工机械化水平，从而有效控制施工中围岩变形及稳定，是浅埋暗挖地铁车站安全高效建造的重要保障。

3) 软弱富水条件下浅埋暗挖法建造

目前浅埋暗挖法已经在北京地铁建设中得到了系统的推广应用，其施工环境大多无水(或水较少)，而且北京地层历经多次固结，属于超固结土，致密性好。在广州、深圳、杭州、成都等地也有采用浅埋暗挖法施工的案例。随着建设项目的增多、建设难度的增大，浅埋暗挖法可能会遇到流沙、淤泥、含水砂层、流塑、半流塑地层等多种复杂地层，这就需要进一步开拓新的辅助工法和施工工艺，系统开展相关理论研究与试验研究，以适应各种地层条件、埋深、跨度等方面的要求。

参 考 文 献

[1] 王梦恕. 地下工程浅埋暗挖技术通论[M]. 合肥：安徽教育出版社，2004.
[2] 房倩，张顶立，侯永兵，等. 浅埋暗挖地铁车站的安全风险控制技术[J]. 北京交通大学学报，2010, 34(4): 16–21.
[3] 高辛财，吴林林. 北京暗挖地铁车站设计与施工调研分析[J]. 现代隧道技术，2008, (S1): 67–74.
[4] Fang Q, Zhang D, Wong L N Y. Shallow tunnelling method(STM) for subway station construction in soft ground[J]. Tunnelling and Underground Space Technology, 2012, 29(3): 10–30.
[5] 陈龙，黄宏伟. 软土盾构隧道施工期风险损失分析[J]. 地下空间与工程学报，2006, 2(1): 74–78.
[6] 罗富荣，汪玉华. 北京地区 PBA 法施工暗挖地铁车站地表变形分析[J]. 隧道建设，2016, 36(1): 20–26.
[7] 李铁生，郝志宏，李松梅，等. 复杂环境条件下洞桩法暗挖车站导洞内降水方案研究——以北京地铁 8 号线王府井站为例[J]. 隧道建设，2015, 35(6): 559–564.

撰稿人：房　倩　张顶立　王梦恕
北京交通大学
审稿人：赵　勇　陈建勋

复杂环境下隧道不良地质体超前预报

Ahead Prospecting for Adverse Geology in Tunnel under Complex Environments

1. 背景与意义

我国已是世界上隧道(洞)修建规模和难度最大的国家,在水利水电和交通工程等领域正在或即将建设一批具有埋深大、洞线长、地质复杂、地形险峻、灾害频发等显著特点的深长隧道。

然而,由于山高洞长、地形地质条件复杂以及地表勘察方法有限,在施工前期难以对工程区域的工程地质情况有全面准确的掌握。在隧道施工扰动下有可能诱发突水突泥、塌方等严重的地质灾害,给隧道施工带来严重的人员生命财产损失[1,2]。富水断层、充水溶洞等不良地质体及其诱发的突水突泥、塌方等大型地质灾害已成为隧道工程界所面临的巨大挑战。其原因在于以往的理论与技术难以实现含水构造探测的定量识别,尤其是难以探测含水构造的水量,探查掌子面前方地下水的理论与技术未取得真正突破,各种探查方法之间缺少合理有效的搭配和集成。

为了更加有效地掌握隧道施工期间掌子面前方的地质情况,从 20 世纪 70 年代开始注重隧道施工过程中超前地质探测理论、技术研究及工程实践工作。超前导洞、超前钻探方法最先用来勘探掌子面前方的地质情况,由于其经济和时间成本都很高,人们逐步研发了无损地球物理超前探测方法,包括地震发射类、电磁类、直流电法类等。地震波类超前探测[3],主要用于远距离(120m 范围内)地质异常体探测,但无法识别其含水性。电磁波类超前预报[4,5],在探查和识别水体方面起到重要作用,但抗干扰能力较弱,容易受隧道内机械设备、钢铁结构的影响。激发极化与电法类超前预报[6,7],主要用来探测掘进面前方 30m 范围的含水情况,并尝试估算含水体水量。

在全断面隧道掘进机(tunnel boring machine,TBM)施工隧道超前预探测方面,国内外研究者普遍认为 TBM 探测环境极为复杂,目前专用于 TBM 隧道的超前探测技术仅有少数几种:德国 GD 公司研发的隧道地质超前预报电法(bore-tunneling electrical ahead monitoring,BEAM)[8]技术,属于聚焦频率域激发极化法,本质上仅能定性判断是否存在水体，无法定位；德国 GFZ 公司研发的地震超前探测技术 (integrated seismic imaging system，ISIS) 地震超前探测，采用了三维观测模式，但如何压制和去除 TBM 施工中强烈的震动噪声是其未能很好解决的问题；另外有以 TBM 刀具破岩震动为震源的随钻地震超前探测[9](tunnel seismic while drilling，TSWD)等，由于未能很好地解决干扰压制、三维成像等问题，目前尚未实际应用。

隧道施工期间地球物理超前地质探测并非地表探测的简单移植或改造。严格来讲，隧道探测环境是三维全空间，与地表半空间探测环境大不相同。同时隧道内掌子面较小，很难设计对掌子面前方异常体响应敏感的观测模式。且隧道结构和支护大多为钢材，电磁干扰较严重。这为隧道超前预报数据采集与解译带来很大的困难。TBM 施工环境更为复杂，观测空间几乎被 TBM 机械占满，庞大金属机械系统产生复杂的电磁环境，导致一些在钻爆法施工隧道中可用的、有效的超前地质预报手段根本无法适用于 TBM 施工隧道环境，使得在 TBM 施工隧道开展超前预报尤为困难。影响隧道施工安全的重大地质灾害源超前预报理论与方法已成为亟待解决的关键科学难题。

2. 研究进展

1) 前向三维激发极化超前探测方法

针对现有观测方式存在探测距离近且易受到旁侧干扰的难题，研究人员提出了聚焦三维激发极化新型观测模式，可较好地压制掌子面后方异常体的干扰，且增强了对前方远处异常体的敏感度。以三维聚焦激发极化新型观测模式为基础，将观测数据加权函数与模型深度加权函数引入光滑约束最小二乘反演，研究人员提出了基于加权函数的三维反演成像方法。该方法能较好地实现对导水断层、充水溶洞等典型含水构造的反演成像和定位，如图 1 和图 2 所示。另外，研究人员通过模型试验揭示了含水体静态水量与激发极化半衰时之差呈正相关关系，发明了隧道激发极化含水体水量估算方法，实现了对隧道含水构造水量的估算，并在工程中进行了验证与应用。

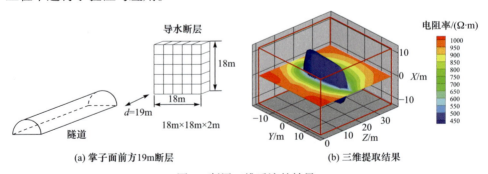

(a) 掌子面前方19m断层　　(b) 三维提取结果

图 1　断层三维反演的结果

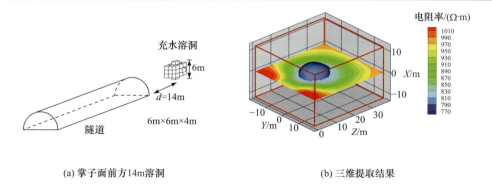

(a) 掌子面前方14m溶洞　　　　(b) 三维提取结果

图 2　溶洞三维反演的结果

2) 三维地震波超前探测方法

现有观测方式会导致波速获取不准确或者无法进行波场分离，造成定位不准确或者严重假异常。针对以上问题，研究人员根据炮检互换原理提出了一种适合隧道掘进机施工环境的三维地震新型观测方式，可得到较为准确的速度分析结果，且有利于小角度异常体成像。采用 F-K 与 τ-p 联合滤波的方法来进行隧道复杂环境下的地震波场分离，实现隧道掌子面前方有效反射波的提取，并进行纵横波的分离。采用基于绕射叠加的三维速度分析方法，根据叠加振幅最大化准则挑选最佳的叠加速度。基于准旅行时原理的三维偏移成像方法，最终实现对探测范围内的三维偏移成像，如图 3 和图 4 所示。

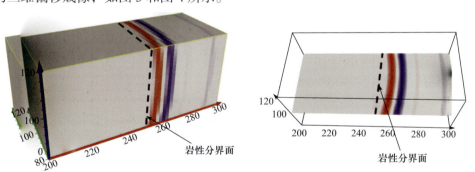

图 3　90°岩性分界面偏移成像结果(单位：m)

3) 以约束联合反演为核心的综合超前预报体系

传统的综合地球物理探测大多是在数据解释阶段对多种探测结果的人为比对分析，依靠个人经验，多解性问题仍然较严重，尤其对于隧道掘进机复杂的环境，多解性尤为突出。

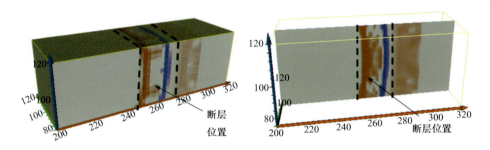

图 4 27m 断层偏移成像结果(单位：m)

研究人员提出了基于空间结构约束的联合反演理论，建立复杂环境下综合超前预报体系如图 5 所示，以激发极化空间结构约束反演为载体。将地震波法、地质雷达法等多元地球物理探测方法获知的信息施加到激发极化反演中，可有效去除反演成像中的假异常和多余构造，显著地压制多解性问题。数值反演算例表明，基于联合反演的隧道超前探测方法反演出的含水构造边界清晰，易于识别，有效地改善了反演多解性，提高了突涌水灾害源超前预报的准确性和可靠性。

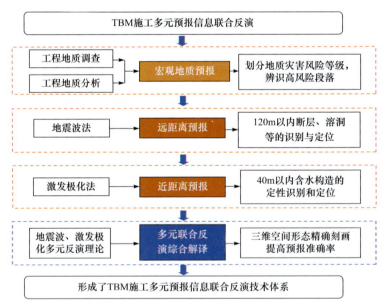

图 5 复杂环境下综合超前预报体系

3. 主要难点

未来隧道施工超前地质预报理论与技术发展的需求、压力和形势都十分紧迫,一方面是由于目前超前探测理论技术本身存在很多难题亟待突破,另一方面是因为今后隧道施工对超前探测提出了更多更高的要求。面临的主要挑战与解决思路如下:

(1) 在复杂隧道探测环境下,不良地质超前预报的多解性仍比较突出,需提出多元地球物理场探测数据实质融合的联合反演理论与方法,进一步压制反演多解性,提高复杂环境超前预报的准确率。

(2) 隧道含水构造水量的定量探测理论与技术正处于起步阶段,尚处于半定量估算水平,亟待建立各类典型地质条件下激发极化衰减信息与水量的相关关系,形成复杂环境下隧道含水构造普适有效的定量探水理论与技术。

(3) 针对TBM复杂的环境,亟待提出用于TBM施工环境的实时超前预报理论与方法,研发以破岩震动为震源的三维地震实时超前预报理论、技术与装备,研发用于TBM搭载的三维激发极化实时超前预报理论、技术与装备,实现TBM施工环境不良地质的实时超前预报。

(4) 针对未来不良地质超前预报的需求,需研发隧道超前预报大数据分析与管理中心平台,实现复杂环境超前预报的"并行计算、快速预报、远程会商、虚拟表达、全程管理",大幅度提高预报的实时性、准确性、可靠性和直观性。

参 考 文 献

[1] 钱七虎. 地下工程建设安全面临的挑战与对策[J]. 岩石力学与工程学报, 2012, 31(10): 1945–1956.

[2] 李术才, 薛翊国, 张庆松, 等. 高风险岩溶地区隧道施工地质灾害综合预报预警关键技术研究[J]. 岩石力学与工程学报, 2008, 27(7): 1297–1307.

[3] Otto R, Button E A, Bretterebner H, et al. The application of TRT - true reflection tomography-at the Unterwald tunnel[J]. Felsbau, 2002, 20(2): 51–56.

[4] Slob E, Sato M, Olhoeft G. Surface and borehole ground-penetrating-radar developments[J]. Geophysics, 2010, 75(5): 103–120.

[5] Xue G Q, Yan Y J, Li X. Pseudo-seismic wavelet transformation of transient electromagnetic response in engineering geology exploration[J]. Geophysical Research Letters, 2007, 34(16): 425–430.

[6] 李术才, 刘斌, 李树忱, 等. 基于激发极化法的隧道含水地质构造超前探测研究[J]. 岩石力学与工程学报, 2011, 30(7): 1297–1309.

[7] 李术才, 聂利超, 刘斌, 等. 多同性源阵列电阻率法隧道超前探测方法与物理模拟试验研究[J]. 地球物理学报, 2015, 58(4): 1434–1446.

[8] Kaus A, Boening W. BEAM-geoelectrical ahead monitoring for TBM-drives[J]. Geomechanics and Tunneling, 2008, 1(5): 442–450.

[9] Petronio L, Poletto F, Schleifer A. Interface prediction ahead of the excavation front by the tunnel-seismic-while-drilling(TSWD) method[J]. Geophysics, 2007, 72(4): 39–44.

撰稿人：李术才　刘　斌　聂利超
山东大学
审稿人：陈建勋　赵　勇

深埋长大隧道工程突水突泥灾害机理与控制

Water Inrush Mechanism and Disaster Control of Deep-Buried and Long Tunnels

1. 背景与意义

进入 21 世纪后，一大批交通工程、水利水电工程等重大基础工程陆续提上建设日程，极大地促进了隧道工程的建设。尤其是随着交通和水利水电工程建设重心向地形地质条件极端复杂的西部山区和岩溶地区转移，上万千米的交通隧道工程和 20 多个世界级的大型水利水电工程正在或即将投入建设，将出现一批具有大埋深、长洞线、高应力、强岩溶、高水压、构造复杂、灾害频发等显著特点的高风险深长隧道工程，强富水、高承压和高地应力的深部环境造成的突水突泥威胁日趋严重，成为隧道安全建设的巨大挑战，直接决定工程建设成败[1,2]。

突水突泥灾害严重影响了隧道工程建设安全，造成严重的人员伤亡、机械损毁和经济损失，也对水资源和生态环境造成了不可修复的破坏。因此开展深埋长大隧道工程突水突泥灾害机理与控制理论的研究，可为深长隧道等重大工程项目建设提供可靠的保障，实现国民经济战略目标的重大需求。同时对于减少和控制重大灾害发生、保障人民生命财产安全与保护生态环境具有十分重要的科学价值和工程实际意义。

2. 研究进展

1) 灾变演化与失稳机理

近年来，随着深长隧道修建的增多，强卸荷条件下的高渗透压和高地应力导致突水突泥灾变演化过程趋于复杂，高压水力劈裂型突水灾害逐渐增多。国内外学者应用损伤断裂力学理论，研究了防突岩体结构内部萌生突水通道形成的启动条件、灾变演化路径及其控制参数(图 1)，但未考虑施工扰动的影响[3~5]。

深部岩体突泥致灾构造仍未引起重视，研究者多从管涌、流土等角度建立充填介质的渗透失稳模型，但无法描述其灾变演化过程的流态转化。由于突泥灾变演化过程受控于致灾构造的充填体水力学特性、防突结构的力学特性以及施工扰

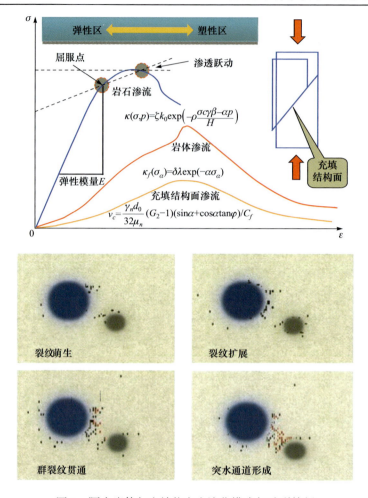

图 1 隔水岩体与充填物灾变演化模式与破裂特征

动等众多因素,突水突泥通道的形成机理难以定性把握,突水突泥的发生时间和判据难以定量估算[6]。当前突水突泥类型的划分未从突水通道形成过程角度进行灾变模式的分析和研究,力学模型的建立较少考虑动力扰动参数。由于突水突泥通道动态演化的复杂性,突水突泥灾变演化过程动力失稳准则参数的确定方法仍未获得突破。突水突泥判据和防突岩体最小安全厚度计算方法涉及较多难以直接获取和推演的力学参数,还不能真正应用到实际工程突水预测和安全距离的确定上。

2) 灾害控制理论与协同治理

在突水突泥灾害的"防、排、堵、截"综合控制理论方面,目前国内外学者多针对灾害发生前的"防"和灾害发生后的"治"两个方面开展了相关研究,鲜有学者开展突水突泥等灾变过程的"控制理论"研究。这主要是因为不同孕灾模式下的突水突泥灾变演化过程关键控制因素及其相应的控制方法尚不确定,难以建立相应的决策模型。在隧道突水突泥"堵、排"理念及控制理论方面,从传统的"封堵"和"疏排"到现阶段的"以堵为主、适量排放、堵排结合",很少从环保方面考虑对水资源的保护,造成了地下水资源的浪费和生态环境的破坏[7,8]。研究人员在浆液扩散理论和机理研究方面,开展了一系列的注浆仿真试验,初步建立了简化的注浆扩散理论模型,但并未考虑深长隧道的复杂动水环境。在动水注浆理论和技术研究方面,开展了单裂隙条件下的动水注浆扩散及封堵模型试验,但未涉及三维条件下的动水环境和其他含导水构造。动水注浆理论总体发展不成熟,还无法对动水条件下的浆液扩散、运移和封堵过程进行合理分析,尚未建立针对不同孕灾模式和灾变演化阶段的注浆封堵、加固与效果评价理论模型。

3. 主要难点

深长隧道突水突泥灾害的灾变机理与动力学演化过程具有高度不确定性和强非线性,开挖扰动诱发的防突岩体渐进破坏机理和预测方法尚未建立。突水突泥控制与地下水资源保护协同治理理论与技术主要依靠经验积累,至今尚未建立科学性、有效性、针对性强的隧道突水突泥灾害控制理论与核心技术。

1) 灾变演化与失稳机理研究

开展高地应力、高水压环境下防突岩体物理力学特性、渗流场特征及失稳破坏规律研究,分析致灾构造的位置、规模等属性对防突结构关键因素的影响,揭示防突岩体裂隙演化、贯通与形成突水突泥通道的演化机制,建立高地应力强富水开挖扰动条件下防突岩体渐进破裂行为与突水突泥模式的关系,揭示防突岩体渐进破坏机理与动力失稳特征。

分析致灾构造的力学特性、水力学特性及附近围岩的损伤演化机制,开展多参量响应的大尺度三维渗流模型试验,分析施工扰动条件下强渗通道形成的时效机制及引起的结构破坏效应,建立充填型断层活化和岩溶管道渗透失稳的力学模型,揭示致灾构造流态转换的水力学过程和施工扰动作用下突涌水通道形成的动态演化机理。

研究深长隧道突水突泥灾变孕育演化过程,提出突水突泥不同阶段的运动特征和致灾前兆,研究突水突泥的致灾演化特征及临界水动力条件,并提取渗流突变的特征信息,研究突水突泥的动态灾变演化过程的多场特征信息,提出典型致灾构造致灾机理与防突岩体的动力失稳判据及最小安全厚度分析方法。

2) 灾害控制理论与协同治理研究

基于不同孕灾模式下的隧道突水突泥演化机理,在不同演化阶段突水突泥岩体状态特征、地下水运动规律、涌水突泥多元特征信息研究基础上，结合多源预报结果和突水突泥灾变过程状态判识，确定突水突泥关键因素及控制参数，提出隧道不同类型突水突泥的控制方法和处理时机，建立"防、排、堵、截"决策模型。

基于隧道突水突泥灾变演化过程、致灾机理、多元预报结果和决策模型，提出突水突泥不同演化阶段过程控制理论，主要包括高水压预防控制理论、动水注浆封堵理论、帷幕减压截断理论、高压水限量排放理论等。研发高压动水突水突泥控制三维模拟平台，开展突水突泥灾变过程控制模拟试验和三维动水注浆试验，研究动水条件下浆液扩散、运移、封堵及其相应的围岩加固机理，考虑地下水资源保护和生态环境效应，提出集疏水泄压、注浆堵水和岩体加固于一体的协同控灾理论，构建深长隧道突水突泥灾变演化过程控制基础理论与方法。

基于隧道突水突泥灾变过程的决策模型和控制理论，突破突水突泥不同孕灾模式及灾变演化阶段、不同危害程度的灾害预防、控制和环境保护等关键难题，形成灾害预测预警、灾变过程控制和生态环境保护等协同治理理论和技术体系，建立隧道突水突泥灾变演化过程综合控制效果指标体系和评价方法，有效指导工程实践，减少和控制突水突泥重大灾害的发生。

参 考 文 献

[1] 李术才, 薛翊国, 张庆松, 等. 高风险岩溶地区隧道施工地质灾害综合预报预警关键技术研究[J]. 岩石力学与工程学报, 2008, 27(7): 1297–1307.

[2] 刘招伟, 何满潮, 王树仁. 圆梁山隧道岩溶突水机理及防治对策研究[J]. 岩土力学, 2006, 27(2): 228–232.

[3] 李利平, 李术才, 张庆松. 岩溶地区隧道裂隙水突出力学机制研究[J]. 岩土力学, 2010, 31(2): 523–528.

[4] 黄润秋, 王贤能, 陈龙生. 深埋隧道涌水过程的水力劈裂作用分析[J]. 岩石力学与工程学报, 2000, 19(5): 573–576.

[5] 盛金昌, 赵坚, 速宝玉. 高水头作用下水工压力隧洞的水力劈裂分析[J]. 岩石力学与工程学报, 2005, 24(7): 1226–1230.

[6] 杨天鸿, 唐春安, 谭志宏, 等. 岩体破坏突水模型研究现状及突水预测预报研究发展趋势[J]. 岩石力学与工程学报, 2007, 26(2): 268–277.

[7] 刘人太, 李术才, 张庆松, 等. 一种新型动水注浆材料的试验与应用研究[J]. 岩石力学与工程学报, 2011, 30(7): 1455–1459.

[8] 薛翊国, 李术才, 苏茂鑫, 等. 青岛胶州湾海底隧道涌水断层注浆效果综合检验方法研究[J]. 岩石力学与工程学报, 2011, 30(7): 1382–1388.

撰稿人：李术才　李利平　周宗青

山东大学

审稿人：陈建勋　张顶立

隧道岩体结构灾害识别与预警

Disaster Identification and Warning of Rock Mass Structure in Tunnel Engineering

1. 背景与意义

目前山岭岩体隧道的规划、建设和运行维护都基于低精度的信息采集和分析方法。地质环境勘察、超前预报及监测，往往是结合工程人员的经验，对隧道围岩进行较为粗糙的分级和定性描述，定量指标的精度非常低，无法准确反映真实的岩体特征。基于这种粗糙数据源的规划、设计、施工和运行维护，要么过于冒进，使隧道结构处于极大的安全风险中，要么过于保守，造成巨大的人力、材料与资金的浪费，很难达到安全性与经济性的平衡。

在传统的隧道工程中，工程信息往往只能部分地、滞后地进行汇总和分析，为少数部门和单位所有所用，无法形成一个完整的、实时的平台化的信息流，无法对隧道工程全面地进行信息的汇总、分类和归纳，更无法将这些数据集成，形成一个可方便利用的有机整体。

隧道岩体结构数字化识别，通过三维数字照相或激光扫描技术，实时获取反映真实岩体空间结构特性的信息，建立接近真实岩体的三维分析模型，自动化地反映隧道岩体的真实状态，是工程灾害预警信息采集的有效手段。因此对隧道岩体结构数字化识别与灾害预警理论和技术进行深入研究，有助于为岩体隧道工程施工和运营中的灾害预警提供可靠的信息支撑，对减少隧道工程灾害的发生具有重大的现实意义。

2. 研究进展

复杂隧道围岩精细化信息快速采集方法与大数据融合及预测相关问题的研究进展可从以下几个方面进行归纳。

1) 岩体结构信息采集与描述

目前工程上的岩体结构面特征采集以人工现场测量为主，存在数量少、速度慢、采集区域受限、主观性大、数据不易保存和共享、误差大等问题。非接触式的测量方法，如图 1 所示的数字照相技术[1,2]和图 2 所示的三维激光扫描技术[3]，已经部分应用于隧道工程领域，但这两种非接触测量只能如图 3 所示采集岩体表面几何信息，无法有效地获得岩体内部没有露出部分的三维信息。此外，隧道施工现场的特殊环境以及紧凑的施工工序也给现场采集带来了效率和抗干扰的问题[4,5]。

2) 山岭岩体隧道工程数据标准化及信息平台开发

山岭岩体隧道的建设工程都会涉及投资、规划、勘察、设计、施工、监理和运营等多方的海量数据。目前大部分工程数据都缺乏统一的数据标准，给数据的采集、管理和利用造成了巨大困难。在山岭岩体隧道领域还缺少成熟统一的数据标准。山岭岩体隧道的工程信息，由于工程现场条件的限制，其存储、传输和分析要求专业化、网络化和高度集成化的信息平台系统。但是，目前国内外尚没有能完全满足此要求的专业信息平台系统。

图 1　岩体隧道数值照相设备

图 2　岩体隧道激光扫描设备

 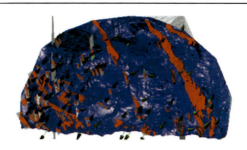

图 3　岩体结构面信息自动化识别

3) 山岭岩体隧道工程多源数据融合及灾害预警

山岭隧道工程灾害对隧道结构、人员及设备的安全造成极大威胁[6]。山岭岩体隧道的工程信息数据量大、种类繁多、来源多样，要高效地利用这些数据为工程服务，首先要建立不同来源和类型数据间的关联理论。目前岩体隧道灾害的预测和防治主要采用仪器辅助的人工判断，信息来源单一，自动化和精细化程度较低，相互之间没有形成集成化综合系统，岩体数据只初步应用于隧道工程管理和可视化等方面[7]，如图 4 所示的基础设施智慧服务系统(infrastructure smart service system, iS3)。在直接利用数据分析进行岩体隧道安全性评估及灾害预测方面，缺少成熟的理论和系统平台的支持。

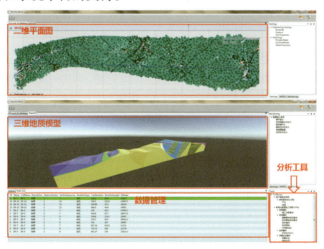

图 4　基础设施智慧服务系统

3. 主要难点

近年来，岩体的精细化描述和大数据方面的研究取得了一些进展，但其核心问题仍存在很多研究难点。

1) 岩体内部的非连续面，缺少有效的信息采集及空间推测方法

岩体内部的信息隐藏于岩石介质内部，自动化的三维数字照相和激光扫描方法无法全面确定岩体内部的信息，而使用钻孔方法和物探方法容易受到各种干扰和限制，在精度上很难达到精细化的要求。

要实现隧道围岩全面化、快速化和精细化的采集，就需要结合多种采集手段，建立集成系统，提出一套从岩体表面和内部数据有效推测和验证岩体内部信息的方法。这需要综合运用数学、物理、力学、地质学、测绘学和空间统计学等多种理论方法，学科交叉深度和集成度要求高，理论难度大，复杂度高。

2) 隧道工程的多源数据量特别巨大，数据标准制定难度高

铁路、公路等山岭岩体隧道工程，在整个建设和运营周期内的数据量非常大。数据的来源也多样化，海量数据的录入、存储和分析，对数据系统的软件和硬件水平要求高。而且在工程现场很难一次性完成大数据的处理，采用云服务远程处理虽然可提高数据的处理效率，但对系统的复杂性和稳定性要求也进一步提高。

要为工程数据制定统一的数据标准，需要采用数据科学、系统科学和工程学理论，对数据结构及数据之间的联系进行系统化的研究，归纳数据间内在的联系，研究出能最大限度符合各种行业和部门需求的数据标准，并在信息平台上实现自动化的采集和录入。

3) 山岭隧道工程基于多源数据的安全评估和灾害预警难度高

目前对工程的监控和灾害的预测大多情况都是在工程数据的基础上采用人工判断或数值分析等方法，建立工程数据与工程服务之间的间接联系，进行工程安全评估和灾害预测，自动化程度和效率都比较低。

由于山岭隧道的复杂性，单一来源或类型的数据很难全面地反映工程现状和预测灾害的发生。而且地质数据和岩体力学参数等很难完整精确地获取，山岭隧道原始数据与工程灾害之间联系的建立，采用模糊理论很难达到比较高的精度，需要精细化的理论分析和模型建立。这些都要求在信息采集方法、数据分析方法和工程灾害现象本质挖掘方面从理论和技术上有所突破。

综上所述，山岭隧道工程岩体结构数字化识别与灾害预警目前极大地限制了我国甚至世界上山岭岩体隧道的大规模发展，亟须在理论和应用中取得突破性成果，相应的研究工作任重而道远。

参 考 文 献

[1] 周春霖, 朱合华, 赵文. 双目系统的岩体结构面产状非接触测量方法[J]. 岩石力学与工程学报, 2010, 29(1): 111–117.

[2] Zhu H H, Wu W, Chen J Q, et al. Integration of three dimensional discontinuous deformation

analysis(DDA)with binocular photogrammetry for stability analysis of tunnels in blocky rockmass[J]. Tunnelling and Underground Space Technology, 2016, 51: 30–40.

[3] Fekete S, Diederichs M. Integration of three-dimensional laser scanning with discontinuum modelling for stability analysis of tunnels in blocky rock masses[J]. International Journal of Rock Mechanics and Mining Sciences, 2013, 57: 11–23.

[4] Chen J Q, Zhu H H, Li X J. Automatic extraction of discontinuity orientation from rock mass surface 3D point cloud[J]. Computers & Geosciences, 2016, 95: 18–31.

[5] Li X J, Chen J Q, Zhu H H. A new method for automated discontinuity trace mapping on rock mass 3D surface model[J]. Computers & Geosciences, 2016, 89: 118–131.

[6] 李术才, 薛翊国, 张庆松, 等. 高风险岩溶地区隧道施工地质灾害综合预报预警关键技术研究[J]. 岩石力学与工程学报, 2008, 27(7): 1297–1307.

[7] 朱合华, 李晓军. 数字地下空间与工程[J]. 岩石力学与工程学报, 2007, 26(11): 2277–2288.

撰稿人：朱合华　武　威　陈建琴

同济大学

审稿人：赵　勇　张顶立

交通基础设施健康检测与智能化管理

Health Monitoring and Intelligent Management of Transportation Infrastructure

1. 背景与意义

铁路、公路、机场等交通基础设施包括线路、轨道、路基、路面、桥梁、隧道、车站等，如图1所示。交通基础设施建设规模大、运营里程长、自然环境复杂、系统集成度高，需要长期服务社会，其服役状态直接决定了运营安全性、旅客舒适度和长期运输能力。但是由于环境侵蚀、材料老化、列车冲击、疲劳效应、突变效应等灾害因素的耦合作用，基础设施结构产生伤损积累、承载能力退化，影响结构的安全服役和长期耐久性。目前传统的维修模式已难以适应当代交通工程快速发展的需求，发展一种能够对交通基础设施进行实时监测、检测并合理维护的智能化管理系统是极为迫切的。

图 1　交通基础设施

交通基础设施的健康检测与智能化管理主要借鉴故障预测与健康管理(prognostics and health management, PHM)的思想和方法，在搭建数据采集、状态监测、故障预测、健康评估、维修决策支持、规划及控制等平台的基础上，推进标准化工作，突破系统性技术，实现其实用性。各种交通基础设施结构不同、承受荷载迥异，但其健康监测与智能化管理的理念基本相同，其中铁路设施健康监测与智能化管理的技术框架如图2所示。

由其技术框架可知，基础设施健康检测与智能化管理系统涉及多个学科的交叉和多个系统的融合，是一个综合性的大系统。基础设施健康检测与智能化管理系统需要建立各基础设施的监测平台,数据传输和接收平台,数据分析、处理和决策平台,并使各平台间有效连接起来。因此,如何建立这样一个系统,并使系统内各功能合理有效连通利用起来,是当前面对的主要科学难题。

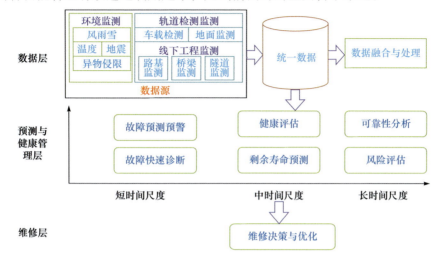

图2 铁路设施健康监测与智能化管理的技术框架

交通基础设施健康检测与智能化管理的科学意义主要体现在两个方面:工程价值及其理论意义。

从工程价值上,基础设施健康检测与智能化管理依靠其强大的状态监控和故障预测能力,对基础设施故障实现"早诊断、早发现、早维修",降低了运行的安全风险,改变了以往传统的维修模式,合理地安排养护维护工作,实现了统一调度资源和各部门协同保障,提高了维修效率,降低了维修费用,控制了基础设施全生命周期成本,是公路、铁路等交通基础设施社会效益和经济效益的保证[1]。

从理论意义上,交通工程基础设施健康检测与智能化管理能够实现对基础设施健康状况做出定性和定量的评价,通过长期的监测数据和在线实时监测,把握基础设施各结构的长期服役行为与状态劣化规律,为结构选型、性能优化及状态控制提供有效的数据支撑,相关检测数据也能促进结构设计方法的完善和相关预警与决策理论的发展。

2. 研究进展

1) 主要指标

基础设施检测时,应选择最具有影响性的敏感指标和区域,采用高效的监测检测手段和最少的工作量,达到最好的状态管理效果。根据基础设施状态对行车的影响程度，主要包括以下健康管理指标。

轨道及路面方面：轨道和路面不平顺；铁路车辆脱轨系数、轮重减载率、轮轨力等安全性指标[2]；钢轨及无砟道床温度、纵横向位移、温度应力、附加力等结构稳定性指标等；无砟轨道及路面结构关注裂缝和离缝宽度、深度、长度等结构伤损类指标。

路基方面：路基平整度、弯沉值、动态变形模量、地基系数、承载比等安全性指标；包括土体温度、孔隙率、路基压实度、路基回弹模量等结构稳定性指标；冻土消融含水量、地表及挡土墙身裂缝等结构伤损类指标。

桥梁方面：上部结构横向自振频率、竖向自振频率，关键截面应力及索力，墩台顶位移、支座位移、墩身应力等安全性指标；梁结构振动加速度、动位移，墩台不均匀沉降及混凝土徐变上拱等稳定性指标；裂缝、离缝、混凝土腐蚀值等结构伤损类指标。

隧道方面：地表沉降、隧道或地下洞室的变形、支护结构体系的内力以及周围土体的土压力等安全性指标；支护结构变形、围岩与支护结构之间的接触应力、地下水水位以及孔隙水压力等结构稳定性指标；衬砌结构裂缝、渗透水情况等结构伤损类指标。

对铁路或公路而言，路基、桥梁和隧道的健康问题多反映在上部结构，进而影响车辆的运行品质。因此健康管理应以轨道或路面为中心，评价体系应包括安全性、结构稳定性、材料及结构伤损类相关指标。影响基础设施健康状态的因素很多，不可全部检测，要研究既能直接反映健康状态，在技术上又可能精确实施、便于判断的主要指标。

2) 健康检测系统构建

目前我国基础设施已经建立了轨道、桥梁、路基、隧道、自然灾害等检测系统。系统一般分为三个子系统，分别是数据测量子系统、数据采集传输子系统和数据管理分析子系统。铁路和公路等基础设施目前主要的检测技术包括车载检测、机载监测技术和实时在线监测技术。铁路车载检测主要利用综合检测列车或钢轨探伤车等进行基础设施状态、通信信号、列控系统、接触网状态等的快速检测[3,4]，如图 3 所示。我国综合检测列车最高检测速度可达到 400km/h，能够检测轨道的高低、轨向、轨距、水平、三角坑等轨道几何状态，以及车体加速度、轮轨力等列车与轨道相互作用的动力响应值，其中轨道几何状态中高低和轨向的最大波长可以检测到 120m，它能够反映路基、桥梁、隧道的变形状况。我国钢轨探伤车最高检测速度可达到 80km/h，能够探测轨头和轨腰范围内的疲劳缺陷和焊接缺陷。

图 3　铁路综合检测列车

机载监测主要依靠临近空间飞艇、低空无人机、遥感技术等实现对基础设施的立体信息获取、传输、运营与管理，如图 4 所示。而实时在线监测技术则是利用光纤光栅、应力应变技术、视频监控、超声波、激光等，实现对基础设施健康管理指标的实时监测[5~7]。图 5 为在线监测系统组成的拓扑图。

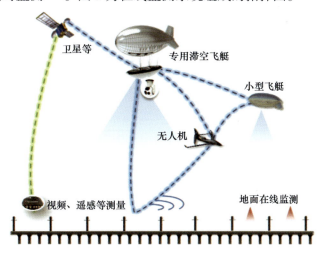

图 4　机载监测技术

数据测量子系统主要是通过各种监测技术对基础设施的应力、温度、位移、伤损等进行监测。数据采集传输子系统由光纤光栅解调仪、交换机、采集服务器和远程数据传输等设备，对监测数据进行采集、备份，并借助无线网络传输给数据管理分析子系统。数据管理分析子系统有数据接收和控制命令发送、数据管理和数据分析三大模块，实时整理、存储与分析大数据，实现综合查询、评估分析与报表等功能。

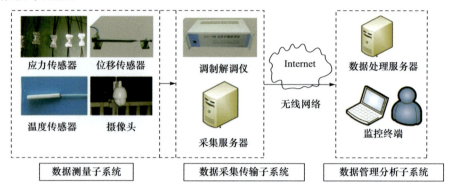

图 5　在线监测系统组成的拓扑图

3) 健康管理与科学维护

基础设施健康检测与智能化管理的关键目标就是健康管理与科学维护。其故障的预警报警技术，常采用 BP 神经网络、数据趋势外推、自适应模糊推理、贝叶斯方法等数学算法对长期监测数据进行预测。分析得到可能性前兆，向相关部门发出紧急信号，报告危险情况，最大限度地降低危害和对交通运营系统及乘客所造成的损失，实现对基础设施的健康管理。预警系统必须有多目标综合决策支持，以解决单一项目数据异常并达到阈值出现的误报警问题[8]。预警报警技术的流程如图 6 所示。

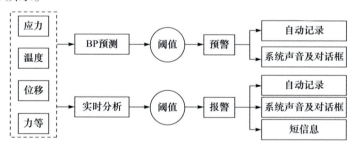

图 6　预警报警流程

辅助决策系统以决策主题为重心，以互联网搜索、信息智能处理和自然语言处理技术为基础，构建决策主题，研究知识库、政策分析模型库和情报研究方法库，建设并不断完善辅助决策系统，提供全方位、多层次的决策支持和知识服务。公路路面和铁路轨道结构是可以更换的，路基、桥梁和隧道结构一般只进行维修和部件更换作业。健康检测和智能化管理可实现基础设施的科学维护，延长使用寿命，同时降低人力物力的消耗。

3. 主要难点

交通基础设施健康监测与智能化管理系统是一个多学科交叉、多种技术手段高效融合的大系统[9,10]。我国在这方面已具有一定的储备，但目前仍旧处于发展的初级阶段，还存在如下难点需要进行研究：

(1) 考虑 PHM 多维度、多层次的复杂结构，从技术内涵、信息方式、设计流程到物理结构等方面，研究 PHM 系统的内涵和外延，进一步完善交通基础设施健康管理标准化技术和体系。

(2) 深化研究基础设施结构健康状态的高敏性表征、敏感指标与敏感区域的识别理论、多手段智能融合的检测和监测方法，突破检测和监测的相关难点和关键技术，提高检测和监测的精度。

(3) 考虑基础设施结构全寿命周期服役行为，以轨道或路面质量状态为核心，研究基于理论模型与大数据驱动的基础设施健康状态综合评价方法、预测报警与性能控制理论。

(4) 考虑复杂运营及极端气候条件，研究线桥隧站等基础设施间的相互作用关系、劣化机理及损伤演化规律；针对强风、地震等重大自然灾害，研究基础设施信息时空一致获取与关联、深度融合与整体跨尺度快速评估预警方法。

参 考 文 献

[1] 冯辅周, 司爱威, 邢伟, 等. 故障预测与健康管理技术的应用和发展[J]. 装甲兵工程学院学报, 2009, 23(6): 1–6, 15.
[2] 赵国堂. 客运专线轨道动态检测中应注意的几个技术问题[J]. 中国铁路, 2005, (4): 19–21, 33.
[3] 陈东生, 田新宇. 中国高速铁路轨道检测技术发展[J]. 铁道建筑, 2008, (12): 82–86.
[4] 何华武. 高速铁路运行安全检测监测与监控技术[J]. 中国铁路, 2013, (3): 1–7.
[5] Li H J, Yao T T, Ren M Y, et al. Physical topology optimization of infrastructure health monitoring sensor network for high-speed rail[J]. Measurement, 2016, 79(2): 83–93.
[6] 蔡小培, 高亮, 林超, 等. 高沪高速铁路高架站轨道系统长期监测技术[J]. 铁道工程学报, 2015, 32(5): 35–41.
[7] 张玉芝, 杜彦良, 孙宝臣, 等. 基于液力测量的高速铁路无砟轨道路基沉降变形监测方法[J]. 北京交通大学学报, 2013, 37(1): 80–84.
[8] 蔡小培, 高亮, 刘超, 等. 高架站无砟轨道道岔监测数据管理信息系统[J]. 铁道工程学报, 2016, 33(1): 52–57.
[9] Wu Z S, Xu B, Harada T. Review on structural health monitoring for infrastructure[J]. Journal of Applied Mechanics, 2003, 8(6): 1043–1054.
[10] Ceylan H, Gopalakrishnan K, Kim S, et al. Highway infrastructure health monitoring using micro-electromechanical sensors and systems(MEMS)[J]. Journal of Civil Engineering and

Management, 2014, 19(19): 188–201.

撰稿人：赵国堂[1]　郑健龙[2]　蔡小培[3]
1 中国铁路总公司　2 长沙理工大学　3 北京交通大学
审稿人：高　亮　王　平

寒区线性结构物与环境耦合作用及其演化规律

The Coupled Interaction between Linear Structures and Environment in Cold Region

1. 背景与意义

全球有 50% 以上的地区遭受冻融作用或处于常年冻结状态。若以 0℃ 等温线为界，我国约 $200×10^4 km^2$ 的寒冷地区主要分布在东北、西北及西南的高海拔地区，存在独特的自然环境和气候条件[1]。随着寒区经济发展和能源开发，人类不断加大寒区建设和开发的力度，一大批规模宏大的线性结构物，如铁路、公路、输油(气)管道、输电线路等相继建成或者正在积极筹建。寒区原有的水、热和生态平衡会被打破，这些人为扰动叠加全球气温暖化，改变了原有的地-气界面之间的水热交换条件，引起地表吸热增强，地温升高，季节融化深度增大，反过来加速了下伏冻土的退化[2,3]。这一过程又影响线性结构物基础的稳定性。

线性结构物也称线状结构物或线形结构物，是指铁路、公路、管道等沿纵向连续分布的结构物。由于线性结构物普遍跨度很长，沿线自然地理条件差异明显，不少地方属于脆弱生态过渡区域，线性结构物易引起生态环境恶化。

处于冻土地区的铁路、公路路基易发生冻胀、融沉等冻害，严重影响铁路、公路的正常运行。气温的持续升高将引起冻土地区环境和冻土工程特性的显著变化。对于寒区公路，沥青路面修筑以后，由于路面强烈的热效应，增大了路基下多年冻土的吸热量，导致路基下多年冻土上限处的地下冰融化。而冻土融化破坏了路基稳定性，造成路基产生严重的不均匀下沉[4]。

输油管道方面，美国阿拉斯加多年冻土地区近 1300km 的输油管道，中国—俄罗斯输油管道工程(漠河—大庆段)穿越东北北部的大兴安岭、小兴安岭和嫩江河谷大约 500km 的多年冻土区和 465km 的季节冻土区，沿途地势起伏，水系、森林和沼泽发育，冻土工程地质条件复杂。管道运行对其周围和沿线冻土的水热状态影响巨大，而冻、融土的水热状态变化直接影响冻土的物理力学特性，对管道整体稳定性和结构完整性产生威胁。冻土区差异性融沉和冻胀可造成管道破裂漏油。

对于高海拔寒区隧道，隧道衬砌结构在地下水冻胀作用下会发生较大变形开裂甚至破坏，成为影响隧道施工运营安全的严重问题。在隧道中一旦发生冻害，整治修复困难，且其费用十分巨大。

这些寒区线性结构物与环境始终处于耦合作用中，其结构尺寸及几何形位会在这种耦合作用下发生变化，力学性质也发生变化，从而影响其服役性能。例如，会由于大气降温而产生冻胀；多年冻土地区的路基会因为冻土的退化产生下沉等。因此要深入研究寒区线性结构物必然要考虑寒区线性结构物与环境的耦合作用。

寒区土工构筑物中土体的温度场、水分场、应力场始终处于变化之中，而且相互影响。土体中的温度变化会引起水分迁移及含水量变化，含水量的变化又会引起土的导热系数、比热容等发生变化，从而影响传热过程及温度分布；温度引起的土体冻融相变还会使水分向冻融界面运移，水分运移过程中会携带热量进一步使温度分布发生改变；同时温度场和水分场分布的变化引起的含水量变化又会对应力场和位移场产生影响。应力场和位移场的变化可使土体冻融温度、空隙比、孔隙水压力发生变化，从而影响温度场和水分场的分布。因此研究寒区结构物与环境耦合作用时，必须综合考虑这些因素及其相互间的影响。

处于冻土区的线性结构物紧密地依存于天然土层，并处于大气与陆地的剧烈相互作用之中。与天然地层相比，由于线性结构物开挖或填筑改变了天然地表的热交换条件和天然地层的热平衡状态(水热输运路径、热量年周转和初始热储量)，且这种改变是不可逆转的。因此只能通过人为工程措施，建立与现状相适应的新的动态平衡，维持体系的整体稳定。在此过程中，寒区线性结构物的工作状态如何保持，如何进行评价是目前尚未解决的难题，因此寒区线性结构物与环境耦合作用演化规律的研究具有十分重要的意义。

如果能够科学地认识寒区线性结构物与环境相互作用的机理，准确地预测结构物在这个耦合作用过程中的几何形态以及力学性质的变化，从而在建设阶段选取合理的工程措施，保证寒区线性结构物在全寿命周期内安全运行；同时能够应对运营过程中可能出现的结构物工作状态的可能变化进行正确的预判，做到精准养护。

2. 研究进展

目前对于多年冻土地区的线性结构物主要采取保护冻土的原则，采取工程措施保持多年冻土的冻结状态，从而保证多年冻土地区线性结构物的稳定，如青藏公路采用通风路基[5]、碎片石路基[6]、热棒[7]等，主动地改造冻土的热状况，使其向有利于工程稳定性的方向发展。对于较为软弱的接近零度的高温冻土区，采用了以桥代路的结构工程方法。

对于季节性冻土地区高速铁路路基冻胀问题,哈大高铁路基采用控制填料抗冻胀以及防排疏渗的防水措施相结合的原则进行冻胀控制。

3. 主要难点

寒区线性结构物处于环境与地表层相互作用的关键位置,如何在这种长期的相互作用中保持结构物的功能与稳定性,如何正确地认识寒区线性结构物与环境耦合作用机理,在此基础上预测并提高其全寿命周期的服役性能和服务水平,是寒区线性结构物的难题。

首先,这种环境介质中各种物理过程与寒区线性结构物耦合作用的数学描述是一个难题。线性结构物的受力与变形状态始终处于环境介质中水分场、化学场的相互作用中,描述这些物理力学过程的基本方程是耦合的、非线性的,这些方程的基本参数也是相互影响的,对这些耦合基本方程的求解也是非常困难的。目前的多场耦合理论大多是极大简化的,得出的结果也不够准确。

其次,由于众多因素的影响以及耦合作用的复杂性,对于寒区土工结构物的力学性质与变形的精准控制变得很困难。也就是说,对其服役性能的预测与控制是一个难题。现代交通基础设施对舒适度和安全性提出了更为苛刻的要求,以前认为成功的措施,对于寒区的现代线性结构物目前未必能够适用。例如,对于青藏铁路多年冻土地区的措施不一定能够满足目前高速铁路的建设要求。同样以前对于季节性冻土地区普通铁路的防冻胀措施也不能解决寒区高速铁路的冻胀问题,哈大高速铁路的建设经验已经证明了这一点。

最后,气候的变化也在很大程度上影响寒区线性结构物与环境的耦合作用过程,因而也影响工程的服役性能。如何正确地预测全球和局部区域的气候变化,这些变化如何反映到寒区线性结构物与环境的相互作用中,又怎么影响线性结构物的长期性能,是尚待解决的难题。例如,青藏铁路与公路基于保护冻土原则的一些措施,在气候变暖条件下其长期服役性能就是一个需长期研究、亟待解决的问题。

总体说来,寒区线性结构物在与环境耦合作用下的长期服役性能预测与保证是一个尚未解决的科学难题。

参 考 文 献

[1] 黄小铭. 我国寒区道路工程中冻土问题研究的回顾[J]. 冰川冻土, 1988, 10(3): 344–351.
[2] 程国栋. 青藏铁路工程与多年冻土相互作用及环境效应[J]. 中国科学院院刊, 2002, 1: 21–25.
[3] Niu F J, Li A Y, Luo J, et al. Soil moisture, ground temperatures, and deformation of a high-speed railway embankment in Northeast China[J]. Cold Regions Science and Technology, 2017, 133:

7–14.

[4] 彭惠, 马巍, 穆彦虎, 等. 青藏公路普通填土路基长期变形特征与路基病害调查分析[J]. 岩土力学, 2015, 36(7): 2049–2056.

[5] 孙志忠, 马巍, 李东庆. 多年冻土区块、碎石护坡冷却作用的对比研究[J]. 冰川冻土, 2004, 26(4): 435–439.

[6] 牛富俊, 俞祁浩, 赖远明. 青藏铁路管道通风试验路基地温变化及热状况分析[J]. 冰川冻土, 2003, 25(6): 621–627.

[7] 潘卫东, 赵肃昌, 等. 热棒技术加强高原冻土区路基热稳定性的应用研究[J]. 冰川冻土, 2003, 25(4): 433–438.

撰稿人： 刘建坤[1] 马 巍[2] 沙爱民[2]

1 北京交通大学　2 长安大学

审稿人： 凌建明　郑健龙

软黏土地基条件下的波浪-结构-地基动力耦合问题

Dynamic Coupling of Wave-Structure-Foundation System in Condition of Soft Grounds

1. 背景与意义

经过十几年大规模的港口与海岸工程建设，自然条件优越的海岸带大部分已被开发利用，离岸深水、远海码头成为我国港口工程发展的主要方向。目前港口与海岸工程建设经常遇到水深、浪大、流急等水文条件以及深厚软土地基等工程地质问题。恶劣水文和地质条件造成的港口与海岸建筑物在建造和运行期的破坏事故时有发生，例如，2002年7月，长江口深水航道治理二期工程北导堤沉入式大圆筒结构，在台风期波浪作用下51m试验段全部倾覆破坏[1]；2002年12月，长江口深水航道治理二期工程北导堤16个半圆形沉箱结构在寒潮期大浪作用下发生1~3m的突然沉降和滑移，个别半圆形沉箱滑移距离达60m[2]；2014年，风暴潮浪作用下秦皇岛突堤式码头兼防波堤发生较严重的码头面开裂破坏现象；2016年，亚热带气旋引起的风暴潮浪作用下海南某人工岛护岸沉箱发生蛇形破坏和软黏土地基软化等，个别沉箱发生严重倾覆。这些破坏事例表明，极端波浪荷载动力作用下软黏土地基上港口与海岸建筑物的设计理论和计算方法仍存在亟须解决的科学问题。

目前对波浪-结构-地基相互作用模式的认识可分为两部分[3]：一部分是波浪模式，由波浪等水动力作用引起的循环波压直接作用于地基，同时波浪通过结构物的下部分结构(如复合式防波堤的抛石基床)对地基施加动力荷载；另一部分是结构物模式，结构物在波浪场内承受周围环境荷载，并在底部形成不可渗透边界。同时结构物的存在还影响周围的波浪场，如发生反射、折射和绕射，在结构物周围形成复杂的局部波浪形态，也相应地改变了作用在地基表面上的波压荷载。第一种模式对应于波浪荷载作用下结构-地基的动态响应问题，第二种模式对应于复杂的波浪-结构-地基多相介质耦合体系的相互作用问题，此时波浪不仅直接对地基产生影响，而且通过对结构物的作用间接影响地基，结构物反过来也改变波浪的传播形态。波浪-结构-地基相互作用问题受各种因素综合制约，作用机制复杂。

软土地基条件下波浪-结构-地基动力耦合问题更加突出。一方面，软土地基承载力低，一般会采用桩基等柔度较大的结构，结构自振周期更接近波浪主周期，结构物有可能与波浪发生共振破坏[4]。另一方面，波浪循环荷载作用下，软黏土地基渗透系数低，极易发生刚度软化和不排水强度弱化[5,6]，对结构承载力产生很大影响[7]。结构和地基的受力状态及变形特性反过来又会影响波浪的形态。因此软黏土地基条件下波浪-结构-地基的运动形态及力学特性相互影响，作用机理复杂。

深入揭示软黏土地基条件下的波浪-结构-地基动力耦合作用机理，对提高海岸和近海工程的设计和养护维修水平，确保工程安全具有至关重要的意义。

2. 研究进展

对于波浪-结构-地基动力耦合作用的科学问题，现阶段常采用的研究方法是将此问题分解为波浪-结构、结构-地基动力耦合作用两部分分别进行研究。

基于流体力学理论，目前已提出了微幅波、斯托克斯波、孤立波、椭圆余弦波和流函数波等诸多波浪理论。波浪理论呈现由线性、低阶向非线性、高阶发展的趋势。随机波理论也得到了长足的发展，为波浪-结构相互作用的研究奠定了基础[8]。但是能够准确反映波浪幅值、相位随作用时间、结构物形式变化的波浪模型以及准确的波浪力计算方法仍是需要解决的关键问题。

结构-地基相互作用问题将理论计算或者现场实测的波浪力作为已知条件，通过物理模型、数值分析等手段模拟结构与地基土体的张裂、滑移和闭合接触、结构材料和土体本构关系等，得到结构-地基系统在波浪荷载作用下的应力和位移响应、破坏形态等。由于软黏土在波浪荷载作用下会产生应变软化、强度弱化、塑性应变累积、滞回等诸多动力特性，而经典的土体本构模型，如 Mohr-Coulomb 模型、Drucker-Prager 模型等并不能对软黏土力学特性进行准确模拟，加之复杂本构模型尚不能进行实际数值计算，导致很多情况下使用现有方法得到的结构-软土地基系统的受力和位移响应、破坏模式等与实际工程存在出入[9]。

3. 主要难点

1) 波浪的运动形态及与结构物的作用机理问题

海洋波浪具有随机性，随风力大小等会产生不同的运动形态，导致作用在结构上的波浪力分布形式、大小等也存在时间和空间效应。与结构物作用后，波浪发生反射、绕射，并产生破碎、叠加等形态改变，会对结构物上的入射波浪产生影响。波浪与结构物的相互作用机理复杂，目前尚未得出对波浪形态、作用在结构上的波浪力的精确解析表达式。

2) 结构与软土地基的动力耦合作用机理

结构在波浪作用下运动形态发生改变，甚至产生共振破坏；波浪产生的应力波以结构为传导介质在地基中产生动应力作用，软土地基在动应力作用下受力及变形特性发生改变，反过来又会影响结构的运动形态。该科学问题目前尚未得到很好的解决。

3) 波浪作用与软土地基相互作用机理

波浪直接作用于软土地基上，一方面使软土地基产生动力响应，影响其力学状态等；另一方面使地形地貌发生改变，如泥沙迁移、淤积等，反过来又影响波浪的破碎状态、能量耗散等，使波浪形态发生改变，该科学问题的解析解答较为困难。

由于波浪-结构-地基三者动力耦合作用更为复杂，目前尚未有理论对波浪-结构-地基三者动力耦合过程的力学状态、运动形态等做出精确的解析，对三者之间的耦合作用机理认识也仍需深入。建立波浪-结构-地基非线性动力相互作用模型，揭示三者相互作用的机理和力学规律，明确极端波浪作用下结构-地基的破坏机理和失效模式，将是本学科的一个重大突破。

其中一个思路是物理模型试验方法，建造足够大比尺的水槽物理模型，尽可能准确地模拟实际工程中波浪-地基-结构相互作用问题，测试结构物上的波浪力分布、波浪作用下结构的动力响应、地基土体的应力应变变化规律等，以指导或验证理论解。但物理模型试验尚需解决不规则波模拟以及土体相似率等问题。

另一个思路是室内土工试验与数值模型相结合的方法，通过土工三轴试验测定土体静/动力参数及变化规律和建立土体本构关系，以实测或数值解析波浪力为输入条件，建立波浪-结构-地基非线性动力相互作用数值模型，利用数值模拟手段揭示三者相互作用规律；该方法思路清晰、实施简便，但关键难点的可靠性与准确性仍需试验或实际工程验证。

软黏土地基条件下波浪-地基-结构动力耦合科学问题是一个基础性的研究工作，需要科研工作者进行持续不断的深入研究，力争提供全面、简洁的解决思路和方法。事实上，在过去几十年中，数值方法不断推陈出新，试验规模越来越大，为波浪-结构-地基相互作用问题的研究奠定了基础。通过物理模型以及数值模型等手段，深入研究波浪-结构-软黏土地基耦合作用机理，提出相应的计算模型，完善波浪-结构-软黏土地基耦合作用分析方法，对于提高海岸和近海工程设计的水平具有重要意义，也将谱写海洋探索、海洋利用新的篇章。

参 考 文 献

[1] 范期锦, 李乃扬. 长江口二期工程北导堤局部破坏的原因及对策[J]. 中国港湾建设, 2004, 129(2): 1–8.

[2] Yan S W, Liu R, Fan Q J, et al. Stability of the guiding dike in Yangtze Estuary under the wave load[J]. China Ocean Engineering, 2005, 19(4): 659–670.
[3] 华蕾娜. 波浪-结构物-海床耦合系统动力学研究[D]. 北京: 清华大学, 2009.
[4] 王元战, 龙俞辰, 王禹迟, 等. 离岸深水全直桩码头承载特性与简化计算方法[J]. 岩土工程学报, 2013, 35(9): 1573–1579.
[5] Patino H, Sorianon A, Gonzalez J. Failure of a soft cohesive soil subjected to combined static and cyclic loading[J]. Soils and Foundations, 2013, 53(6): 910–922.
[6] Wang S Y, Luna R, Zhao H H. Cyclic and post-cyclic shear behavior of low-plasticity silt with varying clay content[J]. Soil Dynamics and Earthquake Engineering, 2015, 75: 112–120.
[7] Wang Y Z, Yan Z, Wang Y C. Numerical analysis of caisson breakwaters on soft foundations under wave cyclic loading[J]. China Ocean Engineering, 2016, 30(1): 1–18.
[8] 邹志利. 海岸动力学[M]. 北京: 人民交通出版社, 2010.
[9] Boulanger R W, Idriss I M. Evaluation of cyclic softening in silts and clays[J]. Journal of Geotechnical and Geoenvironmental Engineering, 2007, 133(6): 641–652.

撰稿人：孙熙平　焉　振
交通运输部天津水运工程科学研究院
审稿人：张华庆　赵冲久

天然气管网的安全可靠性

Reliability of Natural Gas Pipeline Network

1. 背景与意义

利用天然气管道输送天然气，是陆地上长距离大量输送天然气的唯一方式。长输天然气管网是由若干条管道以分支、并联等方式组合而成的有压输气系统。目前我国已形成全国性的、与国际管线相连接的若干条国家级输气干线、支干线、省级及地域性的输配气管网，并与地下储气库及液化天然气(liquefied natural gas，LNG)接收站相通。这些将气田及用户相连接的大型供气系统具有多气源、多通路的结构与供气特点(图 1)。

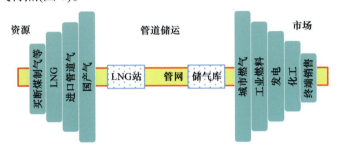

图 1　天然气管网的组成

天然气管道系统由各类站场和线路组成，具有风险高、用户类型多、服役时间长等特点。我国天然气管网存在输气压力高、沿线地貌、人文环境复杂，穿跨越工程、生态敏感点众多，终端市场需求多样化等诸多挑战。为保证我国经济平稳较快发展的基本方针，对于计划建设的管道，应基于系统工程和可靠性理论来配置和优化系统；对于已经建设完成的管道，天然气供应的安全性与保障性将面临新的挑战。因此对天然气管网运行的可靠性提出了新的要求。

天然气管网最基本的要求是安全，而可靠性研究就是对管网安全程度进行定量分析，并提出相应的可靠性增长措施。安全是管网存在的状态描述，可靠性是在管网系统安全存在的前提下能够稳定并且执行相应功能的概率。天然气管网系统可靠性研究的目标，就是要将可靠性方法贯穿管道全生命周期，对其物理结构与供气可靠性进行相对有效和准确的定量分析及度量，提出相应的可靠性增长措施,从而保障管网系统完成相应功能。

随着我国经济的发展、天然气清洁能源的应用及人们生活水平的提高,对天然气管道的供气安全越来越重视,也逐渐成为我国天然气管道科学技术进一步发展的难题。

系统的供气可靠度受天然气管网系统的供气能力和天然气市场的需求波动双重影响。一方面,管网系统作为连接天然气资源与市场的纽带,其供气能力受多种因素的约束,包括气源的供气能力、管道系统和压缩系统的运行状态等。另一方面,从长期来看,天然气市场需求受国民经济、能源政策、人口等诸多因素影响,如图2所示,而短期则因季节和温度变化产生波动。

天然气管道供气可靠性作为系统可靠性的一种,虽然在基础理论上有其共同处,但天然气具有可压缩性、传输介质的实体性、管网系统的滞后性、市场和资源的弱替代性等特点,使得天然气管网系统的可靠性分析存在鲜明特点,与传统可靠性理论存在一定不同。因此对管网动态特性、各单元和子系统的耦合、边界确定、系统模型及分析方法进行研究具有十分重要的理论及工程实际意义。

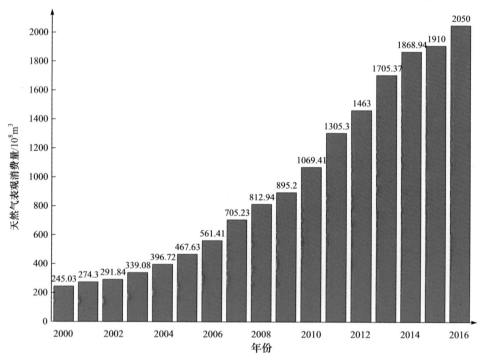

图 2　我国天然气消费量

2. 研究进展

1) 基于可靠性的天然气管道设计理论

可靠性设计是在产品设计过程中，为消除产品的潜在缺陷和薄弱环节，防止故障发生，以确保满足规定的固有可靠性要求所采取的技术活动。

天然气管道系统的可靠性设计是基于系统工程理论，运用可靠性理论和技术来配置系统的过程。管道设计一旦完成，其系统固有可靠性就确定了。施工过程是兑现设计可靠性的过程，系统的使用和维修过程需要维持已形成的可靠性。如果在设计阶段没有认真考虑系统的可靠性问题，造成工艺设计不合理，系统配套设计不可行，单元选择不当，安全系数低等问题，那么在以后的各个阶段中，无论怎样精心施工，小心使用、加强管理，也难以获得高可靠性的系统。

对于天然气管道可靠性设计，目前还没有真正地融入管道系统设计和评价中。人们从单元或局部开展了可靠性设计，经典的数学方法也在局部分析中得以应用，但总体的系统模型和分析方法还没有建立起来。要求在设计时不仅要考虑单条管道本身的可靠性，还要从系统的角度进行综合分析优化，最终得到全局最优的结果。

管道系统可靠性设计的实质就是将各单元、子系统的可靠性以量化方法形成系统可靠性指标而纳入系统方案的形成和评估中，以明确设计出来的系统是否能完成预期任务，以及在满足规定任务的条件下，是否做到经济合理等要求。而这种分析方法和评价体系有待建立与完善。

2) 系统供气可靠性理论

系统供气可靠性是指管网系统在规定运行条件下和规定时间内完成规定输送任务的能力。具体来说，天然气管网系统供气可靠性主要包括两方面：①天然气管网系统中各组成部分安全性处于可控、受控状态，并确保在事故状态下避免连锁反应而不会引起整个管网系统失控和大面积停输的能力；②天然气管网系统有足够的气源、储存和输送能力，保证在规定时间内能够满足用户日常使用以及用气高峰时期调峰需求。

管网的供气能力除了受到所组成管道设计输量的局限，管网的拓扑结构也在很大程度上影响管网系统向末站的供气量，而在管网系统中任意单元发生故障的情况下，其拓扑结构及输气能力都将发生变化。对供气系统进行可靠性研究，首先需要建立表征系统供气能力的可靠性指标，这方面的研究还非常少，有借鉴电力系统的经验对天然气管道系统运行可靠性进行评价的研究，但与实际偏离甚大。黄维和[1]首次提出了大型天然气管网供气可靠性概念，提出需要从保证系统生产安全和供气安全两个方面对管网系统可靠性进行科学研究，认为提出一套客观、明确的指标体系用以量化管网系统的可靠性仍是当前大型管网系统可靠性研究所面临的挑战。目前研究人员对天然气管网系统可靠性建模、评价理论、数值算法等方面开展了研究，逐步从仅考虑管道、管网系统供气能力向基于市场需求的供气可靠性方向发展，但国内外的研究都刚刚起步[2~10]。

3. 主要难点

天然气管网属大型开放式系统，不可控因素多，运行物理过程复杂，系统响应及失效模式具有独特性且涉及多个学科。未来针对我国多样化和复杂化的天然气管网系统安全可靠性问题，需要重点研究以下科学难题：

(1) 天然气管网可靠性组成机制。建立天然气管网系统完整性与失效机理及安全可靠性组成机制，为系统建模和分析方法的确定奠定基础。

(2) 天然气管道可靠性设计理论。建立表征管道系统的可靠性参数体系，提出天然气管网系统的管道在全生命周期内可靠性指标约束，建立天然气管网可靠性设计理论，形成基于可靠性理论的天然气管道设计工具。

(3) 天然气管网单元与系统的不确定性。由于管道、管网系统运行状态受气源以及设备单元运行状态影响，存在较大不确定性。通过对管道、管网系统进行水力、热力、气源、市场、设备等对供气任务响应特性的研究，确定系统不确定性特性。

(4) 天然气管网系统供气可靠性及其控制。建立大型天然气管网系统可靠性与子系统可靠性以及与系统不确定性和可维修性之间的数学关联，建立和完善天然气管网系统供气可靠性理论。

(5) 天然气管网系统可靠性增强理论。找出影响天然气管网系统可靠性的故障模式，确定系统鲁棒性和各环节的抗冲击性，提出可靠性增强模型。

参 考 文 献

[1] 黄维和. 大型天然气管网系统可靠性[J]. 石油学报, 2013, 34(2): 401–404.
[2] 曲慎扬. 油气管道可靠性评价指标及其计算[J]. 油气储运, 1996, 15(4): 1–4.
[3] 艾慕阳. 大型油气管网系统可靠性若干问题探讨[J]. 油气储运, 2013, 32(12): 1265–1270.
[4] 范慕炜, 宫敬, 伍阳, 等. 天然气管网可靠性评价方法及探讨[J]. 油气储运, 2015, 34(4): 343–348.
[5] 张宗杰, 苏怀. 干线天然气管道可靠性评价方法[J]. 油气储运, 2014, 33(9): 22–33.
[6] Rimkevicius S, Kaliatka A, Valincius M, et al. Development of approach for reliability assessment of pipeline network systems[J]. Applied Energy, 2012, 94(6): 22–33.
[7] Sukharev M G, Karasevich A M. Reliability models for gas supply systems[J]. Automatic Remote Control, 2010, 71(7): 1415–1424.
[8] Li J, Qin C K, Yan M Q, et al. Hydraulic reliability analysis of an urban loop high-pressure gas

network[J]. Journal of Natural Gas Science and Engineering, 2016, 28(1): 372–378.

[9] Yu W, Wen K, Min Y, et al. A methodology to quantify the gas supply capacity of natural gas transmission pipeline system using reliability theory[J]. Reliability Engineering & System Safety, 2018, 175: 128–141.

[10] Yu W, Song S, Li Y, et al. Gas supply reliability assessment of natural gas transmission pipeline systems[J]. Energy, 2018, 162: 853–870.

撰稿人：宫　敬

中国石油大学(北京)

审稿人：易思蓉　魏庆朝

海底油气管道流动安全保障

Flow Assurance for Subsea Oil and Gas Pipeline

1. 背景与意义

海底管道,是海上油气田开发中输送流体的主要方式,是油气田平台间及平台与陆地间连接的枢纽,因此其可以称得上是海上油气田开发生产与输送的生命线。深水海域将是 21 世纪全球油气能源开发的战略性接替区域。我国深水海域蕴藏着丰富的油气资源,其中南海海域的石油地质储量大致在 230 亿 t,我国也在加快南海油气资源勘探开发的步伐。

深水地区恶劣的自然环境不仅对海上平台、海底生产、海上作业等有苛刻要求,也使连接各卫星井、边际油田及中心处理设施、长度从几千米至数百千米的海底管道面临严峻考验。在深海的低温、强换热等恶劣条件下,固相沉积(蜡、沥青质、水合物)、严重段塞流、多相流腐蚀等严重威胁海底生产系统和输送管线的安全运行。自 20 世纪 90 年代初,针对墨西哥湾深水油田开发中存在的与流动风险相关的技术难题,国际石油工业界逐渐形成了流动保障(flow assurance)研究领域,并在近 20 年得到快速发展。

我国的勘探开发表明,南海及东海、渤海的海上油田所产原油大部分具有含蜡高、凝点高、黏度高的特点(称为易凝高黏原油)。例如,南海西江、惠州、番禺油田原油的凝点为 33℃,涠洲油田原油的凝点则可高达 44℃。因此,与国外很多深水油田相比,我国流动保障问题更加严重,涉及的科学问题更加复杂(图 1),包含气液及液固相变的非牛顿原油-天然气-水三相复杂流动问题,易凝高黏原油复杂多相管流蜡沉积问题,水合物生成及控制问题以及随之产生的流动风险的评价问题等。

深海油田的流动保障所要解决的主要问题是油气不稳定的流动行为及其相应的控制机制,包括原油的起泡、乳化和固体物质(如水合物、蜡、沥青质和结垢等)的沉积、多相流腐蚀、立管段塞流等[1]。根据进程的先后顺序,流动保障可分为预测、防止、检测、调节和改进五个环节,以实现流动无堵塞、控制油气管道输送工况、优化流动行为及使运行费用最低等目标。

综上所述,流动保障是深水油气田开发的核心技术之一;开展流动保障基础问题研究,不仅对于深水油气资源开发具有重要的应用前景,对于发展所涉及的多学科理论交叉应用、揭示其机理和规律也有十分重要的科学意义。

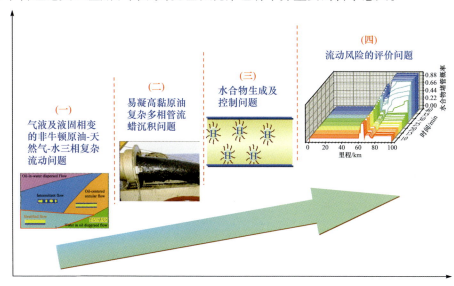

图 1　深水油田中的流动安全保障问题(部分)

2. 研究进展

20 年来,我国在海上流动安全研究方面取得了长足的进步,在引进和借鉴国外先进理论和技术的同时,正在形成自己的特色。在深水流动安全试验系统与试验技术、深水流动安全保障系统设计、深水流动安全监测与预警、深水流动安全控制与处理技术等方面取得了一定的突破[2]。然而,目前国内外对流动保障中的很多科学问题所涉及的机理和变化规律还没有清楚的认识。

1) 油气水多相混输理论

油气水混输管道,由于输送介质为气液及液液等多相流体,输送过程中管内存在较为复杂的流动形态。

该研究是从 20 世纪 50 年代开始的经典研究领域。近年来主要针对以下内容进行研究:①高黏原油/稠油水乳状液特性、在管输中呈现的流动规律、反相现象、反相机理和预测模型、油水流型及各种条件下的压降特征及相应的变化规律[如创新建立了考虑油水组成和流动剪切条件对乳化特性影响的非均匀油水混合液的黏度预测模型,见式(1)]。②气液管输条件下的瞬变特性研究,包括管线的启动、流量波动、管线的停输、清管、放空、泄漏等引起的瞬变特性、变化规律及相应响应引起的流动变化。③海底特殊的生产环境(图2)催生了种类繁多的立管集输管型(图3),呈现周期性不稳定流动特点的严重段塞流也就成为海洋管道研究的热点。段塞流是海洋立管系统中比较常见的危险工况，其形成机理、基本特性大致相似，但又因海洋立管结构的不同而表现出不同特点。目前几乎所有的严重段塞流计算模型在建模中均做了较多的简化，难以再现生产现场的真实状况。通过严格物理方程搭建起符合严重段塞机理的瞬态模型，并与流体热力模型耦合，使之能对不同工况下严重段塞流的相关特性进行模拟，为流动管理和智能控制提供准确的依据，将是未来该领域的研究趋势。

$$\mu_m = \left[\mu_o(1-\phi_w) + \mu_w\phi_w\right](1-c_m) + \mu_w\left[1 + \left(\frac{\mu_w + 2.5\mu_o}{\mu_w + \mu_o}\right)(\phi_o + \phi_E)\right]c_m \quad (1)$$

式中，μ_o 为油相黏度，mPa·s；μ_w 为水相黏度，mPa·s；ϕ_w 为水相比例；ϕ_o 为油相比例；ϕ_E 为流动条件下的乳化含水率；c_m 为掺混系数，取值为 0～1。

图 2　海洋油气生产示意图

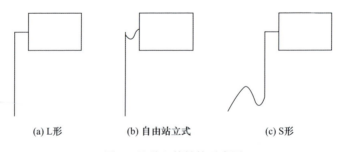

(a) L形　　(b) 自由站立式　　(c) S形

图 3　几种立管结构示意图

2) 固相沉积

近年来，随着海上油气资源的开发开采，受海底低温环境和管道入口的高压力影响，固相沉积问题已经成为海底管道面临的一个新问题。目前主要针对以下内容进行研究：①蜡沉积的研究。该研究取得了较大进展，例如，开展了多相流蜡沉积试验方法研究；提出了油-气两相蜡沉积预测模型及预测方法(如结合蜡分子扩散机理和蜡沉积过程中的传热、传质规律,建立了油-气两相分层流流型下蜡沉积预测模型,见式(2);建立了油-水两相蜡沉积预测模型及预测方法。但是在机理研究和模型预测上仍受诸多因素的制约,油-气-水三相流的蜡沉积以及蜡、胶质沥青质等协同作用的研究目前还比较少。②已开展了一些砂沉积机理研究,由于试验和理论研究难度较大,因此在含砂量、砂粒径、砂密度和流速等参数的范围进行了很多假设,开展了砂沉积预测研究,但其在多相流内的流动、流体的携带及沉积规律等方面仍有待进一步探索研究。③气体水合物又称为笼型水合物(clathrate hydrate),是水分子与低分子量气体分子在特定温度和压力条件下形成的非化学计量性笼型结构的晶体物质。水合物的生成受热力学条件所控制,而决定水合物生成量的关键是水合物结晶成核生长的动力学,其受传质、传热等多因素影响[3]。特别是在混输管道流动过程中,动力学对水合物生成的影响将更为显著。目前对于水合物结晶成核模型有多种描述,有初步适用于混输管道诱导期的定义方法,学者探讨了过饱和度、过冷度、含水率和防聚剂浓度对混输管道中水合物生成诱导时间的影响,进行了允许管道中水合物生成的加阻聚剂和冷流技术的研究[3]。目前尚处于理论探索与试验测试研究阶段。

$$\frac{\mathrm{d}\delta}{\mathrm{d}t}=-\frac{\left(D_{\mathrm{wo}}\frac{\partial C}{\partial r}\bigg|_{r_i^-}-D_{\mathrm{e}}\frac{\partial C}{\partial r}\bigg|_{r_i^+}\right)}{\rho_{\mathrm{dep}}F_{\mathrm{w}}} \tag{2}$$

式中,δ 为蜡沉积厚度,m;t 为沉积时间,s;C 为蜡分子在原油中的浓度,kg/m^3;D_{e} 为蜡分子在气相中的扩散系数,m^2/s;D_{wo} 为蜡分子在原油中的扩散系数,m^2/s;ρ_{dep} 为沉积层密度,kg/m^3;F_{w} 为沉积层中蜡组分的质量分数;r 为管径变化。

3) 多相流腐蚀

由多相流引起的腐蚀成为一种涉及面广而且危害很大的腐蚀类型,近年来已经逐步成为腐蚀和多相流科学中的研究热点[4]。虽然两个大的领域都开展了大量的研究工作,但将腐蚀理论与多相流管输理论相结合取得的成果并不多,还不足以指导工程实践。在 CO_2/H_2S 腐蚀机理及影响因素方面,国内外认识基本一致。目前不同的石油公司和研究机构针对碳钢的 CO_2 腐蚀开发了多达数十个腐蚀预测模型及软件,但涉及多相流不同状态下的腐蚀预测,还没有形成完善的理论基础。

3. 主要难点

在深水复杂的流动条件下,为保障深水流动安全,需要对流动安全保障技术研究涉及的多相流流变特性、输送特性、管输系统固相沉积、清蜡、防蜡、防垢、水合物防治、腐蚀及防护、降黏减阻等方面的机理及应用进行更为深入的研究。需重点研究以下科学难题：

(1) 深水环境下的多相流管流不稳定流动规律及系统响应特性。建立具有复杂边界和复杂地形条件的机理模型，提出合适的求解方法[5]。

(2) 准确的立管段塞流内流及内外流固耦合理论。建立表征各类立管系统周期性变化的理论模型，确定瞬变条件下立管系统的变化规律和响应特性，提出流固耦合理论[5]。

(3) 深水环境下的管输系统固相沉积理论。包括多相流、蜡沉积、蜡与胶质沥青质的协同作用、蜡与水合物的协同作用和管线固相沉积预测理论等[1]。

(4) 深水环境下的天然气水合物安全输送和抑制理论。包括水合物成核、结晶与聚集生长机理及含水合物浆液的流动规律，水合物抑制机理，水合物堵塞管道的风险判别及控制[3]。

(5) 多相流腐蚀理论。多相流不同状态下的腐蚀机理、冲蚀规律、海底条件下多相流管道腐蚀和冲蚀预测模型及控制机制[6,7]。

参 考 文 献

[1] 宫敬, 王玮. 海洋油气混输管道流动安全保障[M]. 北京: 科学出版社, 2016.

[2] 吴海浩, 王博, 王智, 等. 深水流动安全管理系统研究现状与应用[J]. 中国海洋平台, 2015, 30(2): 4–9.

[3] 丁麟, 史博会, 吕晓方, 等. 天然气水合物的生成对浆液流动稳定性影响综述[J]. 化工进展, 2016, 35(10): 3118–3128.

[4] 齐江涛, 刘立静, 文科. 油气集输管道在海洋环境中的腐蚀与防护研究[J]. 工业, 2016, (9): 59.

[5] 晏妮, 王晓东, 胡红梅. 海底管道深水流动安全保障技术研究[J]. 天然气与石油, 2015, 33(6): 20–24.

[6] Oyeneyin B. Integrated Sand Management for Effective Hydrocarbon Flow Assurance[M]. Boston: Newnes, 2015.

[7] Tajallipour N, Teevens P J, Akanni W, et al. Multiphase flow internal corrosion direct assessment for the Tambaredjo North West pipeline[C]//CORROSION 2015, Dallas, 2015.

撰稿人：宫　敬

中国石油大学(北京)

审稿人：易思蓉　魏庆朝

10000 个科学难题·交通运输科学卷

交通信息工程及控制篇

车联网的信息安全与隐私保护

Cybersecurity and Privacy Protection for the Internet of Connected Vehicles

1. 背景与意义

车联网是以车内网、车际网和车载移动互联网为基础,按照约定的通信协议和数据交互标准,在车和外界之间进行无线通信和信息交换(vehicle to X,V2X,X 为车、路、行人及互联网等)的大系统网络是能够实现智能化交通管理、智能动态信息服务和车辆智能化控制的一体化网络,是物联网技术在交通系统领域的典型应用。

车联网是由传统的智能交通系统发展而衍生的新兴产业。首先,车联网基于无线通信、环境感知等技术获取车辆和道路信息,实现车辆和基础设施之间智能协同与配合,可以达到优化利用系统资源、提高道路交通安全、缓解交通拥堵的目标[1]。其次,车联网是智能交通系统的重要因素和纽带,车联网对于现代智能交通技术影响日益明显,其能有效解决道路拥堵、交通事故等现代交通中普遍存在的难题,实现节能环保、安全高效的理想目标[2]。车联网的信息安全技术可以保障和实现系统安全、效率和绿色等功能性目的。

智能化、网联化和电动化是汽车技术发展的重要方向,其中智能化和电动化都是以车联网信息为支撑的,保障车联网信息安全是实现自动驾驶模式应用的重要基础。现有的车辆均存在不同程度的信息安全隐患,黑客已经能够通过信息篡改、病毒入侵等手段远程攻击汽车[3,4]。车联网的信息安全问题不仅能够造成个人或者企业经济损失,还可能造成车毁人亡的严重后果,甚至上升为公共安全问题,车联网的信息安全与隐私保护对于车联网的大范围推广应用具有重要意义。可以说,信息篡改、隐私泄露等诸多安全事件已经对以车联网为核心的智能交通系统提出了新的挑战,车-路-云端的数据安全、通信安全和系统的功能安全已经成为制约车联网系统发展的瓶颈[5,6]。随着网络环境的复杂化和不断增强的安全要求,亟须建立或形成满足技术应用和产业发展需要的车联网信息安全及隐私保护技术。

保障车联网信息安全不仅要在管理、法规与标准方面进行加强,更需要在以下技术方面进行攻关和突破:车载控制器局域网络(controller area network,CAN)

安全架构、V2X 通信信息安全、安全车载网关技术、嵌入式加密与可行认证、智能信息融合技术、基于大数据漏洞挖掘和车载传感信息安全防护技术等，最终实现自主可控的车联网信息安全和隐私保护。围绕车联网信息安全，通过产学研用合作，实现关键技术的突破，有利于实现现有资源的优化整合，提高城市交通的支撑能力，缓解和解决困扰城市发展的交通难题，有助于推动我国智能交通系统方便快捷的发展。

2. 研究进展

近年来，由车联网信息安全导致的交通事件引发了各国政府和相关机构的广泛关注。欧美日等国家和地区投入大量资金开展了在车联网信息安全方面的研究[7]。

2008 年，欧洲开展了汽车电子安全入侵保护项目(E-safety Vehicle Intrusion Protected Applications，EVITA)，通过研究车载网络、V2X 通信、隐私保护和交通安全的特点，设计了车载网络安全架构，并研制了原理样机。2013 年，日本信息处理推进机构(Information-Technology Promotion Agency，IPA)从汽车需要的可靠性角度出发，在威胁、保护、生命周期管理等方面展开理论研究，设计了依据车辆功能群分类的汽车信息安全模型"IPA Car"[8]。2016 年 1 月，美国汽车工程学会结合各大主流汽车的车联网系统，发布了可为汽车厂商和行业提供网络安全架构参考的建议性指南。

国内对车联网信息安全的关注与日俱增，自 2010 年无锡举办的世界物联网大会上首次提出车联网的概念，到《中国制造 2025》中明确提出，建立智能制造标准体系和信息安全保障系统。2016 年，工信部先后支持浙江、北京、河北、重庆等省(直辖市)开展智能汽车与智慧交通应用示范区建设，车联网信息安全是示范区建设的重点研究方向之一。同年，中国汽车工程学会成立了汽车信息安全工作委员会将有效组织相关研究机构和企业，开展车联网信息安全系列标准和指南的制定工作[9]。

3. 主要难点

车联网信息安全及隐私保护技术的难点是如何从端-网-云的层面防范黑客攻击，在车载网、车间网、车际网、传感器等方面进行信息的安全防护，确保网联汽车的数据安全、功能安全和通信安全。

车联网系统虽然实现了在部分车型上的应用，但是信息篡改、隐私泄露依然是亟须解决的问题[10]。由于网络结构存在较大差异，异构网络间互连比较困难，自组织网络完全没有固定网络结构，形成车联网信息安全防护体系比较复杂。基于身份检测与用户认证、干扰检测与信任评估、漏洞检测与安全防护的信息安全技术的研究仍待进一步挖掘。

车联网信息安全虽然基于传统的网络通信安全理论，但有其独特性，基于车联网的隐私保护技术仍有许多不足。车辆节点的高速移动性，使得车辆节点与通信端节点之间需要频繁切换，相应地，密钥的管理和身份认证等安全策略都需要及时调整。现阶段的隐私保护算法主要以密码学、K-匿名方案等传统网络安全理论为主，探索适用于车联网特征的隐私保护技术是实现车辆安全行驶亟待解决的科学问题。

今后，在车联网的设计和研发中将融入更多信息技术、智能化控制手段，以保护网络通信信息特别是涉及用户隐私等有价值信息的安全性和隐私性，避免受到窃取、攻击，促进车联网技术在智能交通系统中更好地发挥作用。

参 考 文 献

[1] 周建山, 田大新, 王云鹏, 等. 基于车联网的交通应急疏散优化方法[C]//中国智能交通年会, 合肥, 2013.

[2] Green R C, Wang L, Alam M. The impact of plug-in hybrid electric vehicles on distribution networks: A review and outlook[J]. Renewable and Sustainable Energy Reviews, 2011, 15(1): 544–553.

[3] Ben J W, Conti M, Mosbah M, et al. Impact of security threats in vehicular alert messaging systems[C]//2015 IEEE International Conference on Communication Workshop, London, 2015.

[4] Hoppe T, Kiltz S, Dittmann J. Security threats to automotive CAN networks – practical examples and selected short-term countermeasures[C]//Computer Safety, Reliability, and Security. Newcastle: Springer Berlin Heidelberg, 2008: 235–248.

[5] Bayram I S, Papapanagiotou I. A survey on communication technologies and requirements for internet of electric vehicles[J]. EURASIP Journal on Wireless Communications and Networking, 2014, 2014(1): 1–18.

[6] Kitayama H, Munetoh S, Ohnishi K, et al. Advanced security and privacy in connected vehicles[J]. IBM Journal of Research and Development, 2014, 58(1): 1–7.

[7] Wolf M, Weimerskirch A, Paar C. Security in automotive bus systems[C]//Workshop on Embedded Security in Cars, Chicago, 2004.

[8] 印曦, 魏冬, 黄伟庆, 等. 日本车联网信息安全发展现状及对策[J]. 中国信息安全, 2015, (9): 68–72.

[9] 张素静. 浅谈汽车企业信息系统安全与防范[J]. 汽车实用技术, 2015, (12): 150–151.

[10] Mokhtar B, Azab M. Survey on security issues in vehicular Ad Hoc networks[J]. Alexandria Engineering Journal, 2015, 54(4): 1115–1126.

撰稿人：王云鹏　余贵珍　鲁光泉

北京航空航天大学

审稿人：张　毅　郭　晨

智能网联环境下车辆群体协同决策与优化

Cooperative Decision-Making and Optimization for Crowd Vehicles under Intelligent Networks

1. 问题背景

众所周知，道路交通已开始进入协同管控与服务集成的发展阶段，其核心特征就是建立包括交通参与者、运载工具和交通基础设施在内的、人车路一体化的交通系统，借助无线通信、云计算和大数据平台，完成实时交通信息的提取、融合和交互，并实现全景信息环境下的道路交通安全、管理和服务的集成与协同[1]。因此伴随群体协同控制与优化的发展，我国交通运输的智能化创新必将体现在系统集成化、功能协同化、服务网络化和出行绿色化四个方面。

基于车辆单体自身措施的被动和主动安全将逐步被交通多体之间的协同安全所代替，交通安全被适时提升为协同式已成为可能并将得到快速发展；同时目前普遍采用的被动式交通控制模式在进一步提升通行效率上已面临巨大挑战，主动引导进而协同调控车辆行驶，可令协同控制成为未来道路交通管控的核心。由此基于智能网联的车辆群体协同决策就必然成为车辆群体协同控制与优化的基础。

未来二十年，车辆驾驶将走完从辅助驾驶、自动驾驶和无人驾驶，到无人/有人混驾直至高级无人智能驾驶的发展历程，其间智能网联环境下车辆群体协同控制与优化将贯穿其中，而作为理论基础和技术支撑的车辆群体协同决策与优化将起到关键作用，以解决复杂交通环境下车辆群体协同决策与优化的问题。因此智能网联环境下车辆群体协同决策与优化的主要内容，应该包括车辆群体协同决策的机理分析、群体协同决策建模、群体协同决策与优化方法等；其特征将体现为决策与优化的群体性、整体性、协作性和智能性。

因此在解决复杂交通环境下车辆群体协同决策与优化问题的过程中，还需要对智能网联环境下车辆群体协同决策的复杂交通场景进行鉴定和建模；进而研究车辆群体运动协作的需求导向、冲突消减与决策机理；结合多种实际应用场景研究车辆群体协同决策与优化的实现过程；最终研究实现无人/有人混驾条件下的车辆群体协同决策与优化方法。

2. 科学意义

进入 21 世纪, 人类活动已越来越离不开网络和通信。在交通运输的环境中实现交通参与者、运载工具和道路基础设施间(即人车路之间)的完全智能互联离我们已不遥远, 在不久的将来就不再是一种想象[2]。

现代信息与智能技术的进一步发展使交通参与者、运载工具和道路基础设施的信息获取与交互手段、内容和范围都产生了重大变化, 为智能网联环境下人-车-路协同控制的实现奠定了技术基础, 将进而引发世界范围内交通安全保障、道路智能管理和高效出行服务的深层次变革, 使交通更安全、出行更畅通、环境更友好已成为未来道路交通发展的追求目标。

随着交通运输环境中交通参与者、运载工具和道路基础设施间的进一步互通互联, 原本各交通主体只能实现自身的分析、决策与控制的局面发生了根本性的变化, 多交通主体间的协作由此成为可能, 而复杂的交通系统及其特性从此也可以从复杂性问题分析的角度展开, 因此复杂交通环境下车辆群体运动协同控制是未来交通发展的需求; 同时作为车辆群体运动协同控制实现的理论基础与方法支持, 车辆群体协同决策与优化也就成为一个科学问题。

车辆群体协同决策与优化是车辆群体智能控制的基础。智能网联环境下人-车-路协同控制的全面实施, 首先需要解决多交通主体即各类交通参与者和异构运载工具共存的复杂交通场景下车辆群体的协同决策问题。因此可以看到, 在互联网、车联网和移动网等关键技术的支持下, 智能网联环境下的智能车-路协同将成为交通运输的基础性公共平台, 而智能网联环境下车辆协同安全与交通主动控制将是其重要应用内容。

车辆群体协同决策与优化是一个具有挑战的全新科学问题。它必须满足智能车辆不同发展阶段的需要, 更重要的是必须考虑交通出行者尤其是驾驶员的社会属性, 信息物理社会系统的最终引入将显著增加交通系统的复杂性。另外, 还应看到, 虽然无人驾驶车辆的发展还存在一系列技术、社会、法律障碍及其他不确定性, 但无人驾驶将是未来道路交通的发展目标和方向。无人驾驶逐步替代有人驾驶, 无人驾驶最终走入日常生活将是现代交通发展的必然。

3. 研究进展

智能网联环境下车辆协同安全与交通主动控制是近年来世界范围内的热点研究问题[3]。美国于 2004 年启动了车路集成系统 VII 研究计划以来, 先后升级为 IntelliDrive 和 Connected Vehicle 计划, 随后又于 2015 年 7 月在密歇根州建成了世界上第一个为测试智能互联驾驶和 V2X 技术的封闭式试验街区——MCity, 在测试智能驾驶和 V2X 技术的同时致力于推进车辆协同安全与交通主动控制。日本的智能车-路协同技术研究主要通过 Smartway 计划来开展，利用智能网联技术将人、车、路通过信息联系起来，道路与车辆能因为信息交互双向传输而构成 Smartway 与 Smartcar，并在位于筑波科学城的茨城县日本汽车研究所建设了一个 15 万 m^2 的自动驾驶汽车测试基地。欧洲 ITS 的相关研究和应用与美国和日本同期起步，先后启动了八个重要计划，包括 CVIS、SafeSpot、Coopers、COMesafety、SEVECOM、Drive C2X、PRE-DRIVE C2X 和 CAR2CAR 等，以扩展车载设备的功能和车-路协同技术。与国外相比，我国在该领域的起步较晚但发展速度很快，2011 年国家"863 计划"设立了主题项目"智能车路协同关键技术研究"，在智能网联环境下车辆协同安全与交通主动控制方面取得了重大进展，其成果已达到国际先进水平，部分成果已达到国际领先水平。

作为未来交通发展的重要代表，自动驾驶已以不寻常的速度步入我们的视野[4]。纵观自动驾驶技术的发展历程可以看到，目前主要基于两种技术路线实现自动驾驶所需的环境感知，即基于车辆自身传感器和基于高精度地图与导航的环境感知。随着可支持多模式、高可靠、实时信息交互的智能网联技术的逐步成熟，基于智能网联实时信息交互的环境感知增强正在被视为自动驾驶可依赖的第三条途径。而这一概念一经提出，即受到各大通信公司和汽车企业的高度重视，尤其是在多种具有自动驾驶功能的汽车在测试和应用过程中频现交通事故后，这一技术路线越来越受到青睐。

随着交通运输中车辆技术和交通系统的不断升级，人们对车辆自动化程度和交通通行效率的要求也在不断提高[5]。面对车辆驾驶从辅助驾驶、自动驾驶和无人驾驶到无人/有人混驾直至高级无人智能驾驶的发展，同时现代生活中高居不下的交通事故、对交通出行更高程度智能化的要求等，催生了智能网联环境下多车群体运动协同控制的需求，由此人们提出了智能网联环境下多车群体协同决策与优化的概念。

4. 主要难点

未来二十年，车辆驾驶技术将走完从辅助驾驶、自动驾驶和无人驾驶，到无人/有人混驾直至高级无人智能驾驶的发展历程，其间智能网联环境下车辆群体协同决策与优化需要解决三个层次的问题，为基于一般规则的自动驾驶技术向基于人工智能的自动驾驶技术的发展奠定必需的理论和技术基础。

(1) 自动驾驶阶段。智能网联环境下车辆群体协同决策与优化。
(2) 混合驾驶阶段。无人/有人混驾场景下车辆群体协同决策与优化。
(3) 智能驾驶阶段。人工智能在车辆群体协同决策与优化的体现。

为保证车辆群体运动协同控制与优化的实现，新一代智能网联技术还必须提供以下支持与服务：

(1) 多模式、一体化、高可靠性的信息交互平台。

(2) 可支持车辆群体协同的交通实时信息可信交互。

此外，在智能网联环境下的车辆自动驾驶技术的发展中，如何能够体现人类所具有的基本智能？什么标志性功能是人的智能在自动驾驶中的体现？都是亟待回答的关键问题。

参 考 文 献

[1] 张毅, 姚丹亚. 基于车路协同的智能交通系统体系框架[M]. 北京: 电子工业出版社, 2015.

[2] 美国运输部. 智能交通系统战略研究计划: 2010-2014[EB/OL]. http://www.its.dot.gov/strategic_plan 2010_2014/2010[2012-10-30].

[3] 王云鹏. 国内外ITS系统发展的历程和现狀[J]. 汽车零部件, 2012, (6): 36.

[4] Grosz B J, Altman R, Horvitz E, et al. Artificial intelligence and life in 2030: One hundred year study on artificial intelligent[R]. Stanford University, 2016.

[5] 王笑京. 转变发展方式自主发展中国智能交通系统[J]. 城市交通, 2011, 9(6): 2–3.

撰稿人：张　毅　胡坚明

清华大学

审稿人：赵祥模　郭　晨

移动互联环境下情境自适应交通信息服务

Context-Aware Traffic Information Service in Mobile Environment

1. 背景与意义

智能交通领域的人、车、路和环境形成了新型的移动互联信息平台。该平台为整合、共享道路交通信息奠定了基础。面向出行者提供及时可用、情境自适应的交通信息是交通信息服务研究的重要内容。移动互联网络中的移动个体、移动车辆，利用移动产生的机会交互，结合出行者所处的实时交通情境，自适应提供交通信息服务，针对性地服务个体、群体出行。同时出行相关的随时、随地可用交通服务信息为交通诱导、出行规划与优化提供基础支撑。在上述交通信息服务的基础上进行知识挖掘和数据分析，为智能交通复杂大系统的协调运行提供支撑。

不同时间、地点的出行所需服务存在差异，因此出行服务的服务内容、方式、质量以及范围需要进行针对性调整。出行服务是智能交通的核心内容之一，车联网是智能交通发展的高级形态。车联网环境下的车辆具有行驶速度快、密度不均匀、车辆随机接入和断开网络等动态变化特征，形成了一个移动互联网络，更深入讲是一种车载机会网络[1]。在车载机会网络中，车辆节点移动、节点稀疏、通信设备关闭或障碍物造成信号衰减等都可能导致网络大多数时候不能连通。车载机会网络最大的特点在于信源与信宿车辆之间即使没有一条完整的路由存在也能够保持通信[2]。车载机会网络的本质是利用节点移动形成的通信机会，以"存储-携带-转发"的路由模式实现车辆间通信[3]。出行者与路网状况的相互作用、服务资源的分布、异构和高度易变特性，使得车载机会网络环境下的出行不同于传统的确定性网络环境下的出行。在车载机会网络环境下，出行服务需要理解出行者的出行需求，保障出行服务的实时性，建立自适应服务组合策略，以适应车载机会网络的动态变化。从而最终提升出行服务的针对性与及时性。

2. 研究进展

典型的移动互联环境下的交通信息服务研究是美国IntelliDrive项目，该项目是美国智能交通(Intelligent Transportation System，ITS)战略计划，一期执行时间是 2010～2014 年[4]。IntelliDrive 的前身是车路协同系统(vehicle infrastructure integration，VII)，VII 在推进过程中因新问题产生和新技术的出现，转变为 IntelliDrive。IntelliDrive 关注交通安全、移动应用和环境保护。其目标是打造更安全、更智能和更环保的交通运输系统。IntelliDrive 的核心研究项目是车联网。车联网[5]关注三个方面：应用、技术和政策，在车联网应用方面主要关注交通安全、移动性和环保。车联网新的研究内容主要集中在移动性方面，有实时数据获取和管理及动态移动应用两个主要课题在执行。

3. 主要难点

1) 出行行为特征分析与建模

交通运输系统运行过程中产生了大量具有时空标记、能够描述出行行为的空间大数据[6]，如出租车营运数据、手机数据、社交媒体数据等。这些数据有助于发现出行的时空行为特征，并建立合适的解释性模型。然而，由于缺乏对特征间关系的研究，难以构造全面完整的出行行为模式。专门研究连接关系的理论-复杂网络，恰好为从表面看来杂乱无章的复杂系统研究提供了有力有效的分析方法[7]。因此，以交通空间数据为数据源，出行者为应用对象，采用空间复杂网络理论，对出行兴趣建模，以期挖掘出行者的交通需求，揭示出行服务选择的内在影响机理。

2) 具有机会路由约束的服务数据分发机制

数据分发是为服务发现过程提供精准、可靠的需求数据传递通道，其原则在于按需进行分发，即将需求数据以机会路由模式，分发到对此数据"感兴趣"的服务提供方。考虑到车载机会网络环境下车辆与路侧单元的协作通信方式，出行者将使用在途移动过程中向邻近路侧单元提交服务请求的工作模式。同时，在缺乏路侧单元，且产生紧急突发需求，例如，交通事故救援的应用环境下，通过在车辆间机会式寻找路由完成数据转发，是较为合理的解决方案。基于此，需要研究在车载机会网络中的机会路由选择算法，通过多种方式收集实时路况与车辆运行轨迹模式，评估数据转发的成功率，或调整车辆行驶路线，来改变其运行轨迹，进而降低数据转发成本，以提高数据分发的时效性，从而支撑服务发现的及时性。

3) 基于出行行为特征和服务质量的寻优组合算法

出行的实时性、便捷性和服务功能的多样性、优质性是优化服务组合的核心价值所在。单一的出行服务已经越来越不能满足人们对于更复杂功能、增值服务等多样化的应用需求。随着车联网规模和应用范围的不断扩大，行为特征挖掘、服务质量评估的深入研究，在车载机会网络环境下构建以服务质量为中心的多功能、多方位服务组合方案是出行服务发展的必然。

参 考 文 献

[1] Soares V N G J, Rodrigues J J P C, Faramand F. GeoSpray: A geographic routing protocol for vehicular delay-tolerant networks[J]. Information Fusion, 2014, 15(1): 102–113.

[2] Denko M K. Mobile Opportunistic Networks: Architectures, Protocols and Applications[M]. Boca Raton: CRC Press, 2016.

[3] Cunha F, Villas L, Boukerche A, et al. Data communication in VANETs: Protocols, applications and challenges[J]. Ad Hoc Networks, 2016, 44: 90–103.

[4] Amanna A. Overview of IntelliDrive/Vehicle infrastructure integration(VII)[R]. Virginia Polytechnic Institute and State University, 2009.

[5] Guler S I, Menendez M, Meier L. Using connected vehicle technology to improve the efficiency of intersections[J]. Transportation Research Part C: Emerging Technologies, 2014, 46: 121–131.

[6] Shang S, Ding R, Zheng K, et al. Personalized trajectory matching in spatial networks[J]. The VLDB Journal, 2014, 23(3): 449–468.

[7] Sun Y, Han J, Yan X, et al. PathSim: Meta path-based top-K similarity search in heterogeneous information networks[J]. Proceedings of the VLDB Endowment, 2011, 4(11): 992–1003.

撰稿人：段宗涛　唐　蕾

长安大学

审稿人：杨晓光　刘正江

道路交通车辆全时空高精度高可靠低成本定位

Precise, Reliable and Low Cost Vehicular Localization on Full Spatiotemporal Domain of Highway Transportation System

1. 背景与意义

目前大量面向车联网和车-路协同的智能交通模型研究和应用场景设计都是以系统能实时获取车辆高精度位置为前提假设的，但是现有的 GPS 定位技术因自身设计原理以及地面环境的复杂性，无法实现车辆在时间和空间域的全尺度定位，使得智能交通领域的许多前沿研究理论难以进入工程化应用阶段。

近年来，世界各国都开始积极投身于交通车辆高精度定位领域的研究和开发，并取得了大量阶段性成果，如卫星定位增强技术[1]、无线定位技术[2]、即时定位与地图构建(simultaneous localization and mapping，SLAM)技术[3,4]以及视觉里程计(visual odometry，VO)技术[5,6]等。这些新兴技术发展迅速，已开始在月球车、火星车等航天器上得到应用，并取得良好的定位效果。但是如果将这些技术应用在智能交通系统中，仍然难以满足智能交通系统在强实时、高精度、低成本等方面的需求。因此如何从系统和技术综合的层面解决车辆全时空高精度高可靠低成本定位这一核心难题，将是智能交通系统领域长期面临的一项艰巨任务。

高精度高可靠低成本车辆实时定位是目前智能交通领域亟须解决的一个骨干性难题，智能交通系统中的多种应用都与之密切相关，该问题的解决对于未来智能交通系统的发展具有突破性和颠覆性的推动作用，具体表现在以下四个方面：

(1) 有利于精细化、实时交通参数的精确获取。与传统的视频或线圈检测方法相比，通过获取车辆的精确位置，可得到更为精细化的实时交通参数，利用这些信息可以计算出更为精确的微观与宏观交通参数，如车头时距、车头间距、车道占有率、平均车速、车流量、交通密度、排队长度、行驶轨迹、拥堵指数、起止点(origin-destination，OD)等，这些精确参数对于高速公路交通控制与管理、城市交通拥堵与疏导、路网动态交通量分配等先进的智能交通应用至关重要。

(2) 有利于车-车/车-路协同的精准可靠实施。高精度、高可靠的车辆定位信息是实现车-车/车-路协同控制最基础、最重要的数据。根据车辆节点的高精度定位信息，可以得到精确的车辆运动学参数并预测车辆轨迹，通过这些高精度的空间信息，可以实现车-车/车-路的高度协同，从而降低事故风险并提高道路利用效率。高精度车辆定位信息将对车辆的避碰、跟驰、变道、超车，以及车队(platoon)的形成与控制、弯道预警、交叉口快速通行等车-路协同应用的可靠实施发挥重要作用。

(3) 有利于车联网中车辆信用记录的建立。通过对车辆精确位置的长时间记录，可以根据车辆的行驶轨迹对其行为的安全性进行评估，从而建立每一辆车的信用记录，该信用记录在未来的车辆碰撞风险预警、车辆动态路权分配、车辆优先等级排序等车联网应用方面具有极其重要的应用价值。

(4) 有利于交通事故微尺度全貌数据的全程记录。在未来车联网系统中若能实时获取并记录车辆节点的精确位置，就可以得到交通事故"事故前-事故中-事故后"微尺度全貌数据，有利于交通事故的精确重现和科学、客观的事故责任认定。通过对交通事故精确数据进行长期观测，有利于发现道路环境中交通黑点在时间和空间上的分布规律，可为道路设计和交通事故预防提供重要依据。

总而言之，如果大规模高精度高可靠低成本车辆实时定位这一科学难题得到突破，将在很大程度上减小道路交通系统的不确定性和随机性，将使道路交通系统进一步向轨道交通系统逼近，在不降低机动性的同时，显著提高道路交通系统的运输效率和安全性。

2. 研究进展

卫星定位增强系统主要包括星基增强系统(satellite-based augmentation system，SBAS)[7]和地基增强系统(ground-based augmentation system，GBAS)[8]两种形态。星基增强系统通过地球静止轨道(geosynchronous orbit，GEO)卫星搭载卫星导航增强信号转发器，可以向用户播发星历误差、卫星钟差、电离层延迟等多种修正信息，实现对于原有卫星导航系统定位精度的改进，从而成为各航天大国竞相发展的手段，美国的广域增强系统(wide area augmentation system，WAAS)是这一技术的典型代表。地面增强系统只是用地面的基准站代替了 WAAS 中的 GEO 卫星，通过这些基准站向用户发送测距信号和差分改正信息。

目前超宽带无线定位技术(ultra wideband，UWB)也成为世界关注的焦点。美军为了解决战备物资的定位问题，由 Multispectral 公司开发了 PALs 系统，具有 30cm 的定位精度，英国 Ubisense 公司的超宽带无线定位产品，在 20~50m 范围内定位精度可达到 15cm。另外，Aether Wire & Location 研发的超宽带定位芯片在理想情况下能够提供 10cm 的定位精度。

SLAM 技术最早应用于机器人领域，其目标是机器人在自身位置不确定的条件下，在完全未知环境中创建地图，同时利用地图进行自主定位和导航，SLAM 需要解决定位、目标识别和路径规划三个问题。过去 30 年里，SLAM 技术的发展使得大场景的应用成为可能，目前已经发展成采用多个传感器量测冗余和互补信息，通过多源数据融合技术有效提升同时定位和地图构建的观测区域、鲁棒性、容错性以及定位精度。

1983 年，Moravec[8]在星球探测车中引入了立体视觉里程计，此后该技术得到飞速发展。VO 技术仅利用单个或多个相机的输入信息估计智能体运动信息的过程，作为基于视觉技术的一种，在最近十几年的时间里已广泛应用于各类机器人的导航定位中，其中最成功的应用当属美国 NASA 开发的火星探测器"勇气号"和"机遇号"[9]。欧洲太空总署和我国国家航天局也开展了月球探测项目，其中 VO 模块在自定位系统中发挥了关键作用。2012～2015 年，美国国防高级研究计划局(Defense Advanced Research Projects Agency，DARPA)使用人形机器人来完成诸如车辆驾驶、爬楼梯或者穿越有杂乱障碍物地形等任务，大多数机器人都采用 VO 技术来感知环境或者进行姿态解算。基于视觉的定位算法按照使用相机数目分为单目和多目(两个或者两个以上相机)视觉定位；又可以按照算法分为特征点法和直接法。多目视觉可以直接恢复车辆运动尺度信息，但是当物体深度远大于相机基线时，双目退化为单目视觉定位。在单目视觉定位中，一个主要问题是恢复运动尺度信息，作为近年来单目视觉定位的代表，致力于解决单目视觉中的尺度问题，单目视觉定位利用俯视摄像头和定位算法来提供准确的位置和方向数据。特征法是在前后帧图像中寻找图像特征点，利用光流法或者特征匹配的方法建立连续帧间的对应关系并解算运动信息，但是特征点法关键点的提取与描述计算复杂度高；直接法是根据像素亮度信息来估计相机运动，不用估计关键点和计算关键点描述子。随着深度学习在视觉领域中的研究与发展，利用深度学习对运动系统的不确定进行建模，提高大尺度环境下的车辆定位精确度。

长安大学在车辆高精度定位方面进行了长期大量的深入研究，研制出多种车辆定位系统和算法[10]。开发了基于单目视觉的车辆定位系统，该系统能够采集道路表面的特殊纹理特征，并与地表特征数据库进行比较，如集料特性、裂纹形状、道路标志等，从而与已经储存的地图信息进行位置匹配；融合 GPS 和激光雷达的信息解决了单目尺度问题，建立特征选择和系统测量不确定度模型，优化了车辆局部运动信息。

3. 主要难点

公路交通系统是一个复杂的巨系统，存在环境复杂性、事件并发性和人机耦合强等特点，单一的定位技术很难面面俱到，因此如何从系统和技术层面解决车辆全时空高精度、高可靠性、低成本定位这一核心难题将是智能交通系统领域长期面临的一项艰巨任务。

(1) 定位系统需要满足交通系统中不同定位尺度应用上的需求，对于像车辆碰撞风险预警、交通事故的事后分析和车-车/车-路协同安全控制等精细化的交通应用，局部差分的方法无法满足高精度定位的要求，如何保证全时空高精度定位性能成为亟待解决的难题。

(2) 道路交通环境复杂，有桥梁、隧道、高架路、高山、密林等，如何融合视觉定位、惯导定位和卫星定位，提高定位系统的容错能力，保证车辆定位的全时空高可靠性成为难点。

(3) 依赖高精度传感器和融合多源传感器信息是提高车辆定位精度的重要途径，但高精度传感器制造成本较高且传感器融合技术开发难度较大，如何控制高精度定位系统的开发成本也是一项重要难题。

参 考 文 献

[1] Pullen S, Park Y S, Enge P. Impact and mitigation of ionospheric anomalies on ground-based augmentation of GNSS[J]. Radio Science, 2009, 44(1): 4918–4918.

[2] Amundson I, Koutsoukos X D. A survey on localization for mobile wireless sensor networks[M]// Mobile Entity Localization and Tracking in GPS-less Environments. Heidelberg: Springer, 2009: 235–254.

[3] Durrantwhyte H, Bailey T. Simultaneous localization and mapping(SLAM): Part Ⅰ [J]. IEEE Robotics and Automation Magazine, 2006, 13(2): 99–110.

[4] Bailey T, Durrant-Whyte H. Simultaneous localization and mapping(SLAM): Part Ⅱ [J]. IEEE Robotics & Automation Magazine, 2006, 13(3): 108–117.

[5] Scaramuzza D, Fraundorfer F. Visual odometry[J]. IEEE Robotics & Automation Magazine, 2011, 18(4): 80–92.

[6] Fraundorfer F, Scaramuzza D. Visual odometry: Part Ⅱ: Matching, robustness, optimization, and applications[J]. IEEE Robotics & Automation Magazine, 2012, 19(2): 78–90.

[7] Platt S, Weyman A, Hirsch S, et al. The social behaviour assessment schedule(SBAS): Rationale, contents, scoring and reliability of a new interview schedule[J]. Social Psychiatry and Psychiatric Epidemiology, 1980, 15(1): 43–55.

[8] Moravec H P. The stanford cart and the CMU rover[J]. Proceedings of the IEEE, 1983, 71(7): 872–884.

[9] Forster C, Pizzoli M, Scaramuzza D. SVO: Fast semi-direct monocular visual odometry[C]// IEEE International Conference on Robotics and Automation, Hong Kong, 2014.

[10] 赵祥模, 徐志刚, 张立成, 等. GPS盲区下融合多源信息的车辆高精度定位方法及装置: 中国, CN201310455813. 5[P]. 2016.

撰稿人：赵祥模　徐志刚　闵海根

长安大学

审稿人：王云鹏　刘正江

非常态交通条件下车-车/车-路高并发可靠通信

Reliable Parallel V2V or V2I Communications under Emergent Traffic Conditions

1. 背景和意义

大量的理论和试验研究表明，车-路协同、车联网、智能网联汽车等系统采用传感、通信、计算等先进的技术和方法可进一步提高道路交通系统的安全性和效率。未来车辆在行驶过程中将通过多模式无线通信方式访问各种网络资源，从而实现安全预警、路径导航、不停车收费、停车管理、媒体共享等智能交通应用，这将进一步刺激用户对移动网络服务的需求。近 30 年来，发展中国家经济迅速崛起，全球汽车保有量呈现爆炸式增长，各种与汽车相关的网络服务如果得到大规模商业化，将对现有的移动网络基础设施造成巨大冲击。

根据思科公司的预测，2014~2019 年，全球移动网络流量将增长 10 倍，每月的移动数据流量将达到 2^{60} 字节，当前的网络基础设施已经越来越无法满足日益增长的数据需求，经常发生用户过载、连接受限、服务质量下降等问题[1]。特别是在地震、恶劣气象灾害、节假日公众出行、大型活动等非常态交通条件下，现有交通信息系统将面临更严峻的挑战。

专用短程通信(dedicated short range communications，DSRC)由于采用自组织网络，具有低延时、组网灵活等特点，被认为是一种最有前途的 V2V 通信协议。但是道路交通系统在非常态交通条件下自身的一些特性，如快速多变的网络拓扑、高速移动的车辆、复杂的物理环境、频发的高密度或稀疏的交通流量等，使 DSRC 很难满足所有智能交通应用的网络性能需求。现有商业化移动通信系统(如 2G/3G/4G-LTE 等)主要是解决手机用户的语音与数据通信服务，无法解决车-车和车-路之间的低时延、高可靠、大规模通信问题。

如何解决非常态交通条件下车-车/车-路高并发可靠通信的问题，目前已经成为世界各国智能交通研究机构和产业界关注的焦点。解决该问题具有以下科学意义：

(1) 大规模车路协同系统中各种移动与静态对象之间存在大量、频繁的数据交换，车-车/车-路高并发可靠通信问题的解决，有利于各类交通对象能够快速地接入网络，并进行可靠的数据传输，是保证车-路协同操作安全、高效实现的基础。

(2) 将有利于道路交通系统中现有无线通信资源整合，有利于建立多模式异构网络构架，并基于车-路协同应用的安全与紧急等级，制定多尺度条件下的高可靠性车-车/车-路无线通信网络切换策略。

(3) 将有助于消除传统产业对车-路协同技术能否在极端条件下仍然保证行车安全方面的疑虑，有助于推动车-路协同技术的商业化推广，促进公路交通行业的技术革新。

2. 研究进展

目前国内外解决车联网中移动网络过载的方法主要有两种解决思路。

一类为网络负载分流(off load)方法，即将用户对蜂窝移动网络的数据访问需求切换到车辆附近的 Wi-Fi 热点或者车载 Ad Hoc 网络上，降低蜂窝基站的访问压力。其中 Wi-Fi offload 是一种较为常见的方案，该方案通过 Wi-Fi 网络的自动发现和选择、无感知的 Wi-Fi 接入鉴权、2G/3G/4G-LTE 和 Wi-Fi 的统一网络接入，使用户在无感知、无干预的情况下，根据运营商下发的策略，接入适合的网络。在用户体验得到提升的同时，降低了营运商的网络负荷，同时又提高了 Wi-Fi 网络利用率[2~4]。另一种方案是采用车载自组织网络进行负载分流，根据欧洲电信标准组织的预测，在 2027 年之前，几乎所有的车辆都将安装车载终端(on-based unit，OBU)，这些 OBU 将实现车-车/车-路之间的通信，OBU、Wi-Fi 热点、移动通信基站、光纤网络之间将实现互通互联[5,6]。此时，在非常态交通条件下，车载自组织网络将形成一种动态的、稠密的、可靠的网络结构，可以用来分流大量的直接连向移动基站的网络负载，正成为一个新的研究热点。Wang 等[6]提出了一种针对车联网应用的混合 Wi-Fi 和车载自组织网络(vehicular ad hoc network，VANET)的分流模型，并对其分流能力进行了定量化，建立了一个以移动网络分担率最小和全局 QoS 保证最大的多目标函数，并用仿真方法验证了模型的有效性。

另外一类为异构网络融合方案[7~10]，该方案将车联网中的所有异构网络进行整合，通过制定一种切换协议，实现 V2I 与 V2V 的自动切换，当任何一个网络节点有数据访问需求时，系统将根据网络当前的资源占用情况以及数据节点的运动属性、地理位置、数据大小、数据重要等级等参数，为数据通信分配路由和信道，并对网络性能的上下限进行定量评估。Hossain 等[7]提出了一种异构车联网的概念，即依据不同网络特性和交互应用需求，在不同的承载网络上传输不同尺度的数据信息。Vegni 等[8]对车载和路侧无线网络进行"机会主义"式的利用，实现信息流在 V2V 和 V2I 两种协议间进行平滑切换，从而改善网络在不同交通场景下(稠密、稀疏交通流)的整体性能。范存群等[9]针对垂直切换技术普遍不能支持车载环境下的无线接入(wireless access in vehicular environment，WAVE)、WiMAX 和 3G cellular 间的垂直切换等问题，提出了一种基于贝叶斯决策的垂直切换算法。张瑞等[10]基于双边匹配博弈中稳定匹配的相关概念，提出了一种面向车路协同的异构网络选择的博弈模型。

赵祥模教授团队在车联网异构网络融合方面进行了持续和深入的研究，并在国内建立了首个大型车联网异构网络现场测试平台，该平台整合了 4G-LTE、LTE-V、Wi-Fi、DSRC、EUHT 五种异构网络，并对多种车路协同场景进行了实车测试，测试了各种网络在极端条件下的可靠性，并对其性能进行了定量评估。

3. 主要难点

(1) 公路交通系统中各种移动与静态对象之间存在大量、频繁的数据交换，同时还存在网络拓扑结构变化快、行车环境复杂、交通密度随机性大等特点，使得道路交通的车路协同系统与传统轨道交通系统、民航空管系统、远洋运输系统相比，网络规模更大，复杂程度更高，不可预测因素更多。

(2) 非常态条件下，各种交通动力学模型和交通信息需求模型尚未完备地建立，现有算法的通用性还未得到有效验证，使得这一难题更加复杂。

(3) 目前文献报道的大多数车路协同通信研究都属于理想条件下的仿真研究，部分应用测试或实地演示仍然是在封闭环境或者常态交通条件下进行的，与现实情况存在较大差异，因此如何建立高仿真的测试模型和测试平台，能够在车路协同系统商用之前充分预测其内部缺陷并寻找改进办法，是当前亟须解决的问题。

(4) 随着 5G 通信技术的发展，车路协同系统的网络体系架构、通信协议、计算模式、芯片设计都会发生相应改变，如何将人工智能、云计算与云存储、大数据等智能化技术融入车路协同系统实现大规模并行通信将是一大难点。

参 考 文 献

[1] Cisco. Cisco visual networking index: Gobat mobile data traffic forecast update[EB/OL]. http://www.cisco.com/c/en/us/solutions/collateral/service-provider/visual-networking-index-vni/mobile-white-paper-c11-520862.html[2017-03-28].

[2] Rebecchi F, Amorim M D D, Conan V, et al. Data offloading techniques in cellular networks: A survey[J]. IEEE Communications Surveys and Tutorials, 2015, 17(2): 580–603.

[3] Kang X, Chia Y K, Sun S. Mobile data offloading through a third-party WiFi access point: An operator's perspective[J]. IEEE Transactions on Wireless Communications, 2013, 13(10): 5340–5351.

[4] Li Y, Jin D, Wang Z, et al. Coding or not: Optimal mobile data offloading in opportunistic vehicular networks[J]. IEEE Transactions on Intelligent Transportation Systems, 2014, 15(1): 318–333.

[5] El M Z G, Labiod H, Tabbane N, et al. A traffic QoS aware approach for cellular infrastructure offloading using VANETs[C]// 2014 IEEE 22nd International Symposium of Quality of Service, Hong Kong, 2014.

[6] Wang S, Lei T, Zhang L, et al. Offloading mobile data traffic for QoS-aware service provision in vehicular cyber-physical systems[J]. Future Generation Computer Systems, 2016, 61: 118–127.

[7] Hossain E, Chow G, Leung V C M, et al. Vehicular telematics over heterogeneous wireless networks: A survey[J]. Computer Communications, 2010, 33(7): 775–793.

[8] Vegni A M, Little T D C. Hybrid vehicular communications based on V2V-V2I protocol switching[J]. International Journal of Vehicle Information and Communication Systems, 2011, 2(3/4): 213–231.

[9] 范存群, 王尚广, 孙其博, 等. 车联网中基于贝叶斯决策的垂直切换方法研究[J]. 通信学报, 2013, (7): 34–41.

[10] 张瑞, 胡静, 夏玮玮. 基于匹配博弈的车辆异构网络选择算法[J]. 电信科学, 2015, 31(9): 51–59.

撰稿人：赵祥模　徐志刚　李骁驰

长安大学

审稿人：王云鹏　刘正江

自动驾驶车辆智能测试

Intelligence Testing for Autonomous Vehicles

1. 背景与意义

自动驾驶是指车辆在无须人工干涉的情况下，利用多种传感器感知交通环境，规划决策行驶路径，控制车辆运动，完成车辆的自主驾驶[1~3]。近年来，自动驾驶车辆获得了长足的发展。随着自动驾驶车辆在技术、社会、法律障碍等方面的难题逐一解决，人类终将要把自己从驾驶的脑力和体力负担中解脱出来，并极大提高交通的安全性。在自动车辆进入真实环境前，需要首先回答一个问题：我们的车辆足够"智能"了吗？事实证明，缺乏充分测试就仓促推出的车辆，往往会带来严重乃至致命的后果。2016年5月7日，美国佛罗里达州发生一起 Tesla Model S 的车祸。Tesla 在官方声明中对该事故的描述为：当时 Model S 行驶在一条双向、有中央隔离带的公路上，自动驾驶处于开启模式，此时一辆拖挂车以与 Model S 垂直的方向穿越公路。在强烈的日照条件下，驾驶员和自动驾驶系统都未能注意到拖挂车的白色车身，因此未能及时启动刹车系统。由于拖挂车正在横穿公路，且车身较高，这一特殊情况导致 Model S 从挂车底部通过时，其前挡风玻璃与挂车底部发生撞击。该事故造成驾驶员当场身亡。有鉴于此，业界和公众对于自动驾驶智能水平的测试提出了更高的要求。

为了确保自动驾驶车辆能够在真实交通环境下做出正确的规划决策，有必要在自动驾驶车辆正式进入真实环境前对其智能水平进行测试。由于真实交通环境的复杂多样性，测试场景无法遍历所有情况，甚至难以做到对典型场景的全覆盖，因此需要研究如何对交通场景和任务进行合理采样，在降低场景生成复杂度的同时，提升测试覆盖度。同时要建立完备的测试体系，详细记录分析车辆系统的认知、决策和行为，建立多层次的车辆智能水平评估标准。

2. 研究进展

目前自动驾驶车辆测试主要可以分为性能测试、场景测试和功能测试[4-6]三种。性能测试关注自动驾驶模式的平均行驶里程；场景测试关注车辆能否自动行驶通过特定交通场景，如沙漠、高速路、城市道路等交通场景；功能测试关注车辆是否具备某项特定功能，如正确识别信号灯、正确检验路牌等。美国、欧洲、日本等国家和地区都在开展较大的自动驾驶测试项目对车辆进行上述测试。

美国密歇根州安伯尔市建立了MCity测试基地,占地32arce(1arce=0.404856hm^2),它要模拟美国常见的城市街道和十字路口。测试场共有13种不同的交通灯,还有店面、道路标识、停车计时器、隧道。很快还会增加一条铁路从MCity穿过。该测试基地还支持V2X无线通信方式,以便测试汽车相互通信和与交通设施通信的技术。

2016年西班牙巴塞罗那计算机视觉中心的研究人员创建了一个虚拟的3D城市SYNTHIA,把虚拟现实(virtual reality,VR)和自动驾驶车辆结合到一起,用来训练自动驾驶车辆的人工智能(artificial intelligence,AI)系统。该城市中加入了各样的行人、违章车辆、极端天气系统等,模拟真实的城市交通情况。最后,在里面加入了汽车,用于训练自动驾驶AI。研究人员表示,很多与认知相关的训练,如语义分割、基本场景理解、物体识别等,可以在虚拟场景中完成。而且,在虚拟场景中,也可以更方便地为自动驾驶车辆设置各种复杂情境,这些情境在真实驾车情况下很少能够遇到。目前AI还在训练中,研究人员希望最终训练出的AI在真实世界能够很好地工作,毕竟训练时遇到的情况比真实世界复杂不少。

中国科学院自动化研究所、西安交通大学、青岛智能产业技术研究院、常熟市大学科技园等单位在中国江苏省常熟市联合建立了自动驾驶测试基地。该基地不仅支持多种驾驶环境和V2X通信技术,还和智能交通控制系统结合起来,试图实现自动驾驶技术和智能交通控制技术的协同发展。

3. 主要难点

总体来讲,自动驾驶测试中的重点和难点是智能的定义、智能的测试标准及具体测试方法。

(1) 对于自动驾驶车辆,目前业界引用最多的是美国国家公路安全管理局(National Highway Traffic Safety Administration,NHTSA)对自动驾驶技术的官方界定,分为无自动(0级)、个别功能自动(1级)、多种功能自动(2级)、受限自动驾驶(3级)和完全自动驾驶(4级)五个级别。然而这一方式难以定量地对自动驾驶的智能水平进行定义。而目前实际常用的测试方式主要是完成某段特定道路区域的行驶。这种基于驾驶场景的测试不能完全替代基于驾驶功能的测试,因此不能认为已可对车辆进行系统化的测试和量化评估。

(2) 自动驾驶车辆的测试数据收集能力不足,缺乏一致的数据共享接口,难以在测试过程中对自动驾驶车辆的感知、决策和执行状态进行实时和精确的评估。测试者对于自动驾驶车辆能力难以进行正确的判断,只能从驾驶任务完成时间和完成质量给出综合的主观结论，对评估结果的必然性缺少客观的数据支撑。

(3) 自动驾驶车辆系统研究开发需要对实车物理系统在现场进行大量测试和验证工作。而现场测试费用高、安全性差、可重复性低；对车辆系统出现的异常也缺乏有效的跟踪手段。这些困难都影响了自动驾驶车辆系统的研发。为此有必要建立有效的自动驾驶车辆仿真测试方法，并通过平行人工交通系统提高仿真测试的真实度。

(4) 自动驾驶车辆测试与智能交通技术密切相关，但智能交通研究的成果在目前的自动驾驶车辆现场测试中应用不足。自动驾驶车辆技术与智能交通联网联控、智能交通诱导等技术的关联，共同构建未来交通系统是发展趋势。因此，必须与时俱进，对受试车辆的功能提出新的要求，使其能顺利接受新型的交通控制系统的诱导管控，提升驾驶安全性和效率。

作为制造行业和交通行业的重要发展方向之一，人们期待着自动驾驶车辆的产生、完善并投入商业营运。届时，即使没有驾照的人、盲人或者不能开车的老人也能驾车上路。车辆的利用率也可以显著提高，从而减少个人使用汽车的费用。同时自动驾驶汽车能更合理地利用道路，减少交通拥堵，减少对环境的污染。

参 考 文 献

[1] Wang F Y. Driving into the future with ITS[J]. IEEE Intelligent Systems, 2006, 21(3): 94–95.

[2] Campbell M, Murray R M. Autonomous driving in urban environments: Approaches, lessons and challenges[J]. Philosophical Transactions of the Royal Society A: Mathematical Physical and Engineering Sciences, 2010, 368(1928): 4649–4672.

[3] Li L, Wen D, Zheng N N, et al. Cognitive cars: A new frontier for ADAS research[J]. IEEE Transactions on Intelligent Transportation Systems, 2012, 13(1): 395–407.

[4] Broggi A, Buzzoni M, Debattisti S, et al. Extensive tests of autonomous driving technologies[J]. IEEE Transactions on Intelligent Transportation Systems, 2013, 14(3): 1403–1415.

[5] Huang W L, Wen D, Geng J, et al. Task-specific performance evaluation of UGVs: Case studies at the IVFC[J]. IEEE Transactions on Intelligent Transportation Systems, 2014, 15(5): 1969–1979.

[6] Li L, Huang W, Liu Y, et al. Intelligence testing for autonomous vehicles: A new approach[J]. IEEE Transactions on Intelligent Vehicles, 2016, 1(2): 158–166.

撰稿人：李　力[1]　王飞跃[2]
1 清华大学　2 中国科学院自动化研究所
审稿人：张　毅　严新平

自动驾驶车辆的智能感知

Intelligent Perception of Autonomous Vehicles

1. 背景与意义

自动驾驶车辆是在传统车辆基础上,加入环境感知、智能决策、路径规划、行为控制等人工智能模块,进而与周围环境交互并做出相应决策和动作的移动轮式机器人。无人驾驶车辆集系统设计、机器视觉、人工智能、控制理论等众多技术于一体,是智能控制技术、计算机科学和模式识别高度发展的产物。无人驾驶车辆发展水平集中体现了一个国家科技发展和工业现代化水平。

发展车辆自动驾驶技术对于满足我国交通、能源、制造以及国防等领域的重大战略需求具有重要意义。自动驾驶车辆能综合利用自身所具有的感知、决策和控制能力以及与智能交通系统的信息交互,实现更加规范的驾驶行为,从而降低交通事故并提高驾驶安全性[1]。从节能的角度来看,自动驾驶系统可以学习优秀驾驶员的操作方法,以避免不良驾驶习惯带来的能源消耗增加。从环境保护的角度来看,通过在自动编队条件下的匀速行驶,自动驾驶车辆可以降低风阻和降低交通阻塞的概率,进而达到降低污染和资源消耗的目的[2]。

随着信息科学的发展,智能车辆逐渐实现了复杂环境下传统汽车的功能,从而显著提高了交通安全及效率。自动驾驶是智能车辆发展的高级阶段,它能综合利用所具有的感知、决策和操控能力,在特定的环境中代替人类驾驶员,独立地执行车辆驾驶任务。由于实现车辆全自动驾驶的难度极大,因此自动驾驶系统需要具备很高程度的人工智能,既像人类驾驶员一样对车辆状态和环境变化做出实时判断,并且相应地改变车辆驾驶方法,保证车辆安全行驶[3~6]。

自动驾驶车辆的研究与开发涉及环境感知、导航定位及决策控制等科学领域。通过环境感知,无人车获取相应的驾驶环境信息,这些信息包括道路信息以及天气状况等;导航与定位系统能够将无人车与环境信息相互匹配,使无人车"了解"自身的位置、速度、方向等信息;根据所获得的环境以及自身的信息,决策控制系统做出相应的决策,规划出行驶路径并最终控制无人车按照决策和路径进行驾驶。

若无法有效地对周围环境实现完整、准确、鲁棒、实时的感知,无人车就如同无源之水、无本之木。因此环境感知成为整个自动驾驶系统中最为基础且关键的环节之一。通过传感器技术，自动驾驶车辆将周围环境的海量信息进行收集。应用人工智能技术，智能感知系统从海量信息中提取出针对当前状态下的车辆姿态及外部环境等信息，如车道线、信号灯状态及障碍物等，并进行下一步的智能决策。感知能力越强，获得的信息越详细，则汽车在后续的决策规划过程中越能够做出准确的判断。环境感知中常用的传感器技术包括雷达技术和视觉技术，实际应用中需要结合天气状况对不同的传感器进行切换和组合；定位与导航通常由全球定位系统、惯导、电子地图匹配、实时地图构建和匹配、航位推算以及车身状态感知等技术完成。目前采用多传感器信息融合的智能感知技术已广泛应用于除自动驾驶车辆之外日常生活的各个领域，如机器人技术、医学工程、工业工程等。

2. 研究进展

近年来，以美国为首，日本、德国、英国等许多国家相继开展了无人驾驶汽车的研究。从政府到高校、科研单位、汽车厂商甚至互联网公司都在此领域投入了大量的人力、物力，无人自动驾驶汽车技术也得到了突飞猛进的发展[7]。

为了促进无人驾驶技术的发展，美国国防高级研究计划局(Defence Advanced Research Projects Agency, DARPA)于2004年、2005年举办了一系列无人车辆挑战赛(DARPA Grand Challenge)[8]。比赛过程中汽车凭借装载的传感器获取环境信息，通过计算机对车辆行驶进行控制。在比赛过程中，无人汽车需要满足各种极端环境下的驾驶要求，如穿越沙漠、通过黑暗的隧道、越过泥泞的河床并需要在崎岖险峻的山道上行驶。在2005年第二届挑战比赛中，斯坦福大学的Stanley赛车以最短时间完成200km的路程并获得冠军。Stanley的成功首先归结于车辆的环境感知系统：汽车顶部的激光雷达用来对路面进行探测，GPS用来路径规划，视觉摄像头则对车辆前方可通过道路区域进行判别以防止汽车跑偏。利用信息融合技术，车身周围的环境信息最终以鸟瞰图的形式对局部环境进行描述。

DARPA比赛结束后，Google公司联合斯坦福大学人工智能实验室组成专门的团队研发了Google Fleet无人自主驾驶汽车，并达到了世界领先水平。该汽车使用视频摄像头、雷达传感器和激光雷达测距器来感知周围的环境，并通过高精度地图进行导航。虽然无人驾驶汽车目前还没有达到商用阶段，但内华达州已经给Google无人驾驶汽车颁发了牌照并允许其上路测试。

虽然国外对自动驾驶领域的研究起步早、投入大，但是该领域的国内外技术差距正在逐步缩小。我国自动驾驶车辆的研究始于20世纪80年代末。近年来，在国家自然科学基金"视听觉信息的认知计算"重大研究计划以及"中国智能车未来挑战赛"等项目支持下，国防科技大学、南京理工大学、北京理工大学、西安交通大学、军事交通学院、中国科学院合肥物质科学研究院、清华大学、同济大学、上海交通大学等院校和研究所在自动驾驶智能感知领域取得一系列理论和关键技术的研究进展。研究的主要导向是在非结构、复杂化场景以及全天候场景下的自动驾驶汽车实用化技术方法，以及基于多传感器信息融合的自动驾驶汽车复杂系统的鲁棒性研究。

同时国内各大汽车厂商与互联网公司对无人车的关注也是方兴未艾。传统汽车厂商大多采用与高校或科研院所合作的方式进行研发，希望借助科研院所的技术积累对自身车型进行改造。与传统汽车厂商相比，新兴互联网公司则另辟蹊径，希望结合自身在机器学习、大数据、智能决策等技术的积累，完成对传统汽车的改造。百度无人车基于其在三维高精度地图、感知与识别以及同步定位等方面的领先技术，率先实现了在实际交通场景下的自动驾驶，并多次实现了跟车、变道、减速、超车、上下匝道、掉头等复杂操作。

3. 主要难点

车辆自动驾驶技术的研究水平直接制约了我国汽车主动安全系统的技术性能，是一项关系国家建设及安全的基础性和战略性课题，其研究成果不仅能够显著地提高我国汽车工业的自主创新水平，极大地促进我国汽车主动安全技术和汽车电子产品的发展，而且将带动军事、航天、海洋、工业等领域无人系统的研究。与此同时，复杂环境下的自动驾驶理论与技术研究也为多学科的交叉融合提供了一个很好的平台，必将促进不同学科之间的相互应用，相互学习，推动相关学科基础理论的深入研究。

自动驾驶技术虽然已经取得很大进步，可是仍面临许多挑战，尤其是在复杂地形、复杂天气、复杂道路交通环境条件下，现有理论与方法难以实现环境感知、自主决策和控制等方面的性能优化。当前，环境感知无疑是研究自动驾驶系统面临的首要任务，特别是在雨、雪、雾等复杂天气条件下，自动驾驶系统要实现准确快速的环境感知将变得十分困难。智能感知的核心问题可归纳为：在复杂环境中，如何选择有效传感器，通过观测有效目标，得到有效环境信息。

参 考 文 献

[1] 李力, 王飞跃, 郑南宁, 等. 驾驶行为智能分析的研究与发展[J]. 自动化学报, 2007, 33(10): 1014–1022.

[2] John L, Jonathan H, Seth T, et al. A perception-driven autonomous urban vehicle[J]. Journal of Field Robotics, 2008, 25(10): 727–774.

[3] Luettel T, Himmelsbach M, Wuensche H J. Autonomous ground vehicles—Concepts and a path to the future[J]. Proceedings of the IEEE, 2012, 100(5): 1831–1839.

[4] 王坤峰, 苟超, 王飞跃. 平行视觉: 基于 ACP 的智能视觉计算方法[J]. 自动化学报, 2016, A2(10): 1490–1500.

[5] Courbon J, Mezouar Y, Martinet P. Autonomous navigation of vehicles from a visual memory using a generic camera model[J]. IEEE Transactions on Intelligent Transportation Systems, 2009, 10(3): 392–402.

[6] Campbell M, Murray R M. Autonomous driving in urban environments: Approaches, lessons and challenges[J]. Philosophical Transactions of the Royal Society A: Mathematical Physical and Engineering Sciences, 2010, 368(1928): 4649–4672.

[7] Darms M S, Rybski P E, Baker C, et al. Obstacle detection and tracking for the urban challenge[J]. IEEE Transactions on Intelligent Transportation Systems, 2008, 10(3): 475–485.

[8] Zhang J, Wang F Y, Wang K, et al. Data-driven intelligent transportation systems: A survey[J]. IEEE Transactions on Intelligent Transportation Systems, 2011, 12(4): 1624–1639.

撰稿人：曹东璞[1]　王飞跃[2]
1 英国克兰菲尔德大学　2 中国科学院自动化研究所
审稿人：安毅生　严新平

自动驾驶车辆的智能决策与路径规划

Intelligent Decision-Making and Path Planning of Autonomous Vehicles

1. 背景与意义

近三十年来，随着计算机、传感器、控制工程、模式识别、人工智能等技术的迅猛发展，自动驾驶技术得到了长足进步，并在智能交通、军事等领域得到广泛运用。

一方面，自动驾驶技术能有效提高车辆驾驶安全性和舒适性，促进汽车智能化技术的发展。当今，车道保持功能(lane keeping)，主动紧急制动(active emergent braking)和自适应巡航(adaptive cruise control)等车辆主动安全技术和产品被广泛采用，这些都源于自动驾驶技术的发展[1]。统计表明，这些技术的应用有效降低和避免了交通事故的发生。

另一方面，自动驾驶技术在军事战场和复杂高危环境中执行特殊任务时具有重要应用价值[2]。例如，自动驾驶车辆在军事上可用于执行战场侦察、运输、救援等多种任务，通过加载全景相机和探测器等附加设备，实现道路安全评估，危险品处理等特殊任务。另外自动驾驶车辆还可以在灾难地区中执行救援和探测任务，甚至深入人类无法直接到达的环境中进行探测等科学研究活动。

智能决策与规划对提高自动驾驶车辆的安全性与舒适性起到重要作用。综合全局任务、环境感知、导航定位等信息，智能决策与规划系统需要实时对本车做出合理的行为和相应的轨迹规划[3~5]。

结合决策理论的发展历程和研究范式，决策理论可分为理性决策理论和行为决策理论。理性决策理论认为，决策者从完全理性的角度，根据其能够获得的所有准确的、完全的信息，得出一个最优或者具有最大效用的决策方案。而行为决策理论是一个新型的研究领域，它结合心理学、统计学和认知学等多学科的研究内容，强调从人类实际决策行为着手研究行为规律及其影响，是主要针对理性决策理论(在现实生活中)难以解决的实际问题逐步发展而来的[6,7]。

行为决策方法是指在采取具体行动之前，依据特定行为准则，在多个备选方案中选择基于某种优化指标的最优行动方案的思维活动。为解决行为决策问题，智能决策研究领域涌现了大量的理论和方法，如模糊决策方法、产生式规则决策方法、投票方法、马尔可夫决策理论、神经网络方法等，都被广泛研究和使用。

运动规划是自动驾驶车辆实现自动导航的核心关键技术之一[8]。按照环境建模和搜索策略，可分为基于自由空间几何构造的规划方法、前向图搜索方法、基于随机采样的规划方法以及智能规划方法。

2. 研究进展

近年来，众多研究机构、高科技公司和汽车企业纷纷加入自动驾驶技术的研究行列，很大程度上促进了自动驾驶技术向实用化、产品化等方面发展，谷歌公司的无人驾驶汽车已实现近三百万千米的道路测试，法国制造的 EZ-10 型无人驾驶小型公交车在芬兰首都赫尔辛基展开公路测试，新加坡初创公司 nuTonomy 的无人驾驶出租车上路运行。在未来十年中，很多大汽车厂商(如特斯拉、奔驰、宝马、沃尔沃等)以及高科技公司(如谷歌、百度等)宣称将会推出自动驾驶相关产品。作为能够提供舒适、安全、智能驾驶乘坐体验的关键环节，智能决策与规划技术将起到决定性作用。

自动驾驶行为一个最为重要的体现，是智能车辆能够规划出期望的运动路径，并能够精确地执行。常见的运动规划方法包括启发式图搜索算法、基于随机策略的图搜索算法、滚动窗口法、人工势场法、遗传算法等。同时为解决行为决策问题，智能决策研究领域涌现出很多理论和方法，如模糊决策方法、产生式规则决策方法、神经网络方法、马尔可夫决策理论等，被广泛地研究和使用于机器人行为决策中。

近些年来，机器学习方法也逐渐应用到自动车智能行为决策与规划问题的研究中。如采用强化学习和递归神经网络方法，试图用深度学习和端到端学习，系统地解决感知-决策-规划-控制的问题。另外机器学习和专家知识是可以互补的，通过在规划中融入专家知识来提高决策的合理性和准确性。

3. 主要难点

对于实际的城市道路，其道路类型繁多，场景变化丰富。同时动态的交通参与者类型较多，如其他车辆、行人、自行车、摩托车等，并且难以对这些动态物体的运动意图、行为和轨迹进行准确预测。这些都对自动驾驶车辆的智能决策和规划提出了很高的要求，因此如何实现自动驾驶车辆在复杂的城市密集交通流环境下进行合理、安全的决策与规划成为一个亟待解决的难题。

当前大多数智能决策和规划方法，都建立在由环境感知、导航定位及跟踪控制等模块提供的信息是准确的这一假设上。然而，对于实际的自动驾驶系统，环境感知、导航定位结果、跟踪控制等模块不可避免地存在一定的噪声和误差。这些不确定性因素提高了自动驾驶车辆智能决策和规划的难度。因此如何处理这些不确定性信息，成为自动驾驶车辆智能决策和规划中一个重要的研究难题。

自动驾驶的一个重要实现途径是最大限度地"拟人化"。通过研究人类驾驶员决策规划的机理，将其数据化、结构化，并与自动驾驶决策和规划相结合，以实现自动驾驶车辆呈现出类似人类的驾驶行为，从而降低乘员对自动驾驶的紧张和不安情绪，并且和其他交通参与者进行友好的交互。

随着物联网、大数据、云计算等技术发展，人-车-路以及车-车之间的通信互联成为可能。这些技术为自动驾驶车辆的决策与规划带来全新的发展机遇与前所未有的挑战。机遇在于自动驾驶车辆获取与驾驶相关信息的方式不再局限于车辆自身的车载感知设备，其他自动驾驶车辆、有人驾驶车辆、行人，甚至道路上的交通设施(如信号灯、交通标志等)都能够为车辆自动驾驶提供大量的有效信息。但同时带来了新的挑战，自动驾驶车辆如何实时地利用并处理这些大量信息，从这些多源、高维信息中抽象和提取出与自动驾驶行为决策及规划直接相关的信息，成为另外一个重要的研究难题。

参 考 文 献

[1] Lio M D, Biral F, Bertolazzi E, et al. Artificial co-drivers as a universal enabling technology for future intelligent vehicles and transportation systems[J]. IEEE Transactions on Intelligent Transportation Systems, 2015, 16(1): 244–263.

[2] 王飞跃. 指控 5.0: 平行时代的智能指挥与控制体系[J]. 指挥与控制学报, 2015, 1(1): 107–120.

[3] Wang F Y. Computational transportation and transportation 5.0[J]. IEEE Transactions on Intelligent Transportation Systems, 2014, 15(5): 1861–1868.

[4] Veres S M, Molnar L, Lincoln N K, et al. Autonomous vehicle control systems—A review of decision making[J]. Proceedings of the Institution of Mechanical Engineers Part I: Journal of Systems and Control Engineering, 2011, 225(3): 155–195.

[5] Campbell M, Murray R M. Autonomous driving in urban environments: Approaches, lessons and challenges[J]. Philosophical Transactions of the Royal Society A: Mathematical Physical and Engineering Sciences, 2010, 368(1928): 4649–4672.

[6] Li L, Wen D, Zheng N N, et al. Cognitive cars: A new frontier for ADAS research[J]. IEEE Transactions on Intelligent Transportation Systems, 2012, 13(1): 395–407.

[7] 李力, 王飞跃, 郑南宁. 认知车——结合认知科学和控制理论的新研究方向[J]. 控制理论与应用, 2011, 28(2): 137–142.

[8] Wang F Y. ITS with complete traffic control[J]. IEEE Transactions on Intelligent Transportation Systems, 2014, 15(2): 457–462.

撰稿人：曹东璞[1]　王飞跃[2]
1 英国克兰菲尔德大学　2 中国科学院自动化研究所
审稿人：张　毅　严新平

多源异构道路交通大数据分析与状态重构

Analysis and State Reconstruction of Multi-Source Heterogeneous Traffic Big Data

1. 问题背景

随着大数据相关技术的不断发展，智能传感器、车路协同的网络传输及云数据存储共享系统等组成的智能化综合交通大数据系统为实现交通状态的重构奠定了技术基础。在智能传感器方面，手机定位数据、出租车运营信息等都已成为收集交通参与者活动信息、感知交通状态变化的重要数据来源。在车路协同的网络传输方面，通信技术和计算机网络技术的进步推动了数据传输方法的更新与升级，物联网技术(Internet of things，IoT)和信息物理系统(cyber-physical systems，CPS)的应用加快了不同数据来源和数据分析中心之间的信息交换。而云数据储存为交通大数据的处理和分享构建了必要的基础。

2. 科学意义

交通系统的管理和控制离不开对宏观交通状态和微观交通参与者行为的及时准确测量。由于交通测量技术和经济条件的限制，现在尚不能完全追踪观察每个交通参与者在整个交通系统内全时段的活动情况。因此需要收集多种交通相关数据，通过对这些多源、异构、海量的交通数据进行综合分析，才能实现对宏观交通状态完整正确的重构。

大数据条件下的交通系统分析将大数据技术融入交通系统分析体系，从数据中提炼交通系统的特征和变化规律，进而完成对决策进行追踪评估的信息处理过程。具体技术包括基于大数据的交通系统状态特征提取、基于大数据的交通需求及交通参与者行为特征提取、基于大数据的交通现象关联分析与交通状态动态演化模型建立、基于大数据的交通信息融合等。

虽然目前由于产品升级换代的成本和部分尚未完全解决的技术困难，交通大数据尚未完全应用在国内外各条道路，但其必是未来交通发展的一个重要目标和方向。数据驱动的智能交通系统将是现代社会发展的必然。

3. 研究进展

近年来，各发达国家在交通大数据的采集和处理上已投入大量资金进行研究和开发。目前，美国、欧洲、中国等国家和地区都在开展较大的交通大数据分析和交通状态重构的项目。

例如，爱沙尼亚的研究者通过手机话单数据研究了用户连续 12 个月的活动空间与变化特征，并和传统交通调查方法进行了对比，验证了基于手机大数据方法研究出行活动特征的可行性。

瑞士的研究者对于职住通勤和其他一些出行活动的特征进行描述，发现潜在狄利克雷分配(latent Dirichlet allocation)模型能够较好地描述出行特征，以概率的方法对居民出行进行建模[1]。

而中美研究者合作分析了如何从手机数据中提取交通出行出发地和结束地的方法[2,3]。

中国研究者从出租车返回的 GPS 数据，分析了车辆每日的出行规律，并通过地图匹配得到道路拥挤的时间序列，进而测算拥挤熵，最终讨论了城市特定路段每天拥挤程度的可预测性[4]。

美国研究者基于休斯敦地区的车牌识别数据，提出了一种基于均方误差最小化的路段旅行时间和交通走廊旅行时间的融合估计模型[5]。

4. 主要难点

交通大数据的到来使得交通大数据的管理、分析与共享显得尤为重要。目前科研机构与企业往往根据自身需要构建数据云管理及共享平台，随着交通研究及应用的进一步扩展，构建格式规范、接口标准的云管理及共享平台，并在此基础上实现交通系统状态的重构，将成为一个亟待解决的问题。

如何从交通大数据中挖掘出有用的交通信息是研究的重点之一。多源异构的形式对于交通数据的交互校验、融合提升都提出了重要的新挑战，解决这些问题的关键在于数据本质特征的挖掘和学习。目前有很多备选的技术，到底哪种技术更加适合交通状态的重构尚有待进一步的研究。

如何基于多元异构交通大数据分析交通演化规律也属于研究的重点。一般而言，不同的演化现象有不同的描述模型。不同模型只侧重一种或两种现象的描述，目前尚缺乏一种统一的模型进行分析。因此交通演化规律的重点在何处，与其配合最适合的模型到底是哪种首先需要研究清楚。

最后，需要知道如何将交通大数据分析与交通控制和管理措施相结合，实现交通系统状态的重构，使交通数据价值最大化。从技术方面来看，智能交通大数据收集和储存的实现已没有太大障碍。但是，广泛收集和储存所有数据是没有必要和浪费的。因此如何挑选最有效的数据，做出最准确和最及时的交通状态重构依然是研究的重中之重，也是实现高效节能绿色交通亟待解决的科学问题。

作为交通智能化的重要发展方向之一，人们期待着智能交通大数据系统的建立营运和交通状态重构方法的成熟。实现这一目标，将有可能使得我们更加深入地理解交通系统从微观到宏观的变化特征，带来交通系统管控的革命变化。

参 考 文 献

[1] Farrahi K, Gatica-Perez D. Discovering routines from large-scale human locations using probabilistic topic models[J]. ACM Transactions on Intelligent Systems and Technology, 2011, 2(1): 135–136.

[2] Järv O, Ahas R, Witlox F. Understanding monthly variability in human activity spaces: A twelve-month study using mobile phone call detail records[J]. Transportation Research Part C: Emerging Technologies, 2014, 38(1): 122–135.

[3] Iqbal M S, Choudhury C F, Wang P, et al. Development of origin-destination matrices using mobile phone call data[J]. Transportation Research Part C: Emerging Technologies, 2014, 40(1): 63–74.

[4] Wang J, Mao Y, Li J, et al. Predictability of road traffic and congestion in urban areas.[J]. PloS One, 2014, 10(4): e0121825.

[5] Park D, Rilett L R, Gajewski B J, et al. Identifying optimal data aggregation interval sizes for link and corridor travel time estimation and forecasting[J]. Transportation, 2009, 36(1): 77–95.

撰稿人：张　毅　李　力

清华大学

审稿人：杨晓光　郭　晨

道路交通三元空间信息协同感知与融合

Cooperative Sensing and Fusion for Road Traffic Information Based on Cyber-Physical-Social Systems

1. 问题背景

道路交通信息感知是道路交通管理与服务的基本前提。几乎任何与交通相关的应用，如交通控制、交通诱导、公交调度、路径规划、出行决策等，都离不开交通感知[1]。传统的道路交通信息感知主要依赖于线圈、微波、雷达、视频、浮动车等交通检测系统。交通检测系统一般不独立建设，而是作为其他交通管理系统的前端系统，如城市线圈检测系统一般为信号控制系统服务，浮动车检测主要用于城市出租车调度管理系统等。因此为了综合利用各类检测系统数据，很多城市和高速公路管理部门都建立了相应的交通管理指挥中心，将不同检测系统的数据在中心进行汇集、存储、处理和应用。此外，不同的感知手段有不同的功能特点和适用条件，有的检测器只能检测断面的、局部的、甚至是某个特定车道的交通数据。因此要想获得更大范围的交通状况，需要研究交通信息的融合方法。传统的交通信息融合方法包括交通数据的清洗、补偿、滤波等预处理，以及基于不同数据源区域范围内的交通流预测与演化分析等。在这个领域，经过国内外学者连续多年的探索和研究，很多技术已经逐步走向成熟。

然而，随着信息、通信、计算机、互联网等技术的迅猛发展，人类已经进入大数据时代，道路交通感知和融合技术正发生着深刻的变革，每个参与交通的个体，包括车辆、路侧设备、驾驶员、普通出行者等都可以成为交通信息的采集者、共享者和利用者。一些其他领域的信息，如天气信息、手机信令切换数据、公交智能卡刷卡数据、不停车电子收费系统(electronic toll collection，ETC)电子收费数据、车辆GPS/北斗定位数据等也可以经过大数据处理和融合技术为交通所用[2]。交通感知的用户正在从单纯的交通管理者转换为全体交通参与者，交通感知的主体正在从传统交通检测器扩展为全社会的泛在感知。在信息融合方面，从融合交通检测系统的数据转向融合交通、社会的全面数据，不仅数据规模显著增长，而且融合的结果也从单一服务于交通系统，转向服务于多个社会系统[3]。跨领域、跨平台、跨地域的多源异构大数据条件下的交通信息感知与融合研究将成为未来交通学者和管理者主要关注的重点。基于此，信息、物理和社会等三元空间道路交通协同感知与融合理论与关键技术必将成为未来研究热点。

2. 科学意义

信息-物理-社会系统(cyber-physical-social systems，CPSS)是信息物理系统(cyber-physical systems，CPS)基础上出现的新技术，它将物理与社会空间的元素或数据通过网络传输到信息空间，又将信息空间经过计算和决策的结果传输给物理与社会空间，实现人类社会、信息空间和物理世界的连通和融合[4]。基于信息-物理-社会三元空间的道路交通信息感知和融合理论与技术将使各领域发生本质的变革，真正实现人、车、路、环境和社会的协同统一，以及数据流、控制流、感知流的动态交互，形成从协同感知、状态推演到智能决策的逐层递进的系列新理论、新技术和新应用。

具体而言，道路交通三元空间信息协同感知与融合的科学问题包括(但不限于)以下方面：

(1) 基于群智感知(crowd and participatory sensing)的大规模复杂社会交通感知理论和方法。

(2) 多源异构跨平台三元空间交通大数据管理理论与方法。

(3) 信息-物理-社会三元空间全景交通状态重构、涌现及其演化分析理论和方法。

(4) 无人驾驶和人工驾驶混行条件下的环境信息智能感知与动态识别解析理论与方法。

(5) 基于人机混合群智能的智能驾驶辅助决策理论与方法。

3. 研究进展

CPSS 技术是在 CPS 基础上发展起来的，最主要的就是增加了社会系统，也就是人在系统中的作用，实现了不同社群系统之间的互联[5]。道路交通系统是一个典型的 CPSS 系统，特别是随着无人驾驶、车联网、智能车路协同技术的发展，道路交通系统越来越呈现出信息(V2X 通信)、物理系统(智能车、智能路)与社会系统(全部交通参与者、环境、其他相关社会系统)的融合。基于信息-物理-社会三元空间的道路交通信息感知与融合技术必将成为未来一段时间的研究热点[6]。

CPS 的概念最早出现在美国国会于 2006 年 2 月发布的《美国竞争力计划》中，计划将其列为重要的研究项目。到 2007 年 7 月，美国总统科学技术顾问委员会(President's Council of Advisors on Science and Technology，PCAST)在题为《挑战下的领先——竞争世界中的信息技术研发》的报告中将 CPS 列为八大关键信息技术之首，排在软件、数据、数据存储与数据流、网络、高端计算、网络与信息安全、人机界面、NIT 与社会科学等之前。欧盟计划从 2007～2013 年在嵌入智能和系统的先进研究与技术(advanced research and technology for embedded intelligence and systems，ARTMEIS)上投入 54 亿欧元(超过 70 亿美元)，以使其在 2016 年成为智能电子系统的世界领袖。中国也非常重视 CPS 和 CPSS 技术的研究，先后在各类国家科技计划和国家自然科学基金中列项资助。运用 CPSS 进行道路交通信息感知与融合的思想近年来受到国内外学者的普遍关注，特别是近几年，随着我国智能车路协同技术、车联网、大数据技术的推进，国内多家高校和科研院所开展了大量探索性研究。

4. 主要难点

道路交通三元空间信息协同感知与融合研究将遇到的主要难点主要包括以下几个方面：

(1) 数据源信息共享平台的搭建。道路交通三元空间信息不仅来自交通系统内容，还来自整个社会系统，如何采集和搭建平台，如何管理和运行平台都是难点。

(2) CPSS 本身就是当今国际科技前沿，如何将其运用于道路与城市交通领域，将有极高难度，如基于群智感知的交通信息感知、三元空间全景交通状态重构理论与方法等。

(3) 无人驾驶与人工驾驶混合驾驶环境的搭建也尚需时日，与其相关的信息协同感知和融合理论研究会因此受到一定限制。

(4) 研究的理论和方法如何验证也将是一个难点，除在小规模试验环境内进行验证以外，仿真验证也将是一个主要考虑的解决途径。

参 考 文 献

[1] Li Z H, Grace D, Mitchell P. Traffic perception based topology management for 5G green ultra-small cell networks[C]//Proceedings of 2014 1st IEEE International Workshop on Cognitive Cellular Systems, Rhine, 2014.

[2] Fonzone A, Schmöcker J D, Francesco V. New services, new travelers, old models? Directions to pioneer public transport models in the era of big data[J]. Journal of Intelligent Transportation Systems, 2016, 20(4): 311–315.

[3] King R. Information services to facilitate cyber-physical transportation systems[R]. SAE Technical Paper, 2010.

[4] 艾莉莎, 李钢. 物联网三元空间域中传播动力学的形成与演化机制[J]. 科技管理研究, 2015, 35(16): 203–207.

[5] Liu Z, Yang D S, Wen D, et al. Cyber-physical-social systems for command and control[J]. IEEE Intelligent Systems, 2011, 26(4): 92–96.

[6] Xiong G, Zhu F, Liu X, et al. Cyber-physical-social system in intelligent transportation[J]. IEEE/CAA Journal of Automatica Sinica, 2015, 2(3): 320–333.

撰稿人：姚丹亚　胡坚明

清华大学

审稿人：王飞跃　郭　晨

泛在信息条件下的交通出行链精准获取

Travel Behavior Recognition and Identification via Information and Communication Technologies

1. 问题背景

泛在信息条件下交通出行链精准获取(information and communication technology, ICT)问题的产生是社会需求与技术发展共同作用的结果，问题的提出主要来源于现代交通系统智能管理与综合服务提升对交通出行链信息精准获取的需求，而现代信息技术、通信技术、数据处理技术的广泛发展为这一问题的研究与解决提供了必要的技术支撑。

在日渐发达的移动通信、大数据、云计算等新技术的不断催生下，以无所不在、无所不包、无所不能为基本特征，以实现在任何时间、任何地点、任何人、任何物都能顺畅地通信为目标的泛在信息网络正在快速发展。泛在信息旨在为用户提供更好的应用和服务体验，为个人和社会提供泛在的、无所不含的信息服务和应用。构建泛在信息网络，带动产业的整体发展，已经成为国际主流发达国家和城市追求的目标。

近年来，随着国内外交通系统信息采集手段和信息处理技术的不断更新，已获得和可获得的交通信息呈现出丰富性、海量性和异构性等特点，交通泛在信息已初具雏形[1]。在智能交通系统的发展和建设过程中，交通状态的感知是核心基础，泛在信息为交通出行链的精准获取创造了基础条件。

当下，国内外的一些大中城市，随着经济发展与城镇化进程的不断加快，机动车保有量大幅增长，出行需求不断增多，交通拥堵问题凸显。汽车保有量的激增以及每日早晚高峰时段、节假日特定路段的集中爆发式出行，使得高速公路卡口、停车场进出口、出租车落客区等会出现由费用结算产生车辆驶出速度缓慢、出口滞留的现象，甚至会造成周围交通干道的堵塞。公共交通也面临同样的问题，地铁出入口、公交车刷卡处、公用自行车付费处也会出现人群拥挤、购票耗时长、刷卡效率低、付费手续复杂等诸多问题。除了目前已有收费场景，未来交通出行还将会有新的收费需求，如道路拥堵费等[2]，并且对于包括航空、铁路、水运等多模式综合交通的一体化收费需求也会进一步增加，甚至可能出现包括交通出行相关的周边生活服务支付的需求。多样化的收费场景与收费需求对于交通系统的高效有序运行提出了挑战。

目前，交通计费收费已经成为影响交通效率的关键一环，直接关系到交通参与者各方的经济利益，是交通管理与服务的核心内容。而交通出行链的精准获取是一体化交通计费与费用清分的前提依据。因此如何通过泛在信息条件下的交通出行链精准获取，并进而建立费用清分机制，从而保证交通出行的畅通与高效产生成为重要的研究热点。

2. 科学意义

在交通系统的建设与管理中，交通出行信息的感知、分析与运用是贯穿始终的核心基础。事实上，对于任何发展阶段的交通系统，信息的获取与处理都作为基础模块存在，起着举足轻重的作用[3]。传统的交通出行信息的感知与处理主要依赖居民出行调查，通过调查出行起止点分布、出行目的、出行方式、出行时间、出行距离、出行次数等，进行交通需求预测，从而为交通规划、建设与管理提供支撑。

随着我国社会与经济的发展，人们的交通出行量激增，并且呈现出出行方式多模式、出行时间多元化、出行地域多样化等特点，同时对交通服务个性化、实时性、综合性的要求也越来越高，交通出行链的精准获取成为现代交通管理与服务的迫切需求。不同于传统的基于抽样的居民出行调查，现代信息通信技术的发展，使得基于泛在信息条件的交通出行链精准获取成为可能，将可实现对全体交通出行者的交通出行全过程状态信息的准确、快速获取与处理，从而为交通控制管理、决策和出行服务提供更加精准丰富的基础数据，为交通信息化和智能化发展奠定重要的技术基础[4]。

具体而言，对于交通管理，交通出行链的精准获取是交通需求精确预测、交通系统精准管理的重要数据基础。对于交通服务，交通出行链的精准获取是面向交通出行者精准信息服务的必要前提条件，使智能交通行业为交通出行者提供个性化精准的服务产品成为可能。特别是近年来为提升交通效率，一体化收费成为趋势，交通出行链的精准获取将有助于简化收费流程，为出行一次性收费提供费用清分依据，从而有效提升交通出行效率，改善出行体验。

因此泛在信息条件下的交通出行链精准获取问题研究与应用前景广阔，是科学研究领域和社会行业领域中广泛关注并亟待解决的重要问题。

3. 研究进展

泛在信息条件下的交通出行链精准获取主要涉及交通状态感知、信息交互融合和系统集成应用三个方面的技术。

在交通信息感知方面，除了传统的基于断面线圈或视频的交通出行信息感知方式，面向公共交通、路侧系统、车载系统和出行者等不同对象，近年来陆续有各类在覆盖范围、精度、设备传输速度等方面不断优化的新技术和新设备面世，包括基于GPS/北斗定位设备、智能手机、智能车载设备等方式的交通个性化出行信息获取手段，这主要得益于物联网、移动通信、高精度定位技术以及下一代互联网技术的快速发展，有效拓展了交通出行信息的获取途径和手段[5]。

在信息交互融合方面，交通数据的融合与分析是整个交通数据处理过程中的一个核心部分，为交通管理与服务提供决策支持。然而，由于交通信息采集方式的多样性、交通参数的异构性以及不同层次的融合服务需求，使得交通数据的融合无法形成统一的框架。近年来，国内外研究在不同交通模式下，多维多态交通信息获取的基础上，重点结合车路协同、车联网等相关研究项目发展和应用的需要，在大数据、云计算等新技术的支持下，研究了特别适用于交通系统信息交互的通信传输技术，以支持多模式交通系统间、不同交通设备间和不同交通出行者间的多维、海量和异构交通信息的交互和应用[6]。

在系统集成应用方面，基于交通出行的一体化交通管理与服务系统正在逐步集成推广，比较有代表性的如不停车电子收费系统[7]，至2015年已基本实现高速公路ETC全国联网；京津冀、珠江三角洲等区域实现公交一卡通，如岭南通公交卡，至2015年已基本实现广东全省公交出行一卡通等。逐步实现各类系统的集成建设与管理服务是未来发展的必然趋势。

4. 主要难点

泛在信息条件下交通出行链精准获取的重点和难点主要在于交通出行信息感知、多源异构数据融合与处理，以及交通出行收费清分机制建立三个方面。

对于每个交通出行者，每段交通出行信息的精确感知与获取是最基本的要求。为了进行精准的交通管理与服务，每一段交通出行的方式、时间、路径、距离乃至相应的出行行为都需要精准、快速、安全地进行识别与感知。针对不同信息感知方式，如何采集相应出行信息，如何精确定位，针对不同交通方式的不同特点，如何选取有效的信息获取方式，以及如何快速、安全地进行信息感知都是研究的难点。

在传感器网络日益丰富，交通泛在信息网络逐步建立的当下，各信息来源渠道的交通出行信息以不同的粒度被采集记录。特别是电子信息、移动互联等个体信息获取共享等相关技术的快速普及，个体出行正创造着海量多源异构的交通出行数据。而将多源交通出行数据以个体出行链为统一视角进行数据融合则需要打破各数据平台之间的数据孤岛，进而厘清出行各个阶段的交通出行方式及其他各类指标。而在多源数据融合上，目前数据平台不统一、各方数据粒度不同、数据准确性不同、多源数据如何进行时空对接、建立有效个体认证机制、保障用户数据隐私安全等一系列的问题均有待突破。

此外，交通出行链精准获取条件下的收费与清分机制目前还尚属研究空白。虽然通过出行链的精准获取可得知各阶段的交通出行信息，从而为交通收费提供依据，但如何设计合理的交通出行链精准电子计费与费用清分机制，如何通过实施基于交通出行链精准电子计费与费用清分保证交通出行的畅通与高效，仍需要探索。特别是伴随着公共交通的不断普及以及共享经济的日渐流行，在交通出行中将伴随更多的收费与清分问题：为鼓励绿色公共交通的出行，可能的补贴政策如何在收费链中补贴；为倡导共享分享经济、拼车出行，各交通出行者之间的费用应如何结算？相关问题的研究还需要从政策制定、模拟仿真、验证实施等各个阶段深入探讨研究。

参 考 文 献

[1] 陆化普, 李瑞敏. 城市智能交通系统的发展现状与趋势[J]. 工程研究——跨学科视野中的工程, 2014, 6(1): 6-19.
[2] Yang H, Huang H J. Mathematical and Economic Theory of Road Pricing[M]. New York: Elsevier, 2015.
[3] 中国智能交通协会. 中国智能交通行业发展年鉴(2012)[M]. 北京: 电子工业出版社, 2013.
[4] Long Y, Shen Z. Geospatial Analysis to Support Urban Planning in Beijing[M]. New York: Springer, 2015.
[5] 王东柱, 杨琪, 王笑京. 物联网交通领域应用标准体系研究[J]. 交通标准化, 2015, 1(5): 1-8.
[6] 张毅, 姚丹亚. 基于车路协同的智能交通系统体系框架[M]. 北京: 电子工业出版社, 2015.
[7] 周伟. 直面质疑与面向未来的收费公路——谈收费公路政策的改善及收费公路管理的创新[J]. 中国公路, 2015, (3): 52-57.

撰稿人：张　毅　裴　欣

清华大学

审稿人：杨晓光　郭　晨

具有语义信息的高精度道路交通场景三维重建

High-Accurate 3D Road Traffic Scene Reconstruction with Semantic-Information

1. 背景与意义

交通场景指人、车、路、环境等交通要素在三维空间中的物理形态及其相互关系(图 1)。通常情况下，交通场景感知表现为多元异构的复杂形式，如图像/视频、LiDAR 点云、彩色深度数据(RGB-D)、场景标签(scene labelling)、关系数据等。交通场景的高精度数据描述(如三维点云等)和高层次语义表达(如交通要素形态及其关系等)是完整刻画交通过程的重要方式。但长期以来，在构建三维交通场景的过程中，侧重于采用交通监控和公众图像/视频数据。图像/视频数据是现实三维世界的二维投影(序列)，而投影变换是一个信息丢失的不可逆过程，从而导致基于特征匹配和相机标定等技术构建的常规三维交通场景存在几何约束不完善、测量精度低等缺陷[1,2]。近年来，基于多元数据的高精度三维重建技术为交通场景三维重建提供了可能[3]。但是交通场景多元数据具有异构特性，且相互之间缺乏直接的语义相关性。针对这些问题，可以在大数据的支撑下，不断完善和构建具有语义信息的交通场景几何关系的描述和约束条件[4,5]。因此如何利用多元异构的复杂数据形式，提取交通场景中交通要素的形态及其关系等语义信息，利用交通场景特定的约束条件和先验知识，构建交通场景语义结构图的局部和全局最优化约束条件，进一步与交通场景的高精度数据描述相融合，对交通场景进行有效推理和估计，实现具有语义信息的高精度交通场景三维重建，从而达到有效重构和理解真实三维交通场景的目的，成为一个重要的科学难题。

在高精度三维重建方面，可以借助 LiDAR 点云数据、RGB-D 数据[6]、具有语义信息的场景标签数据、关系描述数据等多元数据进行优化，以获得高精度的几何测量数据。高精度的交通场景目标的几何和运动约束特征，又进一步为构建精确的交通场景模型提供了数据基础。在语义信息的构建方面，可基于高精度测量信息，结合点云的场景嵌入、孔洞修复、噪声消除等技术，用具有几何约束条件的交通场景语义模型进行场景嵌入，建立基于测量信息的几何约束[7,8]，并进一步挖掘交通场景大数据中的有用信息，构建基于语义的场景模型。如图 1 所示，交通场景模型的语义信息可描述为静态、动态交通元素(车辆、路侧物、人、车道等)的时空约束关系。因此，在实际应用中，交通场景的构建不仅包含各类交通元素的三维重建，而且包含在动态环境下车辆和车道的时空约束关系、人和车辆的约束关系等。除此之外，还应包含各类交通元素间约束条件的动态演变过程，以此来适应交通场景的复杂性要求，完成各类交通元素的语义匹配和场景编辑。从交通场景的传统三维重建到具备交通场景语义结构图的高精度三维重建的转变，由高精度三维重建到动态多样交通场景语义结构图的重建，为具有语义信息和测量信息的高精度交通场景重建提供了保障。根据我国交通建设的实际需求，特别针对在极端交通条件下，研究具有预测、预警和预案作用的交通语义信息和语义场景的模型，为交通事故场景再现、交通事件高精度检测、交通诱导和出行服务、驾驶安全辅助与无人驾驶等重要应用提供了客观基础条件，具有重要的科学研究意义和工程应用价值。

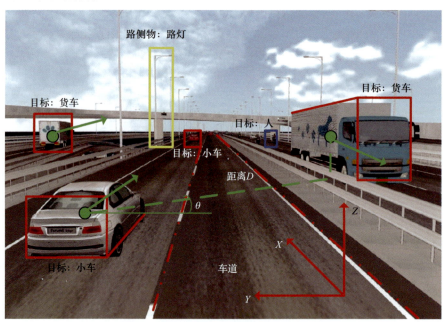

图1　具有语义信息的交通场景三维重建

2. 研究进展

基于单目视觉的三维重建技术由于数据来源单一，建模效果容易受到光照、噪声、遮挡等影响，导致该技术在交通场景的建模应用中效果并不理想。当前学者关注的主要问题是如何有效地集成交通大数据，充分挖掘数据中的深层价值[9]。但是，现有的大数据处理方法、数据融合理论与方法难以满足高时效性的大数据处理和基于数据的知识构建与转换等需求，亟待提出具有时效约束的大数据多尺度汇聚计算和交通大数据处理新理论与新方法。另外，结合点云数据和场景中目标的先验信息以及场景目标之间的语义关系，以人工智能技术为引擎，可以进一步提升基于模式识别的交通场景三维重建的精度。

为了理解和反演交通事件，基于时空信息和语义约束的深度学习技术已逐步应用到交通场景理解领域[9,10]，成为利用交通大数据对交通场景进行三维重建的研究热点。在交通场景重建的过程中，可以增加几何测量信息作为深度学习网络的特征进行训练，以此提高交通事件语义模型的精度。在构建交通场景语义信息的过程中，交通场景的标注需要针对交通事件的应用需求进行，需要对交通事件的时序关系和空间关系建立语义联系。因此建立基于交通数据的标准场景标注模型和事件语义的时空模型，有助于解决带有语义特征的交通场景重建问题。

3. 主要难点

具有语义信息的交通场景重建，重点针对诸如图像/视频、LiDAR 点云、RGB-D、场景标签、关系数据等具有多元异构、时空关联、异步性、随机性的复合交通感知数据，建立有效的语义约束，并进行多元数据间的有效转换、配准和融合。

从"海量而信息稀疏"的交通视频图像数据以及其他测量等多元数据中挖掘场景目标的高层次语义特征，而多元数据的高层次语义特征具有时空相关性，从而构建场景目标语义特征之间的多尺度时空约束关系模型，进一步构建具有语义信息的交通场景三维模型和交通事件演化模型。具有语义信息标注的交通场景大数据成为研究交通场景语义信息提取的基础。因此对交通场景进行高精度标注是研究交通场景的空间几何约束关系、交通事件演化关系的关键。

多元数据的时空异质特性使构建多尺度多层次的转换、配准与融合模型成为一大技术难点，是高精度交通场景三维重建的关键，而高层次语义特征为跨时空的多元异质数据的高效配准与融合提供了可能。以提取到的多元数据的高层次语义特征为基础，构建多元数据间的多尺度多层次转换、配准与融合模型，构建基于多元数据的交通场景语义信息和几何约束关系，研究在时间演变和空间约束上重建交通场景的方法，从而实现高精度交通场景的三维重建，获取场景的时空分布数据和目标之间的语义关系，实现交通场景感知和事件理解。

如图1所示，为了达到对交通场景感知和事件理解的目标，进一步将各类层次的语义特征定义为"事件"的触发、迁移(传播)和预测过程。以此为基础，确立在交通场景的构建中，研究以语义为约束条件的事件演化模型。其中，以交通视频图像和测量数据提供触发条件；以多元异构数据的多尺度多层次转换来提供事件的迁移和传播途径；以基于时间和空间演变的场景演变提供事件预测和预案演练。这些目标和研究内容具有积极的社会意义和重要的研究价值，将为推进我国交通建设的快速发展起到重要作用。

参 考 文 献

[1] Younes G, Asmar D, Shammas E. A survey on non-filter-based monocular visual SLAM systems[C]//Proceedings of the Computer Science, Computer Vision and Pattern Recognition, Cancun, 2016.

[2] Song H S, Lu S N, Ma X, et al. Vehicle behavior analysis using target motion trajectories[J]. IEEE Transactions on Vehicular Technology, 2014, 63(8): 3580–3591.

[3] Ursula B, Silvio N, Beat R, et al. Accident or homicide-virtual crime scene reconstruction using 3D methods[J]. Forensic Science International, 2013, 225(1-3): 75.

[4] Cadena C, Carlone L, Carrillo H, et al. Past, present, and future of simultaneous localization and mapping: Towards the robust-perception age[J]. IEEE Transactions on Robotics, 2016, 32(6): 1309–1332.

[5] Kostavelis I, Gasteratos A. Semantic mapping for mobile robotics tasks: A survey[J]. Robotics and Autonomous Systems, 2015, 66: 86–103.

[6] Gupta S, Arbeláez P, Girshick R, et al. Indoor scene understanding with RGB-D images: Bottom-up segmentation, object detection and semantic segmentation[J]. International Journal of Computer Vision, 2015, 112(2): 133–149.

[7] Puente P D L, Rodriguez-Losada D. Feature based graph SLAM with high level representation using rectangles[J]. Robotics and Autonomous Systems, 2015, 63: 80–88.

[8] Mccormac J, Handa A, Davison A, et al. Semantic fusion: Dense 3D semantic mapping with convolutional neural networks[C]//Proceedings of IEEE International Conference on Robotics and Automation, Singapore, 2017.

[9] Lv Y, Duan Y, Kang W, et al. Traffic flow prediction with big data: A deep learning approach[J]. IEEE Transactions on Intelligent Transportation Systems, 2015, 16(2): 865–873.

[10] Lawe S, Wang R. Optimization of traffic signals using deep learning neural networks[C]//Proceedings of Australasion Joint Conference on Artificial Intelligence, Hobart, 2016.

撰稿人：宋焕生[1]　沈沛意[2]　崔　华[1]

1 长安大学　2 西安电子科技大学

审稿人：张　毅　张学军

非常态条件下交通运行状态精准辨识与可信预测

Precise Identification and Credible Prediction of Traffic States under Abnormal Conditions

1. 背景与意义

近年来，世界各国突发事件频繁发生，从美国"9·11"事件、世界各地频发的恐怖袭击事件，到美国南部"卡特里娜"飓风、中国汶川"5·12"地震等，这些事件的发生趋于频繁。随着社会经济的快速发展，人口、建筑、生产、财富等集中程度不断提高，突发事件对人类的影响越来越大。交通系统既是承灾体又是应急管理系统的重要组成部分，承担人员疏散、伤员运送和救援人员与物资运输等任务，其在灾害条件下的交通状态将直接决定灾害应急管理的效率。

自然灾害事件、生产事件、社会事件、恐怖事件和战争事件等这些非常态事件的发生将引发道路通行能力陡降或交通需求激增[1]。路网交通流的运行状态及其发展态势都将呈现严重的异常特征，极易引发大面积交通拥堵，导致交通系统运行状态恶化，疏散和救援工作受阻，从而造成巨大的人员伤亡和经济损失。因此，非常态事件下，通过交通运行状态的快速精确辨识和可信预测，制定有效的应急交通组织指挥方案，以保证交通系统在非常态条件下的运转显得更加重要。同时缓解道路交通拥堵的措施也都要以对道路交通运行状态进行合理的判别与预测为基础[2]，在交通系统的整个运行过程中，能够对已形成的或即将形成的交通拥堵进行及时、准确的识别和预测，是制定有效的组织和管理手段，最大限度地减轻交通拥堵带来的负面影响的必要前提[3]。

目前关于交通状态辨识和预测的研究已有很多，大多从动态交通信息采集、交通信息处理、交通状态判别及拥挤扩散范围估计等方面进行研究。已有研究多是针对常态条件或交通事故等引起的小规模异常状态的辨别和预测研究，而非常态条件下交通运行状态的辨识和预测研究比较欠缺[1]。传统交通运行状态判别和预测主要依靠线圈等固定检测设备及浮动车采集数据，但在数据覆盖广度及质量、抵抗非常态事件能力、数据处理技术等方面的欠缺使其在非常态事件下应用受到较大限制。随着大数据、车联网等技术的不断发展，数据来源多元化的交通信息系统具有更强的抵抗非常态事件的能力，交通信息融合和处理技术的进一步发展等为非常态事件下交通运行状态的精准辨识和可信预测提供了基础[4]。因此深入研究非常态事件下交通系统运行状态的精确辨识和可信预测，提高交通系统应急管理的效率,保证交通系统正常运行,为灾害应急管理措施的有效实施提供基础性保障,成为亟待解决的关键问题[5]。

2. 研究进展

国内外现有的交通拥堵和交通事件自动判别方法的研究大部分以高速公路为研究对象。早期的数据来源基本上是以线圈采集的流量、占有率等数据为基础的[6]。近年来,伴随着交通信息采集及处理技术的进步,除了常规交通传感器能够提供的交通量、地点速度和占有率等地点交通参数数据,车辆自动识别(automatic vehicle identification,AVI)技术的应用使采集车辆的行程时间、行程速度等数据得以实现,为本领域的研究奠定了良好的信息基础。

常态条件下交通状态辨识已经比较成熟,主要以一定的交通参数,如占有率、流量、排队队长等作为评价指标,通过一定交通运行状态判别算法进行交通运行状态的辨识[4]。在交通运行状态评价指标的研究上也已经比较成熟,包括拥挤定义类指标、出行影响类指标、交通流参数类指标、服务水平类指标和其他指标等,不仅在单个交通参数指标的选取方面已经成熟,指标体系也初步形成。基于统计分析和人工智能的数据融合与数据挖掘技术的出现,如模式识别、模糊理论、神经网络、进化学习、粒子群优化等,为设计更有效的交通状态判别算法提供了重要手段,改善了交通状态判别的效率和效果。然而已有研究大部分用于描述路口交通流运行状况,其评价指标主要是从路口处路基型检测器采集的数据中直接提取,包括流量、速度、占有率等交通参数,通常为交通信号控制系统服务,虽然可以说明特定路口的交通运行状态,但难以全面描述整个路网的交通运行状况。对非常态事件下交通状态评价指标体系中指标的选取、量化及指标体系层次间的关系还缺乏研究。此外已有的交通状态判别算法存在误判率较高、检测时间偏长、鲁棒性较低等问题。

在交通运行状态发展态势的可信预测技术方面,研究重点集中在交通拥堵在空间、时间演化方面的预测,方法主要以排队论和交通波模型为基础[7],对异常交通状态的空间扩散范围和拥挤持续时间进行研究。在高速公路方面,主要以偶发性的拥堵排队车辆数和持续时间的预测为主;在城市道路方面,绝大部分是以排队论为理论基础对交叉口引道处的排队车辆数进行预测的方法,而在城市路网交通拥堵在空间范围内的发展趋势预测方面的研究成果较少[8]。同时,目前的已有研究大都针对交通事故等引起的局部运行异常状态的预测,对非常态事件下大范围内交通运行状态的时空演化研究明显不足。

3. 主要难点

非常态条件下交通运行状态精准辨识与可信预测的难点在于构建非常态条件下大范围动态交通信息的融合模型及算法,提出适用于非常态下交通信息短时预测的新方法与新技术。

(1) 随着路网规模的不断扩大及道路交通需求量的快速增长，交通拥挤、交通事件不断增加，传统判别方法难以满足精准辨识与可信预测的需要，如何自动判别突发事件下的交通状态，提高判别结果的可靠性是进行交通运行状态预测的基础。同时非常态下交通异常状态判别指标体系有待构建。

(2) 在非常态条件下，如何基于采集的全天候大范围道路交通信息，构建非常态条件下交通信息质量评价体系和控制方法，以及非常态大范围动态交通信息的融合模型及算法，如何综合运用智能控制技术、信息技术和数据挖掘技术等对非常态事件下交通运行状态的空间扩散范围和持续时间进行可信预测等有待进一步研究。

(3) 对非常态事件下交通流状态、应急管理方案等进行分析和评价，有必要构建非常态条件下交通系统仿真平台，为交通方案决策提供依据。

参 考 文 献

[1] Huang Y, Xu L, Luo Q. The method of traffic state identification and travel time prediction on urban expressway[J]. Research Journal of Applied Sciences, Engineering and Technology, 2013, 5(4): 1271–1277.

[2] Xing T, Zhou X, Taylor J. Designing heterogeneous sensor networks for estimating and predicting path travel time dynamics: An information-theoretic modeling approach[J]. Transportation Research Part B: Methodological, 2013, 57(11): 66–90.

[3] Mou Z, Li M, Liu Y. Study on emergency traffic organization of urban road traffic system under abnormal state[C]//International Conference on Management and Service Science, Wuhan, 2009.

[4] Coifman B. Identifying the onset of congestion rapidly with existing traffic detectors[J]. Transportation Research Part A: Policy and Practice, 2003, 37(3): 277–291.

[5] Cipriani E, Gori S, Mannini L. Traffic state estimation based on data fusion techniques[C]//International IEEE Conference on Intelligent Transportation Systems, 2012, 116(11): 1477–1482.

[6] Antoniou C, Koutsopoulos H N, Yannis G. Dynamic data-driven local traffic state estimation and prediction[J]. Transportation Research Part C: Emerging Technologies, 2013, 34(9): 89–107.

[7] Marfia G, Roccetti M. Vehicular congestion detection and short-term forecasting: A new model with results[J]. IEEE Transactions on Vehicular Technology, 2011, 60(7): 2936–2948.

[8] Wu T, Xie K, Dong X, et al. A online boosting approach for traffic flow forecasting under abnormal conditions[C]//International Conference on Fuzzy Systems and Knowledge Discovery, Chongqing, 2012.

撰稿人：王云鹏　丁　川　鲁光泉
北京航空航天大学
审稿人：赵祥模　刘正江

基于群体社会信息的多模式公交调度与信息优化投放

Multi-Modal Transit Scheduling and Effective Information Disseminating Based on Massive Social Information

1. 背景和意义

构建以轨道交通及常规公交为主体的多模式公共交通系统已成为国内外研究人员解决大城市交通拥堵问题的共同研究方向。其科学意义体现在道路空间的有效利用、土地资源的合理分配、运营线路的组合调整、交叉口信号的优化控制[1]、多交通模式的综合配置[2]，以及以大数据为依托的智能化交通运营系统完善与升级[3]。如何根据大众交通心理对公共交通系统进行优化配置，从而实现社会多模式交通系统资源的统筹优化和有效利用，是当前的研究热点与难题。在满足不同群体的社会特征和出行需求的前提下，如何通过弹性的发车频率和灵活的车型组合调度，合理配置运力，缩短出行时间，优化城市居民出行结构尚待深入研究。在基于大数据的城市交通运营和公交调动的信息提取方面，关联规则提取、数据聚类分析、影响因子分析、回归分析、深度学习等数据分析的理论方法为相关研究提供了必要的基础，为相关学习提供更加精确、更有代表性的调度和优化的参考结果。

日趋成熟的群体社会信息采集工具为多模式公共交通系统的整合与提升提供了全新平台。基于此平台对居民出行信息和交通行为进行精确采集以获取代表性的公共事件和社会活动，具有广阔的科学研究前景和巨大的商业应用价值。相关数据包括社交网络发布信息、动态事件实时播报、个人出行轨迹和出行信息以及传统的道路车流量、道路占用率、行驶时间等。现有公共出行数据研究主要基于主动采集的信息(包括出行日志、问卷调查等)和被动采集的信息(包括GPS轨迹记录、移动电话信号、银行账户变动数据等)。其中，居民交通出行的数据，尤其是节假日的出行目的和意图，在现代交通系统规划、城市交通需求预测和大型交通设施建设中发挥了重要作用。

基于群体信息的多模式公交调度与信息投放具有较高的科学意义和研究价值。一方面，国内研究领域对于公共交通的调度和优化已经相对成熟；另一方面，结合社交网络并进一步优化公交运行的相关研究尚属起步阶段。如何重点突破现有模型方法的局限，高效融合新兴数据信息的优点，逐步解决群体信息投放的瓶颈将成为未来几十年智能公共交通建设和发展的方向。

2. 研究进展

传统的个人出行数据采集方法经历了初始的调查问卷(paper and pencil interviewing，PAPI)和计算机辅助电话调查(computer-assisted telephone interviewing，CATI)两个阶段。这些调查方法面临的问题包括样本规模小、回应效率低、代表主体不全面、出行目的部分缺失，以及出行时间不够精确。基于被动数据的相关研究，如全球定位系统(global positioning system，GPS)、移动电话等仍然存在以下主要的挑战：①如何在一个较大的时间域中采集大量有代表性的居民出行数据，进而准确预测城市交通生成和分配[4]，并进一步优化配置公交线路运营；②由于某些商业密集的区域里有多种土地用途，如何克服出行意图和土地用途的匹配难题；③如何准确地对出行目的进行分类，从而科学系统地认识大众的出行需求。

近年来，随着社交网络平台的兴起和发展，微博、微信、滴滴、位智(Waze)(美国)等社交网络工具构建了大众参与的平民化的信息发布平台。相比于传统的信息收集系统，如路面传感器、摄像头、GPS 终端等[5]，这些自发性的信息发布平台覆盖面更广、参与人数更多、信息门类更丰富[6]。其中的路面定位信息和城市交通出行信息的提取不再局限于试验性质的样本数据，而是更加真实的更有代表性的上百万的人口出行数据。其中，道路拥堵信息、大型社会活动信息、公共交通运行信息等将促使公交系统朝着更加智能、优化、高效、安全环保的方向发展[7]。国内外城市交通领域的相关研究重点主要体现在以下三个方面：

(1) 社交网络数据的可信性和代表性逐渐受到相关研究人员的重视，通过社交媒体众包获取的个人交通出行数据逐渐获得交通管理部门和科研组织的认可[8]。作为交通信息的一种数据来源，社交媒体数据的优势在于可以依靠相对较小的创建和维护费用实时地检索被动的活动信息以及时间、地点和出行目的等信息。

(2) 社交媒体的实时性在车辆交通事故报告、道路拥堵情况反馈、恶劣天气交通延误预测、突发事件应急处理方面得到验证。纽约州的交通部(New York City Department of Transportation)开展的研究显示，社交媒体相比于传统的交通应急系统可以更早地播报道路交通事故。普渡大学的一项研究显示，社交媒体 Twitter 中体现的乘员情绪信息，尤其是负面情绪的表达能够较好地反映公共交通运营的满意水平。

(3) 通过社交媒体手机 GPS 定位获取高精度(几米至几十米)公众交通出行逐渐受到重视，相关研究处在起步阶段。在城市交通生成和分配的研究领域，当前移动互联网的逐渐兴起和普及以及居民收入水平的不断提高并因此诱增的交通出行需求给获取人们精确交通出行的地点和路径提供了机遇与挑战。其研究领域主要集中在交通行为分析、交通方式选择和出行模式分析等三个方面。

3. 主要难点

基于社交媒体的出行意图推断也存在一些重要挑战。

首先，社交媒体数据是非结构化的、海量的，而且包含大量噪声的文本。相比传统的新闻媒体文字，社交媒体的文本数据呈现出典型的碎片化、口语化和网络语言化的特征。因此如何从中提取与公共交通出行相关的数据信息，如何过滤无关的数据并且提取出行者相关信息，如何进行有效的数据挖掘和行为模式分类成为相关研究成功的关键。同时，当前较为成功的文本处理方法和模型，如自然语言处理(natural language processing)、机器学习(machine learning)、语言建模(language modelling)，也将遇到中文化和本土化的难题。

其次，相比于传统的城市交通流数据和视频数据，社交媒体数据体现出非常明显的大数据特征。例如，国外研究显示，在纽约都市区，仅 Twitter 每天就可以达到百万条记录。拥有相比美国近三倍网民数量的中国(2016 年达到 6.88 亿)所能提供的社交媒体数据将数倍于现有的国外研究，其中所蕴含的科研和市场价值将更加可观。依靠深度学习(deep learning)进行数据处理与信息获取，实现理论构建和实际应用的创新及突破，将会更加复杂和更具挑战性。

再次，如何从社交媒体中推断出公共聚众事件及个人出行活动，并因此获得群体在某个时空综合水平的活动地图以及出行模式博弈机制[9]成为关键。在此之前，限于数据获取等诸多原因，国内外的相关研究尚属起步阶段。相关的地理聚类分析和出行模式分类，并以此为公共交通调度和优化提供参考还需要进一步的探讨和研究。

最后，如何有效地对信息进行投放尚属未知；对各种渠道的信息投放效果需要进一步研究。并且城市交通调度中心可以针对不同人群有针对性的投放信息，对何人何时收到何种信息需要进行定量的建模分析。国内外的先进经验和成功案例将不断接受互联网经济发展及进化所带来的冲击和考验。高效、动态、快速的投放优化方案是未来一大研究方向。作为智能化交通的重要发展方向之一，基于群体社会信息的公共交通调度和优化将改进现有的理论架构，并有助于构建更加高效、快捷的公共交通运行系统。

参 考 文 献

[1] He Q, Head K L, Ding J. Multi-modal traffic signal control with priority, signal actuation and coordination[J]. Transportation Research Part C: Emerging Technologies, 2014, 46: 65–82.

[2] He Q, Head K L, Ding J. PAMSCOD: Platoon-based arterial multi-modal signal control with

online data[J]. Transportation Research Part C: Emerging Technologies, 2012, 20(1): 164–184.
[3] Chen W, Guo F, Wang F Y. A survey of traffic data visualization[J]. IEEE Transactions on Intelligent Transportation Systems, 2015, 16(6): 2970–2984.
[4] Lv Y, Duan Y, Kang W, et al. Traffic flow prediction with big data: A deep learning approach[J]. IEEE Transactions on Intelligent Transportation Systems, 2015, 16(2): 865–873.
[5] Zheng X, Chen W, Wang P, et al. Big data for social transportation[J]. IEEE Transactions on Intelligent Transportation Systems, 2016, 17(3): 620–630.
[6] Collins C, Hasan S, Ukkusuri S V. A novel transit rider satisfaction metric: Rider sentiments measured from online social media data[J]. Journal of Public Transportation, 2013, 16(2): 2.
[7] Wang F Y. Real-time social transportation with online social signals[J]. IEEE Transactions on Intelligent Transportation Systems, 2014, 15(3): 909–914.
[8] Wang X, Zheng X, Zhang Q. Crowdsourcing in ITS: The state of the work and the networking[J]. IEEE Transactions on Intelligent Transportation Systems, 2016, 17(6): 1596–1605.
[9] Wang F Y. Transportation games for social transportation[J]. IEEE Transactions on Intelligent Transportation Systems, 2015, 16(3): 1061–1069.

撰稿人： 何 庆[1] 王 晓[2] 曹建平[3] 张振华[1] 王飞跃[2]
1 纽约州立大学布法罗分校　2 中国科学院自动化研究所　3 国防科学技术大学

审稿人： 杨晓光　严新平

大数据驱动下共享汽车供需预测及运力优化

A Big Data Driven Approach for Car Sharing Demand Forecasting and Operation Capacity Optimization

1. 背景与意义

私家车的普及在带来生活便利的同时，也造成了交通拥堵、空气污染、占用土地等一系列问题。随着小汽车限购等交通管理政策的严格实施，汽车共享模式对于促进人们汽车消费观念的转变、优化闲置的机动车资源等具有重要意义[1]。与传统的租车服务相比，共享汽车具有价格低、灵活性高、使用便利等特点。通过汽车共享，用户可按需获得车辆使用权而不必单独负担拥有及维护车辆的成本，能够填补公共交通与私家车之间的出行空白，满足城市化进程中人们对机动车辆的需求。汽车共享能够有效减少汽车保有量与使用量，降低汽车的使用及服务费用、缓解交通压力，有着十分积极的环境、经济以及社会效益[2]。对于解决不断增长的汽车消费需求与有限的社会资源之间的矛盾具有重要意义。

汽车共享是指拥有多种车型的公司或组织向固定顾客或成员随时提供机动车出行的服务，主要对象为不想购买、不必购买或者无力购买私家车的消费者，是通过组织机构创新，提高汽车使用效率，使更多的消费者获得"终端结果"的服务业创新方式。目前汽车共享主要有邻里汽车共享、车站汽车共享、多节点汽车共享三种模式。典型的邻里汽车共享模式主要针对人口密集的工作和居住区域。车站汽车共享模式侧重于在交通枢纽，如地铁站、火车站等，与工作地或居住地之间为通勤者提供汽车共享服务。多节点汽车共享设置有多个停车场节点，用户可在其间自由通行，而不必回到原节点还车。作为发展的高级阶段，多节点汽车共享是未来发展的方向。

现有的汽车共享模式在站点选址、调度管理等方面很大程度上依托经验总结，缺乏足够的数据支撑与切实符合实际复杂工况的供需预测模型和运力优化系统，容易造成站点车辆分布不合理、共享汽车利用率不高、投入产出比高，服务水平低等问题。随着信息技术、票务电子支付、移动互联、数据挖掘等新技术的发展，智能化、自动化的个体及群体出行行为信息的获取技术越来越受到重视，突破了传统汽车共享模式的局限，不再拘泥于经验式的供需预测及平衡，而是利用数据挖掘充分提取有效出行信息，依托分布式处理探究其中的交通需求时空分布规律[3]，对现有资源进行最大限度的运力与站点优化[4,5]，能够大大提高汽车共享的服务效率与水平，更好地平衡交通资源与出行需求间的供需关系，在能源、环境、经济方面带来更多的效益[6]。大数据驱动下的共享汽车供需预测及运力优化逐渐成为汽车共享领域的研究热点和亟须解决的科学问题。

2. 研究进展

汽车共享模式起源于欧美国家，近年来逐渐受到世界各国的关注。随着智能互联和信息技术在交通领域的深度应用，汽车共享模式得到了快速发展[7]。在共享汽车需求预测方面，获取用户特征与出行分布是预测的基础。目前已有研究大都采用传统问卷调查方法获取居民出行需求信息，构建数学模型对人口出行偏好分布、共享汽车使用影响因素、用户的出行频率和距离等进行研究[8,9]。然而，基于社会调查数据无法满足获取精准出行信息的需求，缺乏对共享汽车消费者的行为特征及共享汽车使用区域特性等的深入研究。在大数据时代下，结合实时动态的多源交通信息对共享汽车需求的精准预测已成为当前的研究热点。

当前学者主要关注的问题在于揭示共享汽车系统中的复杂行为，以通过理解系统演变过程来探索相应的组织方法[10]。系统动态模型、离散事件仿真模型、基于智能体的仿真模型是当前主要的研究方法，探讨非均匀需求模式下共享汽车资源配置、系统性能和服务水平等问题。学者对共享汽车的研究也从最初的邻里汽车共享模式朝着车站汽车共享、多节点汽车共享等模式发展。

3. 主要难点

大数据驱动下的共享汽车供需预测与运力优化中的重点和难点在于基于数据挖掘的出行行为与共享需求精细化分析以及共享汽车的动态分布调度优化策略。针对海量的非结构化数据，如何利用分布式处理、云存储等技术对多源交通信息、出行行为信息等进行充分挖掘，从中提取出基于活动出行链的共享汽车需求时空分布规律是共享汽车发展的基础。在供需预测过程中，应在数据挖掘的基础上，结合已有资源，充分考虑用户的出行特性，探讨共享汽车交通资源供给与交通需求间的匹配机制，利用供需平衡理论，分级分类确定汽车共享模式下共享站点的选址。共享汽车需求的不确定性显著增加了系统分析的复杂性，如何实现与交通需求管理措施之间的互动与耦合，亦是得到最优共享汽车资源配置策略要解决的难题。

参 考 文 献

[1] 程伟力. 北美小汽车共用的发展状况[J]. 交通与运输(学术版), 2007, 23(B12): 34–37.

[2] Boyacı B, Zografos K G, Geroliminis N. An optimization framework for the development of efficient one-way car-sharing systems[J]. European Journal of Operational Research, 2015, 240(3): 718–733.

[3] Schmöller S, Bogenberger K. Analyzing external factors on the spatial and temporal demand of car sharing systems[J]. Procedia-Social and Behavioral Sciences, 2014, 111: 8–17.

[4] Weikl S, Bogenberger K. Integrated relocation strategies and algorithms for free-floating car sharing systems[J]. IEEE Intelligent Transportation Systems Magazine, 2013, 5(4): 100–111.

[5] Correia G H D A, Antunes A P. Optimization approach to depot location and trip selection in one-way carsharing systems[J]. Transportation Research Part E: Logistics and Transportation Review, 2012, 48(1): 233–247.

[6] Shaheen S A, Cohen A P. Carsharing and personal vehicle services: Worldwide market developments and emerging trends[J]. International Journal of Sustainable Transportation, 2013, 7(1): 5–34.

[7] 夏凯旋, 何明升. 国外汽车共享服务的理论与实践[J]. 城市问题, 2006, (4): 87–92.

[8] Jorge D, Correia G. Carsharing systems demand estimation and defined operations: A literature review[J]. European Journal of Transport and Infrastructure Research, 2013, 13(3): 201–220.

[9] Febbraro A, Sacco N, Saeednia M. One-way carsharing: Solving the relocation problem[J]. Transportation Research Record: Journal of the Transportation Research Board, 2012, (2319): 113–120.

[10] Kek A G H, Cheu R L, Meng Q, et al. A decision support system for vehicle relocation operations in carsharing systems[J]. Transportation Research Part E: Logistics and Transportation Review, 2009, 45(1): 149–158.

撰稿人：王云鹏　鲁光泉　丁　川
北京航空航天大学
审稿人：杨晓光　刘正江

平行交通系统

Parallel Transportation Systems

1. 背景与意义

城市交通系统是典型的开放复杂巨系统，涉及几乎所有的工程学科，以及经济、人口、生态、资源和法律等社会学科，介于纯工程系统与纯社会系统之间，其运行规律极其复杂，蕴涵大量传统方法难以解决的基础科学问题。随着物联网、云计算、大数据不断普及，目前的交通仿真和管控思想的局限性也日益明显，与当前的交通系统感知和计算性能脱节，没有充分利用现有的交通大数据，也没有最大可能地发挥计算的作用。交通系统的信息化、网络化、自动化、智能化和精细化要求不断提高，全面、准确、及时地评估交通系统运行状态以及提供针对性的高效解决方案已成为交通研究和应用所面临的迫切问题。

在此背景下，我国学者提出了平行交通系统理论与方法。基于 ACP[即人工系统(artificial systems)、计算实验(computational experiments)和平行执行(parallel execution)]理论[1~3]的平行交通系统，在传统方法与系统的基础上，增加了对社会性要素的管理与调控，提高了认识城市综合交通系统要素相互作用和动态演化规律的能力，以及交通系统自适应地应对变化和非正常状态的能力。

平行交通系统是指由实际交通系统和人工交通系统共同组成的系统。其中人工交通系统是实际交通系统的软件化定义，不仅是对实际系统的数字化、虚拟化、常态化"仿真"，也是实际交通系统的替代版本，使计算机成为"活"的交通社会实验室，是交通仿真系统在更高层次、更广视野上的拓展[4~6]。平行交通系统将交通仿真从对车辆运动的过程模拟，扩展为对整个社会背景下人的行为和活动模拟，从而使交通的计算机仿真升华为交通的计算实验；在此基础上，通过计算实验来认识系统各要素间正常和非正常状态下的相互作用关系和演化规律，模拟并"实播"系统的各种状态和发展特性；最后通过人工交通系统和实际交通系统的虚实互动与平行执行，对两者的行为进行对比和分析，实现各自未来状况的"借鉴"和"预估"，并相应地调节各自的控制与管理方式。

与传统方法不同，平行交通系统将理论研究、科学试验和计算技术三种科学研究手段相结合，兼顾"表象"和"实质"交通信息，统筹系统的"控制"和"服务"功能，实现"以人为本"的交通管理。平行交通系统涵盖的领域非常广泛，涉及交通、大数据、云计算、物联网、信息物理社会系统等。平行交通系统的实现，将增加对社会性要素的控制与管理，从而提高对城市综合交通系统动态演化机理的认识能力，以及对系统处于正常和非正常状态下的管控能力，具有重要的科学意义。

2. 研究进展

平行交通系统理论已成为国际交通科学研究的新兴领域，在全球范围内得到众多研究者的关注。IEEE 智能交通系统学会早在 2004 年就成立了人工交通系统专业委员会，并从 2006 年开始组织每年一次的人工交通系统与仿真国际研讨会。

平行交通系统的研究先后得到国家 863 计划、973 计划、国家自然科学基金重点项目、国家杰出青年科学基金项目和中国科学院知识创新重大项目等支持，研发了人工交通系统 TransWorld[4,6]，建立了集成现有交通研究模型高效能的人工交通系统计算实验平台 DynaCAS[7]。目前平行交通系统理论框架已基本建成，平行交通软硬件系统已进入第 5 代。相关研发成果先后获得 IEEE 智能交通系统杰出研究奖(IEEE ITS Outstanding Research Award)、IEEE 智能交通系统杰出应用奖(IEEE ITS Outstanding Application Award)、IEEE 智能交通系统杰出团队奖(IEEE ITS Institutional Lead Award)。

2009 年，平行交通管理系统成功应用于江苏太仓太浏公路上的交通信号控制系统改造项目，明显改善了当地的交通环境。实地测试分析显示，主路通行能力增加了 26%，主路排队长度减少了 8%~19%。2010 年，自主创新的广州亚运会平行交通管理系统，在亚运会期间发挥了显著作用。在广州市首次实现了交通人流、车流自动检测与分析，通过系统软件首次使出租车、公共交通管理从过去凭经验靠人工执行提升为根据科学制定、智能化系统执行，指挥中心可以随时掌控全市交通动态，这在以前是不可能的事[8,9]。青岛平行交通系统是首个城市级规模的平行交通系统，自 2014 年 10 月上线以来，在缓解城区交通拥堵、提升交通信息服务水平、规范交通安全秩序、提高交通管理科技水平等方面体现出较好的应用效果，取得了良好的社会效益，有力地提升了青岛市交通建设的国际化水平，获得 2015 年度 IEEE 智能交通系统杰出应用奖。

目前平行交通系统的理论研究与应用已取得初步成效，但尚未成熟，仍需在基础理论与方法体系等方面开展更加深入和扎实的研究工作。

3. 主要难点

平行交通系统的基本思想是通过基于代理的方法等对交通系统进行建模，构建人工交通系统；在人工交通系统上开展各种计算实验，利用涌现方法及各种统计手段分析评估交通系统的运行状态及解决方案的有效性；将人工交通系统和实际交通系统相结合构成平行交通系统，既可以对正在运行的交通管理与控制系统进行滚动式预测、改进与优化，又可以对交通系统的管理者和用户进行"虚拟"培训，提高学习效率和操作可靠性。其主要难点如下：

(1) 如何利用高效计算手段和代理方法构建人工交通系统。基于代理和高效计算手段构建一套人工交通系统的完备模型和分析体系，形成人工交通系统模型生成的支持环境和解析工具，认识城市交通系要素相互作用和动态演化规律。

(2) 如何综合利用网络空间、物理空间、社会空间数据获取全方位、深层次交通静态和移动信息。统筹、高效、交互利用社交媒体、摄像头、线圈、雷达等检测数据，解析城市交通静态和移动信息，诊断城市交通运行状态。

(3) 如何利用上述收集的信息实时驱动人工交通系统。借助高效计算手段，利用实时交通数据驱动人工交通系统，包括人工交通系统的标定、完善和演化推演。

(4) 如何利用人工交通系统进行计算实验设计。发展基于人工交通系统进行计算实验的基本方法，以达到高效、可靠地利用人工交通系统进行预测、评估、优化的目的。

(5) 如何将人工交通系统与实际交通系统连接、互动，实现平行执行。建立平行执行运行的基本框架以及人工交通系统与实际交通系统相互作用的过程和协议，建立平行执行的多目标、多有效解决方案的评估体系，建立平行执行过程中的反馈机制和对应的软硬件平台。

作为城市交通智能化的重要发展方向之一，平行交通系统在未来将会作为城市运行的基础设施存在，人们期待其完善并投入商业营运[5,10]。平行交通系统真正意义上的实现，将有可能带来交通运营的革命性进展，进而改变整个交通运输行业的面貌。

参 考 文 献

[1] 王飞跃. 人工社会、计算实验、平行系统——关于复杂社会经济系统计算研究的讨论[J]. 复杂系统与复杂性科学, 2004, 1(4): 25–35.

[2] 王飞跃. 计算实验方法与复杂系统行为分析和决策评估[J]. 系统仿真学报, 2004, 16(5): 893–897.

[3] 王飞跃. 平行系统方法与复杂系统的管理和控制[J]. 控制与决策, 2004, 19(5): 485–489.

[4] 王飞跃, 汤淑明. 人工交通系统的基本思想与框架体系[J]. 复杂系统与复杂性科学, 2004, 1(2): 52–59.

[5] Wang F Y. Toward a revolution in transportation operations: AI for complex systems[J]. IEEE Intelligent Systems, 2008, 23(6): 8–13.

[6] Wang F Y. Parallel control and management for intelligent transportation system: Concepts, architectures and application[J]. IEEE Transactions on Intelligent Transportation Systems, 2010, 11(3): 630–638.

[7] Zhang N, Wang F Y, Zhu F, et al. DynaCAS: Computational experiments and decision support for ITS[J]. IEEE Intelligent Systems, 2008, 23(6): 19–23.

[8] Xiong G, Dong X, Fan D, et al. Parallel traffic management system and its application to the 2010 Asian Games[J]. IEEE Transactions on Intelligent Transportation Systems, 2013, 14(1): 225–235.

[9] Zhu F, Chen S, Mao Z H, et al. Parallel public transportation system and its application in evaluating evacuation plans for large-scale activities[J]. IEEE Transactions on Intelligent Transportation Systems, 2014, 15(4): 1728–1733.

[10] Wang F Y, Zhang J J, Zheng X, et al. Where does AlphaGo go: From church-turing thesis to AlphaGo thesis and beyond[J]. IEEE/CAA Journal of Automatica Sinica, 2016, 3(2): 113–120.

撰稿人：吕宜生　朱凤华　王飞跃
中国科学院自动化研究所
审稿人：杨晓光　严新平

极限工况下汽车主动安全运动控制

Vehicle Active Safety Motion Control in Critical Operating Conditions

1. 背景与意义

随着汽车保有量的增加，交通事故频发，汽车安全性成为日益严重的社会问题。我国每年道路交通事故死亡人数达十几万人，居世界首位，也带来了巨大的经济损失。据统计，仅2011年我国交通事故死亡人数达214269人，是同年世界汽车保有量第三的日本的13倍[1]。在这些交通事故中，大部分交通事故发生在极限工况，如汽车山路紧急转弯、爆胎、湿滑路面紧急制动等。这主要是因为，与常规工况不同，当汽车处于极限工况时，对汽车运动产生直接影响的纵/侧向轮胎力趋于饱和状态，导致汽车的牵引性、制动性和通过性变差，此时汽车的运动控制更加困难。因此研究极限工况下的汽车主动安全运动控制对保障国家人民生命财产安全、降低交通事故发生概率具有重要作用。

极限工况下汽车运动控制是一个极具挑战性的课题。首先，由于轮胎-地面力学关系的复杂性，得出汽车失稳的数学表达是极其困难的。其次，是协同控制问题，由于行驶环境的复杂性，驾驶员的多样性、随机性、不确定性、非职业特点，以及瞬间失稳(毫秒级)所要求的高实时性等，极限工况下汽车运动的协同控制具有挑战性和前沿性。最后，极限工况下汽车主动安全运动控制系统的评价也是亟待解决的问题，国际上还没有系统化的极限工况汽车运动控制评价体系。目前的主动安全控制系统以及相关研究主要是针对单一目标、单一功能和特定条件的，极限工况下各系统在不同区域分别起作用，缺乏很好的协调，更没有一体化的控制系统设计。因此围绕极限工况下汽车主动安全的建模、协同控制与一体化设计方法展开研究，为我国汽车企业提升自主创新能力、提高核心竞争力、最终实现汽车交通事故"零死亡"终极目标提供有力的理论和方法支撑。

2. 研究进展

汽车主动安全控制是近年来世界范围内的热点研究问题[2]。欧盟于1996年启动了紧急状态下的汽车控制与驾驶员状态评估项目，随后又于2001年启动了面向安全的一体化汽车安全系统评估项目，主要对汽车主动安全一体化控制和评价进行研究。继而在2013年发起了面向超轻量线控转向汽车的自由模型发展与增强项目，该项目2015年结题，有效促进了线控转向汽车控制系统的发展。

美国在主动安全控制方面的研究开展较为广泛，2002年美国启动了自由车辆项目群，该计划从2002年持续到2012年，连续十年进行这方面的研究。同时在2004年，美国启动了另外一个与主动安全控制相关的项目：底盘综合控制系统。该项目持续6年时间，对底盘各个子系统的综合控制促进较大。2009年，美国对面向汽车信息物理系统的高置信主动安全控制立项，该项目持续4年时间，将信息物理系统的研究与汽车主动安全控制有效结合。目前美国正在开展驾驶员在环的汽车信息物理系统项目群的各个项目研究，该项目群2015年立项，重点关注包含驾驶员的信息物理系统及主动安全控制研究。除欧盟与美国外，世界其他国家和地区也进行了汽车主动安全控制研究，例如，日本在2010～2013年启动的S-Innovation计划。

我国在汽车主动安全控制方面也进行了一系列研究。2008年国家自然科学基金委员会启动了"视听觉信息的认知计算"重大研究计划，该计划支持了一批重点项目及重大项目，对包含驾驶员在环的智能控制及无人驾驶系统进行深入研究。2006年，工业和信息化部(简称工信部)启动了"核心电子器件、高端通用芯片及基础软件产品"计划。汽车零部件及控制系统作为研究的一部分受其促进较大。2015年，国家自然科学基金委员会、中国汽车工业协会和国内八家汽车企业，即中国第一汽车集团有限公司、东风汽车有限公司、上海汽车集团股份有限公司、重庆长安汽车股份有限公司、广州汽车集团股份有限公司、华晨汽车集团控股有限公司、安徽江淮汽车股份有限公司和中国重型汽车集团有限公司共同设立中国汽车产业创新发展联合基金[2]，进一步促进了我国包括智能汽车、主动安全控制在内的汽车各个领域的发展。

面对居高不下的交通事故，分析其成因，发生在车辆运行时的极限工况事故较多，但对于汽车主动安全控制的研究集中于极限工况的较少。这催生了极限工况下车辆主动安全控制的需求，也使得极限工况下的汽车主动安全控制成为亟待解决的科学问题。

3. 主要难点

在面向极限工况的主动安全控制中，极限工况下汽车的横-纵-垂向动力学描述、轮胎-地面摩擦关系的建立以及轮胎力饱和后的车辆动力学参数确定和稳定边界识别是主动安全控制的前提和基础。其次，由于行驶环境的复杂性，驾驶员的多样性、随机性、不确定性、非职业特点，以及瞬间失稳(毫秒级)所要求的高实时性等，极限工况下汽车运动的协同控制，包括汽车横-纵-垂向动力学的协同、驱动/制动/转向控制子系统的协同以及驾驶员与汽车控制系统的协同是极限工况下汽车主动安全控制面临的挑战性问题；再次，面向极限工况下汽车主动安全运动控制，如何评价其控制性能是亟待解决的国际性问题。因此极限工况汽车主动安全运动控制需要解决以下科学问题：

(1) 极限工况下横-纵-垂向汽车动力学综合描述与轮地关系建模。

(2) 极限工况下汽车运动的稳定边界辨识及主动扩稳控制。

(3) 极限工况下汽车运动控制的智能协同与综合优化。

(4) 极限工况下的汽车主动安全控制系统的综合评价。

(5) 极限工况下汽车控制与优化的快速实时计算。

参 考 文 献

[1] 张海亮. 万车死亡率是发达国家的 4 至 8 倍[EB/OL]. http://ahsz.wenming.cn/wzzt/wmjt/201211/t20121130_438521.html[2015-04-08].

[2] 华政. 汽车产业创新发展联合基金创立[EB/OL]. http://news.xinhuanet.com/politics/2015-04/08/c_127664980.htm[2015-04-08].

撰稿人：陈　虹　郭洪艳

吉林大学

审稿人：唐　涛　蔡柏根

基于低碳目标的信号交叉口控制理论

Traffic Signal Intersection Control Theory Based on Low Carbon Emission

1. 背景与意义

2009 年哥本哈根世界气候大会上，我国承诺 2020 年单位 GDP 碳排放量比 2005 年下降 40%～45%。这一目标对各行业的碳减排均提出严峻挑战。当前我国各地频发的雾霾天气、$PM_{2.5}$ 污染等问题，更引起全社会对碳减排的高度重视。道路交通碳排放占我国碳排放总量的近 30%，而道路交叉口是道路交通碳排放的主要来源。

降低道路交叉口交通碳排放的有效途径之一是实施以低碳排放为目标的交叉口交通信号控制系统，这将对目前以减少交通延误为目标的交通信号控制系统提出更高、更复杂的要求，要建立一套相应的道路交叉口交通信号控制理论，这是未来需要面对的道路交叉口信号控制理论的一大科学难题。

国内外的研究成果对机动车和道路网排放特征的分析与预测起到推动作用，但尚缺乏对道路交叉口的研究。这些模型必须建立在大规模数据检测的基础上，这也是这个科学难题的困难之处。由于缺乏机动车排放预测模型，也难以建立预测模型与仿真平台相结合的道路网排放预测模型，从而难以准确分析和评价不同因素对机动车、道路网排放水平的影响，这对道路交叉口来说，显得更为缺乏。另外交通控制机制和参数对交通碳排放的研究和成果更为不足，尤其是道路交叉口的交通信号控制对交通碳排放作用机理的研究成果明显不足。从宏观的立场出发，主要有两大难度：①道路交通的组合因素非常复杂，且相互交叉干扰，导致交通信号控制的优化模型难以建立；②以降低交通碳排放为目标的道路交叉口交通信号控制模型理论的建立，其复杂程度远高于目前以减少交通延误为目标的交通信号控制理论，需要大量的试验地点和大量的检测数据，需要通过大数据的应用才有可能形成基本的理论体系。

道路交叉口是道路路网交通碳排放的重点区域，在整个路网的碳排放中，交叉口的交通碳排放占有重要的比例。过去研究的统计数据显示，道路交叉口的交通碳排放是一般路段交通碳排放的一倍以上。因此除以减少交通延误为目标的交通信号控制系统之外，若能建立以减少交通碳排放为目标的交通信号控制系统，这对有效降低道路交叉口的交通碳排放，以致有效降低整个路网的交通碳排放是有重大意义的。

2. 研究进展

目前国际上交通节能减排正由战略向战术转化。2002 年 3 月，瑞典政府出台了《瑞典可持续发展策略》，正式把包括交通节能减排在内的可持续发展战略定为第一国策。英国政府 2009 年的报告 *Low Carbon Transport: A Greener Future* 提出了切实可行的低碳交通战略规划。交通排放预测和评价的理论成果是交通节能减排实践的驱动力，而车载排放检测系统(portable emissions measurement system, PEMS)的完善、机动车排放预测模型的构建和交通仿真模型与机动车排放预测模型的结合，则是推动理论研究的主要动力。

在具体的理论方面，目前的研究主要集中在以下三个方面：

(1) 机动车排放预测模型。机动车排放预测模型定量计算机动车排放水平，有宏观和微观之分。宏观模型主要通过修正排放因子计算排放[1]，如美国的 MOBILE 和欧洲的 COPERT 等。微观模型通过机动车不同运行特征计算排放，最具代表性和影响力的微观模型是 CMEM[2]。2010 年，美国环境保护局(Environmental Protection Agency, EPA)开发了新一代的 MOVES2010 模型，MOVES 整合了宏观和微观的排放模型，成为美国的排放预测法定模型[3]。

(2) 交通信号控制对交通流作用机理的方针模型。目前研究人员主要通过交通仿真模型与排放预测模型相结合对道路排放进行测算与评价。交通仿真模拟真实路网的交通流时空变化特征可分为三类：宏观仿真，从全局角度研究交通网络的运行特征，如 TransCAD、TRIPS 等；中观仿真，将个体车辆放入宏观交通流中进行分析，如 INTEGRATION、TransModeler 等；微观仿真，以单车为基本单元，从微观层次描述其行驶移动过程，如 VISSIM、CORSIM 等。通过不同仿真模型的类似组合，学者对不同类型道路、不同交通状况的机动车排放及油耗进行了预测[4]，并分析了不同道路交通特征改变对机动车排放的影响[5]。近几年来，围绕新兴的 MOVES，学者探讨了 MOVES 和交通仿真模型结合的预测效果[6]及其在道路排放预测和分析领域的应用。

(3) 交通排放作用机理的因素分析和评价模型。这方面的研究主要包括单、双向车道对道路网排放的影响[7]；综合 VISSIM 微观仿真和 VSP 排放模型分析不同车道对交通排放的影响[8]；运用 VISSIM 仿真软件模拟道路限速对交通排放的影响[9]；结合 VISSIM 与 PEMS 建立重型卡车的碳排放评价模型，研究道路坡度对碳排放的影响[10]。

3. 主要难点

目前国际上相关学术界已建立了一些机动车排放模型，这对进一步开展道路交叉口个体和整体交通排放预测和评价体系的研究奠定了一定的基础。然而由于车辆运行、交通特征、排放标准等方面的差异，国外模型的模拟结果可能和我国实际情况存在较大误差，对理论和实践的展开带来一定影响。具体而言，建立以低碳排放为目标的道路交叉口交通信号控制理论的主要难点包括以下五个方面：

(1) 道路交叉口机动车个体和集成排放模型。机动车个体排放主要受机动车自身的动态机动性能和机动状态的影响，除机动车本身的性能外，道路交叉口的各种给定条件也是影响机动车个体排放的重要因素，由此导致排放模型的局限性和建模的难度。除此之外，集成的机动车排放模型对信号控制的优化理论显得更加重要。因此如何科学合理地将机动车个体排放转换成机动车集成排放也是一个科学难点。

(2) 道路交叉口机动车个体和集成交通排放的主要影响因素评价和敏感性分析模型。在建立交叉口机动车个体和集成排放模型的基础上，需要对道路交叉口的各种条件和因素进行敏感性统计分析，建立对这些因素的评价模型，这对未来建立交通信号控制理论和算法是极为重要的，但难度在于各种影响因素是因时和因地变化的，且因素复杂，相互制约和影响，由此建立主要影响因素评价和敏感性分析模型是有难度的。

(3) 微观和宏观交通流对交通碳排放的动态影响模型。机动车之间的交互作用及交通特征对道路交叉口碳排放有重要影响。因此为建立以降低排放为目标的交通信号控制理论与算法，就必须获得微观交通流及宏观交通流对道路交叉口碳排放产生的作用机理。这个模型建立的难度是需要获得大量的检测数据和实施多地点的试验检测，同时要尽可能减少非相关因素的干扰。

(4) 道路交叉口交通信号控制机制与参数对微观和宏观交通流特征的影响模型。从闭环控制理论的角度出发，为达到降低碳排放的目的，交通信号控制参数必须要优化。基于此目的，交通信号控制参数对道路交叉口微观和宏观交通流碳排放的作用机理的定量模型就显得非常重要。其难度在于在一个发散的多因素环境中要获得这种作用机理模型是非常困难的，需要大量的检测数据和试验点才有可能获得较为合理的统计模型，且环境因素会产生较大的干扰。

(5) 以减少交通延误为目标和以低碳排放为目标的道路交叉口交通信号控制多目标优化模型。未来的道路交叉口交通信号控制不会是单一目标的优化模型控制，必须是多目标优化实时自适应控制。动态环境下的多因素多目标的控制算法，加上实时自适应的需要，其控制理论和模型优化理论将是非常重要的难点。

参 考 文 献

[1] 高艺, 于雷, 宋国华, 等. 交通排放量化模型的建立与仿真实现[J]. 系统仿真学报, 2012, 24(4): 887–891.
[2] Barth M, Malcolm C, Younglove T, et al. Recent validation efforts for a comprehensive modal emissions model[J]. Transportation Research Record: Journal of the Transportation Research Board, 2001, 1750: 13–23.
[3] Vallamsundar S, Lin J. MOVES versus MOBILE: A comparison of GHG and criteria pollutant emissions[J]. Transportation Research Record: Journal of the Transportation Research Board, 2011, 2233: 27–35.
[4] Boriboonsomsin K, Barth M. Impacts of freeway high-occupancy vehicle lane configuration on vehicle emissions[J]. Transportation Research Part D: Transport and Environment, 2008, 13(2): 112–125.
[5] Stevanovic A, Stevanovic J, Zhang K, et al. Optimizing traffic control to reduce fuel consumption and vehicular emissions: Integrated approach with VISSIM, CMEM, and VISGAOST[J]. Transportation Research Record: Journal of the Transportation Research Board, 2009, 2128: 105–113.
[6] Chamberlin R, Swanson B, Talbot E, et al. Analysis of MOVES and CEME for evaluating the emissions impacts of an intersection control change[C]//Transportation Research Board 90th Annual Meeting, Washington DC, 2011.
[7] Wang J, Yu L, Qiao F. Micro traffic simulation approach to the evaluation of vehicle emissions on one-way vs. two-way streets: A case study in Houston downtown[C]//Transportation Research Board 92th Annual Meeting, Washington DC, 2013.
[8] Bing X, Jiang Y, Zhang C, et al. Effects of intersection lane configuration on traffic emissions[J]. Advances in Transportation Studies, 2014, (32): 23–36.
[9] Zhang C, Jiang Y, Zhang Y, et al. An optimal speed limit investigation on highway for emission reductions[J]. Advances in Transportation Studies, 2014, (33): 33–44.
[10] Zhang W, Lu J, Xu P, et al. Moving towards sustainability: Road grades and on-road emissions of heavy-duty vehicles—A case study[J]. Sustainability, 2015, 7(7): 12644–12671.

撰稿人：陆　键

同济大学

审稿人：唐　涛　蔡伯根

数据驱动下复杂网络交通自适应控制

Adaptive Traffic Control Based on Data Driven for Complex Network

1. 问题背景

交通控制是基于所采集的路面交通流相关信息,通过信号机和信号灯调节各类(机动车、非机动车、行人等)交通流的通行权,实现交叉口乃至整个道路网络交通流延误最小、停止次数及能耗与排放最少的目标。视交通流特征及其控制条件和技术,交通流控制方式分为:①基于让行标志的通行权控制;②感应控制;③定时与多时段控制;④实时自适应控制等。随着电子与信息及通信等高新技术的快速发展,城市交通控制正在从仅有断面交通流数据的数据贫乏时代迈入多源全息网络化交通数据的数据丰富时代[1]。近二十年来,城市交通控制数据的采集技术与装备历经了一系列突破与变革,已从传统的断面交通数据采集向全时空动态移动式交通数据采集方向发展。除常用的感应线圈技术外,通过视频、红外、雷达、浮动车、移动通信、蓝牙、车路协同等采集技术及装备,交通控制所需的数据及信息环境得到了极大丰富。以往诸多的自适应交通控制系统皆是基于有限的断面交通流数据,采用交通模型预测网络交通流及其状态的演化,以综合指标法优化求解配时参数,实现网络交通流的优化控制[2]。而在交通控制数据日益丰富的时代,交通优化控制模型及参数将会更加精细和精准,因此亟须研究新一代基于实时监测数据的交通自适应控制系统理论与方法。

2. 科学意义

以往的自适应交通控制采用"先验"的前馈控制理论,割裂了交通系统各个要素的有机联系,无法真正地对不确定性交通流实现实时响应与高效优化,导致交叉口绿灯时间浪费严重、通行能力利用率低、高峰时段排队溢出、交通安全隐患频发[1,3]。

在交通控制相关数据不断丰富的环境下,基于数据的交通控制研究已成为新一代交通控制系统研究的发展方向。与传统交通控制策略相比,数据驱动的闭环反馈自适应交通控制[4,5],可根据本地交叉口及区域内其他交叉口大量的历史与实时动静态交通检测数据、社交网络数据、车辆轨迹数据和视频数据等,实时生成控制方案，实现大范围交通网络的最优控制，有效预防和快速疏散交通拥堵，具有重要的理论意义和实践价值。

3. 研究进展

数据驱动控制(data driven control，DDC)一般描述为[6]：数据驱动控制是指控制器设计不显含受控过程数学模型信息，仅利用受控系统的在线和离线 I/O 数据以及经过数据处理而得到的知识来设计控制器，并在一定的假设下，有收敛性、稳定性保障和鲁棒性结论的控制理论与方法。由于 DDC 是直接使用被控对象的量测数据进行控制器设计的控制理论与方法，无需环境的数学模型，也称为无模型控制(model-free control)和基于数据的控制(data-based control)。在交通大数据技术发展的驱动下，DDC 方法将可仅根据道路交通系统感知的全息交通数据，分析、思考、理解和学习交通规律及交通模式，提取和优化控制知识并生成控制方案，及时地调控网络内动态变化的交通流。因此基于数据驱动的交通控制方法正推动城市交通控制由传统的基于模型的"先验开环控制"向基于数据的"后验闭环控制"演化发展。

在众多基于数据驱动的控制方法中，多智能体强化学习的时间差分算法采用无模型迭代学习控制思想。而在系统由某初始状态转移到最优状态的过程中，采用"扬好抑坏"迭代学习倒逼受控对象的最优控制策略，是一种具有良好潜力的无模型自适应迭代学习算法[7]。强化学习作为一种典型的"无模型、自学习"的迭代型数据驱动方法，提出基于多智能体强化学习的交通控制问题便顺理成章[8]。作为交通控制理论问题，依托控制效果的反馈闭环优化，系统在整个控制过程中自主学习，是一种真正意义上的闭环反馈自适应控制。同时强化学习算法本身仅需要系统的输入和输出数据，而对这些数据的具体采集技术或形式不做要求，对既有和新兴的交通控制系统，均具有良好的兼容性[9]。

4. 主要难点

随着电子信息、数据科学等的进步，交通控制系统的控制对象和控制方式以及系统环境等正受到深刻的影响：一方面，数据量更大、种类更为丰富、精度更高的车辆运行数据可以通过车联网及自动驾驶等系统获得，不再受限于传统检测器的信息采集粒度、范围和准确性等的限制，将可基于网联车辆等提供的个体位置、轨迹以及起止点(origin-destination，OD)等信息，建立更加精准的交通状态分析方法，甚至能够取消信号灯控制形式，实现多方向车辆穿梭的精准控制[10]；另一方面，传统的复杂网络交通流控制所面临的建模及获取全局最优解的问题，将可以得到有效破解。例如，面向全新的数据环境，考虑不同程度智能车辆的差异性，探索复杂网络交通流的演化规律，研究数据驱动的复杂网络交通优化控制理论和方法，同时借助车联网等技术，实现车辆的个性化优化控制。新技术一方面为交通控制提供了更多样的环境条件和数据资源支撑，另一方面深刻地改变了交通控制对象特征。未来的交通控制系统必须适应这些改变，并能够进一步引导相关技术的发展。因此数据驱动下复杂网络交通自适应控制系统理论的研究与突破，必将促进新一代交通控制系统的发展以及产业的转型升级。

参 考 文 献

[1] Hamilton A, Waterson B, Cherrett T, et al. The evolution of urban traffic control: Changing policy and technology[J]. Transportation Planning and Technology, 2013, 36(1): 24–43.

[2] NTOC. 2012 National Traffic Signal Report Card: Technical Report[R]. Washington DC: The National Transportation Operations Coalition, 2012.

[3] Orosz G, Wilson R E, Stepan G. Traffic jams: Dynamics and control[J]. Philosophical Transactions of the Royal Society of London A: Mathematical, Physical and Engineering Sciences, 2010, 368(1928): 4455–4479.

[4] Min W, Wynter L. Real-time road traffic prediction with spatio-temporal correlations[J]. Transportation Research Part C: Emerging Technologies, 2011, 19(4): 606–616.

[5] Xu J, Deng D, Demiryurek U, et al. Mining the situation: Spatiotemporal traffic prediction with big data[J]. IEEE Journal of Selected Topics in Signal Processing, 2015, 9(4): 1.

[6] 侯忠生, 金尚泰. 无模型自适应控制——理论与应用[M]. 北京: 科学出版社, 2013.

[7] Wiering M, Martijn V O. Reinforcement Learning: State-of-the-Art[M]. Berlin: Springer, 2012.

[8] Abdulhai B, Kattan L. Reinforcement learning: Introduction to theory and potential for transport applications[J]. Canadian Journal of Civil Engineering, 2003, 30(6): 981–991.

[9] El-Tantawy S, Abdulhai B. Towards multi-agent reinforcement learning for integrated network of optimal traffic controllers (MARLIN-OTC)[J]. Transportation Letters, 2010, 2(2): 89–110.

[10] Zhang Y Z, Malikopoulos A A, Cassandras C G. Optimal control and coordination of connected and automated vehicles at urban traffic intersections[C]//2016 American Control Conference(ACC), Boston, 2016.

撰稿人：杨晓光　马万经　王一喆

同济大学

审稿人：张　毅　张学军

面向新型混合交通流的道路交通信号控制

Traffic Control with Mixed Traffic of Traditional, Connected, and Automated Vehicles

1. 问题背景

交通拥挤、能源危机和环境污染等已经成为备受关注的热点问题，并带来了巨大的损失。最近的研究表明，美国每年由交通拥挤造成的燃油和时间浪费就超过 720 亿美元，而我国 15 座城市因交通拥堵每天损失近 10 亿美元。相对于拓宽道路等耗费资源的改善措施，交通控制在效费比上具有相当大的优势，是预防和缓解交通问题的关键策略。然而现实中的交通控制效果尚难以达到期望的水平。以美国为例，调查表明 260000 个信号控制交叉口中，有约 75% 以上需要进行配时参数的优化；信号配时的不合理导致主要道路上车辆 5%～10% 的或约 2.9 亿车·h 的附加延误。因此如何优化交通控制策略，高效地分配多种交通方式(小汽车、公交)的通行权，并实现交通系统效率、能源和环保等多目标综合改善，凸显为解决现实交通问题的关键技术需求。

智能车辆、车联网和车路协同等技术在过去十年内突飞猛进，并逐渐从实验室、测试场走向实际应用，进而对交通控制的环境和对象产生深刻影响。2015 年在法国波尔多召开的世界智能交通大会上，参会者已经可以搭乘车内没有方向盘的全自动驾驶车辆自由参观展厅；Uber 于 2016 年 9 月 14 日在美国匹兹堡推出无人驾驶汽车载客服务；同期自动驾驶公交车在法国里昂上路。可以预见，随着不同类型自动驾驶车辆和互联装备逐步投入使用，传统意义上由车辆、行人和自行车等构成的混合交通流，将变成由不同级别自动驾驶车辆、穿戴/未穿戴互联装备的行人和自行车等共同构成的新型混合交通流(以下简称新型混合交通流)。如何对新型混合交通流进行有效的管控，实现交通运行效率、安全、能耗、排放、公平和舒适等多目标优化，凸显为交通控制领域的新挑战。

2. 科学意义

由不同级别自动驾驶车辆、穿戴/未穿戴互联装备的行人和自行车等共同构成的新型混合交通流将是未来相当长一段时间内道路网络交通流的主要特征。如何解析智能和非智能交通流共同构成的混合系统的相互作用机理、性质和运行规律，并实现网络混合交通流的主动管控优化，为智能个体提供最佳的个性化服务，是交通控制基础理论和关键技术研究的前沿与热点，也是实现交通系统最优化管控的关键技术需求。对此问题的研究，将推动交通控制理论的变革、创新和完善，并为预防和缓解交通问题、充分利用有限时空资源提供理论基础和方法指引，具有重要的科学意义和应用价值。

3. 研究进展

自 1958 年 Webster 发表了至今仍广为使用的信号配时公式以来，交通控制策略优化方法的研究取得了长足发展。早期的研究中多假设交通需求确定，发展出了基于统计数据的固定信号配时控制策略[1~3]。随着研究的深入，需求的不确定性分析逐渐被引入固定配时控制策略优化过程中[4]。研究成果大体分为两大类：基于仿真模型的优化和基于解析模型的优化。虽然考虑需求随机性提高了控制策略的适应性，但定时控制策略(包括多时段)仍然难以与动态随机交通需求实现最佳匹配。伴随计算机、控制、信息技术进步，自 20 世纪 70 年代以来，基于实时数据的动态控制策略得到迅速发展，主要可以归结为基于规则(如感应控制、方案选择式控制)和基于优化的动态控制方法两大类，并陆续开发出 SCATS、SCOOT、OPAC、RHODES 等交通控制系统[5]。

随着车联网与自动驾驶技术的迅速发展，如何基于车路协同环境进行交通控制成为本领域的热点方向。这类研究可以看成动态控制策略的新进展。按照是否使用信号灯，成果可以概括为有信号灯控制和无信号灯控制两大类。有信号灯控制模式一般认为交通流为智能车和非智能车的混合流，发展出了信号控制模型、车速引导模型和车-灯联动优化控制模型[6~8]。无信号灯控制模式一般假设所有车辆都为智能车，其成果主要包括预订式的"先到先服务"模型和非预订的最优化模型两大类方法[9,10]。

4. 主要难点

1) 如何更准确地实现网络交通流的全息感知

不同级别的自动驾驶车辆、穿戴/未穿戴互联装备的行人和自行车所能够提供的个性化信息不同。尤其是在高级别自动驾驶车辆占有率比较低的情况下，如何通过有限高精度数据，推断整体交通流的状态参数，是一个非常关键的问题，也是利用自动驾驶车辆改善整体交通控制效果的基础支撑。目前的研究大多集中于用有限自动驾驶车辆估计前后车或者车队的状态，缺乏网络范围内交通流全息感知与分析的理论和方法。

2) 如何解析混合交通流的相互作用机理和规律

智能车辆和非智能车辆的决策依据和行为有显著差异，不同智能车辆因使用者偏好等不同也有不同的决策机制和行为表现。在混合交通环境下，智能车辆的决策和行为不但受到管控策略的影响，还受到周边车辆和交通流整体运行状态等影响。同时智能/非智能车辆穿戴/未穿戴智能设备的行人、自行车之间的相互作用也会因为智能设备的介入而发生改变。如何准确刻画不同智能车、智能设备使用比例下新型混合交通流之间的影响机理和相互作用规律，是进行整体交通控制和面向智能车辆的个性化服务的基础，也是本研究方向一个亟待解决的科学难题。

3) 如何实现多模式混合交通流的多目标主动优化控制

新型混合交通流内不同个体有其不同的个性化需求，且这种需求不同程度地(取决于其智能化程度)被控制系统所感知。在这一环境下，交通控制系统如何最佳地面向不同个体，给出最佳的控制方案，实现整体多模式交通流效率、节能减排、人性化等多目标帕累托(Pareto)改进，是新型混合交通流控制所必须解决的核心问题。目前的研究成果，一部分集中于自动驾驶车辆占有率 100% 的情形；另一部分考虑自动驾驶车辆占有率较低情况的研究，针对的都是机动车交通流。而如何考虑不同类型机动车交通流(如紧急交通、公交等组合)的差异性，如何考虑穿戴/未穿戴互联装备的行人和自行车的个性化需求，进行整体交通控制策略的优化，仍是尚待解决的核心问题。

参 考 文 献

[1] Improta G, Cantarella G E. Control system design for an individual signalized junction[J]. Transportation Research Part B: Methodological, 1984, 18(2): 147–167.

[2] Ma W, Head K L, Feng Y. Integrated optimization of transit priority operations at isolated intersections: A person-capacity-based approach[J]. Transportation Research Part C: Emerging Technologies, 2014, 40(1): 49–62.

[3] Lan C L, Chang G L. A traffic signal optimization model for intersections experiencing heavy scooter-vehicle mixed traffic flows[J]. IEEE Transactions on Intelligent Transportation Systems, 2015, 16(4): 1771–1783.

[4] Ma W, An K, Lo H K. Multi-stage stochastic program to optimize signal timings under coordinated adaptive control[J]. Transportation Research Part C: Emerging Technologies, 2016, 72: 342–359.

[5] Mirchandani P, Head L. A real-time traffic signal control system: Architecture, algorithms, and analysis[J]. Transportation Research Part C: Emerging Technologies, 2001, 9(6): 415–432.

[6] Ma W J, Liu Y, Han B X. A rule-based model for integrated operation of bus priority signal timings and traveling speed[J]. Journal of Advanced Transportation, 2013, 47(3): 369–383.

[7] Feng Y, Head K L, Khoshmagham S, et al. A real-time adaptive signal control in a connected

vehicle environment[J]. Transportation Research Part C: Emerging Technologies, 2015, 55: 460–473.
[8] Li Z, Elefteriadou L, Ranka S. Signal control optimization for automated vehicles at isolated signalized intersections[J]. Transportation Research Part C: Emerging Technologies, 2014, 49: 1-18.
[9] Dresner K, Stone P. A multiagent approach to autonomous intersection management[J]. Journal of Artificial Intelligence Research, 2008, 31(3): 591–656.
[10] Tachet R, Santi P, Sobolevsky S, et al. Revisiting street intersections using slot-based systems[J]. PLoS ONE, 2016, 11(3): e0149607.

撰稿人： 马万经　杨晓光

同济大学

审稿人： 赵祥模　张学军

智能通行与停车协同管理

Coordinated Management of Intelligent Passing and Parking

1. 背景与意义

路面上汽车交通流拥堵源于交通供需在时空上的严重矛盾。事实上，拥堵可分为通行引发的拥堵和停车交通引发的拥堵，这两类拥堵又会互相影响和转化。如通行交通的拥堵会导致停车进出交通拥堵，停车进出交通的高需求也会导致路面交通拥堵。上述两类拥堵通过行车、停车状态的转化互相影响，表现为拥堵在空间范围扩散、持续时间增加，甚至引发死锁等。另外从完整出行服务的角度来看，驾车者不仅需要预先了解起终点的行车时间，更需要了解目的地附近是否有可用泊位、收费情况以及步行时间等相关信息，由此决定了驾车出行的成本，甚至可能影响交通方式的选择。

因此研究通行与停车交通协同管理，揭示其协同规律，避免两类拥堵的发生与加剧具有重要的科学意义和实用价值。

2. 研究进展

目前的通行和停车管理尚未实现统筹、协同、智能化，主要表现在以下方面：

(1) 供通行与停车的时间和空间资源统筹优化不足。通行和停车所需的空间与时间资源分配及其动态优化不够，对通行与停车高峰期的时空分布特征认知不足，导致道路交叉口、路段、路网、路外资源的时间和空间资源缺乏统筹优化。

(2) 通行与停车管理协同优化不足。通行与占路停车管理缺乏动态协同，例如，通行管理中路口、路段的渠化设计及车道级的精准化管理与路边停车分时段动态管理缺乏协同；通行拥堵收费与停车收费协同不足。

(3) 通行与停车管理智能化不足。在面向完整出行链的驾车服务中，未能充分体现通行成本与停车成本一体化智能协调[1]。例如，在导航服务中，尚未提供停车的时间、收费、绕行等广义成本，仅提供行车时耗成本，因此驾车者不能完全了解驾车的综合成本。

3. 主要难点

随着全息感知与通信技术的高度发展，从汽车出行起点到终点及其停放的全过程，以及路网交通运行状态的实时监测已逐渐变得可能[2,3]，由此带来了智能通行与停车协同管理的高要求和高目标，包括通行与停放的全过程管理和服务、通行资源与停车资源的高效利用及收费协同等。因此要实现智能通行与停车协同管理的目标，必须解决以下关键性难点。

(1) 网络交通运行与停车供需状态监测及其动态关联性解析。道路交通网络中的通行拥挤可能引发停车出入交通的拥堵，同样过度的停车需求及其出入量较大时也可能引发通行交通的拥堵。感知并预测网络交通运行和停车状态，以及通行交通拥堵的时空分布特征和态势演变，监测和预测停车交通供需及其进出交通组织，量化通行交通状态与停车供需状态的关联性及其时空上的动态演化，是智能通行与停车协同管理的前提和基础，也是关键的技术难题。

(2) 通行与停车资源动态优化。通行高峰与停车供需关系的时空分布特征存在差异性，尤其是路边停车与汽车通行常争夺有限的道路空间资源。因此另一个关键问题是如何基于通行与停车资源的动态监测进行道路空间资源的动态优化，实现通行和停车综合效益最大化目标，以提高道路空间资源有效利用。

(3) 车道级智能管理与停车进出交通协同优化。目前通行管理多为静态和分时段的，且是针对整条道路的宏观管理，若能在精准化感知的条件下实现车道级的实时管理，将停车进出交通与通行交通进行协同优化，则可进一步提高路网的综合效能。若停车场(库)无可利用泊位，则可动态地将进出停车场(库)的接入道路车道改为通行车道，直至停车场有可用泊位后再恢复车道为进出停车场(库)的功能；当通行道路邻接停车场(库)的路段全线拥堵时，则应预留进出停车场的车道，或者诱导需停放的车辆改选其他停车场。

(4) 通行交通拥堵收费与停车收费协同管理。通行交通拥堵收费可与停车收费加以协同，视车型、通行时段、拥堵严重程度，加征或减少停车费，如高峰时段可在拥堵收费的基础上联动加征停车费。收费方式可采用电子付费、终端APP付费等适宜的方式，甚至兼顾自动驾驶的交费需求设定必要的配套服务。其中，通行收费与停车收费的联动策略研究、定价与调控效果的量化关系研究等是该领域的又一关键技术难题。

(5) 停车泊位共享。在一定的服务半径范围内，如何实现停车泊位动态共享，充分发挥居住与商业和办公、短时停靠与长时停靠等不同功能停车泊位的共享和高效利用是一个关键的技术难点[1]。其中涉及停放特征宏观分区与自动耦合、停放时长智能监测与预估、停车泊位预约与收费制度设定等。

(6) 通行成本与停车成本实时估计和预测。向驾车者提供从起点到目的地的通行时间和停车所需的时间及费用等综合成本具有重要意义。因此在全息感知环境下，实现通行成本与停车成本的实时估计和预测，是影响交通出行选择(包括交通方式选择、路径选择等)的重要难题。

参 考 文 献

[1]《中国公路学报》编辑部. 中国交通工程学术研究综述·2016[J]. 中国公路学报, 2016, 6: 1–161.
[2] 杨晓光, 马万经, 姚佼, 等. 智慧主动型交通控制系统及实验[J]. 工程研究——跨学科视野中的工程, 2014, 1: 43–53.
[3] 陆化普, 孙智源, 屈闻聪. 大数据及其在城市智能交通系统中的应用综述[J]. 交通运输系统工程与信息, 2015, 5: 45–52.

撰稿人: 云美萍　杨晓光
同济大学
审稿人: 赵祥模　张学军

智能交通语言系统

Intelligent Traffic Language Systems

1. 问题背景

"交通语言"是人们在日益复杂的交通系统中移动时,由人的思维和感知特征产生的一种形式语言,是有关交通活动的自然语言简单化、形式化、形象化和直观化的产物。智能交通语言系统是智能交通系统中的交通管理者或服务者与出行者之间进行信息高性能沟通的工具。交通语言系统的出现,为交通管理者与出行者的信息交流提供了实用的工具,一般是以颜色、符号、文字和声音等为基础的符号体系与规则体系的集合体,主要通过有机关联的交通标志、标线和标识及语音等加以表现[1]。随着城市的扩大和城际交流的增多,人们的出行跨度不断增加,当出行者在陌生的环境中移动时,常会出现"前途难卜"的状况,对下一时刻所发生的事件,包括目的地方向和位置、出行路径、出行费用和时间、速度等存在许多不确定性。因此出行者需要获取相关信息来减少各种不确定性,交通管理者则希望动态且合理地组织交通系统的供需关系,从而实现出行者行为与交通系统的最佳耦合、通行效率的最大化和基础设施时空资源的优化配置,并提高出行的便利性和安全性。因此交通语言对于交通系统和交通主体之间的有效通信和信息交流具有重要意义。

2. 科学意义

随着电子与信息及通信技术的高度发展,交通管理或服务方与交通出行者间对话的交通语言系统正变得可以实时交互。特别是随着移动互联网和智能手机的普及、海量信息的产生和接收为信息交流提供了更大的便利性与可能性。因此传统的通过标志、标线等被动地提供静态信息为主的交通语言系统,已难以满足出行者及交通管理者和服务者对信息交互的要求,亟须建立更高级功能和性能、更具有针对性的交通语言系统。基于交通状态的实时感知,面向典型及个性化交通出行者与管理及服务方的需求,分别以用户和系统最优为目标,智能型实时交互式交通语言系统的建立,将使得以往静态、被动的交通语言系统向准动态、动态、主动型乃至智能化方向发展;由宏观的交通引导向细观、微观指示系统发展。因此如何重构更加功能化、精准化、个性化、智能化、高性能的交通语言系统,开展智能交通语言系统科学问题研究，具有极其重要的理论意义和实用价值。

3. 研究进展

(1) 交通语言系统基础问题研究。针对以往从交通标志、标线及标识层面，单要素或单设施研究局限性，21世纪初已关于交通语言系统基础问题的研究，基于自然语言向艺术、工程科学等应用领域转移的规律，提出了交通语言系统的概念，对机动车出行方式，分为出行前、出行中和目的地三个阶段，分别揭示了目标定位和搜索行为特征及交通语言系统结构[2]。

(2) 交通信息服务系统。基于数据采集传感器、动态数据传输、大数据存储、多源数据融合与挖掘和分析，可以为交通运输企业和商业用户提供个性化信息服务[3]，为出行者提供精准的交通信息服务[4]，也为企业用户提供业务模型，实现数据可视化和定制服务[5]。

(3) 主动交通标志、标识技术。随着主动交通安全与主动交通管理的概念被提出，以及主动发光材料和技术等的进步，主动型交通标志、标识技术取得了迅速发展，改变了传统交通标志、标识的概念。

(4) 交通信息交互技术。随着物联网、移动互联网，以及车路联网与协同技术的迅速发展，基于车路协同系统的路测单元和车载单元间的交通信息交互系统取得了迅速发展，为进一步发展智能交通语言系统奠定了基础。

4. 主要难点

(1) 个性化信息服务。完整的交通出行涉及出行者、管理者、服务方三方面的需求。出行者往往需要更加完善、及时、个性化的出行信息服务；管理者需要及时掌控道路状况、合理配置道路资源、充分发挥其既定功能；服务方则希望实现效能的最大化。因此不同的需求为交通语言系统构筑、交通信息的提供与交互提出了更高的要求。智能型交互式交通语言系统的建立，为尽可能满足各方需求提供了可能性，特别为个性化交通信息服务奠定了基础。如何科学地解析个性化的交通信息服务机理，揭示个性化的交通信息服务特征与交通语言系统构筑的有机关系，是尚需深入研究的难点之一。

(2) 智能型交通语言系统。智能交通语言系统涉及多主体，其系统要素有机关系趋于复杂化。为了更好地实现交通语言的智能型实时交互，需要明确用户及其需求以及系统的最优目标，从而对应不同的情景和需求，选择确定不同的设计目标。当用户最优时，应实现用户出行时间等综合效用的最优化；系统最优时，则要实现系统整体达到效益最大化。例如，可变速度控制(variable speed limit)，可以减少交通拥堵、改善道路交通安全性，从而利用检测到的流量信息，结合天气信息、路面状况等确定合适的速度作为其引导推荐值，以缓解道路瓶颈的拥堵现象[6,7]。未来的智能型交通语言系统应该以系统最优为目标，利用精细化、精准化的交通语言要素加以实现，达到提高交通系统整体效率的目的。因此关于智能交通语言系统需求、结构及其目标有机关系研究是另一难点。

(3) 实时交互信息服务。在智能交通语言系统中，由于交通出行与管理和服务过程中可实现信息实时交互，因此为交通出行者提供微观的交通指示将成为可能。科学、合理、恰当地为交通出行者提供细观、微观和精准的交通指示可以进一步提高交通系统的整体效率和安全性。有关微观指示的内容、数量和形式都需要进行科学的实验研究，以确保交通语言及其系统设计的精准化。微观指示贯穿于整个出行链中，使得智能交通语言系统能够为出行者与管理及服务方提供贴身、实时、主动和精细的信息服务，同时可以提供高效、节能的驾驶模式。因此通过驾驶试验对驾驶员的动机和行为反馈进行研究[8,9]非常关键。

参 考 文 献

[1] 杨晓光, 邵海鹏, 云美萍. 交通语言系统结构[J]. 系统工程, 2006, 24(7): 1–7.
[2] 邵海鹏. 交通语言系统基础问题研究[D]. 上海: 同济大学, 2006.
[3] Yazici M A, Kamga C, Singhal A. A big data driven model for taxi drivers' airport pick-up decisions in New York City[C]//IEEE International Conference Big Data, Sillcon Valley, 2013: 37–44.
[4] Gkiotsalitis K, Stathopoulos A. Joint leisure travel optimization with user-generated data via perceived utility maximization[J]. Transportation Research Part C: Emerging Technologies, 2016, 68: 532–548.
[5] Xiong G, Zhu F H, Dong X S, et al. A kind of novel ITS based on space-air-ground big-data[J]. IEEE Intelligent Transportation Systems Magazine, 2016, 8(1): 10–22.
[6] Mevius M. Impact of driver compliance on the safety and operational impacts of freeway variable speed limit systems[J]. Journal of Transportation Engineering, 2011, 137(4): 260–268.
[7] Lu X Y, Varaiya P, Horowitz R, et al. Novel freeway traffic control with variable speed limit and coordinated ramp metering[J]. Journal of the Transportation Research Board, 2011, 2229: 55–65.
[8] Tai S, Kurani K S. Drivers discuss ecodriving feedback: Goal setting, framing, and anchoring motivate new behaviors[J]. Transportation Research Part F: Traffic Psychology and Behaviour, 2013, 19: 85–96.
[9] Rolim C, Baptista P, Duarte P, et al. Impacts of delayed feedback on eco-driving behavior and resulting environmental performance changes[J]. Transportation Research Part F: Traffic Psychology and Behaviour, 2016, 43: 366–378.

撰稿人：杨晓光　云美萍

同济大学

审稿人：张　毅　张学军

基于计算机的铁道信号安全保障

Safety Assurance for Computers-Based Railway Signalling

1. 背景和意义

铁道信号系统是轨道交通中保证行车安全、提高区间和车站通过能力以及编解能力的手动控制、自动控制以及远程控制系统的总称，主要由车站信号系统、区间信号系统、列车运行控制系统和行车调度指挥系统四部分构成，以复杂可编程控制技术为实现手段，以满足其日趋复杂、精细和快速的功能需求。信号系统、特别是其中适用于高速铁路的信号系统，已不再是各种独立信号设备的简单组合，而是一个包含列车追踪、安全防护、速度控制等功能完善、层次分明的复杂的安全苛求控制系统。

微电子、信息、网络、通信技术，特别是计算机技术，在铁道信号的各个领域的广泛应用，促进了铁道信号技术的大发展，铁道信号系统和产品正经历由传统的继电逻辑、模拟电路、分散孤立的控制模式向数字化、网络化、智能化和综合化发展的升级换代的历史转变。铁道信号系统的安全保障是以故障-安全(fail-safe)原则为基础的，即使信号设备在发生错误、失效的情况下仍具有减轻以致避免损失的功能，以确保行车安全。故障-安全本质上需要利用部件的某种固有物理特性，在对所有失效模式进行穷举分析的基础上，通过巧妙的设计才能实现。但基于通用大规模集成电路的可编程系统(计算机)在铁道信号系统中的广泛应用，系统不再具有故障不对称性的物理特点(或特点不明显)，且系统中动辄数以万计的元器件、复杂的软件逻辑也使得系统的故障模式多变且难以把握和穷举分析。

计算机的应用提升了铁道信号系统的功能，部分解放了司机和调度人员的工作强度，提升了系统的自动化水平，同时复杂功能需求导致的软件规模急剧增大，数万行甚至更多源代码的系统软件和应用软件的正确性保障难度，已远非可编程控制系统初期通常只有几百、上千行源代码的规模可比，传统的保障系统安全性的方法和理论难以适应和解决系统软件安全完整性的要求。

铁路作为大容量公共交通工具，其安全性直接关系到广大乘客的生命安全。铁道信号系统作为保证行车安全、正点、快捷、舒适、高密度不间断运行的重要技术装备，在轨道交通系统中有着举足轻重的地位，其核心系统大部分都是典型的实现重大生命攸关功能的安全苛求系统。设计、实现或了解、分析任何铁道信号安全相关系统都主要基于两个基本层面：一个是实现其一般使用功能的方法手段及其特点；另一个是能够支撑这些方法手段确保系统行车安全的技术措施。随着技术发展，系统控制由人的操作为主到计算机时代以设备控制为主、工作人员进行监督和应急处置，这些变化显著增加了正确实现系统预定功能的难度及不确定影响因素，也增加了故障检测与失效-安全的难度。

铁道信号系统已经成为一种典型的社会技术系统，系统设备安装在每列列车，分布在每个车站，并覆盖整条线路，通过人机交互实现对列车运行全过程的控制。人员、设备、环境和管理等要素之间耦合复杂，使得危险的演化和传播呈现高度动态性和非线性，在任何环节出现致命故障或错误都有可能导致安全事故，列车运行速度和密度的不断增加，导致铁道信号系统规模及复杂性更大幅度的提升。日益增加的复杂性使系统功能的正确实现和保障正确运行更加困难，由人为错误导致的系统性危险失效的风险显著上升，尤其是复杂软件系统的安全完整性保障问题日益突出，特别是在包括大规模集成电路等复杂器件各种故障模式影响下的硬、软件安全保障方面，现有的主要基于可靠性理论及其数学基础的安全性理论、技术措施与实施方法在面对规模巨大的实际应用时，其安全隐患残留风险的可能性依然很大。因此探索并建立更加有效、完整、普适的理论、方法与技术措施体系具有重要的科学与社会意义。

2. 研究进展

随着对于计算机系统安全性研究的深入，提出了很多提高系统安全性的技术方法，安全性的提高是以人力、物力、财力的投入为代价的，要根据系统的应用领域和用户的需求确定可以容忍的安全度，在安全性和经济性之间找到平衡点。由于电子系统的特殊性、复杂性及其与传统方式的不适应性，人们曾普遍对快速发展的电子技术，尤其是计算机系统的可靠性和安全性缺乏信心，EN 50129是第一个定义铁道信号领域安全相关电子系统验收和认可要求的欧洲标准[1]，该标准定义了安全相关硬件和整个系统的需求，且在传统故障-安全理念和原则的基础上，通过定义组合失效-安全和反应失效-安全，将铁道信号传统的故障-安全由继电/机械领域引入并扩展到现代的可编程电子系统领域。各种计算机冗余技术彻底改变了此前机械时代和电气时代故障-安全的技术保障方式，使得以计算机冗余控制为主要特征的铁道信号安全苛求系统的工程应用成为可能，以计算机控制为核心的工控技术、通信技术与传统故障-安全技术相互深度融合、演进发展，促进了铁道信号技术空前的大发展，实现了由传统的继电逻辑、模拟电路、分散孤立的控制模式向数字化、网络化、智能化和综合化发展的历史转变。

同时为了应对系统性失效,在系统设计开发之前明确系统边界,开展危险和风险分析,找出系统可能的所有安全隐患和危险模式,确定系统当前的安全度和目标安全度之间的差距,在系统设计开发时采取相应的对策,满足用户对于安全性的要求。另外强调软件生命周期各个阶段的安全管理,提出一系列软件开发模型。

采用形式化验证的方法来证明部分关键软件模块的正确性是可行的技术路线,形式化验证方法的关键是能够将程序性质表述出来,然后进行验证,其中模型检测和逻辑推导这两种通用的形式化验证方法是计算机硬件和软件正确性验证中常用到的工具。模型检测的基本思想是用状态迁移系统表示系统的行为,用模态逻辑公式描述系统的性质,这样,"系统是否具有所期望的性质"就转化为数学问题"状态迁移系统 S 是否是公式 F 的一个模型"。逻辑推理通常采用定理证明器对系统进行形式化的数学推理,该方法通常是半自动化的。形式化验证的代价比较昂贵,通常只适用于关键模块的正确性保障。在铁路安全相关标准中要求在安全完整性等级为 4 级的系统中采用形式化方法,巴黎 RERA 线运行控制系统 SACEM 的软件有 21000 行代码,其中 63% 与安全相关,这些代码采用 Abrial 的 B 语言进行证明,最后通过了铁道信号系统安全认证,并且将列车间隔时间由 150s 缩小到 120s,提高了运营效率。

在系统安全理论研究方面,系统论事故模型及安全分析方法是当前的研究热点。Rasmussen 等提出分层社会-技术模型[2],随后 Hollnagel 将其发展为功能谐振事故分析模型(functional resonance accident model,FRAM)[3]。Leveson[4]在其基础上结合控制论提出了 STAMP(systems-theoretic accident model and process)模型,将整个系统的安全活动视为一个分层控制过程,允许考虑事件之间更为复杂的关系(比如反馈、直接关系),更加重视上层管理、子系统间交互对安全的影响。并以此为基础提出了安全分析方法(system theoretic process analysis,STPA)[5],将整个系统风险致因视为不恰当控制,使用不恰当控制分类集合对系统的控制结构进行安全分析。

3. 主要难点

通常而言,一个系统越复杂,它的安全可靠性越难保障,铁道信号系统的相关设备分布在列车、轨旁、车站和控制中心,设备间通过多种不同型号的光缆、电缆进行连接,具有众多的接口,涉及面非常广。需要研究人员基于系统科学、复杂网络以及应用数学中的理论和方法,研究铁道信号系统的复杂性和不确定性特征;开展基于计算机的铁道信号系统事故致因分析,研究事故致因要素的存在及触发条件、要素间的耦合作用及其对事故产生的影响,建立人-机-环复杂系统的事故致因模型；结合铁道信号系统设备、人员操作、组织管理等方面的技术特征，探讨铁道信号系统事故的诱导机制及成因链。从软件实现层面，如何检测系统软件中的错误，如何容忍软件中的错误，如何在不断的系统升级中避免软件错误的产生是目前的应用难点。

参 考 文 献

[1] CENELEC. EN 50129 Railway Applications: Safety Related Electronic Systems for Signaling[S]. European Standard Committee, 1999.

[2] Rasmussen J. Risk management in a dynamic society: A modelling problem[J]. Safety science, 1997, 27(2): 183–213.

[3] Hollnagel E. Barriers and Accident Prevention[M]. Aldershot: Ashgate Publishing, 2004.

[4] Leveson N G. A new accident model for engineering safer systems[J]. Safety Science, 2004, 42(3): 237–270.

[5] Leveson N G. Engineering a Safer World-System Thinking Applied to Safety[M]. Cambridge: MIT Press, 2012.

撰稿人：段 武[1] 燕 飞[2] 牛 儒[2]

1 中国铁道科学研究院　2 北京交通大学

审稿人：唐 涛　赵祥模

列车位置自主感知

Autonomous Perception of Train Position

1. 背景与意义

在列车运行过程中,列车运行控制及安全防护功能的实现依赖于对列车实时动态状态的准确掌握。目前我国高速铁路广泛应用的 CTCS-2 级、CTCS-3 级列车运行控制系统采用地面应答器辅助车轮速度传感器实现列车位置状态感知,利用轨道电路实现列车占用检查,实现列车追踪间隔控制[1]。

传统的基于轨道电路、应答器等轨旁设备的列车占用检查与测速定位方式所需系统建设、维护工作量及成本巨大,限制了系统自主调节、配置和优化的潜力,固定闭塞方式对行车密度及运行效率带来了制约。近年来,基于自主感知的列车测速定位及环境感知对提升列车的核心地位、实现移动闭塞模式具有显著优势,已经在世界范围内多个国家形成了发展共识,以卫星导航系统为代表的新型感知方法及系统的快速发展及应用泛化,也为在多种等级的铁路系统中针对性地替换、更新既有设施和手段提供了重要的机遇[2,3]。新一代列车运行控制系统将以基于IP(Internet protocol)的通信、卫星定位、自动驾驶为主要特征,实现移动闭塞,列车通过车载设备自主完成位置判断与决策,为系统自主、灵活、可信、可控、安全运行提供关键支持。

未来的铁路运输系统更加强调系统的智慧能力、自主能力和弹性特征,利用列车自身的自主感知能力获取列车位置及相关状态,图 1 给出了两种列车位置、

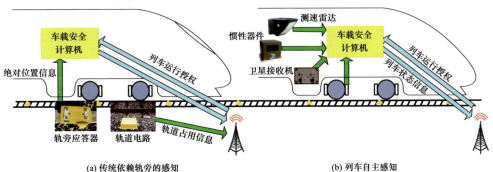

图 1 列车位置、状态感知模式比较

状态感知模式的比较，能够从根本上改变现有的列车位置感知方式，多种自主感知手段的引入势必会改变传统列车运行控制系统感知模式下列车状态信息的性能特征与内涵，在安全保障这一核心目标下，采用不同感知信息源、信息处理结构、信息应用模式、分析处理逻辑所得感知结果，从基础信息到控制作用层面均对列车运行控制系统等铁路生命安全应用具有决定性作用[4]。

随着列车位置感知模式从协同式向自主式转化，所用方法与传统感知、检测模式存在明显差异，研究多源感知信息的紧密耦合融合估计方法，可用于提升列车车载定位系统对不同信息资源内在特征的挖掘能力，并合理引入多分辨率空间环境信息为位置感知提供特性约束，同时利用列车位置感知自主完好性监测机制，能够有效形成对非传统列车运行条件的应对能力，改善自主感知对外部条件与内在安全风险因素的鲁棒性[5]，这对于未来我国不同等级的铁路专用定位感知装备开发应用的安全性、可靠性与可用性具有十分重要的指导价值，同时对丰富和拓展信息感知、建模优化等领域相关理论方法的协同演进具有示范意义。

2. 研究进展

自主的状态与运行环境态势感知是实现列车状态特征获取的核心，一直以来都是铁路列车控制与保障等相关系统研究开发的重点内容。安全性作为这一类铁路安全服务系统的首要目标，对自主感知提出了特殊需求[6]。近年来，随着自主感知手段在铁路系统中的逐渐引入，感知过程及方法的安全性分析及其安全保障机理越发显出其必要性和特殊性。现阶段的研究工作集中在列车状态自主感知特定性能的优化以及感知故障/失效的识别诊断方面[7~9]。

美国、欧盟、日本等国家和地区均在推进、完善卫星导航系统及其增强辅助系统的同时，加快发展卫星导航定位在列车定位及运行态势感知方面的应用，特别是全球导航卫星系统的协同发展，为导航卫星资源的丰富提供了重要的历史机遇，在航空、军事等领域已得到应用的一些重要成果已经开始应用至新型铁路系统装备的研制、更新及测试中。美国持续发展的主动列车控制(positive train control，PTC)系统、欧盟在 H2020 框架下推进的下一代列车运行控制系统(next generation train control，NGTC)计划等，为我国结合自主建设的北斗卫星导航系统开展相关方法研究、核心装备研制、标准体系建设带来了机遇，目前相关的研究工作和国际合作已逐步开始启动，并开始与我国全球化北斗导航系统的建设形成紧密联系与协同。

3. 主要难点

目前在列车运行控制等领域的自主感知方法研究中，外部表现和理论方法只在指标反映层面对安全性的部分特性进行了描述，未能凸显多感知源与列车安全控制和保障的实际联系；在利用多种不同资源、方法将特征各异的感知信息用于列车状态感知的过程中，现有研究成果在列车状态感知与铁路相关安全需求之间的协调和耦合深度方面存在不足，在列车状态安全感知机理方面还有待进行大量深入的研究；现有信息融合方法在向实现高精度、高可靠性、低成本的列车状态自主感知提供支撑时仍显乏力，且需要进一步探索有效的轨道空间环境信息特征提取方法及映射机制。因此，这些方向均有待进一步利用科学有效的手段实现真正意义上基于自主感知的列车运行安全效能优化，形成完备的列车安全控制及保障理论方法体系，为我国未来高速铁路运行安全保障提供重要支撑。

在该领域目前存在的主要难点包括以下方面：

(1) 基于多感知源的自主位置及环境感知，从根本上改变了传统铁路列车控制与安全保障系统模式下的运行状态获取方式，感知信息在列车运行控制中的适用性及其与列车运行控制系统安全性的对应关系发生了重大改变，需为自主感知的自身性能评价与铁路安全应用的可靠性、可用性、可维修性和安全性(reliability, availability, maintrainability and safety, RAMS)需求的关联规律进行科学分析及表征，明确感知过程和感知方法的安全保障机理。在这一过程中，列车状态感知相关安全因素难以进行量化评估与分析，如何深度挖掘多感知源信息的内在关联并实现精确的机理建模，从系统特征层面反映自主感知对列车安全控制与保障的作用能力，是该研究的一项关键难题。

(2) 针对列车运行控制等安全应用系统对安全性的苛刻需求，单一感知源无法在系统自主性、精确性、完好性、连续性、可用性等方面达到期望水平，安全需求导向下的多源感知信息融合及其自主监测对于系统在极端恶劣情况下持续保持应用效能具有决定性意义。在多因素、强约束条件下的多源异构信息融合过程中可能面临的非线性、不确定性及鲁棒性问题是满足对运行时空层次完整覆盖的另一难题。

(3) 列车运行状态智能感知用于列车运行控制等安全保障系统中，列车运行态势评估及相应安全控制策略需有效应对列车运行模式、系统工作条件中存在的复杂性和随机性因素，如何充分考虑系统可能的安全风险因素，探索相应的多风险要素解耦和优化决策模型，将位置及状态自主感知的方法、过程、结果与拟构建的列车安全保障模型进行关联和优化验证，是拓展自主感知模式并辅助完善列车运行安全保障体系的重要难题。

参 考 文 献

[1] 宁滨, 唐涛, 李开成, 等. 高速列车运行控制系统[M]. 北京: 科学出版社, 2012.
[2] 王剑, 靳成铭, 蔡伯根, 等. 面向我国低密度线路的列车运行控制系统[J]. 铁道学报, 2015,

37(12): 46–52.
[3] Zheng Y, Cross P. Integrated GNSS with different accuracy of track database for safety-critical railway control system[J]. GPS Solutions, 2012, 16(2): 169–179.
[4] 刘江, 蔡伯根, 王剑. 基于卫星导航系统的列车定位技术现状与发展[J]. 中南大学学报(自然科学版), 2014, 45(11): 4033–4042.
[5] Guo B Q, Zhu L Q, Shi H M. Research on track inspection car position correction method by use of single image[J]. Journal of the China Railway Society, 2011, 33(12): 72–77.
[6] Mocek H, Filip A. Galileo safety-of-life service utilization for railway non-safety and safety critical application[J]. Journal of Mechanical Systems for Transportation and Logistics, 2010, 3(1): 119–130.
[7] Marradi L, Foglia L, Franzoni G, et al. Girasole receiver development for safety of life applications[C]//Tyrrhenian International Workshop on Digital Communications, Island of Ponze, 2016.
[8] Beugin J, Filip A, Marais J, et al. Galileo for railway operations: Question about the positioning performances analogy with the RAMS requirements allocated to safety applications[J]. European Transport Research Review, 2010, 2(2): 93–102.
[9] Beugin J, Marais J. Simulation-based evaluation of dependability and safety properties of satellite technologies for railway localization[J]. Transportation Research Part C: Emerging Technologies, 2012, 22: 42–57.

撰稿人：蔡伯根
北京交通大学
审稿人：唐　涛　赵祥模

铁道基础信号设备故障诊断

Fault Diagnosis of Basic Railway Signalling Facilities

1. 背景与意义

作为关系到旅客生命及财产安全的大型地面运输系统，铁路的运行安全至关重要。近年来国内外发生的列车安全事故造成重大人员伤亡和经济损失，更带来极大的负面社会影响。除人为失误和自然原因外，系统设备存在的设计缺陷和故障隐患是导致极端情况下重大事故发生的重要原因。

铁道信号系统作为铁路运输的"大脑和神经中枢"，是保障铁路行车安全、提高运输效率的核心系统[1]。信号基础设备类型繁多、特征各异、分布范围广，散布于庞大铁路运输网的信号基础设备(如道岔、信号机、轨道电路、转辙机、应答器等)易受环境、气候、电磁干扰的影响，为了避免重大事故的发生，确保运输效率，必须对铁道信号系统基础设备进行实时、有效的故障诊断，以支持现场故障响应处理及维修维护工作。长期以来，信号系统基础设备的故障诊断功能比较简单，设备运行状态、生命周期特征、可靠性演化趋势的评估、预测等相对缺位，大量的维护工作需依赖设备厂商进行响应式的处理，对其存在的隐患和问题的排除缺乏主动性，大量的维修维护工作对资源、设施的利用率较低，尚未将维修维护工作提升至"健康管理"[2]所需的视情维修和预防响应层次。从信号基础设备监测诊断的智能化方面来看，采用基于现场监测数据分析挖掘的故障诊断方法近年来成为研究热点，利用大量、长期、多方位和多类型的现场数据，以及先进的数据处理与挖掘手段，特别是海量数据处理及大数据分析方法，与信号基础设备监测维护过程相结合，对提升故障诊断水平、增强成本优化能力等具有十分显著的发展潜力，对为确保列车运行安全提供理论方法支撑、杜绝重大恶性安全事故的发生具有极其重要的意义。

现代的智能传感、检测、通信等手段的发展，为铁道信号基础设备运行状态的实时监测、特征挖掘、远程与实时诊断具有十分重要的支撑作用，能够有效促进我国铁路系统维护维修模式从传统的基于计划的维修向视情维修、状态修模式进行转变(图1)。如何对铁道信号基础设备的故障成因、性能劣化机理、故障风险评估等进行探索，对现场设备运行中能够积累的大量运行数据进行深度利用，实现基于大数据的铁道信号系统故障成因辨识与实时诊断预测,将有助于对铁道信号系统的故障防患于未然,并从系统生命周期角度建立完善的安全评估体系,充实安全相关理论方法,对于其他安全相关领域同样具有参考价值。

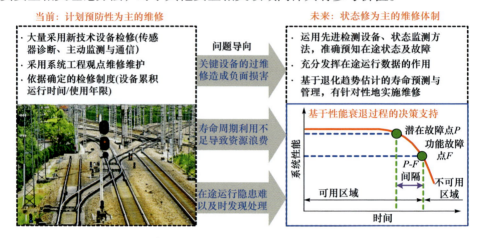

图 1　维修维护由计划预防性维修向视情维修模式的转化思路

2. 研究进展

对于铁道信号系统基础设备的故障诊断,近年来国内外均开展了大量研究工作,主要集中在设备故障机理分析和故障检测与诊断方法方面,在特定设备的检测诊断中结合设备已有或增加的状态检测装置所得数据,能够以特定的判决准则(如典型的阈值超限报警方式[3])达到一定的诊断效果。

在故障机理分析及特征辨识方面,贝叶斯网络方法、故障树分析方法、计算机辅助测试分析方法已开始用于系统设施运行在役过程中故障隐患的辨识与确认。在以轨道电路为代表的铁道信号系统地面设备监测诊断方面,模糊贝叶斯网络分析、相空间重构、生物分层免疫、Dempster-Shafer 证据理论、反向传播神经网络、小波变换、多智能体等[4~9]新思路、新方法已逐步证实具有一定的应用能力,表现出较高的现场实际应用价值和发展潜力。

在当前铁路系统不断革新发展的历史阶段下,铁道信号系统作为铁路运输安全保障的核心平台和关键内容,其运行监测、状态诊断等越发引起科学研究及运营维护单位的广泛关注。当前许多现场信号设备均已增加并具备了远程状态监测功能,极大简化了现场维护诊断的工作负担,确保开展故障诊断的数据条件和信息能力。一些国外铁道信号设备厂商及运营部门已经开始建立相应的大数据平台、数据处理与运营维护中心,运用智能数据处理与挖掘方法深层次开展故障的早期诊断和预报,为未来继续从科学技术的交叉应用层面推进其发展提供了重要的借鉴。此外综合信号基础设备自身监测数据、系统运行数据、历史数据、设计文档知识、专家经验等，构建更为智能化的基于数据的故障诊断与健康管理体系，已成为该领域未来的核心发展方向。

3. 主要难点

(1) 复杂故障特征的诊断。从设备故障的直接原因来看，主要由人的异常操作与行为、设备的异常状态、系统的运行环境等因素导致；而从深层次来看，对系统监测、管理所面临的复杂性把握缺失是故障发生乃至事故出现的内在深层次原因。铁道信号基础设备并不孤立、独立的存在并运行，而是在一定规范下相互联系且协同地完成相应功能，许多故障的发生都不仅由单一因素直接导致，而可能与众多内在、外部因素的共同作用影响相关联，单一从局部功能、结构、运行机制出发建立简单模型还远无法满足剖析并解决复杂故障成因的需要。因此如何从故障根源及其发展演化规律出发，对导致故障和设备性能发生劣化的原因进行透彻、清晰的解析，是实现在不同层次有效评估系统性能并进行诊断的一项重要难题。

(2) 运行可靠性的实时评估。从信号基础设备的"健康管理"这一需求来看，如何能够在设备运行的整个生命周期内均实现对其"健康"状况好坏的准确评价，是开展故障诊断并实施维修维护工作的一项主要前提。以可靠性为中心的预防性维修维护是解决这一问题的必须手段，为了能够及时、有效发现设备的实质状况并采取预防性措施，需要将对其可靠性的感知拓展到"实时评估"层次，即综合运用设备的基本知识、工作机理以及对动态运行状态特征的检测，实时判断其可靠性水平的演化趋势，常规的运行可靠性分析方法无法有效适用于这一需要，如何能够在基础数据庞大、特征样本不足、有效数据缺失等不利条件下实现可靠性的实时评估，是实施故障诊断并开展设备健康管理的又一关键难题。

(3) 设备的视情维修决策。为了实现铁道信号基础设备维修维护机制从"故障修"向"状态修"转变，需要大量实际调研、深入了解系统机制、广泛研究国内外相关领域的普遍性原理、实施不断的试验和完善，在此基础上，如何根据设备的实际劣化程度(即"健康"水平)确定设备维修时间和维修方式，进而形成综合的视情维修决策机制，在维修的有效性、经济性等目标之间形成合理均衡，是实现故障诊断实际应用价值的另一重要难题。

参 考 文 献

[1] 程荫杭. 铁道信号可靠性与安全性[M]. 北京: 中国铁道出版社, 2010.
[2] 周东华, 徐正国. 工程系统的实时可靠性评估与预测技术[J]. 空间控制技术与应用, 2008, 34(4): 3–10.

[3] 米根锁, 王彦快, 王文波. 雷达图法在轨道电路分路不良预警中的应用[J]. 铁道学报, 2013, 35(11): 66–70.

[4] Oukhelloua L, Debiollesc A, Denoexd T, et al. Fault diagnosis in railway track circuits using Dempster-Shafer classifier fusion[J]. Engineering Applications of Artificial Intelligence, 2010, 23(1): 117–128.

[5] Jafarian E, Rezvani M A. Application of fuzzy fault tree analysis for evaluation of railway safety risks: An evaluation of root causes for passenger train derailment[J]. Proceedings of the Institution of Mechanical Engineers, Part F: Journal of Rail and Rapid Transit, 2012, 226(14): 14–25.

[6] Zhao L H, Zhang C L, Qiu K M, et al. A fault diagnosis method for the tuning area of jointless track circuits using neural networks[J]. Proceedings of the Institution of Mechanical Engineers, Part F: Journal of Rail and Rapid Transit, 2013, 227(4): 333–343.

[7] Ishima R, Mori M. Analysis and development of an IP network-based railway signal control system[M]//Achieving Systems Safety. London: Springer, 2012: 55–74.

[8] Zhang Y P, Xu Z J, Su H S. Risk assessment on railway signal system based on fuzzy-FMECA method[J]. Sensors and Transducers, 2013, 156(9): 203–210.

[9] 赵林海, 毕延帅, 刘伟宁. 基于分层免疫机制的无绝缘轨道电路补偿电容故障诊断系统[J]. 铁道学报, 2013, 35(10): 73–81.

撰稿人：蔡伯根　刘　江
北京交通大学
审稿人：郭　进　赵祥模

高速铁路异物侵限智能识别

Intelligent Identification of Foreign Object Intrusion in High-Speed Railway

1. 背景与意义

铁路建筑限界是为保障行车安全而设置的、任何建筑物和设备都不能侵入的线路空间，如果因为自然灾害、人为破坏、设备故障等而发生异物侵限事件，将直接威胁高速列车的运行安全。为防止异物侵限，高速铁路实施全封闭管理，在线路两侧设置围墙、栅栏、防护桩等安全设施。对于铁路线路安全保护区内的道路、铁路路堑上的道路、跨越铁路线路的道路桥梁，也要设置防止车辆及其他物体进入、坠入铁路线路的安全防护设施。

由于高速铁路网线路分布广泛，从人口密集的城区，到平原、河湖、丘陵、高原、荒漠，沿线地形地貌十分复杂，为了确保万无一失，除这些被动防护手段外，高速铁路还需要安装异物侵限检测装置，实时监测越过防护设施、侵入高铁安全保护区域内的各种异物，并与周边社会安防系统紧密协作，对异物进行定位、分类、态势分析，为列车运行控制提供及时的报警、预警信息，确保高速铁路运营安全。随着高速列车自动化驾驶水平和社会大众对高速铁路安全期望的不断提高，世界范围内反恐防暴形势日趋严峻，对高速铁路异物侵限监测问题的研究也受到越来越多的重视。

高速铁路列车由于运行速度快，制动距离长，不但要求监测列车前方更远的线路空间，还要能够感知线路周边安全态势，对侵限异物进行提前预警。作为一个多目标、多要素、涉及范围广的复杂系统，高速铁路受地质、天气、社会等多种因素影响，相关系统、设备存在故障报警频发、响应处理滞后等情况，要实施有效、全面、快速的异物感知、处理决策和预警响应，仍存在许多需要克服的理论与技术难题。因此研究高速铁路异物侵限监测难题，对于提高高速铁路运营安全具有重要的理论意义及应用价值。

从本质上看，高速铁路异物侵限监测涉及传感与多源融合、智能信息处理、分布式感知与控制、复杂网络与故障诊断等诸多研究领域，只有在这些理论和技术问题上取得突破，才能从根本上解决高速铁路异物检测、预警、列车安全控制的难题。研究高速铁路异物侵限监测，对于相关学科的发展，以及其他轨道交通系统、公路运输系统运营安全水平的提升，都具有重要的引领作用和参考价值。

2. 研究进展

现有高速铁路线路异物侵限监测装备主要包括接触式和非接触式两种[1,2]。

接触式的典型代表是以振动电缆/光缆、脉冲围栏和张力围栏技术为主的防护网式周界防护监测技术。振动电缆/光缆主要拾取外物入侵引起的微弱振动信号，可在铁路沿线各种围栏、护墙、电缆沟或地下安装，但容易受到线路周边车辆、施工等外界振动干扰而引起误报；脉冲围栏通过产生高压脉冲能有效击退入侵者，但仅对人员和动物的入侵有效；张力围栏根据围栏的张力特征感知由攀爬、拉压、剪断围栏引起的状态变化进行报警，当气温变化、小动物触动等引起的张力变化超过一定限值后会引起误报。另外接触式技术容易受到人为故意破坏而失效。

非接触式以激光雷达、微波雷达和监控视频为主。激光或微波雷达[3]能够分辨物体的大小和位置，但无法进行可靠的异物分类，也不适合在铁路线路这类狭长区域内进行全面监测；监控视频利用智能视频分析方法可以实现侵限、遗留物和遮挡检测[4]，目前技术水平在光影变化较大或恶劣天气时容易产生误报，且易受雨雪雾霾等因素影响，无法做到全天候工作。随着人工智能水平的不断提高，特别是近年来深度学习[5,6]等机器学习理论的迅猛发展，基于视频监控的异物识别方法将发挥越来越大的作用。非接触式监测设备除了可以在地面安装，还可以车载安装，实时探测列车前方线路净空安全，缺点是有效探测距离短，特别是在弯道，远远小于高速列车制动距离，无法像在汽车自动驾驶领域那样发挥作用。

目前我国高速铁路普遍采用周界防护系统和视频监控系统相结合的方式监测异物侵限。其中周界防护系统主要利用张力网来检测异物入侵、产生报警信号，当报警位置在跨越铁路的道路桥梁时，还会触发列车紧急停车。视频监控系统主要依靠人工方式进行检测，由于视频数量巨大，无法避免漏检现象，因此视频监控系统的主要作用是用于事后取证。总体来说，现有高速铁路异物侵限监测水平无法满足实际需求。

3. 主要难点

高速铁路异物侵限监测的未来发展需要将不同领域的新方法、新思路与技术的发展应用综合考虑，研究多种异物检测传感器融合、空天车地多平台全方位主动监测、海量数据智能处理与深度学习、多元风险协同预测预警的方法，并对自身运行状态、可靠性水平及设施运行能力进行自主诊断。同时需要在正确预警响应与漏报/误报之间取得合理的平衡，在监测网完备性与工程经济性之间取得合理的平衡，在高速列车、地面设施、运营调度指挥系统以及管理维护人员之间建立更为紧密的协作关系，并与正常条件下的高速铁路运行控制管理紧密结合，才能有效解决高可靠性的异物监测难题，进一步提升高速铁路的安全保障能力。目前急需解决的难点包括以下方面：

(1) 异物侵入信息的采集。高速铁路线路区间狭长，具有路堤、路堑、桥梁、隧道等多种线路形式，途径市区、农田、荒漠、高原、山脉等多种地形地貌，受到风、霜、雪、雨、雾霾、地震、滑坡等多种自然因素影响，潜在人为无意和蓄意破坏途径多变，如何保证在任何条件下，都能准确可靠地获取相关原始信息，是目前无法解决的难题。因此需要研究如何利用多种传感原理构建分布式传感网络，从多个角度和多种尺度上全面感知和描述线路净空信息。

(2) 异物智能识别。由于异物报警和预警信息会直接触发高速列车停驶、降速等紧急操作，因此要求在各种极端自然和社会条件下，监测系统应能始终保持低漏报率和误报率，这是目前自动处理技术仍然无法解决的难题。因此需要研究基于机器学习理论的多源多尺度海量信息处理方法，去除各种干扰、适应外界变化、协调相关系统，智能感知和预测入侵异物。

参 考 文 献

[1] 关晟. 高速铁路周界防护技术研究[J]. 高速铁路技术, 2015, 6(2): 63–67.
[2] 李晓宇, 张鹏, 戴贤春, 等. 高速铁路自然灾害及异物侵限监测系统运用及管理优化研究[J]. 中国铁路, 2013, (10): 21–25.
[3] 郭保青, 朱力强, 史红梅. 基于快速DBSCAN聚类的铁路异物侵限检测算法[J]. 仪器仪表学报, 2012, 33(2): 241–247.
[4] 宁滨, 余祖俊, 朱力强, 等. 铁路远程瞭望系统研究与应用[J]. 铁道学报, 2014, 36(12): 62–69.
[5] Hinton G, Salakhutdinov R. Reducing the dimensionality of data with neural networks[J]. Science, 2006, 313(9): 504–507.
[6] Lecun Y, Bengio Y, Hinton G. Deep learning[J]. Nature, 2015, 521(5): 436–444.

撰稿人：余祖俊　朱力强
北京交通大学
审稿人：蔡伯根　赵祥模

高速移动条件下轨道交通无线传播信道非平稳特征建模

Non-Stationary Characteristics Modeling of Wireless Propagation Channel for Rail Traffic Scenarios with High Mobility

1. 背景与意义

无线传播信道模型对于移动通信的发展具有重要的推动作用，是进行移动通信网络规划和优化、系统可靠传输性能评估的基石。在高速移动条件下，无线传播信道呈现出不同于中低速移动条件下无线传播信道的特征。在移动通信研究中，一般假设无线信道是时变的线性随机过程。为了进一步简化对通信系统的性能分析，研究人员多采用严格平稳过程或者广义平稳过程模拟无线信道的随机性。如果无线信道在时间和频率维度上符合广义平稳假设，那么意味着其统计特性的一阶矩、二阶矩都不会随时间而变化，此类信道可等效为广义平稳不相关散射(wide-sense stationary uncorrelated scattering，WSSUS)信道[1]。然而，真实环境中存在大量随机分布的反、散射体，加上移动台的随机运动，无线传播信道的WSSUS假设很难成立。特别是在轨道交通高速移动条件下，信道时变特征加剧，多径随机快速生灭使得信道非平稳性更加显著，降低了通信传输可靠性。对信道非平稳特性的分析与建模成为当前高速移动通信研究与发展的瓶颈[2]。

在WSSUS信道中，广义平稳(wide-sense stationary，WSS)假设表示信道自相关函数(auto-correlation function，ACF)独立于绝对时间，仅受相对时间差的影响。当移动台远离基站时，接收信号能量由于传播损耗的增大而变弱，ACF幅度也会相应地降低。类似地，当通信环境中反、散射体的分布发生较大变化时，ACF的统计特性也会发生变化，进而导致WSS假设不再成立。WSSUS信道中不相关散射(uncorrelated scattering，US)假设表示环境中由不同反、散射体引起的衰落特性之间没有相关性。但在轨道交通环境，如路堑、隧道、横跨桥等场景中，由于反、散射体距离发射机和接收机较近，不同衰落成分可能存在相关性，因此US假设不再成立。不难看出，轨道交通场景下由于高速移动及周边场景的复杂性，无线传播信道非平稳特性更加显著。如何合理地对非平稳信道进行建模成为轨道交通领域极具挑战性的难题。

传统移动通信研究中经常假设信道符合广义平稳不相关散射，随后又提出准广义平稳不相关散射(quasi-WSSUS，QWSSUS)假设。轨道交通场景包括路堑、高架桥、横跨桥、隧道等多种场景，不同场景无线传播信道具有不同随机分布的多径结构，列车高速移动过程中不同场景快速切换导致多径快速生灭。因此WSSUS假设对于具有高速移动性的轨道交通场景不再成立，即信道呈现显著的非平稳特征。信道的非平稳性对高速移动通信网络传输可靠性带来了巨大挑战，对通信系统传输能力提出了更高要求。如何用严格的数学形式描述信道非平稳程度，以便更准确地刻画实际无线传播信道，成为轨道交通场景无线传播信道研究面临的科学难题。获取信道非平稳特征对于把握高速移动复杂场景传播信道特性以及进行物理层传输与网络性能评估具有重要意义。

2. 研究进展

为了解决时变无线传播信道WSSUS假设不成立问题，Bello引入了准广义平稳不相关散射概念[1]，即在一个有限长度时间区域（即QWSSUS区域）内，WSSUS假设能够成立，超出区域则WSSUS假设不再成立。QWSSUS信道概念不同于传统WSSUS信道定义，因为它没有将信道的广义平稳不相关散射特征推广到无穷长时间维度。由于QWSSUS依然沿用WSSUS假设，因此WSSUS信道相关的大部分既有理论及方法可以继续在准广义平稳不相关散射信道中使用，但引入了新的问题：

(1) 轨道交通场景准广义平稳不相关散射信道如何定义？Bello最初定义的QWSSUS信道，是在有限时间区域内信道满足WSSUS假设，即建立在可以获得一个合理的"时间区域"基础之上。该QWSSUS区域既不能过大，也不能过小。过大使得区域内广义平稳不相关散射假设不再成立；过小则使得区域内统计独立样本数量过少，无法用于轨道交通场景通信系统性能分析[2]。如何对轨道交通路堑、高架桥等场景QWSSUS区域进行估计，成为高速移动无线传播信道建模难点问题。

(2) 轨道交通路堑、高架桥等场景的QWSSUS信道是否存在？QWSSUS信道要求在QWSSUS区域内WSSUS假设是成立的。然而人们发现轨道交通实际环境中无线传播信道，即便在较小时间区域内，依然难以在数学上真正符合WSSUS假设，理论上QWSSUS区域可能并不存在。于是有学者提出了准平稳(quasi-stationary，QS)概念[3]，即信道的统计特性在一个有限长度时间区域内变化较小。QS信道真实存在于实际环境中，它对平稳性数学限制更小，更接近于轨道交通实际无线传播信道特征。如何分析和量化轨道交通场景QS信道成为当前探究信道非平稳特性的关键。

3. 主要难点

当前移动通信关于无线传播信道非平稳特性的研究基本以QS信道假设为前提。图1显示了信道的QS区域与静态区域、传统的WSSUS区域和QWSSUS区域的关系。

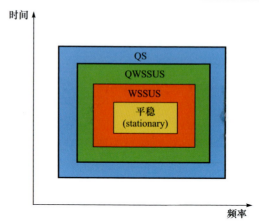

图 1 不同平稳性定义下的平稳区域大小关系示意图[4]

由图 1 可以看出，QS 假设对于数学层面的平稳性要求最低，在实际信道中更易于观测[4]，并且不同时刻时变信道非平稳特性存在强弱差异。为了评估轨道交通场景信道统计特性是否发生较大变化，即超出 QS 区域，需要度量时变信道统计特征变化的剧烈程度，并确立合适的判决门限对 QS 区域进行判决，当前主要存在如下挑战：

(1) 选择判决对象。为了描述基于 QS 假设的无线传播信道统计特性变化的剧烈程度，需要选择合适的信道统计信息，即判决对象，对 QS 区域进行估计。由于信道的统计特征存在于空、时、频等多个维度，能够反映无线传播信道统计特性变化的数学参量也较多，如本地散射函数、功率延迟谱、空间相关矩阵等[5]。如何选择最具代表性的判决目标参量成为轨道交通高速移动条件下进行 QS 区域估计的难点问题。

(2) 选取判决方法。由于轨道交通高速移动条件下，无线传播信道非平稳特性是由信道中多径时变性所导致的，而多径时变特征可以从时间和空间维度描述，因而对 QS 区域的估计同样可以从时间和空间维度展开，如基于空间维度的相关矩阵距离判决[6]、基于时间维度的频谱散度判决[7]。不同判决方法输出结果是否存在差异、如何将判决方法进行统一等问题依然不得而知。图 2 显示了分别从空间维度和时间维度对时变信道非平稳剧烈程度的估计结果[4]，图中颜色较深区域表明信道的统计特性变化较小。可以看出，两张图片显示估计结果存在一定的差异，其中的规律和关联有待进一步研究。

(3) 设定判决门限。QS 区域反映了信道统计特性变化的快慢程度，即信道非平稳性剧烈程度，并且需要设定 QS 区域判决门限以判断无线传播信道统计特性是否发生较大变化[3,4]。由于轨道交通高速移动条件下无线传播信道统计特性变化快慢程度难以量化，QS 区域的判决门限同样缺乏合理的数学定义。

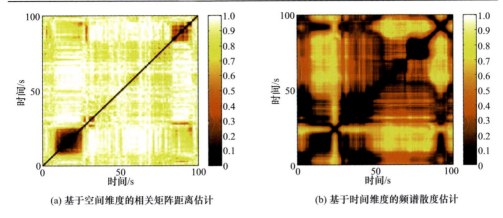

(a) 基于空间维度的相关矩阵距离估计　　(b) 基于时间维度的频谱散度估计

图 2　实测数据不同维度下无线传播信道非平稳剧烈程度估计结果示意图[4]

除了上述问题，轨道交通高速移动条件下对于 QS 信道如何进行建模也是难点问题，QS 理论如何与实际轨道交通移动通信系统性能分析相结合尚待解决。以上难题的解决对轨道交通移动通信发展，尤其是高速移动条件下通信可靠性的提升将会起到巨大的推动作用。

参 考 文 献

[1] Bello P. Characterization of randomly time-variant linear channels[J]. IEEE Transactions on Communication Systems, 1963, 11(4): 360–393.

[2] Molisch A F. Wireless Communications[M]. 2nd ed. Hoboken: Wiley, 2010.

[3] Ispas A, Schneider C, Ascheid G, et al. Analysis of the local quasi-stationarity of measured dual-polarized MIMO channels[J]. IEEE Transactions on Vehicular Technology, 2015, 64(8): 3481–3493.

[4] He R, Renaudin Q, Kolmonen V M, et al. Characterization of quasi-stationarity regions for vehicle-to-vehicle radio channels[J]. IEEE Transactions on Antennas and Propagation, 2015, 63(5): 2237–2251.

[5] Bernadó L. Non-stationarity in Vehicular Wireless Channels[D]. Vienna: Technische Universität Wien, 2012.

[6] Herdin M. Non-stationary Indoor MIMO Radio Channels[D]. Vienna: Technische Universität Wien, 2004.

[7] Georgiou T T. Distances and Riemannian metrics for spectral density functions[J]. IEEE Transactions on Signal Processing, 2007, 55(8): 3995–4003.

撰稿人：艾　渤　钟章队　何睿斯

北京交通大学

审稿人：朱　刚　赵祥模

轨道交通车地信息的可信传输

Trusted Transmission of Train-Wayside for Rail Traffic

1. 背景与意义

轨道交通车地通信对于保证轨道交通的安全高效运行起着至关重要的作用。车地通信就像是轨道交通系统的中枢神经,将高速移动的列车与地面中心相连,承载双向传输大容量、高可靠的数据业务,如列车运行控制信息、调度命令信息、列车运行状态检测信息、车载视频监控信息等。由信号故障-安全原则,一旦车地通信出现问题将严重影响列车正常运行,并且会降低行车效率。因此车地通信需要时刻确保信息的真实、完整和安全传输,避免遭受黑客的恶意攻击。由于列车具有高速移动的特点,目前这类涉及列车运行安全的信息主要通过轨道交通通信系统开放的无线接口来传输,具体包括基于 802.11 系列协议的无线局域网络(wireless local area network,WLAN)、铁路数字移动通信系统(global system for mobile communications-railway,GSM-R)、LTE(long term evolution)等。这些通信系统都是采用开放标准的无线通信方式,虽然可以大幅度地降低系统建造成本,提供更加便捷的维护性和互操作性,但随之带来的可信传输问题也尤为突出。

可信的信息传输机制包括信息的真实性、信息的完整性、信息的机密性以及控制设备实体身份的可信任等。传统的安全解决思路往往侧重于先防外后防内、先加固服务设施后加固终端设备,而基于可信赖平台模块(trusted platform module,TPM)的可信通信网络体系则反其道而行之,首先实现所有终端的安全可信,然后通过可信终端组建更大的可信网络系统,这对安全体系结构的理论和应用研究起到促进作用。因此面向轨道交通的可信传输理论体系将在更高的抽象层次和更大的范围内为轨道交通车地信息传输发展提供指导,而如何保证开放性越来越强的轨道交通车地信息的可信传输,是亟待解决的重要问题。

目前轨道交通车地信息传输在安全强度和效率上均无法满足可信安全的要求,为了满足实时可用性,车地信息传输系统往往牺牲了部分安全性,故存在潜在的安全威胁。构成轨道交通车地通信安全威胁的主要因素有:①无线网络的商用传统安全机制不能有效地阻止非法终端及用户接入轨道交通无线网络;②缺乏完善的异常运行信息的收集、识别和处理；③安全协议复杂，无法适应当前高速轨道交通快速切换实时性的需求，不能确保列车高速运行状态下车地无线通信的实时安全。针对目前面临的安全威胁，构建轨道交通车地信息传输系统的同时必须考虑可信传输问题，这对于提升轨道交通无线网络的实时安全性乃至轨道交通运营安全具有重要意义。

2. 研究进展

近年来，随着无线网络在轨道交通信号系统中的广泛应用，轨道交通车地信息传输系统的安全性、可生存性和可用性面临严峻挑战，围绕无线网络数据安全传输、接入认证、密码算法等问题，国内外研究者已展开相应的研究。

欧洲电工标准化委员会(European Committee for Electrotechnical Standardization，CENELEC)推出了安全通信的相关标准 EN 50159[1,2]，目的在于防止外界对通信系统的人为攻击，保证通信系统的保密性和真实性等，可采用加密的手段实现安全通信。德国应用于地铁信号和通信的 TrainCom 专用系统在列车上设置专用的网关计算机作为记录状态的数据包筛选防火墙，中心控制单元可作为轨旁网络的记录状态数据包筛选防火墙。另外通过将唯一的标识号分配给所有组件，预防对无线系统未经授权的访问或错误访问[3]。

国内研究人员主要针对 CTCS-3 级列车运行控制系统车地无线通信身份和消息认证，以及加密和安全协议展开了大量研究[4~8]。基于通信的列车运行控制系统(communication based train control system，CBTC)是轨道交通列车控制系统的发展趋势，理论方面的研究主要分析了现有地铁 CBTC 无线信道安全问题，针对其加密算法 RC4 的缺陷，提出了一种新的基于椭圆曲线密码的快速加密算法[7]。

3. 主要难点

轨道交通车地信息传输中的重点和难点是基于专用的轨道交通无线通信网络构建可信任的信息传输模型。可信的信息传输模型运用于轨道交通车地通信就是要确保传输信息的真实性、完整性、机密性以及终端设备实体身份的可信任等。

对于轨道交通车地信息安全传输，保证其信息传输的可信任至关重要。首先需要确保接入轨道交通网络的实体具有可信性，利用可信机理，对列车车载终端及无线网络接入点设备进行双向认证，保证只有经过可信认证的终端才能接入系统中，实现系统运行的可预测。轨道交通系统中需要接入网络的无线终端设备较多，这将给设备的标识和管理带来挑战，可探索引入组合公钥(combined public key，CPK)对设备进行标识、管理和认证。对于终端网络接入后的网络状态如何实现准确的动态评估也是目前的难点,这主要是由于网络状态复杂、数据量大、实时性高。如果不能解决网络接入的安全性和网络动态评估的准确性,必然会影响车地信息传输安全。因此如何构建轨道交通车地信息传输的可信保障架构,实现组建节点的可信身份认证和网络动态可信评估,是轨道交通车地信息可信传输中的重点问题。

基于时空匹配的可信控制是轨道交通车地信息安全传输的核心问题之一。轨道交通具有运行密集、轨道固定、运行时间稳定的特点,通过设备可信认证、时间可信认证和空间可信认证的多维规则匹配,保证只有合法的列车或设备才可以接入网络中,从而确保信息系统的安全性。同时在这个过程中可以对异常的时空信息进行发现、报告和处理,进而提高轨道交通的智能化水平,减少轨道交通运行事故发生的概率,提升列车运行的正点率和效率等。但由于列车运行速度快,时空信息变化迅速,如何实现精准的匹配存在很大困难。因此研究基于时空精准匹配和可信计算的轨道交通无线网络接入控制,是保证非法用户无法接入网络,实现对异常运行事件的及时处理和报警亟待解决的科学问题。

无线接入点或无线接入基站的覆盖范围有限,而列车运行的距离长、时间快,导致轨道交通车地通信存在频繁的网络切换过程,为减少切换不及时造成网络中断的影响,目前大多采取推迟执行切换认证的策略,但这无法保证列车运行全程的无缝安全性。如何解决轨道交通车地信息传输中的安全需求和实时高效可用之间的矛盾是可信切换认证问题中的关键难点。传统的切换认证机制,会造成网络存在非可信的连通状态,需探索实现一种适合于轨道交通无线网络的轻量级可信切换预认证机制,保证车辆高速运行时信息传输的安全性和实时性。可考虑基于预认证的思想将认证信息流和列车行驶路线相匹配,利用预认证信息直接装配相关数据,减少关联、认证等交互步骤,从而实现无缝快速安全切换。

参 考 文 献

[1] European Committee for Electrotechnical Standardization. EN 50159-1 Railway Applications-Communication, Signalling and Processing Systems-Part1: Safety-related Communication in Closed Transmission Systems[S]. British Standards Institution, 2001.

[2] European Committee for Electrotechnical Standardization. EN 50159-2 Railway Applications-Communication, Signalling and Processing Systems-Part2: Safety-related Communication in Open Transmission Systems[S]. Brussels: British Standards Institution, 2001.

[3] Miyachi T, Yamada T. Current issues and challenges on cyber security for industrial automation and control systems[C]//The Society of Instrument and Control Engineers(SICE) Annual Conference, Sapporo, 2014.

[4] 高锐, 魏光辉, 赵弘洋. 城市轨道交通车地无线通信安全风险研究[J]. 电子产品可靠性与环

境试验, 2014, 32(5): 43–48.
[5] 张壮. 城市轨道交通基于通信的列车控制系统车地无线通信的安全措施[J]. 城市轨道交通研究, 2014, 17(12): 128–130.
[6] 陈康, 李玉斌. 无线通信技术在城市轨道交通中的应用[J]. 电气化铁道, 2009, 20(2): 5–6.
[7] 杨霓霏, 刘晓斌, 卢佩玲, 等. CTCS-3 级列控系统车-地无线通信消息认证和加密技术的研究[J]. 铁道通信信号, 2010, 46(10): 1–5.
[8] 杨泽东. CTCS-3 级车地通信身份认证研究[D]. 北京: 北京交通大学, 2011.

撰稿人：吴　昊[1]　刘吉强[1]　沈玉龙[2]
1 北京交通大学　2 西安电子科技大学
审稿人：艾　渤　杨晓光

高速铁路移动通信高效传输

High-Efficiency Data Transmission for High-Speed Railway Mobile Communications

1. 背景与意义

高速铁路移动通信系统是高速铁路基础设施的重要组成部分，也是高速铁路安全、有效运行的神经中枢。高速铁路移动通信为列车调度指挥、自动防护与自动驾驶、列车安全视频监控与状态监测等方面提供及时、准确的信息传递通道，是构建高速铁路运行安全保障系统的基础和前提条件。为了满足高速铁路运输向高速化、信息化、智能化方向发展的需求，高速铁路移动通信也需要向数字化、无线移动化、综合业务化及宽带化方向发展。

高速铁路正常运行离不开移动通信系统的支持，高速铁路发展对于高速铁路移动通信系统的发展不断提出更高要求。针对高速列车运行控制信息传输，我国已经建立了基于电路交换的 GSM-R 专用移动通信系统。该系统主要承载列车调度话音业务和少量数据业务，传输速率低，难以满足铁路智能化调度、视频监控和运营管理等高带宽业务需求[1]。在高速移动通信中，无线信道时变非平稳特性明显、多普勒频移严重，现有传输机制下信道的恶化将严重影响数据传输速率和质量，同时频率资源受限导致组网困难[2]。因此如何为高速铁路场景提供宽带接入和高效数据传输是亟须解决的问题。

随着 4G 在全球范围内规模商用，5G 日益成为全球业界的关注焦点。高速移动场景作为 5G 通信的典型场景之一，对通信发展提出新的需求和挑战。除列车控制、行车调度业务外，高速铁路移动通信未来业务将以智能化调度、视频监控和运营管理等高数据速率业务以及旅客宽带接入业务为主，利用车地间同一无线通道传输列车控制类业务与旅客宽带接入业务。这两类业务车地间同传对列车实时"信息在线"和数据高效传输提出了更高的要求，同时在数据传输实时性、可靠性和速率等方面具有差异化服务质量(quality of service，QoS)需求[3,4]。为了满足未来高速铁路移动通信需求和挑战，高速铁路移动通信系统需要为列车控制、调度、视频监控和旅客宽带接入等提供高效且差异化服务质量保障的车地间无线数据传输能力。

与普速铁路移动通信相比,高速铁路移动通信的主要特征是车地间相对高速移动、信道时变非平稳和低时延高可靠要求。物理层信道复杂且系统动态特性明显,使得车地间高效数据传输变得更加困难。高效数据传输所涉及的通信研究领域非常广泛,主要包含非正交多址接入、动态资源分配与管理、高速可靠的信道编译码、非平稳时变信道建模与特性分析、信道精准估计与多普勒补偿、大规模多天线与毫米波等[5,6]。车地间高效数据传输质量依赖于对诸多研究成果进行有效融合与运用。若车地间高效数据传输问题得到有效解决,高速铁路移动通信将改进列车控制、行车调度业务与旅客宽带接入业务物理上独立传输的局面,实现各类业务在车地间的高效复用传输。

2. 研究进展

近些年来,世界上涌现出一些面向高速铁路的移动通信系统,如欧盟的Thalys系统通过卫星和Wi-Fi能够提供下行2Mbit/s和上行512Kbit/s的通信速率。然而当前每趟列车的通信速率需求大约是65Mbit/s,双层列车上通信速率需求将会达到0.5～5Gbit/s。由此可见,现有高速铁路移动通信系统无法满足高速铁路移动通信中列车控制类业务与旅客宽带接入业务车地间复用同传需求。国际铁路联盟(International Union of Railways, UIC)报告指出,下一代高速铁路移动通信系统将同时提供列车控制业务和旅客宽带接入业务。在UIC报告中,将LTE引入高速铁路移动通信中,提出LTE-R(long term evolution for railways)概念,并指出由GSM-R到LTE-R的演进是一个漫长的过程。当前研究主要集中于高速铁路移动通信网络架构设计、基于实际测量的高速铁路场景信道建模、结合业务需求的动态资源分配与业务调度等方面,研究进展顺利,为高效传输提供理论支撑,但在实际通信中运用较少。

国内研究人员主要针对高速铁路移动通信系统中动态资源管理问题展开了大量研究[7,8]。基于跨层设计的资源管理与传输优化是面向高速铁路移动通信系统高效传输的发展趋势。理论方面主要考虑通信系统动态特性和可靠性需求,研究基于分布式网络架构的高速铁路移动通信系统中动态资源管理问题,对资源分配、功率控制和接入控制问题进行联合优化。此外,移动中继将成为高速铁路移动通信网络架构的重要组成部分。考虑两跳无线信道动态变化和业务传输时延需求,基于随机学习理论和投影次梯度方法,已有文献提出两跳链路下在线业务调度策略,并给出该策略在高速铁路移动通信网络中的实现机制。这些理论成果为本科学问题奠定了研究基础。

2016年6月,世界无线研究论坛(Wireless World Research Forum,WWRF)联合未来移动通信论坛在WWRF第36次会议上发布了5G高速移动白皮书[6]。该白皮书通过引入一系列研究成果,对物理层、链路层、网络层以及应用层进行优化,例如,在高速铁路移动通信网络中将采用车载移动中继,以解决严重的穿透损耗和群切换问题;采用支持高移动性的新型网络架构,解决跨小区快速切换问题;采用新型的传输波形和编码对抗快衰信道等。

3. 主要难点

高速铁路移动通信重点和难点是车地间高效数据传输。对于高速移动场景,车地间高效数据传输是基本需求,是保障列车运行安全和提升业务服务质量的重要途径。在高速移动通信中,无线信道时变非平稳特性明显、多普勒频移严重,在当前正交传输机制下信道的恶化将严重影响数据传输速率和质量。因此在高速移动通信场景中,追求高效数据传输尽可能逼近极限传输速率具有重要意义。与普通移动通信相比,高速移动通信场景下物理层信道更为复杂、系统动态特性更加明显,实现高效可靠数据传输更加困难。此外高速移动通信系统将利用车地间同一无线通道传输列车控制类业务与旅客宽带接入业务,需要提供差异化业务服务质量保障。

高速移动通信场景中的频率选择性和时间选择性显著,造成传输资源维度大、资源管理算法复杂度高,同时存在信道状态信息不准确问题,对数据高效传输带来新的挑战。高速铁路移动通信对数据传输的实时性要求高,传统的数据传输方法建立在适用于无限长编码的香农容量理论基础上,对于严格时延要求情况下,香农容量理论不再适用,如何建立低时延有限码长情况下的高效数据传输机制也是所面临的关键问题。刻画移动速度与无线信道特征间内在的关系,揭示移动速度对数据传输的影响机理,构建非正交传输机制和资源管理体系是保障数据高效传输的有效途径,如何解决高速移动通信无线资源管理面临的非线性非凸高维度的动态优化问题,是实现高效数据传输亟待解决的科学问题。

参 考 文 献

[1] 林思雨. 高速铁路移动通信系统性能研究[D]. 北京: 北京交通大学, 2013.

[2] 陶成, 刘留, 邱佳慧, 等. 高速铁路宽带无线接入系统架构与关键技术[J]. 电信科学, 2010, 26(5): 95–101.

[3] 方旭明, 崔亚平, 闫莉, 等. 高速铁路移动通信系统关键技术的演进与发展[J]. 电子与信息学报, 2015, 37(1): 226–235.

[4] Barbu G. E-train: Broadband communication with moving trains[R]. Paris: International Union of Railways, 2010.

[5] Moreno J, Riera J M, Haro L D, et al. A survey on future railway radio communications services: Challenges and opportunities[J]. IEEE Communications Magazine, 2015, 53(10): 62–68.

[6] Wu J, Fan P. A survey on high mobility wireless communications: Challenges, opportunities and

solutions[J]. IEEE Access, 2016, 4: 450–476.
[7] Dong Y Q, Fan P Y, Letaief K B. High speed railway wireless communications: Efficiency v.s. fairness[J]. IEEE Transactions on Vehicular Technology, 2013, 63(2): 925–930.
[8] Xu S F, Zhu G, Ai B, et al. A survey on high-speed railway communications: A radio resource management perspective[J]. Computer Communications, 2016, 86: 12–28.

撰稿人：朱　刚　许胜锋
北京交通大学
审稿人：陈　为　杨晓光

实时定位下的列车动态间隔控制

Dynamic Control of Train Spacing Based on Real-Time Positioning

1. 背景与意义

在轨道交通复杂路网中的列车追踪运行与自然界中鸟类、鱼类群体移动追踪现象有着相似之处，这种现象背后，隐藏着深奥的科学问题。从智能体控制的角度，探究列车个体、相邻个体之间以及群体列车的追踪控制行为，发现其中的物理控制规律，在确保安全的前提下提升轨道交通的综合运输能力具有重要意义。

列车间隔控制是轨道交通安全运营的核心问题之一。列车在轨道上运行，由于质量大、速度高、轮轨附着系数低，导致列车的制动距离较长。为避免发生碰撞，必须使运行在同一线路上的列车之间保持一定的安全间隔。按照一定规律组织列车在区间内行车的方法称为闭塞。传统的列车间隔控制采用固定闭塞方法，将铁路线路划分为若干区间，在同一区间只允许一列列车运行，一旦列车占用区间，不再准许其他列车驶入，从而使前行列车和追踪列车之间保持一定的运行间隔。固定闭塞的方式通常依赖轨道电路对列车进行定位和信息传输，而且只能按线路运行性能最差列车的制动性能划分闭塞分区，这就限制了列车追踪间隔，进而影响线路的使用效率，使运输能力得不到充分发挥。近年来，可在车载和地面设备之间提供快速、可靠、安全信息传输通道的无线通信技术的发展，使列车间隔控制从固定闭塞的控制方式逐渐演变到基于通信的移动闭塞控制方式[1]。移动闭塞系统不再依靠地面轨道电路，没有了固定闭塞分区的概念，由车载设备采用连续速度曲线控制模式进行速度防护，可以直接追踪到前行列车的车尾。

在轨道交通中，突破轨道电路条件下的固定闭塞分区控制方式，以提升线路运输能力和系统性能的需求由来已久。保守但最为简单的移动闭塞间隔控制策略，是只考虑前行列车的位置而不考虑与其速度及制动性能密切相关的制动距离(即相当于假设前行列车可以随时在其当前位置瞬间停稳)，以确保追踪列车能够随时在前车当前所处位置前平滑减速并停稳为基本原则，如图 1(a) 所示。

理论上，前后两列车还可以追踪得更紧，只要在前车制动时能够给后车预留出充分的反应时间来制动，就可以避免碰撞，如图 1(b) 所示。显然，将前行列车制动距离也一并考虑在内的移动闭塞间隔控制策略可以实现更高的运行效率，但这在实时获取前行列车的当前位置之外还需同时获取其速度；在依据追踪列车的位置、速度(及加速度)、制动性能以及前行列车的位置之外，还需要依据前行列车的速度(及加速度)、制动性能实时计算列车之间所需的安全间隔，从而在确保不冲撞前车的前提下尽可能缩短列车间隔，以达到提高运行效率的目的。相对于前述在计算追踪列车的速度-距离曲线时，对前行列车只考虑其当前位置这一"静态"数据的间隔控制策略，这种还考虑其动态制动距离的方式可称为列车动态间隔控制。

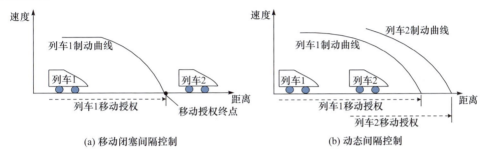

图1 列车间隔控制方式

在基于实时定位的列车动态间隔控制模式下，后续追踪列车是以对前行列车在制动后的预判停车位置为依据计算本车的速度-距离曲线，其对列车追踪的安全性保障严重依赖于对前行列车运行位置预判的正确性。这种方式下的列车间隔可以用下面的公式来计算：

$$L = S_{brake1} + S_{train} + \Delta S + S_p - S_{brake2}$$

式中，L 为列车追踪间隔距离；S_{brake1} 为后车当前运行速度下的常用制动距离；S_{train} 为列车长度(假设后车与前车长度相同)；ΔS 为后车与前车当前速度下追踪的安全防护距离(常用制动停车点到行车许可终点的距离)；S_p 为包含前车测距误差、通信延迟时间内列车走行距离等因素的行车许可安全防护距离；S_{brake2} 为前车当前运行速度下的制动距离。由公式可知，若前车和后车制动特性一致，则后车只要在接近前车安全车尾时，速度不大于前车，即可保证不会追尾。因此实时定位下的列车动态间隔控制目的是使列车到达前车车尾目标点时,速度等于前车速度，这样做的现实意义是可以显著缩短两车之间的追踪间隔。

轨道交通所追求的目标是安全、高效、舒适、节能，从列车运行控制的角度，只有打破传统原则约束，用更加先进的科学理论指导系统构建，才能从本质上提升轨道交通的整体性能。

现有的列车追踪运行控制方式，解决的是前后相邻的两列车之间的安全控制问题。这里所说的动态间隔控制将打破现有的列车追踪运行控制模式，前方列车不再被视为一个静态的追踪对象，而是考虑路网中成片区域的列车群体控制行为。通俗地讲，对于本车的控制，不但要考虑前方列车，还要考虑前方第二列、第三列等以及区域内其他可能关联的列车行为。

列车的动态间隔控制仍然会以移动闭塞的方式去实现。现有的移动闭塞条件下，后续列车的追踪目标点实时随前行列车的移动而变化，后续列车根据列车制动模型、线路情况和列车自身的参数实时计算其制动点，虽然与固定闭塞相比提高了行车密度，加强了通过能力，但是智能化程度仍然不够，对列车本身来讲还是单一维度的控制方式。动态间隔控制则是移动闭塞所追求的终极愿景，它以前行列车的运行速度为追踪目标，这将是一个重要突破，它将前后两车之间的运行防护控制问题转化为有限区域内多列车、多维度的协同追踪控制问题。这种方式下轨道交通的运输能力将得到最大限度的发挥。

2. 研究进展

列车间隔控制的首要任务是保证列车运行的安全。近年来，轨道交通领域针对列车间隔控制的研究不断推进，面向未来的列车智能化控制引起了广泛讨论。针对移动闭塞的系统控制方法得到更多的关注[2~5]。由于系统复杂程度高造成开发过程中对系统建模困难，为此，有学者针对既有追踪原则提出了基于路网拓扑的移动闭塞列车运行防护建模方法[6,7]。为了提升控制性能，学者探讨了利用邻车信息的系统控制方法。移动闭塞条件下两车之间的同步控制方法、协同控制方法也都是本领域探讨的热点问题[8]。多智能体的协同追踪控制方法是解决列车动态间隔控制的重要手段。近年来，在简单个体的自主移动、智能群体的协调运动方面出现了大量的研究成果。

为了追求更好的系统性能，工业界探索了基于车-车通信的列车运行间隔控制理念，这种控制理念较传统的基于车-地通信的系统构架减少了信息传递环节，可以缩短系统的响应时间，国外的日立公司、Alstom公司，以及国内科研单位都在致力于研究开发这样的新概念系统。

3. 主要难点

研究实时定位下的列车动态间隔控制，在移动闭塞的基础上进一步缩小列车运行间隔，必然需要引入一套全新的安全理念。同时需要对列车动态间隔控制建立一套完备的智能控制模型，在此基础上，提出保证安全前提下的稳定、可靠的间隔控制算法。实现实时定位下的列车动态间隔控制，必须解决如下三个核心问题：

(1) 复杂路网环境下有限区域的列车多智能体追踪协同控制模型。
(2) 突破传统安全理念的车-车近距离动态间隔控制算法。
(3) 极高可靠性、实时性的车-车通信技术。
这三个核心问题是实时定位下的列车动态间隔控制的难点。

参 考 文 献

[1] Morar S. Evolution of communication based train control worldwide[C]//The Institution of Engineering and Technology(IET) Professional Development Course on Railway Signalling and Control Systems, London, 2012.

[2] Goodall R M. Control engineering challenges for railway trains of the future[C]//United Kingdom Automatic Control Council (UKACC) International Conference on Control 2010, Coventry, 2010.

[3] Ning B, Tang T, Gao Z Y, et al. Intelligent railway systems in China[J]. IEEE Intelligent Systems, 2006, 21(5): 80–83.

[4] Dong H R, Gao S G, Ning B.Cooperative control synthesis and stability analysis of multiple trains under moving signaling systems[J]. IEEE Transactions on Intelligent Transportation Systems, 2016, 17(10): 2730–2738.

[5] Gao S G, Dong H R, Ning B. Adaptive cooperation of multiple trains in moving block system using local neighboring information[C]//Proceedings of the 35th Chinese Control Conference, Chengdu, 2016.

[6] Wang H F, Schmid F, Chen L, et al. A topology-based model for railway train control systems[J]. IEEE Transactions on Intelligent Transportation Systems, 2013, 14(2): 819–827.

[7] Wang H F, Tang T, Roberts C. A Novel framework for supporting the design of moving block train control system schemes[J]. Proceedings of the Institution of Mechanical Engineers, Part F: Journal of Rail and Rapid Transit, 2014, 228(7): 784–793.

[8] Takagi R. Synchronisation control of trains on the railway track controlled by the moving block signalling system[J]. IET Electrical Systems in Transportation, 2012, 2(3): 130–138.

撰稿人：王海峰
北京交通大学
审稿人：段 武 杨晓光

列车运行控制系统的混成特性建模与验证

Modeling and Verification Hybrid Characteristic of Train Control System

1. 问题背景

轨道交通具有运量大、速度快、安全、高效、环保、节能等优点。列车运行控制系统(简称列控系统)是轨道交通的"神经中枢"和"大脑",是保证行车安全、提高行车效率的核心装备。系统主要由地面设备、车载设备(automatic train protection,ATP)和网络通信设备组成[1]。随着计算机、通信以及控制理论的快速发展,当前列控系统的高精度化、网络化和智能化趋势明显,呈现出信息物理融合系统(cyber-physical system,CPS)的特点,系统中包含离散的和连续的混成行为。使得在提升列车运行速度和控车能力的同时,增加了列控系统的复杂性,为开发带来了困难。计算科学理论和形式化方法的发展为实现列控系统混成性行为的分析提供了理论和方法基础,可更有效地发现并消除潜在的缺陷,从而保障列控系统全生命周期的安全性。

2. 科学意义

安全性是列控系统的核心问题。目前针对列控系统功能和性能的安全验证是保障列控系统安全性的重要途径和手段。随着计算机和形式化方法的发展,通过精确、严格的形式化建模与验证手段,完备地分析所有可能的运行路径,进而证明系统的安全性成为可能。通过对列控系统的形式化建模与验证,可以在真实设备实现之前建立一个在一定意义上运行的"互模拟系统",通过对该"互模拟系统"的分析验证,能够在系统需求和详细设计阶段发现缺陷,减小修复缺陷的成本。

列控系统形式化建模与验证的基础和前提是建立一个能够精确描述系统行为的模型。一方面,由于被控对象列车的实际运行过程遵循复杂的运动学定律,列控系统的行为中不但包含离散的系统状态改变,还包含对连续变化信息(如时间、距离、速度、加速度等)的处理,具有典型的混成性特征。另一方面,事件驱动是列车控制系统运行时刻的重要特征,其混成特性还重点体现在列车控制系统各个子系统之间、子系统与物理设备之间响应各种类型事件的相互协同工作中。因此,对于列控系统行为建模验证,需针对其混成特性,利用混成建模语言(如混成自动机)规约系统行为。混成模型可避免由离散建模语言(如有限状态自动机)描述的系统行为中，离散化后带来的行为刻画不准确问题。通过建立精准的系统行为模型，建立规范与模型之间的对应关系，并形成可追溯的系统开发模型，从而实现对系统开发过程的验证，减少修改规范时注入新的缺陷。

列控系统混成性建模验证的本质是回答"系统(行为模型)是否满足所期望的性质"这一问题。实现列控系统的混成性建模与验证需要精确规约系统的性质。由于列控系统行为中的混成属性，所满足的性质包含对连续变量的约束信息。对于这样的性质，通常采用混成逻辑对其规约。通过研究混成逻辑的模型检验方法，可扩大能够验证的系统性质，提高系统的安全保障能力，并为系统故障定位、系统运行数据挖掘等提供理论方法支持，从而实现对系统全生命周期的安全性保障。

3. 研究进展

近年来，列控系统混成特性的形式化建模与验证成为研究的热点。

欧洲比较有代表性的项目有：德意志科学联合会(Deutsche Forschungsgemeinschaft，DFG)项目复杂系统自动验证和分析(automatic verification and analysis of complex systems，AVACS)，前后两期投入六千万欧元用于研究新的方法来保证复杂嵌入式软件系统的自动设计、分析和验证，其中轨道交通列控系统的混成性建模与验证是一个重要的应用领域[2]；欧盟的欧洲列控系统开放源准则(Open Source Principles for European Train Control System，openETCS)[3]和先进分散集系统综合建模(Comprehensive Modelling for Advanced Systems of Systems，COMPASS)[4]项目，均从安全苛求系统(openETCS 以高速铁路列控系统为主要研究对象)的混成性建模与形式化验证进行研究，并结合成熟的形式化工具，展开深入的列控系统示范应用，取得了良好的效果。

美国比较有代表性的研究如下：Platzer 等引入一阶动态逻辑，提出了针对一阶动态逻辑的顺序演算(sequential calculus)，并将该方法用于证明包含离散和连续变量的列控系统中速度监控的混成性建模与验证[5]。该项研究获得了当年最具影响力的十佳论文之一。

国内，北京交通大学承担的"安全攸关软件的运行支撑与示范应用"(973 计划)子课题旨在研究列控系统混成性的建模与验证方法，提高列控系统安全攸关软件的安全性。另外，从研究方法来看，混成 CSP(HCSP)成为列控系统混成性的研究趋势。该方法是由何积丰院士、周巢尘院士等提出的一种混成系统建模语言。混合通信顺序进程(hybrid communication sequential process，HCSP)可以看作在通信顺序进程(communication sequential process，CSP)中引入微分方程、时间事件和中断机制而得到的扩充，可以有效地刻画列控系统的连续物理过程、通信和实时行为，并已在典型的 CTCS-3 级列控系统需求规范层次上进行了成功应用[6]。

4. 主要难点

列控系统的混成性建模验证存在以下难点。

1) 列控系统混成行为精确建模

一方面，精确识别被控对象(列车)在轨道线路上的运行过程是列控系统混成行为建模的基础和难点。由于高速铁路网具有分布广泛、长交路等特点，不同的线路具有不同的轨道参数特征(如轨道坡度、曲率、干轨、湿轨、黏着下降和制动受限等)，在一定列车运行工况(牵引、惰性、制动等)条件下，列车运行过程受轨道线路参数的变化影响显著，为精确建立被控列车的运行过程模型带来了很大困难。

另一方面，由于列控系统是一种典型的信息物理融合系统，列控系统内部之间、与外界环境之间的信息交互通过传感器或网络完成，因此精确刻画列控系统的输入信息是系统混成行为建模的难点。然而，由于列控系统处在复杂的物理环境中，系统的输入信息不仅包括轨道电路信息、测速测距信息等连续变化输入信息，还包括点式应答器、列车运行工况等离散变化信息，这些信息传输的非确定性时延及变化规律为列控系统混成行为建模带来了很大困难。

2) 列控系统安全性的完备验证

列控系统安全性的完备体现在被控列车运行全过程均不会发生追尾、迎面相撞、侧面相撞以及脱轨。为了保证列车全过程中的运行安全，列控系统的安全性验证需覆盖被控列车全过程运行场景(从出库到回库)的故障-安全控制功能。然而，随着计算机技术的发展，列控系统的软件规模日益扩大，系统行为的安全性质不仅包括列控系统硬件故障-安全功能，更包含列控系统软件的故障-安全功能以及软硬件接口的故障-安全功能，为完备的验证列控系统安全功能带来了巨大困难。

目前一般的形式化方法均存在过于抽象和表达能力不足的问题，制约了建模的精确性和验证的可行性，为列控系统混成行为建模与验证提出了新的挑战。

参 考 文 献

[1] 中华人民共和国铁道部. CTCS-3 级列车运行控制系统需求规范(SRS)[S]. 北京: 中国铁道出版社, 2009.

[2] Damm W, Mikschl A, Oehlerking J, et al. Automating Verification of Cooperation, Control, and Design in Traffic Applications[M]. Heidelberg: Springer Berlin Heidelberg, 2007: 115–169.

[3] ITEAZ Project. Open sourse principles for European train control system[EB/OL]. http://openetcs.org/. html[2012-03-01].

[4] Huang W L, Pelska J, Schulze U. Comprehensive modelling for advanced Systems of Systems[R]. Technical Report D34, 2013.
[5] Platzer A, Quesel J D. Logical verification and systematic parametric analysis in train control[C]// Internaional Work Shop on Hybrid Systems: Computation and Control. Heidelberg: Springer Berlin Heidelberg, 2008: 646–649.
[6] 郭丹青, 吕继东, 王淑灵, 等. 中国高速铁路列车运行控制系统的形式化分析与验证[J]. 中国科学: 信息科学, 2015, 45(3): 417–438.

撰稿人：唐　涛　吕继东

北京交通大学

审稿人：王海峰　杨晓光

列车运行调度与控制一体化

Integration of the Dispatching and Driving Control in Train Operation

1. 背景与意义

传统的列车运行控制主要包括调度指挥和驾驶控制两大部分。列车调度是以列车按计划有序地行进为目的，协调多列车之间的关系，使得轨道交通系统的线路、车辆、人员以及能耗等资源合理利用，使轨道交通系统的效率达到最高。现有的调度和控制实施过程中，首先，调度员在了解轨道交通系统运行现场情况的前提下，按照列车调度规章制定采取必要的措施保证列车运行的安全；在此基础上，调度人员根据现有的系统资源条件(可用的线路区段、车辆等)形成进一步的列车调度方案，描述下一阶段多列车的时空位置关系；确认无误后，正式发布调度命令给相应的列车，由列车上的车载控制系统根据控制目标或者乘务员根据驾驶经验完成对列车的驾驶控制，并满足调度调整后的运行图需求。传统的调度指挥与驾驶控制列车过程中，调度与驾驶控制两个重要环节呈现了自上至下的顺接关系。然而，往往有时调度员不能掌握列车的具体状态和运行信息，很难短时间内形成可操作的调度方案。调度命令有时会涉及多列车的运行状态，使得调度员很难完全同时掌控，也使形成的调整方案效率不高，未能充分利用线路、车辆等资源。例如，铁路一列车因故障需要救援时，调度决策确定的救援列车达到故障列车实施救援时才发现，救援列车与故障列车的车型不匹配，无法实施救援，严重影响了其他列车的正常运行和线路的高效运营。究其原因就是调度员无法全面掌握列车的信息。目前人工调度决策的方式很难将调度命令实施过程中的各个环节考虑周全，尤其是在紧张的工作环境下或者紧急条件下做出的决策，更加难以保证调度决策的正确性和高效性。另外司机对调度命令的实施有时也会与预期存在偏差，人工驾驶的完成效果与司机积累的操作经验和熟练程度相关。且处理同一情况时，不同司机处理效果的一致性也存在差异。因此实时自动完成调度决策和列车驾驶控制过程是减小调度和乘务人员工作压力、提升轨道交通系统运营效率和服务水平的关键问题。

列车运行调度与驾驶控制一体化是利用信息感知理论方法，更透彻地感知列车运行和调度相关的轨道交通系统和外部运行环境信息，对所有信息从系统的角度进行融合，从而使调度与驾驶控制之间产生更全面的协同，实时形成优化的列车调度和驾驶控制策略，从而使轨道交通系统中线路、车辆、人员、能源等资源得到更充分的利用，使列车调度、列车驾驶控制与轨道交通系统整体目标保持一致，使两者能够更好地为系统目标服务，从而整体呈现更好的性能，系统整体性能(如服务水平、节能性能)的提升是调度与驾驶控制一体化的特点。

列车运行控制系统是轨道交通系统的大脑和中枢神经，列车的调度指挥和驾驶控制又是列车运行控制最关键的两个环节。列车调度与驾驶控制一体化可实现自动检测列车前方障碍物和轨道占用情况、监控系统内的实时状态信息、实现列车间、列车与调度中心间信息的有效传递和实时处理，实现智能调度和列车的自动驾驶，减少了冗余或繁杂的人为操作步骤和环节，既能保证列车的运行安全，也能够有效提高运行效率和节约运营成本，更是通过进一步实现列车调度、安全防护、驾驶控制的全面自动化、智能化，最终实现一体化。因此研究列车调度与驾驶控制一体化基础理论方法可为轨道交通的高效、低碳运营以及保障轨道交通在特殊条件下的安全、弹性奠定基础。

列车调度指挥与驾驶控制一体化需要全面的环境信息感知体系架构、调度指挥和驾驶控制一体化模型建立，以及新的列车智能调度和自动驾驶控制、调度控制协同控制等关键理论方法。在信息感知方面，要满足系统对信息感知的"全面、实时、精准"等需求，传感器感知、信息安全传输、定位方法、信息融合等方法的进步推动了环境感知设备、相关自动化设备的更新与升级，也加快了列车与控制中心之间的信息传递和交换，这为新一代的列车调度指挥与驾驶控制一体化提供了必要的基础。对列车运行的集中一体化控制，是未来列车控制领域发展的一种标志和发展趋势。

列车调度指挥与驾驶控制一体化的主要控制特征是利用大数据、深度学习、智能决策、信息物理系统和物联网等方法应用实现列车的智能调度和自动驾驶。列车调度指挥与驾驶控制一体化包括自主智能调度和列车自动驾驶两个主要的功能模块，不同的是列车调度指挥与驾驶控制之间通过信息的全面互动实现了两者目标的统一，且能够与轨道交通系统的安全、高效和绿色等总体目标一致。列车自动驾驶和自主智能调度涵盖的理论方法领域非常广泛，是多种新方法的融合。

2. 研究进展

近年来，列车调度指挥与驾驶控制一体化课题已吸引不少国家和机构进行研究和开发。Scheepmaker 和 Goverde[1,2]研究了列车驾驶控制和列车运行时分分配的一体化优化问题，作者抓住了两者之间的关系及特点，设计了基于信息反馈的智能算法，提高了轨道交通系统的节能性能及其鲁棒性。Albrecht 和 Oettich[3]根据列车运行控制的特点研究了在用电高峰期列车运行图对供电系统的影响。Li 和 Lo[4,5]分析了城轨列车运行图的特点，考虑了列车的牵引能耗和再生能的利用，提出了一体化列车节能运行的优化方法，最小化系统的净能耗。

2011 年底，欧洲的 19 所大学和轨道交通大型企业开展了"欧洲铁路网络列车一体化管理"项目。在项目进行的三年中，欧盟拟开发新的列车运行控制一体化管理方法和流程最大化欧洲轨道交通路网的通行能力，减少列车的延误，提高乘客的满意度，并实现绿色可靠的铁路运输。我国也在近几年研制城际铁路的自动驾驶项目，开展了列车故障自动诊断等相关研究，为今后实现铁路路网的列车调度和驾驶控制一体化创造了条件。

城市轨道交通方面，欧洲在 2002~2009 年研制了列车全自动运行系统，该项目的 39 个合作伙伴来自 12 个欧洲国家以及智力、加拿大等，旨在制定、开发和验证一种富有创意和开放核心方法的轨道交通解决方案。其中列车的智能调度与驾驶控制方法是该项目重要的组成部分之一。我国也以自主研发的 CBTC(communication-based train control system)系统为基础，研发了城市轨道交通全自动驾驶系统，该系统已于 2017 年底在北京地铁燕房线正式投入使用。

3. 主要难点

对铁路信息进行科学的收集、融合和处理是进行调度决策的基础和先决条件。列车运行控制系统拓扑结构复杂，信息量大，且这些海量混杂异构数据的采集、安全高效传输、存储以及实时处理方法的研究是现在面临的一大挑战。如不对这些信息进行有效的管理，将无法提供针对性的数据为实时调度和驾驶控制服务，就会一定程度上干扰调度员的决策。

轨道交通运行环境复杂，干扰频发，全时空机理复杂；不同系统、不同层面、不同粒度的多模态信息描述存在难点；另外轨道交通网络内列车数量大、列车间运行关系较为复杂，且每列车时空运行过程呈现随机特征，列车间运行耦合机理复杂，系统中多车运行过程难刻画；因此实现贴近实际的、精确的、全局优化的调度控制一体化模型存在巨大挑战。而且列车调度指挥与驾驶控制一体化的理论计算方法需要有一定的时效性，以满足轨道交通系统实时控制的需求，也为计算方法的计算速度提出了更高的要求。

在运行控制方面，列车运行环境复杂，运行参数呈现时变、非线性、随机性强等特点，缺乏精准的运行特性数学模型。智能的调度指挥过程中，信息量大，车车间耦合关系复杂，实时的调度策略难以生成。另外将现有分层式的调度和控制协同起来产生一体化的效果也存在一定的挑战。

在社会接受和认可程度方面，列车调度和驾驶控制一体化在实现过程中可能仍面临一些困难，但对轨道交通系统资源利用和调配的自动化是未来的发展方向。人类也将从高强度繁杂的工作中解脱出来，充分发挥自动化设备的优势，最终替代人工调度和列车驾驶。

参 考 文 献

[1] Scheepmaker G M, Goverde R M P. The interplay between energy-efficient train control and scheduled running time supplements[J]. Journal of Rail Transport Planning & Management, 2015, 5(4): 225–239.

[2] Scheepmaker G M, Goverde R M P. Running time supplements: Energy-efficient train control versus robust timetables[C]//Proceedings of the 6th International Conference on Railway Operations Modelling and Analysis, Narashino, 2015: 23–26.

[3] Albrecht T, Oettich S. A new integrated approach to dynamic schedule synchronization and energy-saving train control[M]//Allan J, Hill R J, Brebbia C A, et al. Computers in Railways VIII, Southampton: WIT Press, 2002: 847–856.

[4] Li X, Lo H K. An energy-efficient scheduling and speed control approach for metro rail operations[J]. Transportation Research Part B: Methodological, 2014, 64(4): 73–89.

[5] Li X, Lo H K. Energy minimization in dynamic train scheduling and control for metro rail operations[J]. Transportation Research Part B: Methodological, 2014, 70: 269–284.

撰稿人：宁　滨　董海荣　宿　帅

北京交通大学

审稿人：蔡伯根　杨晓光

轨道交通信号系统的信息安全

Cyber Security of Railway Signaling Systems

1. 背景与意义

作为最具可持续性的交通运输模式，轨道交通对我国经济社会发展、民生改善和国家安全起着不可替代的全局性支撑作用。信号系统是轨道交通高效、安全运营的保障，是轨道交通的"大脑和中枢神经"。信号系统利用公共通用协议和标准网络进行设备间的数据交互，实现数据共享、设备联动和控制协同，自动化水平和信息化水平得到显著提高，也显著提升了服务质量[1]。

作为典型工业控制系统，轨道交通信号系统面临着信息安全威胁。2012年3月，上海申通地铁车站信息发布系统和运行调度系统无线网络受到攻击；2012年10月，北京地铁5号线车站信息显示屏出现异常；2012年11月20日，深圳地铁信号系统受到干扰，导致多列车在运行过程中频繁紧急制动，严重影响地铁的正常运营。尽管轨道交通的信息安全事件并未造成如2010年伊朗核电站事件以及2015年乌克兰电网事件的巨大损失和影响，作为人民群众出行的重要交通工具，轨道交通的信息安全仍需要给予更多的关注，得到更为严格的保障。

轨道交通信号系统的安全苛求性使之遵循故障-安全原则以应对以设备失效为代表的系统不确定性。基于该原则的容错架构、交叉验证、冗余设计等方式在提供系统安全性、可靠性、可维修性和可用性的同时，也在一定程度上提供了基本的信息安全保障机制[2]。因此轨道交通信号系统的设计和运营过程中重点考虑的是功能安全，缺乏对信息安全的全面考量。然而计算机软硬件平台的非自主化、操作系统的非专用性和通信系统及协议的开放性为信号系统引入了信息安全的风险，有极大的可能破坏正常的列车行车秩序，给轨道交通带来了功能安全隐患，影响了国家关键基础设施的安全保障。

研究轨道交通信号系统信息安全与功能安全的紧耦合原理，构建信号系统信息安全风险传播模型，研究信息安全威胁对轨道交通信号系统乃至整条线路及路网运营质量影响的评估方法，探索行之有效的信号系统防护机制，建立轨道交通信号系统全面、快速、准确、自主可控的信息安全保障体系对我国轨道交通的安全运营和可持续发展具有重要的科学意义。

2. 研究进展

近年来，工业控制系统信息安全得到各个国家和机构的关注。美国、欧盟等国家和地区均已发布了系统性的工业控制系统信息安全标准和规范[3]，并建设了国家网络靶场进行信息安全态势分析、新方法的验证及攻防演练等。

美国国家标准与技术研究院针对工业控制系统信息安全开展了标准化工作，包括联邦信息处理标准系列、特别出版物系列、内部报告系列等。2004年欧盟创建了欧洲网络与信息安全局，作为提升地区网络安全水平和促进成员国间信息交互、经验分享的重要抓手，起到了重要作用。研究表明，公共交通系统(尤其是轨道交通)信息安全最大的威胁来自系统内部，即有恶意攻击系统行为的雇员；指出公共交通系统信息安全的挑战在于难以与功能安全相融合、缺乏足够的重视程度和有效的防护策略、旧系统淘汰速度太慢等。

以此为基础，各国纷纷启动国家网络靶场建设，旨在提升国家基础设施的信息安全防护能力。美国国家网络靶场提供虚拟环境来模拟真实的网络攻防作战，实现大规模网络的逼真测试。英国联合网络靶场拥有实现各种关键能力的专用软硬件，同时可用于商业用途以安全的环境进行特定场景下网络攻击、防御能力的仿真和系统安全性的保障。针对轨道交通信号系统信息安全，欧盟启动了Shift2Rail项目，该项目的重要研究内容之一就是新的通信网络和信息安全，目标是保护数据、计算机和铁路网络免遭恶意攻击，提高铁路系统的功能安全和信息安全。

鉴于工业控制系统信息安全的严峻形势，我国的标准化及相关实践工作也已经开展起来，包括电力系统的网络、数据及传输安全标准和规范，工业控制系统信息安全的评估规范、验收规范、网络监测安全规范、漏洞检测规范、安全隔离和信息交换规范等。2012年，国家863计划"安全控制系统技术研究与开发"针对石化行业的迫切需求，研究高可靠性安全控制系统的关键技术，建立工业控制系统信息安全评估体系，研制面向石化行业的安全控制系统产品并将实现示范应用。对于轨道交通信号系统，北京市科学技术委员会在2014年对城市轨道交通信息安全防护技术及设备研究进行了重大专项的资助，其主要防护对象为以无线通信为核心的传输通道，并已在北京地铁燕房线上得到应用。

在科学研究方面，借助传统信息安全的既有理论成果，工业控制系统信息安全评估、风险监测、主动防御等方面都有了较多的理论研究成果，并以此为基础指导相关信息安全技术的开发和完善。以风险监测为例，电力系统的风险监测分为三个类别：①针对有线/无线网络等信息空间系统的监测；②针对系统异常行为的早期监测，鉴于电力系统的实时性，对风险的监测和控制越早成效越大；③利用状态估计和监测技术结合控制理论对信息安全攻击过程进行监测。与电力系统具有相似空间分布特征的城市供水系统也面临着信息安全问题，开发了类似于电力系统第三类监测方法并在法国的 Gignac Canal 进行了实测验证。

轨道交通为乘客出行提供服务，对功能安全的要求更加苛刻，运营属性和以提供产品生产为核心的其他典型工业控制系统不同，信号系统信息安全理论等均有所差异。轨道交通信号系统的纵深防御和纵深检测在未来 10 年可实现在新建地铁线路较为全面的部署。不同于新建线路，既有线的纵深防御和纵深检测的应用需要在不破坏既有运营服务质量的基础上进行部署，需要对系统更加精细地优化和重构，实现成本和效果的综合平衡。

3. 主要难点

轨道交通信号系统数据驱动特性决定了对信息的产生、传输、处理以及存储等全生命周期各个关键环节的全方面防护是提升信号系统信息安全的基础。鉴于轨道交通信号系统数据的混杂特征、通用及专用计算机软硬件平台的多样性、行业的相对封闭性以及部分产品的非自主化等，实现信号系统信息全生命周期自主可控的信息安全保障是轨道交通信号系统信息安全防护的核心所在。然而信号系统结构复杂、设备数量众多且分布范围与线路一致覆盖广，信息类型多、空间分布广、时空动态变化强，导致全方位信息感知困难；同时轨道交通运行环境多变、数据模态多、背景噪声强，实现实时高精度融合较难。基于数据感知及融合的信息安全风险评估也面临极大的难题，突出表现为信息安全模型难以精确描述信号系统的层次化机构以及子系统之间的耦合关系，也难以覆盖具有巨大时空尺度的信号系统。轨道交通系统中列车处于高速运行状态，信息安全的监测和防御需要极高的精度和实时性要求，监测结果以及防御策略推演都需要超大量的数据和计算能力，因此实时、精准地监测信号系统信息安全状态，以此为基础进行有效、快速的针对性防御是信息安全防护的最大难点所在。

轨道交通信号系统信息安全的目的是在保障旅客生命财产安全的基础上提升应对信息安全风险的能力，加强轨道交通运营服务的持续性和弹性。以此为导向，建立纵深检测和纵深防御的信号系统，提升轨道交通信息安全防护能力，增强国家基础设施安全保障，具有重要的战略意义。

参 考 文 献

[1] IEEE-SA Standards Board. 1474.1-2004(R2009) Standard for Communications-Based Train Control (CBTC) Performance and Functional Requirements[S]. New York, IEEE, 2004.

[2] European Committee for Electrotechnical Standardization. EN50159: 2010 Railway Applications-Communication, Signalling and Processing Systems-safety-related Communication in Transmission

Systems[S]. Brussels, CENELEC, 2010.
[3] International Electrotechnical Commission. IEC61508 Functional Safety of Electrical / Electronic /Programmable Electronic Safety-related Systems [S]. Geneva, IEC, 2010.

撰稿人：步　兵　王洪伟　刘　江

北京交通大学

审稿人：吴　昊　杨晓光

铁路分散自律调度集中控制

Railway Decentralized Autonomous Centralized Traffic Control

1. 背景与意义

我国铁路行车调度指挥信息化建设始于20世纪60年代，在经历了半个世纪的摸索与完善后，建立了适合我国国情和路情的新一代调度集中系统。1994年，铁道部正式发布建设铁路行车调度指挥管理信息系统(dispatch management information system，DMIS)的可行性研究报告。2005年，根据铁路信息化总体规划，DMIS更名为列车调度指挥系统(train operation dispatching command system，TDCS)[1]。TDCS是覆盖全路的现代化铁路运输调度指挥管理和控制网络系统，它由原铁道部TDCS中心系统、18个铁路局TDCS中心系统和大量基层车站系统三级机构有机组成，运用计算机科学和通信，通过全路调度信息点形成集中式综合型自动化的运输指挥调度系统。2003年，为了进一步满足我国铁路运输发展总体需要，铁道部组织有关单位和部门制定了《分散自律调度集中系统技术条件(暂行)》规则，确定采用分散自律思想，融合计算机、网络通信和现代控制等，以列车运行调整计划控制为中心，开发兼顾列车与调车作业的、高度自动化的分散自律调度集中(centralized traffic control，CTC)系统[2]。2016年底，全国铁路营业里程达12.4万km，其中高速铁路超过2.2万km，高速铁路的不断建设发展，在新时期对调度控制提出了更高的要求。为了适应高速铁路的快速发展，进一步提高行车调度指挥自动化和智能化水平，铁路总公司发布了《调度集中系统技术条件》。综合铁路信号、通信、运输等专业，采用智能化分散自律设计原则与分布式计算和控制，以列车运行调整计划为中心，以车站运行线路信息与相关管理细则为约束条件，识别列车作业与调车作业在时间和空间上的冲突，实现列车和调车作业的统一控制[3]。

分散自律调度集中控制是铁路运输组织的中枢，为铁路运营安全和运输效率提供保障[4]。承担着确保运输安全和运输效率、协调客货运输和国家重点运输以及提高客货运输服务质量等关键职责，对提升铁路运输企业经营效益，完成铁路运输生产任务起着举足轻重的作用。

分散自律调度集中控制的投入使用和广泛推广，改善了行车调度指挥过程中的海量数据结合方式，增强了系统协同能力，提升了运输服务质量。列车运行图和相关各级列车运输调度计划是系统中组织行车的依据和调度指挥的基础，是协调铁路各部门和单位按一定程序和规则进行活动的指导依据，体现着铁路运输组织工作的各项数量指标和质量指标；同时列车运行图和部分运输调度计划是运输生产部门向客运旅客和货运业主提供服务的产品目录，具有对外服务属性[5,6]。因此分散自律调度集中控制水平的高低直接关系着铁路运输组织和对外服务水平，铁路调度指挥分散自律控制理论体系的构建，对于不同组织模式、不同线路密度、不同制式设备间的互联互通，全面拥有自主知识产权的成套装备和标准体系的形成，以及确保铁路运营安全及运输效率，均具有其重要意义。

2. 研究进展

分散自律调度集中控制已吸引不少国家和机构进行研究和开发。国外早期采用专用调度总机、车站独立分机设备完成调度指挥作业；随着信息技术的进步，逐步发展到采用客户机/服务器模式，利用计算机网络以及现代信息技术实现调度指挥系统[7]。早期的调度集中主要是行车控制，现在已向安全监控、运营管理综合自动化方向发展。

1925 年，美国铁道学会采用 White 提出的铁路区段按信号显示灯行车的方式，并将其定名为调度集中。1927 年，第一套调度集中设备在美国纽约中央铁路安装使用。美国铁路营业里程达到 26 万多 km，多家铁路公司在一定地域内相互重叠，自成系统，有机联结。随着美国铁路运输的发展和市场需求的变化，各家公司以通用 CTC 系统为基础，开发出各自调度集中系统：美国柏林顿北方圣菲铁路公司自行开发的调度集中系统、通用电气公司和诺福克南方铁路公司联合开发的精确调度指挥系统、联合道岔信号公司为切西滨海铁路公司开发的以调度集中为核心的优化运输调度指挥系统等。CTC 系统在美国不断完善，正向着系统化、综合化和智能化的调度指挥系统方向发展。

1964 年，日本东海道新干线采用调度集中行车指挥方式开通运营。1972 年，日本国铁投入使用计算机辅助运行控制系统，即新干线运行管理系统(computer aided traffic control system，COMTRAC)。在 COMTRAC 基础上，JR 东日本铁路公司开发了新型综合调度集中系统，即计算机安全的运行和管理系统(computer safety maintenance and operation system，COSMOS)。几百台计算机构成广域自律分散系统，确保 COSMOS 系统在故障或中断时仍能维持铁路正常运输秩序。此后，日本不断改进设备，扩充功能，形成现在的综合调度系统。

德国对铁路网的运营采用三级调度管理方式，集中控制列车运营，基本配置为：在柏林和美茵茨各设一个总调度指挥中心协调各区域控制中心的调度工作；全国路网设七个区域控制中心；由遥控中心和车站信号设备组成基层控制系统；高速铁路不专设调度中心，而是将高速铁路调度纳入所在区域的既有调度系统，仅增加供高速线调度使用的工作台。铁路管理部门认为这样更有利于高速列车与既有列车的跨线运行。

我国自 1994 年铁道部正式发布建设 DMIS 工程可行性研究报告以来，经过近 20 年的发展完善，我国铁路以 TDCS 为平台，CTC 为核心，形成现代化的分散自律调度集中控制，已成功推广于全路繁忙干线和新建客运专线的建设中，覆盖了全国范围 18 个铁路局、8000 多个车站、12.4 万 km 运营里程，带来较高的经济效益和社会效益。

目前我国高速铁路普遍采用的分散自律调度集中控制，系统结构如图 1 所示，是基于现代计算机、网络、信息处理、现场控制综合而成的高度自动化和智能化的调度指挥，实现以日班计划、列车运行调整计划为框架，将列车运行调整计划信息下传到各个车站自律机中自主执行，根据列车运行实时信息、列车运行计划、各项管理细则等进行自我约束、保证安全，解决列车作业与调车作业在时间和空间上的冲突，实现列车和调车作业的统一控制。

3. 主要难点

我国铁路是统一运营、协调指挥的复杂运营体系，同时又存在地区发展不均衡、路网复杂、线路制式多、列车速差大、客货混运、运行速度高、密度大、运行交路长和车站作业多等特点[8]。为了有效实现安全高效的分散自律调度集中控制，必须解决以下四个核心问题：

(1) 运输组织和调度模式差异化的合理均衡问题。由于各线路设计定位不同，速度目标值、基础设施和装备水平存在显著差异，运输组织和协调的联动难度大，在分散自律控制中需要解决运输组织和调度模式的差异化规律探索及协调管理方法的研究与运用，从而提供具有针对性的实时一体化调度和控制。

(2) 列车与调车作业冲突的精确建模与模型求解问题。在分散自律控制时，不仅要解决大量不同种类的列车在同一个区域内复杂交错的进路控制问题，还要解决干线列车运行和局部车站间解编和机车摘挂的作业冲突问题，需要设计合理的列车运行进路优化模型与自动控制策略，对冲突发生的机理以及冲突消解策略的可行方案进行寻优，从而有效降低冲突的发生概率，优化运行控制效果。

(3) 列车延误控制问题。列车晚点延误具有传递性，可能会导致产生多米诺效应式的连锁现象。为此，需要从列车运行计划的"约束性"出发，构建合理的延误传播模型与最优化控制方法，在列车延误的成因、类型、传播机理和吸收机理建模方面形成创新，特别是针对自然灾害、干扰、紧急事件等突发情况可能造成的威胁，设计分散自律调度控制的核心方法与主动优化策略，降低延误发生的影响，降低列车延误产生和作用传播的概率。

(4) 列车运行计划调整的自动化、智能化问题。在列车运行计划偏离运行图时，为了实现区域范围内列车秩序优化以及铁路局范围内的列车计划统筹管理和

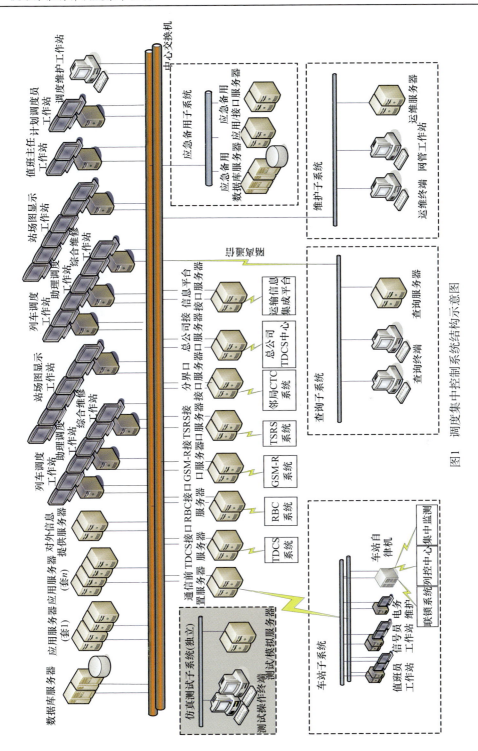

图1 调度集中控制系统结构示意图

协同控制，需要设计并实现优化的分散自律调度集中控制，对列车运行计划进行自动调整，以适应列车的有序化运行，尽快恢复按图行车，为铁路调度指挥与管理提供决策支持和参考。

参 考 文 献

[1] 铁道部运输局. 铁路列车调度指挥系统(TDCS)[M]. 北京: 中国铁道出版社, 2006.

[2] 刘朝英. 中国铁路分散自律调度集中[M]. 北京: 中国铁道出版社, 2009.

[3] 中国铁路总公司. Q/CR 518—2016 调度集中系统技术条件[S]. 北京: 中国铁路总公司, 2016.

[4] 王涛, 张琦, 赵宏涛. 基于替代图的列车运行调整计划编制及优化方法[J]. 中国铁道科学, 2013, 34(5): 126–133.

[5] Mu S, Dessouky M. Scheduling freight trains traveling on complex networks[J]. Transportation Research Part B: Methodological, 2011, 45(7): 1103–1123.

[6] Li F, Gao Z, Li K, et al. Efficient scheduling of railway traffic based on global information of train[J]. Transportation Research Part B: Methodological, 2008, 42(10): 1008–1030.

[7] Dorfman M J, Medanic J. Scheduling trains on a railway network using a discrete event model of railway traffic[J]. Transportation Research Part B: Methodological, 2004, 38(1): 81–98.

[8] Zhang T, Chen F, Wang T. High speed train rescheduling based on a cooperative particle swarm optimization algorithm[J]. Journal of Information and Computational Science, 2014, 11(7): 6337–6348.

撰稿人：张　琦

中国铁道科学研究院

审稿人：段　武　张　毅

航空卫星导航双频多星座星基增强系统

Dual-Frequency Multi-Constellation Satellite-Based Augmentation System for Aviation

1. 背景与意义

传统的民航导航方式利用无方向信标(non-directional beacon，NDB)、甚高频全向信标(very high frequency omnidirectional range，VOR)、测距仪(distance measuring equipment，DME)和仪表着陆系统(instrument landing system，ILS)等地基导航系统，地面导航台的安装和维护需要投入大量资金，民航飞机必须沿无线电信号向背台飞行，因此民航飞机的飞行路线往往是折线形的。

星基增强系统(satellite-based augmentation system，SBAS)通过卫星播发增强信息，可向国家级区域内的民航飞机提供高精度导航服务，使得民航飞机可以不依赖地面导航设备，从而有效提升民航的运行效率。对于小型机场和无人值守机场的进近操作，SBAS 的高性能导航服务可以替代传统的机场导航设备，从而减少地面设备的投入。对于大中型机场的进近操作，在现有的机场导航设备的基础上，SBAS 为导航服务提供了一个可靠的辅助和冗余。此外，SBAS 能为航路段航空设备提供与进近阶段相同的导航服务，可明显增加直线形的飞行路线并提升空域容量。

SBAS 主要面向民航用户，基于广泛布设的地面观测网监测全球导航卫星系统(global navigation satellite system，GNSS)并生成差分改正参数和相应的完好性参数等增强信息，通过 SBAS 卫星向大范围区域内用户广播这些增强信息，提升卫星导航服务的定位精度和完好性，进而提升服务连续性和可用性，使得卫星导航能够服务于航空应用。

目前已有四个 SBAS 通过了航空机构的认证，提供对美国的全球定位系统(global positioning system，GPS)L1C/A 信号的单频增强服务。这四个 SBAS 分别为：支持 LPV-200 服务的美国的广域增强系统(wide-area augmentation system，WAAS)、支持 APV-I 服务的欧洲地球同步导航重叠服务(European geostationary navigation overlay service，EGNOS)、支持 NPA 服务的日本多功能卫星增强系统(multi-functional satellite augmentation system，MSAS)、支持 RNP0.1 服务的印度辅助型地球同步轨道增强系统(GPS aided GEO augmented navigation system，

GAGAN)。单频 SBAS 的国际标准制定于 2000 年之前,并经过多次修订以反映卫星导航服务的发展[1,2]。但由于上述四个 SBAS 仅增强 GPS,且单频用户难以准确估计电离层延迟,上述 SBAS 还无法提供 CAT-I 服务。

随着用户需求的增长,美国的 GPS 和俄罗斯的全球导航卫星系统(global navigation satellite system,GLONASS)正在进行现代化升级,欧盟的伽利略系统与中国的北斗卫星导航系统正处于建设阶段。可以预期在 2020 年左右,将有四大 GNSS 同时为全球用户提供卫星导航服务。为了向航空用户提供稳定可靠的导航信号,减少航空导航信号的无线电干扰,四大系统承诺将在 L1 频段现有公开信号的基础上,在位于航空保护频段内的 L5 频段提供民用公开信号。面对未来伽利略系统和北斗系统的建成和 L5 频段的民用公开信号的播发,以欧洲、美国、俄罗斯、中国、日本、印度等国家和地区的航空管理机构和 SBAS 服务供应商为主要成员的 SBAS 互操作工作组(interoperability working group,IWG)正在讨论双频多星座(dual-frequency multi-constellation,DFMC)SBAS 的国际标准[3,4]。DFMC SBAS 用户可以利用增强后的四大 GNSS 来改善精度降效因子(dilution of precision,DOP),同时利用双频导航信号准确估计电离层延迟,从而获得更高性能的导航服务。该标准预期在 2022 年正式实施,符合该标准的各个 DFMC SBAS 将有可能在全球范围内提供无缝链接的满足一类精密进近(category I,CAT-I)需求的导航服务,将会为全球航空领域的运行效率的提升奠定基础。

SBAS 的核心技术包括高精度实时定轨技术、空间信号完好性精确估计技术、增强信息播发策略、用户保护级算法和导航服务性能测试评估技术。实时定轨和空间信号完好性估计的准确度依赖于 SBAS 观测数据的质量。接收机天线抗干扰技术、多路径延迟估计方法、接收机信号处理技术的发展,大幅推动了观测数据质量的提高。基于单频 SBAS 运行十余年所积累的数据,国内外学者对 SBAS 的核心技术开展了大量研究。面对 DFMC SBAS 与单频 SBAS 的差异,仍有许多技术难点有待解决。

2. 研究进展

目前,欧洲、美国、俄罗斯、中国、日本、印度等国家和地区的航空管理机构和 SBAS 服务供应商正通过 SBAS IWG 的平台协商制定 DFMC SBAS 的国际标准。2015 年 4 月,DFMC SBAS 标准草案得到了 IWG 参会各方的通过。随后标准草案被递交到航空无线电技术委员会(Radio Technical Commission for Aeronautics,RTCA)和欧洲民用航空电子设备组织(European Organization for Civil Aviation Electronics,EUROCAE)等接收机设备组织,以征询行业组织的意见。预计在 2022 年左右,国际民航组织将会批准 DFMC SBAS 的相关标准。

在 DFMC SBAS 标准制定的初期,国外学术机构合作开展对 DFMC SBAS 电文参数的设计、用户保护级算法的研究以支持标准的论证[5]。同时欧盟投资建设了 PROSBAS 项目,该项目建设了 DFMC SBAS 的系统原型和用户原型,用于分析和论证 DFMC SBAS 的标准可行性及性能水平[6]。在 DFMC SBAS 标准制定的中期,国内学者参与到 IWG 的相关工作中,并就 DFMC SBAS 的增强信号体制、对北斗系统的增强技术规范、电离层延迟异常模型等工作开展研究。

我国的北斗系统将提供符合国际标准的双频多星座星基增强服务,设计增强 GPS、GLONASS、伽利略系统和北斗系统的导航卫星,从而在中国及周边地区为航空用户提供独立自主的高性能导航服务。

3. 主要难点

对于 DFMC SBAS 服务供应商,双频多星座星基增强技术的重点和难点在于卫星轨道误差和时钟误差的实时准确估计,在此基础上才能实现差分改正数和完好性信息的准确计算。DFMC SBAS 支持多种轨道类型的导航卫星,与传统的中轨道(medium earth orbit,MEO)卫星相比,倾斜地球同步轨道(inclined geosynchronous satellite orbit,IGSO)卫星和地球同步轨道(geosynchronous earth orbit,GEO)卫星的轨道半径更大,当卫星处于同一星下点位置时,地面监测网对卫星观测的 DOP 更大。这意味着在相同的观测误差水平下,对 IGSO 和 GEO 卫星的差分改正精度劣于 MEO 卫星,因此需要针对 IGSO 卫星和 GEO 卫星提出更为准确的轨道误差和时钟误差的实时估计技术。

DFMC SBAS 投入航空应用需要航空管理机构的认证,因此服务性能测试评估技术是航空管理机构亟须突破的关键技术。认证的依据是国际民航组织对卫星导航服务的服务性能规范,该规范从精度、完好性、连续性和可用性四个角度约束导航服务性能。服务性能评估的关键在于完好性指标和连续性指标的认证,精密进近阶段的完好性风险指标为 2×10^{-7}/次进近,连续性风险指标为 8×10^{-6}/15s。为了评估精密进近阶段的完好性风险和连续性风险,在 1s 的采样间隔条件下需要数年时间的样本积累。长达数年的评估时间对于适航认证是不现实的,因此迫切需要建立一种符合概率理论的服务完好性和连续性评估方法,实现在样本数量较少的条件下对服务性能的准确描述。

对于 DFMC SBAS 用户接收机生产厂商,DFMC SBAS 国际标准仅约束了接收机的最小性能规范,生产厂商需要进一步研究用户的定位解算方法,以获得更高的定位精度和保护级准确度,从而扩大市场份额。

参 考 文 献

[1] ICAO SARPS. Annex 10: International Standards and Recommended Practices: Aeronautical

Telecommunications[S]. 2006.
[2] RTCA/DO-229E. Minimum Operational Performance Standards for Global Positioning System/Wide Area Augmentation System Airborne Equipment[S]. 2016.
[3] SBAS IWG. SBAS L5 DFMC Interface Control Document (Issue 1, Revision 3)[S]. 2016.
[4] SBAS IWG. Satellite-Based Augmentation System Dual-Frequency Multi-Constellation Definition Document (Version 2.0) [S]. 2016.
[5] Walter T, Blanch J, Enge P. L1/L5 SBAS MOPS to support multiple constellations[C]// Proceedings of the 25th International Technical Meeting of the Satellite Division of the Institute of Navigation, Newport Beach, 2012: 1287–1297.
[6] Fidalgo J, Odriozola M, Cueto M, et al. SBAS L1/L5 enhanced ICD for aviation: Experimentation results[C]//Proceedings of the 28th International Technical Meeting of the Satellite Division of the Institute of Navigation, Dana Poing, 2015: 1764–1774.

撰稿人：李　锐
北京航空航天大学
审稿人：朱衍波　张　毅

机场场面活动目标的视觉特征分析与目标射频跟踪

Visual Feature Analysis and Object Tracking of Airport Surface Moving Target

1. 背景与意义

伴随着民航运输业的高速发展，机场场面交通指挥控制技术水平相对落后的问题逐渐凸显。特别是机场场面交通拥堵和低能见度气象条件等导致的机场容量紧张、航班延误以及事故隐患多发等，成为制约民航快速、安全、科学发展的瓶颈问题。

目前最普遍的场面监视技术是依靠场面监视雷达(surface movement radar, SMR)对全场面进行集中式监控。SMR 对提高场面安全起到了一定作用，但是该类系统价格昂贵，安装和维护成本很高，因此我国大部分中、小型机场尚未配备 SMR 系统。除此之外，基于 SMR 的场面监视系统还存在诸如虚警率较高、易受天气影响、实时性差等问题。较为新型的场面监视技术主要是多点定位系统(multilateration，MLAT)[1]和广播式自动相关监视(automatic dependent surveillance-broadcast，ADS-B)[2]。但无论 MLAT 还是 ADS-B，由于需要通过无线通信网络和安装在被监视目标上的收发装置才能实现较高精度的定位与监视[3]，对于没有安装收发装置的非协作目标，如在场面运行的多数车辆和场务人员，MLAT 和 ADS-B 均无法实现有效定位和监视。

随着计算机视觉技术和物联网技术的融合发展，机场场面监视技术成为当前民航科技领域的重要研究方向。机场场面活动目标的视觉特征分析和目标跟踪问题主要基于智能视觉物联网技术研究高效低成本机场场面移动非协作目标监视问题。该研究以区域监视系统获取的视觉图像信息为研究对象，构建基于智能视觉标签技术的场面监视系统结构框架体系；根据视觉标签技术的特点，重点研究移动非协作目标在区域监视系统中的视觉标签构成体系、视觉图像信息特征提取方法以及视觉标签的生成方法；在此基础上，研究同一移动目标在不同区域监视系统中生成的视觉标签匹配方法，提高监视精度和可靠性。该研究可以解决传统机场场面监视雷达应用成本较高、多点定位系统和广播式自动相关监视系统对于非协作目标无法有效监视等问题，为有效弥补场面监视盲区提供一种可行的新的解决方案，有利于提高机场安全水平和运行效率；同时其低廉的成本也为中小型机场提供了一种高效可行的场面监视手段，使场面监视真正落实到每个机场成为可能。该研究也可以为推动全景视频检测技术、视觉标签技术、物联网技术和机场场面移动目标监视技术的进一步发展，提供必要的理论依据。

因此针对 SMR 应用成本较高、MLAT 和 ADS-B 对于非协作目标无法有效监视等问题，从中小型机场降低运行成本角度出发，研究高效的机场场面非协作目标监视和控制技术，对于快速发展的中国民航业具有重要意义。

2. 研究进展

目前针对这一领域的理论研究主要集中在场面目标定位、识别和跟踪上。基于视频传感器的定位算法主要通过视觉深度测距的方法和视频传感器节点自身的位置实现二维图像目标到三维空间的变换，或者结合多个视频传感器中目标方位实现定位。关于目标识别，近年来学者提出了许多机场运动目标自动挂标牌的算法，通过摄像机捕获航空器左机翼下的注册号图像，然后使用图像处理、文本定位或文本分割、字符识别的方法识别出注册号来实现航空器的自动识别。有学者利用合成孔径雷达图像和遥感图像相结合的方式实现航空器的自动识别；或者根据模糊离散动态贝叶斯网络的递推算法实现航空器目标的自动识别。由于机场范围较大，单个摄像机无法覆盖整个场景，因此需要多摄像机目标跟踪算法，现有研究对多摄像机间的拓扑关系的建立和目标跟踪技术进行了分析，并在此基础上对跨摄像机目标跟踪做了研究[4]。

机场场面运动目标监视是保障机场场面上航空器、车辆、人员安全，保证机场场面高效运行的基础技术[5]。目前场面目标监视技术主要包括场面监视雷达技术、差分 GPS 监视技术、多点定位相关监视技术和广播式自动相关技术等，这些监视技术各有优缺点，目前都得到了相应的应用。而视频监控技术凭借其直观高效、应用灵活的特点，逐渐在机场场面监视中得到广泛重视[6]。目前国内外已有相关产品将视频处理技术用于机场场面监视、运行与管理，其中代表性的方案有如下几种：①AVITRACK 系统。该系统是一种基于多摄像机的机场停机坪监视系统，其对在停机坪内活动的车辆、装备和人进行识别与跟踪[7]。②基于视觉信息的安全泊位系统。2007 年西门子和霍尼韦尔公司提出了基于视觉信息的航空器进入航站楼泊位方案。③INTERVUSE 系统。该系统作为现有的场面监视技术的有效补充，用于在现有系统无法有效监视的区域内获取场面运动目标的位置、速度等信息，以实现全场面无缝隙监视[8]。④IntelliDAR 系统。该系统是一种先进的机场场面管理系统，能够利用安保部门所使用的监控系统的视频和 ASDE-X 或 A-SMGCS 的信息，产生更直观的态势信息。⑤EVS 增强视景系统。该系统主要对机场场面进行监视,可为空管、机场、航空公司等民航单位提供机场场面各类活动的实时全景视频监视。

3. 主要难点

(1) 机场场面监控中具有唯一性的非光学特征提取机制。目标同一性识别是在不同的图像序列中找到目标间的对应关系,是多摄像机应用中最重要的基础技术之一。利用光学特征进行相同目标判定的方法,由于在机场场面监控环境中不同目标之间的外观差异变小,而同一目标在不同摄像机间的差异变大,很容易出现关联错误。因此,在机场场面视频监控中,如何提取具有唯一性的目标非光学特征,并在此基础上实现不同摄像机之间的目标同一性识别和匹配,就成为一个关键的科学问题。

(2) 机场场面目标的运动状态测量方法。对视频中的活动目标进行目标状态估计是进行后续行为识别等高级应用的基础。而视频图像本质上是将三维空间映射到二维平面上,损失了深度信息,这无疑为利用视频图像提取活动目标的运动状态带来困难。同时,由于在机场场面监控中,可以利用的目标特征信息比较少,并且这些特征对状态的表达能力十分有限,因此显著增加了机场场面视频监控系统中准确估计目标状态的难度。

(3) 机场场面活动目标的状态一致性估计方法。基于视觉的机场场面监控系统是一类典型的多摄像机协同系统。由于摄像机之间的部署情况、目标运动规律复杂程度均存在较大的差异,因此每个摄像机对于目标状态的测量并不一致。通常可以通过一致性滤波等分布式方法实现全局状态估计的一致性。但是,由于视频传感器不能提供目标的深度信息,只能借助周围邻居节点系统信号和信息处理才能完成对目标状态的估计。因此如何根据单个摄像机提供的不完整约束信息,设计一致性协议使全局对目标位置状态的估计收敛到最优值,就成为一个关键的科学问题。

(4) 机场场面监控中具有行为表达能力的目标特征建立方法。在机场场面监控环境中,常规描述目标运动行为的特征变得不够稳定,不能有效地表达目标的运动信息,同一行为的类内散度变大,不同行为类型间的散度变小,从而导致在机场场面监控场景中异常行为的识别性能急剧降低。因此另一个科学问题是,如何提取运动目标在远场场景中具有行为表达能力的鲁棒特征,并且针对可能出现的特征维数偏高等问题,如何有效地将计算复杂度控制在可接受的范围内。

参 考 文 献

[1] Petrochilos N, Galati G, Piracci E. Separation of SSR signals by array processing in multilateration systems[J]. IEEE Transactions on Aerospace and Electronic Systems, 2009, 45(3): 965–982.

[2] International Civil Aviation Organization. Advanced Surface Movement Guidance and Control Systems (A-SMGCS) Manual[M]. Montreal: International Civil Aviation Organization, 2004.

[3] Cakiroglu A, Erten C. Fully decentralized, collaborative multilateration primitives for uniquely localizing WSNs[J]. EURASIP Journal on Wireless Communications and Networking, 2009, 2010(1): 348–357.

[4] Semertzidis T, Dimitropoulos K, Koutsia A, et al. Video sensor network for real-time traffic monitoring and surveillance[J]. IET Intelligent Transport Systems, 2010, 4(2): 103–112.

[5] Qin Z, Wang J, Huang C. The monocular visual imaging technology model applied in the airport surface surveillance[C]//International Symposium on Photoelectronic Detection and Imaging, Beijing, 2013.

[6] Zhang S, Wang C, Chan S C, et al. New object detection, tracking and recognition approaches for video surveillance over camera network[J]. IEEE Sensor Journal, 2015, 15(5): 2679–2691.

[7] Ferryman J. AVITRACK: Aircraft surroundings, categorized vehicles and individuals tracking for apron activity model interpretation and check[C]//IEEE Conference on Computer Vision and Pattern Recognition, San Diego, 2005.

[8] Dimitropoulos K, Semertzidis T, Grammalidis N. Video and signal based surveillance for airport applications[C]//6th IEEE International Conference on Advanced Video and Signal Based Surveillance, Genova, 2009.

撰稿人：韩松臣　李　炜

四川大学

审稿人：曹先彬　张　毅

广域航空监视网及服务

System-Wide Aeronautical Surveillance Network and Its Services

1. 背景与意义

空中自主定位、地面监视是航空运行安全的前提和基础。然而全球、全天候飞行的运输航空突破了陆基监视范围,低空、复杂地形和不确定区域作业的通用航空也凸显出低空监视范围的不足。航空监视的不足导致对我国航空运行安全风险的全面管控无法保障。

MH370 事件在全球范围内引发公众对航班监视及其应急搜寻的高度关注,暴露出针对航班运行,尤其是跨海远端飞行持续追踪、安全保障方面存在的不足,为此国际民航组织(International Civil Aviation Organization,ICAO)提出"全球航空遇险与安全系统"运行概念[1],试图全面推进航班连续位置监视、追踪与控制能力的提升。我国通用航空和无人机快速发展中出现的安全管控问题,也暴露出低空监视的严重滞后;以 GPS+海事卫星通信系统+铱星系统为代表的新型航空监视方法由国外全面掌控[2,3],存在国家安全隐患;军民两用航空监视体系的突破对于落实国家战略,促进军民融合深度发展也有重要意义。针对广域航空运行安全保障需求以及我国实际发展现状,我国提出了着力提升航空安全监控能力、技术装备支撑能力和应急反应处置能力,建立国家航空安全体系的发展战略。因此建立自主可控的全球航空监视网,建立健全广域航空运行安全服务体系势在必行,这也是形成国家空域安全管控能力、体现大国地位、实现创新引领发展的重要途径。

广域航空监视网建设将结合现有监视手段,研究突破北斗航空服务、星基通信链路、低空监视覆盖等一系列新型监视难题,搭建完成并验证自主可控的监视网络;同时实现多源信息的安全可信服务以及航空运行评估与风险预警,推进航空服务的体系化、综合化和智能化。这在航空监视、信息处理、运行评估等方面具有重要意义。

自主广域航空监视网的搭建及服务需要在当前航空监视基础上持续推进。目前我国已经建立了北斗导航系统,并开始为国内和亚太地区提供位置服务[4],北斗的进一步建设与全球化服务为自主化的航空运行全球监视提供基础。而且当前雷达、广播式自动相关监视(automatic dependent surveillance-broadcast，ADS-B)、多照射源等监视手段的应用以及自动化系统、信息组网、智能服务得到快速发展，为建立我国自主可控的广域航空监视网及服务体系提供了支持。广域航空监视主要特征是星基监视、机载设备适航、监视信息集成与服务等。需要建立星、空、地一体的广域航空监控体系架构[5]，攻克多源航空监视信息融合及其数据质量控制、航空器飞行动态信息一致性/完好性/安全性保障与风险评估、星基 ADS、多照射源低空监视、北斗最低性能及高精度增强模拟、高风险航迹追踪识别与风险预警、北斗机载设备检测与适航评估等方面的研究难点。推进航空监视从局部"看得见、看得远"向全球范围内"看得广、看得准"发展。该体系的建立将具备所有我国运输航班全球监视和通航境内全空域监视功能，并具有监视信息融合与分发、风险评估与报警等功能，对航空运行监视及应用具有重要推动作用，并能全面提高我国航空运行监控能力。

2. 研究进展

近年来，航空监视逐步从区域监视向全球广域范围监视的目标发展。目前主用的航管一、二次监视雷达、广播式自动相关监视、场面监视雷达和多点定位等航空监视装备仅限于视距内观测，只有少量特殊用途的天波、地波超视距雷达才能在一定程度上突破这一限制。但普遍都存在监视范围小、需要大型地面系统支持、频谱资源占用大和易受环境干扰等问题。

卫星系统的发展使得星基航空监视得到重点关注和发展，也被认为是未来实现广域航空监视的核心趋势。星基监视的核心依然包括自主定位和信息传输，自主定位方法则以美国的全球定位系统为典型代表，应用成熟；信息的全球传输则主要依靠卫星通信，典型代表即由欧美主要掌控的海事卫星通信系统和铱星系统，这两种通信系统已经在为航空公司等部门提供信息定制服务。我国则主要通过研发建设北斗卫星导航系统实现自主监控，通过北斗二代系统实现快速自主定位，由北斗短报文功能实现位置报告，目前北斗系统服务范围主要为亚太地区[6]。但受到卫星导航精度、通信链路容量的限制，目前的全球监视只能为航空公司提供低精度、间隔时间大的位置报告，其监视性能远不能达到地基设备水平。因此，改善星基导航性能、突破现有星基监视体制就成为国际航空监视发展的最新趋势。其中，星基 ADS-B 便被认为是未来全球航空监视的一项重要突破，得到国内外一些机构的积极研究建设。

随着世界正在进入以信息产业为主导的新经济发展时期，监视信息服务也必然从单一、分散向集成、可定制发展。打破传统的监视信息逐点采集、逐级汇聚的集成方式，美国下一代航空运输系统和欧洲单一天空空管研究计划都研发了航空信息共享互操作基础架构，国际民航组织也定义了协作环境下的飞行和流量信息(flight & flow information for a collaborative environment，FF-ICE)交互环境，推动网络化广域信息管理实现。

3. 主要难点

搭建广域航空监视网并实现智能化服务的难点有以下两个：

(1) 广域航空监视网的研究问题。包括顶层体系的研究建设以及新型监视方法的突破。目前多种监视手段发展应用参差不齐，有以一次雷达、二次雷达为代表的传统成熟方法，也有以 ADS-B、星基通信为代表的新兴系统，针对我国基础，从顶层设计出一套完善合适的体系，研究具有普适性、前瞻性、长久性的规则标准库，为航空监视相关领域的研究与发展提供指导，将是一个复杂艰巨而必不可少的难点。广域监视网的构建也需要突破星基定位与通信的难关实现全球监视，需要解决复杂低空监视信息获取的难点实现低空监视覆盖。以我国自主的北斗系统为基础，实现全球的星基监视依然存在诸多壁垒有待攻克，包括新型大容量星基 ADS-B 监视载荷研究、北斗机载设备检测与适航评估方法、星间实时通信链路研究等。基于多照射源的无源雷达研究为低空对各种航空器的全空域低成本监视需求提供可能，但也需要解决低空复杂电波监测与监视目标准确获取的关键问题。

(2) 面向航空运行的智能化服务。虽然目前针对航空运行，一些航空公司或管制部门具备基本的评估、风险识别与告警功能，但与全面、实时、准确的智能化评估服务存在差距。基于航空监视网，首先需要突破实现多源航空监视信息的可信融合、安全管控与信息发布；其次，面向航空运行，尤其是针对运行风险，则需要建立航空运行态势评估、航迹追踪预测、风险辨识与预警等一系列关键方法，并能够准确将告警信息推送给每个相关部门，提供相应的智能决策支持，这些均是亟待解决的重点问题。

广域航空监视网及服务是航空领域迫切需求的内容之一，利用我国自主可控系统实现目标更是推动国家科技强国战略的关键点。其全面实现有望促使我国航空产业安全管控水平进入一个新台阶，并在国际舞台占据更重要的位置。

参 考 文 献

[1] Ad Hoc Working Group on Aircraft Tracking. Global Aeronautical Distress & Safety System (GADSS)[R]. Montreal: International Civil Aviation Organization, 2015.
[2] 李木子. 海事卫星系统发展及应用[J]. 无线电工程, 2009, 39(10): 8–10.
[3] 王洪全, 刘天华, 欧阳承曦, 等. 基于星基的 ADS-B 系统现状及发展建议[J]. 通信技术, 2017, 50(11): 2483–2489.

[4] 中华人民共和国国务院新闻办公室. 中国北斗卫星导航系统[M]. 北京: 人民出版社, 2016.
[5] 梁振兴, 等. 体系结构设计方法的发展及应用[M]. 北京: 国防工业出版社, 2012.
[6] 吕小平. "北斗"在我国民用航空的发展和应用[J]. 中国民用航空, 2011, 128(8): 39–42.

撰稿人: 赵嶷飞

中国民航大学

审稿人: 朱衍波　张　毅

航空运输大数据

Air Transportation Big Data

1. 背景与意义

互联网和信息化的快速发展引发了数据量呈几何级别的增长，大数据已深入渗透到社会的各行各业，也为航空业的发展带来了新的机遇与挑战[1,2]。大数据具有明显的四大特征：数据量巨大、数据种类繁多、流动速度极快以及价值密度偏低。随着经济全球化的不断加速和客货运输需求量的持续增长，航空运输系统逐步呈现出大规模、网络化、强耦合的发展特点。安全高效运行是航空运输系统的总体目标。随着无人机和通用航空器市场规模的不断扩大，空中交通多样性和运行方式混合的特点突显。同时对航空运输系统的安全可靠运行带来了新挑战：随着流量的不断增加，航空运输网络变得更加复杂，大雾、暴风雪、雷雨等恶劣天气、自然灾害、人为蓄意破坏等会造成航班延误或者取消，严重情况下会导致机场关闭。作为一个具有强关联性、高动态性、系统流量与结构紧耦合的网络化复杂巨系统，航空运输系统的局部突发事件可能导致大范围级联失效的传播，航空运输系统的应急调控能力亟须提高[3]。

从多源异构海量信息中挖掘信息情报和知识资源，从而实现空中交通系统运行的精细化评估与调控，是大数据在空中交通领域的应用发展方向[4]。重点研究航路网数据的实时获取与传输、空中交通多源数据融合、大数据环境下交通行为建模、分析、预测与挖掘等，为空中交通系统的安全、有序、高效运行提供数据支持[5]。

航空业大数据是有效提升航空运输系统运行保障能力的前提和关键。首先，飞机状态信息、飞行员的操作信息、气象信息等大数据的高效处理，将为飞机的安全高效飞行提供保障和支撑。其次，地面航空服务能力将得到进一步提升。航空公司、机场管理机构及专业保障公司可充分利用旅客在机票预订、行程管理、信息分享阶段所产生的大量数据，建立旅客个体行为描述模型，有针对性地分析旅客需求信息，旨在为航空公司、机场管理机构及专业保障公司进一步提升运输服务质量提供决策支持。

2. 研究进展

目前美国运输部开放了美国境内所有航班的起飞、到达和延误的实际数据[6],用以建立航班延误的专用分析系统,为乘客提供美国境内各个航班的延误率和机场候机时间等,从而进一步促进航空公司之间、机场之间的良性竞争,使得乘客更加准确、便捷地出行。在巴西为了解决空中交通拥堵的问题,他们通过收集大量飞行相关 GPS 数据(包括飞机间距、飞行时间、飞行性能数据等)来优化现有航路的利用效率,改变了飞机在空中排队等候地面降落的一般性方法,并保证飞机能够以最短路线飞行。据初步估计,这一举措将会为巴西带来 16%~59%的客流量增长。另外地空宽带移动通信、宽带卫星通信、机场高速无线网络、多模卫星导航、卫星地基增强、地基/星基系统等平台的逐步建立与完善,将进一步提升飞机的通信、导航、监控能力,飞机的飞行信息、空中交通信息、气象信息、健康信息等大数据将会得到更高效的传递与处理,进而为飞机的安全、高效飞行提供保障。

3. 主要难点

航空运输大数据领域的科学问题包括航空运输数据采集与交通态势获取、多源数据融合与挖掘、运行态势预测与控制、航空运输客货流量、航班流量和空管流量系统仿真等,旨在缓解航路拥堵、提升民航运行效率和航空运输系统的出行可靠性以及应对自然灾害、突发事件的应急保障能力。其中许多难点还需要进一步努力攻关:

(1) 数据的透明度和开放性问题。航空运输系统涵盖了多个航空公司、空中交通管制、机场管理机构及专业保障公司等,虽然每个参与者能够收集各自业务范围的数据,但是由于利益的冲突,却不愿意彼此分享,更不愿意开放其自身的业务数据,这使得建立一个全方位、完整的航空运输数据库十分困难。

(2) 航空大数据的采集和存储问题。航空运输系统的各个参与者往往自行收集其业务数据,但是对如何收集、存储和管理数据(存储格式、时间分辨率、地理范围的规模等)并没有统一的标准,这使得后续的多源数据融合变得极其困难。

(3) 航空大数据的分析和使用问题。随着航空运输业务的快速增长,其伴随的航空大数据的规模不断增大,传统的数据处理方法将面临越来越多的问题。如何使用数据(大数据环境下交通行为建模、分析、预测与挖掘等)是难点之一。

(4) 大数据环境下的信息安全问题。在航空业信息化、网络化的时代,特别是置于互联网之中的飞机与乘客,信息安全问题迫在眉睫。通过高速宽带数据链传输的空中交通管理信息数据存在多个被攻击的风险,恐怖主义分子或者黑客有可能通过飞机上的高速无线网络劫持飞机,甚至接管、操控飞机。另外,乘客的隐私信息很容易被侵犯。

参 考 文 献

[1] 胡睿. 浅谈大数据与空中交通管制服务的结合应用[J]. 科技展望, 2015, 32: 6.

[2] 中国商飞公司. 航空大数据：身边正在发生的未来[EB/OL]. www.Comac.cc/xwzx/cyzx/201506/29/t20150629_2598696. Shtml[2015-06-29].

[3] 中国大数据. 提高交通大数据利用率, 改善交通拥堵现状[EB/OL]. https://www. yonghongtech.com/zx/dashuju/33486. html[2016-12-12].

[4] Zanin M, Papo D, Sousa P A, et al. Combining complex networks and data mining: Why and how[J]. Physics Reports, 2016, 635: 1–44.

[5] Keller R, Ranjan S, Wei M, et al. Semantic representation and scale-up of integrated air traffic management data[C]//Proceedings of the International Workshop on Semantic Big Data, San Francisco, 2016.

[6] DeLaura R, Jordan R, Reynolds T, et al. Multi-scale data mining for air transportation system diagnostics[C]//16th AIAA Aviation Technology, Integration, and Operations Conference, Washington DC, 2016.

撰稿人：孙小倩
北京航空航天大学
审稿人：张学军　张　毅

空域协同监视

Collaborative Airspace Surveillance

1. 问题背景

空域监视主要服务于对空域中各类活动的管理，帮助管理者掌握空域内的活动进程及变化，以及空域用户掌握其周边空域内和目的地空域内其他用户的位置及状态，及时识别冲突、控制风险，以保持良好的空域和交通秩序，保障空域资源的安全高效利用。

传统的空域监视主要依靠雷达探测，即利用无线电波在空间的直线传播特性发现空域内各种活动的目标位置，其中包括可以实现对目标主动探测的一次雷达，靠目标对电磁波的反射回波确定目标的方位、距离及运动轨迹；二次雷达则依赖于目标对探测方的主动应答，采用询问应答式的工作机制，只能监视合作目标。一、二次雷达在很长一段时期成为实施空域管理的主要监视手段。随着卫星导航和数据链技术的推广应用，目标自主定位能力得到了显著增强，通过数据链报告自身位置供外界对其进行监视的方式，逐渐成为一种空域监视的新模式，称为自动相关监视(automatic dependent surveillance，ADS)。根据目标发布位置报告的工作模式，自动相关监视又细分为广播式自动相关监视和合约式自动相关监视，其中，广播式自动相关监视以广播的方式向所有空域用户通报自己的位置信息，合约式自动相关监视以点对点的方式向特定签约用户通报自身位置信息。广播式自动相关监视由于具有报告周期短、位置精度高、设备建设成本低等优势，得到快速的推广应用。目前在空中交通管理领域，基本形成了以一、二次雷达和广播式自动相关监视为主体，合约式自动相关监视、多点定位监视和光学视频监视为补充的空域监视体系，支撑着对空域内各项活动的管理和空中交通的正常运行[1]。

但是空域监视的主要目的之一是支撑对空中交通的管理活动，随着国际民航组织全球空中交通管理一体化概念的提出，特别是航空器门到门管理和基于轨迹的运行等新的空管运行概念的提出，单纯掌握空中目标的当前和历史位置，已经无法满足空中交通管理的运行要求。并且随着技术手段的进步，航空器自身能够掌握的周边态势信息已经与交通管制中心掌握的相关态势信息基本一致，原有的空中飞行由地面管制中心集中管控的运行模式,也开始向空地协同决策运行过渡。

这些来自空管运行方面的新概念、新模式,不断地对空域监视提出了新的要求,即不但要掌握航空器当前的位置信息及历史运动轨迹,还应该掌握其未来的运动意图和周边的环境变化趋势,以满足空管运行上的空地协同决策和基于轨迹运行的管理要求[2]。

空域协同监视实际上是空域监视在范畴和能力上的延伸,在时间维度上是从对目标以往和当前位置的监视向目标未来运动意图监视的延伸,在监视内容上是从对空域内的目标运动向目标周边的地理环境和气象条件变化延伸,在处理能力上从发现、识别、跟踪向推演、预判和告警延伸。它是监视与管理紧密耦合的产物,是空域协同运行管理对监视保障提出的新要求。

2. 科学意义

空域协同监视是未来空域"自由飞行"基础支撑技术之一,与卫星导航、新概念空管、机载航电和飞行管理系统等先进技术一起,组成了下一代空中交通管理系统的核心技术,是航空活动由当前的"受限制飞行"向"自由飞行"过渡的技术基础。

开展提升空域协同监视能力的研究,将有助于突破解决基于自动相关监视的空中交通态势感知与处理、机载空管多元监视数据融合、机载气象与地形综合态势监视、空地态势协同共享、自主间隔保持与避让等国际空管研究领域的公认难题,为实现航空器空中自主感知与避撞、航空器飞行全过程的四维轨迹管理、有人机和无人机的混合运行等空管运行新模式奠定基础,促进航空器从当前受限飞行不断朝向空域灵活使用、自主驾驶飞行、安全高效节能飞行迈进。

3. 研究进展

空域协同监视的研究始终与技术进步和管理能力的提升相伴相生。传统的空域监视系统在运行上相对孤立,在综合态势生成、趋势预测、信息交叉印证与增强以及目标监视和气象态势融合等方面与空管的运行期望及要求存在明显差距,随着自动相关监视系统的建设应用,首先出现的是多源异类目标数据的融合和自主报告数据真实性的验证等问题[3,4],而广播式自动相关监视与机载空管综合航电系统的结合,则快速推进了基于自动相关监视信息的空中防撞告警和终端区缩小空中尾随间隔的实现[5~7]。近年来,空域协同监视已吸引了不少国家和研究机构投入资金进行研发,特别是国际民航组织发布组块升级(Aviation System Block Upgrade,ASBU)计划之后,更是带动了该领域的规模研究与示范应用。目前美国波音、欧洲空客等飞机制造公司以及霍尼韦尔、斯科林等航电设备公司都在深化相关技术的应用研究,发展空域协同监视新体制。欧洲航行安全组织在 2014 年单一欧洲天空研究计划中，完成了初始的四维轨迹(I-4D)飞行测试，其中包含飞机通过综合运用合约式自动相关监视和管制员飞行员数字报文通信技术，向地面管制中心发送当前航路点的预计到达时间窗口，实现在指定航路点排序的目的，显著提升了空地协同运行的能力[8,9]。北京航空航天大学等单位在空域监视新技术方面也展开了多年的研究，并在空地态势共享、完好性监测、北斗导航卫星应用等方面取得了重要突破，推进了我国空域协同监视的发展应用。

4. 主要难点

总体来讲，实现空域协同监视的重点和难点是不同来源的位置信息、意图信息和环境信息之间的深度融合，其中数据的共享、过程的推演和冲突检测与规避将成为支撑空地协同决策和多目标之间行动配合的核心，而信息自身的完好性和系统对信息的交叉认证、容错和防欺骗能力将成为空域协同监视可用性的关键。对于民用航空器，以 1090ES 数据信道为基础的广播式自动相关监视发射和接收装备技术体制的成熟及推广应用，使以为载体进行更为深入的信息融合和应用成为可能，其中如何将气象信息和地形数据参与态势生成及判断将成为难点；对军用航空器来说，需要考虑军事飞行的保密性问题，如何在同一个空域内实现军、民航飞机的互监视且适应军机保密性要求，成为军机融入空域协同监视环境的瓶颈；对于通用航空，由于 1090ES 数据信道是与地面二次雷达应答机共享的一个通道，其信道容量有限，面对通用航空器种类特别是数量的爆发式增长，必须为其预留出经济适用、形式多样的接入方式，才能构造出包含公共运输航空、通用航空和军事航空的统一空域监视环境；而拟建立的空域协同监视技术体制和标准，则必须解决同一空域环境内不同种类和属性航空器信息的接入、融合、共享以及信息的完好性、时效性等难题。

参 考 文 献

[1] 白松浩. 空中交通管制监视技术综述[J]. 无线电工程, 2005, (10): 40–44.
[2] 张军. 空地协同的空域监视新技术[M]. 北京: 航空工业出版社, 2011.
[3] 白松浩. 多雷达与 ADS 数据融合的可变周期更新算法[J]. 交通运输工程学报, 2007, 7(2): 23–28.
[4] 严可壹, 吕泽均, 时宏伟, 等. 基于 TDOA/TSOA 的 ADS-B 系统防欺骗技术[J]. 计算机应用研究, 2015, 32(8): 2272–2275.
[5] Krozel J, Andrisant D, Ayoubi M A, et al. Aircraft ADS-B data integrity check[C]//AIAA Aircraft Technology, Integration, and Operations Conference, Chicago, 2004.
[6] Thompson S D, Sinclair K A. Automatic dependent surveillance broadcast in the Gulf of Mexico[J]. Lincoln Laboratory Journal, 2008, 2(17): 55–69.
[7] Joint Planning and Development Office. Concept of operations for the next generation air

transportation system version 2.0[R]. Washington DC: Joint Planning and Development office, 2007.
[8] Treleaven K. Conflict resolution and traffic complexity of multiple intersection flows of aircraft[J]. IEEE Transactions on Intelligent Transportation System, 2015, 9(4): 633–643.
[9] Strohmeier M, SchäFer M, Lenders V. Realities and challenges of NextGen air traffic management: The case of ADS-B[J]. IEEE Communications Magazine, 2014, 52(5): 111–118.

撰稿人：白松浩
国家空域技术重点实验室
审稿人：朱衍波　唐　涛

基于空管保障系统性能的航路网络业务持续性分析与优化

Business Continuity Analysis and Optimization of Air Route Network Based on Air Traffic System Performance

1. 问题背景

我国民航市场的迅猛发展暴露出现有航路网络上诸多结构缺陷，2009～2013年我国民航完成旅客吞吐量、货运总量及总运转量每年平均分别增加约14%、13%及16%。民航运输规模的扩大及空中交通量持续增长，导致航班大面积延误、空域拥堵及流量控制等现实问题日益严重，这不仅会限制行业继续发展，也可能存在潜在安全问题。据统计，全国由航空管制(包括流量控制)引起的航班延误为36.48%，与航空气象因素相关的不正常航班约占延误航班的1/3。因此在确保空中交通量持续增长的条件下，从根本上提高我国航路网络整体运行效率是促进民航运输业持续发展的迫切需求。随着航路需求的多元化发展，航路网络会变得越来越复杂，其对航空运输业的影响也越来越大。恶劣天气(如大雪或雷雨等)等综合因素影响，可能会导致大面积延误或临时取消航班等现象，给空中交通网络的运行带来巨大影响。极端天气情况或其他影响因素可能会使大部分航路无法通行，导致航路网络的承载能力下降，这些会使航路网络上的流量分布和运行产生变化，还可能会引起其他航段拥堵。

航路系统是一个由航路网络子系统、动态流量子系统和管理系统相互作用、相互影响而形成的复杂、动态巨系统。航路网络运行不仅涉及人、航空器、环境和航路结构四个方面，还与管理、控制等紧密相关。而且航路网络结构布局的调整、突发事件的发生、流量分布的改变会使航路网络运行过程具有不确定性，造成整个运行机制的变化过程非常复杂。航路网络中航段(或航路点)发生拥堵的根本原因是通过航段(或航路点)的流量大于航段(或航路点)的通行能力。随着空中交通需求不断增加，航路上交通流特性日益复杂，航段(或航路点)的可承载能力一方面受到一些外部事件如恶劣天气等因素的影响，另一方面受到内部因素如管制员工作负荷过大、交通拥堵等影响。航路网络业务持续性分析与优化的相关问题需要引起广泛关注。

2. 科学意义

为提高航路网络运行应对突发事件的能力和保障业务持续性，在航路网络系统对应的空间网络模型的基础上，研究航路网络固有的复杂网络特征。分析影响航路网络业务持续性的多种因素(如恶劣天气、导航设施故障等)对航路网络失效的作用模式与机理，研究基于航路网络固有特征的抗毁性结构优化方法。综合考虑天气因素演变的不确定性与导航设施能力的约束，研究航路网络的动态自修复理论与扩展规划模型，进一步优化航路网络系统的业务持续性。该研究在发现航路网络系统的固有特征与作用机理、拓展交通网络抗毁性优化理论、改进交通网络的动态自修复理论等方面具有重要的科学意义。

3. 研究进展

在航路网络研究方面，基于复杂网络理论在网络静态特性的实证分析方面进行了较为广泛的探索与研究[1~7]。航空网络诸多研究主要集中在根据机场、导航台、航路点等基础信息方面，建立网络表达模型，从度分布、聚类系数、最短路径长度等评价指标入手，研究其结构特性实证统计分析。多个研究结果显示，航路网络是一个存在无标度特性的小世界(small world, SW)网络，其介数及度中心性分布满足幂律分布，同时随着机场数量增加，节点间的可达距离呈对数增长，网络具备自相似的结构且存在中心集散机场节点，而簇系数值表明网络中不具备社团特性。航路网络基本特征研究为认识航路网络的基本结构、评估航路网络特性提供了理论基础。

复杂网络理论中抗毁性通常与鲁棒性联系在一起，主要基于判别网络是否连通以呈现其静态结构对外界攻击的抗干扰能力。网络抗毁性的定义为基于网络中的连接弧(或节点)受随机因素与蓄意破坏两种影响下整个网络性能保持不变的能力。因此航路网络抗毁性与其在结构方面的脆弱性互补，即较强抗毁性的航路网络结构脆弱性越低，反之则越高。近年来，可以用于研究不同攻击或风险条件下基础设施系统功能和脆弱性的仿真方法和模型越来越多，如概率风险分析(probabilistic risk analysis, PRA)方法，基于系统动力学的方法，基于网络的方法等。有研究指出，影响交通网络脆弱性的根本因素是其静态结构特性及动力学演化特性，其次存在一些会因评估方法的差异间接改变评估结果的潜在因素，但不同于拓扑结构之类的根本因素，其无法直接影响脆弱性的评估结果[8]。

发现航路网络的脆弱环节，为航路网络结构优化指明了方向。有研究指出，对于多轮的同时的随机故障和故意攻击，最鲁棒的网络应具有双峰度分布。但网络结构的优化并不限于网络鲁棒性的最优化，网络高通过率、对级联失效的高容忍度等其他优化标准也需要考虑。

4. 主要难点

总体来讲，航路网络业务持续性分析与优化的难点是航路网络抗毁性优化设计及自修复拓展规划模型。虽然相关网络优化方法已在公路网规划与城市道路网规划等领域有所应用，但对抗毁性的考虑严重不足。如何在优化过程中，平衡抗毁性要求与各类优化目标是亟待解决的难题。另外随着基于性能导航(performance based navigation，PBN)技术的推广实施，航路网络节点可以不受地面导航台的限制，这将使得航路网络结构变化具有更大的灵活性，致使自修复拓展规划模型求解难度大大增加。

参 考 文 献

[1] Barrat A, Barthelemy M, Pastor-Satorras R, et al. The architecture of complex weighted networks[J]. Proceedings of the National Academy of Sciences of the United States of America, 2004, 101(11): 3747–3752.

[2] Guimera R, Amaral L A N. Modeling the world-wide airport network[J]. The European Physical Journal B: Condensed Matter and Complex Systems, 2004, 38(2): 381–385.

[3] Guimera R, Mossa S, Turtschi A, et al. The worldwide air transportation network: Anomalous centrality, community structure, and cities' global roles[J]. Proceedings of the National Academy of Sciences, 2005, 102(22): 7794–7799.

[4] Guida M, Maria F. Topology of the Italian airport network: A scale-free small-world network with a fractal structure[J]. Chaos, Solitons & Fractals, 2007, 31: 527–536.

[5] Bagler G. Analysis of the airport network of India as a complex weighted network[J]. Physica A: Statistical Mechanics and Its Applications, 2008, 387(12): 2972–2980.

[6] 宏鲲, 周涛. 中国城市航空网络的实证研究与分析[J]. 物理学报, 2007, 56(1): 106–112.

[7] Grubesic T, Murray A, Mefford J. Critical Infrastructure: Reliability and Vulnerability[M]. Berlin: Springer Science & Business Media, 2007.

[8] Hellström T. Critical infrastructure and systemic vulnerability: Towards a planning framework[J]. Safety Science, 2007, 45(3): 415–430.

撰稿人：隋　东
南京航空航天大学
审稿人：张学军　唐　涛

无人驾驶航空器系统的冲突探测和智能解脱

Conflict Detection and Intelligent Avoidance in UAS

1. 背景和意义

近年来，随着无人驾驶航空器系统(unmanned aircraft system, UAS)的快速发展，其数量和种类呈现大幅增长，应用领域越来越广。为进一步提升无人驾驶航空器的空中交通安全保障能力和智能化水平，迫切需要解决无人驾驶航空器的冲突探测和智能解脱。

目前无人驾驶航空器系统的主要用途分为两种：军事应用和民事应用。其中军事领域是最重要的投资推动力，大多数军用无人驾驶航空器系统用于情报、监视、侦查和攻击。下一代的无人驾驶航空器将会执行更为复杂的任务，如空中格斗、目标探测、目标识别和打击，对敌防控的打击与压制、电子攻击、网络节点与通信中继、空中运输与再补给、反舰战、反潜战、空中防御作战等。随着军事任务趋于多样化和复杂化，无人驾驶航空器系统的发展趋势将是自主化、智能化控制取代有人化操作[1]。

在民事应用领域，无人驾驶航空器系统的用途主要包括以下五类。

(1) 环境应用。远程环境研究、大气监测、污染评估、天气预报、地质勘探。

(2) 紧急情况应用。消防、搜索与救援、海啸/洪水监视、核辐射监视、灾情态势感知、人道主义援助。

(3) 通信应用。通信中继服务、蜂窝移动电话传输、宽带通信。

(4) 监视应用。国土安全、海洋及过境巡逻、海岸监视、执法、农作物和收成监视、火灾监视、油电气管道线路监视、地形绘图。

(5) 商业应用。空中摄影、精确农药喷洒、货物运输等。

在军事和民事应用的各个领域中，提升无人驾驶航空器的冲突探测和智能解脱能力、增强无人驾驶航空器自主化水平、保障空中交通安全，都是必须面对和解决的问题。

冲突探测和智能解脱系统将允许无人驾驶航空器"看见"或发现其他航空器(有人驾驶或无人驾驶的)并规避它们。该系统可分解为两部分："看见"和"规避"。"看见"部分包括通过某种类型的传感器探测侵入的航空器。"规避"部分包括预测侵入航空器是否构成威胁，以及通过决策算法决定应该采取什么样的行动进程。该系统的第一种感知途径是通过合作式传感器来实现。在合作式感知条件下，航空器具有向附近空域其他航空器通告其位置的应答机或数据链，通过交换双方方位信息，实现无人驾驶航空器对附近空中交通态势的感知识别和安全评估。第二种途径也是最为困难的一种，即非合作式航空器的探测。在此情形中，其他航空器不能共享其位置信息，但必须能被无人驾驶航空器的机载雷达或光电设备所探测。为了达到规避目的，智能解脱系统必须使用特定算法对传感器信息进行处理，以预测无人驾驶航空器和入侵航空器未来的位置，并确定碰撞的可能性。如果存在碰撞的可能，而操作员没有足够的反应时间，那么智能解脱系统就必须解算出安全逃脱路径并指导飞行控制系统自动执行。

研究无人驾驶航空器的冲突探测和智能解脱具有重要的科学意义，主要体现在两个方面：第一个是空中交通管理领域，在该领域中使用自主化系统来提高空中交通的安全性和畅通性；第二个是人工智能研究领域，通过研究冲突探测和智能解脱，实现无人驾驶航空器空中交通态势评估、路径自动规划和冲突解脱，能够大幅提高其智能化水平。

2. 研究进展

捷克的研究团队已经开发了用于多无人驾驶航空器仿真、设计和评估的 AgentFly 框架体系，为无人驾驶航空器冲突探测和智能解脱提供了智能算法的软件原型。美国联邦航空局支持将 AgentFly 系统用于未来民用空中交通管理系统的仿真和评估。

2015 年 6 月，美国海军授予诺斯罗普·格鲁曼公司一份价值 3910 万美元的合同用于改进"特里同"(Triton)无人驾驶航空器的探测与雷达规避，使其具备巡逻大面积海域，搜寻敌方潜艇、海盗、毒品走私等任务的能力[2]。

我国的西北工业大学、北京航空航天大学、南京航空航天大学、空军工程大学等高校已经开展了针对无人驾驶航空器冲突探测和智能解脱系统的研究，并取得了一定的研究成果。

3. 主要难点

对于有人驾驶航空器，其探测和规避完全依赖于机组成员的感知和规避能力。而在无人驾驶航空器中，这项功能必须由冲突探测和智能解脱系统承担：探测碰撞威胁，提供合理的躲避机动方案，最后由无人驾驶航空器自动飞行控制系统来执行。冲突探测和智能解脱系统的主要难点如下：

(1) 感知识别。探测不同形式的危害，如空中交通、地形或天气情况。
(2) 轨迹跟踪。跟踪被探测物体的运动，需要足够的信任度用于确定被探测物体的位置与轨迹。

(3) 冲突探测。评价每个被跟踪的物体，需要确定是否具有足够的信任度来预测轨迹并判断是否存在潜在的碰撞威胁。

(4) 智能解脱。在确定与被跟踪物体存在碰撞可能性的基础上计算出规避路径、机动方案、可获得的规避时间以及采取机动的时刻。

(5) 由于无人驾驶航空器的载荷及能耗限制，在冲突探测和智能解脱系统的设计问题上需要兼顾重量、传感器作用距离、系统可靠性以及运算处理的高实时性。

参 考 文 献

[1] Angelov P. Sense and Avoid in UAS: Research and Applications[M]. Beijing: National Defense Industry Press, 2014.
[2] 胡国光. 雷达探测技术的对抗与发展[J]. 舰船电子工程, 2016, 36(1): 11–15.

撰稿人： 杜世勇

四川九洲空管科技有限责任公司

审稿人： 张学军　唐　涛

复杂低空载人通用航空飞行器自主避险

Complex Low-Altitude Multi General Aviation Autonomous Collision Avoidance

1. 问题背景

复杂低空载人通用航空飞行器自主避险在大规模空中运输、应急救援中的重要作用日益凸显。世界各地重大自然灾害频繁发生，夺走了成千上万人的生命，造成了巨大的经济损失。但是重大灾害发生后，往往交通、通信中断，道路阻绝，救援任务难以展开，无法及时控制灾情的蔓延，丧失最宝贵的时机和时间。关键之时打开空中通道，实施空中救援是最有效的方法。2005 年，"卡特里娜"飓风过后，美国调集 300 多架直升机和几乎相同数量的固定翼飞机参与救援。2008 年四川汶川发生地震时，国务院首次启动民航直升机，联合军航，调集上百架飞机参与救援。复杂低空载人通用航空器飞行自主避险在空中应急救援中的作用日益重要。但是因为灾难发生当地地形复杂，通信导航监视设备难以布设，环境实时动态变化，飞机高密度飞行，显著增加了冲突可能性，较大规模空中救援、搜救任务的实施困难重重，影响了空中应急救援的效率。因此在复杂低空空域环境下，如何实现自主避险成为亟待解决的难题。

复杂低空通用航空飞行器自主避险是指多个航空器基于对复杂低空空域环境的感知，生成与共享空域安全态势，通过对飞行行为的协同控制，在无地面集中式指挥控制系统的条件下实现对空域内碰撞威胁的自主规避，是解决低空安全飞行问题的核心手段[1]。它是保障低空飞行安全的一种涉及多门学科的综合交叉科学和技术，也是当今世界各航空强国高速发展和激烈竞争的技术领域之一；对于我国亟待发展的防灾减灾、通用航空、公共安全等重大需求具有重要的推动作用[2]。

2. 科学意义

目前通用航空器自主避险的多项核心技术一直被国外严密封锁。随着我国航空运输事业的快速发展和低空空域各类飞行任务的日益密集，将对有限空域内的飞行安全保障手段提出更高的要求。与国外先进水平相比，我国仍缺乏对航空器自主避险相关重大基础科学问题的系统深入研究，严重制约了我国通用航空产业的发展[3,4]。面向国家防灾减灾、通用航空、公共安全等重大需求，开展复杂低空飞行的通用航空器自主避险关键技术研究，实现通用航空器自主避险中的概念、理论与核心关键技术的源头创新已成为国家亟须突破的难题。相关项目的实施将显著提高我国在这一领域的基础研究水平，对于增强我国通用航空安全保障能力具有重要的战略意义。

3. 研究进展

通用航空器自主避险是集航空、信息、控制、交通和地学等多门学科于一体的综合交叉科学技术，其核心科学性体现在低空空域环境要素认知的完备性、空域安全态势构建的可信性和密集飞行空域内航空器自主避险的协同性。通用航空器自主避险方面的研究一直受到各航空发达国家的高度重视[5~7]。2005年开始，美国提出下一代航空运输系统(Next Generation Air Transportation System，NextGen)计划，欧洲提出单一欧洲天空空管研究(Single European Sky ATM Research，SESAR)和空管自主运行系统(Airborne Separation Assistance System，ASAS)等计划，航空器自主避险技术均被列为核心技术。特别是为应对复杂低空安全飞行的技术挑战，在复杂低空空域环境要素的完备认知、空域安全态势的可信构建和复杂低空多重密集飞行的协同机动等基础科学研究和前沿技术攻关方面，美国国家航空航天局(National Aeronautics and Space Administration，NASA)、欧洲航行安全组织研究与实验中心(Eurocontrol Experimental Centre，EEC)、德国宇航中心(Deutsches Zentrum für Luft-und Raumfahrt，DLR)、法国航空航天研究院等机构，美国麻省理工学院、佐治亚理工学院等大学，美国霍尼韦尔等航空机载设备领先企业都已集中力量来开展相关的理论、技术与设备的研究，并已取得了阶段性成果[8~10]。

4. 主要难点

实现载人通用航空器在复杂低空空域下安全飞行的关键在于提高环境感知与冲突探测以及解脱方法的实时性与有效性。主要通过机载和地面监视设备对航空器在空域中的位置、高度和速度等信息进行计算，利用它们的飞行计划与当前时刻的航行诸元来预测它们未来时刻的位置，判断航空器之间的间隔以及航空器与环境障碍物之间是否小于规定的安全值，若小于安全值，综合实际情况，地面管制中心协同机载防撞设备规划出合理轨迹以摆脱碰撞风险。然而，与一般航路相比，复杂低空空域下飞机飞行具有不同的特点：①飞机灵活且聚集密度高。复杂低空空域下以通航飞机、无人机为主，机型混杂，装备简易，空域受限，飞机密集程度高。②飞行自主性。缺乏必要的通信导航监视设备，信息获取困难，没有统一的管制中心，航路点间飞机需自主飞行，自主保持间隔。③冲突强传播性。在缺乏统一的地面管制中心下，环境实时动态变化，空域受限，飞机密度高，直接导致空域复杂，飞行冲突具有强传播性。这些特点不仅使现有感知与避撞方法难以直接应用在复杂低空空域下，而且给复杂低空空域冲突探测与解脱带来较大的挑战和难度。

主要难点包括以下方面：

(1) 低空飞行安全态势感知。针对复杂低空空域动态安全态势生成与演化的不确定性和跨尺度特性，如何建立飞行环境要素与飞行碰撞风险之间的映射关系，揭示不同尺度空域安全态势之间的相互耦合及动态演化规律，构建可信的多尺度安全态势场，是实现复杂低空飞行自主避险所面临的一个基础科学挑战。

(2) 复杂低空密集飞行的协同控制。低空空域多重密集飞行协同机动的核心是多航空器航迹的协同规划与控制，是指航空器通过航迹协同规划，在避开障碍物的同时，与周边航空器进行实时协同控制，以避免航空器间发生碰撞。但由于可用空域受限且形态复杂，加之航空器类型混杂、性能差异、飞行意向与动力学规则各异，低空空域中多航空器的协同机动成为制约安全飞行的难题。

参 考 文 献

[1] NASA. Unmanned Aerial System (UAS) Traffic Management (UTM), UTM Convention[R]. Moffett Field, 2015.
[2] 管祥民, 吕人力. 基于满意博弈论的复杂低空飞行冲突解脱方法[J]. 航空学报, 2017, 38(s1): 1–9.
[3] 王欣, 徐肖豪. 空中飞机侧向间隔标准的初步研究[J]. 中国民航学院学报, 2001, 19(1): 1–5.
[4] 蔡明, 张兆宁, 王莉莉. 自由飞行环境下碰撞风险研究[J]. 航空计算技术, 2011, 41(1): 51–56.
[5] Yu X, Zhang Y. Sense and avoid technologies with applications to unmanned aircraft systems: Review and prospects[J]. Progress in Aerospace Sciences, 2015, 74: 152–166.
[6] Billingsley T B, Kochenderfer M J. Collision avoidance for general aviation[J]. IEEE Aerospace Electronic Systems Magazine, 2012, 27(7): 4–12.
[7] Zeitlin A D, McLaughlin M P. Safety of cooperative collision avoidance for unmanned aircraft[C]// 25th Digital Avionics Systems Conference, Portland, 2006.
[8] Valovage E. Enhanced ADS-B research[J]. IEEE Aerospace & Electronic Systems Magazine, 2007, 22(5): 35–38.
[9] Barnhart R K, Hottman S B, Marshall D M, et al. Introduction to Unmanned Aircraft Systems[M]. Boca Raton: Taylor & Francis Group, 2012.
[10] Lentilhac S. UAV flight plan optimized for sensor requirements[J]. IEEE Aerospace & Electronic Systems Magazine, 2010, 25 (1): 11–14.

撰稿人：吕人力　管祥民

中国民航管理干部学院

审稿人：张学军　唐　涛

大型枢纽机场综合交通管控

Comprehensive Transportation Management and Control of Large Hub Airports

1. 背景与意义

近年来，随着经济高速增长的推动以及政府对民航管制的逐步放松，航空运输业迅速发展壮大。大型综合枢纽机场是城市群发展的基础，作为综合交通网络中连通航空、高铁、地铁、公路等综合交通衔接的交通枢纽，其综合交通资源布局、运行效率将直接影响综合交通网络协同发展与运行优化。

大型枢纽机场不断增加的旅客吞吐量与有限的交通资源环境(包括空侧和陆侧)的矛盾日益加剧，出现了空域资源不足、协同运行不到位、航班排序不合理、陆侧交通系统集疏功能不完善等问题，致使航班延误、交通拥堵、旅客滞留等现象频发。与此同时，随着全球区域经济一体化发展进程的快速推进，多机场系统成为世界机场业界的重要发展趋势[1]。多机场终端区一般拥有两个或两个以上的高密度机场、多个公共进出点口、多条相互影响的进离场航线，是空域拥挤、航班延误、飞行事故易发区域，也是空中交通管理的重要瓶颈。对陆侧综合交通以及多机场终端区交通流的研究已成为大型枢纽机场关注的热点问题。

研究多机场终端区进离场协同排序的模型与算法的诉求应运而生。其目的在于实现多机场的空域资源协同、空地协同、跑道协同、放行协同以及利益协同，提高资源使用率和进离场效率，缓解机场拥堵和航班延误。

机场陆侧交通运输是机场与城市间连通的重要纽带，决定着机场与城市的融合、公众满意度以及枢纽机场在国际范围内的竞争力。特别是在高速铁路迅速发展的今天，"八横八纵"高速铁路的建设将使得高铁营运里程大幅提升，这无疑对民航发展造成了一定的阻力。因此深入研究大型枢纽机场陆侧综合交通管理模式规划、陆侧综合交通系统客运服务水平，机场地面交通与城市交通之间的促进和制约关系等，更是未来大型枢纽机场高效运行和持续发展的必经之路[2]。

2. 研究进展

目前国内外对于空中交通流理论的研究仍处于起步阶段，主要集中于交通流数学建模方法[1]。在枢纽机场多模态交通协同运行研究领域，国外的起步比较早，根据运营模式可分为轨道交通主导型、公交为主型以及公路换成型三类。以韩国仁川机场、日本成田机场和羽田机场以及伦敦希思罗机场为代表的轨道交通主导型枢纽机场陆侧公共交通以轨道交通为主导，实现市区与机场航站楼的直接对接，将市区前往机场的出行时间尽可能缩至最短，其特点是时间短，出行便利。香港赤腊角国际机场是公交为主型枢纽机场陆侧公共交通的代表，以公交巴士为主，实现枢纽机场航站楼到市区的大范围覆盖，其特点是线路长、站点多、覆盖面广。美国的交通体系以飞机+汽车的模式为主，有较为完善的机场系统和网络，机场仅次于公路，是最繁忙的交通场所之一。美国机场陆侧交通的换乘模式为：私人小汽车等公路交通是解决陆侧交通换乘的主体；机场陆侧设置了较多的(远端)停车场和停车楼；公共交通特别是轨道交通换乘较少，但正在逐步发展。法兰克福国际机场在综合交通方面始终走在世界前列，很好地实现了多模态联合运输，扩大和巩固了市场资源，缓解机场地面交通压力和空域的拥挤，增强机场竞争力，促进区域交通一体化的形成。上海机场多模态交通协同运行处于国内领先水平，以轨道交通作为浦东和虹桥两大机场的主轴，机场巴士作为机场与主要中心城区的连接工具，出租车作为机场上述两项公共交通的补充，长途巴士对于上海长周边城市进行辐射，停车资源主要满足往来接送旅客及有自驾需要的旅客[2]。

在空地协同方面，欧洲机场于1999年开始与空管局合作，尝试开展空地协同决策机制，目前已经形成较为成熟的空地协同运作规则。2004年开始研发的协同决策(collaborative decision making, CDM)系统，于2007年起开始投入欧洲各机场使用[3]。希思罗机场、法兰克福机场、柏林机场等都在分阶段、分步骤地推进CDM建设，实施效果表明，CDM系统能够通过各保障单位之间的数据共享，优化航班过站流程，提高地面放行效率，从而提高航班准点率，改善旅客服务质量。国内大型枢纽机场也已经展开了机场协同决策(airport collaborative decision making, A-CDM)系统建设方面的研究并取得了相应的研究成果，将机场、空管、航空公司等相关方数据信息集成至A-CDM统一平台，以实现机场运行管理的协同决策。A-CDM与CDM系统的融合与联动，一定程度上缓解了日益增长的交通流带来的拥堵问题[3]。

3. 主要难点

对于大型枢纽机场综合交通管控，难点可以总结为以下四点：

(1) 目前七大空管局的CDM系统之间，尚未实现数据共享与系统互联，导致空管局对于属地终端区之外的空域资源以及航路信息无法获悉，对于空域资源优化的研究仍停留在空白阶段，成为空地交通一体化研究的一大缺口。

(2) 随着近年来"低、慢、小"飞行器在消费娱乐及公共安保、航空测绘等领域的广泛应用，个人及单位拥有"低、慢、小"飞行器的数量也在不断增加。同时由于此类飞行器成本低廉、操作方便、容易获取，某些无资质、未经审批的个人和单位利用无人机进行地面测绘的行为也对军、民航空中秩序及国家安全造成不小的影响和损失。更为严重的是，在一些敏感地区，无人机还极易被暴恐分子利用，形成不稳定因素，危及空域及社会安全[4]。目前我国对于"低、慢、小"飞行器尚无统一的管控标准和管理手段，距离"看得见、联得上、控得住"还存在很大的差距，也对空地交通一体化的研究与实现造成了一定的阻力。

(3) 目前 CDM 系统与 A-CDM 系统的融合，较好地实现了空地协同与放行协同，但鉴于机场、空管、航空公司等各自独立运行，缺乏高技术支撑下的多渠道沟通决策机制，加之各系统权限界定、分发管理、系统设计的差异性，使得 CDM 与 A-CDM 系统互联方面，仍存在一定的壁垒，空域管控、地面管理及保障部门之间互相存在信息盲区，制约了地面保障与空侧交通流一体化运行管理模式的构建和空地协同的进一步发展[5]。

(4) 对于大容量机场，大力发展轨道交通对陆侧交通分流已成为交通一体化的必然趋势。目前陆侧公共交通种类繁多，不同的交通方式存在其特定的管理制度，涉及要素众多，因此在进行一体化交通协同运行技术研究的同时，需要同步进行管理机制与模式的研究，这也成为对现有陆侧交通管理模式的挑战[6]。

此外，各大城市的新机场改扩建工作也处于起步阶段，对于大终端区多机场混合交通运行技术研究，可借鉴的经验和成功案例有限。

参 考 文 献

[1] 马园园, 胡明华, 张洪海, 等. 多机场终端区进场航班协同排序方法[J]. 航空学报, 2015, 36(7): 2279–2290.
[2] 颜超. 上海市枢纽机场陆侧公共交通管理研究[D]. 上海: 华东师范大学, 2015.
[3] 潘浩. 机场协同决策系统的设计与实现[D]. 大连: 大连理工大学, 2014.
[4] 李辉. 国内"低慢小"飞行器管控将成常态[EB/OL]. http://news.carnoc.com/list/323/323033.html[2015-09-06].
[5] 王张颖. 民航 AIMS 系统设计与实现的关键技术研究[D]. 大连: 大连理工大学, 2015.
[6] 赵雪峰. 上海浦东国际机场陆侧交通出行特征分析[J]. 综合运输, 2015, (3): 81–85.

撰稿人：高利佳

首都机场

审稿人：张学军　唐　涛

亚轨道商业飞行

Commercial Suborbital Flight

1. 问题背景

亚轨道飞行起源于国家军事需求。1944 年，德国一枚 V-2 测试火箭飞行高度达到了 189km，完成了第一次亚轨道飞行[1]。随后，亚轨道飞行经常用于洲际弹道导弹的发射。亚轨道飞行器可以在大气层边缘飞行，由于当前的国际法并未给领空和外层空间划定清晰的边界，亚轨道处于领空和外层空间的灰色地带，各个发射国可以利用制度的不完善性，既不完全遵守航空法关于领空的制度，也不履行外层空间法所要求的发射国登记义务。另外虽然亚轨道飞行器的飞行速度并未达到第一宇宙速度，但是也可以达到几倍甚至几十倍声速，使得国家军事部署更加迅速，可以实现瞬间打击，能够在两小时内到达全球的任何位置，极大增加了国家的军事威慑力[2]。

1961 年，美国航天员艾伦·谢泼德(Alan Shepard)乘坐"水星 3 号"飞船升空，完成了人类的第一次载人亚轨道飞行[3]，这为亚轨道商业飞行奠定了基础。2004 年 6 月 21 日，美国飞行员麦克·麦尔维尔(Mike Melvill)驾驶"太空船 1 号"进入亚轨道，实现了全球第一次亚轨道商业飞行[1]。在此之后，亚轨道商业飞行进入了快速发展期，美国、俄罗斯、法国、瑞士等国家的私营企业加紧了亚轨道商业飞行的战略布局。

亚轨道飞行在国防和商业上都具有重要意义。一方面，亚轨道飞行可以迅速实现军事化利用：首先，亚轨道飞行器机动性好，可以实现先发制人和远程快速全球打击的目的；其次，世界上的主要反导系统都很难达到亚轨道高度，很难对亚轨道导弹或者其他类型武器进行有效拦截；再者，亚轨道飞行器还可以用于情报收集，可以对某一地区进行持续性侦察，其成本也比军事卫星等其他侦察手段低很多。另一方面，亚轨道飞行具有很强的商业潜力：首先，亚轨道飞行可以用于点对点的空间运输，通过加速到数十倍声速，把乘客快速从地球的一点运输到另一点，显著缩短长距离运输的时间，远远优于当前的商业航空器，一旦处于萌芽期的亚轨道飞行成熟商业化，从欧洲到澳大利亚将只需要 90min；其次，亚轨道飞行器在高度上可以抵达临近空间顶层，能够短暂地实现失重，为零重力或者微重力科学试验提供了条件；最后，旅行是亚轨道飞行最重要的应用方向，亚轨道飞行可以低成本、短时间内为游客提供失重和俯视地表弧线的体验服务。

2. 科学意义

亚轨道飞行是与轨道飞行相对的概念，通常是指飞行器进入外层空间边缘，但是并没有完成环绕地球轨道运行的飞行过程。亚轨道飞行速度尚不能达到第一宇宙速度(11.2km/s)，冲出大气层后仍然受到地球引力的影响，当前大多数运行的轨迹是抛物线，但也可以实现点对点的亚轨道运输。亚轨道飞行高度一般在100km以上，某些飞行器飞行高度甚至可以高于航天飞机(300km)和国际空间站(450km)的高度[4]。

亚轨道商业飞行一般是指商业主体基于营利目的向公众提供的亚轨道商业飞行服务，具体应用于商业科学试验、航天器发射、轨道交通和外空旅游等。亚轨道商业飞行的核心技术在于亚轨道飞行器的设计和制造。与载人航天器相比，亚轨道商业飞行器一般具有体积小、质量轻、能耗低、到达目的地时间短、生命安全保障和着陆控制系统操作简单等特点。亚轨道商业飞行需要实现飞行器的可重复利用，尽量降低发射成本，提高随时发射的可能性[5]。

亚轨道商业飞行的特点是高空、高速，其发展涉及多学科的融合，为确保安全、可靠、低成本和可重复利用的设计原则，需要先后对气动布局、发动机方案及其进气道布局、飞行方案以及制导系统等技术领域进行科学研究，有利于未来尖端科学的发展。同时亚轨道商业飞行还涉及以下多种高新科学技术的整合：结构与机构、热控制、测控与通信、数据管理、电源、返回着陆、逃逸救生、仪表与照明、有效载荷和乘员[6]。另外亚轨道商业飞行还可以用于轨道飞行科学技术验证，不少航天器和运载火箭都是先进行了亚轨道飞行测试，才用于真正的外空飞行。一旦亚轨道飞行器进入常态化商业运营，将会整体带动国家科学水平和战略布局。

3. 研究进展

亚轨道飞行已经获得了不少国家和私营机构的大量资金投入，用于技术研发和验证。当前研究阶段，亚轨道商业飞行器种类多样，根据不同的原理可以划分为以下三种类型：

(1) 亚轨道商业飞行器通过火箭将其从地面垂直发射到亚轨道，再垂直降落到地面。

(2) 亚轨道商业飞行器采用航天飞行器原理，首先通过火箭垂直发射到临近空间或以上空间，然后以水平飞行的方式着陆。

(3) 亚轨道商业飞行器由载机搭载起飞，到达一定高度后由火箭助推器将其运载到临近空间，然后以水平飞行方式着陆。

目前全球致力于提供亚轨道商业飞行服务的企业有十余家，尽管公司注册地不尽相同，但基地大部分位于美国，美国联邦航空局对某些型号的亚轨道商业飞行器颁发了试飞许可，并向某些私营企业颁发了商业运营牌照。

近年来，美国一直通过各种方式促进亚轨道商业飞行行业发展。2011年和2014年，美国国家航空航天局分别与若干家基地位于美国的公司签订了政府采购合同，向这些公司采购亚轨道商业飞行服务，进行科学试验和技术验证。同时美国还建立了若干亚轨道商业飞行发射场，主要包括新墨西哥航天发射场、美国航天发射场、漠哈韦机场、佛罗里达航天和加利福尼亚航天发射场。

4. 主要难点

亚轨道商业飞行的难点在于需要在高空高速的环境下确保乘客和荷载的安全，尤其是在飞行器再入大气层的阶段。维珍银河公司的试验飞行事故，引起行业专家对亚轨道飞行器安全性的担忧。因此，在未来的一段时间内，亚轨道商业飞行的安全性和飞行器的可靠性将会是该领域的主要难点。飞行器的可重复利用也是亚轨道商业飞行的关键点，因为它可以大幅降低飞行成本，扩大市场份额。重复利用前，需要对飞行器进行一系列的健康检测、维修保养、剩余寿命预估、发射前状态确认等，涉及数据采集、故障诊断与控制等相关技术。

亚轨道商业飞行的技术难点可以通过研究团队的持续攻关予以解决。除了技术难点，监管体制和法律的不确定性也是亚轨道飞行商业化的巨大挑战。

亚轨道商业飞行既具有航空活动的特点，又具有航天活动的特点，其既可以由航空管理机构进行管理，也可以由航天管理机构进行管理，但是都不能完全或直接适用于这两种机制。在国际层面，联合国和平利用外层空间委员会和国际民用航空组织自2015年开始定期联合举办亚轨道商业飞行专题研讨会，商讨亚轨道商业飞行的国际管理体制、机制和法律问题；在国家层面，除了美国在航空管理机构——联邦航空局下设商业空间运输办公室负责亚轨道商业飞行监管，其他各国尚未确定亚轨道商业飞行由其航空管理机构还是航天管理机构主管。

亚轨道商业飞行是飞行器及其荷载抵达临近空间或以上空间并重返地球的飞行。虽然其活动范围属于超高空，并在一定程度上进入了外层空间，但是其速度低于第一宇宙速度，运行轨迹与大气层相交，因此国际社会针对亚轨道商业飞行活动的性质存在争议。根据现有法律制度，亚轨道商业飞行究竟适用航空法还是外层空间法难以确定。这些问题导致了法律的不确定性，阻碍了亚轨道飞行今后的商业化发展，亟待解决。

为应对挑战，中国民用航空局委托北京航空航天大学航空法律和标准研究所作为牵头单位组织国内相关航空航天科研机构、高校和工业界一方面为我国亚轨道商业飞行发展提供咨询，另一方面积极参与国际民航组织和联合国外层空间事务厅的活动，参与并影响国际规则的制定。2017年，我国代表刘浩博士成功当选法律分组主席，为进一步把握国际规则制定的主动权提供了机遇。

参 考 文 献

[1] 空天飞行前奏——亚轨道飞行[J]. 航空世界, 2012, 8: 16–17.
[2] 兰敏华. 什么叫亚轨道飞行器[J]. 科学24小时, 2008, 3: 31.
[3] 世界首次亚轨道飞行的航天员[J]. 太空探索, 2005, 6: 32–33.
[4] Jakhu S R, Sgobba T, Dempsey P S. The Need for an Integrated Regulatory Regime for Aviation and Space: ICAO for Space? [M]. New York: Springer, 2011.
[5] 杨勇. 重复使用运载器发展趋势及特点[J]. 导弹与航天运载技术, 2002, 5: 15–19.
[6] 马超. 亚轨道飞行器飞行方案研究[D]. 哈尔滨: 哈尔滨工业大学, 2007.

撰稿人：刘 浩 孔得建
北京航空航天大学
审稿人：张学军 唐 涛

深空超远距离高可靠高码速率通信

High Reliability and High Code Rate Communication for Deep Space Ultra Long Distance

1. 背景与意义

深空通信是指地球上的通信实体与离开地球卫星轨道进入太阳系的探测器之间的通信。其与地面的通信环境和近地通信相比，具有一些显著的特点：

(1) 传播时延极大。由于深空通信终端之间的距离非常遥远，传输延时极大，因此要求传输协议尽可能减少信令的交互，提高传输链路的使用率。根据文献[1]可知，地球与冥王星之间进行通信的最小传播时延都要 239min，最长时延则达到 419min。见表 1[1]。

表 1 地球至太阳系各行星、月球的距离和时延

天体	距离地球最远距离 /10^6km	增加路径损失/dB	最大时延	距离地球最近距离/10^6km	增加路径损失/dB	最小时延
月球	0.4055	21.030	1.35s	0.3633	20.750	1.211s
水星	221.9	75.797	12.378min	101.1	68.969	5.617min
金星	261.0	77.207	14.5min	39.6	60.829	2.2min
火星	401.3	80.943	22.294min	59.6	64.345	3.31min
木星	968.0	88.591	53.78min	593.7	84.345	32.983min
土星	1659.1	93.271	92.172min	1199.7	90.459	86.661min
天王星	3155.1	98.854	175.283min	2591.9	97.146	143.994min
海王星	4694.1	102.305	260.783min	4304.9	101.550	239.161min
冥王星	7535.1	106.416	418.617min	4297.9	101.537	238.772min

注：增加路径损失同地球静止卫星路径传输损失做比较；冥王星为倾斜椭圆轨道。

(2) 信噪比极低。由于传输距离很远，路径损耗也非常严重。而一般的发射器件都有一定的线性工作区，因而功率不能太大。另外深空探测器一般使用的是太阳能电池，本身能量就非常有限，为了延长使用寿命，也不会使用太高的发射功率。根据文献[1]，地球到冥王星之间的路径损耗最小是 101dB，最大为 106dB。

发送信号经历这么大的路径损耗,再加上深空中的星体尘埃的散射衰减,到达接收机时必然具有极低的信噪比。

(3) 信道动态变化。一方面,由于地球和其他星体都以较快的速度处于公转和自转中,通信体之间的相对位置和距离都处于动态变化中;另一方面,太空的环境也一直处于变化中,使得信号在传输过程中经历的衰减各不相同,甚至直接中断信号,见表2[2]。

表2 飞行器与深空站通信情况

飞越(对一座深空站)	绕飞	软、硬着陆	着陆考察
8～12h	绕飞周期中一半时间(另一半被行星遮挡)	行星自转周期一半时间(一半无法直接通信)	行星自转周期一半时间(一半无法直接通信)

进入21世纪以来,深空探测作为人们研究宇宙的主要手段,成为世界航天的重要发展方向。它既代表了一个国家和民族的综合实力,也代表了科学技术的先进发展水平。深空探测探讨的是人类最基本、最前沿的问题——宇宙和生命的起源;各国都踊跃活动在深空探测领域以争取领先地位,提升对太空事务的话语权。其中美国、欧洲、俄罗斯等国家还制定了详尽的月球长远发展计划。

深空通信是深空探测中十分重要的环节。在深空探测系统中,地球站与航天器链路之间的指令控制、遥感测控、导航跟踪、飞行姿态调控等控制信息以及空间采集的文本、图像、声音等科学数据信息的传输,都要依靠深空通信系统来实现和保障。设计一种可靠高效的深空通信传输系统对深空探测具有重要意义。

2. 研究进展

针对上述深空通信的特点,国外采用的方法主要包括增加地球站和探测器天线口径、增加探测器射频功率、采用先进的编译码技术和信源压缩技术、提高载波频率、降低接收系统噪声温度等。

国际上针对深空通信巨大路径损耗采用获得增益最大的措施是增大天线口径和提高工作频段。但是70m天线重达3000t,热变形和负载变形很严重,天线的加工精度要求和调整精度要求都很高。现阶段Ka频段还无法工作在70m天线上,而且高频段雨衰非常严重,这使得通信链路稳定性和可靠性较差,甚至失效。国际上为了克服地球自转对深空探测器测控和通信的影响,目前采取的方法是在地球表面建立全球性的陆基深空网,理论上只要在地心角相距120°的地方各建一座深空站,即可对巡航期的探测器进行全天候的连续观测。美国NASA将站址选在戈尔德斯顿、堪培拉和马德里。俄罗斯也有三个深空站,分布在远东的乌苏里茨克、莫斯科北的熊湖和克里米亚,不能覆盖全天球的部分靠海上测量船来补充。

其他可用的深空站包括德国的威尔海姆站，日本的鹿儿岛站、臼田深空站和相模原控制中心等。但是这仅可以解决地球自转的问题，能够连续观测飞越方式的探测器。

3. 主要难点

1) 极长延时传输情况下的纠错机制

深空通信具有极长传输延时的特征，传统采用基于反馈重传的信道编码体制的代价极大、效率极低，在具有复杂时变特性的深空信道中的应用有一定的局限。无固定码率的编码基于前向递增冗余特性可以无需反馈地自动适应信道状态变化，为动态信道条件下充分利用信道传输能力的研究提供了崭新的思路。近年来，国内外很多学者研究将 LT、Raptor 码应用于深空通信协议栈的传输层，通过简化、优化传输层的反馈重传机制，提高了传输吞吐量，取得了一系列有价值的成果[3~5]。不足之处是需要下层检错机制的配合，致使结构冗余，实现较为复杂。部分研究人员提出了利用置信传播(belief propagation，BP)译码器将 LT、Raptor 推广应用于底层的 BSC 或者 AWGN 信道[6]，取得了丰富的成果。2011 年提出的多层叠加无速率(Strider)码[7]可以实现 AWGN 信道的近容量限传输。

2) 超远距离通信链路损耗与探测器发射功率受限的矛盾

探测器回传信号经过超远距离的传输后损耗极大，为了使地面测控站可靠、高速地接收探测器回传信号，目前主要有两种解决思路：①选择适当的调制方式，提高功率效率和带宽效率；②地面天线组阵，将各天线接收到的同一信源的信号合成，提高接收信噪比[8]。

调制的目的是使信号特性与信道特征相匹配。在深空通信中，深空通信链路的距离损耗极大，其信道是典型的带限和非线性信道，对调制方式提出了如下要求：①要求调制后的信号波形具有恒包络结构特点；②在频域内，要求已调信号具有很好的频谱特性。具有恒定包络相位连续的调制信号恰好满足以上要求，因此深空通信无一例外地选择了包络恒定相位连续的调制技术。MSK、GMSK、LJF-QPSK 和 MHPM 等调制技术都属于恒包络调制技术，它们都具有较高的功率效率和带宽效率。近年来，一些新的恒包络/准恒包络调制方式受到了广泛关注[9]：如偏移 QPSK(OQPSK)、预编码的 GMSK、网格编码 OQPSK、FQPSK 等。

随着深空探测的发展，要求传输的探测数据量越来越大、传输距离越来越远，单天线的性能已经接近工程极限。天线组阵的基本原理是获得并消除各天线信号间的时间和相位差，进而相干相加。在各天线噪声不相关的条件下，理论上 N 个天线组阵接收信号的信噪比是单个天线的 N 倍。

目前深空通信组阵的方案主要包括全频谱合成、复符号合成、符号流合成、基带合成、载波组阵等。这五种方案中，在中频进行全频谱合成具有最佳的合成性能，复符号合成方案和使用载波组阵辅助的基带合成方案的性能次之。虽然符号流合成技术的实现最简单，但其性能相对其他几种方案较差。

天线组阵是一个开放性的前沿课题，小口径阵元天线大规模组阵以及与射电天文的融合、干扰存在时的组阵、多目标通信组阵、上行链路组阵、组阵测控等方面的理论研究刚刚开始，在组阵的工程实现中也有许多具体问题需要进一步研究。

参 考 文 献

[1] 姜昌, 黄宇民, 胡勇. 研究与开发天基深空通信跟踪(C&T)网的倡议[J]. 飞行器测控学报, 1999, 18(4): 28–37.

[2] 张乃通, 李晖, 张钦宇. 深空探测通信技术发展趋势及思考[J]. 宇航学报, 2007, 7(4): 786–792.

[3] 刘珩, 王正欢, 李祥明, 等. 一种基于喷泉码和并行路径的深空通信无反馈协议[J]. 重庆邮电大学学报(自然科学版), 2012, 24(5): 554–558.

[4] 朱宏杰, 裴玉奎, 陆建华. 一种提高喷泉码译码成功率的算法[J]. 清华大学学报(自然科学版), 2010, 50(4): 609–612.

[5] 焦健, 张钦宇, 李安国. 面向深空通信的喷泉编码设计[J]. 宇航学报, 2010, 31(4): 1156–1161.

[6] Palanki R, Yedidia J S. Rateless codes on noisy channels[C]//IEEE Proceedings of International Symposium on Information Theory, Chicago, 2004.

[7] Erez U, Trott M, Wornell G. Rateless coding for Gaussian channels[J]. IEEE Transactions on Information Theory, 2012, 58(2): 530–547.

[8] Rogstad D, Mileant A, Pham T. Antenna Arraying Techniques in the Deep Space Network[M]. Hoboken: John Wiley and Sons, 2003.

[9] Consultative Committee for Space Data System. Bandwidth-Efficient Modulations: Summary of Definition, Implementation, and Performance[M]. Washington DC: Consultative Committee for Space Data System, 2009: 1–65.

撰稿人：戴昌昊　刘建妥
中国运载火箭技术研究院
审稿人：岑小峰　代　京

大气层内高速飞行产生的等离子鞘套和通信黑障

Plasma Sheath and Communication "Blackout" Generated from High Speed Flight in Atmosphere

1. 背景与意义

飞行器在大气层内高速飞行时,对空气产生强烈的压缩,造成飞行器周围温度急剧上升,当温度达到或超过空气(或材料)电离的阈值时,气体分子和被烧蚀的防热材料都会发生不同程度的电离,在飞行器周围形成一层一定厚度的等离子体,称为等离子鞘套。无线电波穿透等离子鞘套时能量会被吸收、散射和反射,造成信号幅值衰减和相位畸变,使得信道质量下降,严重时将造成信号传输中断,即产生黑障现象。

等离子体是一种非束缚态体系,由大量的带电粒子组成,包括电子、离子以及中性粒子。在等离子体中,离子和电子所带的电荷数近似相等,整体显电中性,并表现出显著的集体行为。飞行器在大气层内飞行时,不同高度不同速度下飞行器驻点区空气的主要化学反应及平衡状态如图1所示。

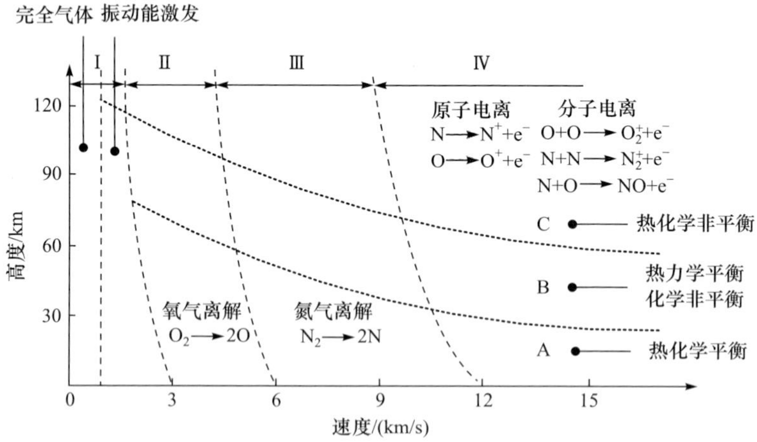

图1 半径为30.5cm飞行圆球驻点区空气的化学反应状态[1]

从图1可以看出,在飞行器飞行过程中,等离子鞘套的主要成分为 O_2、N_2、NO、O、N、O_2^+、N_2^+、O^+、N^+、NO^+、e^-,其中带电粒子是形成黑障的主要原因,而这些组分的生成与飞行高度及速度有密切联系。以飞行器再入大气的飞行为例，飞行高度高时，速度较高，空气电离程度较大，但大气相对稀薄，而飞行高度低时，大气密度较高，但速度较低，空气电离程度不大。因此黑障仅在特定高度范围内出现。再入飞行器黑障一般在 50～100km 出现，不同飞行器出现黑障的情况根据其飞行速度和高度会有所不同。

2. 研究进展

20 世纪 60～80 年代，国内外进行了一系列关于等离子鞘套的研究计划，并取得了一定的研究进展。通过这些试验获得了大量的试验数据，完善了预测空气等离子体鞘套的化学反应模型。近年来，虽未开展大规模试验，但其精细建模、仿真等方面的工作一直在持续开展[2~7]。

近年来，随着临近空间飞行器的快速发展，其高超声速、长航时、低高度的飞行特点以及复杂外形设计，使得等离子鞘套对信息传输的影响更加严重。等离子鞘套产生的时间可能会更长，流场分布特性更复杂、动态变化范围更大，传统的应对手段变得不再有效或难以实施。

3. 主要难点

目前针对等离子鞘套及黑障的研究仍面临不少困难[8]。

(1) 飞行器等离子鞘套的分布特性难以预示。飞行器的等离子鞘套分布特性与飞行器流场密切相关，而飞行器周围的流场，尤其是外形复杂的飞行器流场十分复杂，带来了其流场难以精确预示的问题。目前空气离解的模型有五组分、七组分、十一组分等，虽然模型不断进步和精细，但其与实际飞行时仍存在差异，对复杂外形飞行器的预测仍存在一定误差。此外飞行器壁面的烧蚀、催化和壁温等对飞行器流场产生一定影响，使得等离子体分布更加难以预测。

(2) 试验研究存在局限性。目前地面试验能够模拟产生高超声速飞行器等离子体的有弹道靶、激波管、爆轰风洞、电弧风洞、高频等离子体风洞等设备，但无论何种试验方式均与真实飞行试验产生的等离子体有一定差异。同时受到试验设备和试验环境等条件的制约，等离子体参数的测试精度偏低，试验中存在较大的误差，这些误差因素的存在使得数据有效性和可用性大为降低。而飞行试验则代价过于高昂。因此如何有效模拟真实等离子鞘套，获取有效试验数据，排除试验误差，也是目前亟待解决的问题。

(3) 等离子鞘套对电波干扰机理复杂。电波在通过等离子体时会发生反射、折射、吸收、相移和延时等现象，机理较为复杂。通常研究大都以静态均匀等离子体为分析对象进行数值模拟相对容易。而高超声速飞行器流场中，等离子体与一般研究设定的等离子体相比具有明显区别：一是"薄"，相对于电磁波波长，等离子鞘套的厚度较薄；二是非均匀，沿电磁波传播方向和天线窗或天线罩表面，飞行器周围等离子体参数都是非均匀分布，无线电波在其中传播时，在其分界面会发生反射，引起衰减；三是动态性，由于飞行器速度很快，其周围的等离子体变化十分剧烈，这种快速变化又会影响电磁波的传输。这些特点使得理论计算求解难度很大。

总体来说，等离子鞘套和黑障是十分复杂的问题，这其中既包括等离子鞘套组分分布形式、流动形式，也包括等离子体中各粒子之间的相互作用以及对入射来的电磁波的影响形式，这是一个与流体力学、物理、化学等多学科相关联的难题。对于该问题，目前已经有初步的预测方法和缓解措施，但对等离子鞘套的精确预测仍难以实现，亟须开展更加深入的研究工作。

参 考 文 献

[1] Gupta R N, Yos J M, Thompson R A, et al. A review of reaction rates and thermodynamic and transport properties for the 11-species air model for chemical and thermal non-equilibrium calculations to 30000K[R]. NASA, 1990.

[2] Britt C L, et al. Statistical analyses of RAM-C X-band signal strength data final report[R]. NASA, 1970.

[3] Yee K S. Numerical solution of initial boundary value problems involving Maxwell's equation in isotropic media[J] .IEEE Transactions on Antennas and Propagation, 1966, 14(3): 302–307.

[4] Furse G M, Mathur S P, Grandhi O P. Improvement to the FDTD method for calculating the RCS of a perfectly conducting target[J]. IEEE Transactions on Microwave Theory and Techniques, 1990, 38(7): 919–927.

[5] Tafove A. Computational Electrodynamics: The Finite-Difference Time Domain Method[M]. Boston: Artech House, 1995.

[6] Silvester P P, Ferrari R L. Finite Elements for Electrical Engineers[M]. London: Cambridge University Press, 1983.

[7] Volakis J L, Chatterijee A, Kemple L C. Review of the finite element method for three-dimensional electromagnetic scattering[J]. Journal of the Optical Society of America A: Optics and Image Science, and Vision, 1994, 11(4): 1422–1433.

[8] 赵良, 刘秀祥, 苏汉生. 高超声速飞行器等离子鞘套相关问题研究与展望[J]. 遥测遥控, 2015, 36(5): 28–32.

撰稿人：周正阳　李小艳　解　静
中国运载火箭技术研究院
审稿人：曾贵明　代　京

高精度激光三维重建及多源协同感知系统三维重建

High Precision LiDAR Based Three Dimensional Reconstruction and Multi-Source Cooperative Sensing System

三维重建是指一种对物体建立适合计算机表示和处理的三维数学模型方法，是计算机辅助几何设计、计算机图形学、计算机动画、计算机视觉、医学图像处理、科学计算和虚拟现实、数字媒体创作等领域的共性科学问题。

1. 背景与意义

三维重建技术包含对空间信息的获取、处理、组织及表达等内容，在人类生活的很多方面都存在对它的需求。在城市建设方面，城市通信网络布局、规划设计、营建工程管理、现代化管理和监测等需要大量三维基础数据。在建筑修复的设计过程中，如何还原建筑所在的真实三维环境一直是难以解决的问题。在医学方面，需要接近真实的三维模型来使医生能够从任意角度观察正常组织器官或病变；需要显示腔性结构的横截面以观察腔隙的狭窄程度，评价血管受侵情况，真实地反映器官间的位置关系；也需要对动静脉血管、软组织及骨结构等进行立体塑形成像，显示支气管树、结肠及内耳等复杂结构[1]。在军事方面，需要地理三维模型全局判断攻击区域；需要目标三维模型来选择攻击位置和方式等。因此三维重建一直以来都是多个应用领域的研究热点及难点。而在各应用领域中，除了医学使用电子计算机断层扫描(computed tomography，CT)设备外，其他领域的三维重建依赖于光学成像设备和雷达设备，传统解决三维重建问题的方法也是基于这两类设备生成的二维数据，如地理高程数据、正射投影影像等和人工标定测距结合。

近年来，城市发展迅速，道路、建筑物不断变化，使得传统的二维数据结合人工标定测距重建方法无法满足不断进行更新的三维城市信息需求；具备设计感的非标准外形建筑(如"鸟巢")和复杂空间结构的常用建筑(如立交桥)的持续发展，需要提高三维重建的精度来呈现完整的空间信息；军事上远程攻击手段的频繁更新扩大了战场感知的范围需求，同时提高了对局部战场的感知精度需求。这些新的问题亟待解决。

20世纪末激光雷达扫描技术的出现，21世纪初高分卫星的接连入轨，计算机视觉和大数据研究的迅速发展，提升了空间信息快速获取能力，强化了空间信息采集手段，地理空间数据开始出现"多平台＋多时相＋多维度"的快速获取与及时更新。数字城市、智慧城市建设开始推进，新兴的图像旅游、增强现实、无人车辆避障、空间态势感知等新概念和新领域引发了高精度激光三维重建、多源协同感知三维重建等问题。

激光雷达(light detection and ranging, LiDAR)作为一种先进的全自动化高精度遥感测量设备，能够连续、自动、快速地采集目标表面高精度、高质量的点云，可用于快速获取大面积的物体二维或三维数据。激光雷达的概念源自20世纪60年代中期，于80年代成功研发和应用，在90年代逐渐成熟并正式投入商业化运营[2]。近年来，通过激光雷达获取的点云数据可以为三维重建提供高精度的地物三维空间信息，逐渐解决了三维重建空间信息精度不足的问题。相比于基于图片信息的三维重建，基于激光雷达的三维重建技术在三维模型的完整性、真实度、准确性方面都有很大的提高。

不仅如此，基于激光雷达的三维重建直接获取带有三维坐标的点云及其他辅助信息(如激光反射强度、颜色信息及回波次数等)，避免了传统的三维重建对二维影像进行匹配间接获取深度信息的问题，简化了操作，提高了自动化水平。同时激光雷达自主发射高频脉冲激光，不受光强度和湿度的影响，提高了抗干扰能力，理论上可全天候采集数据。激光雷达的远距离测量能力保证了在森林、水域、沙漠、沿海滩涂及地形起伏较大的山区等不适用传统测量方法区域的高精度三维重建适用性，拓展了应用场景[3]。

现阶段，高精度激光三维重建已经在多个途径上尝试使用。在地面上，高精度激光三维重建已被证实是解决无人驾驶中的障碍物探测及路径规划问题的有效途径，并已在谷歌的无人驾驶汽车装载使用。在空间中，高精度激光三维重建可解决在轨拆解操作前探测问题，并作为必要步骤在美国国防先进研究项目局(Defense Advanced Research Projects Agency, DAPRA)的凤凰计划探索性项目中使用。

高精度激光三维重建也是地理测绘、变形监测、安全评估、文物保护、数字城市等领域的核心科学问题，但是对于这类大规模复杂场景的高精度三维重建，激光雷达的点云信息不足，采集数据具有无拓扑盲目性，对某些介质的表面无法进行测量以及难以直接获得目标表面的语义信息(纹理和结构等)，缺乏对目标表面几何特征的有力表达等问题导致无法完成复杂大规模场景的高精度三维重建。因此，在这一研究方向，现阶段学术界倾向于多源协同感知三维重建方法，通过光学影像和激光扫描的优势互补完成全自动、高精度的三维重建任务。

多源协同感知三维重建的数据来源包括激光雷达数据、数字摄影测量数据、遥感数据、多源无序影像数据、SAR/InSAR 数据、地图数据与二维 GIS 数据等。多源协同感知利用多源数据之间的关联性和互补性，摆脱单一平台数据的限制，实现多源平台数据的联动，可以有效改善传统基于二维遥感图像的测绘方法存在的空间、时间、光谱分辨率等指标互斥现象，提高大范围复杂场景的重建精准度，增强感知地理要素时空变化的敏感度。例如，激光雷达弥补光学图像中深度缺失问题，避免由使用光学图像三维重建对基线的要求、客观世界的不确定性和多样性等因素造成的同名点匹配及对距离、天气条件受限等问题。融合光学图像可有效地减少激光雷达扫描数据的数量，弥补激光雷达点云数据的无拓扑盲目性，提高三维重建的效率和精度。

随着航天遥感技术近 40 年的发展，高分辨率对地观测系统逐渐形成，可以快速获取大面积的高空间分辨率、高光谱分辨率和高时间分辨率的对地观测数据[4]。随着亚米级高空间分辨率卫星传感器的出现，可以获得与航拍图像接近同等高分辨率的观测数据。因此通过融合高分光学图像/航拍图像和激光雷达数据实现准确的大范围复杂场景三维重建也成为近年的研究热点[5]。

除此之外，对高精度激光三维重建及多源协同感知三维重建问题的研究也推动了文物研究、细胞生长情况分析、灾害救助防护、植被监测等应用领域的科学技术发展。

2. 研究进展

1) 高精度激光三维建模

受技术限制，目前面阵成像激光雷达探测器国际最高规模只有 30 万像素，国内探测器规模不足 1 万像素。现阶段非实时性激光雷达可以做到全方位水平 360°，垂直 270°扫描，精度毫米级；实时三维激光却无法实现高精度扫描，因此要实现实时高精度三维重建必然需要使用图像信息融合方式，借助光学等其他信息提高现有激光雷达的三维成像能力。

高精度激光三维建模首先通过激光扫描仪从不同角度获取物体表面的点云数据，然后将不同视图数据进行拼接，最后在同一空间坐标系内进行融合，从而完成对物体的完整点云模型构造[2]。非实时性高精度激光三维建模可以通过多次扫描获得大量的数据，保证三维重建数据的充足性，但也需要提取有效数据进行三维建模。同时多次扫描会造成扫描角度偏差，因此需要对不同视角数据进行配准、拼接、融合。为了满足对实时性的要求，实时高精度激光三维建模首先需要具备大规模和高精度的面阵成像激光雷达，同时使用多台激光雷达从不同角度对同一物体进行扫描，对不同角度图像配准、拼接、融合的实时性及精度要求较高。预计到 2020 年国内面阵成像激光雷达的制造能力可达 20 万像素规模，配合使用计算光学的方法能够获得超分辨率图像，将分辨率提高到 1″ 以上。在这一基础上，即可实现大范围的实时高精度激光三维重建。

2) 多源协同感知系统三维重建

在毁损古建筑的保护和复原方面，印度国家软件技术中心使用平面图、地形图、断面图等多源数据对 Fatephur Sikri 球的古城宫殿遗址进行详细的三维重建并在互联网上发布了一个关于宫殿遗址的漫游系统；研究人员也对包括耶路撒冷的圣墓教堂、意大利的彭伯塞修道院、中国的莫高窟等古迹进行了多源协同感知系统的三维重建，精度达到毫米级。

在空间态势感知方面，传统卫星侦察采用光学、红外等手段，覆盖范围广、图像分辨率高，但易受天气等环境影响。未来面阵成像激光雷达具备像元小、像素规模大、探测器体积小等特性，可装载在小型无人机上。小型无人机覆盖范围有限、后台处理数据能力有限，难以满足大范围态势感知需求，但小型无人机具备灵活机动性强、成本低廉的优点。借助这一优点，可自主快速规划掠飞路径和探测角度，采用激光雷达成像探测、光学探测等探测手段，通过多源异构数据配准融合技术，同时利用卫星、小型无人机的探测原始数据，在卫星的高分辨率基准数据图像上，借助立体视觉三维重建技术对态势的三维影像进行实时恢复和展现，获取三维态势图。

3. 主要难点

现阶段高精度激光三维重建的难点主要包括高精度扫描产生大数据处理问题、稀疏数据致密化问题、几何重建中的滤波问题以及相位解缠、无序点云重建问题等。多源协同感知系统三维重建的难点主要包括协同感知融合标定问题、配准问题(多源数据的配准问题、多平台的激光雷达数据的配准问题、多平台的多源数据之间的配准问题)、同一场景不同光照条件造成的点云匹配等。

科技的发展衍生出激光雷达等新技术和新设备，推动三维重建技术的飞跃式提高，培育出了多源协同态势感知这类新的研究领域。更有趣的是，提高后的三维重建技术，新培育出的研究领域又带来更多新的难题留待解决。事实上，不仅仅是三维重建方向，每个科学方向的技术发展都会有解决了旧难题同时出现新难题的过程，而当新难题积累了一段时间后又会重复这一过程。这种新旧难题的交替造成了当前科技的螺旋式甚至是阶跃式发展。因此相信在不久的将来，本章论述的科学难题会得到解决，高精度的三维重建技术会得到普及，进而推进我国国防军事、民生经济在大范围多源协同态势感知、远距离协同测绘等领域的发展。

参 考 文 献

[1] 徐源, 张心瑜, 徐佳晨, 等. 从医开始: 协和八的奇妙临床笔记[M]. 北京: 人民卫生出版社, 2015.
[2] 冯裴裴. LiDAR 数据快速地物分类的精度提高方法研究[D]. 太原: 中北大学, 2016.
[3] 武阳. 利用对称性进行 LiDAR 点云配准[D]. 南京: 南京大学, 2016.
[4] 王俊, 秦其明, 叶昕, 等. 高分辨率光学遥感图像建筑物提取研究进展[J]. 遥感技术与应用, 2016, 31(4): 653–662.
[5] Yang B S, Huang R G, Li J P, et al. Automated reconstruction of building LoDs from airborne LiDAR point clouds using an improved morphological scale space[J]. Remote Sensing, 2017, 9(1): 1–23.

撰稿人：李　航
中国运载火箭技术研究院
审稿人：岑小峰　代　京

基于高频谱使用效率的空天地信息网络

Space-Air-Ground Integrated Information Network Based on High Spectral Efficiency

1. 背景与意义

空天地信息网络作为国家重要基础设施，在服务远洋航行、应急救援、导航定位、航空运输、航天测控等重大应用的同时，向下可支持对地观测的高动态、宽带实时传输，向上可支持深空探测的超远程、大时延可靠传输，从而将人类科学、文化、生产活动拓展至空间、远洋，乃至深空，是全球范围的研究热点。在空天地信息网络中，频谱是最重要但很稀缺的资源，随着网络规模的迅速增长，网络业务的不断丰富，有限的频谱资源已无法满足日益增长的信息流量需求。适用于空天地信息网络的高效频谱管理方法和高效频谱利用成为解决空天信息网络频谱资源受限问题的关键。此外，空天地信息网络具有节点高速运动、网络拓扑不断变化、信息传输延时大、误码率高、链路频繁断开、电磁环境复杂等不同于地面网络的特点，传统的静态频谱管理已不适用于空天地信息网络，如何实现动态多变环境下频谱资源的高效控制和灵活利用是建立空天地信息网络的核心课题。

针对频谱资源受限以及传统频谱管理无法适应空天地信息网络频谱高效率使用的现状；同时考虑到未来将长期存在的异构网络环境会加剧资源紧缺和业务需求之间的矛盾，从而严重制约现有和未来信息网络的部署和运行。为了缓解频谱资源不足和利用率低下的矛盾，建立在认知科学、信息与控制理论、计算机科学基础之上的认知无线电网络，通过对无线电环境、网络环境以及用户环境的智能学习、推理和决策，实现频谱资源的最大化利用，是一种非常可行的途径。认知无线电网络不仅是一种解决资源受限条件下多种网络共存的手段，也为未来的异构网络无缝融合奠定基础。它不仅会为管理者和运营商提供无线频谱资源管理和运营的全新模式，也将为网络用户带来更加优越的业务体验。此外这种智能无线方法通过在频谱管理中引入灵活性，能够彻底解决频谱资源利用率低、抗干扰能力弱、动态环境适应能力差等问题。

2. 研究进展

随着对空天地信息支持需求的增长，各主要发达国家都积极开展高频谱使用效率的无线网络研究,美国的研究以认知无线电为主,欧盟则从异构网络融合入手,并正在朝着认知无线电网络方向发展。在中国,认知无线电网络的发展受到国家政府、电信运营商以及大学和科研院所的广泛关注和高度重视。国家 863 计划"认知无线电研究"、973 计划"认知无线网络基础理论与关键技术研究"等都对认知无线电网络理论和方法进行了全面深入的探索,面向第四代移动通信系统的第三代合作伙伴计划也对认知无线电网络表现出浓厚的兴趣,并将认知无线电特性写入长期演进版本中。虽然认知无线电网络正处于蓬勃发展期,但是目前还没有形成系统的可应用于工程实际的方法,通过认知无线电实现空天地信息网络的高效率频谱使用尚需要进一步探索和研究。

3. 主要难点

认知无线电网络能够自主对外部频谱环境进行感知,对感知获得的环境信息进行学习、分析,并动态调整配置参数(工作频段、发射功率、调制方式、编码方式等)适应传输环境的变化,最终通过提高频谱资源利用效率实现高质量、高速率通信[1]。认知无线电通过频谱资源获取和频谱资源利用两个过程完成一次认知循环,如图 1 所示。

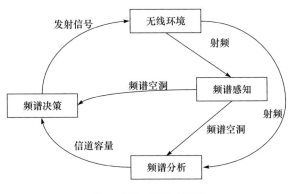

图 1　认知循环示意图

认知无线电能够使认知网络中节点从时域、频域、空域等多个维度上感知周围的频谱环境,获取可用的空闲频谱资源信息,并通过分析、决策接入最适合的空闲频谱。然后根据使用的共享频谱调整传输参数配置,实现快速、可靠的数据传输。认知循环主要包括频谱资源获取和频谱资源利用两个过程。频谱资源获取的目标是使认知用户快速、可靠地接入空闲共享频谱。频谱资源利用的目标是使认知用户在获取的共享频谱上进行最佳的参数配置,最大限度地提升认知用户的传输能力。在这两个过程中应用到多种认知无线电的方法,其中频谱资源获取主要涉及频谱感知和频谱接入,频谱资源利用主要涉及发射功率控制以及无线资源分配。

(1) 频谱感知[2]。频谱感知所面临的最大挑战在于能够不间断地对授权频谱进行快速、准确的感知。目前频谱感知依据感知用户数量的不同又具体分为单用户感知和多用户协作感知[3]。亟待解决的挑战主要包括：感知的检测能力受限，仅判断主用户是否存在已经不能满足目前认知无线电对频谱感知的要求，多维度、更全面频谱环境信息的感知仍有待进一步研究；目前感知对超宽带信号的处理仍不是非常理想，对宽带信号检测的支持仍有待进一步研究；在多用户环境下有可能出现认知用户冒充主用户恶意争夺共享频谱资源的情况，因此对频谱感知提出了新的要求，频谱感知必须能够有效区分主用户信号与认知用户信号，避免在感知中将认知用户信号错判为主用户信号[4]。

(2) 频谱接入[5]。认知设备通过频谱感知获取空闲频谱资源信息，然后采用频谱接入对空闲的频谱资源信息进行分析处理，在这一过程中还可能考虑其他影响频谱接入选择的因素，最后认知用户根据频谱接入策略选择最优的空闲频谱，并完成频谱接入后续操作获得该频谱资源的使用权限。

(3) 发射功率控制。频谱共享中认知用户与主用户同时使用授权频谱资源，此时发射功率精确、实时地控制是非常重要的。认知设备需要实时地对主用户接收机的干扰承受能力进行测量，并估算出不对主用户接收机造成严重干扰的最大发射功率。目前通过协作定位方法获得的主用户接收机定位信息与实际位置间还有一定的偏差，如果此时认知用户采用计算得到的最大发射功率，很可能就会对主用户造成显著的干扰。功率控制的另一项挑战是使认知用户能够实时地根据需要调整功率。认知无线电的重要特性就是能够自适应调整参数适应传输环境，由于主用户使用频谱资源的不确定性，认知设备功率调整也具有不确定性。除此之外，功率调整的精度控制也是功率控制研究中面临的挑战。合适的调整幅度能够使认知用户准确地对发射功率进行控制，同时保证功率调整的及时性。

(4) 无线资源分配。无线资源分配正在向跨层优化、多目标优化方向发展，在进行资源分配问题建模时需要综合考虑多种因素的影响，使用最优化理论对优化问题进行联合求解。由于在认知无线电中允许认知用户与主用户同时使用授权频谱，这就造成认知用户对主用户的干扰成为影响资源分配的新因素，使原本的资源分配问题更加复杂，给最优问题的求解带来新的挑战。在加入认知用户对主用户干扰限制后资源分配问题通常会成为一个非确定性多项式(non-deterministic polynomial, NP)问题，无法获得最优解。此时，寻求低复杂度下次优解的近似求解方案是解决认知网络下资源分配问题的最佳途径，也是目前资源分配研究中的最大挑战。

参 考 文 献

[1] Mitola J. Cognitive Radio: An Integrated Agent Architecture for Software Defined Radio[D]. Stockholm: Royal Institute of Technology(KTH), 2000.

[2] Haykin S, Cabric D. Spectrum sensing: Fundamental limits and practical challenges[C]//Proceedings of IEEE International Symposium on New Frontiers in Dynamic Spectrum Access Networks, Baltimore, 2005.

[3] Sun C, Zhang W, Letaief K B. Cooperative spectrum sensing for cognitive radios under bandwidth constraints[C]//Proceedings of IEEE International Wireless Communication Networking Conference, Hong Kong, 2007: 1–5.

[4] Kang X, Zhang R, Liang Y C, et al. Optimal power allocation strategies for fading cognitive radio channels with primary user outage constraint[J]. IEEE Journal on Selected Areas in Communications, 2011, 29(2): 374–383.

[5] 纪鹏. 认知无线电中的频谱感知与频谱接入[D]. 北京: 北京邮电大学, 2012.

撰稿人：李　喆
中国运载火箭技术研究院
审稿人：岑小峰　代　京

散装化学品船舶货物操作中系统安全能量辨识与演化机理

Identification and Evolution Mechanism of System Safety Energies in Cargo Operations on Chemical Tankers

1. 背景与意义

从系统论观点出发，危化品船舶属于典型的复杂运输系统[1]，不仅每个子系统具有层次结构，各子系统之间以及各子系统所包含的安全指标间还具有复杂的关联性。总体而言，危化品运输系统具有不确定性、动态性、开放性、突变性和不可逆性等特点[2]。利用信息科学手段探寻影响系统安全的因子，对于研究复杂系统安全状态进而对海上危化品货物操作进行安全保障和防护具有现实的科学意义[3]。

能量是描述一切物质运动的量，反映了系统与外界交换功和热的能力，与各种自然现象、社会活动息息相关。从宏观上看，各种自然现象、社会状态的改变都是能量作用的结果，这种作用包括主动和被动两种形式。主动形式即能量的利用，也就是利用自然界的一个或者几个自发变化进程促进、推动另一进程的过程。被动过程就是人类受到自然界的一个或者几个自发变化进程影响的过程。虽然能量利用效率有高低之分，质量存在优劣，但是能量的作用结果必然和能量系统的始、末状态相关联[4]。根据能量意外释放理论[5]，将能量和系统动力学联系起来，可为危化品船舶安全操作寻找新的研究途径[6]。

从能量转化的角度来看，事故是动能作用的后果，是某种能量释放的结果，这里的某种能量就是势能。势能是运输系统安全诸元素对系统安全产生影响的趋势，是系统安全状态的度量；动能是安全因素诸元对系统安全状态已经(或正在)产生影响的那部分能量，是对事故后果的预测。势能和动能可以相互转化，当势能全部转化为动能时，事故后果最严重。可见，安全能量就是运输系统中所包含的，对系统安全状态已经或者将要产生影响的各种能量的总和。各安全要素通过能量相互联系、相互作用、相互制约并最终影响系统安全状态。危化品货物操作事故是运输系统的一种安全状态，是安全能量转移的结果。根据能量对系统安全状态的影响是否符合人们的意愿，安全能量可以分为正能量和负能量。负能量是对海上生命、财产和环境安全产生负面影响的能量，也是安全防护研究关注的重点。

在热力学中，温度是宏观上表征物体冷热程度的量，是微观上物体分子热运动剧烈程度的度量[7]。如果将海上危化品运输系统安全状态看成一种"温度"的体现，即系统各种安全指标微观状态的集体表现，安全能量则可以定义为系统中安全诸元素对系统安全状态贡献能力的大小，即系统越"热"危险性越高。可见，这里的"温度"就是安全学中的"危险度"。危化品运输系统具有耗散结构。根据耗散理论，系统时刻与外部环境保持着物质和能量的交换，换句话说，系统的安全状态是各种安全因素复杂作用的结果。为研究方便，认为它们以能量方式对系统安全产生影响，进出系统的能量主要有物质能、物理能等能量形式。

从复杂性科学出发，危化品运输系统安全因子间具有显著的非线性耦合作用[8]。从和谐理论出发，系统和谐状态是系统在"和则"与"谐则"作用下的和谐耦合，即利用"和则"消减系统不确定性；通过"谐则"来安排、协调物要素的投入[9]。在和谐状态下系统的不稳定势能最低。导致系统不和谐的根源是负效应。在货物操作过程中，危化品的危险属性、货物对船舶结构和船员的影响、人和物的管理、航行环境的复杂性都是系统负效应产生的源头。负效应加剧了系统不稳定势能的产生和潜在危险性。通过研究海运过程中的系统和谐性，可以挖掘系统不稳定势能的成因，从源头上抑制系统负效应的产生，促进运输安全。

2. 研究进展

认识到危险化学品船舶货物操作事故是能量意外转移的结果；系统安全状态取决于安全能量的存在形式及其稳定程度，操作事故的影响后果取决于安全能量的释放量、释放速率及其途径；安全能量不仅可以作为系统安全状态的评价指标，也可用于事故后果预测；危化品船舶货物操作中安全防护的本质是保证运输系统沿着最小风险路径演化。

目前国内外学者已经基于上述认识开展了一系列的探索性研究工作，利用安全能量预测事故后果的大小，建立了海上危化品运输系统势能函数模型；利用安全熵评估海上危化品运输系统的稳定性，建立了危化品运输系统安全熵模型；提出从强化减熵因子、为系统引入负熵流入手促进运输系统稳定性；初步研究了危化品运输系统安全能量演化机理，提出运输系统安全演化最小风险路径原理；提出危化品运输系统和谐演化的概念，构建了系统和谐度函数模型。

3. 主要难点

(1) 危化品运输系统安全能量辨识。根据对系统安全状态的影响后果和存在形式，将能量分为正能量、负能量、动能、势能、稳定势能和非稳定势能等几种形式，其中辨识各种能量、确定各种能量内涵是难点。

(2) 危化品运输系统安全能量演化机理。结合已有研究成果，制定能量度量方案，构建各种条件下的安全能量模型；深入剖析危化品运输系统安全能量演化机理，明晰各种能量间的相互转化途径及转化条件。

参 考 文 献

[1] 李建民, 齐迹, 郑中义. 不确定条件下海上危化品运输安全演化机理[J]. 哈尔滨工程大学学报, 2014, 35(5): 701–712.

[2] 李建民. 海上危化品运输系统安全研究[M]. 大连：大连海事大学出版社, 2016.

[3] Yang J X, Qian L Z, Liu Q Y. Bridge safety assessment based on complex system theory and nonlinear time series[J]. Journal of Applied Sciences, 2013, 13(10): 1906–1910.

[4] Leveson N. A systems approach to risk management through leading safety indicators[J]. Reliability Engineering and System Safety, 2015, 136: 17–34.

[5] Seker T, Ramaswamy S N, Nampoothiri N V N. Accidents and disaster management in fireworks industries[J]. IEEE Technology and Society Magazine, 2011, 30(4): 55–64.

[6] Goh Y M, Love P E D. Methodological application of system dynamics for evaluating traffic safety policy[J]. European Journal of Operational Research, 2012, 50(7): 1594–1605.

[7] Koç Y, Warnier M, Kooij R E, et al. An entropy-based metric to quantify the robustness of power grids against cascading failures[J]. Safety Science, 2013, 59: 126–134.

[8] 胡甚平, 黎法明, 席永涛, 等. 海上交通系统风险成因耦合机理仿真[J]. 应用基础与工程科学学报, 2015, 23(2): 409–419.

[9] Walsh L. From technology management to synergy management[C]//First International Forum on Technology Management, Hemel Hempstead, 1990: 305–314.

撰稿人：李建民[1]　郑中义[1]　毕修颖[2]
1 大连海事大学　2 广州航海学院
审稿人：张硕慧　段　武

水上交通系统态势感知建模与识别

Marine Traffic Situation Awareness Modeling and Recognition

1. 背景与意义

水上交通系统是一个开放、复杂的巨大系统。系统内水上交通对象在交通环境和交通管理规则约束下表现出的宏观和微观交通行为及其演化构成了水上交通态势，也就是水上交通系统的运行状态和发展趋势[1~5]。水上交通系统的各子系统之间有强耦合性和非线性约束关系，使得整个系统具有高度不确定性和实时性，从而导致态势具有动态演变而且无法精确描述的特点。

在现代水上交通应用中，各种船载感知设备[如雷达、船舶自动识别系统(automatic identification system，AIS)、GPS、摄像机等]和岸基感知设备与系统[如船舶交通服务系统(vessel traffic service，VTS)、闭路电视(closed circuit television，CCTV)、遥感遥测系统等]为水上交通信息的采集、分析和判断提供了日益丰富的手段，也为水上交通大数据准备了基础条件。在现代航海与水上交通应用日益智能化的背景下，日益膨胀的水上交通感知大数据使得应用人员越来越"茫然"[6~9]。受制于人脑对信息采集、处理和分析能力的局限，传统的基于应用人员的直觉感知、判断和分析的水上交通数据处理及分析模式已经不能满足现代智能航海和水上交通应用的需要。

从智能航海与现代水上交通应用需求来说，水上交通态势感知的研究一方面要解决各种传感设备(包括船载设备与岸基设备)之间数据与信息的融合问题，另一方面要研究基于水上交通大数据特征和水上交通应用需求的知识发现模型和理论，以及基于大数据的深层次水上交通态势理解的新的手段和方法。亟待解决的是如何充分利用和挖掘日益丰富的水上交通大数据，提高水上交通大数据的知识发现能力与智能化应用水平，科学、客观地认知并理解水上交通系统各组成要素的运行状况、行为特征及其发展和演变趋势，增强对水上交通状态的理解与判断能力，为船舶智能航行、水上交通的组织和管理、水上交通风险预测预控提供更准确、更智能的决策和判断依据。

因此面向水上交通态势感知，构建水上交通态势协同智能感知体系，研究协同感知模式下多源态势数据的融合方法与模型，探索水上交通态势的立体感知模式以及基于知识发现的水上交通态势智能分析方法，建立水上交通态势感知理论，在水上交通态势感知关键技术方面取得突破，具有重要的理论与应用价值。

2. 研究进展

目前对态势评估的理论、方法及可视化方面都有一些研究成果，提出了很多应用方面的概念、研究框架和评估方法，并且向具体系统实现和工程开发迈出了一大步，但水上交通态势评估与识别的相关研究尚不多见。因此水上交通态势的相关理论和方法也需要进一步研究。武汉理工大学研究团队目前在协同态势感知、基于机器视觉的态势感知、水上交通态势理论建模方面搭建了比较完善的试验平台，取得了一些初步成果，为后续研究和发展奠定了较好的基础。

3. 主要难点

(1) 水上目标的智能识别与跟踪、水上交通态势要素的智能识别与理解。水上目标的复杂性、多源性、多样性以及分布的广域性导致了水上目标识别与跟踪的挑战性，同时也导致水上交通态势要素表达的灵活性和多样性，增大了态势要素智能识别与理解的复杂度。

(2) 水上交通态势的语义模型、感知模型与量化模型的构建。水上交通态势的语义、感知与量化建模是实现态势智能感知、理解的基础性工作，需要从态势的语义特征出发，在理解态势的组成和表现特征以及要素相互作用特征的基础上，建立对应的数学描述模型。

(3) 多源水上交通态势信息的描述、融合、理解与表达。从面向用户的角度，如何实现水上交通态势信息的表达、融合与理解模型具有复杂性和多样性，需要从不同应用的层面构建不同的模型。

参 考 文 献

[1] 赵嶷飞, 周阳. 五边到场交通态势安全评估研究[J]. 中国安全科学学报, 2011, 21(6): 99–103.

[2] 雷英杰, 王宝树, 王毅. 基于直觉模糊决策的战场态势评估方法[J]. 电子学报, 2006, 34(12): 2175–2179.

[3] 李伟生, 王宝树. 基于贝叶斯网络的态势评估[J]. 系统工程与电子技术, 2003, 25(4): 480–483.

[4] 王三民, 王宝树. 贝叶斯网络在战术态势评估中的应用[J]. 系统工程与电子技术, 2004, 26(11): 1620–1623.

[5] Laar P V D, Tretmans J, Borth M. Situation Awareness with Systems of Systems[M]. London: Springer, 2013.

[6] Xu G L, Qi X P, Zeng Q H, et al. Use of land's cooperative object to estimate UAV's pose for autonomous landing[J]. Chinese Journal of Aeronautics, 2013, 26(6): 1498–1505.

[7] Sanchez-Lopez J L, Pestana J, Saripalli S, et al. An approach toward visual autonomous ship

board landing of a VTOL UAV[J]. Journal of Intelligent & Robotic Systems, 2014, 74(1): 113–127.

[8] Arora S, Jain S, Scherer S, et al. Infrastructure-free shipdeck tracking for autonomous landing[C]// IEEE International Conference on Robotics and Automation, Karlsruhe, 2013.

[9] Weiss S, Achtelik M W, Lynen S, et al. Real-time onboard visual-inertial state estimation and self-calibration of MAVs in unknown environments[C]//IEEE International Conference on Robotics and Automation, St. Paul, 2012.

撰稿人：文元桥　肖长诗
武汉理工大学
审稿人：黄立文　段　武

复杂水域船舶智能避碰避险决策

Intelligent Collision Avoidance and Reef Avoidance Decision Making for Vessel under Complicated Waters

1. 背景与意义

随着船舶日益向大型化、高速化发展，船员队伍低龄化，高素质船员流失等现实问题日益凸显，因船员决策和操作过失、应急反应处置不当等人为因素影响而导致的船舶海上碰撞搁浅触礁等海事事故仍居高不下，尤以复杂水域更甚。据统计，80%以上的船舶碰撞事故以及几乎100%的搁浅事故都发生在复杂水域[1]。从我国大连、天津、厦门等9个港口近些年统计的4175次海事事故中发现，船舶搁浅、触损、碰撞和触礁事故占绝大部分，造成了财产的巨大损失及海洋环境的严重污染[2]。

20世纪70年代具有自动雷达标绘(automatic radar plotting aid，ARPA)功能的船用雷达问世，对辅助海上船舶避碰发挥了重要作用，但其碰撞危险预警机制尚存不足。目前国内外的VTS系统碰撞危险预警仍然沿用雷达ARPA功能的原始评判规则，在VTS覆盖的复杂水域，如果对所有船舶设置相同的危险评判阈值会导致VTS误报警频发，造成监管人员长时间频繁地处理误报警，以致警戒敏感性下降，进而降低监管效率。因此目前VTS值班人员通常采取人工判断船舶间碰撞危险的方法，使得VTS系统的预警模块犹如摆设，未能发挥其应有的作用。VTS覆盖水域内的船舶碰撞和搁浅事故表明，如果船舶在紧迫局面形成前得到有效预警提示或在决策过程中得到合理的辅助决策信息支持，此类海事事故发生的风险可显著降低，甚至可以避免，这就反映了VTS系统要充分发挥其船舶安全监管的职能，还需增加智能避碰避险预警及决策支持功能。

2016年1月15日，大型集装箱船"达飞卡洛斯"轮在厦门出港时偏离主航道，驶向浅水区，所幸厦门VTS中心及时发现该轮异常情况，及时告知船上人员，从而避免了一场海事事故。此次险情的成功规避主要归功于VTS值班人员的连续值守、高度责任心和丰富的工作经验以及VTS中心提供规避风险的决策指导能力。在非常繁忙的港口水域，很难要求每个监管人员都具备准确的判断能力及果断的决策能力。然而如果 VTS 系统具备科学合理有效的智能避碰避险预警及决策支持功能，将大大减轻监管人员的值班压力，同时还可弥补监管人员因经验不足而导致的监管漏洞。如果船载导航或引航设备具备上述功能，可大大减轻船舶驾驶员、引航员的压力，确保船舶在复杂水域的航行安全以及保护海洋生态环境。

显而易见，减少甚至杜绝船舶碰撞及搁浅触礁事故的关键就是研究具有拟人智能的避碰避险决策系统，为监管及驾引人员提供科学合理的智能避碰避险预警及决策支持、从微观上提升 VTS 的智能化监管水平，对保证船舶在海上及复杂港口水域航行的安全性具有现实意义。从长远看，研究船舶自动避碰避险决策，结合船舶运动控制，解决自主无人驾驶船舶的智能避碰避险决策自动化难题意义深远。

2. 研究进展

在开阔水域船舶智能避碰决策的研究方面，经国内外学者 30 多年来的努力研究成果显著。20 世纪 80 年代初，大连海事大学吴兆麟[3]率先开辟自动避碰领域研究，引领其博士生开展基础研究，为同行学者开路领航；20 世纪 90 年代初，集美大学[4,5]开始进行研究，经过 20 多年的努力，所研究的开阔水域船舶拟人智能避碰决策取得了一系列成果，协同大连海事大学，已将基础成果应用于国家 863 子课题"国产综合船桥系统及关键设备"以及智能型航海模拟器的研发[6]。Hasegawa[7]研究的基于模糊理论的船舶自动避碰系统成果已进入应用研究阶段。在复杂水域船舶智能避碰决策的研究尚处于前期，Filipowicz[8]考虑了船舶大小、货物装载危险程度等因素，采用模糊评判决策方法对港口水域航道交汇区的多船会遇危险提供最佳避碰决策，但决策过程没有充分考虑海员通常做法及优良船艺，尚处于理论研究阶段；Tsou[9]利用 ECDIS 内部的 GIS 功能模块和 AIS 接收到的实时导航信息，对障碍物进行初步处理和分析，采用演化计算为基础，更有效地生成推荐路线，但研究只考虑静态目标尚未考虑动态目标的影响。Simsir 等[10]采用人工神经网络研究了受限水域船舶避碰决策支持系统，利用伊斯坦布尔海峡航行船舶数据对系统进行了验证，结果显示了系统的成效，特别在船舶转弯期间的预测成效显著，如果两船间可能发生碰撞危险，该系统可为 VTS 监管人员提供危险预警，但系统进一步拓展应用的实时性问题有待进一步解决。为了拓展开阔水域船舶智能避碰决策研究成果的应用范围，近年来集美大学开始致力于复杂水域船舶智能避碰避险预警模型及决策机理研究，基础模型研究已取得初步成效[2]，目前成果已经开始应用于渡轮航行避碰智能预警及辅助决策系统开发。

3. 主要难点

复杂水域船舶智能避碰避险决策是在现行法律法规、海员通常做法及优良船艺以及水域受限多重约束下进行合理且可靠的智能决策问题，其难点在于以下几个方面：

(1) 研究现行法律法规及水域受限双重约束下的船舶智能避碰避险决策机理拟解决的关键问题。如何借助 e 航海的信息共享系统，将人工智能与船舶操纵及避碰理论相结合，解决航行规则的定性分析推理与相对运动几何解析的定量分析两者的有机融合。

(2) 建立科学的动态危险评判及决策行为效果预测评估体系拟解决的关键问题。解决未安装船舶自动识别系统(automatic identification system，AIS)或 AIS 关闭的船舶尺度信息识别；解决船舶操纵性的在线和离线识别(构建船舶操纵性参数共享数据库)。

(3) 船舶智能避碰避险决策算法的完备性验证拟解决的关键问题。建立复杂水域的区域特征模型，揭示区域特征与船舶避碰操船行为间的内在关系以及避碰操船行为对目标船相对运动影响的内在规律；构建仿真实验环境。

参 考 文 献

[1] 洪碧光. 船舶操纵[M]. 大连：大连海事大学出版社, 2008.
[2] 王鹏昆. 港口水域船舶避碰避险决策机理研究[D]. 厦门：集美大学, 2016.
[3] 吴兆麟. 船舶避碰与海上安全研究[M]. 大连：大连海事大学出版社, 2006.
[4] Li L N, Chen C G. Research on multi-ship anti-collision intelligent method at widely area[C]// Proceedings of the International Conference on Prevention Collision at Sea Collision'96, Dalian, 1996.
[5] 李丽娜, 陈国权, 邵哲平, 等. 船舶拟人智能避碰决策方法及其评价标准的构建[J]. 大连海事大学学报, 2011, 37(4): 1–6.
[6] Chen G Q, Yin Y, Li L N, et al. New design of intelligent navigational simulator[J]. Applied Mechanics & Materials, 2011, 97-98: 896–902.
[7] Hasegawa K. Automatic collision avoidance system for ship using fuzzy control[C]//Proceedings of the 8th Ship Control Systems Symposium, Hague, 1987.
[8] Filipowicz W. Intelligent VTS[J]. TransNav, 2007, 1(2): 153–159.
[9] Tsou M C. Multi-target collision avoidance route planning under an ECDIS framework[J]. Ocean Engineering, 2016, 121: 268–278.

[10] Simsir U, Amasyah M F, Bal M, et al. Decision support system for collision avoidance of vessels[J]. Applied Soft Computing, 2014, 25: 369-378.

撰稿人：李丽娜　陈国权　李国定
集美大学
审稿人：洪碧光　段　武

运输船舶的自主智能控制与无人驾驶

Autonomous Intelligent Control and Unmanned Operation for Transport Ship

水路运输是以船舶为主要运输工具，以港口或港站为运输基地，以包括海洋、河流和湖泊水域为运输活动范围的一种运输方式，船舶是水路运输的主要工具。运输船舶按运输种类可分为客船(含客货船)、杂货船、液货船(含油船、液化气船等)、散货船、集装箱船、滚装船、载驳船、冷藏船、多用途船、半潜船、自卸船、重件运输船等。当前水路运输船舶正在向大型化、高速化、集装箱化和滚装化发展，而船舶自动化系统的高精度化、网络化、智能化趋势明显，这也为实现运输船舶的自主智能控制与无人驾驶提供了坚实的基础。

1. 问题背景

无人驾驶船舶在国防和商业上都有重要意义。军用舰船和科考船应该是最适合首先实现无人驾驶的领域[1]。无人驾驶运输船舶由于没有长时间值守船员，因此建造中可不需要设置船员生活区和相关设施，能使船舶节约空间并对其进行整体优化以便装载更多的货物，减少成本开支；也可减少主机负荷，减少二氧化碳的排放，使船舶航行、管理与服务更高效、能耗更低、更安全和更环保。

为完成船舶无人驾驶，应实现机舱的监测和故障诊断的智慧化。如在船舶机舱设备运行监控平台上增加云平台数据存储与共享。实现船与船、船与岸之间的数据共享，通过对大数据分析和计算，实现在线实时数据管理和智能故障诊断，最终实现可以对机舱设备的主要故障进行自修复或自动启动备用设备恢复船舶正常航行所需的功能[2]。

智能运输船舶将可能沿着从"仅需少部分船员"到"岸上远程操控"再到"完全自动化驾驶"的路径发展，逐步实现船舶完全无人驾驶。作者认为，与无人驾驶汽车和无人驾驶大型运输飞机的发展类似，在无人驾驶船舶开发应用初期，将采用有人/无人混合驾驶方式：在远洋航行阶段采用无人自主智能控制模式；在进出港和浅狭水道航行阶段，采用有人驾驶模式。最终发展到可全天候安全无人驾驶的理想状态。无人驾驶船舶未来将朝着智能化、体系化、标准化的方向发展。有专家预测，首艘无人驾驶商船将可能在 2020 年面世，而无人远洋货船将在未来 10~15 年内成为一种常态。

2. 科学意义

由智能导航、智能自动操舵仪及航行信息管理系统等组成的智能化综合船桥系统(integrated bridge system，IBS)和机舱长时间无人自动化系统为实现运输船舶无人驾驶奠定了坚实基础，人工智能的突破为实现船舶无人驾驶带来了希望。智能机器人、无人驾驶汽车、无人飞机的开发应用促进了自主智能控制理论与工程的快速发展；无人驾驶已经成功运用于飞机和汽车，这也为运输船舶的无人驾驶提供了借鉴和参考。

船舶智能航行需要智能化综合船桥系统；实现大型船舶无人驾驶需要环境信息感知、智能避碰路径规划和航迹智能控制等理论方法和关键技术。在船舶智能航行方面，计算机、传感器、信息技术的进步推动了船舶导航设备、自动化设备、环境感知设备的更新与升级，物联网、信息物理系统和大数据的应用加快了船舶、船岸之间信息交换的发展，这为构建新一代综合船桥系统提供了必要的基础[3]。新一代智能 IBS 具备完善的综合导航、自动操船、故障自动诊断、自动避碰和报警功能。通过对船舶周围和自身状态的监控，既保证了船舶的航行安全也节约了运营成本[4]。

船舶智能化的主要特征是大数据、信息物理系统和物联网的应用。船舶自主智能控制和无人驾驶涵盖的科学领域非常广泛，除了传统的船舶建造和操纵，还将采用以下多种高新技术：多传感器智能监控；自动避碰系统、高可靠高冗余数据传输系统；船舶机电系统自动故障检测与诊断、自动导航系统、高可靠电子海图系统、智能机器人系统、水下机器人系统、防海盗系统技术，物联网、云计算和大数据等技术[5]。

3. 研究进展

近年来，无人驾驶船舶已吸引不少国家和机构投入大量资金进行研究和开发。目前美国、欧洲、日本、韩国等国家和地区都在开展较大的无人驾驶船项目。在过去的几年中，欧盟投资 480 万美元开发了一个"海上智能航行"合作项目，以验证无人驾驶大型船舶的可操作性。美国研制的军用无人驾驶船舶已具备相当高的技术水平，其技术在转移优化升级后完全可以用于商船领域。2014 年 3 月，美国船级社批准建造一艘 2200m^3 的无人驾驶液化天然气(liquefied natural gas，LNG)驳船，用于美国沿海水域船对船的 LNG 转运或 LNG 散装运输。

上述无人驾驶船舶在智能自主控制、远程视频通信、目标探测以及排除海上障碍等方面取得了长足进步。随着无人驾驶船舶的快速发展及应用领域的不断扩大，对规模更大、复杂度和安全要求更高的无人驾驶远洋货船的研制成为可能。

近年来，我国研制成功了第一艘无人驾驶海上探测船"天象一号"，该无人船总长 6.5m，船体用碳纤维制成，应用了包括智能驾驶、雷达搜索、卫星应用、图像处理与传输等在内的诸多国际前沿技术。其研制成功填补了我国水面无人驾驶船舶领域的一项空白，为今后我国进一步研制高性能无人驾驶船舶创造了条件。2015 年，中船工业集团宣布将在上海设计建造国内首艘智能示范船。相对于传统船舶，无人驾驶船舶的优势显而易见[6]。

4. 主要难点

总体来讲，无人驾驶船舶的重点和难点是实现智能自主控制。对于无人驾驶船舶，智能是最基本的特点。该种船舶必须能够自主进行环境探测、目标识别、自主避障、自主规划航路等。对于智能控制指令的灵敏反应是无人驾驶船舶能够成功航行的关键。但将其运用于大型商业船舶目前还没有先例。从设计方面来看，无人驾驶商船的实现已没有太大障碍，将操控船舶的工作转移到岸上指日可待[7]。届时船舶将不再需要船员或减少对船员的使用，船员配置将得以明显简化。其完全不同于传统船舶的配置和运营方式将可能彻底改变人类的航海格局。

虽然目前的船舶 IBS 已具备简单的航线规划、自动避碰和航线跟踪功能，但距离真正的远洋无人驾驶应用状态还存在较大差距。近年来基于状态反馈的视距导航方法开始应用到船舶航迹控制中[8]。对于运输船舶，采用环保清洁能源推进发动机和先进的推进形式、探索对存在交互耦合复杂非线性的船舶操纵与推进系统的整体优化自主智能控制策略及方法，是实现其高效、安全和节能绿色航行亟待解决的科学问题。

目前无人驾驶船舶发展还存在一系列社会、法律障碍及其他不确定性，但无人驾驶船舶将是未来船舶的发展目标和方向，因为人类终归要将自己从航海中无处不在的危险和繁重的劳动中解脱出来。智能机器替代船员，无人驾驶船舶真正应用于商业运营将是现代社会发展的必然。

总体来说，无人驾驶船舶可极大地简化现行船舶系统，适于承担高风险的运输任务，能够节能环保增效并将实现航行模式的转型。作为船舶智能化的重要发展方向之一，人们期待着无人驾驶运输船舶的产生、完善、产业化并投入商业运营。运输船舶实现真正意义的无人驾驶，将有可能带来航运业的革命进而改变航运业的面貌。

参 考 文 献

[1] 徐玉如, 苏玉民, 庞永杰. 海洋空间智能无人运载器技术发展展望[J]. 中国舰船研究, 2006, 1(3): 1–4.

[2] 柳晨光, 初秀民, 谢朔, 等. 船舶智能化研究现状与展望[J]. 船舶工程, 2016, 38(3): 77–84, 92.

[3] Naeem W, Sutton R, Xu T. An integrated multi-sensor data fusion algorithm and autopilot implementation in an uninhabited surface craft[J]. Ocean Engineering, 2012, 39: 43–52.

[4] Caccia M, Bibuli M, Bono R, et al. Basic navigation, guidance and control of an unmanned surface vehicle[J]. Autonomous Robots, 2008, (4): 349–365.

[5] Naeem W, Irwin G W, Yang A. COLREGs-based collision avoidance strategies for unmanned surface vehicles[J]. Mechatronics, 2011, 22(6): 669–678.

[6] 柳晨光, 初秀民, 吴青, 等. USV 发展现状及展望[J]. 中国造船, 2014, 55(4): 194–205.

[7] 林平. 无人驾驶船舶规模应用指日可待[J]. 交通与运输, 2015, (3): 50–53.

[8] Campbell S, Naeem W, Irwin G W. A review on improving the autonomy of unmanned surface vehicles through intelligent collision avoidance manoeuvres[J]. Annual Reviews in Control, 2012, 36(2): 267–283.

撰稿人：郭 晨 沈智鹏 李 晖

大连海事大学

审稿人：张显库 钟章队

船舶夜航光环境的测量与评价

Measurement and Evaluation of Light Environment for Ship Navigation at Night

1. 背景与意义

随着人类社会工业化、城市化水平的不断提高,光污染已成为继大气污染、水污染、噪声污染、固体废弃物污染之后的第五大污染[1]。在海上,来自沿海城市及港口的夜间照明灯光、灯光捕鱼船舶的诱鱼灯光以及海上油田作业照明灯光等,正在日益严重地影响船舶号灯与航标灯的可识别性,以及航海者的视觉绩效。当船舶夜间在港口沿岸、灯光捕鱼的渔区等高亮度水域航行时,强烈的照明灯光往往使得本应互见的两船实际上处于非互见的状态,本应肉眼能够看清的号灯不能被清楚地识别,从而严重威胁船舶夜航安全[2]。

2000年11月24日夜间,一艘集装箱班轮"Y船"(总吨7310)在由日本石垣向我国台湾台中的航行期间(航向292°、航速约16kn),当其航经基隆港北部水域时(距岸约5n mile,1n mile=1.852km),海面上众多灯光捕鱼的渔船,加上来自基隆港岸边的照明灯光,使得整片海域几乎处在"人工白昼"之中。当时海面气象条件良好:3~4级东北风、轻浪、能见度良,驾驶台雷达等设备均正常。22:20LT(当地时间)左右,"Y船"三副从雷达上发现:在本船左舷40°(舷角)、距离4n mile处有一艘大船("G船"),由于当时"G船"号灯淹没在"人工白昼"中,导致"Y船"驾驶员根本看不见"G船"号灯;直到22:30 LT"G船"距"Y船"不到1n mile时,"Y船"三副才看到"G船"显示的失控灯(垂直两盏环照红灯),后因避让不及,22:35 LT"G船"船首与"Y船"左舷擦碰,致使"G船"球鼻首、首楼甲板及"Y船"左侧船体严重受损[2]。

2010年4月新加坡、马来西亚和印度尼西亚三国政府,就海上强背景光对新加坡海峡船舶夜航安全的影响,联合向国际海事组织(International Maritime Organization,IMO)航行安全分委员会提出:夜间穿越新加坡海峡通航分道的穿越船应显示垂直的三盏环照绿灯,告知在通航分道内航行的船舶其穿越意图,以便做到协调避让,更好地保障该水域的通航安全[3]。该提案于2012年12月获得了IMO海上安全委员会的批准。

2012年10月1日20:20LT，在我国香港维多利亚湾南丫岛海域，发生"南丫IV号"与"海泰号"两船相撞，导致38人遇难、101人受伤，这一震惊中外的特大海上交通事故。在事故原因分析中，香港海事训练学院杨沛强认为：事发当天天气良好，海面风浪不大，但由于当晚维多利亚港正准备放烟花，海面灯光较强，港内船只数量比平时多，因而影响失事船长对其他船舶号灯的正常识别，导致其采取避让行动过晚[4]。

夜间海面出现的强背景光作为一种污染形态——光污染，对船舶夜航安全的影响越来越严重。因为现行的《1972年国际海上避碰规则》(下文简称《规则》)中尚未就强背景光对船舶夜航安全的影响进行充分的规定，所以《规则》对夜间航行于高亮度水域中的船舶不能很好地指导其避碰实践；主管机关和海事法院在对由此而引发的海上交通事故进行致因分析时，由于国内外目前均没有这类事故的分类标准，因而往往会牵强地归结于船舶驾驶人员的人为因素或其他因素(如驾驶人员值班时没有保持正规瞭望、船舶没有采取安全航速行驶等)，而不能客观、科学地分析事故原因，进而不能公平、公正地判定避让责任[2]。

海上光污染主要是由海滨城市与港口的夜间照明、渔船的诱鱼灯光以及海上油田的作业照明等引起的，其对海上交通安全的危害主要体现在影响船舶夜航时信号灯的可识别性以及驾驶人员的视觉绩效，从而破坏现有《规则》的正常实施。

为了减小海上光污染对船舶夜航安全的影响、为分析海上碰撞事故的原因和厘清避让责任提供理论依据，有必要开展以下几个方面的工作：①分析海上光污染影响船舶夜航安全的机理，通过开展广泛的调查来验证机理分析的正确性；②基于海上光污染对船舶夜航安全影响机理分析的结果，探索测量与评价海上光环境的方法，为全面认识与规制海上光污染奠定基础；③寻找防治海上光污染的科学方法和规制措施等。

测量是科学研究的基础。对海上光污染的研究也不例外，测量结果是进行光环境评价的前提。对海上光污染严重水域的光环境进行测量与评价，探索科学、高效的测量方法，建立客观、合理的评价体系与评价模型，是解决海上光污染对船舶夜航安全影响的关键问题。在此基础上才能制定合理的规则或对不符合现状的规章制度进行修改。

2. 研究进展

目前对光环境测量与评价方面的研究主要集中在天文观测、建筑景观照明、住宅与工业照明，以及道路交通照明等领域[5~7]，对海上光污染的研究则较为罕见。近年来，大连海事大学在分析海上光污染影响船舶夜航安全的机理、开展广泛的问卷调查，以及寻找防治海上光污染的科学方法和规制措施等方面进行了系列研究[8,9]，并取得了初步成果；但在海上光环境的测量、评价以及规制措施等方面仍需开展深入研究。

3. 主要难点

对船舶夜航光环境进行测量与评价的难点主要有以下三个方面：

(1) 建立船舶夜航光环境的评价指标体系与评价模型。船舶夜航光环境的评价指标不但涉及光污染水域的亮度、色度、污染光源的闪烁度与眩光等光学及色度学原理，还涉及人眼的空间分辨率、对比识别力及视觉反应速度等人体视觉绩效学方面的知识，而且海上光污染会影响船舶驾驶人员的瞭望手段、对安全航速与碰撞危险的判断等驾驶行为。因此建立科学的评价指标体系与评价模型是一项多学科交叉的系统工程。

(2) 海上光污染测点布置的优化。由于污染光源的属性不同，测量光污染时的空气质量和透明度不同，不同水域的海上光污染特点各异，因此在进行船舶夜航光环境测量时，需考虑污染光源的方向性、衰竭性等特点及船舶习惯航路的走向等因素优化设计测量范围及测点位置。

(3) 灯光捕鱼的渔区及海上油田作业区的光环境现场测量。灯光捕鱼的渔区及海上油田作业区的污染光源亮度均较高，但灯光捕鱼的渔区伴随着鱼群的活动规律而具有流动性；海上油田作业区通常距岸边较远，且距习惯航路的远近也没有明显的规律，这些都给光环境的现场测量带来了较大的困难。

参 考 文 献

[1] 王东, 郭键锋. 关于建立我国光污染防治体系的思考与建议[J]. 中国环境管理, 2012, 5: 31–34.

[2] 朱金善. 海上光污染对船舶夜航安全的影响与对策研究[D]. 大连: 大连海事大学, 2015.

[3] IMO. Routeing of ships, ship reporting and related matters: Procedures for night signals to be displayed by vessels crossing the Traffic Separation Scheme(TSS) in the Singapore Strait[R]. IMO, 2010.

[4] 撞船疑与航道灯太亮有关 [EB/OL]. http://news.sina.com.cn/o/2012-10-05/031925301594.shtml[2018-01-30].

[5] Rabaza O, Galadí-Enríquez D, Estrella A E, et al. All-sky brightness monitoring of light pollution with astronomical methods[J]. Journal of Environmental Management, 2010, 91: 1278–1287.

[6] 川上幸二. 环境省《光害対策ガイドライこ》きらまま[J]. 照明学会志, 1998, 82(6): 408–412.

[7] Verutes G M, Huang C, Estrella R R, et al. Exploring scenarios of light pollution from coastal development reaching sea turtle nesting beaches near Cabo Pulmo, Mexico[J]. Global Ecology and Conservation, 2014, 2: 170–180.

[8] 朱金善, 孙立成, 戴冉, 等. 海上光污染及对现行《国际海上避碰规则》的修改意见[J]. 中国航

海, 2006, 67(2): 29–33.

[9] 朱金善, 孙立成, 尹建川, 等. 基于 BP 神经网络的船舶号灯识别模型与仿真[J]. 应用基础与工程科学学报, 2012, 20(3): 455–463.

撰稿人：朱金善[1]　王新辉[2]
1 大连海事大学　2 广州航海学院
审稿人：刘正江　钟章队

不确定环境下自动化码头自动导引车实时诱导与鲁棒协调运行控制

Real-Time Guidance and Robust Coordinated Operation Control for Automated Guided Vehicles at Automated Terminals in Uncertain Environments

1. 背景与意义

不确定环境下的自动导引车(automated guided vehicle,AGV)运行控制是自动化集装箱码头(简称自动化码头)作业系统中的一个关键问题,其最终目的是提升水平运输作业的智能化水平,保证码头作业的安全性、鲁棒性与高效性。

全球贸易 90% 以上的货物由海运承担,其中集装箱运输占据了至少 1/3 的份额。集装箱码头是水陆联运的枢纽,是集装箱运输系统中的主要环节,是国际贸易体系的关键节点。在人力成本上升、船舶大型化和码头作业高效化等多重压力推动下,国内外掀起了自动化码头研究与开发的热潮[1]。国外已建成或正在建设的自动化码头已达 30 余个;我国上海港、厦门港、青岛港等大型港口均在推进传统集装箱码头的自动化建设,并将建设自动化码头作为未来几年码头建设和管理的重要突破。

AGV 是目前自动化码头主流的水平运输工具[2],承担着岸桥与堆场之间及堆场与堆场之间的集装箱搬运作业。与传统码头(作业系统的瓶颈是岸桥、场桥)不同,自动化码头受岸桥、场桥装卸能力提升,作业规模、水平运输距离和并行作业的 AGV 数量明显增加等因素影响,AGV 水平运输正成为自动化码头作业系统的新瓶颈,决定了码头的整体装卸效率[2]。

相对于集卡运输方式,AGV 在自动化程度、节能环保等方面具有优势:具有无人驾驶、自动导航、定位精确等智能化特征,显著节省了人力资源成本,有效解决了集卡带来的内燃机废气排放和噪声污染,且能耗更低。

然而自动化码头作业环境与工况复杂,船舶到港时间、装卸搬运作业时间、码头路网实际通行能力等的不确定性,导致任务的到达时间和完成时间难以准确预估,引起 AGV 运行轨迹动态变化;同时人的智能决策的减少、传统生产工艺和管理模式的沿用,降低了 AGV 对不确定环境的适应能力。这使得 AGV 易于出现冲突、等待、排队甚至碰撞等干涉现象[3,4],造成水平运输瓶颈的形成,制约了自动化码头安全和效率的提升。

AGV 水平运输作业过程缺乏实时诱导信息的引导。交通诱导系统是目前公认的解决城市交通拥堵的有效途径[5]，具有均衡路网车流分布、改善行车安全、提高运行效率、减少出行成本等优势。上海市高架道路交通统计数据显示，交通诱导系统的运行，使高峰期的交通流量增加 5%，平均车速增加 3%，畅通时间增加 7%。若在自动化码头路网中面向 AGV 群提供实时诱导信息，可以均衡优化 AGV 流分布，提高路网的通行能力，避免或减少干涉。然而，目前道路交通诱导系统适用于针对某个具体问题的具体路网研究，较难应用到其他交通系统中。同时自动化码头固有的不确定性、路网空间和任务完成时间的有限性，导致 AGV 时空干涉问题比传统干涉突出；自动化码头岸桥装卸、AGV 水平运输、场桥装卸作业之间存在动态交互耦合关系，使得码头交通不同于一般道路交通。因此相对于城市混合交通诱导等系统，自动化码头 AGV 诱导具有其独特的复杂性，在诱导策略、运行控制等方面面临新的挑战。

不确定环境下 AGV 的鲁棒协调运行控制能力不足。在实时诱导信息的指导下，需要对 AGV 群实施具体的运行控制。根据作业需求和 AGV 任务分配情况，将 AGV 群划分为多个子群并进行路径规划。由于作业时间与道路空间的有限性，AGV 个体之间、AGV 子群之间相互影响；任务分配与路径规划相互关联；AGV 水平运输与岸桥、场桥装卸之间存在复杂的耦合关系。为提高码头作业效率，需研究 AGV 个体之间、AGV 子群之间、任务分配与路径规划、AGV 与其他设备之间的多重协调模式，探索建立 AGV 群与不确定环境匹配的鲁棒协调运行控制机制。目前模型预测控制、启发式算法、仿真模拟等方法已应用于 AGV 的运行控制[6~9]。然而针对自动化码头 AGV 与不确定环境匹配的鲁棒协调运行研究成果不多，使得决策方案无法取得预期性能，阻碍了现实意义的发挥。

综上所述，自动化码头作为国内外学术界、行业界的一个热点问题，在全球范围内尚未开展深入研究。自动化码头 AGV 安全高效运行问题的解决，要求研究面向自动化码头 AGV 群的主动式实时诱导策略，探索建立不确定环境下 AGV 群的鲁棒协调运行控制机制，以拓展交通诱导理论，丰富 AGV 运行控制研究。

2. 研究进展

为增强 AGV 群运行的鲁棒性和协调性，提升自动化码头作业的安全性与高效性，2014 年上海海事大学提出将道路交通诱导的思想运用到自动化码头领域，已开展了基于诱导蚁群-粒子群算法的多 AGV 无冲突运行控制方法研究，取得了初步研究成果；同时对上海港、厦门港、青岛港、天津港、宁波港等单位进行了广泛深入的调研，在大型集装箱码头生产规划与控制等方面搭建了比较完善的试验平台，为后续的研究打下了坚实基础。

3. 主要难点

(1) 与 AGV 流高度动态性相适应的实时诱导策略优化。自动化码头 AGV 运行具有高度的动态性，实时诱导系统需要为 AGV 提供警戒距离、警戒流量、警戒速度等信息。如何设计快速有效的诱导策略优化算法，以均衡和优化 AGV 流在路网上的分配，是提高 AGV 运行安全性、稳定性和智能化水平的难点之一。

(2) 与不确定环境相匹配的 AGV 群鲁棒协调运行控制方法。自动化码头不确定时空特征显著，AGV 个体安全与 AGV 群的运行业务、工作性能、鲁棒性能之间存在复杂的交互耦合关系。如何建立一个性能优良、与不确定环境相匹配的 AGV 群鲁棒协调运行控制方法，是提高 AGV 作业灵活性和协调性的难点之一。

参 考 文 献

[1] 杨宇华, 张氢, 聂飞龙. 集装箱自动化码头发展趋势分析[J]. 中国工程机械学报, 2015, 13(6): 571–576.

[2] Héctor J C, Iris F A V, Kees J R. Transport operations in container terminals: Literature overview, trends, research directions and classification scheme[J]. European Journal of Operational Research, 2014, 236(1): 1–13.

[3] 肖海宁, 楼佩煌. 自动导引车系统避碰及环路死锁控制方法[J]. 计算机集成制造系统, 2015, 21(5): 1244–1252.

[4] Miyamoto T, Inoue K. Local and random searches for dispatch and conflict-free routing problem of capacitated AGV systems[J]. Computers and Industrial Engineering, 2016, 91: 1–9.

[5] Chen D S, Yu X X, Hu K Q, et al. Safety-oriented speed guidance of urban expressway under model predictive control[J]. International Journal of Simulation Modeling, 2014, 13(2): 219–229.

[6] Wang M, Luo J, Walter U. A non-linear model predictive controller with obstacle avoidance for a space robot[J]. Advances in Space Research, 2016, 57(8): 1737–1746.

[7] Fazlollahtabar H, Saidi-Mehrabad M. Methodologies to optimize automated guided vehicle scheduling and routing problems: A review study[J]. Journal of Intelligent and Robotic Systems, 2015, 77(3-4): 525–545.

[8] Xin J, Negenborn R, Corman F, et al. Control of interacting machines in automated container terminals using a sequential planning approach for collision avoidance[J]. Transportation Research Part C: Emerging Technologies, 2015, 60: 377–396.

[9] Choe R, Kim J, Ryu K. Online preference learning for adaptive dispatching of AGVs in an automated container terminal[J]. Applied Soft Computing, 2016, 38: 647–660.

撰稿人：杨勇生　李军军　许波桅

上海海事大学

审稿人：施朝健　钟章队

船舶交通流特性及水域通航风险识别

Research on Marine Traffic Flow Characteristics and Risk Identification of Navigation

1. 背景与意义

船舶交通是指定水域内船舶运动的组合和船舶行为的总体。增进交通安全,提高交通效率,是海上交通工程的研究目的。

通过海上交通调查,了解和掌握水域内船舶密度分布、航迹分布、交通流、交通量(平均小时交通量、平均日交通量、高峰小时交通量、年最大小时交通量、年最大日交通量)、速度分布、船舶分布(种类分布、国籍分布、吨位分布、船长分布、船宽分布、吃水分布)、船舶到达规律等船舶交通特性资料,船舶领域、避碰行为[采取避碰行动时两船间距离、采取避碰行动时最近会遇距离(distance to closest point of approach,DCPA)、最近会遇时间(time to closest point of approach,TCPA)、转向避让幅度、实际通过距离]等船舶避碰信息,交通容量、会遇率等潜在碰撞危险等数据,是海上交通工程的主要基础研究内容之一。

海上交通观测是海上交通调查的主要方法,传统的观测方法有雷达观测、视觉观测、航空摄影三种,其中又以雷达观测辅以视觉观测法为主,该观测法不仅受雷达设备限制较大,而且观测工作量大,所能获取的信息量也十分有限。

船舶自动识别系统(automatic identification system,AIS)能自动提供呼号、船名、国际海事组织(International Maritime Organization,IMO)编号、船长、船宽、船舶类型等静态信息,以及船舶位置、定位时间、对地航向、对地航速、船艏向、航行状态、旋回速率等动态信息,船舶吃水、危险货物(种类)、目的港及预计抵达时间、航线计划等航次信息。AIS 信息量丰富,且观测(接收)简单,对 AIS 调查所得的海上交通基本数据进行必要的统计处理,可获取比传统观测法更为客观、丰富的交通流特性基础资料,并可以进一步深入挖掘船舶领域、避碰行为等避碰参数和水域内船舶会遇率等潜在风险数据,为建立交通流理论模型,发现妨碍海上交通安全和效率的因素,寻求改善海上交通的办法与措施,检验海上交通设施、规则和系统的效果等提供支持。

AIS 信息获取简单,但数据处理工作复杂、计算量庞大,且利用散乱 AIS 数据得出有效结论非常困难。因此需要建立一个相应的数据挖掘平台，从海量 AIS 基本信息中自动统计和挖掘交通实态、避碰行为、潜在海上交通风险相关数据，弥补传统海上交通观测方法的不足；同时利用该数据挖掘平台得到的交通实态数据对海上交通安全进行风险识别，并采取针对性的安全保障措施，对于保障海上交通安全具有重要意义。

2. 研究进展

目前国内外关于 AIS 信息使用的相关研究比较多，研究内容包括船舶交通流特性、船舶领域及避碰决策和海事监管等方面[1~7]。例如，Sang 等[1]基于 AIS 数据分析内陆水道的船舶轨迹进而研究船舶行为并模拟船舶交通流；Zhang 等[2]通过研究船舶近距离驶过来进一步分析船舶避碰，利用 AIS 信息中的相关数据，提出一种新的船舶近距离驶过挖掘算法，对发生在船间的近距离驶过进行识别；Felski 等[3]对 AIS 信息用于补充雷达信息防止船舶碰撞的有效性进行了全面的评估。总体来讲，相关研究还不够深入、系统，多针对基于 AIS 数据的某一交通特性研究，尚未建立较为完整的研究体系，对 AIS 信息在增进海上交通安全、提高交通效率等方面的挖掘利用还有很大空间。

3. 主要难点

船舶 AIS 数据在时间和空间上分布散乱，具有随机性。利用海量船舶 AIS 数据进行交通流特性、船舶避碰相关量化研究，设计合理的统计方法及优化算法是本课题的最大难点。

影响海上交通安全因素众多，且相互间关系错综复杂。基于船舶 AIS 信息的水域潜在交通风险评价指标确定及海上交通安全有效评价是本课题的另一难点。

参 考 文 献

[1] Sang L Z, Wall A, Mao Z, et al. A novel method for restoring the trajectory of the inland waterway ship by using AIS data[J]. Ocean Engineering, 2015, 110: 183–194.

[2] Zhang W B, Goerlandt F, Montewka J, et al. A method for detecting possible near miss ship collisions from AIS data[J]. Ocean Engineering, 2016, 124(1): 141–156.

[3] Felski A, Jaskólski K, Banyś P. Comprehensive assessment of automatic identification system (AIS) data application to anti-collision manoeuvring[J]. Journal of Navigation, 2015, 68(4): 697–717.

[4] Shelmerdine R L. Teasing out the detail: How our understanding of marine AIS data can better inform industries, developments, and planning[J]. Marine Policy, 2015, 54: 17–25.

[5] Xiao F L, Ligteringen H, Gulijk G, et al. Comparison study on AIS data of ship traffic behavior[J]. Ocean Engineering, 2015, 95(3): 84–93.

[6] 金兴赋, 付玉慧, 张连东. 基于 AIS 数据的成山头水域船舶交通流研究[J]. 大连海事大学学报, 2012, (1): 33–36.
[7] 齐乐, 郑中义, 李国平. 互见中基于 AIS 数据的船舶领域[J]. 大连海事大学学报(自然科学版), 2011, 37(1): 48–50.

撰稿人：刘德新　范中洲　刘军坡

大连海事大学

审稿人：刘正江　钟章队

岸基信息支持下的海运船舶智能航行决策

Intelligent Navigation Decision-Making for Seagoing Ship under the Support of Shore-Based Information

1. 背景与意义

在保证航行安全的前提下提高船舶航行效率,历来是船舶运输生产所追求的目标。在开航前船舶应制订安全且高效的计划航线,在航行途中,应及时获取岸基气象预报信息,适时调整航线,规避海上恶劣气象影响;与此同时,应利用各种船舶导航系统及时获取本船船位和周围的动态目标信息,利用海图等航海图书资料掌握船舶周围的静态目标和航行环境信息,据此做出恰当的避碰、避礁、防搁浅等航行决策。

多年来,在国内外大型海运船舶上,一般是将来自全球卫星导航系统、雷达/自动雷达标绘仪、船舶自动识别系统、电子海图显示与信息系统、自动舵等各种导航系统的信息进行综合处理,向航海人员提供一个集成的信息显示环境,使其能迅速地做出航行决策,及时执行某些必要的操纵,提高航行的安全性[1]。但应当指出,这些集成的信息需经过航海人员接收、判断、分析、决策后,才能成为实际的操船方案,船舶航行决策实际上最终是由航海人员人工制定的。因此,如何让机器代替航海人员完成这项工作,以减小人为因素造成海难事故发生的可能性并且减少船员定额,提高经济效益,已成为当今海运界普遍关注的课题。国内外众多机构甚至已经开始对无人驾驶海运船舶开展研究,并计划建造示范船舶。

另外,近年来岸基支持信息对保证海运船舶安全高效航行的作用越来越得到人们的重视。除船端航海仪器提供的信息之外,为了制定安全经济的航行决策,船上人员还必须同时考虑岸基海事管理部门、港口部门和气象部门等提供的丰富岸基支持信息。目前国际海事组织(International Maritime Organization,IMO)正在全球范围内推行"e-航海"(e-navigation)战略,其内涵是通过电子方式在船舶和岸上协调收集、集成、交换、显示和分析海事信息,以增强船舶从码头到码头之间的航行及相关服务,实现海上安全、保安和海上环境保护的目的[2]。可见,"e-航海"战略强调船岸信息交换、集成和融合,强调船舶在充分、可靠、适时的岸基信息支持下制定最优航行决策。世界各航运发达国家均对此十分重视,投入大量人力和物力进行研发及应用。

岸基信息支持下的海运船舶智能航行决策研究瞄准未来船舶无人驾驶的发展方向，探索船舶安全、高效、智能航行的决策理论，研究形成岸基信息支持下的船舶自主气象导航理论、船舶降速节能等经济高效航行计划的智能生成理论、船舶避碰、避礁和防搁浅一体化理论以及航海信息的智能处理理论等，解决船舶无人驾驶的核心理论问题，引领船舶智能导航仪器的研发。未来能够综合处理和分析船端信息及岸基支持信息并完成船舶自主航行的船舶航行智能决策系统将是无人驾驶船舶的"大脑"。

2. 研究进展

近年来，国内外学者在船舶航行智能决策研究方面进行了有益的探索。高宗江[3]等研发了基于电子海图的船舶自动避台航线设计方法与系统，使船舶在避开台风的前提下航行最为经济；李元奎等[4,5]在基于气象导航的船舶航线优化方面进行了研究，提出风力助航船舶最佳航线优化模型和智能求解算法；张英俊等针对当前全球范围内"e-航海"战略的实施，在岸基信息支持以及航海信息的智能处理和显示方面取得了初步研究成果。

在开阔水域中船舶自动避碰的研究方面，国内外取得了大量的理论成果。特别是自2002年船舶强制装载自动识别系统后，可通过该系统和雷达系统获取本船周围目标船较为丰富的动态信息，再根据国际海上避碰规则建立推理系统，辅助制定避碰决策。但目前从全球来看，船舶自动避碰系统尚不完善，在实船上的应用还比较少。

当前国内外海运船舶在利用岸基信息保障航行安全、提高航行效率方面还非常不足。事实上，在船舶开航前和航行途中，岸基可以提供丰富的信息支持。随着"e-航海"战略的深入实施，岸基支持信息的全球标准化工作正在陆续开展。岸基信息将很大程度上改变现有的船舶导航方法并进一步保障航行安全，如何智能化地处理和利用丰富的岸基支持信息，将成为未来船舶导航的研究焦点。

3. 主要难点

岸基信息支持下的海运船舶智能航行决策需综合考虑船端导航设备信息和岸基支持信息，对船舶周围静态目标、动态目标以及航行条件进行智能融合和关联分析，运用深度学习、知识库、情景计算等智能方法，自动生成航行决策。其主要难点在于：一是船岸一体化的信息集成与融合问题，探索在"e-航海"环境下如何根据船舶航行意图智能地综合处理船端导航传感器所感知的航行信息以及丰富的岸基支持信息，为船舶航行决策提供高可信的依据；二是船舶自主气象导航、船舶降速节能等经济高效航行计划的智能生成问题，需综合考虑高精度气象预报信息、船舶抗风等级、货载信息以及船期信息等做出决策；三是狭窄水域中多目标自动避碰、避礁和防搁浅一体化问题，需运用智能方法自动生成最优的避碰和操纵决策；四是以智能方式生成的船舶航行决策的可靠性验证问题，需要依靠大量的实船试验进行检验。

参 考 文 献

[1] 张英俊. 电子海图的数学和算法基础[M]. 大连：大连海事大学出版社, 2001.
[2] IMO. Strategy for the development and implementation of e-navigation[R]. London: MSC, 2008.
[3] 高宗江, 张英俊, 朱飞祥. 等. 远洋船舶避台航线设计算法[J]. 大连海事大学学报, 2013, 39(1): 39–42.
[4] 李元奎. 风力助航船舶航线优化模型及智能算法研究[D]. 大连：大连海事大学, 2014.
[5] Li Y K, Zhang Y J, Zhu F X. Minimal time route for wind-assisted ships[J]. Marine Technology Society Journal, 2014, 48(3): 115–124.

撰稿人：张英俊

大连海事大学

审稿人：张显库　钟章队

船舶航行空间信息获取与反演方法

Acquisition and Inversion of Spatial Information on Ship Navigation

1. 背景与意义

船舶航行空间信息获取与反演一直是海上交通安全研究的重要问题。利用常规手段对开阔水域船舶信息的研究已开展较多，但针对有冰海区等恶劣海况条件下船舶污染信息、利用全球导航卫星系统反射信号遥感技术(global navigation satellite system-reflection，GNSS-R)等进行航行环境及船舶能效反演等方面研究不足。

北极航线的开通与资源开发和我国北方海域冰区航行船只的增加，显著提高了有冰海区船舶污染的可能性，成为海事、海洋监管部门关注的焦点。相较于无冰开放海域，有冰航区污染清理更加困难，造成的影响持续时间更长，后果更加严重。美国 Exxon Valdez 号油轮在阿拉斯加海域搁浅，造成约 37000t 原油溢出，Exxon Mobil 公司动用 11000 名工人花费了大约 1 年时间进行清理，其对海洋环境的影响至今仍存在。准确的污染位置、面积等信息，能够为应急资源配置提供科学参考，以提高处置效率，减少对海洋环境和船只航行的影响。而我国目前尚未对冰区船舶污染的遥感监测机理进行系统性研究，制约了冰区海事溢油遥感监测的应用。

GNSS-R 是 20 世纪 80 年代发展起来的新遥感手段，具有信号多源、成本低、实时性强、覆盖范围广和可长期使用的优势，欧洲、美国及西班牙等国家和地区在 GNSS-R 海上遥感方法和数据反演等方面开展了不同平台观测试验，检验了 GNSS-R 探测海面风、浪等信息的可行性[1~3]。我国仅在常规参数反演方法、模型研究及长期稳定累积观测数据方面做了初步尝试[3]。在船载平台 GNSS-R 反演船舶航行空间数据方面的研究几乎未开展，而船载监测对于实时获取船舶航行环境信息至关重要，可弥补现有海事监控体系空间延展性、时间连续性的不足。针对国家深远海开发和极地开发战略,关键海区海冰探测研究日益成为关注焦点，研究新型船载 GNSS-R 北极航区海冰分布数据反演理论，将为解决极区通航海区海冰数据获得手段少、海冰分析图和预报图精度低、海冰资料实时性不高的问题提供理论支持，服务于国家极地战略海事安全监测体系。

国际防止船舶造成污染公约(The International Convention for the Prevention of Pollution from Ships)附则Ⅵ修正案要求新船和重大改建船应满足该附则"船舶能效设计指数(energy efficiency design index, EEDI)"和"船舶能效管理计划(Ship Energy Efficiency Management Plan, SEEMP)",《建设低碳交通运输体系指导意见》等交通运输部相关规划和政策明确规定我国营运船舶的节能减排指标,因此加强对船舶碳排放监测尤为重要。与此同时,国际海事组织(International Maritime Organization, IMO)已经提出了对船舶碳排放指数的要求。当前对船舶能效营运指数(energy efficiency operational indicator, EEOI)的计算主要依赖船公司提供资料、航行信息及随船监测数据,但对大洋中或设备欠缺的船舶,该方式难以对船舶能效进行有效监控。通过高分辨率卫星数据可监测航行于大洋中的船舶,无需被监测方提供关键数据。卫星影像可反演船舶尺寸和船型,利用经验公式推算船舶载重量[4];通过对尾迹等数据分析与处理推导船舶的航行速度。通过对大量数据进行统计分析,建立船舶吨位、船型、航行速度与其能耗的经验公式[5]。基于以上数据可对船舶能效进行监控。

针对北极航线开发、船舶节能减排与船舶航行安全保障问题,探索新兴海事遥感对船舶及其航行环境信息的探测与反演机理,研究冰区溢油、船只能效反演与航行安全信息反演模型,为船舶航行安全保障与监管的智能化提供支撑。

2. 研究进展

针对船舶航行空间目标信息获取与反演研究,国内外均开展了一些研究,但对于冰区等复杂海况条件下船舶污染信息、利用 GNSS-R 等新方法反演航行环境以及船舶能效信息等方面有所欠缺。Dickins 等以及 BP、Shell 等国际石油天然气公司利用遥感方式对北极地区溢油的监测进行了试验[6];李颖等对有冰海区溢油的光谱特征进行了野外试验与理论研究[7,8],对有冰存在下油污染的光谱散射特性开展了实验室研究。大连海事大学利用教学实习船育鲲轮进行了国内首次船载 GNSS-R 波高反演试验研究[9],确定船载平台下基于干涉复数场相关时间方法的反演模型参数。李颖等基于高分辨率影像,实现对航行船舶尺寸、船型等参数的提取,取得初步研究成果。

3. 主要难点

开展船舶航行空间信息获取与反演方法问题研究的难点在于以下几个方面:①相较于海冰、雪等目标,冰区溢油目标海洋微波辐射和可见光反射能量均为弱信号,如何在强背景条件下提取溢油等是船舶航行环境空间信息反演的难点;②如何通过遥感影像精准地反演与船舶能耗密切相关的航速、吨位等,对于提高空间信息反演船舶能耗精度是难点；③大量实测数据的获取及反演精度的验证是另一难点。

参 考 文 献

[1] Zavorotny V U, Voronovich A G. Scattering of GPS signals from the ocean with wind remote sensing application[J]. IEEE Transactions on Geoscience and Remote Sensing, 2000, 38(2): 951–964.

[2] Gleason S, Gebre-Egziabher D. GNSS Applications and Methods[M]. Norwood: Artech House, 2009.

[3] 李颖, 朱雪瑷, 曹妍, 等. GNSS-R 海洋遥感监测技术综述[J]. 海洋通报, 2015, 34(2): 121–129.

[4] Shah R, Garrison L J, Application of the ICF coherence time method for ocean remote sensing using digital communication satellite signals[J]. IEEE Journal of Selected Topics in Applied Earth Observations and Remote Sensing, 2014, 7(5): 1584–1591.

[5] Corbett J J, Wang H, Winebrake J J. The effectiveness and costs of speed reductions on emissions from international shipping[J]. Transportation Research Part D: Transport and Environment, 2009, 14(8): 593–598.

[6] Dickins D, Andersen J H S, Brandvik P J, et al. Remote sensing for the oil in ice joint industry program 2007-2009[C]//Proceedings 33rd Arctic and Marine Oilspill Program(AMOP)Technical Seminar, Halifax, 2010.

[7] 李颖, 刘丙新, 兰国新, 等. 有冰海区油膜光谱特征研究[J]. 光谱学与光谱分析, 2010, (4): 1018–1021.

[8] Liu B X, Li Y. Spectral characteristics analysis of oil film among sea ice[C]//2015 IEEE International Geoscience and Remote Sensing Symposium, Milan, 2015.

[9] 李颖, 朱雪瑷, 崔璨, 等. 船载 GNSS-R 有效波高测量的初步研究[J]. 海洋环境科学, 2016, 35(2): 180–183.

撰稿人：李　颖　刘丙新　朱雪瑷

大连海事大学

审稿人：张英俊　钟章队

海上小型移动目标的智能识别

Intelligent Identification on Small Mobile Targets at Sea

1. 背景与意义

海上大型商船为钢铁材质，水面上的尺寸巨大，对雷达波的反射能力较强，因此可以在远距离时被雷达发现，并且按规定开启自动识别系统(automatic identification system，AIS)和号灯，因此对商船的识别相对容易。但是海上小型移动目标，如海盗船艇、渔船等目标的尺寸较小，多为木质或玻璃钢质，对雷达波的反射能力较差，并且有时不按规定开启 AIS 和号灯，因此在夜晚和能见度不良(雾、雨、雪)时，视觉瞭望、雷达和 AIS 难以发现上述目标，从而导致袭击和碰撞事故的发生，造成水上生命财产的损失和环境的污染。

对海上小型移动目标的识别是船舶航行中的重要问题，尤其是对无人船来说，要实现自主航行，在缺少驾驶员视觉瞭望的情况下，仅依靠雷达和 AIS 来对海面进行监视是不安全的，需要引入新的手段来弥补船载雷达和 AIS 对海面小型移动目标在探测方面的不足。视频监控是一种理想的手段，属于主动探测，无需目标的配合，可以探测出目标的大小、形状、纹理、移动速度等方面的信息，并且在国内外无人车上得到了广泛应用，尤其是在检测行人、交通标志、低矮障碍物方面可以有效弥补车载雷达探测性能的不足。因此对无人船来说，开展对海上小型移动目标识别方面的研究是十分必要的。同时对于有驾驶员的船舶来说，海上小型移动目标的识别也可以有效减轻驾驶员的工作压力，及时发现船舶周围可疑目标，提醒驾驶员规避航行风险；通过对可疑目标进行跟踪和异常行为分析，当目标行为对本船构成危险时自动报警，是"智慧交通"和"平安交通"在航运领域的体现。

2. 研究进展

近些年，国内外学者已经意识到视频监控对船舶航行安全的重要性，在海上目标的检测等方面做了大量工作。Santhalia 等[1]利用 Sobel 算子和 Hough 变换提取了海上红外图像中的海天线，进而确定了海上目标的潜在区域，然后利用直方图匹配技术完成目标的检测。Chan 等[2]提出使用分层的船舶检测算法和动态背景模型来完成动态海上环境中的船舶视频监控。王鹏等[3]利用设计好的频域组合高通滤波器对原始红外图像进行处理,以得到舰船目标可能存在的区域;然后对获得的目标潜在区域进行尺度自适应的局部阈值分割,进而提取较完整的舰船目标或者虚假目标;最后通过检测吃水线特征来筛选出正确的舰船目标。Kim[4]提出了一种基于机器学习的目标特征提取方法,并统计了8种红外目标的特征值,同时利用特征进行了目标的检测和跟踪。刘全[5]利用红外摄像机对港区内的海面移动目标进行了异常行为识别方面的研究。Deng等[6]基于经验模态分解的海上红外目标检测方法,利用分解结果对海天背景区域进行抑制,然后利用阈值法检测图像中的海上目标。Wang等[7]提出一种基于红外子图像稀疏表示的弱小目标检测方法,利用大量的数据训练海天背景模型,得到海天背景词典,然后将海上红外图像划分为一系列的子图,并对其进行稀疏表示,用表示结果判断子图中是否包含海上目标。上述的研究大部分集中在海面大型船舶的检测、跟踪和分类等方面,属于视觉中的低级和中级部分,缺乏对海上小型移动目标开展识别方面的研究。受到摄像机视场角和焦距的限制,单个摄像机难以覆盖船舶周围全部海面。因此还需要研究船载摄像机的布设问题以及多摄像机协作方面的问题。

3. 主要难点

相比于陆地交通中对车辆和行人的识别,对海上小型移动目标的识别更加困难,主要的难点有以下四点:

(1) 数据获取困难。为了能够适应海面上不同风、浪、光照、雨、雪、雾等情况下对移动小目标的准确识别,保证零漏警率和低的虚警率,需要进行大量试验,采集尽可能多的数据,增强识别的鲁棒性。因此需要协调船舶、港口、海事监管部门等多个方面,花费的人力、物力和困难程度远远高于陆地交通视频数据的采集。

(2) 多摄像机布设和协作监控。由于单摄像机难以监控船舶周围全部海面,因此需要在船上布设多个摄像机,不同船型船舶的尺寸和结构差异较大,因此如何根据船型来布置摄像机也是需要研究的内容。多摄像机的协作监控则涉及红外与可见光的融合、多摄像机的协作、多摄像机的定标及数据融合问题[8],这些都是视频监控中的难点。

(3) 目标检测和跟踪困难。检测和跟踪是识别的基础,船载摄像机和海面均处于运动中,属于移动摄像机情况下对目标的检测,由于小型移动目标在图像中所占的比例较小,容易淹没在波浪和水面反光中,并且检测算法和跟踪算法要在各种气象海况下保证零漏警率和低虚警率,因此海上小型移动目标的检测和跟踪是困难的,需要进行深入的研究。

(4) 小型目标活动无规律。海盗船艇等海面小型目标在海面的移动没有明显的规律，建立小型移动目标的行为模式和识别是较为困难的。

参 考 文 献

[1] Santhalia G K, Sharma N, Singh S, et al. A method to extract future warships in complex sea-sky background which may be virtually invisible[C]//Third Asia International Conference on Modelling and Simulation, Bali, 2009.

[2] Chan M T, Weed C. Vessel detection in video with dynamic maritime background[C]//Proceedings of the 2012 IEEE Applied Imagery Pattern Recognition Workshop, Washington DC, 2012.

[3] 王鹏, 吕高杰, 龚俊斌, 等. 一种复杂海天背景下的红外舰船目标自动检测方法[J]. 武汉大学学报: 信息科学版, 2011, 36(12): 1438–1441.

[4] Kim S. Analysis of small infrared target features and learning-based false detection removal for infrared search and track[J]. Pattern Analysis and Applications, 2013, 17(4): 883–900.

[5] 刘垒. 基于红外成像的港内移动目标异常行为识别方法研究[D]. 大连: 大连海事大学, 2013.

[6] Deng H, Liu J, Li H. EMD based infrared image target detection method[J]. Journal of Infrared, Millimeter, and Terahertz Waves, 2009, 30(11): 1205–1215.

[7] Wang X, Shen S, Ning C, et al. A sparse representation-based method for infrared dim target detection under sea-sky background[J]. Infrared Physics & Technology, 2015, 71: 347–355.

[8] 万卫兵, 霍宏, 赵宇明. 智能视频监控中目标检测与识别[M]. 上海: 上海交通出版社, 2010.

撰稿人：高宗江[1]　张英俊[1]　杨雪锋[2]

1 大连海事大学　2 重庆交通大学

审稿人：李　颖　钟章队

灾害情况下水面运动体交互作用机理及动态建模

Interaction Principle and Dynamic Modeling of Moving Object on Water in Disaster

1. 背景与意义

随着航运业和海洋经济的蓬勃发展，船舶日益大型化、特种化，船舶操纵的难度也逐渐加大，油船、化学品船或液化天然气船舶的海难事故给海洋环境和人类生命财产所造成的巨大损失是无法估量的，迫切需要研究灾害情况下水面运动体交互作用机理及动态建模方法，为海上溢油、液化气泄漏、台风、海啸、船/船碰撞、船/岸碰撞、人员落水等海难事故动态仿真提供理论基础，为海难事故应急科学决策提供支持，构建可用于海难事故应急救助综合协同训练仿真系统。

灾害情况下大尺度多相(气相、液相和固相)流体介质间以及它们与周围环境间的交互作用构成了自然界众多的自然景象(海洋、云景等)以及灾难景象(水灾、火灾、沙尘暴、泥石流、海上溢油、海冰等)。目前对于灾害情况下大尺度多相流交互作用及动态演化过程的模拟尚不多见，其主要原因是这类现象不仅具有更大尺度的单相或多相的流体运动，还常涉及复杂的相互作用机制(如流固耦合等)，甚至产生固体形变、崩裂、破碎、坍塌等效果，其产生机理涉及多种介质、多种相变、多种互动，十分复杂，因此呈现出变化多端的或奇特或震撼的大尺度动态效果。研究灾害情况下运动体的交互作用机理，并进行合理的简化加速以达到实时仿真的要求，具有较广泛的应用价值(如航海模拟、航空模拟、水火等灾难模拟等)。

2. 研究进展

早期基于物理的流体模拟研究主要集中于小区域的单相或多相流体的运动模拟。如基于物理的海浪的建模主要以 Navier-Stokes 方程组为基础，使用流体控制方程来描述海浪，可以得到海浪的运动特性(包括速度、压强、密度等参数的变化)[1]。基于物理特性的云建模研究中，Miyazaki 等[2]基于空气流体力学采用耦合映像格子(coupled map lattice，CML)方法来模拟各种形状的三维云，Harris[3]在图形处理器(graphics processing unit，GPU)上求解 Navier-Stokes 方程组，从云的物理成因上进行云朵模拟。Dobashi[4]基于计算流体力学的方法，模拟指定形状三维积云的形成过程。Sun 等[5]提出了一种单船中层拖网系统数学模型的建模方法，并实现了单船中层拖网作业过程的三维可视化。在建模过程中，将单船中层拖网系统的数学模型分为渔船、拖网曳纲以及网具系统的数学模型，并通过边界条件实现了数学模型之间的耦合。

近年来，国内外学者逐渐关注流固交互作用和流体细节的表现，与之相关的工作主要集中于流体的建模表达、流固耦合模拟、表面追踪与细节捕捉等方面。国内相关研究单位在该方面进行了较多研究，开发了海上溢油应急处理和三维可视化系统，提出一种可应用于海上搜救模拟器的海上溢油自身扩展、漂移、蒸发和乳化运动的组合数学模型计算算法及三维可视化方法[6]；研究了基于波浪谱的大尺度海浪场景的建模和绘制方法[7]；基于集中质量法建立了复合锚泊线的动力学模型，将纤维缆的动刚度特性引入复合锚泊线的动力学分析中[8]；研究了基于空间索引的海冰模型场景管理算法及其应用[9]，研究了基于过程法的大尺度河流场景的建模和绘制方法[10]。

3. 主要难点

本科学问题的研究重点和难点在于灾害情况下水面运动体交互作用机理以及大尺度多相流体的实时动态建模和仿真，具体如下：

(1) 灾害情况下基于物理模型的大尺度多相流的交互演化机理。大尺度多相(气相、液相和固相)流体介质间以及它们与周围环境间的交互作用形成了海难景象。该研究不仅涉及具有更大尺度的单向或多相的流体运动，还涉及复杂的相互作用机制，可产生固体形变、崩裂、破碎、坍塌等效果。如何通过合理的流体建模表达、高效的交互及流固耦合、表面追踪与细节捕捉等模拟复杂的海难场景是研究的难点所在。

(2) 灾害情况下水面运动体间协同运动六自由度水动力学建模研究。基于分离建模的思想对船舶在复杂海况下六自由度运动进行建模，研究船舶拖带、顶推和靠绑作业过程中，柔性物体、护舷碰垫以及船舶间的相互作用，并考虑科恩那效应、船间效应等。通过基于船舶操纵性衡准的模型验证、基于水池试验数据的模型验证以及基于实船试验数据的模型精度对比等方法提高船舶运动模型的精度。

参 考 文 献

[1] Stam J. Stable fluids[C]//Proceedings of the 26th Annual Conference on Computer Graphics and Interactive Techniques. New York: ACM Press, Addison-Wesley Publishing Co, 1999.

[2] Miyazaki R, Dobashi Y, Nishita T. Simulation of cumuliform clouds based on computational fluid

dynamics[C]//Proceedings of the Eurographics 2002 Short Presentation, Saarbrücken, 2002.
[3] Harris M J. Real-time Cloud Simulation and Rendering[D]. Chapel Hill: The University of North Carolina, 2003.
[4] Dobashi Y. Feedback control of cumuliform cloud formation based on computational fluid dynamics[C]//Proceedings of International Conference on Computer Graphics and Interactive Techniques, Los Angles, 2008.
[5] Sun X F, Yin Y, Jin Y C, et al.The modeling of single-boat, mid-water trawl systems for fishing simulation[J]. Fisheries Research, 2011, 109(1): 7–15.
[6] 余枫. 海上搜救模拟器中近海溢油的实时仿真与可视化研究[D]. 大连: 大连海事大学, 2010.
[7] 神和龙. 海上搜救模拟器中视景特效的建模与真实感绘制[D]. 大连: 大连海事大学, 2011.
[8] 朱忠显, 尹勇, 神和龙. 锚操作模拟器中锚泊系统的建模与仿真[J]. 系统仿真学报, 2015, 27(10): 2285–2290.
[9] 孙昱浩, 尹勇, 金一丞, 等. 基于空间索引的海冰模型场景管理算法及应用[J]. 系统仿真学报, 2015, 10: 2427–2431.
[10] 翟小明, 尹勇, 神和龙, 等. 内河船舶模拟器中基于过程法的河流仿真[J]. 系统仿真学报, 2014, 26(9): 2189–2193.

撰稿人：尹　勇　孙霄峰　神和龙
大连海事大学
审稿人：张显库　蔡伯根

船舶领域模型的构建

Construction of the Model for Ship Domain

1. 背景与意义

水路运输作为一种古老的运输方式具有运输量大、节能、低碳、污染少、投入少等优势，在交通运输中占有重要地位，对保障经济发展起到重要作用。近年来，航运业得到了迅猛发展，船舶交通量增加，船舶交通密度增大，船舶趋于大型化、多样化和快速化。随着人工智能的发展，出现了具有各种功能的无人飞机，无人船舶也成为未来发展趋势；而船舶领域成为船舶自动(或智能)避碰系统必须要解决的科学问题之一。

船舶领域作为研究船舶交通安全最重要的理论之一将是解决船舶自动化问题的基础和前提。对船舶领域的深入研究将为航道通过能力的计算、最优航迹设计、碰撞危险度的评估、船舶避碰、海上交通仿真等提供科学依据，也可以有效避免由人为因素造成的海上船舶碰撞事故。

2. 研究进展

船舶领域的定义是由日本海上交通工程学者 Fuji 等[1]受道路交通工程研究的启发，在研究水道的交通容量时首先提出的，他将船舶领域定义为：绝大多数后继船舶驾驶员避免进入的在前一艘航船周围的领域。Fuji 等通过长期观察日本沿海水道的交通实况，得到了水道中椭圆形的船舶领域及其尺寸。后来 Goodwin[2]对开阔水域内的船舶领域进行了研究，将船舶领域定义为：船舶驾驶员想要保持船舶周围避免他船或固定物体进入的有效领域，并根据欧洲北海南部水域海上交通观测数据统计得到了四个不同海域类型内的船舶领域和在某密度下的船舶领域，模型重点考虑了国际海上避碰规则对船舶避让行为的影响，得到的船舶领域的几何图形不是对称的，将船舶领域按船舶的号灯范围划分成三个扇区，三个扇区的长度分别为 0.45n mile、0.7n mile、0.85n mile。近期研究人员用 AIS 数据来对船舶领域模型进行统计研究，提出了利用网格统计的方法[3]对受限水域内的船舶领域进行统计，该方法可以较方便地得到船舶领域与船舶大小的关系；对桥区水域与穿越水域内驾驶员认为舒服的最小船舶领域进行统计[4]。文献[5]利用实船仿真的方式对航道分隔带中紧急情况下的追越船舶领域模型进行了研究。

早期利用交通调查和交通观测特定水域内的实际数据和近期利用AIS数据进行统计的方法，都是根据定义的船舶领域边界进行边界的选取，但边界的选择存在差距，统计得到了不同水域类型和不同会遇局面下的船舶领域模型，船舶领域的表达方式为固定尺寸和形状的图形，是对船舶领域的定性描述。模型表达不涉及对其有影响的因素，船舶领域随其影响因素的变化是通过统计的方法得到的。在实际中的通用性、精确性与灵活性较弱，但对整个水域的管理具有应用价值，且较易获得。

根据船舶领域的定义，从船舶运动特征的角度分析其在不同环境下航行时的安全通过条件，并定义其为船舶领域，如在特定桥区水域和从船舶避碰的角度等。这些模型主要考虑部分船舶运动特征因素和部分对船舶产生作用力的因素，如速度、转向角速度和水流等。主要利用船舶所受作用力与船舶速度[6]、距离因果关系推导计算出船舶领域与其某些影响因素之间的关系,模型仍是确定的边界。这些模型更多地考虑影响船舶领域的部分客观因素，体现船舶领域的客观性，模型的表示方法仍为具体的形状或船舶领域与某些因素的关系表达式。

相对于确定边界的船舶领域，人们提出了模糊船舶领域的概念。首次提出模糊船舶领域的概念时是以估计的最近会遇距离(distance to closed point approach, DCPA)与安全的 DCPA 的差值为变量定义模糊度函数，选择模糊度为 0.5 时的估计 DCPA 与安全 DCPA 的差值为模糊船舶领域的模糊边界。与该模糊化方法不同，文献[7]和[8]将船舶周围的领域划分为安全、较安全、较不安全和危险等区域，定义距中心船不同距离下的危险度函数，从而定义了不同危险度下的模糊船舶领域。模糊船舶领域模型的确定仍是以统计和问卷调查的数据为基础，利用神经网络模型对输入的数据进行知识发现，得到输入变量与危险度的近似值系统，从而估计给定输入的危险度。神经网络模型能够建立输入的影响因素与船舶领域之间的关系，而应用于船舶领域与其影响因素之间关系的确定。但神经网络的方法不能解释船舶领域与其影响因素之间关系的内在机理，显然不能满足对船舶领域模型研究的要求。

在已有的模糊船舶领域模型和确定船舶领域与其影响因素变化关系的基础上，Wang 针对船舶领域的表示方法进行了改进，提出了智能判断空间碰撞危险度的四维船舶领域模型[9]。该方法能够将不同的船舶领域表示成统一模式的数学表达式，模型由船首、船尾、船右舷和船左舷四部分构成。以往船舶领域的表示方式大多用不同的形状和尺寸来表示，用数学表达式的方式能够更具体地表示船舶领域并同时对形状和大小进行描述，使得船舶领域模型能够更加简单有效地应用于实践及模拟仿真等。在四维船舶领域模型基础上将船舶领域与空间碰撞危险度的概念相结合，提出了对应的模糊四维船舶领域模型，并进一步在模型中加入船舶操纵因素子模型、驾驶员操纵特性因素子模型和环境因素子模型[10]，使得模型考虑的因素更全面，动态特征更明显，在不同的航行环境下能够更加精确有效地确定船舶领域，更加智能化。模型的获得是通过分析的方式，其中参数的确定和函数关系的确定较复杂，模型的精度有待进一步验证。

船舶领域自提出以来，人们从不同角度给出了不同船舶领域定义和不同领域边界定义，利用不同的方法，针对不同的水域类型，得到了不同的领域模型，不同的模型具有不同的表达方式和不同的形状。领域的边界从确定边界变化为模糊边界，模型考虑的因素更加系统全面，领域模型发展成为动态模型。

3. 主要难点

船舶领域既是驾驶员主观确定的又是客观存在的，对其研究存在以下问题：

(1) 影响船舶领域的因素众多，不同因素对船舶领域影响程度的比较和因素的选取。影响船舶领域的因素包括水文、气象、船舶密度、船舶会遇态势、船舶大小、人为因素等，这些因素作用于船舶领域的机理以及综合作用都有待进一步研究。

(2) 船舶领域与影响其变化的因素之间关系的确定方法。统计的方法存在误差，且过于依赖驾驶员的行动，驾驶员的行动也存在正确性的问题，分析的方法偏于客观。

(3) 模型构造与表达方法。船舶领域与安全息息相关，如何将船舶领域合理应用于危险度的判定以及他们之间的关系。

参 考 文 献

[1] Fuji I Y, Tanaka K. Traffic capacity[J]. Journal of Navigation, 1971, 24: 543–552.
[2] Goodwin E M. A statistical study of ship domains[J]. Journal of Navigation, 1975, 28: 329–341.
[3] 向哲, 胡勤友, 施朝健, 等. 基于 AIS 数据的受限水域船舶领域计算方法[J]. 交通运输工程学报, 2015, 15(5): 110–117.
[4] Hansen M G, Jensen T K. Empirical ship domain based on AIS data[J]. Journal of Navigation, 2013, 66: 931–940.
[5] Hsu H Z. Safety domain measurement for vessels in an overtaking situation[J]. International Journal of e-Navigation and Maritime Economy, 2014, 1: 29–38.
[6] Wang Y Y. An empirically-calibrated ship domain as a safety criterion for navigation in confined waters[J]. The Journal of Navigation, 2016, 69: 257–276.
[7] Pietrzykowski Z. Ships fuzzy domain—A criterion for navigational safety in narrow fairways[J]. Journal of Navigation, 2008, 61: 499–514.
[8] Pietrzykowski Z, Uriasz J. The ship domain—A criterion of navigational safety assessment in an

open sea area[J]. Journal of Navigation, 2009, 62: 93–108.

[9] Wang N. An intelligent spatial collision risk based on the quaternion ship domain[J]. Journal of Navigation, 2010, 63: 733–749.

[10] Wang N. A novel analytical framework for dynamic quaternion ship domains[J]. The Journal of Navigation, 2013, 66: 265–281.

撰稿人：郑中义[1]　周　丹[1]　胡勤友[2]
1 大连海事大学　2 上海海事大学
审稿人：吴兆麟　蔡伯根

船载舱室环境下的物标动态定位与跟踪

Dynamic Localization and Tracking in Shipboard Environment

1. 背景与意义

物联网技术在船载监控领域的应用已成为未来船舶智能化发展的重要内容，特别是随着国际海事组织"e-Navigation"战略推进及中国船级社《智能船舶规范》发布，进一步激发了船载舱室环境监测监控技术的发展需求[1,2]。信息有效感知是智能化的前提，而位置信息通常被认为是最基础的感知信息，它是物联网世界核心标识信息[3]。船载环境室内位置信息不仅为船载人员货物定位与跟踪、舱室环境监测、货物动态监管等提供直接物理地址标识，而且对船舶的航行决策、应急响应、能效管理等方面具有重要支撑意义。

在卫星定位失效的船舶舱室环境下，可以利用短距离通信无线信号进行物标定位与跟踪[4]。随着无线接入设备的推广，基于 Wi-Fi、蓝牙、射频识别等无线信号的室内定位与位置服务技术已开始应用于消防、机场、医院等场景。然而，关于船舶舱室室内无线定位理论与方法的研究尚处于起步阶段。

当前主流室内定位方法可分为两类：

(1) 基于距离测量的定位方法，即通过测量目标与多个位置信息已知的参考节点之间的距离，利用几何关系对目标位置进行解算。

(2) 基于非测距模型的定位方法，即利用节点之间通信可达性或利用信号特征参数，通过节点之间位置关系模型或信号特征与物理位置关联关系进行位置估计。

区别于通用建筑物室内定位环境，船载环境不仅具有位置动态性、舱室封闭性、结构复杂性、场景差异性等显著特征，而且其对定位精确度、可靠度、响应速度、更新频率等性能要求在不同场景具有明显差异性。初步研究表明，船载舱室环境对无线定位信号多径效应、遮挡屏蔽、信道畸变等方面具有明显影响，传统室内定位方法在船载舱室环境应用面临巨大挑战。探索船载环境对无线定位信号的影响机理，并在此基础上提出适合于船载应用场景需求的定位理论与方法不仅可以填补船载舱室环境室内定位研究领域的不足，而且可以拓展船联网及海事监控传感网的研究范畴，同时对增强船联网深度感知能力、强化船舶内部监测监控手段等方面具有重要意义。

2. 研究进展

目前针对船载舱室环境物标定位与跟踪方法的研究相对有限，当前已有的研究主要从船载无线网络部署与通信、室内定位跟踪理论与方法两个方面展开：

(1) 船载无线传感网络部署与通信。为了在船舶内大规模布设无线传感器网络，国内外学者对该方面展开了相关研究：法国雷恩第一大学在一艘渡轮上部署了一个自我配置、自我修复的多跳 ZigBee 无线传感网络，重点研究传感器节点在船舱内的布设、数据传输以及能耗问题[5]；韩国海洋研究院提出基于无线网接入技术和射频识别技术的船域网，建立具备通信接口的船舶无线传感器网络，并测试研究船舶航行状态下网络的稳定性[6]；武汉理工大学在长江流域上的散货船和内河客轮上对船舶环境的 ZigBee 通信链路的质量进行检测，研究了信号频率以及信号强度在船舶环境传播时的波动特征[7]。

(2) 室内定位跟踪理论与方法。传统室内定位方法主要是利用物标与位置信息已知参考节点之间距离或网络节点拓扑关系进行位置估算，距离参数主要通过测量信号强度衰减或信号传输时间等方式获取，典型的有 RADAR 定位系统[8]、质心定位方法[9]、DV-Hop 定位算法[10]等。利用信号时频特征与空间位置关联关系进行位置估算成为趋势，其中信道幅频响应特征是研究热点，典型定位方法有杜克大学 PinLoc 方法[11]、西北大学 LiFS 定位系统[12]、香港科技大学 LANDMARC 系统[13]等。针对移动物标需要在定位基础上进一步实现动态跟踪，主要通过滤波估计等方法实现[14]。船载环境特殊性导致在该领域研究相对受限，主要是以试验为手段对已有方法进行移植创新[15~17]，针对船载舱室环境下定位信号变化特性及其内在机理的研究尚存在不足。

3. 主要难点

为实现有效的船载舱室动态物标定位与跟踪。需要进一步解决以下问题：

(1) 定位信号对船载舱室环境动态响应机理及特征描述。考虑船载环境特殊舱室结构、材质以及船舶动态性等定位影响因素，科学阐释定位信号功率强度、子载波特征参数等与定位物理场景之间的关联响应机理，进一步构建面向船载环境的定位信号特征提取与描述方法。

(2) 船载舱室环境下面向需求差异的自适应多尺度定位问题。面向船载舱室应用场景，建立与之适应的定位质量需求模型；基于定位代价与质量平衡考量，系统提出并设计自适应多尺度船载物标定位与跟踪方法。

参 考 文 献

[1] 陈默子, 刘克中, 马杰. 基于船载传感网的客轮人员定位技术研究[C]//2016 年海峡两岸海事风险管理与评估研讨会, 厦门, 2016.

[2] Liu K, Xie Y, Chen M, et al. Shipboard pedestrian positioning method by integrating dead reckoning and wireless sensor networks[C]//2015 International Association of Institutes of Navigation World Congress(IAIN), Prague, 2015.

[3] Bhuiyan M Z A, Wang G, Vasilakos A V. Local area prediction-based mobile target tracking in wireless sensor networks[J]. IEEE Transactions on Computers, 2015, 64(7): 1968–1982.

[4] Kdouh H, Zaharia G, Brousseau C, et al. ZigBee-based sensor network for shipboard environments[C]//Proceeding of the 10th International Symposium on Signals, Circuits and Systems, Iasi, 2011.

[5] Demigha O, Hidouci W K, Ahmed T. On energy efficiency in collaborative target tracking in wireless sensor network: A review[J]. IEEE Communications Surveys & Tutorials, 2013, 15(3): 1210–1222.

[6] Mariakakis A T, Sen S, Lee J, et al. Sail: Single access point-based indoor localization[C]//Proceedings of the 12th Annual International Conference on Mobile Systems, Applications, and Services, Bretton Woods, 2014.

[7] 刘冠岚, 刘克中, 吴骏超. 基于 ZigBee 网络监控系统的船载集装箱服务系统[J]. 船电技术, 2014, 34(5): 21–24.

[8] Bahl P, Padmanabhan V N. RADAR: An in-building RF-based user location and tracking system[C]//Proceeding of the 19th Annual Joint Conference of Computer and Communications Societies, Tel Aviv, 2000.

[9] Bulusu N, Heidemann J, Estrin D. GPS-less low-cost outdoor localization for very small devices[J]. IEEE Personal Communications, 2000, 7(5): 28–34.

[10] Niculescu D, Nath B. DV based positioning in ad hoc networks[J]. Telecommunication Systems, 2003, 22(1-4): 267–280.

[11] Sen S, Radunovic B, Choudhury R R, et al. You are facing the Mona Lisa: Spot localization using PHY layer information[C]//Proceedings of the 10th International Conference on Mobile Systems, Applications, and Services, Lake District, 2012.

[12] Wang J, Jiang H, Xiong J, et al. LiFS: Low human-effort, device-free localization with fine-grained subcarrier information[C]//Proceedings of the 22nd Annual International Conference on Mobile Computing and Networking, New York, 2016.

[13] Ni L, Liu Y, Lau Y, et al. LANDMARC: Indoor location sensing using active RFID[J]. Wireless networks, 2004, 10(6): 701–710.

[14] Rezaei S, Sengupta R. Kalman filter-based integration of DGPS and vehicle sensors for localization[J]. IEEE Transactions on Control Systems Technology, 2007, 15(6): 1080–1088.

[15] Activities within Sea Traffic Management Validation Project. MONALISA 2.0-taking maritime transport into the digital age[EB/OL]. http://stmvalidation. eu/documents/[2015-12-15].

[16] Liu K, Chen M, Cai E, et al. Indoor localization strategy based on fault-tolerant area division for shipboard surveillance[J]. Automation in Construction, 2018, 95: 206–218.
[17] 刘文. 基于微机电惯性传感器的船舶室内导航算法研究[D]. 大连: 大连海事大学, 2013.

撰稿人：刘克中　马　杰　何正伟

武汉理工大学

审稿人：严新平　蔡伯根

高海况下数值水池船舶操纵性预报关键科学问题

Key Scientific Problems in Numerical Wave Tank for Ship Maneuvering under High Sea State

1. 背景与意义

海况是指风、浪、流等海洋环境共同作用状态，高海况表现出明显的不确定性、耦合性、时变性特征，处于高海况下的船舶运动具有强非线性特征。波浪中的操纵性是一个总称，包括很多内容，如顺浪保向性、横甩以及纯操纵性等。波浪中的纯操纵性(也即转向能力)与波浪对船舶操纵标准有关。波浪中转向能力是与国际海事组织提出的"不利条件下操纵能力"相关的。船舶在波浪中的操纵性及保向性可通过基于数值船模和计算流体动力学(computational fluid dynamics，CFD)的数值手段来实现。在过去的几年中，国际海事组织规则中增加了一些新的关于船舶在不利的风浪环境下操纵性的能效设计指数。2011 年 5 月海洋环境保护委员会公布了船舶推进动力的最低线标准以及恶劣天气条件的定义。2012 年 6 月海洋环境保护委员会公布了 INF.7 规则。该规则包括 3 个评估标准：最低动力线方法、简化方法和综合方法。2013 年 5 月该规则成为一个临时性指导标准，取消了综合方法。2014 年 4 月船舶能效设计指数(energy efficiency design index, EEDI)中增加的海洋环境保护委员会 66 号文件对一些 2012 年中没有考虑到的船型进行了计算[液化天然气(liquefied natural gas, LNG)运输船、滚装运输船以及双推进的巡逻船]。

船舶操纵性问题属于黏性流场和船体运动的耦合问题，在高海况下，操纵性数值预报的困难集中体现在计算船舶周围黏性流场及波浪中的舰船操纵运动，应考虑建立舰船操纵性/耐波性耦合数学模型，或者建立比较完善的舰船空间运动方程。明确计入波动的操纵运动水动力导数或 K、T 指数的数学表达和物理意义，进而给出数值水池预报方案。

基于模型试验研究船舶操纵性耗费时间长，成本高，难以进行优化设计；模型试验的设备本身也存在一些技术难题，如波浪水池中的消波设备无法真正达到完全消波的效果，试验测量的精度和稳定性也不能完全保证；另外，由于模型试验中无法完全满足相似准则，因此无法由模型试验结果精确预报实尺度船舶。随着计算机性能提高及船舶 CFD 方法的不断发展，近年来基于黏性流理论的数值预报船舶操纵性问题日益受到关注和重视。

2. 研究进展

Sato 等开发出一种波浪中航行船舶非定常运动的 CFD 模拟方法，估算波浪中船舶阻力增加和性能[1]；Park 等基于 Navier-Stokes 方程构建三维数值水池，研究了非线性自由波面的特征及其与固定三维物体的相互作用[2]；Hochbaum 等进行了基于黏性自由面船舶绕流的操纵性数值模拟[3]。Xing-Kaeding 等采用雷诺平均 N-S 方程(Reynolds averaged Navier-Stokes equations, RANSE)方法模拟了波浪中船舶运动，就规则波顶浪和首斜浪中的 Wigley 船模的运动、规则波顶浪中滚装运输船的运动分别进行了模拟，将计算结果与模型试验进行比较[4]。Luquet 等开发了一种谱波显式 N-S 方程(spectral wave explicit Navier-Stokes equations，SWENSE)方法，对规则波顶浪中 DTMB5415 船模的非定常波浪水动力流场和波形进行了数值计算[5]。吴乘胜等基于 Navier-Stokes 方程的数值水池中船舶辐射问题的数值模拟，先求解船体运动然后计算船舶辐射力和水动力系数；同时给出了顶浪中船舶水动力的计算[6]。沈志荣等基于 OpenFOAM，研究了迎浪过程运动响应和波浪增阻问题[7]。石爱国等研究了船舶浅水水动力导数对浅水中船舶操纵性的重要影响，以"Mariner"船模为研究对象，采用 Realizable k-ε 湍流模型来封闭 RANS 方程，运用 SIMPLE 算法，对两种水深的浅水定漂角、定舵角、纯艏摇试验进行了数值模拟[8]。

3. 主要难点

波浪中操纵性研究对数值方法提出了难题：对于数值模型，船舶在陡波顺浪低遭遇频率条件下的运动研究需要提出新的模型。与传统耐波性和操纵性不同，该研究需要对流桨舵的相互作用提出特定模型。越来越多的团队利用 CFD 研究这个课题，然而其解决仍需要大量的计算资源。波浪中操纵性的求解程序要有非稳态平均 N-S 方程(unsteady Reynolds average Navier-Stokes, URANS)方程，包括对自由面影响、船舶运动、螺旋桨模型、波浪模型计算。拟解决的关键问题有以下几个：

(1) 优选的高海况下数值水池船舶操纵性预报运动数学模型研究。例如，改进计及横摇耦合效应的波浪力；基于 CFD 方法的计入波浪影响的 K、T 指数及非线性系数 α 的辨识方法；在方程中设置耦合项，在每个时间步长内逐项求解的模式等。

(2) 真实风浪环境下的舰船六自由度运动时域预报：实现较精确的现实海浪频谱中期(12h 左右)预报；将规则波中的运动时域预报转化为二维非规则波中的时域预报。

(3) 风浪环境影响因子分析方法研究。基于黏性流方法的高海况海浪环境生成；高效地借助黏性流 CFD 方法实现舰船在波浪场中所受波浪力的系列试验；多元回归方法(或其他分析方法)如何运用于波浪因子分析。

参 考 文 献

[1] Sato Y, Miyata H, Sato T. CFD simulation of 3-dimensional motions of a ship in waves: Application to an advancing ship in regular heading waves[J]. Journal of Marine Science and Technology, 1999, 4: 108–116.

[2] Park J C, Kim M H, Miyata H. Three-dimensional numerical wave tank simulations on fully nonlinear wave-current-body interactions[J]. Journal of Marine Science and Technology, 2001, 6: 70–82.

[3] Hochbaum A C, Vogt M. Towards the simulation of seakeeping and manoeuving based on the computation of the free surface viscous ship flow[C]//Proceedings of the 24th Symposium on Naval Hydrodynamics, Fukuoka, 2002.

[4] Xing-Kaeding Y, Jensen G, Hadzic I, et al. Simulation of flow-induced ship motions in waves using a RANSE method [J]. Ship Technology Research, 2004, 51:55–68.

[5] Luquet R, Gentaz L, Ferrant P, et al. Viscous flow simulation past a ship in waves using the SWENSE approach[C]//Proceedings of the 25th Symposium on Naval Hydrodynamics, Vancouver, 2004.

[6] 吴乘胜, 朱德祥, 顾明. 基于 NS 方程的航行船舶辐射问题数值模拟[J]. 船舶力学, 2008, 12(4): 560–567.

[7] 沈志荣, 叶海轩, 万德成. 船舶在迎浪中运动响应和波浪增阻的 RANS 数值模拟[J]. 水动力学研究与进展 A 辑, 2012, 27(6): 207–216.

[8] 石爱国, 闻虎, 李理, 等. 船舶浅水水动力导数的数值计算[J]. 中国航海, 2011, 34(3): 69–73.

撰稿人：赵　勇[1]　张显库[1]　姜宗玉[2]
1 大连海事大学　2 芬兰阿尔托大学
审稿人：石爱国　蔡伯根

海上交通安全风险评价关键问题

The Critical Issues of Marine Traffic Safety and Risk Assessment

1. 背景与意义

联合国贸易和发展会议《海运述评》年度系列报告显示,在过去的近 40 年里,世界海运贸易总量一直保持平稳增长的态势,年平均增长率约为 3.1%;以 2014 年为例,该年度世界海运贸易总量已达 98.4 亿 t,约占全世界商品贸易总量的 4/5。我国《交通运输行业发展统计公报》显示,2002~2015 年,全国沿海港口年完成旅客吞吐量基本稳定在 0.8 亿人次左右。可以认为,海上交通运输承担了超过 80%的世界商品贸易和大量人员运输,是世界经济发展的重要支撑。

安全问题一直是制约海上交通运输稳步发展的重要因素之一。1912 年发生的、导致 1500 多人丧生的"泰坦尼克号"冰海沉船灾难是海上交通安全领域公认的刺痛人们神经的标志性事件,也因此推动了海上交通安全相关国际公约的出台。自 20 世纪 70 年代起,全球相继发生了数十起严重的海上油轮交通事故,导致大量的原油泄漏入海,造成严重的环境污染和巨额的经济损失。劳氏船级社《世界事故统计》年鉴统计结果显示:在 1990~2010 年的 21 年中,每年由海上交通事故导致的全损船舶数量大约 200 艘,非全损船舶数量总体呈逐年增加的趋势。安联保险 2016 年发布的报告显示:2006~2015 年,全球共发生海上交通事故 25434 起,其中包括 1231 起船舶全损事故。减少海上交通事故的发生,关系到生命安全、环境保护和经济发展,一直都是世界各国普遍重视和着力研究的重点课题。

海上交通安全风险评价方法是伴随着安全系统工程理论的成熟而不断形成和丰富起来的,其核心内涵是以实现海上交通系统安全为目的,按照科学的程序和方法,对海上交通系统的危险因素,发生事故的可能性及损失与伤害程度进行调查研究与分析论证。多年来的实践证明,海上交通安全风险评价是海上交通安全研究十分重要、不可或缺的组成部分,开展海上交通安全风险评价研究,能够为评估系统的安全性、制定合理的预防措施以及实施有效的安全决策和管理提供科学依据[1]。

2. 研究进展

正是源于各航运国家对保障和增进海上交通安全的迫切需求，1948年，联合国在日内瓦召开了国际海事会议，成立了国际政府间海事协商组织(Inter-Governmental Maritime Consultative Organization，IMCO)，并于1982年正式更名为国际海事组织(International Maritime Organization，IMO)。时至今日，海上安全仍是IMO的第一要务。多年来，IMO相继制定了一系列国际公约规则以保障和提高海上交通安全水平，如《国际海上人命安全公约》、《海员培训、发证和值班标准国际公约》、《国际海上避碰规则公约》等，这些公约规则的实施有效提升了海上交通安全水平。

近年来，基于海上交通安全风险评价的综合安全评估(formal safety assessment，FSA)方法得到IMO的大力推荐和推广并受到世界各国普遍认可和广泛应用。这是一种结构化、系统化的安全评估方法。2002年，IMO在海上安全委员会第74次会议通过了正式的《FSA在IMO规则中的应用指南》，要求国际海事公约、规则、规范等的制定都必须应用FSA方法[2]。

国内外专家学者针对海上交通安全风险评价相关问题开展了大量研究，取得了丰富的研究成果，并在通航安全、水域管理等方面得到了有效应用，取得了积极成效。例如，1992年大连海事大学吴兆麟教授带领的船舶交通调查与安全评价小组，将安全系统工程理论与海上交通工程理论相结合，首次提出了一种综合实用的安全风险评价方法——安全指数法[3]，该方法已在我国海事相关管理部门得到广泛应用。海上交通安全风险评价理论方面，有的研究将人-船-环境看成一个相互关联的系统，通过探求人-船关系、人-环境关系、船-环境关系三个重点方面之间的关系，来研究事故致因[4]；有的研究认为海上交通系统内部机制关系是不确定的，相互作用关系符合灰色系统概念，因此将灰色关联分析方法引入海上交通安全风险致因研究中[5]；有的研究针对关联分析法中难以确定主要致因的缺陷，将主因子分析法应用于分析各因素与船舶交通事故的关系中，以得到影响事故的主要因素。海上交通安全风险评价方法方面，近年来正处于不断发展完善的过程中，由单一因素评价到多因素评价、由定性评价到定量评价、由简单的因果连锁到网络结构，并且采用了越来越多的数学理论[6~8]，包括层次分析法、模糊逻辑综合评价法、灰色系统理论、人工神经网络、贝叶斯理论和Dempster-Shafer证据理论等。有的研究使用贝叶斯方法对船舶碰撞进行了详细的统计分析，对预测船舶航行过程中可能存在的风险，以及提出安全建议和制定预防措施有很大帮助；有的研究基于地理分布的网格化评价方法，建立了港口水域通航风险碰撞、搁浅等事故风险评价指标和预测模型，并对港口未来的水上通航风险进行动态预测；有的研究通过对港口附近水域通航环境的调查与分析，利用层次分析法确定各指标权重，提出了适应多准则、多层次的灰色模糊评价模型；有的研究通过运用模糊数学理论，确定了影响安全航速的主要因素指标及各个指标的权重和隶属函数，建立了在浅窄航道中安全航速的模糊综合评价模型，提出了确定安全航速的定量方法；有的研究针对现有航道通航评估方法中冗长的数学运算以及人为主观性问题，提出运用Dempster-Shafer证据理论建立船舶航道通航风险评估模型。

3. 主要难点

尽管上述的研究都取得了较好的研究成果，并有效推动了海上交通安全水平的提高，但在当前海上交通安全风险评价研究中仍存在一些问题，包括但不限于以下几个方面：

(1) 基于各种视角和不同思路对海上交通安全风险评价的研究较为普遍，但研究理论体系的整体性不足，缺乏顶层设计。

(2) 现阶段的安全风险研究大部分只针对海上交通系统中的某个单一因素(或研究对象)，往往没有考虑海上交通中各因素之间的关联和相互影响，对安全风险系统全面的分析研究不够。

(3) 海上交通安全风险评价数学模型和指标体系的科学性、合理性，以及海上交通安全风险评价技术的实用性、适用性有待进一步加强。

(4) 多数海上交通安全风险研究的数据和实例验证存在不足，往往缺乏系统完备的数据采集、数据处理和数据库的支撑。

(5) 人的因素往往是海上交通事故的重要致因，而海上交通安全风险研究在人的因素研究方面尚处于起步阶段，在理论研究和实践应用方面都需要进一步加强。

综上所述，海上交通安全风险评价研究对提高海上交通安全水平起到了积极作用，但仍处于发展中，需要持续深化，以适应不断发展的海上交通安全保障需求，为海上交通运输的科学决策和科学管理提供理论基础，为实现航行更安全、海洋更清洁、运输更高效的目标提供有力支撑。

参 考 文 献

[1] 吴兆麟. 海上交通工程[M]. 大连: 大连海事大学出版社, 2004.
[2] 蔡垚. 综合安全评估关键技术研究[D]. 大连: 大连海事大学, 2010.
[3] 吴兆麟. 船舶避碰与海上安全研究[M]. 大连: 大连海事大学出版社, 2006.
[4] 邵哲平. 海上交通安全评价模型及仿真应用的研究[D]. 大连: 大连海事大学, 2001.
[5] 郑中义, 吴兆麟, 杨丹. 港口船舶事故致因的灰色关联分析模型[J]. 大连海事大学学报, 1997, 23(2): 61-64.
[6] Hu S P, Fang Q G, Xia H B, et al. Formal safety assessment based on relative risks model in ship

navigation[J]. Reliability Engineering and System Safety, 2007, 2(3): 369–377.

[7] Trucoo P, Cagno E, Ruggeri F, et al. A Bayesian belief network modeling of organizational factors in risk analysis: A case study in maritime transportation[J]. Reliability Engineering & System Safety, 2008, 93(6): 2–10.

[8] Montewka J, Hinz T, Kujala P, et al. Probability modeling of vessel collisions[J]. Reliability Engineering & System Safety, 2010, 95(5): 573–589.

撰稿人：刘正江　蔡　垚　王　欣

大连海事大学

审稿人：吴兆麟　蔡伯根

海事信息物理融合系统异构组网和资源优化调度

Heterogeneous Networking and Resource Optimal Scheduling for Maritime Cyber Physical Systems

1. 背景与意义

海洋是 21 世纪人类社会生存和可持续发展的重要基础。开发利用海洋已成为当今人类获取新资源、扩大生存空间，推动经济和社会发展的重点。我国拥有约 18000km 的大陆海岸线和数量众多的岛屿，海洋资源种类繁多。开发利用海洋资源对沿海地区和整个国家的经济及社会发展都具有极为重要的战略意义；党的十八大也做出了建设海洋强国战略的重大部署。然而，目前近海海域通信不畅、数字宽带通信网技术较为落后成为制约海洋经济与航运发展的主要瓶颈之一。目前陆地上的移动无线通信系统虽已进入 4G 甚至 5G 时代，但是海上移动无线通信主要还停留在甚高频(very high frequency，VHF)语音通信和基于卫星通信阶段。近年来，我国已有一些基于公网 GPRS/CDMA/3G 的海上通信系统的试验应用系统在小型船舶特别是内河船舶的应用得到了快速发展。但是，囿于技术原因，这些系统暂时尚未推广到沿海地区实现大范围网络覆盖。同时水下无线通信技术作为进行水下监测、开发和开展水下军事斗争的关键支撑。因此研究近海海域宽带广域覆盖组网及水下无线通信，构建一个高速率、高可靠、全覆盖、易管理、灵活性、低成本的新型海洋通信网络，为近海及深海战略通道安全和日益频繁的经济活动提供切实的、经济的宽带动态组网技术保障已是目前的紧迫需求。同时也是顺应国际海事界提出的 e-航海(e-Navigation)战略，实现智慧交通、绿色交通、平安交通、综合交通的保障。

近年来，国内外针对构建海上宽带系统的研究开启了全面信息化航海时代的序幕。例如，马六甲海峡海上电子高速公路目标是融合岸基海事信息、海上环境信息和相应的船载助航设备信息，保证船舶和岸上管理机关获取充分的信息[1]。该系统建立在电子海图显示与信息系统(electronic chart display and information system，ECDIS)和环境管理工具之上，重点关注岸-船信息传输。在海上宽带系统理论研究方面，新加坡利用 IEEE802.16 网状网 Mesh 模式和 802.16e Ad Hoc 标准构建廉价的、覆盖距离达 100～150km 的高速率海上通信网 TRITON[2]。同时新加坡相关学者联合日本 NICT 研究机构共同展开了基于 WiMAX 的海上 Mesh 网络分布式自适应时隙分配和路由[3]等研究工作。但已有研究主要集中在路由协议、连通度、海上信道建模等问题上。在水下通信方面主要集中在物理层的研究，水下水声/光通信混合异构组网中的资源优化调度问题尚属起步阶段。特别是基于天空地海一体化的海事通信系统组网及资源优化问题罕有研究。随着计算机技术、电子与信息技术、智能控制技术以及网络通信技术的不断发展，人们提出了融合信息处理与物理过程的智能系统新概念：信息物理融合系统(cyber-physical system，CPS)，通过物理世界与信息世界的深度融合与交互作用，CPS在对物理环境可靠感知的基础上通过网络的实时传输，利用信息世界的普适计算和信息处理能力，实现对物理世界的精确控制，为人们提供可信高效的服务。目前已有相关研究将CPS应用于智能交通领域[4]，实现车联网CPS[5]和铁路CPS[6]。将CPS技术与思想引入近海及水下的海事环境，并进行异构网络组网、资源优化调度算法关键技术研究具有十分重大的意义。同时天空地海一体化网络是体现国家战略意图的重大工程之一，可以应对未来海事通信环境中各种复杂的环境和任务，也是实现未来智能无人船舶的重要基础保障。

通过对未来智能船舶通信需求与应用模式的分析，根据海洋传输宽带数据与窄带数据并存、岸边基站建设成本高、数量少、通信距离远、网络节点稀疏性连通、延迟大、误码率高等特点，构建一个天空地海一体化海事信息物理融合系统。探索应用延迟容忍网络、协作通信及软件定义网络(software defined network，SDN)等，通过综合利用岸边基站、卫星、岛礁、海上浮台、无人船、平流层飞艇等中继节点，具有岸基、船载、星基、空基、水下声/光基站多种接入、传输、信息汇聚的能力，同时根据不同的海上通信优先等级(遇险、紧急、安全、常规)、不同的业务种类(话音、数据通信、多媒体业务等)、不同的通信发起者(船、岸)及网络接入方式(岸基近距离接入、离岸中距离接入、海上移动平台接入扩展)，以任务为驱动，以信息流为载体，充分发挥天、空、地、海信息网络各自的优势，通过跨层多维信息的有效获取、协同、传输和汇聚，以及资源统筹、任务分发、动作管理，实现时空复杂系统的一体化综合处理和最大有效利用，为各类用户提供实时可靠、按需服务的泛在、机动、高效、智能、协作的信息基础设施和决策支持系统，特别是对海上突发应用模式的资源灵活调度支持。将为构建海上宽带系统前期规划和成本提供理论依据和技术支撑，使我国基于天空地海一体化网络的海事信息物理融合系统前期规划、性能估算和建设方面达到国际先进水平，掌握核心技术并形成相关专利，极大程度上促进我国海洋经济的开发与发展。

2. 研究进展

近年来，大连海事大学杨婷婷等进行了一定的前期研究，有一些研究成果发表于国际高水平期刊，并撰写了一本英文专著。杨婷婷与加拿大皇家科学院院士

Sherman Shen 等合作进行了基于 DTN 技术的海上宽带通信系统中视频传输的资源优化分配问题研究,探索了绿色新能源在海上通信系统中的应用,并研究了该系统中基于时延容忍网络(delay tolerant networks,DTN)技术的视频传输资源调度问题[7~9];基于最优停止理论研究了海上 DTN 网络数据传输的调度问题;基于斯坦伯格博弈论探索了海上协作认知 Mesh/Ad Hoc 网络下的资源分配问题;针对海事物理融合系统提出 ADMISSION 和指数容量调度算法用于最大化传输数据;进行了面向对等节点直通技术(device to device,D2D)数据传输模式的数据调度问题研究,对于 Wi-Fi 和蜂窝网组成的异构网络,采用存储-携带-转发模式,兼顾系统吞吐量与用户公平性,提出最优中继节点选择和数据卸载策略。并提出基于 SDN 技术的空天海一体化网络架构及其面临的技术挑战。针对安全问题进行了海上宽带通信网络下船队群通信的安全认证协议研究。同时进行了水下水声/光通信混合异构组网中多用户接入问题的前期研究工作。

3. 主要难点

天空地海一体化协作组网涉及人工智能、协作通信、协同控制、异构计算等交叉学科的技术融合,是一个复杂的信息物理融合系统,在物理层(physical space),研究基于移动群智感知的海洋多维环境探测、多模协作通信、多智能体协同控制、高性能嵌入式计算等环节,支撑天空地海协作网络的智能化建设,提升群智感知性能;在信息层(cyber space),研究基于移动群智感知的多源信息融合、网络优化控制、协同信息交互、分析及决策等环节,支撑天空地海网络的网联化建设,提升深度互联性能。具体科学问题如下:

(1) 海事群智感知节点的移动路由布局问题建模及优化策略。为了解决海事信息物理融合系统中动态群智感知节点的异构通信网络覆盖及连接问题,必须分析其与传统无线通信网络的特征差异,研究动态路由组网、从运动可控节点到随机协同节点的网络形态变化,通过分析随机偶图、K 中心点(K-center)聚类问题、可达性问题等,利用欧几里得圆模型方法构建移动路由配置问题的理论模型。解决动态多节点异构系统特征提取与估计,利用欧几里得圆模型描述路由布局与网络连通性的关系;解决移动路由布局性能分析与预测,利用具有可达性约束的 K 连通中心点(K-connected-center)代价函数进行精确描述。

(2) 动态核心集与微分博弈相结合的资源优化分配。海事动态多用户通信具有复杂的时变非稳定特性,而且随着海事移动用户数量的增加,寻找最佳资源优化分配精确解的计算费用相当大。动态核心集具有快速的数据结构更新能力和高效的计算能力,能实现资源优化分配问题的近似计算,再结合微分博弈和凸优化理论能有效地进行代价函数估计和优化。解决实时更新特性的动态数据结构开发，利用动态核心集、微分博弈和凸优化分析进行评估。

(3) SDN 架构下随机梯度学习的协同控制配置优化。针对网络的动态时变特性，基于随机梯度学习的系统辨识及时变参数估计方法，实现信道动态认知及预测。利用局部信息调整控制参数，形成具有局部最优解的分布式路由配置控制算法。解决分布式移动路由配置开销函数的设计，利用随机梯度学习，解决 SDN 架构下天空地海一体化网络开销函数的稳定性和鲁棒性分析，利用满足李雅普诺夫规则的非光滑梯度函数进行预测跟踪。

(4) 基于 Galerkin 投影的海事 CPS 网络优化调度。海事 CPS 网络的动态性和多样化导致了无线信道的随机性和不确定性，采用基于 Galerkin 投影的模式降阶方法，解决多变量、大尺寸、多目标、高维度的不确定性量化逆向问题。解决随机最优 Robin 边界条件最优控制问题，分析在物理空间和随机空间中，最优解的理论性质和数值近似属性。通过 Brezzi 定理获得全局最优解的存在性和唯一性，利用线性二次型鞍点方程评估随机变量的规则性，使用随机配置方法进行随机变量的离散化，从而获得数值近似的先验误差估计。同时，在物理空间上，采用离散 Galerkin 有限元方法(discontinuous Galerkin finite element method，DG-FEM)进行离散，获得数值近似的先验误差估计，从而得到从低阶到高阶随机维度的优化调度问题的全局误差估计。

参 考 文 献

[1] Sekimizu K, Sainlos J C, Paw J N. The marine electronic highway in the straits of Malacca and Singapore—An innovative project for the management of highly congested and confined waters[J]. IMO, 2001: 24–31.

[2] Akildiz I F, Wang X, Wang W. Wireless mesh networks: A survey[J]. Computer Networks, 2005, 47(4): 445–487.

[3] Joe J, Hazra S K, Toh S H, et al. Path loss measurements in sea port for WiMAX[C]//Wireless Communications and Networking Conference, Kowloon, 2007.

[4] Xiong G, Zhu F H, Liu X W, et al. Cyber physical social system in intelligent transportation[J]. IEEE/CAA Journal of Automatica Sinica, 2015, 2(3): 320–333.

[5] Wan J F, Zhang D Q, Zhao S J, et al. Context-aware vehicular cyber-physical systems with cloud support: Architecture, challenges, and solutions[J]. IEEE Communications Magazine, 2014, 52(8): 106–113.

[6] Zhang L C. Aspect-oriented approach to modeling railway cyber physical systems[C]//12th International Symposium on Distributed Computing and Applications to Business, Engineering & Science, Surrey, 2013.

[7] Yang T T, Shen X M. Maritime Wideband Communication Networks: Video Transmission Scheduling[M]. New York: Springer, 2014.

[8] Yang T T, Zheng Z M, Liang H, et al. Green energy and content aware data transmission in

maritime wireless communication network[J]. IEEE Transactions on Intelligent Transportation System, 2015, 16(2): 751–762.

[9] Yang T T, Liang H, Cheng N, et al. Efficient scheduling for video transmission in maritime wireless communication network[J]. IEEE Transactions on Vehicular Technology, 2015, 64(9): 4215–4229.

撰稿人：杨婷婷[1] 高霏[2]
1 大连海事大学　2 上海海事大学
审稿人：张淑芳　蔡伯根

受限水域条件下船舶交通动态风险识别与在线预警

Automatic Identification and On-Line Early Warning on Dynamic Risk of Vessel Traffic in Restricted Waters

1. 背景与意义

在一些港口、航道等限制水域中,航行条件复杂,船舶流密集,随着船舶的高速化和大型化,交通安全问题突出,通航风险与日俱增[1,2]。水上交通事故带来的人员伤亡和财产损失引起社会对水上交通安全的关注,从20世纪60年代后期开始,风险理论开始在交通运输领域得到推广应用。20世纪90年代以来,随着安全管理水平的提高,国外关于水上交通风险的研究大量涌现,其中最具影响力的当属综合安全评估(formal safety assessment,FSA)。1993年英国海运与海岸警卫局(Maritime and Coastguard Agency,MCA)提出FSA框架,2001年国际海事组织通过正式《FSA应用指南》。此后,国内外相关学者和研究人员围绕FSA的基础理论和实践应用进行了大量探索[3]。

随着水上交通系统风险评估模型的深入研究,水上交通系统风险的形成机理研究已成为本领域的研究热点。水上交通风险涉及诸多因素,受限于信息和数据,以往的研究更多地局限于分析假定相互独立的一些单因素对系统风险的影响。水上交通系统是一个复杂系统,风险因子相互作用和影响,不确定性大、复杂度高,研究分析风险成因间以及风险因素与系统风险间的耦合关系则是其中的关键。

由于电子海图显示与信息系统(electronic chart display and information system,ECDIS)以及船舶自动识别系统(automatic identification system,AIS)等现代导航信息系统的实现与广泛应用,水上交通系统中各类船舶的船名和尺度等静态信息,船位、航向、航速和转动角速度等动态信息,船舶吃水和目的地等航行相关信息均可直接采集,从而为水上交通建模和风险相关研究提供了丰富和准确的实态数据。另外由于人工智能和不确定信息处理方法的发展,海上交通风险评估模型和算法、动态风险不确定推理等工作也都取得了许多成果。利用现代导航信息系统数据,从船舶交通行为角度,基于人工智能理论和不确定性处理方法,开展复杂航行条件下受限水域中船舶交通的动态风险建模,刻画水上交通致险机理,是水上交通安全研究的重要发展方向[4]。

综上所述,从海量的水上交通信息中深层次挖掘船舶行为特征,利用人工智能理论对人-船-环境等多因素耦合的安全本质进行精确识别,开展复杂航行条件与不确定信息下的风险建模、动态反演,可为船舶交通管理、在线风险预警以及港航工程设计等提供重要的理论和方法,对研究人-船-环境等多因素耦合下的水上交通安全问题具有重要的科学意义[5~8]。

2. 研究进展

荷兰海事研究所(Maritime Research Institute Netherlands,MARIN)在欧盟第六框架研究项目(Maritime Navigation and Information Services,MARNIS)的基础上全面分析北海水域交通安全事故规律,建立了风险模型,开发了基于 AIS 的船舶航行动态监控系统,为海上操作服务(maritime operation service,MOS)提供了重要的支持和保障。欧洲赫尔辛基委员会(HELCOM)成员国间进行的 e-Navigation 示范项目 EfficienSea、Baltic Master Ⅰ/Ⅱ 等项目都应用 AIS 数据来开展水上交通建模和通航风险研究。

2010 年中荷双方发起 NSFC-NWO 合作研究,提出"Nautical traffic model based design and assessment of safe and efficient ports and waterways"的设想,合作方采用 AIS 等先进的船舶导航信息,基于精确船舶动静态数据开展水上交通宏观、中观、微观模型进行交通建模研究。在此项合作研究基础上,双方推动新一代水上交通建模国际研讨会(International Workshop on Nautical Traffic Model,IWNTM),发展水上交通科学研究。2011 年以来,IWNTM 已经在中欧双方举办了 4 届,形成了水上交通建模的国际平台,参与研究的人员涵盖了世界知名大学、科研院所和企事业单位,通过平台在水上交通建模方面开展国际合作研究,与会专家都认识到受限水域条件下船舶交通动态风险在线预警尚需解决一些基础性问题[9]。

近年来,利用人工智能理论和不确定信息分析方法研究船舶交通安全和动态风险问题,已成为本领域研究的热点和难点。水上交通风险模型和动态风险的不确定推理方面,上海海事大学等采用不确定人工智能云模型对海上交通系统风险成因进行耦合仿真研究,有效解释了海上交通系统风险成因的耦合机制和影响敏感度,建立非线性的系统安全动力学模型,通过港口水域实际研究,揭示通航风险动态耦合特征。武汉理工大学采用现代信息科学,从船舶操纵性和避碰控制策略出发,深入研究受限水域条件下船舶交通行为,建立一种符合良好船艺的多尺度航海交通模型,量化表达船舶操纵避碰等行为的不确定性,结合船舶的确定性运动方程,可靠地再现水上交通安全事故形成机制和风险大小。

3. 主要难点

(1) 复杂多因素耦合下水上交通风险机理。港口、航道等限制水域中,船舶流密集,航行条件复杂。研究人-船-环境等多因素耦合下交通行为的失效机理有一定的难度。人工智能理论、动态贝叶斯网络等方法可对水上交通安全事故概率进行有效推理。

(2) 符合航海人员判断的风险预报模型。该模型离不开实时交通信息的获取和智能分析。量化表达航海知识和经验，深度学习复杂环境下交通实态数据时间序列等信息，可以有效破解上述建模难题。

(3) 多源异构数据融合下动态风险实时预警。船舶行为是人-船-环境综合作用的结果。船舶操纵和避碰是重要的行为。船舶驾引人员、船舶特性、环境状况的不同，船舶行为高度不确定。确定性和不确定性因素耦合大大增加了理解安全规律的难度，并进一步阻碍了动态风险的在线预报和识别。通过船舶操纵和避碰行为的确定性建模，融合船舶驾驶知识和经验，基于蒙特卡罗思想可以仿真实现船舶可能行为集，并动态揭示风险大小，为在线预报提供重要基础。

参 考 文 献

[1] Mou J M, van der Tak C, Ligteringen H. Study on collision avoidance in busy waterways by using AIS data[J]. Ocean Engineering, 2010, 37(5-6): 483–490.

[2] Montewka J, Goerlandt F, Kujala P. Determination of collision criteria and causation factors appropriate to a model for estimating the probability of maritime accidents[J]. Ocean Engineering, 2012, 40: 50–61.

[3] Hu S P, Li X D, Fang Q G, et al. Use of Bayesian method for assessing vessel traffic risks at sea[J]. International Journal of Information Technology & Decision Making, 2008, 7(4): 627–638.

[4] 牟军敏, 邹早建. 新一代水上交通模型[J]. 国际学术动态. 2013, (4): 30–31.

[5] Wu H F, Chen X Q, Shi C J, et al. An ACOA-AFSA fusion routing algorithm for underwater wireless sensor network[J]. International Journal of Distributed Sensor Networks, 2012, 8(5): 1–9.

[6] 胡甚平, 黎法明, 席永涛, 等. 海上交通系统风险成因耦合机理仿真[J]. 应用基础与工程科学学报, 2015, 23(2): 409–419.

[7] 郭云龙, 胡甚平, 轩少永, 等. 基于动态风险预测的船舶引航任务分级管理[J]. 中国安全科学学报, 2014, 24(12): 63–69.

[8] 曹久华, 席永涛, 胡甚平, 等. 基于系统动力学的港口船舶通航风险成因耦合模型[J]. 安全与环境学报, 2015, 15(3): 65–71.

[9] Goerlandt F, Montewka J. Maritime transportation risk analysis: Review and analysis in light of some foundational issues[J]. Reliability Engineering & System Safety, 2015, 138: 115–134.

撰稿人：牟军敏[1]　胡甚平[2]　胡勤友[2]

1 武汉理工大学　2 上海海事大学

审稿人：刘敬贤　蔡伯根

海洋船舶群体运动模式识别

Recognizing Cumulative Activity Patterns of Moving Ships

1. 背景与意义

在互联网+大数据时代下，由于"人人都是传感器"，时空轨迹数据的获取日趋便捷，包括居民活动日志、志愿者定位数据、浮动车数据、手机终端定位与通信记录等，这些数据来源已被广泛用于提取城市交通模式、居民出行特征和土地利用模式等研究领域，探索人类个体/群体移动所隐含的社会系统要素时空分布与演化规律。与移动目标在陆地上活动所产生的轨迹数据研究相比，针对人类群体在海洋上的活动，特别是船舶群体移动性研究目前较薄弱。传统上船舶轨迹数据的获取方式非常有限，主要是航海日志[1]、自愿船报告[2]和雷达回波信号[3]等，而且信息获取成本高、样本小、时间跨度短，难以大规模、长时间地观测和记录船舶在海上的行驶过程。如今，随着海上卫星导航定位与无线电通信的进步，全球卫星定位系统(global positioning system，GPS)、船舶远程识别与跟踪系统(long range identification and tracking of ships，LRIT)、船载航行数据记录仪(voyage data recorder，VDR)、船舶自动识别系统(automatic identification system，AIS)、远洋渔船船位监测系统等位置感知传感器日益普及，船舶用户规模不断扩大，船舶轨迹数据进入了大数据时代[4]。同时船舶轨迹具有较宽松的身份隐私、较长的时间历程、较宽泛的空间约束、动态变化平缓等特点[5]，蕴含了船舶及周边环境时空变化过程等丰富的语义信息。因此通过数据挖掘可以发现船舶群体航行特征及演化规律、船舶主航迹带识别及其成因分析等新知识。探索船舶群体的运动特征及其演化规律，建立群体船舶对海洋的空间利用分布量化模型，分析船舶群体运动模式的成因，可为最佳航线设计、海上航路规划及船舶排放控制区布局等奠定理论基础。可以预见，船舶轨迹大数据分析将成为航海科学新的应用增长点。

2. 研究进展

(1) 从航海科学的研究领域看，船舶轨迹数据分析呈现出面向船舶个体的移动性→面向船舶群体的移动性→面向海洋空间的移动性的发展趋势。早期是从流体力学角度，研究单船在水面上的动力模型，并认为本船周围存在一个不可侵犯的船舶领域[6]；Pedersen 认为所有船舶行为的总体、船舶会遇频率可通过构建交通流数据模型的方式来刻画[7]；这时期航行记录手段的局限性使面向船舶个体/群体移动性研究主要以理论建模、仿真试验为主。继而随着雷达及 ARPA 等电子观测手段的引进，有了较真实可靠的交通实况数据，开始过渡到面向海洋空间，并以航迹分布图、起讫点关系表、航向玫瑰图、门线流量图等要素图层，静态地表达船舶对海洋空间利用分布，虽然理论与实践的结合更为紧密，但基于雷达跟踪的船舶轨迹难以语义化，难以精细化研究不同类型的船舶群体在不同区域活动强度的动态变化。

(2) 从应用领域的扩展角度看，船舶轨迹数据分析不仅局限于地理信息科学、海上交通工程学领域，还延伸至评价人类活动对海洋生态和地球环境的影响。船舶轨迹数据可为海上交通管理部门提供决策依据，如警戒区布局[8]、锚地设置等方案规划的制订，确保海上交通的安全性和效率；船舶轨迹有助于了解海上通道中船舶大致的会遇情况，如会遇地点、会遇局面和会遇率，为规划航道交汇水域警戒区的设置提供辅助决策[9,10]。事实上，由于海运是全球物流链中周期最长、比重最大的一环，其载运工具——船舶的活动对海洋生态和环境也有重大影响。基于轨迹数据统计分析船舶群体活动，对船舶废气排放计算，主机噪声评价，压载水带来的海洋外来物种的入侵控制等也都具有应用价值[4]。

3. 主要难点

(1) 船舶轨迹数据是一种典型的时空大数据，船舶途经水域的环境多变性、船位及其航次相关的异构动态性给船舶轨迹数据的管理造成很大困难，传统空间数据库管理系统难以应对：一方面，船舶位置监测系统通常具有超大规模数据集，并不断增长；另一方面，船舶轨迹数据的非结构化与半结构化特征显著，来自不同渠道获取的船名库、观测传感器、航次相关信息等，种类繁多，结构多变。

(2) 现有的船舶轨迹分析忽略了轨迹中蕴含的时间信息，不能准确、有效揭示船舶何时频繁经过哪些海上走廊；此外现有文献较少将风、潮、流、能见度等实时海况和气象环境条件与船舶位置进行时空绑定和关联研究，无法解释船舶群体运动规律的成因。

参 考 文 献

[1] Können G P, Koek F B. Description of the Cliwoc database[J]. Climatic Change, 2005, 73(1-2): 117–130.

[2] Halpern B S, Walbridge S, Selkoe K A, et al. A global map of human impact on marine ecosystems[J]. Science, 2008, 319(5865): 948–952.

[3] Johnson D R. Traffic in the English Channel and Dover Strait: I—Traffic surveys[J]. Journal of Navigation, 1973, 26(1): 75–92.

[4] 陈金海, 陆锋, 彭国均. 海洋运输船舶轨迹分析研究进展[J]. 中国航海, 2012, 35(3): 53–57.
[5] 陈金海, 陆锋, 彭国均, 等. 船舶轨迹数据的 Geodatabase 管理方法[J]. 地球信息科学学报, 2012, 14(6): 728–735.
[6] 刘绍满, 王宁, 吴兆麟. 船舶领域研究综述[J]. 大连海事大学学报, 2011, 37(1): 51–54.
[7] Pedersen P T. Review and application of ship collision and grounding analysis procedures[J]. Marine Structures, 2010, 23(3): 241–262.
[8] 陈金海, 陆锋, 李明晓. 海上主航迹带边界统计推断与海西航路警戒区布局优化分析[J]. 地球信息科学学报, 2015, 17(10): 1196–1206.
[9] 潘家财, 姜青山, 邵哲平. 船舶会遇的时空数据挖掘算法及应用[J]. 中国航海, 2010, 33(4): 57–60.
[10] Chen J, Lu F, Peng G. A quantitative approach for delineating principal fairways of ship passages through a strait[J]. Ocean Engineering, 2015, 103: 188–197.

撰稿人：邵哲平　陈金海
集美大学
审稿人：李丽娜　蔡伯根

恶劣海况下船舶运动非线性鲁棒控制

Nonlinear Robust Control for Marine Ships under Phenomenal Sea State

1. 问题背景

船舶运动控制是当今航海科学与技术学科的一个重要研究领域，其最终目的是提高船舶自动化、智能化水平，保证船舶海上航行的安全性、经济性、舒适性。

进入 21 世纪以来，为应对运输船舶大型化、专业化、快速化、现代化发展的迅猛趋势，国际海事组织(International Maritime Organization, IMO)近期将航海所追求的目标更改为"清洁、安全和高效的航运"，用以引领海洋运输绿色与安全技术的发展。

当前，IMO 在推动"电子航海"发展战略的过程中，着重强调电子海图显示与信息系统(electronic chart display and information system, ECDIS)的使用。若将船舶与人体相对应，则 ECDIS 相当于人的眼睛，其主要功能是集成与显示各类航海信息，而船舶运动控制器在航海上的重要性与人的大脑类似，起着协调控制的作用[1]。船上各种通信系统相当于人的耳和口，螺旋桨、舵、减摇鳍等执行机构则相当于人的手和脚。2011 年 3 月，IMO 船员培训和值班分委会在英国伦敦召开第 42 次会议，挪威代表首次提出将目前以航行为主的航海逐步转变为以监控为主的航海，这预示了现代航海对高精度、高可靠性船舶自动化航行装备的需求，这一需求将成为航海科学发展的新方向，从而实现更安全、更清洁、更高效的航运目标。

21 世纪是海洋的世纪。海运作为最有效、最经济、最环保的运输方式，是国际贸易和国民经济的重要支撑。加速发展航海科学技术，提升自主航海技术装备的水平已成为世界各国的重要发展战略。

船舶运动控制历史悠久，近 30 年来很多国内外学者从事这方面研究工作并取得了一些开创性成果。早在 1908 年，Anschutz 发明了具有寻北功能的磁罗盘，3 年后 Sperry 获得了"阻尼陀螺罗经"的发明专利。罗经的发明实现了较准确的方位测量，从而能为船舶闭环控制系统提供航向反馈信息，这使得将控制理论应用于船舶自动操纵成为可能[2]。20 世纪 70 年代前后，美国第一代卫星定位系统 GPS 的出现进一步为船舶运动控制研究带来了巨大变化，研究人员从解决航向保持控制、减摇控制任务逐渐开始尝试解决动力定位、航路点/航迹控制任务,其中取得较为典型研究成果的学者有 Fossen、Pettersen、贾欣乐、张显库。目前多数研究成果集中在一般恶劣海况(6~7 级海况)下的控制,针对恶劣海况下(风力在 8~10 级)船舶运动控制及定量性能分析的研究较为少见。事实上,在南中国海、中国沿海、印度洋的夏季,北太平洋、北大西洋的冬季,以及营运中的船舶遭遇热带气旋时,都可能遇到这种恶劣海况。尽管部分国家海事管理部门出台相关规定"8 级以上大风浪天气,建议(少数国家强制要求)船舶停航",但很多时候在航船舶仍然难以避开这类海洋环境(如航行途中遭遇恶劣天气、恶劣海况下实施救助行动等)。2013 年第 21 号强台风"蝴蝶"从南海一路向北,来势汹汹。9 月 29 日,南海渔政局向海南省海上搜救中心发报:广东和香港 5 艘渔船 171 人在西沙珊瑚岛海域避风,由于海况恶劣,3 艘渔船沉没,失踪渔民 74 人。然而在这种情况下救援却不能有效实施。当时海上阵风达到 10 级,而作为海南省海监渔政系统最大的一条执法船"中国海监 2168 船"抗风等级仅有 8 级,这导致了救援遇阻。恶劣海况对船舶的操纵和航行安全会带来很大的影响,船舶在恶劣海况下发生事故的例子已是屡见不鲜。据统计,近 1/4 的海难事故发生于恶劣海况下。

目前,船舶运动控制经过 90 多年的发展,已经解决了稳定、准确、快速的控制问题。尚未解决好的问题有:使船舶运动控制系统更节能、更鲁棒(稳健)、更适应恶劣海况(8~10 级风),除此之外,还要求算法简单、易用[3]。

2. 科学意义

面向现代船舶高精度、高自动化程度航行的要求,寻求一种能够克服恶劣海洋环境对船舶运动的干扰并具有鲁棒性能的控制器,满足国家海洋资源开发、开拓海上交通运输、发展海洋强国的战略需求,是充满挑战性和创新性的课题,具有理论和工程两个方面的重大意义,也是船舶运动控制发展的必然趋势[4]。

理论方面,通过探索恶劣海洋环境下风、浪、流等干扰对船舶运动的作用机制,建立干扰的非线性数学模型,将其同船舶运动非线性模型结合,提高恶劣海况下船舶运动模型预报的精度;提出适用于该模型且对干扰具有鲁棒性的非线性控制器,促进船舶运动控制理论的发展,对船舶运动控制工程实践具有指导意义。

工程方面,通过鲁棒控制非线性的船舶运动控制器,解决恶劣海洋环境下的船舶运动控制问题,提高船舶运动控制的可靠性,在满足船舶高精度作业要求的同时,具备良好的安全性能。针对恶劣海况的船舶运动控制器设计,保证控制器在恶劣海况条件下的有效性,在既定时间内完成船舶运动的控制任务,避免冗余的过程,具有经济节能的意义。

3. 研究进展

早期关于海洋环境对船舶运动干扰的研究，往往忽略海流的慢时变影响，将浪的干扰等效为正弦波或白噪声激励的线性模型[5]。这种等效虽然从理论的角度对干扰进行了简化，但模型预报精度却很低，无法体现恶劣海况对船舶运动的强干扰性，这与早期船舶运动控制理论较为薄弱有关。为解决海洋环境干扰下的船舶运动控制问题，挪威科技大学于 2014 年针对未知洋流下船舶路径跟踪控制问题进行了研究[6]。2012 年哈尔滨工程大学选取了 ITTC 双参数谱作为海浪谱，通过能量等分法对其进行频率分割，计算分割频段重心频率作为谐波频率，将各次谐波进行时域合成，并采用 Welch 法对仿真海浪进行频谱分析，与理想海浪谱对比，仿真精度达 1.6%[7]。该风浪干扰模型在一定程度上有效地反映了恶劣海况对船舶运动的干扰。

针对恶劣海况下的欠驱动船舶路径跟踪问题，2009 年上海交通大学使用解析模型预测控制和干扰观测器技术，针对欠驱动船舶在风、浪、流等环境干扰较强条件下的路径跟踪问题，提出了一种非线性路径跟踪控制器。通过采用非线性观测器来估计环境干扰，在最优路径跟踪控制器的作用下，路径跟踪误差渐近收敛于零[8]。基于上述研究，大连海事大学于 2016 年在鲁棒神经阻尼技术的基础上，发展出了一种在线估计执行器不确定增益的控制算法，最终获得了主机转速和舵角形式的控制输入，具有重要的工程意义[9]。

另外，为了使船舶航向保持算法更节能，大连海事大学于 2015 年提出了非线性反馈和非线性修饰两种非线性鲁棒控制算法，通过理论分析，新算法获得了与闭环增益成形鲁棒控制算法同样的控制效果，但所需的控制能量更少。目前这一算法的研究已取得了初步成果[10]。

4. 主要难点

解决恶劣海况下船舶运动非线性鲁棒控制问题，主要存在以下难点：

(1) 基于数学演绎探究恶劣海洋环境干扰与船体相互作用机理，并对其扰动频率特征进行针对性设计，研究适用于恶劣海洋环境、满足船舶控制工程需求的本质非线性反馈/修饰控制技术。该类算法研究要求具有准确、节能、经济的特点，为绿色船舶建造提供重要理论支撑。

(2) 基于非线性反馈/修饰控制技术开展先进船舶运动控制研究，包括具有动态避障机制的路径跟踪、自动靠离泊操纵、狭窄水域自动航行、能量优化动力定位等复杂控制任务。该类技术难点的解决对提高船舶智能化水平、推进国产化船舶智能航行装备研制具有重要意义。

参 考 文 献

[1] Fossen T I. A survey on nonlinear ship control: From theory to practice[C]//Proceedings of IFAC MCMC' 2000, Aalborg, 2000: 1–16.
[2] Roberts G N. Tends in marine control systems[J]. Annual Reviews in Control, 2008, 32(2): 263–269.
[3] 张显库, 尹勇, 金一丞, 等. 航海模拟器中适应式鲁棒航迹保持算法[J]. 中国航海, 2011, 34(4): 57–61.
[4] 张显库. 船舶运动简捷鲁棒控制[M]. 北京: 科学出版社, 2012.
[5] Zhang X K, Zhang G Q. Stabilization of pure unstable delay systems by the mirror mapping technique [J]. Journal of Process Control, 2013, 23(10): 1465–1470.
[6] Moe S, Caharijia W, Pettersen K Y, et al. Path following of underactuated marine surface vessels in the presence of unknown ocean currents[C]//American Control Conference, Portland, 2014: 3856-3861.
[7] 许景波, 边信黔, 付明玉. 随机海浪的数值仿真与频谱分析[J]. 计算机工程与应用, 2012, 46(36): 226–299.
[8] 王晓飞, 邹早建, 李铁山, 等. 带有干扰观测器的欠驱动船舶路径跟踪非线性模型预测控制[J]. 武汉理工大学学报(交通科学与工程版), 2009, 33(5): 1020–1024.
[9] Zhang G Q, Zhang X K. A novel DVS guidance principle and robust adaptive path-following control for underactuated ships using low frequency gain-learning[J]. ISA Transactions, 2015, 56(5): 75–85.
[10] Zhang X K, Zhang G Q. Design of ship course-keeping autopilot using a sine function based nonlinear feedback technique[J]. Journal of navigation, 2016, 69(2): 246–256.

撰稿人：张显库[1]　张国庆[1]　张　强[2]
1 大连海事大学　2 山东交通学院
审稿人：郭　晨　段　武

多信息融合水下导航

Underwater Navigation of Multi-Information Fusion

1. 背景与意义

导航就是正确地引导航行体沿着预定的航线、以要求的精度、在指定的时间内将航行体引导至目的地的过程[1]。随着世界经济和军事的发展，开发海洋资源、发展海洋科学、维护国家海洋权益等需求日益突出，水下导航是开展一切海洋开发活动及捍卫海洋主权的基础。我国是一个陆海兼具的国家，海岸线长达约18000km，主张 12n mile 领海权。海岸线长的特点使我国的水下舰艇对导航自主性及精度提出了较高的要求。多信息融合水下导航可以提升导航的长时间稳定性、导航精度并增强隐蔽性。

目前的导航系统有很多种，如天文导航、无线电导航、卫星导航以及惯性导航等。海洋与陆地及空中不同，其自然条件十分复杂严苛，且水下电磁波衰减很快，水声通信又受到带宽及传输速率等因素的限制，给水下通信带来了困难[2]。由此可知，在水下航行时天文导航、无线电导航等导航方式均失效。因此需要探寻适合水下的导航方式，以保证军民的任务需求。

惯性导航系统具有工作自主性强、提供导航参数多、隐蔽性及抗干扰能力强、使用条件宽、工作连续性好等其他导航系统无法比拟的优点，可以作为水下导航的基础信息源之一。但由于惯性导航误差会随时间不断积累，在长时间水下行进过程中，导航精度无法保证，单纯依靠惯性导航的水下运行在较长时间航程的条件下误差会发散导致导航信息失效[3]，无论在民用还是军用领域均限制了水下运载器的发展。以惯性导航为基础的多信息融合导航可以满足长时间水下航行的导航要求。

目前常用于水下航行器的导航方式除惯性导航外，还有地磁匹配导航、地形匹配导航、重力匹配导航、水声定位等[4~6]，但水下环境复杂，由于地磁场及水下地形自身存在日变，水声定位系统等导航方式需要在水下布置水听器，对深水长距离航行的潜艇而言均存在一定的局限性。因此充分发掘可适用于水下的新型导航模式，对其进行更全面的误差模型分析，选用最优的信息融合方式，对水下复杂环境下的滤波算法进行研究，弥补导航方式本身存在的弊端及环境变化带来的影响，可以提高水下导航系统的性能。采用多信息融合导航，可为长时间水下运行提供定位精度保障。

2. 研究进展

惯性导航系统(inertial navigation system，INS)为水下航行不可或缺的导航系统。惯性技术的历史可以追溯到 1852 年傅科提出报告并研制出供姿态测量用的陀螺仪，第二次世界大战后，惯性技术在美国和苏联迅速发展起来，首先在舰船、飞机及导弹等运载体和飞行器的高精度导航定位要求下得到迅速发展，之后在其他领域也得到广泛应用。1980 年，美国 Sperry 公司提出用磁镜偏频激光陀螺研制适用于航海导航的捷联惯导系统设想后，就开始着手研制基于激光陀螺的旋转式捷联惯导系统。单轴旋转捷联惯导 MK39 的定位精度可达到小于 1n mile/24h，大量应用于世界各国海军。从 21 世纪开始，WSN-7B 开始成为主力产品。双轴旋转捷联惯导 MK49 的精度小于 0.39n mile/30h，大量应用于北约各国海军，WSN-7A 只应用于美国海军。1997 年，法国 Ixsea 公司着手开发 Octans 光纤陀螺罗经系统，面向海洋的工业应用(如海底石油探测与勘探)，短短一年时间即投放市场。2000 年，又设计出 Phins 系列捷联式惯导系统，包括用于水下的 U-Phins。在 Phins 的基础上，Ixsea 公司于 2005 年研制出 Marins 惯导系统，这是第一套船用光纤陀螺惯导系统，该系统适用于攻击型潜艇、近岸巡逻艇、驱逐舰以及护卫舰等，具有质量轻、导航精度高、可靠性高等优点[7]。

除惯性器件外，水下航行常用的传感器有多普勒计程仪、水流传感器、主动式声呐、单波束/多波束测深仪等。每一种导航系统都有各自的优缺点。将两种或两种以上导航系统组合起来，不同导航信息源(传感器等)输出的导航信息可以更好地融合、综合利用导航信息，组合成较完善的、多余度、导航精度更高的系统，扩大了系统的使用范围，增强了系统的抗干扰能力(鲁棒性)和抗损性，也能够更加满足现代载体对导航系统所提出的越来越高的要求。

水下导航系统有许多信息融合方式，包括 INS/计程仪、INS/地磁、INS/重力、INS/多普勒、INS/卫星等，由于各种信息源各自的特点，不同的信息融合方式分别适用于不同的应用环境。

在信息融合算法上，主要包括卡尔曼滤波、粒子滤波、贝叶斯估计等，目前最常用的信息融合算法为卡尔曼滤波算法。自卡尔曼滤波理论提出以来，就受到了广泛关注，它已经成为控制、信号处理与通信等领域最基本和最重要的计算方法和工具之一。在导航参数估计方法中又涉及多方面研究内容，主要有多传感器信息融合系统中的滤波结构问题、卡尔曼滤波的稳定性问题、卡尔曼滤波的实时性问题、多传感器信息融合系统问题、卡尔曼滤波容错性能问题以及应用现代控制理论实现卡尔曼滤波的智能化滤波与自适应滤波问题等。

3. 主要难点

(1) 惯性导航系统的精度有待进一步提升。惯性导航系统作为水下导航系统的基础，提高惯性导航系统的精度对导航结果的精度具有十分重要的意义。由于惯性导航原理导致误差积累，从元器件上及补偿算法上减小系统漂移等误差项一直是惯性技术的重要研究方向及难点。

(2) 适用于水下导航的信息源选取。现有的适用于水下的导航方式大部分存在使用条件的限制，包括需要提前在水面或水下布放辅助探测仪、需要获取先验地图等，极大限制了水下导航的应用。因此对于未知水域或具有隐蔽性需求的水下导航，导航信息源的选取需要进行更广泛的研究。另外探索新的水下导航方式也能为这一难题带来新的解决思路。

(3) 信息融合算法的自主性及完好性。在选用适宜的水下导航方式的基础上，需要对多源信息进行融合计算[8]。组合导航系统首先要解决的问题就是如何在尽可能减少各种资源消耗的情况下，有效地利用这些导航资源与新技术。其中组合导航的导航参数估计算法成为目前制约信息融合算法精度的一大问题。

在水下航行的过程中，导致船舶出现故障的情况有很多，因此多信息融合的水下导航系统需要具备容错机制，适应长时间的水下航行。研究组合系统的结构、算法、系统模型。其中就包括集中滤波模型、分散滤波模型、联邦滤波模型和多模型卡尔曼滤波以及故障诊断、隔离与系统重构的研究等。对常规潜艇来说，在其航行过程中不能通过对模型识别来实现模型的自动转换，而且冗余信息不能很好应用，必须进行人工干预。且由于潜艇需要避免暴露，潜艇水下综合导航数据融合的关键是实现模型的自动识别与跟踪。因此选取最优的导航方式，根本在于选取的导航方式具有良好的互补性，能够保证长时间航行下导航系统的完好性[9]。

新型导航方式以及参与组合的子系统不断增加，要求研究组合导航系统的新结构，以便较有效地利用各种导航系统的信息资源。同时，要求各系统之间要相互修正与辅助，更好地提高系统的估计精度与导航精度，减小系统误差。

参 考 文 献

[1] 戴邵武, 徐胜红, 史贤俊, 等. 惯性技术与组合导航[M]. 北京: 兵器工业出版社, 2009.
[2] 刘明雍. 水下航行器协同导航技术[M]. 北京: 国防工业出版社, 2014.
[3] 陈永冰, 钟斌. 惯性导航原理[M]. 北京: 国防工业出版社, 2007.
[4] 钱辉, 丁永忠. 大航程 AUV SINS/DVL 组合导航定位精度研究[J]. 兵工自动化, 2010, 29(2): 46–48.

[5] 王淑炜, 张延顺. 基于罗经/DVL/水声定位系统的水下组合导航方法研究[J]. 海洋技术学报, 2014, 33(1): 19–23.
[6] Hays K M, Schmidt R G, Wilson W A, et al. A submarine navigator for the 21st century[C]// Proceeding of IEEE/ION Position Location and Navigation Symposium, Palms Springs, 2002.
[7] 王国臣, 齐昭, 张卓. 水下组合导航系统[M]. 北京: 国防工业出版社, 2016.
[8] 徐冠雷, 吉春生, 葛德宏. 水下导航数据融合方法[J]. 火力与指挥控制, 2004, 29: 39–43.
[9] 李守军, 陶春辉, 包更生. 基于卡尔曼滤波的 INS/USBL 水下导航系统模型研究[J]. 海洋技术, 2008, 27(3): 47–50.

撰稿人： 李　然

中国运载火箭技术研究院

审稿人： 谢泽兵　代　京

10000个科学难题·交通运输科学卷

交通运输规划与管理篇

居民出行行为及城市交通需求分析

Problems of Modeling Travel Behavior and Urban Travel Demand

1. 背景与意义

城市聚集了高密度人口和社会经济活动,是一个处于动态变化的复杂巨系统。居民在城市不同场所完成的上班、娱乐、休闲、购物等活动以及场所间的空间移动构成了庞杂的城市活动主体。出行行为作为城市活动内部的动态联系,是人们日常活动派生而来的交通活动,反映了居民在城市中的时空参与性。随着经济发展以及城市空间规模增加,伴随着居民日常活动范围扩大和个体机动化出行趋势的加剧,持续增长的交通需求与有限交通供给间不平衡造成交通拥堵,降低了居民生活质量,也成为城市可持续发展的瓶颈。

交通需求管理以及制定远期交通系统规划,是解决城市交通需求与交通供给间矛盾的有效途径,而交通需求分析是交通需求管理和交通系统规划的基础工作和主要依据[1]。交通需求分析通过准确掌握居民出行特征来引导交通政策制定,使交通管理者采取有效的管控措施来调控和引导出行行为、平衡交通需求和供给,从而提高交通出行效率。

出行是社会经济活动的一种派生需求,人们花费一定的时间和费用来实现空间的位移,从而完成特定的社会经济活动。出行受时间和空间的约束,同时人在社会关系中可能有不同的社会角色和地位,当其所处环境不同时,其出行决策也会不同。政策制定、土地利用、人口和产业分布等外在环境的约束也对人们的出行选择和交通需求平衡有着重要影响[2]。那么,怎样合理、科学地描述和分析人们的出行行为和交通需求呢?

传统"四阶段"法(生成-分布-方式划分-分配)具有清晰的思路和模型结构、相对简单的数据收集和处理过程,在世界各地交通规划中扮演着重要角色。然而基于出行的交通模型(trip-based)以数理统计理论为主,以单一出行作为基本统计单元,更加注重结果的获得而忽略产生结果的内在原因。为此基于活动(activity-based)的模型日益受到众多学者的关注和不断探索,其最突出也是最核心的特点就是寻求人们出行的内在原因,紧紧抓住"人们为什么出行"这一内在实质性问题,揭示出行只是人们日常活动的一种特有属性。

随着欧美国家对城市交通系统的研究从原先注重基础投资的长期规划转移到对短期内交通需求的有效管理和对道路资源的充分利用，基于活动的出行分析方法获得重视和空前的发展。出行链、出行时间分配、个人出行决策模式成为近现代出行行为及交通需求的研究热点[3,4]。Hägerstrand 最先在理论深度上对基于活动的方法进行系统研究，提出时空棱柱概念，描绘了活动参与者在时空上的约束体系(图1)。

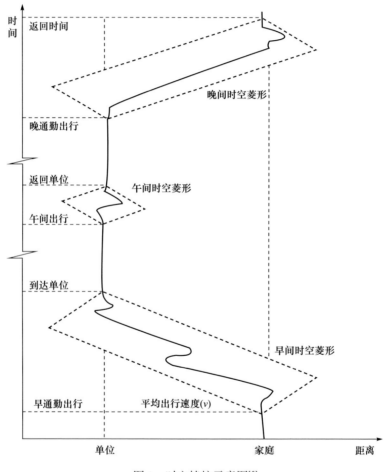

图1　时空棱柱示意图[5]

大量研究进一步将出行活动的时空限制具体化，认为活动出行主要受到四方面的约束和限制[5]：

(1) 活动。如规定的办公或者营业时间。
(2) 设施和地点。如办公、娱乐、道路交通等设施。

(3) 家庭。家庭成员之间的相互依赖关系对家庭活动安排有着显著影响。

(4) 出行者。出行者年龄、出行习惯、拥有的交通工具等。

基于活动的出行行为分析带有浓厚的交叉边缘学科色彩，使得利用不同理论和模型从不同角度来描述出行活动成为可能。其中社会行为学和时间地理学是核心理论基础，约束限制模型(constraints-based models)、离散选择模型(discrete choice models)、结构方程模型(structural equation models)、计算过程模型(computational process models)等[6,7]是主要分析手段。基于活动的出行行为及交通需求分析将人放在建模的核心地位，将日常出行行为置于社会经济环境和时空限制下加以分析模拟。然而，其涉及的变量多而复杂，使得模型结构十分庞杂，很难从时空约束整体上来精确地描述人们的出行行为[8]。另外，基于活动的需求分析模型在交通需求长期预测、交通出行及需求状况宏观判断及描述上有一定局限性。

2. 研究进展

(1) 建立了四阶段交通需求分析方法。形成较为成熟的四阶段集计分析模型，在实际应用方面产生了一批优秀的交通需求预测分析软件。该类模型优点在于数据获取以及模型建立相对容易，不足在于缺乏与城市社会经济相符合的经济理论基础，忽略了社会、心理等因素的作用，仅能从宏观上判断和描述交通需求状况。

(2) 构建了土地利用与交通需求关系模型。土地利用形态决定了交通需求发生量和吸引量，决定了交通需求空间分布。根据土地利用性质、布局以及强度等构建了不同类型土地利用与交通需求之间的关系模型，如 Lowry 模型等。国内外研究主要集中在城市土地开发密度、土地利用模式对交通的影响方面，基于地理信息系统技术的城市交通与土地利用相互作用研究已证明具有较好的实用性和可行性。

(3) 发展了个体出行选择非集计行为模型。从最初的基本 Probit 模型和 Logit 模型到多项 Logit 模型，再到克服 IIA 属性的层次 Logit 模型以及适应度更高、对出行选择偏好描述更清晰的混合 Logit 模型等，非集计模型对个体出行行为的描述更加细致和符合决策过程[9]。然而以效用最大化为原则，这种假设在现实中并不绝对存在，随时间和情形变化的个人价值和偏好并未很好地体现。

(4) 初步建立了基于活动的交通需求理论框架。

活动参与是产生交通需求以及交通出行的内在原因，即出行是活动的一种派生需求。人们在出行决策时受到时空、家庭、生活周期、社会结构等各种因素影响。将多智能体模型(multi-agent)与元胞自动机模型(cellular automata，CA)等与活动信息结合,构建基于微观行为的时空动态交通出行仿真模型,进而灵活地描述决策者的个体行为[10]。目前该方面研究尚不成熟,对出行者心理态度、偏好上的判断缺乏一定的规则机制。

3. 主要难点

(1) 个体出行多样性、不确定性、复杂性的度量以及出行态度、偏好、习惯与异质性的刻画。虽然目前个体出行行为以及交通需求分析已纳入了个人、家庭、出行、环境等众多外在因素,也强调了态度、习惯等内在因素的重要性,但是出行行为的影响变量具体有哪些、变量之间的融合关系以及变量影响程度的机理并没有得到清晰解释。建立能同时考虑外在因素和出行者自身习惯的混合选择模型,同时利用计算机仿真模拟技术深度刻画具有不同属性个体的出行行为将是未来一个重要的发展方向。

(2) 个体活动-出行的多维度交互作用机理揭示。个体活动-出行存在多维度特征,分为长期(如居住地、就业地)、中期(通勤方式、交通工具购置)和短期决策(非工作活动地点、开始时间、持续长度、出行方式、出行伴同、出发时间、出行路线等)。目前,这一类研究刚刚起步,怎样突破单一维度的局限性,从多维度交互决策过程来真实地模拟个体一系列活动-出行行为,形成更为有效的交通出行分析方法仍需长期探索。

(3) 城市系统-个体活动-出行行为-交通需求-交通流运行-资源配置一体化分析模型与分析软件平台开发。随机效用和离散选择模型的提出让四阶段模型从集计向非集计转换,但国内外所运用的基于四阶段的交通系统分析软件仍不可避免地存在诸多缺陷。同时国外开发的各种基于活动的交通需求分析软件也没有完全形成一整套有效的城市系统-个体活动-出行行为-交通需求-交通流运行-资源配置一体化的计算仿真系统。我国交通发展政策和城市化结构等呈现出不同于其他国家的特征,开发一套符合中国国情和实际需求的交通系统分析平台是一项长期而艰巨的任务。

参 考 文 献

[1] 王炜, 陈学武. 交通规划[M]. 北京: 人民交通出版社, 2007.

[2] 陆化普. 城市土地利用与交通系统的一体化规划[J]. 清华大学学报(自然科学版), 2006, 46(9): 1499–1504.

[3] 赵胜川, 王喜文, 姚荣涵, 等. 基于 Mixed Logit 模型的私家车通勤出行时间[J]. 吉林大学学报(工学版), 2010, 40(2): 406–411.

[4] 杨敏. 基于活动的出行链特征与出行需求分析方法研究[D]. 南京: 东南大学, 2007.

[5] Rasouli S, Timmermans H. Activity-based models of travel demand: Promises, progress and

prospects. International Journal of Urban Sciences, 2014, 18(1): 31–60.
[6] Golob T F. Structural equation modeling for travel behavior research[J]. Transportation Research Part B: Methodological, 2003, 37(1): 1–25.
[7] Yoon S, Deutsch K, Chen Y, et al. Feasibility of using time-space prism to represent available opportunities and choice sets for destination choice models in the context of dynamic urban environments[J]. Transportation, 2012, 39(4): 807–823.
[8] Bhat C R. A comprehensive dwelling unit choice model accommodating psychological constructs within a search strategy for consideration set formation[J]. Transportation Research Part B: Methodological, 2015, 79: 161–188.
[9] Böcker L, Dijst M, Prillwitz J. Impact of everyday weather on individual daily travel behaviours in perspective: A literature review[J]. Transport Reviews, 2013, 33(1): 71–91.
[10] Crols T, White R, Uljee I, et al. A travel time-based variable grid approach for an activity-based cellular automata model[J]. International Journal of Geographical Information Science, 2015, 29(10): 1757–1781.

撰稿人：王 炜 杨 敏
东南大学
审稿人：赵胜川 姚向明

城市道路交通流复杂动态行为建模

Modeling Complex Dynamics Behavior of City Roadway Traffic Flow

1. 背景与意义

交通拥堵已经成为世界性难题，正处于快速城市化进程中的中国所面临的问题更为严重。不仅北京、上海、广州和深圳等一线城市深受道路交通拥堵之苦，许多二、三线城市的道路交通拥堵状况亦日益严峻。交通拥堵及其伴生的环境污染与交通安全等问题极大地影响了我国社会和经济发展的运行效率及城市化建设的进程，已引起整个社会的广泛关注。

城市交通问题产生的表面原因是国民经济持续高速增长和城市化进程加快导致城市交通需求的增幅超过了交通基础设施建设的增幅。事实上，仅通过增加交通设施来单向满足不断增长的交通需求既不科学也不现实。一方面，城市用于交通建设的土地资源极为有限；另一方面，道路基础设施的改善会诱发新的交通需求和小汽车保有量的增加，又加剧了交通拥堵。交通流理论旨在研究交通系统中人、车、路、环境诸要素之间的相互作用，以揭示交通系统运行的基本规律，涵盖驾驶人行为分析、交通流特性、交通流模型和交通仿真等方面。交通流研究的历史如下：

(1) 20 世纪 30~40 年代，自由车流的统计分布理论。由于这一时期车辆保有量低，车辆相互干扰较少，能够相对自由地行驶，因此假定道路上行驶的车辆各自独立，车辆在空间和时间上随机分布，各个车辆的启动/行驶/停止均符合某种确定或随机过程，即可采用概率随机理论进行分析，并用统计分布表示不同条件下的交通流稳态特性。

(2) 20 世纪 50~60 年代，车辆跟驰模型和动力学仿真。这一时期，车辆数量有了明显增长，车辆之间相互影响严重；很多时候车辆处于跟随行驶状态。因此这一时期开始运用动力学方法研究车辆列队在无法超车的单一车道上行驶时后车跟随前车的行驶状态，同时用动力学模型表达并进行数学分析。

(3) 20 世纪 70~80 年代，基于流体动力学模拟的交通波理论。随着车辆数目进一步增长，高速公路上的车流几乎连续不断。因此研究者提出交通流的流体动力学模拟理论，其基本思想是将交通流类比为一维可压缩流体，然后建立连续性流体力学方程进行研究。

(4) 20世纪90年代至21世纪初,基于元胞自动机模拟的交通流仿真。大量车辆组成的交通流是一个由自驱动粒子构成的复杂巨系统,可以采用元胞自动机来描述车辆之间的相互作用以及道路结构、交通控制等外部因素的影响。元胞自动机通过建立简单的微观局部运动规则来揭示宏观交通现象产生的原因,是一种有效的交通流研究工具。近年来,基于元胞自动机模拟的交通流仿真引起了广泛的关注。

现代交通流理论是交通科学的核心问题,其发展在一定程度上决定了一个国家交通运输系统现代化的速度。因此大力发展以交通流理论为核心的交通科学,深入研究交通拥堵形成和演化的机理,用以有效指导我国的交通建设和管理已经刻不容缓,也是我国现代化建设的重大战略需求。而交通流复杂动态行为建模则是交通流研究的核心内容。

2. 研究进展

已有研究揭示了交通流的一些非线性动力学特性。但是,迄今为止,无论实际观测还是理论研究,交通流复杂动态行为的演化机理还远未得到充分理解和认同,存在激烈的争论。

1) 基本图理论

长期以来,交通流理论的研究基于以下基本假设,通常称为基本图理论。所谓基本图,是指流量-密度平面上存在的一条单一函数曲线,如图1所示。基本图左分支称为自由流,流量随密度增加而增加;右分支称为拥挤流,流量随密度增加而减小。基本图理论认为交通流模型的定态解应落在该曲线上。最初的基本图

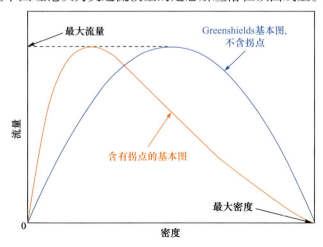

图 1　基本图示意图

为凹(concave)函数曲线，如 Greenshields 关系[1]。Kerner 等首次提出了存在拐点的基本图，奠定了现有基本图理论的研究基础[2]。该理论认为交通流非线性动力学特性的根本机制源于交通流稳态的线性不稳定性。

2) 三相交通理论

20 世纪 90 年代后期，Kerner 在对大量交通观测资料分析后[3]，认为众多交通研究者所认可的基本图理论并不正确，他指出拥挤流还应进一步分为同步流(synchronized flow)和堵塞，因此交通流由自由流、同步流、堵塞三相构成。在同步流中，流量不再是密度的单一函数，流量密度分布应该是一个二维区域(图 2)。在堵塞区域中，车辆速度等于或接近于零，堵塞的下游分界面以一个约为 15km/h 的恒定速度向上游传播，其传播速度不受出入匝道等各种道路结构的影响。拥挤流中不属于堵塞的状态就是同步流。道路上发生自由流至堵塞相变的过程往往是首先发生自由流至同步流的相变，然后发生同步流至堵塞的相变。这两个相变一般发生在不同时间、不同地点，后者往往滞后一段时间。基于这些认识，Kerner 提出了三相交通理论。该理论认为交通流非线性动力学特性的根本机制源于速度适应(speed adaptation)与过加速(over acceleration)之间的竞争效应。

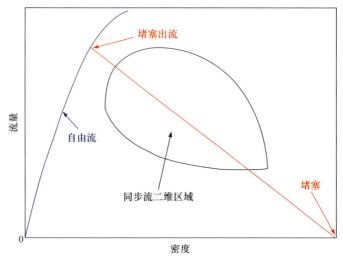

图 2　三相交通理论示意图

3) 两种理论的争论

以 Kerner 为代表的三相交通理论学说与以 Helbing 为代表的基本图理论学说之争异常激烈[4,5]。争论焦点包括：高密度区域实测流量-密度数据二维散布特性的机理，交通流不同相的物理本质及相变特性，拥挤交通形态区分与交通瓶颈特征(结构、强度)间的相关性等。这些争论反映出理解交通流动态行为演化机理这一关键科学问题的复杂性和必要性。这些争议存在的根本原因在于没有令人信服的数据支持。

研究人员也意识到这一问题，因此花费巨大代价采集精准轨迹数据。美国下一代仿真(Next Generation Simulation，NGSIM)项目在高速公路架设摄像机，对道路交通实现无缝覆盖；荷兰 Delft 理工大学研究人员租用直升机进行空中航拍实测[6]，然后通过视频处理获得车辆轨迹数据。

3. 主要难点

交通流研究的主要难点在于大范围交通流精准数据获取的困难性及实际交通流的复杂性和不可控性。

(1) 交通流实测是通过被动地观测真实的交通流，获取实测数据。观测数据具有很大的局限性，主要体现为实际交通的不可控性。例如，实际道路结构使得某些交通形态很难获得；实际车流具有时变性、多车道、多车种混合交通流特性等多种因素。因此现有的实测数据观测可比喻为"盲人摸象"，无法全面反映，也难以深刻揭示交通流动态演化行为的本质特征。

由于交通观测的局限性，近年来交通试验的重要性开始引起交通流研究人员的重视。通过组织交通流试验，可以控制车流的组成和车流量，最大限度地减少其他复杂交通因素的影响，专注于车流自身的自组织演化过程，通过构造典型的道路结构并研究交通流的动态演化过程，把握交通流的本质特征。实际上，近年来各国研究人员已开展了一些交通试验研究，取得了一定研究进展[7~9]。通过交通流试验可以摆脱现有研究思路框架的束缚,探明交通流复杂动态演化行为的机理，在对现有交通流理论进行检验的基础上，发展新的理论，并结合交通大数据研究实际交通中各种复杂因素的作用，弄清道路交通流复杂动态行为的演化机理，从而促成交通流理论研究的突破。

(2) 值得指出的是，进入 21 世纪以来，随着现代科技的快速发展，驾驶员可以通过车间通信、车路协同、智能导航等手段获得丰富的交通信息；另外辅助驾驶车辆已进入市场，自动驾驶车辆的发展也受到各大汽车厂商、高科技企业以及政府部门的重视，可期望在不远的将来投入使用。这些科技将影响车辆的路径选择，改变驾驶行为或取代驾驶员，从而使交通流发生根本性的改变。现代科技对复杂动态行为特性的影响将是未来交通流的主要研究方向之一。

参 考 文 献

[1] Greenshields B D. A study in traffic capacity[J]. Proceedings of Highway Research Board, 1935, 14: 448–477.

[2] Kerner B S, Konhäuser P. Cluster effect in initially homogeneous traffic flow[J]. Physical Review

E, 1993, 48(4): R2335–R2338.
[3] Kerner B S. Introduction to Modern Traffic Flow Theory and Control: The Long Road to Three-Phase Traffic Theory[M]. Berlin: Springer, 2009.
[4] Schönhof M, Helbing D. Criticism of three-phase traffic theory[J]. Transportation Research Part B: Methodological, 2009, 43(7): 784–797.
[5] Kerner B S. Criticism of generally accepted fundamentals and methodologies of traffic and transportation theory: A brief review[J]. Physica A: Statistical Mechanics and Its Application, 2013, 392(21): 5261–5282.
[6] Knoop V L, Hoogendoorn S P, van Zuylen H J. Capacity reduction at incidents empirical data collected from a helicopter[J]. Transportation Research Record, 2008, 2071: 19–25.
[7] Sugiyama Y, Fukui M, Kikuchi M, et al. Traffic jams without bottlenecks—experimental evidence for the physical mechanism of the formation of a jam[J]. New Journal of Physics, 2008, 10(9): 33001.
[8] Jiang R, Hu M B, Zhang H M, et al. Traffic experiment reveals the nature of car-following[J]. PloS ONE, 2014, 9(4): e94351.
[9] Jiang R, Hu M B, Zhang H M, et al. On some experimental features of car-following behavior and how to model them[J]. Transportation Research Part B: Methodological, 2015, 80: 338–354.

撰稿人：姜　锐[1]　邵春福[1]　董力耘[2]
1 北京交通大学　2 上海大学
审稿人：王殿海　杨小宝

综合交通网络的构造演化机理

Evolution Mechanism of Multimodal Transportation Network

1. 背景与意义

网络是交通的基本载体和宏观基本形态，支撑着交通运行状态的演化并形成制约。*Transportation Network Analysis* 一书中指出，交通网络是设施网络和交通流的叠加，承载一切交通活动的进行[1]。交通网络按照交通运输方式可分为公路网络、城市道路网络、城市公共交通网络(地面公交网、地铁网、有轨电车网等)、铁路网络、航空网络、海运网络等。综合交通网络是由多方式交通设施子网络和衔接不同设施子网络的连续服务网络所构成的，其基本存在形式是复合、异构的多方式设施子网络和人流、非机动车流、机动车流、公交车流和列车流等多行为主体的异质交通流。有别于单模式交通网络，综合网络的主要特征在于各种交通方式存在既竞争又合作的关系。

基于多模式交通的综合网络是未来城市和区域综合交通系统存在的基本形式，综合网络研究(comprehensive transportation network，multimodal transport network)是交通科学的发展方向，通过研究复合异质交通网络空间结构和网络状态的演化规律，为未来交通网络规划和管理控制提供参考。

研究表明，综合交通网络是一个多尺度、多模式、多主体的开放性复杂巨系统，其拓扑具有多元异构性，服务对象具有能动反应能力，服务需求具有动态性和可调性。源于欧美的以道路网络为载体、以小汽车交通为主体的单一模式网络研究理论，应用于多模式综合交通网络为载体的综合交通系统研究，具有局限性。交通网络演化机理是解析交通发展规律的核心科学问题，研究综合交通网络生长演化规律，不但对城市和区域交通规划及设计和综合交通服务提升具有重要科学意义，同时对城市和区域空间功能和布局优化也具有重要理论意义和实践价值。

2. 研究进展

交通网络演化研究交通网络结构和网络交通流在不同时间尺度和空间尺度上所呈现出的特征和规律。交通网络作为区域以及城市系统的一个子系统，在演化过程中受到城镇功能布局、人口和经济增长、地理地貌条件、各类主体行为模式和外部调控措施等多因素的共同驱动,由此交通网络的演化特征及规律体现在多个层面上:网络拓扑、网络状态、网络均衡、网络功能等[2]。

交通网络演化的研究及实践应用主要来源于交通工程学、系统工程学、地理学、网络科学、经济学、城市规划等领域。对交通网络空间特性和结构演化的研究主要有两个方面:第一种是研究城市和区域单一交通方式网络结构特征和演化模拟,Ferber等研究了城市公共交通网络的多方面复杂结构属性[3],包括反映地理嵌入方面的物理距离分布,同时提出了公交网络的动态增长模型;Latora等对波士顿地铁网络进行了一系列研究[4],提出了全局及局部效用指标,并且证明地铁网络具有小世界特性。此外还有学者研究航空网络结构、铁路网络结构以及对两者分别进行的加权特性分析[5]。交通网络作为地理网络的一种,节点的连接数量和连接边的容量都受到显著约束。在交通网络演化模拟方面,Guimera等[6]提出了受地理限制的航空网络演化模型,Barrat等[7]结合交通网络的地理空间性提出长程连接受到地理距离约束的演变机制。第二种是从城市交通网络结构与交通流量的关联性方面开展研究,不仅分析交通网络拓扑结构指标的统计分布特征,还进一步分析交通网络中交通行为及交通流特性与网络拓扑结构的关系。例如,Montis等利用加权网络表示意大利不同城镇间通勤交通量网络,在网络的基本结构特征基础上分析了网络交通量与拓扑结构之间的相关性[8];Wu等研究了不同网络拓扑结构上的道路交通流拥堵性质[9]。

现有的交通网络构造及演化研究探索了部分交通网络的结构特征及其演化模拟,但存在三点不足[10]:①现有研究仅针对单一方式交通网络,对多模式的复合交通网络整体结构特征和网络性能研究不足;②综合交通网络特征的空间差异性和时间动态性研究不足,对综合交通网络演变的动力学机制、网络状态演变机理和状态扩散机制的研究尤为不足;③综合交通网络演化的干预响应机理、网络多主体的干预-反馈过程和网络再均衡过程研究不足。

3. 主要难点

综合交通网络的构造演化机理问题,是指针对综合网络的网络层次性、结构异质性(多样性)、网络需求确定性与随机性、主体行为反馈的非线性等基本特征,揭示综合交通同质网络的动态演化机理、异质网络竞争-合作机制与基于各子网络(对应不同方式)形成次序的演化路径,提出综合交通网络拓扑构造和长短周期结合的综合网络演化理论和调控理论等。大规模综合网络的复杂性、非线性和动态性是研究中的难点,主要包括以下几个方面:

(1) 综合交通网络的出行特征效能度量和集约建模。需要深入分析复合交通网络的结构特征、出行特征以及两者的依存关系,建立综合交通网络的效能度量，找出综合交通网络在需求驱动和诱发增长双重作用下发展演化的内在规律，并在此基础上建立超大综合网络的集约建模理论。

(2) 综合交通网络状态相变机制及演变规律。需要建立综合交通网络的节点动力学模型、混合流模型和网络流趋于稳定的势函数，分析网络交通流的演化过程，找出其相变机制和扰动传播规律、过程失稳条件，为综合交通系统的动态调控、危机预警与管理提供理论基础。

(3) 综合交通网络常态及非常态的网络协同管控理论。需要根据网络演化规律和复合网络交通流理论，建立优化复合网络结构的分层递阶设计方法，提出调控网络状态的跨网络集约协同控制理论，以及发展应对复合交通网络演化过程中需求及结构不确定的鲁棒网络设计理论。

参 考 文 献

[1] Bell M G H, Lida Y. Transportation Network Analysis[M]. Chichester: John Wiley and Sons, 1997.
[2] 田园. 大都市带交通网络演化研究[D]. 上海: 同济大学, 2013.
[3] Ferber C V, Holovatch T, Holovatch Y, et al. Public transport networks: Empirical analysis and modeling[J]. The European Physical Journal B: Condensed Matter and Complex Systems, 2009, 68(2): 261–275.
[4] Latora V, Marchiori M. Economic small-world behavior in weighted networks[J]. The European Physical Journal B: Condensed Matter and Complex Systems, 2002, 32(2): 249–263.
[5] Li W, Cai X. Statistical analysis of airport network of China[J]. Physical Review E: Statistical, Nonlinear, and Soft Matter Physics, 2004, 69(4): 046106.
[6] Guimera R, Amaral L A N. Modeling the world-wide airport network[J]. The European Physical Journal B: Condensed Matter and Complex Systems, 2004, 38(2): 381–385.
[7] Barrat A, Barthelemy M, Vespignani A. The effects of spatial constraints on the evolution of weighted complex networks[J]. Journal of Statistical Mechanics: Theory and Experiment, 2005, (5): 5003.
[8] Montis A D, Barthelemy M, Chessa A, et al. The structure of inter-urban traffic: A weighted network analysis[J]. Environment and Planning B: Planning and Design, 2005, 34(5): 905–924.
[9] Wu J J, Gao Z Y, Sun H J, et al. Congestion in different topologies of traffic networks[J]. Europhysics Letters, 2006, 74(3): 560.
[10] 吴建军, 高自友, 孙会君, 等. 城市交通系统复杂性: 复杂网络方法及其应用[M]. 北京: 科学出版社, 2010.

撰稿人：陈小鸿　张　华
同济大学
审稿人：赵胜川　毛保华

城市交通网络供需平衡机理

Supply-Demand Balance Principles for Urban Transportation Networks

1. 背景与意义

交通供需间存在互动反馈关系：城市土地开发使交通需求增加，从而对交通设施提出更高要求；交通设施改善使交通供给扩大，进一步吸引更多的交通需求，交通供需互动进入新的循环。该循环是一个正反馈过程，然而该过程不可能无限地进行下去。交通设施发展到一定程度后，难以通过改建来增加其有效供给，当需求增加超过一定值时，过载的交通流使某些路段出现拥堵现象，交通需求增加便会受到抑制[1,2]。交通供给与交通需求间是一种相互依存、相互促进的互动关系，两者通过一系列的循环反馈过程，在一定条件下达到近似稳定平衡状态。

交通流是在特定交通供给、交通管控措施下，大量复杂个体出行的宏观涌现结果。交通流的时空分布不均衡性和波动性导致其与交通供给能力难以完全匹配，产生能力瓶颈，进而造成交通拥堵现象的产生。供需失衡产生的能力瓶颈是交通拥挤的根源。我国交通系统处于高速发展过程中，系统功能还不完善，交通供给尚不稳定，网络结构亦未优化，交通系统的平衡与稳定经常被打破。传统的通过道路交通设施建设来被动适应交通需求增长而达到的供需平衡只能是暂时的(图1)，交通系统的供需平衡不应是简单的交通需求与交通供给之间的总量平衡，而应在交通网络供需平衡机理的科学分析基础上建立一种相对持久的供需平衡模式，这对于缓解交通拥堵、建设可持续发展的交通网络系统具有重要作用[1]。

理想的交通网络系统应该是交通需求与交通供给平衡及随之产生的交通流稳定，交通供需平衡表现为土地利用布局合理、交通网络配置优化、供需总量动态协调、供需结构主动匹配，也就是近些年业界所倡导的有别于传统被动适应模式的主动引导式供需平衡[3]。

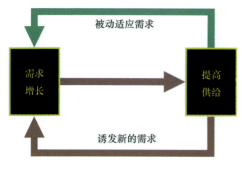

图1 传统供需平衡模式

主动引导式的供需平衡策略强调出行效率与运输效率之间的平衡。效率平衡的核心是交通需求与交通供给之间的系统耦合(包括城市形态与交通模式、出行空间分布与交通网络布局、出行距离分布与道路等级配置、出行方式分布与道路空间资源之间的耦合等)。主动引导式的供需平衡是通过建立在系统耦合模型基础上的平衡控制理论,引导交通供给的系统结构优化来完善交通供给,提高交通供给的有效性及运输效率;引导交通需求的交通结构优化来调整交通需求,提高交通需求的合理性及出行效率(图 2)。这种建立在交通供需系统耦合基础上的效率平衡是相对持久的供需平衡,也是交通系统可持续发展的要求。

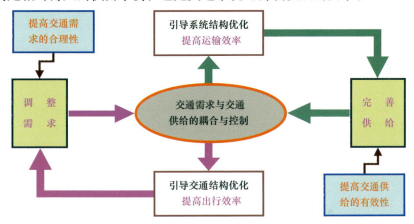

图 2　实现主动引导式供需平衡的思路

2. 研究进展

在交通网络供需平衡机理方面,国际上主要从宏观和微观两个层次开展研究。宏观层次通过确定城市土地利用、交通网络结构和交通政策等的重大发展方向来引导城市交通需求和交通供给的分布,强调公交引导城市发展(transit-oriented development,TOD)模式至今仍是研究的热点。微观层次主要通过交通网络均衡理论研究交通需求与交通供给在城市空间相互作用的关系,Wardrop、Beckmann 等提出的交通网络用户均衡理论和系统最优理论,并由此衍生出交通分配的模拟算法和解析模型[4~7]。近年来,耦合理论在交通领域也有了初步应用,如轨道交通与城市公共活动中心体系的空间耦合、城市形态与交通需求空间分布的耦合、公交主导型多方式交通网络供需分析及耦合等[8~10],使得交通需求与交通供给之间的互动关系研究更为深入。

目前,该领域大部分研究成果主要限于机动化交通出行和网络流均衡方面,无法完全满足我国城市交通发展中面临的课题与挑战,同时缺少对城市形态、交通模式、供给布局等因素间耦合作用机理的深刻认识以及定量化评估研究。

3. 主要难点

(1) 深入研究城市形态、土地利用与居民出行的微观作用机理，建立城市形态、土地利用与交通模式的宏观匹配模型，揭示交通需求与交通供给的作用机理与互动关系。

(2) 摆脱传统以道路网络和道路交通流为单一对象的交通网络供需分析的局限性，从布局、总量和结构等维度提出多模式交通网络系统耦合模型，创建多模式交通网络供需分析及耦合理论。

(3) 改变道路网络、地面公交网络和轨道交通网络的规划各自为政、相互脱节的局面，提出基于广义交通枢纽的多模式交通网络协同规划研究思路，创建道路网络-地面公交网络-轨道交通网络协同规划体系。

参 考 文 献

[1] 王炜, 任刚, 程琳. 缓解城市交通拥堵的基础理论[M]//国家自然科学基金委员会学科发展战略研究报告. 建筑、环境与土木工程 I. 北京: 科学出版社, 2006: 273–285.

[2] 魏军, 李利. 交通供需平衡机理模型[J]. 长安大学学报(自然科学版), 2010, 30(6): 86–89.

[3] 王炜. 主动引导式城市交通系统规划、设计与调控基础理论[C]//国家自然科学基金委员会——中国科学院 2011—2020 学科发展战略研究专题报告集. 建筑、环境与土木工程. 北京: 中国建筑工业出版社, 2011: 104–111.

[4] Chen A, Yang H, Lo K H, et al. Capacity reliability of a road network: An assessment methodology and numerical results[J]. Transportation Research Part B: Methodological, 2002, 36(3): 225–252.

[5] Watling D. User equilibrium traffic network assignment with stochastic travel times and late arrival penalty[J]. European Journal of Operational Research, 2006, 175(3): 1539–1556.

[6] Romilly P. Welfare evaluation with a road capacity constraint[J]. Transportation Research Part A: Policy and Practice, 2004, 38(4): 287–303.

[7] Zhang H M, Ge Y E. Modeling variable demand equilibrium under second-best road pricing[J]. Transportation Research Part B: Methodological, 2004, 38(8): 733–749.

[8] 潘海啸, 任春洋. 轨道交通与城市公共活动中心体系的空间耦合关系——以上海市为例[J]. 城市规划学刊, 2005, (4): 79–82.

[9] 任刚, 陆丽丽, 许丽, 等. 城市道路网络功能匹配度建模与实证分析[J]. 中国公路学报, 2012, 25(3): 120–128.

[10] 王姝春. 考虑出行分布耦合及出行时间可靠性的路网动态优化设计[D]. 南京: 东南大学, 2012.

撰稿人：王　炜　任　刚

东南大学

审稿人：黄海军　姚向明

交通枢纽选址问题

Location Problem of Transportation Hub

1. 背景与意义

交通枢纽一般地处路网通道或线路的交叉点，是运输过程和为实现运输所拥有的设备综合体，是交通运输网络的重要组成部分，也是路网客流、物流和车流的重要集散或中转中心，衔接两种或两种以上干线运输方式的枢纽又称为综合交通枢纽，如铁路-公路枢纽、水运-公路枢纽、水运-铁路-公路枢纽、城市多种公交方式枢纽等。交通枢纽选址是交通网络规划的重要环节。交通枢纽选址问题，是根据交通需求，利用交通规划和网络优化理论，对所规划的交通枢纽的场站数量、大小、类型、功能分工和位置进行优化，同时通过调整枢纽内部及相互间的关系，以实现整个交通枢纽系统的运输费用最小化、运输效率最大化、换乘/转距离最小化等目标[1]。

一般而言，枢纽选址受到土地利用模式、路网结构与连接方式、国家和区域交通或经济发展战略或政策，如区域大开发战略、城镇化或城市群发展政策、公交引导发展(transit-oriented development，TOD)政策、低碳与可持续发展政策、交通方式的发展政策、交通结构及综合交通发展政策等因素影响，早期的交通枢纽选址，通常采用定量计算与定性分析相结合的方法，随着运筹学、物流学的发展，出现了线性规划、整数规划、混合整数规划等方法。当前交通领域的学者开始注意到交通枢纽的多种功能及其与交通网络、交通需求的关系，将交通规划、交通流理论应用到枢纽选址问题中。

交通枢纽选址问题往往可归属为经典的设施选址问题[2,3]，包括覆盖问题(covering location problem)、P中心问题(P-center location problem)、平面中位距离问题(P-median location problem)等。覆盖问题包括覆盖集问题(set covering location problem)和最大覆盖问题(maximal covering location problem)：覆盖集问题是指寻找最少数量的枢纽，使所有的需求在可接受的距离内被覆盖或服务；最大覆盖问题是在给定的枢纽数量和服务距离前提下，确定相应的选址点，以最大化覆盖或服务需求节点。P中心问题是指在给定选址数量前提下，使需求节点和枢纽选址之间的最大距离最小化。P-median问题是找到P个选址点，使需求点和选址点之间的需求加权总距离最小化。在交通运输领域应用较多的还有枢纽选址模型，如Hub-Spoke模型等。

实际中，交通枢纽选址问题还需要考虑货运或乘客的运输分布需求，即往往需要考虑将货物或旅客从出发点通过枢纽运送到目的点的运输过程。同时还应考虑枢纽与交通网络的互动关系。枢纽选址问题往往涉及运筹学、区域与城市规划学、交通规划学等理论和方法，枢纽选址优化对于完善综合交通体系，提升客运换乘和货物中转效率，降低运输成本，提高运输效率，增加运输收益，促进交通运输系统的可持续发展均具有重要意义。

2. 研究进展

早期的交通枢纽选址方法主要有解析重心法、微分法以及交通运输的效益成本分析法等。随后的运筹学方法，主要是对经典的设施选址模型进行求解。例如，覆盖集选址模型，主要使用基于对偶的启发算法、贪婪算法等解决，其中随机贪婪算法、简单贪婪算法和转换贪婪算法具有较好的求解效率；最大覆盖选址模型通过启发式算法或在一个分支定界的算法内嵌入拉格朗日(Lagrangian)松弛变量求解，通常能得到有效的解决；P 中心选址模型和 P-median 选址模型难度与上相近，除传统的整数规划算法外，在采用禁忌搜索算法、遗传算法、免疫克隆算法等智能算法方面也取得进展。

近年来，枢纽选址问题研究在如何协调枢纽选址多目标间冲突、如何考虑需求的不确定性和枢纽选址的动态性、如何对多层次交通枢纽选址进行综合优化、如何协调枢纽选址与车辆路径和路网规划、如何考虑用户选择行为对枢纽选址的影响等方面取得诸多进展，研究的新方向和模型包括多目标选址模型[4]、不确定环境下的选址模型[5]、动态选址模型[6]、分层选址模型[7]、整合的径路选址模型[8]、整合的网络设计和枢纽选址模型[9]、双层优化模型[10]等。在考虑运输分布 OD 需求的交通枢纽选址模型方面，主要有多元枢纽场站选址的混合整数规划模型、不考虑枢纽场站基建投资的模型、枢纽场站规模受限的选址模型、两阶段综合交通枢纽选址模型、双层规划选址模型等。求解算法方面，包括拉格朗日松弛算法、Benders 分解算法、分支-定价算法、遗传算法、禁忌搜索算法、模拟退火、蚁群算法、免疫克隆算法、双层规划模型迭代法等。

3. 主要难点

目前枢纽选址问题研究存在的难点主要包括以下方面：

(1) 综合交通枢纽的选址问题。目前交通枢纽一般聚集了铁路、公路、航空、水运等多种交通方式，特别是近年来，高速铁路、城市轨道交通系统、高速公路、航空及水运港口的快速发展，已出现了城市综合交通枢纽、航空-高铁枢纽等新的综合枢纽选址需求，综合枢纽的选址需要考虑不同空间尺度交通方式的融合，如航空和高铁大覆盖尺度、城际铁路和高速公路中覆盖尺度、城市轨道交通和城市公共交通小覆盖尺度的综合；平衡枢纽选址点运输资源有限性与需求多样化之间的矛盾，这对传统选址模型构模和算法都提出新挑战。

(2) 枢纽服务对象拓展延伸出的新问题，如原有的货运交通枢纽选址一般只考虑 OD 运输需求的满足问题，但若将其延伸到如何与物流、供应链设计的结合，即从物流或供应链涉及的产运销全程来考虑交通枢纽的规划问题，就将导致枢纽选址的目标、约束条件发生很大的变化，需要设计融合原有选址问题和物流、供应链优化问题的新算法，这将大大增加枢纽选址问题的难度。

(3) 多类枢纽选址问题融合形成的新问题，如分层交通枢纽选址问题和运输服务网络设计问题融合形成的综合设计优化问题，这不仅涉及两类结构不同的复杂困难问题的融合求解，还因为运输服务网络是比物理网络更加复杂的时空网络，这将导致问题求解规模的剧增，如何寻求这类复合优化问题的高效求解算法，也是枢纽选址问题的难点所在。

参 考 文 献

[1] 何世伟. 综合交通枢纽规划——理论与方法[M]. 北京: 人民交通出版社, 2012.

[2] Laporte G, Nickel S, Gama F S D. Location Science[M]. Berlin: Springer, 2015.

[3] Hale T S, Moberg C R. Location science research: A review[J]. Annals of Operations Research, 2003, 123(1): 21–35.

[4] Farahani R Z, Steadieseifi M, Asgari N. Multiple criteria facility location problems: A survey[J]. Applied Mathematical Modelling, 2010, 34(7): 1689–1709.

[5] Snyder L V. Facility location under uncertainty: A review[J]. IIE Transactions, 2006, 38(7): 537–554.

[6] Arabani A B, Farahani R Z. Facility location dynamics: An overview of classifications and applications[J]. Computers & Industrial Engineering, 2012, 62(1): 408–420.

[7] Farahani R Z, Hekmatfar M, Fahimnia B, et al. Survey: Hierarchical facility location problem: Models, classifications, techniques, and applications[J]. Computers & Industrial Engineering, 2014, 68(1): 104–117.

[8] Drexl M, Schneider M. A survey of variants and extensions of the location-routing problem[J]. European Journal of Operational Research, 2015, 241(2): 283–308.

[9] Contreras I, Fernández E. General network design: A unified view of combined location and network design problems[J]. European Journal of Operational Research, 2012, 219(3): 680–697.

[10] Chang J S, Mackett R L. A bi-level model of the relationship between transport and residential location[J]. Transportation Research Part B: Methodological, 2006, 40(2): 123–146.

撰稿人：何世伟

北京交通大学

审稿人：徐瑞华　贠丽芬

交通枢纽内设施功能布局问题

Facility Layout Problem in Transportation Hub

1. 背景与意义

交通枢纽的功能一般包括：交通功能，如客货集散、换乘/中转、载运工具的快捷运行功能等；服务功能，包括为各种运输方式的旅客提供行包托运和提取、医疗、信息咨询等基本服务，为铁路、航空、船舶、汽车、公交、出租、社会车辆等载运工具提供维护、检修、停车等载运工具服务空间等；商业/经济功能；带动城市发展及土地开发功能；环境保护及经济社会发展功能[1]，交通枢纽内部设施围绕上述功能为交通对象提供服务。交通枢纽内设施功能布局问题是指微观层面的枢纽内部各功能区设施的平面位置确定问题，即如何在枢纽平面区域内确定各个设施设备的坐标位置，使枢纽的综合性能达到最优。枢纽的功能布局优化对于提升客运换乘和货物中转效率，降低枢纽运营成本，增加运输收益和服务质量有十分重要的意义。

交通枢纽内设施功能布局问题是根据交通主体需求，利用交通规划和设施布局优化理论，对所要规划的交通枢纽的用地规模、功能分区、各功能区及设施设备的位置进行优化；同时通过调整不同功能区及设施设备间的联动关系，以实现整个交通枢纽内部运输费用最小化、运输效率最大化、乘客换乘、货物中转及搬运距离最小化等目标。

交通枢纽内设施功能布局问题往往可归属为经典的设施布局问题，其中，设施指在生产系统内可以完成特定任务的任意实体，如一台生产机器、一个制造车间、一个场站、一个站房、一台售票机等。设施布局问题最早由 Koopmans 和 Beckmann 提出并给出了标准的数学表达形式[2]，他们将设施布局问题定义为一种广泛存在于工业车间中的设施规划问题，其目标是通过合理安排各设施设备的摆放位置，使得所有设施间生产资料的运输成本最低。多年来，众多学者对该问题进行了深入研究及拓展，根据生产系统的类型、产品特性、组织方式等的不同可以将布局优化问题分为多种类型，其中，文献[3]将已有的设施布局优化问题分为以下几类：二次分配问题(quadratic assignment problem，QAP)模型、二次集合覆盖问题(quadratic set covering problem，QSP)模型、线性整数规划模型、混合整数规划模型和图论模型等。其中，QAP 模型解决的是布局问题中的一类特例问题，它假定所有布局实体的面积相同，且所有可能的布置点已被事先指定。大量研究表明，交通枢纽内设施布局问题是十分复杂的数学规划问题，大部分设施布局优化问题被证明是非确定性多项式(non-deterministic polynomial，NP)难题，同时交通枢纽内设施功能布局问题还必须考虑和融合交通枢纽中交通功能、服务功能、商业/经济功能等的新特点及新需求，因此探索这类问题的新理论和新方法具有重要的学术价值和科学意义。

2. 研究进展

布局优化问题与生产系统的特性、设施特征、组织模式等有紧密联系，根据设施的形状及尺寸，布局优化问题主要可分为规则功能区的布局优化问题，以及不规则功能区的布局优化问题。当设施区域至少包含一 270°顶角时，则认为其属于不规则区域，不规则区域的布局问题比规则区域更为复杂。

在转运设施方面，一般交通枢纽内部的转运设施包括电梯、传送带、无人引导小车(automated guided vehicle，AGV)等[4]，运转设施类型对交通枢纽布局影响十分明显，主要体现在转运设施与枢纽功能区的衔接设计方面。

在通道设计方面，布局方式可分为单通道布局、多通道布局、循环型通道布局、开放式通道布局等，在交通枢纽布局问题中，以循环型通道布局和开放式通道布局为主[5]。

一般的布局优化问题以二维平面布局为主[6]，但随着近年来交通枢纽的不断发展，越来越多的交通枢纽，尤其是客运枢纽采用立体布置形式，因此产生了新的布局问题，即多层(三维)布局问题(multi-floor layout problem)，在枢纽多层布局问题中，存在垂直方向的交通流线，因此转运设施的位置确定成为问题的关键。

近年来，动态布局问题也成为众多学者的关注点[7]，大部分布局问题假定基础数据是固定不变的。实际中，随着时间变化，基础数据，如客流量、货运量等，都是在不断变化的，因此某些设施布局也应随时间推移而发生改变。

求解算法方面，交通枢纽布局的数学方法主要可以分为精确算法与近似算法两类。精确算法方面，主要有分支定界算法和动态规划方法，其中，Kouvelis 应用分支定界算法解决了单向循环通道布局问题，Meller 对该方法进行了改进，拓展了其应用范围，Rosenblatt 采用动态规划方法解决了等面积设施的布局优化问题，但仅在小规模情况下才能得到最优解。近似算法主要包括启发式、专家系统、神经网络、系统布置等方法。由 Muther[8]提出的系统布局规划(system layout planning，SLP)方法最为著名，广泛应用于交通枢纽内设施布局优化问题中[9]。启发式算法方面，禁忌搜索算法较早应用于布局问题中，通过设计禁忌搜索表及位置交换操作,实现布局优化。模拟退火算法也是一种解决设施布局问题的常见启发式算法,主要采用的启发式机制有两种:一种是设施间的两两互换位置机制;另一种是设施的随机移位机制。遗传算法和蚁群算法也在布局问题中广泛应用,其中分层树方法(slicing tree)广泛应用于遗传算法的编码操作。

3. 主要难点

目前枢纽布局问题面临客货运快速发展、土地利用模式变化、新的运输方式及线路引入等挑战,存在的主要难点在于:如何协调枢纽内设施功能布局多目标间冲突、如何提高规划模型反映设施实际物理特性的真实程度、如何考虑需求的不确定性和设施布局的动态性、如何有效地对多层设施布局问题进行优化、如何考虑设施能力与设施选型的综合布局优化、如何提高算法质量和效率等问题。因此未来研究的主要方向有:多目标布局规划模型、动态布局规划模型、三维布局规划模型、能力匹配综合布局优化模型,以及求解这些模型的基于专家系统的混合智能算法等。

参 考 文 献

[1] 何世伟. 城市交通枢纽[M]. 北京: 北京交通大学出版社, 2016.
[2] Koopmans T C, Beckmann M. Assignment problems and the location of economic activities[J]. Cowles Foundation Discussion Papers, 1955, 25(1): 53–76.
[3] Kusiak A, Heragu S S. The facility layout problem[J]. European Journal of Operational Research, 1987, 29(3): 229–251.
[4] Liu C I, Jula H, Vukadinovic K, et al. Automated guided vehicle system for two container yard layouts[J]. Transportation Research Part C: Emerging Technologies, 2004, 12(5): 349–368.
[5] Petering M E H. Effect of block width and storage yard layout on marine container terminal performance[J]. Transportation Research Part E: Logistics and Transportation Review, 2009, 45(4): 591–610.
[6] 赵莉, 袁振洲, 李之红, 等. 基于活动关联度的城市综合客运换乘枢纽设施布置模型[J]. 吉林大学学报(工学版), 2011, 41(5): 1246–1251.
[7] Hsu C I, Chao C C, Shih K Y. Dynamic allocation of check-in facilities and dynamic assignment of passengers at air terminals[J]. Computers & Industrial Engineering, 2012, 63(2): 410–417.
[8] Muther R. Systematic Layout Planning[M]. Boston: Industrial Eduction Institute, 1973.
[9] 冯芬玲, 景莉, 杨柳文. 基于改进 SLP 的铁路物流中心功能区布局方法[J]. 中国铁道科学, 2012, 33(2): 123–130.

撰稿人: 何世伟

北京交通大学

审稿人: 徐瑞华　贠丽芬

城市交通系统与土地利用的关系

Relationship between Urban Transport System and Land Use

1. 背景与意义

随着城市化进程的迅速推进，城市机动化程度的不断提高，交通出行与交通基础设施之间供需矛盾日益突出，导致道路交通拥堵、交通安全和交通环境污染等"城市病"问题逐渐加剧，严重影响城市的经济发展和人们的生活。国内外实践表明，单纯增加交通基础设施供给已经无法满足日益增长的交通需求，要从根源上缓解城市交通供需矛盾，必须从协同土地利用及交通结构入手[1]。城市土地利用与交通系统之间的关系已经成为交通规划与管理领域的研究热点之一。

城市交通系统与土地利用之间存在复杂的互动关系。实践证明，两者的协调发展是从根源上解决城市交通问题的重要前提。通过研究城市交通系统与土地利用之间的内在联系，揭示其内在的规律，建立两者之间的互动机制和数学模型，利用有限的城市土地资源满足城市发展的需要，从而促进城市的健康、可持续发展。

土地利用一般是指城市功能范畴(如居住、工业、商业、商务以及休闲等)的空间分布或地理类型。城市交通系统与土地利用的关系是一个复杂的现象，较难用数学模型加以刻画。如图1所示，城市交通系统与土地利用相互影响、相互作用。城市交通系统的发展、可达性的提高将诱发土地利用特征发生变化，特别是将导致土地利用结构以及土地开发强度的改变；反过来，土地利用特征的改变也会对城市交通系统产生新的需求，促使其不断改进完善，促进交通设施的建设以及出行方式结构的改变，经过一段时期的演进，最终在城市交通系统与土地利用之间形成一种均衡状态。一旦整个系统环节中某一因素变化，城市交通系统与土地利用之间的均衡关系将被打破，随之进行新一轮的演化[2]。

交通系统与土地利用之间的演化过程复杂，其演化动态过程以及演化结果的描述并不能通过简单整合交通模型和土地利用模型来实现。其科学意义在于需要提出一种新的方法论实现在保证数学一致性的前提下对城市交通系统与土地利用演化进行建模，从而对城市交通系统与土地利用的协同发展提供理论支持。

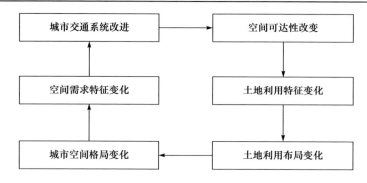

图 1　城市交通系统与土地利用的互动关系

2. 研究进展

1971 年美国交通部提出的"交通发展和土地发展"研究课题揭开了现代城市交通系统与土地利用关系理论研究的序幕。自此之后，众多学者对此进行了深入的研究并取得了一定的研究成果。

Pushkarev 等[3]定量研究了土地开发密度与公共交通系统的关系，并指出每英亩(1acre=4046.8564224m^2)7 幢住宅是否可作为发展公共交通的门槛值，当密度达到每英亩 60 幢住宅时，公共交通系统应成为该地区的主要交通方式；Cevero[4]的研究表明，提高用地密度可以有效减少机动车的拥有水平和出行距离；Waddell 等[5]运用微观模拟的方法，对土地利用与交通之间进行了敏感度分析，表明某地区土地利用特征的变化将会对车辆出行距离、出行时间以及拥堵引发的延误产生重大影响。

除上述城市土地利用与交通相互影响的实践研究外，国外学者还对城市土地利用与交通系统的关系模型进行了深入研究。例如，Putman 提出的非集计住宅分配模型 (disaggregate residential allocation model，DRAM) 和就业分配模型 (employment allocation model，EMPAL)[6,7]。之后这方面的研究蓬勃开展，主要形成五种基本模型：Lowry 模型、标准规划数学模拟方法模型、基于投入产出分析理论的多元空间模拟模型、城市经济学模型和微观模拟方法模型[8]。

随着我国城市土地利用和交通系统建设的快速发展，国内对于两者之间关系的理论体系逐渐形成。

陈峰等从我国实际出发，从模型结构和数学建模等方面阐述了适合我国国情的城市土地利用与交通系统关系模型[9]；王殿海等则从城市中观层次出发，分别从交通可达性、交通边际效用及城市土地利用混合度等方面建立了城市分区的土地利用与交通关系模型[10]。

总体而言，国内外对城市交通系统与土地利用相互关系模型的研究成果比较丰富，在一定程度上揭示了两者的相互作用机理，但仍存在如下难点。

如何合理设定以及运用模型中的内生变量和外生变量是一个难题。不合理的设定将导致数学一致问题，同时会影响城市交通系统与土地利用之间的交互关系描述以及均衡状态推算的准确性。基于均衡思想的城市交通系统与土地利用的关系模型虽然可以推算演化所达成的均衡状态，但是这类模型往往忽略了对演化过程状态的描述。有必要研究如何基于均衡模型对沿时间轴的演化过程进行建模，从而支持精细化的交通规划决策。

基于数学规划的模型，目标明确，预测能力强，应用较为广泛，但为便于求解，往往对建模条件进行大量简化，这在一定程度上降低了计算结果的可信度。同时模型往往由于涉及大量的变量和原始基础信息而限制了模型的灵活性和实用性。

国外的研究成果在我国应用存在局限性。我国关于城市交通系统与土地利用之间关系模型的研究还处于初级阶段，大部分研究还依靠国外相关的理论和方法，但我国城市土地发展特征与西方国家不同，很难直接应用国外的研究成果。

3. 主要难点

(1) 探究城市交通系统与土地利用之间互馈影响现象的内在机理。难点在于如何通过对城市交通系统与土地利用的内生外生变量进行特征分析，确立模型系统中的因果关系，从均衡理论以及博弈论出发，定义城市交通系统与土地利用的均衡状态，抓住主要互馈影响建立模型。

(2) 构建模拟城市交通系统与土地利用演化的全过程模型。难点在于如何将经济学领域的均衡理论与计算机仿真方法相结合，探索如何运用仿真方法使得模型系统通过迭代可以向均衡状态收敛。在此基础上，借助仿真方法在微观行为描述以及演化全过程描述方面的优势，建立具有良好收敛性、可模拟城市交通系统与土地利用演化的全过程模型。

(3) 城市交通系统与土地利用的交互影响以及区域运输走廊与土地利用的关系模型。难点在于如何借助结构方程等计量经济学手段对宏观统计数据进行挖掘，梳理交通运输系统与区域社会经济发展之间的相互影响，利用似然函数连接交通运输系统与土地利用中的关键要素，通过参数估计解释交通运输系统与土地利用的关系。

参 考 文 献

[1] 杨励雅. 城市交通与土地利用相互关系的基础理论与方法研究[D]. 北京: 北京交通大学, 2007.
[2] 邵春福. 交通规划原理[M]. 2版. 北京: 中国铁道出版社, 2014.

[3] Pushkarev B, Zupan J M. Public Transportation and Land Use Policy[M]. Bloomington: Indiana University Press, 1977.

[4] Cevero R. Mixed land-uses and commuting: Evidence from the American Housing Survey[J]. Transportation Research Part A: Policy and Practice, 1996, 30(5): 361–377.

[5] Waddell P, Uifarsson G F, Franklin J, et al. Incorporating land use in metropolitan transportation planning[J]. Transportation Research Part A: Policy and Practice, 2007, 41(5): 382–410.

[6] Putman S H. Integrated Urban Models[M]. London: Routledge, 1983.

[7] Putman S H. Dynamic properties of static-recursive model systems of transportation and location [J]. Environment and Planning A: Economy and Space, 1984,16(11): 1503–1519.

[8] Los M. Simultaneous optimization of land use and transportation[J]. Regional Science and Urban Economics, 1978, 8(1): 21–42.

[9] 陈峰, 阐叔愚. 土地利用与交通相互作用理论探讨[J]. 中国土地科学, 2001, 15(3): 27–30.

[10] 王殿海, 杨兆升. 城市小区土地利用与交通关系的测算方法探讨[J]. 公路交通科技, 1996, 13(3): 29–32.

撰稿人： 邵春福[1]　王殿海[2]　钟　鸣[3]

1 北京交通大学　2 浙江大学　3 武汉理工大学

审稿人： 陈学武　卫　翀

交通设计的关键问题

Key Problem of Traffic Design

1. 背景与意义

交通设计是基于城市与交通规划的理念和成果，运用交通工程学、系统工程学与工业设计基本理论和原理，以交通安全、通畅、便利、效率以及与环境和谐为目标，以交通系统的"资源"(时间、空间、投资等)为约束条件，面向现有和未来的交通系统功能、性能和系统最优化需求，对交通系统及其设施加以优化设计，寻求改善交通的最佳方案，精细与精准地确定交通系统的构成及其要素，包括对系统结构与通行权、通行时间与空间以及通行环境等的优化，指导交通设施的土木工程设计以及系统的最佳利用，具有创意、创造、优化、组合以及中微观性质[1,2]。"设计是工程建设的灵魂"，因此城市设计、建筑设计、结构设计、机械设计、系统设计以及工业设计等不断地创造更加和谐的世界。交通设计特别关注的是交通系统功能、性能和最佳化设计，不同于基于力学和材料学及装备选型的交通设施工程设计。

交通设计的难度源于：交通运输系统的高度复杂性和复杂多样的交通需求与交通系统功能、性能及系统最优关系研究的困难性；面向交通参与者(系统使用者、设计者、管理者、服务者以及决策者等)的交通运输系统构筑的创意、创造、组合与优化方法和技术的科学化及精准化，理念、规划如何转化为工程方案过程的科学化等。因此其关键问题可归纳如下：

(1) 对交通运输系统物理条件、行驶视觉环境及心理环境与综合交通流的复杂组合关系解析。

(2) 交通设计对交通通畅、安全、节能减排、文化创造及景观塑造的综合作用机制和影响机理揭示。

(3) 上位交通规划的需求及条件(慢变量)与下位交通设计和管理功能需求及服务水平(快变量)的协同理论。

(4) 交通设计方案定量综合评价与优化设计理论及方法。

2. 研究进展

交通设计的基本概念最早出现在20世纪50年代的美国[3]，21世纪初形成于我国，并得以推广应用[1,4]，且被列入我国的大学交通类专业课程[2]。交通设计上接规划、下接管理，与工业设计和工程设计强关联，贯穿交通工程学与系统工程学原理。然而交通设计的概念、技术及其应用要快于其理论和科学问题的研究与发展，特别是交通运输系统的高度复杂巨系统性及其随着高新技术和社会需求发展的与时俱进性，决定了交通设计问题的研究方兴未艾[5]。

交通设计广泛涉及城市规划与设计、交通行为学、交通规划、交通设施工程、交通管理与控制、工业设计以及系统工程等领域。从其概念的提出，经过近60年的发展，虽然在一些理论和技术乃至标准等方面取得了颇多成果。但仍存在如下问题：

(1) 设计与规划及管理缺乏协同，通常独立展开，限制了交通系统设计的科学性和系统效能的最佳发挥。

(2) 研究的问题往往相互独立或有限组合，无法应对大规模、复杂性交通系统的优化设计，难以将设施网和交通网进行耦合优化。

(3) 研究成果多以提高通行能力为主要目标，对交通系统安全性、节能减排等多目标及其协同优化设计缺乏研究。

(4) 交通设计理论体系尚未形成，特别需要深入研究考虑交通行为、高度机动化、高密度城市特征下的交通设计理论与方法。

(5) 以往评价多集中于系统运行效率指标，缺乏考虑交通参与者行为、技术适应性等多维度的综合评价理论与方法。

3. 主要难点

交通设计难点主要体现在以下方面：

(1) 交通系统物理设施与交通需求协同设计理论，即典型的物理条件与出行环境对交通系统的作用机理，交通系统状态演变与交通系统要素及其组合相互作用机理。

(2) 面向需求、目标及其问题，多阶段(规划-设计-管理)、多目标、多主体(多模式交通方式与交通流)、多功能(点、线、面、系统，走与停，快与慢等)、多设施(道路、公共交通、枢纽、停车场库等)及其综合性、系统化的交通设计方法。

(3) 交通安全设计问题，在以通畅为导向的交通设计理念上，研究交通安全过程及其影响要素最佳组合设计方法，以及交通通畅与安全协同设计方法等。

(4) 交通设计方案评价理论与方法，评价指标体系与评价信息采集、处理分析方法，多目标综合评价与优化方法等[6]。

参 考 文 献

[1] 杨晓光. 城市道路交通设计指南[M]. 北京：人民交通出版社，2003.

[2] 杨晓光, 白玉, 马万经, 等. 交通设计[M]. 北京: 人民交通出版社, 2010.
[3] Matson T M. Traffic Engineering[M]. New York: McGraw-Hill, 1955.
[4] Yang X G, et al. Traffic Design[M]. New Delhi: S.K. Kataria & Sons, 2014.
[5] 邵春福, 张旭, 等. 城市交通设计[M]. 北京: 北京交通大学出版社, 2016.
[6] 白玉, 杨晓光, 等. 中国交通工程学术研究综述——交通设计·2016[J]. 中国公路学报, 2016, 29(6): 1–161.

撰稿人：杨晓光
同济大学
审稿人：邵春福　赵　晖

多模式交通一体化优化理论

Integrated Optimization Theory of Multimodal Transportation System

1. 背景与意义

目前我国城镇化和区域经济一体化进程处于快速发展阶段，引发城市间及城市内部的交通需求急剧增长，交通系统呈现供给不足的态势。我国政府进行了大规模交通基础设施的规划与建设，在一定程度上缓解了交通供需矛盾，但公路、铁路、水运、航空等方式各自独立，分散规划、建设与运营的现状，导致各交通模式间条块分割，需要一体化协同发展。

不同的交通方式具有不同的经济特点和优势，在交通成本、能耗、国土面积占用量、投资的经济效果和社会效益等方面均不尽相同。交通系统的先期投资巨大，若仅从单一方式层面进行交通网络优化，缺乏对多模式交通网络一体化的协同考虑，必将给交通系统带来包括资源配置无协调、设施建设无统筹、功能定位无差异、交通方式无联系等在内的诸多问题，显著降低交通系统的综合运行效益。

我国致力于完善现代综合交通运输体系，建设运输服务高效一体的综合交通运输体系，构建内通外联的运输通道网络，打造一体衔接的综合交通枢纽，推动运输服务向低碳、智能、安全的方向发展。我国将加快推动多模式交通系统的建设，调整优化交通运输结构，真正实现多模式交通系统一体化，最大限度发挥多模式交通网络综合效益。

因此基于对多模式交通系统内各种交通方式特点的深刻认识，探索各种交通方式的协同与竞合关系，建立一套多模式交通系统一体化优化理论，充分发挥各种交通方式的优势，实现交通资源的优化利用，具有重要的理论意义。

(1) 推广基于数据驱动的交通研究新型模式。多模式交通系统综合了公路、铁路、水路、航空、管道五大运输方式，城市交通又涵盖私家车、公交车、地铁、自行车等多种交通方式。这些各具特征的交通网络与出行方式在时空层面构成了错综复杂的多模式交通系统，并由此产生了巨量的非标准化数据。通过构建多模式交通一体化优化理论，可以有效融合千兆级、多元异构交通宏、微观数据，实现交通数据立体更新与交通理论量化研究的融合机制，进而推动交通科学研究从经验化向基于数据驱动的逻辑整理与严密推导转变。

(2) 实现复杂网络理论与交通系统规划的交叉融合。通过对多模式交通一体化优化理论的深入探索，分析多模式交通系统的网络行为统计特性、节点复杂动力学行为特性、网络连接稀疏性以及多模式交通网络的时空演化特征。一方面实现复杂网络理论在交通系统规划理论层面的实践，形成多模式交通的一体化规划理论；另一方面，拓展复杂网络理论的广度与深度，促进复杂网络研究的进一步发展。

2. 研究进展

在交通网络的规划理论方面，国内外研究中具有代表性的是四阶段交通规划法，即交通生成、交通分布、交通方式划分、交通量分配，积累了丰硕的理论研究成果[1]，且在过去几十年的交通规划实践中得以广泛应用。但随着社会的发展、科技的进步以及交通需求的变化，传统的交通规划模型难以适应时代的变迁。

一方面，传统的交通模型是基于有限历史数据发展而来的，数据体量与类型较少，且精度不高。如今，信息采集、通信与计算机应用的发展为交通规划提供了丰富的数据基础和信息来源。近年来，基于大数据研究交通问题已成为专家和学者十分关注的方向，如提出基于海量智能卡信息(smart card)获取公交运行信息[2,3]、出行者的时空分布规律[4]、出行行为特征[5]，基于手机全球移动通信系统(global system for mobile communications, GSM)和全球定位系统(global positioning system, GPS)的多模式交通出行数据的处理与分析[6]等。然而，囿于研究的难度，尚无文献从多模式网络一体化优化的角度提出各种交通方式异质数据的标准化处理手段。

另一方面，传统的交通规划模型并未考虑多模式交通的一体化运行需求，人为将综合交通网络分割成独立的公、铁、水、航、管等单一交通网络进行规划。近年来，开始有学者对多模式交通方式的协同优化进行了探索，如多模式综合运输系统的选择行为[7]、综合枢纽对多模式交通系统一体化的影响[8]、多模式交通系统拥挤收费问题等，但尚未形成系统、完整的多模式一体化规划理论体系。

综上所述，由于现阶段缺乏多模式交通网络一体化数据的标准化处理手段、缺乏系统的一体化理论模型的支持，目前交通网络规划所依赖的基础理论主要还是传统的交通规划理论。鉴于新形势下我国社会经济快速发展对完善多模式综合运输系统理论的迫切要求，以及对建设高效、便捷、安全、一体化的多模式交通运输系统的实践需要，亟待建立一套系统的多模式交通系统规划理论。

3. 主要难点

(1) 多模式交通系统内数据的复杂性、异质性。交通数据是进行多模式交通一体化规划的重要基础，但多模式交通系统内数据的大部分是复杂且异质的非标准化数据，如何标准化、一体化地融合与处理这些数据是多模式交通一体化理论的难点所在。

(2) 面向一体化出行方式的多模式交通网络协同优化。传统交通系统优化往往从交通方式及网络自身特性出发，通过对网络的自优化组织实现单一模式网络优化，并在多模式网络的结合处设置枢纽实现网络间的一体化融合。然而这种传统的规划人为地割裂了各种交通方式与网络的联系，无法实现真正意义上的一体化优化。

(3) 多模式交通系统的评价。交通评价是多模式交通一体化优化理论的重要组成部分。传统交通评价手段主要面向单一的交通模式系统，缺乏面向多模式交通运输系统的综合评价体系。

参 考 文 献

[1] 王炜, 徐吉谦, 杨涛, 等. 城市交通规划理论及其应用[M]. 南京: 东南大学出版社, 1998.
[2] Zhao D, Wang W, Woodbum A, et al. Isolating high-priority metro and feeder bus transfers using smart card data[J]. Transportation, 2016, 44(6): 1–20.
[3] Trépanier M, Morency C, Agard B. Calculation of transit performance measures using smartcard data[J]. Public Transportation, 2009, 12(1): 79–96.
[4] Zhao J, Frumin M, Wilson N, et al. Unified estimator for excess journey time under heterogeneous passenger incidence behavior using smartcard data[J]. Transportation Research Part C: Emerging Technologies, 2013, 34(9): 70–88.
[5] Zhang F, Zhao J, Tian C, et al. Spatiotemporal segmentation of metro trips using smart card data[J]. IEEE Transactions on Vehicular Technology, 2016, 65(3): 1137–1149.
[6] Dong H, Wu M, Ding X, et al.Traffic zone division based on big data from mobile phone base stations[J]. Transportation Research Part C: Emerging Technologies, 2015, 58: 278–291.
[7] Wu D, Yin Y, Lawphongpanich S, et al. Design of more equitable congestion pricing and tradable credit schemes for multimodal transportation networks[J]. Transportation Research Part B: Methodological, 2012, 46(9): 1273–1287.
[8] 项昀, 王炜, 王昊, 等. 综合运输体系下的货运方式分担率[J]. 东南大学学报(自然科学版), 2015, 45(6): 1197–1202.

撰稿人：王 炜 王 昊

东南大学

审稿人：毛保华 贠丽芬

行人和非机动车交通系统构建问题

Pedestrian and Non-Motorized Traffic System Establishment

1. 背景与意义

我国城市经济社会高速发展带来了机动车出行需求的快速增长。城市交通系统的规划、设计和执法管理等缺位造成了交通时空资源配置失衡,产生了行人和非机动车交通出行难问题。

在美国,第二次世界大战后小汽车开始快速进入家庭,政府日益重视机动车交通,一段时期对行人和非机动车交通的投资很少。发现这个问题后,美国于1978年颁布实施《地面运输援助法》(STAA)要求每年为自行车道建设提供约2000万美元的联邦资金支持。1990年颁布实施《残疾人法》规定所有州和地方政府"必须确保残疾人不被排除在服务、建设项目(人行道和路边坡道等步行设施)和活动之外。"并编制了《无障碍指南》,为自行车和步行设施的设计提供指导。1997年颁布实施《运输效率法案》表示国家交通政策的重大转变,规定所有州和大都市区规划组织(Metropolitan Planning Organization, MPO)都必须考虑将自行车和行人设施作为其交通规划的一部分。可知,美国主要通过法律保证了行人和非机动车设施的建设。在日本,经济的高速发展、机动车保有和生活水平的提高不但没有使人们放弃步行和非机动车出行,反而伴随城市交通系统的不断建设,人们的短距离和接驳出行大部分采用步行和非机动车方式。尽管如此,在日本依然长期存在非机动车出行的路权问题,政府于2007年通过修改《道路交通法》使行人、非机动车和机动车在通行空间上分离,以保障行人和非机动车的通行权力。欧洲的大多数国家,如英国、法国、德国、丹麦、荷兰、瑞典和瑞士等国家重视行人和非机动车交通设施的建设,并通过政策鼓励市民以非机动车和步行方式出行,以减少道路交通拥堵和机动车排放,提高交通安全水平。

我国曾被誉为"自行车王国"。城市主要道路曾经按照三块板的机动车、非机动车和行人空间分离设计。然而随着20世纪90年代开始的城镇化和机动化的快速发展,非机动车行车空间被机动车侵占,人行道被机动车停车或摊贩占用,行人和非机动车的路权丧失,出行环境恶化,混合交通、交通拥堵,甚至交通混乱现象严重,步行和非机动车交通分担率连续下滑,同时机动车的过度增长和使用造成了空气质量和出行环境的严重恶化。为了遏制步行和非机动车交通发展的颓势，国家和地方政府分别制定了行动计划，如《北京市 2013—2017 年清洁空气行动计划》等。国家和地方政府清洁空气行动计划相继出台，规划设置低碳排放区，通过构建租赁自行车系统鼓励自行车出行，如杭州市、北京市等。

行人和非机动车交通系统是现代城市交通系统的重要组成部分，是城市品质的直接体现。因此，深入研究行人和非机动车驾驶人的出行行为机理和出行特性，用以指导城市交通规划、设计、建设和运营管理是我国城市交通现代化建设和新型城镇化发展的需要。

我国的城市行人和非机动车交通在城市交通中处于弱势地位。究其原因是以往的城市发展过于追求交通机动化，交通基础设施的规划、设计、建设和运营管理等在交通资源配置方面偏重机动车交通。行人和非机动车出行不安全、不方便、不舒适，导致部分出行者转向利用机动车出行。而机动车的过度使用又侵占行人和非机动车交通系统资源，形成了不利于行人和非机动车交通系统的恶性循环。破解这一难题的关键在于针对我国城市的具体情况，创建行人和非机动车的连续空间并恢复其路权，从而保障其安全、方便、舒适的出行。

2. 研究进展

与行人和非机动车交通相关的研究具有很长的历史，且在不同的国家或地区因人、环境、交通基础设施设置及政策的不同而有较大差异。

Fruin 等[1]研究了人行通道的服务水平，并给出了六级评价。1990 年 Fruin[2]又研究了行人的空间要求，并分为行人空间和心理空间，以及自由流行人速度的分布研究，成果被纳入美国道路通行能力手册(*Highway Capacity Manual*，HCM)[3]。Pushkarev 等[4]研究了行人流的速度-流量、速度-密度以及流量-密度关系模型。Mace 于 1987 年提出了通用设计(universal design)的理念，并于 1990 年给出了七项原则和三项附则。七项原则是：公平、弹性、简易直观、明显的信息、容错、省力、适当的尺寸和空间；三项附则是：可长久使用且经济、品质优良且美观、对人体及环境无害[5]。

在国内相关研究中，李伟[6]提出了行人、自行车及机动车交通的时空分离设计理念，主持编制了《城市道路空间规划设计规范》(DB 11/1116—2014)。Chen 等[7]研究了行人和自行车通过信号交叉口的交通行为，给出了对通行能力影响的测算模型。曹守华等[8]从乘客感知的视角研究了城市轨道交通通道服务水平。李得伟等[9]针对轨道交通车站研究了行人在站前行人街、站前广场、进出口、水平通道、楼扶梯、检票闸机及站台等处的微观交通特性。

3. 主要难点

行人和非机动车驾驶人的行为因其所属家庭、所受教育、所处环境和年龄等不同而有各自的特点，因人而异的性质给研究和交通系统设计带来了难度，难点如下：

(1) 行人的忍耐极限和从众心理研究。"中国式过马路"是近年我国城市道路交通中出现的一种现象。由于在道路资源配置和运营管理中过于优先考虑机动车交通，行人和非机动车的通行权受到了侵害，以至于超出了忍耐限度。因此需要从交通心理学视角研究我国的行人和非机动车驾驶人的交通行为和忍耐极限，并在城市交通系统设计和管理中消除从众心理，创造良好的交通秩序。

(2) 如何处理机动车停车与行人和非机动车路权的矛盾。机动车停车占用是目前行人和非机动车交通的首要问题。理论上，机动车停车不应占用行人和非机动车空间，但短时间难以解决城市停车设施严重缺乏的现状，因此如何化解停车与行人和非机动车交通之间的矛盾，需要深入研究。

(3) 行人和非机动车交通的宏观交通流参数研究。Pushkarev 等[5]研究提出了行人交通流的速度-流量、速度-密度及流量-密度等宏观特性，但是没有给出非机动车交通流的宏观特性，我国至今没有根据具体国情给出一个具有高认可度的非机动车交通流宏观特性。

(4) 行人和非机动车交通系统的安全性研究。相对于机动车，行人和非机动车驾驶人是交通系统中的弱势群体，因此保证他们的空间和安全是首要问题。与机动车的空间隔离，行人与非机动车之间的空间隔离，方便行人和非机动车的交通建设(如专用车道、专用信号等)，以及与机动车交通的协同建设(如单向交通、交通宁静化等)，是实现行人和非机动车交通系统安全的关键。

(5) 行人和非机动车交通友好型城市与多模式交通协同建设。设置保障行人和非机动车少绕行、少等待的道路设施是建设交通友好型城市的根本之一，因此窄道路、高密度、小街区的城市建设，小路口、短过街距离、二次过街的交通建设，行人和非机动车与公共交通的友好型接驳换乘体系建设等是行人和非机动车交通友好型城市与多模式交通协同建设的核心。

(6) 行人和非机动车交通系统空间连续性研究。行人和非机动车交通系统中，行人和非机动车驾驶人从任何一点出发到目的地之间空间连续性的保持是难题之一，因为城市中，行人和非机动车交通系统作为城市交通系统的子系统之一，牵涉的子系统繁多，设计和施工的部门不同，时间各异。此外，交通基础设施的改扩建也容易损坏空间连续性。基于以行人和非机动车交通系统为主导的交通基础设施建设、信息系统建设、信息共享和标准化建设是进行行人和非机动车交通系统空间连续性研究的关键。

(7) 行人和非机动车交通系统的景观舒适性研究。为了给行人和非机动车交通系统利用者提供良好的环境，吸引更多的人使用，需要强化道路绿化的健康生态、景观功能和舒适性，需要提供街区导向服务设施以提高便利性。此外，需要与区域人文景观和自然景观结合，给利用者一种愉悦的感受。再者，如何处理好市民的林荫需求与交通安全之间的矛盾，如何确定休息座椅的规模和布局，将地方文化、自然、水系等特色引入步行和非机动车交通系统建设也是重要问题之一。

参 考 文 献

[1] Fruin J J, Strakosch G R. Pedestrian Planning and Design[M]. New York: Metropolitan Association of Urban Designers and Environmental Planners, 1987.
[2] Fruin J. Pedestrian Planning and Design[M]. Louisville: Elevator World, 1990.
[3] 美国交通研究委员会. 道路通行能力手册[M]. 任福田, 刘小明, 荣建, 等译. 北京: 人民交通出版社, 2007.
[4] Pushkarev B, Zupan J M. Urban Space for Pedestrian[M]. Cambridge: MIT Press, 1975.
[5] 邵春福, 张旭. 城市交通设计[M]. 北京: 北京交通大学出版社, 2016.
[6] 李伟. 行人和自行车交通规划与实践[M]. 北京: 知识出版社, 2009.
[7] Chen X M, Shao C F, Yue H. Influence of pedestrian traffic on capacity of right-turning movements at signalized intersections[J]. Transportation Research Record: Journal of Transportation Research Board, 2008, (2073): 114–124.
[8] 曹守华, 袁振洲, 张弛清, 等. 基于乘客感知的城市轨道交通通道服务水平划分[J]. 交通运输系统工程与信息, 2009, 9(2): 99–104.
[9] 李得伟, 韩宝明. 行人交通[M]. 北京: 人民交通出版社, 2011.

撰稿人：邵春福[1]　陈艳艳[2]　李　伟[3]
1 北京交通大学　2 北京工业大学　3 北京市城市规划设计研究院
审稿人：岳　昊　卫　翀

城市交通拥堵机理

Mechanism of Urban Traffic Congestion

1. 背景与意义

城市交通系统是承载社会经济活动的基本构件，是经济繁荣、有序和高速发展的支撑。伴随现代城市快速发展而日益严重的交通问题，严重影响城市的经济建设和运行效率，给人们工作和生活带来了种种不便与危害，成为制约城市可持续发展的主要瓶颈。城市交通拥堵是一系列交通问题的突出表现，缓解和预防交通拥堵是我国城市发展的当务之急。

我国一些大城市投入巨资修建道路、控制车辆及其行驶方式，来寻求交通拥堵的破解之法。然而交通拥堵"病情"不仅毫无缓解，还雪上加霜，甚至"路通到哪，车堵到哪"的怪象不时出现。"到底路堵车，还是车堵路"的交通迷局，让人百思难得其解。城市交通拥堵产生有着深层次的原因，治理拥堵的关键在于全面深入地研究交通需求和交通流的形成机理，探明交通瓶颈的生成和传播过程，寻找交通拥堵的内在根源并揭示其演化规律，认识未来城市交通需求和交通网络的演化趋势，为制定科学的城市交通规划、建立先进的智能化城市交通系统以及发展有效的交通管理控制策略和技术奠定坚实的理论基础。

交通科学是研究交通系统运行基本规律的科学。具体地讲，就是采用科学的方法来理解、分析和优化交通行为，包括观察交通现象、进行理论分析，进而从整体上调控车辆与行人的时空分布，缓解和预防交通拥堵，以期最大限度地利用现有交通资源，并为交通规划和建设提供科学依据。

城市交通系统涉及人、车、道路及管理控制系统等诸多因素，千差万别的微观个体在有限的时间和空间上出行聚集，由此涌现出的交通行为和宏观现象复杂多样。交通需求与交通供给不平衡是各种交通拥堵瓶颈产生和演变的根源所在。城市交通拥堵机理分析，就是在交通行为分析和瓶颈识别的基础上，针对城市交通系统开展系统深入的理论和应用基础研究，重点聚焦交通供需平衡、道路交通流、网络交通流以及交通网络复杂性等方面进行原理性和方法性探索，从而揭示城市交通拥堵的形成机理与演变规律[1]。交通拥堵机理的深入理解对路网规划、拥挤管控措施构建以及整个交通系统的平稳发展具有重要意义。

2. 研究进展

城市交通拥堵的主要影响因素包括城市交通基础设施供给水平、交通需求特性、交通管理水平和交通参与者的交通行为等。交通拥堵的根本原因是交通供给与交通需求不平衡的矛盾，其诱发原因多样，如临时修路、交通事故、恶劣天气等引起的交通流运行状态失稳，道路通行能力严重不足等产生的永久能力瓶颈等。缓解交通拥堵主要从以下两方面展开：一是从交通基础设施供给水平展开；二是从城市形态、土地利用模式以及出行选择行为决定的交通需求特性入手。城市形态和土地利用模式直接决定交通基础设施的供给水平和城市居民就业居住的空间分布，交通需求受网络条件限制，其分布特性及内生的出行效用反过来也会影响和改变城市土地利用性质和城市形态。由于土地利用和交通系统的紧密联系，国内外学者一致认为交通规划理论必须跟土地利用模型整合起来才能做出合理的交通规划决策，也才能从根源上预防和缓解城市交通拥堵的产生[2,3]。

研究局部交通拥堵演变为网络性拥堵的形成机理，以及其进一步大范围传播的条件和基本规律，进而分析路网拓扑结构、瓶颈通行能力以及随机波动等因素在网络上对交通拥堵传播的影响，是城市交通拥堵机理分析的基础性工作。目前已有研究从静态和动态不同层面提出了路网交通拥堵瓶颈的识别方法，构建了能够描述交通拥堵形成及在路网上传播与消散的数学模型[4~7]。

3. 主要难点

(1) 网络交通流的形成机理和演变过程不是道路交通流微观特征的简单叠加，更多地涉及人的出行行为，是巨量、离散、有限理性智能体在时空资源不充分条件下，在一定的管理控制措施干预下的非合作博弈过程。复杂的交通行为受信息、价值观、判断准确性以及理性程度的综合影响。城市交通问题除了涉及人、车、路、环境四者之间的关系，还与政策、法规、管理和控制等密切相关，使得交通运行规律(特别是交通拥堵的产生机理和传播特性)极其复杂。当前的新型城镇化发展规划对城市交通系统的建设和运行提出了新的要求，先进的信息科技发展(如自动驾驶、大数据、车联网)也将对道路交通流和网络交通流产生新的影响。因此在土地利用形态变化、多种管理手段叠加、拥堵规律描述的实时动态要求以及大型网络的交通流量演化过程复杂等情况下，需要从不同角度深入理解交通拥堵的产生机理及演化过程。首先，需要分析影响交通拥堵产生的出行行为规律，包括在不同土地利用形态、不同管理水平、出行者个体差异和道路服务条件下的行为演化特点。其次，对交通服务供给与需求匹配程度进行识别，特别是能动态掌握供需不平衡的结构特点与变化规律。最后，建立能够符合实际的合理描述交通网络拥堵形成、传播和消散的模型系统。

(2) 城市交通拥堵机理的分析和研究需要综合运用行为科学、力学、统计学、系统科学、管理科学、交通工程学和信息科学等多学科交叉知识，用数理模型刻画人的出行决策、车辆的运行状态、系统的时空与结构复杂性特征，探索各种交通流状态的形成机理，揭示交通流的演变轨迹。这样才能揭示城市交通拥堵的形成机理与传播特性，从本质上解释城市交通拥堵在网络范围内发生的根本原因，进而提出缓解和预防我国城市交通拥堵的基本理论、方法与策略。

参 考 文 献

[1] 陆化普. 城市交通拥堵机理分析与对策体系[J]. 综合运输, 2014, 3: 10–19.

[2] Ma X, Lo H K. Modeling transport management and land use over time[J]. Transportation Research Part B: Methodological, 2012, 46(6): 687–709.

[3] Yim K K W, Wong S C, Chen A, et al. A reliability-based land use and transportation optimization model[J]. Transportation Research Part C: Emerging Technologies, 2011, 19(2): 351–362.

[4] 高自友, 龙建成, 李新刚. 城市交通拥堵传播规律与消散控制策略研究[J]. 上海理工大学学报, 2011, 33(6): 701–708.

[5] Wright C, Roberg P. The conceptual structure of traffic jams[J]. Transport Policy, 1998, 5(1): 23–35.

[6] Long J C, Huang H J, Gao Z Y, et al. An intersection-movement-based dynamic user optimal route choice problem[J]. Operations Research, 2013, 61(5): 1134–1147.

[7] 张国伍. 大城市交通拥堵瓶颈相关基础科学问题研究——"交通 7+1 论坛"第九次会议纪实[J]. 交通运输系统工程与信息, 2008, 8(1): 3–10.

撰稿人：黄海军[1]　高自友[2]　孙会君[2]
1 北京航空航天大学　2 北京交通大学
审稿人：史其信　姚向明

信号、标志、标识与人机功效关系问题

Ergonomics Related to Traffic Signals, Markings and Signs

1. 背景与意义

人机交互是指用户与系统之间使用某种对话语言，以一定的交互方式，为完成确定任务的用户与系统之间的信息交换过程，而人机功效是将人、对象、环境之间的相互关系、协调性和人性化联系起来，反映的是人机交互关系所产生的效果。应用到道路交通领域，人是指驾驶人，机是指交通设施设备和驾驶人操作的车辆，从而构成了"驾驶人-交通设施设备-车辆"人机系统，人机功效反映的则是驾驶人与交通设施设备之间的交互作用效果。

交通信号灯是指设置在道路交叉口引导交通通行的灯光设备，对车辆和行人实行或停或行交替的继续式指挥疏导，在时间和空间上给交通流分配通行权。交通标志、标识是用图案、符号、数字和文字对交通进行导向、限制、警告或者指示的交通设施，一般设置在路侧或道路上方。

在交通系统中，驾驶人与交通信号、标志、标识之间存在密切的交互作用，驾驶人通过实时观察道路情况以及交通信号标志的提示信息，变换行车速度、路线等，从而安全、顺畅地行驶。在"驾驶人-交通设施设备-车辆"人机系统中，交通信号、标志、标识的人机功效表征的是驾驶人和交通信号、标志、标识之间信息的接收、加工、处理任务完成的效率，对应于驾驶人发现信号、标志、标识，读取信息、决策、采取合理驾驶操作行为过程。

交通标志、标识设置的最终目的是满足驾驶人对于交通信息的需求，使驾驶人对标志和标识信息进行有效的认知和处理[1](图1)，帮助他们进行驾驶操作等。成功的交通标志包含交通标志布设、交通标志版面、交通标志结构设置。其中布设和版面是影响人机功效的关键。布设是指交通标志的布置，解决在何处布置交通标志以及交通标志采用什么具体内容的问题。版面是对交通标志的具体外观特征进行设计，包括外观尺寸、颜色、图案的形式、文字的大小、位置及相互关系等，解决如何保证交通标志被正确识别和理解的问题[2]。交通信号设置影响人机功效的关键问题在于合适相位方案的选择，信号相位方案和次序直接影响交叉口交通流运行的安全性，以及为机动车、非机动车和行人运行所提供的通行能力[1]。

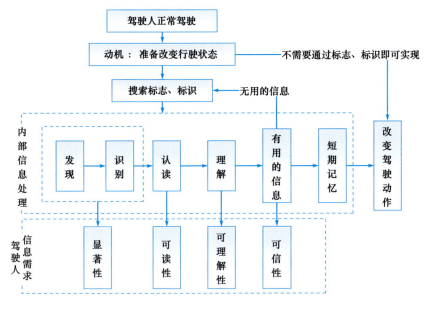

图 1 驾驶人对标志、标识信息处理流程

2. 研究进展

国内外众多学者对交通信号的人机功效研究主要集中在黄灯期间的驾驶行为研究。钱红波等[3]通过问卷调查发现 36.1% 的驾驶人在黄灯期间会选择减速通过停止线，42.6%的驾驶人选择加速通过，仅有 21.2% 的驾驶人选择停车等候。孙志强等[4]根据黄灯亮启时的车速和位置，提出了进退两难、减速停车、匀速通过和加速通过等 4 种状态，并根据驾驶人技术和性格构建了驾驶人反应行为模型。高铁军[5]认为倒计时会对驾驶行为决策产生通行安全等方面的负面影响。

世界各国对交通标志、标识应用的研究，大部分是从驾驶人的驾驶行为、交通标志的物理特性等方面分别研究，很少将道路系统中人、标志或标识、车辆、环境综合考虑，并结合人机工程学理论分析人机功效关系。在研究中各种学科相互交错、互相渗透，很多学者开始通过结合脑电、眼动、心率等设备对相关设计进行系统的人机功效实验，利用驾驶行为、眼动规律、脑电特征、心率变化等多维数据交互有效反应驾驶人对标志、标识、信号的内在认知过程和信息处理过程，将相关设计的人机功效定量化。

3. 主要难点

(1) 如何协调"保证标志统一性"和"具体情况标志设置"。

提高标志、标识的显著性，使其能成功被驾驶人发现和识别是实现人机交互的首要前提，而标志、标识的颜色和尺寸是影响标志显著性的关键要素。标志颜色与背景有一定的对比度时，人眼才能把标志从其所处的背景环境中迅速识别出来，而各国标准为实现标志的统一性对标志底色进行了明确规定，使得在某些特殊道路环境下，标志的显著性受到严重影响。如标志底色为黄色的警告标志在沙漠公路上，由于黄色的沙漠背景而不易被驾驶人发现[6]。我国文字类交通标志尺寸设置主要依据文字高度算法及标志牌版面尺寸算法计算，但是该算法是以驾驶人对单个汉字的视认时间为基础的，难以兼顾多文字标志信息特性及复杂的行车环境[7]。简单的套用标准来设置交通标志尺寸存在很多技术缺陷，对驾驶人识读标志造成了严重影响。因此，"保证标志统一性"和"具体情况标志设置"之间的协调是标志设置面临的一大难题。

(2) 如何确定信息量以保证标志、标识的可读性。

随着标志信息量的增加，驾驶人对标志的认知时间会不断增加[8]，但在实际的行驶中，驾驶人的识别时间有限，不能长时间关注某个交通标志进行详细的信息识别，因此每个交通标志包含的信息量需要有所限制，避免信息量超过驾驶资源的容量而导致驾驶人对信息的忽略或困惑。然而目前信息量对驾驶人产生负荷的阈值大小及对应的极限信息量大小未知，仍然需要通过大量的试验来确定[9]。

(3) 如何对信号、标志、标识进行优化设计以提高理解性。

交通标志"道路语言功能"的成功发挥很大程度上取决于驾驶人是否能够正确理解交通标志，而标志图案的差异对其可理解性影响较大[2]。如果交通标志、标识的图符设计不能很好地被道路使用者所理解，会影响驾驶人的决策和驾驶行为，甚至导致严重的安全隐患[10]。交通信号显示的统一、连续性可使驾驶人期望达到最大化，如果相同道路和交通条件的两个交叉口的信号显示方式不同，将会导致驾驶人较长的反应时间，最终判断失误。

(4) 如何考虑过渡信号以平衡安全与效率。

过渡信号存在于通行权信号转换的过程中，起到灯色变化的预示和警示作用，对交通安全和通行效率以及驾驶人的驾驶行为产生影响。"黄灯"是信号过渡的核心，其次还有"绿闪"和"倒计时"等不同的过渡方式。驾驶人在黄灯期间的选择过程如图2所示，在复杂的交通系统中，驾驶人在红灯开始阶段的侥幸闯红灯、绿灯结束前的加速、黄灯或者绿灯闪烁期间的犹豫，致使在进道区内形成了黄灯困境区这一法律与人类因素不协调的科学难题。在困境区内，驾驶人往往不得不冒着闯红灯的风险继续行驶,而如果强行刹车将冒更大的风险,造成无意闯红灯现象[11]。而全红时间的使用能够减少交通事故,但会形成一段行车损失时间,降低通行能力和服务水平。因此信号过渡时的安全和效率在本质上具有一定的矛盾,如何对两者进行平衡,在保证驾驶安全的同时提高通行效率是需要解决的一项关键科学问题。

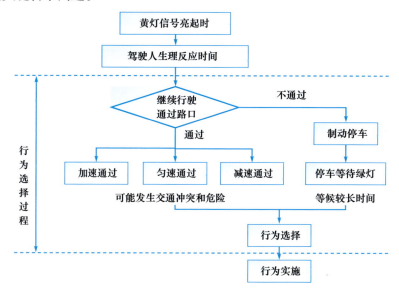

图 2　信号灯交叉口驾驶行为选择决策过程

(5) 如何利用智能交通系统(intelligent transportation system,ITS)等先进技术辅助驾驶以提高人机功效。

人是人机交互系统中的主导因素,在实际驾驶中,由于标志信号设计本身存在的不足、道路环境、车辆速度、照明、交通量、驾驶人对标志信号的了解情况、驾驶人的反应时间等诸多因素的影响,驾驶人往往不能正确处理信息并做出适当决策。随着智能交通系统、射频识别系统、车联网系统等的兴起,如何克服恶劣天气状况、道路状况等复杂因素影响,利用大数据、机器视觉与模式识别、车载预警等先进科学技术手段设计出具有很好实时性、鲁棒性的辅助驾驶系统是当前的一大关键科学问题。

参 考 文 献

[1] 陆键, 张国强, 项乔君, 等. 公路平面交叉口交通安全设计指南[M]. 北京: 科学出版社, 2009.
[2] 狄胜德, 杨曼娟, 唐玎玎, 等. 中国驾驶员对联合国《道路标志与信号公约》图形类标志理

解情况的调查研究[J]. 中外公路, 2010, (6): 241-245.
[3] 钱红波, 韩皓. 机动车绿灯倒计时对交叉口交通安全的影响研究[J]. 中国安全科学学报, 2010, 19(3): 16-20.
[4] 孙志强, 杨建国, 王忠民, 等. 混杂交通微观仿真中驾驶员对黄信号灯的反应行为模型[J]. 西安交通大学学报, 2004, 38(12): 1260-1263.
[5] 高铁军. 城市信控交叉口的过渡信号研究[D]. 北京: 北京交通大学, 2008.
[6] 唐铮铮, 侯德藻, 姜明, 等. 道路交通标志和标线手册[M]. 北京: 人民交通出版社, 2009.
[7] 史博, 王晓玉, 李晓龙. 基于驾驶员视认特性的高速公路作业区文字类交通标志尺寸研究[J]. 公路交通科技: 应用技术版, 2016, (3): 345-349.
[8] Metz B, Krüger H P. Do supplementary signs distract the driver[J]. Transportation Research Part F: Traffic Psychology and Behaviour, 2014, 23(23): 1-14.
[9] Lerner N D, Llaneras R E, Mcgee H W, et al.. Additional investigations on driver information overload[R]. Washingto DC: Transportation Research Board, 2003.
[10] 郭瑞利. 基于理解性的道路交通标志优化设计方法研究[D]. 北京: 北京工业大学, 2012.
[11] Pant P D, Cheng Y, Rajagopal A, et al. Field testing and implementation of dilemma zone protection and signal coordination at closely-spaced high-speed intersections[J]. Encyclopedia of Quality of Life and Well-Being Research, 2005, 4(4): 206-207.

撰稿人：闫学东

北京交通大学

审稿人：史其信　赵　晖

集装箱码头空间布局问题

Spatial Distribution and Layout of Container Terminal

1. 背景与意义

集装箱运输是最重要的国内外贸易运输方式，是近30年来运输总量最高、份额增长最快的运输方式。集装箱码头是集装箱运输系统中海运与陆运的分界面和衔接点，其选址、空间分布、规模、功能定位与平面布置等决定着贸易运输系统的效率、服务水平、投资回报、对社会经济的服务与促进效果[1]。因此集装箱码头的空间布局与平面布置主要涉及贸易运输系统优化和社会经济发展两方面的科学问题。

贸易(尤其是外贸)运输系统优化不仅决定着建设投资的投入产出率，而且决定着运输需求和运输供给的均衡状态是否处于社会福利最大状态，还决定着运输系统对社会经济发展的促进和推动作用[2,3]。在系统最优原则下，确定一个区域内需要建设的集装箱码头的数量、空间位置、各集装箱码头的规模和功能定位，以及具体落实一个集装箱码头功能的平面布置，对区域社会发展、码头运营商、集装箱货主等具有重要的理论意义和实用价值。

2. 研究进展

针对集装箱码头的研究主要集中在码头整体功能定位与规模确定、集装箱码头各功能板块的规模匹配、功能板块平面布置三个方面。

(1) 码头整体功能定位与规模确定是宏观层面的科学问题。集装箱码头不是独立存在的，通常一个区域内会有多个集装箱码头，他们构成集装箱码头集群。这些集装箱码头既相互竞争又相互协作，共同完成多码头区域货物(或人员)的对外运输任务[4]。优化集装箱码头空间分布和平面布置时，首先要确定单个码头在整个被服务地区的功能、作用和规模。尽管很多时候这些问题被认为是宏观规划层面的问题，但实际上在优化码头方案时这些问题更加重要，因为规划确定的各集装箱码头的功能和规模往往是粗线条的纲领性指导指标。因此，在方案制定阶段需在宏观规划内容的基础上，用动态集装箱码头腹地划分理论、博弈理论等理论方法，结合市场经济环境，确定集装箱码头的规模大小和功能结构[5]。

(2) 集装箱码头各功能板块的规模匹配问题。集装箱码头是由多个功能分区构成的，如港口周边的外堆场、码头办公区、码头闸口区、码头内堆场、岸线泊位区、码头内部道路与铁路、港口航道、锚地。多个功能板块构成集装箱码头的生产系统，系统的通过能力和生产效率是由各功能板块的能力、效率尤其是各板块之间的能力匹配所决定的。过去采用"自上而下"的顺序，根据集装箱码头核心功能区(如集装箱码头的岸线泊位)的规模能力来确定其他功能分区(如堆场、闸口等)的规模与能力。例如，根据泊位数量确定岸桥的数量、码头堆场的面积、场桥的数量、内集卡的数量、闸口的能力等。但是随着所有功能分区和生产设备全部在线可视，很多时候生产作业的安排不再是"自上而下"执行，而是多环节多分区多通道交互实施，因此"自上而下"的功能分区的规模匹配方法面临着挑战，需要在多环节或多分区同时交互的环境下研究功能分区的规模确定问题[6,7]。

(3) 功能板块的平面布置问题。近年来，集装箱码头的规模越来越大，这意味着集装箱码头的占地面积越来越大，内部各功能区之间的交流与沟通的距离越来越长。因此根据集装箱码头用地的总体形状等自然特点，合理布置各功能分区是优化集装箱码头方案所面临的主要任务。实际上，目前集装箱码头优化的主要工作是平面布置，例如，确定岸线的分段与分区；确定岸线与航道的空间关系；确定码头堆场与岸线的空间关系，确定闸口的位置；确定办公区的位置；确定集装箱码头内道路的等级匹配等。目前一般采用系统布置设计的方法来优化集装箱码头的平面布置，但随着集装箱码头规模和形式复杂化，系统布置设计方法变得越来越难以应对。因此有必要提出新的土地利用模型来优化集装箱码头的平面布置。

3. 主要难点

(1) 在规划集装箱码头的功能定位与规模时，综合考虑集装箱码头集群中待建集装箱码头与其他已有集装箱码头的竞合关系，找出 Nash 均衡状态下待建集装箱码头可能获得的市场份额[8]，再确定该待建集装箱码头的规模大小和功能地位。

(2) 在信息技术日益发达且全面普及的时代，重新计量集装箱码头不同功能板块之间的规模能力匹配率是优化集装箱码头方案面临的最重要的问题。

(3) 集装箱码头大多位于大城市周边的关键节点上，随着大城市交通问题的日益突出，交通拥堵越来越严重，而进出集装箱码头的卡车流量又十分巨大[9]。因此如何做好集装箱码头内外道路的衔接，即保证集装箱码头交通不影响城市交通，又使进出集装箱码头的车辆能够通畅运行是集装箱码头面临的关键问题。针对这个问题需要使用微观交通流仿真的方法进行精细化的优化设计。

参 考 文 献

[1] 杨忠振, 郭利泉. 中国对外贸易的海运可达性评价[J]. 经济地理, 2016, 36(1): 97–104.

[2] Bottasso A, Conti M, Ferrari C, et al. The impact of port throughput on local employment: Evidence from a panel of European regions[J]. Transport Policy, 2013, 27: 32–38.

[3] Dekker S, Verhaeghe R, Wiegmans B. Economically-efficient port expansion strategies: An optimal control approach[J]. Transportation Research Part E: Logistics and Transportation Review, 2011, 47(2): 204–215.

[4] Luo M F, Liu L, Gao F. Post-entry container port capacity expansion[J]. Transportation Research Part B: Methodological, 2012, 46(1): 120–138.

[5] Ishii M, Lee P T W, Tezuka K, et al. A game theoretical analysis of port competition[J]. Transportation Research Part E: Logistics and Transportation Review, 2013, 49(1): 92–106.

[6] 曾庆成, 张笑菊, 张倩. 内外集卡协同服务的码头集卡预约优化模型[J]. 交通运输工程学报, 2016, 16(1): 115–122.

[7] 曾庆成, 冯媛君, 度盼. 面向干支线船舶衔接的集装箱码头泊位分配模型[J]. 系统工程理论与实践, 2016, 36(1): 154–163.

[8] Anderson C M, Park Y A, Chang Y T, et al. A game-theoretic analysis of competition among container port hubs: The case of Busan and Shanghai[J]. Maritime Policy and Management, 2008, 35(1): 5–26.

[9] 杨忠振, 程健南. 基于出口箱随机到达码头的车船直取装船作业优化[J]. 大连海事大学学报, 2016, 42(4): 97–104.

撰稿人：杨忠振

大连海事大学

审稿人：郭子坚　王　力

铁路车站站场布局优化问题

The Problem on Layout Optimization of Railway Station Yard

1. 背景与意义

车站是铁路网络中的节点，是铁路运输的基本生产单位，对于完成客货运输任务，保障社会物资流通，组织列车安全运行和保证路网必要的通过能力发挥着极其重要的作用。

各个车站的基本功能和定位在铁路的规划之初就已经确定，每一个车站的配置与布局需执行相应的规范、规则及政策文件，并经过前期规划、复核、审查、评审等多道程序，故车站的最初配置与布局成果都符合相关规定且满足其基本功能，但这并不代表配置与布局成果是优秀的，规划中，一个局部问题考虑不周全，就会影响全站乃至全线的运营效率，影响车站整体功能的发挥。检验车站配置与布局优劣的标准：一是工程投入；二是运营使用；三是与当地社会经济发展的契合；四是适当的发展条件。除了第一条，其余都在车站建成后或通过较长时期才能体现出来。车站建成后改造不易，这就使得在满足车站基本功能以及设计规范的前提下对车站进行优化布局、提高规划质量显得尤为重要，既要用最低的成本达到最高的效益，也要为车站运营与发展创造良好的条件。

对车站的配置与布局来说，关键环节包括确定规模、确定站型方案、进行平面细部布局(咽喉区布置、股道布置、配套客货运设施的布局)以及纵断面设计等(图1)，且每个环节之间并不是孤立的，而是环环相扣、相互影响的有机整体。虽然在设计规范上对规模、站型选择、平面布局以及纵断面布局等都有相应规范要求或指导性原则规定，但随着社会经济以及交通路网的进一步建设发展，新问题也将越来越多，在这种情况下，不能用传统的观念、方式硬搬照套，而应该从未来的运营组织需求出发，站在使用者与管理者的角度，使交付的配置与布局成果规模适当、站型合理、平面布局与纵断面布局最优。

如何在规划阶段评定一个车站的布局是否合理，是否还有进一步优化的空间，并明确优化的重点与方向，目前更多的是凭借定性分析以及经验进行判定。而车站实际上是一个复杂的系统、有机的整体，并与路网协调一致，故对铁路车站的布局优化问题牵涉各个局部(咽喉、车场、客货运设施衔接以及纵断面等)、局部与局部之间、局部与整体的关系,并且受外部因素(如地理环境等)制约,有时并不能使车站布局各方面皆最优,而是要有所取舍,故对车站的布局优化是一个多层次、多要素的优化问题。如何科学准确地评定布局成果,并进行针对性的优化布局,使得车站功能与效率、效益兼顾,仍是规划设计从业人员面临的重大难题。

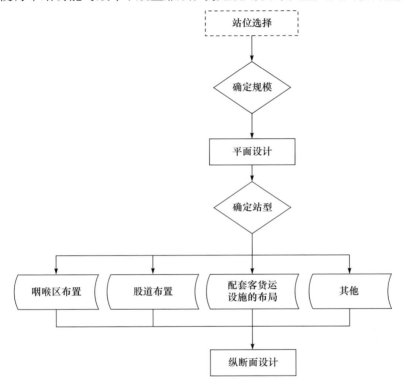

图 1 车站设施配置与布局关键环节

2. 研究进展

1) 利用层次分析法对车站方案进行评价比选

层次分析法是一种定性与定量相结合的决策分析方法,立足于车站布局方案整体,将影响车站方案的因素与对应的评价指标分解为若干层次,在各因素之间进行简单的比较和计算,就可以得出不同方案的权重,为最佳方案的选择提供依据[1]。该方法在选择比较因子以及对比较因子赋予权重时,存在主观性,且立足于方案的整体比选,忽略车站布局细部,具有较大的局限性。

2) 对特定车站类型的局部布局优化研究

通过大量的项目实践,并对运营后的车站进行设计跟踪,采纳运营部门的意见,在设计中不断总结经验,改进设计思路,形成了一系列对特定性质车站的细节设计优化成果，如对双向系统编组站无改编折角列车径路的优化设计[2]，对铁路客运专线有第三方向接轨的中间站平面布置优化设计[3]，对铁路中小站站坪平纵断面的优化设计[4]等。在设计之初，对这些优化分析成果在条件相同或相近时直接运用，使得车站设计较为合理，但车站设计往往受区间线路、桥隧工点以及地理环境等因素制约，并不能千篇一律地照搬，且局部最优并不代表整体最优。

3) 计算机仿真方法

在铁路运输系统仿真方面，早在20世纪60年代初国外学者就已将系统仿真理论方法引入了车站能力利用研究中，并取得了很多重要的研究成果，发展到目前已经出现一些专门针对铁路车站作业仿真的高水平商业化仿真软件。其中比较成熟的有瑞典皇家技术学院的 OpenTrack 轨道交通仿真软件、斯洛伐克 Zilina 大学的 Villon 铁路仿真软件等[5]。我国相关的研究也早已展开，但还没有研发出较为完善的商业化自主仿真软件[6]。

目前规划阶段应用计算机仿真方法主要体现在对列车实际作业过程进行仿真以及对车站能力进行检算方面。通过仿真分析车站接发车能力，确定车站设置到发线数量是否满足要求，通过仿真分析大型站场咽喉区道岔布置，确定道岔排列的合理性，全面掌握车站到发线、道岔、其他站线等设备的占用情况，从而分析相关固定设备的能力利用及相互间的匹配，寻找车站能力的薄弱环节，为设计人员对车站方案进行针对性的优化布局提供依据[7]。

3. 主要难点

(1) 评估指标体系的建立及实践。车站优化布局，首先要建立一套车站布局方案评估指标体系，对初始的布局方案进行分析评估，辅助设计人员进行优化，以确定布局质量与适应性。但影响车站布局的因素众多，根据车站性质与功能不同，其偏重点也有差异，不同规划阶段对布局方案的关注重心也不相同。故评价指标体系可分层次(阶段)、分车站性质建立。在不注重车站细节布局的预可、可研阶段，通过对相应指标定性与定量分析相结合的方法确定方案优劣，进行方案比选，在注重车站细部布局的初设与施工图阶段，应通过量化指标进行布局评估，指导优化布局。

(2) 离散性指标体系的有机统一。车站布局评价指标体系除了包含传统的各设备配置情况的分析指标，还应与运营相结合，将运营后的评估尽可能前置，为实际运营创造便利，如考虑与能耗、安全、旅客舒适性(客运站)、便捷度(人流、物流等)等相关的指标。在评价分析时，如何突破离散指标的局限性，建立指标之间相互制约、相互影响的约束关系，达到有机整体，探索形成更为有效的车站布局评估体系。

(3) 计算机仿真评估系统的研发。在指标体系建立后,最佳的评估方式就是利用计算机仿真进行动态评估。目前国外成熟的仿真软件各有侧重点,在利用时具有一定的局限性,国内科研院所也进行了相关研究,储备了一定的技术实力,但要开发一整套基于我国铁路特点与标准的能够商业应用的计算机仿真系统,并指导车站优化布局,仍是一项十分艰巨的任务,结合指标体系的建立,可分阶段、分子系统建立仿真平台,最终形成综合仿真系统。

参 考 文 献

[1] 张乐诚. 层次分析法在铁路车站方案评价比选中的应用[J]. 科技创新导报, 2008, (16): 155–156.
[2] 丁亮. 对双向系统编组站无改编折角列车径路的分析[J]. 铁道经济研究, 2012, 110(6): 16–19.
[3] 丁亮. 对铁路客运专线有第三方向接轨的中间站平面布置图型的分析[J]. 铁道经济研究, 2014, 117(1): 12–15.
[4] 丁亮. 对铁路中小站站坪平纵断面设计的细节问题分析[J]. 铁道经济研究, 2013, 115(5): 30–34.
[5] 鲁工圆. 铁路车站作业系统仿真技术研究[D]. 成都: 西南交通大学, 2008.
[6] 张晋. 客运专线客运站站场设计方案评估指标体系研究[D]. 成都: 西南交通大学, 2009.
[7] 魏然, 高小珣, 周浪雅. 基于 OpenTrack 软件的列车技术作业过程仿真研究[J]. 铁道运输与经济, 2013, 35(5): 25–29.

撰稿人:魏方华 黄 超 李明炜
中铁第一勘察设计院集团有限公司
审稿人:徐瑞华 王志美

机场飞行区交通规划的问题

The Problem of Airfield Traffic Plan

1. 背景与意义

大型枢纽机场的规模和交通量巨大，美国亚特兰大机场、中国北京首都机场、阿联酋迪拜机场、美国洛杉矶机场的年旅客吞吐量均已超过八千万人次，飞行区作为支撑旅客吞吐量的重要基础设施，合理有效的交通规划是保障其服务能力的基础和前提。

纵观世界上各个大型枢纽机场的规划和建设，运营与建设同步进行、建设周期长、总体规划的调整幅度相对较大是其共有的发展历程。例如，目前最繁忙的亚特兰大机场，1926年投入使用，第二次世界大战期间作为军用机场进行了扩建，1977年进行了总体规划的调整，1999年再次进行了大规模扩建(扩建周期10年)，目前拥有5条跑道、2个主要航站楼、5个卫星厅以及非常复杂的滑行道系统和捷运系统。

此外，随着民航事业的发展，航空运输在出行方式中所占比例越来越大，航班和航线数量迅速增多，高速化和巨型化也成为航空器未来的发展方向，这些都对飞行区的交通规划提出了新的挑战。机场飞行区的交通规划主要面临以下困难：

(1) 机场建设投资巨大，建设周期很长(一般情况下多达10年以上)，在航空运输量预测方面存在很大的不确定性。

(2) 航空器的制造主要考虑空气动力学原理以及商业因素，易忽视飞行区的适应性问题，而航空器交通行为的变化往往会对飞行区运行产生重大影响。

(3) 机场容量-延误分析涉及空侧、陆侧中诸如空域结构、管制策略、机队组成、飞行区构型、航空气象等多种因素的耦合影响，在规划阶段很难充分考虑。

航空运输量预测结果是确定机场设施规模的重要依据。由于机场总体规划阶段中航空运输量的预测周期一般要求为30年，很难与实际情况相吻合，并且机场建设周期很长，往往发生机场建设尚未完成，实际航空运输量与预测值已经出现较大差异的情况。因此充分考虑航空运输量预测结果的不确定性，通过机场布局优化等手段，使得机场设施的规模具有较强的调整余地，对于提升机场总体规划的质量具有重大的科学意义[1]。

航空器交通行为包括飞机重量及起落架构型对道面结构的影响、飞机的几何尺寸(翼展、飞机长度、飞机轴距等)、飞机在地面滑行(低速)和起飞降落(高速)时的性能、飞机的机动性能(机翼涡流影响范围及转弯特性)等。随着社会的发展，新一代航空器交通行为的变化对于飞行区的影响主要体现在飞行区跑道和滑行道的几何尺寸、跑道容量、航站区登机门和停机坪布局、铺面结构厚度等方面[2]。充分考虑航空器交通行为发展趋势对于机场飞行区的影响，将有效提高以多跑道-多航站楼为特征的复杂飞行区在密集航班条件下基础设施的运行效率和安全冗余度。

机场容量，即单位时段内能够允许航空器运行的最大次数，航班延误是航空器在关登机门、滑出、起飞、空中飞行、降落、滑入和开登机门等航空器运行过程中，实际执行时间超过计划时间的情况。容量-延误分析是机场规划和运行管理工作中的一个重要环节，也是评价飞行区运行效率的主要指标。

因此航空运输量预测、航空器交通行为分析、容量-延误分析已经成为机场飞行区交通规划设计和建设中的基础理论问题。明确并解决这些问题对于大型机场飞行区布局优化，提升飞行区运行效率意义重大，可更加充分地发挥飞行区基础设施的效能。

2. 研究进展

航空运输量分析内容主要包括年运量(国内、国际，定期与非定期，到达、出发、过境、中转)、高峰小时运量(客、货、飞机及不同方式)、高峰月运量、航空公司数与航线结构、飞机类型(年、高峰月或小时)、基地航空公司数量与规模和地面交通系统要求等。目前主要的预测模型包括经验判断法(专家系统法)、趋势外延法、市场份额法以及各类定量的需求分析模型(即需求与供给的关系模型)[3]。

由于航空运输量的影响因素非常多且变化大，目前航空运输量预测的主要问题并不在于选择哪种适宜的模型，而在于如何能够比较"弹性"地考虑各类预测结果，使得设施规模在一定程度上能够适应预测结果的不确定性。例如，在跑道和停机坪之间预留"适宜"的安全间隔，一旦航空运输量发展超过预期，可增加一条跑道或者设置两条平行滑行道。

航空器交通行为的研究成果主要体现在飞机的分类标准方面，国际民用航空组织(International Civil Aviation Organization，ICAO)在机场几何设计中，按照飞机展翼宽度和主起落架外缘宽度两个指标，将民用固定翼飞机分为六个组别。美国联邦航空管理局(Federal Aviation Administration，FAA)将飞机尾翼高度、主起落架外缘距离、进近速度、飞行员可视距离进行分级，并组成跑道设计代码[4]，如图1所示。然而单纯通过技术指标进行飞机分类并以此来描述航空器交通行为，其合理性缺乏实际观测结果的验证，也是目前研究亟须解决的问题。

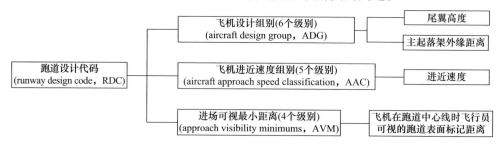

图 1　FAA 跑道设计代码组成

容量-延误分析算法的研究主要分为混合整数线性规划(mixed integer linear programming，MILP)模型和遗传算法两种。MILP 模型广泛应用于运行研究中的精确求解。如在飞行区滑行规划的优化方面，多以最小化滑行时间并惩罚离场过晚的航班为目标解决场面滑行问题和典型的带有权值的多目标线性目标函数[5]。优化目标一般包括：①降低总滑行时间；②降低管制员干预；③降低最长滑行时间；④降低进场延误；⑤降低离场延误；⑥最大化进离场架次。遗传算法的主要优势在于可以大幅度降低优化模型的求解时间，从而使得优化场面活动问题能够在机场运行层面得到实际应用。一般遗传算法模型分为两个阶段：第一阶段为跑道排序；第二阶段为滑行规划。在跑道排序过程中，主要考虑尾流间隔的影响，并对偏离离场时隙的航班进行惩罚；在滑行规划过程中，在已知跑道排序的情况下给出基于固定路径的滑行优化序列。但理论模型的构建过程往往缺乏真实统计数据的佐证，模型精度不能得到有效保障。

3. 主要难点

(1) 综合交通方式的融合和发展，对航空运输量的影响非常显著。多种交通方式换乘效率的提高对机场的功能定位以及机场飞行区交通规划产生了重大影响。

(2) 在航空器交通行为研究方面，可通过现场实际数据的观测与统计分析等手段开展，但由于飞行区的特殊性，在现场采集飞行区航空器的交通行为数据比较困难，而且费用也非常高昂，有关的研究积累不足。

(3) 未来航空器朝着高速化和巨型化的趋势快速发展，航空器的交通行为很大程度上取决于制造商的思想观点；随着通信导航手段的快速进步，航空管制手段和管制策略也日益改变。这些发展变化的不确定性对于容量-延误分析、飞行区构型等均会产生重大影响。

(4) 在容量-延误分析方面，虽然构建了多种仿真优化模型，但部分空管数据的高度保密性(部分数据可能涉及国家空防安全)，导致在模型构建中各类参数的确定与验证缺乏实证数据的有效支持。

参 考 文 献

[1] Federal Aviation Administration. Airport Master Plans[M]. Washington DC：U S Department of Transportation, 2015.

[2] Federal Aviation Administration. Airport Pavement Design and Evaluation[M]. Washington DC：US Department of Transportation, 2016.

[3] Pu D, Trani A A, Hinze N. Zip vehicle commuter aircraft demand estimate: A multinomial logit mode choice model[C]// AIAA Aviation Technology, Integration, and Operations Conference, Atlanta, 2013.

[4] Federal Aviation Administration. Airport Design[M]. Washington DC： US Department of Transportation, 2014.

[5] Gunnam A, Trani A A, Li T, et al. Computer simulation model to measure benefits of North Atlantic data link mandates and reduced separation minima[C]//AIAA Aviation Technology, Integration, and Operations Conference, Atlanta, 2013.

撰稿人： 袁　捷　凌建明
同济大学
审稿人： 曹先彬　贠丽芬

铁路旅客运输服务网络优化问题

Optimization of Railway Passenger Transport Service Network

1. 背景与意义

1) 背景介绍

铁路旅客运输服务网络表现的重要形式是列车开行方案。其定义为以客运量为基础，以客流性质、特点和规律为依据，科学合理地安排包括列车开行等级、种类、起讫点、数量、经由线路、编组内容、停站方案、客座能力利用率、车底运用等内容，体现从客流到列车流的组织方案，如图1所示。由各趟列车的起讫点、运行路径、沿途经停站、开行频率这几项要素，可构成如图2所示的列车服务网络。任意两站之间旅客的出行路径，都是一组有向网络中若干"点"与"弧"的有序连接。

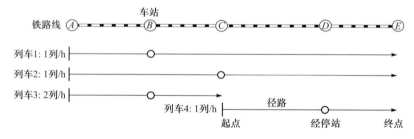

图1 铁路列车开行方案示意图

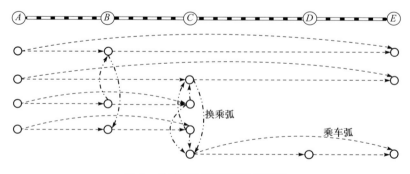

图2 铁路列车服务网络示意图

列车开行方案的编制需要综合考虑运输企业的效益和旅客的出行效用。例如，一方面要尽可能提高旅速、减少旅客中转；另一方面要尽可能提高上座率，降低列车开行成本。以列车开行方案为基础构成的铁路旅客运输服务网络，既是一张"能力网"，也是一张"效益网"，反映了铁路满足旅客出行数量与质量需求的程度，以及运输资源利用效率与成本支出。

2) 难题描述

铁路列车服务网络优化是一个多要素的复杂组合优化难题。为满足客流在铁路网中点、线上的分布需求量，并受运输资源严格约束，列车开行方案要解决很多决策问题：①每趟列车的始发、终到车站；②沿途经停车站；③列车在一个周期内的开行频率；④哪些列车之间建立衔接关系；⑤列车的编组内容；当铁路网密度大、拓扑结构复杂时，还要选择列车在两站之间的运行径路等。

从数学规划的角度，该问题存在如下决策变量：

(1) 0-1 型决策变量。例如，一趟列车是否在某个车站始发或终到，在某个车站停站与否，两趟列车之间在某个停车站建立衔接关系与否，列车运行路径是否覆盖某个区间(段)。

(2) 整数型决策变量。例如，一趟列车在一个周期内的开行频率，每趟列车的编组辆数等。

如果用一个数学模型同时决策这些要素，极大可能出现同型或异型变量的乘积，非线性特征使问题不易求解。

即使决策单个要素，当线路数与车站数较多时，这类包含 0-1 型或整数型变量的问题也难以在多项式时间内求解。以"列车停站"要素为例：京沪高速铁路有 23 个车站，目前的列车"停站次数方案"有停 1 次、2 次、4 次、6~10 次等多种；一天中每趟列车的停站方案都可能不同，高速铁路又是高密度行车，列车停站组合是巨量方案，例如，北京南—上海虹桥这一个起讫点的列车停站方式就可达 $\sum_{i=0}^{21} C_{21}^{i}$ 种。

不论同时优化多要素，还是求解单要素，若更细致地考虑客流在列车上的分配约束(如客票分配策略对客流的诱导)，刻画旅客的乘车路径选择，又会使问题增加一个维度，以整数型变量描述客流在列车上的分配数量，建模求解方式和难度都将随之变化。

铁路运输服务网络优化问题的复杂性一方面表现在建模机制的多样特征，例如：①可以选取不同优化要素；②可以形成同型或异型决策变量的不同组合关系，如整数型变量与 0-1 型变量之间的线性或非线性组合；③可以选取不同的优化目标组合，如服务网络的运输能力、设备运用等"能力"指标与服务水平(如速度、频率、可达性)、吸引客流的"效益"指标等组合。另一方面其复杂性表现在,不论哪种类型的数学规划模型,均具有 NP 难题特征。因此该难题研究将推进交通运输领域服务网络优化理论的创新。

2. 研究进展

1) 理论研究现状

目前解决铁路列车服务网络优化问题的途径,主要是对要素分解求之,即分别优化列车开行方案中的一个或两个要素。由于西欧很多国家列车周期化运行,多数研究以 1h 为周期进行方案的求解。结合模型优化目标,可归纳为五类求解思路:

(1) 面向铁路成本,优化列车开行频率。先给出铁路网中可能开行的列车集合,这些列车已设定好沿途经停站(主要是不同等级列车在对应等级车站停站),然后从中优选出部分列车、确定选出列车的开行频率[1~4]。

(2) 面向乘客利益,优化列车开行频率。仍然按照前述思路,只是调整了优化目标,Bussieck[5]提出最大化直达客流的模型与算法;Scholl[6]又进一步优化了全体乘客的总旅行时间。

(3) 面向铁路与乘客双重利益,优化列车开行频率或停站。Guan 等[7]通过在模型中考虑乘客对乘车路径的选择,不仅优化列车开行频率,也缩短乘客的旅行时间、减少换乘次数。

(4) 面向铁路与乘客双重利益,优化列车开行频率与停站。综合优化列车开行频率与停站这两个要素的代表性研究,如 Chang 等[8],该研究以我国台湾高速铁路一条线路为案例,求解已显现出复杂性。Fu 等[9]解决中国高速铁路路网列车开行方案问题时采取了分阶段式的求解策略。

(5) 基于列车开行方案,优化列车之间的衔接关系。目前在编制列车开行方案过程中,鲜有指定列车之间衔接关系的研究;而列车的相互衔接关系是运行图编制的重要约束。郭根材等[10]基于周期性列车开行方案,求解列车之间的接续约束,是对该问题的初步探索。

2) 主要存在的问题

西欧一些国家、日本等,线路短、路网小,普遍以 1h 为周期编制列车开行方案。通常 1h 内开行的列车数在 15 列以下,这为预设备选开行列车集合提供了可能性,从中优选列车的问题规模得以控制。

目前我国大型铁路网以 1 天为周期编制列车开行方案,因此既有的小时周期列车服务网络优化方法难以适应,仅确定备选开行列车集合与列车间衔接关系集合,就面临枚举数量巨大、起讫点与停站方式枚举不全的问题,模型求解难度更难预估。

同时既有的单要素优化方法难以保证方案整体优化水平。例如，列车起讫点与停站决定了列车衔接点、衔接次数等效率指征，分别优化只能得到各子问题的局部优化方案。

3. 主要难点

中国铁路网的复杂性表现为线路长，技术等级、车站数以及客流需求层次多，使得列车服务网络的优化既有日本铁路高密度行车的特点，又有欧洲铁路大规模网络衔接的特点，求解难度更大，主要表现在：实现大规模复杂网络的较长周期(如1天或数小时)内，成百上千趟列车的起讫点、运行径路、沿途经停站、开行频率、列车间衔接关系的组合优化，平衡运输资源有限性与旅客出行需求多样化之间的矛盾。

为了降解问题规模，可尝试有原则地分线、分区域、分时域制定列车开行方案；为了实现构成列车服务网络多个要素的综合协同优化，对方案统一建模、对要素分阶段求解、阶段间建立反馈调整机制，不失为一种有效的系统性解决途径。

基于列车开行方案形成的服务网络是"空间网络"；如果增加时间因素(列车在各站的到发时刻)，实现为运行图，形成的服务网络将是更复杂的"时空网络"。此时的列车服务网络优化，形成列车开行方案与列车运行图一体优化的新难题。

参 考 文 献

[1] Claessens M T, van Dijk N M, Zwaneveld P J. Cost optimal allocation of passenger lines[J]. European Journal of Operational Research, 1998, 110(3): 474–489.

[2] Bussieck M, Linder T, Lübbecke M. A fast algorithm for near cost optimal lines plans[J]. Mathematical Methods of Operations Research, 2004, 59(3): 205–220.

[3] Goossens J, van Hoesel S, Kroon L. On solving multi-type railway line planning problems[J]. European Journal of Operational Research, 2006, 168(2): 403–424.

[4] 付慧伶, 聂磊, 杨浩, 等. 基于备选集的高速铁路列车开行方案优化方法研究[J]. 铁道学报, 2010, 32(6): 1–8.

[5] Bussieck M. Optimal lines in public rail transport[D]. Braunschweig: Technische Universität Carolo-Wilhelmina zu Braunschweig, 1998.

[6] Scholl S. Customer-oriented Line Planning[D]. Kaiserslautern: University of Kaiserslautern, 2005.

[7] Guan J F, Yang H, Wirasinghe S C. Simultaneous optimization of transit line configuration and passenger line assignment[J]. Transportation Research Part B: Methodological, 2006, 40(10): 885–902.

[8] Chang Y H, Yeh C H, Shen C C. A multiobjective model for passenger train services planning: Application to Taiwan's high-speed rail line[J]. Transportation Research Part B: Methodological, 2000, 34(2): 91–106.

[9] Fu H, Nie L, Meng L, et al. A hierarchical line planning approach for a large-scale high speed rail network: The China case[J]. Transportation Research Part A: Policy and Practice, 2015, 75: 61–83.

[10] 郭根材, 聂磊, 佟璐. 高速铁路网周期性列车运行图接续约束生成模型[J]. 铁道学报, 2015, 37(8): 1–7.

撰稿人：聂　磊　付慧伶

北京交通大学

审稿人：史　峰　何世伟

列车运行图编制算法理论问题

The Theory of Algorithm for Trains Diagram Establishment

1. 背景与意义

列车运行图是列车时刻表的图形化表示，是用以表示列车在铁路区间运行及在车站到发或通过时刻的技术文件。它规定各次列车占用区间的程序，列车在每个车站的到达和出发(或通过)时刻，列车在区间的运行时间，列车在车站的停站时间以及机车交路、列车重量和长度等，是铁路部门组织列车运行的基础。

列车运行图一方面是铁路运输企业实现列车安全、正点运行目标和经济有效地组织铁路运输工作的列车运行生产计划。它规定了铁路线路、站场、机车、车辆等设备的运用，以及与行车各有关部门的工作，并通过列车运行图把整个铁路网的运输生产活动联系成为一个统一的整体，严格按照一定的程序有条不紊地进行工作，保证列车按运行图运行，它是铁路运输生产的一个综合性计划。另一方面，它又是铁路运输企业向社会提供运输供应能力的一种有效形式。从这个意义上讲，供社会使用的铁路旅客列车时刻表及货运班列运行计划，实际上就是铁路运输服务能力目录。因此列车运行图又是铁路组织运输生产和产品供应销售的综合计划，是铁路运输生产联结厂矿企业生产和社会生活的纽带。

总而言之，铁路总公司(原铁道部)和国家铁路局的日常运输工作均围绕列车运行图展开，运行图的质量直接关系到铁路部门的经济效益。

列车运行图描述了在信号控制下列车在铁路线网上的运行过程，对铁路线网和信号的科学描述是列车运行图编制的前提。研究者对铁路线路描述基本采用图论的方法进行抽象描述，典型的案例为图 1 所示的分层节点示意图方法[1]。

基于铁路线网与信号，列车运行图的实质是利用坐标原理对列车运行时间与空间(线网)关系的图解表示，即列车运行时空过程的图解。如图 2 所示，抽取图 1 的子网络{V14,V10,V2,V3}，并将该子网络映射为二维时空坐标网络。因此列车运行图是基于上述二维时空坐标网络的时变动态网络，该时变动态网络包含点和有向弧线两种元素。其中点表示到、发某站的时刻，而弧可分为三种类型，黑色实线表示列车区间运行弧，红色线表示列车在车站的停站弧，黑色虚线有向弧表示列车之间的换乘弧。因此列车运行图优化编制问题，本质是如何确定上述点-弧的组合优化问题。进一步而言，就是如何设计优质的时变时空动态网络问题，如图 2 中的运行图 1 和运行图 2 所表示的组合优化，两者的差别是车 1 在车站 10 还是车站 14 停站，并造成车 1 与车 2 和车 3 是否能换乘等的巨大不同。因此列车运行图优化编制算法的科学意义在于研究出一种复杂网络优化算法，以实现可控、可观的时变动态网络优化，从而对其进行数学抽象、模型构建与求解。

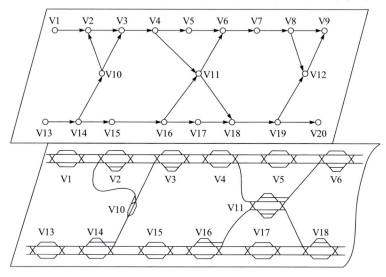

图 1　铁路网状线路分层节点示意图[2]

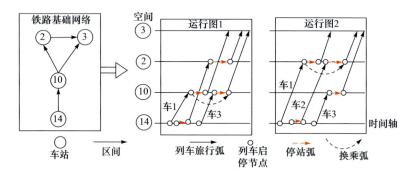

图 2　列车运行图原理示意图

2. 研究进展

Brännlund 等[2]运用拉格朗日松弛算法对路网中各车站的列车到发时刻进行优化，以疏解列车冲突，模型的目标函数是所有列车的价值最大。周磊山等[1]提出用分层局部滚动优化算法来求解运行图编制模型。D'Ariano 等[3]在保证车站、区间能力的基础上，通过灵活调整列车时刻来提高列车的准点率，他们的模型中运用了 3 个贪婪算法和 1 个分支定界算法对模型进行求解。Zhou 等[4]研究了在高速铁路高、中速列车混跑情况下的列车运行图编制多目标优化问题,建立了考虑加减速时间约束的整数规划模型,设计了宽度优先搜索的分支定界算法,来缩短高速列车的等待时间和高中速列车的总旅行时间。Lee 等[5]将列车时刻问题分成 4 个阶段逐一求解,每个阶段独立运用启发式算法进行计算。Liu 等[6]列车分成多个等级,并分别从高等级列车到低等级列车进行优化和计算。Corman 等[7]提出一个针对大型网络的评价体系对列车运行进行评估,将其作为列车调整优化的依据。Sun 等[8]运用多层规划模型对列车运行系统中的平均运行时间、能耗和旅客满意度进行优化。Zhou 等[4]针对单线铁路,以列车的总运行时间最小作为优化目标,考虑区间和车站的股道约束,运用分支定界法对列车时刻表问题进行优化求解。Meng 等[9]针对多线铁路,同样以最小化列车总运行时间作为优化目标,并基于时空网络进行建模,运用分支定界求解。

综上所述,列车运行图的优化问题已经取得了很多研究成果,对于小规模的路网甚至能求得非常接近的最优解,但是运行图的优化问题,对车站作业往往以简单约束替代真实约束,例如,以股道数作为约束条件来检验是否可以接发列车,以到发场来代替整个车站,在运行图编制模型中,国内外均未见调车作业对运行图影响的分析,也很少考虑车底运用的约束。因此运行图的精细化程度不够,可实施性仍然需要做进一步检验。

3. 主要难点

列车运行图编制优化算法的难点如下:

(1) 由于列车与列车间需要一定的安全时间间隔,因此列车运行图优化编制问题只能用整数规划描述,而对于整数规划、特别是大规模整数规划问题,目前没有优质的算法进行求解。

(2) 列车运行图编制问题涉及部门众多(如客货运部门、车辆部门、机务部门、车务部门、电务部门以及工务部门),参数与决策空间过于庞大,该问题属于 NP 难题。

(3) 列车运行图与开行方案、列车编组计划、机车与车辆运用、车站作业计划等铁路相关的计划方案密切相关,列车运行图与其他计划间的协调优化是目前极为困难的研究。

(4) 旅客及货物与列车所组成的时空网络相互作用机理与协调机制异常复杂。

参 考 文 献

[1] 周磊山, 胡思继, 马建军, 等. 计算机编制网状线路列车运行图方法研究[J]. 铁道学报, 1998, (5): 15–21.

[2] Brännlund U, Lindberg P O, Nõu A, et al. Railway timetabling using lagrangian relaxation[J]. Transportation Science, 1998, 32(4): 358–369.

[3] D'Ariano A, Pacciarelli D, Pranzo M. Assessment of flexible timetables in real-time traffic management of a railway bottleneck[J]. Transportation Research Part C: Emerging Technologies, 2007, 16(2): 232–245.

[4] Zhou X S, Zhong M. Single-track train timetabling with guaranteed optimality: Branch-and-bound algorithms with enhanced lower bounds[J]. Transportation Research Part B: Methodological, 2007, 41(3): 320–341.

[5] Lee Y, Chen C Y. A heuristic for the train pathing and timetabling problem[J]. Transportation Research Part B: Methodological, 2009, 3(8): 837–851.

[6] Liu S Q, Kozan E. Scheduling trains with priorities: A no-wait blocking parallel-machine job-shop scheduling model[J]. Transportation Science, 2011, 45(2): 175–198.

[7] Corman F, D'Ariano A, Hansen I A. Evaluating disturbance robustness of railway schedules[J]. Journal of Intelligent Transportation Systems, 2014, 18(1): 106–120.

[8] Sun Y, Cao C, Wu C. Multi-objective optimization of train routing problem combined with train scheduling on a high-speed railway network[J]. Transportation Research Part C: Emerging Technologies, 2014, 44(4): 1–20.

[9] Meng L Y, Zhou X S. Simultaneous train rerouting and rescheduling on an N-track network: A model reformulation with network-based cumulative flow variables[J]. Transportation Research Part B: Methodological, 2014, 67(3): 208–234.

撰稿人：周磊山　唐金金
北京交通大学
审稿人：周学松　何世伟

轨道交通调度指挥智能化及风险预警

Intelligent Dispatching and Risk Pre-Warming for Rail Transit

1. 背景与意义

轨道交通运输系统是一个由复杂装备组成、在复杂环境中运行、完成具有复杂时空分布特征的位移服务整体,以调度指挥系统为神经中枢,是一个复杂的网络化巨系统。调度指挥系统担负着组织指挥列车运行和日常生产活动的重要任务,是保证轨道交通系统安全、正点、高效运行的现代控制与管理系统,涉及轨道交通运输组织理论、通信信号、牵引供电、安全监控、综合维护等诸多专业,并兼备计划编制、计划调整、行车指挥、设备控制、设备检测、设备维护、环境检测等列车运行管理功能。其支撑技术包括计算机、网络通信、数据库、软件工程、系统控制、系统安全防护、智能决策等。

组成轨道交通调度指挥系统的人-机-环-信息-决策等因素和环节可能在不同条件作用下对系统的稳定和安全产生影响,轻者使系统工作不稳定、运输组织秩序紊乱,重者诱发重大行车事故。因此如何在风险因素分析的基础上建立轨道交通调度指挥系统报警与应急处置机制并针对不同的风险等级进行报警响应,直接关系到轨道交通运输生产的安全。轨道交通调度指挥系统应急处置能力的强弱、处置是否及时、处置措施是否得当更直接影响社会对轨道交通安全可靠性的满意程度。因此不同风险等级情况下的及时报警、有效处置决策及响应机制研究是轨道交通调度指挥系统建设的重要任务之一。

结合我国国情和路情深入研究轨道交通网络化运营条件下运行计划协同编制及优化、列车运行动态调整和列车运行与调度系统协调等运营调度关键理论,提出和完善网络化列车运行调整、运营调度智能化理论,为轨道交通统一指挥列车运行和协调各部门的工作提供有力的理论支撑,是轨道交通运输组织优化亟待解决的难题。

为给轨道交通运输生产提供安全保障,必须要求轨道交通调度指挥系统运行正常、调度决策正确、信息传输畅通、系统协同动作。对于具有系统架构庞大、组成要素众多、调度决策及时性和准确性要求高、作业环节及流程复杂等特点的轨道交通调度指挥系统,如何评价构成轨道交通调度指挥系统的人-机-环-信息-决策等要素、系统结构、系统环境、调度决策的可靠性,提出轨道交通调度指挥系统可靠性评价标准,已成为目前亟待解决的问题。

建立轨道交通调度指挥系统协同理论,揭示轨道交通调度指挥风险演变规律及预警机理,建立报警控制与应急决策机制,提出轨道交通调度指挥系统可靠性评价标准与评价方法是轨道交通调度指挥智能化及风险预警要解决的关键问题。

2. 研究进展

国外轨道交通发达国家一直把确保旅客生命财产和行车安全放在首位,把安全作为轨道交通的先导型核心加以系统研究。针对其所处的自然环境、地理条件以及运营条件的不同,分别采取各自不同的安全保障措施,并通过实际运用对安全对策予以不断完善和提高[1]。国外轨道交通调度指挥系统实现了调度指挥自动化、综合化、信息化和智能化,是集移动数据通信、设备监控、列车运行自动控制、事故预警、防灾等功能于一体的综合系统[2]。

构建中国现代轨道交通运输调度指挥体系需要建立在分析轨道交通列车运行全过程及调度指挥全流程的基础上[3]。轨道交通调度指挥需强化调度基础管理,完善调度指挥规章制度,严格施工日计划管理,完善非正常行车组织预案,弱化调度命令、强化调度指挥,优化设备控制、减少人工干预等健全调度指挥安全保障体系[4,5]。安全高效的轨道交通调度指挥系统应实现信息流对系统行车安全状态的跟踪,以准确、可靠、及时的行车安全状态信息流来控制列车运行,指挥和调度列车群,指导和协调轨道交通安全行车的日常作业及管理工作,并提供科学决策的依据[6,7]。轨道交通风险预警的最大挑战是时变列车运行信息的获取及应用,根据实时动态跟踪数据对提速列车的设备进行评价和预警分析的评价方法[8]。预警管理系统的构建、运行模式、操作程序及工作方法,有指导意义的预警评价方法和指标对于轨道交通运行安全与风险预警具有重要的研究意义[9]。

国内外研究主要从调度指挥系统人-机-环组成要素的可靠性进行研究。国外研究人员很注重对安全评价建模方面的研究,通常做法就是在生产现场所得数据的基础上寻找安全评价方法,进而建立安全评价模型,这样研究能紧密地与实际生产联系在一起,用这种安全评价模型所得出的评价结果,在指导实际工作的改进上也更有针对性[10]。

3. 主要难点

(1) 从组织架构、功能设置、协同控制、信息交互与共享等方面构建轨道交通调度指挥系统协同理论,揭示系统协同机理。

(2) 提出轨道交通调度指挥系统危险源辨识手段,建立轨道交通调度指挥系统风险预警模型，揭示轨道交通调度指挥系统的风险演变规律，提出风险控制策略，实现调度指挥风险的预防性管理。

(3) 确定轨道交通调度指挥系统风险报警阈值，建立不同风险级别的报警与应急处置机制，构建轨道交通调度指挥应急决策处置理论。

(4) 构建轨道交通调度指挥系统结构可靠性、决策管理可靠性、运行环境可靠性评价指标体系，建立系统可靠性评价标准。

参 考 文 献

[1] 张殿业, 金键, 杨京帅. 铁路运输安全理论与技术体系[J]. 中国铁道科学, 2005, 26(3): 114–117.
[2] 蔡金, 高自友. 铁路安全预警系统的研究和实现[J]. 中国安全科学学报, 2003, 13(3): 18–21.
[3] 腾涛, 刘志明. 现代铁路运输调度指挥体系的研究[J]. 铁道运输与经济, 2010, 32(4): 1–6.
[4] 彭其渊, 文超, 罗建. 我国高速客运专线的调度指挥模式[J]. 西南交通大学学报, 2006, 41(5): 541–548.
[5] Peng Q Y, Wen C. Dispatch coordination between high-speed and conventional rail systems[J]. Journal of Modern Transportation, 2011, 19(1): 19–25.
[6] 刘志明. 高速铁路综合调度系统体系结构的研究[J]. 中国铁道科学, 2004, 25(2): 1–5.
[7] 赵春雷, 刘志明. 高速铁路调度指挥体系的研究[J]. 中国铁路, 2010, 49(12): 34–37, 61.
[8] 张秀媛. 铁路提速列车技术安全监测系统评价方法研究[J]. 中国安全科学学报, 2004, 14(6): 27–31.
[9] 李阳, 高自友. 铁路安全预警系统的研究与设计[J]. 中国安全科学学报, 2004, 14(6): 36–40.
[10] 马国忠. 铁路结合部子系统的可靠性[J]. 西南交通大学学报, 1995, 30(5): 527–531.

撰稿人：彭其渊 [1,2]　文　超 [1,3]
1 西南交通大学　2 综合交通运输智能化国家地方联合工程实验室　3 滑铁卢大学
审稿人：孟令云　何世伟

汽车列车优化调度问题

Optimal Scheduling Problem of Combination of Vehicles

1. 背景与意义

汽车列车是由卡车或牵引车和挂车组成的车列。随着汽车制造与运用技术的进步,世界各国物流运输企业越来越多地采用汽车列车从事物流活动。相对于单体卡车,汽车列车能够通过动力部分和载货部分的自由分离和结合实现甩挂运输,从而获得更高的车辆使用效率。汽车列车按组合形式可分为四种:①全挂汽车列车;②半挂汽车列车;③双挂汽车列车;④长货汽车列车。其组织模式十分灵活,主要有:①一线两点、两端甩挂;②循环甩挂;③一线多点、沿途甩挂;④多线一点、轮流拖带;⑤组合甩挂等。

汽车列车广泛应用于道路运输和多式联运领域,主要服务于城际干线运输以及城市内的配送工作。城际干线运输的货物交流量大、运距长,便于实现汽车列车货源组织的规模化。在城市配送中,汽车列车的挂车单元可作为临时仓库,有利于实现资源集约利用,并与干线运输网络相衔接。

在汽车列车的服务过程中,部分客户可被完整的汽车列车服务,部分客户受空间、装卸工艺、政策等的限制不能被完整汽车列车服务,故需选择一处客户点将挂车摘下暂时存放于停车场中,待卡车或牵引车完成子路线的配送后回到该客户点停车场,将挂车挂上,回到起点或者继续完成剩余配送。这一过程称为汽车列车调度。汽车列车调度问题本质上是一种基于道路货运车辆的运力资源配置模式。在车辆装备和技术经济方面,汽车列车较单体卡车有明显的优势。汽车列车作为一种先进的运输组织形式,其优化调度对于增进区域间经济贸易联系、满足客户物流需求、提高物流效率、降低物流成本具有重要意义。汽车列车组合形式和运行组织的灵活性,带来了汽车列车优化调度问题的复杂性。

汽车列车优化调度问题的基本形式包括"卡车+全挂车"汽车列车的调度问题(truck and trailer routing problem,TTRP)以及"牵引车+半挂车"汽车列车的调度问题(tractor and semi-trailer routing problem,TSRP)两种,并衍生出众多特殊和复杂的汽车列车优化调度问题。

"卡车+全挂车"汽车列车的调度是利用一组卡车和一组挂车在给定的网络

中完成给定运输任务的问题，这也是目前汽车列车调度研究最为集中的问题，所得到的成果也较多。TTRP 的完整定义最早由 Chao[1]给出，这一定义被后来的众多学者所沿用，TTRP 路径类型如图 1 所示。在一个运输网络中存在一个场站和若干个客户点，客户点分为两种类型：允许汽车列车进入的汽车列车客户点和只允许卡车进入的卡车客户点。根据行驶车辆类型的不同将路径分为三类：①卡车路径，路径中所有的客户点均由卡车服务；②汽车列车路径，路径中所有的客户点均由汽车列车服务，且不存在子路径；③混合路径，路径中存在一条汽车列车行驶的主路径和至少一条以主路径上某一点为起始点的卡车子路径。调度目标一般涵盖两个方面：变动成本最小化和所需车辆数最少化。

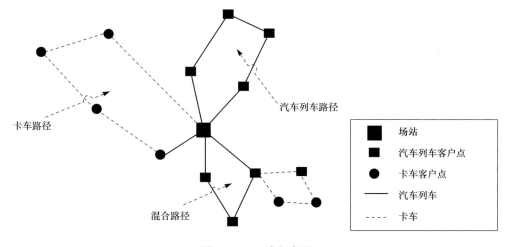

图 1　TTRP 路径类型

"牵引车+半挂车"汽车列车的调度是利用一组牵引车和一组半挂车在给定的网络中完成给定运输任务的问题，该问题与 TTRP 不同的是，TSRP 中除场站和客户点之间存在货物交流外，客户点之间同样可以存在货物交流，且货物的交流可以是双向的。在实际中，城市的某些区域(如大型市场、工厂、大型居民区及建筑工地等)容易产生大量的生活垃圾。为了提高垃圾的处理效率，处理公司往往采用车厢可卸式垃圾车。垃圾车将大容量的空车厢送到客户点，装满垃圾后，由垃圾车直接将重车厢拉到处理站进行处理。每辆垃圾车最多只能携带一个车厢，这种作业方式与"牵引车+半挂车"汽车列车的作业方式十分相似。

汽车列车优化调度问题来源于车辆调度问题(vehicle routing problem，VRP)，其研究具有较强的理论和实践意义，VRP、TTRP 和 TSRP 的特点对比见表 1。从理论上，汽车列车的调度涉及卡车、牵引车、全挂车、半挂车等多种车辆形态，具有更高的复杂性，拓展了一般车辆调度问题的研究范围；在实践上，汽车列车的优化调度是提高车辆运输效率、降低物流成本的有效手段，是建设资源节约型、环境友好型物流行业的重要途径，是物流行业践行绿色、共享理念的重要手段。

表 1　VRP、TTRP 和 TSRP 的特点对比

问题类型	VRP	TTRP	TSRP
车辆类型	单体卡车	卡车+全挂车	牵引车+半挂车
运输节点	中心场站和客户点	中心场站、卡车服务的客户点和汽车列车服务的客户点	中心场站和半挂车集散点
运输路径	卡车运行路径	汽车列车运行路径、卡车运行路径	汽车列车运行路径、牵引车运行路径
服务领域	城市配送	城市配送、小区域运输	城际干线、城市配送、厂区运输
非中心场站节点之间的货物交流	无	无	有
车辆行驶路线是否闭合	不一定	不一定	闭合
车辆行驶路径长度限制	不严格	不严格	严格

2. 研究进展

针对汽车列车优化调度问题的研究方向主要集中在"卡车+全挂车"汽车列车优化调度问题和它的变形问题，如图 2 所示；研究内容主要集中在构建模型和优化算法方面。

Chao 在前人对汽车列车调度实际问题研究的基础上，通过对问题简化，首次提取出 TTRP。Scheuerer[2]提出用两个简单有效的构筑式启发式算法(T-Cluster 和 T-Sweep)得到 TTRP 的初始解，用禁忌搜索算法对该解进行改进；Drexl[3]、Lin 等[4]、Caramia 等[5]和 Villegas 等[6]也分别提出了求解标准 TTRP 的方法；Mahmoudi 等[7]提出改进的拉格朗日松弛算法，对于通过精确算法求解该问题具有一定的参考意义。

受相关政策的限制，多年来我国只允许"牵引车+半挂车"形式的汽车列车上路行驶，故国内学者较多研究 TSRP。TSRP 可分为两类：城际干线运输中的 TSRP 和短途/局部运输中的 TSRP。迄今为止学术界尚没有形成广泛认可的"牵引车+半挂车"汽车列车优化调度问题的基本模型。Li 等[8]研究了单位流量网络的 TSRP(tractor and semi-trailer routing problem on a unit-flow network，TSRP-UF)

定义了包含一个场站(保有一定数量的牵引车和半挂车)和若干个客户点(仅保有半挂车)的运输网络,并设定网络中任意两点间的货物交流量最大为1。车辆的行驶方案需要满足以下约束:①牵引车行驶路径的起止点均为场站;②每辆牵引车只能拖挂一辆半挂车,也可以单独行驶;③牵引车不能连续两段单独行驶;④牵引车有最大工作时间限制;⑤不要求网络中的客户点需求百分之百满足;⑥一天工作周期结束时,客户点处的半挂车数不能小于最小值。

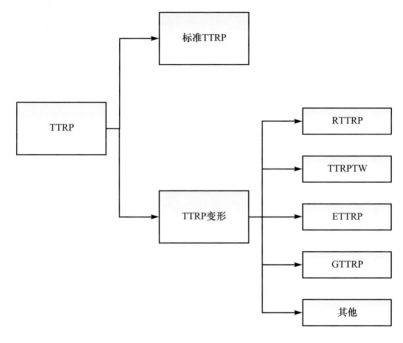

图 2　TTRP 问题的类型

3. 主要难点

数学模型建立困难。汽车列车调度问题相比传统车辆调度问题,涉及卡车、牵引车、全挂车、半挂车以及衍生组合的多种车辆形态,卡车、全挂车和半挂车还存在重车和空车的区别,在调度中不仅涉及车辆动力部分的调度,还涉及车辆载货部分的调度,这导致汽车列车调度问题模型的建立较为困难。既有研究多在对相关条件进行简化的基础上建立汽车列车调度问题的数学模型,与汽车列车运营实践存在较大差异。

算法求解困难。与传统车辆调度问题一样,汽车列车调度问题也为非确定性多项式 NP 难题,利用分支定界(branch and bound)法、列生成(column generation)法、拉格朗日松弛(Lagrangian relaxation)法和 D-W 分解法(Dantzig-Wolfe decomposition)等精确算法只能求解小规模算例，不能解决实际问题。对于实践中规模较大的汽车列车调度问题，只能采用以遗传算法、模拟退火算法、禁忌搜索算法、蚁群算法为代表的启发式算法求解，但由于解的编码表示复杂，其算法求解难度较大，算法参数、迭代策略的设定也较为复杂。

参 考 文 献

[1] Chao I M. A tabu search method for the truck and trailer routing problem[J]. Computers and Operations Research, 2002, 29(11): 33–51.

[2] Scheuerer S. A tabu search heuristic for the truck and trailer routing problem[J]. Computers and Operations Research, 2002, 33(4): 894–909.

[3] Drexl M. A branch-and-price algorithm for the truck-and-trailer routing problem[D]. Aachen: RWTH Aachen University, 2007.

[4] Lin S W, Yu V F, Chou S Y. Solving the truck and trailer routing problem based on a simulated annealing heuristic[J]. Computers & Operations Research, 2009, 36(5): 1683–1692.

[5] Caramia M, Guerriero F. A heuristic approach for the truck and trailer routing problem[J]. Journal of the Operational Research Society, 2010, 61(7): 1168–1180.

[6] Villegas J G, Prins C, Prodhon C. A matheuristic for the truck and trailer routing problem[J]. European Journal of Operational Research, 2013, 230(2): 231–244.

[7] Mahmoudi M, Zhou X. Finding optimal solutions for vehicle routing problem with pickup and delivery services with time windows: A dynamic programming approach based on state-space-time network representations[J].Transportation Research Part B: Methodological, 2016, 89: 19–42.

[8] Li H Q, Lu Y, Zhang J, Wang T Y. Solving the tractor and semi-trailer routing problem based on a heuristic approach[J]. Mathematical Problems in Engineering, 2012, (6): 2301–2314.

撰稿人：郎茂祥　卢　越

北京交通大学

审稿人：秦　进　王志美

列车晚点传播问题

Train Delay Propagation Problem

1. 背景与意义

铁路运输作为一种安全、舒适、低碳环保、运载量大的公共交通方式，对于满足人们日益增长的出行需求起着至关重要的作用。随着生活水平的不断提高，人们对列车运行晚点越来越敏感，对出行准时性的要求越来越突出。然而受到各种随机扰动的影响，列车运行晚点及其传播时常发生，尤其在铁路系统的能力利用率较高时，列车运行晚点传播的发生更为频繁，影响程度也更高，严重威胁了铁路运输服务的可靠性，导致旅客满意度下降。另外我国铁路网络呈现点多、线长、面广的特点，列车数量和种类较多，给日常列车运行组织工作和保障列车正点运行带来巨大挑战。

在铁路日常运营过程中，列车晚点的发生及其传播使得列车正常运行秩序被破坏，给保持较高列车运行正点率造成压力。如何在保证高旅行时效性的同时，确保列车安全、高效和正点运行，成为铁路运营管理领域迫切需要解决的重点问题之一。科学揭示列车晚点传播机理并对其实施有效的控制，对保障列车有序运行、提升列车运行正点率、满足人们日益增长的高质量出行需求具有重要的科学意义及应用价值。

在理想运营状态下，列车按照既定列车运行图运行，有秩序地完成出发、区间运行、停站以及到达等各项作业。然而在实际运营过程中，由于设备故障、人为操作失误、恶劣天气等因素经常会出现随机扰动，列车不可避免地受到这些扰动的影响，产生初始晚点。由于路网中各列车之间具有很高的耦合性，前行列车的晚点会传播给后行列车，导致后行列车的连带晚点，该现象被称为列车晚点传播[1]。

列车晚点传播是铁路运输过程中客观存在的现象，往往会对正常列车运行秩序造成极大干扰，因此有必要科学合理地描述和分析其背后隐藏的规律，进而采取有效策略对其予以控制。

揭示列车晚点传播过程的机理并提出控制列车晚点传播过程的理论，具有重要的科学意义及应用价值：

(1) 有助于深刻认识和理解为什么一趟列车晚点会影响其他列车，以及列车初始晚点是如何传播到其他列车的。

(2) 有助于从列车晚点传播问题源头出发，研究和提出控制列车晚点传播的理论和方法。

(3) 有助于制定有效策略和措施，降低列车晚点传播对正常列车运行秩序所造成的不利影响，保障较高列车运行正点率。

2. 研究进展

分别对列车晚点传播规律、列车运行图可靠性以及列车运行调整、车底运用计划调整和乘务周转计划调整等方面的既有研究成果进行简要总结。

1) 列车晚点传播规律研究

国内外研究学者针对列车晚点传播规律进行了大量研究，研究大多聚焦于分析列车晚点传播规律、构建随机晚点传播模型、预测列车晚点传播过程、开发系统模拟列车晚点传播过程、探索列车晚点传播的影响因素等，主要运用数学方法进行理论分析和系统仿真进行仿真实验。少数研究者讨论了列车运行图特性和列车晚点传播行为之间的相互影响关系，如 Goverde[2]。

2) 列车运行图可靠性研究

影响列车运行图可靠性的因素有很多，为提高列车运行图的可靠性，Jovanović 等[3]优化缓冲时间设置；Bešinović 等[4]从列车区间运行时分和停站时分等列车运行图参数，以及由此衍生的列车运行、停站缓冲时间与晚点时间角度考虑，发展了相关的列车运行图可靠性评估理论；de Kort 等[5]将运行图的可靠性视为运行图能力的一部分，在定义运行图极限稳定性的基础上，尽可能多的铺画列车运行线；Goverde 等[1]研究如何评估和量化能力利用率，对列车运行图可靠性依赖于繁忙网络的程度进行分析。

综上所述，既有研究关注的要素主要有两个：一是时间，从晚点时间、缓冲时间等不同角度，采用极大代数、统计学理论等，衡量运行图的可靠性；二是能力及其利用率，即研究铁路路网能力以及列车运行计划(列车运行图)共同决定的列车运行图可靠性，主要运用极大代数、进化算法等进行研究。另外，既有研究主要集中在对可行性进行分析和评估，并没有对列车运行图的可靠性给出严格的、量化的数学定义，这使得对列车运行图可靠性进行优化存在一定的局限性。

3) 列车运行调整、车底运用计划调整以及乘务周转计划调整研究

列车运行晚点及其传播发生后，需要采取适当的调整策略，制定列车运行调整计划、车底运用调整计划和乘务排班调整计划，来恢复受扰动影响的初始计划，并且尽量将负面影响降到最低。

多年来，国内外学者对列车运行调整问题一直保持着浓厚的研究兴趣，研究

成果也颇为丰硕，主要研究方法有运筹学规划、人工智能和计算机仿真等。既有研究展现出的发展方向有：①问题背景由简单线路转向复杂网络；②优化目标由单一目标函数转向多目标函数；③调整策略由单项转向多项、分步转向同步等研究趋势。针对车底运用计划的调整，主要是在列车运行调整计划已知的条件下进行的，以尽可能满足实时动态变化的旅客出行需求，如 Kroon 等[6]。乘务排班计划优化编制问题的研究则大部分是考虑乘务规则方面的具体约束，在车底运用调整计划给定的前提下对乘务排班调整计划的优化编制问题进行研究，如 Veelenturf[7]。

近几年，国外专家学者在调度指挥计划协同优化编制方面开展了初步探索，例如，Veelenturf 等[8]在列车到发时刻可调整的条件下，研究乘务排班调整计划的优化编制问题。调度指挥计划协同优化编制等问题的研究尚处于前期探索阶段，亟须投入力量对这些问题的基础理论展开深入研究。

3. 主要难点

列车晚点传播是一个综合而又复杂的问题，受到基础设施占用、车底运用以及乘务周转等具有极强耦合性要素的影响。不仅需要在优化编制列车运行计划阶段考虑如何提高其抗干扰能力，预防列车晚点及其传播的产生，还需要在实际运营阶段高效地对列车运行计划进行调整。为解决该科学问题，可以从揭示列车晚点传播的机理、提升列车运行计划的可靠性、提高调度指挥的质量这三个方面进行探索。

列车晚点传播机理研究需要确定基础设施占用、车底运用以及乘务周转等要素在晚点传播过程中的角色，分析列车晚点传播的主要影响因素，为列车运行计划的编制工作提供参考依据，也为实时的调度指挥工作提供决策支持。

提升列车运行计划可靠性的主要难点在于平衡运输能力与运行图可靠性的矛盾。未来应探索提升基本列车运行计划可靠性的理论与方法，编制既能够保障运输能力来满足运输需求，又具有较强的可靠性来抵抗晚点传播的列车运行计划。

为提高调度指挥质量，应注重探索调度指挥协同优化理论与方法，实现对列车运行图、车底运用、乘务周转等计划的协同优化调整，解决各调度计划之间不协调的情况。另外还应开发相应的智能辅助决策系统，在保证调度指挥质量的同时，确保其满足高时效性的要求，从而及时地控制列车晚点的发生与传播。

我国铁路路网规模大、运输需求多样、行车密度高，这增加了问题本身的复杂度，使得问题求解极其困难。要实现以上三点探索研究，需要在借鉴国外先进经验、理论与方法的同时，与我国当前铁路生产实践特征相结合，综合运用运筹学、计算机仿真和人工智能等先进理论和方法，进行问题描述、模型、算法等方面的改进与创新。

参 考 文 献

[1] Goverde R M P. Punctuality of railway operations and timetable stability analysis[D]. Delft: Delft University of Technology, 2005.

[2] Goverde R M P. A delay propagation algorithm for large-scale railway traffic networks[J]. Transportation Research Part C: Emerging Technologies, 2010, 18(3): 269–287.

[3] Jovanović P, Kecman P, Bojović N, et al. Optimal allocation of buffer times to increase train schedule robustness[J]. European Journal of Operational Research, 2017, 256(1): 44–54.

[4] Bešinović N, Roberti R, Quaglietta E, et al. Micro-macro approach to robust timetabling[C]// Proceedings of the 6th International Conference on Railway Operations Modelling and Analysis, Narashino, 2015.

[5] de Kort A F, Heidergott B, Ayhan H. A probabilistic (max,+) approach for determining railway infrastructure capacity[J]. European Journal of Operational Research, 2003, 148(3): 644–661.

[6] Kroon L G, Maróti G, Nielsen L. Rescheduling of railway rolling stock with dynamic passenger flows[J]. Transportation Science, 2014, 49(2): 165–184.

[7] Veelenturf L P, Potthoff D, Huisman D, et al. A quasi-robust optimization approach for crew rescheduling[J]. Transportation Science, 2014, 50(1): 204–215.

[8] Veelenturf L P, Potthoff D, Huisman D, et al. Railway crew rescheduling with retiming[J]. Transportation Research Part C: Emerging Technologies, 2012, 20(1): 95–110.

撰稿人：孟令云[1]　栾晓洁[2]

1 北京交通大学　2 荷兰代尔夫理工大学

审稿人：徐瑞华　何世伟

乘务计划的优化问题

Optimization of Crew Planning

1. 背景与意义

乘务计划的优化问题是运筹学中的经典问题之一，广泛地存在于铁路、城市公共交通等领域，医院、保健系统、旅行社、工厂、呼叫中心的人员排班等也都可看成乘务计划优化问题。科学、高效的乘务计划有助于提高交通运输组织效率、减少运营成本。随着人力成本的不断提升，尤其是火车司机这类乘务员成本在交通运输运营成本中占有很大比例，优化的乘务计划可以大大降低人力成本，乘务计划优化问题受到越来越多的关注。

在交通运输领域中，乘务计划优化问题主要是根据具体的运输任务要求，基于一定的乘务规则，指派乘务员(组)去执行具体的运输任务，并安排乘务员上班、休息、换班和下班的具体工作计划。交通运输领域的乘务员具体可分为两类：一类是"驾驶型乘务员"，如火车司机、公交司机等；一类是"服务型乘务员"，如列车员、公交售票员等。其中，"驾驶型乘务员"对工作时间、休息时间的要求更为严格。

乘务计划优化问题有以下几个基本特征。

(1) 时空属性。每一项运输任务均有具体的开始时刻、开始地点、结束时刻和完成地点。

(2) 任务覆盖。所有的运输任务都必须有乘务员(组)担当。

(3) 乘务规则。乘务员(组)的工作计划必须符合乘务规则的要求。乘务规则通常包括间休时间、用餐时间、连续担当乘务任务时间、最大工作时间、最大在岗时间、外段驻休时间、周休时间、月休时间等各种复杂的约束条件，大多为时间约束。不同领域的乘务计划优化问题差异主要表现在具体的乘务规则约束有所不同。

乘务计划优化问题(crew planning problem, CPP)是一个大规模复杂组合优化难题。由于乘务计划优化问题的时空跨度较大、乘务规则非常复杂，该问题通常被分解为两个子问题分别求解：乘务交路计划问题(crew scheduling problem, CSP)和乘务值乘计划问题(crew rostering problem, CRP)。其中乘务交路计划是根据乘务规则中的短期时间约束，安排乘务员(组)从乘务基地出乘至返回同一乘务基地退乘的工作内容(含休息)，是"匿名"的乘务员(组)工作计划，计划周期通常为1~3天；乘务值乘计划是根据乘务规则中的中长期时间约束，指派具体的乘务员(组)担当已经生成的乘务交路计划，确定全部乘务人员在一个较长周期内(周、月、年)的工作计划。

以高速铁路乘务计划优化问题为例，相关的概念如下。

1) 乘务区段

乘务区段是以乘务基地或乘务员换乘站为分割点，将列车运行线划分得到的乘务员(组)能够连续值乘的最小片段，也称为乘务区段或值乘片段。如图1所示，A站代表乘务基地所在站，4条运行线w、x、y、z共被拆分为w_1、w_2、w_3、x_1、x_2、y_1、y_2、z_1、z_2、z_3共10个乘务区段。乘务区段是编制乘务交路计划的基本单元，其数量与列车运行线数量和乘务员换乘站的分布密切相关，并直接决定了乘务计划优化问题的规模。

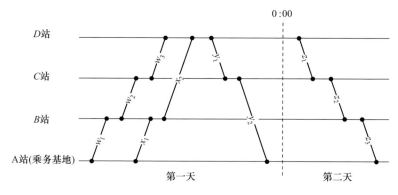

图1 乘务区段示意图

2) 乘务交路

乘务交路是乘务员(组)需要担当乘务任务的详细内容，是指乘务员(组)从乘务基地出乘，担当具体的乘务区段后，最终返回乘务基地退乘的全过程。当乘务交路的周期大于1天时，每天的工作任务称为一个乘务交路段，此时需要为乘务员(组)安排外段休息。一个可行的乘务交路一般由若干个乘务区段按照一定的规则组合而成，并且满足乘务员(组)一次出乘工作时间标准。如图1所示：乘务区段$\{x_1、x_2、y_1、y_2\}$组合形成乘务交路1，乘务区段$\{w_1、w_2、w_3、z_1、z_2、z_3\}$组合形成乘务交路2。其中，由于乘务交路2的值乘时间跨越了2天，乘务员(组)执行完乘务交路段$\{w_1、w_2、w_3\}$后在D站休息，第二天担当乘务交路段$\{z_1、z_2、z_3\}$返回乘务基地完成整个乘务交路2的值乘任务。

覆盖所有乘务任务的乘务交路集合构成一个乘务交路计划，可以据此确定出乘乘务员每天的工作内容。

3) 乘务值乘表

乘务值乘问题将乘务交路计划具体到人，把乘务交路分配给具体的乘务员(组)，计划好每天每个乘务交路(段)由哪一个乘务员(组)担当，形成乘务值乘表。乘务值乘表是乘务员(组)在一定周期内每天工作任务(担当乘务交路或休息)的具体安排。考虑到乘务员休息，所需乘务员(组)的总数通常大于乘务交路的数量。

假设 A 站乘务基地共有 4 组乘务员，则乘务值乘的安排见表 1。

表 1 乘务值乘

乘务组编号	第一天	第二天	第三天	第四天
乘务组 1	交路 1	交路 2-交路段 1	交路 2-交路段 2	休
乘务组 2	交路 2-交路段 1	交路 2-交路段 2	休	交路 1
乘务组 3	交路 2-交路段 2	休	交路 1	交路 2-交路段 1
乘务组 4	休	交路 1	交路 2-交路段 1	交路 2-交路段 2

乘务计划优化问题是一类资源的时空调度问题，具有广泛的应用背景。对该问题的研究不仅对于解决广泛存在的人员排班问题具有重要的实际意义，对于丰富资源调度问题的理论研究也具有切实的理论意义。

2. 研究进展

针对乘务计划优化问题，国内外学者做了大量的研究工作[1~10]。由于不同领域的乘务计划优化问题有很多共性特征，既有研究在求解思路和求解方法方面有很多共性。根据问题建模方式和求解方法的不同，既有研究大致可分为以下四类：

(1) 基于可行解建立集划分或集覆盖形式的模型。这类研究的特点是采用"生成-优化"的思路求解，即首先生成可行的乘务交路并以此为决策变量建立集覆盖或集划分形式的模型，然后采用列生成算法、拉格朗日启发式算法、约束逻辑规划、启发式算法等方法求解寻优。该求解思路广泛用于求解 CSP、CRP，也有学者用该思路求解 CPP。

(2) 以接续关系为决策变量建立模型。这类研究通常以运输任务间的接续关系为决策变量建立具有图结构的数学模型，提出了基于数学规划的启发式算法求解 CSP 或 CRP。

(3) 基于问题特征提出启发式算法求解。这类研究通过分析各领域问题的具体特征，提出了基于图结构表述的遗传算法、贪婪搜索、禁忌搜索、基于领域知识的启发式算法、模拟进化(simulated evolution，SE)算法、蚁群算法等方法求解 CSP 或 CRP。

(4) 扩展问题的优化。除了 CSP、CRP、CPP，还有学者研究了乘务计划优化问题的调整问题、鲁棒性优化问题、与航班计划的整体优化、与飞机运用计划的一体化优化等扩展问题。

3. 主要难点

(1) 大规模乘务交路计划问题的快速求解。由于乘务规则的复杂性，直接用数学表达式刻画非常困难，也会导致模型复杂难解，因此乘务计划优化问题通常被刻画为基于可行乘务交路的 0-1 规划问题。随着乘务任务数量的增加，不仅可行乘务交路的求解更为困难，0-1 规划模型的规模也急剧增加，问题的求解难度显著增加。随着计算机硬件水平的不断提升，计算机在计算速度、内存容量以及计算稳定性等方面的性能不断增强，算法的求解效率和求解精度之间的平衡问题也会逐步得到解决，可以探索求解乘务计划优化问题更为高效的精确算法。

(2) 乘务计划优化问题的整体优化。中国铁路网具有路网规模大、列车开行距离长、列车开行结构复杂等特点，相应的乘务计划优化问题也具有问题规模大、问题结构复杂等特点。因此，当分别求解 CSP 和 CRP 时，通常会存在大量长交路、夜间交路，使得最优的乘务交路计划未必能生成最优的乘务值乘计划。因此 CSP 与 CRP 的整体优化显得十分必要。由于乘务计划优化问题规模大，乘务规则非常复杂，CSP 与 CRP 的整体优化求解难度很大。

(3) 乘务计划优化问题的快速调整算法。由于司机这类"驾驶型乘务员"资源相对紧张，在扰动条件下尽快恢复运营秩序时往往成为制约因素，研究乘务计划优化问题的快速优化调整算法非常有必要。而目前这类问题的研究还较为缺乏。

(4) 乘务计划优化问题的扩展问题寻优。乘务计划优化问题与载运工具运用、运输排班计划之间均有一定的联系，为了更大程度地寻优，有必要将研究乘务计划优化问题与其他计划问题整体优化。但整体优化问题的规模更大、约束条件更复杂，其求解难度也更大。

参 考 文 献

[1] Barnhart C, Belobaba P, Odoni A R. Applications of operations research in the air transport industry[J]. Transportation Science, 2003, 37(4): 368–391.

[2] Caprara A, Toth P, Vigo D, et al. Modeling and solving the crew rostering problem[J]. Operations Research, 1998, 46(6): 820–830.

[3] Ernst A T, Jiang H, Krishnamoorthy M, et al. Staff scheduling and rostering: A review of applications, methods and models[J]. European Journal of Operational Research, 2004, 153(1):

3–27.

[4] Şahin G, Yüceoğlu B. Tactical crew planning in railways[J]. Transportation Research Part E: Logistics and Transportation Review, 2011, 47(6): 1221–1243.

[5] Kroon L, Fischetti M. Crew scheduling for Netherlands railways "Destination: Customer" [J]. Erim Report, 2000, 505: 181–201.

[6] Veelenturf L P, Potthoff D, Huisman D, et al. A quasi-robust optimization approach for resource rescheduling[J]. Econometric Institute Research Paper, 2014, 50(1): 204–215.

[7] Nishi T, Sugiyama T, Inuiguchi M. Two-level decomposition algorithm for crew rostering problems with fair working condition[J]. European Journal of Operational Research, 2014, 237(2): 465–473.

[8] 田志强. 高速铁路乘务计划编制优化理论与方法研究[D]. 成都: 西南交通大学, 2011.

[9] 王莹, 刘军, 苗建瑞. 客运专线乘务交路计划编制的优化模型与算法[J]. 铁道学报, 2009, 31(1): 15–19.

[10] 赵鹏. 高速铁路动车组和乘务员运用的研究[D]. 北京: 北方交通大学, 1998.

撰写人: 王　莹

北京交通大学

审稿人: 彭其渊　何世伟

公交系统行车与乘务计划的求解及优化

Vehicle and Crew Scheduling Problems Solving and Coordinative Optimization for Public Transit System

1. 背景与意义

随着社会经济的快速发展和城市化进程的不断加快，交通需求与交通供给之间的矛盾越来越突出。交通拥堵、环境污染、安全事故等问题普遍存在于世界各大中型城市，成为困扰广大出行者和政府管理部门的难题。城市公共交通以其载运能力大、环境污染少、方便、快捷、安全等诸多优点，成为解决城市交通问题的主要手段，"公交优先"和大力推进公交系统建设也成为城市交通管理的共识。公交运营组织与调度的任务就是有效管理和合理分配有限的车辆资源、人力资源，调整供需平衡，以解决供需矛盾，使所求目标最优。良好的运营组织与调度管理可保障公交系统以最少的人力、物力、财力投入即可满足客流的需求，确保运营计划的顺利执行。公共交通运营规划过程是一个系统决策问题，一个完整的公交运营规划过程一般包括四个子过程，按照决策的先后顺序分别是：①线网优化；②时刻表编制；③行车计划编制；④司售人员排班[1]。其中线网优化属于战略层次规划问题，时刻表编制、行车计划编制和人员排班属于运营层次规划问题，而后两者都是典型的组合优化问题，且已被证明是 NP 难题。

车辆行车计划编制问题(vehicle scheduling problem，VSP)是指在给定时刻表的前提下，通过构建车次链，为所有车次分配执行车辆，而每个车次链包含了车辆一天的行车计划任务。在满足公交公司的相关要求(加油、维修等)以及多线路和多场站的要求条件下，如何通过优化手段使车次链的数量最小，即以最小的车队规模完成规定的车次任务，对于公交公司，这一问题非常复杂。有文献表明，大于 2500 个车次的 VSP 就难于求得最优解；而对于大型公交公司，一般单日运营车次都超过 10000 个。目前 VSP 一般用运筹学中的多场站调度优化模型来描述，用 0-1 变量来表示车次之间是否可以连接，通常采用分支定界或启发式算法进行模型求解。

人员排班问题(crew scheduling problem，CSP)的主要研究内容是在已知行车计划的基础上，为所有的运营车辆分配合适的驾驶员，在满足相关运营约束的条件下，使既定的车次链均能够正常运营，并且使运营成本最少。对于公交公司，由于问题规模大，且有劳动法规、人车绑定、驾驶员用餐及所处位置是否能准时到岗等多个实际约束，求得该问题的最优解也非常困难。目前 CSP 一般描述为运筹学中集分割与集覆盖模型或网络流模型，通常采用列生成或启发式算法进行模型求解。

从时序逻辑关系来看，行车计划编制和司售人员排班这两个过程具有独立性和顺序性，且前一过程的输出将成为后续过程的重要输入，但实际上，后续过程的决策也会影响前面的决策。为了最大限度地发挥公交系统的能力，以使其生产率和效率最大化，可能会并行处理这两个过程，有时由于反馈过程的需要，这两个过程也会循环执行。对实际公交车队而言，对行车计划编制和司售人员排班进行协同优化的需求非常现实，虽然这可能会导致处理过程非常繁杂困难。

2. 研究进展

Pepin 等[2]比较了求解多场站车辆调度问题(multiple depot vehicle scheduling problem，MDVSP)的截断剪枝算法、拉格朗日算法、列生成算法、运用截断列生成进行邻域评价的大邻域搜索(large-scale neighborhood search，LNS)启发式算法和禁忌搜索算法五种不同启发式方法。结果表明，在求解 MDVSP 时，数学规划方法与元启发方法相结合可以在求解质量和计算效率之间实现平衡。Steinzen 等[3]采用拉格朗日算法与列生成算法相结合的方法解决多场站公交中车辆人员的集成调度问题。列生成子问题被视为有资源约束的最短路问题。与其他文献所用方法相比，该方法能够有效地进行求解，且求解质量和计算时间等性能指标较好。Naumann 等[4]提出一种新的公交行车计划随机规划方法。优化过程中使用典型的扰动策略，使计划成本和扰动成本之和的期望最小。与有固定缓冲可调时间的方法相比，该方法得到的总预期成本更小。对考虑计划延误传播因素的数据求解，该方法还可以得到组合最大鲁棒性和最小计划成本的帕累托最优解。Portugal 等[5]考虑了公交运营商和用户的立场及环境，提出了一个更为实用的基于集覆盖/分割方法的司售人员排班模型，采用商业软件 CPLEX 求解。Shen 等[6]提出一种融合了自适应进化策略的混合遗传算法来求解公交司售人员排班问题。Song 等[7]也提出一种改进遗传算法来求解排班问题。

3. 主要难点及探索思路

由于问题的 NP 属性，虽然研究和实践人员做了非常多努力和卓有成效的工作，但对大公交公司而言，实际大规模的行车计划编制、司售人员排班和公交驾驶员调度问题仍难以快速寻找最优解或近似最优解，有时甚至无法找到可行解，或得到的可行解并不优于富有经验的调度人员人工编制的计划。同时，目前在行车计划编制和司售人员排班两者协同优化方面的突破性研究进展也相当少。问题探索的可能思路是：在继续深化研究传统优化算法和启发式算法的同时，充分借鉴人工智能和大数据领域的研究成果，利用深度学习方法中的卷积神经网络(convolutional neural network, CNN)等工具，结合积累的海量大数据，深入挖掘归纳具有丰富实际经验调度人员的专业知识或"直觉"，将数学模型与知识进一步融合，以人机合作式增强学习的方式进行问题求解。

参 考 文 献

[1] Ceder A. 公共交通规划与运营——建模、应用及行为[M]. 关伟, 等译. 2 版. 北京: 清华大学出版社, 2017.

[2] Pepin A S, Desaulniers G, Hertz A, et al. A comparison of five heuristics for the multiple depot vehicle scheduling problem[J]. Journal of Scheduling, 2009, 12(1): 17–30.

[3] Steinzen I, Gintner V, Suhl L, et al. A time-space network approach for the integrated vehicle-and crew-scheduling problem with multiple depots[J]. Transportation Science, 2010, 44(3): 367–382.

[4] Naumann M, Suhl L, Kramkowski S. A stochastic programming approach for robust vehicle scheduling in public bus transport[J]. Procedia-Social and Behavioral Sciences, 2011, 20: 826–835.

[5] Portugal R, Lourenco H R, Paixao J P. Driver scheduling problem modeling[J]. Public Transport, 2009, 1(2): 103–120.

[6] Shen Y, Peng K, Chen K, et al. Evolutionary crew scheduling with adaptive chromosomes[J]. Transportation Research Part B: Methodological, 2013, 56B: 174–185.

[7] Song C, Guan W, Ma J, et al. Improved genetic algorithm with gene recombination for bus crew-scheduling problem[J]. Mathematical Problems in Engineering, 2015, 2015(1): 1–14.

撰稿人：关　伟　马继辉
北京交通大学
审稿人：王　炜　王志美

城市交通政策决策问题

Decision Making for Urban Transportation Policy

1. 背景与意义

随着国民经济的持续高速发展，国民收入水平不断提高，汽车拥有量急剧攀升，居民出行需求快速增加，城市交通面临交通拥挤、交通事故、环境污染、能源紧张等诸多挑战。为应对这些挑战，世界各国城市均根据其具体情况，在不同发展阶段制定与实施了相应的交通政策。

城市交通政策应根据城市的发展阶段，从环境生态、经济财政、社会公平和科学性等方面进行统筹决策，形成运输价格、交通安全管理、综合交通管理、交通投融资、交通需求管理、土地利用管控等相关政策群[1,2]，以方便个人出行和货物运输，促进城市经济社会发展。

在制定城市交通政策时，常常用到经济学的一些重要概念，如经济外部性，它是指在社会经济活动中，一个经济主体的行为直接影响另一个相应的经济主体，却没有支付相应成本或得到相应补偿。外部费用指由那些并非导致该费用产生的经济主体所承担的费用。城市交通系统具有外部性和外部费用，包括交通拥挤、交通事故、道路损伤、交通污染排放和能源过度消耗等相关费用[3]。城市交通系统中的出行者在制定出行方案时只考虑自己的出行成本，如时间、通行费用、燃油消耗等个人成本，而不考虑自己的出行对其他出行者带来的影响，使得整个交通网络中其他出行者的出行受到额外的限制，从而导致出行成本增加。

最优拥挤定价[3]是对造成道路交通拥挤的出行者收取出行边际社会成本与边际个人成本之差的费用。

2. 研究进展

交通政策的制定是一个复杂的系统工程，有许多待解决的理论问题和实践难题。近年来，环境可持续发展交通的理念引起国内外广泛关注，世界各地提出了各类交通政策。就交通拥挤收费的定价而言，最早由 Pigou 和 Knight 分别于 1920

年和 1924 年提出[4]。最优拥挤定价是在"定价公式没有约束，且除交通拥挤的外部性以外无其他市场失真"的情况下推导出的定价策略。而在考虑拥挤收费定价时，还需要考虑税收等实际情况对最优定价策略可实施性的限制，因此出现了次优定价。次优定价认为在现实中，最可行的往往是选取网络中若干条较为拥挤的路段和若干较为拥挤的时段(如高峰期)进行收费。次优拥挤收费模型与最优拥挤收费模型具有相同的目标函数，不同的是路段收费空间与时间上的约束，次优定价模型增加了互补松弛约束条件。

以上海市为案例的交通拥挤收费政策可行性研究，确定了收费区域、费率以及收费时间，并对收费的收益和风险做了初步评估，制定了相关的公交和出租车配套措施[5]。

早期的交通政策都是基于宏观的需求分析，经典的方法是交通需求预测四阶段法，最早在 20 世纪 50 年代美国底特律大都市交通规划和芝加哥交通规划中应用。但是，由于宏观分析(或称为集计模型)以小区的平均值为单位进行建模，难以解释个人实际出行行为与政策的因果关系。相比较而言，非集计模型可以克服集计模型的缺点，利用少量数据对个人或家庭行为进行建模，并在模型中引入较多政策变量，从而科学评价政策的有效性。简单的出行行为分析可以利用传统的离散选择模型，如 Logit Model、Ranked Logit Model、Nested Logit Model、Mixed Logit Model、Probit Model 等[6]。当研究者意识到交通是个人为了从事某种活动而产生的一种派生需求后，基于活动的模型得到重视并广泛应用。此外为了综合研究某个人的所有出行活动，引入了出行链的概念。随着研究的不断深入，一些研究者又开始思考人们为什么需要进行各种各样的活动，试图从活动产生的源头来直接分析交通行为以及政策的影响，基于需求的模型就是其中的一种，它指出人们是为了满足各种各样的生理或心理需求，从而产生活动，继而诱发交通需求。然而现阶段模型尚处于研发阶段，如何模拟多种需求、动态的情形、家庭内部成员以及社交关系网络中的互相影响都是难点问题。

因为交通行为涉及内容广泛且每种行为之间互相关联(如居住地选择和交通方式选择)，所以系统建模必须同时考虑多个变量以及各个变量之间的相互关系。为了克服多个变量之间的相互关联而导致的模型内生性问题，研究者采用了多种不同的方法，如结构方程模型、多项离散连续极值模型[7]、基于 Copula 函数的模型、基于贝叶斯估计的模型等[8]。此外，政策除了直接影响人们的交通行为，还会间接地影响人们对出行活动的态度、意识等潜在变量，而这些潜在变量又会影响出行行为。为了评价政策(组合)的综合影响，Walker 等[9]提出了集成潜在变量的选择模型(integrated choice and latent variable，ICLV)。

如何分析和预测特定交通政策下居民出行行为的变化，是近年来另一个研究热点课题。如何构建行为模型，使得它能够更加真实地模拟居民出行行为，进而探究人们对于各项政策或者政策组合的反应，从而最大限度地发挥政策的引导作用。首先，政策的决策需要居民参与，人本身是一个复杂的巨系统，人的决策行为和机制是因时因地变化的；其次，居民的决策都是相关的，如同一时间点多个决策的相关、同一决策不同时间点的相关等；最后，政策牵涉的因素复杂，政策之间具有复杂的相互作用。

3. 主要难点

城市交通政策决策是城市社会科学的一个复杂问题，需要科学、公平、合理和可行并举，包含如下一些难点问题：

(1) 有限理性[10]约束下的决策问题。该理论更加符合人们的实际行为决策过程。

(2) 在复杂多样化的人文因素、经济社会环境和交通基础设施约束下，多项政策组合优化决策的理论和方法。

(3) 基于系统动力学的城市交通政策分析和效果仿真评估。利用系统动力学建模的方法研究单一政策或多项政策联合作用的影响关系，并用系统仿真的方法分析预测效果。

参 考 文 献

[1] 太田胜敏. 交通システム計画の展開と交通まちづくり[R]. 東京: 東京大学, 2003.
[2] 中村英夫, 林良嗣, 宮本和明. 都市交通と環境—課題と政策[M]. 東京: 運輸政策研究機構, 2004.
[3] Small K A, Verhoef E T. The Economics of Urban Transportation[M]. London: Routledge, 2007.
[4] Knight F H. Some fallacies in the interpretation of social cost[J]. The Quarterly Journal of Economics, 1924, 60(4): 11–14.
[5] 姬杨蓓蓓, 孙立军. 交通拥挤收费的理论基础和在国内实施的对策研究[C]//第一届中国智能交通年会, 上海, 2005.
[6] Train K E. Discrete Choice Methods with Simulation[M]. Cambridge: Cambridge University Press, 2009.
[7] Bhat C. A multiple discrete-continuous extreme value model: Formulation and application to discretionary time-use decisions[J]. Transportation Research Part B: Methodological, 2005, 39(8): 679–707.
[8] Anowar S. Alternative modeling approaches used for examining automobile ownership: A comprehensive review[J]. Transport Reviews, 2014, 34(4): 441–473.
[9] Walker J, Ben-Akiva M. Generalized random utility model[J]. Mathematical Social Sciences, 2002, 43(3): 303–343.

[10] Kahneman D. Maps of bounded rationality: Psychology for behavioral economics[J]. The American Economic Review, 2003, 93(5): 1449–1475.

撰稿人：赵胜川[1]　邵春福[2]　邬　娜[1]

1 大连理工大学　2 北京交通大学

审稿人：毛保华　赵　晖

交通运输定价策略

Pricing Strategy in Transportation

1. 背景与意义

在理论层面，商品需求和供给是决定商品价格的两种力量。市场同时受到需求法则和供给法则的影响，在自由竞争市场中，均衡价格的形成是一个竞争过程。而在实际中，价格形成还受各种其他因素影响，如垄断以及其他非市场因素。交通运输市场不是一个完全竞争的市场，不同交通方式由于自然条件、网络经济的作用，会形成不同程度的垄断，更重要的是，交通运输服务由于其特殊性会受到政府的管制。因此交通运输价格不完全是市场竞争均衡的结果，交通定价问题比一般商品的定价问题更为复杂。

和一般商品价格相比，交通运输价格具有特殊性：首先，运价是一种服务价格；其次，运价是商品(即运输意义上的货物)成本的组成部分，运价会直接影响商品的销售价格；最后，运输服务的距离、方向、时间、速度等差别都会影响运输成本和供求关系，在价格上必然会有相应的反映。交通运输价格的变动不仅会影响交通运输服务提供者，也会影响市场上几乎所有商品的价格。

价格是一种资源分配机制，交通运输价格在交通运输资源配置中起着重要作用。因此研究交通定价问题具有非常重要的意义。在交通运输市场，既有追求利润最大化的私人运输企业，也存在以政府投资为主体(或以私人投资为主体但受政府管制)，旨在提高社会整体福利以及提供基础的普遍交通服务的公共交通企业。完全"正确的"价格是不存在的，但是存在可以实现预期目标的最优定价策略，不同的目标其价格制定的策略是不同的。

交通运输需要基础设施和运载工具同时匹配才能提供运输服务，这种供给能力构成的特点也决定了交通运输成本构成的复杂性，而成本在价格制定中起着重要作用。另外，由于交通运输服务具有时间和空间特定性，例如，A 时的运输供给无法满足 B 时的运输需求，甲地的运输供给也无法满足乙地的运输需求。因此即使在总量上交通运输供给和需求达到了均衡，实际上总有个别不满足的需求和过剩的供给。交通运输服务是一个动态的过程，如何考虑时间、空间的动态变化，确定合理的价格，也是交通定价问题中动态定价所要解决的难点。

2. 研究进展

交通定价是非常复杂的问题，常用的定价原理方法大致可归结为平均成本定价、边际成本定价、歧视定价、收益管理定价、高峰负荷定价、负担能力定价、互不补贴定价、次优定价(拉姆奇定价)等[1,2]。根据运价的不同组成形式及其各组成部分的比例，运价有不同的确定原理和结构，主要可分为里程式运价结构、货种差别运价结构、客运差别运价结构、邮票式运价结构、基点式运价结构和区域共同运价结构等[1,3]。其中，里程式运价结构和差别运价结构是基础，其他各类运输价格主要以这两种结构形式为基础。最新的有关交通定价问题的研究集中在以下几个方面：

(1) 考虑多方式竞争的差异化定价策略问题。相关的研究包括估计各细分市场的需求弹性与替代品数量，估计各产品的短期成本函数与制造产品差异，以及不同运输方式存在运输价格、安全性、时效性和便捷性等方面的差异[4]。对于多种运输方式竞争下的定价方法，可以采用用户广义费用最小化模型和双层规划模型，双层规划模型上层目标函数考虑企业的运价收入和运营成本，以企业利润最大化为目的，下层模型用上层模型决策出的价格进行运量的均衡分配，目标是使每种运输方式的客户广义费用达到最小[5]。

(2) 考虑不同阶段以及网络化运输的动态定价问题。相关研究针对轨道交通项目特许运营的生命周期性，可分为客流吸引产生、客流培育发展和客流相对趋稳阶段，同时客流具有可扩展性的特点，融合考虑市场机制和政府管制两个条件，采用基于动态多目标视角的定价机制及相应的定价模型[6]。另外有研究根据最大凹向包络理论，对网络运输中各旅行区段的价格性质进行拓展研究，探讨各区段给定价格集合与最优价格之间的联系，解决动态定价中价格数据的理论依据[7]。

(3) 基于博弈分析的定价策略问题。相关的研究包括针对公共与个体两种交通方式并存的竞争系统，比较分析各种交通收费政策下的流量分布和系统总成本，以及对竞争方式的定价和方式划分问题[8]。另外轨道交通和常规公交之间存在相互竞争又相互合作的关系，既可以按照客运走廊合作和换乘衔接合作两种不同形式，构建双层规划博弈定价模型[9]。也可针对双头垄断市场寡头间可能采取的自由竞争和相互勾结这两种定价博弈可能，利用均衡理论和乘客出行广义费用模型，研究交通价格管制策略[10]。

3. 主要难点

1) 交通运输成本的核算问题

相较于一般商品的成本分析，运输成本的分析非常复杂，这种复杂性是和交通运输活动的特殊性相关联的。

(1) 共同成本问题。共同成本是指多种产品或服务需要使用相同的资源要素，这些资源要素的费用支出就成为这些产品或服务的共同成本。共同成本存在的问题是常常难以准确界定不同使用者的责任，因此成本在各个责任者之间如何分担是比较困难的。一条道路同时被货车和客车使用，这些成本将由货车和客车的使用者共同承担；客货混行的铁路线路上同时行驶着旅客列车和货物列车，线路磨损产生的维护成本也将由这些列车共同承担；一次飞机航班运送旅客，同时下层货舱装载着货物，这次飞行的成本如何分摊到某一个旅客或某一件货物。上述成本如何精确地归依到某一个具体的运输对象上，是迄今为止最有挑战性的问题。

(2) 联合成本问题。联合成本是指提供 A 产品或服务必定会同时带来 B 产品或服务时，B 产品或服务的成本就是 A 产品或服务的联合成本。A 和 B 称为联合产品(或联合服务)。以运输返程回空为例，满载的运煤列车由煤矿驶往电厂，卸载后空车返回，满载的煤炭运输是该铁路的主要产品，返程回空的列车就成了满载煤炭列车的联合产品。于是列车空返的成本就是满载列车运输的联合成本，它们是不可分割的。联合成本的存在涉及回程利用问题以及与之相关联的高峰负荷定价问题。

2) 动态定价问题

对于追求利润最大化的企业，如何通过变化的价格策略尽可能多地占有本属于乘客的消费者剩余，使实际价格接近消费者所愿意支付的价格一直是企业考虑的重点。传统上，基于需求弹性或者需求数量等差异，可以分割不同的运输市场，从而对同样的运输服务制定不同的价格。也可通过区分愿意支付高价的顾客(向他们收取高价)和只愿意支付低价的顾客(他们可能愿意以较低的价格获得低级的产品)，分别制定不同的价格。动态收益及价格歧视的难点在于要能够实现不同市场的隔离，防止一种价格策略会冲击另一种价格策略。近年来，对这方面的研究面向更广阔的领域，引入更多的影响因素，包括交通运营的不同阶段需要采取不同的价格策略，以实现利润最大化或社会福利最大化的目标等。这方面的难点在于既需要分析交通需求的变化，也需要分析交通成本的变化。

3) 交通补贴问题

补贴政策实施的依据是对交通服务的使用者提供奖励来使得他们对交通方式的选择更符合社会整体需求。补贴用于支持铁路与城市的交通服务，是解决外部性问题的方法。许多公共交通部门享受着大量来自政府的补贴，在某种程度上，如果政府对某项服务提供补贴，则可以把它看成政府对该服务的需求，并将它与其他顾客的需求同等对待。但实际上，补贴使交通定价问题变得更加复杂了。如果是出于收益性的目的给予运输企业一次性补贴，由于补贴过程中政府和企业的信息是不对称的，带来的问题是如何最有效地利用这些补贴，以确保补贴能够达到社会目标。

参 考 文 献

[1] 贾顺平. 交通运输经济学[M]. 2 版. 北京: 人民交通出版社, 2015.
[2] Button K. 运输经济学[M]. 李晶, 吕靖, 等译. 3 版. 北京: 机械工业出版社, 2013.
[3] 荣朝和. 西方运输经济学[M]. 2 版. 北京: 经济科学出版社, 2008.
[4] 方晓平. 运输企业中不同差别价格策略[J]. 交通运输工程学报, 2003, 3(4): 85–88.
[5] 张小强, 刘丹, 王斌, 等. 多运输方式竞争下的铁路快捷货运定价方法[J]. 交通运输系统工程与信息, 2016, 16(5): 27–33.
[6] 易欣. 基于动态多目标的 PPP 轨道交通项目定价机制[J]. 技术经济, 2015, 34(12): 108–116.
[7] 张秀敏, 赵冬梅, 文曙东, 等. 网络运输价格性质研究[J]. 系统工程理论与实践, 2004, 24(10): 68–73.
[8] 黄海军, Bell G H, 杨海. 公共与个体竞争交通系统的定价研究[J]. 管理科学学报, 1998, 1(2): 17–23.
[9] 唐文彬, 张飞涟, 李晶晶, 等. 城市轨道交通与常规公交的合作博弈定价模型[J]. 科技进步与对策, 2012, 29(18): 69–72.
[10] 吴麟麟, 卢海琴. 基于定价博弈的城际客运交通价格管制分析[J]. 江苏大学学报(社会科学版), 2012, 14(2): 89–93.

撰稿人：贾顺平
北京交通大学
审稿人：秦　进　姚向明

旅客运输票额管控

Ticket Management and Control in Passenger Transportation

1. 背景与意义

旅客运输票额管控是指运输企业根据市场需求预测结果、旅客出行规律和客票需求特点，通过优化票额计划、票额分配和票额调整等策略，以达到最大化上座率或企业收益等目标的过程。

近十年来，我国铁路、航空和公路等主要运输方式，在运输能力供给方面都得到了长足进步，很大程度上缓解了我国运输市场供需不足的矛盾。同时为了提高运输能力利用效率和运输企业的客票收益，铁路、航空等运输能力不足的运输企业，一直都高度重视其票额管理策略与方法，力求使其票额分配与实际客流需求达到尽可能匹配。

对于铁路运输、航空运输等严格采取"提前购票，凭票乘车"的运输方式，一般都具有旅客可以提前购票的时间跨度大、运输沿线停靠点多、开行的运输工具数量和客流起讫点时空分布特性明显等特点，为其票额管理带来了难题。以铁路运输为例，铁路客运网络点多线长，旅客列车开行规模巨大，尤其是中间供旅客上、下的停靠站数量多，导致其客运票额管控问题尤为复杂。

无序的票额管理，会带来诸如短途运输占用长途运输的能力、客流结构性失衡等问题。在当前国内外运输市场都面临充分竞争和旅客出行需求特性各异的前提下，采取适合市场规律的票额销售策略，正确分析市场竞争环境、准确预测客流需求、合理分配客票在各个区段不同阶段的预售额，对提高我国运输企业效益及其服务水平的重要性不言而喻。

根据旅客运输特点，旅客可以通过多种方式购票后，按票面规定从沿线不同站点上车(乘机)。考虑到交通工具的运输能力(舱位和坐席的数量)限制，为提高有限运输能力的利用率和企业整体效益，运输企业需要在合理确定服务市场和服务对象基础上，根据客流规律选择合适的票额管控策略，据此为运输沿线停靠点合理分配票额(坐席)，最大限度地使票额分配量与客流需求量相匹配，以实现票额收益的最大化和运输能力的充分应用。

票额管控决策直接关系到运输企业的市场竞争效果、运输服务水平、运输能力利用和企业效益[1]。为实现运输企业的经济效益和社会效益，客运票额的控制与分配必须依据预测的客流时空分布规律、旅客购票行为心理、企业运能配置等要素，综合运用管理学、经济学、统计学、数学优化、行为心理学和营销管理等多学科的理论与方法，解决中短期客流时空分布预测、票额组织策略、票额优化分配、票额超售控制等难题。对旅客票额管控问题展开研究，不仅可以通过辅助客票管理科学决策，以有效改善运输服务水平和提高企业效益，同时将为建立可持续发展的运输市场提供理论基础。

2. 研究进展

近年来，铁路、航空等运输企业分别推出和加强了票额共用、票额复用、舱位(坐席)分配和动态定价等客运票额管控策略和措施，并在此基础上开展票额计划、票额分配和票额调整等方面的研究，有效提高了现有运输能力的全程利用率。然而与我国铁路和航空市场规模的快速发展相比，相关的理论研究还不够深入和完善。

客流预测和客流分配是客运票额管控的基础[2]。目前客流预测方法还集中在以统计方法为主的传统方法预测中长期客流方面，对于短时客流预测则多采用人工智能方法，以人工神经网络和支持向量机等方法为主[3,4]。在客流分配方面，则多以首先构造换乘网络，在此基础上采用传统的基于 Wardrop 原理的均衡配流方法为主，也有学者进一步提出了多种不同条件下的均衡配流方法[2]。

航空运输中票额管控的难点主要体现在机票超售和舱位控制两个方面[5,6]。机票超售是指为避免由乘客因素产生座位虚耗，航空公司会出售比航班座位数多的机票，以保证运能的充分利用和提高企业收益。早期超售控制策略多是通过统计分析和概率方法开展研究，目前则更多地将排队论和马尔可夫链的思想引入机票超售模型中，尤其是从收益管理角度研究机票超售及其补偿策略等相关问题[6]。航空舱位控制则是指在实行不同票价折扣的前提下，依据旅客预订座位的选择行为特征规律，尽可能地将座位满足可接受相对较高票价的旅客。目前的研究主要是根据市场细分后的旅客特性差异来划分票价等级和分配数量。

如前所述，铁路旅客运输具有线长点多、列车数量庞大和旅客出行起讫点数量多等特征，导致其票额管理相对航空运输更加复杂。另外，由于各国铁路运营方式不同，对票额控制与分配的关注点也不尽相同。整体而言，既有研究都主要集中在数学优化模型计算分析和计算机系统两个方面，这些方法都是以预测的客流分配为基础进行票额分配，且多以静态方法为主，并辅以基于历史数据和决策者经验的票额调整方案。

3. 主要难点

(1) 票额分配和控制均需基于客流规律,因此票额管控首先要解决的问题就是旅客购票行为分析。如何挖掘和定量化描述旅客购票行为的时间分布规律,是目前还未得到有效解决的难点之一。未来解决的思路,可以博弈论为基础,结合统计学、行为心理分析等理论和方法,对旅客购票行为开展定量化描述和分析。

(2) 对于航空运输,由于其线路经停站和坐席数量往往较少,因此其客运票额管理的主要难点集中在短期运量预测、全航程管理模式下的舱位(坐席)控制与分配以及不同条件下的机票超售策略等方面。

(3) 铁路运输企业需要研究确定合理的票额分配策略,对有限的票额资源实施优化配置,尤其是如何在具有重合路径的长途旅客与短途旅客之间进行合理的坐席分配,以提高有限运输能力的利用率,是当前研究的难点所在。未来的研究方向,可以考虑基于科学的客流分配方法,选择合理的票额组织策略,从时间(售票时间、票额分配方案的制定与调整时间)和空间(不同车站的票额分配数量)两方面优化票额分配策略,使客票分配与实际需求尽可能吻合。由于铁路旅客列车票额分配涉及起讫点数量多,各客流区段之间关联性更强,停站方案更复杂,如何对铁路客运票额进行合理分配,优化方法和求解算法等方面都是难点所在。

(4) 在票额控制方面,由于铁路、航空等大运量长距离的公共交通需求既具有一定的时间变化规律,又具有较强的不确定性。因此如何根据出行需求的时变规律和不确定性进行票额销售策略的动态调整,也是当前研究的主要难点之一。

参 考 文 献

[1] 单杏花. 铁路客运收益管理模型及应用研究[D]. 北京: 中国铁道科学研究院, 2012.

[2] 王洪业, 吕晓艳, 周亮瑾, 等. 基于客流预测的铁路旅客列车票额智能分配方法[J]. 中国铁道科学, 2013, 29(3): 128–132.

[3] Jiang X S, Zhang L, Chen X. Short-term forecasting of high-speed rail demand: A hybrid approach combining ensemble empirical mode decomposition and gray support vector machine with real-world applications in China[J]. Transportation Research Part C: Emerging Technologies, 2014, 44(4): 110–127.

[4] Jiang X S, Chen X, Zhang L, et al. Dynamic demand forecasting and ticket assignment for high-speed rail revenue management in China[J]. Transportation Research Record: Journal of the Transportation Research Board, 2015, 2475(2475): 37–45.

[5] Amaruchkul K, Sae-Lim P. Airline overbooking models with misspecification[J]. Journal of Air Transport Management, 2011, 17(2): 143–147.

[6] Sierag D D, Koole G M, van der Mei R D, et al. Revenue management under customer choice behaviour with cancellations and overbooking[J]. European Journal of Operational Research, 2015, 246(1): 170–185.

撰稿人：秦　进　史　峰
中南大学
审稿人：赵　鹏　姚向明

铁路客票系统计算资源分布优化问题

The Problem of Optimizing the Computing Resource Distribution in Railway Ticketing System

1. 背景与意义

长期以来，我国的铁路售票一直使用手工发售硬板客票，发售速度慢，售票范围局限；票额分配较为僵化，往往出现票额充沛的站客流不足，客流突增的站票额紧张。针对上述情况，我国自 1996 年开始建设铁路客票发售和预订系统(以下简称客票系统)，经过二十余年的发展，现已成为实现铁路客票销售渠道网络化、服务手段现代化和运营管理信息化的重要基础[1]。

客票系统集成铁路总公司和各地区中心的服务器、存储器、数据库、负载均衡器等，形成了庞大的全路客票信息存储计算资源，如何合理配置计算资源是客票系统发展的关键。我国铁路客流具有增长迅速、波动性大以及时空分布不均衡等特征，铁路旅客运输能否满足日益增长的运输需求，不仅取决于客运运输能力，也取决于客票系统计算资源的分布方式。因此基于客流分布及购票请求的实时波动合理配置铁路客票系统计算资源，是客票系统建设中需要解决的科学问题。

铁路客票系统计算资源分布方式主要有分布式与集中式：分布式客票系统体系是将计算资源物理上分布在多个地点，逻辑上协同计算，分别或共同完成票务管理。分布式系统健壮性好，扩展能力强，易于建设。但系统运行和维护工作链条长，安全系统成本高，数据同步难度较大。集中式客票系统体系是将计算资源集中在某地，核心交易集中处理，共同承担票务管理、售票交易以及站车交互等核心业务，运行和维护效率高，数据同步量少，但建设难度高，安全性较低。当前我国客票系统是分布与集中相结合的架构；逻辑上由 1 个铁路总公司中心、18 个铁路局地区中心以及二十多个负载中心组成，核心数据物理分布在 2 个总公司级数据中心和 18 个路局级数据中心，线上互联网售票系统以及总公司级客票系统集中，线下路局级窗口客票系统分布；铁路总公司机房部署了席位集中的设备及系统，并已经实现部分路局席位的上移集中，基本具备席位数据逻辑和物理集中的技术条件。随着我国客运需求的变化和未来软硬件技术的不断发展，在保证信息安全的前提下，以最大限度提升售票效率为目标，合理配置铁路客票系统的计算资源具有重要意义。

铁路客票系统是当前我国铁路建设的关键内容，其中如何合理地分布计算资源更是需要解决的核心科学问题。研究针对多种时空域的客票需求形态、模式、分布等因素对铁路客票系统计算资源的影响，探索计算资源的适应条件与分布演化机理，不但对研究客票系统的优化升级及铁路信息化系统的资源配置具有重要的科学价值，也是改善铁路旅客运输供需平衡的基础，对于改善铁路传统的运营模式，发挥系统效益，充分配置和使用系统资源，推进铁路客票系统向自动化、智能化系统转型，具有重要的理论与现实意义。

2. 研究进展

铁路客票系统在计算资源分布方面，国际上主要从集中式和分布式两个角度展开研究。集中式角度以大型计算中心的形式统一处理全部批量的铁路客运业务，日本铁路客运发展较早，限于国土面积狭小，年平均客运量约为250亿人次，采用集中式售票系统[2]，集中式强调计算中心的运算能力，便于维护，但安全冗余小，扩展性差。分布式强调将划分好的业务数据子集分发给网络中的计算集群，分别计算并汇总，德国铁路客票系统采用分布式处理计算资源，运算效率显著提高，但维护成本高，响应缓慢[3]。悉尼铁路结合客运需求，以定量的方式预先分配票额，合理分配计算资源[4]。与国外铁路客运规模现状相比，我国铁路客运规模巨大，客票系统采用两种方式结合的形式，分别从资源分配[5~8]、性能优化[9]、中间件组合[10]等方面展开研究，基本满足了我国铁路售票的业务需求。但客流分布的不均衡特性和网络购票请求的时空波浪性需求对计算资源进行合理分布提出了新的挑战。如图1所示，以2016年为例，客运量在时间轴上存在明显的波动，并保持较高的增长率，但计算资源的分配在时空域内却相对固定。因此需要结合铁路客运大数据应用以及云计算技术对其进行改善和优化。

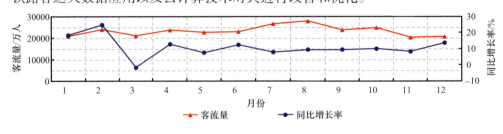

图1　2016年1～12月铁路客运量

目前该领域大部分研究成果主要局限于计算资源的分布方式二元选择与结合中，无法满足我国铁路客运快速发展中面临的课题与挑战，缺少针对不同时间周期、空间分布的客票需求形态、模式、分布等影响因素对铁路客票系统计算资源影响的定性和定量研究,难以实现铁路客票系统对计算资源动态规划与部署、智能预警与运行和维护等方面的实质性突破。

3. 主要难点

(1) 铁路客票系统计算资源分布方式适应性演化机理。合理的客票系统计算资源分布结构对于铁路客运供需平衡和运行效率具有关键作用。针对不同时空域的铁路客运需求的多样性、潮汐性以及不均衡性等特征,铁路客票系统计算资源的分布方式应对不同阶段的客运需要具有不同的适应性,加之铁路旅客运输的运力分配、票额分配以及席位分配等本身具有内部结构的复杂性,因此如何确定铁路客票系统计算资源的分布方式、适应范围及适应性演化机理是当前的瓶颈问题。

(2) 铁路客票系统计算资源分布方式的效率分析模型。铁路客票系统的计算资源分布方式的效率由铁路客运需求、软硬件运行条件及环境等多因素决定。因此铁路客票系统计算资源分布方式的效率分析需要深入分析不同计算资源分布方式与计算效率之间的关系,建立多维量化模型,找出计算效率在需求驱动、分布方式等多重作用下发展演化的内在规律,并在此基础上结合铁路客运大数据建立分析与学习模型,在理论上具有较大的复杂性。

(3) 铁路客票系统计算资源分布优化问题。铁路客票系统的架构方式、业务内容和相关技术都是随计算机技术和客流特征的不断变化而不断发展的,客票系统计算资源的分布方式也是不断优化的。铁路客票系统计算资源分布优化是需要考虑实时数据资源与历史数据资源的综合优化问题,是将系统整体计算效率发挥到最大化为目标,兼顾分布式计算资源配置模式与集中式计算资源配置模式的特性,统筹考虑实时数据与历史数据的计算分布方式。因此需要研究解决综合优化系统构架的科学难题。

参 考 文 献

[1] 董宝田, 刘军. 铁路信息化概论[M]. 北京: 中国铁道出版社, 2014.
[2] Sato Y, Ito M, Miyatake M. Smartcard ticketing systems for more intelligent railway system[J]. Hitachi Review, 2011, 3(60): 159–163.
[3] 姜洪伟. 德国铁路运输状况概述[J]. 哈尔滨铁道科技, 2000, 22(4): 24–26.
[4] David R, Stephens A. Sydney's new automatic ticketing system—A quantum leap in technology[C]//National Conference Publication(Institution of Engineers, Australia), Sydney, 1994.
[5] 朱建生, 单杏花, 周亮瑾, 等. 中国铁路客票发售和预订系统 5.0 版的研究与实现[J]. 中国铁道科学, 2006, 27(6): 95–103.
[6] 宋超, 魏颖. 探讨集中式售票系统的系统结构[C]//中国铁路客票发售和预定系统 5.0 版应用

研讨会, 北京, 2006.

[7] 刘春煌. 铁道部客票中心系统的设计与关键技术的实现[J]. 中国铁道科学, 2001, 22(2): 15–22.

[8] Wu Z H, Ye M Z, Liu X K. Research and development of safety technologies of railway ticketing system[J]. China Railway Science, 2001, 22(6): 63–66, 79.

[9] 李琪, 刘相坤, 李聚宝, 等. 铁路客票系统性能优化的研究[J]. 铁路计算机应用, 2010, 19(5): 11–14.

[10] Tang K, Sun J, Chen G W. Realization and application of middleware technology in Chinese railway ticketing system[J]. China Railway Science, 2004, 25(3): 103–108.

撰稿人：董宝田　张晓栋　赵芳璨

北京交通大学

审稿人：李舒扬　朱建生

铁路车流组织问题

Railcar Flow to Train Flow

1. 背景与意义

车流组织是铁路行车组织的一项重要内容,它规定车流由发生地向目的地运送的组织制度,货物列车编组计划(以下简称"编组计划")是车流组织的具体体现。编组计划是铁路行车组织工作较长期基础性质的技术文件,它把路网上错综复杂的车流分别组织到不同去向和种类的列车中,保证货物以最快的速度送达,机车车辆得到最好的运用。

货物列车编组计划规定了各货运站、技术站编组列车的种类、到达站和车辆编挂办法,这在很大程度上也就确定了各站的办理车数、改编车数、运用调车机车台数和使用调车线的数量,以及车站作业方法和技术设备运用办法等。通过变更编组计划,可以调整枢纽和方向的负担,使其能力紧张形势得到缓和,从而确保运输畅通。在制定铁路枢纽发展规划、进行站场扩建和新建规划时,有必要以远期的最优车流组织方案为基础,即根据编组计划确定的改编任务(重点是改编车数和到达站数)确定编组站或枢纽的发展规模及设备数量。因此远期的货物列车编组计划是制定铁路网上站场合理布局规划的重要依据[1]。

在铁路网上,装车站把装出的重车向卸车地点输送就构成了重车流,卸车站把卸后的空车送往装车地点又形成了空车流。在一定的路网运输能力和车流结构的条件下,车流组织要解决的主要问题包括以下方面:

(1) 货物列车开行方案。
(2) 每一列车去向的车流吸引范围。
(3) 列车运行径路。
(4) 各去向列车的开行频度。
(5) 线路和技术站的负荷水平。

车流组织所要解决的核心问题是直达与中转策略的优化,就是如何把车流变为列流,即把重车流和空车流编入对应的货物列车,从其发生地运送到目的地。假设有一支从货运站 S_1 到 S_n 的车流,其具体的车流组织方案如图 1 所示。

图 1 中,S 表示装卸作业车站;Y 表示技术站(编组站)。如果车流 $S_1 \rightarrow S_n$ 足够大,则可以组织装车地直达列车送达目的地,或者虽然不足够大,但是 S_1(也

可包括部分临近的装车站)发运到同方向的车流量很大,也可以合并组织越过前方技术站的直达列车。不满足在装车地组织直达列车的小车流通常通过摘挂或小运转列车运送到前方技术站(编组站,或重要区段站、基地站等)Y_1,然后通过直达或者中转改编方式运送到车站 S_n 的后方编组站 Y_{k+1},最后通过摘挂或小运转列车运送到目的站。技术站之间的直达和中转方案如何确定,构成了铁路车流组织优化问题的核心。

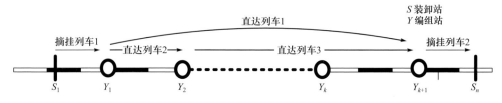

图 1　车流组织问题示意图

对于如图 2 所示的具有 4 个技术站、单向 6 支车流的车流组织问题,存在 10 种不同的单组列车编组方案。

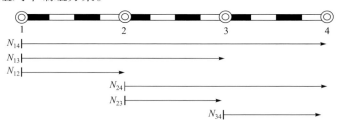

图 2　铁路网及货流示意图

当某方向上有 n 个技术站时,若以 $f(n-i)$ 表示方向上第 i 站的编组方案数,并定义 $f(n-n)=f(0)=1$。从 i 站发出的 $n-i$ 支车流中必有一支车流是到前方技术站 $i+1$ 的,因此必须将其列为一个单独的编组列车到站。若在其余 $n-i-1$ 支车流中任取 $K(K=n-i-1,n-i-2,\cdots,1,0)$ 支车流与它合并,则可以有 C_{n-i-1}^{K} 种合并方式,剩下的 $(n-i-1)-K$ 支车流的组合方案数为 $f[(n-i-1)-K]$。故第 i 站全部编组方案数 $f(n-i)$ 为

$$f(n-i)=\sum_{K=0}^{n-i-1}C_{n-i-1}^{K}f[(n-i-1)-K]$$

由于直线方向上全部编组计划方案数应为其所含各技术站编组方案数的连乘积,当以 $q(n)$ 表示方向上全部可能编组计划方案数时,则有

$$q(n)=\prod_{i=1}^{n-1}f(n-i)=\prod_{i=1}^{n-1}\sum_{K=0}^{n-i-1}C_{n-i-1}^{K}f[(n-i-1)-K]$$

随着铁路方向上技术站数目的增加,可能的编组计划方案数将随之迅速增加。当有 5 个车站时方案数为 150 个;6 个车站时,方案数为 7800 个;7 个车站时,超过 150 万个;8 个车站时,可能方案超过 13 亿个。我国十几万千米的铁路网上有数千个货运业务站、数百个技术站。因此其对应的潜在直达与中转组合方案具有天文数量规模,是一个具有超指数复杂度的组合优化难题。

2. 研究进展

车流组织问题是铁路运输组织领域主要难点问题之一,国内外众多专家学者进行了深入广泛的探讨。早在 20 世纪 50 年代,朱松年[2]就提出了优化列车编组计划的表格分析法,为我国铁路车流组织领域的研究奠定了重要基础。朱松年等[3]和曹家明[4],又在既有的装车地车流组织优化及技术站车流组织优化模型的基础上,分析了两种不同性质车流的相容和转化条件,恢复了它们之间固有的联系和制约,然后提出了装车地的始发车流及技术站改编车流的线性 0-1 规划综合优化模型及二次 0-1 规划综合优化模型。李致中等[5]对于无能力约束的车流组织问题,采用 0-1 变量描述一个编组去向是否开行,对于给定的编组去向集,将无能力约束的车流改编中转问题描述为最短路问题,提出了求解精确解的分支定界法和求解满意解的贪婪算法。林柏梁[6]基于车流径路和编组计划的相互依存关系,首次把车流径路和编组计划纳入统一优化的数学模型中,较好地处理了车流径路、装车地及技术站列车编组计划三位一体的优化问题。林伯梁根据铁路现场车流组织的实际特点,构建列车编组计划优化的双层规划模型,在上层规划模型中以车流组织总成本最小为目标函数,以车流组织方案的唯一性、技术站的改编能力、调车线的数量等为约束条件,确定列车编组去向的开行方案;在下层规划模型中以车流改编距离最远为目标函数,以站点出入流量平衡为约束条件,并按照最远站法则确定车流改编接续方案。在车流组织问题的优化求解方面,Lin 等提出模拟退火算法,有效地解决了我国铁路网上规模达 127 个技术站、14400 股技术车流的大规模列车编组计划优化问题[7]。

国外的专家学者对车流组织的研究主要体现在车组形成问题方面。例如,Assad[8]提出了单线铁路上优化列车编组的动态规划模型;Newton 等[9]将该问题抽象为一个网络问题,并提出了混合整数规划模型;Ahuja 等[10]将列车编组问题描述为网络上的多商品流问题,并提出了大规模邻域搜索算法进行求解。此外列生成算法、分支定界算法等也常用于求解列车编组计划优化问题。

3. 主要难点

(1) 我国铁路网有大量的技术站,如何将这些技术站构成的铁路网络不失真地简化为由支点站(重要技术站、编组站)构成的铁路网络是难点问题之一。

(2) 车流组织包括重车流和空车流两部分，如何科学地形成空车流也是车流组织优化的重要基础。

(3) 铁路车流组织模式不尽相同，如何实现车流径路、装车地直达、技术站直达、区段列车、分组列车等不同车流组织模式的一体化优化是另一个研究难点。

(4) 如何实现实际铁路网大规模车流组织优化模型的求解仍然有待进一步解决，由于传统运筹学方法难以获得实际大规模问题的解，因此探索的途径应该是提出求解效率更高的启发式算法，或利用高性能计算机。

参 考 文 献

[1] 胡思继. 铁路行车组织[M]. 北京: 中国铁道出版社, 2009.
[2] 朱松年. 全路列车编组计划最优方案选择之研究——表格分析法[C]//北京铁道学院第一次科学讨论会(铁道运输部分), 北京, 1956.
[3] 朱松年, 曹家明, 赵强, 等. 车流组织综合优化[J]. 铁道学报, 1993, 15(3): 59–69.
[4] 曹家明. 铁路网上车流组织的综合优化[D]. 成都: 西南交通大学, 1992.
[5] 李致中, 史峰. 路网上无约束单组列车编组优化方法[J]. 铁道学报, 1988, 10(3): 29–35.
[6] 林柏梁. 车流运行径路与列车编组计划的整体优化模型及模拟退火算法[D]. 成都: 西南交通大学, 1994.
[7] Lin B L, Wang Z M, Ji L J, et al. Optimizing the freight train connection service network of a large-scale rail system[J]. Transportation Research Part B: Methodological, 2012, 46(5): 649–667.
[8] Assad A A. Modelling of rail networks: Toward a routing/makeup model[J]. Transportation Research Part B: Methodological, 1980, 14(1-2): 101–114.
[9] Newton H N, Barnhart C, Vance P H. Constructing railroad blocking plans to minimize handling costs[J]. Transportation Science, 1998, 32(4): 330–345.
[10] Ahuja R K, Jha K C, Liu J. Solving real-life railroad blocking problems[J]. Interfaces, 2007, 37(5): 404–419.

撰稿人：林柏梁
北京交通大学
审稿人：史 峰 何世伟

铁路编组站作业配流优化问题

Optimizing Operations Process in Marshaling Yards

1. 背景与意义

编组站是铁路运输的基层生产单位,主要办理货物列车的解体和编组作业,是路网上大量列车的集散地,主要功能简单地说就是"生产列车",也就是将到达车站的各种车流进行分类处理,按照列车编组计划、列车运行图和《铁路技术管理规程》的有关要求编组成各种出发列车,并按照运行图或班计划规定的时刻正点发车,在路网点线能力协调中担负车流、列流调节的作用[1]。繁忙的列车解体、集结、编组作业既是编组站整个技术作业过程的关键环节,也是区别于其他技术作业站的一个突出特点,铁路车辆在编组站的停留时间约占车辆周转时间的 1/3[2]。因此提高编组站作业效率和质量,不仅能加快货车周转,提高车站的通过能力,而且对于协调区间通过能力、提高整个路网的通过能力都有重要意义。

编组站的调度工作主要由车站调度指挥人员通过制定和实施车站作业计划来实现,车站作业计划是车站运输组织和调度工作的依据。编组站调度工作不仅影响整个车站的效率与效益,而且对确保路网畅通和提高运输质量起着非常关键的作用。

车站作业计划包括班计划、阶段计划、调车作业计划。阶段计划是铁路车站作业计划的核心部分,是班计划分阶段的具体安排,又是编制调车作业计划的主要依据,其编制带有系统工程的性质。阶段计划的重点内容有三项,即确定出发列车的编组内容和车流来源、安排调车机车活动计划、确定到发线运用计划。其中第三项内容相对独立,而前两项内容往往是交织在一起的。

把确定出发列车的编组内容和车流来源的工作简称为配流,并把出发车流来源的各种情况都视作到达列车。除调车场现车外,所有到达列车只有经过解体(分解)之后,其车流才能由潜在的车流来源转变为实在的车流来源,所以不同的解体方案(即解体顺序)一般会产生不同的配流结果,尤其当列车密集到达时,待解车列较多,各方向车流不均衡时更是如此。即使解体方案已经确定,到达列车与出发列车之间的车流接续关系已经明朗化,由于编组去向的多样性及其交错性,仍然存在多种配流方案,需要合理选择。

简而言之，配流问题为：在保证出发列车满轴、正点、不违编的约束条件下，确定列车解体顺序和编组顺序，将到达列车中的车流分配至出发列车中去，使得车辆在站总停留时间最少。

2. 研究进展

王慈光将配流问题分解为：解体方案已经确定条件下的静态配流和解体方案尚未确定的动态配流。关于静态配流，文献[3]将其转化为某种特殊的运输问题，从而可用表上作业法求解。关于动态配流，文献[4]构建动态配流的树状模型，并提出回溯算法搜索有利方案。

文献[5]利用多重时空网络模型描述车辆在各车场的作业过程，建立了一个整数规划模型优化列车解体过程和编组过程。模型中，利用累计流表述调车场空间能力约束，并包含多个子模型和约束条件用以优化针对出发列车的编组作业。求解过程中，利用综合流模型和最早解体时间启发式规则来确定解体顺序，以减少解空间提高求解效率。

文献[1]考虑到编组站信息、作业等因素的不确定性，建立不确定条件下的编组站动态配流模型，并采用近似非确定性树搜索算法寻找有利的解体方案，建立关于配流问题的网络模型，确定列车的配流方案。文献[6]则考虑解体时间和编组时间的不确定性，构建编组站阶段计划随机相关机会规划模型，对鲁棒阶段计划编制及调整问题进行了研究。

3. 主要难点

(1) 决策参数的不确定性。决策参数中最重要的是技术作业时间。通常，《车站行车工作细则》会明确规定车站各项技术作业时间标准，调度员在编制阶段计划时，依据规定的时间标准结合作业难易程度估计出技术作业时间，这就使得这一参数具有某种先验性质而不固定。满轴辆数是另一重要参数。有关规章只对列车重量和长度有规定，且允许在一定范围内波动，并未规定辆数多少，这就使得满轴辆数这一参数同样具有一定的波动性。决策者必须在这些不确定条件发生之前做出决策，使这些不确定条件成为配流模型的不确定参数。此外配流模型还具有各次列车到发时间参数随时间变化的不确定性、各项作业交叉干扰的不可知性、信息传输过程中的不可靠性、人为干扰引起的不确定性以及决策者和执行者的主观能动性及不确定性。

(2) 优化目标的多样性。车站有各种指标对配流方案优劣进行评价，而配流方案编制过程中所利用到的资源、约束和外部变量也往往是多目标、多指标的，并且需要满足现场实际各方面的要求[7]。有些目标还往往是相互矛盾或者不能公共度量的，需要在一定条件下，寻找某种运行状态或某种参数配置，用多目标规划中分层序列法的思想对各个目标的重要程度进行区分。

(3) 组合爆炸导致的决策空间庞大。配流问题本质上属于组合优化问题。由于问题的规模较大，方案众多，且要在短时间内做出决策，配流方案的求解要穷尽所有的解空间，从而找到最优解是非常困难的。传统的优化方法常常无能为力，简单地利用启发式算法求解速度又比较慢，通过分析配流问题的特点，使用适合配流问题改进的启发式算法协同计算或许具有一定的优势。

(4) 人机交互的应用。车站调度人员通过长期工作中积累的经验和对编组站作业目标的认识，通过一些常用的技巧在不借助计算机进行大规模计算的情况下也可以寻找到较为合理的、可以接受的配流方案[8]。在计划执行的过程中，调度员能够根据现场的情况做出一些合理的判断，有效地利用编组站的各项资源处理各种突发情况。在构建配流问题时所建的模型却大多是 NP 问题，较难求得满意解，其原因是编组站各项工作中存在不确定性和人为性，一些目标难以从数学模型的角度定量考虑，很多影响因素也较难利用现有的符号系统和数学方法来解决。为此，在配流的过程中，应当将一些计算机无法判定的模糊因素通过人机交互的模式增加到模型中，以提供有效的手段解决知识表示和综合优化等问题，这无疑能够提高算法的搜索质量，并提高计划的编制质量。

参 考 文 献

[1] 景云. 不确定条件下编组站调度系统配流模型及算法研究[D]. 成都: 西南交通大学, 2010.
[2] 何世伟, 宋瑞, 朱松年. 编组站阶段计划解编作业优化模型及算法[J]. 铁道学报, 1997, 19(3): 1–8.
[3] 王慈光. 用表上作业法求解编组站配流问题的研究[J]. 铁道学报, 2002, 24(4): 1–5.
[4] 王慈光. 编组站动态配流模型与算法研究[J]. 铁道学, 2004, 26(l): 1–7.
[5] Shi T, Zhou X S. A mixed integer programming model for optimizing multi-level operations process in railroad yards[J]. Transportation Research Part B: Methodological, 2015, 80: 19–39.
[6] 黎浩东. 铁路编组站鲁棒阶段计划编制及调整研究[D]. 北京: 北京交通大学, 2012.
[7] 薛锋, 王慈光, 罗建, 等. 编组站列车解体方案与编组方案的协调优化研究[J]. 铁道学报, 2008, 30(2): 1–6.
[8] 牛惠民. 双向编组站列车调度调整的优化模型及算法[J]. 中国铁道科学, 2007, 28(6): 102–108.

撰稿人：景　云

北京交通大学

审稿人：王慈光　王志美

城市交通诱导信息对出行者选择行为影响

The Influence of Urban Traffic Guidance Information on Traveler Selection Behavior

1. 背景与意义

城市交通诱导系统主要基于电子信息、计算机、网络和通信等现代科学技术，向交通出行者提供最优路径引导指令或发布实时交通信息，帮助其找到从出发点到目的地的最优路径。城市交通网络建设为出行者提供了更多的路径选择，有利于路网的畅通。在此基础上，交通诱导系统为出行者提供实时交通信息，引导出行者的路径选择。当路网处于正常状态时，交通诱导可以让出行者更快捷地实现出行目的；当路网发生拥堵或事故时，通过诱导建议，可有效疏导交通、缓解拥堵。由于交通诱导系统采用柔性管理手段，易接受、效用广、收益大，在城市交通系统中发挥着越来越重要的作用。

随着城市交通诱导系统的进一步发展，不得不面临一个巨大挑战：如何定量分析诱导信息对出行者路径选择的影响，以达到诱导信息发布的预期效果。由于出行者之间存在个性化的差异，对同一诱导信息做出的决策可能大相径庭。在此情况下，诱导信息的发布有可能不仅不能缓解原本拥堵路口、道路或路网的交通状况，甚至可能会诱发替代线路的拥堵。如果无法解决上述问题，城市交通诱导系统不仅很难实现城市交通路网运行的全局最优，还可能引发城市交通路网的局部拥堵或全局瘫痪。

出行者路径选择的决策过程本质上是一个不断收集信息、处理信息和利用信息的过程，包含诱导信息的获取，合理路径方案的选择、判断、执行以及反馈等组成部分。诱导信息下出行者路径决策过程体现了动态决策和反复调整的过程。当获悉诱导信息后，出行者将通过认知、决策和实施，对路网交通流产生影响；城市交通诱导系统需根据实时获得的道路运行状况，形成新的诱导信息，不断影响出行者的路径选择。对诱导信息而言，虽然个体出行者的认知、决策和实施是难以测量的，但诱导信息对出行者选择行为的影响最终将通过路网交通量的变化得到反映，即能观性。

由于出行者的路径选择行为是主动的，他们对信息质量的看法会影响其对信息的信任，进而影响其路线选择。诱导信息的质量对于驾驶行为的影响至关重要。当诱导信息提供给小部分对象使用时，此部分对象均能从中受益，但系统效益较低。小部分对象出行路径的改变并不会影响路网中交通流的变化。诱导信息服务的对象越多，受影响的出行者越多，系统效益也将逐步增加，直至达到一个临界状态，路网运行稳定、可靠。

如果受影响的出行者进一步增多，则会突破临界状态，原本稳定的路网可能出现新的拥堵，造成路网的运行效益下降，诱导信息失真。诱导信息更新周期过长可能无法避免新的拥堵，更新时间过短可能会无法达到诱导目标，也会造成出行者对诱导信息的信任度降低，造成路径选择的决策困难。

上述问题的关键在于对诱导信息导行率的掌握。导行率是指因诱导信息而改变出行路径的出行者占总出行者的比例。科学掌握诱导信息对出行者路径选择的影响机理和变化规律，量化分析诱导信息的导行率，才能实现对诱导信息发布效果的能观性，进而通过发布有效的诱导信息，实现路网达到或接近系统最优。

2. 研究进展

在研究初期，出行者通常被认为完全服从或以一定概率服从诱导信息，但事实上并非如此。研究发现，出行者根据诱导信息改变出行路径的频率在很大程度上依赖于诱导信息的传播途径、信息内容及其准确度和实效性，出行者的个人属性和个性、对诱导信息的关注度、路网熟悉程度等。

国内外许多专家学者试图从不同角度分析影响因素，常通过行为调查和意向调查、统计、分析方法，或是通过假定选择肢的效用随机部分为 Gumbel 分布的 Logit 模型、假定选择肢的效用随机部分为标准正态分布的 Probit 模型等建模方法，研究诱导信息对出行者的路径选择影响，探索其中的规律[1~10]。

目前专家学者都试图从不同角度解释诱导信息对路径选择的影响。由于需要考虑的因素过多，也受到分析能力的限制，因此以往开展的研究数据量相对有限，研究的因素较少，研究成果虽对城市交通诱导的发展具有指导意义，但仍存在"窥豹一斑"的问题。在影响因素分类、影响程度分析等方面仍未形成统一的观点，无法全面掌握诱导信息对路径选择的影响机理和变化规律。

3. 主要难点

诱导信息的发布属于柔性管理措施，并没有强制管控的效果。因此需要对诱导信息影响出行者路径选择的全过程进行分析。研究困难之处在于出行者、路况、诱导信息三者之间相互影响，增加了研究的维度。出行者的复杂性不言自明，除一些可以度量的个人属性、家庭属性、社会属性等显性因素以外，还存在个人性格、习惯、喜好、心情、出行目的等隐性因素。与此同时，不同地域、气候、环境也可能造成出行者的路径选择存在差异。

此外路况与诱导信息的复杂性也进一步增加了研究的难度。道路的交通环境、突发事件的类型、出行成本的差异、自然环境的好坏，以及诱导信息的发布内容、展现形式、发布渠道、及时性、准确性、时效性均是不能回避的因素。由于需要考虑的因素过多，因此采用传统方法研究城市交通诱导对路径选择的影响机理存在很大的局限性。

随着卫星定位、基站定位、视频识别、射频识别、大数据挖掘等领域技术的逐步成熟与推广，为研究诱导信息对路径选择的影响提供了新的途径。在研究过程中，可适当摒弃对出行者影响因素的关注，将研究重心集中到诱导信息和路况对出行者路径选择的影响。利用实时追踪出行者在不同路况和诱导信息下路径选择的结果，利用数据挖掘与机器学习模型，探索诱导信息下路径选择决策规律，最终实现城市交通诱导信息发布效果的可观与可控。

参 考 文 献

[1] 石小法, 王炜, 杨东援. 信息对出行者行为的影响研究[J]. 中国公路学报, 2002, 15(1): 89–92.

[2] 杨兆升. 城市交通流诱导系统[M]. 北京: 中国铁道出版社, 2004.

[3] 姜桂艳, 郑祖舵, 白竹, 等. 拥挤条件下可变信息板交通诱导信息对驾驶行为的影响[J]. 吉林大学学报, 2006, 36(2): 183–187.

[4] 尚华艳, 黄海军, 高自友. 可变信息标志诱导下的路径选择行为[J]. 系统工程理论与实践, 2009, 29(7): 166–172.

[5] Peeta S, Ramos J, Pasupathy R. Content of variable message signs and on-line driver behavior[J]. Transportation Research Record, 2000, (1725): 102–108.

[6] Chorus C G, Molin E J E, van Wee B. Use and effects of advanced traveler information services (ATIS): A review of the literature[J]. Transport Reviews, 2006, 26(2): 127–149.

[7] Lina K, Alexandre G. de Barros et al. Travel behavior changes and responses to advanced traveler information in prolonged and large-scale network disruptions: A case study of west LRT line construction in the city of Calgary[J]. Transportation Research Part F: Traffic Psychology and Behaviour, 2013, 21(3): 90–102.

[8] Spyropoulou L, Antoniou C. Determinants of driver response to variable message sign information in Athens[J]. IET Intelligent Transport Systems, 2015, 9(4): 453–466.

[9] Khoo H L, Asitha K S. An impact analysis of traffic image information system on driver travel choice[J]. Transportation Research Part A: Policy and Practice, 2016, 88: 175–194.

[10] Sharples S, Shalloe S, Burnett G. Journey decision making: The influence on drivers of dynamic information presented on variable message signs[J]. Cognition, Technology and Work, 2016, 18(2): 303–317.

撰稿人：陆　建　胡晓健

东南大学

审稿人：关　伟　奇格奇

驾驶行为与交通安全

Driving Behavior and Traffic Safety

1. 背景与意义

驾驶是一种复杂非线性的动态过程，表现为驾驶人的行为不确定性与个体差异性，涉及人类行为学、车辆动力学、交通安全学、心理学等多学科交叉。驾驶行为研究主要分为宏观与微观两类，宏观驾驶行为主要从宏观交通系统的角度，研究驾驶人的生理和心理与车辆、道路环境之间的内在交互作用机理，如疲劳、分神、超速等行为，其研究成果可为交通事故预防、驾驶安全提升等提供有力依据；微观驾驶行为主要从人类工效学的角度，研究驾驶人通过操纵车辆运动，以适应动态交通环境的客观规律，如跟驰、换道、超车等行为，其研究成果可为自动驾驶中的驾驶人建模、车辆智能化，以及交通系统优化管控与效能提升等提供重要的理论支撑。世界各国的统计数据都表明，人为因素是交通事故产生的主要原因，而驾驶行为是人为因素中最重要的内容[1]。

驾驶人的驾驶行为与出行目的、交通规则等关联，具有可测性、可控性，受驾驶人的心理生理及外在动态环境影响，具有一定范围内的不确定性。因此驾驶行为研究是交通领域的一个科学难题。驾驶行为研究的重点是剖析驾驶人在复杂环境中行为发生与演化机理，揭示驾驶人与车辆、道路环境的相互作用规律，分析驾驶行为对交通安全的影响，建立基于驾驶行为的车辆控制模型及道路优化方法。驾驶行为研究旨在解决如何定量地分析驾驶人的行为特性，如何精确地描述驾驶行为的动态变化过程，即不同的外部交通环境对驾驶人驾驶行为有何影响，以及对驾驶人危险驾驶行为的诱发和加剧机理等；如何描述驾驶行为的危险性，即不同道路环境、交通流水平、信号控制等条件下驾驶行为的风险评估，危险驾驶行为导致风险的传递、扩散、积聚机理分析，以及特定外部条件下的交通事故过程建模。

驾驶行为与交通安全相互影响。一方面，驾驶人作为控制车辆移动的直接操纵者，其行为随外界交通条件变化而改变，导致车辆在时空上的复杂分布，是交通流稳定或不稳定的诱因，对交通安全有着直接影响；另一方面，由于驾驶人行为的从众效应与集聚效应，交通状态又会直接影响驾驶人的心理和行为选择[2]。

一旦驾驶行为与交通安全的交互作用机理得以阐明，就可以从多层次、多情景的角度，分析交通系统中人-车-路三要素对交通安全所产生的连锁、顺序、并联、串联等特征，揭示单个驾驶人行为特性与交通事故的关联机理，以及多驾驶人交互影响下驾驶行为特性与交通事故的关联机理，结合交通事故风险要素数据，揭示交通事故风险产生机理与度量模型，建立驾驶行为与交通事故的量化关联机制，为事故风险预测、防范以及应对策略研究提供科学依据。

2. 研究进展

驾驶行为研究的对象涉及复杂多变的交通环境、多体动力学耦合的车辆机械，以及具有独立思维活动与个性的驾驶人，这些因素都具有随机性、离散性与时变性等特点，使得驾驶行为难以统一的数学模型加以精确描述[3]。目前在驾驶人的驾驶行为建模方面，主要运用多学科交叉，以及车联网、智能驾驶、现代交通管控等新方法、新手段，取得了一些研究成果，具体如下：

(1) 利用自然驾驶及车辆远程遥控方法获取大量驾驶行为数据[4]。随着车辆信息化程度的提高，越来越多的驾驶行为参数易于获取，自然驾驶及车辆远程遥控为获取大量驾驶行为数据提供了可能。

(2) 利用大数据挖掘驾驶行为特性及发生与演化机理。在得到大量丰富的驾驶行为数据后，驾驶行为的大数据分析成为关注焦点之一[5,6]。利用车辆总线、定位、高精度地图、视频图像等结构化或非结构化信息，未来可以结合大数据实现对驾驶行为的智能分析。

(3) 引入心理学、行为学的实验方法，开展驾驶行为精细化实验，为深入研究驾驶行为机理提供解决方法。

(4) 综合利用人工智能、人类工效学、信息融合等交叉学科研究驾驶行为与交通事故的关联模型，建立基于人的交通安全提升策略与科学体系。

3. 主要难点

综合运用交通流理论、车辆动力学、交通心理学等方法，研究驾驶行为与交通安全的交互作用机理，是研究驾驶行为的关键。具体而言，需收集、建立、匹配驾驶人的交通事故数据、驾驶行为数据和交通流运行特征与环境数据库等；以大数据分析为基础，判别交通状态的影响因素以及动态演化规律；基于驾驶行为的从众效应与集聚效应，揭示交通状态对驾驶人行为的影响机理；通过驾驶人微观行为与交通状态影响因素的一体化分析，研究驾驶人个体微观行为及其差异对交通状态的作用机理；建立交通事故风险与交通状态的关联关系，提出基于交通事故风险的交通状态预测理论，建立驾驶行为-事故风险-交通状态之间的一体化模型，实现特定自然条件、道路条件和交通流环境等条件下的交通状态评价等。而要达到上述目的，主要难点在于以下方面：

（1）在定量分析驾驶人的生理心理特征对交通安全的影响时，缺乏有效的评价指标及体系，现有实验手段难以获得真实交通事故下反映驾驶人生理心理变化的相关数据。

（2）在驾驶行为建模方面，现有研究主要从驾驶人动作及车辆运动角度，提取能自适应环境变化的驾驶操纵规律，但缺乏对个体驾驶人的驾驶技能、驾驶风格，以及驾驶意图的评价指标及量化分析方法。

（3）对于体现驾驶行为特性的微观交通流建模，一直难以解决的问题是如何建立不同个体驾驶人之间的驾驶行为交互扩散、演化与传播机制，探索微观交通流理论中驾驶行为的"蝴蝶效应"规律。

（4）在宏观交通状态和交通事故风险关系的研究方面，现有研究主要涉及单纯交通流状态对事故风险的影响[7]，尚未解决交通环境、道路条件、交通流运行等对交通状态和事故风险的影响，特别是未建立混合交通流环境下宏观交通状态和交通事故风险的关系。

参 考 文 献

[1] 严新平, 张晖, 吴超仲, 等. 道路交通驾驶行为研究进展及其展望[J]. 交通信息与安全, 2013, 31(1): 45–51.

[2] 陆建, 姜军. 城市道路驾驶人跟驰行为[M]. 北京: 科学出版社, 2013.

[3] Macadam C C. Understanding and modeling the human driver[J]. Vehicle System Dynamics, 2003, 40(1-3): 101–134.

[4] Wu C, Sun C, Chu D, et al, Clustering of several typical behavioral characteristics of commercial vehicle drivers based on GPS data mining: Case study of highways in China[J]. Transportation Research Record: Journal of the Transportation Research Board, 2016, 2581(2581): 154–163.

[5] Miyajima C, Nishiwaki Y, Ozawa K, et al. Driver modeling based on driving behavior and its evaluation in driver identification[J]. Proceedings of the IEEE, 2007, 95(2): 427–437.

[6] 李力, 王飞跃, 郑南宁, 等. 驾驶行为智能分析的研究与发展[J]. 自动化学报, 2007, 33(10): 1014–1022.

[7] Oz B, Ozkan T, Lajunen T. Professional and non-professional drivers' stress reactions and risky driving[J]. Transportation Research Part F: Traffic Psychology and Behaviour, 2010, 13(1): 32–40.

撰稿人：吴超仲[1]　陆　建[2]　褚端峰[3]

1，3 武汉理工大学　2 东南大学

审稿人：闫学东　奇格奇

车联网环境下汽车危险驾驶行为识别及干预

Identification and Intervention of Dangerous Driving Behavior in Connected Vehicles Environment

1. 背景与意义

交通事故统计表明，驾驶人因素是交通事故主要致因，基于驾驶人驾驶行为开展交通安全相关研究，已成为道路交通事故预防与控制的研究重点。车辆驾驶行为受驾驶人个性因素(年龄、性别、人格特征和情绪等)及道路交通环境因素的共同作用，具有复杂性、时变性及随机性。驾驶人分心、情绪因素、操作失误、激进驾驶等因素会导致危险驾驶行为发生，进而转化为差异化车辆操控模式及车辆运行状态(车道偏移、急加减速、超速、连续变道等)，如何量化研究危险驾驶行为的影响并进行有效识别及干预面临挑战。

先进驾驶辅助系统(advanced driver assistant system，ADAS)[1]能预防和缓解车辆在道路行驶中因驾驶人疲劳驾驶、分神、激进驾驶等驾驶行为引发的车道偏离、追尾、碰撞等交通事故。ADAS作为车辆自动驾驶系统成熟前的过渡，已呈现从传统被动式报警向主动式操控干预、单车系统向车联网(internet of vehicles，IOV)环境转移的趋势。

通过车联网方式将驾驶人差异化驾驶行为导致的车辆操控、车辆运行状态信息等相关数据，结合高精度地图数据、实时道路交通状态信息，进行在线实时分析和状态监控，可实现汽车危险驾驶行为的预警和干预。相关研究可为驾驶人风险性驾驶行为评估、驾驶人行车安全状态监控、车辆主动安全系统研发提供理论依据及技术支撑，而探究危险驾驶行为的形成与演化机理对于人因研究领域以及智能交通系统的发展都具有重要意义。

2. 研究进展

传统危险驾驶行为相关研究主要针对发生机制、影响因素等开展，主要服务于交通安全教育及交通安全处置对策开发。高精度低价格车载数据记录设备(in-vehicle data recorders，IVDR)的快速发展，为开展基于车辆操控及运行状态数据的驾驶行为量化评估提供了技术支持。基于车辆运行状态的危险驾驶行为辨识方法已逐渐得到重视,如攻击性驾驶行为识别[2]、分心驾驶识别[3]、驾驶状态风险评估[4]、驾驶人风险评估[5]等。研究手段通常采用驾驶模拟器[6]、实车测试(如百辆车自然驾驶行为研究[7])。

目前部分汽车厂商及互联网公司推出多个车联网产品,这些产品侧重于导航、车辆工况诊断、车辆定位、车速监测及轨迹回放等泛服务化功能,一般基于全球定位系统、车载诊断系统(on-board diagnostics,OBD)数据实现,并支持连接智能手机 APP 实现车-机一体化。近年来,部分驾驶行为相关研究开始结合车联网开展。例如,营运车辆驾驶人疲劳状态远程预警、基于车辆联网联控全球定位系统数据的运营车辆驾驶速度行为及运营驾驶人危险驾驶行为分析等。此外,部分网约车公司已基于 GPS 和 OBD 数据研究高风险驾驶人评估及预测,实现对驾驶人行为的初步监管。

3. 主要难点

(1) 危险车辆驾驶行为产生机理。危险车辆驾驶行为受驾驶人个性因素及道路交通环境因素共同作用,具有复杂性、时变性及随机性;如何准确辨识其关键诱因需要从交通心理学方面对其产生机理进行建模剖析。通过驾驶模拟器、自然驾驶等方式获取典型危险驾驶数据,量化研究危险驾驶行为时变、空变、群体分布特征,构建驾驶行为-操控模式-运行状态演化图谱;进一步结合结构化问卷数据,运用行为规划理论开展建模,辨识危险车辆驾驶行为的外在特征和关键因素。

(2) 基于多源信息融合的车辆危险驾驶行为识别。车辆危险驾驶行为表现出的外在特征具有多样性,也与驾驶人意图、行车环境之间有很强的耦合作用,从众多车辆运动状态中提取能够表达危险驾驶行为的特征,需要对上述因素解耦。通过对驾驶操控、车辆运行状态、环境信息进行高效的信息融合及数据挖掘,研究典型危险驾驶行为实时识别方法,包括指标体系建立、特征参数提取、识别方法模型构建、考虑驾驶人个体差异的危险状态阈值界定等;在车辆联网联控条件下实现对危险驾驶行为的无干扰、实时在线识别和综合评价。

(3) 车联网环境下多级预警干预。车辆危险驾驶行为的干预效果与预警方式、报警阈值及人机交互相关,驾驶人对预警干预的接受度还与驾驶人心理认知有关,涉及人因工程和交通心理学基础理论,如何提高预警干预效果是现在面临的难题。需要研究危险状态分类并实施驾驶行为分级预警,优化人机界面交互方式并开展有效性验证,建立驾驶人认知及行为模型识别影响干预效果的关键因素等。

参 考 文 献

[1] Chang B R, Tsai H F, Young C P. Intelligent data fusion system for predicting vehicle collision

warning using vision/GPS sensing[J]. Expert Systems with Applications, 2010, 37(3): 2439–2450.

[2] Gonzalez A B R, Wilby M R, Diaz J J V, et al. Modeling and detecting aggressiveness from driving signals[J]. IEEE Transactions on Intelligent Transportation Systems, 2014, 15(4):1419–1428.

[3] Young K L, Salmon P M. Examining the relationship between driver distraction and driving errors: A discussion of theory, studies and methods[J]. Safety Science, 2012, 50(2): 165–174.

[4] Guo F, Klauer S G, Hankey J M, et al. Near crashes as a crash surrogate for naturalistic driving studies[J]. Transportation Research Record: Journal of the Transportation Research Board, 2010, (2147): 66–74.

[5] Guo F, Fang Y. Individual driver risk assessment using naturalistic driving data[J]. Accident Analysis and Prevention, 2013, 61(6): 3–9.

[6] Deffenbacher J L, Lynch R S, Filetti L B, et al. Anger, aggression, risky behavior, and crash-related outcomes in three groups of drivers[J]. Behaviour Research and Therapy, 2003, 41(3): 333–349.

[7] Dingus T A, Klauer S G, Neale V L, et al. The 100-car naturalistic driving study: Phase II —Results of the 100-car field experiment[R]. Washington DC: National Highway Traffic Safety Administration, 2006.

撰稿人： 马永锋[1]　吕能超[2]
1 东南大学　2 武汉理工大学
审稿人： 闫学东　奇格奇

光环境对驾驶行为的影响

Influence of Light Environment on Driving Behavior

1. 背景与意义

驾驶人依靠视觉器官对外界刺激产生反应，形成明暗、形态、动态、远近等视知觉，以获得道路交通信息，驾驶的光环境是构成道路交通环境的重要内容，也是视觉形成的必要条件。光环境条件的适宜与否将直接影响驾驶人的视觉功能，并对驾驶人生理、心理、判断等产生影响，最终作用于驾驶行为和行车安全性。

光照条件差、光环境复杂是诱发夜间交通事故和公路交通事故的重要因素，也是驾驶安全的潜在隐患之一。光照较弱时，驾驶人视物模糊，难以快速辨识并处理视觉信息，将产生驾驶操作迟滞等不利行为；光照过强时，驾驶人的眼睛受强光影响易产生不适，造成眩光、视觉失能等视觉现象，对车辆、行人、标志和标线等的视敏度降低，增加交通事故发生的潜在风险。

(1) 在理论方面，克服传统光环境研究与表征方面的缺陷与局限，实现光环境、生理和心理特性、驾驶安全三者间联动规律的一般性表达，弥补交通安全在光环境影响研究方面的不足。对我国道路交通事故驾驶行为与环境成因分析模型加以补充和完善，使之更趋于全面和深入。

(2) 在实践方面，为道路环境设计与运行管理提供建议，为不同光环境下的驾驶人提供安全行车指导与有益参考，减少不良光照条件诱发交通事故的概率，有效保障行车安全性和驾驶人的舒适度。

2. 研究进展

目前交通领域对光环境的研究主要集中在隧道出入口(视觉过渡段)、标志和标线视认性、公路光照条件、眩光等方面。胡江碧等[1]和杜志刚等[2]对隧道出入口段的驾驶行为进行了理论与试验研究，通过对驾驶人视觉需求、明暗适应过程的分析，解析了光环境变化与行车安全的关系。Wang 等[3]分别对白天和夜间隧道入口段驾驶人的视觉和驾驶行为进行研究，剖析了隧道入口光环境过渡对视觉特性和驾驶安全的影响。潘晓东等[4]研究了逆光条件下，不同行车速度与光线条件对交通标志可视距离的影响。冯忠祥等[5]对动态低照度光环境中公路合理行车速度进行了研究，剖析了环境照度及速度变化耦合影响驾驶人视觉机能与行车安全的规律。Mitra[6]和 Hagita 等[7]分别以美国和日本的信号交叉口为背景，通过对历史事故数据的分析，研究了眩光对驾驶安全的影响，并剖析了不同行车方向、不同季节日光眩光对驾驶安全的作用规律。

随着交通安全研究的日趋深入和精细化，光环境及其对驾驶行为的影响已逐渐受到研究者的关注和重视，积累了一定的研究成果，也存在一些局限，以下从三方面进行概述。

1) 光环境的分类及其影响因素

目前交通领域对光环境的界定及其分类尚未形成公认定义或共识性理解。国际照明委员会(Commission Internationale de L'Eclairage，CIE)从亮度角度对视觉环境进行了划分，将超过 $3cd/m^2$ 的亮度水平界定为明视觉，将低于 $0.001cd/m^2$ 的亮度水平界定为暗视觉，将介于两者之间的状态界定为中间视觉。现有研究多集中于中间视觉段，多以单一指标对所处光环境进行刻画与定量描述。

光环境包括光强度、照度、亮度、色温、色调等多个属性，以单一指标对光环境划分的方式，其普适性和合理性较差，应从本质属性出发建立面向交通领域的光环境分类标准，分析光环境的影响因素与诱变因素，并探究各类光环境间转换的条件与临界值。

2) 光环境对驾驶人生理及心理的影响

光环境的差异往往直接影响驾驶人对车辆、行人、标志和标线及障碍物等的视认性，光环境的过渡与变化将对驾驶人心跳、脑电、呼吸、视觉[2,8]等生理指标产生影响，并会伴随烦躁、紧张、兴奋、专注等心理反应的变化。应选取合理指标对驾驶视认性进行分级量化，探究光环境对驾驶人视认能力的影响，界定驾驶安全视认的光环境表征参数阈值，打破道路环境的局限，从一般性的角度，探究光环境对驾驶人生理及心理特性的影响机制。

3) 光环境对驾驶行为的影响

视认性、生理、心理等指标的变化，将对驾驶行为产生影响[9]，并最终表现为驾驶行为的变化。现有研究在光环境对驾驶行为的影响分析方面尚不够深入，多停留在加速、减速等定性描述层面。应剖析光环境、生理及心理特性与驾驶行为三者之间的联动规律，建立光环境参数-生理与心理指标参数-驾驶行为间的映射关系，探究行驶车速、驾驶疲劳演变等与不同光环境间的协同关系，揭示各类光环境对驾驶安全的影响规律。

3. 主要难点

(1) 光环境具有复杂性与多变性，应用哪些参数构建交通领域光环境表征维度，对其进行类别划分，并确保划分的普适性、合理性和有效性，是研究中的难点。

(2) 驾驶人对光环境的感知存在一定的主观性；同时生理与心理指标在试验过程中除受外界光环境特性影响外，还会受驾驶人工作负荷、生理状态、道路条件、驾驶专注程度和其他环境条件等因素的干扰[10]，以上问题都将约束研究结果的可靠性，如何有效排除这些外界的影响因子或将其纳入考虑，是该问题定量研究中亟须解决的问题。

(3) 试验分析的控制难度较大。多数现场试验环境存在较大随机性，难以根据研究者的需要对光环境进行控制；模拟试验尚存在瓶颈，如何采用合适的手段模拟各类光环境，并与驾驶行为分析相联动，是研究能否取得突破性进展的关键。

参 考 文 献

[1] 胡江碧, 张晓芹, 郭达. 基于安全视认的夜间公路隧道入口段光环境研究[J]. 北京理工大学学报, 2016, 36(5): 487–490, 497.

[2] 杜志刚, 黄发明, 严新平, 等. 基于瞳孔面积变动的公路隧道明暗适应时间[J]. 公路交通科技, 2013, 30(5): 98–102.

[3] Wang Y, Wang L, Wang C, et al. How eye movement and driving performance vary before, during, and after entering a long expressway tunnel: Considering the differences of novice and experienced drivers under daytime and nighttime conditions[J]. Springer Plus, 2016, 5(1): 538.

[4] 潘晓东, 林雨, 郭雪斌, 等. 逆光条件下交通标志的可视距离研究[J]. 公路交通科技, 2006, 23(5): 118–120, 137.

[5] 冯忠祥, 雷叶维, 袁华智, 等. 动态低照度环境中公路合理行车速度确定方法[J]. 中国公路学报, 2015, 28(10): 105–111.

[6] Mitra S. Sun glare and road safety: An empirical investigation of intersection crashes[J]. Safety Science, 2014, 70(4): 246–254.

[7] Hagita K, Mori K. The effect of sun glare on traffic accidents in Chiba Prefecture, Japan[J]. Asian Transport Studies, 2014, 3(2): 205–219.

[8] 荣垂镇, 戚春华, 朱守林. 草原道路照度对驾驶员心率影响的实验研究[J]. 内蒙古农业大学学报(自然科学版), 2011, 32(3): 250–254.

[9] Steinvall O, Persson R, Öhgren J, et al. Laser dazzling impacts on car driver performance[C]// Technologies for Optical Countermeasures X; and High-Power Lasers 2013: Technology and Systems, Dresden, 2013.

[10] 胡江碧, 马文婷. 基于驾驶视认需求的隧道入口段光环境研究[J]. 上海交通大学学报, 2015, 49(4): 464–469.

撰稿人：裴玉龙　金英群

东北林业大学

审稿人：王雪松　负丽芬

高速公路危险交通流状态预测

Forecasting Hazardous Traffic Flow States Prior to Crash Occurrences on Freeways

1. 背景与意义

面对日益严峻的道路交通安全问题，探索先进的交通安全管理理论以提升道路交通系统的安全性是交通学界一直探索的目标。传统的交通安全管理通过分析已有道路的事故数据，诊断事故高发地点与原因，实施安全改善，对提升道路安全发挥了重要作用，但其主要缺陷是在交通事故造成严重生命财产损失后才被动地采取措施改善。2000 年以来，动态交通控制系统的出现使得主动交通安全管理成为可能，主动交通安全管理利用高精度交通流数据判别交通事故风险，并通过调节交通流运行状态以快速降低交通事故风险、主动提升交通安全。准确理解交通流运行状态与交通安全关系是实现主动交通安全管理的前提，在人-车-路-环境交互作用的复杂道路交通系统中，交通流动态特征、天气特征和道路特征等因素共同作用于交通事故的发生。如何在众多混杂因素干扰下准确捕捉交通流动态特征对交通安全的影响，是国际和国内交通学界具有挑战性的难题。

随着动态交通控制系统在高速公路上的不断应用，海量高精度交通流数据(如 30s 精度)的获取成为可能。这些高精度交通流数据为研究高速公路交通事故发生前的交通流动态特征提供了契机。已有研究发现，某些高速公路交通事故发生前可以观察到有别于正常情况的交通运行状态，表现为交通流在时间和空间上的不均匀分布，也称为交通事故前兆，可以将交通事故前兆作为事故风险的客观描述。如何归纳交通事故前兆的发生规律及其与交通事故的映射关系，是构建交通事故风险预测模型的基础。在此基础上，动态交通安全管理系统利用获取的实时交通流数据判别事故风险，预测短时间内事故风险的变化，通过指定的控制策略主动地调节交通流运行状态，例如，改变高速公路主线限速、控制高风险区域车辆换道和改变入口匝道汇入流率，可以达到主动降低交通事故风险的目的，克服传统交通安全管理静态、被动应对交通安全问题的缺陷。

2. 研究进展

在过去的十多年中，众多学者通过观测大量高速公路交通事故发生前的交通

流特征, 证实了交通事故前兆的存在[1~7]。现有研究可以分为两类:

第一类研究只考虑事故发生前的交通流特征, 关注交通流特征对交通事故碰撞形态和严重程度的影响, 这类研究对比分析不同碰撞形态和不同严重程度交通事故发生前的交通流特征, 构建交通事故碰撞形态和严重程度判别模型。由于这些研究只考虑交通事故发生前的交通流特征, 无法区分交通事故发生前交通流特征和正常交通流特征, 只能回答如果发生交通事故, 在当前交通流条件下该交通事故为追尾事故或者有人员伤亡事故的概率。因此这些研究无法根据高精度交通流数据实时计算交通事故的发生概率。

第二类研究同时利用事故发生前和正常状态下交通流特征开展研究, 配对病例-对照方法和非配对病例-对照方法是最常采用的两种数据分析方法。配对病例-对照方法根据指定的混杂因素(如时间、地点、天气状况等)来抽取正常交通流数据, 保证正常交通流数据与事故发生前交通流数据的混杂因素相匹配, 以消除混杂因素对研究结果的影响。配对病例-对照方法采用条件 Logistic 回归以消除由抽样导致的样本偏差, 虽然在样本提取阶段就能够控制混杂因素的影响, 但采用配对病例-对照方法构建的实时事故风险模型无法反映道路特征和天气信息对事故风险的影响, 适用于道路特征较为相同的路段以及晴天条件下的事故风险预测。

非配对病例-对照方法通过完全随机方式抽取非事故数据, 通过适当的统计分析方法, 后者同样能够消除混杂因素对研究结果的影响, 但与配对病例-对照研究方法不同的是, 非配对病例-对照方法直接用天气特征和道路特征变量作为模型的解释变量。非配对病例-对照方法可以利用传统 Logistic 回归构建实时事故风险模型, 但由于实际样本的非事故样本和事故样本比例与真实总体的差异, 需要采用位移变量修正 Logistic 回归的估计结果。

3. 主要难点

虽然上述研究表明某些交通事故发生前存在有别于正常情况的交通流特征, 即交通事故前兆, 但很多研究针对不同情况采用相同的交通事故前兆构建模型, 忽略了交通事故前兆在不同宏观交通流状态下的差异性, 未能考虑不同宏观交通流状态下事故发生机理的异质性。交通流在不同宏观状态下表现出不同的动态特征, 导致驾驶人在不同宏观交通流状态下具有不同的驾驶行为, 因此交通事故发生机理在不同宏观交通流状态下也应该存在一定的差异, 事故前兆具有差异性。如何从安全角度划分交通流状态, 形成交通安全状态, 并识别不同安全状态下的事故前兆特征是交通事故风险预测领域中还未解决的关键问题。

此外现有研究认为交通流特征、道路因素和天气因素对于事故风险的影响是相互独立的, 即在不同道路、天气特征条件下, 交通流变量对事故风险的影响完全相同，未能揭示天气特征、道路特征、交通流动态特征与事故风险的复杂关联关系，无法回答道路和天气因素与交通流动态特征如何共同作用于交通事故的发生。为了更好地预防高速公路交通事故，还需回答高速公路不同路段的交通安全状态相变规律以及危险交通流状态的形成机理。

参 考 文 献

[1] Oh C, Oh J, Ritchie S. Real-time hazardous traffic condition warning system: Framework and evaluation[J]. IEEE Transactions on Intelligent Transportation Systems, 2005, 6(3): 265–272.

[2] Xu C, Liu P, Wang W, et al. Evaluation of the impacts of traffic states on crash risks on freeways[J]. Accident Analysis and Prevention, 2012, 47: 162–171.

[3] Lee C, Hellinga B, Ozbay K. Quantifying effects of ramp metering on freeway safety[J]. Accident Analysis and Prevention, 2006, 38(2): 279–288.

[4] Abdel-Aty M, Uddin N, Abdalla F, et al. Predicting freeway crashes from loop detector data by matched case-control logistic regression[J]. Transportation Research Record, 2004, 1897: 88–95.

[5] Hossain M, Muromachi Y. Understanding crash mechanism and selecting appropriate interventions for real-time hazard mitigation on urban expressways[J]. Transportation Research Record, 2011, 2213: 53–62.

[6] Yu R, Wang X, Yang K, et al. Real-time crash risk analysis for Shanghai urban expressways: A Bayesian semi-parametric approach[J]. Accident Analysis and Prevention, 2016, 95: 495–502.

[7] Golob T F, Recker W W. A method for relating type of crash to traffic flow characteristics on urban freeways[J]. Transportation Research Part A: Policy and Practice, 2004, 38(1): 53–80.

撰稿人：徐铖铖

东南大学

审稿人：王雪松　王　力

道路设施设计安全评估的人-车-路耦合作用机理

Coupling Mechanism among Human, Driver and Road in Safety Assessment of Road Facilities Design

1. 背景与意义

改革开放以来,交通行业尤其是道路建设发展迅猛,机动化水平快速提高,但在以往道路建设过程中参照的行业标准,如《公路工程技术标准》(JTG B01—2014)[1]和《公路路线设计规范》(JTG D20—2006)[2],对人-车-路耦合作用机理考虑的程度和科学性不足。在道路设施建设中出现了许多由设计不当导致的事故高发路段,严重影响道路设施的运营安全性,带来严峻的交通安全形势。

世界范围内道路安全审计的研究和制定兴起于 20 世纪 80 年代。澳大利亚的道路安全审计提出道路设计应以人为本,为道路使用者服务的道路设计要求[3],各国研究者及道路设计者也开始在道路设施设计中同时考虑车和人的因素[4]。其中,最具有代表性的成果是由美国联邦公路管理局开发的交互式道路安全设计模型软件系统(Interactive Highway Safety Design Model, IHSDM)[5]。

我国《公路项目安全性评价指南》(JTG/T B05—2004)和《公路项目安全性评价规范》(JTG B05—2015)[6]作为公路行业与安全性评价相关的推荐性标准,对完善公路设施,改善交通安全环境,提升公路安全水平起到了重要作用。但两项标准均基于运行车速预测对道路设计一致性进行安全评价,评价角度较为单一,没有考虑我国道路交通使用者群体在交通文化和驾驶习惯上的特殊性。随着我国公路交通的快速发展,高等级公路的建设重点逐步由东部平原地区转移至中西部丘陵地带,复杂的地线条件使得极限设计路段频现,道路设施的设计安全问题凸显,加强和优化道路设施安全性评价理论已是形势所需。

道路设施设计的安全评估虽然针对道路,但是交通是一个包含人-车-路-环境的复杂交互系统,认识不同驾驶人在特定车辆状态、特定环境(包括天气条件、交通流环境等)下对道路设施的反应、行为,理解人-车-路三者耦合作用的机理是进行道路设施设计安全评估的科学理论基础。

道路设施设计安全评估的人-车-路耦合作用机理有三个层面的问题需要解决:

(1) 解析人-车-路耦合作用的机理。道路设施设计安全评价虽然以道路为实践对象,但道路的安全性却反映在车辆、驾驶人与环境的交互作用中,进行道路设施设计安全评估首先需要理解人-车-路耦合作用的机理。从驾驶人个体来看,驾驶行为的变化(如车速选择、方向控制)是一个同时受道路、车辆状态、环境因素影响的复杂过程,而道路一般由多名使用者同时使用,驾驶行为不仅受自身对道路判断的影响,还存在与其他交通使用者的交互,反映为跟车行为、变道操作等。如何建立驾驶人模型以理解道路设施设计的变化对人的作用,进而推演至对整个交通流的影响,是评估道路设施是否安全的基础,更是进行设计优化改进的理论依据。

(2) 判别、筛选不同道路设施、不同路段下反映道路设施运行安全状态的关键指标。道路设施的设计参数复杂多样,包含平、纵、横三大线形以及各类标志标线和交通附属设施,不同类别的道路设施影响运营安全的关键参数不同。以山区公路为例,断面车速差是用来评价连续平曲线路段安全性的重要运行参数,但在平纵组合路段,车辆的横向力系数及其所反映的横向稳定性则是决定设计安全最重要的指标。

(3) 研究历史事故数据与运行指标之间的关系,探索合适的安全替代指标和相应的安全阈值。交通事故是评价道路设施是否安全最根本的指标,但事故是小概率事件,其发生具有偶然性,无论模拟试验还是实车测试都难以采集到足够的事故数据作为设计安全性的直接评价标准。因此判断道路设施是否安全需要以安全替代指标作为桥梁,通过统计建模划定安全评判的阈值。

2. 研究进展

受限于数据采集及分析手段,传统的研究很难在道路设计中考虑驾驶人因素,在制定规范和标准时主要依据物理演算和实践经验。但是随着科技的发展,国内外越来越多的研究者开始使用模拟器或基于车载检测设备的实车试验开展道路设施安全评估的研究。美国联邦公路管理局和美国国家公路及运输协会也鼓励加快高仿真驾驶模拟器在道路设计方面的应用[7]。驾驶模拟器可以构建逼真的道路环境,给予测试者身临其境的驾驶体验,采集高精度的试验数据,使其在新建道路安全设计评价研究和应用上具备不可比拟的优势,使得开展人-车-路耦合作用机理研究有了基础保证。Wang 等[8]利用驾驶模拟器研究了道路平纵组合设计对横向加速度的影响,发现不同组合线形的路段上,显著影响横向加速度的指标分别有平曲线半径、坡度及凸曲线的长度等,说明即使同一类道路设施,不同路段上显著影响安全性的运行指标也存在差异。Alfonso 等[9]使用高精度 GPS 试验车采集车速,研究了驾驶人在面对不同平曲线时的加减速时机和车速变化情况，对理解驾驶人的车速选择行为和开展相应的道路设计安全评价提供了研究基础。

3. 主要难点

(1) 如何在评价设施安全性的同时考虑驾驶人的个体行为和群体间的交互作用。不同驾驶人在对外界刺激的反应上存在个体差异，其驾驶行为和操作不仅是自身对道路、环境的判断，也是与其他道路使用者相互作用的结果。例如，道路的车道宽度如果设置过宽，表面上能使驾驶人有更充裕的空间进行驾驶，减少侧碰事故概率，实际上却给激进的驾驶人提供了更多非法超车的机会，这一设计是否安全需要辩证全面地看待。在研究人-车-路耦合作用机理时可以参考其他领域对"人"研究较为成熟的学科，如行为学、心理学、人因学等，通过对"人"的数学建模或行为仿真，探索人-车-路的耦合作用机理。

(2) 如何选择合适的安全替代指标。安全替代指标与事故数量或事故严重程度之间应有因果关系，同时从应用角度考虑，安全替代指标需要满足可测度的条件：一方面要求指标能从现实道路环境中提取，用于建立其与事故数据间的关系；另一方面要求指标能通过模拟试验测试得到或能直接根据待建道路设施条件预测，保证指标应用上的可行性。安全替代指标的筛选需要大量实地调查和试验数据作为支撑，对于不同类别的道路设施应当各有偏重，研究手段上可参考统计学、数据挖掘等数据分析方法。

参 考 文 献

[1] 中华人民共和国交通运输部. JTG B01—2014 公路工程技术标准[S]. 北京：人民交通出版社, 2014.

[2] 中华人民共和国交通运输部. JTG D20—2006 公路路线设计规范[S]. 北京：人民交通出版社, 2006.

[3] Morgan R, Epstein J, Drummond A. Austroads, Road Safety Audit[M]. Sydney: Austroads, 2002.

[4] Lamm R, Psarianos B, Mailaender T. Highway Design and Traffic Safety Engineering Handbook[M]. Blacklick: McGraw-Hill, 1999.

[5] Krammes R A. Interactive highway safety design model: Design consistency module[J]. Public Roads, 1997, 61(2).

[6] 中华人民共和国交通运输部. JTG B05—2015 公路项目安全性评价规范[S]. 北京：人民交通出版社, 2016.

[7] Keith K, Trentacoste M, Depue L, et al. Roadway human factors and behavioral safety in Europe[R]. Crash Investigation, 2005.

[8] Wang X, Wang T, Tarko A, et al. The influence of combined alignments on lateral acceleration on mountainous freeways: A driving simulator study[J]. Accident Analysis & Prevention, 2015, 76(1):

110–117.

[9] Alfonso M, Luigi P, Francesco G. Prediction of drivers' speed behavior on rural motorways based on an instrumented vehicle study[J]. Transportation Research Record: Journal of the Transportation Research Board, 2014, (2434): 52–62.

撰稿人：王雪松　郭启明

同济大学

审稿人：黄合来　杨小宝

交通设施安全疏散问题

Crowd Safety Evacuation Problem in Transportation Facilities

1. 背景与意义

随着我国城市化进程的加快和人们出行需求的增长,各类公共场所的人群聚集特性日益明显,特别是在大城市的公共交通和城市轨道交通枢纽中,人群往往处于密集和拥挤的状态,图 1 所示为北京地铁高峰期客流的拥挤情况。发生紧急事件时,建筑物内的人员在疏散过程中会表现出复杂的行为特性,极易发生拥挤、踩踏等群死群伤事故[1]。因此交通设施内密集人群的安全疏散问题需要引起更多的重视。既有研究表明,部分拥挤事故是人为因素造成的二次事故,与行人的疏散行为特性密切相关[2]。因此分析事故产生的机理以及紧急预案的制定需要密切结合行人疏散行为的动力学特性。对密集人群的疏散过程进行科学系统的分析,获取行人的行为特性和运动特性,是掌握行人运动规律的重要途径;对交通枢纽的内部设施进行合理改善、对人群的疏散过程进行科学有效的管理,是预防拥挤踩踏事故的重要手段。

图 1　北京地铁高峰期客流的拥挤情况

行人在疏散过程中，其运动特征和相关行为会发生显著变化，这些行为的变化极易导致行人事故的发生，从而造成不同程度的人身伤亡和经济财产损失。因此行人疏散问题的研究对于理解事故产生的机理具有重要的科学意义。行人疏散问题的研究综合了心理学、统计物理学、动力学、计算机科学等多领域学科的知识[3]。通过提取实测视频数据、组织行人疏散试验研究疏散行为特性，运用计算机模拟仿真行人疏散等多种手段进行分析与建模，为认知和理解行人群体的疏散行为和相关过程提供科学的理论基础[4]。此外行人疏散动力学特性的研究对于制定科学有效的应急疏散策略，以及交通设施的规划与安全评估，具有非常重要的实际价值。

2. 研究进展

行人疏散问题是行人流理论、行为学理论、应急管理研究的热点问题。Hoogendoorn 等指出行人的疏散行为主要包含三个层面：战略层(出发时间选择)、战术层(路径选择和活动区域选择)和操作层(移动/走行行为)[5]。

现有关行人疏散问题的研究主要从战术层和操作层两个方面开展。战术层问题重点研究行人的目的地和路径选择行为、流量分布以及时空演化特性，操作层问题主要研究行人到达期望目的地的运动过程。综合两个层面来看，对操作层的个体行人运动轨迹结果进行统计，可以得到宏观的基本图模式和流量分布情况，可运用于战术层中进行路径疏散时间的估算和最优路径的选择；对战术层路径选择行为的结果进行离散化，将得到个体的期望运动方向，可运用于操作层为个体行人运动提供方向和目的地[6]。

既有研究中，应用比较广泛的模型主要有元胞自动机模型[7]和力学模型[8]。近年来，以行为学和人工智能理论为基础，考虑人的智能性、自学习和自适应等特性的启发式智能规则逐渐运用到行人疏散行为的刻画中[9]，此类模型能得到较为符合实际的疏散行为特性。

3. 主要难点

1) 通道运动动力学

行人的通道运动动力学关注行人在运动过程中的微观行为特性以及宏观参数特征。图 2 为通道处行人速度-密度宏观特性。在疏散条件下，行人个体的运动特性将会发生改变，求生的本能使得行人希望在最短的时间内远离危险。因此行人的期望运动速度会显著的增加，行人之间以及与障碍物之间的碰撞挤压也就不可避免。此外行人个体之间的异质性往往也增加了行人在疏散过程中运动行为的复杂性。

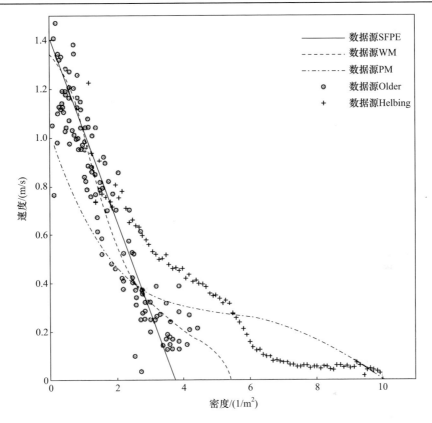

图 2　行人运动速度-密度关系[10]

需要指出的是，目前可用于行人疏散行为研究的数据较少：一是真实情况下的突发事件没有被详细记录，由于记录时间短、精度差、不够全面等无法提取到足够的科研数据；二是通过可控的疏散实验获取的疏散行为数据与真实情况下的行为仍存在一定的偏差。因此如何获取行人在疏散条件下的疏散行为数据成为研究疏散问题的重点。

2) 瓶颈拥挤动力学

由于场所的能力限制，人群在疏散过程中容易在瓶颈(如出入口、楼梯等)处形成拱形聚集的现象(图3)。紧急情况下行人容易产生恐慌的心理，挤压和碰撞现象非常明显。

目前行人的挤压受力过程尚缺乏合适的模型方法进行描述和分析。困难主要存在两个方面：其一，问题复杂。在高密度条件下，行人实际上既有作为智能体的主动路径速度选择行为，又有作为粒子物体受到其他行人和墙体等障碍物的挤压同时反作用于其他物体的被动受力行为。两种机制的互相影响和互相转化，使得行人挤压行为的描述建模极为困难。其二，缺乏可靠数据。考虑到行人试验的安全问题，完全模拟实际疏散场景下的行人疏散试验是无法组织开展的。因此对于疏散过程中瓶颈处拥挤行为特性的建模与分析仍是难点问题之一。

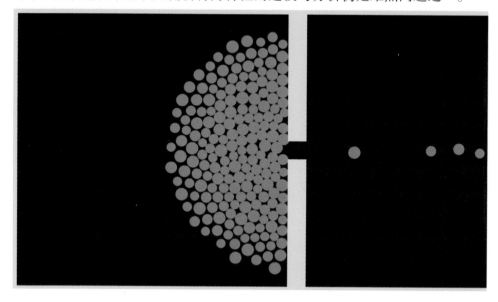

图 3　瓶颈处的拱形聚集现象[8]

3) 疏散路径选择问题

密集人群的疏散过程主要受到行人路径选择行为的影响，个体的路径选择行为特性与其获得的外界环境的信息有关，如出口的位置、场所内的人群分布等。如果行人对场所的建筑设施比较熟悉，并且能够迅速识别出口位置，那么他能够找到快速到达安全区域的路径。如果行人对周围环境不熟悉、没有足够信息，那么他可能会跟随周围人群做出决策。因此如何确定疏散过程的路径选择影响因素，以及对个体以及群体的疏散行为进行深入刻画，是需要探索的难点问题之一。

在密集人群的疏散过程中，如果行人都选择同一条路径疏散，那么将会导致该路径拥挤，以及疏散场所内的流量分布不均衡。如果假设行人具有完全信息并希望以最快的速度到达安全区域，那么他将更换到其他路径以提高疏散效率。由于行人之间路径选择的相互影响机理非常复杂，因此如何对人群的动态路径选择过程进行建模和量化研究，是非常具有挑战性的。

4) 踩踏致伤机理

在密集人群的疏散过程中，行人之间的相互作用会产生挤压碰撞效应，由于力的传递叠加原理，个体行人会受到来自周围人群的挤压作用。当挤压力增大到行人无法承受的程度时，行人的心理和生理上将出现重大变化，从而引发拥挤踩踏事故。如何定性分析受力与心理变化的关系，量化界定致伤时的受力大小和分布，以及各类伤害下的受力临界值，是需要解决的重点问题之一。

现有关于疏散过程的拥挤研究主要为二维平面下的水平拥挤过程。然而在真实三维空间中，拥挤踩踏还包括垂直方向重力的影响。尤其是在楼梯处，拥挤的人群更容易发生踩踏事故。因此如何从三维的角度对行人的体态和运动特性进行更加真实的建模，研究三维空间下的建筑尺寸(如楼梯台阶的宽度、长度、高度，斜坡的斜率)对拥挤受力的产生与传播的影响，以及三维空间下的行人相互挤压与踩踏过程，是需要探索的难点问题之一。

参 考 文 献

[1] 李强, 崔喜红, 陈晋. 大型公共场所人员疏散过程及引导作用研究[J]. 自然灾害学报, 2006, 15(4): 92–99.

[2] Helbing D, Buzna L, Johansson A, et al. Self-organized pedestrian crowd dynamics: Experiments, simulations, and design solutions[J]. Transportation Science, 2005, 39(1): 1–24.

[3] 李得伟, 韩宝明. 行人交通[M]. 北京：人民交通出版社, 2011.

[4] Haghani M, Sarvi M. Sated and revealed exit choices of pedestrian crowd evacuees[J]. Transportation Research Part B: Methodological, 2017, 95: 238–259.

[5] Hoogendoorn S P, Bovy P H L. Pedestrian route-choice and activity scheduling theory and models[J]. Transportation Research Part B: Methodological, 2004, 38(2): 169–190.

[6] Gao Z Y, Qu Y C, Li X G, et al. Simulating the dynamic escape process in large public places[J]. Operations Research, 2014, 62(6): 1344–1357.

[7] Kirchner A, Schadschneider A. Simulation of evacuation processes using a bionics-inspired cellular automaton model for pedestrian dynamics[J]. Physica A: Statistical Mechanics and Its Applications, 2002, 312(1): 260–276.

[8] Helbing D, Farkas I, Vicsek T. Simulating dynamical features of escape panic[J]. Nature, 2000, 407(6803): 487–490.

[9] Moussaïd M, Helbing D, Theraulaz G. How simple rules determine pedestrian behavior and crowd disasters[J]. Proceedings of the National Academy of Sciences, 2011, 108(17): 6884–6888.

[10] Seyfried A, Boltes M, Kähler J, et al. Enhanced empirical data for the fundamental diagram and the flow through bottlenecks[C]//Pedestrian and Evacuation Dynamics 2008. Wuppertal: Springer Berlin Heidelberg, 2010: 145–156.

撰稿人： 贾　斌　屈云超　姜　锐

北京交通大学

审稿人： 史其信　贠丽芬

突发事件下的城市交通应急疏散问题

Urban Traffic Evacuations under Emergent Incidents

1. 背景与意义

城市中各类突发事件(如恶劣天气、重大交通事故)的发生使得交通参与者的心理、行为以及由全体出行者出行活动所形成的群体行为都会发生瞬间变化,事件发生区域的交通需求和道路能力将产生突变效应,从而激化城市交通供需矛盾,加剧城市交通失衡和无序。例如,2001年12月7日,北京的一场突来降雪导致道路通行能力骤降,由于发生在晚高峰出行时段,而且应对交通管理措施不及时,多种因素诱发了道路交通系统严重失衡,从而使本就拥堵的道路环境急剧恶化;2005年9月,飓风"卡特里娜"重创美国新奥尔良市,造成公共交通系统瘫痪,经济损失高达1338亿美元,造成1209名人员死亡;2011年3月11日,日本东北部海域发生里氏9.0级地震并引发海啸,使得日本东北部地区的交通瞬间瘫痪,并导致日本其他一些区域交通压力骤升;2012年7月21日,一场特大暴雨致使北京道路交通大面积瘫痪,并造成79名人员死亡;2015年8月12日,天津港危险品仓库发生火灾爆炸事故,周边道路被迫封闭,并造成了津滨轻轨部分线路停止运营。

由于突发事件诱发因素的多样性和时空分布的随机性,一个孤立突发事件可能借助于自然、生态或者社会系统之间相互依存及制约关系,产生涟漪效应。如果突发事件处理不够及时,非常态局部交通拥堵等演化现象可能会迅速扩散,并导致网络区域内的大面积交通瘫痪,极大地增加了疏解城市交通拥堵的难度。而且突发事件所造成的连锁反应及其引发的次生与衍生交通安全隐患显著增加了突发事件的严重性和不确定性,从而使城市交通面临严重危机。因此如何分析突发事件下城市道路交通网络结构的演变特征以及出行者在突发事件下的心理特性、驾驶行为及出行决策的基本规律,并制定应对突发事件的城市交通应急疏散与管理对策,已成为相关领域的科学难题。

目前几乎各国政府都将突发公共事件应急管理和交通应急处置纳入政府公共管理体系中。恶劣天气、交通事故、设施损坏等城市突发事件的频繁发生,为城市交通的正常稳定运行带来了巨大挑战。因此针对各类突发事件建立和制定科学合理的城市交通系统应急管理体系和干预方案，最大限度地保障城市交通系统的正常稳定运行，具有非常重要的社会意义。

2. 研究进展

在突发事件下，由于受到外界环境的刺激，人们通常会表现出一系列恐慌行为。一般来说，恐慌行为会影响人群的逃生效率，甚至威胁生命安全。早期的突发事件行为的研究主要是从定性的角度进行的，例如，Turner 等[1]认为突发事件下人群的行为和心理的不稳定性及攻击性增强，Kelley 等[2]指出恐怖感是导致人群内部发生混乱的主要原因，Canter[3]出版了有关火灾与个体行为方面的专著。一些研究学者[4,5]还对疏散过程中自组织行为进行了大量研究，解释了疏散过程中欲速则不达、拱形排队、自动成行、队列振荡等自组织现象，进一步完善了突发事件行为理论。

另外国内外关于突发事件下城市交通管理理论主要可分为基于微观层面的研究和基于宏观层面的研究。前者包括应急车辆路径选择[6]和应急车辆优先信号控制[7]等方面。后者则主要侧重于研究应急交通流通行网络的规划及理论研究，其重点是疏散交通通道规划方法的研究，例如，Cova 等[8]基于疏散路径建立了应急疏散最小费用流的混合整数规划模型；Chiu 等[9]运用元胞传输模型和线性规划方法，对处于不同优先通行等级的突发事件区域的疏散交通流和应急救援交通流，提出以应急交通流和疏散交通流的总行程时间最小化为目标，构造了两类交通实时路径导行模型；许焱等[10]对奥运交通紧急事件管理方案进行了研究，制订了交通阻塞、轻微交通事故、严重交通事故和奥运专用车辆故障等紧急事件的处理预案，并研究了奥运交通紧急事件管理系统的体系框架。

3. 主要难点

1) 交通参与者心理活动与外部行为表现之间的耦合机理研究

突发事件对城市交通参与者心理与行为产生极大影响，引发过激反应，作为"智能体"的交通参与者，心理行为活动必然存在差异，这一特性是诱发复杂的交通拥堵与安全问题的根源。掌握突发事件下交通参与者心理活动与外部行为表现之间的耦合机理，是研究个体行为与群体行为演化机制的前提，也是研究突发事件对城市交通影响机理的基础科学问题。

潜在的研究手段主要是利用高仿真驾驶模拟器来开展平行驾驶试验。在此基础上研究突发事件对驾驶心理生理参数和行为变量(包括行为速度、速度方差、横纵向加速度、制动、转向、车道位置、跟车时距等车辆控制行为变量；认知时间、反应时间、动作执行时间以及行为结果等动态决策行为变量；避祸动作执行时间、以及避祸效果等交通应急反应变量;在认知过程中和驾驶行为相对应的眼球运动状态、心电、皮电、脑电波等心理生理变量)的复杂影响。

2) 交通管理者和交通参与者之间相互作用的系统优化模型构建

突发事件下路网交通流时空分布是由交通参与者进行出行决策而产生的聚集结果,而交通管理部门所制定的干预对策则是为了有效降低路网拥堵而采取的必要手段,突发事件下路网交通流时空分布状态会随着干预手段的调整而发生变化,而交通干预对策的制定同时也要考虑路网交通流时空分布的扰动及变化规律,这两者之间既存在差异,又存在明显的互馈机制。因此如何构建既考虑交通管理者和交通参与者,又考虑这两者之间相互作用的系统优化模型构成了相关领域有待解决的问题之一。

潜在的研究手段可以以交通信息发布范围、信息强度、公交或地铁车辆发车频率、道路禁行范围、禁行时间等城市交通干预参量为决策变量,采用系统优化(system optimization,SO)模型描述突发事件下城市交通疏散管理及优化问题,设定优化目标为疏散时间、疏散速度和疏散效果。基于动态交通流分配模型,采用灵敏度分析的方法研究各种交通干预参数对路网交通流量时空分布的扰动影响,分别利用线圈数据和人工观测的交通数据对模型中的参数进行标定计算,通过高效的计算机仿真算法,对不同交通干预对策下交通流时空分布和路网拥堵传播进行模拟分析;同时改变突发事件特征参数,通过灵敏度分析方法描述交通拥堵传播范围以及拥堵消散时间的变化情况,得出不同事件属性对路网拥堵传播及消散的动态导数矩阵以及影响曲线。针对突发事件对城市道路交通系统的影响,通过从其机理、交通运行态势演变规律等方面的分析,基于双层优化模型建立考虑交通管理者和交通参与者之间相互作用的交通系统优化模型。

参 考 文 献

[1] Turner R H, Killian L M. Collective Behavior[M]. Englewood Cliffs: Prentice-Hall, 1957.

[2] Kelley H H, Condry J C, Dahlke A E, et al. Collective behavior in a simulated panic situation[J]. Journal of Experimental Social Psychology, 1965, 1(1): 20–54.

[3] Canter D V. Fires and Human Behaviour[M]. New York: John Wiley and Sons, 1980.

[4] Helbing D, Buzna L, Johansson A, et al. Self-organized pedestrian crowd dynamics: Experiments, simulations, and design solutions[J]. Transportation Science, 2005, 39(1): 1–24.

[5] Hoogendoorn S P, Daamen W. Pedestrian behavior at bottlenecks[J]. Transportation Science, 2005, 39(2): 147–159.

[6] Huang B, Pan X. GIS coupled with traffic simulation and optimization for incident response[J]. Computers, Environment and Urban Systems, 2007, 31(2): 116–132.

[7] McHale G M. An assessment methodology for emergency vehicle traffic signal priority Systems[D]. Blacksburg: Virginia Polytechnic Institute and State University, 2002.

[8] Cova T J, Johnson J P. A network flow model for lane-based evacuation routing[J]. Transportation Research Part A: Policy and Practice, 2003, 37(7): 579–604.
[9] Chiu Y C, Zheng H. Real-time mobilization decisions for multi-priority emergency response resources and evacuation groups: Model formulation and solution[J]. Transportation Research Part E: Logistics and Transportation Review, 2007, 43(6): 710–736.
[10] 许焱, 杨孝宽, 刘小明, 等. 2008 年奥运会交通紧急事件管理系统(EMS)规划[J]. 北京工业大学学报, 2005, 31(5): 481–485.

撰稿人：闫学东　马　路
北京交通大学
审稿人：鲁光泉　奇格奇

铁路危险品运输的风险管理问题

Risk Management of Railway Hazardous Materials Transportation

1. 背景与意义

铁路作为一种高效安全的运输方式，适用于危险品的长距离大批量运输。尽管铁路危险品运输事故的发生概率很小，但其可能引起的结果非常严重。例如，2013 年在加拿大 Lac Mégantic 地区发生的铁路油罐车泄漏事故造成 47 人死亡和上千万美元的经济损失[1]。因此需要重点关注铁路危险品运输的安全管理问题。

铁路危险品运输的风险管理在本质上是针对小概率但有重大后果的罕见事件进行合理的定量化评估和风险控制。该问题涉及概率论和数理统计、风险分析学、决策论和经济学。在铁路运输环节，该问题主要研究危险品在运输过程中泄漏的概率、后果及预防、预警和应急策略等。与公路危险品运输不同，火车可携带多节危险品罐车。列车脱轨后可能造成多节危险品罐车脱轨甚至泄漏，从而带来巨大的安全隐患。因此世界各国均将铁路危险品运输的风险管理作为一个长期重点问题进行研究和实践。随着我国铁路的快速发展，危险品运输市场的需求巨大，合理地评估铁路危险品运输可能带来的风险是十分必要的，对于提升铁路危险品货物运输安全意义重大。

2. 研究进展

铁路危险品运输风险管理问题的研究主要涉及风险源的识别，泄漏事故的概率估计，泄漏事故的结果预测和评估，采取合理的措施降低运输风险等几个方面的问题。目前学界对于铁路危险品运输风险管理集中在对列车脱轨概率的预测[2,3]、对罐车脱轨或者损伤的概率分析[4]、对罐车泄漏的概率预测[5,6]、对泄漏后果的分析[7]、对可行的风险管理策略的评估和优化[8,9]等几个方面。

在应用层面上，过去 30 年中，美国联邦铁路管理局(US Federal Railroad Administration)、美国货运联盟(The Association of American Railroads)，各货运铁路公司和化学品生产公司在路线选择和安全政策制定上做了大量的数据采集、分析和研究工作[4]。针对如何准确全面地识别铁路危险品运输风险源，美国联邦铁路管理局归纳出 400 多种危险品货车脱轨的事故成因。这些事故成因涉及轨道、车辆、信号和人因。

此外，对于每一种事故成因，其发生的概率都很小。针对如何合理地预测小概率事件，目前主流的研究方法是运用条件概率模型，逐层分析导致危险品泄漏的各个环节的概率。该种方法对数据采集的多样性和准确性有很高的要求。最后，对于泄漏事故的后果，需要结合不同专业的知识背景对可能的环境、经济和社会影响做出分析和应急响应。由于铁路危险品泄漏量大，多罐车泄漏扩散模型需要深入研究。总体而言，铁路危险品运输是一个多过程、多因素、小概率、后果严重、不确定因素多的风险管理问题。

3. 主要难点

(1) 数据的采集和分析。铁路危险品运输风险管理需要一系列的数据支持。建议尽早建立系统性的铁路危险品事故数据库，加强对铁路事故和罐车脱轨及泄漏结果的数据采集与分析。

(2) 小概率事件的预测研究。如何从小样本数据中获得有用的信息需要更多的研究工作。先进的统计方法结合实践可以指导对未来事故发生概率和后果的预测。相比公路事故，铁路事故概率相对更小，需要更有效的预测方法。

(3) 综合风险管理。对事故的预防、预警和应急响应需要有系统科学的指导和优化。

(4) 风险管理的应用。一个有价值的风险管理研究不仅要在理论上可信，而且要符合实际情况，方法和结果可以被验证，并被决策者理解。

参 考 文 献

[1] Transportation Safety Board of Canada. Runaway and main-track derailment: Montreal, Maine & Atlantic Railway, Freight train MMA-002, Mile 0.23, Sherbrooke Subdivision, Lac-Mégantic, Quebed[R]. Transportation Safety Board of Canada, 2014.

[2] Liu X. Statistical temporal analysis of freight-train derailment rates in the United States: 2000 to 2012[J]. Transportation Research Record, 2015, 2476: 119–125.

[3] Liu X. Statistical causal analysis of freight train derailments in the United States[J]. Journal of Transportation Engineering Part A: Systems, 2017, 143(2): 04016007.

[4] Liu X. Risk analysis of transporting crude oil by rail: Methodology and decision support system[J]. Transportation Research Record, 2016, 2547: 57–65.

[5] Barkan C P L. Improving the design of higher-capacity railway tank cars for hazardous materials transport: Optimizing the trade-off between weight and safety[J]. Journal of Hazardous Materials, 2008, 160(1): 122–134.

[6] Liu X, Hong Y. Analysis of railroad tank car releases using a generalized binomial model[J]. Accident Analysis and Prevention, 2015, 84: 20–26.

[7] Verma M, Verter V. Railroad transportation of dangerous goods: Population exposure to airborne toxins[J]. Computers and Operations Research, 2007, 34(5): 1287–1303.
[8] Liu X, Saat M R, Barkan C P L. Safety effectiveness of integrated risk reduction strategies for rail transport of hazardous materials[J]. Transportation Research Record, 2013, 2374: 102–110.
[9] Liu X, Saat M R, Barkan C P L. Integrated risk reduction framework to improve railway hazardous materials transportation safety[J]. Journal of Hazardous Materials, 2013, 260: 131–140.

撰稿人：刘　响
美国罗格斯大学
审稿人：钱大琳　王　力

危险货物公路隧道运输风险定量评估模型

A Quantitative Risk Assessment Model on Transport of Dangerous Goods through Road Tunnels

1. 背景与意义

近年来，我国公路隧道发生了多起危险货物运输事故，造成了大量人员伤亡和财产损失。例如，2014年3月在晋济高速公路岩后隧道发生的特别重大道路交通危险货物燃爆事故，造成40人死亡。为了避免隧道发生危险货物运输事故风险，一些地方甚至禁止危险货物运输车辆通行。但是禁行的方法将产生两方面的影响：一是隧道作为路网中的关键节点，绕行回避会增加公路危险货物运输距离，既提高运输成本，又因为增加运输距离而增加了安全隐患；二是绕行带来的成本增加，使得一些不法企业，将危险货物谎报瞒报成普通货物，从而通过隧道运输，产生更大的安全隐患。因此非常有必要采取科学的方法，评估隧道运输风险，进而采取隧道分级管理措施，既保证隧道危险货物运输的安全，又确保运输便利。

目前危险货物公路隧道运输风险评估主要采用的是定性分析方法。很多国家通过借鉴历史经验，根据隧道周边是否有人口密集区来简单确定隧道风险等级。因此可以运用先进的技术和方法，综合考虑隧道、运送的危险货物、交通流等多种因素，研究危险货物公路隧道运输风险定量评估模型。

2. 研究进展

当前危险货物公路隧道运输风险评估，大部分采用的是以定性为主，定性定量相结合的方法。

欧洲、美国等地区提出了危险货物运输的量化安全风险评估模型(transport of dangerous goods through road tunnels-the quantitative risk assessment model，DG-QRAM)[1~3]，模型给出了一定场景下，依据历史数据，估算事故发生概率和事故发生危害程度的方法，以及由此确定危险货物运输车辆隧道通行的风险程度，是当前用于评估公路隧道风险的一种定性定量相结合的、较为简便的方法，使用较为广泛。

危险货物公路隧道运输风险定量评估，由于涉及多个学科，而且需要大量的试验，因此相关研究成果不多。

危险货物公路隧道运输风险涉及危险货物公路隧道运输事故发生概率和泄漏、燃烧爆炸或者毒气泄漏扩散事故后果两大方面，每一方面都涉及大量的影响因素。

危险货物公路隧道运输泄漏/燃烧爆炸事故率，是危险货物公路隧道运输事故概率和事故引发危险货物泄漏/燃烧爆炸等次生灾害概率之积。目前，国内外主要开展了公路危险货物运输泄漏事故概率研究，但是缺乏对公路隧道运输泄漏/燃烧爆炸事故概率定量化计算研究。

危险货物运输泄漏、燃烧爆炸或者毒气泄漏扩散事故后果，目前，已经有成熟的燃烧爆炸、毒气泄漏扩散事故后果定量计算模型[4,5]，而且已有专家学者研究了危险货物运输泄漏、燃烧爆炸或者毒气泄漏扩散事故后果定量计算模型[5]。但尚未开展危险货物公路隧道运输泄漏、燃烧爆炸或者毒气泄漏扩散事故后果研究。

3. 主要难点

危险货物公路隧道运输风险定量评估模型研究涉及土木、力学、化工等多个学科，主要难点包括：危险货物公路隧道泄漏/燃烧爆炸事故概率和事故后果定量估算模型。

危险货物公路隧道泄漏/燃烧爆炸事故概率定量计算模型，涉及危险货物公路隧道运输事故概率、事故引发危险货物泄漏/燃烧爆炸等次生灾害概率。危险货物公路隧道运输事故概率与隧道位置、坡度、长度等隧道因素，交通量、大车比例、危险货物运输车辆比例、车速差和车辆性能等交通因素，隧道管制水平、安全宣传等管理因素和隧道维护保养因素等有关。而事故引发危险货物泄漏/燃烧爆炸等次生灾害概率，则与运载工具、罐体、危险货物包装、危险货物理化特性等要素有关。危险货物公路隧道运输事故概率和事故引发危险货物泄漏/燃烧爆炸等次生灾害概率的影响因素及其相互作用机理的研究，是当前研究危险货物公路隧道泄漏/燃烧爆炸事故概率的科学难题。

危险货物公路隧道运输泄漏、燃烧爆炸或者毒气泄漏扩散事故后果定量计算模型，其影响因素众多：隧道类型、隧道升降坡度、隧道耐火性和排烟设施设备、通风形式等隧道因素[6~8]、交通流量等交通因素[9]、危险货物类型和数量[9,10]，以及事故发生(如火源)地点、液体或者气体泄漏的部位等事故特征[11,12]。在既有的危险货物运输泄漏、燃烧爆炸或者毒气泄漏扩散事故后果定量计算模型中，考虑隧道的影响，是当前研究事故后果定量计算模型的科学难题。

参 考 文 献

[1] Kohl B, Botschek K, Hörhan R. Austrian risk analysis for road tunnels development of a new method for the risk assessment of road tunnels[C]//3rd International Conference Tunnel Safety and Ventilation, Graz, 2006.

[2] Evans A. Transport fatal accidents and FN-curves 1967—2001[R]. London: University College London, 2003.

[3] Ineri S. Transport of Dangerous Goods through Road Tunnels Quantitative Risk Assessment Model (v.3.60 and v.3.61) Reference Manual[M]. Paris: Verneuil-en-Halatte, 2005.

[4] 姜学鹏. 特长公路隧道事故灾害与应急救援研究[D]. 长沙：中南大学, 2008.

[5] 孙莉, 赵颖, 曹飞, 等. 危险化学品泄漏扩散模型的研究现状分析与比较[J]. 中国安全科学学报, 2011, 1(21): 37–42.

[6] Knoflacher H, Pfaffenbichler P C. A comparative risk analysis for selected Austrian tunnels[C]//Proceedings of 2nd International Conference Tunnel Safety and Ventilation, Graz, 2004.

[7] Santner J, de Groof J, et al. Transport of dangerous goods through road tunnels[R]. Organisation for Economic Cooperation and Development, 2001.

[8] Florian D, Bernhard K, Rudolf H. Risk assessment of transport for the dangerous goods in Austrian Road Tunnels[C]//Fourth International Symposium on Tunnel Safety and Security, Frankfurt, 2010.

[9] Parsons B Q, Douglas G. Risk analysis study of hazardous material trucks through else hower/johnson memorial tunnels[R]. Final Report, 2006.

[10] Rattei G. Equipment for operation and safety in highway tunnels[C]//3rd International Conference Tunnel Safety and Ventilation, Graz, 2006.

[11] Parsons B Q. Risk analysis study of hazardous material trucks through Eisenhower/Johnson memorial tunnels[R]. Washington DC: University of Washington, 2006.

[12] Nathanail E G, Zaharis S, Vagiokas N, et al. Risk assessment for the transportation of hazardous materials through tunnels[C]//Meeting of TRB and Publication in the Transportation Research Record, Washington DC, 2009.

撰稿人：钱大琳[1]　范文姬[2]
1 北京交通大学　2 交通运输部公路科学研究院
审稿人：李　晔　王　力

城市道路运营风险评估与预测

Evaluation and Forecasting Models for Urban Road Operational Risk Management

1. 背景与意义

城市道路网络是城市交通运输的基本骨架，是城市社会经济活动和客货运输的载体，其作用是保障城市各项基本功能的正常运转，促进城市社会经济的快速发展[1]。由于城市化进程的不断加快，城市规模的迅速扩张，城市道路网络变得越来越复杂，涌现出的交通问题越来越多，暴露出的风险性也急剧增加，特别是交通拥堵、交通事故、交通污染这三方面引起科研工作者的广泛关注。因此，基于复杂的城市道路网络，如何全方位多角度地辨识风险因素，分析其作用机理，评估其风险水平，预测其未来变化，已成为国内外交通领域的研究热点与难点。

探究这个科学问题需要综合运用复杂网络理论、风险评估理论、多属性网络耦合分析理论等多种前沿交叉学科。一般而言，城市道路网络包括基础设施拓扑网络和功能运营虚拟网络两个层面。在复杂网络分析时如何引入风险评估过程，如何多维耦合建模？研究城市道路网络风险评估与预测首先需要解答这些问题。

城市道路网络不仅影响车辆运行的安全畅通，也影响车辆、污染物的排放[2]。因此，当讨论城市道路网络风险时，必然面临着多重问题，即如何兼顾交通畅通、交通安全、交通环保。因此，城市道路网络的风险建模应从交通拥堵、交通事故、交通污染三方面并行展开然后多方耦合才能实现目标最优化[3]。

目前国内外对于道路网络各个事项的风险评估较少，有待进一步研究，且仅考虑网络结构特性和运行状态特性不能全面地反映城市道路网络各个事项的特性。此外，城市道路网络风险评估过程中还需要综合考虑其他因素，如经济和社会因素、环境因素等。因此，城市道路网络的风险评估是一个复杂的科学问题，其风险评估模型的建立以及仿真模拟需要通过大量和细致的计算，以找寻不同方式和方案评估道路网络单元拥挤、安全和环境的统计规律，提出一套科学合理的风险评估分级标准，以便道路网络综合评估结果更好地应用于城市交通管理和交通规划工作。

完善上述内容以应对常发性和偶发性交通拥堵演变规律及特征的研究，将有助于更好地对道路交通状态空间模型进行优化改进。在应急交通的各种决策支持功能中，可以进一步研究基于最大路径可靠性、最小生命财产损失等多种目标的决策机制。针对应急交通安全管理工作，可进一步研究灾害预测系统、交通事故预警系统等的集成，提高应急管理中各阶段、各部门之间的整合性，最终达到有效缓解交通拥挤、提高交通安全以及减少污染物排放的目标，这对于后续交通智慧化发展有着重大意义。

2. 研究进展

近年来，国内外有关城市道路交通网络的拥挤，安全及环境污染等的风险评估研究已经逐渐增多，主要包括以下方面。

1) 路网交通拥堵分析模型

目前的主要研究一种是根据道路拥堵状态提出网络单元结构-状态参数，根据这个参数值对网络风险源进行筛选，选取结构-状态参数分布在前20%的网络单元作为风险性分析的对象，然后根据不同需求数据对城市道路网络风险进行对比分析。再结合静态和动态评估原理，分别计算城市道路网络的状态和结构风险性指标，最后分别计算待评估路网在两种不同出行需求情况下的各指标值以及路网预测模型。

另一种是采用对偶法对城市道路网进行分析建模。首先将其抽象为网络拓扑关系图，之后可基于复杂网络理论对生成的网络拓扑关系，分别计算图中各节点的相关节点度、中介中心度和接近中心度；再次采取节点攻击策略对网络拓扑关系图中的节点进行破坏，并分析网络攻击结果[4]。这样就可以根据网络攻击结果，分析每条道路的拓扑强度。这为确定各路段在维持路网连通性方面的重要性提供了必要依据。

此外，根据动态交通分配(dynamic traffic assignment, DTA)理论也有一个适应实时系统需求的动态交通分配模型。首先通过 DTA 模型可以获取动态的交通数据，然后提出基于动态交通分配的路径规划算法，并通过交通诱导，提出基于不同交通状态下路径流量增量的分流诱导方案生成算法，进而缓解拥堵对城市交通的影响[5,6]。当前风险性评估指标已实现由静态到动态的发展过程，但各种评价指标的前提假设不尽相同。对不同情况下各种路网的风险性进行系统评价，并提出较为统一的评价指标，这是十分必要的。

2) 交通安全事故预测预警

判别事故多发路段是进行路网安全改善的基础。传统的事故绝对数法根据路段或交叉口的历史事故数排序选出事故多发点，筛选出的往往是几何尺寸、交通流量较大的路段或交叉口，而这些设施的安全改善空间有限[7]。

城市道路上的突发情况也会影响路网的供给能力，进而影响出行者的出行决策，引起交通需求的变动，那么如何用数学方法科学而真实地描述这种影响过程，也是需要进一步研究的[8]。

3) 减少污染物的排放研究

目前模拟平台的研究可以实现对于城市道路环境下空气污染物排放情况的模拟分析。它由基础数据采集模块、交通仿真模块、机动车排放模块、污染物扩散浓度计算模块、回归模型等计算模块组成[2]。典型机动车尾气排放模型包括汽车源排放因子模型(mobile source emission factor model，MOBILE)、国际机动车排放模型(international vehicle emission model，IVE)、综合模式排放模型(comprehensive modal emissions model，CMEM)，通过这些模型的计算以及车载尾气采集分析系统可以进行车辆行驶工况、尾气排放、油耗数据的采集分析，但是结果仍需进一步的优化以及改善。

3. 主要难点

构建缓解城市道路交通拥挤、保证交通安全以及减轻污染物排放于一体的模型需要面对一系列科学问题，主要难点包括以下方面。

(1) 城市道路网络拥堵分析模型。

复杂网络理论应用于城市道路网络分析的主要进展集中在研究城市道路网络的小世界特性和无标度特性以及研究城市道路网络的抗毁性和鲁棒性。而实际情况中，每条道路在路网中所起的作用并不完全相同，因此建议以每条道路为研究对象，着重研究单条道路在维持路网拓扑连通性方面的能力，提出一种可准确描述每条道路在整体路网中重要程度的模型，保证城市道路网络的正常连通和城市交通的顺利运行，此为一个科学难点。

(2) 城市道路网络事故分析预测。

路网结构特性与路网中的节点和路段有关，因此路网的结构风险取决于路网中节点和路段的局部特征属性及其相互耦合作用关系[3]。因而城市道路网的结构风险也主要来源于以下几个方面：①路网中节点和路段不仅具有其自身的重要性，而且在路网中还承担着传输和集散功能；②关键节点和关键路段失效对路网的整体性能产生的影响非常大；③管理者在路网应急管理过程中预防准备工作充足，可以降低路网结构发生危险的概率。

路网中风险致灾因子的类型、暴露量、发生概率、时空影响范围、影响程度和烈度等需要重点分析，也包括路网的整体脆弱性及路网中关键节点和关键路段的辨识、风险评估以及避灾减损策略的执行等。因此，对路网安全进行定量风险评估准确预测事故并预防事故发生是有难度的。

(3) 城市道路网络污染物排放分析。

近几年汽车污染方面的研究均局限于汽车尾气排放造成的城市大气污染、机动车噪声污染等方面。目前很多城市机动车数量急剧增加，尤其是私家车突飞猛进的增长，机动车排污量猛增对频繁接触车辆环境的市民健康影响越来越大。机动车尾气排放与城市大气环境质量紧密相关。衡量机动车尾气对城市大气污染贡献大小的一个重要指标是机动车排放污染物分担率。那么，构建城市道路环境污染物排放的测量模型，如何解决测试周期短、车辆类型单一、城市道路环境中的空气浓度计算，包括对相关化学反应机理的分析以及车内环境污染物排放的分析，均是研究的难点。

参 考 文 献

[1] Berdica K. An introduction to road vulnerability: What has been done, is done and should be done[J]. Transport Policy, 2002, 9(2): 117–127.
[2] 郭谨一. 城市道路环境机动车污染物排放扩散及其对行人影响研究[D]. 北京: 北京交通大学, 2009.
[3] 沈鸿飞. 面向风险评估与应急管理的公路网结构性质评价与分析方法[D]. 北京: 北京交通大学, 2012.
[4] 肖瑶. 基于复杂网络理论的城市道路网络综合脆弱性评估模型[D]. 武汉: 华中科技大学, 2013.
[5] 傅贵. 城市智能交通动态预测模型的研究及应用[D]. 广州: 华南理工大学, 2014.
[6] 马宏亮. 基于动态交通分配的应急救援与疏散系统研究与开发[D]. 北京: 清华大学, 2015.
[7] 马建, 孙守增, 芮海田, 等. 中国交通工程学术研究综述·2016[J]. 中国公路学报, 2016, 29(6): 1–161.
[8] 吴杭彬, 王俊骅, 李易, 等. 面向主动交通安全的城市车辆在线位置服务技术[J]. 科技资讯, 2016, 14(1): 169–170.

撰稿人：陆　键
同济大学
审稿人：黄合来　杨小宝

交通枢纽高密度人群状态实时感知与风险评估

Real-Time Perception and Risk Assessment of High Density Crowd in Transportation Hubs

1. 背景与意义

轨道交通站点、大型客运场站等交通枢纽高密度聚集的人群极易引发拥挤踩踏等突发性事故。该类事故报道常见于各大新闻门户网站，例如，1995年5月，白俄罗斯地铁车站发生拥挤踩踏事故，造成54人死亡。2012年4月26日，北京地铁8号线奥林匹克公园站发生电梯踩踏事故，造成多名乘客受伤。2015年4月20日，深圳地铁5号线黄贝岭站一名女乘客在站台上晕倒，引起乘客恐慌情绪，部分乘客奔逃踩踏，12名乘客受伤。这些事故表明，在高密度客流情况下，对人群的轻微扰动都可能导致事故的发生。为此，极有必要对交通枢纽高密度人群的状态进行实时感知和分析，提前预知事故发生概率，进而有效防范各类突发性事故的发生，保障交通枢纽运营安全和社会公共安全。

人群状态可大致分为自由态和拥挤态[1]。当人群处于自由态时，群体密度水平较低，个体之间相互约束较小，行人可以较自主地规划行走路径，对其状态产生的任何扰动事件都不能持续地以波的形式在人群中传播，不易发生拥挤踩踏事故。但当人群处于拥挤态时，群体密度水平较高，此时群体可被视为连续流体，群体中的微小扰动都能以冲击波的形式在其中传播，并且群体中个体行为的异质性、复杂性和随机性等因素导致波增强扩大，致使人群状态"坍塌"，从而引发事故。

行人群体的状态实质上是微观动态个体的心理和行为以及个体间相互作用、个体与环境间的相互作用所集聚成的宏观外在表现。同时，行人群体状态又影响内部个体的心理、行为变化和相互之间的作用关系等。由此可见，群体状态与个体心理、行为和相互作用之间是一种相互联系、相互制约、反馈互动的关系。对高密度人群状态的实时感知不仅需要研究群体状态的变化特性和演化规律，而且需要研究各种行为引起群体状态变化的内在机理，从而获知各类事故可能发生的风险概率，为相应应急预案的启动提供依据。

2. 研究进展

目前已有的相关研究主要包括行人群体行为建模、群体状态分析、群体行为及事件识别。在群体建模方面,主要通过数学或物理方法构建人群运动的动力学模型对视频中的目标进行检测和跟踪。根据观测尺度的不同,可分为宏观、介观和微观模型。宏观模型较有代表性的是 Hughes 基于连续理论的流体力学模型[2]。它着重描述群体的整体状态而忽视内部个体的具体行为。微观模型则是对内部个体的具体行为和相互作用进行精细描述,然后统计分析群体的行为特性,经典的有社会力模型和元胞自动机模型[3,4]。介观模型则是将具有相同时空特性的多个相邻目标作为一个整体进行分析,较具代表性的有格子气模型[5]。介观模型能兼顾群体的整体状态和个体的行为细节,比较能满足高密度条件下的群体状态跟踪和分析。

在群体状态分析方面,已有研究主要通过群体密度、群体运动等指标表征群体状态。为此,进行群体状态分析的关键是估计群体密度和获取群体运动指标。目前常用的方法有基于像素级特征的密度估计、基于纹理特征的密度估计、基于 BP 神经网络的密度估计以及基于目标特征的密度估计[6]。但上述方法在对高密度人群进行密度估计或行人数量统计时尚存在精度不足等问题。反映群体运动特征的指标通常有平均速度、速度方差、加速度和运动方向等,通常利用光流法对群体运动的宏观特征进行分析[7]。以上基于视频的群体检测和跟踪存在采集质量不高、存储量大、实时传输效率低等缺点,在实时监控和分析人群状态时存在诸多不足。基于视频物联、GIS 技术[8]和手机信令数据的人群状态监控和分析正逐步成为趋势。

在群体行为及事件识别方面,对高密度人群中异常行为和事件进行识别分析是近年来的研究热点和难点。已有方法主要是基于社会力的异常行为检测,其基本原理是通过视频轨迹数据估计个体间的作用力,根据社会力模型计算个体的加速度和速度,进而检测场景中局部行人的异常行为[9]。也有学者提出基于分布的隐马尔可夫模型的异常事件检测方法。该方法的基本思想是通过场景中的正常状态训练隐马尔可夫模型,用训练好的模型对群体中的异常情况进行预报[10],但同样存在检测效率和计算的实时性问题。

3. 主要难点

(1) 收集大规模的交通枢纽高密度行人群体运动行为数据,并辅以试验观测和数值模拟等手段,提炼高密度条件下的人群运动规律,构建高密度人群运动的统计力学模型。

(2) 研究交通枢纽高密度人群状态的演化机理,构建人群中个体行为、个体相互作用、个体与枢纽环境相互作用与人群状态演变之间的定量模型,揭示个体与群体状态之间的作用机理与互动关系。

(3) 研究群体中个体异常行为所致的冲击波效应，分析人群发生拥挤踩踏事故的临界点状态，构建人群状态风险评级模型。

(4) 针对视频录像采集质量不高、存储量大、实时传输效率低下以及空旷场所安装困难等局限，研发基于手机信令、物联网和 GIS 技术的人群状态实时感知及风险预报系统。

参 考 文 献

[1] 汪秉宏, 周涛, 史冬梅. 应急疏散动力学研究的意义与进展[J]. 现代物理知识, 2016, 28(2): 50–56.

[2] Hughes R L. A continuum theory for the flow of pedestrians[J]. Transportation Research Part B: Methodological, 2002, 36(6): 507–535.

[3] Helbing D, Farkas I, Vicsek T. Simulating dynamical features of escape panic[J]. Nature, 2000, 407(6803): 487–490.

[4] Blue V J, Adler J L. Cellular automata microsimulation for modeling bi-directional pedestrian walkways[J]. Transportation Research Part B: Methodological, 2001, 35(3): 293–312.

[5] Hoogendoorn S, Bovy P. Gas-kinetic modeling and simulation of pedestrian flows[J]. Transportation Research Record: Journal of the Transportation Research Board, 2000, 1710: 28–36.

[6] 陈平. 面向公共安全图像监控的人群行为分析[J]. 电视技术, 2013, 37(17): 136–138.

[7] 叶志鹏. 监测视频中群体状态检测与预报方法研究[D]. 哈尔滨:哈尔滨工业大学, 2013.

[8] 宋宏权, 刘学军, 闾国年, 等. 区域人群状态的实时感知监控[J]. 地球信息科学学报, 2012, 14(6): 686–697.

[9] Mehran R, Oyama A, Shah M. Abnormal crowd behavior detection using social force model[C]// IEEE Conference on Computer Vision and Pattern Recognition, Miami, 2009: 935–942.

[10] Kratz L, Nishino K. Anomaly detection in extremely crowded scenes using spatio-temporal motion pattern models[C]// IEEE Conference on Computer Vision and Pattern Recognition, Miami, 2009: 1446–1453.

撰稿人：任　刚[1]　　陆丽丽[2]
1 东南大学　2 宁波大学
审稿人：贾　斌　姚向明

多桥梁水域船-桥避碰问题

Ship-Bridge Collision Avoidance Control in Multi-Bridge Waterway

1. 背景与意义

随着我国交通运输事业的迅猛发展，江河上的桥梁越建越多，也越建越密。以长江为例，20 世纪 90 年代以前长江上不过 7 座桥梁，到了 21 世纪仅长江宜宾段至长江口就有 80 多座已建或在建的大桥。一直以来，主管机构都将桥区水域作为最重要的监管区域进行监管，以长江海事局为例，为了保障桥区水域通航安全，长江海事局坚持"一桥一队"的人员配备原则，同时船舶交通管理系统(vessel traffic services，VTS)基本覆盖辖区所有桥区水域。虽然加强了桥区安全监管，但桥区事故仍然频发。例如，2011 年 6 月 6 日清晨，由岳阳开往南京的"长江 62036"船队拖带 4 艘空油驳下行通过武汉长江大桥时，因突发大雾，驾驶员航行操作不当，正面碰撞武汉长江大桥 7 号桥墩，导致船队散队，此次撞击为武汉长江大桥建成 54 年以来遭受的最大一次撞伤，对武汉长江大桥造成无法挽回的巨大损失；2013 年 5 月 12 日凌晨 4 点，海轮"鑫川 8 号"载 12500t 石灰由安徽铜陵开往福建罗源，在下行通过南京长江大桥 7 孔过程中，突然大角度转向，与 6 孔和 7 孔之间的桥墩发生碰撞，导致船体破损进水，对南京长江大桥造成无法挽回的巨大损失；2013 年 8 月 6 日 20 时，一艘河北籍满载砂石的 5000t 级货船"茂韵 1 号"撞上椒江大桥护桥墩，导致货船前舱破损进水沉没，桥墩受损。

桥梁作为沟通河流两岸之间陆路交通运输的纽带，其地位和作用是不言而喻的。桥梁一方面为陆路交通运输提供了巨大的便利，促进了区域经济发展，方便了民众生活；另一方面，由于桥梁对通航环境的限制，特别是大量的"桥区水域"由点成线，形成"多桥梁水域"，逐渐成为船舶通航的瓶颈。桥区水域一旦发生船桥碰撞，在给桥梁造成损失、切断路面交通的同时，也会阻断水面交通，桥区水域船舶之间碰撞事故极易造成航道拥堵。针对多桥梁水域船-桥避碰控制问题进行研究，对于提高多桥梁水域船舶通航安全，减少船-桥碰撞事故，保障航道畅通具有重要意义。

2. 研究进展

目前，从国内外相关科学领域的研究进展来看，针对多桥梁水域的船-桥避碰问题的研究尚处于探索阶段，当前的研究工作更多的是集中在单个桥区水域。

在桥区船-桥避碰研究方面，国内外学者的研究工作主要集中在桥区通航安全管理与控制策略、船-桥碰撞监测、船-桥碰撞风险评估等方面。

针对桥区通航安全管理与控制策略的研究，一方面，通过在航道桥区两侧设立报告线和准备过桥区、就位区、直航区等船舶过桥控制区域，提高船舶在桥区的通航安全[1]；另一方面，从理论上探讨桥区航道、水文条件等对过桥船舶(队)的影响，通过求取正确的引航参数，编制桥区船舶引航方法，确保船舶安全通过桥区[2]。

在船-桥碰撞监测方面，主要研究思路为应用特定方法和手段获取当前船舶航行状态参数，预测船-桥相撞的可能性，以实现提前预警[3]。例如，采用计算机视觉方法对实时采集的桥区船舶航行的视频进行处理，提取船舶动态运动参数，从而实现对船-桥碰撞的监测预警。但计算机视觉方法受摄像头拍摄场景范围限制，并且对图像实时处理速度要求很高，难以应用于宽阔及繁忙的桥区水域[4]。

在船-桥碰撞风险评估方面，长期以来，国内外学者多用船-桥碰撞概率作为研究对象，提出一系列船-桥碰撞概率模型，国外学者提出的典型模型有美国国家公路管理协会(American Association of State Highway and Transportation Officials，AASHTO)提出的规范模型[5]、KUNZI 模型、欧洲规范模型、拉森模型等[6]。我国学者黄平明等以 AASHTO 规范模型和 KUNZI 模型为基础，提出了直航路模型[7]，耿波通过改进 KUNZI 模型提出了三参数路径积分模型[8]，戴彤宇建立了我国船撞桥事故数据库，引入人工神经网络方法提出简化船撞桥概率模型，并建立了船撞桥系统的风险评估框架[9]。

实现多桥梁水域船-桥避碰的关键是要解决船舶的实时状态感知与态势评估，而当前针对单船的实时碰撞风险的建模，不管从理论上还是实践上都鲜见研究成果。

3. 主要难点

(1) 桥区通航环境与航行船舶行为的实时理解。

受桥梁影响的多桥梁水域一般定义为狭窄水域，狭窄水域船舶航行受限，同时桥区多个桥墩对水流的影响以及桥梁法线与航道主流夹角等问题，都导致船舶操船行为增多，因此需要根据船舶的已有行为(航迹、航速、航向等)结合通航环境，实时判断船舶的真实意图。

利用逐渐普及的船舶自动识别系统(automatic identification system，AIS)可搜集桥区水域的船舶信息，并通过船舶 AIS 信息实现船舶行为的解析，是获取船舶当前航行状态的理想途径。利用 AIS 可以实现船舶类型、船长、船宽、吃水、航线等静态信息，以及船舶航迹、航速、航向等动态行为信息的采集，在此基础上结合多桥梁水域的通航环境信息，即可判断船舶的航行意图[10]。

(2) 船舶航迹预测及航行态势的评估。

在理解船舶行为的基础上，结合通航环境特征，实现船舶航迹的长时预测，并对桥区内船舶航行态势进行评估。

在利用船舶 AIS 信息获取船舶行为及航行意图的基础上，结合船舶的操作与运动规律，考虑风流对船舶的致漂作用和多桥梁水域航道条件等，实现多桥梁水域船舶航迹的准确预测，并在此基础上，研究异步时间信息下船舶最小会遇距离(distance to closest point of approach, DCPA)和最小会遇时间(time to closest point of approach, TCPA)的快速计算方法，结合船舶周围实时通航环境信息，如航道尺度、风、流、航标位置、桥梁(桥墩)位置，以及桥区船舶交通流状况，如前、后船的种类、大小、航速、船间距、交通流量等外界信息，建立内河桥区船舶实时安全风险模型。

(3) 船-桥避碰控制策略生成。

船-桥避碰是在受限水域，根据船舶航行态势及多桥梁水域船舶航行规则，实时生成有效的船-桥避碰控制策略。

船-桥避碰置信规则库的建立，是实现多桥梁水域船-桥避碰策略生成的关键。首先，需要针对置信规则库专家系统特征寻找合适的系统输入变量与输出变量。输入变量包括船舶的各种静态、动态信息，航道的气象、水文及其尺度信息；输出变量包括在桥区航道不同航段需要采用的不同航速、航向及具体的操作方法等航行行为信息，以及有经验的船员在多桥梁水域驾驶的航行经验，通过对专家系统的训练转化为具体的航行控制策略。其次，为提高专家系统的实时性，需要利用主成分分析法等得到其中最关键的输入与输出，简化输入与输出变量的数量，同时采集足够的实时信息对置信规则库专家系统进行训练并验证，以建立多桥梁水域船-桥避碰策略的置信规则库。

参 考 文 献

[1] 艾万政, 丁天明. 桥区航道优化布置设计研究[J]. 交通运输系统工程与信息, 2014, 14(1): 131–137.

[2] 朱日春. 内河桥区水域范围界定的量化计算方法研究[J]. 船海工程, 2009, 38(6): 124–126.

[3] 罗伟林, 邹早建. 船撞桥最小二乘支持向量机预测方法[J]. 交通运输工程学报, 2007, 7(4): 30–33.

[4] 陈亮, 吴善刚, 肖英杰, 等. 基于视频目标检测的桥梁防船撞主动预警技术研究[J]. 水运工程, 2012, (6): 150–154.

[5] AASHTO. Guide Specification and Commentary for Vessel Collision Design of Highway Bridges[S]. 2nd ed. Washington DC: American Association of State Highway and Transportation

Officials, 2009.

[6] 唐勇, 金允龙, 赵振宇. 船撞桥概率模型的比较与选用[J]. 上海船舶运输科学研究所学报, 2010, 33(1): 28–33.
[7] 黄平明, 张征文. 直航路上船舶碰撞桥墩概率分析[C]//第十四届全国桥梁学术会议, 西安, 2000.
[8] 耿波. 桥梁船撞安全评估[D]. 上海: 同济大学, 2007.
[9] 戴彤宇. 船撞桥及其风险分析[D]. 哈尔滨: 哈尔滨工程大学, 2002.
[10] Mou J M, Cees V T, Han L. Study on collision avoidance in busy waterways by using AIS data[J]. Ocean Engineering, 2010, 37(5-6): 483–490.

撰稿人： 毛　喆　桑凌志
武汉理工大学
审稿人： 翁金贤　王　力

生态驾驶模型的构建问题

Establishment of the Eco-Driving Model

1. 背景与意义

面对严峻的交通污染形势和居民对出行健康的迫切需求,减少机动车排放、缓解机动车对环境的影响,成为当前社会经济发展过程中亟待达到的重要目标。"生态驾驶"[1]的理念越来越受到各国学术界以及交通管理部门的重视,成为关注热点。生态驾驶的概念最初是20世纪末于芬兰提出的,旨在节省机动车油耗以及减少机动车排放。生态驾驶提倡不突然加减速、不空加油门、不长时间怠速等驾驶行为,从而让机动车更加经济、环保、高效地行驶。典型的生态驾驶行为建议有:轻点油门平缓起步、保持匀速、避免突然加减速、减少不必要的怠速、不空加油门、尽量少用空调、减轻车载、及时检查轮胎气压,以及做好车辆的维修与保养等。

车联网已经成为汽车和道路交通发展的必然趋势,将给驾驶行为、交通流理论、交通管控方法带来深刻的变化。从节能减排角度,分析车辆在联网状态下的行驶轨迹以及速度、密度、流量、车头时距等参数的变化,揭示车联网条件对车辆能耗排放的作用机理,进而建立联网条件下复杂车流的生态驾驶智能模型,将是人工智能在交通领域应用中的重要体现。

2. 研究进展

根据生态驾驶的研究方法和生态驾驶建议发布的方式,生态驾驶大致可分为传统型和先进型两种。传统型生态驾驶[2]通过网络教学、手册、课堂培训等形式,向驾驶员宣传生态驾驶的理念,主要从驾驶员的驾驶习惯或车辆的使用行为出发,较少考虑车辆之间、车辆与交通设施设备,以及车辆与路网状况之间的信息交互。先进型生态驾驶[3]是在传统型生态驾驶的基础上提出的,其核心是利用车联网,在实现车辆与车辆、车辆与交通固定设施设备,以及车辆与环境之间实时信息通信的基础上,实时获取并分享车辆驾驶行为、信号灯状态以及交通流等数据,能够在驾驶过程中,对车辆的驾驶行为及时提出建议,以便做出相应的调整。根据生态驾驶信息的提供对象,先进型生态驾驶可以分为两类:

一类是提供给普通车的驾驶员，主要是利用车载设备，给驾驶员提供实时的生态驾驶诱导，以便让驾驶员及时做出调整[4,5]。然而，驾驶员对信息的感知、判断和反应需要一段时间，因此实际的驾驶行为轨迹往往滞后于生态驾驶诱导的行驶轨迹[6]。此外向驾驶员提供实时诱导的途径和频率也会对生态驾驶的效果产生影响。

另一类是提供给自动驾驶车的内部控制系统，进而直接调整车辆的行驶轨迹[7]。注意，这里的自动驾驶车是指车的纵向和横向控制可以完全由车内部系统自动控制，而驾驶员对车辆的控制比较有限的一类车。虽然当前自动驾驶车还存在识别精度不够、极端天气(如大雨、下雪天气)下较难识别等困难，但自动驾驶车不易受环境干扰，不会出现疲劳驾驶，已经成为各大汽车制造厂商的竞争领域，是汽车制造业未来发展的方向。自动驾驶车理论上能更安全、精确地执行生态驾驶诱导。

3. 主要难点

车联网条件下生态驾驶模型的研究，需要针对生态驾驶的驾驶行为收集数据，深入分析生态驾驶中有关匀速行驶与加减速行驶、激进加减速与缓慢加减速、怠速与熄火、车载状况、空调使用情况对排放的影响；针对机动车在交叉口范围的行驶情况，分析机动车比功率(vehicle specific power，VSP)的分布规律和各参数与VSP的耦合关系，完善既有基于行驶轨迹的机动车排放模型；重点构建在车联网环境下的生态驾驶诱导模型[8]。一方面，针对有人驾驶车在驾驶模拟器上实现生态驾驶实时诱导，同时充分考虑不同内容、不同途径、不同频率的生态驾驶诱导方式被驾驶员采纳的情况，寻求最有效的生态驾驶诱导方式[9]；另一方面，利用交通仿真软件，探讨在不同路网状态和自动驾驶车不同市场占有率下的生态潜力[10]。此外，可进一步建立机动车排放和交通运行效率的监测评估体系，以便对所构建的生态驾驶诱导模型的实施情况进行实时监测与评价。

主要研究问题可分为以下四方面内容：

(1) 面向生态驾驶的排放模型开发。设计并开展与生态驾驶相关的机动车排放测试，收集实时的车辆行驶轨迹数据、车辆排放数据，实施数据质量控制，建立对应的生态驾驶数据库，扩充已有的数据库，分析各个生态驾驶建议下的相关参数对车辆排放的影响，针对交叉口范围，探寻VSP分布规律和各行驶轨迹(图1)参数与VSP分布的耦合关系，完善既有基于行驶轨迹数据的排放模型。

(2) 机动车排放和交通运行效率的实时监测评估体系。以车辆实时行驶轨迹数据、排放数据和进一步完善的排放模型为基础，建立机动车排放监测与评价的指标体系；考虑交通运行情况，建立交通运行效率监测与评价指标体系；

此外，提出兼顾生态和运行效率的评价指标，对生态驾驶的实际运行效果进行综合分析。

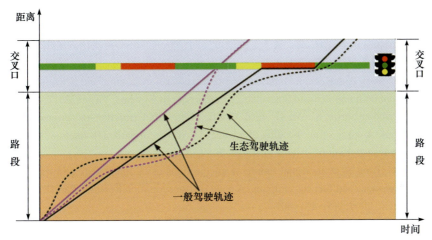

图 1　一般驾驶轨迹与生态驾驶轨迹

(3) 车联网环境下的生态驾驶诱导模型。包括轨迹诱导和路径诱导两个方面。基于车联网环境下所收集的数据，判别机动车在交叉口行驶的不同情境，得到各个情境对应的生态驾驶策略；针对每一个策略，构建面向生态的行驶轨迹诱导模型。建模中需考虑驾驶员接受车载并对其做出反应的时空要求、交通流状况以及自动驾驶车的市场占有率。

(4) 面向生态的行驶轨迹诱导模型实施与评价。利用驾驶模拟器对所构建的生态驾驶诱导模型进行模拟，探究不同内容、不同途径和不同频率生态驾驶诱导方式的生态效果和运行效果，寻求针对驾驶员最有效的生态驾驶诱导方式；利用微观仿真平台对所构建的生态驾驶诱导模型进行仿真，探究自动驾驶车在不同路网状况和不同市场占有率下的潜在生态效果。

参 考 文 献

[1] Ahn K, Rakha H, Park S. Eco-drive application: Algorithmic development and preliminary testing [C]//92nd Transportation Research Board Annual Meeting, Transportation Research Board of the National Academies, Washington DC, 2013.

[2] Beusen B, Broekx S, Denys T, et al. Using on-board logging devices to study the longer-term impact of an eco-driving course[J]. Transportation Research Part D: Transport and Environment, 2009, 14: 514–520.

[3] Rakha H, Kamalanathsharma R. Eco-driving at signalized intersections using V2I communication [C]//14th International IEEE Conference on Intelligent Transportation Systems, Washington DC,

2011.

[4] Ahn K, Rakha H. Eco-lanes applications: Preliminary testing and evaluation[C]//93rd Transportation Research Board Annual Meeting CD-ROM, Transportation Research Board of the National Academies, Washington DC, 2014.

[5] 王建强, 俞倩雯, 李升波, 等. 基于道路坡度实时信息的经济车速优化方法[J]. 汽车安全与节能学报, 2014, 5(3): 257–262.

[6] Park S, Rakha H, Ahn K, et al. Predictive eco-cruise control: Algorithm and potential benefits[C]// IEEE Forum on Integrated and Sustainable Transportations Systems, Vienna, 2011.

[7] Li M, Boriboonsomsin K, Wu G, et al. Traffic energy and emission reductions at signalized intersections: A study of the benefits of advanced driver information[J]. International Journal of Intelligent Transportation Systems Research, 2009, 7(1): 49–58.

[8] Li X, Li G, Pang S, et al. Signal timing of intersections using integrated optimization of traffic quality, emissions and fuel consumption: A note[J]. Transportation Research Part D: Transport and Environment, 2004, 9(5): 401–407.

[9] Tang P, Yu L, Song G. Effect of driving behaviors on emissions in eco-driving at intersections[C]// 92nd Transportation Research Board Annual Meeting, Transportation Research Board of the National Academies, Washington DC, 2013.

[10] Xia H, Boriboonsomsin K, Barth M. Dynamic eco-driving for signalized arterial corridors and its indirect network-wide energy/emissions benefits[J]. Journal of Intelligent Transportation Systems: Technology, Planning, and Operations, 2013, 17(1): 31–41.

撰稿人：宋国华
北京交通大学
审稿人：李　晔　奇格奇

交通污染物排放的动态测算问题

Dynamic Estimation of Traffic Pollutant Emissions

1. 背景与意义

为降低机动车污染物排放，许多策略已经被广泛研究或应用，包括采用新材料降车重、改进外形降风阻、采用混合动力或新能源和改进催化转化等。这些策略在削减单车排放方面取得了巨大成就，但随着机动车保有量和交通拥堵的增加，交通排放污染问题依然日趋严重。继续采取上述手段进一步节能减排的困难和成本越来越大，交通和环境领域的学者不得不开始寻找其他策略。其中，通过交通策略来改变车辆运行方式进而减少排放成为研究热点。这类研究试图通过交通管理与控制等策略来调整交通需求以及车辆驾驶行为，进而达到削减排放的目的。

传统基于行驶周期和平均速度的排放清单模型无法描述交通与排放间的本质关系[1]，难以反映动态交通状态下的排放变化，更难以反映近地面交通活动人群对机动车污染的动态暴露特征，因此难以支撑面向污染控制的交通管控策略的制定。

决定机动车排放的因素可归为两大类：静态物理属性和动态行为属性。车辆的静态物理属性指机动车燃油类型、排放标准等自身物理属性；而动态行为属性是车辆行驶过程中速度、加速度等与交通相关的动态属性。对于交通网络及其中确定的车型，排放的车辆静态属性在统计意义上是确定的。因此，动态交通网络中决定油耗排放的因素在于车辆的动态行为属性。从交通管理和控制角度，剖析车辆的动态行为特征与排放的科学关系，是交通模型与排放模型有效耦合的理论基础[2]，该问题的解决能够真正回答动态交通网络中排放的决定因素和作用机理，进而建立面向污染物排放的交通流(以及单车轨迹)的动态控制和优化理论。

2. 研究进展

交通排放模型作为交通排放量化评价的必要工具，已经有超过三十年的从静态到动态的研究历史[3]。由于行驶里程、平均速度、行驶周期等参数不能描述动态交通特征,难以刻画车辆在实际行驶中的行驶特征等对排放的定量影响,研究人员开始从动态交通运行特征的角度寻找影响排放的关键因素和变量,先后提出总速度变化[4]、正速度变化[5]和功率[6]三类参数及其模型。部分研究提出 Ln(TAD)参数[4],用于描述车辆在每个行驶周期内瞬时速度的绝对差值之和,即车辆在一个行驶周期内,单位行驶里程的逐秒速度绝对差之和的自然对数值。为了排除减速度对排放影响不显著的因素,有学者提出相对正加速度(relative positive acceleration, RPA)[5]是机动车瞬时速度的函数,描述机动车在一个行驶周期内的加速行驶状态对燃油消耗和排放的影响。

但是上述参数均难以从本质上解释动态交通行为与排放之间的作用机理,目前基于功率参数排放模型得到了广泛认可。例如,基于机动车比功率(VSP)[6]来刻画油耗和排放,已经成为新一代排放模型[如机动车排放模型(motor vehicle emission simulator, MOVES)等[7]]的理论基础和核心。为了实现油耗排放模型与交通模型的有效耦合,基于功率分布的交通流特征研究也成为该领域研究的必然趋势。利用功率分布来刻画交通流特征有多重优点。首先,功率参数可以由微观交通参数获得,即可以刻画出机动车在特定交通状态下的做功量(图1)。其次,无论在物理意义的可解释性,还是在统计意义的规律性上,功率与能耗和排放均存在明确关系(图2)。由于 MOVES 模型的应用,美国联邦公路局 2009 年开始研究交通项目对 VSP 分布的影响[8]。

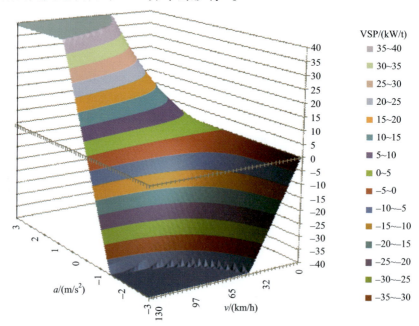

图1 机动车比功率(VSP)与速度(v)、加速度(a)之间的关系[2]

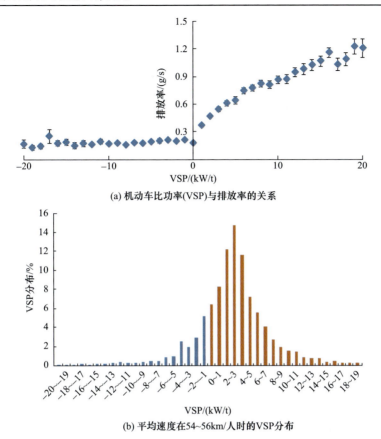

图 2 机动车比功率(VSP)与排放率、VSP 分布(54~56km/h)的关系[9]

3. 主要难点

基于功率分布的交通流特征刻画研究已经从多个角度展开[10],但功率分布规律的揭示和解释仍然面临多方面挑战,主要难点包括以下三个方面:

(1) 交通状态变化对车辆功率分布的影响机理。在建立用于刻画交通状态的功率分布模型之前,既需要剖析交通状态变量和功率类变量之间的理论联系,也需要基于大量不同道路类型和交通状态下的机动车瞬时行驶数据,研究交通状态变化对功率分布的影响机理,揭示功率分布的内在规律。

(2) 基于常规交通参数的功率分布模型。在功率分布的基本理论和规律性研究基础上,从交通属性、车辆属性和道路属性三个角度识别影响功率分布模式和参数的关键因素,需根据实际数据建立功率分布的数学模型。该数学模型应依赖于易获取的(如线圈、微波、视频、浮动车)常规交通流参数,同时能够揭示干扰和非干扰交通流下的分布模式及参数差异，能够揭示拥堵蔓延与消散的功率分布的差异。

（3）基于功率分布的交通模型与排放模型的耦合理论。传统交通模型与排放模型的耦合在理论基础上存在缺陷，交通模型本身是针对描述交通流特征(平均速度、流量、延误、排队长度等)建立的，排放模型也用这些参数来标定或验证会无法保证单车逐秒行为(尤其是加速度对功率影响至关重要)的准确性。在进行排放优化分析时，需基于功率分布特征，完善既有交通模型和排放模型的耦合理论。

参 考 文 献

[1] Barth M, Younglove T, Wenzel T, et al. Analysis of modal emissions from diverse in-use vehicle fleet[J]. Transportation Research Record: Journal of the Transportation Research Board, 1997, 1587: 73–84.

[2] 宋国华. 面向交通策略评价的交通油耗排放模型研究[D]. 北京: 北京交通大学, 2009.

[3] US Environmental Protection Agency. User's guide to MOBILE6.1 and MOBILE6.2[R]. Washington DC, 2003.

[4] Smit R, Smokers R, Rabe E. A new modelling approach for road traffic emissions: VERSIT+[J]. Transportation Research Part D: Transport and Environment, 12(6), 2007: 414–422.

[5] Pelkmans L, Debal P. Comparison of on-road emissions with emissions measured on chassis dynamometer test cycles[J]. Transportation Research Part D: Transport and Environment, 2006, 11(4): 233–241.

[6] Jiménez-Palacios J. Understanding and Quantifying Motor Vehicle Emissions with Vehicle Specific Power and TILDAS Remote Sensing[D]. Cambridge: Massachusetts Institute of Technology, 1999.

[7] US Environmental Protection Agency. Motor vehicle emission simulator(MOVES) 2014a user guide[R]. Washington DC, 2015.

[8] US Department of Transportation. 2009 Transportation and Air Quality Emissions Analysis. Solicitation No.: DTFH61-09-R-00014[EB/OL]. https://www.fbo.gov/index?s= opportunity&mode=form&id=a258f44cc6fd6dde384587007f0b5024&tab=core&_cview=1[2017-01-31].

[9] Song G, Yu L. Distribution characteristics of vehicle specific power on urban restricted access roadways[J]. Journal of Transportation Engineering, ASCE, 2012, 138(2): 202–209.

[10] Zhai Z, Song G, He W, et al. Validation of temporal and spatial consistency of facility-and speed-specific VSP distribution for emission estimation: A case study in Beijing[J]. Journal of the Air and Waste Management Association, 2017, 67(9): 949–957.

撰稿人：宋国华

北京交通大学

审稿人：李铁柱　杨小宝

交通能耗机理与节能减排

Mechanism and Reduction of Transport Energy Consumption and Emission

1. 背景与意义

交通能耗是指交通系统(行业)运行消耗的各种形式能源的当量和。近年来，全球城市化和机动化的快速发展导致出行需求和交通能耗激增。据统计，交通能耗已占全世界所有行业能源消耗总和的 1/3，且能耗总量和所占比例仍在增长[1]。交通能耗的增长不仅反映了社会经济的发展，也带来了环境污染和能源紧张等问题。

影响交通能耗的因素众多。在微观层面，轨道、公路、航空和水运等交通方式的能源消耗取决于基础设施状况、设备性能水平、运输组织方法、驾驶员操作和气候条件等因素[2]。在宏观层面，交通能耗受交通结构与政策、社会经济发展、产业结构与布局等内外部因素的共同作用，且上述因素对交通能耗的影响机理十分复杂[3]。

2. 研究进展

识别交通能耗关键影响因子、建立能耗模型是该领域的重要基础研究工作。国际能源署(International Energy Agency，IEA)和国际清洁交通委员会(International Council on Clean Transportation，ICCT)分别从交通系统内部出发提出了交通能耗与排放模型[4]。国际应用系统分析研究所(International Institute for Applied Systems Analysis，IIASA)和美国太平洋西北国家实验室(Pacific Northwest National Laboratory，PNNL)考虑国内生产总值和人口规模等外部因素，从全系统的角度提出了交通能耗与排放模型[4]。上述模型广泛应用于不同发展情景的能耗总量测算和应对气候变化的交通政策分析。

交通系统节能减排政策与方法也是该领域目前的热点研究工作。宏观层面的研究从城市规划[5]、产业布局[1]、交通结构调整和运输组织优化[2]等角度提出了交通行业节能减排的政策建议。微观层面的研究主要包括各种交通运输方式的系统节能优化和装备性能改进等。目前轨道交通在基础设施(如线路节能优化和再生制动储能装置研发)、时刻表和列车操纵一体化节能优化等方面取得了一定的应用成果[6]。公路运输领域的节能研究热点包括高速公路纵断面节能优化、新能源汽车研发、自动驾驶和信号配时优化等[7]。航空领域的节能减排研究主要包括航线优化、气动阻力优化和交通管制优化等[8]。

3. 主要难点

交通能耗机组与节能减排的研究难点与复杂性主要体现在以下几个方面。

(1) 交通能耗内外部因素相互作用机理的揭示与宏观交通能耗模型的构建。交通能耗不仅受设施设备、交通结构、组织管理和人为因素等影响，更取决于社会经济发展、产业结构与布局、气候条件等外部因素。由于涉及面过宽且各影响因素相互交织，很难对交通能耗影响因素的作用机理和量化模型进行系统、精确的刻画；另外，基于实证数据的研究受能耗统计数据不完整、不同国家与地区的统计口径不一致的限制。因此既有的交通能耗模型测算结果差异较大[4]。结合交通能耗机理和实证数据分析，识别交通能耗的核心影响因子、构建较高精度的宏观交通能耗模型是未来一个重要的发展方向。

(2) 可持续发展的交通能耗总量控制与用能效率评价。交通能耗不仅是交通系统(行业)用能效率的体现，同时反映了社会经济发展的水平[9]。用能效率指标体现了交通设施设备和组织管理的水平，也与交通系统(行业)服务水平密切相关。如何平衡交通能耗增长带来的环境问题与社会经济发展对交通能耗的需求、确定不同国家与区域交通能源消耗总量的合理规模和用能效率指标要求，不仅涉及人类生态环境可持续发展的科学问题，也关系到不同国家与地区的发展权限和服务平等性的问题。

(3) 全生命周期视角下的交通系统(行业)节能减排政策与方法。交通能耗虽然直接体现在生产过程中，但很大程度上取决于早期的交通系统规划，尤其是综合交通体系规划。目前交通系统(行业)节能减排研究多数是从生产过程，即终端消耗角度出发，而对城市和区域的规划设计与交通政策对交通能耗影响的研究仍处于起步阶段[5,10]。要实现交通系统自身的绿色可持续发展，未来需进一步从综合交通系统布局与配置、不同交通方式能耗强度比较、分方式的交通规划设计优化等层面来寻求答案。

综上所述，交通能耗机理与节能减排研究的主要难点及其逻辑关系如图 1 所示。

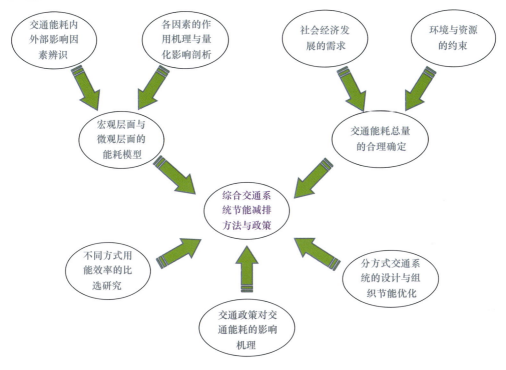

图 1 交通能耗机理与节能减排研究的主要难点及其逻辑关系

参 考 文 献

[1] 傅志寰, 胡思继, 姜秀山, 等. 中国交通运输中长期节能问题研究[M]. 北京: 人民交通出版社, 2011.

[2] 毛保华, 柏赟, 陈绍宽, 等. 综合交通系统的节能减排技术与政策[M]. 北京: 北京交通大学出版社, 2015.

[3] 贾顺平, 毛保华, 刘爽, 等. 中国交通运输能源消耗水平测算与分析[J]. 交通运输系统工程与信息, 2010, 10(1): 22–27.

[4] Yeh S, Mishra G S, Fulton L. Detailed assessment of global transport-energy models' structures and projections[J]. Transportation Research Part D: Transport and Environment, 2017, 55(8): 294–309.

[5] Saunders M J, Kuhnimhof T, Chlond B, et al. Incorporating transport energy into urban planning[J]. Transportation Research Part A: Policy and Practice, 2008, 42(6): 874–882.

[6] González-Gil A, Palacin R, Batty P, et al. A systems approach to reduce urban rail energy consumption[J]. Energy Conversion and Management, 2014, 80: 509–524.

[7] Hickman J, Hassel D, Joumard R, et al. Methodology for calculating transport emissions and energy consumption[R]. The Commission of the European Communities, 1999.

[8] Das D, Sharma S K, Parti R, et al. Analyzing the effect of aviation infrastructure over aviation fuel

consumption reduction[J]. Journal of Air Transport Management, 2016, 57: 89–100.
[9] Cui Q, Li Y. The evaluation of transportation energy efficiency: An application of three-stage virtual frontier DEA[J]. Transportation Research Part D: Transport and Environment, 2014, 29: 1–11.
[10] Litman T. Comprehensive evaluation of energy conservation and emission reduction policies[J]. Transportation Research Part A: Policy and Practice, 2013, 47: 153–166.

撰稿人：柏　赟　毛保华
北京交通大学
审稿人：李　晔　王志美

虚拟交通系统构建

Construction of Virtual Transportation System

1. 背景与意义

20 世纪中期，随着交通规划理论、交通流理论以及计算机科学的迅速发展，人们开始思考将计算机仿真方法应用到交通科学领域。1955 年，Gerlough[1]首先论述了交通流理论与交通仿真的基本问题，开启了交通仿真研究的先河。此后的数十年内涌现出大量的交通流仿真模型。20 世纪 80 年代后，智能交通运输系统(intelligent transportation system, ITS)的出现推动交通仿真研究进入新的发展阶段。ITS 运用新型科技手段为出行者与管理者提供实时的交通数据信息，很多以 ITS 为背景的仿真理论应运而生。20 世纪 90 年代以来，交通仿真理论不断完善，随着地理信息系统、非集计需求分析、动态交通分配等新理论的不断融入，交通仿真研究进入全面发展时期。

信息、通信与计算机科技的发展将交通科学带入了大数据时代。交通数据采集已经由传统的人工调查、感应线圈固定检测、浮动车移动检测，转变为基于卫星导航系统、智能手机、电子射频识别、图像识别等新型采集手段获取海量多源数据。交通大数据为交通规划、建设与管理提供了丰富的数据基础和信息来源。然而交通大数据并未得到科学有效的利用。交通规划、建设、管理的解决方案仍然依赖于历史数据与传统的交通理论分析方法，导致分析结果无法准确反映真实的交通规律和特性。

大数据环境与实际交通规划管理的脱节，关键在于缺少将两者联系起来的理论与试验分析方法。因此要合理科学地利用好大数据，首要任务是基于大数据环境，重构交通分析模型，研发虚拟交通系统及仿真试验平台。换言之，就是实现与虚实交通系统之间的平行控制[2]。平行控制以大数据为基础，以模型为驱动，通过虚实互动的平行方式来控制管理复杂系统，将人们所熟悉的物理空间扩展为包含虚拟空间的复杂空间。交通系统中的很多规划管理问题，无法进行方案试验。人们尝试将计算机变成社会"实验室"，通过虚拟交通系统及仿真试验平台来实现两种空间之间的交互，将虚拟空间变为解决物理空间实际问题的另一个空间载体，用可重复、可观测的计算机仿真代替现实世界中的交通试验，从而解决交通系统中的复杂问题。

虚拟交通系统与仿真试验研究的科学意义在于以下两方面：第一，拓展传统交通理论与方法。传统交通理论建立在对交通行为、活动以及交通流特性的解析基础之上，主要采用长期、离线数据对模型进行标定，因而难以对个体交通参与者行为的随机性和离散性进行准确的描述，也无法满足大数据环境下对交通动态特性的追踪与预测要求。虚拟交通分析方法能够针对不同的交通活动对象进行个体化、精细化建模，并将现实世界的各类交通活动在计算机仿真试验平台上进行重构，实现对现实世界交通规律与特性的精确刻画与动态描述。第二，促进交通科学与计算机科学的交叉融合。一方面，虚拟交通系统在仿真试验平台上的实现依赖于计算机仿真理论、大数据计算理论和人工智能理论的支持；另一方面，交通巨系统的虚拟仿真研究对大数据计算以及计算机仿真领域提出了新的挑战。因此，虚拟交通系统与仿真试验平台的研究推动了交通科学与计算机科学的共同发展。

2. 研究进展

在虚拟交通系统分析理论方面，城市及社会的不断发展导致出行为影响因素日趋复杂，基于出行链的出行行为分析方法成为当前交通需求分析的研究热点，Ardeshiri[3]提出了结构方程模型；Chorus 等[4]提出基于活动的出行模型以及基于出行链的分析模型，能够分析预测复杂的出行与活动决策过程。另一方面，随着信息科技与交通大数据的不断发展，出行分布预测方法也趋于多样化，Bekhor 等[5]、Martin 等[6]、Pan 等[7]提出了基于手机定位数据、基于智能卡自动售票系统数据、基于元胞数据的分布预测等方法。此外，近 20 年来，一些学者在动态交通分配理论及应用方面也进行了研究。Friesz 等[8]提出采用最优控制理论解决动态交通分配问题；Janson[9]提出基于多目标规划的动态交通分配模型。

在仿真试验平台方面，自从 20 世纪 80 年代开始，国外涌现出大量交通仿真分析平台软件。相较之下，国内的交通仿真研究起步较晚，但追赶发达国家先进技术的速度很快。目前，国内很多研究机构开始对交通仿真系统进行研发，包括东南大学、同济大学、山东大学等[10]。

现阶段交通需求分析理论和模型并未从根本上摆脱传统四阶段法的框架，先进的交通监控设备与数据采集手段获得的交通大数据未能合理地融入交通需求分析理论体系中。目前，尚缺乏适用于大数据环境下的、系统的、科学的交通分析理论与方法，也缺乏将物理空间与虚拟空间联系交互的集成仿真试验分析平台。

3. 主要难点

(1) 大规模综合交通网络复杂性。现实世界的交通系统综合了道路、铁路、水运、航空、管道五大运输方式，其中城市内部的交通系统还进一步包括小汽车、公交车、地铁(轻轨)、非机动车、行人等多种交通方式。这些各具特征的交通方式在时空层面构成了错综复杂的综合交通网络。因此要构建虚拟交通系统并完成快速的交通仿真推演，首先必须找到合理的综合交通网络拓扑结构和高效的数据结构表达方法。

(2) 数据环境下交通分析模型重构。传统四阶段交通分析模型是在交通规划与管理的实践探索中，基于当时有限的交通数据类型和精度发展而来的模型体系，因而无法胜任当前大数据环境对虚拟交通系统仿真时效性和准确性的要求。研究与大数据环境相适应的新一代交通分析模型是突破虚拟交通系统的核心。

(3) 多分辨率交通仿真模型融合。目前不同的交通仿真理论在描述交通系统的颗粒度方面存在不同的分辨率。宏观仿真理论采用大颗粒度、低分辨率描述宏观层面交通流如何在交通网络上生成、分布和运行；微观仿真理论则采用小颗粒度、高分辨率精细地刻画个体交通单位如何在局部复杂交通网络上运动。要实现可替代现实世界完美的虚拟交通系统，必须完成对不同层面不同分辨率的交通仿真理论与技术的融合。

参 考 文 献

[1] Gerlough D L. Simulation of Freeway Traffic on a General-purpose Discrete Variable Computer[D]. Los Angeles: University of California, 1955.

[2] 王飞跃. 平行控制: 数据驱动的计算控制方法[J]. 自动化学报, 2013, 39(4): 293–302.

[3] Ardeshiri M. Modeling travel behavior by the structural relationships between lifestyle, built environment and non-working trips[J]. Transportation Research Part A: Policy and Practice, 2015, 78: 506–518.

[4] Chorus C G, Walker J L, Ben-Akiva M. A joint model of travel information acquisition and response to received messages[J]. Transportation Research Part C: Emerging Technologies, 2013, 26(1): 61–77.

[5] Bekhor S, Cohen Y, Soloman C. Evaluating long-distance travel patterns in Israel by tracking cellular phone positions[J]. Journal of Advanced Transportation, 2013, 47(4): 435–446.

[6] Martin T, Nicolas T, Robert C. Individual trip destination estimation in a transit smart card automated fare collection system[J]. Journal of Intelligent Transportation Systems Technology Planning & Operations, 2007, 11(1): 1–14.

[7] Pan C, Lu J, Di S. Cellular-based data-extracting method for trip distribution[J]. Transportation Research Record, 2006, (1945): 33–39.

[8] Friesz T L, Luque J, Tobin R L. Dynamic network traffic assignment considered as a continuous time optimal control problem[J]. Operations Research, 1989, 37(6): 893–901.

[9] Janson B N. Dynamic traffic assignment for urban road network[J]. Transportation Research Part B: Methodological, 1991, 25(2): 143–161.

[10] 魏明, 杨方廷, 曹正清. 交通仿真的发展及研究现状[J]. 系统仿真学报, 2003, 15(8): 1179–1187.

撰稿人：王 炜 王 昊

东南大学

审稿人：周学松 姚向明

大数据与城市交通状态辨识

Urban Transport State Detection and Analysis with Big Data

1. 背景与意义

近年来，大数据引起城市交通研究者的极大兴趣，并逐步形成一种认识，即引入大数据分析对城市交通具有战略性学术意义。大数据具有连续性、多角度、多层次、大样本的特点，能够对研究对象进行持续观察，可以为城市交通研究中的复杂适应系统研究提供有效的方法支撑。

城市交通演化控制是一个极为复杂的过程，多维自由度上各种因素产生的影响，以及作为行为主体的交通参与者和交通服务提供者不断适应变化所做出的行为调整，使得城市交通的演化过程充满不确定性。在这一背景下，研究者将复杂性理论引入城市交通领域，试图在简单行为规则基础上生成复杂的系统演变，以建立相应的分析手段与工具。

对复杂性系统而言，通过不断监测系统演变来适时响应地采取调控措施，是理论转变为实践的关键所在。尽管交通行为分析模型日趋成熟，但受到城市交通系统整体观察能力的局限，理论研究成果仍难以大规模地实际应用。伴随交通信息系统建设推进而产生的大量数据很自然地引起了研究者关注，充分利用这类资源作为交通模型的支持，成为早期基于数据驱动的城市交通分析特点[1~3]。但研究者很快发现，将车辆牌照数据、集成电路(integrated circuit，IC)卡数据、移动通信数据，以及利用出租车车载全球定位系统获取的浮动车观测数据(floating car data，FCD)等，用于基于起讫点的网络交通流分析模型，并没有使分析能力得到质的提升，同时也感到这些海量数据的潜力并未得到充分发挥。

城市交通大数据分析技术的目的，在于将数据资源转化为决策能力，进而提升行动效果，将大数据与复杂性理论结合，将对城市交通理论带来巨大冲击[4~8]。大数据理论研究的科学意义体现在以下方面：①突破传统交通理论与方法的局限，大数据具有海量、连续、持续、全样本特征，提供了更加全面和深入观察研究对象的能力[9,10]，不仅有助于深入细致地研究规律，而且得以更加敏锐及时地发现"未知"，纠正已有经验和知识的偏差，及时恰当地应对系统的新变化和新趋势；②促进交通与其他学科的交叉发展，城市交通所具有的复杂适应系统特点，为大数据+复杂性理论提供了很好的舞台,而系统科学和信息技术的进步,又促使交通工程学科出现深刻的技术转型和理论变革;③提升城市交通对策能力,城市交通问题的复杂性源于其综合性,而城市交通对策的有效性则取决于把握问题、统筹协调、与时俱进的能力,在对复杂交通系统进行持续广泛监测与分析的基础上,将形成决策判断和对策设计新的方法体系。

2. 研究进展

大数据环境下城市交通分析理论包含三个重要阶段:感知、认知和洞察。

(1) 感知——研究对象的度量与表征。感知是将数据组织成信息的过程,核心问题是通过非定制数据对研究对象进行度量和表征。其中度量所涉及的问题包括观察角度、度量方法、测度抉择等环节。大数据分析的一个重要任务是发现所不知道的事情,因此合理选择观察角度,避免出现重大观测盲区变得非常重要。对行为个体(移动通信用户、IC卡用户和车辆等)连续追踪数据来说,针对时空活动属性进行聚类分析,将有助于通过细分研究对象使问题相对单纯化和简单化;同时,对于不能直接获得的社会属性(如是否为就业者),利用个体的时空活动规律给出间接判断(如识别白天经常有规律的外出活动)。

(2) 认知——形成判断的证析框架。交通大数据应用与智能商务领域最大的差异在于不能完全忽略"因果",这是由交通决策具有很强的后效影响所决定的。因此如何在认知过程中探寻现象背后的因果,而不是简单的关联,成为城市交通领域中大数据应用的特殊难点。传统分析的核心是建模过程,大数据分析的核心是证-析过程。"证"强调的是判断和决策中的证据,尤其是数字化的证据,尽可能充分的证据使得决策更加有据可循,增加了判断与决策的公正性和权威性,使得判断和决策更加具有说服力;"析"强调的是通过证据产生洞察,而不是让复杂的数学模型剥夺了我们思考的能力,也避免表象的数字迷惑了我们的判断能力。

(3) 洞察——大数据与复杂性理论的协同。城市交通之所以称为复杂适应系统,是由于其涉及综合交通网络、服务体系、城市建成环境、信息和参与者心理等多个维度间的复杂关联,在这种多维空间中的一体化交通战略,不得不面对以前运用抽象思维得出的包含过多假设的片断性知识只能发挥有限作用的窘境。需要在数量关系格局的层次上,不再追求事务变化的因变量与自变量之间的因果性,转而关注整体性格局的变化。大数据分析为这种需求带来新的希望,基于大数据观察城市交通中新结构、新模式等方面的涌现,是一种连续考察若干并列概念的数量关系格局及其变化,以及找出这若干并列概念相互影响、共同变化的规律性的思维过程。

从当前研究来看,大部分研究工作还处于感知阶段。如何根据多种信息源数据的特点,以及所对应的研究对象,将数据组织成信息,并从信息中提炼城市交通规划、建设、管理等工作中所关注的问题特征,这一研究正在取得重要进展。

针对认知阶段的研究工作正在逐步展开,研究者通过将大数据分析获得的结果,与传统调查方法获取的特征进行关联,寻找两者之间的联系桥梁,从而采用已有理论研究成果来解释所观察到的表象;基于多源数据采用决策树等方法进行信息挖掘,发现不同特征之间的关联,为深入研究内在规律提供线索;尝试在大样本数据与小样本调查数据之间建立链接,采用大样本数据把握整体态势,通过小样本调查数据探寻背后的因果。

而对于洞察阶段的研究工作,尚处于初步探索状态。研究者通过个别案例试图摸索"涌现"观察的经验,以求从时间维度上观察系统所发生的变化。

3. 主要难点

(1) 非"专项定制"数据造成的直接判断困难。城市交通所涉及的大数据并非专门"定制"数据,从中提取的信息具有很强的"间接证据"特征,据此形成科学判断必须形成完整的"证据链"。一方面需要充分发掘数据潜力,更加透彻地把握表象与内在之间的关系;另一方面,需要针对不同的问题形成专业判断逻辑,为整合"证据链"提供理论框架。

(2) 宏微观数据嵌套分析技术的实用化。采用大数据分析主要获得的是关联特征,与城市交通对策所必须考虑的科学、谨慎决策要求之间存在矛盾。为充分利用大数据把握系统整体态势,利用各种调查小样本数据建模解析机理的各自优势,亟待解决两种类型数据之间的链接,以及嵌套分析逻辑问题。目前虽然提出了宏微观嵌套研究框架,但具体实现经验还非常缺乏,基于大数据初步分析确立小样本采样方案、模型分析结论对宏观系统的反馈映射等均需进一步深入研究。

(3) 城市交通多源数据融合。城市交通所涉及的大数据资源分别从不同角度、不同层次和不同表达方式提供了不同精度的信息,如何在数据层、特征层和决策层实现信息融合,是摆在研究者面前有待克服的巨大障碍。目前研究工作在数据层、特征层取得了一些进展,但是决策层的信息融合涉及判断完整性,需要融合更多角度的信息。

(4) 缺少城市交通整体认识论的支持。城市交通问题之所以复杂,在于其内部以及与外部环境之间存在复杂的关联,加上系统行为主体不断发生的自适应进化。要治疗城市交通病,只能采用类似中医理论通过不断调理"医人"的方法,而不是依靠类似西医就事论事的治病方法。需要在认识方法上用"整体论"替代"还原论",针对城市交通和城市系统形成科学认识观作为研究工作的基础。

参 考 文 献

[1] White J, Wells I. Extracting origin destination information from mobile phone data[C]//Proceedings of the 11th International Conference on Road Transport Information and Control, London, 2002: 30–34.
[2] 冉斌. 手机数据在交通调查和交通规划中的应用[J]. 城市交通, 2013, 11(1): 72–81.
[3] Bagchi M, White P R. The potential of public transport smart card data[J]. Transport Policy, 2005, 12(5): 464–474.
[4] Song C, Qu Z, Blumm N, et al. Limits of predictability in human mobility[J]. Science, 2010, 327(5968): 1018–1021.
[5] Lorenzo G D, Calabrese F. Identifying human spatio-temporal activity patterns from mobile-phone traces[C]//Proceedings of the 14th International IEEE Conference on Intelligent Transportation Systems, Washington DC, 2011.
[6] Barabasi A. The origin of bursts and heavy tails in human dynamics[J]. Nature, 2005, 435(7039): 207–211.
[7] Gonzalez M C, Hidalgo C A, Barabasi A. Understanding individual human mobility patterns[J]. Nature, 2008, 453(7196): 779–782.
[8] Chen M, Yu X, Liu Y. Mining moving patterns for predicting next location[J]. Information Systems, 2015, 54: 156–168.
[9] Zheng Y. Location-Based Social Networks: Users[M]. New York: Springer, 2011.
[10] Collins C, Hasan S, Ukkusuri S V, et al. A novel transit rider satisfaction metric: Rider sentiments measured from online social media data[J]. Journal of Public Transportation, 2013, 16(2): 21–45.

撰稿人：杨东援
同济大学
审稿人：邵春福　姚向明

空中交通流量管理

Air Traffic Flow Management

1. 背景与意义

空域中的关键节点和机场通过航路航线连接形成空中交通网络，航空器在网络中运动产生空中交通流，这两者共同组成了空中交通流运行系统[1]。为保障安全和运行效率，航空器通常要在空中交通管制员和空中交通流量管理员的管理下进行飞行。早期由于空中交通流量小，空中交通管理的主要任务是保障安全。20世纪60年代末以来，因航空运输迅速发展，网络容量逐渐不能满足空中交通流量需求，加之不良天气等因素的影响，空中交通拥挤时有发生，为维持系统安全高效运行，对空中交通流进行控制已势在必行。流量控制主要是根据航路、机场地形、天气、通信、导航和雷达设备等客观条件，以及管制人员的技术水平和相关规定，对特定航路或机场在同一时间所容纳的航空器数量加以限制，以防止航空器过度拥挤继而诱发安全隐患。到了20世纪80年代，空中交通流量的持续增加使得流量控制时常导致起飞延迟、飞行等待、飞行高度不经济、航线频改，进而打乱航班计划，给航空公司、机场和乘客带来各种负面影响。为此，空中交通流量管理的概念被提出，以便对整个系统进行管理，它通过空中交通管制部门对不同空域用户进行协调合作，以保障空中交通流安全有序流动并充分利用机场容量等资源。空中交通流系统作为一个具有一定随机性、开放性的复杂系统，空中交通流管理所涉及的研究问题较多，这里给出其中的两个难点(也是重点)问题：①如何准确预测空中交通网络流量；②如何对大面积航班延误进行预测、评估与系统恢复。

深入研究空中交通流量的管理机制和时空分布特征，进而构建空中交通流量的动态预测理论，是合理制定各项管理措施的前提和基础；基于准确的动态预测结果，明确空中交通流的运行变化规律，进而制定切实的控制决策和管理措施，以应对系统发生拥挤或大面积航班延误所造成的系统紊乱，对于保证整个系统的正常运行具有重要意义。

2. 研究进展

空中交通流量预测通过统计与预测对象的特性，并融合航班时刻表、航空固定电信网(aeronautical fixed telecommunication network，AFTN)电报、飞机通信寻址与报告系统(aircraft communications addressing and reporting system，ACARS)电报、广播式自动相关监视(automatic dependent surveillance-broadcast，ADS-B)和雷达等数据信息，推算计量指定时段和指定空域(包括航路和航路点)或节点内的航空器服务架次。既有的空中交通流量预测方法大致可分为两类：一类以交通计量的历史统计数据作为基础数据，通过构建适合的模型来对当前或未来的交通流量进行预测[2,3]；另一类则考虑了空域结构、航班计划和飞行航迹，通过建立短时流量预测模型进行预测[4]。总体来说，针对空中交通网络流系统运行并综合考虑诸多要素影响的流量预测理论较为少见。

空中交通网络中出现大面积航班延误的原因有两种：一种是空域拥挤到一定程度导致大面积航班延误；另一种是某个节点或航路发生局部堵塞，通过传播扩散形成大面积航班延误。目前的研究情况是：有的侧重分析空中交通网络拥挤的影响因素，有的针对某个特定空域或大范围空中交通网络进行拥挤评估，有的探讨空中交通网络堵塞的传播规律[5~7]。总体而言，这些研究还不够系统全面，难以用于整个实际空中交通网络拥挤的评估。对于大面积航班延误程度评估，目前只有少量初步的理论探索[8]，研究深度和广度都有待进一步加强；对于大面积航班延误恢复决策理论，关于定性讨论、恢复决策、恢复模型有较多研究成果[9,10]，然而这些研究要么只关注宏观层面，要么只针对具体内容来考虑，难以在系统性和实时性上形成普适性成果。

3. 主要难点

预测空中交通网络流量相关问题研究的主要难点如下：

(1) 空中交通流特征难以精确描述。空中交通网络复杂，航路属性多样，运行限制繁多，不同管制规则差异大，不同区域的管制移交虽具有相似性，但也有各自的特点，航空器型号不一，性能差异性较大，这些都增加了空中交通流描述的难度。

(2) 实时流量变化很难精确预测。航空器运行虽然基于批准的航班计划，但是在实际运行过程中由于受到各种因素的影响，航空器延误时常发生，延误时间也很难准确估计，从而导致航空器通过某扇区、某航路或某航路点的时间难以准确确定；此外，现实中由于天气、机械故障、军事管制及其他随机因素的影响，航空器可能需要返航、备降和改航，进而使得通过某一扇区、某一航路或某一航路点的实时流量很难精确预测。

大面积航班延误相关问题研究的主要难点如下：

(1) 空中交通流受到空域复杂性的影响，并且网络中不同路线和节点的空域复杂程度不同，很难建立一个统一的模型，一般只能根据不同情况考虑不同因素建立不同模型。

(2) 模型的合理性不容易验证。因为数据来源多样、各个时间段数据特征也不同，所以难以针对实际问题进行模型校验。国内外尽管有一些空域仿真系统，但都难以描述系统运行的真实情况，而且没有专门的空中交通流运行仿真模拟系统可以采用。

(3) 空中交通流系统的控制决策必须依赖多个部门或单位，如空管部门、航空公司、机场和军航部门，各个单位的相互联系和制约决定了空中交通流系统的控制决策需要协同决策理论，而这方面的基础理论研究进展不大。

(4) 大面积航班延误下空中交通流系统运行中的模型、决策对实时性要求很高，而一般的模型计算数据量和网络规模大，模型影响因素多样且复杂，难以满足实时性要求。

参 考 文 献

[1] 张兆宁, 王莉莉. 空中交通流量管理理论与方法[M]. 北京: 科学出版社, 2009.
[2] Bayen A, Grieder P, Tomlin C. A Control theoretic predictive model for sector-based air traffic flow[C]// AIAA Guidance, Navigation, and Control Conference and Exhibit, Monterey, 2002.
[3] 张兆宁, 郭爽. 首都机场飞行流量的灰色区间预测[J]. 中国民航大学学报, 2007, 25(6): 1–4.
[4] 卢飞, 张兆宁, 张东满, 等. 基于航班计划的空域交通流量实时预测模型[J]. 科学技术与工程, 2014, 14(16): 165–169.
[5] 岳仁田, 赵嶷飞, 罗云. 空中交通拥挤判别指标的建立与应用[J]. 中国民航大学学报, 2008, 26(3): 30–35.
[6] Wanke C. Continual, probabilistic airspace congestion management[C]//AIAA Guidance, Navigation, and Control Conference, Chicago, 2009.
[7] Fleurquin P, Ramasco J J, Eguiluz V M. Systemic delay propagation in the US airport network[J]. Scientific Reports, 2013, 3(3): 1–6.
[8] 顾绍康, 张兆宁. 大面积航班延误的实时航班延误程度评估研究[J]. 航空计算技术, 2014, 44(4): 29–32.
[9] Bratu S, Barnhart C. Flight operations recovery: New approaches considering passenger recovery[J]. Journal of Scheduling, 2006, 9(3): 279–298.
[10] Sinclair K, Cordeau J F, Laporte G. Improvements to a large neighborhood search heuristic for an integrated aircraft and passenger recovery problem[J]. European Journal of Operational Research, 2014, 233(1): 234–245.

撰稿人：张兆宁　王莉莉　卢　飞
中国民航大学
审稿人：曹先彬　张文义

物流设施选址与配送车辆路径优化

Facility Location Problem and Vehicle Routing Problem

1. 背景与意义

随着市场需求的多样化、个性化,大批量、大规模、少品种的生产模式逐渐向多品种、小批量的生产模式转变,按照一定服务水平要求将商品交送至需求点的物流配送活动,也随之形成并不断发展,现已成为物流活动的核心环节和关键功能之一。物流配送活动的直接要求,就是在恰当的时间、地点,将恰当的商品提供给恰当的消费者,同时还必须注意节省企业的物流成本,即时间、空间、成本、需求等方面的诸多因素同时影响物流配送决策行为,彼此相互制约、相互影响,为其优化决策带来很大的困难。

根据研究目的的不同,物流配送问题实际包含两部分的研究内容,即物流设施选址(facility location problem,FLP)和配送车辆路径(vehicle routing problem,VRP)两类问题,VRP同时也属于一类特殊的配送车辆调度问题。这两类问题都早已被证明是NP难题,也都属于经典运筹学难题。随着物流生产活动和理念的持续变革、生产组织模式和商贸流通方式的不断变化,新的物流配送难题还在不断涌现,对其优化决策不断提出新的挑战。由于这两类问题的复杂性和实用性,吸引了大批学者的持续深入研究,先后开发和设计了一系列复杂的数学模型和求解方法[1~6]。

FLP 一般是指从一个备选节点对象集合中,选择若干节点修建设施来服务其他对象,优化决策的目标是包括总成本最小、覆盖需求最大、距离最小等。科学合理的设施选址可以优化网络布局和空间结构,有效地节约资源、降低成本和提高服务水平。从20世纪初开始,FLP就逐渐成为一类被广泛研究和应用的优化问题,在生产、生活、物流、军事等领域内都有广泛应用,如机场、车站、仓库、医院、血库、物流中心、核电站等的选址。FLP 的应用范围还在不断扩展,正在计算机网络、互联网、分布式计算等领域得到进一步的应用。

VRP 一般是指对一系列给定的客户需求点,确定配送车辆行驶路线,使车辆从配送中心出发,有序地对它们进行服务,并在满足一定的约束条件下(如车辆载重量、客户需求量、服务时间限制等),使总运输成本达到最小(如使用车辆数最少、车辆行驶总距离最短等)。进行 VRP 的优化决策,有助于企业降低物流成本、提高运作效率和顾客满意度。VRP将运筹学理论与生产实践紧密地结合在一起，一直是物流配送研究的核心问题之一[4~6]。

作为运筹学和组合优化领域内的热点问题，FLP和VRP的深入研究，将有利于进一步丰富运筹优化领域的理论方法体系，更可以为我国交通、物流、医疗、应急人道救援、计算机网络和城市化发展等诸多民生实践问题提供理论支撑。

2. 研究进展

1) FLP研究现状

近年来，物流设施选址理论发展迅速，国内外学者在该领域已经取得许多研究成果，提出了多种具有不同特征的优化模型，大致可分为连续选址问题(continuous facility location problem，CFLP)与离散选址问题(discrete facility location problem，DFLP)两类。

CFLP是指在一个连续空间都是可选方案，需从无限个点中选择一个最优点，通常用于物流设施的初步定位问题。重心法是其代表。CFLP中选址因素一般只包括运输费率和该点的货物运输量，所以相对比较简单；DFLP是指在一系列可能方案中做出选择，其特点是多以各种成本费用之和为目标函数，求使费用达到最小的选址方案，通常用于物流设施的详细选址问题。除此之外，随机需求、动态信息、不确定成本(运输费用、建设成本等)等情况，都可以与这两类问题随机组合，构成更加复杂的问题类型，当然也会显著增加求解的难度。

如前所述，FLP很早就被证明是一个NP难题，分支定界法、拉格朗日等算法一般可以用来求解小规模问题的精确最优解，但是对于大规模问题，常用的求解手段是构造各类启发式算法求取问题的近似最优解。伴随着FLP优化模型的多种多样，相关学者也提出了多种启发式求解算法，主要有模拟退火算法、禁忌搜索和遗传算法等。

2) VRP研究现状

VRP最早在1959年由Dantzig和Ramser提出，随后其研究得到大量关注并不断深入，拓展出许多性质各异的延伸模型[5~10]。这些模型将不同的现实约束加入模型中进行考虑，例如，通过增加需求点的服务时间窗约束，形成了系列的考虑服务时间窗的VRP模型(vehicle routing problem with time windows，VRPTW)，考虑路径等信息随着时间而变化的动态VRP (dynamic vehicle routing Problem，DVRP)，考虑随机需求的VRP (vehicle routing problem with stochastic demands，VRPSD)等。

由于VRP是一个典型的NP难题，很难用精确算法求解大规模问题，因此启发式算法是VRP的主要求解方法。既有的VRP启发式算法可分为经典启发式算法和智能启发式算法两类,其中经典启发式算法包括插入法、路线间节点交换法、贪婪法、局部搜索法以及两阶段算法(先分组后定路线和先定路线后分组)等,智能启发式算法则包括禁忌搜索算法、遗传算法、模拟退火算法、神经网络算法和蚂蚁算法等。近年来 VRP 的求解方法研究以智能启发式算法为主。

3. 主要难点

(1) 既有研究中,针对实际生产特点的考虑还是过于简单或抽象,未来研究中的主要难点在于考虑了互联网+背景下的商贸流通模式变革,以及实际生产、消费等特性的理论优化模型的构建。

(2) 统筹考虑供应链优化的整体性,是近年来理论研究的主要趋势和热点之一,尤其侧重于配送与供应链中相关物流环节的联合优化,如选址-路径问题(location-routing problem,LRP)等。联合优化显著增加了问题的复杂性。

(3) 随着可持续发展观念的深入人心,在物流决策中应考虑可持续发展的影响,也已经形成社会共识。如何在 FLP 和 VRP 中合理、定量地描述可持续发展对优化决策的影响,并设计算法进行高效求解,也是当前的难点和热点所在。

参 考 文 献

[1] Chen L, Jan O, Ou T. Manufacturing facility location and sustainability: A literature review and research agenda[J]. International Journal of Production Economics, 2014, 149(3): 154–163.

[2] Melo M T, Nickel S, Saldanha-da-Gama F. Facility location and supply chain management—A review[J]. European Journal of Operational Research, 2009, 196(2): 401–412.

[3] Güvenç A, Haldun S. A review of hierarchical facility location models[J]. Computers & Operations Research, 2007, 34(8): 2310–2331.

[4] Zachariadis E E, Tarantilis C D, Kiranoudis C T. The vehicle routing problem with simultaneous pick-ups and deliveries and two-dimensional loading constraints[J]. European Journal of Operational Research, 2016, 251(2): 369–386.

[5] Montoya-Torres J R, Franco J L, Isaza S N, et al. A literature review on the vehicle routing problem with multiple depots[J]. Computers & Industrial Engineering, 2015, 79(1): 115–129.

[6] Pillac V, Gendreau M, Guéret C, et al. A review of dynamic vehicle routing problems[J]. European Journal of Operational Research, 2013, 225(1): 1–11.

[7] Tolga B, Gilbert L. The pollution-routing problem[J]. Transportation Research Part B: Methodological, 2011, 45(8): 1232–1250.

[8] Yoshinori S. A dual-objective metaheuristic approach to solve practical pollution routing problem[J]. International Journal of Production Economics, 2016, 176(6): 143–153.

[9] Zhang J H, Zhao Y, Xue W, et al. Vehicle routing problem with fuel consumption and carbon emission[J]. International Journal of Production Economics, 2015, 170(12): 234–242.

[10] Zhalechian M, Tavakkoli-Moghaddam R, Zahiri B, et al. Sustainable design of a closed-loop

location-routing-inventory supply chain network under mixed uncertainty[J]. Transportation Research Part E: Logistics and Transportation Review, 2016, 89(5): 182–214.

撰稿人：秦　进　张得志　符　卓
中南大学
审稿人：郎茂祥　贠丽芬

综合交通结构的演变机理

Evolution Mechanism of Multi-Modal Traffic Structure

交通系统是由多种交通方式组成的，大多数客货运输过程也涉及多种方式。一定空间范围内不同运输方式(如铁路、公路等)或形式(如公共交通、多式联运等)完成的客货运输量的比例构成称为该地区的交通结构[1]。交通结构不仅可以反映不同交通方式在综合交通系统中的功能与发展水平，还可以作为政策目标来引导交通系统的规划与建设。例如，在客运交通系统中，公共交通与私家车方式的占比是综合交通发展中最受关注的指标。在货运系统中，铁路、公路、水运、民航与管道运输系统是综合交通系统的主要组成部分。

不同类型空间范围(区域)一般有不同的交通结构，这种结构的形成机理受特定区域地理、社会与经济发展等诸多因素的影响十分复杂。一般认为，城市发展过程中的经济、地理、文化甚至政治因素等都是影响城市交通结构的要素[2]。以国家为例，同为发达国家，美国地广人稀，人均资源丰富，公路运输成为客货运输的主力，美国城市间客运发送量中道路占87%，货运发送量中道路占40%；岛国日本人口密度较高，大容量的轨道交通在客运以及沿海水运在货运中占据重要地位，轨道交通完成的客运发送量占79%，沿海水运占货运发送量的8%及周转量的44%。我国人口众多，区域自然条件与社会经济发展差异大，交通结构随经济的发展而变化。以公路运输为例，1978年改革开放初期，我国铁路完成的货运周转量占54.4%[3]，2016年时演变为13.0%。从城市角度看，人口密度较高的特大城市，如东京、纽约、伦敦、新加坡、香港、首尔等，都建立了以大容量轨道交通为骨干的公共交通体系，承担中心城区通勤出行的运输任务。我国城市客运已经明确了以公共交通为发展方向[4]；不过，对于如何确定不同城市中公共交通在交通结构中的占比，如何建设真正有吸引力的公共交通来促进非公共方式向公交的转移，以实现城市交通结构发展目标仍然缺少科学的方法与政策引导策略[1,5,6]。

一般来说，合理的交通结构的逻辑模型可以描述如下：

$$J = f(x_1, x_2, x_3, \cdots)$$

式中，J为合理的交通结构矢量，也代表特定区域的交通结构发展目标；x_i为各种待查明和标定的影响因素。

上述交通结构目标的确定是一个复杂的科学问题，其难点主要体现在以下方面：

(1) 交通结构演变过程影响因素的辨识及其作用机理的量化模型是交通结构问题研究的首要难点。众所周知，综合交通结构既受所在区域或城市自然地理条件(如平原、山区、丘陵等)的影响，更受相关区域或城市人口、产业结构甚至历史文化因素的影响[5,7]。这些因素对交通结构的影响相互交织，他们的影响孰主孰次以及各因素的具体影响力如何确定目前还没有得到解决；明确这些影响的机理并量化其效果可为制定区域或城市交通发展政策提供依据[8]。这里还涉及相关作用机理或规律在不同区域的可再现性。由于城市发展过程的长期性与复杂性，研究这一演变过程还面临信息可用性以及信息的不确定性等因素的影响。

(2) 对给定区域或城市来说，如何确定其合理的交通结构或交通结构范围是一个复杂问题。从宏观层面来看，交通结构既关系到相关区域自然地理等客观条件，也与社会经济发展水平相关[1,3,6]；从微观层面来看，交通结构需要考虑交通供给的规划、建设与投资，也直接关系到客货运输用户的广义费用(成本)，还影响区域环境质量[9,10]；判断某个交通结构是否适合给定区域的发展或者明确区域内各种交通方式的合理发展规模是交通结构演变问题的一个关键难点。该难点的解决直接涉及客货运输用户多方式选择行为机理刻画、多方式联运组织方案设计、多方式网络设计与建设等问题。

(3) 如何引导区域或城市从既有交通结构向设定的交通结构目标过渡是交通结构演变问题的另一难点。该难点需要在结合特定区域实际情况的基础上解决交通方式间转移引导机理、交通方式间转移路径或策略的组合设计、引导策略的多学科可实施性评估及其引导效果的建模(仿真)研究等[1,8]。

交通结构演变问题设计的主要难点及其逻辑关系可用图1描述。

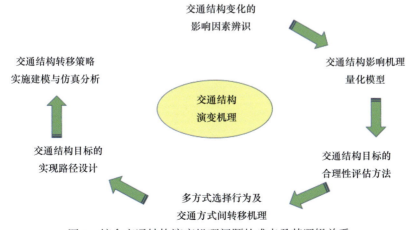

图1 综合交通结构演变机理问题的难点及其逻辑关系

不难看出，综合交通结构的演变机理不仅是一个理论问题，也是一个实践问题[3,4,9,10]，还是一个社会与政策课题[1,2,7]。对这些复杂问题虽然已开展了许多探索，但离很好地解决问题还有较长的路要走。

参 考 文 献

[1] 毛保华, 郭继孚, 陈金川, 等. 城市综合交通结构演变的实证研究[M]. 北京: 人民交通出版社, 2011.

[2] 周干峙. 发展我国大城市交通的研究[M]. 北京: 中国建筑工业出版社, 1997.

[3] 毛保华, 孙全欣, 陈绍宽. 2008 年中国综合交通结构分析[J]. 交通运输系统工程与信息, 2009, 9(1): 10–18.

[4] 全永燊. 北京城市交通综合体系发展战略及政策[J]. 北京规划建设, 1995, (2): 49–51.

[5] May A D, Roberts M. The design of integrated transport strategies[J]. Transport Policy, 1995, 2(2): 97–105.

[6] 徐循初. 关于确定城市交通方式结构的研究[J]. 城市规划汇刊, 2003, (1): 13–15.

[7] 王庆云. 扩大内需与交通基础设施的建设与发展[J]. 交通运输系统工程与信息, 2009, 9(3): 1–5.

[8] May A D, Jopson A F, Matthews B. Research challenges in urban transport policy[J]. Transport Policy, 2003, 10(3): 157–164.

[9] Low N, Astle R. Path dependence in urban transport: An institutional analysis of urban passenger transport in Melbourne, Australia, 1956–2006[J]. Transport Policy, 2009, 16(2): 47–58.

[10] Henao A, Piatkowski D, Luckey K S, et al. Sustainable transportation infrastructure investments and mode share changes: A 20-year background of Boulder, Colorado[J]. Transport Policy, 2015, (37): 64–71.

撰稿人：毛保华
北京交通大学
审稿人：赵胜川　赵晖

10000个科学难题·交通运输科学卷

载运工具运用工程篇

铁路供电系统安全服役性能及故障机理

Service Performance of Railway Power Supply Equipment and System

1. 背景与意义

铁路供电系统是铁路的重要基础设施系统，是由向列车提供动力的牵引变电所和接触网，以及向沿线通信、信号、车站等用电设备提供电源的电力配电所和供电线路组成的。由于中国铁路运行的经度和纬度居于世界第一，温度、湿度、海拔等外界因素加剧了铁路牵引负荷的特殊性和牵引供电系统的复杂性，给牵引供电系统及设备的服役安全和可靠性带来了新的难题。铁路供电系统在正常运行中，所有挂网高压电气设备都要承受各种正常和非正常电压，导致发生高压电气设备绝缘损坏而可能导致烧毁设备的短路故障。室外露天设备还要经受风霜雨雪雾霾冰等自然环境考验，特别是雷电，容易造成对正常供电的干扰。与普通三相电力系统不同的是，由于存在车网电气相互作用和机械相互作用(接触网和受电弓之间)，牵引网中的电气暂态过程十分频繁，加之接触网没有备用，许多故障会直接导致供电中断，严重影响铁路运输秩序。牵引供电系统中普遍配置的继电保护装置(包括故障测距装置)的性能也是影响供电可靠性的重要因素[1,2]。供电系统或设备一旦发生故障，极可能导致列车停运、降速运行、晚点，甚至可能发生涉及人身财产安全的事故，后果十分严重。如图1~图6所示。因此确保供电系统高效、安全、可靠地运行，是中国铁路快速发展迫切需要解决的问题。

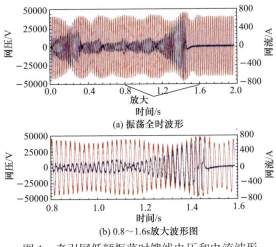

图1 牵引网低频振荡时馈线电压和电流波形

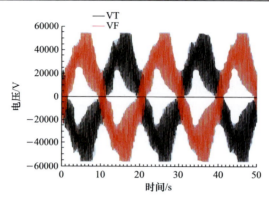

图 2　车网耦合高频谐振时电压波形

图 3　车顶避雷器炸裂

图 4　GIS 柜内电压互感器烧毁

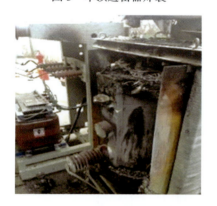

图 5　27.5kV 干式牵引所用变压器烧毁

图 6　电力机车高压电缆柔性终端炸裂

为保证供电系统的可靠安全运行，需要在各种外界环境和运行条件下，针对各类高低压电气设备的服役性能和整个供电系统在各类工况下的行为特征进行深入研究，建立各类电气设备在不同工况和环境条件下的行为安全和失效机理模型。

对整个铁路供电系统在不同工况下和环境条件下的电气耦合和参数匹配问题、稳态及暂态故障行为进行理论研究，建立相关机理模型，提出系统级安全保障技术和标准体系，对于供电系统的设计、建设、运行维护、检修规范以及安全评估都具有极其重要的理论和数据参考价值。

通过对铁路供电系统内各子系统关联耦合作用下的整体系统供电性能与故障行为机理的深入研究，获得关键技术规律，辅助利用场景重现及模拟仿真技术，形成自电气设备到供电系统的完备铁路供电系统服役性能和安全行为理论体系，根据铁路运行特色，为铁路电气设备的生产、运行、维护标准的制定提供更加精确的行业依据。在此基础上，通过系统研究，根据不同的运行条件和外界环境，结合供电系统运行及维护的特色和需求，最终形成较完备的铁路电气设备服役性能和牵引供电系统运行特性的研究理论、方法及评估标准体系和安全保障技术，为铁路的安全高效运行提供理论和技术支撑[3,4]。

2. 研究进展

在铁路电气设备方面，尽管目前电网领域对电力设备绝缘性能及其老化机理、设备在线监测及故障诊断进行了多年研究，并取得了很多理论成果和实践经验，但目前国内外尚未建立专门针对铁路电气设备的综合研究机构，对电气设备在铁路特殊运行环境下的服役安全评估和故障机理缺乏系统研究。

在铁路供电系统方面，国内外对铁路供电系统的安全运行特性和故障行为机理的研究还有很多不足，尤其是铁路供电系统各子系统的多参量耦合、快速频繁暂态过程对供电系统运行特性的影响有待系统研究。目前建成的系统仿真平台，不能进行实时故障动态追踪、定位及复现，尤其难以模拟暂态故障，不利于综合全面地对系统的安全性能进行评估。另外，高速弓网实验室动态特性试验研究的暂态数据还未能和整个系统的仿真平台耦合，也不利于模拟、还原其对整个系统及系统中关键设备的影响。

目前的供变电设备的保护及远动系统缺乏系统性的安全评估，且国内缺乏针对整个牵引供变电系统电气性能的系统级动态模拟仿真研究，对系统的电气性能评估，还主要依靠现场实测来进行。因此在事故推演、故障机理或安全失效机理模拟以及针对性技术对策制定方面能力不足[5]。

3. 主要难点

1) 铁路电气设备服役安全评估和故障机理的研究

(1) 外部影响因素的系统研究。

对铁路电气设备来说，在运行工况下设备绝缘要经受稳态及暂态电、热、机械冲击和多因子联合作用的时效老化,由于负荷的冲击性和暂态过程频繁,作用于设备的电流和电压波动较大,存在大量高次谐波并可通过谐振放大,部分铁路电气设备要在恶劣、复杂环境中运行,尤其是机车电气设备在高速移动过程中要连续经历多种环境因素的作用,这就使得铁路电气设备时效老化更加复杂。因此对铁路电气设备服役安全评估和故障机理的研究必须充分考虑其特殊运行工况和环境因素[1,6]。

图 7 是海拔等环境因素与变压器故障率的曲线对照图。从图中可以看出,实际考虑环境因素,设备的服役特性会有很大的不同[1,7]。

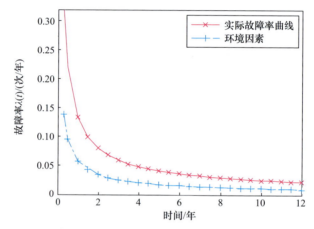

图 7 考虑环境因素的铁路电力变压器故障率曲线图

因此对铁路所处的多种外部环境下的各类影响因素的综合评估是本研究的重大复杂难题之一。

(2) 内部影响机理研究。

对于铁路供电及电力设备,在考虑铁路运行环境特点的基础上,更要对电气设备的内部绝缘、结构等参数进行研究和试验,从绝缘材料和绝缘部件结构两个角度对电气设备的绝缘安全、绝缘寿命等进行深入分析,对常见的绝缘损坏事故进行外部因素和内部因素的综合研究并研究相应的预防策略,从而使得设备更加适合铁路负荷的特点,并对铁路电气设备的相关标准结合铁路特色来进行校核,该研究需要结合外部影响因素,深入分析并计算设备的多项参数,也是本课题的重要难点之一[8~10]。

2) 铁路供电系统服役安全评估和故障机理的研究

铁路牵引供电系统在负荷类型、供电设备、供电结构和方式等方面与传统电力系统的特性存在大的差异。首先,铁路列车是单相负荷,具有功率大、行车密度大、冲击性强的突出特点,各种车型的电气负荷特性和参数差异较大;其次,牵引供电系统依靠受电弓和接触网滑动接触取流,还在线路上设有电分相和电分段,导致线路在机械上连接而电气上绝缘,列车通过时电气参数发生突变,产生频繁的暂态过程[8]。

铁路电气供电系统服役性能和故障机理研究的主要难点在于供电系统故障再现、动态事故推演、局部故障下的行为特性及电磁动态过程的研究和系统安全可靠性的研究。这需要车、所、设备准确同步联合快速测量的大量数据作为支持,此外各子系统的多参量耦合、快速频繁暂态过程对供电系统运行特性的影响也是研究的难点之一。

3) 研究方法及试验场景

对铁路电气设备服役安全评估和故障机理的研究,一方面,要建设专门的高压试验系统在实验室内模拟铁路高压电气设备经受的各种正常和非正常工况;另一方面,要实现在铁路供电系统现场实际运行工况下对电气设备进行实时测试和在线监测,对供电系统出现的各类关键工况进行车地联合同步测试,从而获得设备和供电系统的实际运行数据库,且实测数据还要和仿真系统、专家诊断系统相结合,形成故障复现和故障推演能力。

铁路供电系统的整体服役性能和安全可靠性的研究,需要通过全面系统地模拟各类稳态和暂态过程,对各工况复现和动态推演;实现交流牵引供电系统与各类机车的联合仿真,对车网电气匹配性能进行研究;此外还需实现弓网关系、铁路综合接地、三维电磁场分布等仿真计算和评估。

更重要的是必须搭建设备试验、仿真、现场实际测试及系统仿真模拟的一体化系统,这是本研究的关键重点和难点。

参 考 文 献

[1] 张娟. 铁路电力配电系统可靠性研究[D]. 北京: 北京交通大学, 2014.
[2] 王晖. 电气化铁路车网电气低频振荡研究[D]. 北京: 北京交通大学, 2015.
[3] 李清玉. 当代国际铁路牵引供电技术现状与发展趋势[J]. 科技信息, 2014, (6): 266–268.
[4] 钱清泉, 高仕斌, 何正友, 等. 中国铁路牵引供电关键技术[J]. 中国工程科学, 2015, 17(4): 9–20.
[5] 何正友, 冯玎, 林圣, 等. 铁路牵引供电系统安全风险评估研究综述[J]. 西南交通大学学报, 2016, 51(3): 418–429.
[6] 陈丽娟, 李霞. 2011 年全国输变电设施可靠性分析[J]. 中国电力, 2012, 45(7): 36–40.
[7] 李朝生, 李先允, 刘志华, 等. 海拔高度对变压器油温影响的分析[J]. 变压器, 2012, 49(4): 22–25.
[8] Al-Muhaini M, Heydt G T. Evaluating future power distribution system reliability including distributed generation[J]. IEEE Transactions on Power Delivery, 2013, 28(4): 156–161.

[9] 郭创新, 王越, 王媚, 等. 表征内部潜伏性故障的变压器时变停运模型研究[J]. 中国电机工程学报, 2013, 33(1): 13–16.

[10] Abu-Elanien A E B, Salama M M A, Bartnikas R. A techno-economic method for replacing transformers[J]. IEEE Transactions on Power Delivery, 2011, 26(2): 817–829.

撰稿人：吴振升

北京交通大学

审稿人：刘志刚　李　强

高速列车牵引传动系统结构可靠性

Structural Reliability of Transmission System of High Speed Train

1. 背景与意义

高速列车的牵引传动系统主要由牵引电机、传动齿轮箱和轴箱构成(图1)。牵引电机和传动齿轮箱之间通过联轴器相连。作为高速列车牵引传动系统关键部件，传动齿轮箱的主要功能是通过齿轮传动和轴承将牵引电动机的功率传递给驱动轮对。在列车高速运行导致的复杂服役环境作用下，高速列车牵引传动系统存在关键零部件设计使用寿命不足的问题。在传动齿轮箱方面，出现了齿轮箱轴承失效和齿轮箱体开裂(图2)，以及齿轮箱轮齿非正常磨耗、齿根萌生裂纹等一系列可靠性不足问题。高速列车的轴箱轴承在运行60万～80万km后即出现轴承滚道剥离的现象，不能与整车的120万km检修周期和240万km轴承寿命相匹配。究其根本原因：一是高速列车运用条件极为复杂，表现出复杂的多种相互作用关系，如轮轨接触关系[1]、流固耦合关系[2]、刚柔耦合关系[3]、高频结构振动等[4]；二是现行的传动系统关键部件可靠性设计规范和试验评估标准[5~7]，不能与全寿命运用里程相适应，因此不能全面保证传动系统关键部件的安全性和可靠性。

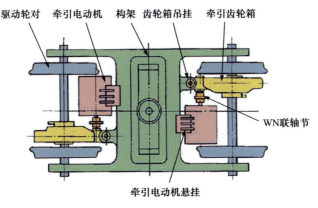

图1　CRH2转向架结构图

(a) 齿轮箱箱体　　　　　　(b) 上部裂纹　　　　　　(c) 下部裂纹

图 2　传动齿轮箱箱体裂纹

牵引传动系统作为高速列车电能向机械能转换的动力功能模块，其可靠性和安全性对于高速列车运行安全至关重要，需要从设计和试验评定两方面来保证。牵引传动系统的结构可靠性设计和试验评估技术是传动系统研发的一个重要环节。解决牵引传动系统结构可靠性中蕴含的科学问题，掌握轮轨高频激扰下传动系统关键部件响应规律，建立传动系统关键部件可靠性状态监测以及可靠性评估方法，可最终实现传动系统可靠性设计和试验评估，进一步提升高速列车传动系统运用可靠性。

2. 研究进展

相对于其他机械系统，齿轮传动系统的典型特征就是具有独特的内部动态激励。齿轮啮合过程中参与啮合的轮齿对数的周期变化，使得齿轮轮齿之间的接触力也是周期变化的，由此造成轮齿的啮合刚度也具有时变特性。高速列车齿轮传动属于单级传动，针对这类齿轮系统的动力学理论较为成熟。国内外学者将单级传动齿轮系统作为弹性的机械振动系统，以振动理论为基础，分析在时变啮合刚度、传递误差和啮合冲击激励作用下齿轮系统的动力学行为，同时得到包含轮齿弯曲、剪切和接触多种变形及相对应的应力状态[8]。由于传动系统被置身于高速列车这样一个复杂的大系统中，传动系统在承受内外部激励方面有其自身的特殊性。在驱动端，异步电动机的谐波转矩和进出隧道等工况引发的脉动转矩会传递到传动系统上。在负载端，由轨道不平顺引起的轮轨接触激扰会通过驱动轮对传递到传动系统上。如果考虑列车服役过程中轮对踏面的磨耗、擦伤以及扁疤等变化，将会使来自轮轨的激励更加复杂。同时还要考虑通过转向架传递过来的来自车体的动态载荷。目前关于高速列车传动系统所受到的复杂激励以及在这种复杂内外激励下的动态特性研究很少。

传统的齿轮传动系统动力学研究为基于振动和噪声的齿轮箱故障诊断方法提供了必要的理论基础。研究人员通过系统动力学研究中建立的时变动态激励和系统振动行为之间的对应关系和参数化研究成果，形成了齿轮箱故障诊断分析技术[9]。国内外的研究主要集中在新型参数的提取和诊断模型的建立上。然而状态监测和故障诊断只是保证传动系统可靠性的一个防范手段，并不能从根本上解决传动系统可靠性不足的问题。

国内外有实力研发高速列车传动系统的企业和研究院所一般均配置有传动系统可靠性试验台，但受研发对象的限制，功能往往比较简约单一。从应用对象来看，只是适用于传动系统的子系统，或是单独应用于电机，或是单独应用于齿轮箱。从功能上看，一般只用于传动系统子系统的可靠性型式试验，加载条件通常为恒速恒功率，一般不施加外部激扰环境。从高速列车传动系统可靠性试验台的发展趋势来看，国内外正在研制的试验台有两个新的发展动向：一是在加载条件方面试图包含环境激扰，能够模拟来自轮轨的高频冲击和来自车体的振动；二是在应用对象方面试图扩展至传动系统的全系统[10]。

3. 主要难点

传动齿轮箱在运用过程中要受到来自轮轨相互作用产生的振动激扰和通过转向架传递过来的来自车体的动态载荷。这些激扰构成了传动系统服役环境中来自外部部件的载荷系。同时，在列车运行过程中，由于列车在不同线路工况下的牵引和制动的操纵变化，牵引传动系统内部的牵引电机和传动齿轮箱之间也会有载荷的传递。掌握这些载荷的特征和变化规律是进行结构可靠性设计和试验评估的难点之一。

实际服役环境中的轮轨高频激扰和车体载荷以及传动、制动的功率变化一般表现为随机载荷。传动系统可靠性试验台上模拟实际环境载荷的加载驱动信号为这些随机激励的等效载荷。如何使得等效载荷能够体现实际随机载荷的频率和幅值特征，获得有效的结构可靠性试验载荷谱是进行结构可靠性设计和试验评估的另一个难点。

在高速运行条件下，来自轮轨的激扰频率已经接近甚至超过传动系统关键部件的最低阶弹性固有频率。轴箱和齿轮箱等传动系统关键部件，在高频激扰作用下可能产生显著的结构弹性振动，尤其是外界激扰频率接近或超过这些部件最低阶弹性固有频率后，可产生比较强烈的结构弹性振动，使结构变形中弹性动态变形成分显著。当结构发生弹性动态变形时，结构的变形行为与静态情况相比已有显著区别。要解决齿轮箱在整个牵引传动系统中的弹性振动匹配问题，需要系统掌握复杂激励下高速列车齿轮箱结构弹性变形特征，包括振动模态、频率、幅值以及应力变化等，这是进行结构可靠性设计和试验评估的难点问题。

综上所述，高速列车传动系统还有很多可靠性问题没有得到很好解决。这些可靠性问题既包括系统集成的可靠性问题，也包括传统的机械零部件的疲劳可靠性。列车系统本身的复杂性和线路运行环境的多样性，以及列车牵引传动系统各部件之间存在的相互制约的参数要求，使得列车传动系统在整个系统层面的可靠性问题成为一个重要的技术难题。齿轮、轴承以及齿轮箱箱体作为传动系统中承受极高周交变载荷的机械零部件，承载条件远较其他部件恶劣，是传动系统中突出的薄弱环节和研发难点，因而其可靠性设计与试验评估技术成为传动系统研发的关键所在。目前国内外在整个系统层面对高速列车传动系统关键部件的可靠性研究还不够深入，尚未形成有效的传动系统可靠性设计和试验验证方法。这些可靠性问题在理论上缺乏深入研究，更为重要的是在设计层面缺乏对传动系统服役环境的深入分析，在可靠性评估层面缺乏合适的试验研究手段和测试技术，最终导致在实际运用中可靠性问题比较突出。

参 考 文 献

[1] Kalker J J. On the rolling contact of two elastic bodies in the presence of dry fraction[D]. Delft: Delft University of Technology, 1967.
[2] 田红旗. 列车空气动力学[M]. 北京: 中国铁道出版社, 2007.
[3] 任尊松, 孙守光, 刘志明. 构架作弹性体处理时的客车系统动力学仿真[J]. 铁道学报, 2004, 26(4): 31–35.
[4] 翟婉明. 铁路轮轨高频随机振动理论解析[J]. 机械工程学报, 1997, 33(2): 20–25.
[5] 中华人民共和国铁道部 TB/T 3017—2001 机车车辆轴箱滚动轴承在轴箱试验机上的耐久试验方法[S]. 2001.
[6] UIC 515-5 Powered and Trailing Stock-bogies-running Gear-tests for Axleboxes[S]. International Union of Railways, 1994.
[7] BS En 12082: 2007 Railway Applications-axleboxes-performance Testing[S]. The authority of the Standards Policy and Strategy Committee, 2007.
[8] 李润方, 王建军. 齿轮系统动力学——振动、冲击、噪声[M]. 北京: 科学出版社, 1997.
[9] Omar F K, Gaouda A M. Dynamic wavelet-based tool for gearbox diagnosis[J]. Mechanical Systems and Signal Processing, 2012, 26: 190–204.
[10] 钮海彦. 高速、准高速列车传动齿轮箱试验技术的研究[J]. 铁道机车车辆, 2002, S1: 200–203.

撰稿人：王　曦　王斌杰　杨广雪

北京交通大学

审稿人：李　强　刘志明

突变边界条件下风致高速列车运行安全与舒适性劣化控制技术

Control Technology of Operation Safety and Comfort of High Speed Trains Subjected to Crosswind under Mutational Road Conditions

1. 背景与意义

随着我国"一带一路"倡议和"高铁走出去"国家战略的实施，建设穿越长大风区高速铁路的情况将越来越多，俄罗斯、印度等国的高速铁路均需穿越长大风区；我国兰新高铁作为世界内陆最大风区高速铁路，年平均大风日 180 天，最高风速达 60m/s。风区铁路沿线地形复杂，防风设施过渡段形式多样，近地环境风受其扰动，产生风切变，导致线路周围风环境急剧恶化，产生晃车现象，而现有评估指标对这一问题的评价结果与现场乘员体感相差甚远，目前高速列车通过防风设施过渡段等突变边界地段时，被迫减速慢行，严重影响乘客的舒适性和运输效率，亟须从防风设施过渡段和列车两方面入手，建立过渡段通用设计方法、列车强瞬态动力响应抑制方法，实现列车运行性能的有效提升，为风区高速铁路不减速安全运行提供支撑。

2. 研究进展

近地风场特性是大气科学中的一个重要问题，是风能预测的重要研究内容，各国进行了大量基础研究及软件开发。随着高速铁路发展，铁路沿线风场研究逐渐成为关注的焦点，但主要集中于风的时空预测方面。例如，Burlando 等[1]对罗马至那不勒斯高速铁路沿线区域建立五个区段的微尺度模型，对区域风场风速与风向进行了概率统计分析；Freda 等[2]利用铁路沿线周围测风站大量的测试数据建立了铁路沿线风速风向概率统计分析模型；刘辉[3]引入小波分析、遗传算法等理论获得了不同时间步长的高精度铁路沿线风速短期预报值。

目前国内外对列车横风气动性能开展了大量研究。Cheli 等[4]和于梦阁等[5]将来流视为均匀风，对列车在横风作用下的气动性能进行模拟，指出大风条件下车辆横向气动载荷将大幅增加；毛军等[6]研究了均匀风和指数风对平地上运行列车气动性能的影响，指出采用均匀风场会高估侧风对列车运行安全的影响；Baker

等[7,8]和 Thomas 等[9]重点研究了平地无防风设施时，瞬态风作用下的高速列车非定常气动载荷。为保障大风区域内列车运行安全，在铁路沿线修建了防风设施。但目前防风设施设计优化研究主要集中在防风设施形式、位置、高度等单一类型、区段一致的边界对风区列车运行性能的防风效果。而由于铁路沿线突变边界引发的切变风，与均匀风、指数风和瞬态风有明显差异，是高速铁路近年发现的新的风场环境，针对该环境下的列车非定常气动性能研究尚未见报道。

3. 主要难点

铁路沿线突变边界引发的切变风场，导致列车运行性能劣化是当前影响风区列车正常运行的主要问题。通过对突变边界条件下风致高速列车运行安全与舒适性劣化控制技术的研究，探明突变边界附近切变风场演化规律和切变风作用下列车气动性能、运行品质劣化的成因，提出适用于该运行条件新的评估指标和抑制方法，解决高速铁路风区突变边界条件下的晃车问题，消除线路防风薄弱环节，保障风区列车运行安全，提高乘坐舒适性，实现运输效能最大化。主要难点有三个：

(1) 铁路沿线切变风场演化机制影响要素的交叉与辨识问题。受防风设施过渡段几何外形参数、地形、来流等因素影响，铁路沿线切变风场演化机制错综复杂，各参数间交叉作用机制不明确，因而无法准确确定主导切变风场强度变化的主因子或因子组合。如何通过关键信息特征提取和响应敏感性分析，剖析多元参数对切变风场强度的交叉影响，辨识出灵敏度最高的相关因子及组合，实现突变边界切变风场的科学分类表征，是难点问题之一。

(2) 列车-矢量风-线路-地形-防风设施多元耦合流场的时空尺度敏感性识别与抑制问题。列车通过防风设施过渡段等铁路沿线突变边界引发的切变风场时，既存在大尺度地形环境，又存在小尺度列车、防风设施过渡段等局部细微特征；既存在列车区间运行的时间大跨度，又存在风切变的时间小尺度，模拟结果对计算网格及时间尺度非常敏感。如何通过网格、时间尺度对列车周围流场分布的响应分析与解析度评判，识别列车-矢量风-线路-地形-防风设施多元耦合流场时空尺度的敏感区间，确定精确描述流场的时空分布合理尺度，并针对性地建立网格单元与时间步长的自适应调整机制，实现风切变小尺度的空气动力学效应敏感性的有效抑制，是难点问题。

(3) 切变风场特征与列车运行性能之间的参数化响应问题。突变边界引发的切变风对列车非定常气动性能与动力学行为的影响机制异常复杂，难以直接归纳过渡段区域切变风场特征与列车运行性能(安全性和舒适性)之间的关联性，导致无法科学提出相应的流场控制措施。如何通过分析切变风引发的列车瞬态气动载荷对列车动力学响应的作用机制，剖析切变风场-气动载荷-动力学特性-评价指标间的多环映射关系，建立直接反映风场特征与性能指标间的参数化快速响应模型，是关键难点问题之一。

参 考 文 献

[1] Burlando M, Freda A, Ratto C F, et al. A pilot study of the wind speed along the Rome-Naples HS/HC railway line. Part 1—Numerical modelling and wind simulations[J]. Journal of Wind Engineering and Industrial Aerodynamics, 2010, 98(8-9): 392–403.

[2] Freda A, Solari G. A pilot study of the wind speed along the Rome-Naples HS/HC railway line: Part 2—Probabilistic analyses and methodology assessment[J]. Journal of Wind Engineering and Industrial Aerodynamics, 2010, 98(8-9): 404–416.

[3] 刘辉. 铁路沿线风信号智能预测算法研究[D]. 长沙: 中南大学, 2011.

[4] Cheli F. Ripamonti F, Rocchi D, et al. Aerodynamic behaviour investigation of the new EMUV250 train to cross wind[J]. Journal of Wind Engineering & Industrial Aerodynamics, 2010, 98(4): 189–201.

[5] 于梦阁, 张继业, 张卫华. 350km/h 高速列车风致安全研究[J]. 机械设计与制造, 2011, (5): 174–176.

[6] 毛军, 郗艳红, 杨国伟. 侧风风场特征对高速列车气动性能作用的研究[J]. 铁道学报, 2011, 33(4): 22–30.

[7] Baker C J. The simulation of unsteady aerodynamic crosswind forces on trains[J]. Journal of Wind Engineering and Industrial Aerodynamics, 2010, 98(2): 88–99.

[8] Baker C J, Hemida H, Iwnicki S, et al. Integration of crosswind forces into train dynamic modeling[J]. Proceedings of the Institution of Mechanical Engineers, Part F: Journal of Rail and Rapid Transit, 2011, 225(2): 154–164.

[9] Thomas D, Diedrichs B, Berg M, et al. Dynamics of a high-speed rail vehicle negotiating curves at unsteady crosswind[J]. Proceedings of the Institution of Mechanical Engineers, Part F: Journal of Rail and Rapid Transit, 2010, 224(6): 567–579.

撰稿人：田红旗　刘堂红
中南大学
审稿人：刘志明　李　强

船用柴油机燃油喷射与雾化

Diesel Fuel Injection and Atomization in Marine Diesel Engine

1. 背景与意义

柴油机是海洋工程装备和高技术船舶的"心脏",也是国家高端装备制造业和综合国力的标志。随着国家对船舶动力性和燃油经济性需求的不断提高,设计开发高效、清洁的船舶柴油机成为我国实施海洋强国战略的基础和重要支撑。

在柴油机中,燃油喷射与雾化是指在不同的喷射策略下,燃油从喷孔快速喷射到缸内环境中破碎成离散液滴的过程。对于船用高速柴油机,燃油喷射持续时间仅为几毫秒,怎样在如此短的时间内保证燃油喷雾与空气的充分混合,为后续的燃烧过程做好准备,这成为影响柴油机性能的核心问题(图1)。

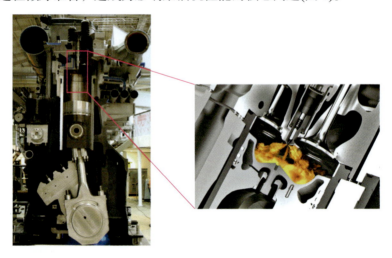

图1 燃油的喷射雾化与燃烧

更高的燃油喷射压力和灵活的燃油喷射策略能够为柴油机带来更加快速和优良的混合气准备,但同时使燃油在喷入缸内极高温度和压力环境后所经历的破碎、雾化及蒸发等过程变得更加复杂,掌握新技术条件下燃油喷射过程以及雾化机理对于优化船用柴油机性能具有重要意义。目前针对船用柴油机燃油喷射与雾化的研究主要聚焦在以下几个方向:①燃油跨临界/超临界喷射;②燃油系统柔性喷射策略；③燃油喷雾超声速后形成诱导激波现象；④重油燃料喷射特性。

2. 研究进展

1) 燃油跨临界/超临界喷射研究现状

大多数烃类燃料的临界压力为 1.5～5.0MPa，随着船用柴油机压缩比不断提高，在喷油时刻，缸内背压接近或超过液体燃料的临界压力已经成为普遍现象，跨临界/超临界燃料喷射成为内燃机燃油喷射雾化研究领域不可避免的研究方向。

目前燃油跨临界/超临界喷射的研究主要集中在燃油跨临界/超临界环境下射流的演化过程。研究发现，在跨临界/超临界喷射条件下，液体和气体的分界面将不再存在，燃料的输运特性趋近于气体的输运特性(图 2)[1]。超临界条件下燃油的燃烧效率也比亚临界条件下提高 10%～15%。

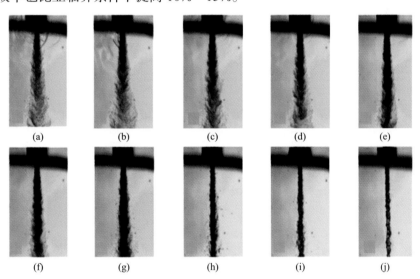

图 2 液体燃料超临界/跨临界/亚临界喷雾图像[1]
(a)～(d)超临界；(e)～(g)跨临界；(h)～(j)亚临界

2) 船用柴油机燃油系统柔性喷射策略研究现状

燃油系统柔性喷射策略能够灵活控制燃油喷射规律，有效改善混合气质量，提高发动机燃烧效率和排放性能。对于船用柴油机，柔性喷射策略包括两个方面：①单循环内燃油多次喷射控制策略[2]；②大缸径柴油机多喷油器燃油喷射控制策略。

单循环内燃油多次喷射控制策略可以分为预喷射、主喷射和后喷射三种(图 3)。目前随着柴油机单次工作循环内燃油喷射次数的增加，每段喷射的持续期必将缩短，短脉宽燃油喷射成为柴油机面临的主要问题。目前针对短脉宽条件下的燃油喷射特性研究还很少，与常规燃油单次喷射相比，短脉宽喷射全过程几乎都处在针阀升程的动态变化过程中，燃油喷射特性不稳定[3]。因此探索高压短脉宽燃油喷射特性成为目前船用柴油机领域的研究热点。

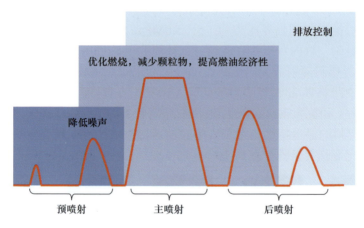

图 3 燃油多次喷射示意图

对于大缸径船用柴油机，由于单次循环所需柴油质量较大，采用单一喷油器极易造成燃油雾化质量较差，燃烧恶化。因此，目前研究主要集中于多喷油器燃油喷射控制策略。研究表明，喷孔非对称布置的多喷油器供油系统，能够有效促进混合气的形成和燃烧过程的组织(图 4)。

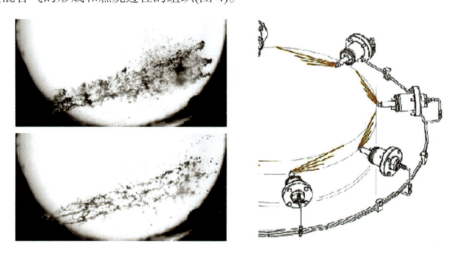

图 4 船用柴油机多喷油器喷射系统

3) 高速燃油射流诱导激波研究现状

随着燃油喷射压力不断提高，柴油机缸内燃油喷射将以超声速射流为主[4,5]，而超声速燃油喷射将会诱导并产生激波现象(图5)。诱导激波的产生、传播以及相互叠加会对缸内燃油射流的破碎、离散产生直接影响，进而影响喷雾结构及混合气特性。目前基于先进测试手段已经实现了柴油喷射诱导激波现象的可视化测量，并初步掌握了柴油机缸内不同工作条件下激波的产生及宏观发展变化规律，但对于更加复杂的热声耦合影响以及诱导激波与雾化之间的机理性关联还不明确[6~8]。

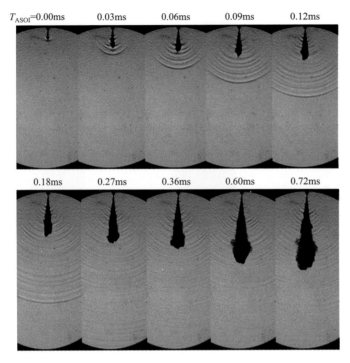

图 5　柴油机喷雾可视化实验中观察到的激波现象

4) 船用柴油机重油燃料喷射特性研究现状

重油是全球石油资源的重要组成部分，由于重油价格低于柴油，为降低船舶运营成本，重油成为船用柴油机的一种主要燃料。但是重油黏度较高，品质较差，对于燃用重油的船用柴油机，极易造成雾化质量差、液滴粒径大、蒸发慢、混合气质量不高、燃烧速率较慢等问题。目前对于燃用重油的船用柴油机，常采用的方法是通过加热与保温控制来确保重油以合适的压力和黏度喷入柴油机缸内。

3. 主要难点

燃油跨临界/超临界喷射：在跨临界情况下，射流表面不再产生微小液滴，而是在稠密流体边缘出现由液态条带组成的梳子状结构；而在超临界情况下，气液界面已经很难辨识(图6)[1]。目前难点在于掌握燃油跨临界/超临界喷射特性以及缸内混合气的形成过程。

随着现代先进测试手段和数值模拟技术的快速发展，利用先进测试技术对燃油跨临界/超临界射流宏观参数进行测量，采用大涡模拟等数值计算方法对燃油跨临界/超临界环境下射流的演化过程以及混合气形成过程进行研究，成为掌握燃油跨临界/超临界喷射的主要手段。

(a) 射流表面产生微小液滴　　(b) 射流表面无液滴产生　　(c) 气液界面难以辨识

图6　液体燃料亚临界/跨临界/超临界喷雾细节图[1]

参 考 文 献

[1] Chehroudi B. Recent experimental efforts on high-pressure supercritical injection for liquid rockets and their implications[J]. International Journal of Aerospace Engineering, 2012, 1: 1–31.

[2] Park S H, Yoon S H, Lee C S. Effects of multiple-injection strategies on overall spray behavior, combustion, and emissions reduction characteristics of biodiesel fuel[J]. Applied Energy, 2011, 88(1): 88–98.

[3] Huang W, Moon S, Ohsawa K. Near-nozzle dynamics of diesel spray under varied needle lifts and its prediction using analytical model[J]. Fuel, 2016, 180: 292–300.

[4] Kook S, Pickett L M. Effect of ambient temperature and density on shock wave generation in a diesel engine[J]. Atomization and Sprays, 2010, 20(2): 163–175.

[5] Dong Q, Long W, Ishima T, et al. Spray characteristics of V-type intersecting hole nozzles for diesel engines[J]. Fuel, 2013, 104: 500–507.

[6] Nakahira T, Komori M, Nishida M, et al. The shock wave generation around the diesel fuel spray with high pressure injection[R]. Society of Automotive Engineers Technical Paper, Detroit, 1992.

[7] MacPhee A G, Tate M W, Powell C F, et al. X-ray imaging of shock waves generated by high-pressure fuel sprays[J]. Science, 2002, 295(5558): 1261–1263.

[8] Nishida K, Zhang W, Manabe T. Effects of micro-hole and ultra-high injection pressure on mixture properties of DI diesel spray[R]//Society of Automotive Engineers Technical Paper, Detroit, 2007.

撰稿人：董 全 李 越 宋恩哲

哈尔滨工程大学

审稿人：丁 宇 隆武强

铁道车辆独立旋转轮对的导向问题

Steering Problem of Independently Rotating Wheelset

1. 背景与意义

铁道车辆的轮对形式主要有两大类：同步旋转轮对和独立旋转轮对。

同步旋转轮对如图1所示，它的左右车轮通过过盈配合压装在一根车轴的两端，因此其左右车轮和车轴是同步旋转的。所以车轴的高度会制约车体地板面的降低，因此不利于其在城市轻轨低地板车辆中的推广应用。

独立旋转轮对如图2所示，它的左右车轮是通过滚动轴承安装在一根车轴的两端，因而其左右车轮可以独立旋转，而车轴可以不旋转。所以车轴可做成下凹的曲轴形状，从而可显著降低车体地板面的高度，有利于在城市轻轨低地板车辆中的推广应用。

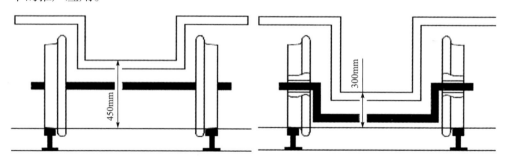

图1 同步旋转轮对示意图　　　　图2 独立旋转轮对示意图

虽然独立旋转轮对在降低车辆地板面高度方面有优势，但独立旋转轮对的导向性能差，导向问题是困扰独立旋转轮对发展的一个世界性难题。

在研究独立旋转轮对的导向问题之前，需要先了解同步旋转轮对的导向情况。对于同步旋转轮对，由于左右车轮与车轴固结为一个整体，因此左右车轮的转动角速度是相等的；又因为车轮外形为圆锥状，当轮对向钢轨一侧横移后，左右车轮的滚动圆半径就不相等，所以左右轮轨接触点的速度也不相等。

当轮对向钢轨左侧横移后，左车轮滚动圆半径大于右车轮滚动圆半径，因此左车轮接触点线速度大于右车轮接触点的线速度，又迫使轮对向右侧运动；当运动到轨道右侧后,右侧车轮接触点线速度大于左侧车轮接触点线速度,又迫使轮对向左侧运动,就这样周而复始地围绕轨道中心线做正弦波运动。由于轮对在钢轨上的这种运动像蛇的运动状态,所以称为蛇行运动;正是这种蛇行运动使得同步旋转轮对具有自导向能力。

同步旋转轮对的蛇行运动是由轮轨纵向蠕滑力和横向蠕滑力(T_x 和 T_y)的交替变化促成的(图3)。而独立旋转轮对的左右车轮是独立旋转的,理论上不会产生纵向蠕滑力,只能产生横向蠕滑力(图4),因此独立旋转轮对不会产生具有自导向功能的蛇行运动。一旦独立旋转轮对发生偏转,运动到某个位置,横向蠕滑力和重力复原力 NL_y 会达到平衡,独立旋转轮对就会停留在这个位置而不能自动回归到轨道中央(图5),所以独立旋转轮对缺乏自导向能力。

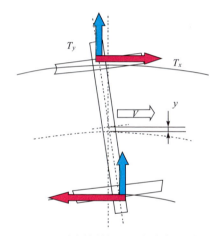 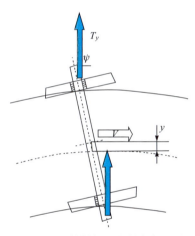

图 3 同步旋转轮对的轮轨蠕滑力　　　图 4 独立旋转轮对的轮轨蠕滑力

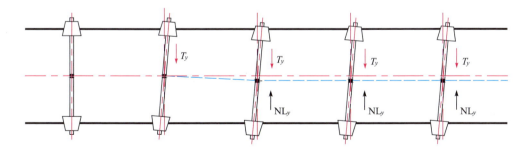

图 5 独立旋转轮对的运动示意图

独立旋转轮对导向性能差主要表现为:在直线上不能对中(通常偏离钢轨一侧,如图 6 所示),容易形成轮对偏磨;在曲线上不易趋于径向位置(通常冲角较大,如图 7 所示),容易贴靠轮缘和脱轨;这是独立旋转轮对致命的缺点。

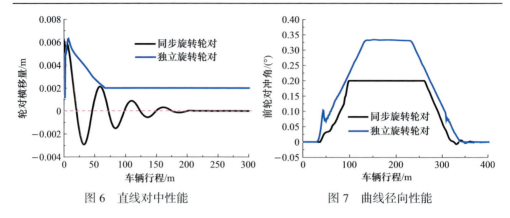

图 6 直线对中性能　　　　图 7 曲线径向性能

2. 研究进展

为了解决独立旋转轮对的导向难题，国内外专家提出很多解决措施。

最简单的措施是通过车轮踏面优化设计来提高独立旋转轮对的重力刚度[1,2]，从而增加独立旋转轮对的重力复原力，使偏离轨道中心线的轮对能在重力复原力的作用下回归到轨道中央。但是这种措施不能使独立旋转轮对在曲线上趋于径向位置。

专家一致认为径向调节措施是解决独立旋转轮对导向问题的有效措施。日本学者 Suda 等提出了一种反锥度的独立旋转轮对[3]，目的是把重力角刚度变为正刚度，从而改善独立旋转轮对的径向性能。然而这种方法需要革新常规的轨道系统来与反锥度车轮匹配，又带来了新的问题和挑战。

日本学者还曾研制过一种依靠离心力来调节轮对趋于径向位置的径向转向架[4]。其原理是：采用玻璃纤维增强塑料材质做成弓形板弹簧，弓形板弹簧在作为轴箱弹簧的同时，用作转向架的侧架。通过曲线时，由于离心力的作用，外侧架增重，内侧架减重。从而导致内侧架(板弹簧)中心抬高，轮距缩短；外侧架中心下降，轮距增大；最终使前后两轮对呈"八"字形展开，达到径向位置。但弓形板弹簧的调节作用要受曲线半径、超高以及车辆运行速度限制。

德国 Frederich 教授研制了自调节独立旋转轮对转向架[5,6]，它依靠重力来调节独立旋转轮对的摇头角，但作用效果有限且转向架结构很复杂。

西班牙 Talgo 列车采用迫导向机构来改善独立旋转轮对的导向性能[7]，导向性能较好，但它主要应用于单轴铰接转向架，在轨道车辆普遍采用的两轴转向架上应用并不理想。

西南交通大学池茂儒等提出了一种独立旋转轮对柔性耦合径向转向架的方案[8]，主要是通过二系悬挂系统与耦合力元进行合理匹配，来迫使独立旋转轮对趋于径向位置，结构稍显复杂。

为了简化结构，Pérez 等提出了在左右车轮之间安装差速器，通过主动控制策略优化来解决独立旋转轮对的导向性能[9]，基本原理如图 8 所示。孙效杰提出通过虚拟电轴耦合控制来改善独立旋转轮对的导向性能[10]，也是一个很好的控制思路。

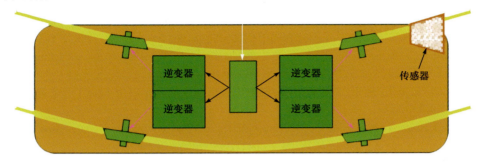

图 8　独立旋转轮对的导向控制示意图

3. 主要难点

(1) 独立旋转轮对的导向原理。独立旋转轮对与同步旋转轮对虽然在结构形式上差别并不大，但导向机理存在本质区别。虽然目前对独立旋转轮对的导向机理已有初步认识，但仍需深入研究其内在本质。为了改善独立旋转轮对的导向性能，必须把独立旋转轮对的导向原理研究透彻，才能有针对性地采取措施弥补独立旋转轮对的导向缺陷。

(2) 独立旋转轮对导向机构的作用机制。虽然目前关于独立旋转轮对的导向机构方案很多，但并不令人满意：一方面，机构比较复杂；另一方面，作用效果不太理想。如何研究出结构简单而效果显著的导向机构仍然是一个研究方向，但首先需要对导向机构的作用机制进行深入透彻的研究。

(3) 独立旋转轮对的导向控制策略和方法。随着控制技术的发展，通过控制技术来改善独立旋转轮对的导向性能是今后发展的主要趋势。但控制系统的数据快速处理、控制策略优化、时滞效应的不利影响等仍然是需要攻克的难点。

参 考 文 献

[1] Panagin R. The use of independent wheels for the elimination of lateral instability of railway vehicles[J]. Ingegneria Ferroviaria, 1978, 33(2): 143–150.

[2] Satho E, Fukazawa K, Niyamoto M, et al. Dynamics of a bogie with independently rotating wheels—A case of trailing bogie[J]. Railway Technical Research Institute Quarterly Reports, 1994, 35(2): 83–88.

[3] Suda Y, Wang W, Nishina M, et al. Self-steering ability of the proposed new concept of independently rotating wheels using inverse tread iconicity[J]. Vehicle Dynamic System, 2012,

50(1): 291–302.

[4] Koyangi S. The dynamics of guided independently-rotating-wheel trucks[J]. Railway Technical Research Institute Quarterly Reports, 1981, 22(1): 19–25.

[5] Frederich F. Possibilities as yet unknown or unused regarding the wheel/rail tracking mechanism—Development of modern rolling stock running gear[J]. Railway Gazette International, 1985, (11): 33–40.

[6] Frederich F. A bogie concept for the 1990s[J]. Railway Gazette International, 1988, 9: 583–585.

[7] Carballeira J, Baeza L, Rovira A, et al. Technical characteristics and dynamic modelling Talgo trains[J]. Vechicle System Dynamics, 2008, 46(s1): 301–316.

[8] 池茂儒, 张卫华, 曾京, 等. 新型独立轮对柔性耦合径向转向架[J]. 机械工程学报, 2008, 44(3): 9–15.

[9] Pérez J, Busturia J M, Goodall R M. Control strategies for active steering of bogie-based railway vehicles[J]. Control Engineering Practice. 2002, 10(9): 1005–1012.

[10] 孙效杰. 电气耦合独立车轮转向架导向技术研究[D]. 成都: 西南交通大学, 2010.

撰稿人：池茂儒　张卫华　吴兴文
西南交通大学牵引动力国家重点实验室
审稿人：侯卫星　黄　强

橡胶轮式列车虚拟轨道导向问题

Self-Guided Tramcar Based on Virtual Track

1. 背景与意义

随着我国城市化以及区域城镇化的建设，环城市群内居民对便捷出行提出了新的要求，也对我国城市公共交通系统提出了新的挑战。以我国新型城市化发展需求为导向，以优化城市内部及城市群区域内交通系统为目标，将城市轨道交通运营模式与先进汽车理念相融合，发展一种适合我国城市交通特色的美观、智能、节能环保的新型城市轨道交通工具，并实现100%低地板、具有中高速度、中大运能、建设成本低等优势，以满足新形势下城市交通需求，是一种必然的趋势。

虚拟轨道有轨电车由橡胶车轮进行支撑，并由带有地面感应信息所形成的虚拟轨道进行导向，左右车轮通过(轮毂)电机驱动实现牵引制动与转向[1]。虚拟轨道的实质是地面上预置的带有位置信息的虚拟信号带，可采用连续的或离散的光带、磁带或电子位置标签等方式。列车上安装有感应器及基于图像处理的辨识系统，对虚拟轨道进行识别，并对列车当前位姿进行感知，控制系统根据虚拟轨道的指引和车辆实时位姿信息，协调规划列车运行路径，并对各独立驱动车轮提出力矩及转速控制目标，使有轨电车根据虚拟轨道的引导运行。

虚拟轨道有轨电车是一种按照轨道交通方式运行的新型道路交通方式。开展虚拟轨道有轨电车研究，突破动态轨道辨识及车辆位姿感知技术、多点协同循迹控制技术、循迹控制执行技术，对研制自导向列车非机械接触式智能导向系统具有重大意义。通过研究磁标辨识、编码定位和基于主动光源的导航机制和定位原理，确定适合于自导向城轨列车系统组合式定位导航的位姿感知技术方案。研究单点循迹、两点循迹和多点协同循迹的方式及相应的协同控制算法，确定自导向城轨列车系统的循迹控制方式及控制算法。研究基于直接驱动的橡胶独立车轮走行、转向机理及车辆铰接技术，开发满足100%超级低地板等特征的新型走行系统。基于智能导向控制的列车动力学理论，研究列车和各车的牵引转向协同机制，优化多节车转速控制的转向算法，研究多车、多轮驱动及转向时各轮的速度控制目标，指导多车连挂编组列车运行控制。研究基于车联网技术的运营控制系统，建立智能综合调度系统[2]。

2. 研究进展

德国 Fraunhofer 交通和基础设施系统研究所(Fraunhofer IVI)研制了 Auto Tram Extra Grand 系列[3]大型无轨巴士。AutoTram 是 2013 年由德国 Fraunhofer IVI 开发的目前世界上最长的双铰接型公交车。该车采用胶轮支撑，车身长度超过 30m，定员 256 人。该车采用光学导向技术，利用道路两侧白线导向，不需绘制导向标记，并使用混合动力牵引技术及多轴转向技术，可实现灵活转向。该车于 2012 年在德国萨克森州的 Dresden 完成试验，超长车身在车辆跟随性能和转向性能方面均具有较好的试验结果[4]。20 世纪 90 年代，荷兰威特利集团(van der Leegte，VDL)开发了一条虚拟轨道公共交通系统[5]，命名为 Phileas。Phileas 导向巴士系统采用全轮转向技术，在导向时由电子系统控制。路面内每间隔 4~5m 铺设磁轨，车辆在计算机程序控制和调度下按照预先铺设的磁轨引导，像轨道车辆一样在轨道上行驶。

西南交通大学牵引动力国家重点实验室针对虚拟轨道有轨电车的运行特点，设计了一种集橡胶轮胎、独立车轮和轮毂电机等于一体的新型走行部结构，并根据其运动学及动力学特征，开发了一种基于循环路径规划的多车协调循迹算法。首先，路径规划前需要分别在各车辆单元的合适位置设置一定数量的跟踪点，各跟踪点在虚拟轨道上的相对位置即代表各车辆单元的空间位置。其次，对全列车跟踪点在虚拟轨道上的动作进行协调控制，使之满足全列车路径规划约束条件，并合理给出转向梯形横移量控制值及各轮的转速比。最后，设定循环路径规划判定条件，当各车辆单元实时位置与姿态偏差超过设定阈值时，以列车实时位姿为初始边界条件，并以合理的目标位姿为目标边界条件，重新规划出满足车辆运动学条件的整列车可行运行轨迹，纠正各节车辆的循迹偏差，从而实现全列车横向控制。如图 1 所示，目前对虚拟轨道有轨电车的研究已从总体设计、虚拟轨道辨识与引导、列车自主循迹控制、牵引驱动控制、100%低地板走行部、路权与通信信号控制等方面进行展开[6]。

3. 主要难点

虚拟轨道有轨电车的研制还需要突破一系列关键问题，如虚拟轨道感知与辨识、车线位姿监测与预知感知、协同循迹控制、列车车间连接主动控制等关键问题。突破传统列车轮轨机械接触导向控制，实现虚拟轨道非接触式自导向；攻克磁标识别、编码识别、光学导航、卫星定位等复合导航的动态定位与方向感知；研究单点循迹、两点循迹及多点协同循迹的方式及相应的协同控制算法，突破列车运行轨迹协同控制；突破列车走行机构和悬挂、列车动力学、车间连接主动控制等关键问题，实现虚拟轨道辨识与非接触式导向。具体而言，包括以下几项难点问题：

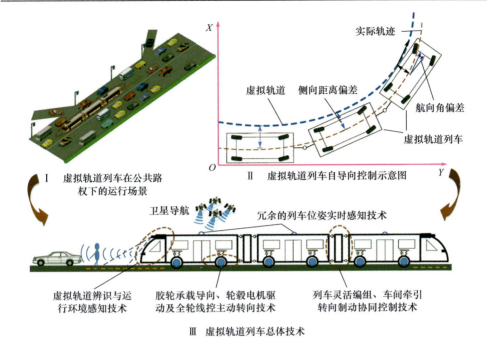

图 1 基于虚拟轨道的自导向有轨电车关键技术

(1) 虚拟轨道道路涂装及辨识机理。有轨电车运行轨道为地面感应方式形成的带位置信息的虚拟条带。研究虚拟轨道道路涂装及辨识机理，在运行过程中应用图像处理及其数字化，完成虚拟标识带的快速确定、标识带覆盖与残缺的快速与智能修复、虚拟线路的数字化和函数化表征，并采用电磁感应带或视频涂装带对列车位置进行定位及辨识。

(2) 基于电子信息的毫米级列车定位机制。采用基于磁标或二维码识别的地面虚拟轨道涂装，基于主动光源对道路识别，并应用虚拟轨道感应及图像处理手段，结合基于编码、卫星、惯性等的高精度车辆位置与车辆姿态的定位，实现卫星定位与地面感应定位的组合式安全导向方法，精确地对车辆定位并辨识路况，实时掌握车辆在虚拟线路中的位置及姿态[7,8]。

(3) 独立驱动轮毂电机的牵引转向策略。为提高牵引效率，简化机械传动系统结构，并较为方便地实现虚拟轨道有轨电车的转向，采用轮毂电机对各独立车轮进行牵引，实现列车的牵引、转向以及制动，将动力装置、传动装置和制动装置整合。轮毂电机牵引转向的精确控制是虚拟轨道有轨电车的基础。

(4) 循迹运行的列车多车(3 节以上)多轮协同驱动控制。列车自主循迹控制策略的制定是智能车辆的核心。根据机器视觉识别系统提供的前方虚拟轨道引导信息，结合新型有轨电车走行部及车间铰接方式，制定合理的循迹策略，控制各轮毂电机转速及转矩，确保车辆安全、可靠循迹。针对走行机构的结构特点，在虚拟轨道路径导向下，制定橡胶独立车轮的直驱电机力矩与转速控制策略，并以列车运行速度、列车转向为目标，实现多车多点、多独立车轮驱动电机的协同控制。

（5）牵引、制动过程的列车纵向力和列车姿态保持与控制问题。虚拟轨道有轨电车在运行中需要缓解由牵引、制动等工况引起的列车纵向力。考虑车辆结构、悬挂结构、走行机构、牵引系统、虚拟导向系统、线路系统和轮胎-地面模型的耦合系统动力学，研究不同运行速度及线路不平顺条件下，车辆横向运动稳定性、车辆振动平稳性和纵向冲动等动力学行为，并对车间作用力进行实时监测，根据车间耦合作用力，对前后车牵引电机驱动力矩进行调节，使车辆保持合理前进姿态。

参 考 文 献

[1] 张卫华. 一种基于橡胶车轮和虚拟轨道技术的有轨电车: 中国, CN201410096094.7[P]. 2014-03-15.

[2] 权伟, 张卫华, 陈锦雄, 等. 基于目标引导显著性检测的对象跟踪方法: 中国, CN201510031269.0[P]. 2015-01-22.

[3] Wagner S, Nitzsche G, Huber R. Advanced automatic steering systems for multiple articulated road vehicles[C]//ASME 2013 International Mechanical Engineering Congress and Exposition, San Diego, 2013.

[4] Michler O, Weber R, Forster G. Model-based and empirical performance analyses for passenger positioning algorithms in a specific bus cabin environment[C]//International Conference on Models and Technologies for Intelligent Transportation Systems IEEE, Budapost, 2015.

[5] Rusak Z. Kierunki rozwoju autobusów miejskich i lokalnych na przykładzie modeli zaprezentowanych podczas Bus World i Bus & Bus Business[J]. Autobusy: Technika, Eksploatacja, Systemy Transportowe, 2004, 5(1-2): 16–28.

[6] Han P, Zhang W H. The designation of a new kind of green streetcar based on virtual tracks and key technologies[J]. Applied Mechanics and Materials, 2015, 741: 80–84.

[7] 江永全, 张卫华, 权伟, 等. 基于主动光源的车辆控制系统、自动行驶车辆及系统: 中国, 201510127455.4[P]. 2015-03-24.

[8] 江永全, 张卫华, 陈锦雄, 等. 一种基于编码图形的车辆定位方法: 中国, 201410836629.X[P]. 2014-12-29.

撰稿人：张卫华

西南交通大学

审稿人：刘志明　侯卫星

联体泵马达摩擦副流固热多场耦合与多相流动问题

Problems on Fluid-Solid-Thermo Interaction and Multiphase Flow within Tribological Pairs of Hydrostatic Drive Unit

1. 背景与意义

联体泵马达由安装在公共壳体内或刚性支座上的液压变量泵和定量或变量液压马达构成，输入输出元件之间的主回路由内部流道连通，外接管道仅起到辅助与保障系统的作用。小功率联体泵马达已形成品种较多的系列化产品，大量应用于园艺拖拉机、水稻联合收割机、市政维修机械等中小型车辆与行走机械。大功率联体泵马达尚未形成通用化、系列化的产品线，通常是为军用特种车辆量身定制，主要用于重型高速履带车辆转向系统或轻型履带车辆静液压传动系统[1]。

联体泵马达中的液压泵和液压马达都是容积式的液压元件，需要依靠多对摩擦副的协调配合动作，实现机械能与液压能的连续互逆转换。与改变容积行为直接相关的摩擦副具有润滑与密封的双重功能，是联体泵马达实现设计功能、提高工作效能的关键。

以常见的柱塞泵与柱塞马达组合为例，按照基本功能区分，联体泵马达含有柱塞-缸孔摩擦副、缸体-配流盘摩擦副与滑靴-斜盘摩擦副等，如图1所示。各对

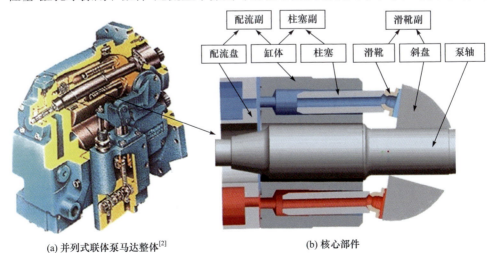

(a) 并列式联体泵马达整体[2]　　　　　　(b) 核心部件

图1　大功率联体泵马达整机与核心部件摩擦副

摩擦副均具有三维曲面几何特征、复杂的相对运动关系和苛刻的载荷条件。对于大功率联体泵马达，还须应对极端恶劣的服役工况，既要承受固体颗粒污染的客观风险，又要满足宽温度域的使用要求。

在正常润滑条件下，摩擦副间隙仅有几十微米，属于流体动力润滑状态；而在特殊润滑条件下，摩擦副间隙只有几微米或更小，处于混合润滑或薄膜润滑状态，甚至是干摩擦状态。液压油的压力会造成固体弹性变形和刚性运动，摩擦发热和固体导热影响固体和流体的温度，造成固体热变形和油液黏度变化，弹性变形、刚性运动和热变形复合改变摩擦副间隙的形状，间隙形状又会影响油液流动特性，即所谓的流固热多场耦合效应，成为分析预测摩擦副工作状态的难题。同时复杂的流动过程还会引发油液空化，且由于固体颗粒污染的影响，出现多相流动状态和固体表面空蚀，与流固热效应联系在一起，形成了联体泵马达中极为突出的摩擦副多场、多相耦合问题。

深入认识联体泵马达摩擦副界面间的力、运动相互作用与润滑、密封机理，实现基于科学的设计制造，将有助于减少复杂系统集成过程的不确定性，明确产品的极限服役特性：对于民用特种车辆，将有助于减少制造使用成本、增加产品可靠性；对于军用特种车辆，将有助于缩短维修周期，减少维修成本，提升战场生存能力。

2. 研究进展

在整机研究开发方面，在美国，由径向球塞变量泵和定量马达组成的小型联体泵马达产品主要用于民用轻型车辆，与之结构相似的径向柱塞产品，传递功率达 670kW，应用于美军 M1A2 型主战坦克的转向系统[2]；在德国，由斜盘型变量轴向柱塞泵与斜轴型定量轴向柱塞马达串列式搭配形成的联体泵马达，与液力耦合器共同组成"豹 II"主战坦克的无级转向单元；在法国，基于斜盘型变量轴向柱塞泵与斜盘型定量轴向柱塞马达并列式布置，所开发的联体泵马达最大传递功率 735kW，应用于"勒克莱尔"主战坦克[3]；在中国，相关军工研究院所为了满足多型坦克装甲车辆战术性能要求，基于斜盘型变量轴向柱塞泵与斜盘型定量轴向柱塞马达的组合，成功开发了多款系列化的大功率联体泵马达产品。

在关键摩擦副研究方面，Wieczorek 等[4]开发了一套专用软件 CASPAR，实现了对滑靴副、柱塞副与配流副流固耦合性能的协同仿真。Huang 与 Ivantysynova[5]在 CASPAR 软件的基础上，耦合商业有限元软件，对配流副的弹流耦合效应进行了数值分析。Jouini 等[6]进一步发展了 Huang 的工作，建立了考虑热流耦合效应的仿真模型，计算结果与实测盘面温度场相比，趋势类似，但量级相差悬殊。Zecchi[7]对配流副热弹流耦合效应进行了数值分析，计算结果与 Jouini 的试验结果相比，量级上大致吻合，但在盘面死点位置附近的分布特征差异明显。Wegner 等[8]开发了一套用于仿真分析配流副润滑特性的专用软件，名为 DSHplus，通过数值仿真计算，可以得到油膜厚度、压力场、温度场等信息，并且能够以泄漏率与摩擦力为优化目标进行结构优化设计。Wegner 等[9]建立了由 6 支电涡流传感器组成的测量系统，采用在缸体转轴方向与半径方向分别等距布置的方案，研究了不同压力和转速下缸体浮动性能及配流副间隙分布情况。Meincke 等[10]结合 CFD 仿真的预测结果测量了油膜空化造成的压力变化，利用高速摄影技术，证实了配流副油膜存在空化过程。

3. 主要难点

(1) 考虑瞬态效应的微纳米尺度流固热多场耦合机制。在微纳米尺度下，联体泵马达摩擦副表面由于压力和温度的共同作用，所产生的弹性变形程度非常显著，而在时间维度上，力冲击和热冲击获得的形变响应时间并不相同，造成流固接触界面发生具有非线性特征的变化。

(2) 基于线、面接触理论与刚体动力学的协同分析方法。经典的接触理论是基于静力假设发展起来的，主要研究局部点、线、面接触规律；经典的动力学是基于刚体假设发展起来的，主要研究整体动态规律。在联体泵马达摩擦副的研究中，关注要点是点、线、面接触理论，但不能忽视刚体动态行为特性。因此在空间尺度和时间维度上需要将两者合理地联系到一起，发展出一套科学的分析方法。

(3) 固相颗粒物、液体空化与固体表面空蚀的物理本质。联体泵马达连通油道中存在金属磨屑、灰尘等杂质，不同形状、大小、浓度的固相颗粒物具有加剧或抑制液体空化过程的行为，进而在微观层面上对摩擦副固体表面造成空蚀破坏，蕴含着复杂的物理学、化学、材料学等交叉科学问题，其本质规律至今不为人知。

(4) 适应极端多相、多场耦合工况的新材料与新工艺。联体泵马达摩擦副表面服役状况既复杂又苛刻，单一金属材料已难以满足大功率工况或低黏度液压介质的需求，铜-钢双金属复合材料、塑料-金属复合材料等是近年来的重点发展方向。通过引入具有抗磨、减磨、耐磨特性的新材料，并发展与之相匹配的工艺方法，以适应不断变化的多相、多场耦合的极端工作状态，是提高性能的重要途径之一。

参 考 文 献

[1] 毛明, 周广明, 邹天刚. 液力机械综合传动装置——设计理论与方法[M]. 北京: 兵器工业出版社, 2015.
[2] 刘修骥. 车辆传动系统分析[M]. 北京: 国防工业出版社, 1998.
[3] 王意. 车辆与行走机械的静液压驱动[M]. 北京: 化学工业出版社, 2014.
[4] Wieczorek U, Ivantysynova M. Computer aided optimization of bearing and sealing gaps in

hydrostatic machines—The simulation tool CASPAR[J]. International Journal of Fluid Power, 2002, 3(1): 7–20.

[5] Huang C, Ivantysynova M. A new approach to predict the load carrying ability of the gap between valve plate and cylinder block[C] // Proceedings of the Bath Workshop on Power Transmission and Motion Control PTMC 2003, Bath, 2003.

[6] Jouini N, Ivantysynova M. Valve plate surface temperature prediction in axial piston machines [C]//Proceedings of the 5th FPNI PhD Symposium, Cracow, 2008: 95–110.

[7] Zecchi M. A novel fluid structure interaction and thermal model to predict the cylinder block valve plate interface performance in swash plate type axial piston machines[D]. West Lafayette: Purdue University, 2013.

[8] Wegner S, Gels S, Murrenhoff H. Simulation of the tribological contact cylinder block/valve plate and influence of geometry and operating points on the friction torque in axial piston machines[C] // Proceedings of the 9th International Fluid Power Conference, Aachen, 2014.

[9] Wenger S, Gels S, Jang D S, et al. Experimental investigation of the cylinder block movement in an axial piston machine[C] // Proceedings of the ASME/BATH 2015 Symposium on Fluid Power and Motion Control, Chicago, 2015.

[10] Meincke O, Rahmfeld R. Measurements, analysis and simulation of cavitation in an axial piston pump[C] // Proceedings of the 6th International Fluid Power Conference, Dresden, 2008.

撰稿人：王　涛　唐守生　汪浒江

中国北方车辆研究所

审稿人：边明远　毛　明

发动机超临界喷射与燃烧

Supercritical Injection and Combustion in the Engines

1. 背景与意义

进一步改善柴油机动力性、经济性和排放性,实现节能减排,始终是广大科研工作者努力的目标。采用高强化燃烧技术,输出功率在保持现有水平甚至更高的条件下,大幅度压缩发动机体积,提高其功率密度,是实现以上目标的重要途径[1]。这就要求液态的燃油在极短的时间内完成雾化和蒸发,迅速形成可燃混合气,来实现高强化燃烧。因此混合气的快速制备方法,是柴油机提高功率密度过程中亟须攻克的关键技术之一。目前普遍采用的方法是通过提高喷射压力来改善燃油雾化效果,缩短混合气形成时间,已经研发成功的喷射系统喷射压力高达300MPa。但高的喷射压力会增加供油系统的载荷,影响发动机的可靠性。

近年来,有人尝试通过加热燃油系统,进一步提高燃油温度,同时采取防止燃油高温结焦措施,在发动机上实现了超临界燃料喷射[2]。所谓超临界是指当物质所处温度高于临界温度,压力大于临界压力时,该物质所处的一种状态,即超临界态。此时气体与液体分界消失,统称为超临界流体。超临界流体兼具液体和气体的特点:其密度和液体相近,黏度比液体小,扩散比液体快,具有较好的流动性和传递性,表面张力和汽化潜热都近似为零。因此传统液体燃料喷射过程中发生的初次雾化、二次雾化和液滴蒸发等现象,都不会出现在超临界燃料喷射过程中。如图 1 所示[3],在传统燃料喷射的射流边缘,可以看到雾化后的小燃油液滴;而在超临界燃料射流的边缘,由于气液分界面的消失,呈现出纤维状的混合层,和传统燃料射流的形态完全不同。

采用超临界燃料喷射具有以下优点:①在超临界条件下,燃料与缸内工质快速混合,在较短的时间内完成混合气制备,为高强化燃烧奠定基础;②滞燃期短,通过燃料喷射策略可以灵活控制燃烧过程,优化放热率,提高热效率;③减小燃料喷射压力,降低燃料喷射系统的载荷,提高可靠性;④超临界流体扩散能力强,燃料与空气混合均匀,减少碳烟生成,例如,结合废气再循环(exhaust gas recirculation, EGR)技术有望打破柴油机微粒与氮氧化物之间的此消彼长,实现污染物的同时降低。

(a) 传统燃料喷射　　　　　(b) 超临界燃料喷射

图 1　传统燃料和超临界燃料喷射的射流形态对比

作为一种新型车用发动机燃料供给方式,超临界燃料喷射技术一出现就引起了广泛关注。由于高强化燃烧条件下缸内温度和压力都超过燃料的临界点,超临界燃料进入缸内后可以继续维持其超临界状态,与缸内工作介质快速混合,在极短的时间内完成混合气制备,并降低对喷射压力的要求,减小燃油供给系统载荷,因此在未来的柴油机上具有很大的应用潜力。

2. 研究进展

柴油机由于采用增压技术,燃料喷射时刻缸内背景压力一般都大于 5MPa,温度一般高于 800K。柴油是多种烃类燃料的混合物,一般烃类燃料的临界压力为 1.5~3MPa,温度为 400~750K[4]。可见高强化燃烧条件下,柴油机缸内温度和压力超过燃料临界点的现象比较普遍。因此在未来的柴油机上,根据燃料温度不同,可能会产生两种燃料喷射现象:

(1) 燃料压力高于临界点、温度低于临界点,以亚临界流体(即液体)喷入压力和温度均高于燃料临界点的超临界环境中,如图 2 所示的路径 1(C1 — C3),即跨临界喷射。这种情况普遍存在于目前的增压柴油机中。

(2) 燃料压力、温度均高于临界点,以超临界流体喷入压力和温度均高于燃料临界点的超临界环境中,如图 2 所示的路径 2(C2 — C3),即超临界喷射。这种情况可能会出现在未来的柴油机中。

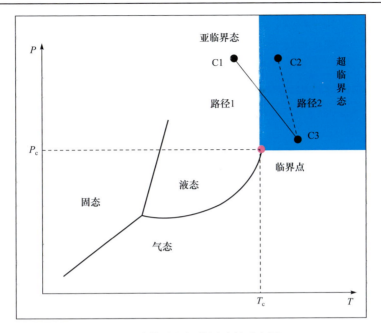

图 2 跨临界和超临界喷射示意图

3. 主要难点

目前对于柴油机高强化燃烧条件下的超临界喷射现象，由于高度的时间瞬变性和空间非均匀性，还缺乏深入了解，有待开展相关基础研究。在美国能源部召开的 2011 年发动机研究战略研讨会上，明确指出燃料超临界射流混合机理研究是未来发动机研究领域的重要发展方向，由此可见其重要性[5]。目前相关工作主要集中在超临界燃料的制备、超临界燃料的燃烧排放性能测试等方面，缺乏机理层面的探索。要在柴油机上实现超临界燃料喷射和燃烧，尚需解决的关键问题主要包括以下几个方面：

(1) 柴油在超临界状态下的喷射、混合和燃烧特性。
(2) 柴油喷射混合数值模型和燃烧化学反应动力学机理。
(3) 柴油应用于柴油机清洁高效燃烧的控制策略。

这需要在全透明的光学发动机上，采用先进的光学测试技术，研究超临界燃料射流结构形态、混合气形成与发展规律、着火燃烧放热特征，并与数值模拟和理论分析相结合，系统揭示超临界燃料与传统液体燃料的差异，为将来超临界燃料的实际应用提供理论支持。

为获取更高的功率密度，柴油机提高了喷射压力和进气压力，因此在高温、高压和高密度环境下，在更短的时间内，如何有效组织燃料喷射、混合气形成，进而实现高效、快速燃烧，尚面临许多挑战，超临界燃料喷射为此提供了一条新思路，需要对高强化燃烧条件下超临界燃料的喷射、混合与燃烧等一系列基础科学问题开展研究。高强化燃烧条件下的基础理论体系是支持先进柴油机研发的基础。因此研究高强化燃烧条件下超临界燃料射流混合机理和燃烧特性不仅是对燃烧科学的有益探索，也具有重要的实际工程应用价值。

参 考 文 献

[1] Sroka Z J. Some aspects of thermal load and operating indexes after downsizing for internal combustion engine[J]. Journal of Thermal Analysis and Calorimetry, 2012, 110(1): 51–58.

[2] Ahern B, Djutrisno I, Onahue K, et al. Dramatic emissions reductions with a direct injection diesel engine burning supercritical fuel/water mixtures[R]. SAE Technical Paper, 2001-01-3526, 2001.

[3] Chehroudi B, Talley D, Coy E. Visual characteristics and initial growth rates of round cryogenic jets at subcritical and supercritical pressures[J]. Physics of Fluids, 2002, 14(2): 850–861.

[4] NIST Chemistry WebBook[EB/OL]. http: //webbook. nist. gov/chemistry[2018-05-06].

[5] Eckerle W, Rutland C. A workshop to identify research needs and impacts in predictive simulation for internal combustion engines(PreSICE)[R]. Columbus, 2011.

撰稿人：何　旭
北京理工大学
审稿人：张　欣　李兴虎

带约束的三维智能布局问题

The Problem of Intelligent Layout Design of 3-D Constrained Objects

1. 背景与意义

布局问题是与空间研究有关的科学问题。在载运工具中，三维布局是一个重要的科学问题，原因在于人造物，尤其是机电产品，都是物体在空间上的展开[1]。布局问题的研究可以追溯到公元 10 世纪波斯数学家 Abul Wefa 构造的正方形分割问题[2]。1831 年，数学家高斯曾对球布局(sphere packing)进行研究并给出了一种最致密的格点球布局形式[3]。在科学上，研究布局是发现自然规律的重要途径，例如，研究分子链结构的空间形态能够使人们理解和发现特殊的物理，研究 DNA 链的空间布局形态可以使人们了解其快速展开的原理[4-6]。在理论上，布局问题是萌发现代计算机科学理论的基本问题之一[7]。直到现在，算法设计理论、算法复杂性理论和超级计算理论的研究中还大量使用布局问题作为研究对象。

在载运工具中的一些相关问题举例如下。

(1) 机械、动力的布局问题。机械和动力设施包括动力发生装置、传动及变速装置、机械转向装置、油料泵出及传送装置、液压系统以及其他辅助这些部件工作的装置等。机械及动力设施布局问题可以主要发生在装备的动力舱上，也可能会延伸到装备的其他部分。机械和动力布局的难点在于待布物形状不规则、彼此关联性复杂、性能约束强烈。产品的机械和动力布局不仅是一个数学难题，而且与产品的安装维修路径以及建模手段、人机结合手段、模糊评价理论等紧密相关，使问题更加复杂。

(2) 管线布局问题。在机械装备中必须通过管线等装置输送燃油、润滑油、液压油、冷却介质、压力气体、或燃烧废气。装备中的电子部件，包括各种传感器、控制器、信息处理器，也需要用管线来连接。这些管线在实际布局中不但占据空间，而且在布局时与其他非管线待布物相比具有很大的不确定性。由于问题的 NP-难性质，管线布局问题是隶属于三维布局问题重要的待解决难题。

(3) 人机布局问题。人机布局问题包括乘员布局问题和人机界面布局问题。驾驶舱的布局是以驾驶员为中心的，即人机布局。人机界面的布局是另一种人因布局，主要发生在运输工具的操控界面上，包括显示面板的布局以及操控空间的布局。人因布局是人因理论的一个研究方向，有些可借鉴的成果。但智能化和自动化的人因布局在传统三维布局问题的基础上又增加了人的生理和心理因素，使问题变得更加复杂。

(4) 总体布局问题。总体布局是装备性能在人的操控下在结构空间上的总体展开，重点解决装备各种功能在空间中的平衡与协调，是产品总体的重要组成。相同功能的产品可以有截然不同的总体布局，总体布局直接影响装备的总体性能和总体外观。总体布局不仅重要，而且涉及面宽，加上问题本身的知识性和模糊性较强，较难用简单的数学模型来表达和分析。

(5) 运载布局问题。运载布局问题发生在运输工具被投入使用时。物品运输工具使用时会要求优化地布局货物以最有效地实现运输；人员运载工具使用时则会要求关心如何合理地分布乘客而使得运输更安全和舒适。某些需要展开工作或有特殊要求的装备，如登陆作战的舰船、飞机装卸，要求精心规划载人、载物舱中的装载布局。目前，民用物品装载，如轮船集装箱装载，已经有一些软件进行辅助。军用运载布局已具有初步的交互布局辅助工具，但进一步高层次地快速和自动化或智能运载布局优化是目前亟须解决的一个难点问题。

2. 研究进展

近代布局问题的研究已经有五十年以上的历史，取得了很多成果和突破，主要包括：

(1) 对布局问题的理论求解难度有了明确的定性。

(2) 对布局问题的类型/术语有了初步的统一。

(3) 对各种求解布局问题的观察、建模和求解方法的探索取得了深入进展，其中包括一批针对实际问题的深入研究和基础应用。

尽管取得了上述进展，因布局问题的建模和求解复杂性，其在未来很长一段时间将还会是摆在人类面前的一个科学难题。未来的突破可能包括以下一些方面：

(1) 智能和知识系统手段的应用。建立智能知识系统，在智能知识库的支持下，使用人机结合的手段达到对三维布局结果评价和优化的目的。

(2) 经过复杂构造的算法。算法有三个等级依次降低的评价属性，正确性、高效性、易实现性。实践证明，使用经过复杂构造的算法能够换取算法的求解效率并针对特定问题产生突破。

(3) 借助对自然布局形态的研究。对自然界布局原理和过程的新发现和新理解有望得出好的布局模型和求解算法。

(4) 借助新型计算机体系结构和新计算途径。量子计算等新型体系结构在一定程度上能解决 NP-难问题的计算难度，当相关计算结构走向实用时，布局问题将会在计算难度上得到一定程度的解决。

3. 主要难点

在数学上，布局问题被证明在整体上是NP-难的[8]，这意味着随着问题规模的扩大无法使用现代的冯-诺依曼体系结构的计算机在可忍受的时间内求取到最优解。在实际问题中，布局问题(尤其是三维布局问题)的建模和求解都非常困难。三维布局问题是一种计算难题，随着待布物体的增多，计算量爆炸性增多。在实际中，物体的布局还要受到各种各样的其他约束，如待布物体的相对位置要求、总体性能上的重心、惯量要求等，如何建立这些约束的模型进行智能布局优化是一个有相当难度的重要问题。

另外，在布局问题的研发方向上存在一系列开放的(open，未解的)科学问题，包括特定布局问题的NP难猜想的证明问题、特定布局问题的近似方法和近似界问题、在量子计算等新计算机结构下的布局问题求解算法问题，以及装备布局的快速干涉检验算法、约束的高效表达和高效求解算法，直至布局的有效求解等。

参 考 文 献

[1] Wang Y I, Mao M, Lu Y P, et al. Intelligent layout method for tank & armored vehicles based on 3-dimensional rectangular packing theory[J]. Journal of China Ordnance, 2005, 1(1): 174–182.

[2] Gardner M. Mathematical games: Wherein geometrical figures are dissected to make other figures[J]. Scientific American, 1981, 25(5): 158–170.

[3] Weitz D A. Packing in the spheres[J]. Science, 2004, 303(5660): 968–969.

[4] Zhang Z, Wippo C J, Wal G, et al. A packing mechanism for nucleosome organization reconstituted across a eukaryotic genome[J]. Science, 2011, 332(6032): 977–980.

[5] Singh G, Chan H, Baskin A, et al. Self-assembly of magnetite nanocubes into helical superstructures[J]. Science, 2014, 345(6201): 1149–1153.

[6] Wang W, Li G, Chen C, et al. Chromosome organization by a nucleoid-associated protein in live bacteria[J]. Science, 2011, 333(6048): 1445–1449.

[7] van Stee R. Combinatorial Algorithms for Packing and Scheduling Problems[M]. Karlsruhe: Habilita-tionsschrift Universitat Karlsruhe, 2006.

[8] Lu Y, Chen D Z, Cha J. Packing cubes into a cube is NP-complete in the strong sense[J]. Journal of Combinatorial Optimization, 2015, 29(1): 197–215.

撰稿人：陆一平[1] 毛 明[2]

1 北京交通大学　2 中国北方车辆研究所

审稿人：查建中　边明远

基于滤波电路的机械减振网络

Mechanical Vibration Attenuation Network Based on Filter Circuit

1. 背景与意义

机械系统与相应的电路系统，在简谐激励条件下的数学模型(描述它们动态特性的微分方程和传递函数)具有相似的形式，在此基础上建立起来的对应关系称为机电相似理论。通过这种理论上的对应可以将机械系统的振动问题转化为相应电路系统的滤波问题。

以通过机械元件的力和通过电学元件的电流相似，以及机械元件之间的速度和跨越电学元件的电压相似为基础，建立起来的机械系统与电路系统间各种对应关系见表 1。在这一对应关系中，质量对应于电容，阻尼对应于电阻，弹簧对应于电感。

表 1　机电相似理论

项目		并联机械系统	并联电路系统
相似系统		(机械系统示意图：f, f_m, m, f_c, c, f_k, k, v)	(电路系统示意图：i, i_C, C, i_R, R, i_L, L, u)
微分方程		$f = f_m + f_c + f_k$ $= m\dfrac{dv}{dt} + cv + k\int v dt$	$i = i_C + i_R + i_L$ $= C\dfrac{du}{dt} + \dfrac{1}{R}u + \dfrac{1}{L}\int u dt$
相似量	力 f		电流 i
	速度 v		电压 u
	质量 m		电容 C
	阻尼 c		电阻 $1/R$
	弹簧 k		电感 $1/L$

这种对应关系在使用中的优点是：比较直观，机械元件的并联(或串联)与电学元件的并联(或串联)对应，机械系统中的每个"节点"与其相似电路中的每个"节点"相对应，因此机械网络和相似的电网络完全一致。以"流变量"电流来模拟力，以"跨变量"电压(电势差)来模拟相对速度，既是一种数学上的相似，也是在系统连接机构上的直观对应。

然而在这种对应关系中存在一个致命的缺陷，即质量元件和电容的对应关系是不完备的。弹簧和阻尼元件都具有两个独立、自由的端点，而牛顿第二运动定律规定质量元件的加速度必须是以惯性参考系为基础的绝对加速度，即质量元件的一个端点是它的质心，另一个端点是惯性参考系中的固定点，因此质量元件只能和"接地"的电容对应。质量元件这种因一端"接地"而产生的单端点属性使"电容-电感-电阻"无源电学网络与"质量-弹簧-阻尼"机械系统不能严格对应，也使得长期积累的大量电学网络理论方法在机械结构分析与综合的应用中受到极大限制，制约了根据电学滤波网络研究机械减振系统的自由度和灵活度，严重影响机电相似理论在机械减振系统中的应用。

Smith 一直执着于悬架减振系统和 R(电阻)-L(电感)-C(电容)电学网络之间的相似性研究，他将机械减振系统解释为一个电路，在电路中存在电阻、电感和电容三种基本元件，在悬架系统中等同于电阻的为阻尼，电感就是弹簧，却一直找不到电容的相似元件。2002 年 Smith 发明了一种机械装置，该装置具有两个独立自由的端点，其中一个端点可相对于另一个端点运动，两个端点之间力的大小与两个端点的相对加速度成正比，这个比例系数可以为常数也可以改变。这个机械装置，Smith 命名为 inerter[1]，国内学者将其称为惯容器。

惯容器的出现，在惯性元件和电容之间建立了完美的相似对应关系。相对于质量元件，惯容器与电容的对应不再要求其一端必须"接地"，以惯容器替代质量元件的新机电相似对应关系见表 2，这种新对应关系实现了"惯容-弹簧-阻尼"机械系统与"电容-电感-电阻"电学系统之间的严格对应，极大地方便了成熟电路研究方法和电学网络理论在机械减振系统中的应用。

表 2 新机电相似对应关系

机	电
$\dfrac{df}{dt}=k(v_2-v_1)$ 弹簧	$\dfrac{di}{dt}=\dfrac{1}{L}(u_2-u_1)$ 电感器

机	电
$f = c(v_2 - v_1)$ 阻尼器	$i = \dfrac{1}{R}(u_2 - u_1)$ 电阻器
$f = B\dfrac{\mathrm{d}(v_2 - v_1)}{\mathrm{d}t}$ 惯容器	$i = C\dfrac{\mathrm{d}(u_2 - u_1)}{\mathrm{d}t}$ 电容器

惯容器的加入，对基于"弹簧-阻尼"结构体系的减振系统理论提出了新的挑战，亟待寻求新的理论、方法和交叉学科知识去研究惯容器本身的特性以及对减振系统动态性能及整体综合性能的影响，而且基于"惯容-弹簧-阻尼"体系的减振网络拓扑形式多样，工程实现的结构形式也很多，不同的拓扑结构表现出不同的特性，为研究和改善减振系统提供了广阔的空间。

虽然"弹簧-阻尼"减振体系理论成熟，结构简单，功能可靠，不消耗额外的能量，但其减振性能的提高已经受到结构的限制。如何突破传统"弹簧-阻尼"的经典减振理论体系，创建结构简单，性能优越，功能可靠，不消耗额外能量的新型减振网络，成为一个迫在眉睫的现实问题。惯容器的问世，使机电相似理论焕发了新的活力，惯容、弹簧和阻尼通过串并联组成的减振网络形式多样，还有许多结构有待研究，存在很多潜在性能优势有待发掘。目前"惯容-弹簧-阻尼"减振网络方面的研究还处于探索阶段，没有成熟、通用的理论方法，亟须开展相关工作以占领该技术领域的前沿。

减振系统的主要功能是衰减振动，降低振动对人体或其他部件的危害，在工程机械、车辆、船舶、航空航天等诸多领域都有广泛应用。惯容器概念的出现，为减振系统的发展开辟了全新的方向，在高机动车辆方面更是意义深远。基于"滤波电路"的思想，不仅可以突破一个车轮对应一个悬架的传统理念，通过一个"惯容-弹簧-阻尼"减振网络将悬上质量(车体)与悬下质量(车轮)联系起来，探索面向整车的"惯容-弹簧-阻尼"悬架系统，而且可以完整运用"机电相似理论"，研究"滤波电路系统"与"机械减振系统"之间的相似关系。

2. 研究进展

2002 年，Smith 发明了惯容器，在惯性元件和电容之间建立了完美的相似对应关系，为滤波电路理论方法在机械减振网络中的应用奠定了基础。惯容器具有多种实现方式，并能以较小质量实现较大惯性虚质量，且具有空间布置灵活等特点，现已应用于车辆和火车悬架[2~6]。2004 年，Smith 首次将惯容器应用于车辆悬架系统，构建了几种简单的被动"惯容-弹簧-阻尼"悬架减振结构[2]；2006 年，廖柏淮将惯容器应用于火车悬架，改善了火车的乘坐舒适性、系统动态性能及稳定性[3]；2007 年，江苏大学开展了齿轮齿条惯容器在车辆悬架中的研究，证明应用惯容器能够使悬架的减振性能得到改善；陈龙等[4]借鉴电学中的级联滤波思想，根据机械系统的实际进行了改进，创建了两级串联型"惯容-弹簧-阻尼"悬架，其性能明显优于传统"弹簧-阻尼"悬架[5]；2014 年，中国北方车辆研究所建立了基于一个惯容器的通用悬架模型，并对模型中包含的 21 种工程上可行的拓扑结构进行动力学仿真和参数优化，证明其中 5 种新型结构的性能优于传统悬架[6]。

3. 主要难点

虽然"惯容-弹簧-阻尼"与"电容-电感-电阻"的数学模型能够完美对应，但在工程实际中，惯容器和阻尼元件具有不能单独承受静载的特殊要求，与电容和电阻相比，其不能单独连在"主路"上。因此直接套用滤波电路的方法构建的减振网络在工程上不一定可行，亟待理论与工程上的突破。另外更好特性、更能满足工程应用的各种惯容器、滤波电路与机械减振系统，以及更科学的相似理论，亟待寻求新的理论、方法和交叉学科知识去研究和探索。

参 考 文 献

[1] Smith M C. Synthesis of mechanical networks: The inerter[J]. IEEE Transactions on Automatic Control, 2002, 47(10): 1657–1662.
[2] Smith M C, Wang F C. Performance benefits in passive vehicle suspension employing inerters[C]// 42nd IEEE Conference on Decision and Control, Maui, 2004.
[3] 廖柏淮. 被动式机械系统之路实现——惯质与线性矩阵不等式在火车悬吊系统上之应用[D]. 台北: 台湾大学, 2006.
[4] 陈龙, 张孝良, 江浩斌, 等. 基于机电系统相似性理论的蓄能悬架系统[J]. 中国机械工程, 2009, 20(10): 1248–1250.
[5] 张孝良. 理想天棚阻尼的被动实现及其在车辆悬架中的应用[D]. 镇江: 江苏大学, 2012.
[6] 杜甫, 毛明, 陈轶杰, 等. 基于动力学模型和参数优化的"惯容-弹簧-阻尼"悬架结构设计及性能分析[J]. 振动与冲击, 2014, 33(6): 59–65.

撰稿人：毛　明　杜　甫
中国北方车辆研究所
审稿人：刘志刚　边明远

履带车辆动力学问题

Dynamics Problems of the Tracked Vehicle

1. 背景与意义

高速重载车辆的履带与主动轮啮合，由诱导轮及张紧装置导向，为负重轮铺就相对平缓的"路面"，并与地面相互作用产生车辆行驶需要的附着力，为避免上支履带过分下垂，往往安装2或3个托带轮。履带与轮系中各轮的安装示意图如图1所示。

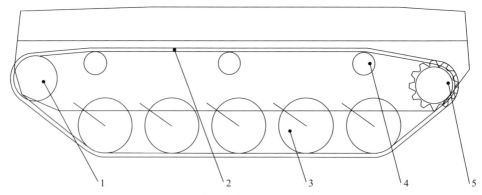

图1 履带环与轮系的安装示意图

1.诱导轮；2.履带环；3.负重轮；4.托带轮；5.主动轮

当高速重载履带车辆运动时，主动轮驱动履带绕整个轮系转动，同时履带与地面作用获得地面附着力，推动整个车辆前进。履带与轮系几乎消耗了发动机近1/2的功率，远远超过车辆上的其他系统。同时高速运动的履带还存在复杂的动力学现象，引发履带甚至整车的振动并产生难以忍受的噪声。如何提高履带的附着力和效率，降低高速重载履带车辆的振动，有效解决高机动履带车辆行驶时脱履带问题等都需要对履带动力学进行深入研究。

在力学理论方面，高速重载履带系统的动力学问题是当前多体系统动力学的公认难题。由于其分析与建模过程涉及弹塑性力学(橡胶材料)、地面力学和多体系统动力学的交叉应用，因此建立准确的模型是多学科交叉的问题。

在模型解算方面，系统刚体数量多，导致系统模型自由度往往达到 2000 个左右，尤其采用基于绝对坐标系的建模方法，导致其代数微分方程的规模庞大，求解对应的雅可比矩阵过程常常出现计算发散求解失败的情况。因此高速重载履带系统的动力学问题对数值计算方法理论的发展具有很强的牵引作用。

在车辆工程方面，当车辆在越野路面行驶时，履带弦效应导致履带出现横向、纵向耦合振动，以及履带-悬挂-传动多系统耦合振动。在某一行驶工况下，履带还会出现驻波。复杂振动不仅对车辆的平顺性产生影响，也造成功率传递迟滞，影响车辆的加速性与制动性。另外，履带质量大、振动幅度大，还会出现前支履带向内弯曲卡滞在诱导轮与负重轮之间导致履带断裂事故；高速行驶时，履带在离心力作用下与主动轮啮合齿数减少、出现爬齿等现象；制动或转向时，出现履带-主动轮啮合跳齿、履带脱带等情况。

2. 研究进展

高速重载履带的研究始于履带式坦克装甲车辆，初期对于履带的研究多集中于提高履带的附着力，降低车辆的接地压力等方面。研究人员主要关注履带板的设计问题。1949 年苏联研究人员安东诺夫[1]对履带系统的动力学做了比较全面系统的工程化研究，对不同履带形式的履带悬垂、履带环中不同位置的拉力以及履带的能量损失问题进行了研究，给出了经过简化和假设的公式。20 世纪 60～70 年代初，美国的 Robersun[2]、凯恩，联邦德国的维登伯格、苏联的波波夫等先后提出了各自的方法来解决履带等复杂系统的动力学问题。1976 年，Lee[3]研究了履带的振动问题。1978 年，Howard 等[4]建立了履带驻波模型并进行了验证。多刚体系统动力学的诞生与发展，使得对多块履带板组成的履带构建力学分析模型成为可能。1981 年，Merhof 等[5]对履带的受力进行了更深入和全面的研究，包括履带的静态张力、动态张力、履带牵引力、履带与主动轮的啮合力、履带诱导齿摩擦力、内滚动阻力、履带板间的摩擦阻力和撞击阻力。这项工作形成了履带动力学分析的基础。进入 20 世纪 90 年代，计算机技术与多体动力学相结合出现了多款多体动力学商业软件，这些软件虽然方便了工程人员建立模型，快速计算出车辆在不同路面上的运动状态，但不能给出每块履带板的动力学响应，更不能使工程技术人员从整体上把握履带动力学响应特性。2006 年，Wong 等[6]对高速履带脱带问题进行了初步研究。他是履带-地面力学的权威，同时在履带车辆动力学研究方面造诣很深。脱履带问题是履带动力学中稳定性分析的内容，他的研究更多从运动学以及脱履带与履带刚度和悬挂刚度等方面给出一些试验性的结论。他在相关论文的引言中强调履带的非稳态响应非常复杂，他的工作只是一个开头。由此可见高速重载履带动力学研究的难度。

国内多数学者对车辆振动的研究进行了大量简化，常不考虑履带对车体振动的影响而认为其与多轮车辆的振动一样。但在实际使用中发现，履带会严重影响车体的振动。20 世纪 80 年代初期，汪明德等[7]对履带与车体俯仰角振动的关系进行了研究。十几年来，人们将精力放到研发带式履带方面，而履带动力学方面的研究多是依赖商业软件进行车辆动力学仿真分析，方法与模型方面没有实质性进展。

3. 主要难点

高速重载履带动力学包括以下主要科学难题：

(1) 履带系统动力学建模方法问题。由于每条履带由近 100 块履带板通过挂胶的履带销串联而成，是典型的多自由度多体系统，同时系统表现出强非线性。建模过程存在子结构的连接条件失真严重，物理常数选择误差很大，系统静态刚度和动态刚度差别大等问题。

(2) 高速重载履带系统运动稳定性问题。由于履带为变轨迹的旋转件，履带板体积小，结构紧凑，且与地面发生强冲击作用；同时不同位置履带(可以分为着地段、托带轮支承的上支段以及前后倾斜段)受力状态和大小差别很大，使得整个履带系统的运动极其不稳定。带来履带脱落、上支履带拍打托带轮等问题。

(3) 高速柔接履带多层级耦合振动问题。履带除横向、纵向耦合振动外，履带与悬挂系统、传动系统、地面之间均发生耦合振动，各系统各方向的振动难以解耦为彼此独立的动力学模型。

(4) 履带运动状态观测问题。履带运动与作用力测试非常困难。越野环境下还受泥沙、草木的影响，难以安装合适的传感器测试履带的振动状态和受力大小。因此无法验证履带动力学模型计算结果的准确性。

参 考 文 献

[1] 安东诺夫 A C. 履带行驶装置原理[M]. 魏宸官, 译. 北京: 国防工业出版社, 1957.
[2] Robersun R E. Adaptation of a general multibody dynamical formalism to dynamic simulation of terrestrial vehicles[J]. Vehicle System Dynamics, 1977, (6): 279–295.
[3] Lee S M. The study of vibrations generated by the tracks of tracked vehicles[R]. Report prepared for Tank-Automotive Research and Development Command under Contract, Keweenaw Research Center, 1976.
[4] Howard C, Swain M C, Wilcox J P, et al. Track dynamics program[R]. Final Summary Report prepared for Tank-Automotive Research and Development Command under Contract, 1978, Battelle Columbus Labs.
[5] Merhof W, Hackbarth E M. 履带车辆行驶力学[M]. 韩雪海, 刘侃, 周玉珑, 译. 北京: 国防工业出版社, 1989.

[6] Wong J Y, Huang W. Study of detracking risks of track system[J]. Proceedings of the Institution of Mechanical Engineers, Part D: Journal of Automobile Engineering, 2006, (220): 1235–1253.
[7] 汪明德, 赵毓芹, 祝嘉光. 坦克行驶原理[M]. 北京: 国防工业出版社, 1983.

撰稿人：赵韬硕　冯占宗　蔡文斌　王永丽

中国北方车辆研究所

审稿人：张　欣　李兴虎

汽车内燃机余热回收问题

Waste Heat Recovery of Automotive Internal Combustion Engine

1. 背景与意义

在道路交通车辆内燃机中，燃料燃烧释放出的能量仅有部分用于驱动汽车的运行，1/2左右的能量以热的形式耗散，其中被尾气带走的热量就占燃烧热的1/3[1]。为进一步提升内燃机的整机热效率，满足日益严苛的节能减排要求，内燃机余热回收技术是最有效的技术方案之一，也是当前内燃机领域的研究热点。

余热回收并非一个新颖的研究课题，无论学界还是工业界，都有大量的研究与应用案例，但这些余热回收方法，更多地集中在固定式的热源环境，如热电站、船用内燃机、工业锅炉、内燃发电机等。由于固定式热源具有热源特性稳定、环境空间充裕的特点，产品开发受到的约束条件少，通常从技术角度来研究就可以满足工业需求。

与固定式用途相比，车用内燃机运行工况多变，导致余热能波动大，且总体品位较低，再加上车载空间有限，目前常见的回收利用装置在体积、重量、可靠性和效率等方面都难以适应，车用内燃机余热回收利用面临很大挑战。因此需要结合车用内燃机工作的特点，进一步开展理论研究，掌握余热能变化规律及其内在潜质，系统研究余热能量转换机制与总能效率评价方法，为开发先进可行的回收利用技术提供理论支持。

2. 研究进展

在车用内燃机领域，研究较多的余热回收方法主要包括四大类，分别是废热采暖、涡轮系统、热力学循环、温差发电。

(1) 废热采暖：不改变能量类型，直接利用内燃机余热的内能，对需要的部件或者区域进行加热的方法，如冬季驾驶舱采暖，废热暖机[2]等。由于余热能总量大，而实车运行中需要的热量少，因此储热成为该方法的主要发展方向。

(2) 涡轮系统。通过在排气歧管后增加一个或多个涡轮，使高温废气在涡轮内进一步膨胀做功，将排气余热转化为涡轮的机械能。这种方法分为涡轮增压[3]和涡轮复合[4]两类，涡轮增压通过涡轮驱动的压缩机提高了进气密度，从而增加车用内燃机功率密度，并适当改善了燃烧；涡轮复合是在涡轮增压的基础上，通过增加一个动力涡轮进一步回收利用排气能量,驱动发电机或直连曲轴将能量转化为电能或输出动力。涡轮增压技术能够使车辆的燃油经济性提升 5%～50%[3],现已得到广泛使用,但对排气中废热的回收不够充分;若采用涡轮复合,则能够使燃油经济性进一步提升 1.9%～7.8%[5],但由于对内燃机燃烧有副作用,收益与支出的平衡工作十分关键。

(3) 热力学循环。主要是通过引入新的工质,利用内燃机余热作为热源进行循环做功或者制冷,常用的热力学循环包括朗肯循环[6]、卡琳娜循环[7]、吸收制冷循环[8]等。然而,基于热力学循环的余热回收系统一般体积较大,高效工作温度区间较窄,难以适应车载条件和复杂多变工况。由于朗肯循环效率较高,它能使内燃机在大部分工况下燃油经济性提升 10%以上[6,9],因此,针对内燃机的热力学循环余热回收方法的研究主要围绕朗肯循环展开,主要研究方向包括单工质及混合工质的优选、循环结构形式的设计和优化;循环系统动态响应机制及控制、系统核心部件如膨胀机的设计和制造等方面。

(4) 温差发电。是利用热电材料塞贝克效应直接将热能转换为电能。温差发电技术因为热电转换效率较低(通常低于 4%)、成本高等问题,离实际运用还有很长的一段距离。目前的研究主要包括高性能热电材料的开发与制造、热电材料的冷热端强化传热、温差发电器的拓扑结构设计和优化,以及温差发电系统与内燃机排气系统的匹配和协同设计等方面。

到目前为止,上述四种方法在特定工况下的性能都在不断提升,但系统理论及相关基础研究的缺乏,导致车用内燃机应用中遇到的困难始终难以克服:余热回收装置增加的重量会额外消耗燃料;移动中产生的振动等对装置的可靠性要求很高;汽车空间非常有限,无法容纳大体积的额外装置;车用内燃机运行工况复杂,例如,排气温度范围覆盖 500～900℃[10],在频繁启停的城市路况,余热温度波动非常大;汽车作为老百姓生活中的消耗品,对成本的敏感度也高于固定热源。

3. 主要难点

适用于车用内燃机的余热回收系统应当是轻量、紧凑、高可靠性、适应波动温度、高性价比的。如此高的要求对系统开发提出了不小的挑战,仅从技术层面进行研究必然顾此失彼,因此进一步加强相关基础理论的研究显得至关重要。需要建立发动机复杂工况下的动态能量流模型,掌握车用内燃机余热能的变化规律及其内在潜质。同时需要全面、系统地研究现有废热采暖、涡轮系统、热力学循环、温差发电等各种余热回收利用技术能量转换机制和总能效率评价方法,并积极探索其他新型余热回收技术的机理。开展上述基础问题研究存在的主要难点如下:

(1) 热源的复杂性。车用内燃机运行工况变化范围广,余热源非唯一,品位也不一致，又经常处在非稳态条件下，无法用较为简单的数学模型抽象描述。深入地、量化地解析热源特征难度较大。

(2) 回收方法的多样性。在研的或者有潜力用于车用余热回收的方法种类较多，各种方法的原理差异性大，要建立完整的理论体系与统一的评价方法还有难度。

(3) 车用内燃机对余热回收系统的约束条件多。振动、空间限制等外部约束对系统的可靠性与抗干扰性提出了高要求。多约束条件又进一步提高了理论体系的复杂度。

参 考 文 献

[1] Chiara F, Canova M. A review of energy consumption, management, and recovery in automotive systems, with considerations of future trends[J]. Proceedings of the Institution of Mechanical Engineers, Part D: Journal of Automobile Engineering, 2013, 227(6): 1–23.

[2] Gumus M. Reducing cold-start emission from internal combustion engines by means of thermal energy storage system[J]. Applied Thermal Engineering, 2009, 29(4): 652–660.

[3] Saidur R, Rezaei M, Muzammil W K, et al. Technologies to recover exhaust heat from internal combustion engines[J]. Renewable and Sustainable Energy Reviews, 2012, 16(8): 5649–5659.

[4] Aghaali H, Ångström H. A review of turbocompounding as a waste heat recovery system for internal combustion engines[J]. Renewable and Sustainable Energy Reviews, 2015, 49: 813–824.

[5] Zhao R C, Zhuge W L, Zhang Y J, et al. Parametric study of a turbocompound diesel engine based on an analytical model[J]. Energy, 2016, 115: 435–445.

[6] Sprouse C, Depcik C. Review of organic Rankine cycles for internal combustion engine exhaust waste heat recovery[J]. Applied Thermal Engineering, 2013, 51(1-2): 711–722.

[7] Bombarda P, Invernizzi C M, Pietra C. Heat recovery from Diesel engines: A thermodynamic comparison between Kalina and ORC cycles[J]. Applied Thermal Engineering, 2010, 30(2-3): 212–219.

[8] Manzela A A, Hanriot S M, Cabezas-Gómez L, et al. Using engine exhaust gas as energy source for an absorption refrigeration system[J]. Applied Energy, 2010, 87(4): 1141–1148.

[9] Wang T Y, Zhang Y J, Peng Z J, et al. A review of researches on thermal exhaust heat recovery with Rankine cycle[J]. Renewable and Sustainable Energy Reviews, 2011, 15(6): 2862–2871.

[10] Hendricks T J, Lustbader J A. Advanced thermoelectric power system investigations for light-duty and heavy duty applications: Part I[C]//Proceedings of the 21st International Conference on Thermoelectric, Long Beach, 2002.

撰稿人：俞小莉　黄　瑞

浙江大学

审稿人：张　欣　李兴虎

高速铁路"车-网"稳定性问题

The Problem of "Vehicle-Grid" Stability of High Speed Railway

1. 背景与意义

伴随我国高速铁路的迅速发展，高铁运行中的问题也逐渐暴露，其中"车-网"稳定性问题就是一个影响面广又难以解决的重要问题。"车-网"稳定性问题是指：车与网的耦合作用，使得牵引网产生电气谐振。"车-网"谐振的示意图如图 1 所示，整个牵引网电能由 110kV 或 220kV 电力系统提供，经由牵引变电所及分区所为接触网及电力机车供电，并由钢轨及馈电线形成回路。

"车-网"稳定性问题主要包括两方面内容：一是"车-网"高频谐振问题，二是"车-网"低频谐振问题。其中，低频谐振如图 2 所示。

牵引网低频谐振多发生在多辆同型号列车于长供电区段末端升弓整备之时，严重时甚至会导致线路上正常行驶的列车保护退出，是非常大的安全隐患。采用基于阻抗匹配的分析方法表明，牵引网低频谐振的原因在于牵引网与高速列车牵引传动系统形成了谐振网络，尤其在长供电区段末端与多辆同型号列车升弓整备这两个条件同时满足时，牵引网等效阻抗变大，而牵引传动系统等效输入阻抗变小，使得牵引网阻抗与牵引传动系统阻抗不再匹配，进而产生低频谐振[1]。

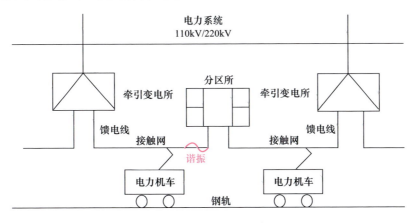

图 1 "车-网"谐振示意图

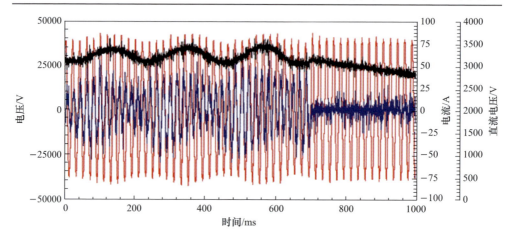

图 2　牵引网低频谐振实测波形
红色-牵引网电压；蓝色-牵引网电流；黑色-中间直流电压
青岛至高密胶济线区间 CRH5 动车组牵引网谐振实测波形

高频谐振问题则主要由网侧变流器高频开关引起。现如今，高速铁路普遍采用交-直-交传动的列车，网侧变流器为脉宽调制(pulse width modulation，PWM)控制的四象限变流器。电力电子器件的开关频率相对较高，3、5、7 次等低次谐波含量大幅度减小，但却使得谐波频谱变宽，高频谐波含量变大，一旦由"车-网"耦合构成的阻抗网络谐振频率与某次高频谐波相同，就会放大该次谐波，引发列车与牵引网之间的高频谐振[2]。例如，京哈线和京沪高铁先导段的相关事故，1995 年 4 月在瑞士苏黎世发生的相关事故[3]等。高频谐振一旦形成，只有遇到新的干扰改变系统参数破坏谐振条件后谐振才能消除[4]。

谐波可能会引起电网中局部的并联谐振或串联谐振，当供电系统发生谐振时，谐波电流会成倍增大，同时基波电压上也会叠加幅值很大的谐波电压，容易导致过电流和过电压，严重危害设备运行安全。谐波谐振的危害可总结为以下几点：

(1) 谐振引起的过电压，会使电气设备绝缘击穿而导致这些设备损毁。

(2) 谐波谐振会产生高于电源数倍的电压，最大可高达相电压的 3 倍左右。高电压可引起电流互感器、电压互感器、避雷器、绝缘子的瓷裙表面闪络而爆炸，严重时甚至会形成短路。

(3) 谐振使谐波放大，加大了谐波在公用电网中的元件附加谐波损耗，显著降低了发电、输电及用电设备的效率。

(4) 谐振放大的谐波电流影响各种电气设备的正常工作。放大的谐波电流会使变压器局部过热，还会使电容器、电缆等设备过热、进而引起绝缘材料老化、缩短使用寿命，严重时甚至会损坏。

因此,"车-网"系统稳定性问题是一个值得深入研究的科学难题,解决之后具有十分重大的实际意义。

2. 研究进展

低频谐振的产生不仅与牵引网特性有关,还与列车特性有关。在车与网的互相耦合下,车与网的阻抗不再匹配,因此可以从研究如何改善"车-网"阻抗匹配的角度去解决该问题。目前的方法通常是引入新的控制策略或者修改既有控制策略中的控制参数或者引入无源、有源器件来对列车阻抗进行主动控制。其根本目的在于:在不改变控制性能的前提下,适当增加车(牵引传动系统)的等效阻抗。改变牵引网阻抗的目的在于减小牵引网等效阻抗。目前基于新一代材料的牵引网系统,包括高强高导铜合金接触线、中强高导铜合金接触线、高导承力索等以及新型供电模式都将有效减小牵引网等效阻抗。另外也可以考虑引入新型的无源或有源器件,通过对无源器件的特殊设计或有源器件的控制,达到主动改变或控制阻抗的目的[5]。

现如今,许多高速列车均采用多重化的方式来降低高次谐波,如载波移相方法等,应用简单,并且效果显著,可大幅降低开关次附近谐波。当然抑制高频谐振也可通过调节牵引网参数转移谐振频率实现,还可通过消除车网耦合系统谐波源中谐振频率点及附近谐波来实现。文献[5]提出了一种谐振谐波消除脉宽调制方法(resonant harmonic elimination pulse width modulation,RHEPWM)用于消除谐振谐波,并在变流器调制中考虑耦合系统高频谐振抑制,通过消除车网耦合系统谐波源中谐振频率点及附近谐波,实现了牵引供电系统高频振荡的抑制[6]。

3. 主要难点

"车-网"稳定性问题一直是困扰高速铁路的老大难问题,得到根本的解决方法不仅需在学术上进行深入研究,还需其他多方面的共同努力。

现在的高铁线路经常有多种车型的列车运行,复杂的运行状况及产生问题的本质原因难以界定,这就使得解决问题的入手点在网还是车无法确定。另外解决方法也难以完美适配多种车型,往往一种车型解决了该问题,而其他车型不同运行状况又会产生振荡。因此要想从根本上解决该问题,不仅应针对某型列车,还需充分考虑多种车型的影响,更应综合考虑网的耦合关系,分别针对车与网制定全面的解决方案。

在学术研究上改善"车-网"稳定性问题的主要难点在于考虑多因素耦合下的"车-网"的联合阻抗模型[7]构建方法以及针对车与网的阻抗主动控制方法,其中模型构建中的难点在于需要综合考虑的耦合因素过多,包括不同车型及数量、不同控制策略、运行状态、负载条件、采样及离散耦合等都会影响最终的阻抗特性[8]，这就使得构建的模型异常复杂，而如果忽略某些因素的影响又难以完整表达真实的"车-网"特性。因此车的模型必须充分考虑以上多因素耦合的影响，尽量逼真模拟真实的列车特性。阻抗主动控制方法则需创新性地提出新的控制方法，新控制方法应能主动定量控制阻抗。

参 考 文 献

[1] 初曦. 高速列车与牵引网谐振现象及其抑制方法的研究[D]. 北京: 北京交通大学, 2014.

[2] Tanaka T, Nishida Y, Funabiki S. A method of compensating harmonic currents generated by consumer electronic equipment using the correlation function[J]. IEEE Transactions on Power Delivery, 2004, 19(1): 266–271.

[3] 杨其林. 牵引供电系统与高速列车牵引传动系统耦合振荡研究[D]. 北京: 北京交通大学, 2012.

[4] Molerstedt E, Bernhardsson B. Out of control because of harmonics—an analysis of the harmonic response of an inverter locomotive[J]. IEEE Control Systems Magazine, 2000, 20(4): 70–81.

[5] 崔恒斌. 高速铁路高频谐波谐振分析与抑制[D]. 成都: 西南交通大学, 2015.

[6] Lee H, Lee C, Jang G, et al. Harmonic analysis of the Korean high-speed railway using the eight-port representation model[J]. IEEE Transactions on Power Delivery, 2006, 21(2): 979–986.

[7] 袁琳. 高速铁路牵引供电系统仿真建模与谐波分析[D]. 南昌: 华东交通大学, 2014.

[8] Song W, Jiao S, Li Y W, et al. High-frequency harmonic resonance suppression in high-speed railway through single-phase traction converter with LCL filter[J]. IEEE Transactions on Transportation Electrification, 2016, 2(3): 347–356.

撰稿人：刘志刚
北京交通大学
审稿人：陈 杰 张 钢

牵引变流器谐波对列车传动系机械部件的影响

Effects of Traction Converter Harmonics on Mechanical Components of Train Transmission System

1. 背景与意义

轨道交通列车牵引变流器通过脉宽调制的方式驱动功率开关管，实现对牵引电机的变频变压控制、输出既定的牵引或制动力矩，进而控制列车速度和运行状态。牵引变流器的输入为直流电压，输出为频率和幅值可变的交流电压。其输入的直流电压来自前级的整流器(通常称为四象限变流器)。四象限变流器经由受电弓、牵引变压器从交流电网获得能量(AC25kV)，再将其变换为直流能量。在牵引变流器工作过程中，一方面，前级四象限整流器由于固有的工作特征会在牵引变流器输入的直流电压中引入特定谐波成分，同时外部供电条件的变化在牵引网压中引入的谐波成分也会通过牵引变流器的直流输入侧。这种谐波最终会以谐波的成分输入牵引变流器后级的牵引电机；另一方面，牵引变流器本身在工作过程中也会产生高频谐波成分。

具体来说，上述谐波成分中既包含由变流器在固定工作模式下产生的可预期的固定频率谐波成分(如功率器件开关切换、电感电容谐振等因素引起的)[1,2]，又包含弓网受流条件(如过分相、弓网脱离、弓网接触性能突变等)[3]、牵引网负荷突变(如列车设备退出运行而造成的负荷突变、列车冷却、通风、照明负荷投切造成的负荷突变等)或列车本身黏着条件变化(如轨道接触面凝露、结霜、落叶或非自然因素引起的轮轨接触条件恶化)[4]、交流高压输入侧网压波动(如高压输入侧电网的网压波动、网压畸变、频率偏移等情况)等因素引起的非预期性的谐波成分。这些谐波成分将导致异常发热与牵引电机输出力矩抖动，对传动系的部件产生比较严重的影响。

在列车传动系统工作过程中，系统内部的电气设备不可避免地在内、外部因素作用下承受谐波的影响。谐波对列车传动系统机械部件的损伤作用是多方面的：

(1) 从牵引电机的角度来看，首先，高频力矩脉动、高频谐波电流都会在牵引电机中产生高频热能。一方面高频谐波电流作用于牵引电机的定、转子会产生谐波发热；另一方面，牵引电机输出转轴上高频的力矩脉动也会导致牵引电机旋转部件与固定部件之间的相互作用力，从而产生机械磨耗继而发热[5]；此外，长时间工作与力矩脉动的条件下，牵引电机的轴承会承受高于标准的交变性周期或者非周期应力，在电机轴电流的作用下老化过程显著加快，严重影响电机的整体运行性能与安全性。

(2) 从转向架构架、轮对、轴承、一次二次悬挂装置等的角度来看，这些系统的组成部件多、各组成部件的材料性质复杂多样，不同的设备之间、设备中不同的部件之间、部件中不同的材料之间存在复杂的应力耦合界面，在列车运行过程中，这种耦合关系受列车工况的影响呈现出特性的变化规律，表现为特定的振动、噪声或者微形变特性[6,7]。这些振动、噪声或者形变特性在牵引电机的高频力矩脉动影响下有可能被大幅提升加强，从而诱发强烈的机械振动甚至共振，并抬高列车运行过程中的噪声水平。随着牵引电机输出力矩中高频脉动含量的不同，其脉动力矩施加于上述机械环节时，对不同部件或者不同机械作用面的影响也不尽相同，导致不同部件的实际工况偏离标准的程度不同，从而加大列车维护维修的难度。

基于上述方面，如果能够消除谐波的影响，那么将有助于提高机械部件的抗疲劳损伤和老化的能力，降低维护维修的难度，对于生产运营有极大的实际意义。

2. 研究进展

当前，在列车传动系的谐波产生机理与机械部件损伤作用机理两个方面，国内外分别展开了大量研究工作，但相关研究存在一些不足之处。

从电学角度着眼的谐波产生机理研究与从机械角度着眼的机械部件损伤过程研究两个方面均仅着眼于各自的领域开展工作，而对谐波导致的部件损伤方面缺乏相关的研究成果，也较少关注其中的关键参量。我国由于高铁运营里程长、运营经验丰富，因而在列车传动系统谐波与机械损伤两个方面的研究与检测也相对走在世界前列。在列车牵引变流器电流谐波产生机理的分析方面，各相关高校与科研院所已经构建了比较完善的理论知识体系与检测架构；在传动系机械部件的载荷谱等方面，相关单位也已经进行了积极探索。但是，由于当前机/电两个方面的研究与测试相互独立，忽视了两者之间存在的相互耦合关系，因此最终导致列车动力系统机械部件损伤的理论计算结果始终无法精确再现部件损伤的实际情况。谐波的产生与机械部件损伤这两者之间的耦合关系很大程度上存在于牵引电机输出转矩的高频脉动上。实现牵引电机输出转矩中高频脉动含量的实时与精确检测，实现高频转矩脉动对机械部件影响程度的在线评估等便成为研究这种耦合关系的当务之急；此外，如果能够在列车运行过程中大幅降低或抑制牵引变流器与四象限整流器运行过程中产生的谐波，则可以在一定程度上降低传动系统机械部件的损伤水平。在此方面，清华大学、北京交通大学、西南交通大学、重庆大学、华中科技大学等高校都展开了相对深入的研究，但尚缺乏能够直接应用于实际系统中的科研成果。

3. 主要难点

本问题的难点主要分为两个方面：

(1) 如何明确谐波成分、输出转矩高频脉动情况等对传动系统机械部件老化过程的影响。

(2) 如何从电学角度降低列车传动系统的谐波成分、降低输出转矩高频脉动情况，从而对其作用效果进行主动抑制。

在本问题的探索过程中，首先，基于牵引变流器的脉宽调制策略、结合传动系统机械部件的特征共振频率，明确列车运行中存在的周期性与偶发性振动情况、明确相应振动情况的主要力学特征；其次，以疲劳的力学特征为基础，通过机-电联合分析的手段，结合大数据的处理方法确定诱发疲劳的特征次谐波成分或者特征次力矩脉动成分；最后，研究列车牵引变流器、四象限变流器的最小谐波优化控制方法、研究在既定的输入供电条件、输出负荷条件下降低牵引电机力矩脉动的方法，削弱或抵消这些特征次谐波或力矩脉动的影响。

参 考 文 献

[1] Kwon J B, Wang X F, Blaabjerg F, et al. Harmonic instability analysis of a single-phase grid-connected converter using a harmonic state-space modeling method[J]. IEEE Transactions on Industry Applications, 2016, 52: 4188–4200.

[2] Vujatovic D, Koo K L, Emin Z. Methodology of calculating harmonic distortion from multiple traction loads[J]. Electric Power Systems Research, 2016, 138(Special Issue): 165–171.

[3] Choi C H, Lho Y H. Study on analysis of operating characteristics of motor block while KTX is moving at neutral section of Kyung-Bu high speed line[J]. Transactions of the Korean Institute of Electrical Engineers, 2015, 64(10): 1523–1527.

[4] Byun Y S, Kim M S, Mok J K, et al. Slip and slide simulator using induction motors[C]// IEEE International Conference on Control, Automation and Systems, Seoul, 2007.

[5] Donolo P, Bossio G, de Angelo C, et al. Voltage unbalance and harmonic distortion effects on induction motor power, torque and vibrations[J]. Electric Power Systems Research, 2016, 140: 866–873.

[6] Younesian D, Solhmirzaei A, Gachloo A. Fatigue life estimation of MD36 and MD523 bogies based on damage accumulation and random fatigue theory[J]. Journal of Mechanical Science and Technology, 2009, 23(8): 2149–2156.

[7] Ju S H. Study of train derailments caused by damage to suspension systems[J]. Journal of Computational and Nonlinear Dynamics, 2016, 11(3): 031008.

撰稿人：刘志刚
北京交通大学
审稿人：陈 杰 王 磊

先进高性能变循环涡扇发动机

Advanced Variable Cycle Turbofan Engine

1. 背景与意义

经过半个多世纪的发展,军用航空发动机的单位燃油消耗率和推重比不断改善[1],显著提高了军用飞机的任务能力。随着电子技术的进一步发展和导弹功能的进一步提高,作战方式发生重大变化,对军用飞机性能提出了更高要求,如超视距作战、超声速突防、近距格斗、过失速机动、短距或垂直起落,更大的飞行包线和作战半径等;此外,为了节约研制成本和降低研制周期,具有经济可承受性的全天候、远程、多用途的飞机成为新的设计目标[2]。

飞机上述设计需求给新一代航空发动机设计提出了新的要求,除要求具有更高的推重比外,还要求发动机既要具有涡喷发动机高单位推力的特征,以满足超声速巡航、格斗机动飞行、跨声速加速等要求;又要具有涡扇发动机亚声速巡航时低耗油率的特征,以满足亚声速巡航、待机、空中巡逻等要求。显然,要在某种程度上实现上述相互冲突的循环目标,变循环发动机无疑是较理想的推进装置[3]。在过去的四十年中,国内外各大航空发动机公司、高校及研究机构对各种不同布局形式的变循环发动机进行了相关研究,包括选择放气式变循环布局[4]、双压缩系统变循环布局[5]、带核心机驱动风扇(core driven fan system,CDFS)的双外涵变循环布局[6]、涡轮/冲压组合循环布局[7,8]以及三涵道自适应变循环布局等[9]。

相比于其他变循环布局,以带"Flade"风扇的三涵道自适应变循环为代表的高性能变循环涡扇发动机,通过包括"Flade"风扇在内的多个可调机构的协同调节能够实现更大幅度的变循环,从而适应飞机超声速巡航、跨声速和亚声速巡航飞行时对发动机的不同性能要求以及在进气道几何不可调的前提下,能够大幅度减小安装阻力。正如美国航空国家实验室通用发动机技术项目主管 Stricker 所言,自适应变循环发动机的验证机若能取得成功,其意义如同由涡喷发动机到涡扇发动机的进步,是一个里程碑[10]。

2. 研究进展

燃气涡轮喷气发动机的出现是军民用飞机能够实现超声速飞行的关键。涡喷发动机是最早作为军民用飞机动力装置的燃气涡轮喷气发动机类型,其结构示意图如图 1 所示,包含进气道、压气机、燃烧室、涡轮和尾喷管等五大部件。其基本工作原理如下,空气由进气道进入发动机,经压气机压缩增温增压;高压空气在燃烧室与燃油进一步混合燃烧产生高温高压燃气;高温高压燃气在涡轮里膨胀做功驱动涡轮以带动压气机工作;涡轮出口的燃气在尾喷管里进一步膨胀加速产生反作用推力。涡轮喷气发动机具有单位推力高的性能特征,适用于高空高速短途作战的战斗机;但其致命缺点在于耗油率太高,经济性差,因此航程较短。

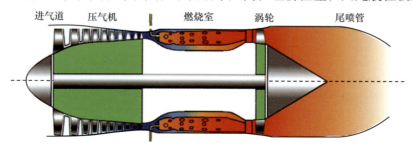

图 1　涡轮喷气发动机结构示意图

涡扇发动机的诞生与发展正是为了克服涡轮喷气发动机经济性差的缺点。如图 2 所示,与涡喷发动机的区别在于,进入涡扇发动机的风扇出口气流分成两股通过内外两个环形涵道流过发动机。在核心机产生的可用机械能相同的前提下,涡扇发动机通过驱动更多的总空气量以产生较小的排气速度来提高其推进效率,从而降低发动机的单位耗油率。涵道比是涡扇发动机的一个重要参数,它是外涵空气流量和内涵空气流量之比。涵道比越大,发动机的单位耗油率越低,但同时它的单位推力越小,在高空高速条件下性能衰退越厉害。

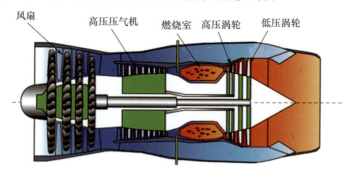

图 2　涡扇发动机结构示意图

图 3 给出了一种三涵道自适应变循环发动机(adaptive cycle engine, ACE)的结构示意图。与常规涡扇发动机在结构上的区别在于,它将风扇分成前、后两部分,前后风扇分别由不同的轴驱动。与典型的双外涵变循环发动机相比,ACE 的独特性在于其第二级风扇采用一个"Flade"(Fan+Blade)级延伸出第三涵道。"Flade"

是接在第一级风扇外围的一排短的转子叶片，有单独可调的静子导叶。其优点在于能够实现独立改变进入风扇和核心机的空气流量和压比，实现更大幅度的变循环，使其在固定进气道的情况下，在亚声速和超声速工作，过多的气流不会因无法通过发动机而产生过大的溢流阻力，从而改善发动机的安装性能。

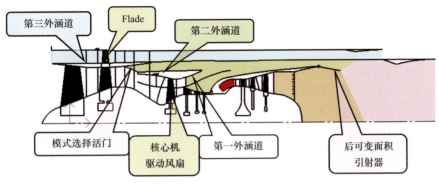

图3　三涵道自适应变循环发动机结构示意图

自适应变循环发动机技术的用途不仅限于战斗机和超声速巡航飞行器，在具有多种不同性能要求的飞机上都能取得最大的收益。表面上能够直接看到的收益，如使无人机以大涵道比模式在中空飞越，转而以低涵道比、高压比模式，并可以提取大功率，供高空巡逻和为各种传感器工作提供电力；使亚声速攻击机的航程和续航时间分别增加30%和70%，使超声速攻击机的航程和续航时间分别增加40%和80%；改善不同飞行速度条件下飞行器进气道产生的阻力，例如，$Ma = 2.5$时发动机与常规固定循环发动机的安装阻力相比优势不大，而在$Ma = 1.5$时可以降低阻力达26%。在亚声速时，自适应变循环发动机通过提高涵道比，可以使效率提高35%[10]。

国外正在研究的高性能变循环涡扇发动机是在传统双涵道变循环涡扇发动机基础上的进一步发展。美国从2007年开始实施自适应多用途发动机技术(adaptive versatile engine technology，ADVENT)计划，重点开展自适应变循环发动机的关键部件研究。2007年9月25日，美国空军研究实验室授予美国通用电气(General Electric，GE)公司和罗罗公司两项合同，开发高压比压气机系统和主动气流控制进气道和喷管。

2012年11月，通用电气公司和普拉特·惠特尼(Pratt & Whitney，P&W)公司获得价值超过6.8亿美元的演示验证变循环战斗机发动机合同，该合同由美国空军研究实验室(Air Force Research Laboratory，AFRL)的自适应发动机技术研发(Adaptive Engine Technology Development，AETD)计划资助。AETD计划没有挑选罗罗公司，而是选择了2007年与GE公司和罗罗公司竞争ADVENT项目失败的 P&W 公司来设计 AETD 的发动机，进行核心机、风扇台架性能、排气系统等的气动性能测试。

2013 年 2 月 6 日，美国 GE 公司宣布已完成下一代发动机 ADVENT 核心机试验，这种自适应变循环发动机的压气机和涡轮同时达到历史上最高温度和最高转速的纪录，涡轮前燃气温度超出设计值约 72℃。2014 年初，GE 公司完成首台自适应循环发动机整机试验，试验时数超过 100h，试验中发动机能完成从高涵道比到低涵道比工作模式的稳定转换。2015 年 1 月，GE 公司获得来自美国军方 3.25 亿美元的合同，用于 ADVENT 计划的进一步研究。

AFRL 和 GE 公司计划于 2016 年完成自适应循环发动机风扇台架试验和核心机试验。自适应变循环发动机计划在 2017 年完成地面整机试验；2020 年将完成飞行试验。预计自适应发动机将在 2028 年和 2032 年分别装备美国海军和空军的第六代战斗机，并进一步为多种军民用飞行平台提供动力。

3. 主要难点

纵观变循环发动机技术几十年来的进化过程，先进高性能变循环涡扇发动机充分继承前一代的特征而又不断创新和提升，其本质上必定是高性能的吸气式航空燃气涡轮发动机，传统常规循环高性能航空发动机由于追求更高的起飞推重比或功重比，给材料、工艺、气动设计、冷却、燃烧、结构强度、寿命、控制等领域带来的关键技术挑战在变循环航空发动机上仍然适用。除此之外，先进高性能变循环涡扇发动机技术在结构性能上的独特性所牵引出的关键技术还包含但不限于如下几项：先进高性能变循环涡扇发动机总体设计理论与方法；先进高性能变循环涡扇发动机不同工作模式整机/部件匹配与控制方法；先进高性能变循环涡扇发动机多学科、变维度综合仿真理论与方法；先进高性能变循环涡扇发动机结构完整性和可靠性理论与方法；高性能宽适应性部件及子系统设计理论与方法。

参 考 文 献

[1] Ballal D R, Zelina J. Progress in aeroengine technology (1939—2003)[J]. Journal of Aircraft, 2004, 41(1): 41–50.

[2] Zheng J C, Chen M. Matching mechanism analysis on an adaptive cycle engine[C] // The 5th International Symposium on Jet Propulsion and Power Engineering, Beijing, 2014.

[3] Kurzke J. The mission defines the cycle: Turbojet, turbofan and variable cycle engines for high speed propulsion[R]. Rhode-St-Genèse: von Karman Institute, 2010.

[4] Marco A R N, Pericles P. The selective bleed variable cycle engine[R]. ASME 91-GT-388, Orlando, 1991.

[5] Ulizar P P. Predicted performance characteristics of a variable cycle turbine[J]. The Aeronautical Journal, 1997, 101(1006): 263–268.

[6] Vdoviak J W, Knott P R, Ebacker J J. Aerodynamic/acoustic performance of YJ101/double bypass VCE with coannular plug nozzle[R]. NASA-CR-159869. Cincinnati: Aircraft Engine Business Group, 1981.

[7] Ltahara H, Kohara S. Turbo engine research in Japanese HYPR project for HST combined cycle engines[C] // AIAA/SAE/ASME/ASEE 30th Joint Propulsion Conference and Exhibit, Indianapolis, 1994.

[8] Chcn M, Tang H L, Zhu Z L. Goal programming study on the mode transition of turbine based combined cycle engine[J]. Chinese Journal of Aeronautics, 2009, 22(5): 486–492.

[9] Simmons R J. Design and control of a variable geometry turbofan with an independently modulated 3rd stream[D]. Columbus: Ohio State University, 2009.

[10] Versatile affordable advanced turbine engines program[EB/OL]. http: //www. af. mil/ news/ story. asp? id=123046410, 2007[2012-03-14].

撰稿人：陈　敏

北京航空航天大学

审稿人：刘大响　丁水汀

未来临近空间高性能吸气式动力装置

Future Near Space Advanced High Performance Air-Breathing Propulsion

1. 背景与意义

高超声速飞行器被誉为继螺旋桨和喷气式飞机之后,世界航空史上的第三次革命,也是 21 世纪航空航天领域的制高点。动力装置是能否实现高超声速飞行的关键。为了兼顾安全性、经济性和作战效能的综合要求,高超声速飞行器的飞行包线十分宽广,飞行高度可以从地面(0km)到临近空间(40km 或更高),飞行速度(马赫数 Ma)范围可以从地面静止状态($Ma=0$)到亚声速($Ma<1.0$)、跨声速($1.0<Ma<1.5$)、超声速($1.5<Ma<4.0$)扩展到高超声速($Ma<4.0$ 或更快),这就要求其动力装置在如此宽广的飞行包线内长航程、重复使用中能够稳定可靠地工作,具有高的单位推力和比冲,同时要满足一定的环保(噪声、排放等)要求。显然,目前任何一种单一类型的发动机都不能满足上述要求,必须积极发展组合循环发动机。比较典型的代表是火箭基组合发动机(rocket based combined cycle engine)和涡轮基组合循环(turbine based combined cycle,TBCC)。

在高超声速飞行条件下,随着来流马赫数的增加,空气来流滞止温度迅速升高,高温来流蕴含了可观的能量。随马赫数增加不断升高的进口总温直接影响旋转压缩部件的功耗以及出口总温,因此,目前的材料和结构的温度、压力、强度制约了涡轮风扇发动机、变循环发动机等动力装置飞行马赫数的进一步提升;而组合动力装置虽然通过冲压工作模式突破了飞行马赫数的限制,但仍未能有效利用空气来流中蕴含的能量,还面临自身结构、可靠性等方面的挑战。

在液氢成为高超声速飞行器的备选燃料之后,利用液氢对高超声速动力装置压缩部件进口气体进行预冷、降低压缩功耗、满足压缩部件出口温度限制成为可能。基于这一考虑,美国、日本、俄罗斯等国相继提出了预冷发动机的概念及设计,指出预冷提升了发动机的最高工作马赫数及高马赫数下的推力。以预冷为依托,对高超声速动力装置进行能量管理,逐渐成为进一步提升高超声速动力装置性能极具潜力的研究方向。

2. 研究进展

无论采用哪种循环以及如何进行组合,作为涡轮基组合或火箭基组合发动机的特征和标志，都应具有以下基本特点：

(1) 共用主要流道。主要包括进气道、排气系统、加力/冲压燃烧室、亚/超双燃燃烧室等，以便使不同的循环方式在各自主要的气动热力循环参数上相互作用和影响，在气动热力循环方面实现有机组合，充分发挥各种不同循环模式的优势和特点，互为补充，融为一体，实现各种循环模式主要参数的最佳匹配，满足组合发动机整机总体气动热力性能指标的严苛要求。

(2) 共用主要结构。主要包括转子部件、燃烧室部件、内外机匣、外部管路、传力结构、主/辅安装节等，以简化结构、减轻质量、提高可靠性、降低成本等，并为飞行器的推进部件安装和飞机/发动机一体化优化提供单一、明确、简洁的发动机部件接口和界面，降低飞机/发动机匹配优化的难度，提高发动机的安装性能，实现更优的飞行器推进效率。

(3) 共用主要系统。主要包括控制系统(如中心控制器、传感器、作动元件等)、燃油系统(如增压泵、管路、阀门、计量装置等)、附件传动系统、轴承、滑油系统、电气系统、点火装置等，同样达到简化系统、减轻质量、减少元器件数量、提高可靠性和可维护性、降低成本的目的。

从20世纪60年代开始，涡轮/冲压组合动力J58就曾应用于黑鸟战机SR71，最大飞行马赫数为3.2，一直到20世纪90年代才停止服役。由于瓶颈问题的复杂性及风险，作为支持更高飞行马赫数飞行器($Ma>3.2$)的涡轮/冲压组合动力研究至今仍仅停留在地面台架试验验证或高空台试验验证阶段，如日本20世纪90年代发展的 HYPR90-C 验证机和 21 世纪初期美国提出的革新性涡轮加速器计划(Revolutionary Turbine Accelerator，RTA)；至今演示验证成功的高超声速飞行器ASALM、X43A 和 X51 仍均以火箭助推作为低速段动力。

综合考虑研制风险、成本和周期等要素，美国在涡轮/冲压组合动力研究领域分别制定了近期及中远期的验证计划。近期验证计划主要立足于目前成熟的燃气涡轮发动机技术，即最大飞行马赫数 $Ma<2.5$。例如，2009 年波音公司提出的最大飞行马赫数为6的"三喷气"概念，通过并联方案把燃气涡轮发动机、火箭引射冲压发动机和双模态冲压发动机组合在一起。图1给出了"三喷气"组合循环的示意图[1]。

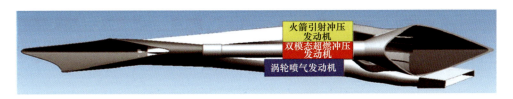

图1 "三喷气"组合循环三维造型示意图

中远期验证计划主要立足于高马赫数变循环燃气涡轮发动机或带预冷的燃气涡轮发动机，即最大飞行马赫数能够达到 4+[2]。如图 2 所示，GE 公司提出的革新涡轮加速器概念 RTA[2]从本质上就是一个串联的涡轮/亚燃冲压的变循环发动机，发动机的超级燃烧室兼有加力燃烧室和冲压燃烧室的功能。

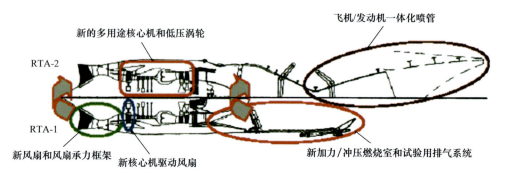

图 2　RTA-1 革新涡轮加速器

高超声速强预冷发动机通过灵活可调几何机构改变工作循环模式适应工作条件；利用预冷过程及多循环耦合的流路设计，将高超声速来流蕴含的热量转化为对气流进行进一步增压的动力，大幅降低发动机进口气流温度，提升发动机循环加热量及循环效率。

高超声速强预冷发动机由两个开式系统和一个闭式循环系统组成[3]，即主流路系统，换热介质闭式循环系统和燃料系统，如图 3 所示。主流路为开式系统，用于产生推力；换热介质循环为闭式循环，用于实现对航空发动机能量的综合管理；燃料系统是开式系统，燃料可用作冷源。通过三个子系统的联合循环实现了发动机的高效工作，并使强预冷新工作模式发动机兼具变循环、涡轮冲压组合、间冷回热等多种发动机特征。

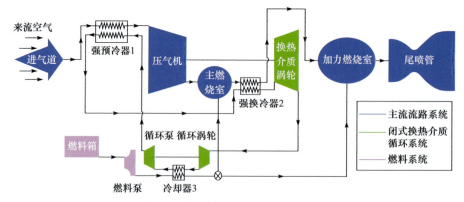

图 3　动力系统初步研究方案示意图

同时为满足飞行器能够在亚声速和超声速两种状态下巡航工作的要求，高超声速强预冷发动机具有两种工作模式：在飞行马赫数为 0～2.5 时采用涡轮风扇发动机工作模式，在飞行马赫数为 2.5～5 时采用涡轮冲压组合发动机工作模式，在马赫数为 2.5 时为模态切换点。

国际航空航天领域对于强预冷问题的发展给予了极高的重视。英国 REL(Reaction Engines Limited)公司提出的 Scimitar 发动机利用预冷获得的能量驱动涡轮带动压气机，但其最显著的特点是在氢和空气之间，增加了以氦为工质的闭式布雷顿循环，原理及结构简图如图 4 所示。闭式循环通过氦-空气换热器对空气进行预冷实现吸热过程，通过氦-氢换热器实现闭式循环的换热过程。通过开、闭循环的耦合，对高马赫数工作状态下的发动机进行了能量的有效利用和管理。该构型因其较高的发展潜力已经获得美欧各国的高度重视，并已列为欧洲远期先进推进概念和技术计划(Long-Term Advanced Propulsion Concepts and Technologies, LAPCAT)，作为马赫数为 5 一级的超声速客机备选动力方案[4]。

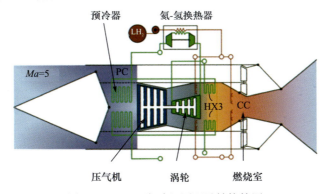

图 4　Scimitar 发动机原理及结构简图

国内对于预冷发动机的研究尚处于起步探索阶段。北京航空航天大学联合相关航空院所组成研究团队，围绕多循环耦合预冷发动机，主要从紧凑快速强换热机理及换热器、关键部件先进加工及检测、多循环耦合预冷发动机总体性能等几个关键方面开展研究。研究进一步验证了预冷发动机作为下一代高超声速航空航天飞行器动力装置的潜力，揭示了发展这一革新装置所需面对的关键挑战，为此后的相关研究积累了大量理论和实践基础。

3. 主要难点

从 20 世纪 60 年代开始，航空燃气涡轮发动机已经发展了五代，冲压发动机也已从亚声速、超声速发展到高超声速超燃冲压发动机，但 TBCC 组合发动机虽然有巨大的应用前景和市场需求，却仍未能投入应用，其挑战难度可想而知。仅

以飞行速度在 $Ma=4\sim5$ 的涡轮冲压组合发动机为例，其主要的难点包括：①发动机和飞行器一体化优化理论与方法；②超宽工作范围进排气系统设计理论与方法；③高马赫数变循环发动机设计理论与方法(最大马赫数 $Ma=3.5\sim4+$)；④涡轮/冲压组合动力热防护理论与方法；⑤涡轮/冲压组合动力部件及整机试验、测试与仿真理论与方法。

高超声速强预冷发动机的发展包含诸多亟待突破的关键理论与方法。目前需要在以下方面着力突破：微小尺度紧凑型换热器的设计及加工方法；高性能超临界换热介质旋转部件的设计及加工方法；液氢燃料安全储运及在空气中低污染稳定燃烧的理论与方法；新工作模式发动机的总体性能及控制规律研究；低噪声、高燃料经济性的飞机/发动机一体化的匹配与优化设计理论与方法。

参 考 文 献

[1] Adam S, Thomas J B. Integration and vehicle performance assessment of the aerojet "TriJet" combined-cycle engine[C] // 16th AIAA/DLR/DGLR International Space Planes and Hypersonic Systems and Technologies Conference, Bremen, 2009.

[2] Bartolotta P A, Shafer D G. High speed turbines: Development of a turbine accelerator (RTA) for space access[C] // 12th AIAA International Space Planes and Hypersonic Systems and Technologies, Norfolk, 2003.

[3] 邹正平, 刘火星, 唐海龙, 等. 高超声速航空发动机强预冷技术研究[J]. 航空学报, 2015, 36(8): 2544–2562.

[4] 金捷, 陈敏. 涡轮冲压组合动力装置特点及研究进展[J]. 航空制造技术, 2014, 9: 32–35.

撰稿人：陈　敏　邹正平　金　捷
北京航空航天大学
审稿人：刘大响　丁水汀

航空压气机内流的气动稳定性

Aerodynamic Stability of Aeroengine Compressor Internal Flow

1. 背景与意义

风扇/压气机是现代吸气式航空推进系统的关键部件之一，其作用在于快速高效地将空气进行压缩，以便其参与燃烧室内的燃烧反应，为发动机单位空气质量提供更高的做功能力，所以压气机的性能直接影响该系统的多项性能指标，尤其是对推重比、热循环效率具有决定性影响。除高效率、高负荷的要求外，描述压气机稳定工作范围的量，即稳定裕度也是风扇/压气机的重要设计指标[1]。特别是对于军用航空发动机，通常对它的要求在 15%～25%。然而，无论是国外的经验还是国内最新的经验，都表明很多现有设计的跨声转子的失速裕度还远未达到实际使用的要求。目前，对高负荷转子来说，10%左右的裕度已成为一个阈值。因此对提升现代航空发动机的性能来说，如何提高风扇/压气机的失速裕度是目前国内外叶轮机设计研究人员所面临的迫切需要解决的问题之一。事实上，纵观六十余年燃气涡轮航空发动机的历史可以发现，以旋转失速和喘振为代表的多级压气机流动稳定性问题严重制约了高推重比航空发动机的设计和使用[2]。

1945 年英国在进行离心式压气机试验时首先发现了旋转失速现象。它的出现引起学术界很大的兴趣，进行了大量试验和理论探讨，研究这种非定常流动现象的流动本质。其中对于失速现象的描述，Emmons 等在 1955 年曾给出一种最为经典和通俗的解释方式[3]，图 1 所示为旋转失速的物理过程。当转速一定而空气流量减小时，压气机转子前来流的攻角就会随之增大，当攻角超过一个临界值时，某个或某几个转子叶片的吸力面会首先发生流动分离，在这些出现分离区的叶片前方出现了明显的低速流动区域(称为失速团)，引起气流堵塞现象，这个低速气流区使周围的气流也发生偏转，从而引起该叶片这一侧的页片攻角增大并分离，因而分离区相对于叶片向这一方向传播(图 1 中为向左传播)。如果站在动叶上来看，失速区域会朝着与叶片旋转方向相反的方向移动；同时这种移动的速度比叶片的切线速度要小。而站在绝对坐标系观察时，失速团以低于压气机转速(通常为压气机转速的 30%～70%)的速度沿着与压气机相同的方向运动，故这种现象称为旋转失速。

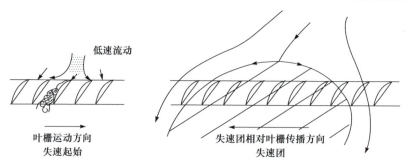

图 1 旋转失速的物理过程

出于设计以及发动机整体结构和性能等的综合考虑,压气机单级压比仅为 2.0 左右,而现航空发动机为了追求更高的推重比,必然需要压气机提供更大的增压能力,因此现代航空发动机压气机一般采用多级压缩系统(图 2)。因此现代跨声风扇/压气机的高负荷、高级压比设计必然带来气动非稳定(旋转失速、喘振)问题,而第四代战机(F22、歼 20)对高机动、高隐身特性的不断追求也更容易引发非均匀/非轴对称(进气畸变)问题,这本质上是由风扇/压气机内部非定常流动的主要特征(强三维、强剪切、强非线性、激波干涉、大逆压梯度)决定的。这些非定常因素相互耦合和激励,使得对这种复杂流动的研究极具挑战性,也成为风扇/压气机内部流动基础理论研究和控制应用研究不断发展的原动力。可以说,发展现代跨声风扇/压气机相关的稳定性理论并寻找相应的扩稳方法是当前叶轮机气动热力学最重要的研究方向之一。另外,三维数值模拟方法、先进气动测试方法的不断进步,现代控制理论及先进控制技术的不断发展,多学科之间的相互交叉融合,使得诠释叶轮机内部复杂流动特性、分析其产生和发展的物理机制和揭示其相互作用机理成为可能,也为发展风扇/压气机非定常流动稳定性理论设计方法和流动控制技术提供了新的契机。

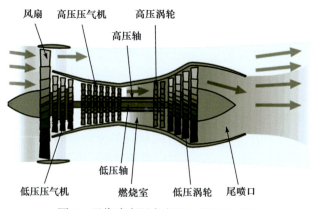

图 2 现代跨声涡扇发动机结构示意图

2. 研究进展

对于稳定性问题的研究主要集中在以下两点：一是对稳定性能的预测；二是人为地实现扩稳。在稳定性预测方面，人们发展了大量的理论与数值模型。早期发展的基于二维平面叶栅是 Emmons[3]模型，后来 Moore 等[4]又发展了考虑压缩系统特性的压气机稳定性模型。随着相关研究的深入，Sun 等发展了基于小扰动理论的解析模型，用于预测不同类型压气机的失稳边界[5]。除此之外，鉴于科学计算和计算流体力学(computational fluid dynamics，CFD)方法的蓬勃发展，各种各样的数值稳定性模型也逐渐得到发展。这些数值模型在刻画失稳现象的起始演化过程方面明显优于各种解析模型，同时也更为复杂，需要耗费更多的人力及计算时间。

实现风扇/压气机在广阔的飞行速度、高度范围内以及各种进气畸变和其他不稳定来流等恶劣条件下保持稳定工作，一直是研究人员努力的目标，这也就是如何人为地实现扩稳，纵观国内外对此开展的研究工作，可将目前的扩稳方法大致分为两类：以机匣处理为代表的被动控制方法和失速/喘振主动控制方法。目前被动控制方法已经在工程实际中得到广泛应用，失速主动控制方法也正处于蓬勃发展阶段，但这两类扩稳方法分别在理论设计或工程应用方面遇到了难以逾越的困难。为了更好地解决风扇/压气机流动稳定性问题，寻求先进、有效、可行的风扇/压气机流动稳定性控制方法，有必要对上述控制方法进行细致的探究和分析。

机匣处理方法的发明来自一次偶然的试验，1967 年 Koch 将蜂窝式机匣安装在压气机转子尖部，他本来的目的是方便通过蜂窝向外抽吸附面层来增加壁面气流动量，但是试验结果却意外地表明，即便是没有进行抽气，压气机的稳定性也得到了改善，从此开始了人们对处理机匣的研究热情。几十年来，科研人员尝试了大量不同形式的处理机匣。图 3 显示了几种常见的机匣处理结构形式，包括轴

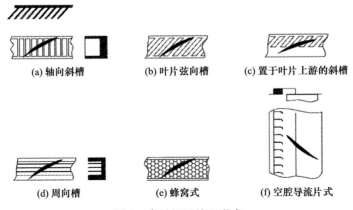

(a) 轴向斜槽　　(b) 叶片弦向槽　　(c) 置于叶片上游的斜槽

(d) 周向槽　　(e) 蜂窝式　　(f) 空腔导流片式

图 3　常见机匣处理形式

向斜槽、叶片弦向斜槽、置于叶片上游的斜槽、周向槽、蜂窝式、空腔导流片式。这些不同形式的机匣处理方法都对压气机的失速裕度有不同程度的改善，这样令人兴奋的结果也一直激励着人们不断设计扩稳效果更好的机匣处理形式。

使用机匣处理的一个重要原因是基于人们对压气机内流动的一个现象的认定：轴流压气机的流场中叶尖和叶根处的流动最为复杂和恶劣，根据一般试验总结出来的规律，失速也通常在叶尖处发生，对当代高负荷高压比的跨音压气机来说，尖部流动更为混乱，叶尖泄漏涡和端壁附面层的掺混，激波和附面层的干扰等更会造成尖部的流动损失和气流堵塞。因此，如果能够有效改善尖部或根部的流动，有效地消除堆积的附面层，减少流动损失，减小叶尖负荷，自然可以延迟失速的发生[6]。这也是大多数机匣处理设计者的最初想法。鉴于机匣处理结构的多样性，机匣处理的试验研究是非常广泛和种类繁多的。

1990年，McDougall等[7]在低速压气机试验过程中观察到失速先兆波的存在，此后又相继有不同的科研团队发现失速先兆波现象，这些试验主要发现了两类不同的先兆波，一部分压气机在失速前出现的模态扰动波速度为50%左右的转子转速，波长等于压气机周长；另外一些压气机在失速前产生一种高频模态波。随着失速先兆波的发现，人们对于旋转失速现象有了更为具象的认识，并且积极寻求通过探测失速先兆来主动避免失速发生的扩稳方式。这其中最为主要的就是基于"反声"原理的主动控制手段，1991年，Paduano等[8]最先成功地在一台低速压气机中实现了主动控制旋转失速，他将Moore-Greitzer的模型改写成适合主动控制的形式(输入/输出形式)，并使用系统识别的方法得到控制系统的开环传递函数，在试验中使用沿周向分布的热线测量扰动速度场来获得失速先兆波，然后通过闭环控制方式调整进口导向叶片的角度，通过这种反馈控制的方法可以得到比正常失速流量还要低23%的流量范围。除此之外，还可以利用不同的控制机构(可调导叶、定常喷流等)进行控制，这种主动控制方法在抑制模态波类型的失速先兆上取得了极大的成功。但是，目前为止这些方法还只能在实验室内完成，想要真正在实际中得到应用还有很长的路要走。

北京航空航天大学流动稳定性研究团队基于多年来在气动声学和非定常流动控制领域开展的基础性研究工作，提出了一种失速先兆抑制型机匣处理。通过改变压气机系统的边界条件，实现对失速扰动信号的抑制来进行扩稳研究，在多台亚声/跨声压气机上取得了预期试验结果[9]。该研究策略并非像传统机匣处理那样试图改变压气机的流动结构(避免造成明显效率损失)，也不同于主动控制技术试图通过另外的控制系统来改变压气机的系统的行为，为主动失速/喘振控制提供了另外一条可供选择的技术途径。

3. 主要难点

对于航空发动机压气机流动稳定性的控制主要存在以下难点：

(1) 多级压气机系统的失稳/扩稳机理问题。导致多级压气机流动失稳的影响因素纷繁复杂，诸如转子/静子气动布局(叶片造型、叶片数、叶尖间隙、转静间隙)，压气机进口来流条件(均匀/进气畸变)，高低压压气机匹配(转速、级负荷分配、径向/周向流场分布)等，这些因素会对稳定性产生重要影响。如果无法考虑不同的几何、气动参数对多级压气机稳定性的影响效果，自然难以给出令人满意的失速边界预测精度。如何将这些几何、气动影响因素包含到稳定性模型中，实现准确可靠的多级压气机失速起始预测是一个值得深入探讨的科学问题。

(2) 先进扩稳方法的参数化设计。对于类似智能处理机匣方法等扩稳方法，如何考察不同机构参数条件对多级压气机失速裕度的影响，是当前一个重要而亟待解决的科学和工程实践问题。

(3) 如何发展主动控制方式的通用性。鉴于现有的主动控制方式只能对模态波类型的失速先兆起到抑制作用，如何发展更为有效的失速先兆探测可抑制手段也是该问题的主要难点，尤其是对于真实的工程应用，发展通用有效的主动控制方式不仅需要对失速先兆进行精准捕捉，还需要极为迅速的作动机构发挥抑制作用。

参 考 文 献

[1] 美国国防部. 关键技术计划, 吸气式推进的计划进度表[R]. 航天科技情报所, 译, 1994.

[2] Cousins W T. History, philosophy, physics, and future directions of aircraft propulsion system/inlet integration[R]. New York: ASME, 2004.

[3] Emmons H W, Pearson C E, Grant H P. Compressor surge and stall propagation[J]. Transactions of the ASME, 1955, 77(4): 455–469.

[4] Moore F K, Greitzer E M. A theory of post-stall transients in axial compression systems: Part1-Part2[J]. ASME Journal of Engineering for Gas Turbine and Power, 1986, 108(1-2): 68–75, 231–239.

[5] Sun X, Sun D, Liu X, et al. Theory of compressor stability enhancement using novel casing treatment, Part Ⅰ -Part Ⅱ [J]. AIAA Journal of Propulsion and Power, 2014, 30(5): 1224–1247.

[6] Walter M O, George W L, Laurence J H, et al. Effect of several porous casing treatments on stall limit and on overall performance of an axial-flow compressor rotor[R]. Washington DC: NASA, 1971.

[7] McDougall N M, Cumpsty N A, Hynes T P. Stall inception in axial compressor[J]. Journal of Turbomachinery, 1990, 112(1): 116–125.

[8] Paduano J D, Epstem A H, Valavani J P, et al. Active control of rotating stall in a low speed axial compressor[J]. Journal of Turbomachiney, 1993, 115(1): 48–56.

[9] 孙晓峰, 孙大坤. 失速先兆抑制型机匣处理研究进展[J]. 航空学报, 2015, 36(8): 2529–2543.

撰稿人： 孙晓峰　李秋实　孙大坤
北京航空航天大学
审稿人： 邹正平　陆利蓬

航空发动机多容腔空气系统流动与换热的瞬态特性

Transient Flow and Heat Transfer Characteristic of Aero-Engine Multi-Cavity Air System

1. 背景与意义

空气系统是航空燃气涡轮发动机的重要子系统。在发动机运行过程中，空气系统从压气机引出冷气，并通过一系列容腔、管道、孔缝等流动单元组织冷气流动。其重要功能之一是为热端部件提供封严、冷却气流，避免热端部件产生不可逆热损伤。典型的航空发动机多容腔空气系统如图1所示。空气系统流路的沿程压力分布在很大程度上决定冷却气流的强弱和流动方向。因此空气系统沿程压力分布设计是保证空气系统各流路封严、冷却品质的主要手段。

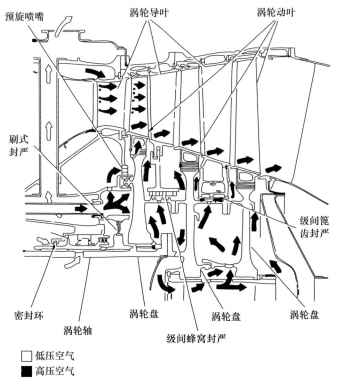

图1 航空发动机多容腔空气系统[1]

空气系统内部腔室(如盘腔、卸荷腔等)多达几十个,在发动机过渡过程中,空气系统各腔室对气体的存储和释放作用各不相同且相互关联,沿程压力分布演化规律具有复杂非线性特征。这将导致在不同的瞬态运行边界下,空气系统呈现形态各异的瞬时沿程压力分布,从而导致封严、冷却气流以非期望形式流动,影响封严和冷却品质,甚至直接诱发瞬态高温燃气倒灌,给发动机造成不可逆的热损伤。如果不能正确掌握多容腔空气系统的流动与换热机理,就无法对热损伤风险进行有效的评估和预防,这将严重影响发动机运行安全。

(1) 如何掌握典型空气系统元件的瞬态响应特性。

以图 2 所示的旋转盘腔为例,浮升力与哥氏力的耦合作用影响旋转盘腔内流线形态,进而影响旋转盘腔的瞬态响应特性,支配此类现象的物理机制非常复杂[2]。

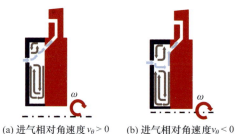

(a) 进气相对角速度 $v_\theta > 0$　　(b) 进气相对角速度 $v_\theta < 0$

图 2　浮升力与哥氏力耦合作用导致的流线弯曲

作为发动机中工作环境最严酷的部件之一,高压涡轮叶片的冷却空气源自高压涡轮盘腔。在高速旋转涡轮盘的作用下,浮升力和哥氏力可能造成盘腔压力响应时间增加一倍以上。在过渡过程中,如果未能掌握盘腔瞬态演化规律及其背后的物理机制,将无法有效避免旋转盘腔瞬态响应滞后导致的涡轮叶片热损伤。

(2) 如何掌握空气系统典型多容腔组合的瞬态耦合响应特性。

以图 3 所示的三容腔组合系统为例,管路气体惯性效应和容腔气体存储效应存在耦合作用,导致容腔内压力瞬态演化规律非常复杂。

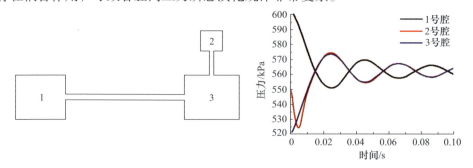

图 3　三容腔组合中管路气体惯性和容腔气体存储的耦合作用现象[3]

发动机空气系统内部腔室多达几十个,各腔室不但具有自身固有的动态响应特性,当各腔室由管路及阻力元件连接构成空气系统网络后,在非线性叠加机制的支配下,整个系统将呈现更为复杂的耦合响应特性[4]。在过渡过程中,如果未能掌握多容腔组合的瞬态耦合演化规律及其背后的物理机制,空气系统将在短时间内部分或完全丧失其功能。

2. 研究进展

1) 国外研究进展

20 世纪 80 年代后期,美国国家航空航天局(National Aeronautics and Space Administration,NASA)的 Glenn 研究中心通过使用先进的计算机仿真方法来提高设计的可信度,降低试验及与此相关的硬件设施的成本,提出了数值推进系统仿真(Numerical Propulsion System Simulation,NPSS)计划[5],旨在对航空发动机主流道和空气系统进行精确模拟。

1998 年,在欧盟支持下,十个燃气轮机制造公司和四所大学承担了燃气涡轮机内部冷却空气研究计划(Internal Cooling Air System of Gas Tarbines,ICAS-GT)[6]。研究主要集中在五个独立但相关的空气系统领域,包括旋转腔流动与传热、涡轮预旋系统等。这些基础数据被用来验证空气系统稳态及瞬态模拟方法。

目前上述计划已顺利完成。

2) 国内研究进展

我国在 20 世纪 80 年代前,以跟踪和学习国外相关方法和经验判断为主,到了 90 年代以后,我国高校与各航空研究所合作研究并完善了航空发动机空气系统稳态模拟程序[7],并应用到航空发动机的设计和改进中。所采用的方法多是基于工程试验结果的稳态一维网络方法。而航空发动机空气系统过渡过程模拟方法研究还处在起步阶段[8,9],尚未得到工程应用。

3. 主要难点

研究航空发动机多容腔空气系统流动与换热的瞬态特性的主要难点如下:

(1) 空气系统基本瞬变单元瞬态响应特性。建立空气系统基本瞬变单元的数值模型和基础模型试验台。在多支路进、出气条件下,研究进、出气总压和总温的组合变化对不同体积容腔压力和温度响应特性的影响规律;在旋转情况下,研究旋转盘腔的主流雷诺数、旋转雷诺数、旋转格拉斯霍夫数等工作状态参数改变条件下的盘腔响应规律。在单一和双向出口压力变化条件下,研究涡轮叶片冷却通道不同位置的压力响应规律。突破空气系统典型瞬变元件的确定及特征描述、瞬变特性参数测试方法是解决这一难点的关键。

(2) 多元件耦合空气系统瞬变响应特性。建立多元件、多容腔空气系统网络的瞬变响应试验台，其中包括瞬态元件之间、瞬态元件与稳态元件之间可以相互耦合的特征流路试验台架。在阶跃和渐变边界条件下，研究空气系统多元件、多容腔之间的耦合响应特性，掌握空气系统关键几何参数对耦合响应特性的影响规律；开展具有复杂边界的空气系统瞬变特性原理性试验，在空气系统各边界的不同相位组合下，掌握局部压力扰动沿多支路空气系统的时空演化规律，研究诱发空气系统关键支路过渡过程局部逆流的边界相位和关键几何参数组合形式。突破复杂空气系统瞬变特征的实验室模拟是解决这一难点的关键。

(3) 瞬态空气系统网络的建模和数值模拟。采用数值方法模拟并分析空气系统典型容腔压力和温度、旋转盘腔流动和压力场及典型管道元件沿程压力等参数的响应机制。以空气系统基本瞬变单元模型试验数据和多元件耦合空气系统瞬变响应试验数据为校验基准，结合数据缩放方法的应用，建立空气系统关键瞬变单元的零维特性描述。根据元件特性、元件之间网络关系和耦合作用规律，建立瞬态空气系统网络的模块化建模和求解方法。通过流-热-固耦合数值计算方法分析空气系统冷却空气与固体部件之间的耦合传热效应诱发安全性问题的机理。建立空气系统关键瞬变单元低维高精度瞬态模型是解决这一难点的关键。

参 考 文 献

[1] Roll-Royce. The Jet Engine[M]. Derby: Rolls Royce Technical Publications Department, 1996.

[2] Owen J M. Air-cooled gas-turbine discs: A review of recent research[J]. International Journal of Heat and Fluid Flow, 1988, 9(4): 354–365.

[3] Calcagni C, Gallar L. Development of a one-dimensional dynamic gas turbine secondary air system model—Part II: Assembly and validation of a complete network[C]//ASME Turbo Expo 2009: Power for Land, Sea and Air, Orlando, 2009.

[4] Gallar L, Calcagni C, Llorens C, et al. Time accurate modelling of the secondary air system response to rapid transients[J]. Proceedings of the Institution of Mechanical Engineers, Part G: Journal of Aerospace Engineering, 2011, 225(8): 946–958.

[5] Lytle J. The numerical propulsion system simulation: An overview[R]. Cleveland: Glenn Research Center, 2000.

[6] Goldsztejn M. Next generation European air system[C]//2000 World Aviation Conference, San Diego, 2000: 1–3.

[7] 吴丁毅. 内流系统的网络计算法[J]. 航空学报, 1996, 17(6): 653–657.

[8] 侯升平, 陶智, 韩树军, 等. 非稳态流体网络模拟新方法及其应用[J]. 航空动力学报, 2009, 24(6): 1253–1257.

[9] 吴宏, 胡肖肖. 应用特征线法求解航空发动机瞬态空气系统[J]. 航空动力学报, 2013, 28(9): 2003−2008.

撰稿人：丁水汀　邱　天
北京航空航天大学
审稿人：陶　智　徐国强

吸气式发动机燃烧室高速流动中燃烧的控制与稳定性

Control and Stabilization of Combustion in High Speed Flow for Air-Breathing Engines

1. 背景与意义

吸气式发动机是指它必须吸进空气作为燃料的氧化剂(助燃剂),所以不能到稠密大气层之外的空间工作,是航空运输的主要动力形式。一般空气吸入后,经过压缩、燃烧加温、膨胀等过程,产生推力或者输出轴功。吸气式发动机主要包括航空燃气涡轮发动机和冲压发动机,它们采用不同的空气压缩方式。

航空燃气涡轮发动机是一类采用涡轮带动压气机来压缩空气的航空用吸气式发动机,20 世纪 30 年代末由英国和德国发明,经过 70 余年的发展,形成了一个包括涡轮风扇(涡扇)发动机、涡轮喷气(涡喷)发动机、涡轮轴(涡轴)发动机和涡轮螺桨(涡桨)发动机的谱系,其燃烧室结构如图 1 所示。在此类发动机中,空气由压气机对气流加功压缩,加功压缩后的高压气流高速进入燃烧室,与喷入燃烧室中的航空煤油充分燃烧,将燃料的化学能转换成热能,形成高温高压燃气,再通过涡轮和尾喷管,将高温高压燃气的热能转换为机械能,产生推力或输出轴功。

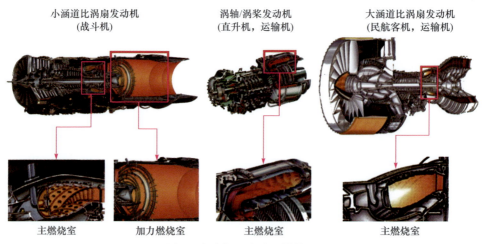

图 1　各类航空发动机燃烧室

军用战斗机的小涵道比涡扇发动机主燃烧室并未将空气中的氧气全部消耗掉,用于涡轮冷却的气流(通常占核心机流量 20%)以及外涵空气均不参加主燃烧室的燃烧过程。因此通常在涡轮后、尾喷管前设置加力燃烧室,再次喷油燃烧进一步提高燃气总焓,从而增加发动机推力。加力燃烧室最早出现在美国佩刀 F86 战斗机的发动机 J47 中[1~3]。

随着飞行速度的提高,特别是飞行 $Ma>1$ 之后,空气的冲压效应(利用激波对空气压缩)已经能够达到很高的增压比,无需再用压气机部件对空气进行压缩,于是冲压发动机应运而生。当飞行 $Ma<5$ 时,进入燃烧室的空气减速到亚声速,称为亚燃冲压发动机。当飞行 $Ma>5$,如果再把气流滞止到亚声速,则静温已经高达 1500~2000K,碳氢燃料燃烧已无法将化学能全部转换成热能,因此科学家提出了在超声速气流中组织燃烧的概念[4],这类发动机称为超燃冲压发动机。亚燃和超燃冲压发动机如图 2 所示。

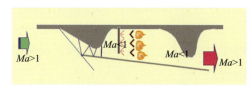 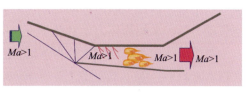

(a) 亚燃冲压发动机(2.5<Ma<5)　　　(b) 超燃冲压发动机(Ma>5)

图 2　冲压发动机原理(Ma 为马赫数)

在航空燃气涡轮发动机主燃烧室内,燃烧区的平均空气流速为 20m/s,相当于台风和飓风量级,而加力燃烧室燃烧区平均空气流速为 100m/s,相当于地球上有记录的最快龙卷风。冲压发动机燃烧室,亚燃冲压平均流速为 100m/s,而超燃冲压发动机平均流速为 1000m/s 量级。因此如何稳定、高效、可靠地组织好和控制好燃烧室中的高速流动燃烧,成为吸气式发动机的主要难题[1~4]。

高速流动中的燃烧控制和稳定,在理论方面,需要对燃料雾化、蒸发混合、反应机理、湍流/燃烧、两相扩散、临界燃烧、旋涡空气动力学、热声耦合、火焰辐射换热等发展若干基础理论,这对于丰富和发展燃烧学、空气动力学、传热传质学、声学、两相流体力学和固体力学等基础理论具有重要意义[5,6]。在应用方面,开展高速流动中的燃烧控制与稳定研究,是掌握先进吸气式发动机燃烧室技术的必经途径,最终目的是形成自主研发能力,支撑我国先进吸气式发动机型号研制。

在航空燃气涡轮发动机主燃烧室和加力燃烧室中,由于压气机和涡轮出口气流具有显著的非定常和非均匀特征,需要通过降低速度恢复静压,流速仍然达到 20~100m/s,在火焰稳定器(主燃烧室通常是旋流器,加力燃烧室通常是钝体)后喷入航空煤油这类多组分液态碳氢燃料,通过雾化、蒸发、混合,在稳定器下游进行连续的燃烧化学反应,形成合理的出口温度分布,进入涡轮(主燃烧室)和喷管(加力燃烧室),将热能转换成机械能。在冲压发动机中,空气流速达到100~1000m/s,在如此高速环境下组织燃烧需要在毫秒级时间内完成燃料雾化、蒸发、混合及化学反应,同时不能有过大的压力损失。因此发动机高速流动中的燃烧问题涵盖了燃料喷射、雾化、蒸发、混合及化学反应等复杂的物理化学过程,在空间和时间尺度上又具有很大的跨度[7,8],这给燃烧控制和稳定性的研究带来极大挑战。

2. 研究进展

1) 理论和应用现状

对于吸气式发动机燃烧室,在高速流动中的控制和火焰稳定,主要的理论基础是湍流燃烧理论。采用连续介质机理来描述化学和物理过程,数值模拟是一种有效的研究方法,分为直接模拟(direct numerical simulation,DNS)、大涡模拟(large eddy simulation,LES)和雷诺平均N-S(Reynolds-averaged Navier-Stokes,RANS)。另外一个重要的理论基础是液雾动力学及其化学反应/流动耦合,涉及传热、传质、空气动力学、多相流体力学和化学反应[9]。

基于湍流液雾燃烧理论所形成的RANS方法,尽管计算结果与实际情况的偏差较大,目前已经大量应用于燃烧室的研发中。

2) 主要存在的问题

发动机实际的燃烧过程本质上是多尺度液雾湍流燃烧,包含液体燃料的初始雾化和二次雾化、颗粒碰撞聚合、蒸发和燃烧中的液体颗粒、燃料蒸气与周围气体的混合以及液滴分界面上的燃烧化学反应等。特别是在燃烧室工作的高温高压极端条件下,试验难于精确探测,理论难于准确分析,模型难于精准模拟。

因此,从现实发展来看,重要的是针对典型的火焰稳定结构,利用先进的测试手段,对关键问题和重点问题进行研究。

3. 主要难点

高速流动中燃烧的控制和稳定,基本的科学原理就是燃料的湍流燃烧速度与当地空气流速相平衡。通常燃烧室气动热力条件表征为雷诺数、压力、温度、当量比及湍流脉动速度。碳氢类航空燃料的湍流燃烧速度量级为2~5m/s,而通过燃烧室的空气平均流速最低也在20m/s以上,因此核心思想是制造一个动态低速区,使得燃烧速度与空气流速抗衡,稳住火焰。

根据燃烧室的气动热力参数和结构要求,航空燃气涡轮发动机主燃烧室主要采用旋流器产生的旋流回流区来稳定火焰;加力燃烧室和亚燃冲压燃烧室则采用钝体等火焰稳定器产生的回流区来稳定火焰;对于超燃燃烧室,主要采用凹腔和支板组合产生的回流区来稳定火焰。

主要难点在于以下方面：
(1) 两相涡旋流动、混合及反应释热的耦合动态控制。
(2) 多层分级分区火焰的相互作用和优化匹配。
(3) 高速富氧和低氧火焰稳定性优化。
(4) 超声速气流中激波与稳态驻涡和动态旋涡组合的燃烧稳定性控制。
(5) 火焰稳定边界预测及仿真。

由于燃烧室内高温高压和高速的气动热力特点，一般过于简化的实验室条件得到的研究成果不足以支撑上述难点问题的解决，因此主要的探索思路是以接近真实条件的试验为基础，结合最新的湍流燃烧理论发展，配合高保真的数值模拟计算，从这三方面出发，以期得到能够解决该难题的途径。

参 考 文 献

[1] Lefebvre A H, Ballal D R. Gas Turbine Combustion-Alternative Fuels and Emissions[M]. 3rd ed. Boca Raton: CRC Press, 2010.
[2] 林宇震, 许全宏, 刘高恩. 燃气轮机燃烧室[M]. 北京: 国防工业出版社, 2008.
[3] 黄勇, 林宇震, 樊未军, 等. 燃烧与燃烧室[M]. 北京: 北京航空航天大学出版社, 2009.
[4] Heiser W H, Pratt D T, Daley D H, et al. Hypersonic Airbreathing Propulsion[M]. Washington DC: American Institute of Aeronautics and Astronautics, 1994.
[5] Kuo K K, Acharya R. Fundamentals of Turbulent and Multiphase Combustion[M]. Hoboken: John Wiley and Sons, 2012.
[6] Lieuwen T C. Unsteady Combustor Physics[M]. New York: Cambridge University Press, 2012.
[7] McIlroy A, McRae G, Sick V, et al. Basic research needs for clean and efficient combustion of 21st century transportation fuels[R]. Livermore: Sandia National Laboratories, 2006.
[8] 张弛, 林宇震, 徐华胜, 等. 民用航空发动机低排放燃烧室技术发展现状及水平[J]. 航空学报, 2014, 35(2): 332–350.
[9] Gicquel L Y M, Staffelbach G, Poinsot T. Large eddy simulations of gaseous flames in gas turbine combustion chambers[J]. Progress in Energy and Combustion Science, 2012, 38(6): 782–817.

撰稿人：林宇震　张　弛
北京航空航天大学
审稿人：刘高恩　刘玉英

航空发动机高温部件的疲劳与寿命

Fatigue and Life of High-Temperature Components in Aeroengine

1. 背景与意义

随着航空发动机性能指标的不断提高，航空发动机涡轮前燃气温度不断提高。20 世纪中期发动机涡轮前温度仅为 800℃左右，而如今美国现役 F119 发动机(用于 F-22 隐形战斗机)的涡轮前温度已高于 1627℃。除此之外，航空发动机高温结构长期处于高压(超过 45 个大气压)、高载(静应力超过屈服极限)和高速转动的复杂极端工作状态下，是航空发动机中应用环境最恶劣、强度设计最困难的部件。据美国空军材料实验室(Air Force Materials Laboratory，AFML)统计，美国空军在 1963～1979 年一共发生 3824 起事故，其中发动机结构事故占 43.5%(多数发生在轮盘和叶片结构)[1]。在发动机事故中，属于疲劳失效的高达 48%。高温结构的疲劳与寿命问题是航空发动机设计的薄弱环节，是制约先进航空发动机研发的瓶颈。

航空发动机高温结构的疲劳寿命与材料、加工工艺、工作环境等密切相关。材料方面，航空发动机高温结构在工作中承受着离心载荷(转子件)，热(温度)载荷、气动载荷、振动载荷以及高温燃气的冲蚀和腐蚀等，尽管可以采用先进的冷却和涂层方法来适应航空发动机高温结构的工作条件，但对航空发动机高温结构所使用的材料还是有很高的要求。目前用于实际生产和制造航空发动机高温结构的材料主要是高温合金，其主要分为三种：①变形高温合金，一般采用锻造方法来加工；②等轴晶铸造高温合金，采用普通铸造方法加工；③定向凝固柱晶(下文简称定向凝固)高温合金和单晶高温合金，采用定向凝固工艺来加工。图 1 给出了不同铸造工艺下涡轮叶片的显微组织对比[2]。

由于不同材料制备方法导致材料特性变化非常大(变形高温合金和等轴晶铸造高温合金为各向同性材料，而定向凝固高温合金和单晶高温合金为各向异性材料)，且不同制备方法产生的材料缺陷性质也不一致[3]，从而导致材料制备、加工制造和表面处理等对航空发动机高温结构疲劳寿命的影响机理研究也非常复杂。

工作环境方面，航空发动机高温结构在工作过程中由于所受载荷非常复杂，其损伤和疲劳、蠕变、振动载荷等密切相关，且相互耦合。由于振动载荷(高周载荷)、高温蠕变等因素的影响和耦合作用，涡轮叶片的寿命往往处于低周疲劳(一

般循环数在 $10^4 \sim 10^5$ 及该范围以下)范畴[4]。因此必须对航空发动机高温结构在不同载荷下及各种载荷耦合下的失效机理展开研究。

(a) 普通铸造涡轮叶片　　(b) 定向凝固涡轮叶片　　(c) 单晶涡轮叶片

图 1　不同铸造工艺下涡轮叶片结构的显微组织对比

以典型的航空发动机高温结构涡轮工作叶片为例，在发动机工作时，作用在涡轮转子叶片上的载荷归纳起来主要有以下几种：高速转动下叶片自身质量产生的离心载荷、流体作用在叶片上的气动载荷、高温和温度场分布不均匀引起的温度载荷、各种振动载荷等。涡轮叶片常见的失效模式有疲劳相关的失效[包括高周疲劳[5](high cycle fatigue，HCF)、低周疲劳(low cycle fatigue，LCF)、热机械疲劳、蠕变-疲劳、高低周复合疲劳等]、蠕变失效、制造工艺和材料缺陷、腐蚀等。图 2 给出了燃气涡轮喷气发动机典型零部件失效模式的比例。不同的使用环境、统计和研究方法等因素都会对统计结果产生一定影响，但疲劳失效所占比例非常大。因此，对高温载荷/环境下结构服役行为、疲劳损伤失效机理和寿命安全评定理论的研究，对于保障航空发动机安全起着非常重要的作用。

图 2　发动机典型零部件失效模式比例

2. 研究进展

由于航空发动机高温结构工作环境恶劣，研究难度大，因此对其寿命预测的研究方法和趋势经历了从确定性设计到结构可靠性设计的过程。确定性设计阶段所研究和建立的准则、规律及方法均是确定性的，即材料性能、制造工艺、任务用法以及对应参数均使用确定值。然而该方法不能准确预估高温结构的疲劳寿命，也无法给出定量的可靠性指标。1973 年美国颁布的发动机通用规范(MIL-E-5007D)[6]、1984 年颁布的发动机结构完整性大纲(MIL-STD-1783)[7]，对发动机部件的寿命设计和预测都要求采用确定性方法来进行。但是对于先进发动机的研制与发展，2002 年美国国防部颁布的最新发动机结构完整性大纲(MIL-STD-1783B)[8]中，明确指出要采用结构可靠性设计与分析方法来替代传统的安全系数和确定性方法。结构可靠性设计方法认为[9]，作用于结构的真实外载荷及结构的真实承载能力都是概率意义上的量，设计时不可能予以精确的值，称为随机变量或随机过程，它服从一定的分布。以此为出发点进行结构设计能够更符合客观实际。

开展航空发动机高温结构的结构完整性和可靠性设计研究，将根据航空发动机高温结构的真实工作状态，考虑载荷、材料、几何等输入变量的统计分布情况，相应地确定寿命的统计分布，这样就可以量化风险，确定航空发动机高温结构在一定置信度/置信区间内的可靠度，从而可使航空发动机高温结构的设计满足可靠性要求[10]。这样航空发动机高温结构可靠性设计可达到提高性能和提高可靠性的双重要求，具有重要的工程应用价值和实际意义。

3. 主要难点

针对航空发动机高温部件的疲劳及寿命研究亟须解决以下难点：

(1) 高温载荷/环境下结构损伤机理与全寿命评定。研究高温载荷/环境下航空发动机高温部件的服役行为，以及疲劳损伤演化机理，并发展相应的寿命预测理论，开展高温载荷/环境下结构的全寿命安全评定。

(2) 加工工艺、表面处理等对结构疲劳损伤影响机制。研究服役载荷环境下材料的制备、加工制造和表面处理等对裂纹萌生、裂纹扩展的影响机制，揭示关键工艺参数对结构完整性和服役性能的影响规律，建立工艺参数与结构疲劳性能之间的量化关系。

(3) 高温部件疲劳、损伤容限可靠性设计理论与方法。在难点(1)和(2)的基础上，考虑载荷、材料、几何等三类随机因素的分散性，发展高精准、高效率的结构可靠性求解方法，建立航空发动机高温部件疲劳、损伤容限可靠性设计理论与方法。

参 考 文 献

[1] 钟培道. 航空发动机涡轮转子叶片的失效与教训[J]. 材料工程, 2003, z1: 30–33.
[2] 闫晓军, 聂景旭. 涡轮叶片疲劳[M]. 北京: 科学出版社, 2014.
[3] 何国, 李建国, 毛协民, 等. 涡轮叶片材料及制造工艺的研究进展[J]. 材料导报, 1994, (1): 12–16.
[4] 宋兆泓, 熊炳昌, 郑光华. 航空燃气涡轮发动机强度设计[M]. 北京: 北京航空学院出版社, 1988.
[5] Cowles B A. High cycle fatigue in aircraft gas turbines—An industry perspective[J]. International Journal of Fracture, 1996, 80(2): 147–163.
[6] MIL-E-5007D Military Specification: Engine, Aircraft, Turbojet and Turbofan, General Specification[S]. Washington DC: US Air Force, 1973.
[7] US Air Force. MIL-STD-1783 Engine Structural Integrity Program (ENSIP)[S]. Washington DC: US Air Force, 1984.
[8] US Air Force. MIL-STD-1783B Engine Structural Integrity Program (ENSIP)[S]. Washington DC: US Air Force, 2002.
[9] 胡殿印. 涡轮盘疲劳-蠕变可靠性设计方法研究[D]. 北京: 北京航空航天大学, 2009.
[10] 王荣桥, 胡殿印, 申秀丽, 等. 航空发动机典型结构概率设计技术[J]. 航空制造技术, 2014, (7): 26–30.

撰稿人: 王荣桥　胡殿印　张小勇
北京航空航天大学
审稿人: 闫晓军　申秀丽

绿色环保的航空发动机燃烧问题

Combustion Issues of Green and Environment-Friendly Aeroengines

1. 背景与意义

航空发动机是飞行器的动力装置，在其安全可靠工作的前提下，也对其提出了绿色环保的要求。从航空发动机燃烧方面考虑，对其绿色环保的要求主要涉及两个方面：燃烧效率高和污染排放量低。

早在 20 世纪 50 年代末，对航空发动机的排放污染冒烟问题已引起重视，军用飞机的隐蔽性尤其受到关注。特别是到了 20 世纪 60 年代，发动机增压比提高，冒烟尤为严重。因此国外首先着手解决排气冒烟问题，比较快地取得了成果。

20 世纪 70 年代初，美国公布了航空发动机排气污染标准，推动了全面控制各种排气污染的研究工作。当时主要研究了各种污染物产生的机理及其影响因素。在此基础上对已有发动机燃烧室进行改进，即在保持燃烧室总体结构不变的前提下，采取各种可能的补救性措施，除降低排气冒烟外，对低工况下的 CO 和 UHC 以及高工况下的 NO_x 的排放也都进行控制，这些改进取得了一定效果。这种在常规燃烧室上采取的措施不能全面达到标准要求，往往顾此失彼。

20 世纪末，美国环境保护局(Environmental Protection Agency，EPA)已经将飞机发动机列入污染的主要来源之一，并且设立了相关条例以限制 CO、UHC、NO_x 和烟粒子的排放水平。在 EPA 的修正条例中，采用了国际民用航空组织 (International Civil Aviation Organization，ICAO)制定的条例中对 CO 和 NO_x 的排放限制水平。EPA 修正后的条例适用于 1997 年 7 月后新认证的和新生产的、推力大于 26.7kN 的商用飞机发动机。

ICAO 对民用航空发动机的排放有严格的规定[1]。纵观 ICAO 对污染排放规定的演变(依发布时间顺序依次为 CAEP1、CAEP2、CAEP4、CAEP6、CAEP8、CAEP10 等)，对 NO_x 的排放限制要求越来越严格[2]。

进入 21 世纪，ICAO 制定的条例中，对于 NO_x 的排放水平要求更加严格，对其具体的排放水平指标不断提高。在 2016 年 2 月的 CAEP 会议中，又提出今后可能会对 CO_2 排放和非挥发颗粒物进行限制。基于以上原因，排放污染控制已经成为燃烧室设计的一个主要要求[3~5]。

20世纪70～90年代，世界上几个航空工业大国及其所属的几个大发动机公司，针对高推重比发动机的发展，燃烧室工作压力和温度大幅度提高，危害最大的NO_x的排放问题特别突出，因而在其航空发动机设计中将NO_x的控制作为重点课题进行了广泛的研究。通过这些研究设计工作，在实现低或者超低NO_x排放的新燃烧方法方面取得了一系列有实用价值的成果。在民用航空动力、航空燃气轮机改型为地面燃气轮机(轻型燃气轮机)，以及纯粹的重型燃气轮机等市场的激烈竞争中，低NO_x排放已成为产品竞争的焦点。

2. 研究进展

目前低污染燃烧室主要研究路线有以下三种：

(1) 富油-快速淬熄-贫油燃烧(rich-burn quick-quench lean-burn，RQL)路线[6]。其基本思想是先在富油条件下进行燃烧，然后注入大量空气与先前燃烧产物快速混合，随后在贫油条件下完成燃烧。由于在富油区温度较低且缺氧，因此生成少量NO_x，然后又快速加入大量空气将温度降低到NO_x生成率很低的程度，从而减少整个燃烧过程的NO_x排放。

(2) 贫油预混预蒸发燃烧(lean premixed prevaporized，LPP)路线[7,8]。其基本思想是在燃烧区之前形成非常均匀的燃料-空气混合物，在贫油状态下进行燃烧，以此降低燃烧区温度，从而减少NO_x生成。

(3) 贫油直喷燃烧(lean direct injection，LDI)路线[9]。其基本思想是通过喷嘴向燃烧区直接喷射燃油并与空气直接快速混合燃烧，缩短不均匀混合物的停留时间以减少NO_x生成。

3. 主要难点

当前，天上在飞的航空发动机低污染燃烧室主要采用RQL研究路线，该路线在降低污染物排放方面的潜力已经不大。

LPP和LDI是当前航空发动机的主流低污染燃烧方案。LPP和LDI的难题主要是小工况下的火焰稳定(燃烧效率、点火、慢车贫油熄火、返场雷雨熄火)和主油分级(是否分级以及如何分级)；LPP还有三大难题：自燃、回火和振荡燃烧；LDI需要解决的难题是大工况下的直接混合问题，它也有振荡燃烧问题，但不像LPP那样严重。

LPP在降低污染物排放方面曾经被认为最具优势。但LPP存在自燃、回火和燃烧不稳定性这三大科学难题，特别是振荡燃烧，是一个大难题。为解决这三个难题，国外在LPP研发中付出了巨大代价，目前这三个问题仍未全面解决。另外，随着发动机压比的不断提高，燃烧室进口速度和燃烧室油气比也在不断增大，这使得 LPP 研究方案中预混效果大为下降。

近期开始重视 LDI 低污染燃烧方法，LDI 没有自燃和回火问题，没有主油分级的问题，低工况下火焰稳定，燃烧效率比主油分级的燃烧更佳。但有一个问题，即要很好地研究在大工况的直接混合方法，以降低大工况下的氮氧化物排放。LDI 振荡燃烧问题不像 LPP 那样严重，有很好的应用前景。

以前认为 LDI 在降低污染物排放方面的潜力不及 LPP，但近年来对 LDI 的持续研究表明，LDI 在降低污染物排放方面的潜力不亚于甚至优于 LPP。已经发表的研究结果表明，LDI 燃烧室的 NO_x 排放可以比 CAEP6 的标准低 75%。

参 考 文 献

[1] International Civil Aviation Organization. International Standards and Recommended Practices, Environmental Protection, Annex 16, to the Convention on International Civil Aviation, Volume Ⅱ, Aircraft Engine Emissions[M]. Montreal: International Civil Aviation Organization, 2008.
[2] 尉曙明. 先进燃气轮机燃烧室设计研发[M]. 上海: 上海交通大学出版社, 2014.
[3] 金如山, 索建秦. 先进燃气轮机燃烧室[M]. 北京: 航空工业出版社, 2016.
[4] 林宇震. 燃气轮机燃烧室[M]. 北京: 国防工业出版社, 2008.
[5] Lefebvre A H. Gas Turbine Combustion[M]. Boca Raton: Taylor and Francis, 1999.
[6] Randal G M, Domingo S, William S, et al. The Pratt & Whitney TALON X low emissions combustor: Revolutionary results with evolutionary technology[C]//45th AIAA Aerospace Sciences Meeting and Exhibit, Reno, 2007.
[7] Edward J M. Lean, premixed, prevaporized combustion for aircraft gas turbine engines[C]//AIAA/SAE/ASME 15th Joint Propulsion Conference, Las Vegas, 1979.
[8] Michael J F, Doug T, Rick S, et al. Development of the GE aviation low emissions TAPS combustor for next generation aircraft engines[C]//50th AIAA Aerospace Sciences Meeting, Nashville, 2012.
[9] Chi M L, Clarence C, Stephen K, et al. NASA project develops next generation low-emissions combustor technologies[C]//51st AIAA Aerospace Sciences Meeting, Grapevine, 2013.

撰稿人：索建秦[1] 林宇震[2]
1 西北工业大学
2 北京航空航天大学
审稿人：刘高恩 刘玉英

航空发动机转子静子干涉气动噪声问题

Aerodynamic Noise Generated by Rotor/Stator Interaction in Aero-Engines

1. 背景与意义

航空发动机气动噪声作为航空器的副产品,自人类开始利用流体力学原理获得强大动力以来一直伴随至今。1952 年,Lighthill[1]由 Navier-Stokes 方程出发提出气动噪声声类比理论,将气动噪声源分为单极子、偶极子和四极子源项,从而将气动噪声预测问题转化为利用波动方程求解已知声源的传播问题,并在实际喷气式客机喷流噪声预测中推导出喷流八次方定律,由此开创了气动声学学科。结合 Lighthill 声类比理论,在过去的 60 年间,喷流噪声预测及控制理论在低噪声民用飞机上获得显著成功。然而随着 20 世纪 70 年代民用客机对于低燃油消耗、低排放的迫切需求,喷气式发动机逐渐被更为经济的涡扇发动机取代,从而风扇噪声及核心噪声占比增大,使得风扇噪声和转子/静子干涉噪声逐渐突出,这类气动噪声问题本质上均是运动边界发声问题。除此之外,伴随着直升机及水下航行器对于声隐身的需求,旋翼发声及螺旋桨声学预测问题均不断挑战学术和工业界对运动边界气动发声的理解及建模能力[2]。

为处理运动边界声学预测问题,1969 年,Williams 和 Hawkings 利用广义函数理论推导出 FW-H 方程[3],从而可以处理运动物体声学预测问题,并由 Farassat 等结合可穿透面理论及 Kirchhoff 方程将 FW-H 方程推广到时域及频域求解方法,在螺旋桨声学理论中发挥了重要作用。然而以上运动边界处理方法基于流体与声解耦方法,无法考虑流体与声的相互作用及非均匀背景流动对于声波的折射及散射作用,从而仅用于噪声量级的预估而无法准确预测出声压的指向性分布。

近年来,随着计算机硬件及软件的快速发展,对于运动边界气动发声问题的研究逐渐转向能够同时考虑多重复杂因素的数值计算方法,特别是计算流体力学(computational fluid dynamics,CFD)方法和计算声学(computational aeroacoustics,CAA)方法[4]。然而声学对于低频散及低耗散的数值格式及湍流模拟精度的高要求,使得数值方法的计算量巨大,对于运动边界问题,特别是旋翼及螺旋桨的网格生成及重构,不仅耗时巨大,网格质量也无法保证,对于图 1 所示的航空发动机中存在的转子/静子干涉相关的非定常流动问题,传统的贴体网格处理方法挑战极大。

图 1　航空发动机转子/静子干涉非定常流动

由图 1 可以看出，航空发动机内部风扇/压气机的典型流动涉及多级转子与静子之间的相对运动，是十分复杂的运动边界流体力学过程。而转子/静子干涉气动噪声主要是由前排叶片的尾迹与后排叶片排相互作用产生的叶片表面非定常载荷引起的。准确预测相关的转子/静子非定常流动过程，计算非定常尾迹与叶片之间的干涉作用，是研究相关气动噪声产生机理的关键。因此如何通过合适的数值方法包含该运动边界下的气动噪声源是未来的噪声预测工具的发展方向。

对于运动边界问题的处理，近年来建立在绝对坐标下的笛卡儿网格方法受到极大关注，最具代表性的则是浸入式边界方法(immersed boundary method，IB 方法)，该方法将固体壁面对流体的作用通过体积力来代替，从而对于流体及声场的求解可在固定的正交网格下进行，从理论上讲在节省了网格重构时间的同时又满足了声学对网格质量的苛刻要求。

2. 研究进展

1972 年柯朗数学研究所的 Peskin 首先提出 IB 方法[5]，初衷为求解人体心脏供血的流固耦合问题，为此 Peskin 求解了不可压缩 Navier-Stokes 方程，并利用 Dirac delta 函数建立了固体边界物理量和流体物理量的耦合关系式，体积力则由广义胡克(Hook)定律构造。利用美国匹兹堡大学的 Gray 计算机，Peskin 首次模拟出人类三维心脏模型的供血过程。由于 IB 方法处理复杂及运动边界问题先天的优越性,其首先在生物力学中获得极大应用,研究人员用 IB 方法研究了鱼群游动过程中利用尾迹减少能量消耗的原理,并且使用 IB 方法研究扑翼飞行中获得非定常高升力,即 Weis-Fogh 机制的原理等。对于航空方面的运动边界问题,Sun 和 Zhong 首先将 IB 方法用于不可压缩振荡叶栅颤振数值模拟问题中,之后又用于叶轮机械模拟二维转/静干涉问题中[6],其使用的体积力源构造方法为反馈力源方法。然而,该方法不具有时间精确性且所允许的 CFL(Courant-Friedrichs-Lewy) 数过小。对于旋翼气动/气动噪声模拟,低速及高速数值算法极为重要,为此必须发展适用于可压缩流动的 IB 方法。目前一般认为对于可压缩数值模拟问题(特别是流致发声问题)存在三种可行性较强的 IB 方法,第一种为罚函数方法(penalization method)[7]。该方法将固体处理成多孔介质,从而利用达西定律直接在原始 Navier-Stokes 方程的动量方程及能量方程添加源项以在固壁边界处满足无滑移边界条件。然而该方法涉及经验参数孔隙率,因此在进行具体数值计算前,必须先进行孔隙率的误差检验。第二种方法一般认为是由 Mittal 基于高阶多项式插值构造的鬼点方法(ghost cell method)[8],该方法具有很好的并行计算特性,Seo 和 Mittal[8] 利用该方法进行了流致发声问题及声散射问题的模拟。然而需要注意的是由于鬼点的构造需要进行复杂的点位置判断,这又限制了该方法的实用性。第三种方法一般认为是由 Sun 和 Jiang 等基于线化欧拉方程构造的影响矩阵法[9],该方法同时具有连续力源方法和离散力源方法的优点,使得其插值操作简单,并且允许较大的 CFL 数,孙晓峰将其用于求解声散射问题并得到和解析解一致的结果,目前该方法正被推进到可压缩 Navier-Stokes 方程的计算中。

对于运动边界声学模拟问题,一般认为罚函数方法和鬼点法插值及点判断操作较为复杂,而影响矩阵法插值操作极为简单,但需要求解一个力源线性方程组,并且壁面边界只有一阶精度。考虑到旋翼及螺旋桨本身运动及几何的复杂性,在此推荐影响矩阵法作为该类运动边界声学模拟的方法,若壁面精度为一阶,则采用壁面网格加密方式,由于 IB 网格的正交特性可以发挥一般声学高精度格式的最大潜能,因此利用 IB 进行声学模拟可能具有较大优势。

3. 主要难点

风扇/压气机噪声源十分复杂[10],其中涉及的物理过程目前尚不清晰,即使有利用数值模拟的方法进行完整旋翼或螺旋桨声学模拟研究的可能,其计算量也十分巨大,因此有必要选用适当的简化 Navier-Stokes 方程模型。目前对于流体声学一体化模拟大多采用大涡模拟(large-eddy simulation,LES)或者脱体涡模拟(detached-eddy simulation,DES),利用 LES 可以考虑较小尺度的涡,并且可以模拟高雷诺(Reynolds)数下的流动问题,但其计算量仍然难以预估,而 DES 则比 LES

拥有更小的计算量，且能够包含较多的物理细节。因此首先通过部件的简化运动进行研究，从而排除次要声源因素，找到主要发声物理影响因素后对全旋翼或全桨进行简化，可能能够将计算量降低到一个可接受的范围内。其次，对于该运动边界问题，一般各个声源强度相当，因此 LES 或者 DES 难以避免，此时应研究高性能并行算法，进行 CPU/GPU 复合等先进并行计算算法。而对于 IB 方法，此处重点讨论影响矩阵法。对于影响矩阵法，其具体实现时存在两个关键问题：一是力源线性方程组的求解；二是由于近似 Dirac delta 函数的使用，边界仅有一阶精度。根据影响矩阵的特点可以发现该矩阵对称且高度稀疏，因此对于力源求解，应开发高度并行的求解算法，这里一般可以选用 Cholesky 分解或者存储量极小、时间复杂度仅为 O(N) 的共轭梯度法，对于边界一阶精度可能导致边界处出现误差波则可以通过使用更加光滑的近似 Dirac delta 函数或者推导相应间断条件下的高精度格式，如梁岸基于广义函数的谱展开高精度方法[11]。

参 考 文 献

[1] Lighthill M J. On sound generated aerodynamically. I. General theory[J]. Proceedings of the Royal Society of London. Series A: Mathematical and Physical Sciences, 1952, 211(1107): 564–587.

[2] Brentner K S, Farassat F. Modeling aerodynamically generated sound of helicopter rotors[J]. Progress in Aerospace Sciences, 2003, 39(2): 83–120.

[3] Williams J E F, Hawkings D L. Sound generation by turbulence and surfaces in arbitrary motion[J]. Philosophical Transactions of the Royal Society A: Mathematical, Physical and Engineering Sciences, 1969, 264(1151): 321–342.

[4] Tam C K W. Computational aeroacoustics—Issues and methods[J]. AIAA Journal, 1995, 33(10): 1788–1796.

[5] Peskin C S. Flow patterns around heart valves: A numerical method[J]. Journal of Computational Physics, 1972, 10(2): 252–271.

[6] Sun X F, Zhong G H. New simulation strategy for an oscillating cascade in turbomachinery using immersed-boundary method[J]. Journal of Propulsion and Power, 2009, 25(2): 312–321.

[7] Liu Q, Vasilyev O V. A Brinkman penalization method for compressible flows in complex geometries[J]. Journal of Computational Physics, 2007, 227(2): 946–966.

[8] Seo J H, Mittal R. A high-order immersed boundary method for acoustic wave scattering and low-Mach number flow-induced sound in complex geometries[J]. Journal of Computational Physics, 2011, 230(4): 1000–1019.

[9] Sun X F, Jiang Y S, Liang A, et al. An immersed boundary computational model for acoustic scattering problems with complex geometries[J]. The Journal of the Acoustical Society of America, 2012, 132(5): 3190–3199.

[10] Bodén H, Efraimsson G. Aeroacoustics research in Europe: The CEAS-ASC report on 2012 highlights[J]. Journal of Sound and Vibration, 2013, 332(25): 6617–6636.

[11] Liang A, Jing X D, Sun X F. Constructing spectral schemes of the immersed interface method via a global description of discontinuous functions[J]. Journal of Computational Physics, 2008, 227(18): 8341–8366.

撰稿人：王晓宇
北京航空航天大学
审稿人：孙晓峰　景晓东

船用双燃料发动机油气耦合燃烧

Oil-Gas Coupling Combustion of Marine Dual Fuel Engine

1. 背景与意义

21世纪以来,能源短缺和环境污染已经成为阻碍人类社会可持续发展的两个主要障碍。根据国际能源署(International Energy Agency,IEA)最新的预测,我国石油对外依存度在2035年将达到84.6%[1]。

巨大的石油缺口使我国须长期依赖国外市场,能源形势日益严峻。我国的内河航运资源比较丰富,拥有大小天然河流5800多条,河流总长度43万km,天然湖泊900多个,目前通航里程可达12万km。作为一个内河航运大国,到2013年底,我国已拥有多达17.26万艘水上运输船舶,净载重量达2.44亿t。目前我国船舶动力推进装置主要由柴油机驱动,由于我国船舶柴油机技术较为落后,排放性能较差,造成周边日益严峻的环境污染。内河航运中各种船舶每年排放NO_x、SO_x和颗粒物约100万t,超过全国所有公路运行汽车排放总量的1/2。而我国内河航运船舶主要集中在长江沿线,长江沿线城市的中心城区大气环境指标更是接近或低于国家规定的大气质量二级标准,部分城区低于三级标准。为了降低污染物排放和减少能源消耗,实施能源多元化战略、发展新能源技术以及开发和利用清洁石油替代能源是未来发展的必然趋势。天然气是继煤炭和石油之后的第三大能源,因其丰富的储量、低廉的价格、较低的污染物排放量等突出优点受到各方重视,是目前开发和应用较好的代用燃料[2]。

双燃料发动机可以在燃油和燃气两种模式下工作,并能实现两种模式的灵活切换。相比于传统柴油机,双燃料发动机具有燃料灵活性好、效率高和排放低等优势,因此发展双燃料发动机技术是世界公认的能够同时缓解能源和环境问题的技术措施,逐渐被推广应用于内河、江海和远洋船舶领域。但是双燃料发动机同时需要两套燃料供给系统,而且两种燃料的物理和化学特性存在较大差别,其燃烧过程更为复杂,若要兼顾在气体模式和柴油模式下双燃料发动机的性能,进行双燃料发动机燃烧过程组织和优化是关键。

为了保证船用双燃料发动机在燃油、气体两种模式下的高效燃烧,需要从理论分析和试验研究中掌握船用双燃料发动机化学反应动力学机理、建模分析、燃烧系统设计和性能评估方法,实现两种燃烧模式下发动机性能的优化。这也是发展船用双燃料发动机迫切需要解决的问题之一。

2. 研究进展

1) 双燃料发动机化学反应动力学机理

双燃料发动机的燃烧过程既有引燃柴油的扩散燃烧，又有气体燃料的火焰传播，并且两者之间互相影响，燃烧过程非常复杂[3]。对于双燃料发动机化学反应动力学主要考虑两个方面：燃烧系统中参加反应的化学组分以及它们之间发生的各类化学反应。一个燃烧反应系统中通常有许多反应组分，各组分之间的化学反应更是多种多样。每一种反应都有其特定的反应速率，并且随着反应物组分的浓度、温度和压力的变化而不断变化。双燃料发动机总的燃烧机理不是各单一组分燃烧机理的简单组合，各组分之间会产生相互影响，这种影响的大小与反应系统的热力状态、反应组分和产物的初始浓度、各反应的反应趋势相对强弱以及反应速率等因素有关[4]。

对燃料燃烧详细机理的研究始于20世纪60年代，随着对碳氢燃料燃烧反应机理的研究越来越深入，相继建立了甲烷、乙烷、丙烷、丁烷、二甲基醚、正庚烷等燃料燃烧详细的化学反应动力学模型。虽然目前已有众多学者开展这方面的研究，并取得了一系列卓有成效的研究成果，但很多研究均只关注单一燃料燃烧过程的化学反应机理，能够准确反映双燃料发动机燃油和燃气的交互作用以及燃烧过程的化学反应机理仍然较为缺乏[5]。此外，由于目前对除直链烷烃之外的其他类型燃料分子的高温氧化机理模型的研究较少，而柴油是由大量不同分子量的直链烷烃、支链烷烃、烯烃、环烷烃和芳香烃等组成的混合物，其燃烧过程通常采用单步完全氧化的总包反应机理或简化机理模型进行描述，这势必影响燃烧过程分析和预测的精度。

2) 燃烧系统优化设计

燃烧系统参数匹配寻优是改善双燃料发动机性能的重要手段。为了实现双燃料发动机的高效低排放燃烧，需要综合考虑进气流动特性、缸内气体燃料混合气分布规律、微喷引燃柴油喷射量和喷射正时、纯柴油模式下燃油喷射规律、压缩比和燃烧室结构等因素，这些影响因素之间相互影响、相互制约，并且气体燃料和柴油的理化特性存在较大差异，不同燃烧模式下的系统最佳匹配参数不同，因此一种燃烧系统设计方案很难兼顾发动机在两种燃烧模式下高效率和低排放的要求，需要进行折中处理。目前我国船用市场上正在推广应用的双燃料发动机多是在原有柴油机基础上加装一套气体燃料供给系统，未对发动机的燃烧系统结构进行充分优化。由于仍然采用传统的机械式柴油喷射系统，因此目前燃油替代率一般不超过80%。虽然采用气体燃料可以大幅度降低微粒排放和SO_x排放，而NO_x

排放水平与原柴油机相当，且总碳氢(total hydrocarbon，THC)排放显著增加，特别是甲烷碳氢。而国外目前已经开发出多系列多型号先进的双燃料发动机产品，如 MAN 公司的 32/40DF 和 51/60DF 双燃料发动机、Wärtsilä 34DF 和 Wärtsilä 50DF 以及 Caterpillaer 379、Caterpillaer 398 和 Caterpillaer 399 系列等。为了能够满足越来越严格的经济性和排放法规要求，提高企业竞争力，目前我国船舶发动机企业正致力于微喷引燃双燃料发动机的开发，通过燃烧系统参数匹配设计和优化控制，实现发动机高效低排放燃烧，预期目标是在气体模式下发动机排放能够达到 TierⅢ 排放法规要求。而我国在双燃料发动机燃烧基础理论、燃烧测试、燃烧过程优化和评估等方面研究基础较薄弱，与发达国家之间还存在较大差距，目前没有建立起比较完善的数据库，尚未形成与发达国家同等能力水平的专业人才梯队。

3. 主要难点

为了实现高性能船用双燃料发动机燃烧系统的优化和开发，需要加强基础理论研究，采用先进的测试手段和测试方法对多燃料油气耦合燃烧理论、燃烧模型建立、燃烧系统参数匹配寻优技术、核心关键部件的设计、先进发动机控制理论和控制技术等方面展开研究，同时建立更为完善的数据库和标准，培养专业人才队伍。

参 考 文 献

[1] Wang M, Tian L, Du R. Research on the interaction patterns among the global crude oil import dependency countries: A complex network approach[J]. Applied Energy, 2016, 180: 779–791.

[2] Banawan A A, Gohary M M E, Sadek I S. Environmental and economical benefits of changing from marine diesel oil to natural-gas fuel for short-voyage high-power passenger ships[J]. The Proceedings of the Institution of Mechanical Engineers, Part M: Journal of Engineering for the Maritime Environment, 2010, 224(2): 103–113.

[3] 尧命发, 许斯都, 李远洪, 等. 双燃料发动机的燃烧模型[J]. 燃烧科学与技术, 2002, 8(4): 358–363.

[4] Maghbouli A, Saray R K, Shafee S, et al. Numerical study of combustion and emission characteristics of dual-fuel engines using 3D-CFD models coupled with chemical kinetics[J]. Fuel, 2013, 106: 98–105.

[5] Hockett A, Hampson G, Marchese A J. Development and validation of a reduced chemical kinetic mechanism for computational fluid dynamics simulations of natural gas/diesel dual-fuel engines[J]. Energy & Fuels, 2016, 30 (3): 2414–2427.

撰稿人：杨立平

哈尔滨工程大学

审稿人：宋恩哲　冯立岩

船舶发动机的耦合控制

Coupling Control of Marine Engine

1. 背景与意义

排放性和经济性是未来船舶发动机发展面临的主要问题,为了实现低排放和更好的经济性以适应日益严格的法规,国内外各大公司都在采取积极的对策。发动机及涡轮机联盟费里德布哈芬股份有限公司(MTU 公司)的 MTU4000 采用相继增压、米勒循环、冷废气再循环(冷 EGR)和喷射压力高达 250MPa 的多次喷射高压共轨技术以满足国际海事组织(IMO) Tier Ⅲ 的排放要求[1];韩国现代公司采用双配气定时以及进气涡流技术改善 H21/32 发动机低负荷碳烟颗粒物(particulate matter,PM)排放[2];世界上最先进中速机的瓦锡兰 31 发动机采用了相继增压、高压共轨、可变气阀、瞬态控制、空燃比控制以及选择性还原(selective catalytic reduction,SCR)技术,满足了 IMO Tier Ⅲ 排放要求,其中快速准确的空燃比控制技术是良好发动机性能得以实现的关键[3]。良好的发动机性能是喷油、进气、排气等子系统综合优化控制的结果,船舶发动机控制技术已经由单一目标控制发展为多目标优化控制。然而船舶发动机各个控制回路之间往往不是独立的而是存在强耦合特性。船舶发动机各子系统之间存在着怎样的耦合关系,如何实现各控制回路的解耦控制,改善发动机动稳态性能,这是船舶发动机控制系统的核心技术和永恒的研究课题。

1) 船舶发动机控制系统组成

日趋复杂的船舶发动机控制系统按照控制功能主要可以分为燃料控制和气路控制。为了满足严苛的排放法规,以高压共轨系统为核心的燃料供给系统将是船舶发动机发展的必由之路。相较于小型道路用发动机,船舶发动机共轨系统除包括高压油泵、共轨管和喷油器外通常设计有蓄压腔以保证大流量情况下的喷射压力。高压共轨系统主要有两条控制回路,轨压闭环控制和通过检测蓄压腔压力修正喷油正时和喷油持续期以达到精确喷油量控制[4]。双燃料发动机是船舶发动机的另一个热点研究方向,较为简单的一种双燃料发动机是在进气歧管喷入天然气,但是这种燃气供给方式在碳氢化合物(Hydrocarbon,HC)的排放控制上存在明显不足,并且较难实现很高的燃油替代率。较为复杂的双燃料实现方式是天然气直接喷入缸内,简称缸内直喷模式,缸内直喷模式需要重新设计燃气喷射装置和发动机气缸盖，已经有国外公司设计了集燃油喷射和燃气喷射于一体的集成式燃料喷射器。双燃料发动机无论是执行器、传感器还是可控变量都更加复杂[5]。气路控制系统如图1所示，主要包括带有级间中冷两级涡轮增压、废气旁通、废气再循环、可变气阀等技术，气路控制的主要目标是通过控制缸内燃料和空气的比例实现高效、清洁、低噪声的缸内燃烧过程。气路控制的主要对象是进气量和进气压力，为了控制这两个量需要协同地控制进气节气门、可变气阀、废气旁通阀、EGR流量控制阀、相继增压控制阀等多个执行机构，而且因为涡轮增压器的加速惯性和燃料供给系统的快速响应性这一响应时间上的差别，快速准确的气路控制成为一大难题，制约了双燃料发动机的性能发挥。

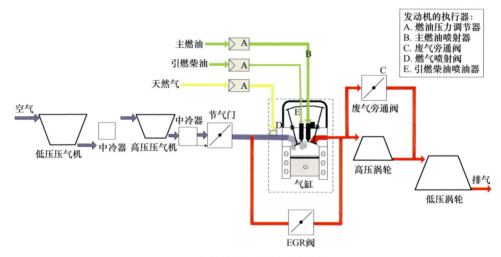

图1 船舶发动机控制系统结构图

2) 船舶发动机的控制流程

船舶发动机无论作为推进用发动机还是电站用发动机，都是以控制发动机转速为最终目标。控制系统根据车钟等外部输入计算发动机设定转速，通过传感器采集发动机实际转速，根据设定转速和实际转速计算发动机基本燃料需求量；此外控制系统根据外部环境条件和发动机特性对基本燃料需求量进行修正和限制，得到最终燃料需求量。如果是双燃料发动机，控制系统根据发动机当前工况和燃气外部条件以静态脉谱(MAP)查询的方式将修正后的燃料需求量分配为柴油和天然气需求量，并进一步根据共轨管油压力和天然气供给压力确定喷油器和燃气喷射阀的喷射持续期；控制系统根据发动机转速和最终喷油量计算目标轨压，轨压控制器将实际轨压稳定在目标轨压附近[6]。双燃料发动机性能对空气和燃料的当量比(空燃比)是十分敏感的，因为双燃料发动机的失火和爆燃现象都与空燃比有着密切的关系，双燃料发动机空燃比控制窗口如图2所示。目前所有性能优良的双燃料发动机都对空燃比进行精确控制，瓦锡兰 31 发动机采用电动可变气阀和废气旁通阀相结合以及闭环控制和前馈控制相结合的方式实现快速准确的空燃比控制，进而实现高效低排放的缸内燃烧。通常的空燃比控制是采用静态 MAP 查询的方式得到节气门和废气旁通阀的开度。虽然这种静态 MAP 查询的方式在发动机稳态工况能够实现良好的控制效果，但是在发动机瞬态工况时性能恶化，特别是瞬态空燃比控制存在明显的响应延迟，如果没有尖端控制技术，高效的稀薄燃烧技术是无法实现的。

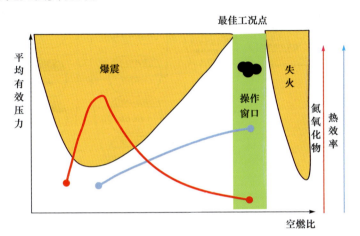

图 2　双燃料发动机空燃比控制与稀薄燃烧

2. 研究进展

船舶发动机控制系统由多个控制回路组成，如图 3 所示，这些回路单独工作，甚至不同的控制回路是由不同公司设计完成的，这一现象在大型船舶发动机上会更加凸显，但是发动机各个控制回路存在强耦合特性，现以废气旁通阀和 EGR 为例说明柴油机控制中的耦合特性。废气旁通阀用来控制增压压力，EGR 阀用来控制进入气缸的新鲜空气流量，通过废气旁通阀和 EGR 阀的合理匹配可以有效改善柴油机的经济性和排放性，当改变废气旁通阀开度以达到增压压力时会影响进气流量，而改变 EGR 阀开度以改变新鲜空气流量时也会影响进气压力，这种两个控制回路动态过程相互影响的特性就是耦合特性。耦合特性的存在会使得系统瞬态工况响应变慢，空燃比波动，致使发动机出现爆震和失火等非正常现象，排放性能变差。双燃料发动机中两种燃料同时燃烧，两种燃料相互耦合影响，在瞬态工况下两种燃料存在怎样的相互关系，如何优化两种燃料的分配以改善双燃料发动机瞬态工况的动力响应特性和转速稳定性，如何快速稳定地实现不同燃料模式之间的切换，都是需要深入研究的问题。此外，进气歧管进行天然气供给的双燃料发动机天然气将占据一部分进气空间,这导致进入气缸的新鲜空气减少,使得原本就存在耦合特性的空燃比的控制变得更加复杂。发动机控制中的耦合问题,特别是气路系统的耦合现象目前还没有形成系统的可应用于工程实际的控制系统分析设计方法。

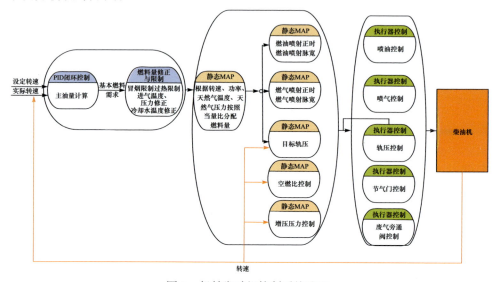

图 3　船舶发动机控制系统流程

3. 主要难点

未来船舶发动机在排放性和经济性的双重压力下势必会采用更加复杂和更加精细的控制系统,船舶发动机的控制由单一目标控制转变为多变量多目标控制。为了优化全工况性能,改善发动机瞬态响应,必须考虑发动机燃油、燃气、空气等控制回路之间的耦合特性。以及各系统自身各个参数的耦合特性。然而船舶发动机不同的控制回路之间以及单个控制回路各个参数存在何种耦合关系;采用哪种方法来分析并实现解耦控制等问题都是有待进一步研究的课题。

研究发动机耦合控制问题一方面要加强基础理论研究,深化对船舶发动机各子系统和子过程的理解,另一方面要强化发动机实验研究,为理论研究提供足够的实验数据支撑和实验条件保证。船舶发动机耦合控制将会是发动机性能进一步优化的瓶颈,研究船舶发动机耦合特性和解耦控制方法对于设计低排放和高效率的船舶发动机具有十分重要的意义。

参 考 文 献

[1] Steffen H, Otto B, Jens S. The new MTU series 4000 with advanced technological concepts for EU Stage IIIB, EPA Tier 4 and IMO 3 emission legislations[C]// 28th CIMAC World Congress

2016, Helsinki, 2016.
[2] Taehyung P, Kiido K. HiMSEN engine's solution for engine starting and low load operation[C]//28th CIMAC World Congress 2016, Helsinki, 2016.
[3] Ulf Å, Hannu A, Juhua M, et al. Wärtsilä 31-world's most efficient four-stroke engine[C]//28th CIMAC World Congress 2016, Helsinki, 2016.
[4] Clemens S, Michael D W, Hans-Joachim K. Simplified L'Orange fuel injection system for dual fuel applications[C]//28th CIMAC World Congress 2016, Helsinki, 2016.
[5] Shinsuke M, Thomas K, Robert S, et al. Holistic approach for performance and emission development of high speed gas and dual fuel engines[C]//28th CIMAC World Congress 2016, Helsinki, 2016.
[6] 李铁军. 柴油机电控技术实用教程[M]. 北京: 机械工业出版社, 2012.

撰稿人：宋恩哲　姚　崇　赵国锋
哈尔滨工程大学
审稿人：丁　宇　董　全

船用气体燃料发动机混合气分布及火焰射流引燃问题

Fuel-Air Mixture Formation and Flame-Jet Ignition in Gas-Fueled Marine Engines

1. 背景与意义

采用稀薄预混合燃烧方式的船用气体燃料发动机的CO_2和NO_x排放均比常规船用柴油机大幅降低,可直接满足国际海事组织(International Maritime Organization, IMO)第三阶段(Tier Ⅲ)排放标准[1~6]。大缸径气体燃料发动机多采用预燃室火焰射流加大主燃烧室的点火能量、加速缸内混合气燃烧速率、扩展发动机的工况范围[3~12]。研究表明,火焰射流可以引燃稀薄预混合气,但混合气形成质量以及火焰射流引燃特性直接关系到发动机的输出功率范围、运转稳定性、稀浓燃烧界限、污染物生成量、热效率等动力性、经济性和排放性指标。因此关于混合气及流动分区控制、混合气浓度控制及火焰射流引燃过程中的一些科学难题急需解决,主要包括:混合气浓度分布规律;分区控制中复杂流动规律;燃烧室部件可靠性;火焰在不同浓度梯度气体燃料预混合气中的传播规律;火焰射流作用下的化学反应动力学问题;两个极端工况下适于火焰传播、有效避免爆震的最优化混合气分布规律;非定常边界条件下小空间内火焰产生、发展和壁面淬熄的微观机理和宏观特性;火焰流经狭长通道后的行为特征以及不同引燃过程的NO_x排放物生成规律;不正常燃烧机理及控制规律等。这些难题的解决将对开发高效清洁的船用气体燃料发动机提供有力的支撑。

船用气体燃料发动机的缸径大、转速低,必须采用稀薄燃烧来避免爆燃并降低有害排放物生成量。为了解决稀薄混合气燃烧速率慢的问题,要采用预燃室实现混合气的分区控制,在预燃室内采用加浓喷射保证预燃室内当量比或稍浓混合气以保证可靠点火。典型的预燃室式船用气体燃料发动机燃烧系统结构如图1所示。为了保证发动机的高效清洁燃烧,需要解决以下问题。

(1) 混合气浓度分布及控制问题。保证船用气体燃料发动机高效清洁燃烧的前提是实现稀薄混合气的高效稀燃。预燃室和主燃室内不同浓度分布的燃气-空气混合气形成是实现高效稀燃的基础。采用预燃室将整个燃烧系统在空间上予以

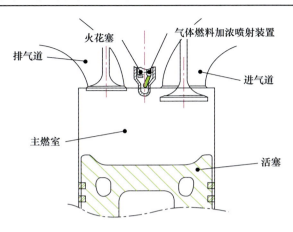

图 1 预燃室式船用气体燃料发动机燃烧系统结构

适当分隔后，在预燃室内形成较高的湍流度以及过量空气系数为 0.9 左右的稍浓混合气，以较小的点火能量完成点燃后，利用高湍流度和高燃空比在受限区域内燃烧所产生的能量增益效应，形成"湍流激扰源"。激发湍流火焰高速冲入主燃区时，一方面提高稀混合气所在主燃烧室空间的湍流度，以提高整体燃烧速率；另一方面，激扰火焰的扩散面大大增加，有效缩短火焰传播时间[13]。预燃室内混合气浓度分布对发动机性能有至关重要的影响。

(2) 预燃室内的复杂流动问题。合理有效的"分区控制"是解决船用气体燃料发动机高效清洁燃烧与提高功率密度之间矛盾的必要前提，预燃室式系统在形成点火区高湍流度和稍浓混合气以实现"分区控制"的过程中，气体燃料喷射与分区通道湍流射流相互作用，使区域内湍流能量增益，是大型气体燃料发动机高效稀薄燃烧的关键所在。

(3) 预燃室的可靠性问题。预燃室内的传热过程是高压燃气加浓喷射、着火燃烧、预燃室外部水冷等多重作用下的气-固-液三项耦合问题，预燃室内空间小，区域内湍流尺度小，脉动程度高，加浓喷射燃料射流和预燃室喷孔导入射流相互作用强烈，预燃室所受到的热负荷与预燃室内气体的复杂流动过程紧密相关，预燃室内的气体流动过程受到预燃室形状、预燃室喷孔形式、预燃室内点火及火焰传播等多个方面影响；预燃室组件在瞬态热负荷作用下，其温度变化、应力变化、热变形情况等方面的瞬态响应由传热过程和约束条件所决定[14]。

(4) 火焰射流作用下的燃烧和反应动力学问题。大型气体机高效清洁燃烧的基本前提是提高气体燃料稀燃燃烧速率，扩展稀燃极限，保证高效清洁燃烧，避免燃烧温度过低、燃烧不完全乃至失火等问题。采用预燃室式燃烧系统的气体机在主燃室内稀薄混合气的燃烧过程完全由激扰湍流射流火焰所产生的火焰所控制时，其火焰传播过程与传统火焰传播过程截然不同，其化学动力学反应过程也与常规控制条件下有所不同。

(5) 极端工况及变工况条件下主机负荷及转速控制规律问题。在低负荷条件下，由于缸内平均温度较低、湍流度较低，火焰传播速率下降，如果没有相应控制措施，主机会出现缓慢燃烧、效率下降、HC 升高，甚至有可能发生点火失败(misfire)的严重问题；在高负荷条件下，缸内温度高、压缩终点压力高，又有爆燃倾向性增加的问题。

(6) 不正常燃烧及控制问题。随着发动机强化程度的提高，船用气体燃料发动机的预混合气浓度控制窗口非常狭窄，爆燃已经成为限制气体燃料发动机平均有效压力进一步提高的首要因素。发生爆燃的诱因包括高压缩比、受热零部件表面温度过热、燃空混合气不均匀、燃气甲烷值过低、积碳、气缸油自燃等，其中润滑油自燃是最复杂的因素，其不确定性和危害性最大。但润滑油破碎、蒸发、自燃机理及其引发爆燃的机制还很不明确，因此该问题是气体燃料发动机研究开发所面临的世界性难题[15~19]。

2. 研究进展

目前主流的中高速船用气体燃料发动机均采用预燃室式燃烧系统，在结合两级增压、空燃比动态控制、可变气门正时、可变压缩比等技术后，高水平船用气体燃料发动机的排放均达到 IMO Tier Ⅲ 排放法规限制要求，热效率在 45% 以上，例如，Yanmar 26L 达到 47.6%，Caterpillar G20CM34 为 48.9%，MAN 的系列产品达到 50%。为了实现混合气浓度的分区控制，主流发动机均采用进气口主燃料喷射以保证主燃室混合气均匀，预燃室加浓喷射保证预燃室内当量比或稍浓混合气。但预燃室加浓喷射的喷嘴位置、方向、喷射时间等参数没有绝对的统一标准，要根据发动机自身结构特征和运行特性，以及预燃室基本结构特点等多目标参数优化设计。预燃室内的燃烧控制直接影响预燃室内的换热特性，也决定预燃室的热负荷特性，相应地，预燃室的工作可靠性就与这些方面直接相关。另外，由各方面因素所造成的不正常燃烧问题也极大地阻碍发动机动力性能指标的提升，世界各国的研究机构也对此给予了高度重视。

3. 主要难点

船用气体燃料发动机混合气分布及火焰射流引燃问题是综合多个分支问题的综合性难题，既具有广泛工程实践意义又具有重要理论价值，因此需对其进行以下研究：

(1) 为了实现混合气浓度分布及控制，需要合理布置加浓喷射器、优化加浓喷射脉冲时刻、优化预燃室结构与加浓喷射的配合，这是保证预燃室内稍浓混合气合理分布、初始火焰顺利生成、主机高效燃烧的基本前提。另外，为了保证发动机主燃室内的预混合气浓度始终在工作窗口内，需要根据发动机的负荷条件和边界条件调整进气压力，并实时调整进气口燃气喷射脉冲，以确保主燃室内燃空当量比符合高效稀薄燃烧要求。

(2) 针对预燃室内超临界状态加浓喷射过程，需要根据预燃室的特征及加浓喷射脉冲设计要求建立相应的流动模型，准确分析加浓喷射流动过程及混合过程，为预燃室设计和加浓喷射器设计及喷射脉冲设计提供准确分析依据。

(3) 为了保证预燃室组件的可靠性，需要进行组件的流固耦合瞬态响应结构分析，以气-固-液耦合结构分析为研究手段，求解预燃室组件在瞬态热冲击及高频高温热负荷下的瞬态响应过程问题。预燃室组件失效的核心因素是低频瞬态热冲击和高频高温热负荷造成的热疲劳，但在高温火焰所造成的热腐蚀、海盐气氛和硫气氛造成的化学腐蚀以及高频机械负载的共同作用下，预燃室组件的失效规律更加复杂。随着主机强化程度的提高，预燃室组件所受热负荷大大增加，组件失效的危险性也增加，因此要以保证预燃室工作可靠性和保证预燃室燃烧性能为目标，优化预燃室结构设计，在实现预燃室和整机高燃烧性能的同时，降低预燃室热负荷、改善预燃室散热条件、改善预燃室喷嘴工作条件，保证工作可靠性。

(4) 需要根据火焰射流分布及形态，采用流动-化学动力学耦合的研究方法分析在火焰射流作用下的燃烧过程，应用新的燃烧和化学反应动力学研究方法获得燃烧规律，并据之应用合理的分区结构，配合缸内滚流，以精确控制激扰湍流射流火焰的扩展面和贯穿度。

(5) 针对极端工况制定相应的燃料喷射、空燃比控制、压气机压比控制、点火正时、气阀定时、缸内滚流强度控制策略，保证主机的正常燃烧。在变工况条件下，上述参数控制要根据主机转速和负荷实时变化，在瞬态变化条件下，对上述各个系统进行协同控制。

(6) 针对气体机不正常燃烧问题，根据发动机正常燃烧特性及不正常燃烧特性，确定气缸油自燃引发爆燃与普通爆燃的火焰传播特性、压力传播特性及局部压力波动特性，提取振动、噪声信号特征，确定不正常燃烧种类，针对不同的情况进行相应控制。减小有效压缩比，从而降低压缩终点温度和压力。采用高能引燃柴油喷射，提高引燃柴油脉冲能量，提高其在燃烧室内的贯穿度及点火势能，从而加大点火能量，加快火焰传播速率。加强活塞、排气阀冷却，改善部件温度分布，降低活塞头部和排气阀表面温度。以喷孔布置和喷孔结构优化设计及优化天然气喷射压力控制和喷射时间控制，改善混合气均匀度。对二冲程低速机，需要优化气缸油润滑注入系统设计，减少气缸润滑油挂壁量，减小油滴粒径，避免油雾聚集；设计气缸润滑油基础油化合物中高分子烷烃成分，降低蒸发速率；采用钝性催化剂，提高气缸润滑油自燃点。

参 考 文 献

[1] Callahan T J, Hoag K. An updated survey of gas engine performance development[C] // Proceedings of the 25th CIMAC Congress, Shanghai, 2013.

[2] Sillanpaeae H, Astrand U. Wärtsilä gas engines—The green power alternative[C] // Proceedings of the 24th CIMAC, Bergen, 2010.

[3] Humerfelt T, Johannessen E, Vaktskjold E, et al. Development of the Rolls-Royce C26: 33 marine gas engine series[C] // Proceedings of the 24th CIMAC, Bergen, 2010.

[4] Vaktskjold E, Skarbø L, Valde K, et al. The new Bergen B35: 40 lean burn marine gas engine series & practical experiences of SI lean burn gas engines for marine mechanical drive[C] // Proceedings of the 25th CIMAC Congress, Shanghai, 2013.

[5] Klausner J, Trapp C, Schaumberger H, et al. The gas engine of the future—Innovative combustion and high compression ratios for highest efficiencies[C] // Proceedings of the 24th CIMAC, Bergen, 2010.

[6] Trapp C, Birgel A, Spyra N, et al. GE's all new J920 gas engine—A smart accretion of two-stage turbocharging, ultra lean combustion concept and intelligent controls[C] // Proceedings of the 25th CIMAC Congress, Shanghai, 2013.

[7] Suzuki H, Yoshizumi H, Ishida M, et al. MACH II-SI achieved higher thermal efficiency[C] // Proceedings of the 25th CIMAC Congress, Shanghai, 2013.

[8] Watanabe K, Goto S, Hashimoto T. Advanced development of medium speed gas engine targeting to marine and land[C] // Proceedings of the 25th CIMAC Congress, Shanghai, 2013.

[9] Sander U, Menzel S, Raindl M. The new MTU type L64 of series 4000 gas engines[C] // Proceedings of the 25th CIMAC Congress, Shanghai, 2013.

[10] Issei O, Nishida K, Hirose K. New marine gas engine development in YANMAR[C] // Proceedings of the 26th CIMAC Congress, Helsinki, 2016.

[11] Auer M, Bauer M, Knafl A, et al. MAN diesel & turbo SE's medium speed gas engine portfolio—A modular matrix design[C] // Proceedings of the 26th CIMAC Congress, Helsinki, 2016.

[12] Wolfgramm M, Rickert C, Herold H, et al. G20CM34—A highly flexible 10 MW gas engine concept[C] // Proceedings of the 26th CIMAC Congress, Helsinki, 2016.

[13] 冯立岩, 田江平, 翟君, 等. 气体燃料船用主机工作过程三维数值模拟[J]. 哈尔滨工程大学学报, 2014, 35(7): 807–813, 856.

[14] 冯立岩, 李建宁, 王伟尧, 等. 气体燃料船用主机预燃室组件瞬态温度场分析[J]. 哈尔滨工程大学学报, 2015, 36(2): 156–160.

[15] Yasueda S, Takasaki D E K, Tajima H. Abnormal combustion caused by lubricating oil in high BMEP gas engines[J]. MTZ Industrial, 2013, 3(1): 34–39.

[16] Herdin G. Lean burn gas engines are mature products which can beat all comers on emissions[J]. MTZ Industrial, 2013, 3(1): 20–23.

[17] Tajima H, Kunimitsu M, Sugiura K, et al. Development of high-efficiency gas engine through observation and simulation of knocking phenomena[C] // Proceedings of the 24th CIMAC Congress, Bergen, 2010.

[18] Yasueda S, Tozzi L, Sotiropoulou E. Predicting autoignition caused by lubricating oil in gas engines[C] // Proceedings of the 25th CIMAC Congress, Shanghai, 2013.

[19] Hirose T, Masuda Y, Yamada T, et al. Technical challenge for the 2-stroke premixed combustion gas engine (pre-ignition behavior and overcoming technique) [C] // Proceedings of the 25th CIMAC Congress, Shanghai, 2013.

撰稿人：冯立岩　隆武强　田江平　田　华　崔靖晨
大连理工大学内燃机研究所
审稿人：宋恩哲　杨立平

船用柴油机热管理问题

Thermal Management of Marine Diesel Engine

1. 背景与意义

近年来，随着对船用柴油机节能减排指标要求的不断提高，进一步提升整机热效率已经成为学科领域的重点攻关目标，相关研究工作包括燃烧过程优化、高效增压、先进热管理和低摩擦等理论及方法。

柴油机热管理的对象涉及进排气系统、燃油系统和润滑系统，以及受热零部件等，典型的技术有进气预热、增压中冷、机油和燃油的预热及冷却、受热零部件可靠冷却、余热回收利用等，尽管上述技术逐步进入应用阶段，但是随着柴油机不断向高效、高可靠性和紧凑化方向发展，不仅现有技术水平需要进一步提升，而且需要开展更多的创新工作。例如，需要加强低摩擦和精准润滑、精准冷却和高效余热回收利用等先进技术的攻关工作，其中与"热"相关的理论支撑需求引出了本科学难题，即进排气热管理的能量流模型、效率评估准则和效能控制策略，摩擦润滑中多热源的耦合热效应问题及其调制策略，受热零部件精确冷却中的两相流传热问题及其强化策略等。

在进排气热管理领域，过去的理论研究总是针对单项技术或单个指标的优化，对不同技术途径之间存在的能量转换与耦合机制、多指标协同优化等理论问题研究甚少，系统理论问题研究的不足致使各项技术优化应用或综合应用难度很大。因此需要综合研究各类技术方案涉及的能量转换过程及其耦合机制，结合多目标优化理论，从整机系统总能利用效率优化角度，为各项技术的选择性应用或综合应用提出理论指导。

现有关于摩擦润滑的理论研究大部分仅考虑摩擦副内部的摩擦热，而柴油机的一些关键摩擦副，如活塞环与气缸壁，工作状态下不仅在摩擦副内部产生大量的摩擦热，还受到外部燃气热源加热，应用现有理论研究上述摩擦副的热状态会有较大的误差。因此需要针对柴油机主要摩擦副特定的复杂热环境，探究摩擦副外部热源与内部摩擦热之间的耦合机制及其对摩擦润滑的综合效应，这对低摩擦技术的开发具有重要的科学意义。

柴油机受热零部件中活塞是核心件之一。在船用柴油机中，活塞内冷油腔振荡冷却方式的应用已经越来越普遍，但在新机型开发过程中热失效现象时有发生，关键问题是对内冷油腔中油-气两相的流动传热机制还没有真正掌握，需要开展相关的理论研究。

2. 研究进展

多年来，专项应用研究表明，进气和后处理装置预热可以改善柴油机的冷启动性能，减少有害排放物[1]，通过主动提升排气温度可以改善整机低工况运行性能[2]，采用废气涡轮增压技术可以回收排气能量、提高整机动力性和燃油经济性，而增压中冷技术可以改善柴油机燃烧排放性能。此外，还可以利用余热锅炉热水系统和有机朗肯循环系统进一步回收利用排气能量[3,4]。虽然上述技术在应用时均能使特定的性能指标有所提升，但由于不同技术、不同指标之间都存在耦合作用，在运用时，会呈现"跷跷板"效应。例如，低工况时通过主动提升排气温度可以改善发动机排放性能，但额外的能量消耗会使整机热效率下降。又如，提升排气能量回收利用效率可以提高整机热效率，但由此而导致的排气温度下降会使后处理装置转换效率降低，影响发动机的排放性能。

在摩擦润滑方面，最近的研究表明，柴油机活塞环与气缸壁这类摩擦副，不仅承受内部摩擦产热的作用，还是外部热源的传递媒介，高速工况下润滑油的流动对摩擦副的热状态有明显影响[5]。但是，目前常用的基于雷诺(Reynolds)方程的一维润滑计算方法，忽略了流动效应，无法精确解析润滑油流动传热现象[6]。此外，试验研究表明，在润滑油膜内压力骤降的区域，会产生明显的气穴现象，这种剧烈的相变现象会显著地影响润滑油膜内部的流动和传热，而传统的气穴简化模型只是近似的经验模型，没有涉及相变过程及其对传热的影响，目前构建基于两相流模型的气穴数值处理方法已成为新的研究前沿和难题[7]。

对于活塞内冷油腔振荡流动与传热问题，国内外给予越来越多的关注。数值仿真手段广泛应用于冷却油流动和传热过程的模拟[8]，但对于流动传热过程状态参数的模拟结果往往缺乏可靠的试验验证。已有的试验研究大多采用宏观参数来比对不同形状冷却油腔和不同喷油状态对活塞冷却效果的影响[9]。对冷却油腔内部流型的探究工作处于起步阶段[10]。

3. 主要难点

建立船用柴油机进排气热管理系统理论需要全面系统地开展进气预热和增压中冷、后处理装置预热、排气温度主动提升、废气涡轮增压，以及可能的其他排气能量回收利用方法的综合研究，探明相互之间的能量转换和耦合作用机制，建立系统能量流数学模型，并结合整机经济性能、排放性能和动力性能等指标进行协同分析，研究进排气热管理系统效率评估准则和效能控制策略，最终形成可以指导船用柴油机进排气热管理系统优化设计与控制的理论体系。

对于柴油机复杂热环境下的摩擦润滑流动传热问题，基于雷诺方程的一维润滑计算方法和传统的气穴简化模型无法精确计算润滑油的流动传热现象。因此，需要从机理出发，结合理论分析、仿真计算与试验验证，探索外部热环境及其瞬时变化对摩擦副热状态的影响，发展基于三维计算流体动力学流-固耦合方法的数值计算手段，探索和完善针对润滑油膜的气穴模型。在此基础上，建立复杂热环境下摩擦副润滑流动传热耦合模型，研究摩擦副内外热环境变化的耦合机制及其对润滑的热效应，探明摩擦副热平衡状态变化规律，补充完善油膜建立与失效机制，为开发低摩擦和精准润滑等技术奠定理论基础。

针对活塞内冷油腔两相流振荡流动传热问题，虽然已有的研究发现内冷油腔结构、冷却油充填率和供油规律等参数对活塞的冷却效果影响较大，但目前尚未得出全面的规律性结论，尤其是对上述参数之间的耦合作用研究还不够，活塞内冷油腔结构设计和冷却油流动组织控制尚缺少系统的理论依据，导致高功率密度船用柴油机活塞冷却结构的自主开发尚存在困难。因此需要结合可视化试验测试与仿真分析，了解流动传热现象的本质，揭示其中流动传热耦合机制及其影响要素，明确各主要影响因素之间的耦合作用关系，以及对活塞冷却效果的影响机理；最终掌握振荡流动传热状态随柴油机运行工况、内冷油腔结构、冷却油流动组织等因素的变化规律，总结内冷油腔中两相流振荡形态、换热效率与柴油机转速、燃烧强度等参数之间的关联关系，为内冷油腔的结构设计与供油方案的优化提供理论依据。

参 考 文 献

[1] Bielaczyc P, Szczotka A, Woodburn J. The effect of a low ambient temperature on the cold-start emissions and fuel consumption of passenger cars[J]. Journal of Automobile Engineering, 2011, 225: 1253–1264.

[2] Johnson T V. Review of diesel emissions and control[J]. International Journal of Engine Research, 2009, 10(5): 275–285.

[3] Shu G Q, Liang Y C, Wei H Q, et al. A review of waste heat recovery on two-stroke IC engine aboard ships[J]. Renewable and Sustainable Energy Reviews, 2013, 19(1): 385–401.

[4] Wang T Y, Zhang Y J, Peng Z J, et al. A review of researches on thermal exhaust heat recovery with Rankine cycle[J]. Renewable and Sustainable Energy Reviews, 2011, 15(6): 2862–2871.

[5] Yu X L, Sun Z, Huang R, et al. A thermal equilibrium analysis of line contact hydrodynamic lubrication considering the influences of Reynolds number, load and temperature[J]. PLoS ONE, 2015, 10(8): e0134806.

[6] Deligant M, Podevin P, Descombes G. CFD model for turbocharger journal bearing performances[J]. Applied Thermal Engineering, 2011, 31(5): 811–819.

[7] Li Q, Liu S L, Pan X H, et al. A new method for studying the 3D transient flow of misaligned journal bearings in flexible rotor-bearing systems[J]. Journal of Zhejiang University-Science A(Applied, Physics & Engineering), 2012, 13(4): 293–310.

[8] 张卫正, 曹元福, 原彦鹏, 等. 基于CFD的活塞振荡冷却的流动与传热仿真研究[J]. 内燃机学报, 2010, 28(1): 74–78.

[9] Luff D C, Law T, Shayler P J, et al. The effect of piston cooling jets on diesel engine piston temperatures, emissions and fuel consumption[J]. SAE International Journal Engines, 2012, 5(3): 1300–1311.

[10] Wang P, Lv J Z, Bai M L, et al. The reciprocating motion characteristics of nanofluid inside the piston cooling gallery[J]. Powder Technology, 2015, 274: 402–417.

撰稿人：俞小莉　黄钰期　黄　瑞
浙江大学
审稿人：宋恩哲　张文平

船用发动机接触副微动损伤机理

Fretting Damage Mechanism of Marine Engine Contact Pairs

1. 背景与意义

微动损伤是指两个相互接触的表面发生微米级的小幅相对运动导致的表面磨损以及疲劳失效现象。这种现象最早在 1911 年被发现,并于 1927 由 Tomlinson 首次提出了一种解释[1]。随着研究的深入,人们发现微动损伤普遍存在于交通运输领域的各种机械装置中。船用高强化柴油机关键零部件(连杆、轴承、机体、缸盖等)的接触副承受较大的交变载荷以及振动附加载荷,易发生微动损伤,导致接触副疲劳失效。而船用高强化柴油机大修期都在 25000～30000h,连杆、轴承等关键部件均为长寿命构件,微动对其寿命影响更明显,可使其寿命降低 30%～80%,导致早期失效[2]。随着柴油机强化程度的不断提高,微动疲劳已成为关键零部件的重要失效形式,影响整机的可靠性和运行寿命[3,4]。图 1(a)是一台大功率柴油机连杆由连杆小头和衬套之间的微动疲劳导致的失效,图 1(b)是分体式连杆大端连接面的微动磨损情况[3,4]。

(a) 小端孔和衬套的微动疲劳失效　　(b) 联接面的微动磨损

图 1　连杆的微动磨损和疲劳

船用高强化柴油机关键接触副的微动有以下特点:①周期性爆发压力和众多运动零部件之间的连接关系导致接触面承受周期性的法向与切向循环载荷,接触面处于应力分布变化剧烈的复合微动状态;②微动损伤受配合表面的形状、粗糙度、材料性质、环境、载荷等多达 50 多个因素的影响。因此与普通的疲劳问题相比，接触副的微动疲劳机理更为复杂，影响因素更多，也更难以预测分析，在机理和模型两方面远未完善。

2. 研究进展

由于微动损伤现象的普遍性，在不同的领域开展了大量的理论和应用研究。在试验方面，已建立了形式多样的基础研究试验台。如球-平面、圆柱-平面、平面-平面等不同接触形式的微动磨损试验台。这些试验装置除接触副局部产生接触应力外，整体不承受其他载荷，主要用于研究表面的磨损规律，获得位移-载荷微动图。为了考虑试验件在整体交变载荷下的微动磨损和疲劳规律，建立了不同微动垫-试验件接触形式的疲劳试验装置。这些装置既可以研究不同材料接触表面的微动磨损，也可以研究接触微动对材料疲劳寿命的影响规律，应用较多。为了更好地模拟实际运行工况，针对不同的工程问题，搭建了应用型的微动试验台架，如模拟航空工业中涡轮叶片-涡轮盘榫头接触微动损伤试验装置；采用一个气缸单元，模拟实际缸压和惯性力加载的汽油机曲轴轴承微动试验装置[5]。

对于船用高强化柴油机由于部件承载能力大，难于搭建全尺寸的并且模拟实际运行载荷边界的试验装置。而微动损伤对载荷等各类边界条件均较敏感，简单载荷下的微动试验又不能可靠反映实际的微动损伤规律。另外，现有的测试设备仅能测量载荷和滑移，对交变载荷下接触应力的分布尚无有效的测量方法。这些都是船用高强化柴油机微动损伤试验研究亟须解决的问题。

在微动损伤机理研究方面主要包括两个部分：微动接触副局部的磨损机理以及由微动导致的部件疲劳断裂机理。在微动磨损机理研究方面，先后提出了分子磨损理论、黏着理论、机械化学联合作用理论、三阶段理论、三体理论等，但是这些理论还都具有局限性，至今未有一个完整阐述微动磨损过程的统一理论。在微动疲劳研究方面，主要考虑微动对表面微裂纹形成及扩展规律的影响，结合断裂力学，开展微动接触影响下的裂纹萌生及扩展规律研究。由于普遍意义上的微动损伤机理还很不完善，需从微观角度和原子层面研究接触界面以及界面介质三者相互作用的微观机理，并建立微观机理和宏观微动损伤现象之间的联系。

由于微动的影响因素众多，仅靠试验不能系统地掌握各种因素的影响机理和规律，需开展模型分析及计算研究。其中有限元方法广泛应用于各种接触副的微动磨损和疲劳的计算分析。由于接触分析对有限元网格密度要求较高，为了提高分析效率，结合 Boussinesq 和 Cerruti 卷积方程，提出了半解析有限元方法[6]。为了计算微动疲劳寿命，采用扩展有限元方法分析微动疲劳裂纹的萌生及扩展规律[7]。在磨损分析方面，已有 150 多个磨损计算模型，但还不能达到定量分析的程度，而且如何考虑磨损颗粒的影响也未研究清楚。现在较常用的是基于摩擦功的 Archard 模型和基于摩擦耗散能的 Fouvry 模型。微动疲劳分析方面，根据材料试验，建立了多个宏观疲劳准则(Ruiz、SWT、Dang Van 等)，将接触区域的应力应变参数和疲劳寿命建立联系。为了从微观上阐明微动损伤机理，开展了分子动力学模拟研究，但是这些仅是初步研究，仅局限于单相、单晶和原子光滑表面，很多宏观现象还无法由分子动力学模拟出来[8]。因此在微动损伤的微观模型、跨尺度模型以及高效的数值算法方面还需开展大量的研究工作。

3. 主要难点

综上所述，虽然对于微动损伤开展了大量研究，但是要形成系统的微动损伤理论，并指导发动机研发，还面临很多挑战。其中，基础试验的条件和柴油机的实际应用有很大差异，试验数据和规律难以实际应用，需进一步研究反映真实运行条件的船用高强柴油机高承载部件和系统接触副的微动损伤试验方法。

此外，微动磨损和疲劳判定的准则研究还不够深入，针对现有微动疲劳评判参数和准则在实际柴油机交变载荷下的适用性和精度还需开展大量研究。为此需开展反映机理的微动损伤分析模型研究，能够较好地预测微动磨损、裂纹萌生、扩展及断裂过程。

针对船用高强化柴油机以轴瓦与配合孔为代表的过盈接触副，以发动机连杆与大端盖为代表的预紧接触副，建立材料相同、接触形式相似的模拟试验装置，建立考虑磨损和裂纹相互影响的微动损伤全寿命分析模型，采用相似试验和模型分析相结合的方法，开展两类微动接触副损伤规律的研究，考察主要结构及运行参数对接触副磨损和疲劳的影响规律，并提炼相应的微动损伤判定准则。根据以上准则开展疲劳寿命预测研究和小样试验验证。

参 考 文 献

[1] 周仲荣, Vincent L. 微动磨损[M]. 北京: 科学出版社, 2002.
[2] 何明鉴. 机械构件的微动疲劳[M]. 北京: 国防工业出版社, 1994.
[3] Rabb R, Hautala P, Lehtovaara A. Fretting fatigue in diesel engineering[C]//CIMAC Congress, Vienna, 2007.
[4] Son J H, Ahn S C, Bae J G, et al. Fretting damage prediction of connecting rod of marine diesel engine[J]. Journal of Mechanical Science and Technology, 2011, 25(2): 441–447.
[5] Shi C, Sato K, Hamakawa T, et al. Prediction of fretting fatigue in engine cylinder block[C]// SAE 2016 World Congress and Exhibition, Detroit, 2016.
[6] Gallego L, Fulleringer B, Deyber S, et al. Multiscale computation of fretting wear at the blade/disk interface[J]. Tribology International, 2010, 43(4): 708–718.

[7] Zhang H, Liu J, Zuo Z. Investigation into the effects of tangential force on fretting fatigue based on XFEM[J]. Tribology International, 2016, 99(7): 23–28.

[8] Blau P J. Fifty years of research on the wear of metals[J]. Tribology International, 1997, 30(5): 321–331.

撰稿人： 崔　毅[1]　吴朝晖[2]
1 上海交通大学高新船舶与深海开发装备协同创新中心
2 中船动力研究院有限公司
审稿人： 宋恩哲　李晓波

柴油机高压共轨燃油系统超高压条件下喷油规律

Fuel Injection Rule of the High Pressure Common Rail Fuel System under Ultra-High Pressure for Diesel Engines

1. 背景与意义

在石油资源日益枯竭和排放法规日益严格的双重压力下，如何使柴油机保持健康、稳定的发展趋势，是从事内燃机技术研究人员所必须面临的难题和挑战[1~3]。电控化已成为现代柴油机发展的必然趋势，而电控燃油喷射系统作为柴油机的中枢调节装置，对柴油机综合性能的优化和提高至关重要，已成为内燃机行业竞相研究的核心课题[4,5]。燃油系统按其发展历程可分为机械控制式燃油系统、电控单体泵燃油系统和高压共轨燃油系统，各系统间相互关系如图1所示。

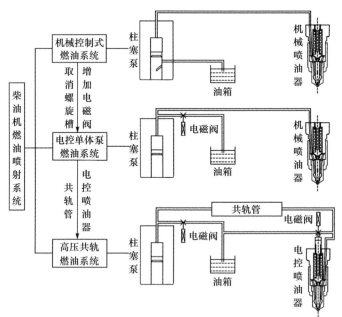

图1 柴油机燃油系统的发展历程及相互关系

(1) 机械控制式燃油系统。采用喷油泵-高压油管-喷油器的结构形式，通过柱塞螺旋槽对喷油量进行控制[6]，其难以兼顾不同工况对喷油规律的控制，且控制精度低，动态响应慢，很难实现柴油机瞬态过程的最优控制，限制了柴油机排放、燃油经济性的进一步优化。

(2) 电控单体泵燃油系统。在机械控制式燃油系统的基础上取消柱塞螺旋槽，采用一缸一泵的布置形式，通过高速电磁阀控制喷油定时和喷油量[7,8]，但其不能兼顾对喷油压力、喷油规律的控制，限制了柴油机排放、油耗等性能的优化，应用前景受到限制。

(3) 高压共轨燃油系统。在电控单体泵燃油系统的基础上增加共轨管，采用电控喷油器代替机械式喷油器[9]，高压油泵将高压燃油输送到共轨管，通过轨压闭环控制实现喷油压力与转速的独立控制，其具有喷油压力及喷油定时可控、喷油压力高、可实现多次喷射的特点，是现代柴油机节能减排最先进的核心技术之一，代表了柴油机电控技术的发展趋势[10]。

高压共轨燃油系统喷油规律的稳定性决定了柴油机燃油经济性、排放及动力的稳定性，因此喷油规律的稳定性是高压共轨燃油系统成功匹配柴油机的关键，实现超高压条件下系统喷油规律快速、灵活及精确的控制是高压共轨燃油系统的先进性所在。然而，随着喷油压力的不断提高，尤其当喷射压力高于180MPa时，在多次喷射条件下系统的喷油规律表现出复杂的变化，其具体表现为使用寿命周期内系统参数波动引起的喷油规律变化。大批量生产中，制造精度不同产生个体之间的喷油规律不一致，存在电磁、机械及液压等多物理场耦合引起的多循环、多缸喷油规律一致性问题。柴油机高压共轨喷油系统超高压条件下多物理场耦合对喷油规律稳定性的影响因素表现在以下几个方面。

(1) 电场。电源电压和控制电流的稳定性决定其所产生磁场的稳定性，而磁场的稳定性决定电磁力的稳定性，进而影响电磁阀运动的稳定性。电磁阀运动的稳定性通过液压流场间接地影响喷油规律的稳定性。因此，电场与磁场直接耦合，与机械运动、液压流场间接耦合。

(2) 磁场。电磁阀的衔铁和铁心材料及其结构决定磁场的稳定性，主要包括磁场建立时间、消失时间的稳定性，以及磁场在空间分布的稳定性。磁场的稳定性通过电磁力决定电磁阀机械运动的稳定性，由于电磁阀运动过程中穿过线圈磁通量的变化会产生感应电动势，进而产生感应电流、感应磁场，进一步影响磁场的稳定性，也会产生电磁力影响电磁阀机械运动的稳定性。同时电磁阀机械运动的稳定性影响系统液压流场的稳定性，进而影响喷油规律的稳定性。而流场的稳定性又决定电磁阀阀芯液体流动力的稳定性，进而反作用于电磁阀的运动过程，从而间接影响电场、磁场的稳定性，进一步影响喷油规律的稳定性。因此磁场与电场、机械运动直接耦合，与液压流场间接耦合。

(3) 机械运动。高压共轨燃油系统中低压供油子系统的机械运动稳定性影响低压供油的稳定性，经过高压泵增压放大后会影响共轨管内液压流场的稳定性，进而间接影响喷油规律的稳定性。而高压喷油子系统的机械运动稳定性直接影响高压燃油流速和压力的稳定性，进而影响喷油规律的稳定性。因此机械运动与液压流场直接耦合。

(4) 液压流场。流场的稳定性直接影响喷油规律的稳定性。高压共轨燃油系统通过低压部分向高压泵供油、高压泵向共轨管供油、共轨管向喷油器供油、喷油器完成喷油动作。由于高压柱塞泵的脉动供油特性会引起共轨管内轨压的周期性波动，最终将影响喷油规律的稳定性。流场的压力波动以液体流动力的形式在电磁阀处与机械运动直接耦合，通过机械运动又与电磁场间接耦合，进而这种复杂的相互耦合作用反过来又影响喷油规律的稳定性。流场的压力波动通过喷油器喷孔也直接影响喷油规律的稳定性，喷油器每一次喷射过程都会引起共轨管内的燃油压力波动，进而影响同一喷油器及其他喷油器后续喷射过程的喷油规律稳定性，即多次喷射及各喷油器之间的动态喷射过程也存在耦合。

正是因为高压共轨燃油系统具有以上所述的电、磁、机、液的复杂耦合作用，任何场的稳定性都会影响其他场的稳定性，进而直接或间接影响系统喷油规律的稳定性，并且喷油规律的稳定性直接决定匹配柴油机性能的稳定性。喷油规律稳定性问题研究涉及由力学、声学、化学等多学科和多相流理论、空泡动力学、传感检测、建模仿真等组成的多领域研究体系，它的研究将促进该方向交叉学科的发展，进而推动军、民用柴油机动力系统的发展和应用。

2. 研究进展

目前针对高压共轨燃油系统喷射特性开展的研究工作主要集中在压力波动特性、多次喷射的稳定性等方面。关于压力波动特性，主要研究了电磁阀和针阀响应特性对高压共轨系统高压油路压力波动的影响，分析了压力波动对动态喷射特性的影响规律，得出结论为前次喷射引起的压力波动是后续喷射喷油量随喷射间隔波动的决定性因素，且通过结构优化设计，可以降低系统的压力波动现象。针对多次喷射的稳定性，研究发现喷孔关闭引起的压力波动是后续喷油量波动的主要原因，通过优化结构，如缩短喷油器高压供油管的长度，增大油管的内径，可有效减小多次喷射过程中压力波动的振荡幅度，增大压力波的振荡频率；同时开展了高压共轨系统多次喷射的控制策略优化研究，提出了基于前次喷射的压力波动对各次喷射油量的修正算法，实现了多次喷射油量的补偿和优化。

然而，目前的研究工作中尚未考虑整个系统的电磁、机械及液力参数耦合对喷油规律稳定性的影响，尤其在超高压条件下高压共轨喷油系统的喷油规律稳定性方面没有开展相关的研究工作。因此解决柴油机高压共轨燃油系统超高压条件下喷油规律的稳定性问题具有重要的理论意义和工程应用价值。

3. 主要难点

高压共轨燃油系统在超高压、快速响应、高精度、多次喷射的条件下实现喷油规律稳定性的控制是一项具有挑战性的难题，由于多物理场的耦合作用，高压共轨燃油系统的喷油规律表现出复杂的非线性，参数及参数间耦合作用对喷油规律稳定性的影响规律更加复杂。出现上述难题的原因为在超高压条件下，系统电磁、机械及液压的多物理场耦合和边界条件的作用对喷油规律影响更加敏感。从理论分析和试验研究中确定喷油规律稳定性的关键影响因素和控制方法，实现多次喷射条件下循环喷油量的稳定性控制，解决并提高喷油规律的稳定性是迫切需要解决的难题。因此从高压共轨燃油系统的电、磁、机、液耦合对喷油规律稳定性的影响方面开展研究，揭示多物理场耦合对喷油规律稳定性的影响机理，同时针对喷油规律稳定性提出控制方法，以实现高压共轨燃油系统的喷油规律在整个寿命周期内的稳定性和一致性，将对高压共轨燃油系统的完善和发展提供新的思维和方法参考，对多物理场耦合与解耦发展有重要的学术价值。具体探索思路如下：

(1) 基于多物理场耦合的高压共轨燃油系统喷油规律的稳定性。进行供油压力、流量、共轨压力、喷油器入口压力、喷油率、循环喷油量、喷油定时等高压共轨燃油系统动态喷射性能的测试，分析多循环喷油稳定性规律。结合系统多物理场数值模型和基于试验设计的相关性分析方法，得出喷油规律响应面、多物理场与喷油规律的相关性矩阵。采用矩阵分析方法对相关性矩阵进行研究，根据全工况平面的矩阵变化规律和喷油规律响应面进行喷油规律稳定性的关键影响因素研究，揭示全工况平面多物理场耦合对喷油规律稳定性的影响机理。

(2) 高压共轨燃油系统喷油规律稳定性的控制方法。高压共轨燃油系统燃油动态压力波特性对喷油规律有重要影响，喷油器控制阀与针阀开启及关闭过程会在系统内激起膨胀波或压缩波，此压力波在系统内传播，直至因耗散作用而使系统再次达到稳定状态。多次喷射时，由于前次喷射在系统内激起的动态压力波尚未完全消失，后次喷油规律在不同喷油间隔下将表现出不同的波动特性，导致多次喷射中不同喷射间隔下喷油规律稳定性下降而增加系统喷油规律控制难度。因此，设计用于高压共轨燃油系统喷油规律稳定性控制的控制策略，结合喷油器入口压力波特征点提取算法捕捉动态压力波在针阀开启和关闭时刻出现的拐点，实时计算针阀开启和关闭时刻，得出用于喷油规律稳定性控制的喷油持续期；通过特征点稳定性与喷油规律稳定性的对应关系研究，建立基于动态压力波反馈的高压共轨燃油系统喷油规律控制方法，从而实现对喷油规律稳定性的控制。

参 考 文 献

[1] Kim H J, Park S H. Optimization study on exhaust emissions and fuel consumption in a dimethyl ether(DME) fueled diesel engine[J]. Fuel, 2016, 182: 541–549.

[2] Jaichandar S, Annamalai K. Influences of re-entrant combustion chamber geometry on the performance of Pongamia biodiesel in a DI diesel engine[J]. Energy, 2012, 44(1): 633–640.

[3] 苏海峰, 张幽彤, 罗旭, 等. 高压共轨系统水击压力波动现象试验[J]. 内燃机学报, 2011, 29(2): 163–168.

[4] Vedharaj S, Vallinayagam R, Yang W M, et al. Effect of adding 1, 4-Dioxane with kapok biodiesel on the characteristics of a diesel engine[J]. Applied Energy, 2014, 136: 1166–1173.

[5] Fang W, Fang J H, Kittelson D B, et al. An experimental investigation of reactivity-controlled compression ignition combustion in a single-cylinder diesel engine using hydrous ethanol[J]. Journal of Energy Resources Technology-Transactions of the ASME, 2015, 137(3): 031101.

[6] Murayama F, Tanaka Y, Ito S. The Nippondenso electronic control system for the diesel engine[J]. SAE Transactions Journal of Engines, 1988, 15(4): 328–330.

[7] 范立云, 宋恩哲, 李文辉, 等. 电控组合泵低压系统压力动态特性研究[J]. 内燃机学报, 2010, 28(2): 147–154.

[8] Fan L Y, Zhu Y X, Ma X Z, et al. Quantitative analysis on cycle fuel injection quantity fluctuation of diesel engine electronic in-line pump system[C]//SAE Technical Paper, 2010, 2010-01-0875.

[9] Datta A, Mandal B K. Numerical investigation of the performance and emission parameters of a diesel engine fuelled with diesel-biodiesel-methanol blends[J]. Journal of Mechanical Science and Technology, 2016, 30(4): 1923–1929.

[10] Bai Y, Fan L Y, Ma X Z, et al. Effect of injector parameters on the injection quantity of common rail injection system for diesel engines[J]. International Journal of Automotive Technology, 2016, 17(4): 567–579.

撰稿人：范立云　白　云
哈尔滨工程大学
审稿人：宋恩哲　隆武强

低速船用柴油机燃料油的破碎、蒸发与氧化

Break-Up, Vaporization and Oxidation of Fuel Oil for Low Speed Marine Diesel Engines

1. 背景与意义

大部分远洋船舶在非排放控制区主要使用重油,开发高效清洁燃烧系统对节能和环保意义重大。船用主柴油机用的燃料油是从原油精炼的剩余物,其特点是黏度大,含非烃化合物、胶质和沥青质等。燃料油被用作船用柴油机的燃料主要是因为其价格低廉。

我国国家标准《船用燃料油》(GB/T 17411—2015)是按照国际标准 ISO 8217 执行的。在 ISO 8217:2010(船用燃料油规格)中,将船用燃料油分为船用馏分燃料油和船用残渣燃料油[1]。船用馏分燃料油共 4 个级别,即 DMX、DMA、DMZ 和 DMB,主要在高速柴油机及中速柴油机中使用,为短距离航行的中小型船舶提供动力,或用于船舶的辅机等。而主要用于国际运输船舶,以及用于沿海、沿江运输较大船型上的低速大缸径柴油机的主要燃油为船用残渣燃料油,共 6 个级别,分别为 RMA10、RMB30、RMD80、RME180、RMG 和 RMK。其中,RMG 和 RMK 共包括 7 个牌号,即 RMG180、RMG380、RMG500、RMG700、RMK380、RMK500 和 RMK700。表 1 为目前国际燃油规范 ISO 8217 所规定的船舶燃油市场上最常见的燃油等级要求。它是以燃油 50℃时的运动黏度(cSt,mm^2/s)来区分以及命名的。

表 1 国际船舶燃料油规范(ISO 8217:2010)

项目	单位	RMA	RMB	RMD	RME	RMG			RMK		
		10	30	80	180	180	380	500	700	380	500	700
运动黏度(50℃)	mm^2/s	10	30	80	180	180	380	500	700	380	500	700
密度(15℃)	kg/m^3	920	960	975	991	991				1010		
硫化氢	mg/kg	2	2	2	2	2				—		
总不溶物(质量分数)	%	0.1	0.1	0.1	0.1	0.1				0.1		
微量残碳(质量分数)	%	2.5	10	14	15	18				20		
灰分(质量分数)	%	0.04	0.07	0.07	0.07	0.1				0.15		

续表

项目	单位	RMA	RMB	RMD	RME	RMG				RMK		
		10	30	80	180	180	380	500	700	380	500	700
钒	mg/kg	50	150	150	150	350				450		
钠	mg/kg	50	100	100	50	100				100		
铝+硅	mg/kg	25	40	40	50	60				60		
废油(ULO)钙、锌和磷	mg/kg	燃油中不应含有废油。如果燃油中有锌、磷、钙的一种或多种，其含量超过限制值，则燃油被认为含有废油，Ca 含量>30 和 Zn 含量>15 或 Ca 含量>30 和 P 含量>15										

  普通车用柴油中碳氢化合物的碳原子数为 10～22，而船舶燃料油中碳氢化合物的碳原子数一般为 20～70。因此船舶燃料油不仅碳原子数大很多，而且其分布范围也大很多，从而使其黏度、密度都在大范围内变化。除碳氢化合物以外，燃料油中还含硫、硅、磷、残碳、灰分，以及钒、钠、铝、钙、锌等金属成分。图 1 为国际海事组织(IMO)全球及硫排放控制区硫含量标准。可以看出，随着排放法规要求越来越严格，燃油中的硫含量在全球及硫排放控制区的限值会越来越低。燃料油成分的复杂性决定了其破碎、蒸发和氧化过程的复杂性。

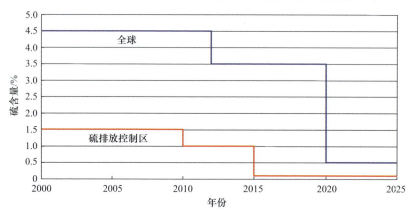

图 1 IMO 全球及硫排放控制区含硫量标准

  低速船用柴油机用燃料油的燃烧方式以扩散燃烧为主。在扩散燃烧中，燃烧速率取决于油气混合速率，油气混合速率很大程度上取决于燃料油的破碎和蒸发过程。因此燃油的破碎、蒸发和氧化过程决定了柴油机的动力性、经济性和排放性。燃油喷射，尤其是船用燃料油的喷射是十分复杂的过程，其原因如下：燃油喷射是一个动态过程；燃油喷射不仅受到喷嘴结构形式、喷射压力的影响，而且受到气缸内压力、温度、气流运动的影响；燃油进入气缸后油束的演变过程十分复杂,其包括油束雾化、油滴破裂、油滴碰撞和聚合、油束碰壁以及多组分燃油的蒸发等。深入、透彻研究燃料油的破碎机理、蒸发机理及氧化机理,将为高效清洁低速船用柴油机的研发提供有力的科学技术支撑。因此船用燃料油的破碎、蒸发及氧化机理是一个既具有广泛工程实践意义又具有重要理论价值的研究方向。

2. 研究进展

对于一般液体的破碎机理,到目前为止已获得了一些认识[2]。然而,由于船用燃料油成分复杂,其破碎过程研究内涵丰富、过程复杂、试验困难,目前的研究机构及可参考的文献较少,对其破碎机理的认识还比较肤浅。

目前的燃油蒸发模拟普遍采用单一组分并采用理想气体状态方程[3~5]。虽然可以对问题进行简化,但会产生一定的误差。

目前仅有部分简单气体分子的氧化反应机理较为成熟。遗憾的是,由于燃烧背景的复杂性,迄今还没有找到构建高链烷烃氧化及污染物生成简化机理的有效方法[6]。

3. 主要难点

(1) 船用燃料油的破碎。柴油机中的燃油破碎是利用压力使燃油从喷嘴中高速喷射到环境气体中而破碎成离散液滴。在柴油机喷射条件下,不仅有液核破碎过程(称为一次破碎),而且破碎后的液滴会继续分裂形成细小液雾(称为二次破碎),喷雾特性由这两个过程共同决定。破碎过程受内、外力共同影响。一方面,液体的表面张力促使它形成一个小球体,液体的黏性力则促使其保持原有形状。另一方面,作用在液体表面的空气动力促使它分裂。当空气动力之和大于表面张力与黏性力之和时,会发生液体的破裂。油束的主要部分油滴十分密集,在喷嘴出口处首先形成液体核心,目前对于液核的生成与破裂机理的研究还不够。此外,密集的油滴使激光技术的应用十分困难,描述油滴破裂、聚合等动态过程的试验数据也很少;船用燃料油的燃油喷射系统复杂,测试设备参数要求较高。

(2) 多组分燃料油的蒸发特性。所有液体燃料燃烧之前均需经历蒸发过程[7]。如前所述,船用燃料油的成分十分复杂,并且其成分变化范围非常大。因此很难像研究汽油和车用柴油那样采用一种近似的替代燃料来研究其蒸发过程。因此为了准确反映液滴破碎以后的蒸发过程,需要考虑其多组分特性。然而,考虑燃油中所有组分也是不现实的,因此需要采用数种成分对船用燃料油进行替代。

(3) 高链烷烃氧化机理及污染物生成特性。详细化学反应机理是化学家的思想和试验推演的结果,只是表示一些特性,与具体问题无关,但这些知识有助于为理解化学反应系统提供有价值的信息。详细反应机理包含数量庞大的基元反应。最简单的碳氢燃料 CH_4，描述其燃烧详细机理的基元反应有近 300 个。而对于 $C_{16}H_{34}$ 这样的典型车用柴油机燃料，则需要几千个基元反应，高碳链的燃料油更甚。应用详细反应机理存在两大困难：计算刚性问题和无法承受的计算量。绝大多数情况下需要对其详细化学反应机理进行简化，以有效降低系统的刚性、减小差分方程的数目。

解决途径：采用理论分析、试验验证和数值模拟相结合的方法进行更深入的燃料油破碎、蒸发与氧化机理探索。应用流体力学的非线性稳定性理论和两相流理论获得雾化机理的完善解释；利用多种光学测试方法，获得足够的喷雾破碎、蒸发与氧化过程可视化实验数据，并建立相应的数据库；在数值模拟中适当选择替代燃料的组分及数量，修正现有破碎、蒸发及氧化计算模型，并以光学实验结果进行标定；研究高链烷烃的氧化分解的高低温反应路径，探究其详细化学反应机理，获得骨架反应机理的基元反应集和简化的高链烷烃氧化反应机理等。

参 考 文 献

[1] ISO 8217: 2010 Petroleum Products-fuels(class F)-Specifications of Marine Fuels[S]. Technical Committee, 2010.
[2] 卢丰骞, 郑贵聪, 王红剑. 燃油喷射雾化研究[J]. 装备制造技术, 2013, (2): 67–69.
[3] Yi P, Long W Q, Feng L Y, et al. A numerical investigation of the vaporization process of lubricating oil droplets under gas engine conditions[J]. ANZIAM Journal, 2015, 50(3): 283–305.
[4] Yi P, Feng L Y, Ming J, et al. Development of an improved multi-component vaporization model for application in oxygen-enriched and EGR conditions[J]. Numerical Heat Transfer Applications, 2014, 66(8): 904–927.
[5] Yi P, Long W Q, Ming J, et al. Development of an improved hybrid multi-component vaporization model for realistic multi-component fuels[J]. International Journal of Heat and Mass Transfer, 2014, 77(4): 173–184.
[6] Nikolaeva E V, Shamov A G, Khrapkovskii G M, et al. Quantum-chemical study of the mechanism of hydrocarbon oxidation with molecular oxygen[J]. Russian Journal of General Chemistry, 2002, 72(5): 748–759.
[7] 隆武强, 郭晓平, 田江平. 燃烧学[M]. 北京: 科学出版社, 2015.

撰稿人：田江平　隆武强　田　华

大连理工大学

审稿人：宋恩哲　范立云

无轴轮缘推进装置与船体匹配原理及可靠运行机制

Reliable Operation Method of Shaftless Rim-Driven Thruster and Hull Matching Principle

1. 背景与意义

推进装置是船舶动力系统的重要组成部分，传统的船舶推进装置包括传动设备、轴系和螺旋桨，主机产生的动力通过传动设备及穿过船体的轴系驱动螺旋桨产生推力推动船舶运动。随着船舶的发展，这种推进装置暴露出诸多弊端，例如，舰船轴系振动和噪声等顽疾严重制约了其隐身性和可靠性；大型运输船舶的船体与推进轴系存在复杂的耦合动力学关系；船体变形引起推进轴系不对中，易导致轴承润滑失效、轴系振动剧烈、连接法兰螺栓断裂，甚至发生主机曲轴断裂等恶性事故；推进轴系占据了很大的船舶空间，减少了货物运量。

因此，人们积极寻找新技术，研发更为先进的推进装置，其中吊舱推进器是典型代表。但它仍然采用动力与螺旋桨分体结构，依然面临体积重量大、水阻力大、噪声高等问题。1940 年德国专利提出将电机放置进导管[1]，最早形成了无轴轮缘驱动推进装置(shaftless rim-driven thruster，RDT)的概念。它是一种取消了传动轴系，将推进电机定子安装进导管，将电机转子与桨叶集成为一体，采用完全水润滑支撑，利用电能直接传递功率输出的新型全电力推进技术(图 1)，具有结构紧凑、形式多样、布置灵活、系统效率高、绿色环保等突出特点[2]，受到各国广泛关注。

目前，RDT 已在多种船型上成功应用，包括补给船、监测船、游艇、渡船和邮轮等，但尚未大范围推广，特别在大型运输船舶上尚未突破。从应用角度来看，RDT 存在的科学难题为：目前公布的 RDT 产品的最大功率是 1.6MW，单台 RDT 尚不能满足大型船舶的主推进能力需求，虽然通过增加 RDT 数目可以提高总推进功率，但也带来了 RDT 与船舶的匹配和控制难题。同时，RDT 工作时，永磁电机吸附铁磁杂质、杂物缠绕以及污损生物附着等影响服役可靠性的难题也亟待解决。

无轴轮缘推进装置改变了船舶推进模式和船型结构，是船舶推进领域的一次颠覆性变革。研究解决大功率无轴轮缘推进装置与船舶之间的最优匹配原理、智能控制理论和高服役可靠性机制等难题，符合当前及未来先进推进技术的发展趋势，对实现节能、环保和绿色航运有重要意义。

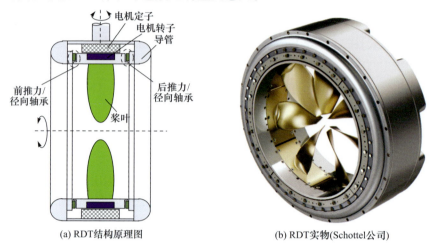

(a) RDT结构原理图　　　　(b) RDT实物(Schottel公司)

图 1　无轴轮缘推进装置

2. 研究进展

无轴轮缘推进装置的概念提出较早[1]，但受限于当时的水下电机技术，该方案并未受到关注。随着现代永磁电机理论和电力电子技术、水动力设计理论和制造技术以及轴承水润滑技术等的发展，从20世纪90年代开始，RDT研究逐渐兴起。1995年，英国Southampton大学的Abu-Sharkh等报道了RDT试验样机[3]。目前，英国Rolls-Royce[4]、挪威Brunvoll(图2)、德国Schottel和Voith(图3)等公司已经推出了相关产品。2007年，Brunvoll公司开发的一台810kW无轴推进装置被安装在补给船"Edda Fram"上，其工作噪声比隧道推进器降低20dB(A)。2013年挪威工程船Olympic Octopus安装了Rolls-Royce公司的TT-PM型RDT。2010年，一座自升式平台选用了Voith公司的RDT，用于动力定位，功率达1.5MW/台。2014年，Voith公司的两台RDT(VIT 2000-1000，1MW/台)安装在工程船Wagenborg的船首。此外泵喷推进器与轮缘驱动相结合得到的无轴泵喷推进装置在鱼雷和潜艇等军用领域研究较多[5]。

近年来，中国船舶重工集团公司第七〇二研究所[6]、七一二研究所[7]、海军工程大学[8]、西北工业大学[9]、武汉理工大学[2]和台湾成功大学[10]等单位针对RDT的电磁特性、水动力学和摩擦学性能仿真等方面开展了探索性研究，但尚未形成产品。总体而言，RDT产品的应用多集中在工程船、游艇和渡船等非货运船舶上，或者用于海洋平台的动力定位。针对数量更大的各型货船，单台/多台大功率RDT与船体的匹配和控制，以及运行可靠性难题尚待解决。

图 2　挪威 Brunvoll 的 RDT　　　　　　图 3　德国 Voith 的 RDT

3. 主要难点

(1) 无轴轮缘推进装置与船舶流场匹配难题。无轴轮缘推进装置将电机集成到导管中,使导管变得肥厚,桨叶从转子内壁向内伸出,部分 RDT 还取消了桨毂。与传统推进装置相比,RDT 的动力线型变化较大,产生的流场特性也存在较大差异,这导致 RDT 与船体之间的流体动力学耦合关系随之改变。特别是当单台 RDT 尺寸巨大,或者需要布置多台 RDT 时,如何进行单台、多台或多台功能不一的 RDT 与各种船型的流场最优匹配,最大限度地提升推进力和推进效率,降低流场噪声,是 RDT 的匹配难点。需要发展流体动力学理论,揭示 RDT 与船体之间的相互作用特征和非线性耦合机理。

(2) 多无轴轮缘推进装置联合智能控制难题。单艘船舶配备多台 RDT 是 RDT 应用的一个重要方向,它可以显著增加推进总功率,同时也带来控制难题: 不平衡/不稳定负载工况下,多台 RDT 与船舶电力系统的电网匹配问题,以及多台 RDT 的协同智能控制难题。虽然多推进器联合工作模式与海洋平台多动力定位有相似之处,但后者无运输航行要求,而航行环境的复杂性和不确定性正是导致航行控制成为难题的关键因素。需要以安全性为约束,研究建立船舶航向/航速与多台 RDT 之间的操纵运动模型,探索多台 RDT 的智能协同控制理论,实现船舶灵活操控和安全航行。

(3) 提高无轴轮缘推进装置的服役可靠性。船舶在航行过程中动力不容丧失,特别是航行在交通流密集航道和恶劣天气条件下。由于这种新型推进装置将动力和执行部件完全集成并悬吊在水下,航行过程中维修难度大,因此要求它具有较高的服役可靠性,需要解决的难点包括:如何提高电机系统故障预测能力和容错能力；RDT 永磁电机工作时会吸附铁磁杂质，杂质堆积后会阻塞电机定子和转子间隙，影响电机性能，如何清除；此外，RDT 长期工作在水下，其导管、桨叶、轴承以及电机定子和转子表面会附着污损生物，桨叶还存在被水草等杂物缠绕的风险，如何避免此类风险。

参 考 文 献

[1] Kort L. Elektrisch Angertriebene Schiffsschraube: German, DE688114[P]. 1940.
[2] 谈微中, 严新平, 刘正林, 等. 无轴轮缘推进系统的研究现状与展望[J]. 武汉理工大学学报(交通科学与工程版), 2015, 39(3): 601–605.
[3] Aleksander J D. Robust Automated Computational Fluid Dynamics Analysis and Design Optimisation of Rim Driven Thrusters[D]. Southampton: University of Southampton, 2014.
[4] Tuohy P M. Development of Canned Line-start Rim-driven Electric Machines[D]. Manchester: The University of Manchester, 2011.
[5] Waaler C M, Quadrini M A, Peltzer P E T J. Design and manufacture of a 2100 horsepower electric podded propulsion system[R]. General Dynamics Bath Iron Works, 2002.
[6] Cao Q M, Hong F W, Tang D H, et al. Prediction of loading distribution and hydrodynamic measurements for propeller blades in a rim driven thruster[J]. Journal of Hydrodynamics, 2012, 24 (1): 50–57.
[7] 汪勇, 李庆. 新型集成电机推进器设计研究[J]. 中国舰船研究, 2011, 6(1): 82–85.
[8] Shen Y, Hu P F, Jin S B, et al. Design of novel shaftless pump-jet propulsor for multi-purpose long-range and high-speed autonomous underwater vehicle[J]. IEEE Transactions on Magnetics, 2016, 52(7): 7403304.
[9] 安斌. 水下特种推进电机研究[D]. 西安: 西北工业大学, 2005.
[10] Hsieh M F, Chen J H, Yeh Y H, et al. Integrated design and realization of a hubless rim-driven thruster[C] // The 33rd Annual Conference of the IEEE Industrial Electronics Society, Taipei, 2007: 3033–3038.

撰稿人：严新平　欧阳武
武汉理工大学
审稿人：宋恩哲　初秀名

人机共驾型智能汽车的协同控制

Human-Machine Shared Control of Intelligent Vehicles for Driver-Automation Cooperative Driving

1. 背景与意义

日趋密集的道路交通不断加重驾驶人的工作负担。长时间的高负荷驾驶容易导致驾驶人出现注意力分散和精神疲劳等现象，从而造成安全隐患。智能汽车可以通过先进的车载传感与控制系统来部分替代驾驶人的驾驶职能以减轻其操作负担，因此能显著提升车辆的行驶安全性和驾乘舒适性。无人驾驶是智能汽车的一个重要发展方向，其最终目的是彻底解放人的驾驶任务。然而，由于在无人驾驶汽车中驾驶人脱离了对车辆的操作和监管，若车载智能系统突然发生故障或面临无法处理的交通场景，此时如果驾驶人无法及时接管车辆操作将极有可能产生严重后果。由于安全方面的不确定性，无人驾驶的发展在世界各国均遭遇了政策法规方面的巨大阻力。此外，无人驾驶汽车对车载硬件的要求极高，其成本在短期内难以削减至普通民众可以接受的范围，因此其大范围普及还遥遥无期。为了克服无人驾驶面临的诸多瓶颈，国内外学术界提出了"人机共驾"的概念。人机共驾指驾驶人(简称"人")和车载智能系统(简称"系统")同时分享车辆的控制权，通过协同合作的方式共同完成驾驶任务。目前人机共驾已成为智能汽车的前沿研究热点。

与无人驾驶相比，人机共驾有三方面的优点：第一，由于人机共驾中驾驶人始终处于对车辆进行控制和监管的状态，因此即使突然发生系统无法处理的危险，驾驶人也能迅速操作车辆进行规避；第二，人机共驾能充分利用驾驶人在环境感知和实时决策方面的天然优势，对车载硬件的要求相较而言不高，有利于控制智能汽车的整体成本；第三，由于驾驶人始终承担着车辆的操控职责，人机共驾有望避免无人驾驶所面临的伦理和追责难题，其受到的法规限制和舆论压力将大大减轻。

与一般的驾驶辅助系统(如现有的自适应巡航系统、车道保持系统等)相比，人机共驾要求系统具备更高的智能化水平。系统不仅需能识别驾驶人的操作意图并进行迅速响应，还应能够增强驾驶人对复杂任务(如连续过弯和连续换道等)的完成能力，减轻其操作负担。一般而言，智能系统具有感知速度快、决策规则化和控制精度高等优势，而驾驶人的多源信息融合、推理学习和操控适应能力更强。因此人机共驾能够充分结合人和系统各自的特长，形成优势互补，实现人机一体化的驾驶过程。由于车载智能系统在人机共驾过程中的角色类似一个虚拟的副驾驶，因此其在一些文献中也称为智能副驾或虚拟副驾[1,2]。人机共驾的概念示意图如图 1 所示。

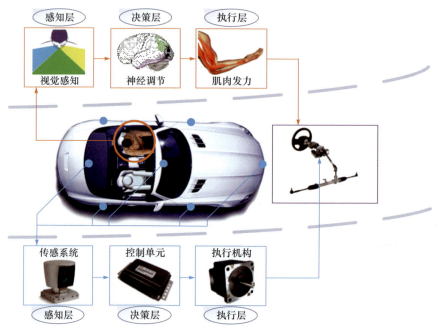

图 1　人机共驾的概念示意图

2. 研究进展

人机共驾由于概念新颖，目前仍主要处于学术研究阶段，工业界尚没有成熟的产品原型。虽然广义的人机共驾包含了人和系统在感知、决策和执行三个层面的协同合作，但学术界目前主要关注执行层的协同控制问题，即如何将系统和驾驶人的操作输入进行有效融合。人机协同控制按原理分为修正式和交互式两种。修正式协同控制指智能系统不直接对操作端(方向盘、踏板等)施加操控力，而是对驾驶人的操作在后台进行修正。例如，Switkes 等[3]研究的底盘线控系统，前轮的实际转角是智能系统对驾驶人的方向盘转角进行修正后再作用于转向电机后的结果。交互式协同控制是指智能系统与驾驶人共同对车辆操作端施加作用力，人机双方会在操作端表面进行力的交互，车辆的实际运动是两者操作力共同作用下的结果。交互式协同控制最早出现于美国密歇根大学 Griffiths 等[4]的研究中。研究表明，系统可以通过施加辅助力来提升车辆跟踪目标车道的能力。Abbink 等[5]在车辆的方向盘和踏板上安装了力辅助装置，并通过实验验证了力交互可以增强驾驶人跟车以及过弯的能力。

由于人机共驾中人和系统同时进行车辆操作，因此人机之间必然还存在一个控制权的分配和转移问题。Merat 等[6]从机理方面研究了驾驶人接管车辆控制的时间特性，发现通过监测驾驶人的头部姿态和眼动信息可以有效预测其接管控制权的顺利程度。Flemisch 等[7]设计的人机共驾系统存在两级控制权分配模式，其能通过人机交互界面唤醒驾驶人以实现控制权的平稳过渡。Anderson 等[1]和 Shia 等[8]研究的虚拟副驾则主要负责对车辆的行驶安全进行监控，仅当车辆可能发生碰撞时才临时介入干预。

3. 主要难点

人机共驾属于智能汽车的新型发展方向，国内外研究多数停留于原理论证与概念演示阶段，尚缺乏全面系统的基础理论支撑。少数与人机共驾相关的探索性研究主要针对特定侧面，因此只能提供单一场景下的局部驾驶辅助功能。人机共驾型智能汽车由于人和系统同时参与车辆操作，因此面临着与传统智能汽车截然不同的难点和挑战：

(1) 人机控制权的多场景分配协议和柔性转移机制。人机共驾的驾驶主任务中，驾驶人和系统需明确认识不同人车路状态下的职责分工。如何通过驾驶人状态和驾驶场景定义不同的共驾模式，制定各模式下的控制权分配协议，并实现模式切换过程的控制权柔性转移，是研究人机共驾的首要问题。

(2) 未知反馈力下的驾驶人上肢肌肉的响应发力机理。驾驶人的上肢在共驾过程中会受到系统交互作用力的影响，其操控发力特性将有别于传统的人工驾驶过程。因此厘清驾驶人在未知反馈力作用下的响应发力机理，能为系统操控策略的设计提供基本参考准则。此外，系统的发力方式还需满足拟人化原则，这有利于提升驾驶人对系统的接受与理解。

(3) 不确定驾驶行为及动态交通下的风险预估与干预。传统的汽车动力学控制系统仅能在有限的工作区域内提高车辆行驶稳定性和主动安全性。人机共驾中系统如能对驾驶行为意图和周车交通信息进行预测，将有望在危险临界点之前对车辆行驶进行干预，防范事故于未然。然而，由于人的驾驶操作行为存在强不确定性，能否对其进行有效理解与预测将严重制约系统的安全干预性能。

(4) 人机操控输入的博弈特性分析及冲突消解方法。人机共驾过程中驾驶人和系统存在各自的控制目标。由于人具有高度的学习适应性和不确定性，其操控行为同时依赖于自身期望和对智能系统的推测理解，因此人机协同控制将不可避免地存在博弈特性。如能在设计协同控制方法时对人机操控输入的博弈特性进行充分考量，将能有效消解共驾过程中的人机冲突。

参 考 文 献

[1] Anderson S J, Karumanchi B, Iagnemma K. The intelligent copilot: A constraint-based approach to shared-adaptive control of ground vehicles[J]. IEEE Intelligent Transportation Systems Magazine, 2013, 5(2): 45–54.

[2] Dalio M, Biral F, Bertolazzi E. Artificial co-drivers as a universal enabling technology for future intelligent vehicles and transportation systems[J]. IEEE Transactions on Intelligent Transportation Systems, 2015, 16(1): 244–263.

[3] Switkes P, Rossetter J, Coe A. Handwheel force feedback for lane keeping assistance: Combined dynamics and stability[J]. Journal of Dynamic Systems, Measurement, and Control, 2006, 128(3): 532–542.

[4] Griffiths G, Gillespie B. Sharing control between humans and automation using haptic interface: Primary and secondary task performance benefits[J]. Human Factors: The Journal of the Human Factors and Ergonomics Society, 2005, 47(3): 574–590.

[5] Abbink D, Mulder M, van der Helm. Measuring neuromuscular control dynamics during car following with continuous haptic feedback[J]. IEEE Transactions on Systems, Man, and Cybernetics, Part B: Cybernetics, 2011, 41(5): 1239–1249.

[6] Merat N, Jamson H, Lai H. Transition to manual: Driver behaviour when resuming control from a highly automated vehicle[J]. Transportation Research Part F: Traffic Psychology and Behaviour, 2014, 27: 274–282.

[7] Flemisch F, Heesen M, Hesse T. Towards a dynamic balance between humans and automation: Authority, ability, responsibility and control in shared and cooperative control situations[J]. Cognition, Technology & Work, 2012, 14(1): 3–18.

[8] Shia A, Gao Y, Vasudevan R. Semiautonomous vehicular control using driver modeling[J]. IEEE Transactions on Intelligent Transportation Systems, 2014, 15(6): 2696–2709.

撰稿人：李升波　李仁杰

清华大学

审稿人：李克强　边明远

航空发动机中流体的密封问题

Fluid Sealing in Aircraft Engine

1. 背景与意义

目前流体密封已成为影响航空发动机性能和寿命的重要因素。自 20 世纪 80 年代中期以来,世界航空发动机研制居于领先地位的国家均将新型密封形式作为具有巨大潜力的领域,投入大量的人力、物力,进行了深入研究,相继开发出刷式密封、指状密封、气膜密封等多种不同结构的新型密封形式。发动机密封的工作条件除具有流体机械转子系统的典型特征外,还要承受高密封表面相对速度、高环境温度、高密封压差以及剧烈振动等各种因素引起的变形和位移。基于此,近年来流体密封形式在发动机上的应用从传统的石墨圆周密封到各种新型的密封都有不同程度的发展。目前篦齿密封形式在航空发动机中有着广泛应用。面对其较高的泄漏率和性能损失,近年来,多项新型密封形式得到了发展,但仍存在诸多亟待解决的问题。

航空发动机中的流体密封主要是指针对航空发动机中旋转部件与定子圆周间隙的密封结构,具体是指在航空发动机中,阻碍流体从旋转件和定子之间的圆环形间隙泄漏的密封结构。由于航空发动机的高转速工况,航空发动机中的流体密封不得不在确保密封效果和控制摩擦磨损之间做出权衡。相对于中低速下应用的接触式端面机械密封及旋转轴橡塑密封,非接触式密封(迷宫密封、蜂窝密封等)或弹性接触(刷式密封、指尖密封等)等航空密封的密封性能差一些,而抗磨损能力较强。密封是航空发动机的重要基础零部件之一,密封的性能对发动机整机的性能、可靠性、寿命和维护具有重大影响。密封性能的优劣直接影响航空发动机的燃油消耗率和推重比等关键参数,密封性能劣化及其引起的发动机结构故障也是引起发动机计划外检修的重要原因之一。性能优良的密封形式能够在保证可靠性的前提下提高航空发动机的效率,减少燃油消耗,进而增强产品的市场竞争力。

2. 研究进展

一般涡轮风扇发动机有超过 50 处航空密封,如风扇叶尖、压缩机叶尖和级间、轴承腔、涡轮叶尖等,如图 1 所示。目前航空发动机中常用的新型密封形式有以下几种。

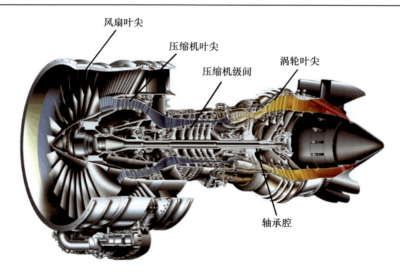

图 1 航空发动机中密封的位置

1) 石墨圆周密封

经过几十年的发展，石墨圆周密封形式已经在航空发动机轴承腔密封中成功应用[1]。图 2 所示为两种用于航空发动机风扇轴的石墨圆周密封方案。两种方案都采用浮动背环，能将石墨环作为一个整体部件随轴一起做径向运动。图 2(a)中的方案放弃了传统方案中的接头和定位槽，改动了石墨环的内径，增加了轴向垫板；图 2(b)中的方案通过摇臂环减少了石墨轴向垫板与石墨环密封面间的相对运动，径向相对运动被转移到摇臂环与密封座之间。两种方案均能显著提高密封适应转子大径向跳动的能力。

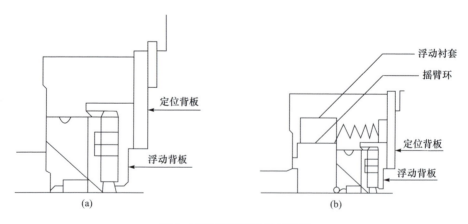

图 2 两种石墨圆周密封结构

但随着先进发动机中弹性支撑和齿轮驱动涡轮风扇(geared turbofan，GTF)的广泛应用,对石墨圆周密封结构除了要求具有更高的抗氧化温度和高摩擦线速度外,还要求具有承受大径向跳动和一定角向偏差的能力。而现有石墨圆周密封结构只能承受综合考虑不大于 1mm 的径向跳动,很难满足目前航空发动机的要求。

2) 刷式密封

刷式密封主要由刷环和与其配对的跑道构成,基本结构如图 3 所示。其中,刷环主要由前板、背板及夹持在两者之间致密的刷丝组成。刷丝根部可通过高能束真空焊接等工艺方法固定在前板和背板之间。为减少刷丝对轴表面的磨损,与刷环对偶的跑道表面一般喷涂 0.1～0.25mm 的耐磨涂层。

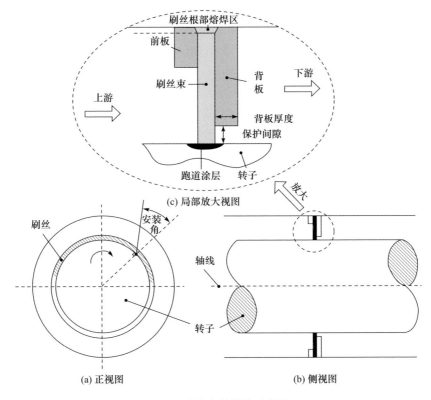

图 3 刷式密封结构示意图

近年来,刷式密封形式的研究主要集中在解决密封的滞后效应、刷丝束的刚化效应和压力闭合效应等方面。密封的滞后使其在转子发生摆动时的泄漏大大增加,而刷丝的刚化与压力闭合或称吹伏则会造成磨损增加,同时产生更多的功率损耗。

吹伏是气流流过刷丝时产生的一种现象。气流顺着刷丝流动会对刷丝产生一个指向轴心的径向力,因此增加了刷丝朝向密封跑道的运动趋势。这种趋势可以减小刷丝端部与密封跑道之间的缝隙，从而减少泄漏；但是在密封作用于大压差的情况下，这种趋势也会造成刷丝与跑道的接触力过大，引起过度磨损，进而使泄漏增加。研究表明[2]，在刷丝前增加遮流板能有效减少气流对刷丝的吹伏(特别是在采用低刚度刷丝的情况下)，同时遮流板还能减缓密封结构上游高速气流吹向刷丝时对刷丝造成的扰乱。

3) 指状密封

图 4 所示为指状密封的一种典型结构。该种密封形式有前隔环和后隔环，使指状元件与背板之间形成缝隙，同时在靠近密封结构内径的位置布置一个窄密封坝而形成平衡腔。平衡腔通过一些小孔与密封结构上游高压侧相通，使其压力始终与上游压力保持一致。这种结构使作用在指状元件上的气体不平衡力大大减小，从而减小指状元件与背板间的摩擦力，使指状密封垫在全部工作条件下都能保持在合适位置，进而保证密封性能。

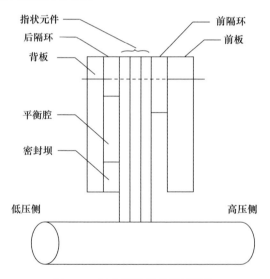

图 4 一种典型的指状密封结构

与刷式密封类似，指状密封结构也存在滞后和刚化的问题[3]。为有效改善普通指状密封结构的滞后，曾有研究者开发了一种压力平衡型指状密封结构[4]，使作用在指状元件上的气体不平衡力显著减小，从而减小指状元件与背板间的摩擦力，使指状密封在全部工作条件下都能保持在合适位置，能在一定程度上减少滞后的发生。

4) 气膜密封

凭借在高摩擦线速度、高工作温度和高密封压差等工况下所具有的出色工作能力，端面气膜密封在转子运转较平稳的地面旋转机械中得到广泛应用。一种典型的气膜密封结构如图 5 所示。其薄片状的密封元件在流体动压气膜的作用下与转子外边面保持非接触状态，背面的波形凸起起到柔顺弹性支撑的作用，使柔顺片随转子上下浮动，保持密封性能。

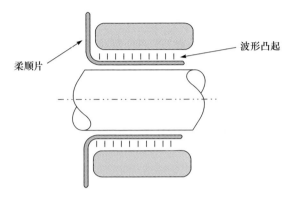

图 5　一种典型的气膜密封结构

但发动机转子系统剧烈振动和变形使密封面在工作时的位移和跳动可达到气膜厚度的几十倍，因此尽管对端面气膜密封的研究与开发已进行了几十年，发展了流体静压、流体动压和动静压混合等多种形式，以及包括吸气式端面密封结构在内的多种创新结构，但由于密封结构端面的磨损过度或泄漏过大等，迄今仍很少见到端面气膜密封在航空发动机上实际应用。

同端面气膜密封结构相比，柱面气膜密封结构通常具有较高的径向柔性，并可以避免端面跳动对密封效果的影响，因此更适合在航空发动机上应用[5]。

3. 主要难点

一般来说，新型密封形式的研究对密封材料和特种加工工艺的推动非常重要，同时要对密封机理进行创新性发展，需在对密封内部结构建立大量翔实准确试验数据的基础上进行详细分析。

另外航空发动机中流体密封还应引入控制的概念。所谓涡轮间隙控制，实际上就是通过对叶尖密封间隙的控制提高密封性能，从而提高涡轮性能。在发动机密封引气流路上增加控制活门，则可以为不同工况提供不同的密封气流，以降低密封结构的使用要求，提高可靠性。压力驱动薄片密封结构就是一种控制密封状态的密封结构，可以在不同工况下提供大间隙、小间隙和接触等不同密封形式，以适应工况的复杂多变[6]。

先进航空发动机密封形式对材料性能和加工精度具有特殊的依赖性，现阶段单一的密封形式很难满足发动机越来越复杂的工作环境、增大的工况范围以及苛刻的性能和寿命要求。相反，一些复合型结构密封显现出旺盛的生命力。一套密封结构在不同工作条件下表现出不同的工作状态，为复杂的发动机工况提供最合适的密封形式。先进国家的新型密封形式的研究进展表明，必须进行材料、工艺、结构、机理等多方面的开创性变革，才能适应航空发动机的发展需要。

参 考 文 献

[1] Pescosolido A, Dobek L. Development of high misalignment carbon seals[C]//37th Joint Propulsion Conference and Exhibit, Salt Lake City, 2001: 3625.

[2] Short J F, Basu P, Datta A, et al. Advanced brush seal development[C]//32nd Joint Propulsion Conference and Exhibit, Lake Buena Vista, 1996: 2907.

[3] 曹静, 吉洪湖, 金峰, 等. 指式封严结构中气流流动与传热特性分析[J]. 航空发动机, 2011, 37(4): 33–36.

[4] Arora G K, Proctor M P, Steinetz B M, et al. Pressure balanced, low hysteresis, finger seal test results[C]//35th Joint Propulsion Conference and Exhibit, Los Angeles, 1999: 2686.

[5] Salehi M, Heshmat H. Evaluation of large compliant foil seals under engine simulated conditions [C]//38th AIAA/ASME/SAE/ASEE Joint Propulsion Conference & Exhibit, Indianapolis, 2002: 3792.

[6] Delgado A, Andres L S, Justak J F. Analysis of performance and rotor dynamic force coefficients of brush seals with reverse rotation ability[C]//ASME Turbo Expo 2004: Power for Land, Sea, and Air, Vienna, 2004: 681–689.

撰稿人：王少萍　张　超
北京航空航天大学
审稿人：丁水汀　吴　宏

航空发动机综合热管理

Integrated Thermal Management of Aero-Engine

1. 背景与意义

航空发动机是为航空飞行器提供动力的装置，是航空飞行器的心脏，从热力学角度来讲，就是一台热机，是将燃料的化学能转化为热能再转化为机械能的一种热动力装置。在安全可靠的前提下不断提高化学能向机械能转化的效率，是发动机研究的核心目标。由热力学基本原理可知，航空发动机的性能与发动机的增压比和涡轮前温度密切相关，为了提高航空发动机的性能，航空发动机增压比和涡轮前温度一直在不断提高，在役的先进航空发动机其涡轮前温度高达1975K，预研的已经超过了2200K。然而，在当代先进航空发动机各部件性能几乎达到极限的情况下，发动机进一步取得实质性的突破变得十分艰难，其原因之一是在研制的初始阶段没有充分考虑能量的综合利用，很难根据发动机的运行工况分配能量，使得整机性能难以进一步提高。

航空发动机综合热管理将是改写这一现状的必然选择，尽管在目前发动机的研制中并未充分体现，但其必将成为下一代航空发动机的核心之一(事实上已经成为目前先进航空发动机的核心技术)。

航空发动机综合热管理通过发动机系统能量分配的顶层设计，即从系统的角度出发，对各子系统或部件之间进行能量的顶层分配与协调，实现能量转换与输运过程的合理安排与使用，在发动机安全可靠工作的前提下提高能量的利用效率[1]。这样，根据发动机的运行工况分配能量，既能保证发动机安全可靠工作，又能大幅度提高发动机的性能，是突破航空发动机研制瓶颈的关键所在，具有重要意义。

航空发动机综合热管理的科学性在于主动分配能量，调节其热力循环参数(如增压比、涡轮进口温度、空气流量和涵道比)，改变发动机循环工作模式(高推力或低油耗)；采用合适的热管理方法和控制策略，提供稳定的工作环境(如轴承、进气道除冰)，使发动机在各种飞行状态下都能工作在最佳状态；采用合适的冷却工质和冷却方式，以及隔热措施，控制发动机热端部件的热交换，保证其安全可靠工作(如高压涡轮叶片、燃烧室)。

2. 研究进展

航空发动机综合热管理具有广阔的应用前景，国外依托于飞行器能量管理的航空发动机综合热管理已经开始应用于航空发动机研制与使用，但是对于发动机热管理系统综合方式的研究还处于起步阶段，而国内对航空发动机综合热管理的研究尚未形成完整的体系。

20世纪80年代末，为了在21世纪取得军事和商业竞争的优势，美国国防部实施了一项由空军、海军、陆军、国家航空航天局(National Aeronautics and Space Administration，NASA)、美国国防部高级研究计划局(Defense Advanced Research Projects Agency，DARPA)和工业界共同参与的国家级战略性发动机技术预研计划，即综合高性能涡轮发动机技术(Integrated High Performance Turbine Engine Technology，IHPTET)计划[2]。随着综合高性能涡轮发动机技术的不断成熟，技术的发展遇到瓶颈，单纯技术的发展很难带来突破性进展，整机的协调与集成控制提上日程。

作为 IHPTET 计划的延续，美国提出了多用途、经济可承受的先进涡轮发动机(The Versatile Affordable Advanced Turbine Engines，VAATE)计划，该计划的本质为发展、验证和应用先进的多用途涡轮发动机技术；同时该计划也在 IHPTET 计划的基础上进行了拓展，组织结构进行了重组与优化将工作重点由 IHPTET 计划只提高推进系统的综合能力调整为开发和验证先进技术、改善经济可承受性和实现通用性三个方面[3]。VAATE 研究计划开发的先进军用发动机综合热管理技术，可以直接用于优化民用发动机热力循环并改善其燃烧特性，以全面降低其燃料费用和污染排放。

随后美国军方与工业界又提出了新一代国家级军用发动机技术发展计划，除先进推进技术外，还首次纳入了完整的综合能量与热管理要素。该计划称为支持经济可承受任务能力的先进涡轮发动机技术(Advanced Turbine Technologies for Affordable Mission Capabilities，ATTAM)计划，由美国空军研究实验室(Air Force Research Laboratory，AFRL)领导，目标是研发一系列用于下一代高、中、低功率航空发动机的技术。纳入综合能量与热管理技术是为了满足未来发动机支撑更多电力系统、装备定向能武器等需求，同时提高推进效率和飞行器自身的能量水平。ATTAM 计划将进一步发展 VAATE 计划的技术，并加强对热管理的研究。

国外在发动机研制和使用过程中引入了热管理的思路[4]，对于航空发动机综合热管理的研究一直在不断完善；我国对于航空发动机综合热管理的研究起步较晚，在燃油和润滑油系统、部件研制过程中会适当考虑能量的交换与传递，但是还没有形成航空发动机热管理的完整体系。

3. 主要难点

航空发动机综合热管理基于主发动机，同时包含燃油系统、润滑油系统、环境控制系统等子系统，对其进行热管理系统研究，包括以下部分：

(1) 为满足指标需求，实现能量高效利用的能量输运系统。

(2) 为保证发动机正常运行，营造适宜热环境，实现特定功能的热控制系统[5]。

(3) 为保证发动机安全，对某些高温部件进行冷却的热防护系统。

其中涉及的主要问题包括热力循环的改进与创新、热能的合理调配、提高冷却空气冷却品质(cooled cooling air)原理研究与应用、部件的温度控制原理研究与方案设计、多能源综合利用与互补等。主要难点包括以下方面：

(1) 热、力、结构、控制、优化等多学科交叉与融合。航空发动机综合热管理贯穿发动机从研制、使用、维修的整个过程，涉及包括能量传递带来的力学问题、能量输运网络、能量控制网络以及优化问题，需要考虑发动机设计的热力学以及相关的学科。

(2) 发动机内部能量互补利用及能量输运评价方法研究。为了将能量利用最大化，需要对发动机内部能量进行合理输运，但是输运网络和控制网络会增加成本，需要在能量最大化与成本之间找到一个平衡点。

(3) 发动机多系统耦合等。航空发动机的工作环境极为恶劣，需要在保证发动机稳定工作的前提下将能量的利用最大化，涉及发动机内部所有系统的综合，需要打破现有系统的局限性，研究多系统耦合问题。

航空发动机综合热管理的研究对象是能量，重点是能量的主动输运，目的是在完成既定目标的前提下提高能量利用率，主要研究思路如下：

(1) 针对目标飞行器对动力的需求，筛选已有并探索新的热力循环方式，依据有效能的损失(或熵增)，评估循环的热力学完备性，并进行改进，最终形成所需的热力循环方式。

(2) 搭建能量输运网络，建立航空发动机的热节点及能流网络图，标明发动机内部的"热"节点，以及用"热"及用"冷"部位。

(3) 开展发动机综合热管理研究，以各子系统的熵增大小作为各子系统的通用评价标准，综合热管理不追求单个子系统的熵增最小，而追求整机的熵增最小，减少能量输运过程的损失。

(4) 按能量的梯级利用和就近使用原则进行能量管理，对各个系统的可用功进行分析，通过能量输运将子系统内部没有被利用的可用功在其他系统进行再利用，解决现有热问题和避免可能出现的热问题[6]。

(5) 最终实现航空发动机整机能量的主动输运与调配，为航空发动机的研发与使用服务。

目前，针对航空发动机综合热管理的研究刚刚起步，研究思路和研究方法还不成熟，还在不断完善中。

参 考 文 献

[1] Walters E A, Iden S, McCarthy K, et al. INVENT modeling, simulation, analysis and optimization[C]//48th AIAA Aerospace Sciences Meeting Including the New Horizons Forum and Aerospace Exposition, Orlando, 2010.

[2] Viars P R. The impact of IHPTET on the engine/aircraft system integrated high performance turbine engine technology[R]. AIAA/AHS/ASEE Aircraft Design, Systems and Operations Conference, Seattle, 1989.

[3] AIAA Air Breathing Propulsion Technical Committee. The versatile affordable advanced turbine engines(VAATE) initiative[R]. AIAA Position Paper, 2006.

[4] Ho Y, Lin T, Hill B, et al. Thermal benefits of advanced integrated fuel system using JP-8+100 fuel[C]//1997 World Aviation Congress, Anaheim, 1997.

[5] Sprouse J G. F-22 environmental control/thermal management system design optimization for reliability and integrity—A case study[C]//26th International Conference on Environmental Systems, Monterey,1996.

[6] Figliola R S, Tipton R. An exergy-based methodology for decision-based design of integrated aircraft thermal systems[R]//2000 World Aviation Conference, San Diego, 2000.

撰稿人：徐国强　闻　洁　孙京川

北京航空航天大学

审稿人：王安正　周燕佩

航空发动机适航与复杂系统安全性

Airworthiness of Aero-Engines and Safety of Complex Systems

1. 背景与意义

适航性是通过设计赋予、制造实现、验证表明、审定接受、维护保持的航空发动机固有属性,其核心科学问题是复杂系统安全性问题。航空发动机适航安全性规定实质上是要求事件发生的可能性或概率的减少与其影响的严重性成正比,见表 1。对于影响严重性最高的一类事件——危害性的发动机影响(hazardous engine effects),相关适航规章要求其发生概率不高于 $10^{-9} \sim 10^{-7}$ 次/飞行小时[1,2]。

表 1 航空发动机复杂系统风险矩阵

发动机适航安全要求		概率/(次/飞行小时)		
		—	$10^{-7} \sim 10^{-5}$	$10^{-9} \sim 10^{-7}$
危害性等级	危害性的	不可接受	不可接受	可接受
	重大的	不可接受	可接受	可接受
	轻微的	可接受	可接受	可接受

然而航空发动机满足上述要求非常困难,主要原因包括:①对于数值如此小的概率要求,无法通过试验证实或证伪;②危害性后果是发动机失效萌生和失效发展综合作用的结果,而现代先进航空发动机是由主流道、空气系统、燃油系统、滑油系统、控制系统等多个子系统组成的高度耦合复杂系统,其载荷演化、损伤演化和危害性事件演化具有强整体、强瞬变、强耦合和强非线性的特点,仅分析失效的萌生和发展过程已经非常困难,而要进一步分析并表明其发生概率满足适航要求更加困难。

1) 表明危害性事件具有极低发生概率

以危害性的发动机影响为例,适航规章要求其发生概率不高于 $10^{-9} \sim 10^{-7}$ 次/飞行小时。若用飞行试验表明发动机符合这一要求,要得到置信度水平较高的结果,则需要累积飞行 10 万年以上。即使用多达 1000 台发动机同时开展试验验证,平均每台发动机也需要 100 年以上的累积飞行时间。因此,用试验表明危害性事件具有极低的发生概率完全不具有可行性。

在现代商用航空运输中，危害性的发动机影响可能同时危及数百人的生命，因此若不能表明危害性发动机影响的发生概率满足适航规章要求，将严重损害公众利益。

2) 航空发动机复杂系统失效萌生分析

失效萌生是载荷演化和损伤演化综合作用的结果。例如，涡轮叶片是发动机热端部件，其外部有高温燃气高速流过，在现代航空发动机中，高温燃气温度超过叶片材料熔点 600K 以上，要保证涡轮叶片安全工作，就必须从叶片内部提供足够的冷却空气，并从叶片表面的气膜孔中喷出，使低温冷却空气覆盖涡轮叶片外表面。因此，在整个发动机运行过程中，冷却空气压力必须总是略大于外部高温燃气压力。在现代高机动航空发动机中，实现这一点并不简单。发动机快加速过程中，燃气压力响应快、冷却空气压力响应慢，燃气压力与冷却空气压力存在相位差，如图 1 所示。0.5s 时，高温燃气压力超过冷却空气压力，这一现象持续 3s，涡轮叶片可能出现高温燃气倒灌现象，超出其安全工作范围，加速损伤，严重时将导致事故。

如果未能掌握载荷演化和损伤演化规律及其背后的物理机制，将无法分析航空发动机复杂系统的失效萌生过程，更无法表明危害性的发动机影响发生概率满足适航要求。

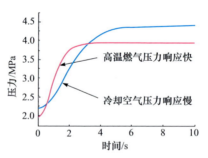

图 1　高温燃气与冷却空气压力演化

3) 航空发动机复杂系统失效发展分析

失效发展过程是指原发失效导致的级联失效过程。以涡轮叶片原发断裂为例，一方面，某个涡轮叶片断裂后，其内冷通道截面会暴露在燃气环境中，相比于完整涡轮叶片，断裂处的流动阻力将急剧减小，这将影响到冷却空气分配规律(图 2)，导致相邻完整叶片的冷却空气供应量下降，进而导致相邻涡轮叶片级联失效。另一方面，即使在定常、对称的边界条件下，冷却空气供应也通常具有非定常、非对称的特征，如图 3 所示。考虑冷却空气供应的这一特征后，涡轮叶片失效的发展规律将更加复杂。

如果未能掌握失效发展规律及其背后的物理机制,将无法分析航空发动机复杂系统的失效发展过程,更无法表明哪些失效可能导致危害性的发动机影响,以及危害性发动机影响发生概率满足适航要求。

2. 研究进展

近几十年来,航空发动机复杂系统安全性机理研究领域划分如图4所示,主要领域包括:失效机理研究和系统安全性研究,分别探索失效萌生规律和失效发展规律。

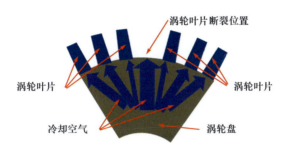

图 2　涡轮叶片断裂对冷气分配的影响

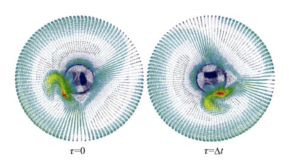

图 3　冷却空气供应的非定常、非对称现象

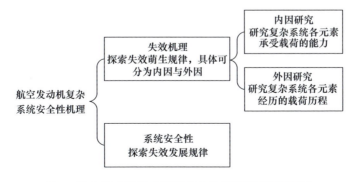

图 4　航空发动机复杂系统安全性机理研究领域划分

失效机理研究一般可分为内因研究和外因研究。其中，内因是指复杂系统各元素承受载荷的能力，常面向局部失效，从材料、疲劳等方面揭示失效机理[3,4]；外因是指复杂系统各元素经历的载荷历程，常面向整个复杂系统，采用解耦的、稳态的、确定性的分析方法[5~7]。

系统安全性研究尝试解决共性系统安全问题，其研究工作多集中于失效传播与发展规律、危险预防措施等方面，以经验分析为主[8]。

3. 主要难点

研究航空发动机适航与复杂系统安全性机理的主要难点如下：

(1) 航空发动机复杂系统失效萌生中的载荷演化规律。航空发动机是"牵一发而动全身"的高度耦合复杂时变系统，任何边界变化、部件可逆形变和不可逆的退化均可能导致各部件载荷峰值及演化过程的非线性偏移。要掌握航空发动机载荷演化规律，就必须掌握各类边界因素、形变因素、退化因素之间的耦合规律及其对载荷演化过程的影响机理。因此掌握多系统耦合的瞬态发动机复杂系统数学模型是解决这一难题的关键。

(2) 航空发动机复杂系统失效萌生中的损伤演化规律。航空发动机关键零部件在复杂多场载荷条件下的损伤演化决定着是否诱发和何时诱发原发失效。由于目前学界尚未准确掌握损伤累积和发展的微观机理，这阻碍了对损伤演化过程的认识，特别是在初始状态不可知、多种复杂时变载荷综合作用下的损伤演化过程。因此掌握初始状态不确定的固体材料在多场时变载荷作用下的能量守恒、结构熵增、变形协调微观和介观机理是解决这一难点的关键。

(3) 航空发动机复杂系统失效发展规律。研究失效发展规律的起点是各类已经发生原发失效的发动机构型，而传统的发动机系统仿真技术都针对完整、正常构型，在传统发动机系统仿真模型平台上，只能研究具有小偏差影响的失效构型。但多数非正常/非完整构型的影响不具有小偏差特征。因此掌握大偏离条件下失效传播机理是解决这一难点的关键。

(4) 表明危害性发动机影响具有极低发生概率。近几十年来，全球民航飞机发动机的累计飞行时长已达 10^9 h 量级，积累了大量的飞行经验。各台份发动机之间型号不同、材料和载荷演化过程也千差万别，因此，从宏观上看，丰富飞行经验的推广空间非常有限。但从微观上看，各台份发动机零部件的微观结构在以各材料类别、主要载荷和损伤状态为坐标轴的高维坐标系下布满一个高维区域，在这一区域边界的包裹范围内，航空发动机复杂系统的安全性已经过大量飞行验证，具有很高的可推广性。因此掌握发动机零部件微观大数据挖掘和相似类比理论是解决这一难点的关键。

参 考 文 献

[1] Department of Transportation. CFR 14 Part 33 Airworthiness Standards: Aircraft Engines[S]. Washington DC: Federal Aviation Administration, 2012.
[2] Department of Transportation. AC33 75-1A Safety Analysis: Guidance Material for 14 CFR 33.75[S]. Washington DC: Federal Aviation Administration, 2007.
[3] Mazur Z, Luna-Ramirez A, Juárez-Islas J A, et al. Failure analysis of a gas turbine blade made of Inconel 738LC alloy[J]. Engineering Failure Analysis, 2005, 12(3): 474–486.
[4] Kermanpur A, Sepehri A H, Ziaei-Rad S, et al. Failure analysis of Ti6Al4V gas turbine compressor blades[J]. Engineering Failure Analysis, 2008, 15(8): 1052–1064.
[5] Alexiou A. Secondary air system component modeling for engine performance simulations[J]. Journal of Engineering for Gas Turbines and Power, 2009, 131(3): 1–9.
[6] Muller Y. Secondary air system model for integrated thermomechanical analysis of a jet engine[C]//ASME Turbo Expo 2008: Power for Land, Sea, and Air, Berlin, 2008.
[7] Walsh P P, Fletcher P. Gas Turbine Performance[M]. Oxford: Blackwell Science, 2004.
[8] Ericson C A. Hazard Analysis Techniques for System Safety[M]. Hoboken: Wiley-Interscience, 2005.

撰稿人：丁水汀　邱　天
北京航空航天大学
审稿人：王安正　周燕佩

航空分布式推进动力系统强耦合流动与控制

Strongly Coupled Flow and Control of Aviation Distributed Propulsion Power System

1. 背景与意义

根据空客公司 2015 年 5 月的预测,民用航空运输市场整体将呈持续增长的态势。但在不断增加民用飞行器规模的同时,一个值得高度关注的问题是飞行器的排放,因为大部分商用飞行器的温室气体排放发生在大气的对流层上部,其带来的温室效应比地面排放大 2～4 倍。为此,开展超绿色飞行器研究,应对环境问题的挑战,适应更加严格的国际法规环境,发展可持续的民用航空产业具有重要的战略意义。

为了达到未来 20～30 年民用客机油耗相对于现役水平降低 1/2 以上、排放和噪声大幅减少达到"超绿色"的发展需求,分布式推进动力系统是目前世界公认最具前景的发展方向[1]。与常规动力布局相比,分布式推进系统具有以下方面的潜在优势:能在满足装机尺寸约束的前提下增大涵道比,从而提高推进效率;能通过对机翼边界层的抽吸和发动机排气系统的合理布置,利用与飞机系统之间的耦合效应提高飞行器升阻比;从安全性来讲,分布式推进可提供更多的动力"冗余",构成了有利于提高安全性的特征;通过机体屏蔽效应和排气速度的降低控制噪声水平;结合清洁燃料和全电动力等新概念的应用,进一步降低排放等。分布式推进系统同时兼有良好的通用性和灵活性,可应用于各种座级的大型民用运输飞机。

分布式推进动力系统由核心机工作产生能源,经传输系统驱动风扇产生推力,如图 1 所示。多个风扇能够有效增大涵道比,提高推进燃油效率,而且风扇的灵活布置使得飞机和发动机两大系统具备有效融合的潜力。分布式推进动力系统的核心是利用飞机-发动机之间的有利耦合,因此必须将飞机和发动机两个系统中存在耦合的部分进行耦合设计和试验,挖掘出分布式推进动力系统的最大潜能,图 2 为目前阶段初步可能提升整机性能的 350 座客机分布式推进系统布局图。

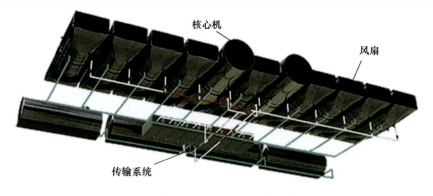

图 1　分布式推进动力系统示意图

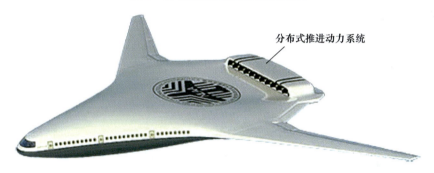

图 2　分布式推进动力系统 350 座客机方案图

分布式动力系统复杂强耦合流动问题正是建立在动力系统进排气与飞机流场耦合的基础上,打破了飞机和发动机之间原有的界面。对飞机而言,动力系统的工作状态对飞机流场起到重大影响或主导作用,飞机气动状态会随动力系统各个状态产生颠覆性变化,飞行控制中需根据不同的发动机状态大幅调节控制规律;而对动力系统而言,飞机的流场条件又反过来影响动力系统的工作,动力系统会吸入飞机边界层,从而加速飞机表面流速,提升整机气动效率的同时也将强畸变进气的难题留给了动力系统;同时,对于发动机的控制,如何降低畸变来流的影响已经是前所未有的难题,在这样恶劣的条件下如何结合飞行控制的需求自如地调整推力更是耦合布局带来的特有问题。

以上这些意味着多年来传统的飞机和发动机分开独立研制的体系会带来长时间飞机和发动机之间的迭代求解,特别需要革新飞机-发动机耦合一体化设计、试验和验证体系,以及民用飞机现行的飞机、发动机独立获取适航证的体制,这些都是对飞机和发动机设计行业的重大挑战。因此分布式推进系统带来的复杂强耦合流动、建模与控制等一系列问题将成为未来几十年内航空业界共同面对的科学难题,具有重要的科学意义。

2. 研究进展

美国和欧盟在 21 世纪初较早启动分布式推进动力系统研究,并持续部署了研究计划。例如,欧洲 CLEAN 计划的目标是验证未来航空发动机的核心技术能够将现行发动机耗油率和二氧化碳排放量降低 20%,一氧化碳排放量比 ICAO CAEP/6 标准降低 15%～20%。而美国国家研究委员会(National Research Council, NRC)于 2006 年发布的绿色航空优先技术牵引了 NASA "N+1"、"N+2"、"N+3" 系列发展计划。各个研究计划均围绕未来航空器,而电力推进或者全电推进的分布式动力推进方法成为解决问题的关键。

然而,分布式动力系统要成为实用的交通工具仍然需要解决一系列问题,如进气畸变条件下的风扇流场影响机理,以及能够统一发动机内部流动与飞机外部流动的气动试验相似理论。

3. 主要难点

(1) 飞机/发动机耦合布局中复杂分布力源下的非定常受控流动建模和流场求解问题[2~4]。低噪声、分布式推进的优选布局是翼身融合布局,其耦合特性表现在飞机气动外形与动力系统的布置及其运行条件紧密耦合、飞机整机气动特性与动力系统布置的强耦合。涉及分布力源内外流场耦合分析建模和动力装置边界条件模拟问题、内外流耦合流场高精度求解问题、飞机/发动机耦合布局非定常受控流动机理问题,以及飞机/发动机耦合布局几何和物理约束参数化问题。

(2) 严重畸变来流条件下边界层吸入风扇的载荷优化与非对称气动和气弹稳定性问题。分布式推进装置需要抽吸机背严重畸变的低速气流来提升整机效率,抽吸机身边界层带来的非轴对称流动,导致了严重畸变下丧失气动稳定性的问题。同时,周期性非定常气动力作用下风扇带来了气弹稳定性问题,固定畸变的影响,导致叶片气动载荷周期性变化,在流动的诱发下导致振动,从而出现流固耦合振动导致的失稳问题。

(3) 飞机/发动机强耦合系统建模和综合控制问题。飞机/发动机强耦合流动作用下,如何识别气动舵面和动力控制装置对飞机各个轴向运动存在的耦合影响,又依据何种形式构建飞机/发动机一体化综合非线性动力学模型成为难点;在强耦合系统模型基础上的如何高效配置和利用全部综合控制能力成为又一个难点。

参 考 文 献

[1] Liu C, Doulgeris G, Laskaridis P, et al. Turboelectric distributed propulsion system modelling for hybrid-wing-body aircraft[C]//48th AIAA/ASME/SAE/ASEE Joint Propulsion Conference & Exhibit, Atlanta, 2012: 2012–3700.

[2] Kok H J M, Mark V, Michel J L. Distributed propulsion featuring boundary layer ingestion engines for the blended wing body subsonic transport[C]//51st AIAA/ASME/ASCE/AHE/ ASC Structure, Structural Dynamics and Materials Conference, Orlando, 2010.

[3] Kim H D, FelderJ L. Control volume analysis of boundary layer ingesting propulsion systems with or without shock wave ahead of the inlet[C]//49th AIAA Aerospace Science Meeting Including the New Horizons Forum and Aerospace Expositon, Orlando, 2011.

[4] 闫万方, 吴江浩, 张艳来. 分布式推进关键参数对 BWB 飞机气动特性影响[J]. 北京航空航天大学学报, 2015, 41(6): 1055–1065.

撰稿人： 陶　智　李秋实　唐　鹏
北京航空航天大学
审稿人： 丁水汀　徐国强

船用大缸径柴油机预混合压燃

Premixed Compression Ignition in Large-Bore Marine Diesel Engines

1. 背景与意义

柴油机预混合压燃概念是 1981 年正式提出的[1,2]，2000 年起成为国内外的热点研究课题。其内涵为：在压缩上止点前，将全部燃料喷入缸内，形成预混合气，将着火相位控制在上止点附近。该方式为多点同时自燃，燃烧快、热效率高，不需要后处理即可实现低排放。三十多年来，主要以车用高速柴油机为对象开展该方式的研究。结合增压和可变气门技术的预混合压燃方式是今后柴油机提高热效率的主要途径之一，已经形成共识[3]，通过预混合压燃方式将柴油机和汽油机统一起来的思想已经初露端倪。阻碍柴油机预混合压燃方式实用化的核心难题是压缩着火相位控制，其次是均质混合气的制备和燃烧速率的控制等关键问题[4]。国际海事组织(International Maritime Organization，IMO)海洋环境保护委员会(Maritime Environment Protection Committee，MEPC)即将在所有排放控制区域(emission control area，ECAs)实行 Tier III 标准，对黑炭的排放控制标准正在研究中，通过船舶能效设计指数(energy efficiency design index，EEDI)和船舶能效营运指数(energy efficiency operational indicator，EEOI)控制 CO_2 的排放。为了满足 Tier III 标准，主要是通过后处理技术、废气再循环技术和双燃料技术来实现。通过开展大缸径船用柴油机预混合压燃实现高效清洁燃烧的研究至今未见报道。

一方面，中低速船用柴油机的燃烧室容积是车用高速柴油机的几十倍甚至过百倍，一个循环投入的燃料量也是车用高速柴油机的几十倍或几十倍以上，而喷射的油束所占缸内空间较小、不同油束之间的最大距离比高速柴油机要大得多，使得预混合气的制备更加困难；另一方面，相对于高速柴油机，中低速柴油机意味着需要更加严格地控制燃烧速率，否则，压力升高率和最大暴发压力会变得非常高。因此开展大缸径柴油机的预混合压燃研究难度要远远超过车用高速柴油机。该课题主要开展缸内气体流动、燃油喷射、油气混合与燃烧研究。课题的开展将会促使人们探索以下内容：①大尺度空间、喷雾所占缸内空间相对小的条件下，促进油气快速混合的新方法、新理论；②中低转速下控制燃烧速率的新策略；③复杂燃料组分的燃烧机理。同时，推动大缸径柴油机的基础测试、模拟与实验研究的进步和柴油机预混合压燃理论的发展。研究成果将会极大地丰富柴油机预混合压燃研究的数据库，对流体力学、传热与传质学、燃烧学的发展做出贡献。大缸径船用柴油机预混合压燃的研究无疑具有非常大的挑战性和重要的科学意义。

2. 研究进展

内燃机预混合压燃研究一开始由两条路线展开：一条是 Onishi 以汽油机为基础提出的吸气行程进气道喷射预混合压燃路线(汽油机变火花点火为压缩着火)，这种方式后来被人们称为均质充量压燃(homogeneous charge compression ignition，HCCI)；另一条是胡国栋以柴油机为基础提出的压缩行程缸内直喷预混合压燃路线(柴油机变扩散燃烧为预混合燃烧)。相对于吸气行程，压缩行程缸内的温度高，因此胡国栋称这种燃烧模式为热预混合燃烧(hot premixed combustion，HPC)。目前普遍把这种模式称为预混合压燃(premixed charge compression ignition，PCCI)。这两条路线的提出预示了将柴油机的压燃和汽油机的预混合相结合，也就是柴油机和汽油机合二为一。

20 世纪 90 年代中期，丰田汽车公司[5]和新 ACE[6]先后应用伞状喷雾开展车用柴油机预混合压燃研究，得到了大连理工大学在 20 世纪 80 年代得到的同样结论。这些年，研究者更多地开展控制压缩着火相位的研究。Gary 等[7]探讨了预混合压燃-直喷(PCCI-DI)相结合的燃烧方式。Bae 等[8]使用两级燃料喷射的方式控制 PCCI 燃烧。Reitz 研究组定义的活性控制压燃(reactivity controlled compression ignition，RCCI)燃烧方式[9]，使用两种不同自燃特性的燃料，在燃烧室内形成优化的燃料活性和当量比分层，以实现 HCCI 燃烧相位的控制和燃烧速率控制。其最新的研究表明，在带有闭环控制的 RCCI 发动机上，可以实现发动机的瞬态工况控制，只是尚未实现传统柴油机燃烧的负荷变化范围。作者近几年先后提出了气体射流、火焰射流和燃料射流控制柴油机预混合压燃相位概念，初步研究表明，该方式能够实现对预混合压燃相位的有效控制。

3. 主要难点

对大缸径柴油机的预混合压燃来说，除小缸径高速柴油机面临的着火相位控制这一核心难题之外，预混合气的制备和燃烧速率的控制也将上升为主要难点。通过采用射流引燃的方法，主动控制预混合压燃的着火相位，对解决柴油预混合压燃中的其他关键问题也很有利。而火焰射流控制压燃相位方法(jet controlled compression ignition，JCCI)[10]对大缸径柴油机来说更为合适。

(1) 通过降低柴油机有效压缩比、进气冷却和排气再循环(exhaust gas recirculation，EGR)等手段，降低压缩终点的温度，使得柴油预混合气不能被压燃。利用火焰射流作为触发，控制柴油预混合压燃的着火相位。大负荷时采用低的进气温度和 EGR 率对燃烧速率进行控制。

(2) 火焰射流引燃燃烧系统具有较高的点火能量，可以扩展柴油预混合压燃的稀薄燃烧范围。火焰射流可以在主燃烧室内产生多个着火点，避免缸内出现火焰传播，不会产生压力波叠加的敲缸现象。由此可见，其具有向高低两个负荷区域扩展的潜力。

(3) 采用新型的燃油喷嘴，结合脉冲燃油喷射，可解决预混燃料在低背压下破碎难题和贯穿距过长的问题；结合缸内气流运动，有望解决预混合气的快速制备难题。

(4) 火焰射流引燃燃烧系统不单纯依靠压缩使得预混合气着火，而是采用火焰射流控制着火的方法，因此对冷启动时的缸内低温并不敏感。

(5) 均质预混合压燃中 HC 和 CO 排放过高的问题，一部分是由低负荷工况下着火困难，燃烧不稳定所造成的。在混合气比较稀薄的情况下，燃烧比通常 HCCI 燃烧更加稳定，可降低 HC 和 CO 排放。

参 考 文 献

[1] 胡国栋. 柴油机燃烧研究的展望[C]//全国大功率柴油机学术年会，北京，1981.

[2] Hu G D. New strategy on diesel combustion development[R]. SAE Technical Paper 900442, 1990.

[3] Xu H M. Present and future of premixed compression ignition engines[J]. Journal of Automotive Safety & Energy, 2012.

[4] Long W Q, Zhang Q, Tian J P, et al. A study of combustion phasing control and emissions in jet controlled compression ignition engines[R]. SAE Technical Paper, 2014: 247–261.

[5] Yanagihara H, Sato Y, Mizuta J. A simultaneous reduction of NO_x and soot in diesel engines under a new combustion system (Uniform bulky combustion system UNIBUS)[J]. JSAE Review, 1996, 17(4): 454.

[6] Takeda Y, Keiichi N. Emission characteristics of premixed lean diesel combustion with extremely early staged fuel injection[C]//SAE Technical Paper: 961163, 1996.

[7] Neely G D, Sasaki S, Leet J A. Experimental investigation of PCCI-DI combustion on emissions in a light-duty diesel engine[C]//SAE World Congress, Detroit, 2004.

[8] Kook S, Bae C. Combustion control using two stage diesel fuel injection in a single-cylinder PCCI engine[J]. SAE International Journal of Engines, 2004, 113(3): 563–578.

[9] Splitter D A, Wissink M, del Vescovo D, et al. RCCI engine operation towards 60% thermal

efficiency[C]//SAE World Congress and Exhibition, Detroit, 2013.
[10] Zhang Q, Long W Q, Tian J P, et al. Experimental and numerical study of jet controlled compression ignition on combustion phasing control in diesel premixed compression ignition systems[J]. Energies, 2014, 7(7): 4519–4531.

撰稿人: 隆武强　田江平　冯立岩　田　华　崔靖晨

大连理工大学

审稿人: 宋恩哲　范立云

高速列车转向架载荷谱

Load Spectrum of High Speed Train Bogie

1. 背景与意义

机械零件与结构的安全服役对于民用及国防诸多领域，如高速列车、航空航天、武器装备、电力、冶金、化工、船舶等重大或重要的机械产品与基础设施，均极具重要性，特别是进入 21 世纪以后，机械产品的安全问题具有前所未有的重要性[1]。截至 2016 年底，我国高速铁路运营里程达到 2.2 万 km，投入运营的动车组总量为 2262 列，占世界高铁总运营里程和动车组保有量的 1/2 以上。转向架作为高速列车走行部，其可靠性和安全性对于高速列车运行安全至关重要。

载荷谱是工程结构强度研究的重要内容，对于结构复杂、载荷工况多样的高速列车转向架，如何建立全面覆盖转向架关键部位损伤并对损伤具有高表征精度的载荷谱，是建立高速列车转向架结构强度设计规范和可靠性试验评定标准的前提，是解决高速列车转向架结构可靠性设计和可靠性评估的科学难题。

高速列车转向架一般由构架、轮对、轴箱、制动系统、驱动系统和其他辅助装置组成。转向架承载高速列车车体，担负着高速列车走行、转向、牵引和制动等功能，是决定高速列车运行安全性和运行性能的关键部件。

高速列车转向架结构中最典型和复杂的结构是转向架构架(图 1)。从结构形式来看，高速转向架构架是典型的框架型结构，属于复杂结构；从承载情况来看，高速转向架构架承受 20 个左右独立载荷，属于多源力系；从载荷激扰有效频宽角度看，其频率与结构弹性固有频率接近甚至重叠，高速转向架构架的载荷-变形行为具有典型的动态特征，属于弹性结构。对于高速转向架构架这样承受多源力系的复杂弹性结构，需要在多源力系识别方法和实际线路载荷测试基础上，结合弹性振动理论、结构疲劳理论、可靠性理论、数理统计理论及载荷谱损伤一致校准，方能建立与实际线路运用损伤一致的载荷谱。

2. 研究进展

载荷谱研究工作最早始于航空业。为获得飞行过程中飞机关键部位载荷以及提高疲劳可靠性，国内外率先开展了飞机载荷谱测试与编制工作，并取得了突出成就[2]；汽车领域[3]和通用机械行业[4]同样进行了载荷谱研究工作。为获得与飞机

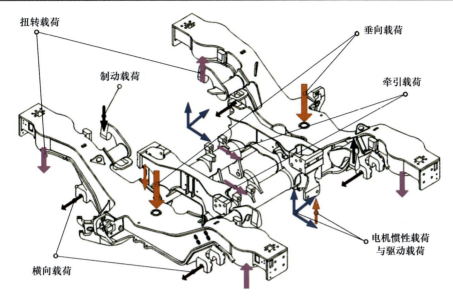

图 1   转向架构架结构及载荷描述

类似的高可靠性，轨道车辆行业于 20 世纪 70 年代开始了载荷谱研究工作。美国铁路协会(Association of American Railroads，AAR)对铁路货车车体和转向架结构开展了大规模的载荷谱试验研究，编制了各种典型铁路货车车型的车体和转向架结构载荷谱[5]，并引入了 AAR 铁路货车结构可靠性设计规范，对 AAR 在铁路货车研发领域长期引领世界发挥了关键性作用。与铁路货车转向架的三大件结构相比，高速列车转向架在结构形式和载荷状况方面要复杂得多，这使得在建立高速列车转向架载荷谱理论上还存在一些难题有待突破。即使是先行研制高速列车的国家，如日本、法国和德国等，高速列车结构载荷谱方面系统性的研究工作也未见报道。我国对高速列车载荷谱的研究工作始于 2007 年，文献[6]对转向架载荷谱编制方法以及结构损伤一致性进行了探索，初步提出了适合于复杂结构载荷谱编制的损伤一致性准则，文献[7]~[10]研究了高速列车转向架载荷谱获取方法，在武广、京沪、哈大等客运专线实现了 CRH3、CRH2 型动车组转向架载荷跟踪测试，初步建立了复杂弹性结构载荷谱普适性编谱理论与方法体系，编制了高速列车转向架构架载荷谱。

3. 主要难点

载荷谱的建立将对提升高速列车设计水平具有良好的理论指导意义，对保证高速动车组长期安全运行发挥重要作用。如何综合考虑不同线路特征、不同速度级、不同车辆运用状态建立普适性的转向架载荷谱；如何建立覆盖全寿命周期转向架关键部位损伤并对损伤具有高表征精度的载荷谱模型，该模型的建立如何考虑高速列车转向架构架设计参数，该载荷谱建模过程中的多目标组合爆炸问题如何进行有效优化；如何将损伤力学及疲劳机理应用到转向架构架结构的多载荷数据统计方法；这些科学问题是高速列车转向架载荷谱建立中遇到的难点，亦是今后载荷谱编谱研究的重点。

参 考 文 献

[1] 国家自然科学基金委员会工程与材料科学学部. 机械工程学科发展战略报告(2011～2020)[M]. 北京: 科学出版社, 2010.

[2] 陈爱维, 高镇同. 二维疲劳载荷谱的编制[J]. 实验力学, 1986, (1): 60–66.

[3] Palma E S. Fatigue damage analysis in an automobile stabilizer bar[J]. Proceeding of the Institution of Mechanical Engineers, Part D: Journal of Automobile Engineering, 2002, (216): 865–871.

[4] Johannesson P. Extrapolation of load histories and spectra[J]. Fatigue & Fracture of Engineering Materials & Structures, 2010, 29(3): 209–217.

[5] 北美铁路协会. AAR 机务标准手册: 货车设计制造规范[M]. 四方车辆研究所, 译. 青岛: 铁道部四方车辆研究所, 2003.

[6] 任尊松, 孙守光, 李强. 高速动车组轴箱弹簧载荷动态特性[J]. 机械工程学报, 2010, 46(10): 109–115.

[7] Zhu N, Sun S G, Li Q, et al. Theoretical research and experimental validation of load spectra on bogie frame structures of high-speed trains[J]. Acta Mechanica Sinica, 2014, 30(6): 901–909.

[8] 王文静, 王燕, 孙守光, 等. 高速列车转向架载荷谱长期跟踪试验研究[J]. 西南交通大学学报, 2015, 50(1): 84–89.

[9] Zhu N, Sun S G, Li Q, et al. Theoretical research and experimental validation of elastic dynamic load spectra on bogie frame of high-speed train[J]. Chinese Journal of Mechanical Engineering, 2016, 29(3): 498–506.

[10] 杨国伟, 魏宇杰, 赵桂林, 等. 高速列车的关键力学问题[J]. 力学进展, 2015, 45: 385–400.

撰稿人：王文静　邹骅
北京交通大学
审稿人：李　强　刘志明

船舶气泡坍塌高速射流冲击

High Speed Jet Impact on Ships due to Bubble Collapse

1. 背景与意义

气泡运动是自然界中广泛存在的物理现象，人们对其的研究和探索从来没有停止过，达芬奇曾观察到较小的气泡在水中上升的路径是一条直线，而较大的气泡则是螺旋式或者之字形上升。现有研究发现较大的气泡上浮时会在气泡后面形成涡，涡的存在会对气泡上浮路径产生扰动，使气泡不再沿直线上浮。有趣的是，在自然界中有一种虾可以发射气泡，利用气泡坍塌生成的强大射流将猎物打晕甚至杀死，从而来猎取食物[1]。

气泡在流体中广泛存在，并且在当代科学技术领域应用中占据重要位置，从而给人类生活带来更多的便利。这种应用非常广泛：在石油的生产和传送过程中注入气泡，以便将重的原油输送到地面；在化学工业里，气-液反应器依靠气泡来增加不同相之间的接触面积；在船舶工业中，通过在舰船表面生成小气泡来起到减小阻力的效果，如图1所示；在海洋中，破碎波浪生成的气泡是二氧化碳吸收的重要来源；在高能物理领域中，科学家利用气泡室来跟踪高能粒子的轨迹；在医学领域，采用在血液中注射微气泡的方法来增加超声波成像的对比度；还有一个非常重要的应用是空化气泡声致发光现象，利用这种现象可以促进高温高压下化学反应的进行，如图2所示。

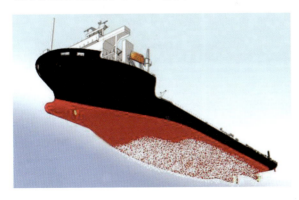

图1 船舶气泡减阻[2]   图2 气泡在声波驱动下发光[3]

在日常生活中接触最多的就是超声波清洗，超声波清洗是利用高频率超声波诱导水中产生气泡群，通过气泡坍塌产生的高速射流剥离被清洗物表面的污垢，从而达到精密清洗的目的；近几年来超声波洗牙得到了广泛关注，这也是超声波清洗的重要应用，甚至一些电动牙刷也有了超声波清洗功能，通过超声波振动口腔内的水、牙膏等液体产生大量微小气泡，在牙齿周围气泡瞬间溃灭产生高压冲击清洁，可去除手动刷牙根本无法去除的牙垢和牙菌斑。

气泡有时候也起到负面作用。水中充满非常小的气泡，称为汽核，当螺旋桨高速转动时，汽核迅速膨胀形成附着在螺旋桨桨叶上降低其升力，进而影响螺旋桨的推进效率，如图3所示。不同形式的气泡可能会周期性地生长溃灭产生射流而剥蚀螺旋桨桨叶，使其寿命变短，如图4所示，因此设计螺旋桨时应使空泡的坍塌尽量远离螺旋桨。水下爆炸产生的气泡在一定范围内会引起结构的局部毁伤，甚至可能引起舰船总纵强度的破坏，如图5所示。潜艇在航行中会产生空泡，空泡在坍塌时产生的噪声对于潜艇的隐身性是很大的挑战。

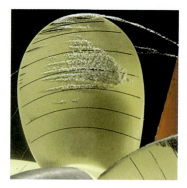
图3　高速螺旋桨桨叶上的空泡群[4]

图4　螺旋桨被空泡剥蚀[5]

图5　水下爆炸气泡引起舰船折断[6]

无论是螺旋桨的剥蚀、超声波清洗,还是水下爆炸,对舰船的毁伤都和气泡高速射流有关。气泡在产生之后会膨胀,然后会收缩并坍塌,气泡内部将会形成一股射流,这股射流产生于气泡一端,并且高速穿过气泡,直到它撞击到气泡壁的另一边,如图6所示。依据不同的边界条件,气泡射流速度会高达数十米每秒甚至数百米每秒。由于气泡在许多领域发挥着不同的作用,对于气泡的研究非常重要,只有了解了气泡的运动学形态和动力学特性才能使气泡发挥正面作用,避免负面的作用,而这些研究的重点就是气泡射流及其对结构的冲击。

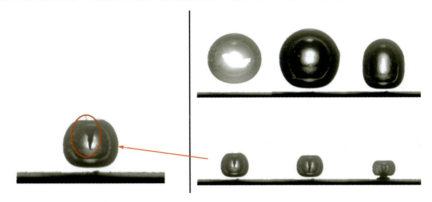

图6 气泡膨胀、收缩、坍塌以及产生射流过程[7]

2. 研究进展

气泡动力学系统的研究从发现螺旋桨受到严重剥蚀的现象开始,分别经历了理论研究、试验研究和数值模拟三个阶段。对气泡脉动最严谨的理论研究是Rayleigh[8]提出的球状气泡理论,他假设球状气泡在不可压缩无界流中运动。Rayleigh 的球状气泡理论在随后近百年的时间内一直沿用,而且几经演化,形成了不同形式的球状气泡理论模型,为理论、试验和数值分析打下了坚实的基础。高速摄像机的出现使人们开始对不同边界附近气泡脉动特性进行了大量的试验研究。试验发现,气泡在不同边界附近运动时会产生不同形式的射流,气泡在刚性壁面附近运动时会产生朝向壁面的射流;气泡在自由面附近运动时,会产生远离自由面的射流;气泡在不同密度液体附近运动时,射流方向取决于流体交界面两侧流体的密度比,当两种液体中一种液体或交界面存在弹性时,在气泡坍塌过程中会有"蘑菇状"气泡形成。随着数值方法的创新和计算机技术的突飞猛进,人们建立了不同的数值模型,对气泡脉动进行数值研究。目前这三种方法仍然是气泡动力学研究的主要方向,针对气泡射流的研究则主要以试验研究和数值模拟为主流。

1) 试验研究

试验研究是气泡动力学研究最直接的手段,辅助高速摄影技术,可以很清晰地捕捉气泡的运动及射流特性,从很大程度上揭示了气泡的坍塌机制。生成气泡的方法主要有三种:药包爆炸、电火花试验、激光泡试验。

(1) 药包爆炸。药包爆炸时大量能量在有限体积和极短时间内快速释放或急骤转化。通常爆炸后会产生高温高压的气体,气泡内部初始温度可高达几千摄氏度,初始压力可达几万个大气压。水下爆炸是一个极其复杂的能量转换过程。但从它对结构的破坏角度来看,可以分为冲击波的产生和传播及爆炸物形成的气泡与周围水的惯性作用两个过程。水下爆炸后首先产生冲击波,其特点是:①压力特别高,在爆心,压力可以达到几千到几万个大气压;②持续时间特别短,一般为毫秒级,且其压力是以指数形式衰减的。爆炸后生成的高温、高压气体做膨胀收缩运动,气泡内部的高压驱使周围的流体以小于声速的速度向外扩散运动,气泡在膨胀后坍塌到最小体积时刻附近流场中会出现压力脉冲冲量与冲击波大小相当的脉动压力,并形成高速射流,会对周围结构造成毁伤,如图7所示,射流冲击底部边界。

图7 药包水下爆炸气泡与底部边界相互作用[9]

(2) 电火花试验。电火花试验是将电极连接在充电电容的两端,通过在水中短路的方法来生成气泡。通常分为两种:一种是高电压打火生成气泡;另一种是低电压打火生成气泡,两者形成的机理不同。高电压打火生成气泡的试验装置一般都是采用不易燃烧的金属钨作为电极,也有使用铜丝作为电极,电容打火电压大多都在千伏以上,主要是利用高压将水击穿生成带电离子通道后,电流通过该通道产生大量的热和高压,推动周围流体周期运动,即气泡脉动,如图8所示。然而,高电压试验装置非常昂贵,并且试验电路的安全性难以保证。低电压打火生成气泡的试验装置则是用熔点较低且较细的铜丝作为电极,由于两根电极接触端的电阻很大,因此短路形成的高电流会在很短的时间内通过高电阻,导致两电极接触点形成很高的温度,使铜丝熔化产生高温高压的气泡。

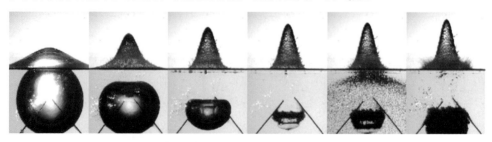

图8 高电压电火花气泡与自由面相互作用[10]

(3) 激光泡试验。虽然电火花气泡有着成本低廉和操作简单的优点,但是由于电火花生成的气泡不是严格球形的,不易于进行机理分析,而红宝石激光生成的气泡可以在水槽中精确定位且生成高度对称的气泡。激光泡生成的机理是:激光器生成具有一定半径的圆柱平行光束的激光,脉冲能量在 1J 左右,平行的激光束通过一定焦距的放大镜后将会把能量聚集到放大镜的焦点上,放大镜的焦点则位于静水中,焦点周围的水在激光的高能量下迅速汽化,生成高温高压的气泡从而形成脉动。关于激光生成气泡的试验研究从 Lauterborn 的早期文献中可以看出[11],其通过激光生成的气泡对到刚性边界不同距离的气泡进行了详细的试验研究,并且对射流速度进行了详细测量,更是兴奋地认为激光生成气泡的方法是空化物理学中的一个重要工具,并且将会在水空泡和声空泡之外开辟一个新的领域,成为"光空泡",激光生成气泡如图 9 所示。

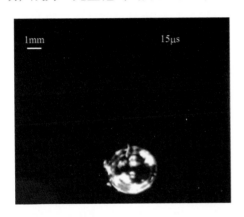
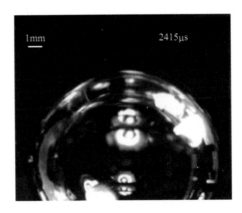
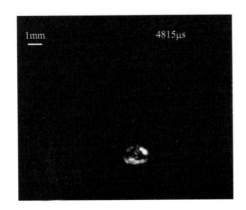
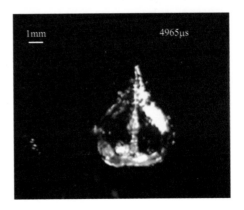

图 9 激光产生的气泡(纯净、尺度小)[12]

2) 数值模拟

在气泡动力学数值模拟研究中，应用最广泛的当属基于势流理论的边界积分方法。较早的应用边界元方法对气泡模型进行求解的是 Blake 和 Gibson[13]，他们基于不可压缩势流理论建立了自由面附近气泡运动的数值模型，采用耦合边界积分空间解的时间积分模型，研究了距离自由面不是很近(一个最大半径距离)的气泡产生和溃灭，数值结果与试验结果吻合很好。然而，当气泡在射流穿透前后，流场由单连通域变为多连通域，原来的气泡动力学模型不再适用。Wang 等[14]采用一种切割技术，将气泡从单连通区域转变成双连通区域，并且在气泡内部布置涡环来模拟气泡的环状阶段，只需要保证涡环位于气泡内部即可，这种方法很容易推广到三维气泡的环状气泡模型，得到了广泛应用。近年来，该方法得到了很大的发展，计入了流场的弱可压缩性、黏性修正、表面张力、多连通域等效应。

在气泡问题的求解过程中，除边界积分方法以外，还有有限体积法(FVM)、欧拉有限元法(EFEM)、光滑粒子法(SPM)等域的方法。每种方法都有自身的优点和缺点，边界积分方法只通过交界面来区分流体和气体，使它的计算效率非常高，但边界积分方法假设流体是势流，而在如何定义模型的黏性和气泡拓扑结构改变上受到了限制，而域的方法则可以避免上述局限。虽然这些方法尚不成熟，但随着数值模型的改进及计算能力的提升，会是非常有希望的一种方法。

3. 主要难点

(1) 气泡脉动过程中能量的耗散特性。气泡运动试验中，由于能量耗散效应气泡经过多次脉动体积逐渐减小，流场可压缩性、气泡内外部的热传导效应、物质沿气泡表面的输送等均会影响气泡能量的耗散，采用何种有效的模型对其机理分析仍然是难点。

(2) 气泡坍塌射流冲击载荷测量与计算。气泡的研究至今经历了一个多世纪的历程，研究发现气泡坍塌过程中可以产生数百米每秒的高速射流，高速射流对周围结构造成严重毁伤，但是迄今为止，人们难以精确分析气泡坍塌后的高速射流载荷。

(3) 气泡运动的不稳定性。气泡在坍塌至最小体积的过程中，其表面会出现褶皱，这种褶皱的出现导致气泡在后期的运动中不稳定，容易产生破碎。何种原因导致的这种不稳定性，采用何种数学模型对其进行分析仍然有待解决。

参 考 文 献

[1] Prosperetti A. Bubbles[J]. Physics of Fluids, 2004, 16(6): 1852–1865.
[2] 倪宝玉. 水下粘性气泡(空泡)运动和载荷特性研究[D]. 哈尔滨: 哈尔滨工程大学, 2012.
[3] Suslick K S, Flannigan D J. Inside a collapsing bubble: Sonoluminescence and the conditions

during cavitation[J]. Annual Review of Physical Chemistry, 2008, 59: 659–742.
[4] Lohse D. Bubble Puzzles[J]. Physics Today, 2003, 56(2): 36–41.
[5] Blake J R, Gibson D C. Cavitation bubbles near boundaries[J]. Annual Review of Fluid Mechanics, 1987, 19: 99–123.
[6] Webster K G. Investigation of Close Proximity Underwater Explosion Effects on a Ship-like Structure Using the Multi-material Arbitrary Lagrangian Eulerian Finite Element Method[D]. Virginia: Virginia Polytechnic Institute and State University, 2007.
[7] Zhang A M, Cui P, Cui J, et al. Experimental study on bubble dynamics subject to buoyancy[J]. Journal of Fluid Mechanics, 2015, 776: 137–160.
[8] Rayleigh L. On the pressure developed in a liquid during the collapse of a spherical cavity[J]. Philosophical Magazine, 1917, 34: 94–98.
[9] Zhang A M, Wang S P, Chao H, et al. Influences of initial and boundary conditions on underwater explosion bubble dynamics[J]. European Journal of Mechanics B: Fluid, 2013, 42: 69–91.
[10] Zhang S, Wang S P, Zhang A M. Experimental study on the interaction between bubble and free surface using a high-voltage spark generator[J]. Physics of Fluids, 2016, 28: 032109.
[11] Lauterborn W, Bolle H. Experimental investigations of cavitation-bubble collapse in the neighborhood of a solid boundary[J]. Journal of Fluid Mechanics, 1975, 72: 112–115.
[12] Koukouvinis P, Gavaises M, Supponen O, et al. Numerical simulation of a collapsing bubble subject to gravity[J]. Physics of Fluids, 2016, 28: 032110.
[13] Blake J R, Gibson D C. Growth and collapse of a vapour cavity near a free surface[J]. Journal of Fluid Mechanics, 1981, 111: 123–140.
[14] Wang Q X, Yeo K S, Khoo B C, et al. Strong interaction between a buoyancy bubble and a free surface[J]. Theoretical and Computational Fluid Dynamics, 1996, 8: 73–88.

撰稿人：王诗平　张阿漫

哈尔滨工程大学

审稿人：乔英杰　陶春虎

瞬态冲击载荷作用下船海复杂结构物中应力波传播

Propagation of Stress Wave in Complex Marine Structures under Transient Impact Load

1. 背景与意义

结构在动态加载作用下的响应分析通常分为两个部分：结构中应力波响应和后期稳态振动响应，有的学者称为短期效应和长期效应。在分析结构中应力波响应时，假定结构的构型还没有变化，即不考虑结构的稳态振动响应；而研究结构的整体稳态振动时，就不考虑结构早期的应力波响应，实际上是将结构的早期应力波响应和后期的稳态振动响应孤立地来分析。而对于结构从早期局部应力波响应到后期整体振动响应的演化过程很少见诸文献，对于非常复杂的船体结构方面的研究几乎为零。如何借鉴热力学的科学思想来研究复杂结构应力波传播问题，可以说是一个尚未解决的问题。

冲击载荷输入到结构中的能量在早期只分布在结构很小的一个范围。然后，输入能量以应力波的形式传播至结构其他部分。经过若干次的反射、折射、散射，以及应力波与应力波之间的相互作用，最后结构响应达到某种意义的稳态，表现为结构总体和局部振动。上述过程在目前很难进行理论分析，但类似的问题在热力学中早已进行了深入研究，外界能量输入到某热力学系统局部并使温度上升，随着时间推移，能量逐渐传播至系统其他部分，最后整个系统温度相同，达到整体范围内的稳态。

2. 研究进展

首先，阐述熵理论在各学科中的推广应用。众多学者针对很多学科领域进行了熵推广的研究。熵[1~3](entropy)这一概念最早由克劳修斯于 1865 年提出，用来进一步描述热力学第二定律的实质。通过熵这一状态量，热力学第二定律得到量化。在此之后，为了真正了解熵的本质，玻尔兹曼对熵做了统计解释，熵的物理意义可表述为：熵是系统混乱程度的度量。熵的微观物理意义的确立使得这个最初从宏观热力学循环引出的物理量广泛应用于各种科学领域。1948 年香农将统计熵作为基本组成部分推广应用于信息理论中，给熵以新的意义——信息熵[4~6]，以表示系统的不确定性。到目前为止，熵已经在数学、化学、宇宙学、生物学、信息论、流体力学、结构损伤识别等方面得到了成功应用。根据克劳修斯、玻尔兹曼、香农等提出的熵理论体系，孤立系统的熵永不减少，所发生的不可逆过程总是朝着熵增加的方向进行，即熵增过程。

3. 主要难点

由于外载荷作用，结构中所产生的应力波通过传播过程中的弥散、反射、透射、折射和波形转换的作用扩散至整个结构，最后使得整体结构响应达到均衡。显然这个过程是不可逆过程。从统计物理学的观点来看，结构中应力波的传播就是一个不可逆的、朝着混乱程度增加方向发展的过程，即熵增过程。因此，拟在热力学框架下，使用统计物理学的工具，来分析结构从早期应力波响应到后期稳态振动间的演化过程，期望能够从一个新的角度来看待结构中能量的传播，以实现对此过程有一个全新的认识。

其次，阐述结构动力学系统熵的物理意义和稳态判定条件。前人不同领域的研究中总结出了属于各自领域的熵的定义，并且给出熵达到极大是评判各种目标系统达到稳态的判定条件。因此结构响应熵不仅要满足熵的基本物理含义，其极大值还要能合理地评判结构动力学稳态响应，这要比热力学中熵的概念复杂得多。主要原因如下：①船体结构未受冲击处于静止状态，熵为极小值；冲击发生后，进入熵增过程，并且在某一时刻达到最大值；然后在阻尼的作用下，系统最终停止响应，重新回到熵极小值的状态。这与热力学熵的物理意义有很大区别，这个现象与相关学者提出的"物理场熵"及其自发减小理论有类似之处。②热力学达到平衡态的物理判定条件是系统内部各个部分的温度达到均衡。而结构达到稳态时呈现出由结构固有特性所决定的多阶振型以与其相对应的各阶频率振动，这显然要比热力学稳态复杂得多，结构熵的定义必须要合理考虑各阶固有振动。在热力学中，从系统初始状态到熵的极大状态所经历的过程称为弛豫过程，该过程持续的时间称为弛豫时间。在船舶冲击响应问题中，人们关心的是应力波响应向振动响应过渡的时间，来合理判定冲击动弯矩的最大值，排除应力波响应阶段的干扰信号，目前关于船体结构瞬态冲击响应的弛豫时间几乎没有研究。

参 考 文 献

[1] 张玉梅. 玻尔兹曼熵和克劳修斯熵的关系[J]. 江西科学, 2005, 23(5): 602–604.
[2] 张东辉. 应用于非线性热传导方程的格子玻尔兹曼方法[J]. 计算物理, 2010, 27(5): 699–704.
[3] 陈木凤. 一种改进的格子玻尔兹曼方法及其在流固耦合传热问题中的应用[J]. 汕头大学学报, 2015, 30(4): 3–13.
[4] 张春涛. 基于信息熵优化相空间重构参数的混沌时间序列预测[J]. 物理学报, 2010, 59(11):

7623–7629.

[5] 艾延廷. 基于融合信息熵距的转子裂纹-碰摩耦合故障诊断方法[J]. 航空动力学报, 2013, 33(11): 47–53.

[6] 冯欣. 基于小波信息熵的分布式振动传感系统的扰动评价方法[J]. 光学学报, 2013, 28(10): 2161–2166.

撰稿人：郭　君

哈尔滨工程大学

审稿人：乔英杰　陶春虎

深海孤立内波流场

The Flow Field of the Internal Solitary Wave in Deep Sea

1. 背景与意义

海面的起伏称为表面波，人们可以轻易地观察到海面的起伏和波动。周期为几秒到十几秒，振幅一般为几米，波长是几十米到几百米。

但是海洋中不仅存在看得见的表面波，还存在看不见的内波。海洋内波是密度稳定层结的海洋水体内部的波动。它是一种重力波。这种波动很缓慢。内波的振幅通常为几米至几十米甚至上百米，周期为几分钟至几十小时，波长为近百米至几十千米。由于海水分层，内波出现时，如果上层的密度跃层较浅，那么内波会产生流的影响，流速一般较强，水面航行的船只会发生明显的减速现象。另外，内波的传播会导致海水等密度面的波动，使声速的大小和方向均发生改变，对声呐的影响很大，有利于潜艇在水下的隐蔽，在军事上有很重要的研究意义。由于对密度跃层的观测困难，研究的进展很慢。即使目前，观测上也只能获得非常有限的海洋内波信息。

在我国南海北部海域，包括 1500～3000m 的深水区，内波运动十分频繁，尤其是频繁出现而且难以预测的大振幅内孤立波导致的强剪切流，对潜水器作业、海上钻井平台等都造成严重威胁。

内波，尤其是大幅强非线性内孤立波，对于水下航行体的安全具有严重威胁。据解放军报报道，南海舰队 372 号基洛级潜艇在 2014 年初执行战备远航期间遭遇特殊的海洋内波发生意外下沉情况，导致艇内管路爆裂漏水，动力舱进水 1/8、失去动力，但全艇官兵修复潜艇后坚持完成战备巡逻任务，中央军委为此给 372 潜艇记集体一等功。

遭遇特殊内波的潜艇绝不止 372 号一艘。1963 年 4 月 10 日，美国长尾鲨号核潜艇在马萨诸塞州海岸线 350km 外突然沉没，艇上 129 人无一生还。事后分析，该艇下沉的可能原因是潜艇在水中航行时突然遭遇强烈内波，因迅速下沉超过潜艇最大安全下潜深度，耐压壳破裂被毁。

通过海洋实测的手段获得完整的内孤立波流场是非常困难的，目前仅能获得某些定点竖直剖面上的信息。因此需要开发一套准确的数值模型，它首先能考虑海水密度沿水深的连续变化,还要包含以下三个功能:既能预测南海内波的生成、大尺度传播变形,又能给出潜水器作业区域的大幅内孤立波的准确流场信息(速度场、压力场),最终能计算潜水器在遭遇大幅内孤立波时的运动响应,从而能为潜水器、海上钻井平台安全作业提供预警。

2. 研究进展

从内波生成、传播的角度(大尺度计算)而言,国外 Marshall 等开发的 MITgcm 模型[1]具有广泛的应用。国际上很多学者基于 MITgcm 模型开展了大量的内波研究工作。然而潜水器等海洋装备内波航行时,从安全角度进行计算分析,需要的是小尺度范围内(作业范围内)遭遇到的内波流场信息,并不关心远方的内波传播变形问题。

从内波流场精细预报角度来讲,关于内波的 KdV 理论、扩展 KdV(eKdV)理论等没有完全考虑非线性项的影响,只适用于非线性较弱的情况。而潜水器内波航行关心的主要是大幅内孤立波,是强非线性内波的情形。因此必须使用强非线性的水波模型才能准确地描述这些大幅的内孤立波,从而保证潜体和立管载荷分析的合理性。两层流体间大幅内孤立波的研究,广泛应用的是 Miyata-Choi-Camassa(MCC)模型[2]。MCC 模型是弱色散性强非线性的内波模型,对强色散性内波并不适用,而海洋中最下层的水体水深较深、密度基本不再变化,恰恰属于强色散性内波。Zhao 等开发的高级别两层层析内波模型[3],对于强色散性强非线性内波可以准确模拟,计算指定波高的内孤立波的波形、波速、速度场和压力场。实际海洋中海水密度沿水深方向是连续变化的,海水是连续分层的,不是简单的两层流体,很多学者进行了研究,提出了大量的内波模型,如三层流体内波模型(每层流体中的密度都是常数)、密度连续变化的三层流体内波模型(允许每层流体内的密度沿水深可以线性变化)、多层内波模型[4](每层内密度是常数,通过增加层数,可以逼近任意密度变化形式)等。

关于潜水器内波航行的水动力性能计算方面的研究,上海交通大学尤云祥教授课题组[5]、解放军理工大学魏岗教授[6]、哈尔滨工程大学段文洋教授等都开展了相关研究,分析了预设内波环境下的潜水器运动响应。目前并未见到使用我国南海真实的内波环境流场进行潜水器的运动响应分析的研究工作。这也正是设立本科学难题的依据。

上述三个方面的理论研究,目前有实际应用的理论研究,只有关于内波大尺度传播的理论研究。中国科学院侯一筠研究员的研究团队使用 MITgcm 模型对我国南海北部内潮进行模拟与研究[7]。中国海洋大学陈学恩教授研究团队也使用国外开发的 MITgcm 模型在我国南海内波问题上做了大量研究工作,模拟了南海内波的生成、传播过程。但是上述研究并未应用到潜水器内波航行的安全预报中[8]。

国内外关于内波大尺度传播、内波精细流场、潜水器内波航行这三方面的研究没有紧密结合。

潜水器内波航行的研究一般侧重潜水器运动响应分析，内波多采用两层流体间的弱非线性或弱色散性内波模型。内波大尺度传播的研究侧重内波的生成、传播变形问题，没有为潜水器作业提供精细的流场信息。内波精细流场研究虽然能够给出精细流场信息，但是在实验室预设条件下开展的物理试验研究，相关数值研究经过了物理试验的验证，下一步应该与大尺度内波传播研究相结合。

3. 主要难点

我国南海内波大尺度传播的研究、内波精细流场研究、潜水器内波航行的研究没有紧密结合，相关学者需要了解另外两个研究方向的需求和研究手段，开展跨领域跨学科的合作。首先，我国南海内波大尺度传播研究学者给出潜水器作业区域将要遭遇的内波高度。之后，内波精细流场研究学者根据潜水器作业区域的密度分布等信息，以及内波大尺度传播研究学者给出的内波传至此区域的内波波高信息，利用精细内波模型，给出潜水器作业区域的完整准确的内波流场信息。最后，潜水器内波航行水动力性能研究的学者根据准确的南海真实海洋流场信息，计算潜水器在遭遇内波时的运动响应，为潜水器内波安全航行服务。

参 考 文 献

[1] Marshall J, Hill C, Perelman L, et al. Hydrostatic, quasi-hydrostatic, and nonhydrostatic ocean modeling[J]. Journal of Geophysical Research: Oceans, 1997, 102(C3): 5733–5752.

[2] Grue J, Jensen A, Rusås P O, et al. Properties of large-amplitude internal waves[J]. Journal of Fluid Mechanics, 1999, 380(380): 257–278.

[3] Zhao B B, Ertekin R C, Duan W Y, et al. New internal-wave model in a two-layer fluid[J]. Journal of Waterway, Port, Coastal, and Ocean Engineering, 2016, 142(3): 04015022.

[4] Liu P L, Wang X. A multi-layer model for nonlinear internal wave propagation in shallow water[J]. Journal of Fluid Mechanics, 2012, 695(3): 341–365.

[5] 杜明明, 尤云祥, 魏岗. 有限深两层流体中水波与水平圆柱潜体的相互作用[J]. 水动力学研究与进展, 2007, 22(5): 573–582.

[6] 魏岗, 吴宁, 徐小辉, 等. 线性密度分层流体中半球体运动生成内波的实验研究[J]. 物理学报, 2011, 60(4): 352–358.

[7] 李明杰. 南海北部内潮的三维模拟与研究[D]. 北京: 中国科学院研究生院, 2012.

[8] Li D, Chen X, Liu A. On the generation and evolution of internal solitary waves in the northwestern South China Sea[J]. Ocean Modelling, 2011, 40(2): 105–119.

撰稿人：赵彬彬

哈尔滨工程大学

审稿人：乔英杰　陶春虎

载运工具结构失效的蝴蝶效应

Butterfly Effects in Failure of Transportation Equipment

1. 背景与意义

长寿命高可靠性是载运工具的关键指标，载运工具的失效不仅会造成巨大的经济损失，也会危及公共安全。载运工具的失效在物理本质上是材料的失效，材料及其制品在服役环境作用下出现腐蚀、老化、磨损和断裂，引发产品或工程项目过早失效甚至引发灾难。在研究和生产过程中，人们常常会发现所制备的不同批次的材料在成分、组织结构和力学性能方面没有明显差别，但随着时间演化，其寿命有数倍甚至数量级的差异，而且有时候查不到原因，很难重复。调查表明[1]，我国腐蚀老化造成的损失高达 GDP 的 5%，预防和控制材料及其制品的过早失效具有重要的经济效益和社会效益。

失效是指材料在经过某些物理、化学过程后(如载荷作用、材料老化、温度和湿度变化等)发生尺寸、形状、性能的变化而丧失了规定的功能[2]。如果说，社会发展史是一部不断与失败作斗争的历史，则材料发展史是一部不断与失效作斗争的历史。失效分析的意义主要有：①防止事故再发生；②提高产品的可靠性；③促进新材料和新结构的研发；④事故责任的法律认定。因此，失效分析作为一门综合性学科，不仅对社会稳定和国民经济发展起到保障促进作用，而且对新材料的研发和新产品的开发更有工程价值和理论意义。

材料失效及预防已经受到广泛关注和深入研究，但材料中的痕量元素或极小的结构改变对材料服役性能造成的影响，即材料失效的蝴蝶效应还缺乏系统深入的理论支撑和试验积累。同时表征测试技术的局限性和试验研究的周期性等原因使该主题的研究滞后于实际工程需要。经常存在这样的情况：不同设备的关键零部件，其材料在成分、组织结构及力学性能方面都没有明显不同，但在耐蚀性以及寿命方面却有巨大差异。可以将这种现象称作材料失效的蝴蝶效应，即微小差异(变化)随时间演化往往会导致整个系统的巨大连锁反应。只要找出影响这种效应的初始微小差异是什么，就可为制备优良性能的材料提供理论依据。

材料是人类文明的物质基础和先导。在实践中，按用途把材料分成结构材料和功能材料。结构材料主要是利用其强度、韧性、力学及热力学等性质。功能材料则主要利用其声、光、电、磁、热等性能。对于一个复杂的载运工具系统,即含有结构材料又包含功能材料,研究其在初始条件下,材料成分、组织结构微小的变动或者偏差对未来服役造成的巨大不同,具有极为重要的科学意义和工程价值。

2. 研究进展

弹簧作为载运工具关键部件之一,疲劳寿命是其核心指标。在工程实践中,对弹簧钢进行微合金成分优化改进,在其他工艺不变的情况下,只是钛含量(质量分数)从百万分之九十降低到百万分之六十,弹簧钢疲劳寿命就从约 4 万次增加到约 20 余万次。B 是一种廉价化学元素,既能提高钢的淬透性又能提高耐蚀性。在生产过程中确保百万分之三到四固溶形式存在的 B 元素就能显著提升淬透性和耐蚀性。

另外,载运工具用高强钢"氢脆"是又一个典型例子。微量氢对材料力学、化学性能的巨大影响。在冶炼、加工、储存、运输以及在使用过程中都会有氢产生并进入材料内部,从而对材料的力学、化学行为产生影响,百万分之一到二的氢可使超强度钢的力学性能降低一个数量级。对 1500~2000MPa 的超高强度钢,百万分之一左右的氢,经过长时间(从几小时到几年)的滞后,材料性能会逐渐劣化,最后在远低于屈服强度的应力就会发生脆断,即氢脆,如果材料热处理不当导致材料强度过高,则即使远小于百万分之一的氢,也会导致材料的氢脆。微量的氢对材料的化学性能也有巨大影响。百万分之一到二甚至更低浓度的氢,就会对奥氏体不锈钢和双相不锈钢的点蚀产生严重影响,但对其成分、组织结构以及力学性能都不会产生影响。无氢的无间隙原子(interstitial-free,IF)汽车钢板经 10min 中性盐雾试验刚刚出现锈斑,含氢的则已发生全面锈蚀[3];无氢的 310 奥氏体不锈钢在质量分数 6%的 $FeCl_3$ 溶液浸泡 150h 无点蚀发生,含有微量氢后在 2min 内即发生点蚀[4];无氢的 2507 双相不锈钢在 6%的 $FeCl_3$ 溶液中浸泡一个月不发生点蚀,含氢的则在几天内发生严重点蚀[5]。在高温高压水和辐照损伤等复杂严酷的核电特殊环境中,百万分之几或十亿分之几的痕量 Pb、Zn、H 等元素就会对核电材料的腐蚀和应力腐蚀行为产生数量级的影响[6,7],这种微量元素影响可以看作材料失效蝴蝶效应的典型案例。

3. 主要难点

研究载运工具结构失效的蝴蝶效应时主要难点在于:①载运工具系统由复杂的材料体系构成,在一个复杂材料体系中判断哪一类或者哪一种材料失效导致系统崩溃本身就是一个艰难的过程,加之系统中不同材料与结构之间的相互影响规律非常复杂;②由于痕量的元素成分或者极其细微的结构在现有的表征手段下比较难以分辨，同时建立痕量的元素和结构差异与宏观的材料失效之间的关联需要一个较长的试验周期；③各级管理及技术人员常采用替换失效结构而不愿意分析揭示失效机制，不能为预防攻进提供支持。

载运工具是一复杂体系，其性能不仅与材料成分、组织结构有关，也与设计和制造有关。微小的成分差异、热处理不同、制造缺陷、表面划伤，随着服役时间延长，这些微小的差异会慢慢演化，逐渐放大，最后导致整个结构失效，造成巨大的经济损失和潜在的公共安全事故。以上的共性问题启发人们研究其他影响材料性能的微小因素，从而研发出高性能材料，为制造出长寿命、高可靠性载运工具打好坚实的材料基础。

参 考 文 献

[1] 干勇, 等. 材料延寿与可持续发展战略研究[M]. 北京: 化学工业出版社, 2015.

[2] 师昌绪. 材料大辞典[M]. 北京: 化学工业出版社, 1994.

[3] Yang Q, Qiao L J, Chiovelli S, et al. Effects of hydrogen on pitting susceptibility of type 310 stainless steel[J]. Corrosion, 1998, 54(8): 628–633.

[4] Guo L Q, Liang D, Bai Y, et al. Effects of hydrogen and chloride ions on automobile interstitial-free steel corrosion[J]. Corrosion, 2014, 70: 1024–1030.

[5] Guo L Q, Bai Y, Xu B Z, et al. Effect of hydrogen on pitting susceptibility of 2507 duplex stainless steel[J]. Corrosion Science, 2013, 70(3): 140–144.

[6] 乔培鹏, 张乐福, 刘瑞琴, 等. 压水堆条件下锌对奥氏体不锈钢腐蚀性能的影响[J]. 原子能科学技术, 2010, 44(6): 690–692.

[7] Staehle R W. The minerals metals and materials society//Proceeding of the 11th Internation Conference on Environmental Degradation of Materials in Nuclear Power Systems, Warrendale, 2003.

撰稿人：乔利杰　庞晓露
北京科技大学
审稿人：陶春虎　乔英杰

空间高精度定位、导航、授时系统

High Precision Positioning, Navigation and Timing System in Space

1. 背景与意义

空间的高精度定位、导航、授时(positioning, navigation and timing, PNT)是指在宇宙空间探测任务中,依据航天器不同任务阶段所处环境的具体特点,通过对各种导航、通信和测控技术的智能组合实现在深空环境中任意时间、地点的不间断精确导航、定位与授时,是深空探测任务顺利实施的重要保障。由于深空环境的特殊性,目前在卫星、火箭等传统航天器中广泛使用的定位、导航、授时手段应用于深空探测任务时存在多方面的局限性,有必要开发适用于深空探测的空间高精度 PNT 系统。

地球是人类的摇篮,但人类不可能永远生活在摇篮之中,因此开展对地外空间的探测是人类发现新物质、增加新知识、了解生命起源、宇宙形成等问题的必然途径,也是未来拓展人类生存空间的基础[1]。通过对深空中各种航天器位置、姿态和时间信息的高精度测量与获取,不仅有助于人类更好地掌握探测器状态,而且为航天器通过深空中的自主 PNT 独立开展各类探测任务提供了可能,从而可显著拓展人类在宇宙空间的活动范围。

传统的航天器导航定位主要依靠地面的无线电及光学跟踪测量技术,通过测量出航天器相对地面基准站的导航信息并与星历数据进行融合运算得到航天器准确的位置、速度等信息,但是该导航方式严重依赖频繁的器-地通信和持续的人工操作,并不适用于远离地球的深空探测任务。因此相比近地任务,深空探测从精度、实时性、自主性等方面对航天器的 PNT 能力提出了更高的要求:首先深空探测器需要在深空环境中进行多次大范围机动变轨才能到达目的地,必须对探测器的姿态、位置和速度进行高精度测量才能满足控制需求;其次,探测器远离地球之后与地面测控站的通信存在较大的时间延迟,为保证探测器的生存能力,要求飞行器具备实时获取位置、速度及时间信息的能力;此外,未来空间中航天器的 PNT 系统还需具备较强的自主能力及人工智能特性,以在人工无法及时介入的情况下保证飞行器的生存能力。

2. 研究进展

为满足人类未来深空探测任务需求，目前世界各航天大国均在积极探索空间高精度PNT技术，主要技术途径及研制进展如下：

(1) 开发新一代航天器PNT系统体系，包括允许任意导航传感器组合方案能够快速集成、重新配置的软件架构，更高效精准的滤波算法，更强容错性的抽象方法等，在现有惯性测量、天/地基测控、全球导航卫星系统(global navigation satellite system，GNSS)数据的基础上，将深空中天体引力、磁场、星历等数据模型纳入融合导航架构，为未来空间探测平台提供强健无缝的PNT解决方案[2]。目前美国国防部高级研究计划局(Defense Advanced Research Projects Agency，DARPA)已发布了以新一代PNT系统为目标的全源导航定位(ASPN)研制计划，计划于2020年之前完成具备实用价值的新一代PNT体系。

(2) 开发具有更高精度和稳定度的自主导航敏感器件(如时钟源、惯性测量器件等)，为长时间的深空探测任务提供高精度的自主导航支持。DARPA的Micro-PNT和芯片级组合原子导航仪(chip-scale combinatorial atomic navigator，C-SCAN)项目即体现了该思路，Micro-PNT计划的重点是发展可实现长时间高精度自主导航的芯片级惯性导航与精确制导技术，而C-SCAN项目则试图建立一套新型的基于原子等级的惯性导航微系统，其测量精度、长期偏差和比例因子稳定性等性能指标远高于目前可用的惯性测量系统[3]，目标是实现体积小于$8mm^3$，功耗小于1W的授时与惯性测量装置，预计时钟万秒频率稳定度在目前10^{-13}的基础上再提高1~2个数量级，角度随机游走小于$0.0001°/h^{0.5}$，偏差稳定性优于$10^{-7}°/h$，速度随机游走优于$10^{-5}m/(s \cdot h^{0.5})$，偏差和比例因子漂移达到千万分之一，包括芯片级原子钟技术、微尺度冷原子技术、芯片级核磁共振陀螺、基于冷原子干涉测量的惯性测量技术等在内的前沿技术为开发具有更高稳定度的自主导航敏感器件提供了可能[4]。

(3) 建立并完善行星系级别的深空测控与导航体系，具体来说是在行星之间的宇宙空间内设置可独立工作的测控基站，并组成深空测控与导航网络，为执行深空探测任务的航天器提供PNT服务，该技术可大大扩展人类太空活动的范围，为深空探测提供精确、可靠的导航和通信保障。目前，美国国家航空航天局空间通信体系结构工作组(Space Communication Architecture Working Group，SCAWG)正在开展空间通信与导航体系总体架构规划与建设，以满足2030年以前美国国家航空航天局所有的空间探索和科学研究任务对通信与导航的需求，该体系架构可涵盖太阳系内、外的各类航天任务，该体系主要由4部分组成：地基地球单元、近地中继单元、月球中继单元和火星中继单元，这些单元通过一体化的网络结构紧密连接，采用开放式架构设计，可扩展为太阳系级别的星际网络，允许用户从一个单元无缝过渡到另一个单元,该体系架构内的所有单元都能为用户航天器提供无线电外测跟踪业务。未来在该网络体系的支撑下,美国的空间探索、科学和应用航天任务将遍及整个太阳系。我国目前也正在开展包括天地基测控通信网、深空测控网以及天地一体化信息传输系统的研究和论证工作,可以依据我国的实际国情和任务需要,提早谋划和布局,建设与我国航天事业发展相匹配的星际测控网络[5]。

(4) 开展适用于深空环境的新型导航技术应用研究,目前最具应用前景的新型自主导航技术当属 X 射线脉冲星导航,脉冲星是高速旋转的中子星,某些毫秒级脉冲星可以用作天然高精度的频率标准源,因此可以据此建立毫秒脉冲星时(PTens)。PTens 的长期稳定度随观测时间的加长而提高,其精度与原子钟至少相当,同时具有寿命长、稳定、可靠、不需要维修等优点。X 射线脉冲星自主导航的基本原理是航天器在轨实时接收来自空间不同方向的 X 射线信号,并测量到达光子的时间、强度、流量和相对于航天器的方位,通过与星上保存的脉冲星星图(包括几何和物理特征)比较,获得航天器的位置、姿态与时间。同时脉冲星导航技术在工程实现上具有对导航硬件要求低、自主性好(不依赖人工信标)、精度高等优点,是一种理想的深空探测自主导航技术。2011 年,美国国家航空航天局以 X 射线脉冲星自主导航技术为基础,联合美国大学空间研究联合会启动了"空间站 X 射线计时与导航技术试验"项目,计划使用美国 AMPTEK 公司的硅漂移探测器构建单个有效面积为 $2000cm^2$、时间分辨率达 200ns 的探测阵列;德国马克思·普朗克研究院地外物理研究所于 2012 年宣布正在研发基于脉冲星的宇宙飞船导航系统,目前正处于算法验证及建库数据摸索中;此外,英国、印度、日本和澳大利亚也提出了 X 射线脉冲星导航研究与发展规划,开展关键技术攻关和试验验证研究[6]。

3. 主要难点

深空探测具有飞行距离远、飞行时间长、太空环境未知因素多等特点,尤其是在远离太阳系的深空探测中,通过上文所述的技术手段实现空间高精度 PNT 还面临多方面的困难:星际空间引力场、磁场等作为导航信息源还没有可靠的数学模型支撑,且多种干扰因子(如等离子体、杂光等)缺乏准确模型,难以通过算法补偿;新一代原子级自主导航敏感器件还没有完全解决小型化、可靠性、制造工艺等工程应用问题;行星系级别的深空测控与导航网络的组建与维护成本巨大,深空探测器可用于数据传输的能源有限,且存在巨大的空间链路损耗和超远距离空间通信时延,影响通信容量和实时性;以 X 射线脉冲星导航为代表的各类新型导航技术虽然已得到初步试验验证,但还需进一步解决技术成熟度及工程应用问题；还有深空探测任务持续时间长，所经历的环境和探测对象存在较强的不确定性等诸多因素，均对实现空间高精度 PNT 构成了巨大挑战。但随着人类持续的研究探索，必将能够解决上述难题，寻找到理想的空间高精度定位、导航与授时解决方案。

参 考 文 献

[1] 欧阳自远, 李春来, 邹永廖, 等. 深空探测的进展与我国深空探测的发展战略[J]. 中国航天, 2002, (12): 28–32.

[2] 郭丽红, 李洲. 美国国家天基 PNT 概况[J]. 全球定位系统, 2011, 36(5): 85–90.

[3] 刘春保. GPS 受限条件下的 PNT 服务[J]. 卫星应用, 2013, (4): 44–49.

[4] United States Air Force Scientific Advisory Board. Operating next-generation remotely piloted aircraft for irregular warfare[EB/OL]. http: //info. publicintelligence. net/USAF-Remote Irregular Warfare. Pdf[2013-02-23].

[5] 张更新, 潘汉校. 深空探测与行星际互联网[C]∥2011 中国卫星应用大会, 北京, 2011.

[6] 李黎. 基于 X 射线脉冲星的航天器自主导航方法研究[D]. 长沙: 国防科学技术大学, 2006.

撰稿人：郎鹏飞
中国运载火箭技术研究院
审稿人：谢泽兵 代 京

广域振动条件下的机车车辆结构疲劳失效与评估

Fatigue Failure and Its Assessment of Railway Vehicle Structures under a Wide-Ranged Vibration Condition

1. 背景与意义

尽管工程结构的振动疲劳失效问题已经得到广泛重视,但由于问题的复杂性,铁路机车车辆结构的振动疲劳失效问题一直是人们长期期待解决的问题。随着我国高速铁路的迅猛发展,不同地区、不同气候条件和不同速度等级的高速铁路网的建成和运营对列车的安全问题要求日益严格。这些复杂环境和条件下的铁路机车车辆振动疲劳失效问题涉及广域(宽频段、宽应力,多环境、多因素等)振动条件下的结构疲劳失效,目前还远未能得到很好的解决,还需要进行深入而系统的试验和理论研究[1]。

广域条件(具体指宽频段、宽应力、风沙雨雪环境以及不同部件和不同结构间的传递涉及的多场耦合和多因素等)下的结构振动疲劳失效分析及其寿命评估是机械和力学领域研究的热点和难点问题,相关研究涉及机械强度、结构动力学和疲劳与断裂力学等学科领域。既涉及材料的细微观失效机理分析,又涉及铁路机车车辆结构的整体响应以及不同时间和空间尺度下的性能关联,极具挑战性。相关问题的研究对于促进机械和力学等相关学科体系的拓展具有重要的科学意义;同时相关研究为实际铁路车辆的安全性评价提供了坚实的理论基础,具有突出的实际应用价值。

2. 研究进展

近年来,结构疲劳问题已经得到广泛关注,针对不同的结构,结合不同的服役条件和环境,已经对工程结构建立了众多较为有效的分析方法和寿命预测模型,解决了较多工程问题[2,3]。然而,对于高速列车广域条件下的结构振动疲劳失效分析及其寿命评估,已有的研究还涉及不多[1],相关的疲劳失效问题还远未得到解决,列车运营的安全事故还时有发生,亟待开展系统而深入的研究。已有研究[1]主要涉及铁路机车车辆动应力(或动载荷)的检测以及在试验研究的基础上结合损伤等效原理建立的基于损伤一致性原则的疲劳寿命评估方法研究等。这些研究成果的取得为广域条件下的铁路机车车辆疲劳失效分析和评价提供了坚实的试验和理论基础，同时使得考虑广域条件引起的特殊性和新问题而建立相应的广域振动疲劳失效评估理论成为可能。

3. 主要难点

(1) 广域条件下的振动频响特性获取。结构振动疲劳失效分析的前提条件是准确获取铁路机车车辆结构及其主要零部件在实际服役条件下源于轮轨激励和气流激励的振动频响特性。尽管针对某些特定的服役环境和服役条件已经获得了铁路机车车辆结构的振动频响特性数据，而对于宽频段、宽应力，多环境、多因素(包括温度、湿度和腐蚀以及多场耦合和多尺度传递等)广域条件下的结构，振动特性还需要进行大量的数据积累和数据挖掘[1]。

(2) 广域振动条件下铁路车辆结构疲劳失效试验及机理分析。广域振动条件下的铁路机车车辆结构疲劳失效机制分析又是一个需要在已有研究的基础上着力突破的问题。结构疲劳失效机制的研究是开展结构疲劳失效寿命预测和评估的基础[2]。然而对于结构甚至结构材料的疲劳失效问题，由于其时间上和空间上的多尺度效应，目前仍未得到很好的解决，因此广域振动条件下的结构疲劳失效机制还需要从结构材料的疲劳失效源头出发，开展系统而深入的试验和理论研究。在此基础上，进一步通过必要的结构振动疲劳试验和数值仿真分析，深入探究铁路机车车辆结构在不同频段、不同应力水平以及不同环境条件下的疲劳失效机制。

(3) 广域振动条件下铁路车辆结构疲劳寿命预测和评估。广域振动条件下的铁路机车车辆结构疲劳寿命的预测和评估更是一个极具挑战性的研究。材料和结构的疲劳失效是一个涉及疲劳裂纹萌生、长大以及疲劳裂纹扩展的复杂过程[3]：一方面是一个从纳秒、微秒级的缺陷形成到秒、分和小时的微裂纹萌生再到数十、数百小时甚至数年、数十年的裂纹长大与扩展过程的跨时间尺度(跨越十几个时间尺度量级)问题；另一方面也是一个从纳米、微米级的缺陷和微裂纹尺寸到毫米、分米级的宏观裂纹形成的跨空间尺度(跨越近十个空间尺度量级)问题。尽管空间跨尺度问题目前已经得到了一定的发展，但跨时间尺度的问题还远未形成较为成熟的理论体系和实现方法，因此对于结构疲劳失效寿命的预测和评估是一个任重而道远的问题。尽管如此，在不深究结构疲劳失效的时间和空间跨尺度本质的前提下，从解决具体的实际问题出发，也可以采用传统的结构疲劳失效寿命评估方法[3]，考虑广域振动条件下铁路机车车辆结构疲劳失效的特殊性，结合试验和必要的理论分析对广域振动条件下的铁路机车车辆结构疲劳寿命进行评估。例如，可以建立基于实测动应力的铁路机车车辆结构振动疲劳失效的寿命评估方法。该方法至少应包括以下几个重要环节：①基于振动频响特征和时域特征的等效疲劳载荷谱建立方法；②仿真计算和台架试验的载荷谱施加方法；③基于广域振动条件的疲劳寿命评估方法。

(4) 广域条件下振动控制方法的建立。基于广域振动条件下的铁路机车车辆结构疲劳失效机制和寿命评估方法的研究成果，建立防止机车车辆结构振动疲劳失效的振动控制方法是解决这一问题的根本保证。因此有必要结合广域振动条件下结构疲劳失效机制的研究成果，在已建立的疲劳寿命评估方法的基础上，开展诱发结构振动疲劳失效的敏感频率、敏感载荷和敏感环境等分析，从而进行结构振动疲劳失效的主动控制，通过主动的结构优化避开敏感频率、敏感载荷和敏感环境，防止结构振动疲劳失效的发生。

综上所述，广域振动条件下的铁路机车车辆结构疲劳失效与评估既是一个亟须解决的工程问题，又是一个涉及众多理论创新的基础科学问题，需要从基础理论体系、基本评价方法和防护措施等方面多角度、多维度、多层次来进行全方位的研究，在基础研究和实际应用两方面取得突破。

参 考 文 献

[1] 杨国伟, 魏宇杰, 赵桂林, 等. 高速列车的关键力学问题[J]. 力学进展, 2015, 45(1): 217–460.
[2] 姚卫星. 结构疲劳寿命分析[M]. 北京: 国防工业出版社, 2003.
[3] Schijve J. Fatigue of Structures and Materials[M]. Dordrecht: Springer, 2009.

撰稿人：康国政
西南交通大学牵引动力国家重点实验室
审稿人：张卫华　李　强

材料-构件-整车性能的关系问题

Integrated Relationships between the Performances of Materials, Components and Railway Vehicle

1. 背景与意义

铁路机车车辆一经制造成型就具备了内在的、特定的服役性能，这些性能的好坏取决于铁路机车车辆所用材料和各个零部件本身的性能以及整车的装配过程，也决定了铁路机车车辆的使用寿命。因此实现铁路机车车辆的材料-构件(零部件)-整车性能一体化评价是获得优良服役性能和超长服役寿命铁路机车车辆的重要保证。要实现材料-构件-整车性能的一体化评估，首先必须充分揭示材料性能、构件行为和整车服役性能之间的内在联系，深入研究材料-构件-整车之间的性能传递关系，建立整车服役性能评价的一体化方法。然而，相关研究还非常匮乏，需要大力开展。

材料-构件-结构整体性能的传递和集成关系研究是大型和复杂结构强度及安全评估领域的研究热点与难点问题，相关研究涉及材料、机械和力学等学科领域，是一个涉及多学科交叉融合的科学问题。同时材料-构件-结构整体性能的传递关系研究又涉及不同几何尺度、不同协同关系，需要进行多尺度、多维度的分析和探究，极具挑战性。因此相关问题的研究对于促进不同学科间的交叉与融合具有重要的科学意义；同时相关研究成果也为实际铁路车辆的整车性能评价提供了坚实的理论基础，具有很高的工程应用价值。

2. 研究进展

近年来，工程结构的材料-构件-结构整体性能的传递关系和一体化评估研究已经逐渐得到人们的关注，针对不同的结构，结合不同的服役条件和环境，已经对工程结构建立了一些较为有效的分析方法和评估模型，解决了一些工程问题[1,2]。然而，对于高速列车车辆结构的材料-构件-整车性能的传递和集成关系的研究还涉及不多，相关的问题还未得到解决，亟待开展系统而深入的研究[3]。

3. 主要难点

1) 材料-构件-整车性能的传递和集成关系的分析

众所周知，材料的服役性能是通过标准试样在均匀的应力应变场条件下获得的，在考虑各个零部件的服役性能评价时，必须要考虑零部件内由承受的载荷形式和几何形状与尺寸的变化造成的非均匀应力应变场对其服役性能的影响，对材料的服役性能参数进行必要的修正，建立材料和零部件之间满足服役性能评价一致性的等效方法[1]。这一步相对来说有比较成熟的理论和方法可以参考，如目前的构件疲劳分析中经常采用的局部应力应变法和等效应力法等[2]。然而，零部件和整车之间的服役性能一体化评价等效方法是一个未得到解决的、复杂的关键问题。零部件和整车服役性能之间的传递必然涉及复杂的、形式众多的装配关系，即需要考虑复杂的各类界面关系对服役性能传递的影响；另外，不同材料之间的性能匹配和等效问题也是一个亟待解决的关键问题[3]。针对这些问题，目前还没有系统的理论和方法对此进行深入的探讨和合理的评价。因此需要结合零部件和整车试验、大规模数值模拟和理论分析方法，考虑不同的界面形式对性能传递的影响以及不同材料之间具体的等效计算方法和试验方法，进行系统而深入的研究，构建材料、零部件和整车服役性能一致性评价的等效方法。

2) 材料、零部件和整车服役性能一体化评价等效方法的建立

了解了材料、零部件和整车服役性能之间的传递关系，建立了材料、零部件和整车服役性能一体化评价的等效方法，这就为保证铁路机车车辆整车服役性能而进行的材料、零部件和整车服役性能一体化构建方法的建立提供了研究基础。在材料、零部件和整车服役性能一致性评价的等效方法的基础上，可以自上而下地结合整车服役性能的要求。首先对不同零部件根据其不同的功能和不同的服役状态，利用服役性能的等效方法进行构造；然后，结合零部件和材料之间的关联，考虑不同材料的服役性能，进行材料的选材和制备，进而完成材料、零部件和整车之间的一体化构造，建立一体化构建方法，保证机车车辆优良的整车服役性能。

高速列车的材料-构件-整车性能一体化评价方法的建立是一个系统工程。相关研究既涉及铁路机车车辆用众多材料的力学行为和服役性能的基础性试验和理论研究，又涉及各种复杂界面关系对各级零部件间服役性能传递的影响，同时涉及整车的大规模服役性能评价体系和方法的构建，极具挑战性。特别是针对考虑各种界面关系下的服役性能传递理论和分析方法方面的研究，目前还未见较多的文献报道，需要进行深入的基础理论研究和分析方法构建。

参 考 文 献

[1] Schijve J. Fatigue of Structures and Materials[M]. Dordrecht: Springer, 2009.
[2] 姚卫星. 结构疲劳寿命分析[M]. 北京: 国防工业出版社, 2003.
[3] 杨国伟, 魏宇杰, 赵桂林, 等. 高速列车的关键力学问题[J]. 力学进展, 2015, 45(1): 217–460.

撰稿人：康国政
西南交通大学牵引动力国家重点实验室
审稿人：李 强 陶春虎

轨道车辆振动行为与控制问题

Vibration Behaviour and Control of Railway Rolling Stock

1. 背景与意义

由于线路及车辆本身的结构特点,车轮沿轨道运行时因轮轨的相互作用,在垂向及横向均会产生复杂的振动(图1),这些振动经悬挂系统传至转向架和车体,直接影响旅客的乘坐舒适性,甚至影响车辆的运行安全。车辆系统的振动不仅与线路状态有关,而且与车辆本身结构和悬挂参数密切相关[1]。如何减小车辆系统的振动,提高车辆运行安全性和改善车辆乘坐品质,是车辆系统动力学关注的焦点问题。

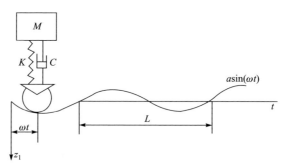

图 1 车辆系统振动示意图

设车轮沿上下呈现正弦变化的轨道运行,其输入 $z_t = a\sin(\omega t)$,其中,ω 为激振频率,该值与轨道正弦不平顺波长 L 和车辆运行速度有关[1]。

车体强迫振动的方程可写为

$$M\ddot{z} + C\dot{z} + Kz = Ca\omega\cos(\omega t) + Ka\sin(\omega t) \tag{1}$$

通过对方程(1)求解,可得到振幅放大系数 β_1,即车体振幅 B 与线路波形幅值 a 之比:

$$\beta_1 = \frac{B}{a} = \frac{\sqrt{1+4D^2r^2}}{\sqrt{(1-r^2)^2+4D^2r^2}} \tag{2}$$

式中,$D = \dfrac{C}{2Mp}$ 为阻尼比,$p = \sqrt{\dfrac{K}{M}}$ 为自振频率,C 为悬挂部件的阻尼,K 为悬

挂部件的刚度，M 为车辆质量；$r = \omega/p$ 为频率比。

车体加速度放大系数的表示式为

$$\beta_2 = \beta_1 r^2 = \frac{B\omega^2}{ap^2} = \frac{r^2\sqrt{1+4D^2r^2}}{\sqrt{(1-r^2)^2+4D^2r^2}} \tag{3}$$

图 2 和图 3 分别为振幅放大系数 β_1 和加速度放大系数 β_2 与频率比 r 之间的关系。当轨道波长一定时，激振频率 ω 与车辆运行速度成正比，因此 r 也与速度成正比。由图可见，当 $r=\sqrt{2}$ 时，在所有阻尼比下，振幅放大系数 $\beta_1 = 1$，也就是车体振幅大小与线路波形波幅一致，加速度放大系数也为一固定值，$\beta_2 = 2$。在 $r < \sqrt{2}$ 范围内，减振器阻尼越大，车辆强迫振动振幅和加速度越小，而 $r > \sqrt{2}$ 时的情形正好相反。

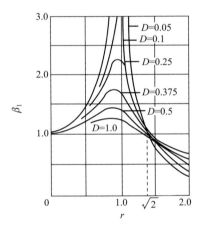

图 2 振幅放大系数与频率比的关系

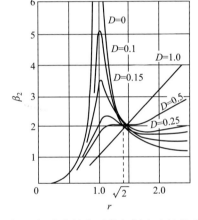

图 3 加速度放大系数与频率比的关系

不同等级线路的激扰成分是不相同的，即使同一条线路，当车辆运行速度发生变化时，线路固定波长的激扰频率也发生变化。因此要使一种悬挂参数的车辆适应不同的线路和不同的运营速度是很难的。以某车为例，采用不同轨道谱来分析车辆振动传递规律[2]，图 4 是在美国 5 级谱、德国高干扰谱、低干扰谱激扰和京津城际铁路轨道谱作用下的车辆振动响应加速度功率谱密度。从图中可以看出，在不同的轨道谱激扰下的车辆振动响应是不相同的，因为车辆的传递函数对不同频率的轨道不平顺激扰的响应程度是不相同的。这便给车辆振动行为的控制带来了挑战。

2. 研究进展

轨道车辆运行平稳性性能的好坏主要取决于各部件相互之间的减振效果。减振方式一般可分为被动减振、半主动减振和主动减振。被动减振悬挂系统由弹性元件和阻尼元件组成，系统工作时并不需要外界能源，只是耗散或暂时储存能量(图 5)。其振动特性仅与悬挂元件的相对运动有关，与外部激扰并无直接的联系。为了在提高车速的同时能够保证列车的安全和舒适，需将被动悬挂系统进行优化设计。在实际工程应用中主要通过错频设计，使车辆常用运营速度范围内不出现共振点[3]，这样就需要对不同环境和不同速度的车辆悬挂系统进行不同设计，因此被动悬挂系统适应环境的能力较差。

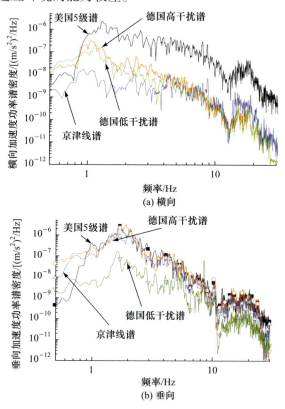

图 4 车辆在不同激扰谱激扰下的振动响应

被动减振的悬挂阻尼与刚度参数一经选定，无法实时调节，因而对不同线路的适应能力较差，半主动悬挂系统可以缓解这个问题。半主动悬挂系统由三个部分组成，其中包括传感器技术、执行机构、控制算法。通过对控制算法的研究可以随时调节和控制执行机构减振器的阻尼值。在列车的实际运行过程中，会碰到各种各样的线路激扰，位于列车悬挂系统上的实时传感器可以检测列车所处的环境和自身状态，传感器得到这些实时记录到的数据后将其传送到列车悬挂系统的处理器中进行运算处理，通过精密的计算可以得出减振器应该提供的阻尼值，并将这个最佳的阻尼值,通过执行机构作用在正在行驶的列车上,从而有效地提高列车的抑制振动控制能力(图 6)。所以对半主动悬挂系统控制方法的研究成为列车悬挂技术关键中的关键,直接关系到列车抑制振动效果[4,5]。由于在半主动状态下改变系统的刚度非常困难,目前的研究实际上仅限于对悬挂系统阻尼的控制,加之半主动悬挂控制的时滞特性,目前在轨道车辆的应用过程中体现出来的优势并不明显。

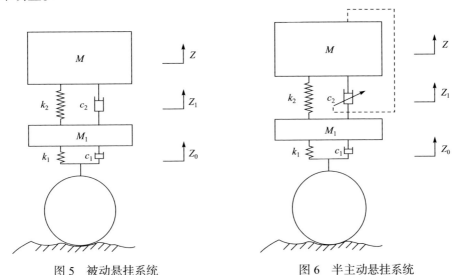

图 5　被动悬挂系统　　　　　图 6　半主动悬挂系统

由于被动悬挂和半主动悬挂自身的弱点,改善轨道车辆系统振动的效果有限,于是主动悬挂的概念提了出来。主动悬挂系统包括外界能源输入系统、作动器、被动悬挂测量及传感系统和反馈放大系统,结构框图如图 7 所示。机车车辆在悬挂系统普遍采用两级悬挂,其中主动悬挂应用于机车车辆时,在车体和转向架间安装作动器,根据车体的振动信息来控制该作动器的阻尼力,进而降低车体振动。主动悬挂系统由于自身具备作动器,可以通过外界能量产生阻尼力,保证了阻尼力满足输出的要求,从而可充分抵消列车在实际运行过程中遇到的不同外界干扰输入。通过这种方法就可以将悬挂系统调整到最佳的抑制振动状态,从而使列车有更好的平稳性[6]。

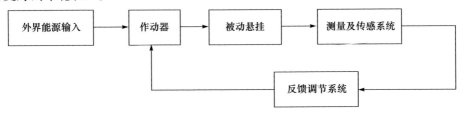

图 7　主动悬挂系统结构框图

3. 主要难点

虽然主动悬挂是缓解轨道车辆振动、改善车辆乘坐品质的非常有潜力的发展方向[6]，但在执行器和控制策略方面具有如下难点：

(1) 随着电子技术及智能材料的出现，全新的性能更好的执行器不断出现，如直线伺服电机、电磁蓄能器，带液压马达控制防侧倾杆系统都是研发热点和难点。

(2) 针对目前执行器本身的缺点，如果能在执行器的响应速度、能耗、重量及体积、成本及集成度等一项或多项上有较大提高，都会显著利于主动悬挂的普及。

(3) 关于非线性段控制算法和提高算法鲁棒稳定性的研究。解决这些问题可以从多方面下手，一是继续研究新的控制算法；二是寻求多种控制算法的复合方法，克服单一算法的局限性。

参 考 文 献

[1] 严隽耄. 车辆工程[M]. 北京: 中国铁道出版社, 2006.
[2] 池茂儒, 张卫华, 曾京, 等. 轨道车辆振动响应特性研究[J]. 交通运输工程学报, 2007, 7(5): 6–11.
[3] 杨建伟, 黄强. 铁道客车横向振动半主动控制技术[J]. 机械工程与自动化, 2006, (2): 160–162.
[4] 刘宏友, 曾京, 李莉. 国内外半主动悬挂系统的研究及应用综述[J]. 国外铁道车辆, 2012, 49(6): 13–18.
[5] 陈维通, 曾京, 黄彩虹. 基于压电作动器的高速列车车体弹性振动主动控制[J]. 铁道车辆, 2012, 50(11): 1–6.
[6] 名仓, 宏明. 日本全主动悬挂控制装置的最新研究动向[J]. 国外铁道车辆, 2015, 52(3): 9–14.

撰稿人：曾 京 池茂儒 张卫华 罗 仁
西南交通大学牵引动力国家重点实验室
审稿人：侯卫星 黄 强

汽车结构共用与多目标协同控制

Structure Sharing and Multi-Target Coordinated Control of Vehicle

1. 背景与意义

汽车结构共用是研究利用同一物理结构实现汽车多个系统功能的一种思想方法。在传统汽车向智能汽车升级的过程中，需要集成大量的传感、通信、控制及机-电-液设备，设备的叠加集成容易造成部分硬件功能重复与结构冗余。通过合并重复功能的结构，实现结构共用，能简化系统的组成，提高资源利用率。汽车硬件系统集成之后，系统中个别硬件在不同使用环境中可能表现出不同的功能用途，通过拓展其在不同子系统中的功能应用，能在不增加系统结构的情况下，提高系统的综合性能。

举例说明，在智能电动汽车纵向跟车运动控制中，前向雷达探测前车距离和相对速度，不仅能用于汽车的主动安全控制，还可用于能量管理优化与节能驾驶控制。根据雷达探测到的前车距离和相对速度，建立集成了跟车运动的广义汽车纵向动力学模型，提出包括汽车安全性、节能性、舒适性的综合性能指标，采用动态优化的控制方法，对汽车的综合性能进行多目标优化控制，能够实现汽车的多目标协同控制，进而实现汽车安全、节能、舒适综合性能的最优。

结构共用概念的引入，对智能汽车的结构集成优化与多目标控制提出了新的挑战，亟待寻求新的理论与方法去研究。

结构共用的思想蕴含结构与功能的映射关系以及物理结构功能多元性等科学问题。在复杂机电系统中运用结构共用，能够优化结构组成、提高资源利用率、降低设计制造成本，这对追求轻量化的电动汽车来说更有意义。在智能电动汽车中运用结构共用与多目标控制的方法，将实现以较低的资源成本达到整车系统功能和综合性能的优化，这对于降低整车成本并提高系统性能，推动未来汽车技术的进步，并为其他制造产业的集成优化设计提供理论和方法基础，具有非常重要的意义。

2. 研究进展

结构共用的思想源于程序设计，其利用结构共用的方法对复杂算法代码进行精简，以压缩所占的内存空间，并提高代码运行效率。之后，结构共用作为一种结构优化设计的方法，逐渐延伸到部分具有简单结构的产品设计当中，如压力传感器等[1~3]。到目前为止，应用结构共用方法对复杂机电系统进行优化设计的基础理论方法研究还比较少。国外有印度学者 Chakrabarti 在 2001 年国际工程设计会议上提出了设计中的共用思想，并将结构共用归结为四类共用思想方法之一，其余三项分别为：功能共用、功能冗余和多模式集成[4~6]，如图 1 所示。该学者分别于 2004 年和 2007 年发表文章对结构共用的方法进行了阐述，但仅停留在机械产品的设计和评价层面，也没有发现其后续研究的文献。

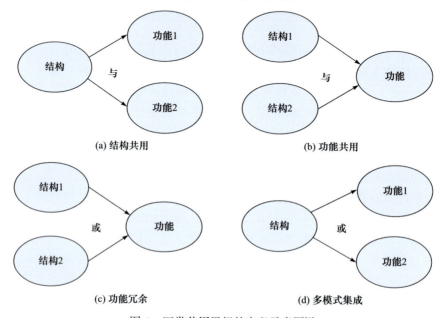

图 1　四类共用思想的定义示意图[1]

2006 年，清华大学李克强教授首次将结构共用的概念引入汽车领域，并对结构共用及其在智能环境友好型车辆中的应用进行了论述，为未来汽车的发展提供了崭新的思路[7]。现代汽车不仅是重要的机电产品，更是高新技术的载体，特别是随着汽车向智能化、电动化和网联化方向发展，将越来越多地集成大量的传感、通信、控制及机-电-液设备，成为一种典型的复杂机电系统。汽车的结构共用方法是在汽车系统集成设计中，不改变其某硬件主体结构的前提下，充分利用该硬件蕴含的物理特性(包括信息流、能量流和机械本体)实现系统多个功能或拓展其功能在不同子系统中的应用，进而提高系统综合性能的理论方法。例如，在智能电动汽车中，拓展雷达在不同子系统中的功能应用，不仅可用于汽车的主动避障控制，也可用于能量管理优化，雷达的这种结构共用提高了汽车的综合性能，也为汽车多目标协同控制提供了硬件基础。

汽车多目标协同控制是针对整车性能优化的综合控制需要提出的控制方法，主要解决两个基本问题：一是"人-车-路"广义机械动力学行为建模及分析；二是整车多目标及多系统协同的动力学综合控制。其中，"人-车-路"广义机械动力学行为分析及系统建模是实现整车最优性能、进行综合协同控制的基础，其着眼于驾驶员反应机理、汽车动力学及效率特性、道路交通环境特征及"人-车-路"相互耦合的作用机理及系统综合建模问题[8]。汽车多目标及多系统协同的动力学控制，通过综合优化安全、舒适、节能与环保等多目标，协调整车驱动、制动、转向、悬挂等多系统，实现汽车综合优化的性能。近年来，清华大学汽车安全与节能国家重点实验室以智能混合动力汽车为对象，开展了自适应巡航的多目标控制，取得了一定进展，初步解决了多目标非线性协调、多系统离散切换和多能源经济耦合的问题[9]。

3. 主要难点

汽车结构共用是针对汽车智能化、电动化、网联化的集成需要提出的新概念，旨在实现以最低的资源成本达到最多的系统功能和优化的综合性能，这对于提高资源利用率和提升汽车综合性能具有重要意义和实用价值。但是，目前应用结构共用思想对复杂机电系统进行优化设计的基础理论、方法和技术应用研究还比较少。如何根据汽车综合的性能要求和复杂的系统集成需要，分析其结构与功能的映射关系，创建汽车结构共用理论、方法及技术体系，是当前的主要研究难点之一。

复杂交通环境下，由驾驶员、汽车和道路组成的"人-车-路"广义机械动力学系统，通过相互耦合、关联和反馈作用，形成一个有机整体。如何在复杂交通环境下，对由驾驶员、汽车和道路组成的广义机械动力学系统以及新型清洁能源动力系统、电控化底盘系统组成的耦合系统进行动力学特性与产生机理分析，研究该系统的不同领域统一建模理论与方法，寻找和建立统一、柔性的广义机械动力学系统模型，使其准确表达跨领域的耦合机制以及系统的全局特性，也是研究难点之一。

汽车的安全、节能、环保、舒适等多个性能目标之间往往存在相互制约的约束条件和耦合关系。如何基于驾驶员特性、当前汽车与交通环境状态，制定符合驾驶员预期的安全、舒适、节能与环保的多目标优化函数，提出多性能目标协同控制优化方法，并解决控制实时性、鲁棒性和稳定性问题，也是当前研究的主要难点。

参 考 文 献

[1] Ulrich K. Computational and Pre-parametric Design[D]. Cambridge: Massachusetts Institute of Technology, 1988.

[2] Sessler G M. Silicon microphones[J]. Journal of the Audio Engineering Society, 1996, 44(1-2): 16-22.

[3] Chakrabarti A, Johnson A, Kiriyama T. An approach to automated synthesis of solution principles for micro-sensor designs[C]//11th International Conference on Engineering Design, Tampere, 1997.

[4] Chakrabarti A. Sharing in design: Categories, importance and issues[C] // The 13th International Conference on Engineering Design, Glasgow, 2001.

[5] Chakrabarti A. A new approach to structure sharing[J]. Journal of Computing and Information Science in Engineering, 2004, 4(1): 11–19.

[6] Chakrabarti A. A method for structure sharing to enhance resource effectiveness[J]. Journal of Engineering Design, 2007, 18(1): 73–91.

[7] Li K, Chen T, Luo Y, et al. Intelligent environment-friendly vehicles: Concept and case studies[J]. IEEE Transactions on Intelligent Transportation Systems, 2012, 13(1): 318–328.

[8] 陈涛. 智能环境友好型车辆及其自适应巡航控制[D]. 北京: 清华大学, 2012.

[9] 李升波. 车辆多目标协调式自适应巡航控制[D]. 北京: 清华大学, 2009.

撰稿人： 罗禹贡　解来卿

清华大学

审稿人： 李克强　边明远

可重复使用航天运载器

Reusable Launch Vehicle

1. 背景与意义

重复使用航天运输系统是指能穿越大气层往返于宇宙空间和地球之间或能在外层空间轨道之间机动飞行、执行任务后返回地面并可多次使用的航天运载系统，是实现自由进出空间的重要途径之一。

重复使用航天运输系统是实现自主进出空间能力的载体，发展重复使用航天运输系统可大幅提升快速、廉价进出空间能力，为和平开发利用空间提供有力保障，未来还有可能极大地改变人类的生活方式，为实现普通人的太空旅游甚至在宇宙空间驻留提供可能。

重复使用运载器是重复使用航天运输系统的核心，通过提高运载器本身的可靠性，采用多次重复使用、费用均摊的原则，可大幅降低发射费用；通过采用创新设计理念、新型动力型式和先进发射方式，可缩短发射周期、提高发射的机动灵活性。因此重复使用航天运输系统具有快速响应、绿色环保、可靠性高等优势，兼具使用维护简便、便捷廉价等特点，可服务民生和国民经济，具有十分广泛的应用前景。

重复使用航天运输系统采用类似航班式的全新飞行模式，不论是研究难度、系统复杂程度还是涵盖的知识广度方面，都超越了现有的运载火箭、卫星和飞机。

2. 研究进展

长期以来，各航天大国一刻也没有停止重复使用运载器相关的研究，不断进行重复使用运载器相关研究的积累[1~7]。以美国为代表的世界航天强国开展了重复使用航天运输系统的研究与探索，研发了以航天飞机为代表的一系列重复使用运载器，对运载火箭重复使用、带翼返回重复使用运载器以及轨道转移飞行器等多种途径开展了深入研究，获得了丰硕的研究成果，也经历了多次挫折，其发展历程跌宕起伏。

20 世纪 50、60 年代，首次出现重复使用概念后，美国空军实施了 X-15(第一个可重复使用的技术验证机)和 X-20 发展计划，研究成果为美国研制航天飞机提供了有益的经验；1981 年，航天飞机首飞，第一次实现了运载器的部分重复使用，多次飞行试验成功后航天飞机实现实用化。与此同时，随着航天飞机无法满足人们在项目早期赋予它的种种期待等问题不断出现，美国期待发展新一代运载器以替代航天飞机，发展新一代运载器的努力以"国家空天飞机计划"和"冒险星"/X-33 项目为代表，它们都得到了政府最高级别的支持，都选择了"单级入轨"可重复使用的设计，先后都因技术瓶颈、经费超支、进展滞后而被取消。

进入 21 世纪，美国转入多级入轨、部分重复使用运载器研究，由 NASA 主导转由美国空军独立发展可重复使用军用空间飞机(military space plane，MSP)系统，在 MSP 系统顶层规划下，美国先后成功完成了空间机动飞行器(space maneuver vehicle，SMV)技术验证机 X-37B 四次飞行试验，验证了长期在轨飞行、大范围轨道机动、重复使用轨道再入等关键技术，提出了亚轨道运输飞行器(space operation vehicle，SOV)技术验证机 XS-1 计划，预计于 2020 年首飞。此外，美国私营公司 SpaceX 公司积极探索了垂直起降重复使用运载火箭之路。

欧洲、俄罗斯等国家也在积极开展重复使用运载器的基础技术研究和验证工作，这些国家(包括美国)采取的普遍做法是近期发展难度较低的两级入轨重复使用运载器，并为未来的单级入轨运载器做技术储备。为此，这些国家目前正在研究利用火箭发动机作为运载器第一级动力系统的可能性以及轨道再入飞行器飞行试验验证，同时也在开展吸气式发动机的研究和试验工作，如英国的佩刀发动机。

3. 主要难点

重复使用运载器的特点决定了其先进性、研制难度和研发成本。过高的指标要求和复杂的方案会增加研发成本及难度，造成方案跨度较大，继承性差，从而带来更多风险。因此，要从研究风险、可靠性、安全性、经济效益等方面对重复使用总体方案进行综合优化和论证。

1) 升力式再入返回全程轨迹规划

重复使用运载器全程轨迹规划包括主动段发射、再入返回、进场着陆等多个飞行阶段的变化及衔接，由于每个飞行阶段的物理环境特性、任务及约束条件各不相同，全程弹道规划要满足气动力/热、结构、控制及着陆场等复杂的多约束条件，需综合协调各种物理规律、应用模式、平台软硬件能力等多方面因素，以获取再入走廊内的最优标称再入飞行轨道。

相对于运载火箭，重复使用运载器的控制系统必须满足快速高精度发射、再入返回、低速进场着陆等要求，并且涉及多种工作方式和模式，对导航、制导和姿态控制系统的要求不仅是高精度，还要求控制系统必须具有高冗余度、高可靠性的特点，这对控制系统研究提出了极高要求。

2) 重复使用气动力热问题

重复使用运载器气动外形复杂,飞行高度、马赫数(Ma)、攻角、雷诺数(Re)量级跨越范围较大,短时间内要经历亚、跨、超、高超声速飞行以及考虑地效影响的低速进场着陆段等全任务剖面。

与高超声速飞机相比较,重复使用运载器飞行包线进一步扩展,面临大攻角、大侧滑角、大升阻比要求与降低热流要求的矛盾等诸多气动力热问题,特别是在马赫数大于10以后出现了所谓"高超声速异常",即"高空、高速、高温"三高问题,具体表现是流动的稀薄效应、真实气体效应和非平衡效应。

(1) 气动力问题。

①高超声速大攻角气动力问题。重复使用运载器从再入开始就处于大攻角状态,直到50km才开始减小飞行攻角。机翼和机身均受到前缘涡、非对称旋涡、涡破裂以及非定常分离等复杂流态的作用。这必然会影响这种带翼飞行器的气动性能和操稳特性(例如,激波诱导分离产生纵向低头力矩,机翼背风面流场的不对称分离会引起高空快速滚动现象;机翼背风面气流分离,在升降副翼向上做大偏转时会使其效率下降等)。

②真实气体效应问题。真实气体效应是重复使用运载器做高超声速飞行时出现的高温加热效应,这是它在整个过程中所遇到的最主要的气动力问题,对气动力特性的影响很大。例如,真实气体效应使迎风面前部压力稍有增加,而迎风面后部压力稍有减小,于是高超声速纵向配平状态出现明显差别,从 $Ma>8$ 开始,俯仰力矩系数明显增大(抬头),使重复使用运载器的压心前移。

③反作用控制系统(reaction controlling system,RCS)的干扰效应。重复使用运载器的RCS干扰效应十分复杂,主要表现为重复使用运载器的气动特性在很大程度上受RCS喷流和机身表面流场之间相互干扰的影响,其影响包括3个方面:喷流推力、喷流对表面的冲刷和喷流对流场的干扰影响。美国航天飞机试飞前,采用1%~1.5%的模型,动用了众多风洞,进行了长达5年的有关RCS喷流干扰效应的风洞试验与分析工作,获得了大量试验数据;但至今仍有一些问题尚未解决。

④高超声速马赫数效应。高超声速马赫数效应:当 $Ma<15$ 时,重复使用运载器的高超声速马赫数效应主要表现在,随着马赫数的增加,压力中心前移;俯仰力矩系数增加(抬头);机身襟翼配平偏角增大。当 $Ma>15$ 时,气动系数基本上不再随马赫数变化。

⑤低密度效应。重复使用运载器再入时,首先要通过自由分子流区(此为稀薄空气动力学范畴),在此区域预测气动力,理论和试验都有一定困难,在此期间的主要气动力问题有:确定RCS的工作效率(RCS喷流的冲刷作用及其对流场的干扰影响,会降低俯仰与滚转的控制效率,但偏航效率有所提高);弄清RCS羽流

与流场之间的干扰对重复使用运载器气动特性的影响；低密度效应对它的阻力、升阻比、操纵效率、压力中心、俯仰力矩特性有很大的影响(低密度效应使高超声速层流边界加厚，因而重复使用运载器下表面的剪切力增加——随着黏性干扰增加，轴向力加大，因而升阻比减小；当机身襟翼下偏时，其操纵效率随黏性干扰增加而降低，而且随着操纵面偏角的加大，边界层的分离点前移，压心随之前移，俯仰力矩减小)；该区气动控制面几乎不起作用，依靠 RCS 完成。

⑥黏性效应。当重复使用运载器再入高度降至 80km 左右时(此时马赫数很大而雷诺数较小)，就会进入黏性干扰区，黏性干扰效应对气动特性的影响可归纳为：使轴向力系数随黏性干扰线性增加；使俯仰力矩的黏性干扰增量为负值(起增稳作用)；使升阻比降低；对操纵效率有影响。

⑦动态气动特性问题。动导数是重复使用运载器从再入到进场着陆的飞行性能和操稳特性的重要气动数据。但重复使用运载器的飞行范围广，影响因素多；另外，再入时大部分过程处于大攻角飞行状态下的动态特性，因而更难以确定。

(2) 气动热问题。

①大攻角热流问题。大攻角气动加热是再入气动热问题的一大特征，而且由于它的几何外形复杂，以及再入过程姿态多次变动，其迎风气动外形成为一个复杂的变量；另外，其几何尺寸相当大，无法通过尺寸风洞试验测定其气动加热率、压力分布和大攻角分离流特性，若用太小的模型进行风洞试验，必然会使得机翼机身连接处的旋涡、分离流、局部气动加热率等复杂现象难以再现，无法获得有效的气动加热率数据。

②真实气体效应及壁面催化效应对气动加热的影响。高超声速再入时出现加热效应，其主要表现形式是激波层内的高温化学反应(它不仅在边界层内出现，而且在整个激波层内存在)。目前各种风洞还无法模拟高空状态下无黏流动中的离解非平衡效应和边界层中的复合非平衡效应。用以计算迎风面热流的一些方法并没有考虑非平衡效应和表面有限催化作用。

③边界层转捩特性与表面粗糙度影响问题。边界层转捩特性的确定一直是各种再入飞行器一个具有挑战性的难题，影响因素特别多：除雷诺数和马赫数以外，表面粗糙度、烧蚀状态、攻角、来流扰动(包括压力脉动和温度脉动)、压力梯度、壁温与自由流温度比和激波层扰动都是影响边界层转捩的主要原因。表面粗糙度既影响边界层的转捩特性，也影响气动加热率，因而进行风洞试验和理论计算时对表面粗糙度都要做出与飞行情况相应的规定；美国航天飞机气动加热数据手册中所给的前机头气动加热率考虑了粗糙壁的影响。到目前为止，还没有一种使用性强、精度较高的确定边界层转捩位置准则和计算转捩区热流的方法。

④激波干扰气动加热问题。重复使用运载器以高马赫数、大攻角再入时，头

部激波、机翼激波、操纵面激波会产生激波之间、激波与边界层之间的相互干扰，其结果是使干扰区的热流剧增、气动现象复杂化。

⑤缝隙的气动热问题。重复使用运载器防热瓦之间、操纵面与安定面之间、操纵面之间、RCS 与机体之间存在众多缝隙，在飞行试验期间，不断出现缝隙过热问题，有些缝隙处的壁温可达到临界状态。缝隙加热会对热防护系统的破坏有十分重要的影响；缝隙上的边界层转捩问题更为复杂。缝隙流动属非定常流，缝隙气动加热是对流、辐射和固壁热传导的复合过程，很难做出精确的估算。

3) 超轻质薄层重复使用热防护问题

重复使用运载器的热防护系统是其重要组成部分，上升和再入返回过程中要经受长时、中等焓值的气动加热，累积热量大，为保证原始气动外形和再入返回阶段精确控制，必须实现非烧蚀条件下的高效防隔热和动静热密封设计；重复使用运载器在重返大气层时再入时间长，暴露在高温中的时间增大，所面临的热障问题更加严重。高温给飞行器设计，特别是结构强度带来严重问题，因此必须有一个性能良好的防热系统对结构提供保护。

重复使用运载器的实现取决于比冲和结构系数两大条件，在发动机性能确定、因重复使用配备的增升装置和着陆装置等导致结构显著增重的情况下，要实现更强运载能力，并满足 50 次以上的重复使用性能，必须在现有热防护材料的基础上进一步轻质化，并显著提高结构耐久性和易检测、易维护性。对于当前采用的陶瓷瓦，基本接近工艺极限，实现超轻质耐高温重复使用热防护具有极大挑战。

4) 重复使用大推力发动机

重复使用运载器起飞规模大，要求所采用的发动机具备大推力，大范围推力变化、重复使用、多次启动等条件，这对发动机研制提出了极高要求。

国外经过几十年的研究，尚未形成工程化的组合动力发动机产品，且尺度规模较小，如何开展适合于重复使用运载器的组合动力发动机选型及技术攻关，并且解决发动机原理可行性得到验证的基础上尺度规模放大带来的试验验证问题，是重复使用运载器的攻关重点。

5) 重复使用运行维护问题

重复使用运载器是航天技术与航空技术高度融合的产品，系统组成复杂，飞行任务多样，使用环境恶劣，使用过程中易发生复杂的故障模式，甚至有的故障可能会产生连锁反应，引发灾难性后果。有效控制飞行风险、降低保障成本、缩减维护规模和运行维护问题被列为重复使用运载器的核心。但是，重复使用运载器的运行维护难度非常大，特别是在健康管理系统体系、健康管理方法、健康管理原理样机、故障模拟与试验验证方法、运行维护方法等影响飞行器研制与运行的关键技术上，目前国内外航天领域虽有一定的相关研究，但距体系化、成熟化、实用化的工程应用仍有一定的距离。

重复使用运载器作为新一代航天产品，对产品的可靠性和经济性方面有很高要求，要进入实际应用，还有许多关键问题有待突破，都需要大力进行研究攻关。

参 考 文 献

[1] 曲向芳. 未来 50 年航天运输的选择[J]. 国际太空, 2008, (1): 12–14.

[2] 杨勇, 王小军, 唐一华. 重复使用运载器发展趋势及特点[J]. 导弹与航天运载技术, 2002, (5): 15–19.

[3] 张蕊. 国外新型可重复往返飞行器特点分析和未来发展[J]. 国际太空, 2010, (12): 31–38.

[4] Joseph H, Milton F, Dean E. TSTO reusable launch vehicles using air breathing propulsion[C]// 42nd AIAA/ASME/SAE/ASEE Joint Propulsion Conference & Exhibit, Sacramento, 2006.

[5] Rasky D, Pittman R B, Newfield M. The reusable launch vehicle challenge[C] // AIAA Space Forum, San Jose, 2006.

[6] Yoshida M, Takada S, Naruo Y, et al. Test results of critical elements for reusable rocket engine[C]//44th AIAA/ASME/SAE/ASEE Joint Propulsion Conference & Exhibit, Hartford, 2008.

[7] Pichon T, Barreteau R, Soyris P, et al. CMC thermal protection system for future reusable launch vehicles: Generic shingle technological maturation and tests[J]. Acta Astronautica, 2009, 65(1): 165–176.

撰稿人：马婷婷　王　飞
中国运载火箭技术研究院
审稿人：蔡巧言　代　京

深空探测中的推进难题——太阳帆推进

Propulsion Problem of Deep Space Exploration: Solar Sail

1. 背景与意义

太阳帆推进是利用太阳帆大面积薄膜上的反射光压提供航天器飞行的动力。太阳帆很轻且非常薄,帆正表面涂满了反射物质,使它具有极佳的反光性。当太阳光照射到帆面后,帆面将会反射光子,而太阳光子也会对帆面产生反作用力,推进航天器飞行[1]。

目前飞行器大多采用化学火箭发动机,其能量和能携带的推进剂质量均有限,由于深空探测具有飞行距离远和在轨时间长的特点,飞行器需要携带更多的燃料,使得飞行总质量大幅增加。太阳帆推进依靠面积巨大但质量很轻的太阳帆反射太阳光获得源源不断的推力,无需消耗燃料,在太空中寿命不受有限燃料的制约,且高性能材料使其结构质量很轻,因此可显著减小发射质量,降低发射费用,从而实现更经济、更好的目标[2]。

2. 研究进展

自太阳帆航天器概念提出后,虽面临巨大的挑战,且有许多没有解决的关键技术,但世界各国仍致力于太阳帆基础理论与工程应用的研究,并提出各自的发展规划[3~5]。现阶段,国外对太阳帆技术的研究已进入实质性阶段,美国、欧洲太空局、德国、俄罗斯、日本等都已开展相关关键技术的验证,取得了一定的成果[6~8];而国内相关研究还较少,仅针对轨道应用、姿态控制方法等进行了理论研究,还未进入实质性研究阶段。

3. 主要难点

虽然太阳帆推进相对化学推进具有很多优点,但真正发展到工程应用阶段仍存在很多关键技术问题亟待解决。

1) 轻质高强度太阳帆帆体

太阳帆的结构质量应尽可能小,才能最大限度地提升太阳帆的性能,这就要求在满足太阳帆物理性能及空间环境要求的前提下,采用密度更小的材料。随着材料科学的发展,多种新型高性能材料已用于太阳帆的研究。

现阶段，太阳帆帆体一般以塑料薄膜为基体，反射面覆有铝层，发射面覆有铬层。采用止裂加强结构，帆体上每隔一定距离就有加强筋与之结合，以承受可能发生的拉力，如图 1 所示。目前各国在研制超轻支撑架时均采用碳纤维材料，使用这种材料研制的支撑架有质量轻、强度高、弹性好等优点，有利于方便地收卷与展开。

图 1 太阳帆帆体和制造

2) 太阳帆展收控制机构

为便于太阳帆航天器的储存、运输和发射，太阳帆展开前，应将其折叠存储于给定的较小空间内，因此必须合理安排各种结构的折叠方式，使存放的体积更小、展开更易进行。目前常采用折叠打卷包装方式存储。

太阳帆航天器与运载工具分离后，展开机构应即时完好地展开太阳帆，展开控制机构能对展开过程进行控制以使展开过程平稳和顺畅。如何设计展开控制机构以实现上述展开效果是一项亟待解决的关键技术问题。

3) 姿态控制

太阳帆航天器的姿态控制难度比较大，因为太阳帆质量虽小，但展开后的面积很大，致使其转动惯量很大。如采用传统姿态控制方法，太阳帆需携带并消耗大量燃料，进而降低太阳帆的性能，缩短使用寿命。因此选取适合的姿态控制方法是太阳帆姿态控制的核心，国内外在该方面提出了许多理论方法，如自旋镇定、四翼面俯仰/偏航控制、换向推力矢量控制、移动/倾斜帆面姿态控制、反作用轮-定量反馈控制、变反射率/透射率智能材料控制等。

4) 测试与诊断

太阳帆航天器长期在轨运行，宇宙中各种粒子、碎片等会对帆面造成冲击乃至破坏；太阳帆帆面长期受太阳光及宇宙射线的辐射，其材料会随太阳帆在轨运行时间的持续而加速蒸发，这些不利条件均会降低太阳帆性能。这就需要太阳帆航天器配备一套故障监测与诊断系统，对由上述因素产生的破坏及故障进行监测与诊断分析。太阳帆故障监测及诊断系统的质量应尽量小，功能尽可能齐全。监测与诊断内容包括帆膜应力、帆承受的张力、桁架应力、桁架和帆体的偏转、桁架和帆体的固有频率、太阳帆的完整性和帆面光学性能的变化等。

参 考 文 献

[1] 沈自才. 未来深空探测的有力推手——太阳帆[J]. 航天器环境工程, 2012, 29(2): 235–236.
[2] 荣思远, 刘家夫, 崔乃刚. 太阳帆航天器研究及其关键技术综述[J]. 上海航天, 2011, 28(2): 53–61.
[3] 刘豪. 太阳帆技术在探索中前进[J]. 国际太空, 2010, 34(5): 17–19.
[4] 王伟志. 太阳帆技术综述[J]. 航天返回与遥感, 2007, 28(2): 1–4.
[5] 张敏贵, 陈祖奎, 靳爱国. 太阳帆推进[J]. 火箭推进, 2005, 31(3): 35–38.
[6] Johnson L. Solar sail propulsion[R]. NASA Marshall Space Flight Center, 2012.
[7] Funase R, Kawaguchi J, Mori O, et al. IKAROS, A solar sail demonstrator and its application to trojan asteroid exploration[C]//53rd AIAA/ASME/ASCE/AHS/ASC Structures, Structural Dynamics and Materials Conference, Honolulu, 2012.
[8] Furuya H, Mori O, Sawada H, et al. Manufacturing and folding of solar sail "IKAROS"[C]//52nd AIAA/ASME/ASCE/AHS/ASC Structures, Structural Dynamics and Materials Conference, Denver, 2011.

撰稿人：曹熙炜　陈永强　陈　尚
中国运载火箭技术研究院
审稿人：申　麟　代　京

未来的无人驾驶运输机

The Unmanned Aerial Vehicle for Future Transport

无人机(unmanned aerial vehicle，UAV)是无人驾驶航空器的统称。无人机的诞生可以追溯到 1914 年，在第一次世界大战期间由英国研制，时至今日，无人机的发展可谓是"百家争鸣，百花齐放"，有美国"全球鹰"这样先进的军用监视侦察无人机，也有国内外公司研发的小型多旋翼娱乐级无人机，各种不同种类的无人机广泛运用于空中侦察、监视、通信、反潜、航拍和植保等多种行业。近年来，无人机巨大的诱惑力已与运输业结合起来，可能会推动运输业和航空业的重大变革。

1. 背景与意义

无人运输机是指从事运输业务的各类无人驾驶航空器的统称，根据升力来源的差别又可以将其分为固定翼、直升机和多旋翼运输类无人机。目前，有人驾驶运输机一般可分为货机和客机两类。无人运输机也可以根据所载对象的不同，分为货运无人运输机和客运无人运输机。总之，不论以哪种方式划分运输类无人机，总是离不开其本职工作——运输。

有人驾驶的飞机、汽车、火车、轮船等运输工具都有一个共同的特征，即能安全无误地将货物运送到目的地，完成运输任务[1,2]。相比于传统的交通运输工具，无人运输机有着自身的特点和优势，有可能改变人们的运输观念和出行方式，为交通运输业带来一场革新。下面分别分析货运无人机和客运无人机的优势。

1) 货运无人机优势

相对于其他货运方式(包括有人货运运输机)，货运无人机具有以下明显的优势。

优势一：运输范围广、风险低。针对特殊战场/救援环境、偏远地区，采用车队、直升机运送物资会受到路边炸弹、肩扛火箭/导弹、地面轻武器火力、恶劣地形与环境等的威胁，而无人运输机则能在一定程度上避免这种威胁，降低了风险。

优势二：快捷并大幅节省成本。某公司用车顶无人机系统充分降低运输成本(图 1)，先让货车司机驾驶汽车到某一地点，然后利用无人机完成最后的送货到家，而此无人机送货每英里成本仅为 0.02 美元。

图 1　某公司的车顶无人机场系统

优势三：可以充分利用空中资源。对运输业而言，交通拥堵造成的损失就是没法在预定的时间将货物送达目的地，同时会加大运输成本；货运无人机则能很好地解决交通拥堵带来的烦恼。因此，对无人机来说，天空就是"路"，就是资源。

2) 客运无人机优势

目前还没有出现真正意义上载人的运输类无人机，但未来客运无人机一定是高度智能化的安全运载器，特别是小型无人通用飞机，其明显的优势将具有巨大的诱惑力。

优势一：乘客无须学会飞行驾驶技术，也可享受空中快捷旅行的便利。

优势二：如果使用绝对安全，私人客运无人机(或称无人通用飞机)销售将大增，从而带来极大的商机，带动社会经济的发展。

优势三：彻底改变人类的出行习惯和方式。

虽然货运和客运无人机均具有巨大优势，但要达成这种优势，仍然面临诸多挑战，需要解决的科学与技术难题还很多，必须一一面对和解决。

(1) 货运无人机面临的主要挑战。

①运力差。快递三轮车实际载重量约为180kg，而2017年市场上的民用小型无人机的载重量为4~10kg。相比于快递三轮的运输能力，无人机运输能力明显处于劣势，而目前远程无人机货运尚不具备能力，无法与传流汽车、火车、飞机运输相比。

②飞行运输里程短。无人机的飞行运输里程是由续航时间和飞行速度决定的，而续航时间和载重量又息息相关，续航时间短是目前民用无人机普遍存在的问题，因此载重量和续航里程两者存在不可调和的矛盾。

③成本高。包括备用电池在内的一辆快递三轮小车售价大约 5000 元，而送货量只有一辆三轮车 1/18 的无人机售价如何呢？2016 年某常规娱乐级无人机(包括飞控、电池和遥控器在内)单台最便宜的价格也在 2 万元以上，而使用中的维护成本更高。

④人货安全性差。无人看管的无人机将货物成功送至目的地的概率有多大，货物在运输时如何保障不会掉下来，如何确保运输过程中周围人群安全。这些还没有切实的保障措施。

⑤点对点送货实现难度大。超级大城市是快递业务最为繁忙的区域，无人机在密集的楼群中如何实现点对点的送货，密集物流的无人机运输组网与管理如何保障有效快捷。

(2) 客运无人机面临的主要挑战。

除了货运无人机面临的难题外，客运无人机由于乘客在飞机上，因此面临的问题主要与安全相关。

①如何确保客运无人机运行的绝对安全。安全是民航客机最基本、最核心的要求，也是发展客运无人机需要解决的最大难题。作为载人的客运无人机，如何判断紧急情况，如何应对危机。据统计，航空事故中 60% 的因素与有人机的机组操作有关，尤其是在飞机起飞降落阶段。保障客运无人机绝对安全有没有可能，在无人机设计制造、智能控制、运行管理、安全救生等方面需要做的机理、方法、技术等方面的工作将有很多。

②如何制定和实施特殊的适航条例。民机满足规定的适航性要求是飞行安全的最低要求[3,4]。适航证是适航管理机构(如中国民航管理部门)对飞机进行审查确认其符合适航条例后，发给飞机研制、生产部门的一种证明文件。对于无人运输机，目前的适航条例以及审定程序能否和有人机一样，需要修改哪些条文，这些都面临许多基础性的科学、技术、管理上的重大挑战。

2. 研究进展

(1) 客运无人机的研究现状。近几年，国外对客运无人机陆续出现了一些尝试，但是到目前为止尚未得到实质性的成果。国内外均开展了一些探索性的研究，开发了完全自动驾驶、无需飞行员的旋翼和固定翼原理样机。目前国际上还没有完整的一套方案可以绝对保障乘客安全，也没能形成一套适用的适航条例。调查显示，目前民众还是倾向于信赖有人驾驶飞机。

(2) 货运无人机的研究现状。针对目前货运无人机运力差、里程短等问题，国外已经有很多公司开始尝试改进，取得了很多成果。2011 年 12 月 17 日，北约军事后勤专家成功利用 K-MAX 无人直升机完成了世界首次无人直升机货运任务,无人直升机采用吊索的形式,装载了一定数量的武器弹药和战场急救用品,完成了所需载重和里程的任务。2015 年以来国内外电子商务巨头、实验室、物流公司等纷纷宣布无人机快递服务计划、测试试验进展以及试运行等,展示自己的能力。未来天空或将上演配送"战争"。

3. 主要难点

实现无人运输机的飞行任务是一个系统性工程。从目前来看,需要研究和解决的科学与技术难题非常多。这里从几个方面对无人运输机的难题及研究途径进行初步分析,起到抛砖引玉的作用;很多难题和思路可能没有认识到,需要研究者不断发掘探索。

1) 安全与适航问题
(1) 特殊天气变化(如湍流、突风、雷暴天气等)自主判断与飞行管理。
(2) 自主定点或应急平稳起飞和降落。
(3) 遭遇机械故障智能判断与紧急处置。
(4) 安全至上的无人机总体设计理念与多学科融合的科技革新。
(5) 人/机、物/机舒适性设计理念和理论。
(6) 100%不发生事故的设计理论和方法。
(7) 无人安全驾驶标准化设计与质量监控。
(8) 无人机空中故障后安全救生方法,如整机伞降系统、乘员安全弹射系统等。
(9) 无人运输机群安全控制与防撞体系。

2) 运行管理方法
(1) 管理部门和无人机申报、入网、申请航线等之间的无缝数据链与群控制。
(2) 运营管理和维护体系。
(3) 管理部门与运输企业之间的灵活管理与准入、监控体系。
(4) 应急管理控制方法的体系化、智能化。
(5) 无人运输机与有人运输机体系交融与权限管理。
(6) 无人运输机空中自适应、自组织组网与集群控制、管理。
(7) 飞行事故迅速判定与技术鉴定。

3) 法律法规完善
(1) 适航条例的完善修正。
(2) 事故主体与负责人法规。
(3) 大数据监督与监管。
(4) 无人运输机市场规律与社会经济良性发展。

(5) 经济、技术、管理部门与用户之间的法律契约和利益平衡。

4) 其他配套系统

(1) 灵活的机场或起降点设施。

(2) 空中通信与大数据自我管理。

(3) 防空、反恐理念与相关辅助技术。

(4) 无人运输机相关辅助配套、维修检测技术。

参 考 文 献

[1] 陈力华. 我国民航客运市场的分析和预测[J]. 上海工程技术大学学报, 2003, 37(4): 623–625.

[2] 李艳伟, 郑兴无. "天空开放"背景下我国民航运输产业成长路径研究[J]. 南京航空航天大学学报(社会科学版), 2014, 16(2): 49–54.

[3] 张启瑞, 魏瑞轩, 何仁珂, 等. 城市密集不规则障碍空间无人机航路规划[J]. 控制理论与应用, 2015, 32(10): 1407–1411.

[4] 段维祥. 营运安全信息是民用运输机改进设计的重要依据[J]. 情报杂志, 2001, 20(8): 92–94.

撰稿人： 杨　超　高　敏　张志涛

北京航空航天大学

审稿人： 代　京

真空管道交通基础科学问题

Basic Scientific Problems of Evacuated Tube Transportation

1. 背景与意义

汽车、火车、飞机和轮船是现代文明的重要组成部分，也是全球温室气体效应、气候变暖、大气污染、噪声污染、海洋污染的主要污染源，是石化能源的主要消耗者。虽然目前高速铁路四通八达，全国各省会之间将能在 8h 内到达，但稠密大气限制了列车速度的进一步提升，人们还是希望能有一种更快捷、更环保的交通方式。真空管道交通逐渐进入人们的视野，交通工具行驶在近似真空的密闭管道中，通过降低周围气体密度来减小空气阻力和气动噪声，以提高运行速度(大于 600km/h)。明线上行驶的高速列车气动阻力[1]和列车运行速度、迎风面积以及速度的平方成正比。针对真空管道交通系统，如何实现、如何运作、设计参数如何选定，以及列车高速运行时，低密度介质会不会出现压力波动等问题，均有待研究。真空管道交通系统，主要以真空管道磁悬浮系统为代表，是车-轨-管耦合系统，涉及磁场-气压场-温度场的相互作用关系，研究问题包括稀薄空气动力学特性、高速悬浮导向稳定性、高速列车牵引与制动、高速噪声分布以及车内乘员安全保障等问题。因此要实现超高速运行，迫切需要对真空管道交通进行系统性和基础性的科学研究，其主要科学问题及相互关系如图 1 所示。

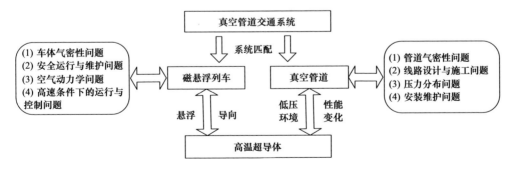

图 1 真空管道交通系统应用科学问题及其相互关系

2005 年，沈志云院士发表了《关于我国发展真空管道高速交通的思考》，表明专家对建立真空管道运输系统的肯定与支持[2]。结合高温超导技术与真空管道技术，真空管道高温超导磁悬浮交通系统，既发挥了高温超导体的悬浮导向优势，也利用了真空管道的低阻效应，有望赶超世界最高运行速度(603km/h，2016 年由日本低温超导电动悬浮式高速磁悬浮列车创造)，为当前紧迫的环境、交通和能源问题提供了新的解决途径，成为未来交通运输研究的前沿热点之一。

真空管道交通可满足不同速度、线路、牵引方式要求，可扩展性和可交换性强；借助管道的固有屏障和智能化控制系统，乘坐环境不受外界影响，日常维护简单，经济友好；还可结合新能源技术，如太阳能发电、风力发电或潮汐发电供能，学科交叉创新。同时，当代工程学科的完善和"新材料、新构造、新工艺、新方法"的创新，促进了新应用环境下更多相关科学问题的发现和解决，推广到真空管道交通工程应用中，将产生巨大的社会效益及经济效益。

2. 研究进展

早在 1904 年，现代火箭之父 Goddard 就提出过真空管道交通理念[3]。1934 年，德国工程师 Kemper 在其磁悬浮列车专利中建议磁悬浮列车在真空隧道中运行[4]。此后，人们开始了真空管道交通的研究，直到 20 世纪末，才逐步提出设计方案。最具代表性的是美国的 ET3、Hyperloop 和瑞士的超高速地铁系 (Swissmetro)。美国奥斯特于 1999 年申请了真空管道交通系统的专利并建立 ET3 公司；2003 年奥斯特来访西南交通大学，深入了解高温超导磁悬浮无源自稳定且车轨结构简单的特点后，认为高温超导磁悬浮车是真空管道交通的适用载体，并与西南交通大学建立了合作关系。瑞士提出的 Swissmetro 定位为城际地下高速磁悬浮运输系统，计划采用德国常导电磁悬浮技术——Transrapid 系列和地下双向并列式钢筋混凝土管道。2013 年 Elon 在超级高铁 Hyperloop 公开方案中选用气动悬浮技术，管道内气压为 0.001atm(1atm=1.01325×10^5Pa)；2015 年在 SpaceX 举办的 Hyperloop 设计大赛上，麻省理工学院团队的永磁悬浮方案拔得头筹。表 1 列举了上述设计方案的主要参数[5~7]。

表 1 ET3、Swissmetro 和 Hyperloop 系统参数指标对比

代表系统		ET3	Swissmetro	Hyperloop
车体	悬浮类型	高温超导磁悬浮	常导电磁悬浮	气动/永磁悬浮
	形状	胶囊小车	列车	胶囊小车
	尺寸	直径 1.3m，长 4.8m	直径 3.5m，长 200m	宽度 1.35m，高度 1.1 m
	承载人数	6 人	800 人	28 人

续表

	代表系统	ET3	Swissmetro	Hyperloop
管道	内径	3.5m	5m	2.2m/3.3m
	材料	未知	钢筋混凝土	金属(铝板、钢板)
	真空度	0.1atm	0.1atm	0.001atm
其他	驱动装置	直线电机	直线电机	电动空气压缩机
	供电装置	供电网和蓄电池	供电网和蓄电池	太阳能和蓄电池
	最高速度	6500km/h	600km/h	1220km/h

在我国，2000年西南交通大学王家素教授等成功研制出载人高温超导磁悬浮试验车。2004年由多名院士发起的"真空管道高速交通"研讨会在四川省成都市召开，会上沈志云院士明确表示真空(或低压)管道式地面交通是达到超高速的唯一途径，何祚庥院士向大会提交了书面意见并指出在真空问题上不存在原则性技术困难。2013年，西南交通大学牵引动力国家重点实验室建设完成国内首条高温超导磁浮车环形试验线[8]；2014年6月，结合真空管道运输的低空气阻力、低气动噪声等优势，研制成功真空管道高温超导磁悬浮车试验线平台"Super-Maglev"[9]，如图2所示。试验线总长45m，载体为第二代高温超导磁悬浮车，真空管道由有机玻璃配合框架钢构组成，截面近似为3/4圆形，管道直径2m；采用水环泵加罗茨泵的组合抽空方案，最低试验气压0.01atm。

图2 真空管道高温超导磁悬浮车试验平台"Super-Maglev"

3. 主要难点

当前真空管道交通在基础理论方面仍存在许多空白，真空管道与现有轨道交通基础设施相比,在兼容、安全、智能、可靠、环保等方面的要求更为严苛。面临众多基础性科学问题,涵盖真空管道系统总体设计、列车设计(悬浮制式选择,气动外形的设计)、管道问题(安装及降压措施,散热措施等)等方面。

(1) 总体设计方面,真空管道交通设计是一个大系统的建模,车-轨-管耦合系统动力学理论模型十分复杂,涉及车轨耦合、流固耦合、气动传热、高速运行稳定性等诸多问题。此外,其内部磁场-压力场-温度场相互交叉,电磁学-流体力学-热力学等多学科相互交融,对真空管道大系统的设计与实现,形成较大的挑战。

(2) 移动列车的设计,考虑到列车运行的稳定性、平稳性和安全性,需要具体研究列车气动特性、轨道不平顺性、高速振动特性等。轨道不平顺问题中,真空管道磁悬浮列车比传统轮轨列车的轨道不平顺研究更为复杂,既包括磁轨的几何不平顺,也包括特有的磁场不平顺。在这种不平顺下,研究超高速度下列车系统动力学的影响机理显得较为复杂。

(3) 高速移动物在有限空间封闭环境内的可压缩和非等熵气、热动力学特性,管道内气动热随运行时间变化的演变机理和传热规律,以及车-轨-管道外表面热分布特点及热边界层效应的研究。

(4) 高速运动边界引起的气动热辐射、热传导问题及相应的散热降噪措施。由于密封管道是一个与外部隔绝的系统,其中所涉及的散热,气密性以及车体强度的实现,均是目前所面临的问题。

(5) 低气压对高温超导体悬浮性能的影响。对于真空管道高温超导磁悬浮交通系统,两者的结合会带来何种问题和优势,还值得进一步深入研究。

对更高速、更经济、更环保和更安全轨道交通的迫切需求,使得真空管道交通相关基础科学问题的研究不断深入和完善,相信在科研人员和政府的支持下,真空管道交通系统将走出实验室,创造更大的社会价值。

参 考 文 献

[1] 田红旗. 列车空气动力学[M]. 北京: 中国铁道出版社, 2007.
[2] 沈志云. 关于我国发展真空管道高速交通的思考[J]. 西南交通大学学报, 2005, 40(2): 133-137.
[3] Goddard R H, Goddard E C. Vacuum Tube Transportation System: US, 2511979[P]. 1950.
[4] Kemper H. Monorail Vehicle with no Wheels Attached: Reich, 643316[P]. 1934.
[5] Oster D. Evacuated Tube Transportation: US, 5950543[P]. 1999.
[6] Rossel P, Mossi M. Swissmetro: A revolution in the high-speed passenger transport systems[C]// 1st Swiss Transport Research Conference, Ascona, 2001.
[7] Elon M. Hyperloop Alpha[R]. Hawthorne: SpaceX Company, 2013.

[8] Deng Z G, Zhang W H, Zheng J, et al. A high temperature superconducting maglev ring test line developed in Chengdu, China[J]. IEEE Transactions on Applied Superconductivity, 2016, 26(6): 3602408.

[9] 邓自刚, 张卫华. 未来的轨道交通: 高温超导磁悬浮列车及真空管道高速交通模式[J]. 科技纵览, 2014, 29(12): 66–68.

撰稿人：邓自刚
西南交通大学
审稿人：刘志明　张卫华

高速列车耦合大系统动力学

Dynamics of Coupled Systems in High-Speed Train

1. 背景与意义

随着列车运行速度的提高，动力作用的加剧，高速列车运行不仅受到线路和接触网等固定设施条件的影响，同时受到牵引供电和列车运行控制系统的控制，最终还将受到空气扰动、阻力及噪声的制约。因此高速列车与高速铁路各子系统之间构成相互联系、相互依存、相互制约的关系，高速列车和线路轨道、接触网、空气等耦合系统之间的相互作用加剧，形成了复杂的耦合动力学关系。高速列车的技术创新不仅需要研究和解决列车本身动态行为问题，更需要研究和解决列车与其他各系统的耦合作用，实现高速列车及其耦合系统的系统优化和匹配。高速铁路发展到今天，人们不再是简单地关心高速列车的运行速度，更关心高速铁路的建设和运行的经济性、环保性及安全性。因此必须有系统理论来实现高速列车及其耦合系统的系统优化，支撑高速铁路的科学发展。

高速列车耦合大系统以高速列车为核心，基本的子系统包括车辆系统、线路系统、弓网系统、供电系统以及影响列车动力学性能的气流。不同系统的响应是相互影响、相互关联的，两两之间存在独有的耦合关系。其中包含了传统的列车内部的车间耦合关系、车线之间的轮轨耦合关系、车载受电弓与供电接触网之间的弓网耦合关系、供电系统与列车之间的机电耦合关系和列车与气流之间的流固耦合关系，如图1所示。

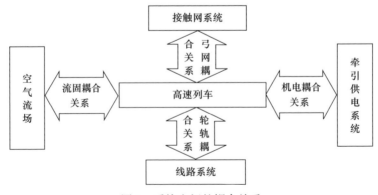

图 1　系统之间的耦合关系

高速列车耦合大系统动力学，基本的特征有：
(1) 以高速列车为核心。
(2) 以动力学为主要研究内容。
(3) 考虑与列车动力学行为相关的子系统。
(4) 可独立表征和研究与列车两两之间的耦合关系。

因此高速列车耦合大系统动力学是以高速列车为核心，把高速列车以及与之相关并影响其动力学性能的线路、气流、供电和接触网等耦合系统作为一个统一的大系统，研究高速列车动力学行为，以实现全局仿真、优化和控制的科学[1]。高速列车耦合大系统动力学理论是对传统车辆动力学理论的发展，是研究对象在空间上的延拓。

2. 研究进展

传统的铁路系统相关的动力学理论包括：车辆系统动力学[2,3]，研究车辆运动稳定性、运行平稳性和运行安全性(简称动力学三要素)；车线耦合动力学[4]，研究车辆与线路的相互作用，线路与车辆的动力学参数匹配；弓网耦合动力学[5]，研究受电弓与接触网系统的相互作用，受电弓与接触网系统的动力学参数匹配；列车空气动力学[6]，研究气流作用到列车上的气压分布及气动力、气流对列车运动的影响等。这些传统的动力学研究，都是针对一些特定问题开展的，其研究目的、模型和结果不一，相互之间也没有必然联系，不能完全表征高速列车与运行系统及环境的耦合作用。因此文献[1]第一次把这些耦合关系统一到一个系统中，发展了高速列车耦合大系统动力学理论。

高速列车耦合大系统动力学，就是要突出高速列车、大系统、耦合和动力学这四个关键词。高速列车耦合大系统动力学，不仅体现在"高速列车"上，也涉及线路、弓网、供电等系统；不仅体现在"大"上，而是体现动力学系统的完整性和相关性；不仅体现在"系统"上，更突出了子系统之间的"耦合"关系；不仅体现在"动力学"上，也拓展到机电的耦合，是广义的动力学问题。

图2是更加具体化的高速列车耦合大系统动力学关系图。首先是列车，列车由动车或者拖车编组而成，每节车是基本单元，也就是传统车辆系统动力学研究的对象，在列车系统动力学模型中需要考虑车与车之间的耦合作用力。受电弓安装在列车中某个车辆上，受电弓的底部随车辆的运动而运动，受电弓与接触网之间，通过受电弓顶部的滑板与接触网下部的接触线实现滑动接触，实现弓网相互作用力和电的耦合及传递；列车与线路通过轮轨相互作用来实现力的传递。在线路内部，由钢轨、无砟轨道板和路堤或高架桥组成，它们之间也将通过力的传递实现耦合关系。最后是气流，高速气流作用到列车上就是气动力，而气动力不仅

作用在车上,也作用到受电弓上,甚至作用到接触网上。可以看到,除了机电耦合,其他系统都是直接通过力的耦合形成大系统动力学。而机电耦合,通过电能和机械能的相互转换,用电机的扭矩来驱动(或制动)车轮,最终在轮轨接触点上产生牵引力(或制动力),使得列车加速、减速或者恒速运行。

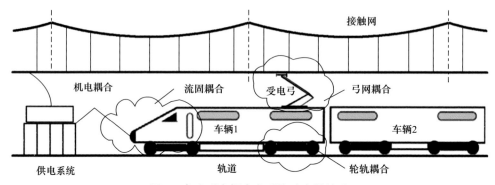

图 2　高速列车耦合大系统动力学关系

3. 主要难点

高速列车耦合大系统动力学理论实现了空间维度的突破,这就要解决如何实现不同系统间的耦合计算;同时要通过建模与计算方法的创新,突破空间尺度,实现长大线路、长大列车的仿真计算;另外,高速列车耦合大系统动力学理论,还需要从时间维度进行拓展,延伸到服役模拟研究,这就要解决服役计算的技术难题。

(1) 系统建模的难点。高速列车耦合大系统,是由车辆、线路、受电弓、接触网、供电等系统及环境组成的耦合大系统。因此,在动力学建模时,必须考虑刚体、弹性体、流体、离散体等多体问题,考虑固态、液态、气态等多态问题,突破传统车辆动力学的刚体动力学范畴,实现更加精确的建模。必须考虑力场、电场、磁场、温度场等多场耦合复杂大系统的建模问题,如轮轨接触,不仅考虑接触力的问题,还需要考虑接触点(斑)的温度,甚至考虑气体或液体等第三介质的影响;弓网关系也不再是简单的机械接触力的耦合,在弓网间出现电弧时还需考虑电弧力的作用,伴随有电场、磁场和温度场的多场耦合问题;流固耦合,也不仅仅是气动力的耦合,也会伴随气动摩擦升温,出现多场耦合问题。因此,高速列车耦合大系统动力学是典型的多学科建模问题。由于系统庞大而复杂,拟采用子结构建模方法,分别对车、线、弓、网、气分别建模,再通过耦合关系实现耦合计算。

(2) 耦合计算的难点。传统的列车动力学计算方法,必须对所有自由度进行建模和计算,建模工作量和计算工作量巨大。对大系统而言,就需要有更加创新的方法,有效简化建模和缩减计算规模,实现长大列车在任意长距离线路上运行的快捷建模与仿真计算。由文献[5]提出的基于循环变量的车辆耦合列车动力学建模与计算方法，实现了只用一节车辆的模型(假设列车中车辆模型一致，当然也可以针对几类车辆建几个模型)，采用循环变量的方法，通过车辆与车辆的车间耦合关系，一节车、一节车地进行递推计算，实现全列车的动力学仿真计算，打破了传统列车动力学计算必须建立所有车模型的模式，解决传统方法建模复杂、模型规模(矩阵)大、计算耗时等缺点。针对长大线路，甚至是任意长线路，文献[1]和[7]提出了基于滑移窗口的长大线路车线耦合动力学建模与计算方法，针对高速铁路的结构，分别确定钢轨、枕木、轨道板、桥梁(高架线路)滑移计算窗口，建立窗口内车辆、钢轨、枕木、轨道板、路堤(桥梁)的模型，通过窗口滑移和状态传递，实现列车在长大线路上的连续仿真计算。另外，文献[1]通过基于松弛因子方法，有效解决了高速列车的流固耦合动力学计算的收敛问题；还采用柯西迈耶尔串联模型建立弓网间的电弧模型，考虑电弧力作用，实现机、电联合作用的弓网耦合计算。

(3) 服役仿真计算的难点。高速列车的服役模拟计算，首先建立高速列车仿真模型和参数的时变性模型，掌握广义失效(材料失效、结构损伤、参数和性能蜕化)的动态过程，才能研究在不同广义失效条件下高速列车的动态性能，从而掌握高速列车性能的演变规律。同时需要建立高速列车系统的失效链，研究失效链之间的关联度，以及对列车动力学性能的影响度，由此找到改善系统性能的途径，确定高速列车悬挂参数和几何参数变化(如车轮踏面磨耗)的服役变化控制值，为高速列车设计、生产和维护标准的制定及安全评估提供理论依据。

(4) 试验验证的难点。任何理论与方法都需要科学的试验验证。与传统的车辆动力学验证所不一样的是，高速列车耦合大系统动力学理论的验证不仅要测试车辆的振动行为，还应该测试整个列车的运动行为；为了掌握振动的传递关系，必须测定从接触网、受电弓、车辆、线路到大地的振动状态；为了掌握能量传递规律，必须从车内的牵引传动系统到车外的牵引供电系统进行检测；因此需围绕高速列车实现"从前到后、从上到下、从里到外"全方位的"时空同步"状态检测。另外无论是轮轨耦合，还是弓网耦合，其多场耦合的试验验证将更加困难，必要时必须通过实验室的模拟场景,进行试验验证或获取耦合关系的模型及参数。

总之，高速列车耦合大系统理论提出时间不长，需要进一步的验证和完善。随着更高速、更经济、更环保和更安全高速列车发展要求的提出，高速列车耦合大系统动力学理论有着更大的应用价值与发展空间。

参 考 文 献

[1] 张卫华. 高速列车耦合大系统动力学理论与实践[M]. 北京: 科学出版社, 2013.
[2] Simon I. Handbook of Railway Vehicle Dynamics[M]. New York: Taylor and Francis, 2006.

[3] 王福天. 车辆系统动力学[M]. 北京: 中国铁道出版社, 1994.
[4] 翟婉明. 车辆-轨道耦合系统动力学[M]. 3版. 北京: 科学出版社, 2007.
[5] 张卫华. 机车车辆动态模拟[M]. 北京: 中国铁道出版社, 2006.
[6] 田红旗. 列车空气动力学[M]. 北京: 中国铁道出版社, 2007.
[7] Zhang W H, Zeng J, Shen Z Y. Study on dynamics of coupled systems in high-speed trains[J]. Vehicle System Dynamics, 2013, 51(7): 966–1016.

撰稿人： 张卫华

西南交通大学

审稿人： 侯卫星　李　强

机车车辆服役性能蜕变问题

Research on the Evolution Rule of Service Performance of Rolling Stock

1. 背景与意义

机车车辆是由走行部系统、车体系统、受流系统和牵引制动系统组成的复杂耦合机械系统，机车车辆通过上端的受电弓和下端的轮对与接触网系统和轨道系统接触，实现电力取流和线路运行，同时也引入了两者的不平顺激扰源，导致车辆在行驶过程中处于高频振动状态，部件易发生疲劳失效。另外，机车车辆的长距离、长时间运营面临与轨道、接触网结构的摩擦和寒暑交替、风霜雨雪等自然环境，导致金属元器件表面发生氧化，橡胶元器件发生老化，车轮、滑板等部件磨耗等性能退化。机车车辆是由各部件组合而成的统一体，部件参数的变化必将导致车辆系统服役性能的改变。

机车车辆长期运营过程中的服役性能蜕变规律研究是保障车辆系统安全平稳运行的需要，通过探明车辆系统服役性能随运行里程的关联关系，制定更合理的检测维修周期，保障车辆的运营安全性；机车车辆服役性能蜕变规律研究为部件故障状态等级划分提供重要依据，通过深入研究部件状态与车辆系统服役性能的映射关系，根据整车服役性能状态评估部件状态的性能等级，从而更好地指导部件的检修周期和评判阈值，同时部件状态与服役性能的映射关系对车辆系统状态修的实现具有重要意义。

轨道交通的发展历经200多年，各类交通事故连续不断，其中由部件状态失效造成的脱轨事故也时有发生。

1998年6月3日，德国一列ICE高速列车在慕尼黑至汉堡途中发生重大脱轨交通事故，造成车毁桥塌，101人死亡，88人重伤，经济损失上亿马克，事故现场如图1(a)所示。这次脱轨事故原因是车轮断裂导致车辆脱轨撞桥，而从车轮碎裂到列车撞桥，列车仍然高速运行了大约5min，如果列车能安装精确的监测系统及时识别车辆状态变化，完全可以避免这次惨重事故的发生[1]。2000年6月5日从法国开往伦敦的欧洲之星(TGV)高速列车发生脱轨事故，造成全车3个转向架脱轨，但幸运的是脱轨后列车运行了1500m安全停下，未造成人员伤亡。该次脱轨原因是构架连杆断裂并撞击轨道，如图1(b)所示[2]。惨痛的交通事故引起了科研工作者对车辆系统服役性能的关注，形成了机车车辆服役性能蜕变规律研究问题。

(a) 德国ICE高速列车脱轨(1998年)　　　　(b) 法国TGV脱轨(2000年)

图 1　历史上的列车脱轨事故

2. 研究进展

当前对车辆系统服役性能的研究主要集中在部件性能退化规律、单参数对系统服役性能的影响和车辆系统各项性能指标评估等方面。Li 等[3]基于 Archard 磨耗模型进行了轮轨材料的滚动磨损数值计算，实现了任意运行里程的踏面磨耗型面的预测；Han 等[4]基于线路实测数据分析了踏面磨耗规律，并通过数值拟合的方式给出了踏面磨耗曲线预测模型；苟立波[5]研究了车轮磨耗跟踪测试技术，进行了车轮外形演变分析；高建敏等[6]基于轨道不平顺动态检测数据分析了轨道状态发展变化规律，提出了轨道不平顺长时性发展预测方法；Vale 等[7]构建了用于轨道状态退化预测的车轮-轨道耦合动力学模型；井波等[8]利用数理统计方法对高速列车转向架的横向减振器性能退化数据进行了特征提取及分析，在一定程度上实现了对待测样本退化程度的定量评估；翟婉明等[9]探讨了高速铁路基础结构动态性能演变及服役安全的基础科学问题；Jin 等[10]通过建立三维车辆-轨道耦合系统动力学模型，分析了车轮状态、钢轨部件状态等部件状态参数变化对列车运行安全性的影响。

3. 主要难点

尽管国内外研究者已经开展大量的机车车辆服役性能的蜕变相关问题的研究，但该课题的研究依然面临诸多困难：

(1) 精细化仿真模型构建。机车车辆系统零部件复杂多样，部件连接关系盘根错节，系统与线、网、环境各子系统相互作用、逐层递阶、复杂耦合，构建切合实际的精细化物理模型困难；另外部件故障模式多样，故障模式描述的数学模型构建困难，真实反映部件故障状态的仿真分析模型难以建立。

(2) 复杂耦合部件状态与车辆服役性能的映射关系研究。研究车、线、弓网及自然环境耦合作用的全局动态行为及子系统状态与机车车辆服役性能的映射关系，探究系统振动传递关系、失效链路等机理性研究有待深入，还未形成基于部件状态的系统综合服役状态评估理论。

(3) 复杂环境下的机车车辆服役性能蜕变规律研究。机车车辆运行里程长，所经地域地理、自然环境差异大，且兼之寒暑交替，长距离、复杂地理和特殊气候等因素导致机车车辆部件特征分散性强，在这种条件下应当建立何种行之有效的蜕变规律数学模型也是当前该项研究的难点。

参 考 文 献

[1] 金学松, 郭俊, 肖新标, 等. 高速列车安全运行研究的关键科学问题[C]//第18届全国结构工程学术会议, 广州, 2009: 8–22.

[2] Brabie D. On the Influence of Rail Vehicle Parameters on the Derailment Process and Its Consequences[D]. Stockholm: Royal Institute of Technology, 2005.

[3] Li X, Jin X, Wen Z, et al. A new integrated model to predict wheel profile evolution due to wear[J]. Wear, 2011, 271(1-2): 227–237.

[4] Han P, Zhang W H, Li Y. Wear characteristics and prediction of wheel profiles in high-speed trains[J]. Journal of Central South University, 2015, 22(8): 3232–3238.

[5] 苟立波. 基于数据库的高速动车组车轮磨耗跟踪研究[D]. 北京: 北京交通大学, 2011.

[6] 高建敏, 翟婉明, 徐涌. 铁路有砟轨道下沉及高低不平顺发展预测研究[J]. 中国铁道科学, 2009, 30(6): 132–134.

[7] Vale C, Rui C. A dynamic vehicle-track interaction model for predicting the track degradation process[J]. Journal of Infrastructure Systems, 2014, 20(3): 1–13.

[8] 井波, 金炜东, 秦娜, 等. 高速列车横向减振器性能退化的特征提取[J]. 噪声与振动控制, 2015, 35(2): 57–60.

[9] 翟婉明, 赵春发, 夏禾, 等. 高速铁路基础结构动态性能演变及服役安全的基础科学问题[J]. 中国科学: 技术科学, 2014, (7): 645–660.

[10] Jin X S, Wen Z F, Wang K Y, et al. Three-dimensional train-track model for study of rail corrugation[J]. Journal of Sound and Vibration, 2006, 293(3-5): 830–855.

撰稿人：宋冬利

西南交通大学

审稿人：李　强　张卫华

长周期波对工程船舶的影响机理

The Mechanism Study of Long-Period Waves Impact on Engineering Ship

1. 背景与意义

随着大型化、离岸化、深水化港口码头的发展建设,工程船舶也由近岸海域走向深、远海水域。外海的水深、浪大、流急,特别是存在涌浪和长周期波,虽然它们波高较小,但波长和周期都较大,波速较快,给工程船舶的安全作业带来不可预料的困难和危害。轻者不能正常作业,重者会造成船舶破坏和人员伤亡,其破坏威力已经引起行业的充分重视。因此,在外海工程建设施工前,必须关注长周期波对工程船舶的影响,合理选择工程船舶和编制施工方案,是进行外海工程建设的先决条件。

工程船舶外海作业时通过锚缆来固定其位置,波浪作用下不同的锚缆及锚泊方式构造出不同的船舶锚泊系统,波浪与锚泊系统之间以及锚泊系统内部船舶与锚缆之间均存在动力相互耦合作用,特别是长周期波浪下,这种作用和影响更为复杂,因此研究长周期波对工程船舶的影响机理显得十分必要。

研究长周期波对工程船舶的影响机理,可以了解工程船舶对不同频率长周期波的动态响应情况,分析工程船舶锚泊系统在波浪作用下的运动规律及锚缆力大小,就开敞海域如何提高工程船舶安全作业提出合理建议和改善措施,增强工程船舶对外海复杂环境的适应能力。相关研究为外海工程施工作业指南和工程船舶外海安全作业具有重大理论及现实意义。

2. 研究进展

长周期波的周期较长,国际航运协会 1995 年给出典型涌浪的周期为 10~25s,长周期波定义为 0.5~5min。日本规范也将 30~300s 的周期定义为长周期波。有关长周期波研究结果显示[1~6],斜坡式防波堤对低频长周期波的掩护作用不明显,而港内系泊船舶对低频长周期波的响应比较敏感,特别是当波浪周期接近船舶自身固有周期时,会造成船舶运动量出现一个较大的峰值,这说明港内波高不大却是船舶断缆的主要原因。Ohshima 等[7]认为 30~300s 的长周期波通常会引起长时间的港内水面振荡,从而干扰了港口的正常装卸作业并造成缆绳的损坏,采用码头前沿设置碎石块等多孔结构来消除长周期波浪影响的方法需要很长的长度才能充分地耗散掉长周期波的能量,这对小型港口维护航道和港区建设来说是不现实的。Murakami 等[8]通过实地观测和数值计算的方法研究了长周期波引起的海港振荡和船舶运动之间的关系,认为离岸防波堤对波高的阻尼效应随着波周期的增大而减弱。van der Molen 等[9]通过日本 Tomakomai 港长周期波及船舶运动的数值模拟,也认为长周期波浪能够很容易地渗透进港池内,当波浪周期和港口的自振周期接近时其能量甚至能够加强。对于波浪通过堆石堤后的能量损失,Madsen[10]假定水头损失与速度为线性关系,用数学分析方法给出了波浪在堤内的衰减计算,斯蒂芬森也对波浪的衰减进行了研究,在简化条件下得到了透浪系数。但上述研究均基于大量假定,同试验数据相比,其计算值与试验值相差较大,习和忠也根据一系列试验提出了自己的计算公式,尽管较以前公式计算精确度大幅提高,但同试验值相比仍有一定差距。

综上所述,有关长周期波对在港系泊船舶以及长周期波消能建筑物的影响研究较多。但对工程船舶的影响研究国内外都较少,研究成果也处在半理论和半经验层面,需要做进一步细化的研究。

3. 主要难点

研究长周期波对工程船舶的影响主要存在以下难点:

(1) 长周期波浪的模拟。由于长周期波的波高小、周期长等特点,准确模拟长周期波浪是一项技术难题,特别是在物理模型试验中,考虑模型边界条件和比尺效应,模拟出的长周期波存在失真的可能。

(2) 工程船舶的模拟。工程船舶类型众多,船型差异较大,其结构尺度及动力参数较一般的商用船型要复杂得多,准确模拟工程船舶模型也相当困难。

(3) 锚泊系统的模拟。工程船舶一般是通过锚缆来固定其位置,锚缆大多采用钢缆,其长度从几十米到几百米不等,锚缆的模拟要考虑长度相似、弹性相似、悬链线相似等原则,为此准确模拟每一根锚缆也是至关重要的,不同的锚缆及锚系方式组成不同的锚泊系统,不同的锚泊系统在波浪作用下的动态响应也完全不同。因此选择合适材料进行锚泊系统的模拟需要进行详细计算研究。

(4) 长周期波对工程船舶的动态响应研究。测试过程中工程船舶的动态响应分运动特性和锚缆力,运动特性包含 6 个自由度,分别为横移、纵移、升沉、横摇、纵摇和回转。每个自由度对波高和周期的响应频率不同,因此需要进行大量的系列试验,分析每个自由度对应的主频率,以分析波高与周期对各自由度的真正影响机理。这是一项烦琐而复杂的工作,需要进行大量的数据分析。

目前尽管物理模型试验存在比尺效益,且占用人力物力较多,但数值仿真计算中船舶、锚泊系统与波浪之间非线性作用难以准确模拟,因此波浪对工程船舶的影响研究主要还是以物理模型试验研究为主。今后随着船舶运动数值仿真计算软件的快速发展，船舶模型的精细化模拟，非线性模型理论的不断突破，势必会推动工程船舶的数值仿真计算出现新的飞跃，有力推动外海长周期波对工程船舶影响研究的技术发展。

参 考 文 献

[1] 杨宪章. 长周期波的特性及对系泊船舶动态的影响[J]. 中国港湾建设, 1989, 9(6): 37–43.

[2] Tomita T, Hiraishi T. Control of reflected long period waves in harbors[J]. Coastal Constructions, 2000, 99: 107–114.

[3] 杨宪章, 李文玉. 桩基透空堤的消浪效果分析与探讨[J]. 中国港湾建设, 2005, 25(2): 21–23.

[4] 王国玉, 王永学. 新型透空式防波堤结构试验研究[J]. 中国造船, 2003, 44(z1): 350–358.

[5] 刘爽, 廉立虎, 刘新勇. 波浪周期对系泊船运动量及系泊力的影响研究[J]. 港工技术, 2015, 52(6): 47–50.

[6] 李越. 长周期波浪对船舶系泊稳定影响的研究[D]. 大连: 大连理工大学, 2013.

[7] Ohshima K, Moriya Y, Watanabe Y. Wave-absorbing performances for new type of long-period wave absorption, coastal constructions[C] // Proceedings of the 5th International Conference, Venice, 2007.

[8] Murakami K, Yoshida A, Irie I. A Characteristics of harbor oscillation and ship motion induced by long period waves[C] // International Offshore and Polar Engineering Conference, Brest, 1999.

[9] van der Molen W, Monãrdez P, van Dongeren A. Numerical simulation of long-period waves and ship motions in Tomakomai Port, Japan[J]. Coastal Engineering Journal, 2006, 48(1): 59–79.

[10] Madsen O S. Wave transmission through porous structures[J]. Journal of the Waterways, Harbors and Coastal Engineering Division, 1974, 100(3): 169–188.

撰稿人：李树奇　叶国良　张文忠　黄宣军
中交天津港湾工程研究院
审稿人：乔英杰　陶春虎

多场耦合作用下的高速铁路弓网关系

High Speed Pantograph-Catenary Interaction under the Multi-Field Coupling Effects

1. 背景与意义

受电弓与接触网的相互作用过程中,弓网系统的动力学特性、气动特性、电接触及温度特性相互制约、相互依赖、相互作用,涉及力学、材料、电气以及热工学等多个物理场的相互耦合和交叉,如图1所示。另外弓网系统作为高速列车系统的子系统,也与车体、线路、牵引供电等其他子系统相互耦合和渗透。因此弓网匹配关系研究是考虑气流扰动、车体振动、线路环境以及负载条件等因素影响下的多物理场耦合问题。

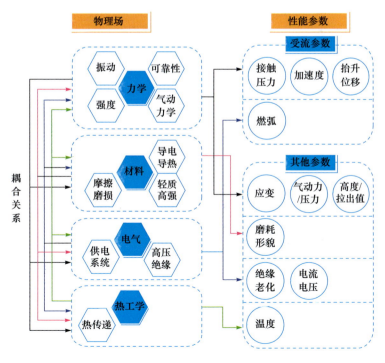

图1 弓网系统多物理场耦合关系

考察弓网系统的动力学、电接触以及热传递等性能参数之间的映射关系和耦合作用机理是分析该问题的核心。在此基础上，辨识弓网系统不同性能参数的演变规律、相互之间的内在关联和作用机理，提出考虑动力学、电接触和温度等特性的弓网系统多物理场耦合模型建模方法，发现不同服役环境对弓网系统服役性能的影响规律，建立弓网系统服役性能相应的协同评价机制，从而给出与高速运行工况匹配的受电弓和接触网主要技术条件，确定最佳的弓网系统基本结构及参数，以保证高速动车组稳定受流、安全可靠运行。

高速铁路大多采用电力牵引，高速列车必须在高速运动条件下从外部取得电能，该电能从电厂经高压输电线—变电所—架空接触网—受电弓，进入高速列车，再通过高压隔离开关、高压电缆，连通位于转向架处的电机，从而驱动电机为高速列车提供动能，如图2所示。可见，弓网系统处于该能量传输链条的最末端，其供电的持续性和可靠性将直接影响高速列车运行和电气驱动系统的性能。因此高速电气化铁路的关键技术之一是保证在高速运行条件下具有良好的受流质量，即在动车组高速运行时保持稳定的动态受流。动态受流是指高速动车组通过受电弓在与接触线相对滑动的条件下，通过弓网接触点受取电流并传给动车组的动态滑动接触过程。

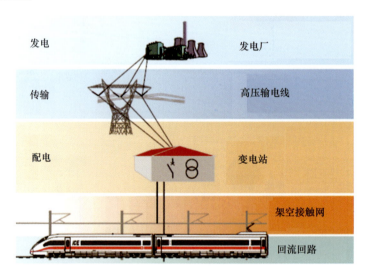

图2　高速列车电能传输过程

由于弓网系统复杂的服役环境，弓网关系问题涉及力学/机械、材料、电气以及热工等多个学科。为保证受电弓与接触网稳定的动态接触关系，需要考虑运动学、动力学、材料、导电等多种匹配关系，进而造成弓网关系的影响因素较多，如接触网和受电弓的结构形式及设计参数、双弓间距、负载条件、气流环境、线路条件、接触副材料，以及受电弓安装位置的车顶布置等。由此在考虑多场耦合作用下，如何辨识弓网系统设计参数的影响规律，获得合理的弓网系统结构及参数，是弓网系统实现稳定受流，保证高速列车安全可靠运行的关键。

辨识弓网系统涉及的不同物理性能参数的演变规律、相互之间的内在关联和作用机理，给出合理的弓网系统设计参数的技术条件，才能实现相应的机构运动、抑制弓网的耦合振动、提高接触网波速利用率和受流极限、降低弓网磨耗、提高传电效率等。由此通过多物理场耦合的弓网匹配关系研究，不仅能保证必需的弓网稳定受流，同时有助于提高结构的可靠性，减小系统的故障率，节约成本、延长维护周期等。

2. 研究进展

如前所述，弓网关系的研究涉及多个物理场，但主要集中体现在三个方面：弓网系统的动力学特性、电接触特性和热传递特性。由此针对上述几个方面的问题对国内外的研究发展动向介绍如下。

1) 动力学特性

首先，受电弓和接触网的模型对于弓网系统动力学特性的研究是至关重要的。而就如何建立一个合理的模型来分析受电弓和接触网系统的动态行为，国内外的学者在这方面已经做了大量的研究工作，并取得了一定成果[1,2]。对于接触网系统，最具有代表性的简化模型是日本 Manabe 的集中质量模型、美国 Vinayagalingam 的欧拉梁模型、德国 Link 的与频率有关的有限元模型。在受电弓模型方面，已逐步形成了一些受电弓的标准数学模型库，包括多刚体模型；归算质量模型；刚柔混合模型；全柔性体模型等。在此基础上，已基本建立针对弓网动力学行为的标准仿真程序[3]。

其次，基于受电弓和接触网建模与仿真方法研究提供的理论基础，有关的动力学特性应用研究也在快速发展，包括影响因素分析、参数优化设计[4]等。特别是近几年，随着列车速度的进一步提升，与弓网系统动力学相关的一些方面受到越来越多的关注，如接触网不平顺[5]和列车振动的影响、接触线和受电弓滑板的磨耗[6]、接触网波动速度、吊弦松弛、高频下的结构柔性变形[7]以及高速气流扰动对动力学性能的影响[8]等。

随研究的不断深入，国内外研究者对弓网动力学特性的研究在关注系统动力学理论模型及应用的基础上，考虑高速气流扰动、列车振动、接触网不平顺等外部激扰以及多个物理场耦合作用的影响已成为弓网动力学行为研究发展的必然趋势。

2) 电接触特性

对于弓网电接触特性的研究，先前主要关注的是电接触或电弧特性本身[9]，而弓网系统接触/跳离的动态过程中拉弧和断弧的电弧行为，电弧弧根滞后、跳跃以及弧柱变形的影响机制，特别是在高电压-大电流条件下的带弧受流工作机理以及与力学特性的内在关联机制，是目前的重点研究方向。

3) 温度特性

对于弓网接触热传递过程，国内外学者已取得了较大进展，对热源、接触电阻、温升过程以及对材料属性的影响等都进行了相应的分析[10]。但对于不同受流制式，温度特性和电弧特性、力学特性的关联，仍将是弓网系统温度特性进一步深入研究的重点。

由此可见，尽管国内外研究者在弓网系统基础理论及应用研究等方面取得了较大进展，但就弓网系统的动力学、电弧和温度特性等性能参数之间的映射关系和耦合作用机理，以及考虑上述特征参数的多物理场耦合模型的建立仍将是进一步研究的主要方向。特别是不同受流制式下高速类车弓网系统动态受流过程中拉弧和断弧的电弧行为、电弧弧根及弧柱的演变规律与影响机制、带弧受流工作机理以及对弓网动态和受流性能的影响规律等。

3. 主要难点

(1) 真实服役工况下弓网电接触特性的演变规律和作用机制。对于高电压-大电流条件下弓网电接触特性的实验室模拟，受试验电源容量的限制，特别是数千安直流条件下，需采用相关的升流和续流技术，以实现与动车组实际的供电条件基本一致，以保证试验模拟的真实性和有效性。特别是针对弓网电弧问题，需根据电弧等离子体理论，分析弓网电极的极性效应、场致发射特征，并利用有限元软件解析弓网电极电磁场的分布状况，识别弧柱压降与电极场强的变化关系，从而通过试验与仿真，揭示弓网动态电弧的演变规律和产生机理。

(2) 考虑多物理场实时耦合特性的弓网系统精确建模方法。基于弓网系统的复杂性，在对系统单个构件建模和单一物理场系统建模的基础上，需要根据弓网系统的动力学、电接触和温度特性耦合关系的层次性和分布性，确定合理的耦合方式和仿真算法，从而保证建立的多物理场耦合模型有较好的精度和实时性。

(3) 弓网系统动态及受流性能的多参数协同评价机制。相对于现行交流制式下弓网系统的评估方法及标准，直流制式下特别是大电流条件下弓网系统的服役环境有较大的变化，需辨识受流制式差异对动态特征参数的影响度。同时需要通过多物理场的耦合仿真和同步测试，深入研究弓网系统力学性能、电气性能及温度分布等特征参数之间的内在关联机制，从而建立不同特征参数间的对应关系和协同评价机制，以保证弓网动态及受流性能的评估方法及准则的合理性。

参 考 文 献

[1] Drugge L, Larsson T, Stensson A. Modeling and simulation of catenary-pantograph interaction [J]. Vehicle System dynamics Supplement, 1999, 33(Suppl): 490−501.

[2] Collina A, Bruni S. Numerical simulation of pantograph-overhead equipment interaction[J]. Vehicle System Dynamics, 2002, 38(4): 261−291.

[3] Bruni S, Ambrosio J, Carnicero A, et al. The results of the pantograph-catenary interaction benchmark[J]. Vehicle System Dynamics, 2015, 53(3): 412−435.

[4] Zhou N, Zhang W H. Investigation on dynamic performance and parameter optimization design of pantograph and catenary system[J]. Finite Element in Analysis and Design, 2011, 47(3): 288−295.

[5] Zhang W H, Mei G M, Zeng J. A study of pantograph/catenary system dynamics with influence of presage and irregularity of contact wire[J]. Vehicle System Dynamics, 2002, 37(Suppl): 593−604.

[6] Bucca G, Collina A. A procedure for the wear prediction of collector strip and contact wire in pantograph – catenary system[J]. Wear, 2009, 266(1-2): 46−59.

[7] Collina A, Lo Conte A, Carnevale M. On the effect of collector deformable modes in pantograph-catenary dynamic interaction[J]. Proceedings of the Institution of Mechanical Engineers, Part F: Journal of Rail and Rapid Transit, 2009, 223(1): 1−14.

[8] Bocciolone M, Resta F, Rocchi D, et al. Pantograph aerodynamic effects on the pantograph-catenary interaction[J]. Vehicle System Dynamics, 2006, 44(Suppl): 560−570.

[9] Midya S, Bormann D, Thottappillil R, et al. Pantograph arcing in electrified railways-mechanism and influence of various parameters-Part I: With DC traction power supply[J]. IEEE Transaction on Power Delivery, 2009, 24(4): 1931−1939.

[10] 吴积钦. 弓网系统电弧侵蚀接触线时的热分析[J]. 铁道学报, 2008, 30(3): 31−34.

撰稿人：周　宁
西南交通大学
审稿人：张卫华　刘志明

高速列车运行噪声与控制问题

Mechanisms of High Speed Train Operating Noise and It's Control

1. 背景与意义

高速列车是一个极其复杂的机电系统，涉及走行、控制、振动、集成、检测等多项功能。列车高速行驶时其运行特性受到多种激扰影响，与周围介质的相互作用关系甚至比飞行器和其他运动物体更为复杂，如轮轨、弓网、流固、机电和噪声等[1]。随着高速列车运行速度的提高，真正制约高速列车发展的因素有两个：一是安全可靠性问题，没有安全就不能成为交通工具；二是噪声问题，它包括两个方面，其中车内噪声与旅客乘坐舒适度息息相关，将决定高速列车的行业竞争力，而车外噪声则是沿线铁路周边环境的污染问题。

高速列车运行噪声的主导声源为轮轨噪声和空气动力噪声两大部分。高速轮轨噪声主要为滚动噪声，其产生机理为[2]：由于轮轨相互作用，车轮和钢轨表面的粗糙度会引起轮轨系统的振动，该振动传到车轮和轨道结构，从而产生振动声辐射。通常车轮和轨道均为轮轨滚动噪声的重要组成部分，应该同时给予关注。但实际上，随着车速的增加，车轮的贡献会更加显著，且与轮轨噪声相关的粗糙度波长会向更长的波长范围拓展，从原来低速的 5～500mm 波长范围拓展为 5mm～5m 波长范围(短于 5mm 的粗糙度，由于接触滤波的作用，对轮轨滚动噪声影响很小)。高速列车空气动力噪声源[3,4]因列车不同而不同，但主要集中在转向架(尤其是头车一位端)、受电弓与导流罩、车头/尾部、车间连接部位、通风栅格、裙板以及其他凹凸不平部位等。当列车高速行驶时，在列车外表面形状变化较剧烈的部位会出现复杂的流动分离，产生强气压脉动，诱发空气动力噪声。这部分声源具有显著的偶极子声源特性，是车外主要的气动噪声源。对车内噪声而言，影响最大的是车身表面的湍流噪声，它具有显著的四极子声源特性。现有研究表明[1]，轮轨滚动噪声与 $30\lg V$(V 为列车运行速度)成正比，而气动噪声与 $60\lg V$ 成正比，因此气动噪声随速度增加更快，超过一定速度(又称转变速度)时，空气动力噪声将成为主要噪声。一般而言，转变速度约为 300km/h，但 TGV(train à grande vitesse)列车高速试验结果表明，列车速度达到 380km/h 时，轮轨噪声依然占主导地位[5]。而且，如果高速列车系统结构参数设计不合理，高速轮轨噪声将会通过结构传声和空气传声这两个途径传播到车内,导致车内噪声异常显著。因此高速列车运行噪声问题非常复杂,车辆参数、轨道参数、列车运行状态和列车与线路之间的匹配关系等,尤其是轮轨匹配关系,会对高速列车噪声产生很大的影响。

2. 研究进展

欧洲铁路研究所(European Railway Research Institute,ERRI)在 Thompson 改进后的轮轨噪声预测模型基础上,开发了轮轨滚动噪声预测软件 TWINS[6]。测试结果表明,在 60~150km/h 时,TWINS 软件一般情况下能够较为准确、可靠地预测轮轨滚动噪声。但对于高速列车,随着列车运行速度的提高,轮轨相互作用更加显著,轮轨系统响应的非线性特性也更加显著,尤其当车轮存在多边形,钢轨表面存在波磨(波浪形磨损)或轮轨表面存在局部缺陷(如车轮擦伤、钢轨焊接接头)等不平顺时,轮轨间可能会出现瞬间分离。此时轮轨间接触状态存在很强的非线性,轮轨噪声机理变得十分复杂,TWINS 模型的频域下线性 Hertz 接触弹簧已不再适合描述轮轨间的接触状态。另外,在高速轮轨表面不平顺的激励下,轮轨高频模态更容易被激发起来,这些高频模态往往会表现为轮轨踏面发生显著变形,此时轮轨接触几何及相互作用力的求解将更加复杂,这一点在过去的研究中并没有得到充分考虑。除此之外,由轮对高速旋转引起的陀螺效应对轮轨相互作用行为也有影响[7]。综上所述,为了更好地预测高速轮轨噪声,需要建立一个更为完善的轮轨噪声预测模型,该模型应该更充分地考虑具有噪声显著频带的车轮和轨道结构振动、声辐射特性及轮轨相互作用行为。

轮轨表面粗糙度是影响轮轨噪声的关键因素之一,其演化规律会随着高速铁路结构、运营情况的不同和环境气候的变化而有所差异。目前我国还没有系统的高速铁路轮轨表面粗糙度研究,更谈不上基于轮轨噪声的轮轨表面粗糙度控制和维护标准。因此跟踪测试我国的高速铁路轮轨表面粗糙度特征,掌握其发生和发展规律,对深入研究我国高速列车轮轨振动和噪声及其相关标准的建立也是十分必要的。

对高速列车空气动力噪声的研究主要有试验测试和数值仿真两种技术手段。试验技术方面,广泛采用的是传声器阵列声源识别技术、风洞测试技术和直接声源测量技术。传声器阵列声源识别技术可能会产生违背物理规律的虚假声源,且对声压低但分布广、在低频段具有较强相干特性的高速列车车身表面湍流噪声的声源识别结果可靠性很差。风洞设施建造成本和试验测试都非常昂贵。直接声源测量技术对传感器的要求很高,且在抑制其产生新的气动声源上还有困难。数值仿真技术方面,基于计算流体动力学对高速列车车头/尾外型、转向架区域、风挡连接装置、弓网结构和导流罩等部位的流场流线型优化,可有效降低流阻并获得一定的减振降噪效果。然而，这些研究均从普通流场研究的角度出发，仅把声学研究作为流场优化研究的自然延伸，并未考虑气动激励在流场/边界的复杂耦合作用。到目前为止，这些研究仍无法有效控制高速列车气动噪声随速度的非线性增长。因此研究气动噪声源、降低气动噪声已成为高速列车低噪声设计的关键。

针对"声源-路径-响应"全链路声振特性，基于球形阵列车内声源识别系统、平面相控轮辐阵列车外声源识别系统、振动噪声传递路径测试和车内噪声模拟与仿真技术，突破多通道输入多通道输出(multiple input multiple output，MIMO)系统声振激励的相干和串扰影响，研究不同噪声源的噪声发生机理，不同特征噪声在结构和空间的传播规律，特别是在中空铝合金车体中的传播规律，复杂车内空间、结构和材料下的车内噪声反射、衍射、吸收等传播规律；研究列车内部和外部噪声的空间分布规律，研究车内噪声的"共振"和驻波现象；确定车内外噪声的产生机理及其各主要声源对车内外噪声的贡献率。掌握考虑"声源-路径-响应"全链路、"大地-线路-列车-声场"大系统等多因素、复杂服役环境下的车内噪声机理，掌握"热-力-声"多物理场耦合作用下轻量化、高性能隔声、隔振和吸声的组合车体结构(型材+内装材料+内饰结构)低噪声设计方法和减振降噪关键技术。

3. 主要难点

(1) 全寿命周期服役环境下轮轨表面粗糙度产生、发展与演变机制。对高速列车振动噪声影响最直接的全寿命周期服役环境因素是轮轨表面粗糙度，车轮镟修、钢轨打磨、调度与运行维护、轮轨型面和车辆/轨道系统动态参数匹配，甚至区间运行速度特性，均会直接或间接影响轮轨的表面粗糙度，造成轮轨表面粗糙度产生、发展与演变特性产生非常大的差异。以往的研究往往将车辆、轨道系统参数进行单一指标的理想化影响分析，割裂时间维度、运行维护与服役环境等复杂因素的潜在影响，难以揭示轮轨粗糙度作为高速列车运行噪声激励的源头变化特性，进而使得对其问题本质的了解缺乏全面性，甚至南辕北辙。

(2) 时域下非线性高速轮轨噪声机理及其控制技术。突破传统基于线性假设的轮轨噪声机理，在时域下考虑轮轨粗糙度、局部伤损/缺陷或冲击等激励引起的非线性高速轮轨相互作用；考虑高速车轮旋转惯性、轮轨高频柔性的轮轨接触行为模拟；考虑轮轨刚柔耦合建模中的轮对高速移动、旋转刚体大运动和轮对高频柔性小变形耦合作用项的建立与解耦求解；揭示非线性特征显著的高速轮轨噪声机理；同时探索高速列车系统安全性、可靠性、耐久性、经济性、轻量化和节能环保(甚至绿色人文一体化)等多目标优化的高速轮轨噪声控制技术。

(3) 高速列车车身非定常流场与流动特性及其与气动声源的映射机制。掌握高速列车车身表面气动特性是量化描述气动噪声形成机理的基础，其核心是车身表面存在的非定常流场与流动特性,主要包括边界层转捩、湍流边界层、流动剪切层、尾流、车体表面压力脉动特征、湍流脉动和绕复杂空腔结构的非定常流动等。通过远场阵列声源识别测试技术结合风洞近场噪声、压力和流场显示技术,辅助理论与数值的分析计算,探寻高速列车车身非定常流场与流动特性及其与气动声源的映射机制是深化和突破高速列车气动噪声机理研究的关键所在。

(4) 基于柔性转向架的系统中高频结构传声机制。高速列车转向架结构传声分析频率较高(200～800Hz),传递路径复杂,悬挂系统参数众多,因此准确模拟各悬挂部件动刚度和建立柔性转向架系统中高频结构传声仿真模型是寻找最优结构传声悬挂系统匹配参数的关键;高速列车因其体积庞大,质量大等特性,在传递路径分析(transfer path analysis,TPA)测试中,无法完全满足 TPA 理论要求的子结构自由边界这一理想边界条件,而边界条件带来的误差难以在测试中量化。因此基于柔性转向架系统中高频结构传声仿真模型,调查和度量不同边界条件对结构传声路径的影响范围,是准确高效确定高速列车转向架结构传声机制的关键。

(5) 广尺度宽频域车体型材结构传声机制。车体型材结构是车内运行噪声中结构传声的关键环节,不管是轮轨还是气动激励,最终都对车内噪声形成显著贡献,均需通过车体型材的空气或结构传声路径来实现。而车体型材结构从几毫米的板厚到几米的宽度和高度,再到几十米的长度,具有显著的广尺度空间维度特征。在车内噪声显著频率范围内,囊括了车体型材结构低、中和高频的宽频域动态特性。特别是车体型材结构属于周期加筋板类结构,在中高频域其传声特性表现为显著的通带、阻带特征,当外部激励条件不同时,其振动能量的传递途径和空气声的传播途径不同,尤其表现为临界频率以上的中高频域,影响不同声音传递途径的通带和阻带的关键参数类型的不同。因此掌握广尺度宽频域车体型材结构传声机制,对于高速列车车身主体的传声准确预测及传声优化设计都起着至关重要的作用。

(6) 基于主动控制的高速列车降噪技术。攻克主动降噪在高速列车的有效应用需要解决高速列车客室噪声环境复杂和巨大空间等一系列相关问题,由现有被动的、滞后的高速列车减振降噪技术向主动的、超前的基于主动控制原理的噪声舒适度控制技术转型。解决主动控制在司机室、VIP 客室等区域应用的一系列技术难题,掌握高速列车主动降噪技术。

参 考 文 献

[1] 金学松, 郭俊, 肖新标, 等. 高速列车安全运行研究的关键科学问题[C]//第 18 届全国结构工程学术会议, 广州, 2009.

[2] Thompson D J. Railway Noise and Vibration: Mechanisms, Modelling and Means of Control[M]. Oxford: Elsevier Science, 2008.

[3] Raghunathan R S, Kim D D, Setoguchi T. Aerodynamics of high-speed railway train[J]. Progress in Aerospace Sciences, 2002, 38(6-7): 469–514.

[4] Talotte C. Aerodynamics noise: A critical survey[J]. Journal of Sound and Vibration, 2000, 231(3): 549–562.

[5] Poisson F, Gautier P E, Letourneaux F. Noise sources for high speed trains: A review of results in the tgv case[C] // Proceedings of the 9th International Workshop on Railway Noise. Munich: Springer, 2007: 71–77.

[6] Thompson D J, Hemsworth B, Vincent N. Experimental validation of the TWINS prediction program for rolling noise, Part I: Description of the model and method[J]. Journal of Sound and Vibration, 1996, 193(1): 123–135.

[7] Baeza L, Fayos J, Roda A, et al. High frequency railway vehicle-track dynamics through flexible rotating wheelsets[J]. Vehicle System Dynamics, 2008, 46(7): 647–662.

撰稿人：肖新标

西南交通大学牵引动力国家重点实验室

审稿人：侯卫星　李　强

轮轨滚动接触行为及轮轨关系

Wheel-Rail Rolling Contact Behavior and Wheel-Rail Interaction

1. 背景与意义

铁路机车车辆的承载、导向、牵引和制动等基本功能均通过轮轨滚动接触来实现。正常运行时，轮对不仅相对于钢轨滚动，也存在很小量的滑动，即蠕滑现象，通常采用纵向、横向及自旋蠕滑率来表征相对滑动的程度。正常情况下，轮轨间仅存在一个近似平面的接触斑，其大小与拇指指甲盖相近。蠕滑使得接触斑分为如图 1(c) 所示两部分，前半部分内轮轨材料间无相对滑动，呈黏着状态，即黏着区，而后半部分存在相对滑移，即滑移区。黏着区和滑移区的具体形状与位置随上述三个蠕滑率分量的相对大小而变化(图 1)。

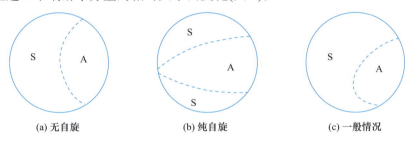

(a) 无自旋　　　　(b) 纯自旋　　　　(c) 一般情况

图 1　轮轨接触斑内的黏着区(A)和滑移区(S)分布

理解与预测蠕滑率和蠕滑力(通过轮轨接触界面传递的切向接触力)之间的关系是开展机车车辆-轨道耦合动力学研究的基础。纵向蠕滑力可用来牵引和制动列车，而横向蠕滑力决定着列车导向，但也有一部分蠕滑力/率对列车运行没有贡献，仅耗散能量。当这部分无效蠕滑过大时，一方面会引起轮轨的过度伤损，另一方面会在极端情况下造成脱轨等严重后果。造成过大无效蠕滑的因素包括轮轨几何不匹配、轮轨低黏着、曲线通过、线路或钢轨不平顺等。

深入理解轮轨滚动接触行为和轮轨关系是确保列车高运行品质、高安全和低运输成本的关键，其相关研究属于运动学、动力学、固体力学、机械设计及理论、热力学、材料学等学科交叉领域，终极目标是保证轮轨间和谐作用。当下，客运高速化和货运重载化不断突破人们原来认定的铁路运输速度和承载极限，也对轮轨系统优化提出了越来越高的要求。

决定轮轨蠕滑的因素包括轴重、牵引和制动载荷、机车车辆间纵向作用、轮对尺寸、轮轨接触几何、轮轨材料、轮轨黏着及线路条件等因素。轮轨关系研究的本质是考虑上述众多因素的系统多目标优化问题，通过合理的结构、几何、材料及控制等设计，既保证承载、导向、牵引和制动等功能，也尽可能减小和避免轮轨振动及无效蠕滑。

需指出，轮轨接触具有高应力(通常大于 1000MPa)、高应力梯度、高应变率及低应变的特点，这是狭小接触斑的直接后果，其根本原因是大运量运输的客观要求——轮轨钢的高刚度(低滚动阻力)。这使得轮轨滚动接触对几何不平顺非常敏感，例如，业界通常所考虑的高速轮轨短波不平顺的幅值在 0.1mm 以内。如何低成本而且高效地维护轨道交通轮轨系统长期处于正常运行状态，是一个非常棘手的问题。

2. 研究进展

轮轨几何优化，尤其是轮轨接触型面优化，是轮轨关系研究的重要内容。相关研究旨在保证列车的动力学性能，并配合材料设计尽量减缓轮轨接触几何的恶化。传统研究方法往往基于刚性轮轨假设，且只考虑一点接触，未将接触区附近的弹性变形、塑性变形、可能的多点或共形接触考虑在内。另外绝大多数研究仅针对轮轨初始几何，最近的研究开始尝试将接触几何在服役中的变化考虑在内[1]。

基于弹性材料假设的传统滚动接触理论包括 Carter、Vermeulen-Johnson、Kalker 线性理论及沈氏理论等[2]，均仅针对赫兹型接触(椭圆形接触斑)，其精度基本满足车辆、轨道系统动力学的快速计算要求，但无法应用于需要详细接触应力的轮轨伤损等研究。近几年，基于显式有限元法的高速轮轨瞬态滚动接触模型[3,4]逐渐发展成熟，是目前最先进的求解方法，可于时域内求解速度高至 500 km/h 时轮轨在任意缺陷处的瞬态滚动接触行为，摒弃了近 30 年来最广为接受的 CONTACT 算法所隐含的无限半空间、稳态滚动和线弹性材料等假设。

很多轮轨关系研究中经常假设轮轨界面干净，且轮轨黏着系数为常数。然而，雨水、油脂、树叶等污染物会侵入开放的轮轨界面形成"第三介质"，大幅降低轮轨间黏着。当轮轨黏着不能满足牵引、制动等要求时，列车便会因蠕滑率过大而失控，威胁行车安全。针对"第三介质"存在时的黏着行为，国内外尚未开展有效的实车试验，但有很多基于双盘试验台的试验结果，获得了各种污染物下的黏着特性，且基本达成了共识，但尚缺少高速下的系统性试验。轮轨黏着的数值仿真研究多联合混合流体动力润滑理论和微观固体接触理论，已可以考虑三维轮轨间存在界面流体、流体热效应、非牛顿效应以及微观表面粗糙度弹塑性等因素[5]，但无法考虑多因素间耦合，尚缺少水的黏度-温度-压力关系公式和贫油润滑状态下的混合润滑模型。

由轮轨间恶性相互作用导致的轮轨伤损可大致分四类：①由不均匀磨损或塑性变形导致的钢轨波磨、车轮不圆等；②由表面或几毫米厚表层材料过载引发的滚动接触疲劳；③由材料缺陷或不平顺冲击导致的疲劳，如钢轨焊接接头裂纹；④由外物嵌入轮轨界面引发的硌伤等。目前，第 1 类问题在高速、普速、重载及地铁线路中都很普遍，对其萌生机理尚未达成一致，治理多为被动修复；第 2 类问题也广泛存在，学术界已基本弄清楚了连续型轮轨滚动接触疲劳的机理，通常通过改进轮轨型面匹配或材质来应对，但对于局部型滚动接触疲劳问题(如车轮月牙形裂纹、钢轨隐伤等)，尚需开展更深入的研究；针对第 3、4 类问题的研究更多地与第 2 类问题混在一起，也是长期研究的热点。

轮轨间恶性相互作用的极致表现为列车脱轨，一旦发生，巨大动能会造成冲击、挤压变形、车厢翻滚等严重后果，往往车毁人亡，社会影响巨大，高速列车尤甚。根据发生过程，脱轨可大致分为爬轨脱轨、跳轨脱轨、掉道脱轨等，其中由车轮轮缘在运行中逐渐爬上轨头引起的爬轨脱轨最为常见。现有评判准则中，基于脱轨系数(横、垂向轮轨力之比)的 Nadal 脱轨准则一直被广泛采用，但试验表明其很保守，尤其在小摇头角时。Weinstock 准则考虑了两侧车轮的受力，较 Nadal 准则有一定进步，因此美国货车安全认证采用了 Nadal 和 Weinstock 两个评判准则。另外，当一侧车轮大幅减载时，轮重减载率(减载量与轮重的比值)比脱轨系数更能有效评定脱轨[6]。目前普遍认同的脱轨原因包括关键部件失效、重大自然灾害和运动失稳等[7,8]。脱轨线路试验因周期长、费用高、不确定性高等因素不能满足要求，而模型试验多存在机理缺陷。因此整车滚动台脱轨试验仍然是最有效的脱轨研究手段[9]，另一个研究手段是动力学模拟[6~8]，但往往隐含了过多的假设。

3. 主要难点

(1) 面向服役期的轮轨型面匹配设计方法。过去轮轨型面设计只能使车辆在初始运营阶段具有较好的动力学性能，但无法保证整个服役期内轮轨磨耗后车辆的动力学性能。因此发展基于磨耗性能的轮轨型面多目标优化设计方法，以有效改善整个服役期内轮轨型面磨耗性能及动力学性能，延长轮轨维修周期，是十分重要的课题。

(2) 轮轨高频动态相互作用行为。现有适用于轮轨高频动态响应分析的瞬态滚动接触有限元模型[3,4]计算成本过高，尚局限于法向动力作用，无法将轮对横移等因素准确考虑在内。进一步扩展上述模型，并将振动、温度场和第三介质等因素的耦合作用考虑在内，是需要解决的难题。另外揭示与高频动态响应相关的钢轨波磨、车轮不圆等伤损的机理，以及预测此类不平顺下轮轨的高频动力和滚滑响应，也是需要解决的难题。

（3）基于多尺度的轮轨伤损研究。从不同尺度而言，轮轨伤损与合金元素分布、材料组织结构、夹杂、表面粗糙度、第三介质、表面不平顺、连续体振动、结构振动、蠕滑行为、机车车辆控制、运行速度、线路条件及环境条件等众多因素相关。另外实验室测得的各种材料力学特性多为宏观属性，而轮轨材料伤损更多是微观、局部行为，尤其在早期。因此需要有效集成不同尺度下研究方法，来揭示轮轨伤损机制。

（4）脱轨机理和预警技术。由于脱轨问题本身的复杂性，脱轨机理仍未完全掌握，依然无法准确判断或避免脱轨事故。因此需要建立更为完善的列车脱轨模型，研究复杂环境下的列车脱轨问题。同时完善现有脱轨评判标准，提出更为准确的脱轨评价指标，建立高效准确的列车脱轨预警技术。

参 考 文 献

[1] 崔大宾. 高速车轮踏面设计方法研究[D]. 成都：西南交通大学, 2013.
[2] 金学松, 刘启跃. 轮轨摩擦学[M]. 北京：中国铁道出版社, 2004.
[3] Zhao X, Wen Z F, Zhu M H, et al. A study on high-speed rolling contact between a driving wheel and a contaminated rail[J]. Vehicle System Dynamics, 2014, 52(10): 1270–1287.
[4] Zhao X, Wen Z F, Wang H Y, et al. Modelling of high-speed wheel-rail rolling contact on a corrugations rail and corrugation development[J]. Journal of Zhejiang University-Science A: Applied Physics & Engineering, 2014, 15(12): 946–963.
[5] Wu B, Wen Z F, Wu T, et al. Analysis on thermal effect on high-speed wheel/rail adhesion under interfacial contamination using a three-dimensional model with surface roughness[J]. Wear, 2016, 366-367: 95–104.
[6] 向俊, 周智辉, 曾庆元. 列车脱轨研究最新进展[J]. 铁道科学与工程学报, 2005, 2(5): 1–8.
[7] Brabie D, Andersson E. Dynamic simulation of derailments and its consequences[J]. Vehicle System Dynamics, 2006, 44(1): 652–662.
[8] Xiao X B, Jin X S, Deng Y Q, et al. Effect of curved track support failure on vehicle derailment[J]. Vehicle System Dynamics, 2008, 46(11): 1029–1059.
[9] 张卫华, 薛弼一, 吴学杰, 等. 单轮对脱轨试验及其理论分析[J]. 铁道学报, 1998, 20(1): 39–44.

撰稿人：温泽峰　赵　鑫　王开云
西南交通大学牵引动力国家重点实验室
审稿人：张卫华　侯卫星

轮轨交通车辆的行为机制

Behavior and Mechanism of Rolling Stock

1. 背景与意义

轨道交通是列车在轨道上行走，以达到运送人或者货物的目的。因此利用轨道对车辆进行支撑与导向是轨道交通的基本特征。当然，轮轨交通，无论是大家熟知的铁路还是城轨，都是利用钢轨通过轮轨接触点来支撑车辆，并利用特殊的轮轨关系来引导车辆在钢轨上运行。传统的轮轨交通还利用钢轨与车轮的接触来传递牵引力或者制动力。

轮轨交通车辆，通过两根钢轨来保证车辆的稳定、平稳和安全运行，这一方面要面对复杂的轮轨关系对车辆运动行为所带来的运动稳定性问题，同时要在线路不平顺激扰和气流作用等外部激扰下保证车辆运行振动的平稳性，更是要面对轮轨关系与外部扰动带来的安全性问题。但这一切问题的本质源于轮轨交通车辆的运行行为机制。

列车在钢轨上运行宛如一条柔索在运动。研究表明，车辆在不同位置的动力学性能不一致，特别是在尾部车，运动往往会感觉到比中间车大，这意味着在列车中不同位置的车辆运动各异。因此车辆行为不仅和车辆自身的特性有关，还与车辆约束及运行环境(线路激励和气流扰动)有关。

影响车辆运动行为的因素很多，但从行为机制出发，更多聚焦在轮轨接触关系影响轮对、转向架、车辆到列车的运动行为，轮对、转向架、车辆到列车的运动传递与映射关系，以及影响列车运行性能和安全性的因素及行为机制。

轮轨交通车辆的运动行为是车辆动力学研究的核心科学问题，是机车车辆设计的基础。掌握和了解轮轨交通车辆的运动行为，是揭示轮轨交通车辆运动特性、掌握特征规律、理解行为本质的理论基础。

2. 研究进展

轮轨交通的车辆之所以能沿着钢轨前进，而车轮不会从钢轨上掉下来，是巧妙地利用了轮轨关系。利用轮对的锥度作用，通过轮对横移产生左右车轮运动距离不一致，实现轮对和转向架在曲线上的自由运行，由于一般车辆的前后有转向架，理论上车辆在曲线上时，前后转向架与车体一定会有夹角，出现相对转动，这也许就是"转向架"一词的来历。

传统轮轨车辆的车轮踏面是锥面，左右车轮通过车轴组成轮对，轮对通过左右车轮的锥面，形成图 1 所示的圆锥体在两根钢轨上滚动[1]，正是这样的锥形，使得自由轮对在钢轨上有特殊的运动机制，就是蛇行运动行为。蛇行运动的机理就是轮对在前进时向一侧横移，这使得左右车轮轮轨接触点处的滚动圆出现不一致，横移方向侧车轮滚动线速度变大，从而走过的路程增加，使轮对出现图示的摇头，进而轮对又向反向横移，另一侧车轮滚动圆直径慢慢变大，就这样周而复始，形成轮对在钢轨上的蛇行运动。蛇行波长 L_w 与左右车轮滚动圆间距 b、名义车轮的滚动圆半径 r_0 及车轮踏面锥度 λ 有关[2]：

$$L_w = 2\pi\sqrt{\frac{br_0}{\lambda}} \tag{1}$$

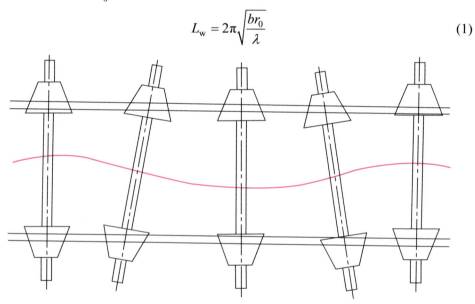

图 1 轮对蛇行运动

一般来说，轮轨车辆是通过悬挂把轮对固定在构架上的形成轮轨车辆的关键部件转向架。通过前后转向架支撑车体，形成完整的可以行走的车辆。由于自由轮对的蛇行运动特征，转向架同样会产生蛇行运动，如果假定轮对是刚性悬挂约束在构架上，转向架在钢轨上的蛇行运动波长 L_t 不仅与左右车轮间距 b、名义车轮的滚动圆半径 r_0 及车轮踏面锥度 λ 有关，还和前后轮对的间距(轴距) l_1 有关[2]：

$$L_t = 2\pi\sqrt{\frac{br_0}{\lambda}\left(1+\frac{l_1^2}{b^2}\right)} = L_w\sqrt{1+\frac{l_1^2}{b^2}} \tag{2}$$

显然刚性悬挂轮对的情况相当于悬挂刚度趋于无穷大，这时的转向架蛇行波长最长，当轮对悬挂刚度趋于零时，转向架的蛇行波长就是自由轮对的蛇行波长 L_w。而实际上轮对在转向架上的悬挂刚度不可能是这样极端的刚性悬挂或悬挂刚度为零的情况。因此实际转向架的蛇行波长应该在 L_w 和 L_t 之间，具体需要通过转向架的运动方程，应用赫尔维茨(Hurwitz)稳定性判别准则，求解蛇行失稳频率或波长，其值往往和轮对的纵向、横向和垂向悬挂刚度有关，见参考文献[3]、[4]。

由于整车结构的复杂性，至今还没有如式(1)和式(2)这样的整车车辆蛇行运动波长表达式，因为其表达式过于复杂，而且需要线性化假设，也鲜有人用赫尔维茨(Hurwitz)稳定性判别准则来求解整车的运动稳定性问题。因此一般情况采用数值计算方法，计算得到精确的蛇行失稳速度、失稳周期运动幅值与频率等。对于列车的运行稳定性问题，尽管研究表明，列车的运动稳定性有别于单个车辆[5]，列车中不同位置车辆的运动稳定性略有差异，但这主要源于车辆在不同位置的约束和不同气流扰动，本质在于车辆自身的运动行为。

对于车辆整车动力学行为，除了上述的蛇行行为和转向行为，线路总是存在几何不平顺，对车轮起到激扰作用，而且这样的线路不平顺激扰会随着车辆运行速度的提升而加快激扰频率，使得整个车辆产生振动，影响车辆的运行品质和乘坐舒适性。因此，一般机车车辆采用二系隔振结构，通过一系悬挂隔离来自轨道激扰的高频振动，通过二系悬挂减振实现车体的平稳运行。如何通过一系、二系悬挂参数的设计，实现车辆的平稳运行已经有大量研究，但面对来自轮对蛇行、线路不平顺和气流扰动等，还没有一个归一化的设计原则来指导设计。列车运行行为更加复杂，不是简单的车辆运动行为叠加，由于列车中不同位置车辆所受纵向力和外部气流扰动不同，列车不同位置车辆的运动行为也各异，图 2 是 CRH 某型动车组不同位置车体加速度变化规律[5]。列车运行行为的研究早期重点是纵向动力学问题[6]，而随着计算机计算能力的发展，使考虑全列车的全自由度模型的列车动力学研究成为可能[7]，但仔细考虑各种耦影响因素的列车动力学研究还不多。

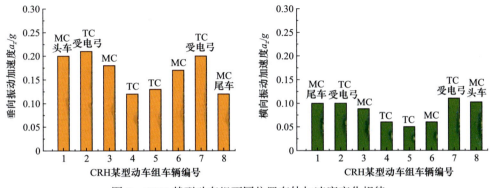

图 2　CRH 某型动车组不同位置车体加速度变化规律

由于轮轨的开放式约束关系，脱轨在理论上永远是可能发生的。事实上，由于车辆和线路状态的因素，车辆脱轨也时有发生。尽管 Nadal 早在 1896 年就根据单轮对轮轨接触点的力平衡关系，对脱轨问题进行了理论分析，并提出了著名的 Nadal 公式，然而由于影响脱轨的因素太多，脱轨过程太复杂，人们在实际运用中还很难准确评估和控制脱轨。另外在脱轨事故发生后，整个列车的运动行为，由于碰撞条件的不确定性、建模的复杂性和线路环境的多样性，也没有太完整的研究。

3. 主要难点

随着高速列车的发展，系统之间耦合作用的加剧，轮轨车辆的运动行为也越来越复杂。随着研究的深入，车辆运动行为的新命题或难题也越来越多。

(1) 轮对、转向架、整车、列车蛇行失稳行为的精确表征及相互关系。尽管文献[1]、[2]给出了基本的轮对、转向架甚至整车在线性条件下蛇行失稳临界速度的表达式，但在高速条件下，由于轮对的陀螺效应和非线性因素，以及复杂外界激扰，轮对、转向架、整车及其列车的蛇行失稳行为的精确表征有待深入研究，对轮对、转向架、整车、列车失稳运动的相互关系也有待探索。从整车运动稳定性控制的角度，如何考虑轮对、转向架及其车体的悬挂匹配，提出有应用价值的设计方法，值得总结和研究。

(2) 车辆动力学性能的综合评价方法。学术界常常用动力学三要素来表征车辆动力学的性能：运动稳定性、运行平稳性和脱轨安全性。在动力学研究或者车辆动力学参数(系统的质量、刚度、阻尼等)设计时，往往首先要研究运动稳定性，因为车辆运动稳定是先决条件，其次评估其安全性，以保证安全运行，最后才会以运行平稳性为目标，优化其悬挂参数，最大限度减小车辆系统的振动，提高运行品质。然而，在考虑综合的动力学性能优化时，如何在优化目标中确定运动稳定性、运行平稳性和运行安全性三者之间的权重[8]，提出车辆动力学性能的综合评价方法，这个问题的研究尚需加强。

(3) 列车的运动行为。尽管车辆运动行为是表征列车运动行为的基础，但是由于列车在长大空间上所受纵向力和气流作用的差异，列车中各车辆的运动行为各异，形成列车的运动行为模式。如何表征与控制列车的运行行为，提高列车的运行平稳性与安全性，值得研究。由于列车"有头有尾"，列车的运行行为与索的运行行为有什么关系，有没有索运动的特征，这些基本问题也有待探究。

(4) 列车运动速度的极限问题。随着高速列车的发展，人们对列车运行的速度极限十分好奇，其实真正制约列车运行极限速度的因素有三个。一是车辆运动稳定性问题，由于车辆要考虑直线、曲线等复杂运行工况，其蛇行失稳临界速度的设计值是有限的,这就制约了列车运行速度的提高。二是现代高速列车普遍采用电力牵引,受电弓与接触网耦合振动的存在,使得列车的运行速度无法突破接触网的波动速度,限制列车速度的提高。三是传统的轮轨列车是通过轮轨之间的黏着力(摩擦力)来传递的,而黏着力不仅与轮轨正压力和轮轨间的黏着系数有关,还和运行速度有关,如式(3)[9]所示[式中 $f_s(v)$ 和 $\alpha(v)$ 是试验得到的与摩擦系数和轮轨相对蠕滑率相关的系数],显然速度越高,轮轨间相对蠕滑速率 v_r 越大,黏着系数越低,这一结果和速度越高越需要更大的牵引力的需求背道而驰。这样,在速度达到一定值时,牵引力与列车运行阻力就会达到平衡,达到速度极限。

$$f = \frac{f_s(v)}{1+\alpha(v)v_r} \tag{3}$$

如何有效提高和利用车辆蛇行失稳临界速度,如何提高和逼近接触网的波动极限速度和轮轨黏着极限,以进一步提高列车运行的极限速度,还有待进一步研究。

参 考 文 献

[1] Wickens A H. Fundamentals of Rail Vehicle Dynamics: Guidance and Stability[M]. Lisse: Swets & Zeitlinger Publishers, 2003.
[2] 王福天. 车辆系统动力学[M]. 北京: 中国铁道出版社, 1994.
[3] 詹斐生. 机车动力学[M]. 北京: 中国铁道出版社, 1990.
[4] 张卫华. 机车车辆动态模拟[M]. 北京: 中国铁道出版社, 2006.
[5] 张卫华. 高速列车耦合大系统动力学理论与实践[M]. 北京: 科学出版社, 2013.
[6] Garg V K, Dukkipati R V. Dynamics of Railway Vehicle Systems[M]. Orland: Academic Press, 1984.
[7] 翟婉明. 车辆-轨道耦合系统动力学[M]. 3 版. 北京: 科学出版社, 2007.
[8] He Y P, John M. Design optimization of rail vehicles with passive and active suspensions: A combined approach using genetic algorithms and multibody dynamics[J]. Vehicle System Dynamics, 2002, 37(Suppl): 397–408.
[9] Zhang W H, Chen J Z, Wu X J, et al. Wheel/rail adhesion and analysis by using full scale roller rig[J]. Wear, 2002, 253(1): 82–88.

撰稿人:张卫华
西南交通大学牵引动力国家重点实验室
审稿人:侯卫星 李 强

磁浮列车悬浮稳定性问题

Problem of Levitation Stability of Maglev Train

1. 背景与意义

磁浮列车起源于 1934 年，Kemper 申请并获得了相关专利，20 世纪 70～80 年代逐步成熟，于 90 年代进入工程试验阶段，2003 年在我国上海实现了正式商业运营[1,2]。磁浮列车是通过常导磁体或超导磁体产生电磁吸力或斥力使车辆悬浮起来，并在直线电机的驱动下运行的交通工具。

磁浮列车通过电磁力使列车悬浮于轨道上，列车可以实现与轨道完全无接触、无摩擦的零磨损运行，车辆的主要功能系统包括悬浮系统、导向系统、牵引系统、制动系统，磁浮列车的稳定运行与车辆、轨道状态密切相关，涉及机械、电气、力学、控制等多学科。

磁浮列车作为一种与传统轮轨关系列车完全不同的交通工具，车辆构造中没有来自轮轨或机械传动等零部件的接触与磨损，车辆、轨道相关维护成本低，车辆与轨道之间无接触运行，运行时振动与噪声有效降低，因此具有更为环保的设计理念，是一种环境友好型的交通工具。磁浮列车还具有不易脱轨、安全性好、线路适应能力强、车辆速度提升空间大等独特的优势。

由于线路不平顺、轨道接缝等外界因素的存在，磁浮列车系统的运行稳定性受到严重影响，而磁浮列车的车轨悬浮关系与传统轮轨接触关系有本质区别，磁浮列车悬浮稳定性的研究与车辆状态、轨道状态、车轨耦合关系以及悬浮系统控制策略都有极大的关系，对于整体系统运行稳定的研究需要以磁浮车辆为核心，从磁浮列车车轨耦合关系与悬浮控制策略出发，考虑多方面影响因素。

因此磁浮列车悬浮稳定性问题是一个以磁浮车辆为核心，综合考虑多影响因素的难题，需要结合精确的仿真手段和大量的试验工作进行研究，是对磁浮列车整体系统稳定性多影响因素的综合研究工作。

2. 研究进展

磁浮列车经过近一个世纪的发展，以日本为代表的超导高速磁浮列车(magnetic levitation，ML)系列和以德国为代表的常导高速磁悬浮列车 TR(Transrapid)系列已经接近成熟，日本、韩国以及我国的电磁悬浮常导中低速磁浮列车也已开始了商业化推广。目前磁浮列车主要可以分为电磁悬浮、电动悬浮和混合电磁悬浮[1]。

(1) 电磁悬浮(electromagnetic suspension，EMS)。悬浮力由电磁铁和导轨之间的吸力提供。由于其电磁特性的原因，该悬浮方式存在固有的不稳定性[3]，因此需要通过控制系统来保证悬浮的稳定。由于电磁悬浮的悬浮间隙较小，因此随着运行速度的增大，对控制系统提出的要求也变高，但在技术方面，电磁悬浮相对于电动悬浮更容易实现，并且在低速和静止状态下均能实现稳定悬浮。

(2) 电动悬浮(electrodynamic suspension，EDS)。当车辆相对轨道上的感应线圈或感应板向前运动时，感应电流将产生磁场，通过斥力使车辆悬浮，电动悬浮是一个稳定系统，因此不需要通过控制系统来调节悬浮间隙[4,5]。电动悬浮需要足够的运行速度来获得足够大的悬浮力，因此在低速运行时需要橡胶轮等结构来辅助运行。根据磁铁类型的不同，电动悬浮可以分为永磁电动悬浮和超导电动悬浮。由于永磁铁性能普遍偏低，因此永磁电动悬浮多用于小型磁浮系统，超导电动悬浮系统相对而言具有更好的高速运载能力。

(3) 混合电磁悬浮(hydrid electromagnetic suspension，HEMS)。电磁悬浮系统依靠电能使车辆悬浮，因此车辆的载重量越大，悬浮电磁铁所消耗的电能也越大，为了减少电磁悬浮的电能消耗，人们提出了采用永磁铁和电磁铁相互配合组成混合电磁悬浮[6]，永磁铁用于支撑车辆的部分或全部自重，而电磁铁则主要用于调整悬浮间隙，虽然能够有效降低悬浮系统的功耗，但对悬浮控制系统也提出了更高的要求。

日本 ML 系列磁浮列车为低温超导电动悬浮式高速磁浮列车，该试验车在 2016 年已经达到了 603km/h 的载人试验速度。德国 TR 系列磁浮列车为常导电磁悬浮式高速磁浮列车，该系列最新型号 TR09 列车设计时速 500km/h，已经在上海龙阳路至浦东机场线路安全运营多年，最高运营速度 430km/h。中国中车集团已经开始了常导电磁悬浮式高速磁浮列车工程化运用研究工作，西南交通大学正在进行高温超导高速磁浮系统研究工作。

日本 HSST 常导低速磁浮列车设计时速 100km/h，多年的运行试验证明该系统已达到运行要求，2005 年日本开通了第一条正式运营的低速磁浮线路。2006 年韩国 UTM 系列磁浮列车试验速度达到 110km/h，目前韩国已建成仁川机场低速磁浮线路，并于 2016 年正式开通运营。在我国，由中国中车株洲电力机车有限公司、国防科学技术大学、同济大学、西南交通大学等机构研发制造的"追风者"中低速磁浮列车于 2016 年在湖南长沙机场线已开通试运营，由北京控股磁浮公司、国防科学技术大学、唐山轨道客车有限责任公司研发的中低速磁浮列车已在 2016 年下线调试，并于 2017 年 12 月 30 日开通商业运营。

4. 主要难点

磁浮列车的相关理论与技术已经过多方面的论证和改进，中国、日本、韩国等国家已经将常导磁浮列车投入商业运营。然而作为一种新型交通工具，磁浮列车仍然存在一些需要进一步优化改进的问题。

(1) 提高控制系统可靠性。电磁悬浮技术需要依靠控制系统的介入来保证车辆的悬浮稳定性，因此悬浮控制系统的好坏直接关系到磁浮列车的可靠运行，对悬浮控制系统的基本要求是在任何干扰、故障和紧急情况下，都能保证列车在指定的安全地点停下。但目前的中低速磁浮列车尚没有实现控制系统的冗余设计。除此之外，控制系统对线路的适应性偏弱，因此对轨道的平顺性也提出了一定的要求，不利于降低系统成本。

(2) 系统轻量化问题。在悬浮能力一定的情况下，车辆自重越大，其运载能力必然就越小。磁浮车辆设备繁多，车辆自重大成为影响车辆运载能力的主要因素之一，因此系统的轻量化问题显得尤为迫切。从另一个角度来讲，车辆的悬浮是通过消耗电能来实现的，悬浮重量越大，消耗的电能也越大，因此系统的轻量化对提高磁浮列车的经济性也有十分积极的作用。

(3) 车轨耦合振动问题。悬浮控制系统的作用对车辆和轨道梁而言相当于一个外部激励，从而改变其振动形态，并对悬浮间隙产生相应的影响，因此车辆-轨道梁-控制系统就组成了一个自激振动系统，车轨耦合振动也就成为磁浮车辆特有的问题。剧烈的车轨耦合振动会增大悬浮控制系统的负担，并影响车辆的运行安全性和平稳性，目前预防车轨耦合振动所采取的主要措施有提升轨道梁质量、刚度或阻尼。

(4) 牵引效率的提高。磁浮列车通过直线电机获得牵引力，虽然直线电机的工作原理与旋转电机一样，但是转子与定子之间的气隙较大，更大的气隙直接降低了电机的工作效率。此外直线电机由于初级或次级的长度有限而具有端部效应，同样会降低直线电机的牵引效率[7]。

(5) 导向力的优化。对于中低速常导吸力型磁浮列车，导向力利用电磁吸力的横向分力来提供。对于常导高速磁浮列车，由于列车运行速度的增大，电磁吸力的横向分力已不能满足其导向需求，需要通过导向电磁铁来提供导向力。低温超导磁浮列车利用零磁通原理提供导向力。高温超导磁浮列车的导向原理则利用了高温超导体的钉扎效应[8]。

除了上述问题，在理论研究方面，还需要建立磁浮车辆动力学理论，传统铁路研究的重点是轮轨接触、蛇行失稳等问题，而磁浮列车没有类似问题，它研究的重点需要重新定义。另外磁浮轨道的评定标准不能按照传统铁路定义，因而磁浮列车的工程化还有大量的工作要做。

参 考 文 献

[1] Lee H W, Kim K C, Lee J. Review of maglev train technologies[J]. IEEE Transactions on Magnetics, 2006, 42(7): 1917–1925.
[2] 吴祥明. 磁浮列车[M]. 上海: 上海科学技术出版社, 2003.
[3] Earnshaw S. On the nature of the molecular forces which regulate the constitution of the luminiferous ether[J]. Transactions of the Cambridge Philosophical Society, 1842, 7: 97–112.
[4] 万尚军, 徐善纲. 电动悬浮型磁悬浮列车悬浮与导向技术剖析[J]. 中国电机工程学报, 2000, 20(9): 22–25.
[5] Nagai M, Tanaka S. Study on the dynamic stability of repulsive magnetic levitation systems[J]. JSME International Journal Series III, 1992, 35(1): 102–108.
[6] 程虎, 张晓, 李云钢, 等. 电磁永磁混合悬浮系统的控制特性分析[J]. 机车电传动, 2010, (2): 18–21.
[7] Sakamoto T, Shiromizu T. Propulsion control of superconducting linear synchronous motor vehicle[J]. IEEE Transactions on Magnetics, 1997, 33(5): 3460–3462.
[8] 赵春发. 磁悬浮车辆系统动力学研究[D]. 成都: 西南交通大学, 2002.

撰稿人：马卫华
西南交通大学牵引动力国家重点实验室
审稿人：刘志明　侯卫星

高速列车流固耦合关系

Fluid-Solid Coupling Relationship of High Speed Train

1. 背景与意义

高速列车的流固耦合关系主要是研究高速列车在运行时与空气之间的相互作用问题。人们在日常生活中对空气阻力会有一些体会，例如，迎风骑自行车时会明显感到很费力。在早期的列车设计和运营过程中，较少考虑空气动力学问题。近年来，随着列车运行速度的不断提高，带来了许多空气动力学问题[1]。例如，关于列车的空气阻力和升力问题、侧风下的运行安全性问题、两车交会时产生的压力波动问题、隧道出口处冲击波问题，以及进出隧道时列车内乘客的舒适性问题、空气噪声问题等。这些问题一定程度上影响列车的行车安全，限制列车的提速。在早期的列车空气动力学研究中，一般仅考虑空气对列车的作用，如空气对列车产生的阻力、升力等，而没有考虑列车运行姿态对列车附近气流的影响。列车是在稠密的空气中运行的，空气和列车组成一个耦合的大系统[2]。列车的运行速度和姿态会影响空气的流动，空气的流动同样将影响列车的运动速度和姿态。因此，在列车运行时，列车周围的空气流动和列车的运动是相互耦合的动力学行为。由于空气动力学计算的复杂性，以及对工程问题的简化，在以前的列车运行速度较低时，在列车空气动力学研究、车辆外形设计和车辆动力学研究中，极少考虑这种流固耦合关系。但在列车运行速度不断提高时，空气与列车的耦合作用将变得十分重要。

列车流固耦合振动是流固耦合关系在车辆上最直接的体现，并且关系到列车的行车安全，是在列车设计时必须要考虑的因素[3]。列车的振动有没有可能引发尾车旋涡周期性的脱落，从而加剧列车的振动，甚至发生共振现象呢？列车经过隧道时，尾车的横向和摇头运动明显增大，这一现象的成因是什么？列车在高速会车时，将发生流固耦合冲击振动，这种振动对行车安全性和舒适性有多大的影响？列车高速经过车站时，由于路旁建筑物的影响，空气的流场结构和列车的振动将发生怎样的变化，会不会与站台发生碰撞？对站台中的旅客和货物安全的影响有多大？对这些问题的研究目前还不充分。

2. 研究进展

高速列车流固耦合关系研究的主要内容包括空气动力(阻力、升力和横向力)、列车表面压力分布和流固耦合振动。

列车在气流作用下的耦合振动是流固耦合关系最直接的体现，并且关系到列车的行车安全，是列车在设计时必须要考虑的因素。严格说来，在空气和列车组成的大系统中，空气的流动和列车的运动始终是相互耦合的，只是在列车的不同运行工况下，这种耦合的程度有所不同。在工程实际中针对不同的问题和工况对大系统进行解耦。但是这种解耦是否合适，对问题最终结果的影响有多大，需要进行系统研究。而在有些情况下，如列车在会车、隧道通过、强侧风、站台经过时，忽略气流与列车的耦合作用，可能会导致不正确的分析计算结果，从而影响车辆设计性能。

1) 列车交会

明线上的高速列车交会时，由于相向运行的列车对其间空气的排挤，两交会列车之间的空气会产生很大的波动，形成会车压力波，其压力场如图 1 所示。气动力在列车交会的短时间内发生迅速变化，从而导致列车的剧烈振动，影响列车运行安全及乘坐舒适性。

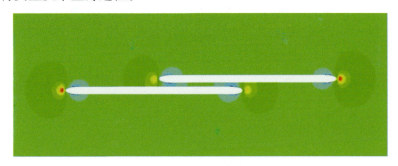

图 1 列车交会压力场

2) 列车通过隧道

列车经过隧道时，由于列车在一个相对封闭的环境中运行，列车与空气耦合作用明显增强。图 2 为列车过隧道时，列车通过隧道时作用在车体表面上的典型压力时程。在头车进入隧道后将产生压缩波，并以声速向前传播，而当尾车完全进入隧道后则产生膨胀波，同样以声速向前传播；当尾车进入隧道后产生的膨胀波到达列车测点时，压力开始下降；头车进入隧道产生的压缩波在传到隧道出口后一部分以膨胀波的形式返回，到达列车表面测点，车体表面压力继续下降；由尾车进入隧道产生的膨胀波传到隧道出口后一部分以声速返回变为压缩波到达车体测点，其压力开始上升，压缩波与膨胀波如此来回传递直至列车驶出隧道。当隧道比较长时，压缩波和膨胀波会在隧道内来回传递、叠加，对车体施加一种交变的压力，从而使车体变形，某些部件还可能损坏。

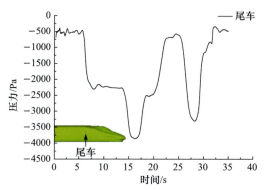

图 2　列车通过隧道时作用在车体表面上的典型压力时程曲线

当压缩波传递到隧道口时，由于隧道口的气压较小，压缩波会在短时间内释放，从而形成一种称为音爆的爆破声，影响隧道口附近的环境。为了解决这一问题，人们在隧道口修建了一些带有窗口的建筑，以减小压缩波气压的变化速度，从而减小音爆的强度，图 3 为压缩波的形成、传播和释放过程的示意图。

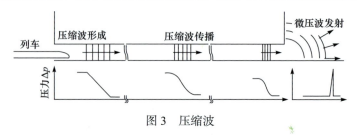

图 3　压缩波

3) 侧风下的安全问题

列车在侧风下运行的气动性能研究是列车空气动力学中一个重要的课题。在强侧风作用下，列车空气动力性能恶化，不仅列车空气阻力、升力、横向力迅速增加，还影响列车的横向稳定性，严重时将导致列车倾覆。对于一些特殊的风环境，如特大桥、高架桥、路堤、风口河谷地带，列车的绕流流场改变更为突出，空气动力显著增大。同时，当列车通过曲线路段时，空气横向力、升力与离心力叠加导致列车翻车的可能性也显著增加。为使列车安全通过风区，必须开展大风环境下的列车空气动力特性、大风-路况-车型耦合列车空气动力特性以及行车安全保障体系等研究。

高速列车的侧风安全问题是涉及环境风、列车外形、高速列车动力学行为和运行线路环境的综合问题。首先需设计具有良好气动性能的列车外形，并调节列车动力学参数，使列车具有较强的抗风能力。在一些风速很大的特殊路段，设置挡风墙也可以减小大风对列车行车安全的影响。综合考虑风速、列车动力学性能、运行线路环境因素，研究不同风速下列车安全运行的速度域，以保证列车的安全运行。

3. 主要难点

近年来，高速列车流固耦合关系研究取得了长足的发展，但进一步优化列车外形，减小空气与列车的相互作用仍然是一个难题[4]。

高速列车运动时，铁路线路环境、气象环境、列车的外形、列车的运行姿态等因素对列车周围空气的流动都会产生较大的影响。列车附近空气流动的精确描述和刻画、列车与空气的能量交换的描述，以及通过优化列车外形，减小空气与列车的相互作用是难点[4]。由于列车流固耦合关系的研究涉及非线性偏微分方程、常微分方程以及代数方程的耦合求解，计算量十分庞大。提出合理的列车流固耦合计算模型和快速精确有效的计算方法也是需要解决的问题和难点。

参 考 文 献

[1] 杨国伟, 魏宇杰, 赵桂林, 等. 高速列车的关键力学问题[J]. 力学进展, 2015, 45(1): 217–460.
[2] 张卫华. 高速列车耦合大系统动力学理论与实践[M]. 北京: 科学出版社, 2013.
[3] 李田, 张继业, 张卫华. 高速列车流固耦合的平衡状态方法[J]. 机械工程学报, 2013, 49(2): 95–101.
[4] 刘加利, 李明高, 张继业, 等. 高速列车流线型头部多目标气动优化设计[J]. 中国科学: 技术科学, 2013, 43(6): 689–698.

撰稿人：张继业

西南交通大学牵引动力国家重点实验室

审稿人：张卫华　李　强

机车车辆运行健康管理与安全评价

The Health Management and Safety Degree of Rolling Stock During Operation Period

1. 背景与意义

机车车辆是轨道交通的载体,发展高效、安全的机车车辆技术是轨道交通持续稳健发展的关键,机车车辆运行健康管理与安全度是轨道车辆安全性研究的重点问题之一,是轨道交通综合效能得以充分发挥的基础。

开展机车车辆运行安全评价指标体系(即健康度)研究,探明机车车辆横向稳定性、脱轨过程、曲线通过性等运营过程中的安全性能影响和发生机理,开发有效的机车车辆健康监测系统,建立合理的机车车辆健康管理体系,对保障机车车辆的安全平稳运营具有重要意义。

当前铁路机车车辆运行安全评价指标不够完善,以车辆横向稳定性为例,世界各国对车辆横向稳定性在线监测指标的定义及相应的阈值各不相同,分别从构架横向加速度幅值、均方值、频率等方面进行规定,并且我国现有的评价指标存在漏判现象;脱轨评价方面,我国采用的脱轨系数和轮重减载率,偏重于低速或静态条件下的鉴定,本质上不能有效地反映高速条件下列车安全运行的动态特征。

在维修制度方面,我国仍采用预防性计划修体制,容易造成过度修和不足修,在保障列车运营安全性和经济性方面有一定缺陷。

为了实现机车车辆系统全面综合的健康保障,提升轨道交通整体的安全性、经济性和高效性,机车车辆健康管理与安全度问题受到研究者的极大重视。

2. 研究进展

为保障机车车辆系统的安全平稳运营,各铁路发达国家分别建立了相关的技术标准,如国际铁路联盟的《轨道车辆动力学性能运行安全性运行品质和轨道疲劳的试验、验收规范》(UIC 518-2005)、UIC 515 标准、国际电工委员会颁布的 ICE 61508 标准、日本基于 ICE 61508 转化的 JIS-C-0508 标准、欧盟关于车辆动力学性能认证标准《轨道车辆性能的验收试验》(EN 14363)和《关于欧洲高速列车子系统互操作性的技术规范》(TSI L84)、美国 FRA 发布的最新的铁路安全标准

Vehicle/Track Interaction Safety Standards; High-Speed and High Cant Deficiency Operations; Final Rule，2013、我国根据 UIC 515 标准编制的《高速动车组整车试验规范》以及《高速铁路工程动态验收指导意见》等。根据 TSI L84 标准，川崎重工、庞巴迪和西门子等公司分别开发了用于高速列车横向稳定性监测的设备，以实现列车安全状态的实时在线监测。

在基础理论研究方面，贾璐[1]同时应用 TSI L84 构架和 UIC 515 构架加速度幅值、构架和轮对加速度均方根以及轮轨导向力均方根值这 5 种方法进行了高速列车横向稳定性的评判，对比了这几种评价方法得到的车辆临界速度的差异。甘敦文[2]根据车辆横向振动信号表现出的高斯统计特性和大量的现场试验数据，基于贝叶斯聚类算法实现高速列车横向稳定性的识别并开发了高速列车横向稳定性实时在线监测装置，通过型式试验验证了该设备的有效性。Zboinski 等[3]介绍了轨道车辆横向稳定性研究方法，并基于分岔理论研究了曲线通过时的车辆横向稳定性机理。Suarez 等[4]通过灵敏性分析理论评估了车辆系统一、二系悬挂弹簧和阻尼对整车动力学性能的影响。李静[5]围绕车辆运行的环境因素、车辆因素，提出了自然环境与设备运营相结合的综合车辆状态评估方法，构建了融合单因素作用与多因素综合作用情况下的车辆运行状态评估模型。李熙[6]构建了由评估层次、方法体系、安全等级以及评估流程等方面构成的走行部安全评估体系结构，采用模糊综合评价方法建立城市轨道交通车辆走行部综合安全评估模型。

3. 主要难点

(1) 机车车辆系统安全度指标体系的建立。机车车辆安全性是一个复杂的系统问题，难以用单一的理论、方法或公式彻底解决，现有的研究方法多依托理论研究和试验，关注车辆结构以及参数对系统安全性的影响，缺乏与实际工程的紧密结合和对实际服役过程中暴露出的安全性问题的深入分析和研究，且目前的安全性评价指标不统一。因此需要充分利用实际工程信息，深入挖掘系统反应的问题，综合分析现有各类指标的优缺点，提出能全面、真实体现系统安全性的评价指标，完善机车车辆系统安全性评价体系。

(2) 机车车辆系统安全性机理研究。将列车、线路、环境和人员作为统一体，确定相互之间的互动和影响关系，通过寻找列车、线路和环境状态与机车车辆运行安全性之间的映射关系，从而得到机车车辆与运行条件及环境的安全协调机制；另外通过虚拟样机技术探究机车系统横向失稳、脱轨过程等重要安全性问题的形成机理，深入挖掘导致车辆安全性事故的关键原因，对机车车辆运行安全性有一个全新的认识。

(3) 在途建模与健康状态综合评估技术研究。发展智能感知技术，实现海量、多粒度、多状态信息的实时采集，基于大数据和云计算的异构复杂数据处理及信息融合技术，完成空间与时间维度上多状态信息融合与辨识，基于监测数据进行在途建模和健康状态评估，实时保障机车车辆的运行安全。

深入研究机车车辆系统综合健康、各项性能、部件状态等的层次结构关系，搭建车辆系统综合评价逻辑框架，研究同一层次各项性能对上一级性能的权重，研究综合评估数学模型。

参 考 文 献

[1] 贾璐. 高速车辆动力学性能评价方法研究[D]. 成都: 西南交通大学, 2011.
[2] 甘敦文. 基于贝叶斯聚类的高速列车横向稳定性识别方法及其实时在线监测装置[J]. 中国铁道科学, 2016, 37(4): 139–144.
[3] Zboinski K, Dusza M. Development of the method and analysis for non-linear lateral stability of railway vehicles in a curved track[J]. Vehicle System Dynamics, 2006, 44(sup1): 147–157.
[4] Suarez B, Mera J M, Martinez M L, et al. Assessment of the influence of the elastic properties of rail vehicle suspensions on safety, ride quality and track fatigue[J]. Vehicle System Dynamics, 2013, 51(2): 280–300.
[5] 李静. 车辆运行状态安全评估方法与应用研究[D]. 北京: 北京交通大学, 2007.
[6] 李熙. 城市轨道交通车辆走行部安全评估方法研究[D]. 北京: 北京交通大学, 2011.

撰稿人： 宋冬利

西南交通大学牵引动力国家重点实验室

审稿人： 李 强　张卫华

航空人因工程

Aviation Human Factors Engineering

1. 背景与意义

航空人因工程特指关注航空中的人因问题，它与飞行安全密切相关。根据国际民航组织对全世界民航灾难性事故的统计，1959~1992年，人因造成的航空灾难性事故占已查明原因事故总数的73.6%，另外的是设备及其他原因引起的。经过百年的航空发展，飞行安全水平已经有了很大提高。军用飞机的每10万小时灾难性事故率从20世纪20年代初期的500次左右减少到90年代中期的1.5次左右；喷气式民用飞机的每百万次离港灾难性事故率从50年代末47次下降至90年代中期少于2次。这期间的事故率下降主要得益于设备可靠性的提高，而在航空人因工程上的获益较小。当今航空系统中设备可靠性上已经极大提升，但人可靠性变化不大，同时航空事故率也没能下降到期望水平。这使人们对飞行安全的关注逐渐转移到航空人因工程上，寄希望于通过航空人因工程问题的解决可以从根本上降低飞行事故率。

人因工程中的三大部分分别是人、机和环境。在航空中，人一般指参与到航空任务中的所有人员，分为空勤人员、地勤人员和乘客；机指的是航空人员操作或使用的各种航空器、设备、工具的总称，如飞机、维修设备等；环境是指上述人员和机共处的工作条件，有温度、噪声、振动、有害气体等物理条件，还包括航空安全文化等人文环境。三者之间的关系保持动态适配是保障航空安全的根本，目前对这种适配关系进行描述、分析、设计与评估的理论和方法尚不完善。工程实践中，航空人因工程几乎涉及航空领域的各个方面。在飞机驾驶舱设计中会将人因工程问题集中在自动化程度选择、告警设计、光环境设计、机组人员负荷、疲劳及健康分析等方面。客舱设计中主要考虑应急撤离的有效性、乘客的舒适性等。飞机维修设计中则需要就人体尺寸，感知、心理特性，运动特性和负荷特性对维修安全、维修效率的影响做出分析。运营中需要研究飞行员的技能水平、压力等对航空安全的影响等。如果能在理论和方法层面，科学描述这种动态适配关系，对精准解决上述工程问题有重大指导意义，对指导解决公路运输、铁路运输，甚至航天等系统的人因问题也都有很好的指导作用。

2. 研究进展

目前世界上从事航空人因工程研究的组织机构有美国联邦航空管理局(Federal Aviation Administration，FAA)、美国大西洋城的 William J. Hughes 技术中心、俄克拉何马城的民用航空医学研究所(Civilian Aviation Medicine Institute，CAMI)、美国国家航空航天局(National Aeronautics and Space Administration，NASA)、国际民用航空组织(International Civil Aviation Organization，ICAO)等。这些机构的研究大多从工程需要出发，开发人因相关的系统、进行持续适航性验证、开展飞行培训技术研究、安全数据分析和事故调查等。下一代航空运输系统(The Next Generation Air Transportation System, NextGen)中的人因研究则侧重于人因绩效与风险、专业人员的沟通与协作、操作者培训等，也包括由 NextGen 采用新技术引发的人的因素新问题研究等。

3. 主要难点

航空人因工程的人、机和环境，具体实践时形式多样，要保持三者关系的适配非常困难。其难点基本可以归纳为以下三方面：人自身的复杂性、动态适配场景推演和航空安全中的人因管理。

(1) 人自身的复杂性。人作为一个复杂系统，具有物理、生理、心理的基本特性[1]。当前技术条件下，对人的部分特性变化机理尚不清楚。在人机环境系统中，需要将人的特性与其对机、环境的认知过程结合，用来预测人的决策行为[2]，目前解决这类问题存在重大困难。在航空工程中，操作者面临的自动化系统更加复杂，操作压力更高，反应要求更快，都更容易引起人的特性变化[3,4]。例如，2009年6月1日法国航空447航班空难的主要原因就是，空速管测速失灵后，机组在高压力情况下的作业表现不尽如人意，尤其是机长没能发挥应有的作用[5]。因此研究人的特性发生机理，尤其是在某些航空极限情况下的特殊规律，将其转换为可测量的行为、生理等数据，并与人的认知过程相结合来准确有效地分析和预测人的决策行为，是目前研究的关键问题，也是难点之一。

(2) 动态适配场景推演的表达。在以人为主体的人机环境系统设计中，只有达到相互影响关系的适配，才能使人机环境系统状态达到最优。目前航空中难以达到这一目标的主要原因在于，不能在设计之初就获得所有需要特别关注的问题场景。只有考虑到各种有可能出现人因问题的场景，并以此作为各类应急程序设计[6]的输入，才有可能设计出安全裕度高的飞机，但是目前还没有理论和方法能保证考虑到所有的应用情况。如 1996 年 7 月 17 日 B747-100 事故[7]，在付出 230 人生命的代价后，才对燃油箱的适航条例进行了修订。如果能在复杂系统的涌现上建立理论和方法，则有可能基于一定的数学表达，得到所有动态适配场景的描述，将有可能从根本上解决这个问题。

（3）航空安全人因管理。航空安全的基本要素是航空人机环境关系适配，而机组资源管理、公司规章制度、飞行员训练等组织管理因素是影响其适配的深层次潜在因素，对其有效性有重大影响[8]。目前针对组织因素对航空安全的影响分析已有大量的模型和方法，但是这些模型和方法大多是从现象学上解释组织因素对航空安全的影响，或者是将其作为个体失误的影响因素进行定性分析，缺乏系统的、定量的研究。另外，个体、组织因素之间的相互依赖关系不明确，也不能有效控制关键的组织因素，研究的结果对组织资源配置缺乏有效的指导。

参 考 文 献

[1] 陈信, 袁修干. 人-机-环境系统工程总论[M]. 北京: 北京航空航天大学出版社, 2000.
[2] Souza P E U D, Carvalho C C P, Dehais F. MOMDP-Based target search mission taking into account the human operator's cognitive state[C]//2015 IEEE 27th International Conference on Tools with Artificial Intelligence, Veitri sul Mare, 2015: 729–736.
[3] Peysakhovich V, Vachon F, Vallières B R, et al. Pupil dilation and eye movements can reveal upcoming choice in dynamic decision-making[C]//Proceedings of the Human Factors and Ergonomics Society Annual Meeting, Los Angeles, 2015: 210–214.
[4] Vachon F, Tremblay S. What eye tracking can reveal about dynamic decision-making[C]// International Conference on Applied Human Factors and Ergonomics, Krakow, 2014: 157–165.
[5] Miyoshi T, Nakayasu H, Ueno Y, et al. An emergency aircraft evacuation simulation considering passenger emotions[J]. Computers & Industrial Engineering, 2012, 62(3): 746–754.
[6] Shichino T, Murakawa M, Adachi T, et al. Review and analysis of the effects of major aviation accidents in the United States on safety policy, regulation, and technology[J]. British Journal of Anaesthesia, 2006, 45(2): 365–370.
[7] Bhangu A, Bhangu S, Stevenson J, et al. Lessons for surgeons in the final moments of Air France Flight 447[J]. World Journal of Surgery, 2013, 37(6): 1185–1192.
[8] Debrincat J, Bil C, Clark G. Assessing organizational factors in aircraft accidents using a hybrid Reason and AcciMap model[J]. Engineering Failure Analysis, 2013, 27(1): 52–60.

撰稿人：王黎静[1]　董大勇[2]　何雪丽[3]　王晓丽[4]
1 北京航空航天大学　2 上海飞机设计研究院　3 中国航空综合技术研究所
4 中国商用飞机有限责任公司北京民用飞机技术研究中心

审稿人：杨　超　代　京

列车脱轨/倾覆行为约束问题

Problems on Derailment and Overturning Behavior Constraint of the Train

1. 背景与意义

列车脱轨/倾覆问题一直以来都是世界各国轨道交通领域研究的重点。目前我国铁路已经进行了 6 次大提速，主要干线列车的速度已达 200km/h，京津、武广、京沪等客运专线上的列车运行速度已达 300km/h，人们对高速列车运行安全的要求也越来越高。列车运行最基本的安全要求是不致脱轨/倾覆[1]。然而随着列车运行速度的提高和运输重量的增大，其运行的动态环境急剧恶化，轮轨间的相互作用更加复杂，由此引发的磨损、疲劳和失效问题更加剧烈，最终可能引起脱轨/倾覆事故的发生，脱轨/倾覆事故在我国铁路行车事故中占比高达 70%。

列车的脱轨/倾覆主要由以下两方面的因素引起：一方面是高速运行的列车在通过曲线的过程中，由于离心力太大，如果列车运行速度没有得到准确的控制，轮轨间横向力过大使列车出现脱轨/倾覆现象；另一方面是线路不平顺导致车轮出现悬浮，车轮的自导向作用使悬浮的车轮落回轨道上时会导致轮轨间横向力过大，从而引起列车脱轨/倾覆。列车非稳态运动时车钩之间的纵向冲击力、列车通过曲线时的离心力、外轨超高而引起的重力水平分力、列车蛇行运动的横向蠕滑力、侧向风力等都有可能导致作用于车轮上的横向力 Q 增加和作用于车轮上的垂直力 P 减小，即 Q 增大而 P 减少，使脱轨系数 Q/P 超过安全限度而引起列车脱轨/倾覆[2,3]。高速运行的列车一旦发生脱轨/倾覆事故，突然释放的动能将产生巨大的冲击和摩擦，由其引发的后果是不堪设想的。

列车的脱轨/倾覆是由轮对稳定运行状态超出轨道的单边临界约束造成的。高速运行中的列车只能依靠车轮自身轮缘起到预防列车脱轨的作用，由于约束点较少，防脱轨/倾覆能力较弱，一旦列车脱轨，必将产生很大的横移量，偏离轨道的约束。要避免上述情况：一是可以提出新型的轮轨接触关系使轮对运行状态不超出现有轨道约束，合理的轮轨接触关系可以使轮轨保持良好的黏着状态，有效抑制列车在非稳态运行中脱轨/倾覆的风险；二是需要加强列车与线路间的约束值，使钢轨始终保持对轮对的约束，列车与线路间的约束系统能有效增加列车与钢轨的垂向和横向约束点，极大增强轨道对车轮的约束作用，降低列车脱轨/倾覆的可能性。

对列车运行过程中轮轨间产生的过载横向力进行深入研究，揭示列车/线路间垂向和横向约束点对轮轨横向力的交互影响作用，提出新型的列车脱轨/倾覆垂向和横向限位系统，限制脱轨车辆的横向移动，可以有效解决列车脱轨/倾覆难题。使列车脱轨后仍受线路的约束和导向，防止其冲出路基，从根本上改变列车轮轨之间半开放的约束状态，可有效避免次生灾害的发生，减少脱轨事故造成的损失。

2. 研究进展

在列车脱轨/倾覆防止问题的研究上，曾庆元等[4]提出了列车脱轨的力学机理及分析理论，认为现有的防止列车脱轨标准不能预防列车脱轨的根本原因，在于不能控制实际可能产生的脱轨系数及轮重减载率不超过规范限值，并且缺乏控制轮轨系统横向振动不丧失稳定的物理概念，进而提出了评判列车是否脱轨的能量增量准则。Jin 等[5]提出了高速列车在几种不同运行环境下的安全运行边界策略，清楚定义了高速列车运行中的安全运行区域、警示区域和脱轨事故区域的分界面，并且认为车轮运行动力行为、脱轨标准限制和列车脱轨边界都对列车安全运行边界策略有显著影响。Ju[6]为了增加列车在地震过程中的运动安全性，对一种标准多跨桥梁结构进行了改进研究，认为桥梁的大跨刚度应该用来确保地震中高速运行的列车安全性。板上启等[7]提出了列车转向架横移限位系统，能够以简单的构造限制转向架的横移，特别是它能够将车身的横移量限制，防止列车与多条线路中的相向列车之间发生碰撞，以防止二次灾害。Ling 等[8]采用多体动力学仿真的方法对客用列车在横向撞击作用下的动力学响应和脱轨机理进行了详细研究，通过数值案例对列车脱轨后的车轮爬轨和车体倾覆机理做了预测，分析了列车轮轨摩擦和横向稳定性与列车脱轨之间的敏感性，提出了一个有效的防护轨系统使脱轨的可能性降到最低，并通过三维动力学仿真验证了防护轨可以明显提升列车脱轨的安全性。Sun 等[9]为了提升列车轮轨运行稳定性，建立了钢轨和货物列车的动态干涉动力学仿真模型，预测了货车和钢轨在撞击力作用下的相互影响机制。

3. 主要难点

(1) 列车脱轨/倾覆约束状态下轮轨接触摩擦力学问题。高速运行中的列车轮轨相互作用系统存在明显的接触非线性和蠕滑力/率非线性特征，合理的轮轨接触关系能够使轮轨保持良好的黏着状态，保证轮轨相互作用系统的横向稳定性，分析轮轨摩擦和横向稳定性与列车脱轨/倾覆行为之间的敏感性，研究约束状态下轮轨接触摩擦力学响应对列车脱轨/倾覆行为的影响规律，可以找到使轮轨实现持久横向稳定性的轮轨接触摩擦力学响应模型。

(2) 列车脱轨/倾覆约束状态下列车/线路耦合动力学问题。线路状态对高速运行中的列车轮轨稳定性有很大的影响，单一轮轨约束状态下的列车在发生脱轨后其横向位移不能得到有效限制。研究列车/线路间横向约束系统对车辆系统动力学的影响机制以及垂向闭环约束系统对列车动力学失稳的影响机制，协同分析约束状态下的列车临界脱轨/倾覆行为、耦合列车/线路动力学响应，构建限制车轮横向力过载的列车与线路间强约束系统。

(3) 列车脱轨/倾覆约束态动力学数值仿真分析方法。只考虑单轮对或假定载荷作用下的列车脱轨/倾覆数值仿真方法难以对实际的列车脱轨/倾覆行为进行准确描述。因此可以研究考虑整车动力学响应的列车脱轨/倾覆行为数值仿真分析方法，分析车辆悬挂参数和轮轨非线性接触特征对车辆运行姿态以及脱轨/倾覆行为的响应机制，从而建立列车/线路约束态下列车脱轨/倾覆行为的动力学数值分析方法。

(4) 极端环境(高速、地震、强风、碰撞等)下列车脱轨/倾覆机理研究。极端环境下高速运行列车的动力学行为、脱轨/倾覆瞬态过程和机理复杂且难以用现有的车辆/线路耦合动力学描述，单一的或只考虑少数影响因素的脱轨准则已难以对列车在极端环境下的行车安全进行评估。只有对列车在高速、地震、强风、碰撞等极端环境下的脱轨/倾覆机理的影响因素进行深入研究，分析列车在极端情况下的脱轨临界触发阈值和脱轨后车辆倾覆行为，确定极端环境因素对列车安全行车速度的影响规律，才能构建极端环境下的列车脱轨/倾覆机理。

参 考 文 献

[1] 薛弼一. 脱轨机理及试验研究[D]. 成都: 西南交通大学, 1998.
[2] 翟婉明. 车辆-轨道耦合动力学[M]. 3版. 北京: 科学出版社, 2007.
[3] 曾庆元, 向俊, 周智辉, 等. 列车脱轨分析理论与应用[M]. 长沙: 中南大学出版社, 2006.
[4] 曾庆元, 向俊, 娄平, 等. 列车脱轨的力学机理与防止脱轨理论[J]. 铁道科学与工程学报, 2004, 1(1): 19–31.
[5] Jin X, Xiao X, Ling L. Study on safety boundary for high-speed train running in severe environments[J]. International Journal of Rail Transportation, 2013, 1(1-2): 87–108.
[6] Ju S H. Improvement of bridge structures to increase the safety of moving trains during earthquakes[J]. Engineering Structures, 2013, 56(6): 501–508.
[7] 板上启, 南善德, 国井利树, 等. 转向架横移限位系统: 日本, 101400559A[P]. 2007.
[8] Ling L, Dhanasekar M, Thambiratnam D P. Minimising lateral impact derailment potential at level crossings through guard rails[J]. International Journal of Mechanical Sciences, 2016, 113: 49–60.
[9] Sun Y Q, Dhanasekar M. A dynamic model for the vertical interaction of the rail track and wagon system[J]. International Journal of Solids and Structures, 2002, 39(5): 1337–1359.

撰稿人：高广军　关维元

中南大学

审稿人：杨　颖　陈国胜

列车脱轨机理研究

Mechanism of Vehicle Derailment

1. 背景与意义

铁路列车和轨道是相互独立的两个稳定系统，依靠车轮踏面及轮缘与钢轨的开放式约束保证车辆沿钢轨运行，如果列车脱离轨道的约束，则容易冲下轨道、倾翻，造成人员及财产的重大损失。而伴随着列车运行速度的提高，脱轨事故导致的损失也越来越严重。因此，理解和掌握列车脱轨事故发生的机理，并在其基础上开展脱轨的预测及防护，对保障铁路的安全运行有重要意义。

在钢轨上行驶的车辆受到轨道作用力、重力及空气载荷等外力的综合作用。脱轨事故之所以发生，一定是因为列车所受的合力及合力矩不能将轮对约束在钢轨之内。由于列车本身是复杂的多体系统，其运动几乎直接受轮轨作用力支配，而具有复杂曲面外形的车轮踏面及钢轨轨头之间的接触行为又对相对位移及速度的微小改变十分敏感，无法通过简单地总结规律来理解其力学机理。因此，研究和理解轮轨作用对列车脱轨的影响具有十分重要的理论和现实意义。

2. 研究进展

学者对列车脱轨机理的研究主要有静力学分析和动力学分析两种思路。其中，静力学分析关注列车脱轨临界状态下的受力状况，而在动力学分析方面，学者主要研究列车爬轨脱轨或跳轨脱轨的动态过程。

早在 1896 年，Nadal[1]根据单个车轮爬轨时接触点处摩擦力饱和(图 1)建立了静力学平衡方程并推得 Nadal 临界准则：

$$\frac{Q}{P} = \frac{\tan\alpha - \mu}{1 + \mu\tan\alpha} \tag{1}$$

式中，Q 为车轮受到的横向力；P 为车轮受到的垂向力；μ 为摩擦系数；α 为轮缘角。

学者将 $\frac{Q}{P}$ 定义为脱轨系数，则脱轨系数和轮重减载率是判别列车脱轨的重要指标。

Nadal 脱轨系数由单轮受力推得，1984 年，Weinstock[2]提出将轮对作为一个整体开展分析，并以轮对两轮接触力的平均值作为判定依据的评判标准；而 Marié[3]根据整个轮对爬轨脱轨时的受力平衡条件推得 Marié 公式：

$$\frac{H+\mu P_2}{P_1}=\frac{\tan\alpha-\mu}{1+\mu\tan\alpha} \quad (2)$$

式中，P_1、P_2 分别为轮缘贴靠侧和踏面接触侧车轮作用在钢轨上的垂向力；H 为两轮横向力之差。这也成为评判脱轨状态的常用指标。

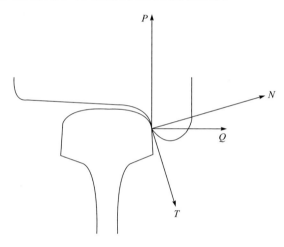

图 1 Nadal 脱轨静力分析图

基于准静态分析的结果，各国在铁路运营实践中对列车运行中的脱轨系数提出安全限值要求，并在车辆上安装传感器实时测量车辆行驶中的纵向力和横向力瞬时值，以实时评价脱轨危险。一旦评价指标超限，安全系统就发出脱轨警报，甚至可以触发列车自动制动系统。但由于静力学分析的脱轨限值天然具有保守性，直接用于指导脱轨预测则会导致大量判定指标超出临界值而实际并未有脱轨危险的误报现象，因此各国实际上纷纷放宽了安全限值的要求。日本铁路工作者首先在指标中考虑了横向力作用时间问题，以降低瞬间横向作用力过大引起的误报：

$$\frac{Q}{P}=\begin{cases}\lambda, & t\geqslant 0.05\text{s}\\ \dfrac{0.05\lambda}{t}, & t<0.05\text{s}\end{cases} \quad (3)$$

式中，λ 为脱轨系数限值，通常取 0.8。

美国交通技术中心制定的 TTCI 准则将引起危险脱轨系数和减载率的力的作用距离作为判定指标，提出单轮脱轨系数限值和超过限值但不发生爬轨的走行最大距离。同时，由于爬轨发生时伴随有轮重的减载，铁路工作者将轮重的减少量与静态轮重的比值定义为轮重减载率，并用以评价脱轨风险：

$$\frac{\Delta P}{P_{\text{st}}} = \frac{P_{\text{st}} - P_{\text{d}}}{P_{\text{st}}} \tag{4}$$

式中，ΔP 为轮重的减少量；P_{st} 为静态轮重；P_{d} 为动态轮重。

例如，我国铁路安全运营规范中列出的轮重减载率限值为 $\Delta P/P_{\text{st}} = 0.60$。

仿真分析手段的应用为脱轨动力学分析开了一扇窗。日本学者正是在采用单轮对仿真模型进行脱轨仿真分析时发现，脱轨系数超限的时间较短时，车轮抬升量较小，车辆并不脱轨，提出了脱轨系数与横向作用时间相关联的判别指标[4]。Xiao 等基于仿真模型分析了多种轨道结构缺陷对列车脱轨动力学及行车安全性的影响[5,6]。Wu 等[7]基于轮轨间三维摩擦碰撞仿真，探索了跳轨脱轨的机理和相关判别准则。与前述分析不同，Jun 等[8]从系统能量的角度出发，建立脱轨能量随机分析理论模型，采用基于现场实测的随机模拟构架人工蛇形波作为系统横向振动的激振源，利用能量增量作为脱轨评判指标。然而基于动力学的脱轨机理分析远未成熟。

3. 主要难点

Nadal 准则或 Marie 准则实际是基于准静态分析得到的车轮在爬轨到脱轨临界时的力学平衡关系，因此基于此的脱轨系数指标仅为车轮脱轨的必要非充分条件，具有明显保守性。继日本学者之后，各国学者提出的考虑横向力作用时间的非线性临界指标都是降低脱轨预测保守性的有益尝试和改进，但因其理论依据不严谨，难以理论证明其完备性，只能在工程上取得一定的进步，对加深脱轨机理的理解帮助有限。

静力学分析得到的判别条件具有保守性，而脱轨过程的复杂性使得动力学分析也难以得到切实有效的判别准则。动力学分析理论是将列车、钢轨耦合系统作为复杂的振动系统整体进行理解，直接面对列车脱轨的本质，为铁路脱轨分析开辟了新的研究思路及分析方法，然而由于铁路本身是十分复杂的多体系统，庞大规模的微分代数方程组的分析本身在数学上就困难重重，因此基于动力学对脱轨机理的探索尚处于初步阶段。对脱轨机理的认识和研究的局限制约了工程实践。

对动力学方程的定性分析有助于更好地理解这个问题的难度所在。经典力学框架内的任何动力系统的动力学方程都对应一组二阶微分方程，而铁路轮轨耦合系统也在多体动力学框架内对应其含约束的二阶微分代数方程组。不失一般性，脱轨事故对应于动力学系统某个 0 阶的位形关系式 $f(q_1,q_2,\cdots,q_n)$ 过零点的问题

(不妨设初始时 $f(q_1,q_2,\cdots,q_n) > 0$)。由于牛顿力学中力与加速度是线性相关的，因此 Nadal 等基于静力学的平衡分析在数学上对应于对连续函数 $f(q_1,q_2,\cdots,q_n)$ 在系统二阶微分层面提出的条件：$f''(q_1,q_2,\cdots,q_n) < 0$，为使 $f(q_1,q_2,\cdots,q_n)$ 跨过零点，必须补充 $f(q_1,q_2,\cdots,q_n) = 0$ 且 $f'(q_1,q_2,\cdots,q_n) = 0$ 的条件，这是静力学分析保守性来源的数学解释。如果使二阶微分方程组降阶为一阶微分方程组，车轨耦合动力学方程则在相平面上对应一定的相曲线，因此任意时刻在特定的列车和轨道参数下车辆的状态参量对应于此相曲线上的一个点，故判定列车是否脱轨的问题对应于此非线性动力学的稳定域问题。求解和分析列车脱轨所对应的数学方程困难重重，但对于一个微分系统，稳定域在理论上的证明过程通常与能量表达式息息相关，因此也许基于能量的分析可以为脱轨机理的研究带来突破。

综上所述，基于静力学而非系统动力学的脱轨系数分析已较为成熟，但其天然的保守性使其终究只能服务于脱轨的概率预测；而基于动力学的脱轨机理分析面临着巨大挑战，不仅自由度庞大的轮轨耦合动力学方程组对非线性动力学分析提出了很高的要求，而且界面摩擦及碰撞的综合影响会使问题更加复杂化。因此，要实现脱轨机理研究的突破，对复杂动力学模型的简化十分重要，只有在对系统方程的合理简化和分析下，才可分析该动力系统的稳定域，从而确定脱轨发生更合理的条件。最后需要指出的是，高精度的车轨耦合动力学仿真模拟以及精确而有针对性的细节模型试验对脱轨机理分析也十分重要。一方面是由于脱轨现场试验的成本很高且带有较高的风险性；另一方面是由于车辆及轨道状态的复杂性，脱轨现场试验的条件难以精确控制和重现。因此，研究也需要重视脱轨仿真的研究，为脱轨机理分析和理论验证提供直觉源泉和直接依据。

参 考 文 献

[1] Nadal M J. Locomotives à vapeur, collection encyclopédie scientifique[J]. Bibliothèque de Mécanque Appliquée et Génie, 1998, 186(1): 56–67.

[2] Weinstock H. Wheel climb derailment criteria for evaluation of rail vehicle safety[C]// Proceeding of the ASME Winter Annual Meeting, New York,1984.

[3] Marié G. Traité de Stabilité du Matériel des Chemins de fer: Influence des Divers éléments de la voie[M]. Paris: Librairie Polytechnique Ch. Béranger. 1924.

[4] 石田, 弘明, 刘克鲜. 铁道车辆脱轨安全性评定标准[J]. 国外铁道车辆, 1996, (5): 27–34.

[5] Xiao X B, Jin X, Deng Y, et al. Effect of curved track support failure on vehicle derailment[J]. Vehicle System Dynamics, 2008, 46(11): 1029–1059.

[6] Xiao X B, Jin X, Wen Z, et al. Effect of tangent track buckle on vehicle derailment[J]. Multibody System Dynamics, 2011, 25(1): 1–41.

[7] Wu P, Zeng J. Dynamic Analysis for Derailment Safety of Railway Vehicles[M]. Beijing: Science Press, 1998: 292–299.

[8] Jun X, Zeng Q Y. A study on mechanical mechanism of train derailment and preventive measures for derailment[J]. Vehicle System Dynamics, 2005, 43(2): 121–147.

撰稿人：王　平　马道林
西南交通大学
审稿人：赵国堂　高　亮

轨道车辆转向架区域防积雪结冰

Antisnow Accumulation on the Bogie of the Rail Vehicles

1. 背景与意义

我国高速铁路经过快速发展，已经形成了完整的谱系化产品。其中，高寒高速列车就是谱系之一，如我国的哈大线、兰新线上运行的就是高寒高速列车。我国东北、西北地区气温较低，极端温度低达零下 50℃，高速列车长期饱受转向架积雪结冰问题的困扰。同时"一带一路"推动我国高铁走进俄罗斯，转向架积雪结冰问题受到广泛关注。

风吹雪是在降雪时或降雪后，当风力达到一定强度，雪被风吹动形成风雪流[1]。由于天降大雪或线路周围覆盖大雪，轨道车辆高速运行时，受到列车风的作用，雪花在转向架区域流过，部分雪花由于转向架内运动速度降低在转向架上沉积，随着运行时间的延长，雪将越积越多[2]。同时，转向架区域的制动装置、空气弹簧和轴箱弹簧、电机、减振器等发热元件在轨道车辆制动或运行时会产生大量热，这些热会导致转向架上的积雪融化，而融化后的水在列车运行时又迅速转化成冰，周而复始，越积越多。而且会造成弹簧及减震器参数的改变以及运动副关节冻死等现象，这些均会导致车辆的动力学性能恶化，甚至会引发严重的行车事故，已成为业界共同关注的问题[3]。

目前，在世界范围内高寒区运行的高速列车主要采用地面除冰技术和轨道车辆防积雪结冰技术。轨道车辆地面除冰技术主要是在地面布置融冰系统，并使车辆停在融冰装置处来清除转向架上已经堆积的积雪结冰；轨道车辆防积雪结冰技术是对积雪结冰现象进行预防，防止积雪结冰。

2. 研究进展

针对轨道车辆的转向架区域积雪结冰问题，瑞典、俄罗斯、日本等国家的除冰技术已经有一定的基础。Thomas 等[4]采用对环境无害的加热丙二醇作为材料加入地面除冰设备中，来改善瑞典等北欧国家的车辆转向架区域的积雪结冰问题；Paulukuhn 等[5]针对俄罗斯冬季低温、多雪环境，为保证轨道车辆能够经得起无法避免的冰雪侵害，在铁路上通常采用水和丙烯类混合液，通过对除冰后的轨道车辆通过喷淋设备喷射混合液，由此融化转向架区域的积雪结冰；有的在车库内采用高压水或热空气来消融转向架上的积雪结冰。日本采用半导体加热器，对转向架区域采取电加热措施，当轨道车辆在高寒天气下运行时，可以融化转向架区域的积雪结冰[6]。但是，上述的除冰设备需要定期工作、加热装置消耗功率大，效率较低。针对制动系统的结冰问题，国内外均采用制动钳夹不时进行制动，从而产生热来融化积雪结冰。

在轨道车辆防积雪结冰技术方面，挪威等北欧国家针对车轴、弹性悬挂装置、倾摆装置出现严重积雪结冰的问题，对车轴、弹性悬挂装置、倾摆装置加装防护罩来减少这些重要部位的积雪结冰现象[6]；我国哈大高铁线上的CRH380B高寒动车组通过在转向架部位涂上防冰雪涂层、给空气弹簧增加防雪罩等措施来防止转向架积雪[7]。有的利用空调和电机热废气对重要部位进行融雪来防止积雪结冰，有的对转向架进行局部改造，达到防雪防结冰的目的。

3. 主要难点

由于实际运营过程中气候环境复杂多变，且轨道车辆运行时间长，停站时间较短，很难及时对转向架积雪结冰进行处理，防治的效果也极为有限。为了适应更高运行速度、更高密度的城市轨道交通发展的需求，对轨道车辆积雪结冰问题研究也有了新的要求。因此，采用常规的除冰和防治理念难以达到上述目的。在这个背景下，李俊民等[8]从改善车下设备舱导流罩的空气动力学性能角度，进行三车编组整车的流场仿真分析，得出改进的导流罩空气流动性能良好且能缓解转向架区域冰雪堆积问题；丁叁叁等[9]针对风雪气候条件下转向架区域防积雪结冰问题，设计端部下斜导流板优化装置防止积雪结冰。

但是，雪花种类繁多，形状各异，黏性也有较大差别。在高寒风雪情况下，雪花还具有一定的跟随性和惯性，雪花特性不同，必然会导致其运动及堆积方式不同。而且转向架区域流场具有十分复杂的紊流特性[10]，同时，转向架上的发热元件会将雪和冰融化为水，水在车辆运行时会甩到车体及转向架上，从而改变转向架的表面特性，会造成转向架表面捕捉更多的雪粒子。雪相和水相的增加势必增加数值仿真模型构建的难度以及流场结构的复杂度，这些都将成为研究高寒动车组转向架区域积雪结冰情况的关键技术和难点。为了更加真实地模拟运营情况，未来的研究将着力于采用气固多相流模拟雪粒子在转向架区域的运动及在转向架上的堆积情况，寻找转向架积雪结冰的成因，以此为基础提升转向架区域的防积雪结冰能力。同时需要开发专门的试验装备，对上述研究进行验证。

参 考 文 献

[1] 钱征宇. 寒区铁路雪害特点及防治技术[J]. 中国铁路, 2007, (11): 33–36, 62.
[2] Kloow L. High-speed train operation in winter climate[D]. Sweden: KTH Railway Group and Transail, 2011.
[3] Fujii T, Maeda T, Ishida H, et al. Wind-induced accidents of train/vehicles and their measures in Japan[J]. Quarterly Report of RTRI, 1999, 40(1): 50–55.
[4] Thomas J. De-icing solution[J]. International Railway Journal, 2009, 49(1): 24–25.
[5] Paulukuhn L. The low temperatures technology concepts and operational experience in Russian high speed train velaro RUS[J]. Foreign Rolling Stock, 2012, 49(3): 16–19.
[6] Bettez M. Winter Technologies for High Speed Rail[D]. Sweden: Norwegian University of Science and Technology, 2011.
[7] 齐慧. 飞奔在零下40℃的高寒地带[N]. 经济日报, 2015-01-05(014).
[8] 李俊民, 单永林, 林鹏, 等. 高速动车组转向架防冰雪导流罩的空气动力学性能分析[J]. 计算机辅助工程, 2013, 22(2): 20–26, 80.
[9] 丁叁叁, 田爱琴, 董天韵, 等. 端面下斜导流板对高速轨道车辆转向架防积雪性能的影响[J]. 中南大学学报(自然科学版), 2016, 47(4): 1400–1405.
[10] 王廷亮. 铁路风吹雪灾害数值模拟及防治技术研究[D]. 兰州: 兰州大学, 2012.

撰稿人：高广军
中南大学
审稿人：李 强 刘志明

列车等效缩模碰撞相似机理及行为演化

Similarity Mechanism and Evolution Behavior of Train Scaled Equivalent Model Collision

1. 背景与意义

列车碰撞事故造成的重大人员伤亡触目惊心。与汽车、船舶等交通工具单体撞击不同，列车由多节车辆编组而成，质量大、运行速度高，冲击动能远远高于汽车碰撞。列车撞击过程中既有单节车的撞击破坏问题，又有各车辆之间的耦合互撞等问题。由于碰撞时车辆间的耦合作用，碰撞行为演化过程复杂多变，采用数值计算仿真方法，难以精确模拟列车-线路-运行环境构成的非线性系统所产生的复杂动态响应；采用全尺寸车辆实物碰撞及整列车多体碰撞试验费用巨大。因此，采用高速列车碰撞小尺度等效模型，为探究碰撞事故成因和进行耐冲击高速列车碰撞设计等提供有效的手段，对揭示车体冲击破坏机理及能量流动机制、分析多车辆间碰撞行为的演化过程、获取和优化列车碰撞吸能参数方法，具有重要的科学及工程研究意义。

2. 研究进展

近年来，相似理论和缩比模型以其可实现性强、重复性好、试验数据可靠等优点已广泛用于汽车的耐撞性研究[1,2]、飞机碰撞研究[3]及火箭运动特性研究[4]。

在轨道车辆方面，Gipson 等最早采用缩比模型来研究列车碰撞事故[5]，提出了铁路车辆撞击小尺度模型的塑性变形、破裂损伤、脱轨等需考虑的相关问题和方法；同时指出尺寸效应对脆性断裂情况影响很大。谢友奇、李睿等针对动车组碰撞开展了一维缩比模型纵向碰撞试验研究[6,7]，从理论上推导了小尺度动车组碰撞多体耦合一维模型与原型在动力响应的相似性。Lowe 和 Al-Hassani 在 1972 年对 10 种 1∶25 的小尺度双层巴士模型碰撞行为开展了研究[8]，进行了准静态压缩和动态冲击试验，研究了不同模型试验结果与全尺寸模型相关程度。在金属结构塑性变形相似理论方面，余同希等在 2006 年出版的《材料与结构的能量吸收》一书中较系统地提出了建立小尺度结构模型的相似性要求[9]，通过量纲分析法，确定不同力学参数在小尺度模型和原型之间的比例因子；还建立了小尺度圆环受压发生塑性变形的相似模型，与试验结果吻合较好，但同时指出小尺度模型必须考虑重力载荷、应变率效应、断裂变形等带来的尺寸效应问题。

3. 主要难点

在高速列车碰撞过程中，列车车体多为大型中空薄壁铝合金型材结构，车辆的边界、初始条件复杂多变，同时车辆耦合碰撞具有几何、材料、接触三重强非线性特性，应力波在车体及车辆间传播存在非连续性。因此，构建高速列车多体碰撞小尺度等效模型，找到不同尺度铝合金结构碰撞过程中弹塑性大变形相似机理，建立强非线性及复杂约束耦合的列车多体碰撞动力学多尺度等效模型，找出应力波在不同尺度非连续车体结构及车辆间传递的相似性是亟须解决的问题。在这个背景下，提出高速列车碰撞小尺度等效模型构建方法，构建高速列车车体碰撞、车辆间连接结构小尺度等效模型和列车多体耦合碰撞小尺度等效模型，揭示车体结构的撞击力传递路径与冲击能量耗散规律，研究列车多车辆耦合碰撞过程中能量耗散机理、爬车机理及其与变形体刚度之间的内在联系。

参 考 文 献

[1] Kao G C. A scale model study of crash energy dissipating vehicle structures[R]. Wyle Laboratories, 1969.

[2] Barley G W, Mills B. A study of impact behavior through the use of geometrically similar models[J]. 1969, 184(313): 26–33.

[3] 史友进, 张曾锠. 大柔性飞机着陆撞击多质量块等效模型[J]. 航空学报, 2006, 27(4): 635–640.

[4] 谭志勇, 王毅, 王明宇. 针对未来大运载火箭的缩比模型动特性仿真研究[J]. 强度与环境, 2002, 29(4): 11–18.

[5] Gipson G S, Yeigh B W. Scaling issues related to modeling of railroad car damage I-Derailment, plastic deformation, rupture, and impact[J]. Mathematical and Computer Modeling, 2005, 42(5): 483–488.

[6] Li R, Xu P, Peng Y, et al. Scaled tests and numerical simulations of rail vehicle collisions for various train sets[J]. Proceeding of the Institution of Mechanical Engineers, Part F: Journal of Rail & Rapid Transit, 2016, 230(6): 1590–1600.

[7] 谢友奇. 动车组缩比模型纵向碰撞试验研究[D]. 长沙: 中南大学, 2015.

[8] Lowe W T S, Al-Hassani T S, Johnson W. Impact behaviour of small scale model motor coaches[J]. Proceedings of the Institution of Mechanical Engineers, 1972, 186: 409–419.

[9] 余同希, 卢国兴. 材料与结构的能量吸收[M]. 北京: 化学工业出版社, 2006.

撰稿人：许 平 彭 勇
中南大学
审稿人：刘志明 李 强

飞行器再入控制与热防护

The Aircraft Reentry Control And Thermal Protection

1. 背景与意义

"快速进出空间"一直是人们的梦想,"飞得越来越高,飞得越来越快"是人们坚持不懈的追求。随着航天的不断发展,飞行器速度越来越快,飞行高度越来越高,并且发展出重复使用运载器和高超声速飞行器等多种飞行器;高速飞行器到达或飞跃大气层到达更高的高度后,根据飞行任务往往需要再次进入大气层返回地面,完成飞行器再入飞行;飞行器再入大气层过程中,由于速度较大,飞行器与大气层激烈摩擦导致飞行器周围温度快速升高,因此需要在飞行器外部设置热防护系统以保护飞行器高速飞行时免于严酷的气动热环境的伤害[1]。随着超声速飞行器的发展,再入控制与高质热防护是高速飞行器发展必须面临的关键问题[2]。

1) 飞行器再入

飞行器再入指的是高速飞行器穿越大气层后,再次进入大气层以返回地面,再入飞行是目前可重复使用运载器(如航天飞机)、太空飞船、高速飞行器等进入太空的飞行器飞行轨迹的重要组成部分,也是决定飞行器飞行任务成败非常关键的阶段[3,4]。对于高超声速飞行器的再入段,需要在具有极大初始再入动能和势能条件下,将飞行器平稳安全地导引到既定的能量管理段,同时再入过程中需要满足过载、动压和热流率在既定的允许范围内,因此飞行器再入具有跨声速、多阶段、非线性、苛刻约束以及严重不确定性等特点[5]。

高速飞行器再入过程中的飞行任务都是由飞行控制系统和弹道规划保证的,再入过程的超高声速和气流急速变化给飞行器轨迹规划和制导控制带来了巨大困难。再入过程一般采用大攻角飞行,因此造成了速度、高度和姿态的极大变化,飞行器的速度变化范围可从马赫数 28 到 1.5,攻角变化最大可达 40°,同时飞行器横侧向动态耦合严重,姿控交叉耦合复杂[6]。通过开展高速飞行器再入控制要求研究,可有效地解决目前高速飞行器进入空间面临的轨道精度及系统控制问题,提高利用现有资源快速发射高速飞行器的效率,以最少的物力成本实现人类快速进入空间,为人类快速往返空间及开发太空提供重要技术基础。

2) 飞行器热防护

高速飞行器再入过程由于飞行速度高(如航天飞机再入大气层高度 100km 时的飞行速度为 7800m/s[7]，相当于马赫数达到 20)，穿越大气层范围广，气动加热会使其表面达到极高温度，并且大气中臭氧、紫外线也对飞行器表面材料和设备产生很强的氧化腐蚀作用；同时再入过程中强烈的激波效应产生的载荷等也会影响飞行器结构。因此需要对高速飞行器外层设置质量轻、性能好的热防护系统。有效的热防护系统可在飞行器结构面对剧烈的气动加热时为其提供足够的保护，有利于飞行器内层主体结构维持在允许的温度范围内，同时热防护系统尽可能零烧蚀或低烧蚀，以保证飞行器再入过程中气动外形不会变化或变化较小，保障飞行器完成再入飞行。

在热防护系统中，热防护材料是最主要的功能材料，材料性能的好坏决定了飞行任务的成败。高速飞行器热防护材料需具有隔热性能好、零烧蚀、质量轻等特点，并且材料的质量和性能不发生变化。通常可将热防护材料分为非承载型和承载型热防护材料两类。非承载型热防护材料在飞行器的飞行过程中仅承受振动和噪声载荷，一般用于飞行速度较低(马赫数<4)飞行器的热防护系统中；承载型热防护材料在飞行器飞行过程中要承受热/力/振动/噪声等综合力载荷，该类热防护材料可用于高速飞行(马赫数>4)的飞行器热防护系统中。

通过关注热防护材料的研究，开发具备防热、承载一体化的热防护系统，可以为未来的高速飞行器穿上薄而轻巧的"保护衣"，以最小的成本保护飞行器飞行安全，并能够实现重复快速进入空间的目的。

2. 研究进展

1) 飞行器再入

为解决飞行器再入过程中的难点，国内外针对高速飞行器再入过程开展了广泛的研究和各种试验。早在 20 世纪 50 年代，美国航天飞机就针对飞行器再入过程的稳定控制和优化轨迹进行了深入研究，并开展了各种试验，其多次飞行试验的成功为后续各类可重复使用高速飞行器的再入控制研究提供了重要的理论基础和试验积累。随后，在近几十年航天科技的快速发展中，美国更是在再入飞行的研究上投入大量精力，如 DC-XA、X-33、X-34、X-37、X-40、X-43 等各类试验性空间飞行器的飞行试验，尤其是近两年美国在轨飞行器 X-37B 再入返回的成功更是展现了美国在再入返回领域的雄厚基础，为各国高速飞行器的再入研究指明了重要方向；2015 年 2 月 11 日欧洲"过渡试验飞行器"飞行试验，成功验证了飞行器再入飞行可行性，飞行器再入速度 7.5km/s，再入高度为 120km，表明欧洲在高速飞行器再入上具备了一定的实力；我国目前也针对各类高速声速飞行器的再入过程开展了广泛的研究,提出了多种再入控制优化算法、轨迹规划路径、再入容错制导,如制导环与姿态环集成容错研究、集成自适应制导与控制方法的研究、再入过程的最优过渡段优化、多变量稳定裕度研究等,在科学研究上具备了较强的实力,后续还需要开展一系列飞行试验验证相关理论的可行性。

2) 飞行器热防护

目前,世界各国通过对各类高速飞行器进行理论研究和飞行试验,以检验先进热防护系统和材料的功能及可靠性。美国 HTV-2 在大气层内长时间高超声速滑翔和机动飞行,采用多层 C/C 壳体以及巨大复杂高升阻比 C/C 构型,实现了尖锐前缘方案,是升力式面对称高速飞行器热防护系统的典型方案;X-37B 的表面采用可重复使用的防热瓦和隔热毡,机翼前缘采用新一代耐高温材料"韧化单体纤维增强抗氧化复合材料"隔热瓦,为美国新型可重复使用空间飞行器再入空间"保驾护航"。我国目前也在大力发展高速飞行器和可重复使用飞行器轻质、承载、防热多功能一体化热防护技术研究,并已开展了多种高性能热防护材料的原理试验。

3. 主要难点

尽管目前各航天大国不断加大加强航天领域的研究,也开展了多种试验,但对于飞跃大气层和太空飞行这类充满未知因素的领域,很多方面还处于空白,还需要进行不断的研究和探索,飞行器再入过程和热防护仍然面临着许多难点问题。

(1) 大攻角再入条件下飞行器精确的轨迹控制和姿态控制方法。再入飞行控制系统要为飞行器从自由分子流区、稀薄大气过渡流区和连续流区的各段飞行提供姿态控制,飞行器飞行空域更加宽阔,飞行包线更加复杂,传统分段控制、逐段转换的控制系统构型由于分段太多而难以用于高速下的飞行器控制,同时再入过程中需要面临多种大气层现象,如稀薄气体效应、高温效应、低密度效应、层流效应等,使飞行控制系统需要满足各种控制约束下(飞行状态约束、执行机构饱和、最大速度、温度、动压、最大过载、姿态耦合等)的理想轨迹,这些都要求飞行器再入过程中具有精确的轨迹控制和姿控控制方法,也是目前高速飞行器普遍面临的难点。

(2) 耐高温不变性及低烧蚀材料是当今热防护系统研究的重点。高速飞行器再入过程中,飞行速度较高、气动摩擦激烈,导致飞行器表面温度急速变化和升高,飞行器头锥温度能够超过 2000℃,不断开发合适的耐高温不变性材料成为当今热防护系统研究的重点;热防护材料本身需要低烧蚀或者耐烧蚀,以保证在高温环境下尽可能损耗较小或无损耗,以保证飞行器气动布局不受影响,保持飞行器飞行轨迹和气动控制能力。

(3) 防热承载结构一体化热防护系统设计。再入过程存在恶劣的热力环境、碰撞、空振严重等各类复杂工况环境，容易引起热防护系统与结构系统之间较强的力热耦合作用，导致热防护系统与结构之间的连接变弱甚至脱落，热防护材料和结构材料温变和形变较大，进而影响飞行器功能，因此，合理调配热防护系统与结构的关系，研究新型具备防热与承载双重作用的热防护系统，开展防热、承载结构一体化研究是当今世界各国快速进入太空必须考虑的重点问题。

参 考 文 献

[1] 邹军峰, 李文静. 飞行器用热防护材料发展趋势[J]. 宇航材料工艺, 2015, 4(3): 10–15.
[2] Cohan C J, Campbell G, Herman W, et al. High temperature investigation of various crew escape concepts for the reentry vehicles flight regime[R]. Defense Document Center for Scientific and Technical Information, AD-461713: 78–92.
[3] 钱佳淞, 齐瑞云. 高超声速飞行器再入容错制导技术综述[J]. 飞行力学, 2015, 5(33): 390–393.
[4] 王威. 高超声速飞行器滑翔段制导方法研究[D]. 哈尔滨: 哈尔滨工业大学, 2010.
[5] 雍恩米. 高超声速滑翔式再入飞行器轨迹优化与制导方法研究[D]. 长沙: 国防科学技术大学, 2008.
[6] 叶友达. 高空高速飞行器气动特性研究[J]. 力学进展, 2009, 39(6): 387–397.
[7] 王银, 陆宇平. "星座"计划相关技术分析[C] // 全国第十三届空间及运动体控制技术学术年会, 宜昌, 2008.

撰稿人： 时米清　荣　华　袁　园
中国运载火箭技术研究院
审稿人： 蔡巧言　代　京

高超声速飞行的耦合稳定性及可控性研究

Study of Coupling Stability and Controllability of Hypersonic Flight

1. 背景与意义

以面对称布局、高升阻比为特征的升力式高超声速飞行器成为目前航天领域研究的热点，如美国的 X-37B、欧洲空间局的 IXV 等飞行器。与传统轴对称布局飞行器和低速航空飞行器相比，面对称升力式高超声速飞行器面临着更为严峻的耦合稳定性和可控性问题[1]。

一般高超声速飞行器高超声速飞行具有大空域(高度 0～200km)、宽速域(马赫数 Ma = 0.3～28)、攻角变化范围大(飞行攻角 –10°～40°)的显著特点。面临大跨度的空域环境、复杂的飞行流场及各通道控制力相互交联的严重干扰[2,3]，飞行器气动稳定性和操纵性恶化(如图 1 所示的侧向稳定性随马赫数增大而显著恶化)，气动、运动、惯性等多种耦合影响加剧，导致飞行耦合效应严重，难以实现稳定飞行，极易出现失控。高超声速飞行器所面临的这种稳定性问题在低速、低空飞行器中未曾如此严重，而且这一问题严重制约了高超声速飞行器的发展和性能的提升，是飞行器发展历程中一种新的理论障碍。

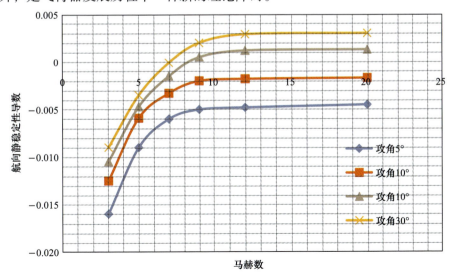

图 1 典型升力式高超声速飞行器航向稳定性随马赫数和攻角变化

深入研究高超声速飞行的耦合失控问题，提供先进的耦合效应预示理论方法，能有效地解决高超声速飞行器综合性能与可控飞行之间的矛盾，并扩大飞行包线范围、扩展优化空间，显著增强飞行器的控制效能，缩短迭代研究周期，对新一代面对称高超声速飞行器的发展起到有力的支撑作用。

从早期美国 X-2 超声速飞行器发生的失控事故到近期 HTV-2 飞行器的多次失利，越来越多的证据表明，随着飞行速度的提高，传统观念中操稳性"良好"的"保守"设计变得不再"保险"。只考虑飞行器本体的静稳定性、舵面静态的配平能力和操纵能力的传统稳定性设计方法已经无法适应高速飞行器的稳定性设计。高超声速飞行器面临更大马赫数的机动飞行任务，稳定性设计和有效控制已经成为制约飞行器速度提升的"短板"。

高超声速飞行器设计与传统的惯性再入飞行器设计有根本性差别。传统惯性再入飞行器的流场结构相对简单，耦合特性对于飞行器总体性能的影响处于可忽略的量级，通常采用解耦设计得到的可行解能够满足整体性能指标要求，这也是目前多数飞行器所采用的设计思路。但是对于高超声速飞行器，其面临极为复杂的流场结构、通道间耦合严重、各种干扰和不确定性影响不能简单地忽略，而且总体飞行性能要求高，上述多种约束因素限制下，传统的设计方法体系难以满足高超声速飞行器的设计需求。

高超声速飞行器气动设计追求高升阻比，选型优先考虑扁平尖外形，但会给结构布局和防热设计带来困难。为降低控制难度、实现可靠飞行控制，控制需求尽量增大三通道静稳定性、增大舵面、减小气动耦合、降低姿态机动速度，但这些要求会导致气动升阻比降低、防热难度增加、重量增大、结构布局实现难度大，对气动、防热、弹道、结构等专业形成了强约束。反之，这些专业为了实现自身的高指标和降低设计难度，也必然会增大控制设计难度。高超声速飞行器追求高升阻比、高速机动，按照传统航天器各通道解耦设计的理念，飞行器需要保证一定的静稳定度，由于高超声速飞行器其稳定性随飞行马赫数的增加而降低，为了确保整个飞行区间的稳定性、保证能够通过解耦设计实现控制，需要适当增加飞行器的静稳定度。对于高超声速飞行器，静稳定度的增加势必造成升阻比和机动能力的大幅下降。

2. 研究进展

经过半个多世纪的不断实践和理论研究，国外在高超声速飞行器耦合研究和设计方面取得了巨大进步。美国航天飞机等高超声速飞行器早在 20 世纪 80 年代开始成功飞行直到退役，均未因失控问题导致严重的灾难性事故，X-37B 的成功也充分说明了这一点。

航天飞机的设计条件非常苛刻，要求在质心变动量为 2.5% 的范围内飞行均可控。然而，航天飞机航向通道静不稳定，方向舵处于失效状态且 RCS 使用受限。分析发现，航天飞机遇到了和 X-2 相同的静态耦合不稳定问题。如果采用传统稳定性设计方法，气动布局设计几乎不可能完成。按照耦合稳定性判别准则，航天飞机的垂尾明显减小，而且舍弃了腹鳍便于跑道式降落。通过耦合控制补偿，即将静稳定性需求转移为操纵效能需求，在稳定性、操纵能力配置方面进行重新分配，并设计相匹配的控制融合策略。实践证明，上述控制方案下，航天飞机在其飞行包线内具有适当的横航向稳定性和机动能力，并且为保证稳定和控制能力所需付出的性能代价明显减小。

航天飞机之后，美国开展的具有大范围机动、高马赫数、大攻角飞行等特征的飞行器研制都采用了新的稳定性设计和控制方法，包括 X-33、X-34、X-37、X-38 和 X-43 等。

美国进行的两次 HTV-2 高超声速飞行演示验证试验均告失利。在第二次飞行试验中尽管吸取此前飞行试验的经验和教训，但是仍然出现了高超声速飞行中横航向失稳最终导致失控的现象，这说明高超声速飞行器的稳定特性仍然值得深入研究，对这类飞行器有效的控制还没完全掌握。高超声速飞行器更加丰富的外形和更为新颖的布局，使得在飞行器设计过程中需要对稳定特性建立更加全面和深入的认识，并以完整的设计理论体系和方法准则作为设计的指导依据。

3. 主要难点

为了突破高超声速飞行器的稳定性障碍，需要研究高超声速飞行的耦合作用机理及可控性——在高超声速飞行条件下，综合考虑气动、控制、弹道、结构、防热等多专业来源总体参数的关联，研究多物理来源的耦合效应对飞行稳定特性的影响和由此引发失控的原因；在高动态、低阻尼、纵横向操纵耦合、横航向通道耦合等特征下，利用通道间耦合特性，在弱稳定、弱操纵、强耦合条件下实现可控飞行的耦合控制机理。

对该问题的研究需要按照从耦合机理分析、失控规律分析、失控特性度量到失控特性预测的演进模式，由该模式生成的高超声速飞行器可控性判别方法更加偏重机理、更加严格。其中，耦合机理是研究的前提，它充分考虑气动、控制等学科的交叉作用，对高超声速飞行器飞行环境、气动布局、惯性特性和运动特性等因素进行研究，揭示气动、运动和惯性三类耦合发生和交联的机理，解决典型气动力干扰在高马赫数条件下的特征辨识及作用机理问题；失控规律预测方面要在耦合动力学特征及失控机理研究的基础上，对经典失控预测判据进行重构和创新，强化应用条件、划分标准及简化条件，形成实用的失控边界确定方法。

参 考 文 献

[1] 包为民. 航天飞行器控制技术研究现状与发展趋势[J]. 自动化学报, 2013, 39(6): 697–702.
[2] 蔡巧言, 杜涛, 朱广生. 新型高超声速飞行器的气动设计技术探讨[J]. 宇航学报, 2009, 30(6): 2086–2091.
[3] 杨勇. 我国重复使用运载器发展思路探讨[J]. 导弹与航天运载技术, 2006, 284(4): 1–4.

撰稿人： 李华光　吴炜平　蔡巧言
中国运载火箭技术研究院
审稿人： 蔡巧言　代　京

太空飞行器能源与传输

Spacecraft Energy and Power Transmission

1. 背景与意义

太空能源是太空中可利用和使用的各种能量的统称，包括太阳能、化学能、核能、机械能、热能等。太空能源是保证卫星、空间站、深空探测等各类太空飞行器正常运行的原动力，按工作模式可分为主能源和储能电源。主能源是负责将各式各样的能量转化为电能，包括化学能、核能源和太阳能等，其中化学能和核能源属于飞行器自身携带能源，而太阳能则属于飞行器外能源。储能电源是将各类能量以化学能、机械能、热能等方式储存，满足地影区内飞行器的能源需求，其中最常用的储能电源是各类蓄电池组。目前最常用的太空能源是太阳能和化学能，对于一般太空飞行器，飞行任务持续工作时间长，采用太阳能等飞行器外能源有利于降低能源系统重量，提升载荷能力和机动性。基于以上情况，目前90%以上的太空飞行器采用"太阳电池阵+蓄电池组"的联合供电模式[1]。太空飞行器能源传输是指将太空飞行器内能源系统产生的能量通过设定的路径传送给有能量需求的电气设备，也包括太空飞行器通过无线方式与外部进行能量交换，目前太空飞行器内能源传输最常用也最成熟的方式是通过电缆网实现能源传输。

随着航天技术的不断发展，太空能源需求日益增大，未来深空探测、太阳能电站等技术的应用要求在未来20年提供几十万瓦级的能源，同时对能源的寿命、重量及传输可靠性提出了更高要求。如何创新能量转换和传输机理及模式，使能源更加充分地得到利用，以满足未来各类太空飞行器的能源需求，是未来太空能源发展所面临的主要难题。

攻克制约未来太空能源与传输发展的各项难题，在能源转换、能源储存、能源传输等方面实现系列重大突破，将有效增加太空飞行器能源供给能力，大幅提升各类太空飞行器综合性能；同时大功率远距离无线能量传输技术的应用还可实现太空能源在不同太空飞行器之间、太空与地面之间的传递，推动太空飞行器体系架构及能源利用技术的跨越式发展。

2. 研究进展

能源转换方式有静态(无机械运动)和动态(有机械运动)两种，其中静态的包括光-电转换、热-电转换、化学-电转换等，动态则主要是实现机械能到电能的转换。由于动态转换存在高真空环境下高速旋转轴承润滑和密封问题，目前太空能源转换绝大多数采用静态转换方式，而静态转换方式中大部分采用光-电转换和化学-电转换，其中有代表性的分别是太阳电池和蓄电池组。

1) 太阳电池

太阳电池是一种将太阳辐射能转换为电能的半导体器件，主要利用半导体 PN 结的光伏效应：当太阳光照射在 PN 结上时，会产生电子-空穴对，在内部电场的作用下，电子-空穴对发生移动，从而在 PN 结两端形成电压。太阳电池作为太空能源的首要要求是质量轻、效率高，即高的质量比功率和面积比功率，常见的三类太阳电池为硅太阳电池、砷化镓太阳电池和薄膜太阳电池。硅太阳电池是最早应用于太空飞行器的太阳电池，技术成熟、成本低，但转换效率较低，初期仅有 6%；经过多年的改进和提高，目前可达 20% 左右。20 世纪 80 年代，砷化镓太阳电池以其较高的转换效率成为各国研究热点。砷化镓太阳电池经历了从单结到多结叠层结构的发展变化，其效率从最初的 16% 增加到 28%，有效减小了太阳电池阵的大小和质量，在太空逐步取代硅太阳电池，成为近年来太空应用最广泛的太阳电池。薄膜太阳电池是为适应太空应用新需求，进一步提高比功率和降低发射装载容量而研制的具有柔性衬底的超薄太阳电池，是获得高效率、长寿命、高可靠电源的重要途径之一，目前薄膜太阳电池分为非晶硅、铜铟硒、砷化镓等几类，其中以砷化镓薄膜太阳电池效率最高，可达 28%[2]。

太阳能转换一方面受外部光强影响，另一方面则受光电材料的限制。对于不同的光电材料，入射到电池表面的太阳光只有一部分能被吸收，并且只有对一种材料对应的峰值波长光子表现出较高的转换效率，从而制约了太阳能的充分利用和高效转换。例如，硅太阳电池对波长在 0.4～1.15μm 区域中的光子能有效吸收，并且只有在峰值 0.8μm 左右时转换效率最大[3]。同时受 PN 结结构及载流子寿命影响，导致在材料吸收的有限光子中只有部分能对最终电流做出贡献，从而进一步阻碍了光电转换效率的提高。因此，提升太阳能转换效率一方面通过结构改进提高单位面积光照强度；另一方面则通过采用新材料增大吸收光子量，提升电流密度。在实际中还通过薄膜柔性材料提升电池面积，提升质量比能量。

目前提高光照强度的主要实现方式是"聚光"，即通过聚光器使较大面积的阳光聚集在一个较小的范围内，形成"焦斑"或"焦带"，将太阳电池置于这种"焦斑"或"焦带"上，可以增加光照强度，克服太阳辐射能流密度低的缺陷，从而在外部光照强度一定的情况下提升太阳电池的输出能量。对于聚光倍数为 1.8 倍的太阳电池，其输出功率较普通太阳电池提高 20% 以上。未来 10 年，美国国家航空航天局(National Aeronautics and Space Administration, NASA)将大量使用聚光砷化镓太阳电池作为太空主电源，其未来的目标是光电转换效率达到 45%，成本降低至目前的 50%。

在材料研究方面，国内外的焦点是叠层太阳电池技术，将不同带隙宽度的材料从上到下叠合起来，让它们分别选择性地吸收和转换太阳光谱中不同波段的光能，从而克服单结太阳电池仅能吸收特定光谱范围内太阳光的缺点，从而大幅度提高太阳电池的转换效率，理论上四结砷化镓太阳电池转换效率可达 41%，五结可达 42%，六结可达 58%。

对于新型薄膜太阳电池的研究主要集中在两个方面：超轻柔性衬底薄膜太阳电池和多结薄膜太阳电池，前者主要是通过减小衬底及电池片厚度来提高质量比功率，而后者主要通过提高薄膜电池的转换效率来提升单位面积或质量的输出能量。当前国际空间站的柔性太阳电池阵质量比功率为 166W/kg，而将高效多结薄膜电池与先进的薄膜封装技术相配合，有可能实现 500～1000W/kg 的质量比功率，会大幅减小电池阵的体积和重量。

2) 蓄电池

蓄电池作为储能电源，是太空飞行器在地影期的唯一能源，在放电时它主要通过氧化还原反应将活性材料内储存的化学能直接转化为电能，在充电时则利用逆反应将电能转化为化学能，从而实现多次重复使用。自 20 世纪 50 年代开始发射各类太空飞行器以来，研制开发长寿命、高效率和高可靠性的电池一直是空间电源界的主要任务。从最早一次使用的锌银蓄电池到镉镍蓄电池，又发展为氢镍蓄电池，现在锂离子蓄电池组也开始得到广泛应用。随着技术的不断发展，储能电源的性能得到不断提高：最初的镉镍蓄电池组的比能量约 40W·h/kg，发展到氢镍蓄电池组的比能量为 60W·h/kg，再到目前锂离子蓄电池组比能量 180W·h/kg，处于研制阶段的全固态锂离子蓄电池比能量可达 600W·h/kg，而锂空气电池的理论比能量更是高达 13kW·h/kg；同时，由于航天发射成本高和在轨维修性差，要求储能电源的寿命也越来越长，从开始的低轨道飞行器的 1 年寿命发展到现在的 5 年寿命，高轨道飞行器的 5 年寿命发展到现在的 20 年寿命。目前各国的研究热点主要集中在全固态锂离子蓄电池、锂空气蓄电池和超级电容等新型储能电源。

全固态锂离子蓄电池以固态电解质层层密堆叠加组成，充电时外加电压使锂离子从正极脱出，经电解质传输，嵌入负极，实现能量存储；放电时锂离子从负极脱出，经电解质嵌入正极，同时等量的电荷以电子转移的形式在外电路传输，形成供电[4]。由于采用全固态的电池结构，工作时无气体产生，且通过保护层将材料与空气隔开，有效避免液体电解液泄漏及暴露于空气环境中易燃的隐患，具有更高比能量、安全性和可靠性，在空间拥有广阔的应用前景，但目前其材料制备方法不成熟，成本较高。根据固体电解质材料类型，全固态锂离子电池可分为无机全固态锂离子电池和聚合物全固态锂离子电池，其中无机全固态锂离子电池根据结构又分为薄膜型和普通型。传统锂离子蓄电池的比能量约为 180W·h/kg，循环次数可达上万次，而薄膜型全固态锂离子蓄电池比能量可达 1000W·h/kg，循环次数达 10 万次。

锂空气蓄电池是由锂阳极及环境空气中的氧电对构成的电池体系，由金属锂、空气电极和电解液组成，具有高比能、放电电压平稳等优点，理论比能量可达 13kW·h/kg，达到传统锂离子蓄电池组比能量的 50 倍，是目前已知的具有最高理论比能量的锂电池体系[5]，但其同时存在安全性差、循环寿命短等缺点。

超级电容是 20 世纪 70、80 年代发展起来的一种新型的储能装置，主要依靠双电层和氧化还原赝电容电荷储存电能，是一种特殊的"电池"。与一般蓄电池相比，超级电容的突出优点是功率密度高、充放电时间短、循环寿命长、工作温度范围宽，但它的比能量要比蓄电池组低，所以超级电容主要应用于能量需求小，瞬时功率大及脉冲式放电的场合[6]。为提高超级电容的比能量，国内外许多相关机构进行了大量的研究工作，包括对电极和电解质的完善及改进。美国 Nanotek Instruments 公司研制的石墨烯超级电容单位质量可存储的能量相当于氢镍电池，充电或放电只需短短的几秒钟，其比能量可达 85.6W·h/kg。

3) 能源传输

太空飞行器能量的传输主要采用电缆方式，即通过导线实现能量的传递。随着太空飞行器总体功能和有效载荷需求的不断提高，电气系统配置日益复杂，与设备轻质小型化的矛盾日益突出，采用有线连接方式存在很多局限性：从快速集成角度来看，仪器间的连接形式多样，导致电缆网交叉较多，连接复杂；从电缆布局来看，设备接插件安装面布局困难，且设备分布在飞行器各舱段，导致电缆多次转接、安装固定复杂，这些都影响了太空飞行器性能的进一步提升。无线能量传输则是通过微波、激光、谐振的方式实现对能量的非接触式传递[7]，从而使得传递关系更加简单、设备安装布局更为灵活、系统重量更为优化，无线能量传输的应用将推动太空飞行器整体性能的大幅提升。美国及欧洲国家开展了一系列微波无线能量传输的试验研究并取得了一些成果，目前已实现了卫星间的微波小功率能量传输试验。美国目前正在计划进行 5kW 能级的从国际空间站到地面的无线能量传输试验。虽然无线能量传输具有许多优点，但将其应用于太空飞行器还面临诸多挑战。

从整个发展趋势来看，未来太空飞行器能源应具有更高的面积比功率/质量比功率和更小的重量，传输更加灵活可靠。目前，国内外相关机构开展了大量研究，但距实际应用还存在较大差距，主要集中在转换效率的提高、比能量和寿命提升、大功率的无线能量传输等方面。

3. 主要难点

未来太空飞行器能源与传输面临的主要难点如下：

(1) 太阳能高效转换。如上所述，提高太阳能转换效率的方式包括聚光、叠层和薄膜等。在聚光方面，要实现聚光太阳能电池在太空的成熟应用，还需解决两个问题：一是高性能的聚光，当前的聚光装置在应用中会发生光照不均匀的情况，影响光能有效吸收，因此需研制更精确的跟踪系统和更高性能的聚光装置，减少光照的不均匀性；二是高倍聚光下太阳电池的散热问题，太阳光的汇聚必然会引起电池温度的升高，而太阳电池的转换效率随温度的升高会相应降低，因此为保证高效率，必须采取有效的冷却措施。在叠层方面，则主要受材料及工艺方面的限制，因此该方向后续攻关主要集中在研制新材料增加光吸收、提升不同材料之间的晶格匹配性提高电流密度、考虑材料带隙获得合适的吸收边等方面。在薄膜方面的难点则聚焦于薄膜太阳电池外延生长和剥离及超薄电池加工工艺与互联方面。

(2) 长寿命高比能储能电源。从目前的技术水平来看，储能电源领域还不存在具备所有优点的"全能冠军"，每种类型的电池都有自身的长处和劣势，不同的蓄电池面对的挑战也不尽相同。全固态锂离子电池主要难点是电解质传输性差，比能量等性能发挥不充分，后续仍需开展持续攻关；锂空气电池的研究尚处于初步阶段，还存在诸多制约锂空气电池性能的关键因素，其中包括：氧化还原反应的可逆性差，循环寿命短；电解质体系和空气正极不完善，还需进一步改进；电池工作的安全性还需进一步提高等。

(3) 大功率远距离无线能量传输。在无线能量传输方面所面临的难点首先是异型的金属舱体内部结构对磁场的传播会产生影响，需要进一步开展相关机理的研究；其次是能量收发装置的尺寸限制了电能传输的距离，需从多个方面研究提高电-磁-电转换效率；最后是目前还没有突破远距离大功率无线传输，之前的研究大多聚焦于小能量长距离或大能量近距离传输，对于远距离大功率传输还需从整个能量传输材料、方式及架构等方面开展大量的攻关工作。

参 考 文 献

[1] 李国欣. 航天器电源系统技术概论[M]. 北京：中国宇航出版社, 2008.
[2] 段光复, 段伦. 薄膜太阳电池及其光伏电站[M]. 北京：机械工业出版社, 2013.
[3] 刁春丽, 娄广辉. 太阳电池的种类及光电转换效率的研究[J]. 河南建材, 2014, (4): 28–33.
[4] 程玉龙, 盘毅, 李德湛. 全固态薄膜锂蓄电池研究进展[J]. 电源技术, 2007, 31(8): 663–666.

[5] 谢凯, 郑春满, 洪晓斌, 等. 新一代锂二次电池技术[M]. 北京: 国防工业出版社, 2013.
[6] 张勇, 陈腾飞, 张建, 等. 石墨烯的制备及其超级电容性能[J]. 北京科技大学学报, 2014, 36(7): 931–937.
[7] 何川, 龚跃玲, 高帅. 无线能量传输技术在军事领域中的应用[J]. 信息通讯, 2016, (2): 14–17.

撰稿人: 杨友超
中国运载火箭技术研究院
审稿人: 曾贵明　代　京

大气层内高速飞行的虚拟仿真

Numerical Simulations of High Speed Flight in Atmosphere

1. 背景与意义

随着新型空天飞行器研制的不断深入，对航天运输能力提出了更高需求，要求能在临近空间进行大范围高超声速机动飞行[1]。围绕新型飞行模式，空天飞行器真实飞行过程是一个复杂的非定常动态过程，传统研究手段主要以地面风洞试验为主，风洞试验部分解决了真实飞行试验难度大、周期长的特点。但对于高空低密度、高马赫数环境模拟困难，强黏性干扰效应难以分析，风洞试验中不能提供与飞行相似的有效试验环境和条件，无法分析具有强烈的耦合特征的失稳行为。同时，国外经验表明试验辅助机构的支撑干扰对动态特性风洞试验的结果构成难以预估的影响。因此，现阶段建立完全满足高超声速飞行动态特性研究要求的试验条件是不现实的，极其依赖以非定常计算流体力学(computational fluid dynamics, CFD)为核心的数值虚拟飞行方法开展飞行器气动特性、运动特性研究。

数值虚拟飞行是指利用数值方法模拟飞行器在真实飞行条件下所表现出的性能特征。具体而言是对飞行器周围空气非定常流动现象以及空间流场结构的演变进行数值模拟，依据飞行器绕流流场信息，获取作用在飞行器表面的空气动力特征。国内外的发展动态和研究趋势表明，以非定常 CFD 为核心的数值虚拟飞行问题是有效分析飞行器运动稳定性和失稳运动的关键科学问题。

2. 研究进展

关于高速飞行器真实飞行的仿真模拟是一个典型的多学科融合问题，涉及的学科包括空气动力学、飞行力学、结构力学及控制原理等，传统研究主要是先进行飞行器静态气动特性分析，结合动态气动特性和结构气动弹性变形，在气动数据库的基础上进行飞行力学仿真，并通过飞行试验对系统进行改进和优化。也有学者称这种方式为基于数据库的"数值虚拟飞行"。这种实现方式虽然通过动态气动特性在一定程度上考虑了非定常效应，但本质上仍然是一种基于线性叠加原理的准定常方法。

随着计算机能力的不断提升，目前以 CFD 数值模拟方法为构架，以空气动力学与飞行力学耦合计算的数值虚拟飞行方法，是研究高速飞行器动态特性的重要方向。其基础归根结底是飞行器运动方程和流体动力学方程的时空高精度非定常一体化数值计算。通过数值计算获得非定常气动特性评估飞行品质和操稳特性需要考虑复杂气动布局和复杂流场的适应性，还要考虑工程实用化的成熟度与可靠性以及工程应用的效率问题。

通过耦合高效高精度非定常气动/运动特性计算方法，利用先进网格构造技术模拟舵面偏转运动，结合飞行控制律，采用高逼真度非定常气动/飞行/控制等多学科一体化耦合模拟方式，在现有的大规模 CFD 数值模拟软件平台的基础上，构建多层次的数值虚拟飞行仿真评估手段，是实现高速飞行器大气层内数值虚拟飞行的主要研究途径。与传统动态研究手段相比，这种多专业耦合的数值模拟方法的最大优势在于多自由度模拟的高度仿真而不受时空条件的限制，能够更真实地模拟实际飞行过程，捕捉到流场非定常效应，为飞行器动态特性及控制系统的研究设计提供更接近实际的飞行运动轨迹、姿态以及丰富的流动信息，从而直观地反映飞行品质。通过进行非定常流场计算，获得实时的非定常气动特性数据，代入运动学和刚体动力学方程求解飞行器运动轨迹和姿态，同时飞行姿态的改变又通过耦合开环或闭环控制率来实现。在每一子迭代过程中，及时更新刚体动力学方程中的气动力(矩)源项并及时更新流体动力学方程中的网格运动速度与飞行姿态，生成新时刻的动态混合计算网格，如此循环[1](图 1)。在迭代过程中实现子系统间的信息互换，这样的方法避免了通常解耦计算的时间滞后。

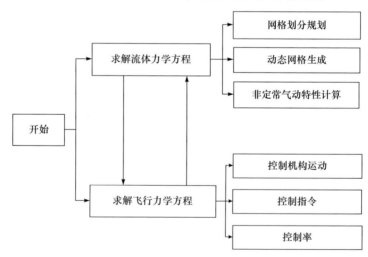

图 1　数值虚拟飞行计算流程

数值虚拟飞行模拟是多学科交叉融合发展的产物，在降低飞行试验风险、加速新型飞行器研制进程方面拥有良好的应用前景，突破这一科学难题具有重大现实意义，需要持续深入研究，以便在空天探索领域早日实现运用。

3. 主要难点

当高速飞行器做一些复杂运动时，如转弯、翻滚、急速升降等，飞行器的机械机构会根据控制指令做出旋转舵面、解锁外挂物等动作，这时周围的空气会受到扰动，对飞行器表面的流场结构产生很大影响。要对复杂的机动动作进行数值模拟，并尽可能考虑相关的真实物理效应，这就给飞行器的外形、结构、动力及控制系统的耦合仿真计算带来严峻挑战，主要表现在：真实飞行器普遍具有复杂的外形，且飞行器的运动、控制过程是一个典型的动边界问题，飞行器的大位移运动以及舵面偏转过程会带来很多网格生成方面的难题；其次，飞行器复杂的运动、变形会导致流场剧烈的非定常变化，包括流动分离、旋涡脱落、旋涡破裂等复杂的流动问题，因此对流体力学控制方程的数值模拟精度提出了更高要求；流体力学/飞行力学之间是一个高度耦合的非线性系统，需要在考虑开环或闭环控制的情况下对流体力学控制方程、动力学方程进行统一求解，才能得到和真实情况更为接近的计算结果，这就对耦合计算方法、数值模拟平台的集成度提出了更高要求[2~5]。

参 考 文 献

[1] 张来平, 马戎, 常兴华, 等. 虚拟飞行中气动、运动和控制耦合的数值模拟技术[J]. 力学进展, 2014, 44: 201410.

[2] Salas M D. Digital flight: The last CFD aeronautical grand challenge[J]. Journal of Scientific Computing, 2006, 28(2/3): 479–505.

[3] Zuniga F A, Cliff S E, Kinney D J, et al. Vehicle design of a sharp CTV concept using a virtual flight rapid integration test environment[C]//AIAA Atmospheric Flight Mechanics Conference and Exhibit, Monterey, 2002.

[4] 常兴华, 马戎, 张来平, 等. 基于计算流体力学的虚拟飞行技术及初步应用[J]. 力学学报, 2015, 47(4): 596–604.

[5] Lawrence F C, Mills B H. Status update of the AEDC wind tunnel virtual flight testing[C]//40th AIAA Aerospace Science Meeting & Exhibit, Reno, 2002.

撰稿人：陈雪冬　陈培芝　刘丽丽
中国运载火箭技术研究院
审稿人：蔡巧言　代京

大型航天器的复杂动力学、控制及其在轨构建

Complex Dynamics, Control and On-Orbit Construction of Large Spacecraft

1. 背景与意义

大型航天器是由多个飞行器在轨组装而成的大型空间组合体结构，且不同工作阶段组合体包含的舱段有所不同，还带有大型液体推进剂储箱、可转动太阳电池帆板、天线等。全任务周期不断消耗推进剂，组合体的构型与质量发生巨大变化，大量液体推进剂的晃动也会对组合体产生显著的干扰力、干扰力矩及冲击压力，从而对组合体的姿态控制和稳定性产生重大影响。因此，大型航天器组合体系统动力学特性复杂、耦合性强，建模分析与验证难度大。

大型航天器的复杂动力学、控制及其在轨构建涉及多项关键技术，包括液体大幅晃动动力学工程模型建模分析、储箱及其支撑结构液固耦合动力学建模分析、组合体刚柔耦合动力学建模分析及模型降阶、组合体舱段/级间连接结构非线性动力学建模分析、组合体大范围轨道机动载荷分析、大型组合体刚-晃-弹耦合的高精度稳定控制、组合体动力学试验等。每一项关键技术都对应一项或多项基础科学问题，因而需要基础研究的共同进步来推动问题的解决，由此牵引动力学与控制学科的发展。同时，随着基础科学的进步，其研究成果也将应用于广泛的工程领域。

2. 研究进展

1) 液体大幅晃动动力学工程模型建模分析

航天器液体大幅晃动动力学问题是一项研究难度很大的课题，在考虑复杂储箱形状、表面张力效应、防晃装置等多种因素后尤其如此。20世纪70年代，Berry等提出了一种求解液体大幅晃动作用力的工程近似方法，即质心面等效模型，该模型显著简化了液体大幅晃动问题的建模分析过程，使考虑液体大幅晃动的航天器耦合动力学分析和工程应用成为可能，但是由于缺乏理论支持，必须结合计算流体力学(computational fluid dynamics, CFD)数值计算和试验方法验证其在各种工况下的有效性[1]。国内方面，黄华等针对航天器储箱内的大幅液体晃动，建立了质心点可任意运动的三维质心面等效模型，并将仿真与基于流体体积函数

(volume of fluid，VOF)方法的数值计算进行对比，验证了此模型对分析大幅液体晃动的有效性[2]。

2) 储箱及其支撑结构液固耦合动力学建模分析

早期的充液航天器采用弹簧-质量模型模拟液固耦合作用，利用近似方法计算充液储箱等部段结构第一阶自然频率的等效质量和等效刚度。弹簧-质量模型只适用于初步速算各种飞行状态的低阶振型和初步研究充液航天器系统与推进系统特性相互耦合而产生的纵向不稳定振动(POGO)效应。想要获得比较准确的振型(如局部斜率)或高阶模态，必须建立更加复杂的模型，并适当考虑液体推进剂与储箱壳体的液固耦合作用。随着计算机技术的发展，利用数值方法建立三维充液航天器动力学模型已成为工程应用中的主要方法，大体可分为两类：一是构造液体有限元或边界元，从而建立液固耦合组合单元模型的方法；二是计算液体附加质量矩阵的方法。计算液体附加质量矩阵的方法是假设液体不可压缩且忽略了自由液面效应，从而消除了液体自由度，显著简化了建模和计算，已被国外多个型号运载航天器所采用。但是，该方法忽略了自由液面效应以及它与结构振动可能发生的耦合作用，属于一种近似解耦的方法。

3) 组合体刚柔耦合动力学建模分析及模型降阶

针对组合体系统刚柔耦合动力学建模技术的研究大体上可以分为三个阶段：

(1) 运动-弹性动力学(kineto-elastic dynamics，KED)方法。

(2) 混合坐标方法。

(3) 动力刚化问题的研究。

通过三个阶段的研究，柔性多体系统动力学的建模理论有待解决的实质性问题是揭示刚柔耦合的机理，从力学基本原理建立描述刚柔耦合动力学较精确的动力学模型，且需利用试验验证该模型的正确性。

4) 组合体舱段/级间连接结构非线性动力学建模分析

连接结构中通常存在间隙、阻尼等非线性问题。对航天器连接结构中的间隙、约束、库仑摩擦问题、迟滞等因素，目前大部分采用分段线性模型、双线性迟滞模型描述这一特性。国内外大量的研究分析了非线性因素对结构动力学特性的影响。

在建立连接结构的动力学模型方面，根据研究问题的需要，主要包括线性模型、非线性模型和随机参数模型。

(1) 连接结构的线性模型大体上分为两类：一类是将连接结构简化为一个或几个自由度的集总参数子结构；另一类是将连接结构划分为多个有限单元，用有限元法生成连接结构的刚度矩阵与质量矩阵，这种模型能方便地用于有限元法分析整体结构固有特性。

(2) 连接结构的非线性模型形式是多种多样的，连接结构的刚度和阻尼具有不连续性、迟滞性、时变刚度、时变阻尼、库仑阻尼、分段刚度、硬化刚度等多种非线性特性。实际连接结构的主要特性常表现为上述特性中的一种或几种，只有根据所研究连接结构的动力学试验结果才能建立恰当的模型[3]。

(3) 连接结构随机模型的建立及动力学问题的研究尚不多见，基于随机参数模型的连接结构动力学及其参数辨识问题研究仍是一个复杂的课题。

5) 组合体大范围轨道机动载荷分析

欧美等航天技术发达国家对 POGO 稳定性分析方法、发动机气蚀动态试验、流体-结构耦合分析方法、结构 POGO 特性试验、POGO 抑制装置设计与试验等开展了大量的基础理论、计算分析方法与试验研究工作，NASA 还发布了结构和推进系统耦合不稳定(POGO)的抑制规范——NASA 运载火箭设计规范。

国外一直很重视 POGO 预示与试验技术，土星 5 号运载火箭第一次载人飞行时在第二级发动机点火时经历过 POGO 振动，在第二次载人飞行(AS-504)期间，发动机的振动变得异常严重，此后的土星系列对 POGO 问题继续进行研究，通过设计制造了用于氧化剂管路上的、加注氦气的环形 POGO 抑制器，并进行了相应的试验，使得土星 5 号运载火箭的 POGO 问题得到解决。

美国设立了专门的实验室对推进剂输送系统和涡轮泵气蚀特性进行研究，并在试车台上完成了发动机工作状态下的推进剂动特性试验，对各型号发动机的动特性进行了深入研究。

6) 大型组合体刚-晃-弹耦合的高精度稳定控制

大型航天器，特别是组合体航天器含有较多的柔性部件，同时配备承载液体燃料的储箱。因此，一方面较多的柔性部件极易引起飞行器的弹性振动；另一方面，液体燃料在航天器飞行过程中极易发生晃动。较低的弹性频率、晃动频率与航天器的结构振动或控制系统的特征频率相互耦合。对高精度的姿态稳定控制带来了极大的挑战。目前国内外研究较为普遍的是一类零重力条件下，轴对称刚体航天器的姿态控制和液体晃动抑制问题，而关于刚-晃-弹耦合的姿态控制研究依然较少[4]。

7) 组合体动力学试验

1963 年，Hurrty 和 Chen 提出模态综合法，后经过 Craig 和 Bampton 等的多次改进形成了 Craig-Bampton 固定界面模态综合法[5]。1979 年，Emero 等在航天飞机 1/4 缩比模型分析时,采用 Craig-Bampton 固定界面模态综合法将各大部段的数学模型组合在一起，实现整个航天飞机的有限元模型组装和模态分析。在后续的子结构模态综合试验技术研究中，应用程度较高的有阿里安运载火箭和阿瑞斯运载火箭。国内方面，邱吉宝等对大型复杂结构中试验模态综合的应用技术、精确的混合界面模态综合技术进行了研究，已掌握了超单元法、分支模态法和固定界面模态综合法等理论，目前正在开展子模态综合计算软件的编制[6]。

3. 主要难点

基于对各项关键技术所对应科学问题的国内外研究情况的梳理，可以明确大型航天器复杂动力学、控制及其在轨构建问题的主要难点及其研究途径。

1) 液体大幅晃动动力学工程模型建模分析

根据势流假设以及自由液面上的运动学和动力学非线性边界条件，对不同重力条件下的流体动力学方程进行简化，对黏性力、惯性力、表面张力、内聚力等特性进行研究，获得可简化的力学方程。

针对航天器储箱内的大幅液体晃动，建立质心点可任意运动的三维质心面等效模型，将不同重力下液体的表面张力和黏性力等效成质心点与质心面之间的相互作用力，利用质心点动力学方程及接触碰撞模型，推导出质心点与质心面的作用力计算公式，并将仿真结果与基于CFD方法的数值计算结果进行对比，验证此模型对分析大幅液体晃动的有效性。

基于建立的等效力学模型，得到充液储箱系统在不同方向和不同激励频率作用下的动力学特性，并将等效力学模型应用于刚-液耦合系统参数振动稳定性分析；考虑液体排放的影响，采用变参数等效力学模型模拟方法研究变充液比液体大幅晃动等效动力学模型的适应性。

2) 储箱及其支撑结构液固耦合动力学建模分析

储箱与燃料流固耦合动力学分析方法可以分为两种：①考虑液体弹性及小幅晃动的液固耦合分析方法。以固体动力学为主，流体满足微幅运动假定的线性分析方法。②考虑流体大幅运动的流固耦合分析方法。流体与固体分别进行建模分析，固体分析结果作为流体分析的输入，流体分析结果反过来作为固体输入，流固分析交错迭代。

3) 组合体刚柔耦合动力学建模分析及模型降阶

首先建立组合体舱段部分的刚体动力学模型和柔性体动力学模型，分析舱段柔性带来的影响；建立组合体及其太阳电池帆板、天线等柔性附件的刚柔耦合动力学模型，比较附件柔性与舱段柔性对分析结果的影响因子，综合评估组合体舱段的柔性效应，确定是否可以采用刚柔耦合动力学模型来对组合体进行分析；对组合体动力学模型进行仿真分析，并将动力学响应分析结果与精细分析结果进行比较。

4) 组合体舱段/级间连接结构非线性动力学建模分析

根据组合体舱段/级间连接形式，建立组合体舱段/级间连接结构的非线性模型。采用力状态映射(force state mapping，FSM)法建立连接结构的非线性模型或基于最优控制理论方法辨识连接结构的非线性模型参数。

5) 组合体大范围轨道机动载荷分析

分析管路系统传递特性以及推进剂系统上各动力学单元的特性变化，确定各种特征段的流体动力学建模研究方法。针对动力系统和结构系统的耦合关系建立更加准确的 POGO 分析模型，并对组合体进行 POGO 稳定性分析。

6) 大型组合体刚-晃-弹耦合的高精度稳定控制

在组合体刚-晃-弹复杂动力学建模基础上，分析系统动力学特性，并据此开展适当模型降阶与化简；随后引入滑模控制、鲁棒控制等先进控制理论，开展刚-晃-弹耦合作用下的高精度姿态稳定控制技术研究，并通过有限元模型等精确模型对所设计的控制方案进行验证，确保方案的有效性及鲁棒性。

7) 组合体动力学试验

子结构模态综合试验技术虽与传统的模态试验有相同之处，但边界条件和模态数据关注点均有较大差异，需通过科学的理论指导子结构模态综合试验；开展模态组装技术研究，主要集中在理论组装和有限元组装两方面；充分利用现有试验条件验证子结构模态综合试验技术的准确性，确保分析结果具有应用价值。

参 考 文 献

[1] Berry R L, Tegart J R, Demchak L J. Analysis and test for space shuttle propellant dynamics (1/10th scale model test results)[R]. Houston: Johnson Space Center, 1979.

[2] 黄华, 周志成, 杨雷, 等. 充液航天器大幅晃动动力学建模仿真研究[J]. 航天器工程, 2009, 18(5): 37–41.

[3] Bullock S L, Peterson L D. Identification of nonlinear micron-level mechanics for a precision deployable joint[R]. Hampton: Langley Research Center, 1994.

[4] 史星宇, 齐瑞云. 充液航天器姿态控制研究进展[J]. 飞行力学, 2016, 34(1): 1–9.

[5] Craig R R, Bampton M C C. Coupling of substructure for dynamic analysis[J]. AIAA Journal, 1968, 6(7): 1313–1319.

[6] 邱吉宝. 航天器计算结构动力学研究情况展望[J]. 导弹与航天运载技术, 1993, 204: 37–44.

撰稿人：张展智　张　烽
中国运载火箭技术研究院
审稿人：谢泽兵　代　京

高超声速气动热环境预示

Aerothermodynamic Prediction of Hypersonic Vehicles

1. 背景与意义

高超声速飞行气动热环境研究是富有魅力的主题,对不同类型的高超声速飞行器,飞行器外形/速度与气动热环境间扑朔迷离的关系一直困惑着研究人员。高超声速飞行器以 5 倍以上声速在稠密大气层中飞行时,其部分动能因阻力功转化为热能,飞行器绕流流场中的空气温度急剧升高,从而造成与飞行器表面之间的巨大温差,热能迅速向物面传递,引起飞行器表面温度快速升高,高超声速飞行器周围形成的气动加热非常严酷,严重威胁飞行器的飞行安全。气动加热问题一直是制约高超声速飞行器设计最主要的因素之一[1~4]。

高超声速飞行器以高超声速再入大气层过程中,物面边界层内具有很大速度梯度的各气流层产生强烈的摩擦,造成壁面附近温度升高至上万摄氏度,高超声速流动所具有的薄激波层、热力学非平衡态、气体的化学反应及其对流动所带来的影响都会给气动热的预测带来困难,准确地对流场气动热力学环境进行预测是高超声速飞行器设计工作的关键。为了确保飞行器的再入安全,工程设计人员必须为它妥善地设计一个良好的气动外形,准确预测飞行器在大气层中飞行时的气动性能和周围热环境参数,以便精心研制飞行器的热防护系统,满足飞行器再入的服役要求。

2. 研究进展

近几十年来,航天和军事领域的发展极大地促进了高超声速的研究[5]。随着计算机的发展,高效计算能力的出现,使得大规模采用数值计算和工程计算对气动热进行计算模拟成为可能,给气动热环境研究带来了勃勃生机。

边界层理论是附体绕流热环境计算的理论依据。普朗特边界层理论的建立,为气动热的研究提供了十分有效的分析和计算方法。实际上,随着高超声速飞行器技战指标的不断提高,气动加热从早期二维简化外形(如平板、驻点、圆锥、圆柱)的气动加热计算,发展到复杂外形(如航天飞机的翼身组合体、过渡性试验飞行器的升力体)的气动加热计算[6];从低速的边界层传热计算扩展到包括化学反应的传热计算;从附着流的气动加热特性分析到分离流的气动加热特性分析;从光滑壁的气动加热到粗糙壁的气动加热;从边界层相似性解法到全 N-S 方程的数值模拟,经历了富有生机的发展过程。总体说来,研究手段主要有四种:理论分析、试验分析、数值计算和工程计算。随着计算机的发展,更多的研究者开始借助计算机,采用数值计算和工程计算对气动热进行计算模拟。

工程算法主要以理论分析为手段,采用一些经验公式、半经验公式、试验曲线和数据图表进行计算,计算速度快,一般能够正确地反映各种参数的变化规律。数值计算方法是直接求解 N-S 方程及其近似形式。但纯粹的数值计算对计算机的要求较高,且在现有的计算条件下对于具有复杂外形的飞行器计算耗时长,而一般的工程算法都有一定的适用范围,不能全盘套用,必须全面考虑物理现象本身的实质。因此,很多研究者开始倾向于将边界层外无黏流场的数值求解和边界层内黏性流动的工程算法相结合求解气动热,这也是近年来计算流体力学的巨大发展。这类方法的优点是:与纯粹的数值解法相比,可节省大量的计算时间和内存,计算成本也比较低,又能提供比较精确的气动热解,与单纯的工程算法相比,其适用范围更广。

随着数值计算理论方法的不断创新,同时得益于计算机的迅猛发展,通过数值模拟方法,如计算流体动力学(computational fluid dynamics,CFD)方法对气动热环境进行预测分析成为可能。数值计算是用离散的方法将高超声速运动控制方程转化为代数方程组,随时间和空间推进,求解流场中离散点上物理量的近似解,从而对整个流场进行数值描述。图 1 为航天飞机迎风面的数值计算结果,展示了整个流场的温度分布情况。

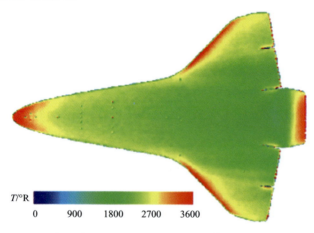

图 1 航天飞机 STS-2 迎风面数值计算结果

3. 主要难点

气动热与热防护设计的成功与否直接关系到整个飞行器的成败。精确可靠的气动热环境数据，可以为防热系统设计提供依据，为飞行器结构和飞行性能提供安全保障。目前，热环境设计存在的主要难点有以下几方面：

(1) 边界层转捩预示。飞行器邻近物面存在速度梯度很大的薄层区域，称为边界层，其中的温度梯度也很大。边界层中流动由层流转变为湍流的过程称为转捩。边界层转捩在高超气动加热中异常突出，边界层由层流转捩成湍流会使气动加热加剧若干倍，准确地预测边界层转捩十分困难。激波/激波相互作用及激波/黏性相互作用是可能带来灾难性失败的流动现象，美国高超验证机 X-15A-2 在高空以马赫数 6.7 飞行的一次试验中，就发生过激波碰撞加热导致腹部挂架严重受损的先例。

(2) 稀薄气体效应对热环境的影响。高超声速飞行器再入过程中，从高空到低空要经历自由分子流、稀薄过渡流、连续流等流区。稀薄效应会造成背离经典薄边界层概念的现象，对气动加热有较大的影响。对于稀薄流区，采用连续流方法计算则必须加入滑移边界条件，但滑移边界设置很大程度上依赖经验。如果采用 DSMC 求解，需要用大量的仿真分子代替真实分子。若仿真分子数选择较少，则会导致模拟结果与真实结果存在一定的差异；若使用大量的仿真分子，则会显著增加模拟时间和难度。

(3) 真实气体效应对热环境的影响。高超声速飞行器的飞行速度非常高，导致飞行器表面的气流温度较高，此时将出现高温效应，气体发生离解、化学反应、电离等，热环境将与理想气体计算结果差别较大。高温环境下，进入激波层的气体不但处于化学非平衡状态，而且处于热力学非平衡状态，即气体分子的平动、转动和振动状态不断转换，很难用统一的平衡的热力学状态来表征，这对于力、热环境都将产生不确定性影响。

(4) 气动热环境相关性分析和天地换算方法。由于地面试验仅能够模拟部分工况，无法完全复现真实的飞行条件。因此，可以根据地面试验结果，结合工程方法和数值方法进行插值，得到全弹道条件下的热环境分布特性。目前，国外气动热试验数据的不确定度为 8%~10%，国内试验数据的重复性误差为 20% 左右。气动热工程和数值计算方法试验是进行气动热预测的重要手段，具有速度快、成本低、能反应热流分布规律的优点。但对于复杂外形，工程方法流场参数计算困难、热流精准度低，数值方法热流结果受格式和网格的影响较大。因此，对于试验数据，需要对其开展不确定度分析，给出试验数据的误差带。对于计算方法必须开展严格的验证与确认。

参 考 文 献

[1] de Jarnette F R, Hamilton H H. Inviscid surface streamlines and heat transfer on shuttle-type configurations[J]. Journal of Spacecraft and Rockets, 1973, 10(5): 314–321.
[2] 黄志澄. 空天飞机气动力特性的工程预测方法[J]. 气动实验与测量控制, 1991, 5(3): 1–9.
[3] Engel C D, Praharaj S C. MINIVER upgrade for the AVID system, Volum1: LANMIN user's manual[R]. NASA CR-172212, 1983.
[4] Riley C J. Application of an engineering in inviscid-boundary layer method to slender three-dimensional vehicle forebodies[R]. AIAA Paper 93-2793, 2004.
[5] 卞荫贵, 徐立功. 气动热力学[M]. 合肥: 中国科学技术大学出版社, 1997.
[6] Arrington J P, Jones J J. Shuttle performance: Lessons learned[R]. NASA-CP-2283, 1984.

撰稿人： 王　静　尹琰鑫　屈　强
中国运载火箭技术研究院
审稿人：洪文虎　代　京

高超声速飞行器的高温非烧蚀热防护

High-Temperature & Non-Ablative Thermal Protection of Hypersonic Vehicle

1. 背景与意义

当飞行器以高超声速飞行时，对其前方空气强烈压缩，与边界层内空气产生剧烈摩擦，使其温度急剧升高，与飞行器表面发生强对流热交换，速度越高，热交换越强烈，称为"气动加热"。在强气动加热下，飞行器表面温度迅速升高至上千甚至几千摄氏度，会导致表面材料发生熔融、烧毁，称为"热障"现象。热防护系统的作用是飞行器在大气中飞行时，克服"热障"，维持气动外形，保护结构及内部系统的正常工作环境，具备"防热"与"隔热"双重功能。

热防护系统主要用于在苛刻热环境下维持气动外形，有效隔绝热量向飞行器内部传递，确保飞行器结构、机构、控制等分系统的正常工作环境，热防护系统是影响飞行器飞行成败至关重要的环节，是决定飞行器"回得来"的决定因素。

非烧蚀热防护系统的出现，使得可重复使用高超声速飞行器成为可能，人类可以开发类似民航飞机一样的太空-地球飞行器，克服"热障"问题，自由地往返于太空与地球之间，如航天飞机及 X-37B，具备非烧蚀、高效隔热、防热/承载结构一体化、高可靠热密封、舱内温度耦合控制、可重复使用等优异特性。

2. 研究进展

传统高超声速飞行器热防护系统是烧蚀型的[1]，烧蚀型热防护的防热机理如图 1 所示，通过质量损失带走热量的方式保证飞行器本体飞行中不超过设计温度。飞船采用的是典型的烧蚀型热防护，"猎户座"飞船在以第二宇宙速度再入时，飞船表面温度最高达到 1763℃，采用的是环氧酚醛/玻璃纤维酚醛烧蚀型防热大底(图 2)[2]，厚度通常不超过 4cm。

随着高超声速飞行器的不断更新换代[3,4]，热防护系统的要求也越来越高，不仅要求满足长时间耐高温，同时要求外形非烧蚀，以便更好地控制飞行精度。飞行器再入飞行时间长(气动加热时间>1000s)，表面温度高(表面峰值温度>1000℃)，同时要求非烧蚀(表面烧蚀量<10^{-4}mm/s)，使得高温非烧蚀热防护系统成为新的研究热点。

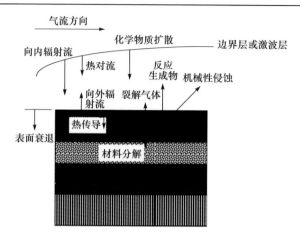

图 1　烧蚀型热防护的防热机理示意图[2]

图 2　飞船的环氧酚醛/玻璃纤维酚醛烧蚀型防热大底[2]

典型的高温非烧蚀热防护结构由防热层、隔热层以及内部冷结构三部分组成。防热层用耐高温的材料制成，表面为在高温环境下使用的防热层，往往还涂有高辐射涂层，在受热且温度升高时以辐射的形式向周围散出大量的热能。从过程的本质来看，辐射热防护结构的散热过程只是个物理现象，并不伴随防热层材料的消耗。只要气动加热的热流密度小于一定值，防热层的温度就可以低于它所允许的温度，因此防热的作用将不随加热时间的延长而衰退。非烧蚀防热机理如图 3 所示。非烧蚀热防护要求最大可能地增加表面拒热能力，充分提高表面热辐射性能，限制表面峰值温度不超过材料许用值，同时最大限度降低向材料内部的传热，以保证材料能够满足使用温度的要求[5]。非烧蚀辐射式热防护结构中还有一种更为简单的形式，这就是美国航天飞机所用的表面隔热材料。这种结构实际上就是去掉辐射结构中的防热层，并将隔热材料外表面处理得具有高耐温性及辐射性能，从而将辐射层和隔热材料合二为一。美国航天飞机及 X-37B 表面采用的隔热材料就是一种表面强韧化的轻质高温隔热瓦(TUFROC)[6]，如图 4 所示。

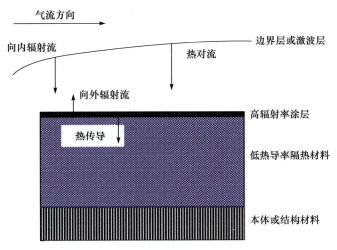

图 3　非烧蚀防热机理示意图[2]

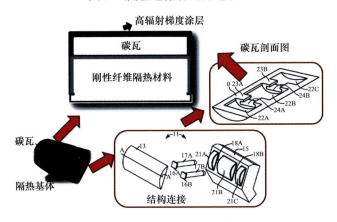

图 4　X-37B TUFROC 热结构方案

目前，经过飞行验证的非烧蚀热防护系统主要有美国航天飞机、X-37B，俄罗斯"暴风雪"号航天飞机、欧洲 IXV。美国航天飞机采用的第一代非烧蚀热防护技术曾带动了一大批技术的快速发展，影响了后来所有非烧蚀型高超声速飞行器热防护的设计思路。X-37B 充分继承了航天飞机的设计研制基础并进行了大幅改进，在其高温部位使用的 TUFROC 代表了目前防隔热一体化技术的最高水平。俄罗斯的"暴风雪"号航天飞机曾成功地进行过一次无人飞行，其热防护系统经受住了再入过程的高温环境考验，也说明了其设计的合理性。2015 年欧洲的 IXV 再入飞行器完成了再入飞行，热防护系统飞行后完好，证明了欧洲在非烧蚀热防护系统研制方面的技术水平。

总体而言，目前高温非烧蚀热防护仍然是新型高超声速飞行器重要的关键技术，其巨大的军事应用价值受到世界上主要航天大国的高度重视，是未来以控制空间、争夺制天权和制信息权为核心的空间军事对抗的支柱。高温长时非烧蚀热防护技术的全面突破，将是各国发展快速进入空间能力、空间作战能力和全球精确打击能力的重要基础。

3. 主要难点

(1) 受防隔热材料耐温能力限制的热防护服役温度亟待提高。与高温气体直接接触的防热层，要求能够在高温环境下维持外型面不变，但由于材料耐温能力的限制，目前非烧蚀防热层可靠服役温度限制在1650℃；隔热层将防热层与内部结构隔开，阻止热量传入内部，隔热材料服役可靠使用温度限制在1500℃。

(2) 热结构流-固-热匹配协调设计难度大。非烧蚀热防护系统所面临的多学科耦合问题，涉及计算流体力学、传热学及结构力学等相关学科，其核心是研究流-固-热之间的耦合机理，研究难度较大，制约了型号设计的精度及可靠性。

(3) 高温地面试验验证及天地换算仍然不完善。由于高超声速飞行器热防护系统服役过程中的气动力和热环境极其复杂苛刻，表面温度超过2000℃，而且气动力热环境联合作用给地面试验条件模拟带来极大的困难，同时对试验测试手段提出了更苛刻的要求，试验实施过程难度巨大。目前提供的热环境数据及热-机械载荷等数据也都存在一定的局限性。

参 考 文 献

[1] 姜贵庆, 刘连元. 高速气流传热与烧蚀热防护[M]. 北京: 国防工业出版社, 2003.
[2] Johnson S M. Thermal protection materials: Development, characterization and evaluation[R]. NASA Report, ARC-E-DAA-TN5732, NASA Ames Research Center, 2012.
[3] 彭小波. 美国航天飞机的设计与实现[M]. 北京: 中国宇航出版社, 2015.
[4] Sawyer J W, Hodge J, Moore B, Aero thermal test of metallic TPS for X-33 reusable launch vehicle[R]. NASA Report, 20040100700, NASA Langley Research Center, 2014.
[5] Johnson S M. Thermal protection materials[R]. NASA Report, ARC-E-DAA-TN4165, NASA Ames Research Center, 2011.
[6] Daniel L, David S. Lightweight TUFROC TPS for hypersonic vehicles[C]//14th AIAA/AHI Space Planes and Hypersonic Systems and Technologies Conference, Canberra, 2006.

撰稿人：许小静　王露萌　屈　强
中国运载火箭技术研究院
审稿人：洪文虎　代　京

高轨高精度时空基准建立与传递

High Accuracy Time-Position Reference for High Orbit Navigation

1. 背景与意义

目前卫星自主导航系统研究发展到现在已有几十年的历史，大部分集中在对低轨道卫星的研究上，因此低轨道卫星已经具有相对成熟的多种自主导航方法[1]。相比较而言，中、高轨道卫星的轨道确定只能依赖地面测控网的不断观测，其自主导航能力发展缓慢。然而，高轨道卫星以其轨道高度高，对地覆盖广，在通信、气象探测、电视直播、导航以及空间太阳能站等方面都有很重要的用途，在军事、经济和科学技术方面都具有重要作用。由于全球导航卫星系统(global navigation satellite system，GNSS)主要的设计需求是针对陆地及近地空间服务，并且卫星天线波束采用"覆球面"的赋形方式，因此低轨用户(海拔 0～3000km)的导航需求能得到较好地满足。对于高轨及静止轨道用户(海拔 8000～36000km)，除几何构型的恶化之外，在中轨导航卫星轨道(海拔 3000～8000km)之上的导航用户只能接收透过地球遮挡导航卫星的信号，可见性会显著降低[2-4]。而深空用户(36000km 以上)除可见性的问题以外，还必须考虑由高轨用户与导航星座距离过远而带来的接收功率过低和几何精度因子(geometric dilution of precision，GDOP)值过高的问题。

随着人类开发太空的活动向外太空不断拓展，高轨高精度时空基准犹如宇宙航行中的指路"灯塔"，它指引着人类未来的太空开拓迈入更浩瀚的宇宙。目前，高轨乃至深空飞行器的定轨、定姿、时间同步以及相对导航需求日益突出，而当下蓬勃发展的基于导航卫星星座的空间时空基准只能对地面用户、船舶及飞机等近地用户提供连续的导航定位服务。因此科学探索和研究建立高轨高精度时空基准是人类未来迈入更广阔星空的基础和重要阶梯。

人类探索宇宙的科学研究和工程实践经验表明，精确的时空基准是一切导航系统的基础。空间测量基准包括空间测量的起算基准点、尺度标准及其实现方法；时间测量标准包括时刻的参考标准和时间间隔的尺度标准等。只有建立稳定、高精度的时空基准，才能够精确确定航天器及宇宙旅行器的位置、速度、姿态和时间等运动参数。

2. 研究进展

高轨高精度时空基准建立和传递问题的研究进展目前主要集中在以下两个方面：

(1) 增强的天文导航。传统天文导航主要利用航天器所携带的成像设备对地球、太阳和月亮等近地天体进行观测[5]，增强的天文导航将传统天文导航系统的测量标的物扩展到更广泛的宇宙自然天体，如小行星、行星等，作为宇宙中的自然天体，行星等宇宙自然天体在任意时刻的位置可根据星历表获得，而从空间飞行器上观测到的行星之间的夹角、行星和恒星之间的夹角和行星视线方向等信息是空间飞行器位置的函数，通过这些观测量利用几何解析的方法或结合轨道动力学滤波即可获得空间飞行器的位置、速度等导航参数。基于此原理，高轨高精度时空基准的建立与传递可通过以上增强的天文导航系统来间接实现。

(2) X射线脉冲星导航。脉冲星被喻为浩瀚宇宙中的一种天然"灯塔"[6]。X射线脉冲星导航(X-ray navigation，XNAV)是一种利用自然天体X射线脉冲星发出的周期性辐射进行航天器导航的方法，能够为近地、地月飞行以及太阳系内的航天器提供位置、速度、姿态和时间等丰富的导航信息[7]。作为信号源的脉冲星在宇宙空间有广泛的分布，在宇宙空间中，由于没有大气层的吸收，脉冲星发射出的X射线更容易被观测到。这不仅弥补了GNSS导航的不足，而且可以满足深空和星际飞行的导航要求。脉冲星导航涉及天文学、地球科学和空间科学多个学科，在航天器自主导航领域具有巨大的发展潜力，是未来高轨以及深空探测高精度时空基准的一种理想选择。

3. 主要难点

目前对于高轨高精度时空基准建立和传递问题主要存在以下难点：

(1) 新概念导航理论模型的验证与完善。新概念导航理论突破了以空间几何为基础的传统导航理论，涉及数学、物理、信号处理等多学科交叉问题。由于宇宙空间环境复杂，且存在一些不可预见因素的影响，当前以X射线脉冲星导航为代表的高轨时空基准使用的部分数学模型来自经验公式，但其模型的精度和有效性需要进一步提高和验证。

(2) 相对论效应下的时间测量。在时间及时间测量中，考虑相对论效应影响显得更加必要和重要，尤其是要满足高轨乃至跨星际间高精度定位和授时要求。相对论有狭义相对论和广义相对论之分。广义相对论作为狭义相对论的扩展，已成为现代高精度时空测量的理论基础[8]。例如，在脉冲星到达时间计量模型中，目前的研究工作虽然考虑了一些比较重要的影响因素，如Doppler延迟、Parallax效应、Shapiro延迟效应、光线弯曲和引力延缓等，但是仍然做了许多简化，这些简化项的值加在一起对于周期为毫秒量级的脉冲星来说是不容忽视的。研究更精确的时间测量模型和理论是后续研究工作的重点和难点。

(3) 新概念先进探测器。在以 X 射线脉冲星导航为代表的新概念高轨时空基准构建中，先进的探测器是研究和验证高精度时空基准的基础。新概念先进探测器的重要性能指标包括时间分辨率、角度分辨率、接收面积、源定位精度和灵敏度等。例如，超灵敏度 X 射线探测器目前需要解决高分辨率与物理尺寸功耗等方面的矛盾问题。

(4) 相对论效应下的时空传递问题。在大尺度空间中，时空是统一的体系，空间位置变化的测量必须在同一时间尺度下。在大尺度时空范围内测量高速相对运动的两个事件发生的间隔，必须使用相同参考坐标系下的坐标时。一般来说，人们总是习惯以地球为参考点来进行空间描述，但在大尺度时空度量中往往涉及多个时空基准的传递，不同时空坐标系之间的时空转移传递问题需要通过相对论理论来解决，即需要在相对论框架内完成不同时空基准的坐标转换。

对于真正意义上的高轨高精度时空基准，需要寻找集精确的时间基准与精确空间位置基准为一体的统一空间参照物来完成高轨乃至宇宙探索的需求。从这个意义上来考虑，脉冲星是未来比较有竞争力的高轨高精度时空传递基准构建的选择。

参 考 文 献

[1] Misra P, Enge P. 全球定位系统：信号、测量与性能[M]. 罗鸣，曹冲，肖雄兵，译. 2 版. 北京：电子工业出版社，2008.
[2] 秦红磊，梁敏敏. 基于 GNSS 的高轨卫星定位技术研究[J]. 空间科学学报，2008, 28(4): 316–325.
[3] 何清举，孙前贵. 利用 GNSS 实现高轨卫星自主导航的新方案[J]. 飞行器测控学报，2010, 29 (1): 7–11.
[4] 闻长远，岳富占，仇跃华，等. 高轨 GPS 信号可用性分析[J]. 电子设计工程，2014, 22(2): 29–33.
[5] Lemay J L, Brogan W L, et al. High altitude navigation study[R]. Report TR 0073(3491)-1, The Aerospace Corporation, 1973.
[6] 帅平. 美国 X 射线脉冲星导航计划及其启示[J]. 国际太空，2006, (7): 7–10.
[7] 帅平，陈绍龙，吴一帆，等. X 射线脉冲星导航原理[J]. 宇航学报，2007, 28 (6): 104–109.
[8] 漆贯荣. 时间科学基础[M]. 北京：高等教育出版社，2006.

撰稿人：康建斌
中国运载火箭技术研究院
审稿人：曾贵明 代 京

高精度时空管理

High Precision Space-Time Management

1. 背景与意义

高精度时空管理是指一种实现全球覆盖室内外无缝高精度时空基准的方法，其目标是实现实时高精度的立体空间智能管理，满足人类各类型时空服务要求。高精度时空管理分为高精度定位与精准授时两方面。

随着人类对立体空间智能交通、自动驾驶、空间信息管理等需求越来越强烈，现有的各种卫星导航系统已经无法满足未来对定位和授时的高精度要求。在导航定位方面，由于尚不能实现全球覆盖的室内外无缝高精度时空基准服务，因此无人机、自动驾驶汽车等新产品的应用还受到限制；在授时方面，在实时进行的银行、证券交易中，各种交易数据交换时，其时间顺序也是关系国计民生的重要参数。在军事上时间同步的应用就更为广泛了，精度要求也更高。从火箭、导弹、飞机等目标的精密定位、突发的保密通信、预警及火控雷达网的协调工作到各兵种的协调作战都离不开高精度的时间同步。另外，在很多科学研究领域，如电离层特性研究、计量和校准领域以及高精度的时间戳等方面，都需要高精度定时，对授时精度的需求也不断提高。

2. 研究进展

目前高精度时空管理主要实现途径是卫星导航。卫星导航至今已发展了半个世纪，现在全球用于定位和授时的系统主要是美国的 GPS、俄罗斯的 GLONASS、欧盟的伽利略卫星导航系统、中国的北斗卫星导航系统，另外，日本和印度等国还建设了区域导航系统。目前靠空间系统本身提供的导航精度可以达到 2m 左右，其定位精度仍有待提高。

高精度时空管理在后卫星导航时代呈现多元化、多层次的局面，除当今经典的 GPS 类卫星导航系统外，还将出现局部应用、部门应用、专业专项应用的卫星导航和系统。同时，以地面移动网、广播网、局域传感网、局域通信网定位的方法也将同时雀跃而起，与卫星导航定位携手共辉映。这些系统总的发展趋势将向双向、多频、多模、导航定位通信一体化的方向发展，并将空中的卫星导航系统与地面移动通信和广播网等融合，以便充分发挥各种系统的优势，形成高精度、高性能的室内外和空中地面均能应用的，也能实时交流的卫星定位、导航、授时和通信。靠空间星座与地面系统的协同配合，形成有机整体，以保证导航系统的连续性、稳定性和可靠性，提供高精度的定位和精准的授时服务。因此，在推动空间导航系统建设和维护的同时，还要促进地面运控网络的建设和完善，并系统地推进导航应用。实现卫星导航与地面移动通信网的融合和互补。地面移动通信网和移动广播网授时及定位增加了卫星辅助以后，授时和定位精度能大幅度提高，若能进一步关注地面移动通信网本身非视距误差的修正或采用数据匹配方法，消除或避开非视距误差的影响，整个天地一体化系统将变成非常实用的定位系统。在授时方面，开展更高精度星载原子钟研究。进一步提高星载铷钟的天稳定度等性能指标，解决星载氢钟、铯钟在真空环境下的寿命考核等问题，实现天稳定度与天漂移率性能指标优于 $1\times10^{-14}/d$[1]。

近年来，利用地面无线移动网、地面广播网、无线局域通信网、传感网、红外、超声波以及射频标签等的定位系统和定位方法的悄然崛起，在室内外局域定位方面，特别在解决室内定位问题方面不断地发挥作用。

地磁导航也是高精度时空管理的一个发展方向[2]：地磁是地球的固有性质，借助地磁信息的导航系统具有隐蔽性强和可提供全天候、全地域导航的特点。目前地磁导航在导航、制导领域仍具有很大潜力。地磁导航的发展有以下趋势：

(1) 应用将越来越广泛。地磁导航不仅可应用在巡航导弹、鱼雷等军事武器中，也能在民用飞机上发挥显著作用。地磁测量也在地震等自然灾害预防领域展现了巨大潜力。

(2) 地磁导航将偏重向组合导航发展。地磁导航具有简便高效、性能可靠、隐蔽性好的优点，但易受外界干扰磁场的影响。将地磁导航与其他导航方法有效组合，各导航方法扬长避短，将更具有应用潜力。

(3) 促进地磁导航发展的因素越来越多。测绘学、空间物理学、电子学的发展都将促进磁传感器性能的提高，匹配算法的更新等都将促使地磁导航的发展。作为一种具有多方面优点的新兴导航方法，地磁导航在弥补传统制导方式方面有很大的优越性。随着科技发展，基于地磁的导航系统发展空间会更加宽阔。

高精度时空管理的其他潜在解决途径有：探索实现陀螺微型化和低成本化的途径、探索临近空间导航设备的可行性、开发基于光学摄像的低成本智能室内导航等。

3. 主要难点

高精度时空管理的主要难点表现在以下方面：

(1) 新型高精度定位方法欠缺。目前卫星导航定位的精度已经接近极限，仍然不能满足未来对定位和授时的高精度要求。新型地磁导航方法等的精度有待进一步提高。

(2) 需要探索高精度的室内导航方法。卫星导航在城市高楼密布地段，在山涧、峡谷、沟壑地区信号被遮挡时，定位精度会受到影响，甚至不能实现导航定位，同样也难以用于室内定位，距离实现全球覆盖的室内外无缝高精度时空基准尚有较大差距。

参 考 文 献

[1] 谢军. 北斗导航卫星的技术发展及展望[J]. 中国航天, 2013, 3: 10–11.
[2] 李兴城, 张慧心, 张双彪. 地磁导航技术的发展现状[J]. 飞船导弹, 2013, 10: 80–82.

撰稿人：刘　刚
中国运载火箭技术研究院
审稿人：曾贵明　代　京

航天器故障预测与健康管理

Prognostics and Health Management for Space Vehicles

1. 背景与意义

现代航天器飞行任务复杂度高、运行环境恶劣,面临着故障风险高、维护保障费用高昂等现实问题。为进一步提高航天器安全性与可靠性,降低全寿命周期维护保障费用,提升综合效能,欧美航天强国在项目研制过程中纷纷开展预测与健康管理(prognostics and health management,PHM)研究,利用尽可能少的传感器采集系统各种数据信息,借助智能推理算法来评估系统自身的健康状态,在航天器故障发生前进行预测,并结合可利用的资源提供一系列的维修保障措施,以实现系统的视情维修[1]。

新一代航天器具有可重复使用、模块化、支持多任务载荷等特点,预测与健康管理可对航天器故障提前预警并有效处理,避免由某些单机/部件发生故障而引起的整个系统瘫痪,甚至导致飞行任务失败,保证航天器安全、可靠运行。

现代航天器的采购费用以及使用与保障费用日益庞大,经济可承受性成为各国航天器研制不可回避的问题之一,传统的综合保障体系无法适应现代航天器智能化、复杂化的快速发展,地面维护保障工作面临巨大压力,预测与健康管理是高效自主后勤保障的重要支撑,能够以更加经济有效的方式满足航天器使用效能和保障能力的需求,有效提升航天器的安全性以及执行任务成功率。

2. 研究进展

PHM 技术是在美国国防部(Department of Defence,DoD)和美国国家航空航天局(National Aeronautics and Space Administration,NASA)的大力推动下不断发展、成熟起来的[2],现在国外航空航天领域均已得到广泛应用,如联合战斗机 F-35、全球鹰无人机、X-33 技术验证飞行器、X-37B 轨道测试飞行器等。在航空领域,最具有代表性的是联合战斗机 F-35 通过预测与健康管理系统大幅提高架次出动率和任务可靠性,减小后勤保障系统规模、减少虚警率,最终实现自主后勤保障管理。在航天领域,预测与健康管理在 X-37B 飞行器以及国际空间站上都已成功进行了应用,大幅度提高了飞行任务可靠度,显著降低了维护保障成本。

近年来，我国在航天器故障诊断等领域进行了大量的跟踪研究和应用探索。在故障诊断专家系统方面，以航天飞行器研制为背景，初步提出了卫星控制系统地面实时故障诊断专家系统；各专业院所与高校联合，对载人飞船和空间站电源系统、推进系统的故障诊断进行了深入研究；在航天器健康管理体系架构方面，探索了适合我国航天器预测与健康管理发展的体系架构。

3. 主要难点

现代航天器的研制属于大系统工程的范畴，PHM 作为其核心内容，一般需要完成故障检测、故障诊断与隔离、故障预测、健康评估和决策建议等功能[3]，主要包括六大难点：

(1) 航天器预测与健康管理体系构建，主要为开展航天器开放式 PHM、分层分布式 PHM 以及综合式 PHM 系统架构研究，对基于 RTX、Vxworks 等多种实时操作系统以及对基于 1553B、VMIC、CAN 等不同总线的实时性、稳定性、适应性进行对比分析，同时完成预测与健康管理系统构架规范的研究。

(2) 航天器故障诊断方法研究，整体上分为定性分析和定量分析两个大类。定性分析主要是基于专家系统的方法，定量分析又分为基于模型、数据驱动以及知识的方法。基于解析模型的故障诊断方法利用系统精确的数学模型和可观测输入输出量构造残差信号来反映系统期望行为与实际运行模式之间的不一致，然后基于残差信号的分析进行故障诊断和健康评估；基于数据驱动的故障诊断与健康评估方法对过程运行数据进行分析处理，在不需要知道精确解析模型的情况下完成系统的故障诊断与健康评估；基于知识的故障诊断与健康评估方法是借助一些定性分析工具和行业专家的直觉、经验，分析对象过去和现在的延续情况。同时，还可以采用多方法融合的诊断方法，将某两种方法结合起来，扬长避短，较为完美地解决复杂故障诊断的问题。

(3) 航天器故障预测方法研究。航天器健康状态预测是根据测量数据和历史数据进行综合分析，利用各种综合评判方法对设备的健康状况进行评估，对不合格的设备给出原因及维修建议，为系统的维修决策提供依据，为精确化维修提供支持。从实际研究中应用较广泛的理论、方法和研究路线来看，可以将故障预测方法分为基于统计可靠性的预测方法、基于失效物理的故障预测方法、基于数据驱动的故障预测方法[4]。基于模型的故障预测是指采用动态模型或过程的预测方法，物理模型方法、卡尔曼/扩展卡尔曼滤波/粒子滤波以及基于专家经验的方法等均可划为基于模型的故障预测技术[5]，一般要求对象系统的数学模型已知，这类方法提供了一种掌握被预测组件或系统的故障模式过程的技术手段[6]；基于数据驱动的故障预测方法不需要对象系统精确的物理模型和先验知识，以采集的数据为基础，通过各种数据分析处理方法挖掘其中隐含信息进行预测操作，主要包括回归神经网络(recurrent neural networks，RNN)[7]、模糊系统(fuzzy systems)和小波神经网络[8] (wavelet neural networks，WNN)、模糊神经网络[9](fuzzy neural networks，FNN)等其他计算智能方法；基于统计可靠性的预测方法是基于同类部件/设备/系统的事件记录的分布，主要包括贝叶斯方法、Dempster-Shafer 理论、模糊逻辑等，所有这些方法一般都基于贝叶斯定理估计故障的概率密度函数[10]。

(4) 航天器健康状态评估，主要是针对不同研究对象的特点，利用不同的评估方法展开评估。目前，常用的评估方法有模型法、层次分析法、模糊评判法、人工神经网络法、贝叶斯网络法等。模型法评估结果可信度高，但建模过程比较复杂、代价高、经济性差，且模型的验证比较困难；层次分析法可以减少主观的影响，使评估结果更趋科学化，使复杂系统条理化、层次化，其缺点表现为计算过程较为烦琐；模糊评判法能够很好地解决不确定性问题，但是隶属度矩阵的建立比较复杂；人工神经网络法具有良好的鲁棒性和非线性映射能力，自学习、自适应能力和容错性强，但是训练速度较慢，容易陷入局部极小，且全局搜索能力弱；贝叶斯网络法能够处理不完整数据问题，易于学习因果关系，易于实现领域知识与数据信息的融合，但不易于操作。

(5) 预测与健康管理验证和评价，重点包括飞行器故障模式分析与故障注入、故障模拟搭建、数据存储和综合分析计算、测试性建模以及试验验证等，重点对预测与健康管理系统体系架构的正确性、指标合理性以及实现情况进行验证与评估。

(6) 航天器自主维护保障，主要包括飞行器配置管理与辅助决策、飞行器寿命管理以及全寿命周期自主后勤保障。飞行器配置管理与辅助决策重点依靠机上下传至地面的飞行器健康报告，结合飞行器的历史维护维修数据，提出飞行器优化维修流程与地面保障方案和途径，对保障资源进行合理重构配置，降低保障资源需求及保障成本；飞行器寿命管理重点依托预测与健康管理自主保障信息系统，实现对飞行器系统、关键设备以及重要元器件的剩余寿命预测与健康状态跟踪，并根据被管理对象的故障和健康状态信息，制定有针对性的剩余寿命预测模型和管理策略，实现飞行器不同层级对象的寿命管理能力开发；全寿命周期自主后勤保障重点完成对所有产品(部、组件)的全寿命周期编码管理，实现所有产品的使用状态和维护信息的透明化管理及关键产品质量数据的快速追溯。

参 考 文 献

[1] 黄蓝, 莫固良, 沈勇, 等. 航空故障诊断与健康管理技术[M]. 北京: 航空工业出版社, 2013.
[2] Andrew S L, Green J. Future direction and development of engine health monitoring (EHM) within the United States[R]. Washington DC: Air Force Research Laboratory, 1998.

[3] Malin J T, Oliver P J. Making technology ready: Integrated systems health management[R]. Washington DC: NASA, 2007.

[4] Lv G D, Yang Z C. Study on prognostics and health management system modeling technology[J]. Measurement & Control Technology, 2011, 30(1): 59–63.

[5] Michael G P. Prognostics and Health Management of Electronics[M]. Hoboken: John Wiley & Sons, 2008: 3–20.

[6] Peng Y, Liu D T. Prognostics and health management[J]. Journal of Electronic Measurement and Instrument, 2010, 1(24): 3–4.

[7] Hess A C, Frith G P. Challenges, issues, and lessons learned chasing the "Big P". Real predictive prognostics. Part 1[C] // 2005 IEEE Aerospace Conference, Big Sky, 2005.

[8] Yam Rcm, Tse P, Li L, et all. Intelligent predictive decision support system for condition-based maintenance[J]. International Journal of Advanced Manufacturing Technology, 2001, 17(5): 383–391.

[9] Wang P, Gachtsevanos V. Fault prognostics using dynamic wavelet neural networks[J]. Artificial Intelligence for Engineering Design Analysis & Manufacturing, 2001, 15(11): 349–365.

[10] Hess A, Fila L. The Joint strike fighter(JSF) PHM concept: Potential impact on aging aircraft problems[C] // 2002 IEEE Aerospace Conference, Big Sky, 2002.

撰稿人：李　鑫　代　京　杜　刚　李晓乐
中国运载火箭技术研究院
审稿人：杨　超　蔡巧言

气动力辅助变轨

Aeroassisted Orbit Transfer

1. 背景与意义

一个航天器在某个星球的大气中飞行，将受到两种自然力：气动力和引力的作用。气动力是由飞行器与大气的相对运动而诱发产生的，包括星球的旋转和其他因素引起的大气扰动。气动力还是飞行器气动外形、飞行速度和高度的函数，因而与符合平方反比定律的引力不同。19 世纪初，数学、力学和技术科学的蓬勃发展促进了宇航科学的进步，人们对气动力的作用有了系统的理论认识，把它作为一个辅助来优化飞行器的轨道和飞行控制，可省惊人的能量。未来的载人空间站系统是以空间站为核心，由同轨平台、极轨平台、自由飞行卫星及空间交通工具——轨道机动飞行器组成。轨道机动或转移飞行器往返于空间站与平台、卫星等航天器之间，它们的变轨可采用冲量或连续推力方式，但是耗能比较大，而利用气动力辅助可形成节省燃料的变轨方案。该方案于 20 世纪 60 年代由 London 在第 29 届航空科学年会上首次提出，并论证了气动力辅助变轨的意义与可行性，吸引了众多学者的广泛关注。

具体地说，气动力辅助变轨是指具有一定气动外形的飞行器再入飞进大气层，利用飞行器与大气作用产生的升力或阻力，实现轨道高度或倾角改变的一种空间轨道机动方法。由于气动力辅助变轨需要再入大气，过程比较复杂，需要考虑的因素也比较多，人们在研究气动力辅助变轨问题过程中还存在许多问题没有解决，例如：①飞行器在大气中高速飞行产生的湍流、激波影响机理；②飞行器在大气层中高速飞行引起的严重气动加热；③飞行器在大气中考虑热流、动压和过载等因素的最优气动力辅助变轨轨迹设计等。以上问题已成为气动力辅助变轨中亟待解决的问题。

气动力辅助变轨与冲量变轨或者连续推力变轨相比主要的不同是：在完成高能量到低能量轨道转移时，气动力辅助变轨能量消耗主要靠气动力，冲量变轨或者连续推力变轨主要靠推进剂；在进行轨道平面改变时，气动力辅助变轨以气动力为辅助手段完成部分轨道倾角变化，冲量变轨或者连续推力变轨主要靠发动点火产生反作用力改变轨道倾角；在设计转移轨道时，气动力辅助变轨需要有意插入一段大气层内轨道转移，而冲量变轨或者连续推力变轨则无此要求。气动力辅助变轨主要适用于低地球轨道和同步地球轨道或者其他深空高轨道之间的往返以及大轨道平面倾角变化的异面轨道变轨。

21世纪以来，气动力辅助变轨在航天工程中产生的经济效益越来越明显，因此也越来越引起国内外许多科学家的重视，同时开展了大量的科学研究。到目前为止，气动力辅助变轨主要应用于气动力辅助轨道转移、星际探测和地球轨道转移，因其大幅减少飞行器的发射成本、增加携带有效载荷质量、节省燃料及可实现较大轨道面改变等优点，已成为21世纪先进飞行器设计的关键技术，更是一项发展前景广泛的研究课题，具有很强的科学与工程意义。另外，气动力辅助变轨飞行器作为一种跨大气层飞行器，可大幅降低进入空间和使用空间的成本，提高空间使用效能，对空间事业的发展具有重要的价值。

2. 研究进展

理想气动力辅助变轨的任务剖面分为共面离轨段、气动力辅助变轨段和升轨段（地球高轨道到低轨道的气动力辅助变轨任务剖面如图1所示）。在共面离轨段，轨道机动飞行器通过施加一个切向的离轨速度增量 ΔV_d 从初始圆轨道过渡到椭圆转移轨道，椭圆转移轨道的近地点在大气层内，两者处于同一轨道面内。气动力

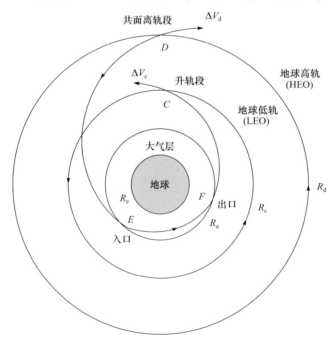

图1　气动力辅助变轨典型任务剖面

辅助变轨段在大气层内,飞行过程中飞行器所受到的力只有气动力和引力,飞行器利用大气阻力减速,且通过不断地改变姿态来改变气动力的大小与方向,进而控制飞行器离开大气层进入椭圆轨道。在升轨段,飞行器离开大气层后进入一条转移轨道,其远地点在目标轨道上,为了使飞行器进入最终的目标轨道,需要在升轨段末端(即远地点处)施加一个轨道圆化速度增量机动 ΔV_c。

气动力辅助变轨问题根据是否引入推力分为三类:①气动滑行;②气动巡航;③气动砰击。气动滑行是指飞行器在大气中飞行时仅受到气动力和地球引力作用,不受推力作用,以攻角和倾侧角为控制量完成大气飞行的过程。对于气动辅助异面变轨、气动巡航和气动砰击等模式,飞行器在大气层内完成了期望的轨道平面改变,同时也消耗了动能,导致飞行器在飞出大气层边缘时,其速度大小不足以使其达到目标轨道,因此需要在大气层出口点施加速度脉冲,以弥补其速度使飞行器能够到达目标轨道高度。

自气动力辅助变轨提出以来,人们对此问题的研究取得了很大进展。对于气动滑行辅助变轨,Frank 等[1]、Mease 等[2]和 Baumann 等[3]对该模式下的气动力辅助平面、异面最优变轨问题进行了研究,他们采用极大值原理将轨迹优化问题转化为两点边值问题,然后利用打靶法或多重打靶法进行求解。但该方法求解过程复杂,而且对初值非常敏感,由于协态变量没有明确的物理意义,初值难以猜测。为解决此问题,Shi[4]采用配点法及序列二次规划方法,Miele 等[5]利用序列梯度恢复法,Rao[6]采用 Gauss 伪谱法,对气动力辅助变轨问题进行了研究,克服了初值敏感的问题,且易于处理热流、过载和动压等过程约束。

气动巡航指飞行器在大气层内飞行时,在某一飞行阶段,发动机能够产生充分平衡气动阻力的连续推力来完成大气飞行的过程;气动砰击是指飞行器在大气层内飞行时,在某一飞行阶段,发动机以最大推力状态工作来完成大气飞行的过程。这两种方式也称为推力协同机动。飞行器在大气层中高速飞行引起的严重气动加热是一个不容忽视的因素,这对飞行器的防热能力提出了苛刻的要求,将会导致飞行器防热结构质量的增加,这部分质量有可能会抵消气动力辅助变轨带来的好处,而通过推力协同机动可有效地限制飞行器表面的热流。然而,协同机动会产生奇异控制问题,使气动力辅助变轨最优控制的求解异常复杂。该问题在 20 世纪 60~70 年代就有学者进行研究,最近又引起了许多学者的关注。Walberg[7]指出,只有当飞行器的升阻比大于 1.0 时,推力协同机动变轨才会比全推力变轨更节省能量。而高升阻比飞行器在大气飞行过程中会产生较大的总热流,且驻点热流密度较大($>10^6 W/m^2$),因此在研究推力协同机动时,必须考虑热流约束。Ross 等[8]通过数值计算证明了气动砰击模式较气动巡航模式更优。文献[9]对气动巡航机动下的轨道面改变问题进行了完整的分析,但在优化下降段轨迹时,选取的性能指标不能保证巡航条件最优,即在燃料消耗一定的情况下使轨道倾角改变最大。

根据所有开展的气动力辅助变轨方面的研究,为解决气动力辅助变轨过程中的关键问题,Miele 等[10]提出了基于优化以下九种主要性能指标的解决办法:

(1) 动力变轨的燃料消耗量最小。
(2) 大气飞行段的总加热量最小。
(3) 大气飞行段的飞行时间最小。
(4) 大气飞行段的飞行时间最大。
(5) 大气飞行段弹道倾角平方的积分最小。
(6) 进入与逸出大气层的弹道倾角平方和最小。
(7) 大气飞行段的峰值热流最小。
(8) 大气飞行段的峰值动压最小。
(9) 大气飞行段的最低飞行高度最大。

另外,为了解决飞行器的气动力辅助变轨问题,许多研究人员将目光投向了飞行器的气动外形优化上。早在 20 世纪 80 年代就有学者研究充气囊变阻轨道器,作为气动制动的轨道机动飞行器应用于空间运输系统。飞行器的气动外形对大气层内飞行中的热流、过载和机动性以及最优成本都有决定性作用,要找到一个理想的气动外形,特别是一个固定气动外形的飞行器以满足全面的性能要求是很难的,因此在该方面的研究过程中出现了各种气动制动器或捕获装置,或可变气囊,或可展的阻力裙,在给定的飞行阶段来改变飞行器的升阻比和弹道系数,以适应不同飞行任务的要求。

3. 主要难点

飞行器在大气层内利用气动力辅助变轨受热流、过载和动压的影响,如何折中考虑飞行器参数,设计出最适合气动力辅助变轨的飞行器,如何考虑实际大气密度、压强、温度和黏度对飞行器在大气中飞行的影响并消除这种影响,以及如何利用新的结构材料设计出最理想外形和结构实现最优变轨与控制问题,都是有待进一步研究的课题。另外,目前的气动力辅助变轨研究中,很少考虑星球自转对飞行器运动方程的影响,这将进一步增加气动力辅助变轨的难度,也是一个值得研究的课题。

随着数学和技术学科的进一步发展,人们对气动力的机理和作用会有更深的认识,相信通过国内外学者的共同努力,在不久的将来定能突破气动力辅助变轨技术,研制出新型的空间运输系统。

参 考 文 献

[1] Frank Z, Anthony J C. Numerical optimization study of aeroassisted orbital transfer[J]. Journal of Guidance, Control and Dynamics, 1998, 21(1): 127–133.

[2] Mease K D, Vinh N X. Minimum-fuel aeroassisted coplanar orbit transfer using lift-modulation [J]. Journal of Guidance, Control and Dynamics, 1985, 8(1): 134–141.

[3] Baumann H, Oberle H J. Numerical computation of optimal trajectories for coplanar aeroassisted orbital transfer[J]. Journal of Optimization Theory and Applications, 2000, 107(3): 457–479.

[4] Shi Y Y, Nelson R L, Young D H. The application of nonlinear programming and collocation to optimal aeroassisted orbital transfers[C] // AIAA, 30th Aerospace Sciences Meeting & Exhibit, Reno, 1992.

[5] Miele A, Wang T. Nominal trajectories for the aeroassisted flight experiment[J]. Journal of the Astronautical Sciences, 1993, 41(2): 139–163.

[6] Rao A V, Cox S, Todd M. A concept for operationally responsive space mission planning using aeroassisted orbital transfer[C]. AIAA 6th Responsive Space Conference, Los Angeles, 2008.

[7] Walberg G D. A survey of aeroassisted orbit transfer[J]. Journal of Spacecraft and Rocket, 1985, 22(1): 3–18.

[8] Ross I M, John C N. Optimality of the heating-rate-constrained aerocruise maneuver[J]. Journal of Spacecraft and Rockets, 1998, 35(3): 361–364.

[9] Naidu D S. Orbital plane change maneuver with aerocruise[C] // AIAA 29th Aerospace Sciences Meeting, Reno, 1991.

[10] Miele A, Basapur V K, Lee W Y. Optimal trajectories for aeroassisted coplanar orbital transfer[J]. Journal of Optimization Theory and Applications, 1987, 52(1): 1–24.

撰稿人：孙　光　李永远　陈洪波
中国运载火箭技术研究院
审稿人：蔡巧言　代　京

编 后 记

《10000个科学难题》系列丛书是教育部、科学技术部、中国科学院和国家自然科学基金委员会四部门联合发起的"10000个科学难题"征集活动的重要成果，是我国相关学科领域知名科学家集体智慧的结晶。征集的难题包括各学科尚未解决的基础理论问题，特别是学科优先发展问题、前沿问题和国际研究热点问题，也包括在学术上未获得广泛共识，存在一定争议的问题。这次征集的海洋、交通运输和制造科学领域的难题，正如专家们所总结的"一些征集到的难题在相当程度上代表了我国相关学科的一些主要领域的前沿水平"。当然，由于种种原因很难做到在所有研究方向都如此，这是需要今后改进和大家见谅的。

"10000个科学难题"征集活动是由四部门联合组织在国家层面开展的一个公益性项目，得到教育界、科技界众多专家学者的积极参与和鼎力支持，功在当代，利在千秋，规模宏大，意义深远。数理化难题编撰的圆满成功，天文学、地球科学、生物学、农学、医学和信息科学领域难题的顺利出版，获得了专家好评和社会认同。这九卷书为海洋、交通运输和制造科学三卷书的撰写提供了宝贵经验。

征集活动开展以来，我们得到了教育部、科学技术部、中国科学院、国家自然科学基金委员会有关领导的大力支持，教育部原副部长赵沁平亲自倡导了这一活动，教育部科学技术司、国务院学位委员会办公室、科技部资源配置与管理司、科技部基础研究司、科技部高新技术发展及产业化司、中国科学院学部工作局、国家自然科学基金委员会计划局、国家自然科学基金委员会政策局、教育部科学技术委员会秘书处、中国海洋大学、北京交通大学和中南大学为本次征集活动的顺利开展提供了有力的组织和条件保障。由于此活动工程浩大，线长面广，人员众多，篇幅所限，书中只出现了一部分领导、专家和同志们的名单，还有许多提出了难题但这次未被收录的专家没有提及，还有很多同志默默无闻地做了大量艰苦细致的工作，如教育部科学技术委员会秘书处李杰庆、裴云龙、胡小蕾、王金献、崔欣哲、魏纯辉，中国海洋大学于志刚、罗轶、林霄沛、曹勇、王汉林、孙杨，中南大学王娜、董方、温昱钦，厦门大学曹知勉、张锐，同济大学易亮，北京交通大学荆涛、景云、白明洲、荀径、马跃、何笑冬、朱珊、杨力阳、潘姿华，上海交通大学郭为忠，华东理工大学张显程，清华大学解国新，西南交通大学赵春发，浙江大学祝毅，西北工业大学高鹏飞，国防科技大学彭小强，北京理工大学胡洁,西安交通大学韩枫,吉林大学张志辉,以及科学出版社鄢德平、万峰、周炜、裴育同志等。总之,系列丛书的顺利出版是参加这项工作的所有同志共同努力的成果。在此,我们一并深表感谢!

《10000 个科学难题》丛书
海洋、交通运输和制造科学编委会
2017 年 7 月